ŒUVRES

DE LAGRANGE.

PARIS. — IMPRIMERIE DE GAUTHIER-VILLARS, SUCCESSEUR DE MALLET-BACHELIER,
Rue de Seine-Saint-Germain, 10, près l'Institut.

ŒUVRES

DE LAGRANGE,

PUBLIÉES PAR LES SOINS

DE M. J.-A. SERRET,

SOUS LES AUSPICES

DE SON EXCELLENCE

LE MINISTRE DE L'INSTRUCTION PUBLIQUE.

TOME PREMIER.

ΑΕΙ Ο ΘΕΟΣ ΓΕΩΜΕΤΡΕΙ

PARIS,

GAUTHIER-VILLARS, IMPRIMEUR-LIBRAIRE

DE L'ÉCOLE IMPÉRIALE POLYTECHNIQUE, DU BUREAU DES LONGITUDES,

SUCCESSEUR DE MALLET-BACHELIER,

Quai des Augustins, 55.

MDCCCLXVII

AVERTISSEMENT.

Lagrange, dans sa longue et glorieuse carrière, s'est appliqué successivement aux diverses branches des Mathématiques, qui toutes, sans exception, ont conservé l'empreinte de son esprit inventif et profond.

« La Science mathématique, a pu dire sans exagération le » Secrétaire perpétuel de l'Académie des Sciences, est, grâce à » lui, comme un vaste et beau palais dont il a renouvelé les » fondements, posé le faîte, et dans lequel on ne peut faire un pas » sans trouver avec admiration les monuments de son génie. »

La publication des *OEuvres* de Lagrange n'est donc pas seulement un hommage rendu à la mémoire du plus illustre des Géomètres français. En rassemblant ses immortels travaux, nous offrons à ses successeurs le guide le plus sûr, en même temps que le modèle le plus accompli qu'ils puissent, aujourd'hui encore, choisir à leur début dans la Science, et conserver avec grand profit, à quelque hauteur qu'ils s'y élèvent.

Chargé par la confiance du Ministre de l'Instruction publique de diriger cette grande et importante publication, j'ai dû rechercher tout d'abord de quelle manière il convenait de disposer les nombreux Mémoires composés sur les sujets les plus variés, suivant l'inspiration d'un esprit actif et curieux. Quelques pièces dans lesquelles, sous un même titre, sont abordées les questions les plus diverses n'auraient pas permis de réunir en un même faisceau les recherches qui se rapportent à une même branche de la Science; l'adoption pure et simple de l'ordre chronologique m'a semblé d'ailleurs plus respectueuse pour la pensée de l'illustre Auteur. Cette considération était décisive et les Mémoires de Lagrange ont été reproduits dans l'ordre même de leur première publication.

J.-A. SERRET (DE L'INSTITUT).

NOTICE SUR LA VIE ET LES OUVRAGES

DE

M. LE COMTE J.-L. LAGRANGE,

PAR M. DELAMBRE,

SECRÉTAIRE PERPÉTUEL DE L'ACADÉMIE DES SCIENCES.

NOTICE SUR LA VIE ET LES OUVRAGES

DE

M. Le Comte J.-L. LAGRANGE,

PAR M. DELAMBRE.

Joseph-Louis Lagrange, l'un des fondateurs de l'Académie de Turin, Directeur pendant vingt ans de l'Académie de Berlin, pour les Sciences physico-mathématiques, Associé étranger de l'Académie des Sciences de Paris, Membre de l'Institut de France et du Bureau des Longitudes, Sénateur et Comte de l'Empire, Grand-Officier de la Légion d'Honneur et Grand-Croix de l'Ordre impérial de la Réunion, naquit à Turin le 25 janvier 1736, de Joseph-Louis Lagrange, Trésorier de la Guerre, et de Marie-Thérèse Gros, fille unique d'un riche médecin de Cambiano.

Son bisaïeul, Capitaine de cavalerie au service de France, avait passé à celui d'Emmanuel II, Roi de Sardaigne, qui le fixa à Turin en le mariant à une dame Conti, d'une illustre famille romaine; il était Parisien d'origine, et parent d'une Marie-Louise, Dame d'atours de la mère de Louis XIV, et depuis femme de François-Gaston de Béthune (*).

Ces détails ne sont d'aucune importance pour le Géomètre

(*) *Éloge de Lagrange,* par Cossali. Padoue, 1813.

illustre que sa renommée dispense d'étaler une généalogie ; mais ils ne sont pas indifférents pour la France, qui s'est empressée de le rappeler et de le rétablir dans ses anciens droits. Son nom, celui de sa mère, attestent une origine française; tous ses Ouvrages ont été écrits en français ; la ville qui l'a vu naître était devenue française ; la France a donc bien incontestablement le droit de se glorifier de l'un des plus grands génies qui aient honoré les Sciences.

Son père était riche, il avait fait un mariage avantageux, mais il s'était ruiné dans des entreprises hasardeuses. N'en plaignons pas M. Lagrange. Lui-même envisageait ce malheur comme la première cause de tout ce qui lui était ensuite arrivé de plus heureux. *S'il avait eu de la fortune,* a-t-il dit lui-même, *il n'eût probablement pas fait son état des Mathématiques,* et quels avantages aurait-il pu trouver dans une autre carrière, qui puissent entrer en comparaison avec ceux d'une vie tranquille et studieuse, avec cette suite éclatante de succès non contestés dans un genre réputé éminemment difficile, et avec cette considération personnelle, qu'il a vue s'accroître jusqu'au dernier instant ?

Le goût pour les Mathématiques ne fut pourtant pas celui qu'il manifesta le premier. Il se passionna pour Cicéron et Virgile avant de pouvoir lire Archimède et Newton ; bientôt il devint admirateur non moins passionné de la Géométrie des anciens, qu'il préféra d'abord à l'Analyse moderne. Un Mémoire que le célèbre Halley avait longtemps auparavant composé tout exprès pour démontrer la supériorité de l'Analyse, eut la gloire de convertir M. Lagrange, et lui révéla sa véritable destination.

Il se livra donc à cette nouvelle étude avec les mêmes succès qu'il avait obtenus dans la Synthèse, et qui avaient été si marqués, qu'à l'âge de seize ans (*) il était Professeur de Mathématiques dans l'École royale d'Artillerie. L'extrême jeunesse d'un Professeur n'est pour lui qu'un avantage de plus, quand il a manifesté des talents extraordinaires et que ses élèves ne sont plus des enfants; tous ceux de M. Lagrange étaient plus âgés que lui, et n'en étaient pas moins attentifs à ses leçons. Il en distingua quelques-uns dont il fit ses amis.

De cette association naquit l'Académie de Turin, qui publia en 1759 un premier volume, sous le titre d'*Actes de la Société privée*. On y voit le jeune Lagrange dirigeant les recherches physiques du médecin Cigna et les travaux du marquis de Saluces. Il fournissait à Foncenex la partie analytique de ses Mémoires, en lui laissant le soin de développer les raisonnements sur lesquels portaient ses formules. En effet, on remarque déjà dans ces Mémoires cette marche purement analytique qui depuis a fait le caractère des grandes productions de Lagrange. Il avait trouvé une nouvelle théorie du levier. Elle fait la troisième Partie d'un Mémoire qui eut beaucoup de succès; Foncenex, pour récompense, fut mis à la tête de la marine que le Roi de Sardaigne formait alors. Les deux premières Parties paraissent du même style et de la même main; sont-elles également de Lagrange? Il ne les a pas expressément réclamées, mais ce qui peut diriger nos conjectures sur le véritable auteur, c'est que Foncenex cessa bientôt d'enrichir les Recueils de la nouvelle Académie, et que Montucla, ignorant ce qui nous a été révélé par M. Lagrange à ses derniers instants, s'étonne que Foncenex, après s'être annoncé si avantageusement, ait interrompu des recherches qui pouvaient lui faire un grand nom.

(*) D'autres disent quinze ou dix-neuf.

M. Lagrange, en abandonnant à son ami des solutions isolées, publiait en même temps sous son propre nom des théories qu'il promettait de suivre et de développer. Ainsi, après avoir donné de nouvelles méthodes pour les *maxima* et les *minima* en tout genre, après avoir montré l'insuffisance des formules connues, il annonce qu'il traitera ce sujet, qui d'ailleurs lui paraît intéressant, dans un Ouvrage qu'il prépare, où l'on verra déduite des mêmes principes toute la Mécanique des corps, soit solides, soit fluides; ainsi, à vingt-trois ans il avait jeté déjà les fondements des grands Ouvrages qui depuis ont fait l'admiration des savants.

Dans le même volume, il ramène au Calcul différentiel la théorie des suites récurrentes et la doctrine des hasards, qui jusqu'à lui n'avait été traitée que par des voies indirectes, et qu'il établit sur des principes plus naturels et plus généraux.

Newton avait entrepris de soumettre au calcul les mouvements des fluides; il avait fait des recherches sur la propagation du son; ses principes étaient insuffisants et même fautifs, et ses suppositions incompatibles entre elles; Lagrange le démontre; il fonde ses nouvelles recherches sur les lois connues de la Dynamique; en ne considérant dans l'air que les particules qui se trouvent en ligne droite, il ramène le problème à celui des cordes vibrantes, sur lequel les plus grands Géomètres étaient divisés; il fait voir que leurs calculs sont insuffisants pour décider la question, il entreprend une solution générale par une analyse aussi neuve qu'intéressante, puisqu'elle permet de résoudre à la fois un nombre indéfini d'équations, et qu'elle s'étend jusque sur les fonctions discontinues; il établit plus solidement la théorie du mélange des vibrations simples et régulières de D. Bernoulli; il montre les limites entre lesquelles cette théorie est exacte, et hors desquelles elle devient fautive; alors il parvient à la construction donnée par Euler, construction vraie, quoique l'auteur n'y fût arrivé que par des calculs qui n'étaient point assez rigoureux; il répond aux objections élevées par d'Alembert; il démontre que quelque figure que l'on donne à la corde, la durée des oscillations sera toujours la même, vérité d'expérience dont d'Alembert avait jugé la démonstration très-difficile ou même impossible; il passe à la propagation du son, traite des échos simples et composés, du mélange des sons, de la possibilité qu'ils se répandent dans le même espace sans se troubler, et démontre rigoureusement la génération des sons harmoniques; il annonce enfin que son but est de détruire les préjugés de ceux qui doutent encore si les Mathématiques pourront jamais porter de vraies lumières dans la Physique.

Si nous avons donné tant d'étendue à l'extrait de ce Mémoire, c'est qu'il est le premier par lequel Lagrange se soit fait connaître; si l'analyse en est du genre le plus transcendant, l'objet du moins a quelque chose de sensible, il rappelle des noms et des faits qui ne sont point étrangers à la plupart de nos auditeurs; c'est qu'il est surprenant qu'un pareil début soit celui d'un jeune homme qui, s'emparant d'un sujet traité par Newton, Taylor, Bernoulli, d'Alembert et Euler, paraît tout à coup au milieu de ces grands Géomètres comme leur égal, comme un arbitre qui, pour faire cesser une lutte difficile, leur montre à chacun en quoi ils ont raison, en quoi ils se sont trompés, les juge, les réforme, et leur donne la véritable solution qu'ils ont entrevue sans y pouvoir atteindre.

Mais quelque solides et quelque bien fondés que lui paraissent ses calculs, l'auteur avoue qu'ils ne rendent qu'imparfaitement raison des phénomènes observés, en ce qui concerne la théorie des instruments à vent, la largeur et la position de leurs trous, et la vitesse du son en général; il est probable, en effet, que dans ces instruments surtout, l'air ne doit plus être considéré comme divisé en lignes droites; mais au moins la solution explique la fameuse expérience de Tartini, si l'on admet que ce célèbre Professeur a pu se tromper en mettant l'octave à la place du son véritable qu'il entendait.

Euler sentit le mérite de la nouvelle méthode, qu'il prit pour l'objet de ses méditations les plus profondes; d'Alembert ne se rendit pas. Dans ses lettres particulières, comme dans ses Mémoires imprimés, il proposait de nombreuses objections, auxquelles Lagrange a répondu depuis, mais qui peuvent au moins laisser ce doute : Comment, dans une science à laquelle on accorde universellement le mérite de l'exactitude, se peut-il que des génies du premier ordre soient divisés entre eux et puissent disputer longtemps? C'est que, dans les problèmes de ce genre, dont les solutions ne peuvent être soumises à l'épreuve d'une expérience directe, outre la partie du calcul qui est assujettie à des lois rigoureuses et sur lesquelles il n'est pas possible d'avoir deux avis, il y a toujours une partie métaphysique qui laisse du doute et de l'obscurité. C'est que, dans les calculs mêmes, les Géomètres se contentent souvent d'indiquer la marche des démonstrations, qu'ils suppriment des développements qui ne sont pas toujours aussi superflus qu'ils l'ont pensé, que le soin de remplir ces lacunes exigerait un travail que l'auteur seul a le courage d'entreprendre, et qu'enfin lui-même, entraîné par son sujet et par l'habitude qu'il a acquise, se permet de franchir des idées intermédiaires, et devine son équation définitive, au lieu d'y arriver pas à pas avec une attention qui éviterait toute méprise; c'est ainsi que des calculateurs plus timides relèvent quelquefois des erreurs dans les Ouvrages d'un Euler, d'un d'Alembert ou d'un Lagrange, et c'est ainsi que de très-grands génies peuvent ne pas s'accorder tout d'abord, faute de s'être lus avec assez d'attention pour se bien comprendre.

La première réponse d'Euler fut de faire associer Lagrange à l'Académie de Berlin. En lui annonçant cette nomination, le 2 octobre 1759, il lui disait : *Votre solution du problème des isopérimètres ne laisse rien à désirer, et je me réjouis que ce sujet, dont je m'étais presque seul occupé depuis les premières tentatives, ait été porté par vous au plus haut degré de perfection. L'importance de la matière m'a excité à en tracer, à l'aide de vos lumières, une solution analytique à laquelle je ne donnerai aucune publicité jusqu'à ce que vous-même ayez publié la suite de vos recherches, pour ne vous enlever aucune partie de la gloire qui vous est due.*

Si ces procédés délicats et ces témoignages de la plus haute estime devaient flatter un jeune homme qui n'avait pas vingt-quatre ans, ils ne font pas moins d'honneur au grand homme qui, tenant alors le sceptre des Mathématiques, sait accueillir ainsi l'Ouvrage qui lui montre son successeur.

Mais ces éloges sont consignés dans une lettre; on pourrait croire que le grand et bon Euler a pu se laisser aller à quelqu'une de ces exagérations que permet le style épistolaire; voyons donc comment il s'est ensuite exprimé dans la dissertation que sa lettre annonçait. En voici le début :

Après m'être longtemps et inutilement fatigué à chercher cette intégrale (postquam diù et multum desudassem... necquicquam inquisivissem), *quel a été mon étonnement* (penitus obstupui) *lorsque j'ai appris que dans les* Mémoires de Turin *le problème se trouvait résolu avec autant de facilité que de bonheur. Cette belle découverte m'a causé d'autant plus d'admiration qu'elle est plus différente des méthodes que j'avais données et qu'elle les surpasse considérablement en simplicité.* C'est ainsi qu'Euler commence le Mémoire dans lequel il expose, avec sa lucidité ordinaire, les fondements de la méthode de son jeune rival, et la théorie de ce nouveau calcul, qu'il a nommé le *calcul des variations.*

Pour rendre plus sensibles tous les motifs différents qui avaient fait naître cette admiration qu'Euler témoignait avec une si noble franchise, il ne sera pas inutile de remonter à l'origine des recherches diverses de Lagrange, telle qu'il l'a donnée lui-même deux jours avant sa mort.

Les premières tentatives pour déterminer le *maximum* et le *minimum* dans toutes les formules intégrales indéfinies avaient été faites à l'occasion de la courbe de la plus vite descente et des isopérimètres de Bernoulli. Euler les avait ramenées à une méthode générale, dans un ouvrage *original, où brille partout une profonde science de calcul; mais quelque ingénieuse que fût sa méthode, elle n'avait pas toute la simplicité qu'on peut désirer dans un ouvrage de pure analyse.* L'auteur en convenait lui-même; il croyait apercevoir la nécessité d'une démonstration *indépendante de la Géométrie et de l'Analyse* (*).

Dans un Appendice qui est à la fin du volume, et qui a pour titre : *Du mouvement des projectiles dans un milieu non résistant,* il paraît entièrement se défier des ressources de l'Analyse, et termine en disant : *Si mon principe* (c'est celui que Lagrange a nommé depuis le principe *de la moindre action*) *n'est pas suffisamment*

(*) *Desideratur itaque methodus a resolutione geometricâ et lineari libera, quâ pateat loco* Pdp *scribi posse* — Pdp. C'est ce que Lagrange démontra par le *calcul des variations.*

démontré, comme cependant il est conforme à la vérité, je ne doute pas qu'au moyen des principes d'une saine métaphysique on ne puisse lui donner la plus grande évidence, et j'en laisse le soin à ceux qui font leur état de la métaphysique.

Cet appel, auquel n'ont pas répondu les métaphysiciens, fut entendu par Lagrange, dont il excita l'émulation. En peu de temps le jeune homme trouva la solution dont Euler avait désespéré, il la trouva par l'Analyse, et, en rendant compte de la voie qui l'avait conduit à cette découverte, il dit expressément, et pour répondre au doute d'Euler, qu'il la regarde, non comme un principe métaphysique, mais comme un résultat nécessaire des lois de la Mécanique, comme un simple corollaire d'une loi plus générale dont il a fait depuis la base de sa *Mécanique analytique*. (*Voyez* cet Ouvrage, page 246 de la seconde édition, ou 189 de la première.)

Cette noble émulation qui l'excitait à triompher des difficultés regardées comme insurmontables, à rectifier ou compléter les théories restées imparfaites, paraît avoir constamment dirigé M. Lagrange dans le choix de ses sujets.

D'Alembert avait cru qu'il était impossible de soumettre au calcul les mouvements d'un fluide enfermé dans un vase, si ce vase n'avait une certaine figure; Lagrange démontre, au contraire, qu'il ne saurait y avoir de difficulté que dans le cas où le fluide se diviserait en plusieurs masses; mais alors on pourra déterminer les endroits où le fluide doit se diviser en plusieurs portions, dont on déterminera les mouvements comme si elles étaient isolées.

D'Alembert avait pensé que dans une masse fluide, telle que la Terre avait pu l'être à l'origine, il n'était pas nécessaire que les différentes couches fussent de niveau; Lagrange fait voir que les équations de d'Alembert ne sont elles-mêmes que celles des couches de niveau.

En combattant d'Alembert avec tous les égards dus à un Géomètre de cet ordre, il emploie souvent de fort beaux théorèmes qu'il doit à son adversaire; d'Alembert, de son côté, ajoute aux recherches de Lagrange. « Votre problème m'a paru si beau, lui écrivait-il, que j'en ai cherché une autre solution; j'ai trouvé une méthode plus simple pour arriver à votre élégante formule. » Ces exemples, qu'il serait aisé de multiplier, prouvent avec quelle aménité correspondaient ces rivaux célèbres qui, se mesurant sans cesse, vaincus comme vainqueurs, trouvaient à chaque instant, dans leurs discussions mêmes, des raisons pour s'estimer davantage, et ménageaient à leur antagoniste les occasions qui devaient le conduire à de nouveaux triomphes.

L'Académie des Sciences de Paris avait proposé pour le sujet d'un de ses prix la théorie de la libration de la Lune, c'est-à-dire qu'elle demandait la cause qui fait que la Lune, en tournant autour de la Terre, lui montre toujours cependant la même face, à la réserve de quelques variations observées par les Astronomes et dont Cassini Ier avait fort bien expliqué le mécanisme. Il s'agissait de trouver les moyens de calculer ces phénomènes et de les déduire analytiquement du principe de la gravitation universelle. Un pareil choix était un appel au génie de Lagrange, une occasion qui lui était offerte d'appliquer ses principes et ses découvertes analytiques. L'attente de d'Alembert ne fut point trompée; la pièce de Lagrange est un de ses plus beaux titres de gloire; on y voit les premiers développements de ses idées et le germe de la Mécanique analytique. D'Alembert lui écrivait : *J'ai lu avec autant de plaisir que de* FRUIT *votre belle pièce sur la libration, si digne du prix qu'elle a remporté.*

Ce succès inspira à l'Académie la confiance de proposer la théorie des satellites de Jupiter. Euler, Clairaut et d'Alembert s'étaient exercés sur le problème des trois corps à l'occasion des mouvements de la Lune. Bailly appliquait alors la théorie de Clairaut au problème des satellites; elle le conduisait à des résultats déjà fort intéressants, mais cette théorie était insuffisante; la Terre n'a qu'une Lune, Jupiter en a quatre, qui doivent continuellement se troubler et se déranger réciproquement dans leurs marches; le problème était celui des six corps, le Soleil, Jupiter et les quatre Lunes. M. Lagrange attaqua de front la difficulté, en triompha heureusement, démontra la cause des inégalités observées par les Astronomes, en indiqua quelques autres trop faibles pour avoir été démêlées par les observations. La brièveté du temps fixé pour le concours, l'immensité des calculs, soit analytiques, soit numériques, ne permit pas que la matière fût entièrement épuisée dans un premier Mémoire; l'Auteur en avertit lui-même, promettant des recherches ultérieures auxquelles d'autres travaux, plus de son goût peut-être, l'empêchèrent toujours de se livrer. Vingt-quatre ans après, M. le Comte Laplace reprit cette théorie difficile, y fit des découvertes intéressantes qui la complétèrent et mirent les Astronomes en état de bannir tout empirisme de leurs Tables.

Vers le même temps, un problème d'un tout autre genre attirait l'attention de M. Lagrange. Fermat, l'un des plus grands Géomètres de la France et de son temps, avait laissé, sur les propriétés des nombres, des théorèmes extrêmement remarquables, auxquels peut-être il était arrivé par voie d'induction, mais dont il avait promis des démonstrations qu'on n'a point trouvées à sa mort, soit qu'il les eût supprimées comme insuffisantes, soit par toute autre cause difficile à deviner : ces théorèmes, au reste, pourraient paraître plus curieux qu'utiles ; mais on sait que la difficulté est un attrait pour tous les hommes, et surtout pour les Géomètres. Sans un pareil attrait, croit-on qu'ils eussent mis tant d'importance aux problèmes de la brachistochrone, des isopérimètres et des trajectoires orthogonales? Non sans doute : ils voulaient créer la science du calcul, inventer ou perfectionner des méthodes qui ne pouvaient manquer de trouver un jour des applications utiles ; dans cette vue ils s'attachaient à la première question qui exigeait l'emploi de ressources nouvelles.

Ce fut pour eux une bien bonne fortune que le système du monde, découvert par Newton. Jamais l'Analyse transcendante ne pouvait trouver un sujet plus digne et plus grand ; quelques progrès qu'on y fasse, le premier inventeur conservera son rang ; aussi M. Lagrange, qui le citait souvent comme le plus grand génie qui eût jamais existé, ajoutait-il aussitôt : *et le plus heureux ; on ne trouve qu'une fois un système du monde à établir*. Il a fallu cent ans de travaux et de découvertes pour élever l'édifice dont Newton avait posé les fondements, mais on lui tient compte de tout, et l'on suppose qu'il a parcouru en entier la carrière qu'il avait ouverte avec un éclat qui a dû encourager ses successeurs.

Beaucoup de Géomètres, sans doute, s'étaient exercés sur les théorèmes de Fermat ; aucun n'avait réussi. Euler seul avait fait quelques pas dans cette route difficile où se sont depuis signalés M. Legendre et M. Gauss. M. Lagrange, en démontrant ou rectifiant quelques aperçus d'Euler, résolut un problème qui paraît être la clef de tous les autres, et dont il fit découler un résultat utile, c'est-à-dire la résolution complète des équations du second degré à deux inconnues qui doivent être des nombres entiers. Ce Mémoire, imprimé comme les précédents parmi ceux de l'Académie de Turin, est cependant daté de Berlin, le 20 septembre 1768. Cette date nous indique un des événements si peu nombreux qui ont fait que la vie de M. Lagrange n'est pas toute dans ses Ouvrages.

Le séjour de Turin ne lui plaisait guère, il n'y voyait alors personne qui cultivât les Mathématiques avec quelque succès; il était impatient de voir les savants de Paris avec lesquels il était en correspondance. M. de Caraccioli, avec lequel il vivait dans la plus grande intimité, venait d'être nommé à l'ambassade d'Angleterre, et devait passer par Paris, où même il projetait de faire quelque séjour. Il proposa ce voyage à M. Lagrange, qui y consentit avec joie, et fut accueilli comme il avait droit de s'y attendre par d'Alembert, Clairaut, Condorcet, Fontaine, Nollet, Marie et autres savants. Tombé dangereusement malade à la suite d'un dîner où Nollet ne lui avait fait servir que des mets préparés à l'italienne, il ne put suivre à Londres son ami, qui reçut inopinément l'ordre de se rendre à son poste, et fut obligé de le laisser dans un hôtel garni, aux soins d'un homme de confiance chargé de pourvoir à tout.

Cet incident changea ses projets; il ne songea plus qu'à retourner à Turin. Il s'y livrait aux Mathématiques avec une nouvelle ardeur, quand il apprit que l'Académie de Berlin était menacée de perdre Euler, qui songeait à retourner à Pétersbourg. D'Alembert parle de ce projet d'Euler dans une lettre à Voltaire, le 3 mars 1766: *J'en serais fâché,* ajoute-t-il, *c'est un homme peu amusant, mais un très-grand Géomètre.* Peu importait à d'Alembert que l'*homme peu amusant* s'éloignât de Paris de 7 degrés vers le pôle; il pouvait lire les Ouvrages du *grand Géomètre* dans le Recueil de Pétersbourg aussi bien que dans celui de Berlin. Ce qui fâchait d'Alembert, c'était la crainte de se voir appelé à le remplacer, et l'embarras de répondre à des offres qu'il était bien résolu de ne point accepter. Frédéric, en effet, proposa de nouveau à d'Alembert la place de Président de son Académie, qu'il lui tenait en réserve depuis la mort de Maupertuis. D'Alembert lui suggéra l'idée de mettre Lagrange à la place d'Euler, et, si nous en croyons l'*Histoire secrète de la cour de Berlin,* tome II, page 474, Euler *avait déjà désigné Lagrange comme le seul homme capable de marcher sur sa ligne.* Et en effet, il était naturel qu'Euler, qui voulait obtenir la permission de quitter Berlin, et d'Alembert, qui cherchait un prétexte pour n'y point aller, eussent tous deux, sans s'être rien communiqué, jeté les yeux sur l'homme le plus propre à entretenir cet éclat que les travaux d'Euler avaient répandu sur l'Académie de Prusse.

M. Lagrange fut agréé; il reçut un traitement de 1500 écus de Prusse, environ 6000 de notre monnaie, avec le titre de Directeur de l'Académie pour les Sciences physico-mathématiques. On peut être étonné qu'Euler et Lagrange, mis successivement à la place de Maupertuis, n'aient obtenu que la moitié de l'héritage que le Roi voulait donner tout entier à d'Alembert; c'est que ce Prince, qui dans ses loisirs cultivait la poésie et les arts, n'avait aucune idée des Sciences, qu'il se croyait cependant obligé de protéger comme Roi; c'est qu'il faisait au fond assez peu de cas de la Géométrie, contre laquelle il envoyait trois pages de vers à d'Alembert même, qui différait de lui répondre jusqu'à la fin du siége de Schweidnitz, par la raison que *ce serait trop d'avoir à la fois l'Autriche et la Géométrie sur les bras;* et qu'enfin, malgré l'immense réputation d'Euler, on voit, par la correspondance avec Voltaire, que Frédéric ne le désignait que par la qualification de son *Géomètre borgne, dont les oreilles ne sont pas faites pour sentir les délicatesses de la poésie;* à quoi Voltaire ajoute : *Nous sommes un petit nombre d'adeptes qui nous y connaissons, le reste est profane;* remarque plus spirituelle que juste, et qu'Euler, en parlant de la Géométrie, aurait pu, avec tant d'avantage, rétorquer contre Voltaire et Frédéric. On voit bien que Voltaire, qui avait si dignement loué Newton, cherche en cet endroit à flatter Frédéric; il entre par complaisance dans les idées du Prince, qui ne voulait mettre à la tête de son Académie qu'un savant qui aurait au moins quelques titres en littérature, dans la crainte qu'un Géomètre ne mît pas assez d'intérêt à la direction des travaux littéraires, et qu'un littérateur ne fût encore plus déplacé à la tête d'une société composée en partie de savants dont il n'entendrait pas même la langue; il avait donc raison de diviser la place pour qu'elle fût complétement remplie.

M. Lagrange prit possession le 6 novembre 1766. Le procès-verbal qui en fait mention lui donne le nom de Lagrange-Tournier. *Il avait été bien reçu par le Roi, mais il s'aperçut bientôt que les Allemands n'aiment pas que les étrangers viennent occuper des places dans leur pays; il se mit à bien étudier leur langue; il ne s'occupa sérieusement que de Mathématiques; il ne se trouva sur le chemin de personne, parce qu'il ne demandait rien, et força bientôt les Allemands à lui accorder leur estime. Le Roi me traitait bien,* a-t-il dit lui-même, *je crois qu'il me préférait à Euler, qui était un peu dévot, tandis que moi je restais étranger à toute discussion sur le culte, et ne contrariais les opinions de personne.*

Cette réserve prudente, en le privant des avantages d'une familiarité honorable, qui n'eût pas été sans quelques inconvénients, lui laissait tout son temps pour ses travaux mathématiques, qui ne lui avaient attiré jusque-là que les éloges les plus flatteurs et les plus unanimes. Une seule fois ce concert de louanges fut troublé.

Un Géomètre français, qui réunissait à beaucoup de sagacité un amour-propre plus grand encore, et ne se donnait guère la peine d'étudier les Ouvrages des autres, accusa M. Lagrange de *s'être égaré dans la nouvelle route qu'il avait tracée, faute d'en avoir bien entendu la théorie;* il lui reprochait *de s'être trompé dans ses assertions et ses calculs.* Lagrange, dans sa réponse, montre quelque étonnement de ces expressions peu obligeantes, auxquelles il était si peu accoutumé; il s'attendait au moins à les voir motivées sur quelques raisons *bonnes ou mauvaises.* Mais il n'en trouvait d'aucun genre. Il fait voir que la solution proposée par Fontaine était incomplète et illusoire à certains égards. Fontaine s'était vanté d'avoir appris aux Géomètres les conditions qui rendent possible l'intégration des équations différentielles à trois variables; Lagrange lui fait voir, par plusieurs citations, que ces conditions étaient connues des Géomètres longtemps avant que Fontaine fût en état de les leur enseigner. Il ne nie pas, au reste, que Fontaine n'ait pu trouver ces théorèmes de lui-même; *du moins je suis persuadé,* ajoutait-il, *qu'il était aussi en état que personne de les trouver.*

C'est avec ces égards et cette modération qu'il répond à l'agresseur. Condorcet, dans l'Éloge de Fontaine, à l'occasion de cette dispute, est obligé d'avouer que son confrère s'y était écarté de cette politesse d'usage, dont jamais il n'est permis de se dispenser, mais qu'il croyait peut-être moins nécessaire avec des adversaires illustres et dont la gloire n'avait pas besoin de ces petits ménagements. On sent ce que vaut cette excuse, surtout quand on la présente en faveur d'un homme qui, de son propre aveu, s'appliquait à *étudier la vanité des autres pour la blesser dans l'occasion.* Il faut convenir au moins que celui qui s'est vu attaqué de cette manière quand il avait raison, et qui a su conserver cette politesse avec un adversaire qui s'en était dispensé, s'est acquis un double avantage sur celui dont il a d'ailleurs victorieusement repoussé les attaques imprudentes.

On n'attend pas de nous que nous suivions pas à pas M. Lagrange dans les savantes recherches dont il a rempli les *Mémoires de Berlin,* et même quelques volumes de l'Académie de Turin, qui lui devait à tous égards son existence. Mais nous ne pouvons nous dispenser d'indiquer, au moins en peu de mots, ce qu'elles renferment de plus remarquable. Nous citerons :

Un grand Mémoire où l'on trouve la démonstration d'une proposition curieuse qu'Euler n'avait pu se démontrer, une nouvelle extension donnée à ce théorème et des preuves directes de plusieurs autres propositions, auxquelles Euler n'était parvenu que par voie d'induction; et dans lequel, après avoir enrichi l'Analyse de Diophante et de Fermat, l'Auteur passe à la théorie des équations aux différences partielles, explique un paradoxe singulier remarqué par Euler, fait connaître une classe entière d'équations dont on n'avait que quelques exemples isolés, fait entièrement disparaître le paradoxe en montrant à quoi tiennent, et l'intégrale complète de ces équations, et la solution singulière qui n'est pas comprise dans cette intégrale.

Une Formule pour le retour des séries, remarquable par sa généralité et la simplicité de la loi, dont il fait une application heureuse au problème de Képler, et par là parvient à rendre sensible la convergence de l'expression analytique de l'équation du centre, convergence qu'on avait toujours supposée sans pouvoir se la démontrer.

Un Mémoire important sur la résolution des équations numériques, contenant aussi des remarques neuves sur celle des équations algébriques. Ce travail a servi de base au Traité qu'il a depuis publié sous le même titre, et dont il a donné deux éditions.

Un autre Mémoire, non moins important et plus neuf encore, où il ramène à des opérations purement algébriques tous les procédés des Calculs différentiel et intégral, qu'il dégage de toute idée d'infiniment petits, de fluxions, de limites et d'évanouissantes, et démontre la légitimité des abréviations que l'on se permet dans ces deux Calculs, qu'il délivre aussi de toutes les difficultés, de tous les paradoxes qui avaient pris naissance dans une métaphysique imparfaite et suspecte.

La démonstration d'un théorème curieux sur les nombres premiers, démonstration que personne encore n'avait pu trouver et qui était d'autant plus difficile, qu'on ne sait comment exprimer algébriquement les propositions de cette espèce.

L'intégration des différences partielles du premier ordre, par un principe fécond qui suffit pour la plupart des cas où cette intégration est possible.

Une solution purement analytique du problème de la rotation d'un corps de figure quelconque, dont il parvint enfin à surmonter les difficultés qui l'avaient longtemps arrêté, mais sur lequel les Géomètres paraissaient attendre avec curiosité quelques développements ultérieurs qu'ils espéraient trouver dans le second volume de sa nouvelle *Mécanique analytique*.

Plusieurs Mémoires sur la théorie obscure et difficile des probabilités, où l'on admire l'intégrale qui en fait la base, le nombre et l'importance des problèmes qu'elle résout; l'application que l'Auteur en fait à la question, qui revient chaque jour en Astronomie, du degré de confiance que l'on peut accorder au résultat moyen d'un grand nombre d'observations, et où se trouve cette remarque singulière et si favorable aux cercles de Borda, que chacun des nombres pairs l'emporte sur le nombre impair immédiatement supérieur pour la probabilité, que l'erreur sera comprise dans certaines limites; M. le Comte Laplace avait de son côté travaillé sur la même théorie. M. Lagrange la reprend à son tour par des moyens qui s'étendent aux équations de tous les ordres dont ils donnent les intégrales finies, et qui facilitent dans tous les cas la détermination des fonctions arbitraires.

Maclaurin avait traité à la manière des anciens l'attraction des sphéroïdes elliptiques, et Lagrange jugeait ce travail comparable à tout ce qu'Archimède a laissé de plus ingénieux et de plus beau; il montre ensuite que l'Analyse peut traiter ce sujet difficile avec le même succès; il y réussit, mais il s'arrête au même point que le Géomètre anglais. M. Legendre et M. Laplace ont depuis été plus loin. Mais tout récemment M. Ivory vient de nous montrer qu'une considération extrêmement simple peut rendre inutiles beaucoup de calculs, atteindre même à des théorèmes auxquels les calculs les plus prolixes ne conduisent que bien difficilement. Autrefois les Géomètres, dans chaque question, s'attachaient d'abord à trouver ces aperçus, qui peuvent les simplifier ou les ramener à des questions déjà résolues, abréger ainsi les calculs ou les rendre même entièrement inutiles. Depuis la découverte du Calcul infinitésimal, la facilité, l'universalité de la méthode, qui souvent dispense le calculateur d'avoir du génie, a fait que dans les cas plus difficiles on s'est appliqué principalement à perfectionner l'instrument universel. Mais aujourd'hui que les ressources de ce genre paraissent entièrement épuisées par les travaux d'Euler, de Lagrange et de leurs dignes émules, il serait temps peut-être de revenir à l'ancienne méthode, et d'imiter D. Bernoulli, que Condorcet a loué de s'être montré sobre de calculs. Lagrange a fait plus habituellement un autre usage de ses sublimes talents; il tire tout de l'Analyse. Il est pourtant plus vrai de dire qu'il a réuni au plus haut degré l'une et l'autre méthode; la preuve en est dans le Calcul des variations, auquel ne peut se comparer, ni pour la grandeur, ni pour l'universalité, aucune des idées les plus heureuses des autres Géomètres; mais s'il est question de ces aperçus ingénieux, dont tout l'avantage se borne à simplifier une question unique, c'est ainsi que dès les premiers pas il avait ramené les phénomènes du son à la théorie des cordes vibrantes, et c'est encore ainsi que dans le dernier travail qu'il a présenté à la Classe, il était parvenu à simplifier singulièrement sa théorie des variations des éléments des planètes, et à faire de sa solution une méthode générale pour tous les problèmes de Mécanique où les forces perturbatrices sont peu considérables en comparaison des forces principales. Mais si le plus souvent on lui voit faire les plus heureux efforts pour généraliser une solution, pour épuiser un sujet, quelquefois aussi on le voit se créer des difficultés où il n'en existait aucune, et appliquer ses méthodes adroites et savantes à la solution de problèmes élémentaires qui n'exigeaient qu'une construction du genre le plus simple.

C'est ainsi qu'à l'occasion du dernier passage de Vénus, il traite analytiquement les courbes d'entrée et de sortie pour les différents pays de la Terre. Mais pour parvenir à la solution très-facile et médiocrement exacte donnée par Delille et Lalande, il est obligé d'employer successivement des ressources détournées, des remarques pleines de finesse, de faire subir à ses coordonnées nombre de transformations, tandis que par un calcul trigonométrique de quelques lignes, on arrive à une formule plus complète où se trouvent des termes négligés par Lagrange et qui, bien que fort petits, ne sont pas absolument insensibles. Avouons pourtant qu'il sait tirer de sa formule, pour calculer la parallaxe du Soleil, un parti très-avantageux, que n'avaient aperçu ni Delille, ni Lalande, mais qui découle avec bien plus de facilité du calcul trigonométrique. Ajoutons encore que ce Mémoire, qui m'avait été totalement inconnu jusqu'au moment où j'ai dû lire tout ce qui était sorti de sa plume, paraît avoir servi à quelques Astronomes modernes pour établir des méthodes qu'ils s'efforcent d'accréditer, et que Lagrange y donne le premier exemple un peu étendu d'un problème élémentaire d'Astronomie résolu par la méthode des trois coordonnées rectangulaires, qui est d'un si grand et si indispensable usage dans l'Astronomie transcendante.

Il fit depuis une tentative semblable pour le problème des éclipses; il trouvait que les méthodes quelquefois prolixes de Duséjour n'avaient ni la simplicité, ni la facilité qu'on a droit d'attendre de l'état actuel de l'Analyse. Il développe dans ce travail toutes ses ressources et toute son adresse; la lecture de son Mémoire est singulièrement attachante, pour un Astronome qui n'a encore aucune idée de ces méthodes. Je n'ai point oublié l'effet qu'il produisit sur moi, il y a près de trente ans, quand j'en fis la première lecture; je me rappelle encore avec quels éloges, quelques années après, M. Oriani me parlait de ce travail; mais quoique l'Auteur ait tâché d'en faciliter la partie pratique, à l'aide de Tables ingénieuses, on ne voit pas que les Astronomes aient adopté cette méthode qui, commençant par les formules les plus directes, les plus rigoureuses et les plus propres, en apparence, à se plier à tous les cas, se termine cependant en une formule approximative et, qui plus est, indirecte.

Un autre essai du même genre n'a pas été plus heureux, parce que le succès était impossible; le problème était trop simple : il s'agissait de trouver la différence entre les longitudes héliocentrique et géométrique d'une planète supérieure. L'Auteur y parvient par des artifices de calculs assez remarquables, mais la solution est fort incommode, malgré l'élégance de la formule.

Parmi ces jeux de son génie qui cherchait des difficultés pour mieux montrer sa force, se rangerait encore le Mémoire où il indique les moyens de construire les Tables astronomiques, d'après une suite d'observations, et sans connaître la loi des mouvements célestes. C'est le problème que résolvaient de tout temps les Astronomes, par les voies les plus élémentaires. Les moyens de Lagrange sont plus analytiques et plus savants; mais dans l'exemple même qu'il a choisi, et qui est des plus simples, il est permis de douter que les moyens qu'il emploie soient les plus sûrs et les plus faciles. Sans doute il n'a voulu que nous montrer les ressources qu'on eût trouvées dans l'Analyse, si Képler et Newton ne nous avaient dévoilé le système du monde et les lois d'après lesquelles s'accomplissent les mouvements planétaires, car il n'est pas possible d'imaginer qu'il ait pu avoir le moindre doute sur cette loi de la pesanteur universelle dont il avait lui-même donné de si beaux développements, quoique en plusieurs endroits de ses Ouvrages il ait pris le soin d'établir ses formules pour une loi quelconque d'attraction, afin de les rendre indépendantes de toute hypothèse.

Les Géomètres liront avec plaisir les *Recherches analytiques sur le problème des projections,* qui n'avait jamais été traité d'une manière si générale et si complète; les Astronomes et les Géographes n'y trouveront de praticable que ce qu'ils avaient appris d'avance par des méthodes plus élémentaires. Si ces derniers Mémoires n'offrent pas de résultats véritablement utiles, outre qu'ils fournissent une lecture attachante, ils nous donnent encore cet avis qui peut avoir des applications fréquentes : c'est que les questions aisées ne doivent être traitées que par des moyens également faciles; qu'il faut réserver l'analyse savante pour les questions qui exigent ces grands moyens, et qu'il ne faut pas ressembler à ce personnage de la Fable, qui, pour se délivrer d'une puce, voulait emprunter à Jupiter sa foudre, ou à Hercule sa massue.

Il est à croire qu'en ces occasions Lagrange ne voulait pas sérieusement proposer aux Astronomes ces méthodes pénibles en place des moyens plus faciles et plus exacts dont ils sont en possession, mais il faisait de ces problèmes faciles, usuels, et déjà résolus, le même usage qu'ont fait d'autres analystes de questions de pure curiosité, qui leur fournissaient des exemples de calcul et des occasions de développer de nouveaux artifices analytiques, toujours bons à connaître.

Mais un travail, grand dans son objet, utile par ses applications continuelles, et digne en tout de son génie, c'est celui dans lequel il a calculé les changements successifs qui s'opèrent dans les dimensions et les positions des orbites planétaires. Tous les Géomètres, depuis Newton, s'étaient occupés de ce problème; leurs formules différentielles, appliquées successivement à chaque planète, pouvaient, jusqu'à un certain point, et pendant un certain temps, satisfaire aux besoins de l'Astronomie; mais, après quelque intervalle, elles se trouvaient insuffisantes, et les calculs étaient à recommencer sur de nouvelles données. M. Lagrange considère la question sous un point de vue qui l'embrasse tout entière, et en permet la solution la plus complète. Au lieu de combiner les orbites deux à deux, comme ses prédécesseurs, il les considère toutes ensemble, et, quel qu'en soit le nombre, il parvient à donner à l'équation une forme qui permet l'intégration, en supposant d'une part le principe fondamental de la gravitation, et de l'autre les orbites connues, comme elles le sont pour une certaine époque. Son analyse détermine ce qu'elles ont été, ce qu'elles deviendront dans tous les siècles passés et futurs. La solution ne laisse rien à désirer, si ce n'est une connaissance plus exacte de la masse des planètes qui n'ont point de satellites. Mais cette connaissance même, avec le temps, pourra s'obtenir par ses formules; en attendant, M. Laplace a tiré du travail de M. Lagrange une solution plus bornée, mais plus facile, et qui, permettant de remonter aux premiers temps de l'Astronomie, s'étend dans l'avenir au même nombre de siècles, c'est-à-dire à 2000 en avant comme en arrière.

M. Laplace était parvenu par induction à ce théorème important de l'invariabilité des grands axes et des mouvements moyens, qui assure la stabilité du système planétaire, et dissipe pour toujours la crainte qu'on aurait pu concevoir que les planètes, continuellement attirées vers le Soleil, ne dussent finir un jour par se précipiter sur cet astre. M. Lagrange était déjà parvenu à un résultat du même genre à peu près pour la Lune; on pouvait douter cependant que la proposition fût vraie en toute rigueur. M. Lagrange la démontre directement et sans supposer les orbites à peu près circulaires, mais en négligeant les carrés et les produits binaires des masses; M. Poisson a depuis étendu la démonstration aux quantités du second ordre; il est à présumer qu'elle s'étendrait de même aux produits de tous les ordres. Au reste, ce qui est fait suffit pour nous démontrer que toute crainte à cet égard serait désormais bien folle et bien chimérique.

La manière ordinaire d'intégrer les équations des mouvements planétaires avait un inconvénient qui rendait les solutions presque illusoires, celui des arcs de cercle qui croîtraient indéfiniment avec le temps; on était parvenu, en certains cas, à se débarrasser de ces arcs incommodes. M. Laplace avait fait en ce genre des remarques très-importantes, mais fondées sur une métaphysique trop ingénieuse pour offrir la clarté d'une démonstration purement analytique; M. Lagrange a reconnu qu'en faisant varier les constantes arbitraires, suivant les principes employés dans la théorie des intégrales particulières, on pouvait toujours éviter les arcs de cercle dans le calcul des perturbations.

La question des trajectoires, ou des familles de courbes qui coupent sous des angles donnés une infinité d'autres courbes toutes du même genre, avait occupé tous les Géomètres, depuis Leibnitz et Bernoulli jusqu'à Euler, qui paraissait n'avoir rien laissé à désirer sur cette question. Lagrange en fit une question neuve en la transportant des simples courbes aux surfaces; elle conduit à une équation aux différences partielles, laquelle n'est intégrable que dans le cas où l'angle d'intersection est droit.

Nous n'avons présenté qu'une idée bien imparfaite de la série immense de travaux qui ont donné tant de prix aux *Mémoires de l'Académie de Berlin,* tant qu'elle eut l'avantage inestimable d'être dirigée par M. Lagrange; il est tel de ces Mémoires qui, par son étendue et par son importance, pourrait passer pour un grand Ouvrage, et cependant ce n'était encore qu'une partie de ce que ces vingt années lui avaient vu produire. Il y avait composé sa *Mécanique analytique,* mais il désirait qu'elle fût imprimée à Paris, où il espérait que ses formules seraient rendues avec plus de soin et de fidélité. C'était, d'une autre part, courir de trop grands hasards que de confier un pareil manuscrit aux mains d'un voyageur qui n'en sentirait pas assez tout le prix. M. Lagrange en fit une copie que M. Duchâtelet se chargea de remettre à l'abbé Marie, avec lequel il était fort lié. Marie répondit dignement à la confiance dont il était honoré. Son premier soin fut de chercher un libraire qui voulût se charger de l'entreprise; et, ce qu'on aura peine à croire aujourd'hui, il n'en pouvait trouver. Plus les méthodes étaient nouvelles, plus la théorie était sublime, moins elles devaient rencontrer de lecteurs en état de les apprécier, et, sans douter nullement du mérite de l'Ouvrage, les libraires étaient excusables de se défier d'un débit qui pouvait se trouver borné à un petit nombre de Géomètres disséminés sur la face de l'Europe. Desaint, qui fut le plus hardi de tous ceux auxquels on s'adressa, ne consentit à se charger de l'impression que sur l'engagement formel, signé par Marie, de prendre à son compte le restant de l'édition, si, dans un temps fixé, elle n'était entièrement épuisée. À ce premier service, Marie en ajouta un autre auquel M. Lagrange fut au moins aussi sensible. Il lui procura un éditeur digne de présider à l'impression d'un tel ouvrage. M. Legendre se dévoua tout entier à cette révision pénible, et s'en trouvait payé par le sentiment de vénération dont il était pénétré pour l'Auteur, et par les remercîments qu'il en reçut dans une lettre que j'ai eue entre les mains, et que M. Lagrange avait remplie des expressions de son estime et de sa reconnaissance.

Le livre n'avait pas encore paru quand l'Auteur vint s'établir à Paris. Plusieurs causes l'y déterminèrent; mais il ne faut pas croire à toutes celles qu'on a alléguées.

La mort de Frédéric avait amené de grands changements en Prusse, et pouvait en faire craindre de plus grands encore; *les savants n'y trouvaient plus la même considération.* Il était assez naturel que M. Lagrange sentît de nouveau ce désir qui l'avait autrefois conduit à Paris; ces causes, avec la publication de sa *Mécanique,* étaient bien suffisantes; il n'est pas nécessaire d'y joindre celles qu'y ajoutèrent plusieurs brochures publiées en Allemagne, et particulièrement l'historien secret de la cour de Berlin. Jamais, pendant un séjour de vingt-cinq ans en France, nous n'avons entendu M. Lagrange proférer la moindre plainte contre le Ministre qu'on a accusé de l'avoir *irrévocablement mécontenté par des mépris et des dégoûts, que par respect pour lui-même il lui était impossible de dissimuler.* On pourrait soupçonner que M. Lagrange eût assez de générosité pour oublier ou pardonner des torts dont il aurait tiré la seule vengeance qui fût digne de lui, celle de quitter une contrée où son mérite eût été méconnu. Mais, interrogé directement sur ce sujet par un Membre de l'Institut (M. Burckhardt), il ne donna que des réponses négatives, et qui n'indiquaient d'autre cause véritable que les malheurs qu'on croyait prêts à fondre sur la Prusse. M. Hertzberg était mort; M. Lagrange, Comte et Sénateur français, n'avait aucun intérêt de dissimuler la vérité; ainsi nous devons nous en rapporter à ses dénégations constantes.

L'historien que nous avons cité a donc été mal informé; mais l'esprit de dénigrement et de satire, qui a si justement rendu son ouvrage suspect, ne doit pas nous empêcher d'en extraire les lignes où il expose, avec l'énergie qui lui est particulière, son opinion, qui est celle de l'Europe, quand il rend justice à M. Lagrange (*).

« Il me semble, ce sont ses termes, qu'il y aurait ici en ce moment une acquisition digne du Roi de France. L'illustre Lagrange, le premier Géomètre qui ait paru depuis Newton et qui, sous tous les rapports de l'esprit et du génie, est l'homme qui m'a le plus étonné; Lagrange, le plus sage, et peut-être le seul philosophe vraiment pratique qui ait jamais existé, recommandable par son imperturbable sagesse, ses mœurs, sa conduite de tout genre, en un mot l'objet du plus tendre respect du petit nombre d'hommes dont il se laisse approcher, Lagrange est mécontent, tout le convie à se retirer d'un pays où rien n'absout du crime d'être étranger, et où il ne supportera pas de n'être pour ainsi dire qu'un objet de tolérance.... Le prince Cardito de Caffredo, Ministre de Naples à Copenhague, lui a offert les plus belles conditions de la part de son Souverain; le Grand-Duc, le Roi de Sardaigne, l'invitent vivement; mais toutes leurs propositions seront aisément oubliées pour la nôtre.... Je suis très-attaché à cette idée, parce que je la crois noble, et que j'aime tendrement l'homme qui en est l'objet.... J'ai suspendu la délibération de M. L. G. sur les propositions qui lui sont faites, pour attendre les nôtres.... J'ai oublié de vous dire que l'Ambassadeur (de France) avait, à ma prière, adressé à M. de Vergennes la proposition d'appeler M. Lagrange. »

L'auteur que nous citons paraît craindre l'opposition de M. de Breteuil, et, suivant M. Lagrange lui-même, *ce fut l'abbé*

(*) *Histoire secrète de la cour de Berlin*, 1789, t. II, p. 173 et suiv.

Marie qui le proposa à M. de Breteuil, et ce Ministre, qui dans toutes les occasions a été au-devant des désirs de l'Académie des Sciences, porta cette demande et la fit agréer par Louis XVI.

Le successeur de Frédéric, quoiqu'il s'intéressât médiocrement aux sciences, faisait quelques difficultés de laisser partir un savant que son prédécesseur avait appelé et qu'il honorait d'une estime particulière. Après quelques démarches, Lagrange obtint qu'on ne s'opposât plus à son départ; on y mit pour condition qu'il donnerait encore plusieurs Mémoires à l'Académie de Berlin. Les volumes de 1792, 1793 et 1803 prouvent qu'il fut fidèle à sa promesse.

Ce fut en 1787 que M. Lagrange vint à Paris, siéger à l'Académie des Sciences, dont il était depuis quinze ans *Associé étranger*. Pour lui donner droit de suffrage dans toutes les délibérations, on changea ce titre en celui de *Pensionnaire vétéran*. Ses nouveaux confrères se montrèrent à l'envi heureux et glorieux de le posséder; *la Reine l'accueillit avec bienveillance; elle le considérait comme Allemand; il lui avait été recommandé de Vienne. On lui donna un logement au Louvre; il y vécut heureux jusqu'à la révolution.* La satisfaction dont il jouissait se répandait peu au dehors : toujours affable et bon quand on l'interrogeait, il se pressait peu de parler, paraissait distrait et mélancolique; souvent, dans une réunion qui devait être selon son goût, au milieu de ces savants qu'il était venu chercher de si loin, parmi les hommes les plus distingués de tout pays qui se rassemblaient toutes les semaines chez l'illustre Lavoisier, je l'ai vu rêveur, debout contre une fenêtre où rien pourtant n'attirait ses regards; il y restait étranger à tout ce qui se disait autour de lui; il avouait lui-même que son enthousiasme était éteint, qu'il avait perdu le goût des recherches mathématiques.

S'il apprenait qu'un Géomètre s'occupât de quelque travail, Tant mieux, disait-il, je l'avais commencé, je serai dispensé de l'achever. Mais cette tête pensante ne pouvait que changer l'objet de ses méditations. La métaphysique, l'histoire de l'esprit humain, celle des différentes religions, la théorie générale des langues, la médecine, la botanique, s'étaient partagé ses loisirs. Quand la conversation se portait sur les matières qui paraissaient lui devoir être les plus étrangères, on était frappé d'un trait inattendu, d'une pensée fine, d'une vue profonde, qui décelaient de longues réflexions. Entouré de Chimistes qui venaient de réformer toutes les théories, et jusqu'au langage de leur science, il se mit au courant de leurs découvertes qui donnaient à des faits, auparavant isolés et inexplicables, cette liaison qu'ont entre elles les différentes parties des Mathématiques : il consentit à acquérir ces connaissances qui lui avaient autrefois semblé si obscures, et qui étaient devenues *aisées comme l'Algèbre*. On a été étonné de cette comparaison, on a cru qu'elle ne pouvait venir à l'esprit que d'un Lagrange. Elle nous paraît aussi simple que juste, mais il faut la prendre dans son véritable sens. L'Algèbre, qui présente tant de problèmes insolubles, tant de difficultés contre lesquelles sont venus se briser tous les efforts de Lagrange lui-même, ne pouvait lui paraître une étude si facile; mais il comparait les éléments de la Chimie à ceux de l'Algèbre; ces nouveaux éléments faisaient corps, ils étaient intelligibles, ils offraient plus de certitude; ils ressemblaient à ceux de l'Algèbre qui, dans la partie qui est faite, n'offre rien de bien difficile à concevoir, aucune vérité à laquelle on ne puisse parvenir par une suite de raisonnements de l'évidence la plus palpable. L'entrée de la science chimique lui parut offrir ces mêmes avantages, avec un peu moins de certitude et de stabilité probablement; comme l'Algèbre, elle a sans doute aussi ses difficultés, ses paradoxes qu'on n'expliquera qu'avec beaucoup de sagacité, de réflexions et de temps; elle aura ses problèmes qui demeureront toujours insolubles.

C'est dans ce repos philosophique qu'il vécut jusqu'à la révolution, sans rien ajouter à ses découvertes mathématiques, sans même ouvrir une seule fois sa *Mécanique analytique*, qui avait paru depuis plus de deux ans.

La révolution offrit aux savants l'occasion d'une grande et difficile innovation : l'établissement d'un système métrique, fondé sur la nature, et parfaitement analogue à notre échelle de numération. Lagrange fut un des Commissaires que l'Académie chargea de ce travail; il en fut un des plus ardents promoteurs; il voulait le système décimal dans toute sa pureté; il ne pardonnait pas à Borda la complaisance qu'il avait eue de faire exécuter des quarts de mètre. Il était peu frappé de l'objection que l'on tirait contre ce système du petit nombre des diviseurs de sa base. Il regrettait presque qu'elle ne fût pas un nombre premier, tel que 11, qui nécessairement eût donné un même dénominateur à toutes les fractions. On regardera, si l'on veut, cette idée comme une de ces exagérations qui échappent aux meilleurs esprits dans le feu de la dispute; mais il n'employait ce nombre 11 que pour écarter le nombre 12, que des novateurs plus intrépides auraient voulu substituer à celui de 10, qui fait partout la base de la numération.

A la suppression des Académies, on conserva *temporairement* la Commission chargée de l'établissement du nouveau système. Trois mois à peine étaient écoulés, que, pour *épurer* cette Commission, on raya de sa liste les noms de Lavoisier, Borda, Laplace, Coulomb, Brisson, et celui de l'Astronome qui opérait en France:

Lagrange fut conservé. En qualité de Président, par une lettre longue et pleine de bonté, il m'avertit que j'allais recevoir l'avis officiel de ma destitution. Dès qu'il me sut de retour, il vint me témoigner le regret que lui causait l'éloignement d'un si grand nombre de confrères. *Je ne sais,* disait-il, *pourquoi ils m'ont conservé*. Mais, à moins d'être totale, il était difficile que la suppression s'étendît jusqu'à lui. Plus la Commission avait éprouvé de pertes, plus il lui importait de ne pas se priver de la considération attachée au nom de Lagrange; on le savait d'ailleurs uniquement dévoué aux sciences; il n'avait aucune place, ni dans l'ordre civil, ni dans l'administration; la modération de son caractère l'avait empêché d'exprimer ce qu'il ne pouvait se défendre de penser en secret. Mais jamais je n'oublierai la conversation que j'eus avec lui à cette époque. C'était le lendemain de ce jour où un jugement atroce et absurde, en révoltant tout ce qui avait quelque idée de justice, avait mis les savants dans le deuil, en frappant le plus illustre physicien de l'Europe. *Il ne leur a fallu qu'un moment,* me disait-il, *pour faire tomber cette tête, et cent années peut-être ne suffiront pas pour en reproduire une semblable.* Nous gémissions ensemble des funestes suites de l'expérience dangereuse qu'avaient tentée les Français. Quelque temps auparavant nous avions eu une conversation du même genre dans le cabinet de Lavoisier, à l'occasion du procès du malheureux Bailly. Tous ces projets chimériques d'amélioration lui paraissaient des preuves fort équivoques de la grandeur de l'esprit humain : *Voulez-vous le voir véritablement grand, entrez dans le cabinet de Newton décomposant la lumière, ou dévoilant le système du monde.*

Déjà depuis longtemps il regrettait de n'avoir pas écouté la voix de ses amis qui, dès le commencement de nos troubles, lui avaient conseillé de chercher un asile qu'il aurait trouvé si facilement. Tant que la révolution ne parut menacer que le traitement dont il jouissait en France, il avait négligé cette considération pour la curiosité de voir de plus près une de ces grandes secousses qu'il serait toujours plus prudent d'observer d'un peu loin. *Tu l'as voulu,* se répétait-il à lui-même, en me confiant ses regrets; en vain un Décret spécial, proposé par Duséjour, à l'Assemblée constituante, lui avait assuré le payement de sa pension; vainement lui eût-on tenu parole, la dépréciation du papier-monnaie suffisait pour rendre ce Décret illusoire. Il avait été nommé Membre d'un Bureau de consultation chargé d'examiner et de récompenser les inventions utiles; on l'avait fait l'un des Administrateurs de la Monnaie, mais cette Commission lui offrait peu d'objets capables de fixer son attention, et ne pouvait en aucun sens dissiper ses inquiétudes. On voulut de nouveau l'attirer à Berlin, et lui rendre sa première existence; il y avait consenti. Hérault de Séchelles, à qui il s'était adressé pour un passe-port, lui offrait pour plus de sûreté une mission en Prusse. M. Lagrange ne put consentir à quitter sa patrie; cette répugnance, qu'il regardait alors comme un malheur, fut pour lui une source de fortune et de gloire nouvelle.

L'École Normale, dont il fut nommé Professeur, mais qui n'eut qu'une existence éphémère, lui donna à peine le temps d'exposer ses idées sur les fondements de l'Arithmétique, de l'Algèbre et de leurs applications à la Géométrie.

L'École Polytechnique, fruit d'une idée plus heureuse, eut aussi des succès plus durables; et parmi les meilleurs effets qu'elle a produits, nous pouvons mettre au premier rang celui d'avoir rendu M. Lagrange à l'Analyse. Ce fut là qu'il eut occasion de développer les idées dont le germe était dans un Mémoire qu'il avait publié en 1772, et dont l'objet était d'enseigner la véritable métaphysique du Calcul intégral. Pour l'entendre, et jouir plus tôt de ces heureux développements, on vit les Professeurs se mêler aux jeunes élèves. C'est alors qu'il composa ses *Fonctions analytiques,* et les *Leçons sur ce calcul,* dont il a donné plusieurs éditions. *Ceux qui ont été à portée de suivre ces intéressantes leçons,* a dit un de ces Professeurs (M. Lacroix), *ont eu le plaisir de lui voir créer sous les yeux des auditeurs presque toutes les portions de sa théorie, et conserveront précieusement plusieurs variantes que recueillera l'histoire de la Science, comme des exemples de la marche que suit dans l'Analyse le génie de l'invention.*

Ce fut alors aussi qu'il publia son *Traité de la Résolution des équations numériques*, avec des Notes sur plusieurs points de la théorie des équations algébriques.

On dit qu'Archimède, dont la grande réputation est surtout fondée, au moins chez les historiens, sur des machines de tout genre, et principalement celles qui avaient retardé la prise de Syracuse, dédaignait ces inventions mécaniques, sur lesquelles il n'a rien écrit; on dit qu'il ne mettait d'importance qu'à ses Ouvrages de pure théorie. On pourrait quelquefois penser que nos grands Géomètres partagent, à cet égard, l'opinion d'Archimède. Ils regardent un problème comme résolu quand il n'offre plus de difficultés analytiques, qu'il ne reste plus à faire que des différentiations, des substitutions et des réductions, opérations qui, dans le fait, n'exigent guère que de la patience et une certaine habitude. Satisfaits d'avoir écarté les difficultés plus réelles, ils s'inquiètent trop peu de l'embarras où ils laissent les calculateurs et du travail que doit leur imposer l'usage de la formule, même après qu'elle a été convenablement réduite. Nous n'oserions assurer que Lagrange n'ait pas été le plus souvent de cette opinion. Plus d'une fois il a exprimé ouvertement son vœu de voir encourager les recherches purement analytiques; et, même quand il paraît se proposer la plus grande facilité des calculs usuels, c'est encore l'Analyse principalement qu'il perfectionne.

La résolution générale des équations algébriques est sujette à des difficultés réputées insurmontables; mais, dans la pratique, tout problème déterminé conduit à une équation dont tous les coefficients sont donnés en nombres : il suffirait donc d'avoir une méthode sûre pour trouver toutes les racines de cette équation, qu'on nomme *numérique*. C'est l'objet que se propose M. Lagrange; il analyse les méthodes connues, en démontre l'incertitude et l'insuffisance; il réduit le problème à la détermination d'une quantité plus petite que la plus petite différence entre les racines. C'est beaucoup. On ne peut trop admirer la science analytique qui brille partout dans cet Ouvrage; mais, malgré toutes les ressources du génie de Lagrange, on ne peut se dissimuler que le travail ne soit encore bien long, et les calculateurs continueront sans doute de donner la préférence à des moyens moins directs et plus expéditifs. Quatre fois l'Auteur est revenu sur ce sujet : il est à croire qu'une solution commode et générale nous sera toujours refusée, ou que du moins ce sera par d'autres moyens qu'il faudra la chercher. L'Auteur semble l'avoir reconnu lui-même, en recommandant celui de M. Budan comme *le plus facile et le plus élégant pour résoudre toutes les équations dont toutes les racines sont réelles*.

Le désir de multiplier les applications utiles lui fit entreprendre une nouvelle édition de sa *Mécanique analytique* : son projet était d'en développer les parties les plus usuelles. Il y travaillait avec toute l'ardeur et la force de tête qu'il y aurait mise dans son meilleur temps ; mais cette application lui laissait une fatigue qui allait quelquefois à le faire tomber en défaillance. Il fut trouvé en cet état par Mme Lagrange. Sa tête, en tombant, avait porté sur l'angle d'un meuble, et ce choc ne lui avait pas rendu l'usage de ses sens. C'était un avertissement de se ménager davantage ; il en jugea d'abord ainsi ; mais il avait trop à cœur de terminer la rédaction de cet Ouvrage, dont l'impression, longtemps suspendue, n'a été terminée qu'en 1815. Le premier volume avait paru quelque temps avant sa mort ; il avait été suivi d'une nouvelle édition des *Fonctions analytiques*. Tant de travaux l'épuisèrent. Vers la fin de mars, la fièvre se déclara, l'appétit était nul, le sommeil agité, la bouche aride ; il éprouvait des défaillances alarmantes, surtout à l'heure de son réveil. Il sentit son danger ; mais, conservant son imperturbable sérénité, il étudiait ce qui se passait en lui ; et, comme s'il n'eût fait qu'assister à une grande et rare expérience, il y donnait toute son attention. Ses remarques n'ont point été perdues ; l'amitié lui amena, le 8 avril au matin, MM. Lacépède et Monge, et M. Chaptal, qui se fit un devoir religieux de recueillir les principaux traits d'une conversation qui fut la dernière. (Nous avons suivi scrupuleusement toutes les indications qu'elle contient, et les passages que nous avons soulignés sans autre citation sont fidèlement copiés sur le manuscrit de M. le Comte Chaptal.)

Il les reçut avec attendrissement et cordialité. *J'ai été bien mal avant-hier, mes amis*, leur dit-il, *je me sentais mourir; mon corps s'affaiblissait peu à peu, mes facultés morales et physiques s'éteignaient insensiblement; j'observais avec plaisir la progression bien graduée de la diminution de mes forces, et j'arrivais au terme sans douleur, sans regrets, et par une pente bien douce. Oh! la mort n'est pas à redouter, et lorsqu'elle vient sans douleur, c'est une dernière fonction qui n'est ni pénible ni désagréable.* Alors il leur exposait ses idées sur la vie, dont il croyait que le siége est partout, dans tous les organes, dans tout l'ensemble de la machine, qui, chez lui, s'affaiblissait également partout et par les mêmes degrés. *Quelques instants de plus, il n'y avait plus de fonctions nulle part, la mort était partout : la mort n'est que le repos absolu du corps.*

Je voulais mourir, ajouta-t-il avec plus de force, *oui, je voulais mourir, et j'y trouvais du plaisir; mais ma femme n'a pas voulu : j'eusse préféré en ces moments une femme moins bonne, moins empressée à ranimer mes forces, et qui m'eût laissé finir doucement. J'ai fourni ma carrière; j'ai acquis quelque célébrité dans les Mathématiques. Je n'ai haï personne, je n'ai point fait de mal, et il faut bien finir; mais ma femme n'a pas voulu.*

Comme il s'était fort animé, surtout à ces derniers mots, ses amis, malgré tout l'intérêt qu'ils mettaient à l'entendre, voulaient se retirer; il se mit à leur faire l'histoire de sa vie, de ses travaux, de ses succès, de son séjour à Berlin (où plusieurs fois il nous avait dit qu'il avait vu de près *un Roi*), de son arrivée à Paris, de la tranquillité dont il y avait joui d'abord, des inquiétudes que lui avait ensuite causées la révolution, de la manière grande et inespérée dont il en avait été dédommagé par un Prince plus grand, plus puissant (il aurait pu dire encore plus en état de l'apprécier), qui l'avait comblé d'honneurs et de dignités, et qui, tout récemment encore, venait de lui envoyer le grand cordon de l'Ordre de la Réunion; ajoutons enfin qui, après lui avoir donné, pendant sa vie, les preuves non équivoques de la plus haute estime, vient de faire, pour sa veuve et son frère, plus que jamais Frédéric n'avait fait pour lui-même pendant tout le temps qu'il avait illustré son Académie.

Il n'avait ambitionné ni ces honneurs ni ces richesses, mais il les recevait avec une respectueuse reconnaissance, et s'en réjouissait pour l'avantage des sciences. Il comptait se parer de ces titres au frontispice de l'Ouvrage qu'il faisait imprimer, pour montrer à l'univers à quel point les savants étaient honorés en France.

On voit, par ces derniers mots, qu'il n'avait pas perdu tout espoir de guérison; il croyait seulement que sa convalescence serait longue; il offrait ensuite, dès que ses forces seraient revenues, d'aller dîner chez M. le Comte de Lacépède avec MM. les Comtés Monge et Chaptal, et là il se proposait de leur donner sur sa vie et ses Ouvrages d'autres détails qu'ils ne pourraient trouver nulle part. Ces détails sont irrévocablement perdus. Nous ignorons même encore ce qu'il avait voulu, et ce qu'il aura pu ajouter au second volume de sa *Mécanique,* qui était déjà sous presse. (Ce volume a paru en 1816.)

Pendant cette conversation, qui dura plus de deux heures, la mémoire lui manqua souvent; il faisait de vains efforts pour se rappeler les noms et les dates, mais son discours fut toujours suivi, plein de fortes pensées et d'expressions hardies. Cet emploi qu'il fit de ses forces les épuisa. A peine ses amis étaient retirés, qu'il tomba dans un abattement profond, et il mourut le surlendemain 10 avril, à neuf heures trois quarts du matin.

M. Lagrange était d'une complexion délicate, mais bonne; sa tranquillité, sa modération, un régime austère et frugal, dont il s'écartait rarement, lui ont fait prolonger sa carrière jusqu'à l'âge de soixante-dix-sept ans deux mois et dix jours. Il avait été marié deux fois; la première fois à Berlin, pour faire comme tous les autres Académiciens, dont aucun n'était célibataire. Il avait fait venir de Turin une parente qu'il épousa, et qu'il perdit après une longue maladie, pendant laquelle il lui avait prodigué les soins les plus tendres, les plus soutenus et les plus ingénieux. Quand depuis il épousa en France Mlle Lemonnier, fille de notre célèbre Astronome, il nous disait : *Je n'ai point eu d'enfants de mon premier mariage, je ne sais si j'en aurai du second, je n'en désire guère*. Ce qu'il souhaitait principalement, c'était une compagne aimable, dont la société pût lui offrir quelques délassements dans les intervalles de ses travaux, et, à cet égard, il ne lui resta rien à désirer. Mme la Comtesse Lagrange, fille, petite-fille et nièce de Membres de l'Académie des Sciences, était digne d'apprécier le nom qu'il lui ferait porter. Cet avantage réparant à ses yeux l'inégalité de leurs âges, elle ne tarda pas à concevoir pour lui le plus tendre attachement. Il en était reconnaissant au point qu'il souffrait difficilement d'être séparé d'elle, que c'était pour elle seule qu'il sentait quelque regret de quitter la vie, et qu'enfin on l'a plusieurs fois entendu dire que de tous ses succès, ce qu'il prisait le plus, c'était qu'ils lui eussent fait obtenir une compagne si tendre et si dévouée. Pendant les dix jours que dura sa maladie, elle ne le perdit pas de vue un seul instant, et les employa constamment à réparer ses forces et à prolonger son existence.

Il aimait la retraite, mais il n'en fit pas un devoir à la jeune épouse qu'il s'était associée; il sortit donc plus souvent, et se montra dans le monde, où d'ailleurs ses dignités l'obligeaient de paraître. Très-souvent on pouvait s'apercevoir qu'il y suivait les méditations commencées dans son cabinet; on a dit qu'il n'était pas insensible aux charmes de la musique. En effet, quand une réunion était nombreuse, il n'était pas fâché qu'un concert vînt interrompre les conversations et fixer toutes les attentions. Dans une de ces occasions, je lui demandais ce qu'il pensait de la musique : *Je l'aime parce qu'elle m'isole; j'en écoute les trois premières mesures, à la quatrième je ne distingue plus rien, je me livre à mes réflexions, rien ne m'interrompt, et c'est ainsi que j'ai résolu plus d'un problème difficile*. Ainsi, pour lui, la plus belle œuvre de musique devait être celle à laquelle il avait dû les inspirations les plus heureuses.

Quoiqu'il fût doué d'une figure vénérable, sur laquelle se peignait son beau caractère, jamais il n'avait voulu consentir que l'on fît son portrait; plus d'une fois, par une adresse fort excusable, on s'était introduit aux séances de l'Institut, pour le dessiner à son insu. Un artiste, envoyé par l'Académie de Turin, traça de cette manière l'esquisse d'après laquelle il a fait le buste qui a été plusieurs mois exposé dans la salle de nos séances particulières, et qui orne aujourd'hui notre bibliothèque. Ses traits ont été moulés après sa mort, et précédemment, pendant qu'il sommeillait, on en avait fait un dessin qu'on dit fort ressemblant.

Doux, et même timide dans la conversation, il aimait particulièrement à interroger, soit pour faire valoir les autres, soit pour ajouter leurs réflexions à ses vastes connaissances. Quand il parlait, c'était toujours sur le ton du doute, et sa première phrase commençait ordinairement par *je ne sais pas*. Il respectait toutes les opinions, était bien éloigné de donner les siennes pour des règles; ce n'est pas qu'il fût aisé de l'en faire changer, et qu'il ne les défendît parfois avec une chaleur qui allait croissant jusqu'à ce qu'il s'aperçût de quelque altération en lui-même; alors il revenait à sa tranquillité ordinaire. Un jour, après une discussion de cette espèce, M. Lagrange étant sorti, Borda, resté seul avec moi, laissa échapper ces mots : *Je suis fâché d'avoir à le dire d'un homme tel que M. Lagrange, mais je n'en connais pas de plus entêté.* Si Borda fût sorti le premier, Lagrange m'en eût dit autant sans doute de son confrère, homme de sens et de beaucoup d'esprit, qui, comme Lagrange, ne changeait pas volontiers les idées qu'il n'avait adoptées qu'après un mûr examen.

Souvent on remarquait dans son ton une légère et douce ironie, sur l'intention de laquelle il était possible de se méprendre, et dont je n'ai pas vu d'exemple que personne ait pu se tenir offensé; ainsi il me disait un jour : « Ces Astronomes sont singuliers; ils ne veulent pas croire à une théorie, quand elle ne s'accorde pas avec leurs observations. » Ce qui avait amené cette réflexion, son regard en la proférant en marquait assez le sens véritable, et je ne me crus pas obligé de défendre les Astronomes.

Parmi tant de chefs-d'œuvre que l'on doit à son génie, sa *Mécanique* est sans contredit le plus grand, le plus remarquable et le plus important. Les *Fonctions analytiques* ne sont qu'au second rang, malgré la fécondité de l'idée principale et la beauté des développements. Une notation moins commode, des calculs plus embarrassants, quoique plus lumineux, empêcheront les Géomètres d'employer, si ce n'est en certains cas difficiles et douteux, ses symboles et ses dénominations; il suffit qu'il les ait rassurés sur la légitimité des procédés plus expéditifs du Calcul différentiel et intégral. Lui-même a suivi la notation commune dans la seconde édition de sa *Mécanique*.

Ce grand Ouvrage est tout fondé sur le Calcul des variations, dont il est l'inventeur; tout y découle d'une formule unique, et d'un principe connu avant lui, mais dont on était loin de soupçonner toute l'utilité. Cette sublime composition réunit en outre tous ceux de ses travaux précédents qu'il a pu y rattacher; elle se distingue encore par l'esprit philosophique qui y règne d'un bout à l'autre : elle est aussi la plus belle histoire de cette partie de la science, une histoire telle qu'elle ne pouvait être écrite que par un homme au niveau de son sujet, et supérieur à tous ses devanciers, dont il analyse les Ouvrages; elle forme une lecture du plus haut intérêt, même pour celui qui serait hors d'état d'en apprécier tous les calculs de détails. Un pareil lecteur y apercevra du moins la liaison intime de tous les principes sur lesquels les plus grands Géomètres ont appuyé leurs recherches de Mécanique. Il y verra la loi géométrique des mouvements célestes, déduite de simples considérations mécaniques et analytiques. De ces problèmes qui servent à calculer le véritable système du monde, l'Auteur passe à des questions plus difficiles, plus compliquées, et qui tiendraient à un autre ordre de choses; ces recherches ne sont que de pure curiosité, l'Auteur en avertit; mais elles prouvent toute l'étendue de ses ressources. On y voit enfin sa nouvelle *Théorie des variations des constantes arbitraires du mouvement des planètes*, qui avait paru avec tant d'éclat dans les *Mémoires de l'Institut*, où elle avait prouvé que l'Auteur, à l'âge de plus de soixante-quinze ans, n'était pas descendu du haut rang qu'il occupait depuis si longtemps, de l'aveu de tous les Géomètres.

Partout dans ses écrits, quand il rapporte un théorème important, il en fait hommage au premier Auteur.

Quand il rectifie les idées de ses prédécesseurs ou de ses contemporains, c'est avec tous les égards dus au génie; quand il démontre les erreurs de ceux qui l'ont attaqué, c'est avec l'impassibilité d'un vrai Géomètre et le calme d'un démonstrateur. Aucun de ses rivaux célèbres n'eut des idées plus fines, plus justes, plus générales et plus profondes; enfin, grâce à ses heureux travaux, la Science mathématique est aujourd'hui comme un vaste et beau palais dont il a renouvelé les fondements, posé le faîte, et dans lequel on ne peut faire un pas sans trouver avec admiration des monuments de son génie.

PREMIÈRE SECTION.

MÉMOIRES

EXTRAITS DES

RECUEILS DE L'ACADÉMIE DE TURIN.

RECHERCHES

SUR LA

MÉTHODE DE MAXIMIS ET MINIMIS.

RECHERCHES

SUR LA

MÉTHODE DE MAXIMIS ET MINIMIS.

(*Miscellanea Taurinensia*, t. I, 1759.)

1. Les Géomètres savent depuis longtemps que lorsque la première différentielle d'une variable quelconque disparaît sans que la seconde disparaisse en même temps, elle devient toujours un *maximum* ou un *minimum;* et en particulier elle est un *maximum*, si sa différentielle seconde est négative, et un *minimum*, si cette différentielle est positive. Si la différentielle seconde disparaît en même temps que la première, alors la quantité n'est ni un *maximum*, ni un *minimum*, à moins que la troisième différentielle ne disparaisse de même, dans lequel cas la proposée deviendra un *maximum*, si la différentielle quatrième est négative, et un *minimum*, si elle est positive, et ainsi de suite. En général, pour qu'une quantité soit un *maximum* ou un *minimum*, il faut que les ordres successifs des différentielles, qui s'évanouissent ensemble, soient en nombre impair, et alors elle est sûrement un *maximum* ou un *minimum*, selon que la différentielle qui suit la dernière évanouissante se trouve négative ou positive. *Voyez* MACLAURIN, *Traité des Fluxions*, p. 238 et 857.

2. Tout ceci supposé et bien entendu, que Z représente une fonction algébrique des variables t, u, x, y,..., et qu'on se propose de la rendre un *maximum* ou un *minimum*. Soit, selon les règles ordinaires,

$$dZ = p\,dt + q\,du + r\,dx + s\,dy + \ldots,$$

et l'on aura d'abord cette équation

$$pdt + qdu + rdx + sdy + \ldots = 0.$$

Mais comme la relation entre t, u, x,... est encore indéterminée, de même que celle de leurs différentielles dt, du, dx,..., et que d'ailleurs l'équation donnée doit être vraie quel que soit leur rapport, il est évident que pour les chasser tout à fait de l'équation, il faut égaler séparément à zéro chaque membre pdt, qdu, rdx,..., d'où l'on tire autant d'équations particulières qu'il y a de variables, savoir :

$$p = 0, \quad q = 0, \quad r = 0, \ldots.$$

Par le moyen de toutes ces équations on trouvera les valeurs de chaque inconnue t, u, x,..., qui, substituées dans la fonction proposée Z, la rendront un *maximum* ou un *minimum*.

3. Passons maintenant à l'examen de la seconde différentielle. En supposant, ce qui est permis, les premières différentielles dt, du, dx,... constantes, on aura

$$d^2Z = dpdt + dqdu + drdx + dsdy + \ldots.$$

Soit

$$\begin{aligned} dp &= Adt + Bdu + Ddx + Gdy + \ldots, \\ dq &= Bdt + Cdu + Edx + Hdy + \ldots, \\ dr &= Ddt + Edu + Fdx + Idy + \ldots, \\ ds &= Gdt + Hdu + Idx + Ldy + \ldots, \end{aligned}$$

ce qui donnera

$$\begin{aligned} d^2Z = {} & Adt^2 + 2Bdtdu + Cdu^2 + 2Ddtdx + 2Edudx \\ & + Fdx^2 + 2Gdtdy + 2Hdudy + 2Idxdy + Ldy^2 + \ldots. \end{aligned}$$

Pour commencer par le cas le plus simple, supposons qu'il n'y ait qu'une seule variable t, de sorte que $d^2Z = Adt^2$; on voit d'abord que, puisque dt^2 est toujours positif, la différentielle d^2Z doit avoir le même signe que la quantité A; donc, si A est positif, Z sera un *minimum*, et si

A est négatif il sera un *maximum;* si $A = o$ on suivra les règles données (1).

4. Les variables contenues dans Z soient deux, savoir t et u; alors

$$d^2Z = Adt^2 + 2Bdtdu + Cdu^2.$$

Il paraît au premier aspect bien difficile de connaître si cette expression d^2Z doit être positive ou négative, sans qu'on ait le rapport de dt à du, qui n'est pas donné; car, puisqu'en changeant ce rapport la fonction d^2Z doit aussi varier, il semble indubitable qu'elle pourra aussi passer du positif au négatif, et du négatif au positif, pendant que les quantités A, B, C restent les mêmes. Qu'on donne cependant à la proposée

$$Adt^2 + 2Bdtdu + Cdu^2$$

cette forme

$$A\left(dt + \frac{Bdu}{A}\right)^2 + \left(C - \frac{B^2}{A}\right)du^2;$$

et on verra que, comme les carrés $\left(dt + \frac{Bdu}{A}\right)^2$ et du^2 ont toujours le même signe +, toute la quantité sera nécessairement positive si les deux coefficients A et $C - \frac{B^2}{A}$ sont positifs, et au contraire elle deviendra négative, lorsque ceux-ci seront tous deux négatifs, quel que soit le rapport de dt à du. On aura donc pour le cas du *minimum*

$$A > o, \quad C - \frac{B^2}{A} > o,$$

savoir

$$C > \frac{B^2}{A} \quad \text{ou} \quad CA > B^2,$$

ce qui donne de même

$$C > o;$$

à moins donc que les quantités A, B, C n'aient ces conditions

$$A > o, \quad C > o \quad \text{et} \quad AC > B^2,$$

la proposée Z ne pourra pas être un *minimum*. En second lieu on trouvera pour le *maximum*

$$A < o, \quad C - \frac{B^2}{A} < o,$$

savoir

$$C < \frac{B^2}{A}, \quad CA > B^2,$$

puisque A est négatif, ce qui donne encore

$$C < o;$$

donc les conditions pour le *maximum* seront en partie les mêmes, et en partie précisément contraires à celles du *minimum*.

5. Si A ou C, ou toutes deux sont égales à zéro sans que B le soit aussi, la condition de $AC > B^2$ ne pourra pas subsister, ainsi la quantité proposée ne deviendra jamais un vrai *maximum* ou *minimum;* la même chose arrivera toutes les fois que A et C seront de signe contraire, car puisque B^2 est toujours positif la condition de $AC > B^2$ devient impossible. Si B s'évanouissait encore en même temps que A ou C, d^2Z se trouverait réduite au cas d'une seule variable, et par conséquent pourrait être de nouveau un *maximum* ou un *minimum*, ou ni l'un ni l'autre, selon ce qu'on a dit pour le premier cas. Enfin, si la quantité d^2Z était toute égale à zéro, savoir

$$A = o, \quad B = o, \quad C = o,$$

il faudrait recourir à la différentielle troisième; que si celle-ci se trouve n'être pas égale à zéro, la quantité Z ne peut être ni un *maximum* ni un *minimum;* et au contraire, si elle évanouit en même temps que la seconde, on cherchera tout de suite la quatrième; et si elle n'est pas évanouissante, il sera facile, par la méthode dont nous nous sommes servi ci-devant, de connaître si elle est positive ou négative, ce qui déterminera de nouveau le *maximum* ou le *minimum*.

6. Lorsque les variables sont trois, savoir t, u, x, la différentielle d^2Z prend cette forme

$$d^2Z = A\,dt^2 + 2B\,dt\,du + C\,du^2 + 2D\,dt\,dx + 2E\,du\,dx + F\,dx^2$$

qu'on réduira d'abord à

$$A\left(dt + \frac{B\,du}{A} + \frac{D\,dx}{A}\right)^2 + \left(C - \frac{B^2}{A}\right)du^2 + 2\left(E - \frac{BD}{A}\right)du\,dx + \left(F - \frac{D^2}{A}\right)dx^2.$$

Soit posé

$$C - \frac{B^2}{A} = a, \quad E - \frac{BD}{A} = b, \quad F - \frac{D^2}{A} = c,$$

et on aura

$$d^2Z = A\left(dt + \frac{B\,du}{A} + \frac{D\,dx}{A}\right)^2 + a\,du^2 + 2b\,du\,dx + c\,dx^2;$$

qu'on opère à présent sur ces trois derniers membres, comme on a fait ci-dessus (4), et toute la différentielle proposée d^2Z deviendra

$$A\left(dt + \frac{B\,du}{A} + \frac{D\,dx}{A}\right)^2 + a\left(du + \frac{b\,dx}{a}\right)^2 + \left(c - \frac{b^2}{a}\right)dx^2;$$

or, les carrés $\left(dt + \frac{B\,du}{A} + \frac{D\,dx}{A}\right)^2$, $\left(du + \frac{b\,dx}{a}\right)^2$ et dx^2 étant toujours positifs, toute la différentielle sera de même positive si les coefficients A, a et $c - \frac{b^2}{a}$ ont chacun le signe $+$; on a donc pour le *minimum* les conditions suivantes

$$A > 0, \quad a > 0, \quad ca > b^2,$$

ou, en remettant au lieu de a, b, c leurs valeurs,

$$A > 0, \quad C - \frac{B^2}{A} > 0, \quad \left(C - \frac{B^2}{A}\right)\left(F - \frac{D^2}{A}\right) > \left(E - \frac{BD}{A}\right)^2,$$

savoir

$$A > 0, \quad CA > B^2 \quad \text{et} \quad (CA - B^2)(FA - D^2) > (EA - BD)^2,$$

d'où il résulte encore

$$C > o, \quad F > o \quad \text{et} \quad FA > D^2.$$

On trouvera par les mêmes principes pour le *maximum*

$$A < o, \quad CA > B^2 \quad \text{et} \quad (CA - B^2)(FA - D^2) > (EA - BD)^2,$$

et par conséquent

$$C < o, \quad F < o \quad \text{et} \quad FA > D^2.$$

7. Si les quantités A et C évanouissent seules, ou toutes deux, ou une simplement, la seconde condition devient impossible; si c'est F qui évanouit, alors la troisième devient impossible; car $(CA - B^2)(- D^2)$, qui est nécessairement négatif à cause de $CA > B^2$, doit toujours se trouver moindre de $(EA - BD)^2$, d'où il suit que Z ne saurait être un *maximum* ou un *minimum*, si A, C, F prises séparément ou ensemble, comme on voudra, sont égales à zéro. Si par l'évanouissement des termes la différentielle d^2Z se réduisait à deux variables, ou à une seulement, elle tomberait dans le second cas ou dans le premier, et on devrait suivre les règles données (3 et suiv.). Enfin, si toute la d^2Z se trouvait égale à zéro, et que la différentielle troisième ne fût pas de même égale à zéro, on serait sûr que la proposée Z ne pourrait jamais devenir ni un *maximum*, ni un *minimum*; et quand cette différentielle troisième évanouirait avec la seconde, par des transformations semblables à celles que nous avons pratiquées, on pourrait dans la quatrième différentielle distinguer le cas du *minimum* et du *maximum* et ceux qui sont inutiles.

8. On peut étendre la même théorie aux fonctions de quatre ou plus variables. Quiconque aura bien saisi l'esprit des réductions que j'ai employées jusqu'ici, pourra sans peine découvrir celles qui conviendront à chaque cas particulier. Au reste, pour ne pas se méprendre dans ces recherches, il faut remarquer que les transformées pourraient bien venir différentes de celles que nous avons données; mais en examinant la chose de plus près, on trouvera infailliblement que, quelles qu'elles

soient, elles pourront toujours se réduire à celles-ci, ou au moins y être comprises.

9. Comme je crois cette théorie entièrement nouvelle, il ne sera peut-être pas inutile d'ajouter les réflexions suivantes. Quel que soit le nombre des variables qui entrent dans la fonction proposée Z, si on les regarde chacune en particulier, et qu'on cherche le *maximum* ou *minimum* qui lui convient pendant que toutes les autres demeurent les mêmes, on trouvera à part les premières différentielles pdt, qdu, rdx,..., dont chacune étant égalée à zéro nous donnerait les mêmes équations que ci-dessus (2)

$$p = 0, \quad q = 0, \quad r = 0, \ldots.$$

De la même manière passant aux différentielles secondes, on trouverait celles-ci séparément $A dt^2$, $C du^2$, $F dx^2$, $L dy^2$,..., et par conséquent si A, C, F, L,... sont toutes positives ou négatives, on pourrait croire que cela suffit pour que les valeurs de t, u, x,..., tirées des équations $p = 0$, $q = 0$,..., rendent nécessairement la proposée Z un *minimum* ou un *maximum*. Il est vrai, en effet, que par rapport à chacune de ces variables considérées à part, la quantité donnée Z devra toujours être la plus grande ou la plus petite; mais est-il certain que ce qui vaut pour chacune prise séparément doive aussi valoir pour toutes ensemble? Examinons la chose plus intimement.

10. Que la proposée Z contienne les seules variables t et u, et on pourra la regarder comme l'ordonnée à une surface, dont t et u sont les deux autres; donc la question dans ce cas se réduit à trouver la plus grande ou la plus petite ordonnée d'une surface dont l'équation est donnée, savoir

$$dZ = p\,dt + q\,du.$$

Si l'on fait u constant, elle se réduit d'abord à

$$dZ = p\,dt,$$

et dans ce cas elle exprime toutes les sections de la même superficie parallèles à l'axe des t, à mesure que la quantité u reçoit des valeurs différentes. Soit donc posé $p = 0$, et on aura (2) une valeur de t qui donnera la plus grande ou la plus petite ordonnée Z dans chacune de ces sections parallèles; mais, puisque u est constant, si l'on différentie de nouveau dZ, on a

$$d^2 Z = A dt^2,$$

et par conséquent on jugera du *maximum* ou *minimum* par la seule valeur de A, après y avoir cependant substitué à la place de t la valeur que fournit l'équation $p = 0$. Savoir si A se trouve positive ou négative, quelle que soit la valeur de u, ou bien si, en changeant u, elle peut aussi changer de signe, on conclura dans le premier cas que toutes lesdites sections ont un *maximum* ou un *minimum*, et dans le second qu'elles ont entre certaines limites un *maximum*, entre d'autres un *minimum*. Si A est égal à zéro, quelle que soit la valeur de la constante u, alors aucune desdites sections n'aura ni un *maximum* ni un *minimum*. Mais, si A devient seulement égal à zéro, lorsque u a de certaines valeurs données, dans ces cas seulement les sections correspondantes seront destituées du *maximum* ou du *minimum*. Le lieu de toutes ces ordonnées qui sont un *maximum* ou un *minimum*, ou ni l'un ni l'autre, sera contenu dans l'équation $p = 0$, en ayant égard à la seule variabilité de u; elles formeront donc dans la même superficie une section qui sera à simple ou à double courbure, et qui sera déterminée par les deux équations conjointes

$$dZ = p\,dt + q\,du \quad \text{et} \quad p = 0,$$

ou

$$dZ = q\,du \quad \text{et} \quad p = 0.$$

On voit par là que, pour trouver le *maximum* ou le *minimum* de la surface entière, il faudra chercher la plus grande ou la plus petite ordonnée qui convient à cette même section; on aura donc de nouveau

$$q = 0,$$

ce qui donnera la valeur de l'autre variable u.

11. Passons maintenant à la différentielle de q; elle a été d'abord supposée (3) égale à $B dt + C du$; mais puisque dans ce cas t est déterminé par u dans l'équation $p = o$, ou bien dans sa différentielle $A dt + B du = o$, dt est égal à $-\frac{B du}{A}$, ce qui rend

$$dq = \left(-\frac{B^2}{A} + C\right) du;$$

il résulte donc que si $-\frac{B^2}{A} + C$ est positif, savoir si $C > \frac{B^2}{A}$, l'ordonnée sera la moindre; si $C < \frac{B^2}{A}$, elle sera la plus grande, et si $C = \frac{B^2}{A}$, elle ne sera ni l'une ni l'autre, à moins que les conditions requises dans les différentielles des genres plus élevés ne soient remplies. Or, en réfléchissant sur ces *maximum* et *minimum*, il sera aisé de comprendre que l'ordonnée Z ne pourra pas être un *maximum* entre toutes les autres, à moins qu'elle ne soit la plus grande de toutes celles qui sont contenues dans la section déterminée par $dZ = q du$, et de plus que toutes les ordonnées qui composent cette même section ne soient encore elles-mêmes des *maximum* dans les sections parallèles correspondantes (10). On prouvera de même que la quantité Z ne saurait être absolument un *minimum* sans qu'elle soit de même un *minimum* dans la section qui contient tous les *minimum*. Car dans tous les autres cas l'ordonnée serait ou la plus grande ou la plus petite d'entre celles qui ne sont ni les plus grandes ni les plus petites, ou bien entre les plus grandes ou les plus petites, elle ne serait ni la plus grande ni la plus petite, ou enfin elle serait la plus grande d'entre les plus petites, ou au contraire, ce qui ne donne pas un vrai *maximum* ou *minimum* comme on cherche. De tout ceci je conclus donc qu'après avoir tiré des équations $p = o$, $q = o$, les valeurs de t et u, et les avoir substituées dans A et dans $C - \frac{B^2}{A}$, il faut, pour que Z soit un vrai *maximum*, que A soit négatif et

$$C < \frac{B^2}{A}, \quad \text{savoir} \quad CA > B^2;$$

et au contraire, si Z doit être un vrai *minimum*, on doit trouver A positif et

$$C > \frac{B^2}{A}, \quad \text{ou} \quad CA > B^2,$$

conformément à la théorie générale expliquée (4 et suiv.).

12. Si, au lieu de considérer d'abord u constant et t variable, on avait fait u variable et t constant, on serait parvenu aux déterminations suivantes

$$C < 0 \quad \text{et} \quad AC > B^2$$

pour le *maximum*, et

$$C > 0 \quad \text{et} \quad AC > B^2$$

pour le *minimum*, ce qui revient au même. Au reste, cette méthode que nous venons d'employer pour découvrir les conditions des *maximum* et *minimum* dans les fonctions à deux seules changeantes, est également applicable à toutes les autres fonctions plus composées, elle a même l'avantage d'être plus analytique et plus directe que la première, c'est pourquoi je tâcherai ici de la développer dans toute sa généralité.

13. Soient les variables contenues dans Z en tel nombre qu'on voudra; je ne considère d'abord qu'une variable seule, et je tire par la différentiation l'équation pour le *maximum* ou *minimum* qui lui convient; puis en passant à la différentielle seconde, je trouve les conditions qui déterminent la proposée à être un *maximum* ou un *minimum*, ou ni l'un ni l'autre. Après cette première opération, je substitue dans Z ou dans ses différentielles simplement la valeur de la première variable trouvée, et je procède sur une autre variable de la même manière; ensuite, mettant de nouveau dans la fonction proposée Z la valeur qu'on aura trouvée pour cette seconde variable, on passera à l'examen d'une troisième variable, et ainsi de suite, etc. Soit t la première variable qu'on veut considérer dans Z, et on aura

$$dZ = p\,dt \quad \text{et} \quad d^2Z = A\,dt^2,$$

d'où $p = 0$, et $A > 0$ pour le *minimum*, $A < 0$ pour le *maximum* (1). Que t et u soient à présent toutes deux variables, il en résultera

$$dZ = p\,dt + q\,du,$$

qui, à cause de $p = 0$, se réduit à

$$dZ = q\,du,$$

d'où l'on tire

$$d^2Z = (B\,dt + C\,du)\,du;$$

mais puisque $p = 0$, dp le sera aussi, et par conséquent

$$A\,dt + B\,du = 0,$$

ce qui donne

$$dt = -\frac{B\,du}{A};$$

cette valeur substituée dans d^2Z la changera en

$$d^2Z = \left(-\frac{B^2}{A} + C\right) du^2,$$

j'aurai donc $q = 0$ et

$$-\frac{B^2}{A} + C > 0$$

pour le *minimum*, et

$$-\frac{B^2}{A} + C < 0$$

pour le *maximum*, savoir, puisque A est positif dans le premier cas et négatif dans le second, en multipliant par A, il résultera toujours la même condition de $AC > B^2$. Si, outre les deux précédentes, il y a encore une troisième variable x à considérer, je cherche la valeur de dZ eu égard à ces trois variables t, u, x, et je trouve

$$dZ = p\,dt + q\,du + r\,dx,$$

ce qui, à cause de $p = 0$, $q = 0$, se change en

$$dZ = r\,dx;$$

donc la différentielle seconde sera

$$d^2Z = (D\,dt + E\,du + F\,dx)\,dx.$$

A présent, par le moyen des équations

$$p = 0, \quad q = 0,$$

ou bien de leurs différentielles

$$A\,dt + B\,du + D\,dx = 0 \quad \text{et} \quad B\,dt + C\,du + E\,dx = 0,$$

je cherche des valeurs de dt et du en dx, et je trouve

$$dt = \frac{BE - CD}{AC - B^2}\,dx, \quad du = \frac{BD - AE}{AC - B^2}\,dx;$$

je les substitue dans l'expression de d^2Z, ce qui me donne

$$d^2Z = \left(\frac{BE - CD}{AC - B^2}\,D + \frac{BD - AE}{AC - B^2}\,E + F\right) dx^2.$$

Il résulte donc en premier lieu pour le *maximum* ou *minimum*

$$r = 0;$$

ensuite

$$\frac{BE - CD}{AC - B^2}\,D + \frac{BD - AE}{AC - B^2}\,E + F > 0$$

pour le *minimum*, et < 0 pour le *maximum;* ou bien, en ôtant le dénominateur $AC - B^2$ qui est toujours positif, on a

$$2BDE - CD^2 - AE^2 - FB^2 + ACF > 0$$

pour le *minimum*, et < 0 pour le *maximum*. Soit multipliée cette expression par A, qui est positif dans le premier cas et négatif dans le second, et on aura

$$2ABDE - ACD^2 - A^2E^2 - AB^2F + A^2CF > 0,$$

soit pour le *maximum*, soit pour le *minimum*, savoir

$$(CA - B^2)(FA - D^2) > (EA - BD)^2.$$

On suivra le même procédé pour un plus grand nombre de variables.

14. Cette méthode, étant générale pour quelque nombre de variables que ce soit, ne sera pas bornée aux seules fonctions algébriques, mais pourra encore s'étendre avec succès aux *maximum* et *minimum* qui sont d'un genre plus élevé et qui appartiennent à des formules intégrales indéfinies. Je me réservé de traiter ce sujet, que je crois d'ailleurs entièrement nouveau, dans un ouvrage particulier que je prépare sur cette matière, et dans lequel, après avoir exposé la méthode générale et analytique pour résoudre tous les problèmes touchant ces sortes de *maximum* ou *minimum*, j'en déduirai, par le principe de la moindre quantité d'action, toute la mécanique des corps soit solides, soit fluides.

15. Je finirai ce Mémoire par quelques exemples des plus simples qui éclaircissent la théorie qu'on vient d'établir. Soient tant de corps qu'on voudra parfaitement élastiques et rangés en ligne droite sans se toucher; supposons que le premier vienne choquer le second avec une vitesse donnée c, le second avec la vitesse acquise du premier choque le troisième, et ainsi de suite; les masses du premier et du dernier étant données, on demande celles des corps intermédiaires, afin que le dernier reçoive la plus grande vitesse possible. Soit a la masse du premier, et b celle du dernier; soient ensuite $t, u, x, y, \ldots$ les masses intermédiaires inconnues; par les lois du choc on trouvera la vitesse communiquée par le premier corps a au second t égale à $\frac{2ac}{a+t}$, celle que donne celui-ci au troisième u égale à $\frac{2.2act}{(a+t)(t+u)}$, et ainsi de suite; donc la vitesse que recevra le dernier b sera exprimée par

$$\frac{2\ldots 2catuxy\ldots b}{(a+t)(t+u)(u+x)(x+y)\ldots},$$

expression qui doit devenir un *maximum*. Pour en trouver plus aisément la différentielle, qu'on la suppose égale à Z, et prenant les logarithmes d'une part et de l'autre, on trouvera

$$\left.\begin{array}{l} l2\ldots 2ca + lt + lu + lx + ly + \ldots \\ \quad - l(a+t) - l(t+u) - l(u+x) - l(x+y) - \ldots \end{array}\right\} = lZ,$$

ce qui donne par la différentiation

$$\frac{dt}{t} + \frac{du}{u} + \frac{dx}{x} + \frac{dy}{y} + \ldots - \frac{dt}{a+t} - \frac{dt+du}{t+u} - \frac{du+dx}{u+x} - \frac{dx+dy}{x+y} - \ldots = \frac{dZ}{Z};$$

d'où, en mettant ensemble et réduisant au même dénominateur les termes affectés des mêmes différentielles, l'on tire

$$dZ = \frac{Z(au - t^2)\,dt}{t(a+t)(t+u)} + \frac{Z(tx - u^2)\,du}{u(t+u)(u+x)} + \frac{Z(uy - x^2)\,dx}{x(u+x)(x+y)} + \ldots.$$

On aura donc en premier lieu pour le *maximum* ou *minimum* les équations suivantes

$$au = t^2, \quad tx = u^2, \quad uy = x^2, \ldots,$$

qui donnent les analogies

$$a : t = t : u, \quad t : u = u : x, \quad u : x = x : y, \ldots,$$

savoir

$$\div\, a : t : u : x : y : \ldots b;$$

d'où l'on voit que toutes les masses doivent constituer une progression géométrique, dont les deux extrêmes sont les données a et b. Pour juger à présent du *maximum* ou *minimum*, soit fait d'abord, pour abréger,

$$\frac{Z}{t(a+t)(t+u)}=\alpha,$$
$$\frac{Z}{u(t+u)(u+x)}=\beta,$$
$$\frac{Z}{x(u+x)(x+y)}=\gamma,$$
$$\ldots\ldots\ldots\ldots\ldots\ldots,$$

on aura

$$p=\alpha(au-t^2),$$
$$q=\beta(tx-u^2),$$
$$r=\gamma(uy-x^2),$$
$$\ldots\ldots\ldots\ldots;$$

donc

$$dp=(au-t^2)\,d\alpha+\alpha(a\,du-2\,t\,dt),$$
$$dq=(tx-u^2)\,d\beta+\beta(x\,dt+t\,dx-2\,u\,du),$$
$$dr=(uy-x^2)\,d\gamma+\gamma(y\,dx+u\,dy-2\,x\,dx),$$
$$\ldots\ldots\ldots\ldots\ldots\ldots\ldots\ldots\ldots\ldots$$

Or, comme les termes $a, t, u, x, y, \ldots$ doivent être en progression continue, si l'on nomme $1:m$ la raison constante d'un antécédent quelconque à son conséquent, on trouve

$$t=ma,\quad u=m^2a,\quad x=m^3a,\quad y=m^4a,\ldots,$$

de plus

$$\beta=\frac{\alpha}{m^3},\quad \gamma=\frac{\alpha}{m^6},\ldots,$$

lesquelles valeurs substituées dans les expressions précédentes les réduiront à

$$dp=\alpha a(du-2m\,dt),$$
$$dq=\alpha a\left(dt-\frac{2\,du}{m}+\frac{dx}{m^2}\right),$$
$$dr=\alpha a\left(\frac{du}{m^2}-\frac{2\,dx}{m^3}+\frac{dy}{m^4}\right),$$

et ainsi des autres. On aura donc

$$A = -2m\alpha a, \quad B = \alpha a, \quad C = -\frac{2\alpha a}{m}, \quad D = 0, \quad E = \frac{\alpha a}{m^2},$$

$$F = -\frac{2\alpha a}{m^3}, \quad G = 0, \quad H = 0, \quad I = \frac{\alpha a}{m^4}, \ldots$$

On voit par là en premier lieu que A est négatif, et que par conséquent la proposée doit être un *maximum* si les autres conditions se trouvent remplies. Or

$$AC = 4\alpha^2 a^2 \quad \text{et} \quad B^2 = \alpha^2 a^2,$$

donc

1° $$AC > B^2;$$

$$AC - B^2 = 3\alpha^2 a^2, \quad FA - D^2 = \frac{4\alpha^2 a^2}{m^2}, \quad EA - BD = -\frac{2\alpha^2 a^2}{m},$$

donc

$$(AC - B^2)(FA - D^2) = \frac{12\alpha^4 a^4}{m^2}, \quad \text{et} \quad (EA - BD)^2 = \frac{4\alpha^4 a^4}{m^2},$$

et par conséquent

2° $$(AC - B^2)(FA - D^2) > (EA - BD)^2.$$

S'il n'y a que deux masses intermédiaires t et u, il suffit d'avoir égard à la première de ces conditions; s'il y en a trois, il faut encore considérer la seconde; s'il y en avait plusieurs autres, il faudrait avoir recours à autant de conditions qu'il y a de variables. Au reste, dans ce problème, on les trouvera toutes remplies si on veut bien prendre la peine de pousser plus loin le calcul; de sorte qu'on peut franchement assurer que, lorsque les masses intermédiaires, quel que soit leur nombre, sont telles qu'elles forment une progression géométrique entre les deux extrêmes données, la vitesse que reçoit la dernière par leur moyen est toujours la plus grande possible. Ce problème a été traité par M. Huyghens, le premier, et depuis par beaucoup d'autres Géomètres; mais sans avoir aucunement égard aux nouvelles déterminations, que nous avons cependant trouvées nécessaires pour s'assurer de l'existence du *maximum* ou *minimum*.

16. Soit l'équation générale pour les surfaces de second ordre

$$z^2 = ax^2 + 2bxy + cy^2 - ex - fy;$$

qu'on se propose de trouver le point où l'ordonnée z est la plus grande ou la plus petite; on aura, en différentiant,

$$2z\,dz = 2ax\,dx + 2by\,dx + 2bx\,dy + 2cy\,dy - e\,dx - f\,dy,$$

ce qui fournit d'abord les deux équations suivantes

$$ax + by = \frac{e}{2},$$

$$cy + bx = \frac{f}{2},$$

d'où l'on tire

$$x = \frac{ec - fb}{2(ac - b^2)},$$

$$y = \frac{eb - fa}{2(ac - b^2)}.$$

Différentions de nouveau la différentielle trouvée, et on aura, puisque $dz = 0$,

$$2z\,d^2z = 2a\,dx^2 + 4b\,dx\,dy + 2c\,dy^2$$

où les quantités x, y ne se trouvent plus. Or, afin que l'ordonnée z soit un vrai *maximum* ou *minimum*, il faut que a et c soient toutes deux négatives dans le premier cas, et toutes deux positives dans le second; de plus, il faut encore que $ca > b^2$, car sans cela les valeurs trouvées pour les ordonnées x et y ne donneraient jamais ni un *maximum*, ni un *minimum;* en effet, toutes les fois que ca n'est pas plus grand que b^2, le célèbre M. Euler a démontré par une autre voie, dans l'Appendice à l'*Introduction à l'Analyse des infiniment petits*, que la surface proposée s'étend à l'infini et qu'elle a une asymptote conique. Il paraît donc clairement que la méthode pour déterminer les *maximum* et *minimum*, quand il y a plusieurs variables, en ne les regardant qu'une à la fois, peut souvent être très-fautive. Car, par exemple, dans le cas précédent, en traitant d'abord x comme variable, on trouve la différentielle première $2\left(ax + by - \frac{e}{2}\right)dx$, et la seconde $2adx^2$; de même, en faisant varier y, on a pour la différentielle première $2\left(cy + bx - \frac{f}{2}\right)dy$, et pour la seconde $2cdy^2$. Or les deux différentielles premières posées égales à zéro donnent les mêmes équations qu'on a trouvées, et les deux secondes font voir que si a et c sont toutes deux positives ou toutes deux négatives, l'ordonnée z est un *maximum* ou un *minimum*, si on a simplement égard à la variabilité des x et y considérées séparément; mais on n'est pas en droit de conclure pour cela que z soit un *maximum* ou un *minimum*, par rapport à toutes deux ensemble, comme on vient de le voir.

SUR L'INTÉGRATION

D'UNE

ÉQUATION DIFFÉRENTIELLE

A DIFFÉRENCES FINIES,

QUI CONTIENT LA THÉORIE DES SUITES RÉCURRENTES.

SUR L'INTÉGRATION

D'UNE

ÉQUATION DIFFÉRENTIELLE

A DIFFÉRENCES FINIES,

QUI CONTIENT LA THÉORIE DES SUITES RÉCURRENTES.

(*Miscellanea Taurinensia*, t. I, 1759.)

1. Soit proposée l'équation différentielle

$$dy + yX\,dx = Z\,dx,$$

où X et Z expriment des fonctions quelconques de la variable x; l'on sait que pour intégrer cette équation il suffit de faire

$$y = uz,$$

ce qui donne

$$u\,dz + z\,du + uzX\,dx = Z\,dx,$$

où l'on peut faire évanouir deux termes par une valeur convenable de u ou de z. Supposons donc

$$z\,du + uzX\,dx = 0,$$

et divisant par z, on aura

$$du + uX\,dx = 0,$$

et par conséquent

$$\frac{du}{u} = -X\,dx \quad \text{et} \quad lu = -\int X\,dx;$$

savoir

$$u = e^{-\int X\,dx},$$

où e est le nombre dont le logarithme hyperbolique est 1. Par cette supposition la proposée deviendra

$$udz = \mathrm{Z}\,dx,$$

ce qui donne

$$dz = \frac{\mathrm{Z}\,dx}{u}, \quad z = \int \frac{\mathrm{Z}\,dx}{u} = \int e^{\int \mathrm{X}\,dx}\,\mathrm{Z}\,dx,$$

et enfin

$$y = uz = \frac{\int e^{\int \mathrm{X}\,dx}\,\mathrm{Z}\,dx}{e^{\int \mathrm{X}\,dx}}.$$

2. En observant le procédé de cette méthode, on verra aisément qu'elle doit pouvoir s'appliquer encore avec succès aux équations différentielles qui ont la même forme que la précédente, quoique les différences soient supposées finies. Soit donc l'équation

$$dy + \mathrm{M}y = \mathrm{N},$$

dont la différentielle dy soit finie, et les autres quantités M et N soient des fonctions d'une autre variable quelconque x. Supposons en premier lieu

$$y = uz,$$

et l'on aura dans ce cas

$$dy = udz + zdu + dudz,$$

et l'équation se changera en

$$udz + zdu + dudz + \mathrm{M}uz = \mathrm{N}.$$

Qu'on pose comme ci-dessus les deux termes

$$zdu + \mathrm{M}uz = 0,$$

et on aura

$$du + \mathrm{M}u = 0,$$

savoir

$$\frac{du}{u} = -\mathrm{M};$$

pour résoudre cette équation dans notre cas où la différentielle du n'est pas infiniment petite, qu'on suppose $u = e^t$, et l'on aura

$$u + du = e^{t+dt} \quad \text{et} \quad du = e^t(e^{dt} - 1);$$

d'où

$$\frac{du}{u} = e^{dt} - 1 = -\text{M} \quad \text{et} \quad e^{dt} = 1 - \text{M},$$

et prenant les logarithmes,

$$dt = l(1 - \text{M}),$$

et ensuite intégrant,

$$t = \int l(1 - \text{M});$$

mais on sait que la somme des logarithmes de plusieurs nombres est égale au logarithme du produit de tous ces nombres; donc, si l'on exprime généralement par $\varpi(1 - \text{M})$ le produit continuel de toutes les quantités contenues dans la formule $1 - \text{M}$, on aura

$$t = l\varpi(1 - \text{M}),$$

et par conséquent

$$u = e^t = \varpi(1 - \text{M}).$$

Par l'évanouissement de ces deux termes l'équation devient

$$u\,dz + du\,dz = \text{N},$$

d'où l'on tire

$$dz = \frac{\text{N}}{u + du},$$

et, en intégrant,

$$z = \int \frac{\text{N}}{u + du}.$$

Mais ayant déjà trouvé $u = \varpi(1 - \text{M})$, si l'on exprime par M_1 le terme consécutif à M, on aura

$$u + du = \varpi(1 - \text{M}_1),$$

et par conséquent

$$z = \int \frac{N}{\varpi(1 - M_1)};$$

et, puisque $y = zu$,

$$y = \varpi(1 - M) \int \frac{N}{\varpi(1 - M_1)},$$

ou bien, en ajoutant à cette intégration une constante quelconque A,

$$y = \varpi(1 - M) \left(A + \int \frac{N}{\varpi(1 - M_1)}\right).$$

3. Soit à présent proposée l'équation

$$y_1 = Ry + T,$$

où y_1 est le terme qui suit y dans la suite des y; puisque $y_1 = y + dy$, elle se réduira à

$$dy + (1 - R)y = T.$$

Qu'on fasse donc

$$1 - R = M; \quad T = N,$$

et l'on trouvera pour la valeur de y l'expression suivante

$$y = \varpi R \left(A + \int \frac{T}{\varpi R_1}\right).$$

Si R est une quantité constante, il est clair que ϖR et ϖR_1 deviennent des puissances de R, dont l'exposant est égal au nombre qui dénote la place des termes y et y_1 dans la suite des y; soit donc m ce nombre, de sorte que y_m soit le même que y, et on aura

$$y_m = R^m \left(A + \int \frac{T}{R^{m+1}}\right).$$

Si T est constant, $\int \frac{T}{R^{m+1}}$ est égal à $T \int \frac{1}{R^{m+1}}$, où les termes exprimés par

$\frac{1}{R^{m+1}}$ forment une progression géométrique, dont il sera aisé d'avoir la somme; soit cette somme, qui commence par $\frac{1}{R}$, égale à S, savoir que

$$\frac{1}{R}+\frac{1}{R^2}+\frac{1}{R^3}+\ldots+\frac{1}{R^m}=S,$$

et on aura, en multipliant par R,

$$1+\frac{1}{R}+\frac{1}{R^2}+\ldots+\frac{1}{R^{m-1}}=SR=S+1-\frac{1}{R^m};$$

de cette égalité l'on tirera

$$S=\frac{R^m-1}{R^m(R-1)},$$

par conséquent

$$y_m=R^m\left[A+T\frac{R^m-1}{R^m(R-1)}\right],$$

ou bien

$$y_m=AR^m+T\frac{R^m-1}{R-1}.$$

4. Pour se convaincre que cette valeur de y satisfait entièrement aux conditions de l'équation donnée

$$y_1=Ry+T \quad \text{ou bien} \quad y_{m+1}=Ry_m+T,$$

on n'a qu'à multiplier la formule trouvée pour y_m par R, et lui ajouter la quantité T, et l'on trouvera le résultat

$$AR^{m+1}+T\frac{R^{m+1}-R}{R-1}+T$$

qui se réduit à

$$AR^{m+1}+T\frac{R^{m+1}-1}{R-1},$$

qui est la valeur que la formule générale nous donne pour le terme y_{m+1}.

4.

5. Après avoir trouvé la méthode d'intégrer toute équation différentielle à différences finies, comprise sous la forme générale

$$dy + My = N,$$

on pourra de même procéder à l'intégration des autres qui dépendent de celle-ci. Or, M. d'Alembert, dans les *Mémoires de l'Académie Royale de Berlin*, a fait voir que toutes les équations différentielles, telles que

$$y + A\frac{dy}{dx} + B\frac{d^2y}{dx^2} + C\frac{d^3y}{dx^3} + \ldots = X,$$

où A, B, C,... sont des constantes quelconques, et où X est une fonction quelconque de x, se réduisent à une équation de cette forme :

$$z + H\frac{dz}{dx} = V,$$

où H est une constante et V une fonction de x, laquelle équation est la même que nous avons appris à intégrer dans le cas même des différences finies. Si donc le procédé de M. d'Alembert peut avoir lieu aussi quand les différences sont finies, on pourra intégrer encore dans cette circonstance toute équation différentielle de cette forme :

$$y + A\,dy + B\,d^2y + C\,d^3y + \ldots = X,$$

et par conséquent l'équation

$$y_1 + Py_2 + Qy_3 + \ldots = X,$$

qu'on peut regarder comme la formule générale des suites récurrentes. La méthode de M. d'Alembert se trouve détaillée dans le second tome du *Calcul intégral* de M. Bougainville; mais, pour épargner de la peine aux lecteurs, je tâcherai de la développer ici en peu de mots. Qu'on suppose

$$\frac{dy}{dx} = p, \quad \frac{dp}{dx} = q, \quad \frac{dq}{dx} = r, \ldots,$$

et l'équation proposée se changera en

$$y + Ap + Bq + C\frac{dq}{dx} = X.$$

Qu'on multiplie à présent chacune des équations qu'on a supposées par des coefficients indéterminés a, b, c,..., et qu'on les ajoute toutes à celle-ci, on aura

$$y + (A + a)p + (B + b)q - a\frac{dy}{dx} - b\frac{dp}{dx} + C\frac{dq}{dx} = X.$$

Soit fait en sorte que la première partie du premier membre de cette équation devienne un multiple exact de l'intégrale de la seconde, savoir que

$$dy + (A + a)\,dp + (B + b)\,dq = dy + \frac{b}{a}dp - \frac{C}{a}dq,$$

et en comparant terme à terme il en résultera

$$A + a = \frac{b}{a}, \quad B + b = -\frac{C}{a}:$$

de ces deux équations l'on tire

$$b = -\frac{C}{a} - B = Aa + a^2 \quad \text{et} \quad a^3 + Aa^2 + Ba + C = 0,$$

dont les racines donneront trois valeurs de a qui satisferont également aux conditions requises. Supposons maintenant

$$y + (A + a)p + (B + b)q = z,$$

l'équation trouvée deviendra

$$z - a\frac{dz}{dx} = X,$$

laquelle, comparée avec celle du n° 1, donnera en intégrant

$$z = -e^{\frac{x}{a}}\int\frac{X\,dx}{ae^{\frac{x}{a}}}.$$

Or, comme la quantité a peut avoir trois valeurs différentes, nommons-les a_1, a_2, a_3, et exprimons par Z_1 la valeur de z qui contient a_1, par Z_2 celui qui contient a_2, et par Z_3 celui qui contient a_3; on aura donc les trois équations suivantes :

$$y + (A + a_1)p + (B + b_1)q = Z_1,$$
$$y + (A + a_2)p + (B + b_2)q = Z_2,$$
$$y + (A + a_3)p + (B + b_3)q = Z_3.$$

De ces trois équations on tirera la valeur de y, laquelle, à cause des quantités constantes A, B, a_1, a_2,..., se réduira à cette forme

$$y = FZ_1 + GZ_2 + HZ_3,$$

où F, G, H sont des constantes dont la valeur dépend des autres A, B, a_1, a_2,....

6. Si l'on examine le procédé de cette méthode, il paraîtra clairement que si l'équation eût contenu beaucoup plus de termes, par exemple qu'elle eût été

$$y + A\frac{dy}{dx} + B\frac{d^2y}{dx^2} + C\frac{d^3y}{dx^3} + D\frac{d^4y}{dx^4} + E\frac{d^5y}{dx^5} = X,$$

on aurait trouvé de même

$$y = FZ_1 + GZ_2 + HZ_3 + IZ_4 + KZ_5,$$

où les quantités Z_1, Z_2,... sont des fonctions de X et x, telles que

$$Z = -e^{\frac{x}{a}}\int\frac{X\,dx}{ae^{\frac{x}{a}}},$$

en posant pour a les racines a_1, a_2, a_3, a_4, a_5 de cette équation

$$a^5 + Aa^4 + Ba^3 + Ca^2 + Da + E = 0;$$

de plus on s'apercevra que les opérations que requiert cette méthode peuvent également se faire, soit que les différences soient finies, ou qu'elles soient infiniment petites.

7. Ayant donc l'équation à différences finies

$$y + \mathrm{A}dy + \mathrm{B}d^2y + \mathrm{C}d^3y + \mathrm{D}d^4y + \mathrm{E}d^5y = \mathrm{X},$$

et posant

$$dy = p, \quad dp = q, \quad dq = r, \quad dr = s,$$

on parviendra de la même manière à une équation telle que

$$z - adz = \mathrm{X},$$

où

$$z = y + (\mathrm{A} + a)p + (\mathrm{B} + b)q + (\mathrm{C} + c)r + (\mathrm{D} + d)s,$$

et la quantité a dépendra de cette équation

$$a^5 + \mathrm{A}a^4 + \mathrm{B}a^3 + \mathrm{C}a^2 + \mathrm{D}a + \mathrm{E} = 0,$$

dont les racines ont déjà été supposées a_1, a_2, a_3, a_4, a_5. Que l'on compare à présent l'équation

$$z - adz = \mathrm{X}$$

avec celle du nº 2, savoir

$$dy + \mathrm{M}y = \mathrm{N},$$

et on aura

$$\mathrm{M} = -\frac{1}{a}, \quad \mathrm{N} = -\frac{\mathrm{X}}{a};$$

par conséquent

$$1 - \mathrm{M} = \frac{1 + a}{a},$$

ce qui donne enfin

$$z = \varpi\left(\frac{1 + a}{a}\right)\left[\text{const} + \int \frac{-\frac{\mathrm{X}}{a}}{\varpi\left(\frac{1 + a}{a}\right)}\right],$$

ou bien, puisque a est constant,

$$z_m = \left(\frac{1+a}{a}\right)^m \left[\text{const} - \int \frac{Xa^m}{(1+a)^{m+1}}\right],$$

m exprimant comme ci-dessus le quantième du terme z dans la série des z. Si l'on fait de plus X constant, on aura, en prenant la somme de la progression géométrique exprimée par $\int \frac{a^m}{(1+a)^{m+1}}$,

$$z_m = \left(\frac{1+a}{a}\right)^m \left[\text{const} - X\frac{(1+a)^m - a^m}{(1+a)^m}\right].$$

Or, comme a peut avoir les valeurs a_1, a_2, a_3, a_4, a_5, il est clair qu'en substituant chacune d'elles dans la formule trouvée, il en résultera autant de valeurs de z_m qui satisferont toutes également. Soient donc toutes ces valeurs exprimées par Z_1, Z_2, Z_3, Z_4, Z_5, et puisque

$$z = y + (A+a)p + (B+b)q + (C+c)r + (D+d)s,$$

on tirera, par le moyen des cinq équations

$$z = Z_1, \quad z = Z_2, \quad z = Z_3, \quad z = Z_4, \quad z = Z_5,$$

l'expression suivante de y, savoir

$$y = FZ_1 + GZ_2 + HZ_3 + IZ_4 + KZ_5.$$

8. Soit enfin proposée l'équation

$$y_1 + Ay_2 + By_3 + Cy_4 + \ldots = X,$$

où y_1, y_2, y_3,... expriment des termes consécutifs de la suite des y; il est d'abord évident que, puisque

$$y_2 = y_1 + dy_1, \quad y_3 = y_1 + 2dy_1 + d^2y_1,$$

et ainsi des autres, cette équation peut être ramenée à la forme de celle que nous venons d'examiner; mais, puisque le calcul devient de cette façon trop long, il sera utile de la résoudre directement par les mêmes principes que nous avons employés jusqu'ici. De plus, afin de pouvoir plus aisément appliquer cette équation aux séries récurrentes, il sera mieux de considérer les termes y_1, y_2, y_3,... dans un ordre renversé, savoir que

$$y_2 + dy_2 = y_1, \quad y_3 + dy_3 = y_2,$$

et ainsi des autres, de sorte que les indices 1, 2, 3,... dénotent la distance de chaque terme au dernier y_1. Supposons

$$y_2 = p_1, \quad \text{et l'on aura} \quad y_3 = p_2;$$

soit donc de nouveau

$$p_2 = q_1 \quad \text{et} \quad p_3 = q_2;$$

soit encore

$$q_2 = r_1 \quad \text{et} \quad q_3 = r_2 = s_1,$$

et l'on aura

$$y_2 = p_1, \quad y_3 = q_1, \quad y_4 = r_1, \quad y_5 = s_1, \quad y_6 = s_2;$$

substituant ces valeurs dans la proposée, elle deviendra

$$y_1 + Ap_1 + Bq_1 + Cr_1 + Ds_1 + Es_2 = X.$$

Qu'on réduise à présent les suppositions précédentes en équations, savoir

$$p_1 - y_2 = 0, \quad q_1 - p_2 = 0, \quad r_1 - q_2 = 0, \quad s_1 - r_2 = 0,$$

et après les avoir multipliées par les coefficients indéterminés a, b, c,..., qu'on les ajoute toutes à celle qu'on vient de trouver. Il en résultera la suivante

$$\left.\begin{array}{l} y_1 + (A+a)p_1 + (B+b)q_1 + (C+c)r_1 + (D+d)s_1 \\ \quad - ay_2 - bp_2 - cq_2 - dr_2 + Es_2 \end{array}\right\} = X.$$

Qu'on fasse maintenant que chaque coefficient de la première partie soit multiple de la même manière de son correspondant dans la seconde, l'on parviendra aux mêmes équations qu'on a trouvées (6), et la quantité a sera déterminée par l'équation

$$a^5 + Aa^4 + Ba^3 + Ca^2 + Da + E = 0,$$

dont on a supposé les racines a_1, a_2, a_3,.... Donc, si l'on fait

$$y_1 + (A + a)p_1 + (B + b)q_1 + (C + c)r_1 + (D + d)s_1 = z_1,$$

l'équation se réduira à

$$z_1 - az_2 = X,$$

qui, par une intégration semblable à celle du n° 3, donnera

$$z_m = a^m \left(\text{const.} + \int \frac{X}{a^{m+1}}\right),$$

où m exprimera le quantième du terme z_m dans la suite des z. Or, comme pour a l'on peut substituer chacune des cinq racines a_1, a_2, a_3,... de l'équation $a^5 + Aa^4 + \ldots = 0$, on aura de même cinq valeurs différentes de z_m que nous exprimerons comme ci-dessus par Z_1, Z_2, Z_3,...; donc, à cause que

$$z_m = y_m + (A + a)p_m + (B + b)q_m + (C + c)r_m + (D + d)s_m,$$

on parviendra, en chassant les lettres p_m, q_m,..., à la formule

$$y_m = FZ_1 + GZ_2 + HZ_3 + IZ_4 + KZ_5,$$

où F, G, H,... sont des constantes qu'on doit déterminer par la comparaison d'autant de termes donnés dans la suite des y.

9. Si X est constant, par ce qu'on a démontré (4), la somme exprimée par $\int \frac{X}{a^{m+1}}$ deviendra égale à $X\frac{a^m - 1}{a^m(a-1)}$, et nommant L la constante ajoutée à cette intégration, on aura finalement

$$Z = La^m + X\frac{a^m - 1}{a^m(a-1)},$$

d'où l'on tirera par conséquent les valeurs Z_1, Z_2, Z_3,..., en substituant à la place de a ses valeurs a_1, a_2, a_3,....

10. De tout ceci l'on peut déduire le théorème général suivant; si l'on a l'équation

$$y_m + Ay_{m-1} + By_{m-2} + Cy_{m-3} + Dy_{m-4} + Ey_{m-5} + \ldots = X,$$

où les indices des y dénotent leurs places, que l'on cherche toutes les racines a_1, a_2, a_3, a_4,... de l'équation

$$a^5 + Aa^4 + Ba^3 + Ca^2 + Da + E = 0,$$

et l'on aura généralement

$$y_m = Fa_1^m\left(L + \int \frac{X}{a_1^{m+1}}\right) + Ga_2^m\left(L + \int \frac{X}{a_2^{m+1}}\right) + Ha_3^m\left(L + \int \frac{X}{a_3^{m+1}}\right)$$
$$+ Ia_4^m\left(L + \int \frac{X}{a_4^{m+1}}\right) + Ka_5^m\left(L + \int \frac{X}{a_5^{m+1}}\right) + \ldots,$$

et, dans le cas où X est constant,

$$y_m = L(Fa_1^m + Ga_2^m + Ha_3^m + Ia_4^m + Ka_5^m + \ldots)$$
$$+ X\left(F\frac{a_1^m - 1}{a_1 - 1} + G\frac{a_2^m - 1}{a_2 - 1} + H\frac{a_3^m - 1}{a_3 - 1} + I\frac{a_4^m - 1}{a_4 - 1} + K\frac{a_5^m - 1}{a_5 - 1} + \ldots\right).$$

Si $X = 0$, on pourra supprimer la constante L, et l'on aura plus simplement

$$y_m = Fa_1^m + Ga_2^m + Ha_3^m + Ia_4^m + Ka_5^m + \ldots,$$

formule connue pour l'expression du terme général de la suite des y, telle que

$$y_m + Ay_{m-1} + By_{m-2} + Cy_{m-3} + Dy_{m-4} + Ey_{m-5} + \ldots = 0,$$

ce qui n'est autre chose qu'une suite récurrente, dont l'échelle de relation est $-A - B - C - D - E - \ldots$.

11. Voilà donc la théorie des suites récurrentes réduite au calcul différentiel, et établie de cette façon sur des principes directs et naturels, au lieu que jusqu'ici elle n'a été traitée que par des voies tout à fait indirectes. De plus, les recherches qu'on a faites sur cette matière ont toujours été bornées au cas de $X = 0$, et personne, que je sache, n'a jamais entrepris d'examiner généralement les autres cas, où X est constant ou même variable, ce qui peut néanmoins être de la dernière importance pour la résolution de plusieurs problèmes qui conduisent à de telles équations, dont la doctrine des hasards est principalement remplie, comme je me propose de le faire voir une autre fois en appliquant à cette espèce de calcul la théorie que je viens d'expliquer.

RECHERCHES

SUR

LA NATURE ET LA PROPAGATION DU SON.

RECHERCHES

SUR

LA NATURE ET LA PROPAGATION DU SON.

(*Miscellanea Taurinensia*, t. I, 1759.)

INTRODUCTION.

Quoique la science du Calcul ait été portée dans ces derniers temps au plus haut degré de perfection, il ne paraît cependant pas qu'on se soit beaucoup avancé dans l'application de cette science aux phénomènes de la Nature. La théorie des fluides, qui est assurément une des plus importantes pour la Physique, est encore très-imparfaite dans ses éléments, malgré les efforts de plusieurs grands hommes qui ont tenté de l'approfondir. Il en est de même de la matière que j'entreprends d'examiner ici, et qu'on peut avec raison regarder comme un des principaux points de cette théorie. Car le son ne consistant que dans de certains ébranlements imprimés aux corps sonores, et communiqués au milieu élastique qui les environne, ce n'est que par la connaissance des mouvements de ce fluide qu'on peut espérer de découvrir sa véritable nature, et de déterminer les lois qu'il doit suivre dans sa propagation.

Newton, qui a entrepris le premier de soumettre les fluides au calcul, a aussi fait sur le son les premières recherches, et il est parvenu à en déterminer la vitesse par une formule qui ne s'éloigne pas beaucoup de l'expérience. Mais si cette théorie a pu contenter les Physiciens, dont la plupart l'ont adoptée, il n'en est pas de même des Géomètres qui, en étudiant les démonstrations sur lesquelles elle est appuyée, n'y ont pas trouvé ce degré de solidité et d'évidence qui caractérise d'ailleurs le reste de ses Ouvrages. Cependant aucun, que je sache, ne s'est jamais attaché à découvrir et à faire connaître les principes qui peuvent les rendre insuffisantes; encore moins a-t-on entrepris de leur en substituer de plus sûrs et de plus rigoureux (*).

Les Commentateurs des *Principes* ont à la vérité tâché de rétablir cet endroit par une méthode purement analytique, mais, outre qu'ils n'ont envisagé la question que sous un point de vue tout à fait particulier, leurs calculs sont d'ailleurs si compliqués, et embarrassés dans des suites infinies, qu'il ne paraît pas qu'on puisse en aucune façon acquiescer aux conclusions qu'ils se sont efforcés d'en déduire.

J'ai donc cru qu'il était nécessaire de reprendre toute la question dans ses fondements et de la traiter comme un sujet entièrement nouveau, sans rien emprunter de ceux qui peuvent y avoir travaillé jusqu'à présent.

Tel est l'objet que je me suis proposé dans les Recherches suivantes. Pour le faire mieux connaître, je commence par donner une idée de la théorie de M. Newton, et des difficultés auxquelles elle est sujette.

C'est dans la Section VIII du Livre II des *Principes* que se trouve renfermée toute cette théorie. L'Auteur considère d'abord la propagation du mouvement dans les fluides élastiques, et la fait consister dans des dilatations et des compressions successives, qui forment comme autant de pulsations, et qui se répandent à la ronde par tout le fluide. Il passe ensuite à examiner comment ces pulsations peuvent être produites par le

(*) Voici comment parle un des plus célèbres Géomètres de notre temps dans son excellent *Traité des Fluides* (art. 219) : « Ce serait ici le lieu de donner des méthodes pour déterminer la vitesse du son, mais j'avoue que je ne suis point encore parvenu à trouver sur ce sujet rien qui pût me satisfaire. Je ne connais jusqu'à présent que deux Auteurs qui aient donné des formules pour la vitesse du son, savoir M. Newton dans ses *Principes*, et M. Euler dans sa *Dissertation sur le Feu*, qui a partagé le prix de l'Académie en 1738. La formule donnée par M. Euler sans démonstration est fort différente de celle de M. Newton, et j'ignore quel chemin l'y a conduit; à l'égard de la formule de M. Newton, elle est démontrée dans ses *Principes*, mais c'est peut-être l'endroit le plus obscur et le plus difficile de cet ouvrage. M. Jean Bernoulli le fils, dans la *Pièce sur la Lumière*, qui a remporté le prix de l'Académie en 1736, dit qu'il n'oserait pas se flatter d'entendre cet endroit des *Principes*. »

frémissement des parties d'un corps sonore quelconque. Il imagine pour cela qu'une particule du fluide poussée par les vibrations du corps contigu condense par une certaine distance les particules suivantes, jusqu'à ce que, la condensation étant devenue la plus grande, les mêmes particules commencent à se dilater de part et d'autre, ce qui forme selon lui une infinité de fibres sonores qui partent toutes du même point comme d'un centre commun. Il veut de plus que chacune de ces premières fibres en engendre une autre égale à son extrémité, lorsqu'elle a achevé une oscillation entière, et celle-ci une troisième, et ainsi successivement, de sorte qu'il se forme, pour ainsi dire, autour du corps sonore plusieurs voûtes sphériques, qui aillent toujours en s'élargissant, tout de même comme l'on observe dans les ondes qui s'excitent sur la surface d'une eau tranquille, par l'agitation de quelque corps étranger que ce soit.

Voilà quels doivent être selon cet illustre Auteur les mouvements des particules de l'air qui produisent et propagent le son. Mais M. Newton est encore allé plus loin, il a calculé tous les mouvements particuliers qui composent chacune des pulsations. Pour y parvenir il regarde les fibres élastiques de l'air comme composées d'une infinité de points physiques disposés en ligne droite et à égale distance les uns des autres. La méthode qu'il emploie pour déterminer les oscillations de ces points consiste à les supposer d'abord isochrones et toujours les mêmes dans chacun d'eux. M. Newton prouve ensuite que cette hypothèse s'accorde entièrement avec les lois mécaniques qui dépendent de l'action mutuelle que les points exercent en vertu de leur ressort; d'où il conclut qu'en effet ces mouvements sont tels qu'il les a supposés, et comme à chaque oscillation il doit s'engendrer selon lui une nouvelle fibre égale et semblable à la première, il trouve l'espace que le son parcourt dans un temps donné, en calculant seulement la durée d'une simple vibration.

M. Jean Bernoulli le fils, dans son excellente *Pièce sur la Lumière*, a aussi déterminé, d'après les mêmes hypothèses, la vitesse du son; son procédé diffère pourtant de celui de M. Newton en ce qu'il a d'abord supposé que les vibrations des particules sont parfaitement isochrones, ce que ce grand Géomètre s'était proposé de démontrer. Aussi n'est-il pas surprenant que ces deux Auteurs soient arrivés à la même formule pour la vitesse du son, et l'accord apparent de leurs calculs ne peut être apporté comme une preuve des fondements de la théorie qu'on vient d'exposer (*).

A l'égard des premières propositions sur la formation des fibres élastiques, et surtout de leur comparaison avec les ondes, je crois inutile de m'arrêter davantage à les examiner. Car, outre que plusieurs Auteurs en ont déjà fait voir le peu de solidité et l'insuffisance même pour l'explication des phénomènes du son (**), la manière avec laquelle elles sont présentées dans les *Principes* fait voir évidemment que l'Auteur ne les adoptait que comme de simples hypothèses pour simplifier la nature d'un problème assez composé de lui-même. Et quand même ces hypothèses seraient vraies, ne serait-on pas en droit d'en exiger une démonstration? Or cette démonstration doit nécessairement dépendre de la résolution

(*) M. Bernoulli prouve à la vérité, dans l'ouvrage cité, que tout corps qui est tenu en équilibre par deux puissances égales et directement contraires, s'il vient à être tant soit peu déplacé, doit faire autour de son point de repos des oscillations simples et régulières. Mais cette théorie n'est guère applicable qu'au seul cas où il n'y ait qu'un corps mobile. Pour le faire sentir, supposons d'abord, selon cet Auteur, que le corps soit sollicité selon deux directions contraires par les forces égales P et Q : il est clair que ces forces ne pourront être que des fonctions de la distance du corps à un point fixe quelconque; donc, si on lui fait parcourir un espace infiniment petit ds, la somme des accroissements de ces deux forces sera exprimée par $p\,ds$, ce qui donnera par conséquent la force accélératrice qui porte le corps vers son point d'équilibre; et comme on ne veut considérer que les mouvements infiniment petits, on supposera p constant, d'où la force donnée deviendra proportionnelle à la distance à parcourir ds, et les oscillations se feront selon les lois connues de l'isochronisme. Mais il n'en sera pas de même s'il y a plusieurs corps qui se soutiennent mutuellement en équilibre, quoique rangés tous sur la même droite. Dans ce cas les forces P, Q, P_1, Q_1, P_2, Q_2,... qui agissent sur chacun d'eux seront des fonctions de leurs distances intermédiaires; ainsi, ds_1, ds_2, ds_3,... représentant les déplacements infiniment petits de tous les corps, on aura pour les forces accélératrices des expressions de cette forme $p\,ds_1 + q\,ds_2 + r\,ds_3 + \ldots$ où $p, q, r, \ldots$ peuvent être regardées comme constantes. D'où il est aisé de comprendre que les mouvements des corps ne seront plus astreints au simple isochronisme; et c'est proprement ce qui arrive aux particules des fibres élastiques de l'air. C'est aussi par cette raison que le calcul qu'on trouve dans le Commentaire des *Principes* serait encore insuffisant, même quand il ne renfermerait pas des approximations, puisqu'on n'y considère que trois ou quatre particules mobiles. M. d'Alembert a fait sentir cette difficulté pour le cas d'une corde vibrante chargée de plusieurs petits poids, p. 359 des *Mémoires de l'Académie de Berlin*, pour l'année 1750.

(**) *Voyez* la suite de l'article des fluides cité ci-dessus; *voyez* encore le Mémoire de M. de Mairan dans les *Mémoires de l'Académie de Paris*, année 1737; la *Physique* de Perrault, et d'autres.

générale du problème proposé. Il faut donc avouer que la théorie de M. Newton serait, même à cet égard, bien éloignée de pouvoir entièrement satisfaire à son objet. Mais il y a plus, le théorème dans lequel il détermine les lois des oscillations des particules est fondé sur des principes insuffisants et même fautifs.

Le célèbre M. Euler paraît s'en être aperçu dès l'année 1727, comme l'on voit dans une *Thèse sur le Son*, soutenue à Bâle la même année. Cependant M. Cramer est, je crois, le premier qui en ait donné une preuve solide et convaincante (*). Il fait voir que le procédé de M. Newton peut également s'appliquer à démontrer cette autre proposition, savoir : que les particules élastiques suivent dans leurs mouvements les lois d'un corps pesant qui monte et qui tombe librement, ce qui est tout à fait incompatible avec l'isochronisme des oscillations que l'illustre Auteur anglais a prétendu établir. Cette remarque seule paraîtrait suffire pour faire tomber entièrement la théorie en question. Cependant, comme les grands hommes ne doivent être jugés que d'après l'examen le plus exact et le plus rigoureux, on aurait tort de la rejeter avant que d'en avoir démontré l'insuffisance d'une manière qui ne laisse plus rien à désirer.

Voilà le premier pas que j'ai pensé devoir faire en entrant dans les Recherches que je m'étais proposées sur la nature et la propagation du son.

J'ai donc commencé par étudier avec toute l'attention dont j'ai été capable les propositions de M. Newton dont il s'agit, et j'ai trouvé en effet qu'elles sont fondées sur des suppositions incompatibles entre elles, et qui portent nécessairement à faux. C'est ce que j'ai tâché de faire voir par deux voies différentes dans le Chapitre Ier de la Dissertation suivante. Cet objet ainsi rempli, je me suis appliqué à rechercher des méthodes directes et générales pour résoudre le problème proposé, sans employer d'autres principes que ceux qui tiennent immédiatement aux lois connues de la Dynamique.

Pour donner à mes Recherches le plus de généralité qu'il est possible,

(*) *Voyez* les Commentaires des *Principes*.

et pour les rendre en même temps applicables à ce qui se passe réellement dans la nature, j'ai d'abord envisagé la question sous le même point de vue sous lequel tous les Géomètres et les Physiciens l'ont regardée jusqu'ici, et je doute qu'on puisse jamais réduire le problème sur les mouvements de l'air qui produisent le son à un énoncé plus simple que celui-ci, savoir :

Étant donné un nombre indéfini de particules élastiques rangées en ligne droite, qui se soutiennent en équilibre en vertu de leurs forces mutuelles de répulsion, déterminer les mouvements que ces particules doivent suivre dans le cas qu'elles aient été, comme que ce soit, dérangées, sans sortir de la même droite.

Pour en faciliter la résolution, je suppose seulement que les particules sont toutes de même grandeur et douées d'une même force élastique, et, de plus, que leurs mouvements sont toujours infiniment petits : conditions que je ne crois pas pouvoir porter la moindre atteinte à la nature du problème envisagé physiquement.

En examinant les équations trouvées d'après ces seules *données*, je me suis bientôt aperçu qu'elles ne différaient nullement de celles qui appartiennent au problème *de chordis vibrantibus*, pourvu qu'on suppose les mêmes corpuscules disposés de la même manière dans un cas que dans l'autre; d'où il s'ensuit qu'en augmentant leur nombre à l'infini, et diminuant les masses dans la même raison, le mouvement d'une fibre sonore dont les particules élastiques se touchent mutuellement doit être comparé à celui d'une corde vibrante correspondante (*).

Ceci m'a donc conduit à parler des théories que les grands Géomètres, MM. Taylor, d'Alembert et Euler, ont données sur ce sujet. J'expose en peu de mots leurs différends, et les objections que M. Daniel Bernoulli a faites aux deux derniers; et, après avoir soigneusement examiné les raisons des uns et des autres, j'en conclus que les calculs qu'on a faits jus-

(*) C'est une justice que l'on doit ici au célèbre M. d'Alembert, que de faire remarquer qu'il avait déjà trouvé ce rapport entre les deux problèmes mentionnés dans l'Article XLVI de son premier *Mémoire sur les Cordes vibrantes* inséré dans les *Mémoires de l'Académie de Berlin;* mais il ne paraît pas, du moins que je sache, qu'il en ait jamais fait aucun usage.

qu'à présent ne sauraient décider de telles questions, et que c'est nécessairement à la solution générale que nous avons en vue qu'il faut s'en rapporter.

J'entreprends donc cette solution dont l'analyse me paraît en elle-même neuve et intéressante, puisqu'il y a un nombre indéfini d'équations à résoudre à la fois. Heureusement la méthode que j'ai suivie m'a mené à des formules qui ne sont pas fort composées, eu égard au grand nombre d'opérations par où j'ai été obligé de passer. Je considère d'abord ces formules dans le cas où le nombre des corps mobiles est fini, et j'en tire aisément toute la théorie du mélange des vibrations simples et régulières, que M. Daniel Bernoulli n'a trouvée que par des voies particulières et indirectes. Je passe ensuite au cas d'un nombre infini de corps mobiles, et, après avoir prouvé l'insuffisance de la théorie précédente dans ce cas, je tire de mes formules la même construction du problème *de chordis vibrantibus*, que M. Euler a donnée, et qui a été si fort contestée par M. d'Alembert. Je donne de plus à cette construction toute la généralité dont elle est capable, et, par l'application que j'en fais aux cordes de musique, j'obtiens une démonstration générale et rigoureuse de cette importante vérité d'expérience, savoir : que, quelque figure qu'on donne d'abord à la corde, la durée de ses oscillations se trouve néanmoins toujours la même (*).

A cette occasion, je développe la théorie générale des sons harmoniques qui résultent d'une même corde, de même que celle des instruments à vent. Quoique ces deux théories aient été déjà proposées, l'une par M. Sauveur et l'autre par M. Euler, cependant je crois être le premier qui les ait immédiatement déduites de l'analyse.

Je viens maintenant au principal objet de mes Recherches, savoir aux

(*) Le savant M. d'Alembert cité ci-dessus, dans l'Article III de son Addition au *Mémoire sur les Cordes vibrantes*, imprimée dans le tome des *Mémoires de l'Académie de Berlin*, pour l'année 1750, fait à ce propos la remarque suivante : « Il est vraisemblable qu'en général, quelque figure que la corde prenne, le temps d'une vibration sera toujours le même, et c'est ce que l'expérience paraît confirmer, mais ce qu'il serait difficile, peut-être impossible de démontrer en rigueur par le calcul. » Je ne rapporte ces paroles d'un si grand Géomètre que pour donner une idée de la difficulté du problème que j'ai résolu.

lois de la propagation du son. Je suppose qu'une particule d'air reçoive du corps sonore une impulsion quelconque, je trouve par l'application de mes formules qu'il se communique d'une particule à l'autre un mouvement qui n'est qu'instantané et qui ne dépend en rien de la force du premier ébranlement. La vitesse avec laquelle se fait cette communication est déterminée par la même formule que M. Newton avait déjà donnée pour la vitesse du son, et dont les résultats se trouvent assez conformes à l'expérience. Le calcul me conduit ici à traiter des échos simples et composés, et la théorie que j'établis n'est sujette à aucune des difficultés qui se rencontrent dans l'explication que les Physiciens en ont donnée jusqu'à présent. Ces Recherches sont suivies d'un examen du mélange des sons, et de la manière avec laquelle ils peuvent se répandre dans le même espace sans se troubler ou se confondre en aucune façon. Je tire enfin de mes formules une explication rigoureuse et incontestable de la résonnance et du frémissement naturel des cordes harmoniques au bruit de la principale; phénomène connu depuis longtemps, et pour lequel on a inventé plusieurs systèmes, sans être parvenu à en donner une raison satisfaisante.

Voilà les principaux objets que j'ai traités dans la Dissertation présente, et que le défaut de temps et quelques autres obstacles imprévus m'ont empêché d'expliquer avec plus d'ordre et de netteté. Je suis bien éloigné de croire qu'elle contienne une théorie complète sur la nature et la propagation du son; mais ce sera du moins avoir contribué à l'avancement des Sciences physico-mathématiques, que d'avoir démontré par le calcul plusieurs vérités qui avaient jusqu'ici paru inexplicables dans la nature, et l'accord de mes résultats avec l'expérience servira peut-être à détruire les préjugés de ceux qui semblent désespérer que les Mathématiques ne puissent jamais porter de vraies lumières dans la Physique. C'est un des principaux buts que je m'étais proposés pour le présent.

SECTION PREMIÈRE.

RECHERCHES SUR LA NATURE DU SON.

CHAPITRE PREMIER.

DES OSCILLATIONS DES PARTIES INTIMES DES FLUIDES ÉLASTIQUES.

1. J'entreprends avant tout d'examiner la théorie que M. Newton a renfermée dans la Section VIII du Livre II des *Principes mathématiques*. Laissant à part toute discussion sur la formation des ondes et des fibres sonores dont on a parlé dans l'Introduction, je m'attache principalement à l'analyse du théorème, dans lequel il prétend établir que chaque particule d'un fluide élastique homogène suit dans ses mouvements les mêmes lois qu'un pendule qui décrit une cycloïde dont la longueur égale l'excursion totale de la particule, et où la pesanteur qui l'anime est équivalente à l'élasticité naturelle du fluide. Pour démontrer que cette proposition est conforme à la vérite, supposons d'abord, dit M. Newton, qu'elle le soit en effet, et voyons ce qui s'ensuivra. Il cherche donc, d'après une pareille supposition, la force accélératrice des particules, et il trouve que cette force est précisément la même qui fait mouvoir un pendule dans des arcs de la cycloïde donnée. Pour faire mieux sentir l'inexactitude et l'insuffisance du procédé qui l'a conduit à cette conclusion, j'ai cru devoir convertir le théorème en problème, en supposant d'abord inconnue ou indéterminée la loi des mouvements qu'on se propose de trouver. Pour cela il n'y a d'autres changements à faire aux propositions de M. Newton que de substituer au lieu du cercle dont les arcs expriment les temps, et les coupées les espaces parcourus, une autre courbe quelconque qui fasse la même fonction.

Je rapporterai donc ici la proposition dont il s'agit, et j'aurai soin de me servir des mêmes expressions de l'Auteur autant qu'il me sera possible.

Propositio XLVII, *Lib.* II. *Problema.*

2. *Pulsibus per fluidum elasticum propagatis invenire legem, quâ singulæ fluidi particulæ motu reciproco brevissimo euntes, et redeuntes accelerantur, et retardantur.*

Designent (*fig.* 1) AB, BC, CD,... pulsuum successivorum æquales

Fig. 1.

distantias, ABC plagam motus pulsuum ab A versus B propagati; E, F, G puncta tria physica medii quiescentis in recta AC ad æquales ab invicem distantias sita; E*e*, F*f*, G*g* spatia æqualia perbrevia, per quæ puncta illo motu reciproco singulis vibrationibus eunt et redeunt; ε, φ, γ loca quævis intermedia eorumdem punctorum; et EF, FG lineolas physicas, seu medii partes lineares punctis illis interjectas, et successive translatas in loca εφ, φγ, et *ef*, *fg*. Rectæ E*e* æqualis ducatur recta PS; *et super ipsa describatur curva in se rediens* PHS*h*P (*fig.* 2). Per hujus *peripheriam* totam cum par-

Fig. 2.

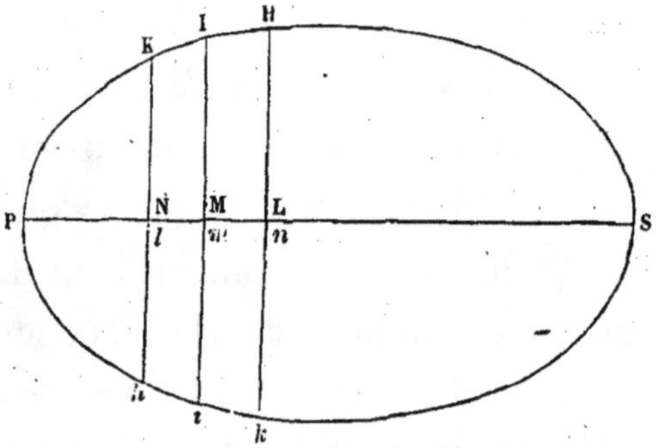

tibus suis exponatur tempus totum vibrationis unius, cum ipsius partibus proportionalibus, sic ut completo tempore quovis PH, vel PHS*h*, si demittatur ad PS perpendiculum HL, vel *hl*, et capiatur Eε æqualis PL vel P*l*, punctum physicum E reperietur in ε; hac lege punctum quodvis E eundo ab E per ε ad *e*, et indè redeundo per ε ad E vibrationes singulas peraget, *prout fert natura curvæ propositæ* PHShP; *invenienda est hujusmodi curva.* In *peripheria* PHSh capiantur æquales arcus HI, IK, vel hi, ik eam habent rationem ad *peripheriam* totam, quam habent æquales rectæ EF, FG ad pulsuum intervallum totum BC, et demissis perpendiculis IM, KN, vel im, kn, quoniam puncta E, F, G motibus similibus successive agitantur, et vibrationes suas integras ex itu et reditu compositas interea peragunt dum pulsus transfertur a B ad C, si PH, vel PHSh sit tempus ab initio motus puncti E erit PI, vel PHSi tempus ab initio motus puncti G, et propterea Eε, Fφ, Gγ erunt ipsis PL, PM, PN in itu punctorum, vel ipsis Pl, Pm, Pn in punctorum reditu, æquales respective. Unde $\varepsilon\gamma$ seu EG + Gγ — Eε in itu punctorum æqualis erit EG — LN, in reditu autem æqualis EG + ln; sed $\varepsilon\gamma$ latitudo est, seu expansio partis medii EG in loco $\varepsilon\gamma$; et propterea expansio partis illius in itu est ad ejus expansionem mediocrem, ut EG — LN ad EG, in reditu autem ut EG + ln, seu EG + LN ad EG.... Unde vis elastica puncti F in loco $\varepsilon\gamma$ est ad ejus vim elasticam mediocrem in loco EG ut $\frac{1}{EG - LN}$ ad $\frac{1}{EG}$ in itu; in reditu vero ut $\frac{1}{EG + ln}$ ad $\frac{1}{EG}$; et eodem argumento vires elasticæ punctorum physicorum E, et G in itu sunt ut $\frac{1}{EG - MR}$ et $\frac{1}{EG - QM}$ ad $\frac{1}{EG}$ [ductis scilicet (*fig.* 3) perpendiculis DR, FQ, quæ intercipiant partes arcus FH, KD æquales ipsis

Fig. 3.

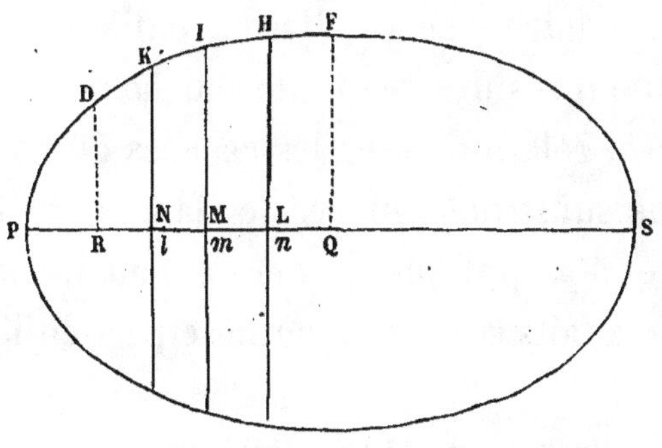

HI, IK], et virium differentia ad medii vim elasticam mediocrem, ut $\frac{QM - MR}{(EG - MR)(EG - QM)}$ ad $\frac{1}{EG}$; hoc est ut $\frac{QM - MR}{\overline{EG}^2}$ ad $\frac{1}{EG}$, sive ut QM — MR ad EG, si modo (ob angustos vibrationum limites) supponamus MR, QM indefinite minores esse quantitate EG; quare cum quantitas EG detur, differentia virium est, ut QM — MR. Sed differentia illa (id est excessus vis elasticæ puncti ε supra vim elasticam puncti γ) est vis qua interjecta medii lineola physica $\varepsilon\gamma$ acceleratur, et propterea vis acceleratrix lineolæ physicæ $\varepsilon\gamma$ est, ut *differentia linearum* QM *et* MR; *igitur ex Mechanicæ principiis differentia ista esse debebit, ut fluxio secunda spatii quod describitur a particula* $\varepsilon\gamma$, *posita scilicet fluxione prima temporis constante. Jam vero quoniam ex hypothesi tempora exprimuntur per arcus, et spatia per abscissas respondentes erunt* MR, *et* QM *fluxiones primæ spatiorum* PR, PQ; *adeoque* QM — MR *æquabitur fluxioni secundæ spatii* PR, *vel etiam* PM, *quod ab illo infinite parum differt; quum itaque partes arcus* DI, IF *æquentur inter se, habebimus ad determinandam curvam* PHSh *sequentem æquationem identicam* QM — MR = QM — MR, *seu* o = o *quod nihil indicat.*

3. Cette conclusion vague et indéterminée, que nous venons de trouver, nous apprend donc clairement la raison pour laquelle les principes de M. Newton peuvent nous conduire également à des résultats très-différents entre eux, comme M. Cramer l'a ingénieusement démontré dans l'hypothèse que les particules élastiques suivent dans leurs mouvements la même loi que les corps pesants qui montent ou qui descendent alternativement. Mais suivons encore la théorie de M. Newton, et passons à la *Prop*. XLIX, dans laquelle il détermine le temps que chaque particule doit employer à faire une oscillation entière. Or, comme de la proposition précédente il résulte que toute courbe rentrante PHShP peut également exprimer la relation entre les espaces et les temps, on sera aussi bien en droit de substituer au cercle dans cette proposition une courbe quelconque, et d'y appliquer généralement les mêmes raisonnements que M. Newton a faits sur son hypothèse particulière. Soit donc :

Propositio XLIX. *Problema.*

4. *Datis medii densitate et vi elastica, invenire velocitatem pulsuum.*

Fingamus medium ab incumbente pondere pro more aeris nostri comprimi, sitque A altitudo medii homogenei, cujus pondus adæquet pondus incumbens, et cujus densitas eadem sit cum densitate medii compressi, in quo pulsus propagantur. Constitui autem intelligatur pendulum, cujus longitudo inter punctum suspensionis, et centrum oscillationis sit A, et quo tempore pendulum illud oscillationem integram ex itu et reditu compositam peragit, eodem pulsus eundo conficiet spatium circumferentiæ circuli radio A descripti æquale. Nam stantibus, quæ in *Prop.* XLVII constructa sunt, si lineola quævis physica EF singulis vibrationibus describendo spatium PS urgeatur in *loco quovis* $\varepsilon\varphi$ a vi elastica, quæ *eadem omnino sit, quam proposita spatiorum, et temporum scala* PHShP *requirit seu* $\frac{QM - MR}{\overline{HK}^2}$ M, *denotante* M *massam, seu pondus lineolæ physicæ* EG, *peraget hæc vibrationes singulas tempore* PHS, *et oscillationes integras tempore* PHShP; id adeo, quia vires æquales æqualia corpuscula per æqualia spatia simul impellent...... Sed vis elastica, qua lineola physica EG *in loco quovis* $\varepsilon\gamma$ existens urgetur erat (in demonstratione *Prop.* XLVII) ad ejus vim totam elasticam, ut QM — MR ad EG; et vis illa tota, hoc est pondus incumbens, quo lineola EG comprimitur est ad pondus lineolæ, ut ponderis incumbentis altitudo A ad lineolæ longitudinem EG, adeoque ex æquo vis, qua lineola EG *in loco quovis* $\varepsilon\gamma$ urgetur, est ad lineolæ illius pondus, ut (QM — MR) A ad $\overline{EG}^2$ *hinc vis ista erit ad vim superius inventam* $\frac{QM - MR}{\overline{HK}^2}$ M, *ut* $\frac{A}{\overline{EG}^2}$ *ad* $\frac{1}{\overline{HK}^2}$. *Porro*

$$HK = 2KI \quad et \quad EG = 2EF;$$

unde quum ex constructione propositionis antecedentis habeatur

$$\frac{KI}{EF} = \frac{PHShP}{BC},$$

erit etiam

$$\frac{HK}{EG} = \frac{PHShP}{BC};$$

unde proportio virium supra inventa transmutabitur in hanc

$$\frac{\frac{A}{\overline{BC}^2}}{\frac{1}{(PHShP)^2}}.$$

Quare cum tempora, quibus æqualia corpora per æqualia spatia impelluntur sint reciproce in subduplicata ratione virium, erit tempus vibrationis unius urgente vi illa elastica, ad tempus PHS*h*P in subduplicata ratione

$$\frac{\frac{\overline{BC}^2}{A}}{(PHShP)^2}, \quad \text{seu ut} \quad \frac{\frac{BC}{\sqrt{A}}}{PHShP}.$$

Quum itaque consequentia in hac analogia eadem sint, æqualia esse debebunt et antecedentia; hinc orietur tempus vibrationis unius lineolæ EG *urgente vi elastica* $\frac{BC}{\sqrt{A}}$. Sed tempore vibrationis unius, ex itu et reditu compositæ pulsus progrediendo conficit latitudinem suam BC; ergo tempus, quo pulsus percurrit spatium BC *erit* $\frac{BC}{\sqrt{A}}$. Tempus autem, quo pulsus percurrit spatium BC est ad tempus, quo percurret longitudinem circumferentiæ *circuli, cujus radius est* A æqualem in eadem ratione, *scilicet, ut* $\frac{BC}{\pi A}$ (*posita scilicet pro* π *ratione circumferentiæ ad radium*), *adeoque erit hoc tempus* $\frac{\pi A}{\sqrt{A}} = \pi\sqrt{A}$; *sed ex theoria pendulorum reperitur etiam tempus oscillationis unius penduli longitudinis* $A = \pi\sqrt{A}$; ideoque tempore talis oscillationis pulsus percurret longitudinem huic circumferentiæ æqualem.

5. Voilà donc un nouveau paradoxe déduit des principes de M. Newton, savoir que, quelle que soit la loi des mouvements des particules élastiques, le temps des oscillations est néanmoins toujours le même. Ces deux Propositions que nous venons de détailler, contiennent toute la théorie que cet Auteur a donnée concernant les mouvements de l'air qui font l'objet principal de la Dissertation présente; c'est pourquoi nous les examinerons ici avec tout le soin possible. Pour peu qu'on réfléchisse sur la nature des démonstrations précédentes, on s'apercevra sans peine que les défauts de cette théorie dépendent moins de l'enchaînement des raisonnements que des principes et des *données* que l'Auteur adopte taci-

tement pour la solution du problème. Ces *données* étant développées se réduisent aux suivantes :

1° Que les mouvements de toutes les particules soient exprimés par le même lieu géométrique, d'où il suit qu'ils doivent être tous d'une même nature;

2° Que ces particules se communiquent le mouvement dans des temps égaux, en sorte qu'elles viennent toutes à passer successivement par les mêmes degrés de mouvement.

Il est constant qu'on ne peut admettre aucune de ces suppositions, si on n'a auparavant démontré qu'elles sont des conséquences nécessaires des conditions données du problème. Or tant s'en faut que dans notre cas la chose soit ainsi, qu'au contraire ce sont ces mêmes conditions qui détruisent entièrement celles qui dépendent de l'action mutuelle que les parties exercent en vertu de leurs forces répulsives. Pour développer cette difficulté dans toute son étendue, ainsi que l'importance de la matière et l'autorité du grand homme, dont les égarements mêmes nous sont instructifs, semblent l'exiger, je vais donner l'analyse pure et exacte du problème dont il s'agit, telle que peuvent la fournir les premiers principes de Mécanique.

6. Soient, selon les premières suppositions de M. Newton (*fig.* 1, p. 48), E, F, G,... des points physiques qui composent le milieu élastique lorsqu'il est en repos; soient ensuite parvenus ces mêmes points en ε, φ, γ, de sorte qu'ils restent néanmoins dans la même ligne droite BC; qu'on dénote les espaces rectilignes parcourus $E\varepsilon$, $F\varphi$ et $G\gamma$ par y_1, y_2, y_3, et supposant que la première distance EF, FG entre ces points soit égale à r, on aura

$$\varepsilon\varphi = r + y_2 - y_1,$$
$$\varphi\gamma = r + y_3 - y_2;$$

or la force d'élasticité naturelle qui agit entre les points E, F, G est exprimée par $\frac{A \times M}{r}$, comme il est démontré dans la *Prop.* XLIX ci-dessus, où M dénote le poids de chaque particule, et A est la hauteur d'une colonne homogène du même fluide, dont la pesanteur égale le ressort naturel des particules; donc, lorsque les points E, F, G viennent à être transportés en ε, φ, γ, cette force d'élasticité se changera en

$$\frac{A \times M}{\varepsilon\varphi} = \frac{A \times M}{r + y_2 - y_1}$$

pour les points ε et φ, et en

$$\frac{A \times M}{\varphi\gamma} = \frac{A \times M}{r + y_3 - y_2}$$

pour les points φ et γ, et ainsi de suite; par conséquent la différence de ces deux forces donnera la force motrice de la particule intermédiaire φ, laquelle se trouvera égale à $AM\left(\frac{1}{r + y_2 - y_1} - \frac{1}{r + y_3 - y_2}\right)$, c'est-à-dire égale à

$$AM\frac{y_3 - 2y_2 + y_1}{(r + y_2 - y_1)(r + y_3 - y_2)}.$$

Mais, comme les particules sont supposées devoir faire des excursions assez petites, les différences $y_2 - y_1$ et $y_3 - y_2$ des espaces parcourus s'évanouiront auprès de la quantité r, d'où il résulte pour la force motrice de la particule F

$$AM\frac{y_3 - 2y_2 + y_1}{r^2},$$

qui est celle qui fait parcourir l'espace y_2. De la même manière on trouvera pour les autres particules des expressions des forces motrices toutes semblables à celle-ci; d'où, si l'on nomme t le temps écoulé depuis le commencement du mouvement de la particule E, et si l'on fait ses différences dt constantes, on obtiendra par les principes de la Mécanique l'équation suivante qui contient les lois du mouvement de la particule F, savoir

$$\frac{d^2 y_2}{dt^2} = \frac{2Ah}{T^2}\,\frac{y_3 - 2y_2 + y_1}{r^2},$$

où h est l'espace qu'un corps pesant parcourt librement en tombant durant le temps T; de même on aura pour la particule suivante G l'équation

$$\frac{d^2 y_3}{dt^2} = \frac{2 A h}{T^2} \frac{y_4 - 2 y_3 + y_2}{r^2},$$

et ainsi des autres.

En général, si l'indice de y exprime toujours la place que tient là particule qui parcourt l'espace y, en comptant depuis la première F, on trouvera pour le mouvement de la particule, dont le quantième du rang est m, l'équation générale

$$\frac{d^2 y_m}{dt^2} = \frac{2 A h}{T^2} \frac{y_{m+1} - 2 y_m + y_{m-1}}{r^2}.$$

Ces équations, comme il est aisé de le voir, sont en même nombre que les particules mobiles dont on cherche les mouvements; c'est pourquoi, le problème étant déjà absolument déterminé par leur moyen, on est obligé de s'en tenir là, de sorte que toute condition étrangère qu'on voudra introduire ne peut pas manquer de rendre la solution insuffisante et même fautive. Mais pour connaître distinctement quelle atteinte doivent porter à l'Analyse ci-dessus expliquée les hypothèses particulières que M. Newton a imaginées, pour faciliter peut-être le problème, qui de sa propre nature est très-compliqué, nous allons réduire ces hypothèses en formules.

7. Pour cela nous commencerons par remarquer que si t est le temps écoulé depuis le commencement du mouvement de la particule E, il faudra, en vertu de la seconde hypothèse, qu'il se soit écoulé un temps $t + dt$, afin que la particule suivante F ait pu se mouvoir durant un temps t; il faudra aussi un temps $t + 2dt$ pour un mouvement semblable de la particule suivante G, et ainsi pour les autres; d'où il s'ensuit que, puisque toutes les particules sont supposées suivre les mêmes lois par l'hypothèse première, l'espace parcouru par le point F, durant le temps t,

sera égal à l'espace parcouru par la particule G pendant le temps $t + dt$, et que l'espace parcouru par le point E pendant le temps t sera le même que l'espace parcouru par la particule G dans le temps $t + 2dt$; or y_1, y_2, y_3 expriment les espaces parcourus par les particules E, F, G,..., dans le même temps t; on aura donc

$$y_2 = y_3 + dy_3, \quad y_1 = y_3 + 2dy_3 + d^2y_3;$$

maintenant si l'on substitue ces valeurs de y_1 et de y_2 dans l'expression $y_3 - 2y_2 + y_1$, l'équation qui contient le mouvement de la particule F se changera en celle-ci

$$\frac{d^2y_2}{dt^2} = \frac{2Ah}{T^2}\frac{d^2y_3}{r^2};$$

mais

$$y_2 = y_3 + dy_3,$$

et par conséquent

$$d^2y_2 = d^2y_3 + d^3y_3;$$

on aura donc l'équation

$$\frac{d^2y_3 + d^3y_3}{dt^2} = \frac{2Ah}{T^2}\frac{d^2y_3}{r^2},$$

ou bien, en négligeant le terme d^3y_3, et divisant tout par d^2y_3, nous aurons

$$\frac{1}{dt^2} = \frac{2Ah}{T^2r^2},$$

équation qui, comme on voit, ne contient plus aucune des variables y_1, y_2, y_3,.... On trouvera par des raisonnements semblables que toutes les autres équations se réduiront encore à celle-ci, laquelle par conséquent pourra être vraie, quelles que soient les valeurs des y, pourvu que l'on ait $dt^2 = \frac{T^2r^2}{2Ah}$. Maintenant, si l'on nomme θ le temps d'une oscillation entière, on aura (*fig.* 2, p. 48)

$$\theta = \mathrm{PHS}h\mathrm{P} \quad \text{et} \quad dt = \mathrm{KI};$$

par conséquent, $\frac{dt}{\mathrm{EF}} = \frac{\theta}{\mathrm{BC}}$, par la *Prop.* XLIX, savoir :

$$dt = \frac{r\theta}{\mathrm{BC}} \quad \text{et} \quad dt^2 = \frac{r^2\theta^2}{\overline{\mathrm{BC}}^2} = \frac{\mathrm{T}^2 r^2}{2\mathrm{A}h};$$

d'où l'on tire

$$\theta^2 = \frac{\overline{\mathrm{BC}}^2 \times \mathrm{T}^2}{2\mathrm{A}h} \quad \text{et} \quad \theta = \frac{\mathrm{T} \times \mathrm{BC}}{\sqrt{2\mathrm{A}h}},$$

qui se réduit à la même expression que nous avons déjà trouvée pour la mesure du temps dans la *Prop.* XLIX.

En effet, ayant supposé (4) que la force motrice dans l'échelle PHShP est simplement $\frac{\mathrm{QM} - \mathrm{MR}}{\overline{\mathrm{HK}}^2}\mathrm{M}$, on doit de même ici exprimer les forces motrices des particules par $\frac{\mathrm{M}\,d^2y}{dt^2}$, ou bien supposer $\frac{2h}{\mathrm{T}^2} = 1$.

Tout ce que nous venons de démontrer suffit assez, ce me semble, pour faire connaître à fond l'insuffisance et la fausseté de la méthode de M. Newton. Nous allons donc chercher une autre voie qui nous mène à une solution du problème dont il s'agit, fondée sur des principes sûrs et incontestables.

8. Pour envisager d'abord la question sous le point de vue le plus simple et le plus général qu'il soit possible, je regarde avec M. Newton les fluides élastiques comme des amas de corpuscules qui se fuient mutuellement selon les lois connues de l'élasticité. Imaginons donc une suite de corps qui aient tous la même masse, et qui soient rangés sur une même ligne droite, à distances égales les uns des autres; supposons de plus que ces corps se repoussent mutuellement par des forces élastiques qui suivent la raison inverse des distances; et, pour contenir l'action continuelle de ces forces de répulsion qui tendent sans cesse à écarter les corps les uns des autres, qu'on considère les deux extrêmes comme fixes

et immobiles, en sorte que, quelque mouvement qu'on excite dans leur système, il demeure toujours renfermé entre les deux limites données. Maintenant, soit le nombre des corps mobiles égal à $m-1$, leur masse égale à M, la force du ressort naturel égale à E; en conservant les autres suppositions ci-dessus (6), on trouvera que les mouvements de tout le système seront contenus dans les équations suivantes :

$$\frac{d^2y_1}{dt^2}=\frac{2Eh}{MT^2}\,\frac{y_2-2y_1}{r},$$
$$\frac{d^2y_2}{dt^2}=\frac{2Eh}{MT^2}\,\frac{y_3-2y_2+y_1}{r},$$
$$\frac{d^2y_3}{dt^2}=\frac{2Eh}{MT^2}\,\frac{y_4-2y_3+y_2}{r},$$
$$\cdots\cdots\cdots\cdots\cdots\cdots$$

Ces équations seront au nombre de $m-1$, savoir en même nombre que les corps mobiles, et de plus toutes semblables, excepté la première et la dernière, dans lesquelles les quantités y_0 et y_m, qui représenteraient selon l'ordre établi les espaces parcourus par le premier et dernier corps, doivent être, à cause de l'immobilité de ces corps, supposées égales à zéro; la dernière de ces équations se trouvera donc

$$\frac{d^2y_{m-1}}{dt^2}=\frac{2Eh}{MT^2}\,\frac{-2y_{m-1}+y_{m-2}}{r}.$$

C'est en intégrant toutes ces équations, et en tirant des valeurs pour chaque inconnue y_1, y_2, y_3,..., exprimées par la même variable t, que l'on parviendra à déterminer les mouvements de tous les corps qui composent le système proposé; mais avant que d'entrer dans ces recherches, il est nécessaire de traiter des causes qui peuvent produire de tels ébranlements dans les parties intimes des fluides élastiques. Nous nous bornerons ici aux cordes vibrantes, dont les mouvements sont plus connus, et qui, peut-être, sont les seuls de cette espèce qui ne se refusent pas à l'analyse.

CHAPITRE II.

DES VIBRATIONS DES CORDES.

9. Soit AB (*fig.* 4) une corde tant soit peu extensible, et qu'on puisse considérer abstraction faite de sa gravité et de sa roideur; supposons qu'elle soit attachée fixement aux deux points immobiles A et B qui la tiennent tendue avec une force égale au poids P. Soit, de plus, cette corde chargée de tant de corpuscules E, F, G,... qu'on voudra, qui aient tous la

Fig. 4.

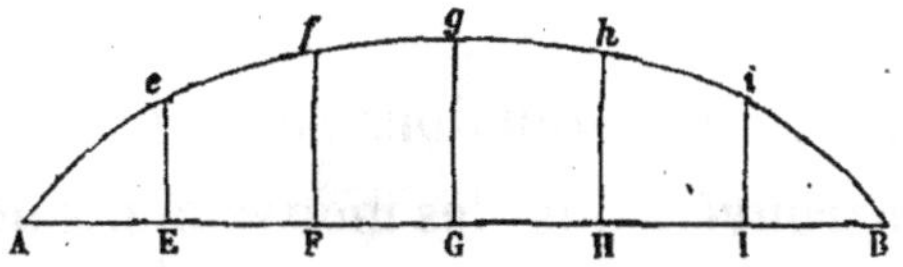

même masse M, et qui soient éloignés les uns des autres par des intervalles égaux AE, EF,.... Il est évident, par les principes de la Mécanique, que, si les points E, F, G,... viennent à être écartés de la ligne droite, en sorte qu'ils décrivent les lignes infiniment petites Ee, Ff, Gg,..., chacun de ces points f sera poussé vers F par une force égale à $P \sin efg$. Or, si l'on nomme y_1, y_2,... les excursions Ee, Ff,... des corps E, F,.... et qu'on fasse l'intervalle constant $AE = EF = r$, on aura

$$\sin efg = -\frac{y_3 - 2y_2 + y_1}{r};$$

d'où l'on tire, pour le mouvement du corps F, l'équation

$$\frac{d^2 y_2}{dt^2} = \frac{2Ph}{MT^2}\,\frac{y_3 - 2y_2 + y_1}{r};$$

on trouvera de même, pour le mouvement du corps suivant G, l'équation

$$\frac{d^2 y_3}{dt^2} = \frac{2Ph}{MT^2}\,\frac{y_4 - 2y_3 + y_2}{r},$$

et ainsi pour les autres. Par conséquent, si les corps attachés à la corde sont au nombre de $m - 1$, on aura en général pour leurs mouvements, quels qu'ils soient, les équations suivantes :

$$\frac{d^2y_1}{dt^2}=\frac{2Ph}{MT^2}\frac{y_2-2y_1}{r},$$

$$\frac{d^2y_2}{dt^2}=\frac{2Ph}{MT^2}\frac{y_3-2y_2+y_1}{r},$$

$$\frac{d^2y_3}{dt^2}=\frac{2Ph}{MT^2}\frac{y_4-2y_3+y_2}{r},$$

$$\ldots\ldots\ldots\ldots\ldots\ldots\ldots,$$

dont le nombre sera encore $m-1$, et la dernière sera exprimée par

$$\frac{d^2y_{m-1}}{dt^2}=\frac{2Ph}{MT^2}\frac{-2y_{m-1}+y_{m-2}}{r}.$$

Il est visible que toutes ces équations sont entièrement semblables à celles que nous avons trouvées pour les mouvements des corps élastiques, et qu'il n'y a qu'à faire $P=E$, pour qu'elles deviennent tout à fait les mêmes; d'où il s'ensuit que les deux problèmes qui y répondent sont de même nature, et qu'en en résolvant un on résout l'autre en même temps.

10. Imaginons que le nombre des corps, dans l'un et dans l'autre cas, augmente à l'infini et que leurs masses diminuent en même raison : les globules rangés en ligne droite formeront des fibres élastiques, telles qu'on peut les concevoir dans l'air commun, et la corde tendue deviendra une corde uniformément épaisse dans toute sa longueur, comme le sont les cordes de musique; le même rapport subsistera donc encore entre les oscillations des parties de l'une et de l'autre : par conséquent, la théorie des mouvements des cordes étant connue, on pourra par une simple application en déduire celle des mouvements de l'air qui produisent le son. Ces deux problèmes sont donc liés entre eux, non-seulement par leur nature même, mais encore par les principes d'où dépendent leurs solutions. Comme la matière des vibrations des cordes a déjà été traitée par de grands Géomètres, il sera à propos de rappeler ici en peu de mots les principales méthodes qu'ils ont imaginées pour cela. J'entrerai dans ce détail d'autant plus volontiers que ces Auteurs sont peu d'accord sur les principes et dans les résultats, ce qui pourrait faire douter de la généralité et de la rigueur de leurs solutions.

11. Le premier qui ait tenté de soumettre au calcul le mouvement des cordes vibrantes est le célèbre M. Taylor dans son excellent ouvrage *De Methodo incrementorum.*

Il suppose d'abord, et il prétend même le démontrer, que la corde doit toujours prendre des figures telles, que tous ses points arrivent en même temps à la situation rectiligne; d'où il déduit que ces figures ne peuvent être que celles d'une espèce de cycloïdes allongées, qu'il nomme *compagnes de la cycloïde.* Voici son procédé :

Nommant x une abscisse quelconque AE (*fig.* 5), et y l'ordonnée Ee qui dénote la distance du point E de la corde à l'axe dans un temps quel-

Fig. 5.

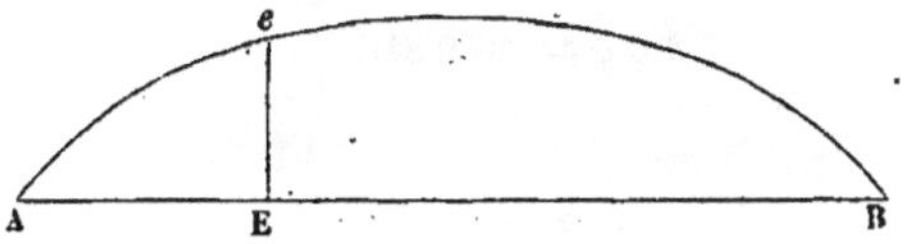

conque t, on démontrera par le même raisonnement (9) que la force accélératrice du point e vers E est exprimée par $-\frac{P}{M}\frac{d^2y}{dx}$. Soit a la longueur de toute la corde, et S son poids total, on aura

$$M = \frac{S\,dx}{a};$$

et par conséquent la force accélératrice en e deviendra

$$-\frac{Pa}{S}\frac{d^2y}{dx^2}.$$

Or, afin que toute la corde puisse reprendre sa situation rectiligne, l'Auteur suppose cette force proportionnelle à la distance Ee, que le point e doit parcourir; ainsi, en faisant K égale à une ligne quelconque, il obtient l'équation

$$-\frac{aP}{S}\frac{d^2y}{dx^2} = \frac{y}{K};$$

d'où, en faisant $\frac{S}{a\,PK} = f$, il résulte, par les méthodes connues,

$$x\sqrt{f} = \arcsin\frac{y}{Y}$$

et

$$y = Y\sin(x\sqrt{f}),$$

équation de la courbe pour un temps quelconque t, où l'ordonnée Y est la plus grande. Or, comme le point e, en parcourant l'espace eE, est continuellement poussé par une force accélératrice proportionnelle à l'espace qui reste à parcourir, on aura

$$-\frac{d^2y}{dt^2} = \frac{2h}{T^2}\frac{y}{K},$$

d'où, si l'on fait encore, pour abréger, $\frac{2h}{T^2K} = g$, l'on tirera de nouveau

$$t\sqrt{g} = \arcsin\frac{y}{Y_1}$$

et

$$y = Y_1\sin(t\sqrt{g}),$$

équation qui donne pour un temps quelconque t le rapport de l'éloignement y du point e de l'axe à son plus grand éloignement Y_1 ; donc, si l'on met au lieu de Y_1 la valeur de y qui convient à la courbe la plus grande AeB, et que nous avons trouvée plus haut, $Y\sin(x\sqrt{f})$, il en résultera l'expression générale des y pour tous les temps t et pour chaque coupée x, savoir

$$y = Y\sin(x\sqrt{f})\sin(t\sqrt{g}),$$

et telle est l'équation de la corde vibrante dans l'hypothèse de M. Taylor, en supposant qu'elle soit en ligne droite au commencement de son mouvement.

Si la corde eût d'abord eu la figure d'une trochoïde allongée, alors puisque, t croissant, y diminuerait, on aurait trouvé

$$y = Y\sin(x\sqrt{f})\cos(t\sqrt{g}),$$

où $y = Y\sin(x\sqrt{f})$ exprimerait la figure de la corde au commencement.

Pour déterminer la constante K qui entre dans les quantités f et g, on remarquera que y doit être égal à zéro, soit que x soit égal à zéro, soit que x soit égal à a, quelle que soit la valeur de t. Or, en posant $x = 0$, on a d'abord $y = 0$, parce que $\sin 0 = 0$. Qu'on fasse donc $x = a$ et $\sin(a\sqrt{f}) = 0$; si $\frac{1}{\varpi}$ est la raison du rayon du cercle à la circonférence, on sait que $\sin\frac{s\varpi}{2} = 0$, prenant pour s un nombre quelconque entier; c'est pourquoi l'on aura

$$a\sqrt{f} = \frac{s\varpi}{2} \quad \text{et} \quad \sqrt{f} = \frac{s\varpi}{2a};$$

or

$$\sqrt{f} = \sqrt{\frac{S}{aPK}},$$

ce qui donne

$$\frac{1}{\sqrt{K}} = \frac{s\varpi}{2}\sqrt{\frac{P}{Sa}},$$

et par conséquent

$$\sqrt{g} = \frac{1}{T}\sqrt{\frac{2h}{K}} = \frac{s\varpi}{2T}\sqrt{\frac{2hP}{Sa}}.$$

12. Cette solution que nous venons d'expliquer, outre qu'elle porte sur l'hypothèse entièrement gratuite que tous les points de la corde s'étendent en même temps en ligne droite, est encore bien éloignée d'être générale, même dans cette hypothèse, puisqu'il faudrait encore démontrer que c'est dans le seul cas des forces accélératrices proportionnelles aux distances des points de la corde à l'axe, que tous ses points peuvent toucher l'axe dans le même instant. C'est pour suppléer à ce défaut que le célèbre M. d'Alembert a imaginé une autre méthode de résoudre le problème *de chordis vibrantibus*, pris dans le sens le plus général qu'il soit possible. Cette méthode, qui est sûrement une des plus ingénieuses qu'on ait tirées jusqu'ici de l'Analyse, se trouve détaillée dans deux Mémoires que l'Auteur a donnés dans le tome de l'Académie Royale de Prusse dont nous avons fait mention ci-devant. Je ne rapporterai ici que les principes sur lesquels elle est appuyée, et les conséquences qui en résultent pour la théorie en question.

On a vu (11) que la force accélératrice du point E en e est exprimée généralement par $-\frac{\mathrm{P}a}{\mathrm{S}}\frac{d^2y}{dx^2}$, quelle que soit la courbe de la corde tendue AeB; donc, puisque cette force tend à faire parcourir au point E l'espace $e\mathrm{E} = y$, elle devra être égale à $-\frac{\mathrm{T}^2}{2h}\frac{d^2y}{dt^2}$; on aura donc pour l'équation générale de la courbe, dans un temps quelconque t,

$$\frac{\mathrm{P}a}{\mathrm{S}}\frac{d^2y}{dx^2} = \frac{\mathrm{T}^2}{2h}\frac{d^2y}{dt^2}.$$

Il faut d'abord remarquer dans cette équation que la différentielle d^2y du premier membre doit être prise en regardant l'x seule comme variable, au lieu que dans la différentielle d^2y du second membre c'est le seul temps t qui doit varier. Les Géomètres ont coutume de mettre de telles expressions entre deux parenthèses de la manière suivante, $\left(\frac{d^2y}{dx^2}\right)$, $\left(\frac{d^2y}{dt^2}\right)$, afin que l'on puisse juger, par la simple inspection, laquelle des variables x où t doit être changeante dans la différentiation de y. Soit, pour abréger, $\frac{2\mathrm{P}ah}{\mathrm{ST}^2} = c$, et on aura à intégrer l'équation

$$\left(\frac{d^2y}{dt^2}\right) = c\left(\frac{d^2y}{dx^2}\right).$$

Or M. d'Alembert trouve, par une analyse neuve et ingénieuse, que l'équation finie qui répond à celle-ci est

$$y = \Psi(t\sqrt{c}+x) + \Gamma(t\sqrt{c}-x),$$

Ψ et Γ exprimant des fonctions quelconques des quantités $t\sqrt{c}+x$ et $t\sqrt{c}-x$. Voilà donc quelle sera l'équation générale de la courbe que peut former une corde tendue. A l'égard de la nature des fonctions exprimées par Ψ et par Γ, elles sont en elles-mêmes indéterminées; mais, puisque les deux bouts de la corde sont supposés fixes, il est évident qu'elles doivent satisfaire à ces deux conditions, savoir : que y soit égal à zéro lorsque $x = 0$, et lorsque $x = a$, quel que soit le temps t; on aura par là les deux équations

$$\Psi(t\sqrt{c}) + \Gamma(t\sqrt{c}) = 0$$

et

$$\Psi(t\sqrt{c} + a) + \Gamma(t\sqrt{c} - a) = 0;$$

il résulte de la première

$$\Gamma = -\Psi,$$

et ainsi la seconde se change en

$$\Psi(t\sqrt{c} + a) - \Psi(t\sqrt{c} - a) = 0,$$

laquelle doit être vérifiée par la nature même de la fonction Ψ. Supposant donc une fonction quelconque Ψ qui soit telle, que

$$\Psi(t\sqrt{c} + a) = \Psi(t\sqrt{c} - a),$$

quelle que soit la valeur de t, on aura généralement pour la corde tendue l'équation

$$y = \Psi(t\sqrt{c} + x) - \Psi(t\sqrt{c} - x).$$

On sait que toute fonction peut être représentée par l'ordonnée d'une courbe, dont l'abscisse soit la variable contenue dans la fonction proposée; donc, si l'on décrit une courbe quelconque qui ait des ordonnées égales, à toutes les abscisses exprimées par $t\sqrt{c} + a$ et $t\sqrt{c} - a$, cette courbe donnera une construction fort simple de l'équation proposée, car on n'aura qu'à prendre les ordonnées qui répondent aux abscisses $t\sqrt{c} + x$ et $t\sqrt{c} - x$, dont la différence donnera l'ordonnée de la courbe que forme la corde sonore dans un temps quelconque t. Or, puisque la fonction Ψ doit rester la même, soit qu'on ajoute ou qu'on retranche de la changeante $t\sqrt{c}$ la quantité a, si l'on suppose, dans l'équation générale

$$y = \Psi(t\sqrt{c} + x) - \Psi(t\sqrt{c} - x),$$

que le temps t soit augmenté de la quantité $\frac{2a}{\sqrt{c}}$, la valeur de y n'en sera en rien dérangée, et ainsi la corde, au bout d'un temps égal à $\frac{2a}{\sqrt{c}} = 2\mathrm{T}\sqrt{\frac{\mathrm{S}a}{2\mathrm{P}h}}$, reprendra toujours la figure qu'elle avait au commencement de ce temps; mais, si la corde dans ses mouvements se trouve une fois étendue en ligne droite, elle reviendra en cette situation après chaque temps t, qui contiendra un certain nombre de fois exactement le temps $\mathrm{T}\sqrt{\frac{\mathrm{S}a}{2\mathrm{P}h}}$; on a donc une infinité d'autres courbes différentes de la *compagne de la trochoïde allongée*, donnée par M. Taylor, qui toutes sont douées de cette propriété, que tous leurs points se retrouvent en même temps dans l'axe. M. d'Alembert a fait ensuite beaucoup de recherches ingénieuses sur la nature de ces courbes, qu'il nomme *génératrices*, et sur la manière dont elles peuvent être engendrées; mais comme ces discussions n'ont pas un rapport immédiat au sujet que nous avons en vue, nous nous contenterons de renvoyer le lecteur aux Mémoires cités.

13. M. Euler a traité depuis dans le tome suivant le même problème par une méthode analogue à celle dont nous venons de parler. Il parvient à cette équation

$$y = \varphi(x + t\sqrt{c}) + \varphi(x - t\sqrt{c}),$$

dans laquelle la fonction φ doit être telle, que

$$\varphi(t\sqrt{c}) + \varphi(-t\sqrt{c}) = 0 \quad \text{et} \quad \varphi(a + t\sqrt{c}) + \varphi(a - t\sqrt{c}) = 0,$$

quelle que soit la valeur de t, ce qui ne diffère pas essentiellement de ce qu'on a trouvé ci-devant. M. Euler conclut de là que toute courbe *angui-*

forme CcAaBbD (*fig.* 6), continuée de part et d'autre à l'infini par des parties semblables CcA, AaB, BbD,..., situées alternativement au-dessus

Fig. 6.

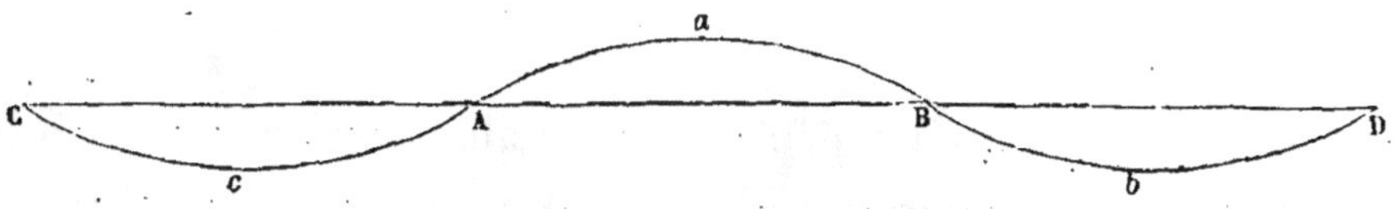

et au-dessous de l'axe, sera propre à représenter la fonction φ, soit que cette courbe soit régulière ou qu'elle soit irrégulière. D'où il s'ensuit que, puisque au commencement du mouvement l'équation de la courbe est $y = 2\varphi(x)$, il suffira de considérer la courbe initiale de la corde AaB, quelle qu'elle soit, et si on réitère sa description au-dessous et au-dessus de l'axe de part et d'autre à l'infini, la moitié de la somme des ordonnées, qui répondent aux abscisses $x + t\sqrt{c}$, $x - t\sqrt{c}$ dans la courbe composée CcAaBb, sera l'ordonnée à l'abscisse x dans la courbe de la corde tendue après un temps quelconque t.

14. Cette construction de M. Euler est évidemment beaucoup plus générale que celle que M. d'Alembert a imaginée, celui-ci ayant toujours supposé que la courbe génératrice soit régulière, et qu'elle puisse être renfermée dans une équation continue. C'est dans cette idée que ce grand Géomètre a cru qu'une telle construction devenait insuffisante toutes les fois que dans la courbe génératrice on n'aurait pas suivi la loi de continuité, et il s'est contenté d'en avertir le public dans une Addition à ses Mémoires, imprimée dans le tome de l'année 1750.

M. Euler a tâché de répondre à cette objection dans le tome pour l'année 1753; il reprend ici toute l'analyse du problème, et il soutient constamment contre M. d'Alembert que pour l'exactitude de la construction donnée, il n'est nullement nécessaire d'avoir égard à la loi de continuité dans la fonction φ, qui dépend de la courbe initiale de la corde. Mais comme M. d'Alembert n'a apporté aucune raison particulière pour appuyer son objection, M. Euler n'en a aussi apporté aucune, d'où il suit que la question reste encore indécise. M. d'Alembert promet dans sa nouvelle édition de l'excellent *Traité de Dynamique* de l'année passée un écrit assez étendu sur cette matière; mais je ne sais pas s'il a encore vu le jour; en attendant, qu'il me soit permis de faire sur cette dispute la réflexion suivante.

15. Il est certain que les principes du Calcul différentiel et intégral dépendent de la considération des fonctions variables algébriques; il ne paraît donc pas qu'on puisse donner plus d'étendue aux conclusions tirées de ces principes que n'en comporte la nature même de ces fonctions. Or personne ne saurait douter que dans les fonctions algébriques toutes leurs différentes valeurs ne soient liées ensemble par la loi de continuité; c'est pourquoi il semble indubitable que les conséquences, qui se déduisent par les règles du Calcul différentiel et intégral, seront toujours illégitimes dans tous les cas où cette loi n'est pas supposée avoir lieu. Il s'ensuit de là que, puisque la construction de M. Euler est déduite immédiatement de l'intégration de l'équation différentielle donnée, cette construction n'est applicable par sa propre nature qu'aux courbes continues, et qui peuvent être exprimées par une fonction quelconque des variables t et x. Je conclus donc que toutes les preuves qu'on peut apporter pour décider une telle question, en supposant d'abord que l'ordonnée y de la courbe soit une fonction de t et u, comme l'ont fait jusqu'ici M. d'Alembert et M. Euler, sont absolument insuffisantes, et que ce n'est que par un calcul, tel que celui que nous avons en vue, dans lequel on considère les mouvements des points de la corde, chacun en particulier, qu'on peut espérer de parvenir à une conclusion qui soit à l'abri de toute atteinte.

16. Pendant le cours d'une telle dispute entre deux des plus grands Géomètres de notre siècle, il s'est élevé un troisième adversaire contre tous les deux : c'est le célèbre M. Daniel Bernoulli, si avantageusement connu par ses excellents Ouvrages. Celui-ci, dans un Mémoire imprimé parmi ceux de l'Académie Royale de Berlin de l'année 1753, prétend avoir démontré que la solution de M. Taylor *de chordis vibrantibus* est

seule capable de satisfaire à tous les cas possibles d'un tel problème, et il établit cette proposition générale, que, quel que puisse être le mouvement d'une corde tendue, elle ne formera toujours que des trochoïdes allongées, ou bien que sa figure sera un mélange de deux ou plusieurs courbes de cette espèce. Or nous avons trouvé plus haut (11) que, dans l'hypothèse de M. Taylor, l'équation de la corde vibrante est généralement

$$y = \mathrm{Y} \sin\left(\frac{s\varpi x}{2a}\right) \cos\left(\frac{s\varpi t}{2\mathrm{T}} \sqrt{\frac{2h\mathrm{P}}{\mathrm{S}a}}\right);$$

donc, posant différentes constantes α, β, γ, δ,... pour Y, et mettant au lieu de s les nombres 1, 2, 3,..., il résulte pour l'équation générale de la corde, selon M. Bernoulli,

$$\begin{aligned} y = {} & \alpha \sin \frac{\varpi x}{2a} \cos\left(\frac{\varpi t}{2\mathrm{T}} \sqrt{\frac{2h\mathrm{P}}{\mathrm{S}a}}\right) \\ & + \beta \sin \frac{2\varpi x}{2a} \cos\left(\frac{2\varpi t}{2\mathrm{T}} \sqrt{\frac{2h\mathrm{P}}{\mathrm{S}a}}\right) \\ & + \gamma \sin \frac{3\varpi x}{2a} \cos\left(\frac{3\varpi t}{2\mathrm{T}} \sqrt{\frac{2h\mathrm{P}}{\mathrm{S}a}}\right) \\ & + \delta \sin \frac{4\varpi x}{2a} \cos\left(\frac{4\varpi t}{2\mathrm{T}} \sqrt{\frac{2h\mathrm{P}}{\mathrm{S}a}}\right) \\ & \ldots\ldots\ldots\ldots\ldots\ldots\ldots\ldots \end{aligned}$$

L'Auteur déduit cette ingénieuse théorie par une espèce d'induction qu'il tire de la considération des mouvements d'un nombre de corps qui sont supposés former des vibrations régulières et isochrones; il démontre que s'il n'y a qu'un seul corps, il doit suivre les lois connues de l'isochronisme; que s'il y en a deux, leurs vibrations peuvent être censées composées de deux vibrations isochrones de la première espèce, et ainsi de suite; d'où il conclut que l'équation générale rapportée ci-dessus sera propre à exprimer toutes ces espèces de mouvements, en prenant autant de termes qu'il y a de corps; et que, dans le cas de la corde tendue, le nombre des termes doit être infini; il appuie de plus son sentiment sur l'expérience qui nous enseigne que d'une même corde il résulte plusieurs sons harmonieux, qui répondent, pour ainsi dire, à chaque terme de son équation. Enfin il étend cette théorie à tous les mouvements réciproques infiniment petits, qui ont lieu dans la nature, et il croit pouvoir en déduire beaucoup de conséquences importantes. Toutes ces choses sont exposées en détail par l'Auteur dans la pièce citée, à laquelle nous renvoyons les lecteurs; il me suffira d'en avoir donné en général une idée assez nette.

Le dessein de M. Bernoulli était donc de faire voir que les calculs de MM. d'Alembert et Euler ne nous apprenaient rien de plus que ce qu'on pouvait déduire de ceux de M. Taylor, et même que ces calculs, quoique extrêmement simples, pouvaient répandre sur la nature des vibrations des cordes une lumière qu'on attendrait en vain de l'Analyse abstraite et épineuse de ces deux Géomètres.

17. L'un d'eux, savoir M. Euler, s'est hâté de répondre à ces objections dans la même Dissertation citée, qui est imprimée à la suite de celle de M. Bernoulli. Il objecte à son tour à celui-ci que son équation pour la courbe sonore, quoique continuée à l'infini, ne peut cependant exprimer tous les mouvements possibles d'une corde tendue; car, si l'on pose $t = 0$, l'équation de la courbe devient

$$y = \alpha \sin \frac{\varpi x}{2a} + \beta \sin \frac{2\varpi x}{2a} + \gamma \sin \frac{3\varpi x}{2a} + \ldots.$$

Par conséquent il faudrait que cette équation renfermât toutes les figures qu'on peut donner à une corde tendue, savoir toutes les courbes possibles, ce qui ne paraît pas être à cause de certaines propriétés qui semblent distinguer les courbes comprises dans cette équation de toutes les autres courbes qu'on pourrait imaginer; ces propriétés sont les mêmes que M. d'Alembert requiert dans ses courbes génératrices, savoir, qu'en augmentant ou diminuant l'abscisse d'un multiple quelconque de l'axe, la valeur de l'ordonnée y ne change point. En effet l'on peut, ce me semble, démontrer que toutes les courbes douées de ces propriétés pourront se réduire à l'équation ci-dessus. D'où il s'ensuit que, quoique M. d'Alembert ait trouvé l'Analyse Taylorienne insuffisante pour en tirer une résolution générale, néanmoins il paraît convenir avec M. Bernoulli dans le fond de la chose, savoir, que le problème ne soit résoluble dans d'autres cas que dans ceux de la trochoïde ou du mélange de plusieurs trochoïdes.

18. On voit de là que les objections de MM. Bernoulli et d'Alembert contre M. Euler, quoiqu'elles diffèrent beaucoup les unes des autres, tiennent néanmoins aux mêmes principes. Au reste, ni M. Bernoulli ni M. Euler n'ont fait voir directement si toutes les courbes que peut former une corde tendue sont comprises ou non dans l'équation rapportée; car, puisque dans cette équation chaque terme répond, pour ainsi dire, aux mouvements de chaque point de la corde, il eût fallu pour cela donner d'abord une solution générale du problème de la corde vibrante dans l'hypothèse qu'elle fût chargée d'un nombre indéfini de corps; solution que M. Bernoulli même avoue n'avoir jamais vue, et qu'il croit de plus que personne n'a jamais donnée.

Il résulte de tout cet exposé que l'Analyse que nous avons proposée dans le Chapitre précédent est, peut-être, la seule qui puisse jeter sur ces matières obscures une lumière suffisante à éclaircir les doutes qu'on doit former de part et d'autre. Je vais donc entreprendre cette Analyse, et je tâcherai de la développer dans toute son étendue, non-seulement parce qu'elle doit satisfaire à tous les objets que nous avons ici en vue, mais encore parce qu'elle est, ce me semble, entièrement neuve, puisqu'il s'agit de déterminer les mouvements de tant de corps qu'on en voudra supposer, sans concevoir d'abord qu'il y ait entre eux aucune loi de continuité par laquelle ils soient liés, pour ainsi dire, et contenus dans une même formule.

CHAPITRE III.

SOLUTION DU PROBLÈME GÉNÉRAL PROPOSÉ DANS LES CHAPITRES PRÉCÉDENTS.

19. Soit, pour abréger, $\frac{2Eh}{MT^2 r} = e$; on aura (8) les équations suivantes :

$$\frac{d^2 y_1}{dt^2} = e(y_2 - 2y_1),$$

$$\frac{d^2 y_2}{dt^2} = e(y_3 - 2y_2 + y_1),$$

$$\frac{d^2 y_3}{dt^2} = e(y_4 - 2y_3 + y_2),$$

$$\frac{d^2 y_4}{dt^2} = e(y_5 - 2y_4 + y_3),$$

$$\dots\dots\dots\dots,$$

$$\frac{d^2 y_{m-1}}{dt^2} = e(-2y_{m-1} + y_{m-2}).$$

Pour intégrer toutes ces équations, on n'a qu'à recourir à la méthode que M. d'Alembert nous a donnée dans les *Mémoires de l'Académie Royale de Berlin*. On supposera d'abord, selon cette méthode,

$$dy_1 = u_1\, dt, \quad dy_2 = u_2\, dt, \quad dy_3 = u_3\, dt, \quad dy_4 = u_4\, dt, \ldots, \quad dy_{m-1} = u_{m-1}\, dt;$$

ce qui changera les équations différentielles du second ordre dans les suivantes du premier :

$$du_1 = e(y_2 - 2y_1)\, dt,$$

$$du_2 = e(y_3 - 2y_2 + y_1)\, dt,$$

$$du_3 = e(y_4 - 2y_3 + y_2)\, dt,$$

$$du_4 = e(y_5 - 2y_4 + y_3)\, dt,$$

$$\dots\dots\dots\dots,$$

$$du_{m-1} = e(-2y_{m-1} + y_{m-2})\, dt.$$

Il est à remarquer que les quantités u_1, u_2, u_3,..., expriment les vitesses des corps qui parcourent les espaces $y_1, y_2, y_3, \ldots$, et qu'ainsi il est encore important de déterminer leurs valeurs.

Présentement il faut multiplier toutes ces équations, moins une à volonté, par des coefficients indéterminés, et les ajouter ensuite dans une même somme. Soient M_1, M_2, $M_3, \ldots$ les coefficients qui doivent multiplier les dernières équations, et N_1, N_2, $N_3, \ldots$ ceux qui multiplient les autres : on aura

$$\begin{aligned}
&M_1 du_1 + N_1 dy_1 + M_2 du_2 + N_2 dy_2 + M_3 du_3 + N_3 dy_3 + \ldots + M_{m-1} du_{m-1} + N_{m-1} dy_{m-1} \\
&\quad = [N_1 u_1 + e(M_2 - 2M_1) y_1]\, dt + [N_2 u_2 + e(M_3 - 2M_2 + M_1) y_2]\, dt \\
&\quad + [N_3 u_3 + e(M_4 - 2M_3 + M_2) y_3]\, dt + \ldots \\
&\quad + [N_{m-1} u_{m-1} + e(-2M_{m-1} + M_{m-2}) y_{m-1}]\, dt,
\end{aligned}$$

où l'on supposera pour plus de facilité le premier coefficient $M_1 = 1$.

Soit fait en sorte que le premier membre de cette équation devienne un multiple exact de la différentielle du second; et supposant R un coefficient constant quelconque, on trouvera par la comparaison des termes

$$RM_1 = N_1, \quad RM_2 = N_2, \quad RM_3 = N_3, \ldots, \quad RM_{m-1} = N_{m-1},$$

ensuite

$$\begin{gathered}
RN_1 = e(M_2 - 2M_1), \quad RN_2 = e(M_3 - 2M_2 + M_1), \\
RN_3 = e(M_4 - 2M_3 + M_2), \ldots, \quad RN_{m-1} = e(-2M_{m-1} + M_{m-2});
\end{gathered}$$

en substituant dans ces dernières équations les valeurs des N tirées des premières, il en résultera

$$\begin{aligned}
R^2 M_1 &= e(M_2 - 2M_1), \\
R^2 M_2 &= e(M_3 - 2M_2 + M_1), \\
R^2 M_3 &= e(M_4 - 2M_3 + M_2), \\
&\ldots\ldots\ldots\ldots\ldots\ldots, \\
R^2 M_{m-1} &= e(-2M_{m-1} + M_{m-2}).
\end{aligned}$$

Soit posé $\frac{R^2}{e} + 2 = K$, et en ordonnant les termes on parviendra aux équations

$$M_2 = KM_1,$$
$$M_3 = KM_2 - M_1,$$
$$M_4 = KM_3 - M_2,$$
$$\ldots\ldots\ldots\ldots,$$
$$M_{m-1} = KM_{m-2},$$

d'où l'on doit tirer les valeurs des M.

Pour y parvenir, je considère que, ces équations étant toutes semblables, on peut les exprimer généralement par

$$M_\mu = KM_{\mu-1} - M_{\mu-2},$$

posant pour μ tous les nombres entiers positifs depuis zéro jusqu'à $m-1$, laquelle équation contient évidemment une suite récurrente, dont l'échelle de relation est K, -1. On aura donc, pour la valeur de M_μ, l'expression $Aa^\mu + Bb^\mu$, où A et B sont des constantes, et a et b expriment les racines de l'équation du second degré $z^2 - Kz + 1 = 0$. De cette équation l'on tire

$$z = \frac{K}{2} \pm \sqrt{\frac{K^2}{4} - 1},$$

ce qui donne

$$a = \frac{K}{2} + \sqrt{\frac{K^2}{4} - 1}, \quad b = \frac{K}{2} - \sqrt{\frac{K^2}{4} - 1}.$$

Pour déterminer les constantes A et B, on fera la comparaison des deux premiers termes, savoir M_0 et M_1; or M_0 est évidemment égal à zéro, puisque l'équation qu'il devrait multiplier ne se trouve pas, et M_1 est égal à 1 par supposition; on aura donc

$$A + B = 0 \quad \text{et} \quad Aa + Bb = 1,$$

d'où l'on déduit

$$B = -A, \quad A(a-b) = 1, \quad A = \frac{1}{a-b} \quad \text{et} \quad B = -\frac{1}{a-b};$$

ces valeurs étant substituées, il en résultera

$$M_\mu = \frac{a^\mu - b^\mu}{a - b}.$$

Nous avons supposé (8) que le nombre des équations était $m - 1$; il faut donc que le coefficient qui aurait multiplié l'équation suivante soit de lui-même égal à zéro; savoir, il faut que

$$M_m = 0, \quad \text{ou bien que} \quad \frac{a^m - b^m}{a - b} = 0.$$

Voilà l'équation qui nous donnera la valeur de la quantité R qui était encore inconnue.

20. Pour résoudre cette équation, j'ai recours au fameux théorème de M. Cotes, par lequel on trouve

$$a^m - b^m = (a - b)\sqrt{a^2 - 2ab\cos\frac{\varpi}{m} + b^2}\sqrt{a^2 - 2ab\cos\frac{2\varpi}{m} + b^2}$$
$$\times\sqrt{a^2 - 2ab\cos\frac{3\varpi}{m} + b^2}\ldots,$$

en prenant un nombre de facteurs égal à m, de sorte que le dernier devienne

$$\sqrt{a^2 - 2ab\cos\frac{(m-1)\varpi}{m} + b^2},$$

où ϖ dénote la circonférence du cercle, dont le rayon est 1. On a donc, dans notre cas,

$$\sqrt{a^2 - 2ab\cos\frac{\varpi}{m} + b^2}\sqrt{a^2 - 2ab\cos\frac{2\varpi}{m} + b^2}$$
$$\times\sqrt{a^2 - 2ab\cos\frac{3\varpi}{m} + b^2}\ldots\sqrt{a^2 - 2ab\cos\frac{(m-1)\varpi}{m} + b^2} = 0,$$

ce qui donne autant d'équations particulières qu'il y a de facteurs, savoir, en dégageant ces expressions des radicaux,

$$a^2 - 2ab\cos\frac{\varpi}{m} + b^2 = 0,$$

$$a^2 - 2ab\cos\frac{2\varpi}{m} + b^2 = 0,$$

$$a^2 - 2ab\cos\frac{3\varpi}{m} + b^2 = 0,$$

$$\ldots\ldots\ldots\ldots\ldots\ldots\ldots,$$

$$a^2 - 2ab\cos\frac{(m-1)\varpi}{m} + b^2 = 0.$$

Soit ν un nombre quelconque entier depuis zéro jusqu'à $m - 1$, et toutes ces équations se réduiront à celle-ci

$$a^2 - 2ab\cos\frac{\nu\varpi}{m} + b^2 = 0;$$

si l'on substitue les valeurs trouvées de a et b (**19**), elle se change en

$$K^2 - 2 - 2\cos\frac{\nu\varpi}{m} = 0,$$

d'où l'on tire

$$K^2 = 2\left(1 + \cos\frac{\nu\varpi}{m}\right),$$

ce qui se réduit, par les théorèmes de la multiplication des angles, à

$$K^2 = 4\cos\left(\frac{\nu\varpi}{2m}\right)^2,$$

d'où l'on a enfin

$$K = \pm 2\cos\frac{\nu\varpi}{2m}.$$

21. Je remarque d'abord que la variété des signes dans cette expression de K est inutile, parce que, en faisant ν plus grand que $\frac{m}{2}$, la formule nous redonne les mêmes valeurs que quand ν était plus petit, mais avec des signes contraires; on aura donc simplement

$$K = 2\cos\frac{\nu\varpi}{2m},$$

posant pour ν tous les nombres entiers positifs, depuis zéro jusqu'à $m-1$. Par cette valeur générale de K, on trouvera (18) celle de R par le moyen de l'équation

$$\frac{R^2}{e} + 2 = K,$$

car on aura

$$R^2 = 2e\left(\cos\frac{\nu\varpi}{2m} - 1\right) = -4e\left(\sin\frac{\nu\varpi}{4m}\right)^2$$

par les théorèmes cités, d'où il résulte

$$R = \pm 2\sqrt{e}\sin\frac{\nu\varpi}{4m}\sqrt{-1}.$$

On déduira encore de la valeur de K celles des quantités a et b, comme il suit :

$$a = \cos\frac{\nu\varpi}{2m} + \sqrt{\left(\cos\frac{\nu\varpi}{2m}\right)^2 - 1}, \quad b = \cos\frac{\nu\varpi}{2m} - \sqrt{\left(\cos\frac{\nu\varpi}{2m}\right)^2 - 1},$$

savoir

$$a = \cos\frac{\nu\varpi}{2m} + \sin\frac{\nu\varpi}{2m}\sqrt{-1}, \quad b = \cos\frac{\nu\varpi}{2m} - \sin\frac{\nu\varpi}{2m}\sqrt{-1},$$

d'où l'on tire, en substituant,

$$M_\mu = \frac{\left(\cos\frac{\nu\varpi}{2m} + \sin\frac{\nu\varpi}{2m}\sqrt{-1}\right)^\mu - \left(\cos\frac{\nu\varpi}{2m} - \sin\frac{\nu\varpi}{2m}\sqrt{-1}\right)^\mu}{2\sin\frac{\nu\varpi}{2m}\sqrt{-1}},$$

laquelle expression se réduit encore, par les mêmes théorèmes ci-dessus, à

$$M_\mu = \frac{\sin\frac{\mu\nu\varpi}{2m}}{\sin\frac{\nu\varpi}{2m}}.$$

22. Toutes ces opérations achevées, retournons à présent sur nos pas pour procéder à l'intégration de l'équation différentielle (19). Soit, pour abréger,

$$\begin{aligned}&M_1 u_1 + M_2 u_2 + M_3 u_3 + \ldots + M_{m-1} u_{m-1}\\ &+ R(M_1 y_1 + M_2 y_2 + M_3 y_3 + \ldots + M_{m-1} y_{m-1}) = z,\end{aligned}$$

elle deviendra par ce moyen

$$dz = Rz\,dt,$$

dont l'intégrale se trouve

$$z = Fc^{Rt},$$

où c est le nombre dont le logarithme hyperbolique est 1, et F dénote une constante quelconque, égale à la valeur de z qui répond au cas de $t = 0$; on aura donc, en restituant au lieu de z sa valeur première,

$$\begin{aligned}&M_1 u_1 + M_2 u_2 + M_3 u_3 + \ldots + M_{m-1} u_{m-1}\\ &+ R(M_1 y_1 + M_2 y_2 + M_3 y_3 + \ldots + M_{m-1} y_{m-1}) = Fc^{Rt};\end{aligned}$$

et, puisque

$$u_1 dt = dy_1, \quad u_2 dt = dy_2, \quad u_3 dt = dy_3, \ldots,$$

si l'on multiplie toute l'équation par dt, il en résultera

$$\begin{aligned}&M_1 dy_1 + M_2 dy_2 + M_3 dy_3 + \ldots + M_{m-1} dy_{m-1}\\ &+ R(M_1 y_1 + M_2 y_2 + M_3 y_3 + \ldots + M_{m-1} y_{m-1})dt = Fc^{Rt}dt,\end{aligned}$$

et multipliant encore par c^{Rt} et intégrant de nouveau,

$$(M_1 y_1 + M_2 y_2 + M_3 y_3 + \ldots + M_{m-1} y_{m-1})c^{Rt} = \frac{Fc^{2Rt}}{2R} + G.$$

Pour déterminer les constantes F et G, soient $V_1, V_2, V_3, \ldots, V_{m-1}$, et $Y_1, Y_2, Y_3, \ldots, Y_{m-1}$, les valeurs de $u_1, u_2, u_3, \ldots, u_{m-1}$, et de $y_1, y_2, y_3, \ldots, y_{m-1}$, au commencement du mouvement, lorsque $t = 0$; supposons de plus, pour abréger,

$$\begin{aligned}M_1 Y_1 + M_2 Y_2 + M_3 Y_3 + \ldots + M_{m-1} Y_{m-1} &= P,\\ M_1 V_1 + M_2 V_2 + M_3 V_3 + \ldots + M_{m-1} V_{m-1} &= Q;\end{aligned}$$

on aura d'abord

$$F = Q + RP,$$

ensuite, posant $t = 0$ dans la dernière équation,

$$P = \frac{F}{2R} + G,$$

on en tire

$$G = \frac{2RP - F}{2R} = \frac{2RP - Q - RP}{2R} = \frac{RP - Q}{2R};$$

donc, en divisant l'équation par c^{Rt}, on trouvera finalement

$$\begin{aligned} & M_1 y_1 + M_2 y_2 + M_3 y_3 + \ldots + M_{m-1} y_{m-1} \\ & = \frac{RP + Q}{2R} c^{Rt} + \frac{RP - Q}{2R} c^{-Rt} = P\,\frac{c^{Rt} + c^{-Rt}}{2} + \frac{Q}{R}\,\frac{c^{Rt} - c^{-Rt}}{2}, \end{aligned}$$

ce qui, à cause de $R = \pm 2\sqrt{e}\sin\frac{\nu\varpi}{4m}\sqrt{-1}$, se réduit à

$$\begin{aligned} & M_1 y_1 + M_2 y_2 + M_3 y_3 + \ldots + M_{m-1} y_{m-1} \\ & = P\cos\left(2t\sqrt{e}\sin\frac{\nu\varpi}{4m}\right) + \frac{Q\sin\left(2t\sqrt{e}\sin\frac{\nu\varpi}{4m}\right)}{2\sqrt{e}\sin\frac{\nu\varpi}{4m}}, \end{aligned}$$

soit qu'on prenne dans R le signe + ou le signe —, comme nous l'enseignent les expressions exponentielles imaginaires des sinus et cosinus, si familières aujourd'hui aux Géomètres.

23. Cette équation, toute simple qu'elle est, suffit néanmoins pour déterminer les valeurs des inconnues $y_1, y_2, y_3, \ldots$, qui sont au nombre de $m - 1$. Pour s'en convaincre, on n'a qu'à réfléchir qu'elle contient le nombre indéterminé ν, qui peut avoir les valeurs 1, 2, 3,..., jusqu'à $m - 1$, d'où il résultera autant d'équations. Tout se réduit donc à déterminer, par le moyen de toutes ces équations, les valeurs de chaque inconnue qu'elles contiennent : c'est ce que nous allons entreprendre.

Je commence par mettre au lieu des quantités M leurs valeurs trouvées (21), et effaçant le dénominateur commun $\sin\frac{\nu\varpi}{2m}$ qui s'évanouit naturellement de l'équation, je pose pour plus de commodité

$$P_\nu = Y_1 \sin\frac{\nu\varpi}{2m} + Y_2 \sin\frac{2\nu\varpi}{2m} + Y_3 \sin\frac{3\nu\varpi}{2m} + \ldots + Y_{m-1} \sin\frac{(m-1)\nu\varpi}{2m},$$

$$Q_\nu = V_1 \sin\frac{\nu\varpi}{2m} + V_2 \sin\frac{2\nu\varpi}{2m} + V_3 \sin\frac{3\nu\varpi}{2m} + \ldots + V_{m-1} \sin\frac{(m-1)\nu\varpi}{2m},$$

où les indices de P et Q dénoteront simplement les valeurs particulières de ν qui leur appartiennent.

Ainsi l'équation générale ci-dessus deviendra

$$y_1 \sin\frac{\nu\varpi}{2m} + y_2 \sin\frac{2\nu\varpi}{2m} + y_3 \sin\frac{3\nu\varpi}{2m} + \ldots + y_{m-1} \sin\frac{(m-1)\nu\varpi}{2m}$$

$$= P_\nu \cos\left(2t\sqrt{e}\sin\frac{\nu\varpi}{4m}\right) + \frac{Q_\nu \sin\left(2t\sqrt{e}\sin\frac{\nu\varpi}{4m}\right)}{2\sqrt{e}\sin\frac{\nu\varpi}{4m}}.$$

Soit encore, pour abréger,

$$P_\nu \cos\left(2t\sqrt{e}\sin\frac{\nu\varpi}{4m}\right) + \frac{Q_\nu \sin\left(2t\sqrt{e}\sin\frac{\nu\varpi}{4m}\right)}{2\sqrt{e}\sin\frac{\nu\varpi}{4m}} = S_\nu,$$

et posant successivement à la place de ν tous les nombres naturels depuis zéro jusqu'à $m-1$, on aura les équations suivantes

$$y_1 \sin\frac{\varpi}{2m} + y_2 \sin\frac{2\varpi}{2m} + y_3 \sin\frac{3\varpi}{2m} + \ldots + y_{m-1} \sin\frac{(m-1)\varpi}{2m} = S_1,$$

$$y_1 \sin\frac{2\varpi}{2m} + y_2 \sin\frac{4\varpi}{2m} + y_3 \sin\frac{6\varpi}{2m} + \ldots + y_{m-1} \sin\frac{2(m-1)\varpi}{2m} = S_2,$$

$$y_1 \sin\frac{3\varpi}{2m} + y_2 \sin\frac{6\varpi}{2m} + y_3 \sin\frac{9\varpi}{2m} + \ldots + y_{m-1} \sin\frac{3(m-1)\varpi}{2m} = S_3,$$

. . . . ,

$$y_1 \sin\frac{(m-1)\varpi}{2m} + y_2 \sin\frac{2(m-1)\varpi}{2m} + \ldots + y_{m-1} \sin\frac{(m-1)^2\varpi}{2m} = S_{m-1},$$

dont le nombre sera $m-1$.

Il faudrait à présent, selon les règles ordinaires, substituer les valeurs des inconnues y_1, y_2, y_3,... d'une équation dans les autres successivement, pour arriver à une qui ne contienne plus qu'une seule de ces variables; mais il est facile de voir qu'en s'y prenant de cette façon on tomberait dans des calculs impraticables à cause du nombre indéterminé d'équations et d'inconnues; il est donc nécessaire de suivre une autre route : voici celle qui m'a paru la plus propre.

24. Je multiplie d'abord chacune de ces équations par un des coefficients indéterminés $D_1, D_2, D_3, D_4, \ldots$, en supposant que le premier D_1 soit égal à 1; ensuite je les ajoute toutes ensemble : j'ai

$$\begin{aligned}
&y_1\left[D_1 \sin\frac{\varpi}{2m} + D_2 \sin\frac{2\varpi}{2m} + D_3 \sin\frac{3\varpi}{2m} + \ldots + D_{m-1} \sin\frac{(m-1)\varpi}{2m}\right]\\
&+y_2\left[D_1 \sin\frac{2\varpi}{2m} + D_2 \sin\frac{4\varpi}{2m} + D_3 \sin\frac{6\varpi}{2m} + \ldots + D_{m-1} \sin\frac{2(m-1)\varpi}{2m}\right]\\
&+y_3\left[D_1 \sin\frac{3\varpi}{2m} + D_2 \sin\frac{6\varpi}{2m} + D_3 \sin\frac{9\varpi}{2m} + \ldots + D_{m-1} \sin\frac{3(m-1)\varpi}{2m}\right]\\
&\ldots\ldots\ldots\ldots\ldots\ldots\ldots\ldots\ldots\ldots\ldots\ldots\ldots\ldots\ldots\ldots\\
&+y_{m-1}\left[D_1 \sin\frac{(m-1)\varpi}{2m} + D_2 \sin\frac{2(m-1)\varpi}{2m} + \ldots + D_{m-1} \sin\frac{(m-1)^2\varpi}{2m}\right]\\
&= D_1 S_1 + D_2 S_2 + D_3 S_3 + \ldots + D_{m-1} S_{m-1}.
\end{aligned}$$

Qu'on veuille à présent la valeur d'un y quelconque, par exemple de y_μ, on fera évanouir les coefficients des autres y, et l'on obtiendra l'équation simple

$$\begin{aligned}
&y_\mu\left[D_1 \sin\frac{\mu\varpi}{2m} + D_2 \sin\frac{2\mu\varpi}{2m} + D_3 \sin\frac{3\mu\varpi}{2m} + \ldots + D_{m-1} \sin\frac{(m-1)\mu\varpi}{2m}\right]\\
&= D_1 S_1 + D_2 S_2 + D_3 S_3 + \ldots + D_{m-1} S_{m-1}.
\end{aligned}$$

On déterminera ensuite les valeurs des quantités $D_2, D_3, D_4, \ldots$, qui sont en nombre de $m-2$, par les équations particulières qu'on aura en supposant égaux à zéro les coefficients de tous les autres y; on aura par là l'équation générale

$$D_1 \sin\frac{\lambda\varpi}{2m} + D_2 \sin\frac{2\lambda\varpi}{2m} + D_3 \sin\frac{3\lambda\varpi}{2m} + \ldots + D_{m-1} \sin\frac{(m-1)\lambda\varpi}{2m} = 0,$$

laquelle devra être vraie, quelque nombre positif entier qu'on pose au lieu de λ, depuis o jusqu'à $m-1$, excepté μ.

25. Pour tirer de cette équation les valeurs des quantités D, je remarque d'abord que tout sinus d'un angle multiple se réduit à une suite de puissances entières et positives du cosinus de l'angle simple, dont le plus grand exposant est égal au nombre qui en dénote le multiple diminué de l'unité, toute la suite étant encore multipliée par le sinus de l'angle simple. Donc, si l'on développe de cette façon tous les sinus des angles multiples de $\frac{\lambda\varpi}{2m}$ et qu'on divise ensuite l'équation par $\sin\frac{\lambda\varpi}{2m}$, on parviendra à une autre équation, qui ne contiendra que des puissances de $\cos\frac{\lambda\varpi}{2m}$, et dont le degré sera $m-2$; de là il suit qu'en regardant $\cos\frac{\lambda\varpi}{2m}$ comme l'inconnue de cette équation, ses racines devront être

$$\cos\frac{\varpi}{2m},\quad \cos\frac{2\varpi}{2m},\quad \cos\frac{3\varpi}{2m},\ldots,\quad \cos\frac{(m-1)\varpi}{2m},$$

excepté $\cos\frac{\mu\varpi}{2m}$.

Par conséquent, toute l'équation ne pourra être que le produit continuel des facteurs

$$\cos\frac{\lambda\varpi}{2m}-\cos\frac{\varpi}{2m},\quad \cos\frac{\lambda\varpi}{2m}-\cos\frac{2\varpi}{2m},\quad \cos\frac{\lambda\varpi}{2m}-\cos\frac{3\varpi}{2m},\ldots,$$
$$\cos\frac{\lambda\varpi}{2m}-\cos\frac{(m-1)\varpi}{2m},$$

en omettant toutefois le facteur intermédiaire $\cos\frac{\lambda\varpi}{2m}-\cos\frac{\mu\varpi}{2m}$.

C'est pourquoi, si l'on nomme L une constante quelconque, on aura

$$\frac{D_1\sin\frac{\lambda\varpi}{2m}+D_2\sin\frac{2\lambda\varpi}{2m}+\ldots+D_{m-1}\sin\frac{(m-1)\lambda\varpi}{2m}}{\sin\frac{\lambda\varpi}{2m}}=L\left(\cos\frac{\lambda\varpi}{2m}-\cos\frac{\varpi}{2m}\right)$$
$$\times\left(\cos\frac{\lambda\varpi}{2m}-\cos\frac{2\varpi}{2m}\right)\left(\cos\frac{\lambda\varpi}{2m}-\cos\frac{3\varpi}{2m}\right)\cdots\left(\cos\frac{\lambda\varpi}{2m}-\cos\frac{(m-1)\varpi}{2m}\right).$$

Le théorème déjà cité de M. Cotes nous donne l'équation

$$p^{2m} - q^{2m} = (p^2 - q^2)\left(p^2 - 2pq\cos\frac{\varpi}{2m} + q^2\right)\left(p^2 - 2pq\cos\frac{2\varpi}{2m} + q^2\right)$$
$$\times\left(p^2 - 2pq\cos\frac{3\varpi}{2m} + q^2\right)\cdots\left[p^2 - 2pq\cos\frac{(m-1)\varpi}{2m} + q^2\right],$$

en n'omettant aucun des facteurs intermédiaires; que l'on compare donc ces facteurs avec ceux de l'équation précédente, en faisant

$$p^2 + q^2 = \cos\frac{\lambda\varpi}{2m}, \quad 2pq = 1,$$

et l'on aura

$$p^2 + 2pq + q^2 = 1 + \cos\frac{\lambda\varpi}{2m} = 2\left(\cos\frac{\lambda\varpi}{4m}\right)^2,$$
$$p^2 - 2pq + q^2 = \cos\frac{\lambda\varpi}{2m} - 1 = -2\left(\sin\frac{\lambda\varpi}{4m}\right)^2,$$

d'où, en extrayant les racines, il résulte

$$p + q = \pm\sqrt{2}\cos\frac{\lambda\varpi}{2m},$$
$$p - q = \pm\sqrt{2}\sin\frac{\lambda\varpi}{2m}\sqrt{-1},$$

et enfin

$$p = \pm\frac{\cos\frac{\lambda\varpi}{4m} + \sin\frac{\lambda\varpi}{4m}\sqrt{-1}}{\sqrt{2}},$$
$$q = \pm\frac{\cos\frac{\lambda\varpi}{4m} - \sin\frac{\lambda\varpi}{4m}\sqrt{-1}}{\sqrt{2}}.$$

Par conséquent on aura

$$p^2 = \frac{1}{2}\left(\cos\frac{\lambda\varpi}{4m} + \sin\frac{\lambda\varpi}{4m}\sqrt{-1}\right)^2 = \frac{1}{2}\left(\cos\frac{\lambda\varpi}{2m} + \sin\frac{\lambda\varpi}{2m}\sqrt{-1}\right),$$
$$q^2 = \frac{1}{2}\left(\cos\frac{\lambda\varpi}{4m} - \sin\frac{\lambda\varpi}{4m}\sqrt{-1}\right)^2 = \frac{1}{2}\left(\cos\frac{\lambda\varpi}{2m} - \sin\frac{\lambda\varpi}{2m}\sqrt{-1}\right),$$
$$p^2 - q^2 = \sin\frac{\lambda\varpi}{2m}\sqrt{-1}.$$

De même,

$$p^{2m} = \frac{1}{2^m}\left(\cos\frac{\lambda\varpi}{4m} + \sin\frac{\lambda\varpi}{4m}\sqrt{-1}\right)^{2m} = \frac{\cos\frac{\lambda\varpi}{2} + \sin\frac{\lambda\varpi}{2}\sqrt{-1}}{2^m},$$

$$q^{2m} = \frac{1}{2^m}\left(\cos\frac{\lambda\varpi}{4m} - \sin\frac{\lambda\varpi}{4m}\sqrt{-1}\right)^{2m} = \frac{\cos\frac{\lambda\varpi}{2} - \sin\frac{\lambda\varpi}{2}\sqrt{-1}}{2^m},$$

$$p^{2m} - q^{2m} = \frac{\sin\frac{\lambda\varpi}{2}\sqrt{-1}}{2^{m-1}}.$$

Toutes ces valeurs étant ainsi trouvées, on divisera $p^{2m} - q^{2m}$ par $(p^2 - q^2)\left(p^2 - 2pq\cos\frac{\mu\varpi}{2m} + q^2\right)$, ce qui donne

$$\frac{\sin\frac{\lambda\varpi}{2}}{2^{m-1}\sin\frac{\lambda\varpi}{2m}\left(\cos\frac{\lambda\varpi}{2m} - \cos\frac{\mu\varpi}{2m}\right)},$$

laquelle expression multipliée par L devra être égale au premier membre de l'équation trouvée dans cet article; donc, en ôtant de part et d'autre le diviseur commun $\sin\frac{\lambda\varpi}{2m}$, on trouvera

$$\mathrm{D}_1\sin\frac{\lambda\varpi}{2m} + \mathrm{D}_2\sin\frac{2\lambda\varpi}{2m} + \mathrm{D}_3\sin\frac{3\lambda\varpi}{2m} + \ldots + \mathrm{D}_{m-1}\sin\frac{(m-1)\lambda\varpi}{2m}$$

$$= \frac{\mathrm{L}}{2^{m-1}}\,\frac{\sin\frac{\lambda\varpi}{2}}{\cos\frac{\lambda\varpi}{2m} - \cos\frac{\mu\varpi}{2m}},$$

équation qui doit être identique.

Si donc on multiplie toute l'équation par $\cos\frac{\lambda\varpi}{2m} - \cos\frac{\mu\varpi}{2m}$, et qu'après avoir réduit les produits des sinus par les cosinus en simples sinus, on fasse la comparaison des termes, on trouvera les valeurs cherchées des quantités indéterminées D. Pour faire cette opération plus aisément, commençons par multiplier la suite qui forme le premier membre de l'équation rapportée par $2\cos\frac{\lambda\varpi}{2m}$; en développant chaque produit particulier, et en ordonnant les termes, il viendra

$$D_2\sin\frac{\lambda\varpi}{2m}+(D_3+D_1)\sin\frac{2\lambda\varpi}{2m}+(D_4+D_2)\sin\frac{3\lambda\varpi}{2m}+\ldots$$
$$+D_{m-2}\sin\frac{(m-1)\lambda\varpi}{2m}+D_{m-1}\sin\frac{\lambda\varpi}{2}.$$

Ensuite, si l'on multiplie la même série par $2\cos\frac{\mu\varpi}{2m}$, et qu'on retranche ce dernier produit de l'autre, on parviendra à l'équation

$$\left(D_2-2D_1\cos\frac{\mu\varpi}{2m}\right)\sin\frac{\lambda\varpi}{2m}+\left(D_3-2D_2\cos\frac{\mu\varpi}{2m}+D_1\right)\sin\frac{2\lambda\varpi}{2m}$$
$$+\left(D_4-2D_3\cos\frac{\mu\varpi}{2m}+D_2\right)\sin\frac{3\lambda\varpi}{2m}+\ldots$$
$$+\left(-2D_{m-1}\cos\frac{\mu\varpi}{2m}+D_{m-2}\right)\sin\frac{(m-1)\lambda\varpi}{2m}+D_{m-1}\sin\frac{\lambda\varpi}{2}=\frac{L}{2^{m-2}}\sin\frac{\lambda\varpi}{2}.$$

On aura donc

$$D_2-2D_1\cos\frac{\mu\varpi}{2m}=0,$$
$$D_3-2D_2\cos\frac{\mu\varpi}{2m}+D_1=0,$$
$$D_4-2D_3\cos\frac{\mu\varpi}{2m}+D_2=0,$$
$$\ldots\ldots\ldots\ldots\ldots\ldots\ldots,$$
$$-2D_{m-1}\cos\frac{\mu\varpi}{2m}+D_{m-2}=0,$$
$$D_{m-1}=\frac{L}{2^{m-2}},$$

d'où l'on doit tirer les valeurs des quantités D.

Il est visible au premier aspect que les quantités D constituent une progression récurrente, dans laquelle, en commençant par le bas, il est

$$D_m = 0,$$

$$D_{m-1} = \frac{L}{2^{m-2}},$$

$$D_{m-2} = 2D_{m-1}\cos\frac{\mu\varpi}{2m} - D_m,$$

$$D_{m-3} = 2D_{m-2}\cos\frac{\mu\varpi}{2m} - D_{m-1},$$

....

Le terme général de cette suite se trouvera comme ci-dessus (19) exprimé de cette façon

$$D_{m-n} = Aa^n + Bb^n,$$

où a et b sont les racines de l'équation du second degré

$$z^2 - 2z\cos\frac{\mu\varpi}{2m} + 1 = 0.$$

Pour déterminer les constantes A et B, qu'on pose $n = 0$ et $m = 1$, on aura

$$A + B = 0 \quad \text{et} \quad Aa + Bb = \frac{L}{2^{m-2}},$$

ce qui donne

$$B = -A, \quad A = \frac{L}{2^{m-2}(a-b)}, \quad B = -\frac{L}{2^{m-2}(a-b)},$$

et par conséquent

$$D^{m-n} = \frac{L}{2^{m-2}}\,\frac{a^n - b^n}{a-b}.$$

Or, si l'on substitue au lieu de a et b les racines de l'équation proposée, il en résultera, par un procédé semblable à celui du n° 25,

$$\frac{a^n - b^n}{a-b} = \frac{\sin\dfrac{n\mu\varpi}{2m}}{\sin\dfrac{\mu\varpi}{2m}},$$

d'où

$$D_{m-n} = \frac{L}{2^{m-2}} \frac{\sin \frac{n\mu\varpi}{2m}}{\sin \frac{\mu\varpi}{2m}};$$

et posant pour plus de commodité $m-n=s$,

$$D_s = \frac{L}{2^{m-2}} \frac{\sin \frac{(m-s)\mu\varpi}{2m}}{\sin \frac{\mu\varpi}{2m}};$$

mais

$$\sin(m-s)\frac{\mu\varpi}{2m} = \sin\left(\frac{\mu\varpi}{2} - \frac{s\mu\varpi}{2m}\right) = \pm \sin \frac{s\mu\varpi}{2m}$$

où le signe + doit être pris toutes les fois que μ est un nombre impair, et le signe — quand μ est pair; on aura donc enfin

$$D_s = \pm \frac{L}{2^{m-2}} \frac{\sin \frac{s\mu\varpi}{2m}}{\sin \frac{\mu\varpi}{2m}},$$

et telle est la valeur générale de D, d'où dépend la résolution des équations du n° 23.

26. Reprenons maintenant l'équation du n° 24, et substituant dans son second membre les valeurs trouvées des quantités D, on la réduira d'abord à

$$y_\mu \left[D_1 \sin \frac{\mu\varpi}{2m} + D_2 \sin \frac{2\mu\varpi}{2m} + D_3 \sin \frac{3\mu\varpi}{2m} + \ldots + D_{m-1} \sin \frac{(m-1)\mu\varpi}{2m} \right]$$
$$= \pm \frac{L}{2^{m-2} \sin \frac{\mu\varpi}{2m}} \left[S_1 \sin \frac{\mu\varpi}{2m} + S_2 \sin \frac{2\mu\varpi}{2m} + S_3 \sin \frac{3\mu\varpi}{2m} + \ldots + S_{m-1} \sin \frac{(m-1)\mu\varpi}{2m} \right].$$

A l'égard du premier membre, on remarquera (25) que

$$D_1 \sin \frac{\lambda\varpi}{2m} + D_2 \sin \frac{2\lambda\varpi}{2m} + D_3 \sin \frac{3\lambda\varpi}{2m} + \ldots + D_{m-1} \sin \frac{(m-1)\lambda\varpi}{2m}$$
$$= \frac{L}{2^{m-1}} \frac{\sin \frac{\lambda\varpi}{2}}{\cos \frac{\lambda\varpi}{2m} - \cos \frac{\mu\varpi}{2m}}.$$

Donc, si l'on suppose $\lambda = \mu$, on aura

$$D_1 \sin\frac{\mu\varpi}{2m} + D_2 \sin\frac{2\mu\varpi}{2m} + D_3 \sin\frac{3\mu\varpi}{2m} + \ldots + D_{m-1} \sin\frac{(m-1)\mu\varpi}{2m}$$

$$= \frac{L}{2^{m-1}} \frac{\sin\frac{\mu\varpi}{2}}{\cos\frac{\mu\varpi}{2m} - \cos\frac{\mu\varpi}{2m}};$$

mais puisque μ est un nombre entier, on a $\sin\frac{\mu\varpi}{2} = 0$, donc le dernier membre de l'équation se réduit à $\frac{L}{2^{m-1}} \times \frac{0}{0}$. Pour en trouver la vraie valeur, soit supposé λ variable, et différentiant à part le numérateur et le dénominateur de la formule générale

$$\frac{\sin\frac{\lambda\varpi}{2}}{\cos\frac{\lambda\varpi}{2m} - \cos\frac{\mu\varpi}{2m}},$$

on trouvera

$$\frac{m \cos\frac{\lambda\varpi}{2}}{-\sin\frac{\lambda\varpi}{2m}};$$

or μ étant un nombre entier, $\cos\frac{\mu\varpi}{2}$ est égal à ± 1, le signe supérieur répond à μ pair, l'inférieur à μ impair; on aura donc

$$D_1 \sin\frac{\mu\varpi}{2m} + D_2 \sin\frac{2\mu\varpi}{2m} + D_3 \sin\frac{3\mu\varpi}{2m} + \ldots + D_{m-1} \sin\frac{(m-1)\mu\varpi}{2m}$$
$$= \pm \frac{L}{2^{m-1}} \frac{m}{\sin\frac{\mu\varpi}{2m}},$$

et ainsi l'équation précédente deviendra

$$\pm y_\mu \frac{mL}{2^{m-1} \sin\frac{\mu\varpi}{2m}} = \pm \frac{L}{2^{m-2} \sin\frac{\mu\varpi}{2m}}$$
$$\times \left[S_1 \sin\frac{\mu\varpi}{2m} + S_2 \sin\frac{2\mu\varpi}{2m} + S_3 \sin\frac{3\mu\varpi}{2m} + \ldots + S_{m-1} \sin\frac{(m-1)\mu\varpi}{2m} \right],$$

d'où l'on tire

$$y_\mu = \frac{2}{m}\left[S_1 \sin\frac{\mu\varpi}{2m} + S_2 \sin\frac{2\mu\varpi}{2m} + S_3 \sin\frac{3\mu\varpi}{2m} + \ldots + S_{m-1} \sin\frac{(m-1)\mu\varpi}{2m}\right].$$

Voilà donc quelle doit être l'expression générale des y qui dénotent les espaces parcourus par chacun des corps dans un temps quelconque t.

27. Pour connaître plus clairement la nature de l'équation trouvée, on y substituera les valeurs des quantités S_1, S_2, S_3,... du n° 23, ce qui donnera finalement la formule

$$\begin{aligned}
y_\mu = {} & \frac{2}{m} P_1 \sin\frac{\mu\varpi}{2m} \cos\left(2t\sqrt{e}\sin\frac{\varpi}{4m}\right) \\
& + \frac{2}{m} P_2 \sin\frac{2\mu\varpi}{2m} \cos\left(2t\sqrt{e}\sin\frac{2\varpi}{4m}\right) \\
& + \frac{2}{m} P_3 \sin\frac{3\mu\varpi}{2m} \cos\left(2t\sqrt{e}\sin\frac{3\varpi}{4m}\right) \\
& \ldots\ldots\ldots\ldots\ldots\ldots\ldots\ldots \\
& + \frac{2}{m} P_{m-1} \sin\frac{(m-1)\mu\varpi}{2m} \cos\left[2t\sqrt{e}\sin\frac{(m-1)\varpi}{4m}\right] \\
& + \frac{1}{m\sqrt{e}} \frac{Q_1 \sin\frac{\mu\varpi}{2m} \sin\left(2t\sqrt{e}\sin\frac{\varpi}{4m}\right)}{\sin\frac{\varpi}{4m}} \\
& + \frac{1}{m\sqrt{e}} \frac{Q_2 \sin\frac{2\mu\varpi}{2m} \sin\left(2t\sqrt{e}\sin\frac{2\varpi}{4m}\right)}{\sin\frac{2\varpi}{4m}} \\
& + \frac{1}{m\sqrt{e}} \frac{Q_3 \sin\frac{3\mu\varpi}{2m} \sin\left(2t\sqrt{e}\sin\frac{3\varpi}{4m}\right)}{\sin\frac{3\varpi}{4m}} \\
& \ldots\ldots\ldots\ldots\ldots\ldots\ldots\ldots \\
& + \frac{1}{m\sqrt{e}} \frac{Q_{m-1} \sin\frac{(m-1)\mu\varpi}{2m} \sin\left[2t\sqrt{e}\sin\frac{(m-1)\varpi}{4m}\right]}{\sin\frac{(m-1)\varpi}{4m}};
\end{aligned}$$

les quantités P_1, P_2, P_3,... et Q_1, Q_2, Q_3,... dépendent de la première situation des corps et de leurs premières vitesses, selon les suppositions du n° 22.

De cette expression de y_μ on tirera aisément celle de u_μ, qui exprime la vitesse avec laquelle l'espace y_μ est parcouru; car puisque $u_\mu = \frac{dy_\mu}{dt}$, on n'aura qu'à différentier l'équation donnée en faisant t variable, et on trouvera l'expression suivante :

$$
\begin{aligned}
u_\mu = &- \frac{4\sqrt{e}}{m} P_1 \sin\frac{\varpi}{4m} \sin\frac{\mu\varpi}{2m} \sin\left(2t\sqrt{e}\sin\frac{\varpi}{4m}\right) \\
&- \frac{4\sqrt{e}}{m} P_2 \sin\frac{2\varpi}{4m} \sin\frac{2\mu\varpi}{2m} \sin\left(2t\sqrt{e}\sin\frac{2\varpi}{4m}\right) \\
&- \frac{4\sqrt{e}}{m} P_3 \sin\frac{3\varpi}{4m} \sin\frac{3\mu\varpi}{2m} \sin\left(2t\sqrt{e}\sin\frac{3\varpi}{4m}\right) \\
&\cdots\cdots\cdots\cdots\cdots\cdots\cdots\cdots \\
&- \frac{4\sqrt{e}}{m} P_{m-1} \sin\frac{(m-1)\varpi}{4m} \sin\frac{(m-1)\mu\varpi}{2m} \sin\left[2t\sqrt{e}\sin\frac{(m-1)\varpi}{4m}\right] \\
&+ \frac{2}{m} Q_1 \sin\frac{\mu\varpi}{2m} \cos\left(2t\sqrt{e}\sin\frac{\varpi}{4m}\right) \\
&+ \frac{2}{m} Q_2 \sin\frac{2\mu\varpi}{2m} \cos\left(2t\sqrt{e}\sin\frac{2\varpi}{4m}\right) \\
&+ \frac{2}{m} Q_3 \sin\frac{3\mu\varpi}{2m} \cos\left(2t\sqrt{e}\sin\frac{3\varpi}{4m}\right) \\
&\cdots\cdots\cdots\cdots\cdots\cdots\cdots\cdots \\
&+ \frac{2}{m} Q_{m-1} \sin\frac{(m-1)\mu\varpi}{2m} \cos\left[2t\sqrt{e}\sin\frac{(m-1)\varpi}{4m}\right].
\end{aligned}
$$

CHAPITRE IV.

ANALYSE DU CAS OU LE NOMBRE DES CORPS MOBILES EST FINI.

28. Nous regarderons les quantités y comme des ordonnées à l'axe AB (*fig.* 7), qui est supposé divisé en un nombre m de parties égales à r; et les indices de ces variables exprimeront le quantième de la place qu'elles occupent sur l'axe, en comptant depuis l'extrémité A. Ainsi le polygone

qu'on pourra faire passer par les extrémités de toutes ces ordonnées sera la figure de la corde tendue et chargée à chaque angle d'un poids M, et il

Fig. 7.

sera en même temps le lieu géométrique des excursions des corps élastiques M, disposés dans la même ligne droite AB, selon ce qu'on a démontré dans les Chapitres précédents.

Il est d'abord évident que la formule qui donne la valeur de y_μ est composée d'une suite de formules telles que

$$A \sin\frac{s\mu\varpi}{2m}\cos\left(2t\sqrt{e}\sin\frac{s\varpi}{4m}\right) + B\frac{\sin\frac{s\mu\varpi}{2m}\sin\left(2t\sqrt{e}\sin\frac{s\varpi}{4m}\right)}{\sin\frac{s\varpi}{4m}},$$

que je dénoterai dorénavant par φ_μ; A et B sont des constantes qui dépendent du premier état du système des corps, et s exprime un nombre quelconque dans la suite naturelle 1, 2, 3,..., $m-1$; ainsi, si l'on construit un nombre $m-1$ de polygones qui répondent tous à cette expression générale, en y supposant s successivement égal à 1, 2, 3,..., $m-1$, et qu'on prenne le premier pour axe du second, le second pour axe du troisième, et ainsi de suite, le dernier qui sera formé sur tous les autres contiendra les vraies valeurs de toutes les variables y; d'où l'on voit que les mouvements rectilignes des corps qui parcourent les espaces y_1, y_2, y_3, ... pourront être censés composés d'autant de mouvements particuliers qu'il y a de corps mobiles.

Examinons de plus près la composition de ces mouvements.

29. Soit posé $\varphi_\mu = 0$, on aura les deux équations

$$\sin\frac{s\mu\varpi}{2m} = 0 \quad \text{et} \quad A\cos\left(2t\sqrt{e}\sin\frac{s\varpi}{4m}\right) + B\frac{\sin\left(2t\sqrt{e}\sin\frac{s\varpi}{4m}\right)}{\sin\frac{s\varpi}{4m}} = 0,$$

qui détermineront les points où chacun des polygones simples pourra couper son propre axe. Il est visible que la première aura lieu toutes les fois que $\frac{s\mu}{m}$ sera égal à zéro ou à un nombre entier quelconque; soit donc k un tel nombre, on aura

$$\frac{s\mu}{m}=k \quad \text{et} \quad \mu=\frac{km}{s},$$

laquelle valeur de μ satisfera toujours, quel que soit le temps t.

Soit $s=1$, on aura

$$\mu \text{ ou } km=0,\ m,\ 2m,\ldots;$$

d'où il s'ensuit que le polygone ne pourra rencontrer l'axe AB que dans ses deux extrémités A et B; il sera donc tout au-dessus ou au-dessous de lui, comme on voit *fig.* 7, p. 91.

Soit $s=2$, on aura

$$\mu \text{ ou } \frac{km}{2}=0,\ \frac{m}{2},\ m,\ldots;$$

le polygone coupera donc l'axe au milieu C, et il aura par conséquent une moitié au-dessus et l'autre au-dessous, comme dans la *fig.* 8.

Fig. 8.

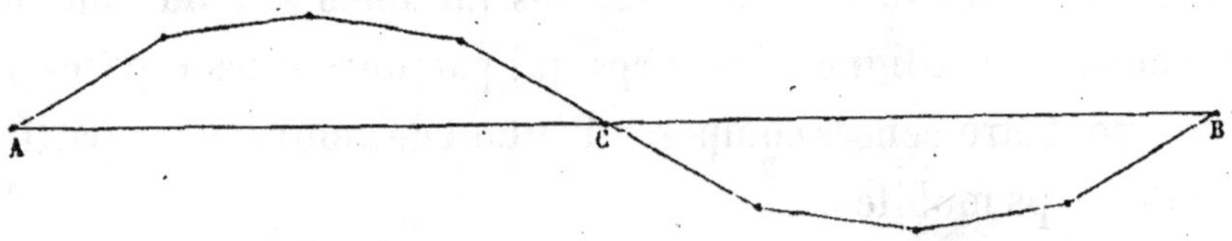

Soit $s=3$, on aura

$$\mu \text{ ou } \frac{km}{3}=0,\ \frac{m}{3},\ \frac{2m}{3},\ m,\ldots,$$

et le polygone rencontrera l'axe deux fois et le divisera en trois parties égales; il aura donc une figure semblable à celle qu'on voit *fig.* 9, et

Fig. 9.

ainsi de suite. D'où l'on conclura que les polygones auront toujours autant de ventres d'égale longueur qu'il y a d'unités dans le nombre s.

30. Présentement, si l'on s'attache à la seconde équation, on trouvera en la réduisant

$$\sin\left(2t\sqrt{e}\sin\frac{s\varpi}{4m}\right)=\frac{A\sin\frac{s\varpi}{4m}}{\sqrt{B^2+A^2\left(\sin\frac{s\varpi}{4m}\right)^2}}.$$

Posons, pour abréger,

$$\frac{A\sin\frac{s\varpi}{4m}}{\sqrt{B^2+A^2\left(\sin\frac{s\varpi}{4m}\right)^2}}=Z,$$

on en tirera

$$2t\sqrt{e}\sin\frac{s\varpi}{4m}=\text{arc}\sin Z \quad \text{et} \quad t=\frac{\text{arc}\sin Z}{2\sqrt{e}\sin\frac{s\varpi}{4m}},$$

équation qui pourra être vraie quel que soit le nombre μ, parce qu'il n'y entre point; d'où il suit que les polygones ne peuvent jamais couper leurs axes en d'autres points que dans ceux que nous avons déterminés ci-dessus, à moins qu'ils ne se confondent entièrement avec les axes mêmes, ce qui arrivera toutes les fois que t aura la valeur assignée. Or, comme il y a une infinité d'arcs qui répondent tous aux mêmes sinus, la quantité t pourra aussi recevoir une infinité de valeurs. Pour les trouver, soient θ le moindre arc qui répond au sinus Z, et k un nombre quelconque entier, on aura généralement

$$t = \frac{k\varpi + \theta}{2\sqrt{e}\sin\frac{s\varpi}{4m}} \quad \text{ou encore} \quad t = \frac{(2k+1)\frac{\varpi}{2} - \theta}{2\sqrt{e}\sin\frac{s\varpi}{4m}};$$

il résulte donc de cette formule qu'après que le polygone se sera pour la première fois étendu en ligne droite, il retournera dans cet état à chaque intervalle de temps exprimé par $\frac{\varpi}{2\sqrt{e}\sin\frac{s\varpi}{4m}}$, qu'on devra par conséquent regarder comme le temps d'une oscillation entière, d'où l'on voit que ces temps, toutes choses d'ailleurs égales, seront en raison inverse de $\sin\frac{s\varpi}{4m}$; donc le temps d'une vibration pour la première figure sera à celui de la seconde, de la troisième,..., comme $\sin\frac{\varpi}{2m}$ est à $\sin\frac{\varpi}{4m}$, comme $\sin\frac{3\varpi}{4m}$ est à $\sin\frac{\varpi}{4m}$,....

31. Les lois des mouvements de chacun des polygones simples nous feront aisément connaître par leur combinaison ceux du polygone composé. Nous venons de voir que le premier polygone qui a pour axe la droite AB n'a qu'un seul ventre, et que ses vibrations s'achèvent dans un temps proportionnel à $\frac{1}{\sin\frac{\varpi}{4m}}$; que le second, qui a pour axe celui-ci, contient deux ventres, et qu'il emploie dans chaque vibration un temps proportionnel à $\frac{1}{\sin\frac{\varpi}{2m}}$, et ainsi de suite. Il s'ensuit de là que, puisque ces temps sont presque toujours incommensurables entre eux, il arrivera très-rarement que le polygone composé s'étende tout en ligne droite; c'est pourquoi ses vibrations paraîtront tout à fait irrégulières, quoiqu'elles soient composées d'un nombre de vibrations simples, régulières et isochrones en elles-mêmes.

32. Cette théorie générale, que nous avons immédiatement déduite

de nos formules, appliquée aux mouvements des cordes vibrantes, est la même que M. Daniel Bernoulli a inventée sur ce sujet, comme on l'a exposé dans le Chapitre II; si donc ce grand homme a pu croire qu'une solution purement analytique était en elle-même incapable de faire connaître la véritable nature de ces mouvements, ces recherches pourront ouvrir une route nouvelle pour faire des applications de calcul à des sujets qui n'en paraissaient pas susceptibles, et servir à perfectionner l'Analyse. Au reste, on ne peut trop estimer la sagacité et la pénétration de ce célèbre Géomètre, qui, par un pur examen synthétique de la question proposée, est parvenu à réduire à des lois simples et générales des mouvements qui semblent s'y refuser par leur nature.

33. Avant que d'abandonner cette matière, examinons encore les cas où les vibrations composées peuvent devenir simples et régulières.

Il est visible que ceci arrivera toutes les fois que y_μ sera égal à φ_μ, savoir quand tous les termes exprimés généralement par φ_μ se réduiront à un seul quel qu'il soit. Soit s le quantième du terme restant, on aura (**27**)

$$y_\mu = \frac{2}{m} \mathrm{P}_s \sin \frac{s\mu\varpi}{2m} \cos\left(2t\sqrt{e} \sin \frac{s\varpi}{4m}\right) + \frac{1}{m\sqrt{e}} \frac{\mathrm{Q}_s \sin \frac{s\mu\varpi}{2m} \sin\left(2t\sqrt{e}\sin\frac{s\varpi}{4m}\right)}{\sin\frac{s\varpi}{4m}};$$

ensuite il faudra que

$$\mathrm{P}_1 = 0, \quad \mathrm{P}_2 = 0, \quad \mathrm{P}_3 = 0, \ldots, \quad \mathrm{P}_{m-1} = 0,$$

excepté $\mathrm{P}_s = 0$; et de même

$$\mathrm{Q}_1 = 0, \quad \mathrm{Q}_2 = 0, \quad \mathrm{Q}_3 = 0, \ldots, \quad \mathrm{Q}_{m-1} = 0,$$

excepté $\mathrm{Q}_s = 0$; d'où l'on tirera les conditions requises dans le premier état du système, afin que les vibrations des corps suivent les lois proposées. On aura donc ces deux équations :

$$\mathrm{Y}_1 \sin\frac{\sigma\varpi}{2m} + \mathrm{Y}_2 \sin\frac{2\sigma\varpi}{2m} + \mathrm{Y}_3 \sin\frac{3\sigma\varpi}{2m} + \ldots + \mathrm{Y}_{m-1} \sin\frac{(m-1)\sigma\varpi}{2m} = 0,$$

$$\mathrm{V}_1 \sin\frac{\sigma\varpi}{2m} + \mathrm{V}_2 \sin\frac{2\sigma\varpi}{2m} + \mathrm{V}_3 \sin\frac{3\sigma\varpi}{2m} + \ldots + \mathrm{V}_{m-1} \sin\frac{(m-1)\sigma\varpi}{2m} = 0,$$

qui devront se vérifier, quelque nombre qu'on pose au lieu de σ, depuis 1 jusqu'à $m-1$, excepté s.

Que l'on compare maintenant cette équation avec celle du n° 24, il est évident qu'en substituant σ au lieu de λ, et s au lieu de μ, les quantités Y et V seront déterminées de la même manière que les quantités D; c'est pourquoi l'on trouvera généralement

$$Y_\nu = \pm \frac{L}{2^{m-2}} \frac{\sin \frac{\nu s \varpi}{2m}}{\sin \frac{s\varpi}{2m}} \quad \text{et} \quad V_\nu = \pm \frac{L_1}{2^{m-2}} \frac{\sin \frac{\nu s \varpi}{2m}}{\sin \frac{s\varpi}{2m}},$$

où L et L_1 sont deux constantes arbitraires, qu'on pourra déterminer par la valeur de deux termes quelconques de la suite des Y et des V. Supposant donc que les deux premières quantités Y et V soient données, on aura

$$\frac{L}{2^{m-2}} = Y \quad \text{et} \quad \frac{L_1}{2^{m-2}} = V;$$

d'où l'on tire enfin

$$Y_\nu = \pm Y \frac{\sin \frac{\nu s \varpi}{2m}}{\sin \frac{s\varpi}{2m}}, \quad V_\nu = \pm V \frac{\sin \frac{\nu s \varpi}{2m}}{\sin \frac{s\varpi}{2m}};$$

le signe supérieur répond à s impair, et l'inférieur à s pair.

Telles sont les valeurs qu'il faudra donner d'abord aux vitesses et aux éloignements des corps, afin que le système souffre des vibrations simples et régulières, suivant les lois de l'espèce $s^{\text{ième}}$ qui contient s ventres, et dont le temps d'une oscillation entière est toujours exprimé par

$$\frac{\varpi}{2\sqrt{e}\sin \frac{s\varpi}{4m}}.$$

On peut prendre dans ces formules le nombre s égal à 1, 2, 3,..., $m-1$, d'où il s'ensuit qu'on peut donner à tout le système autant d'arrangements différents, qui néanmoins seront tous propres à produire tant le synchronisme que l'isochronisme des corps.

Ce problème a été déjà résolu par quelques Géomètres dans le cas d'un nombre de corps déterminé, mais la route qu'ils ont prise les a toujours conduits à des équations d'un degré égal au nombre des corps mobiles, dont il fallait par conséquent chercher les racines dans chaque cas particulier; je ne crois pas qu'on ait jamais donné pour cela une formule générale, telle que nous venons de la trouver.

CHAPITRE V.

ANALYSE DU CAS OU LE NOMBRE DES CORPS MOBILES EST INFINI.

34. La théorie du mélange des vibrations simples et régulières que nous venons d'établir découle de la forme même des équations trouvées. Or cette forme subsistera toujours, tandis que le nombre des corps mobiles sera fini, savoir, quand m sera un nombre fini; mais sera-t-il aussi vrai que la supposition de m infini ne défigure pas, pour ainsi dire, l'équation, et n'en altère pas entièrement la forme? C'est ce que nous allons examiner dans ce Chapitre.

Il est évident qu'en faisant $m=\infty$, les angles $\frac{\varpi}{4m}, \frac{2\varpi}{4m}, \frac{3\varpi}{4m}, \ldots$ deviendront infiniment petits, et que leurs sinus ne différeront pas des arcs qui leur appartiennent; ainsi on aura

$$\sin\frac{\varpi}{4m}=\frac{\varpi}{4m},\quad \sin\frac{2\varpi}{4m}=\frac{2\varpi}{4m},\quad \sin\frac{3\varpi}{4m}=\frac{3\varpi}{4m},\ldots,$$

donc la formule qui donne la valeur de y_μ se changera en celle-ci

$$\begin{aligned}
y_\mu = {} & \frac{2}{m}\mathrm{P}_1 \sin\frac{\mu\varpi}{2m}\cos\frac{\varpi t\sqrt{e}}{2m} \\
& + \frac{2}{m}\mathrm{P}_2 \sin\frac{2\mu\varpi}{2m}\cos\frac{2\varpi t\sqrt{e}}{2m} \\
& + \frac{2}{m}\mathrm{P}_3 \sin\frac{3\mu\varpi}{2m}\cos\frac{3\varpi t\sqrt{e}}{2m} \\
& + \ldots\ldots\ldots\ldots\ldots\ldots\ldots \\
& + \frac{4}{\varpi\sqrt{e}}\mathrm{Q}_1 \sin\frac{\mu\varpi}{2m}\sin\frac{\varpi t\sqrt{e}}{2m}
\end{aligned}$$

$$+\frac{4}{2\varpi\sqrt{e}}Q_2\sin\frac{2\mu\varpi}{2m}\sin\frac{2\varpi t\sqrt{e}}{2m}$$

$$+\frac{4}{3\varpi\sqrt{e}}Q_3\sin\frac{3\mu\varpi}{2m}\sin\frac{3\varpi t\sqrt{e}}{2m}$$

$$+\ldots\ldots\ldots\ldots\ldots\ldots\ldots\ldots$$

On aura de même dans ce cas

$$u_\mu=-\frac{\varpi\sqrt{e}}{m^2}P_1\sin\frac{\mu\varpi}{2m}\sin\frac{\varpi t\sqrt{e}}{2m}$$

$$-\frac{2\varpi\sqrt{e}}{m^2}P_2\sin\frac{2\mu\varpi}{2m}\sin\frac{2\varpi t\sqrt{e}}{2m}$$

$$-\frac{3\varpi\sqrt{e}}{m^2}P_3\sin\frac{3\mu\varpi}{2m}\sin\frac{3\varpi t\sqrt{e}}{2m}$$

$$-\ldots\ldots\ldots\ldots\ldots\ldots\ldots\ldots$$

$$+\frac{2}{m}Q_1\sin\frac{\mu\varpi}{2m}\cos\frac{\varpi t\sqrt{e}}{2m}$$

$$+\frac{2}{m}Q_2\sin\frac{2\mu\varpi}{2m}\cos\frac{2\varpi t\sqrt{e}}{2m}$$

$$+\frac{2}{m}Q_3\sin\frac{3\mu\varpi}{2m}\cos\frac{3\varpi t\sqrt{e}}{2m}$$

$$+\ldots\ldots\ldots\ldots\ldots\ldots\ldots\ldots$$

35. Soient infiniment petites les masses M des corps, en sorte que leur somme soit finie et égale à S, on aura $m=\frac{S}{M}$; de plus, si a exprime la longueur de l'axe AB, on aura encore $m=\frac{a}{r}$, d'où

$$\frac{a}{r}=\frac{S}{M}\quad\text{et}\quad r=\frac{aM}{S};$$

donc la quantité e, qui est égale à $\frac{2Eh}{MT^2r}$ (19), deviendra égale à $\frac{2EhS}{T^2M^2a}$, et par conséquent

$$\frac{\sqrt{e}}{m}=\frac{1}{TMm}\sqrt{\frac{2EhS}{a}},$$

ou bien, puisque $Mm = S$, il sera

$$\frac{\sqrt{e}}{m} = \frac{1}{T}\sqrt{\frac{2Eh}{aS}},$$

qui est une quantité finie et toute connue qu'on supposera, pour abréger, égale à $\frac{H}{T}$.

36. Supposons que le rapport des nombres m et μ soit égal à $\frac{a}{x}$; x exprimera l'abscisse dans l'axe AB à laquelle répondra l'ordonnée y_μ, de même que la vitesse u_μ; on aura donc $\frac{\mu}{m} = \frac{x}{a}$; et faisant de plus dx constante et égale à r, on aura $\frac{a}{dx} = m$; toutes ces valeurs substituées dans les formules ci-dessus, on obtiendra généralement

$$\begin{aligned}
y = {} & \frac{2\,dx}{a} P_1 \sin\frac{\varpi x}{2a} \cos\frac{\varpi H t}{2T} \\
& + \frac{2\,dx}{a} P_2 \sin\frac{2\varpi x}{2a} \cos\frac{2\varpi H t}{2T} \\
& + \frac{2\,dx}{a} P_3 \sin\frac{3\varpi x}{2a} \cos\frac{3\varpi H t}{2T} \\
& + \ldots\ldots\ldots\ldots\ldots\ldots \\
& + \frac{4T\,dx}{\varpi H a} Q_1 \sin\frac{\varpi x}{2a} \sin\frac{\varpi H t}{2T} \\
& + \frac{4T\,dx}{2\varpi H a} Q_2 \sin\frac{2\varpi x}{2a} \sin\frac{2\varpi H t}{2T} \\
& + \frac{4T\,dx}{3\varpi H a} Q_3 \sin\frac{3\varpi x}{2a} \sin\frac{3\varpi H t}{2T} \\
& + \ldots\ldots\ldots\ldots\ldots\ldots
\end{aligned}$$

et de même

$$\begin{aligned}
u = {} & -\frac{\varpi H\,dx}{aT} P_1 \sin\frac{\varpi x}{2a} \sin\frac{\varpi H t}{2T} \\
& - \frac{2\varpi H\,dx}{aT} P_2 \sin\frac{2\varpi x}{2a} \sin\frac{2\varpi H t}{2T}
\end{aligned}$$

$$- \frac{3\varpi H dx}{aT} P_3 \sin\frac{3\varpi x}{2a} \sin\frac{3\varpi H t}{2T}$$

$$- \dots\dots\dots\dots\dots\dots$$

$$+ \frac{2dx}{a} Q_1 \sin\frac{\varpi x}{2a} \cos\frac{\varpi H t}{2T}$$

$$+ \frac{2dx}{a} Q_2 \sin\frac{2\varpi x}{2a} \cos\frac{2\varpi H t}{2T}$$

$$+ \frac{2dx}{a} Q_3 \sin\frac{3\varpi x}{2a} \cos\frac{3\varpi H t}{2T}$$

$$+ \dots\dots\dots\dots\dots\dots$$

37. Présentement il faut substituer dans ces formules les expressions des quantités $P_1, P_2, P_3, \dots, Q_1, Q_2, Q_3, \dots$, d'où, en ordonnant les termes par les quantités connues $Y_1, Y_2, Y_3, \dots, V_1, V_2, V_3, \dots$, on trouvera autant de suites infinies, dont chacune sera múltipliée par une de ces quantités.

Soit $\frac{X}{a}$ la raison générale des indices des Y et des V au nombre m, X dénotera la partie de l'axe qui leur est correspondante dans le premier état du système; donc, si l'on emploie le signe intégral $\int$ pour exprimer la somme de toutes ces suites, on aura

$$y = \frac{2}{a}\int dx Y\left(\sin\frac{\varpi X}{2a}\sin\frac{\varpi x}{2a}\cos\frac{\varpi H t}{2T} + \sin\frac{2\varpi X}{2a}\sin\frac{2\varpi x}{2a}\cos\frac{2\varpi H t}{2T} + \sin\frac{3\varpi X}{2a}\sin\frac{3\varpi x}{2a}\cos\frac{3\varpi H t}{2T} + \dots\right)$$

$$+ \frac{4T}{\varpi H a}\int dx V\left(\sin\frac{\varpi X}{2a}\sin\frac{\varpi x}{2a}\sin\frac{\varpi H t}{2T} + \frac{1}{2}\sin\frac{2\varpi X}{2a}\sin\frac{2\varpi x}{2a}\sin\frac{2\varpi H t}{2T} + \frac{1}{3}\sin\frac{3\varpi X}{2a}\sin\frac{3\varpi x}{2a}\sin\frac{3\varpi H t}{2T} + \dots\right),$$

et de même pour u

$$u = -\frac{\varpi H}{aT}\int dx Y\left(\sin\frac{\varpi X}{2a}\sin\frac{\varpi x}{2a}\sin\frac{\varpi H t}{2T} + 2\sin\frac{2\varpi X}{2a}\sin\frac{2\varpi x}{2a}\sin\frac{2\varpi H t}{2T} + 3\sin\frac{3\varpi X}{2a}\sin\frac{3\varpi x}{2a}\sin\frac{3\varpi H t}{2T} + \dots\right)$$

$$+ \frac{2}{a}\int dx V\left(\sin\frac{\varpi X}{2a}\sin\frac{\varpi x}{2a}\cos\frac{\varpi H t}{2T} + \sin\frac{2\varpi X}{2a}\sin\frac{2\varpi x}{2a}\cos\frac{2\varpi H t}{2T} + \sin\frac{3\varpi X}{2a}\sin\frac{3\varpi x}{2a}\cos\frac{3\varpi H t}{2T} + \dots\right),$$

où il est à remarquer que les intégrations doivent se faire en supposant X, Y et V variables, et t et x constantes.

38. Si on réfléchit maintenant sur ces formules, on s'apercevra que la première partie de l'expression de y et la seconde partie de l'expression de u, qui ne diffèrent entre elles que par rapport aux quantités Y et V, seront sommables au moyen de la formule trouvée (25). Qu'on suppose donc, pour simplifier le calcul, que les quantités V s'évanouissent dans la formule de y, et les quantités Y dans celle de u, ce qui réduit le problème aux seuls cas considérés jusqu'à présent dans les cordes vibrantes; et on pourra se contenter de faire le calcul pour la valeur de y, puisque, en changeant simplement les Y en V, on obtiendra tout de suite celle de u. Je ramène d'abord l'expression $\sin\frac{\varpi x}{2a}\cos\frac{\varpi \mathrm{H}t}{2\mathrm{T}}$ à celle-ci:

$$\frac{\sin\frac{\varpi}{2}\left(\frac{x}{a}+\frac{\mathrm{H}t}{\mathrm{T}}\right)+\sin\frac{\varpi}{2}\left(\frac{x}{a}-\frac{\mathrm{H}t}{\mathrm{T}}\right)}{2},$$

et en opérant de la même manière sur toutes les autres je change la formule en

$$\begin{aligned}y=\frac{1}{a}\int dx\mathrm{Y}\Big[&\sin\frac{\varpi\mathrm{X}}{2a}\sin\frac{\varpi}{2}\left(\frac{x}{a}+\frac{\mathrm{H}t}{\mathrm{T}}\right)+\sin\frac{2\varpi\mathrm{X}}{2a}\sin\frac{2\varpi}{2}\left(\frac{x}{a}+\frac{\mathrm{H}t}{\mathrm{T}}\right)\\&+\sin\frac{3\varpi\mathrm{X}}{2a}\sin\frac{3\varpi}{2}\left(\frac{x}{a}+\frac{\mathrm{H}t}{\mathrm{T}}\right)+\ldots\Big]\\+\frac{1}{a}\int dx\mathrm{Y}\Big[&\sin\frac{\varpi\mathrm{X}}{2a}\sin\frac{\varpi}{2}\left(\frac{x}{a}-\frac{\mathrm{H}t}{\mathrm{T}}\right)+\sin\frac{2\varpi\mathrm{X}}{2a}\sin\frac{2\varpi}{2}\left(\frac{x}{a}-\frac{\mathrm{H}t}{\mathrm{T}}\right)\\&+\sin\frac{3\varpi\mathrm{X}}{2a}\sin\frac{3\varpi}{2}\left(\frac{x}{a}-\frac{\mathrm{H}t}{\mathrm{T}}\right)+\ldots\Big].\end{aligned}$$

Or, si l'on met dans la formule du n° 25, au lieu des quantités D, leurs valeurs $\pm\frac{\mathrm{L}}{2^{m-2}}\frac{\sin\frac{s\mu\varpi}{2m}}{\sin\frac{\mu\varpi}{2m}}$, et qu'on multiplie tout par $2^{m-2}\sin\frac{\mu\varpi}{2m}$, on trouve généralement

$$\sin\frac{\mu\varpi}{2m}\sin\frac{\lambda\varpi}{2m}+\sin\frac{2\mu\varpi}{2m}\sin\frac{2\lambda\varpi}{2m}+\sin\frac{3\mu\varpi}{2m}\sin\frac{3\lambda\varpi}{2m}+\ldots$$
$$+\sin\frac{(m-1)\mu\varpi}{2m}\sin\frac{(m-1)\lambda\varpi}{2m}$$
$$=\pm\frac{1}{2}\,\frac{\sin\frac{\mu\varpi}{2m}\sin\frac{\lambda\varpi}{2m}}{\cos\frac{\lambda\varpi}{2m}-\cos\frac{\mu\varpi}{2m}},$$

où le signe $+$ a lieu lorsque μ est impair, et le signe $-$ lorsqu'il est pair; donc, si l'on pose

$$\frac{\mu}{m}=\frac{X}{a}\quad\text{et}\quad\frac{\lambda}{m}=\frac{x}{a}\pm\frac{H}{T},$$

il en résultera

$$y=\pm\frac{1}{2a}\int\frac{dx\,Y\sin\frac{\varpi X}{2a}\sin\frac{\varpi}{2}\left(\frac{mx}{a}+\frac{mHt}{T}\right)}{\cos\frac{\varpi}{2}\left(\frac{x}{a}+\frac{Ht}{T}\right)-\cos\frac{\varpi X}{2a}}$$
$$\pm\frac{1}{2a}\int\frac{dx\,Y\sin\frac{\varpi X}{2a}\sin\frac{\varpi}{2}\left(\frac{mx}{a}-\frac{mHt}{T}\right)}{\cos\frac{\varpi}{2}\left(\frac{x}{a}-\frac{Ht}{T}\right)-\cos\frac{\varpi X}{2a}}.$$

Or, puisque m est infini, $m\left(\frac{x}{a}\pm\frac{Ht}{T}\right)$ sera toujours un nombre entier quels que soient x et t; donc on aura

$$\sin\frac{\varpi}{2}\left(\frac{mx}{a}\pm\frac{mHt}{T}\right)=0,$$

et par conséquent les termes qui constituent les intégrales exprimées par $\int$ s'évanouiront en général. Il y a pourtant un cas particulier à excepter, c'est celui où $\frac{x}{a}+\frac{Ht}{T}$ dans la première intégrale, et $\frac{x}{a}-\frac{Ht}{T}$ dans la seconde, deviennent égaux à $2s\pm\frac{X}{a}$, s dénotant un nombre quelconque entier positif ou négatif; car dans ces cas les dénominateurs

$\cos\frac{\varpi}{2}\left(\frac{x}{a}+\frac{\mathrm{H}t}{\mathrm{T}}\right)-\cos\frac{\varpi\mathrm{X}}{2a}$ et $\cos\frac{\varpi}{2}\left(\frac{x}{a}-\frac{\mathrm{H}t}{\mathrm{T}}\right)-\cos\frac{\varpi\mathrm{X}}{2a}$ deviennent égaux à zéro, et les termes se trouvent exprimés par $\frac{0}{0}$. Pour en déterminer les vraies valeurs on prendra la différentielle des numérateurs et des dénominateurs, en considérant $\frac{x}{a}+\frac{\mathrm{H}t}{\mathrm{T}}$ dans la première formule, et $\frac{x}{a}-\frac{\mathrm{H}t}{\mathrm{T}}$ dans la seconde, pour les seules variables; on mettra ensuite à leur place la quantité $2s\pm\frac{\mathrm{X}}{a}$; on trouvera donc en premier lieu

$$\frac{1}{2a}\int\frac{dx\mathrm{Y}\sin\frac{\varpi\mathrm{X}}{2a}\sin\frac{\varpi}{2}\left(\frac{mx}{2a}+\frac{m\mathrm{H}t}{\mathrm{T}}\right)}{\cos\frac{\varpi}{2}\left(\frac{x}{a}+\frac{\mathrm{H}t}{\mathrm{T}}\right)-\cos\frac{\varpi\mathrm{X}}{2a}}$$

$$=-\frac{m}{2a}\,\frac{dx\mathrm{Y}\sin\frac{\varpi\mathrm{X}}{2a}\cos\frac{\varpi}{2}\left(2ms\pm\frac{m\mathrm{X}}{a}\right)}{\sin\frac{\varpi}{2}\left(2s\pm\frac{\mathrm{X}}{a}\right)}.$$

Mais puisque $\frac{m\mathrm{X}}{a}$ est un nombre infini égal à μ, on a

$$\cos\frac{\varpi}{2}\left(2ms\pm\frac{m\mathrm{X}}{a}\right)=\mp 1,$$

le signe supérieur répondant à μ impair, et l'inférieur à μ pair; on a de plus

$$\sin\frac{\varpi}{2}\left(2s\pm\frac{\mathrm{X}}{a}\right)=\pm\sin\frac{\varpi\mathrm{X}}{2a},$$

donc l'expression précédente se réduit à

$$\pm\frac{m\,dx\mathrm{Y}}{2a},$$

ou bien, puisque $a=mdx$, elle devient

$$\pm\frac{\mathrm{Y}}{2},$$

où Y est l'ordonnée qui répond à l'abscisse X, savoir, à l'abscisse égale à $\pm\left(x+\frac{a\mathrm{H}t}{\mathrm{T}}-2sa\right)$ dans le premier état du système; d'où l'on voit que cette ordonnée doit toujours être prise avec le même signe que toute la quantité $x+\frac{a\mathrm{H}t}{\mathrm{T}}\pm 2sa$. Que l'on dénote cette ordonnée par

$$\varphi\left[\pm\left(x+\frac{a\mathrm{H}t}{\mathrm{T}}-2sa\right)\right],$$

et que l'on dénote de même par

$$\varphi\left[\pm\left(x-\frac{a\mathrm{H}t}{\mathrm{T}}-2sa\right)\right]$$

celle qui répond à l'abscisse $\pm\left(x-\frac{a\mathrm{H}t}{\mathrm{T}}-2sa\right)$, et qu'on fasse sur la seconde partie de l'expression générale de y des opérations semblables à celles qu'on a pratiquées sur la première, on trouvera enfin

$$y=\frac{\varphi\left[\pm\left(x+\frac{a\mathrm{H}t}{\mathrm{T}}-2sa\right)\right]+\varphi\left[\pm\left(x-\frac{a\mathrm{H}t}{\mathrm{T}}-2sa\right)\right]}{2}.$$

39. Soient (*fig.* 5, p. 61) AB l'axe, et A*e*B la courbe qui représente le premier état du système dans le cas où le nombre des corps mobiles est infini, on trouvera la figure de cette courbe pour un temps quelconque t, en prenant, à une abscisse quelconque x, la quantité y égale à la moitié de la somme des appliquées qui répondent aux abscisses

$$\pm\left(x+\frac{a\mathrm{H}t}{\mathrm{T}}-2sa\right) \quad \text{et} \quad \pm\left(x-\frac{a\mathrm{H}t}{\mathrm{T}}-2sa\right)$$

dans cette première courbe donnée. A l'égard des signes ambigus et du nombre indéterminé s, on remarquera que, puisque l'axe AB est d'une longueur donnée a, il faut que les abscisses qu'on y doit prendre ne surpassent pas la quantité a, et de plus qu'elles soient toujours positives, et ces conditions suffiront pour déterminer tout à fait chacune des abscisses en question.

Si $x + \frac{aHt}{T}$ est moindre que a, on supposera $s = 0$, et l'on prendra le signe $+$, et l'ordonnée sera positive.

Si $x + \frac{aHt}{T}$ est plus grand que a mais moindre que $2a$, on fera $s = 1$ et l'on prendra le signe $-$; on aura donc l'abscisse égale à $2a - \left(x + \frac{aHt}{T}\right)$, et l'ordonnée devra être prise négative.

Si $x + \frac{aHt}{T}$ devient plus grand que $2a$ mais moindre que $3a$, on fera $s = 1$ et l'on prendra le signe $+$; l'abscisse sera donc dans ce cas $x + \frac{aHt}{T} - 2a$, et l'ordonnée devra être de nouveau positive.

Si $x + \frac{aHt}{T}$ se trouve plus grand que $3a$ mais moindre que $4a$, on fera $s = 2$, et l'on prendra le signe $-$; ainsi l'abscisse deviendra $4a - \left(x + \frac{aHt}{T}\right)$, et l'ordonnée correspondante devra être prise négativement, et ainsi de suite.

Par un raisonnement semblable, on trouvera que lorsque $x - \frac{aHt}{T}$ est positif, on doit faire $s = 0$, et qu'il faut employer le signe $+$, ce qui donne l'ordonnée positive.

Si $x - \frac{aHt}{T}$ devient négatif mais moindre que a, on supposera $s = 0$ et l'on prendra le signe $-$; on aura ainsi l'abscisse positive $-\left(x - \frac{aHt}{T}\right)$, et l'ordonnée devra être prise négativement.

Si $x - \frac{aHt}{T}$ étant négatif est encore plus grand que $2a$ mais moindre que $3a$, on fera dans ce cas $s = -1$, et l'on prendra le signe $-$; ainsi l'on obtiendra l'abscisse positive $-\left(x - \frac{aHt}{T}\right) - 2a$, et l'ordonnée devra être prise négativement.

Si $x - \frac{aHt}{T}$ devient plus grand que $3a$ mais moindre que $4a$, on continuera à faire $s = -2$, et l'on prendra de nouveau le signe $+$, ce qui donnera l'abscisse positive $4a + x - \frac{aHt}{T}$, et l'ordonnée devra être encore positive, et ainsi de suite.

On voit assez par tous ces cas particuliers que nous venons de développer, que, quelle que soit la longueur de l'abscisse, il sera toujours possible de la réduire en sorte qu'elle ne surpasse plus l'axe donné AB. On pourra simplifier encore cette réduction, en supposant que les abscisses données soient repliées, pour ainsi dire, sur l'axe, une ou plusieurs fois, selon qu'elles se trouvent plus ou moins excédantes, et les ordonnées devront ensuite être prises alternativement positives et négatives selon les lois ci-dessus établies. Mais si l'on veut avoir une construction tout à fait simple et générale, on pourra la déduire aisément de la manière suivante. Ayant tracé la courbe initiale ANB (*fig.* 10),

Fig 10.

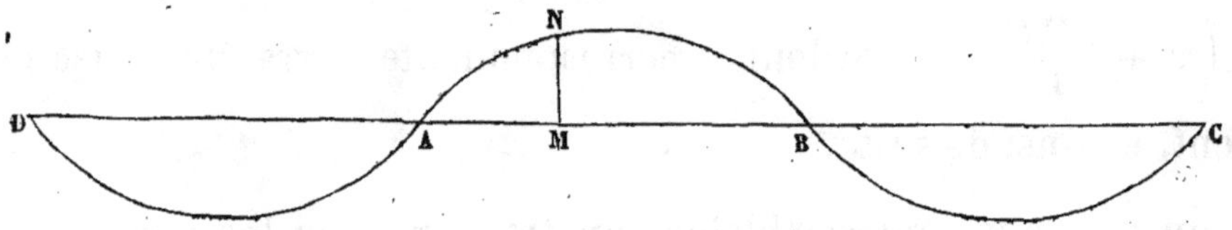

qu'on répète sa description de part et d'autre à l'infini, en la posant alternativement au-dessus et au-dessous de l'axe, de sorte que les mêmes branches soient liées entre elles par les mêmes extrémités. Considérant la courbe ainsi engendrée comme une courbe unique et continue, on prendra dans l'axe AB qui s'étend à l'infini de part et d'autre toutes les abscisses qu'on voudra, sans s'embarrasser qu'elles soient négatives ou plus grandes que a; ainsi la demi-somme des ordonnées qui se trouveront répondre aux abscisses $x + \frac{aHt}{T}$ et $x - \frac{aHt}{T}$, quelle que soit la valeur de x et de t, donnera toujours la vraie ordonnée qui convient à l'abscisse x après le temps t.

40. Nous avons supposé (35)

$$H = \sqrt{\frac{2Eh}{aS}}.$$

Or, dans le cas de la corde vibrante, E exprime le poids qui tend la corde, a sa longueur, et S son poids total (9 et 35); on aura donc (12)

$$H^2 = \frac{T^2 c}{a^2},$$

et par conséquent

$$\frac{aH}{T} = \sqrt{c};$$

et les ordonnées dont on doit prendre la demi-somme répondront aux abscisses $x + t\sqrt{c}$ et $x - t\sqrt{c}$. Nous aurons donc par ce moyen la construction de la figure que forme une corde tendue pour un temps quelconque t, en cas qu'elle ait été d'abord forcée de prendre une figure quelconque donnée et qu'ensuite on l'ait relâchée tout à coup, et cette construction est évidemment la même que M. Euler a inventée sur la même hypothèse.

Voilà donc la théorie de ce grand Géomètre mise hors de toute atteinte et établie sur des principes directs et lumineux, qui ne tiennent en aucune façon à la loi de continuité que demande M. d'Alembert; voilà encore comment il peut se faire que la même formule qui a servi pour appuyer et démontrer la théorie de M. Bernoulli sur le mélange des vibrations isochrones, lorsque le nombre des corps mobiles était fini, nous en dévoile l'insuffisance dans le cas où le nombre de ces corps devient infini. En effet le changement que subit la formule, en passant d'un cas dans l'autre, est tel que les mouvements simples qui composaient les mouvements absolus de tout le système s'anéantissent pour la plupart, et que ceux qui restent se défigurent et s'altèrent de façon qu'ils deviennent absolument méconnaissables. Il est vraiment fâcheux qu'une théorie aussi ingénieuse, et qui aurait pu sans doute jeter de grandes lumières sur des matières également obscures et importantes, se trouve démentie dans le cas principal, qui est celui auquel se rapportent tous les petits mouvements réciproques qui ont lieu dans la nature.

41. Si l'on veut que la corde soit étendue en ligne droite au commencement de son mouvement, et que tous ses points reçoivent en cet état des vitesses quelconques, on supposera que les ordonnées à la courbe ne représentent plus les premiers éloignements de points de la corde de l'axe, mais les vitesses des mêmes points au premier instant; et les courbes qu'on trouvera pour les instants suivants donneront de la même manière leurs vitesses suivantes (38).

CHAPITRE VI.

RÉFLEXIONS SUR LES CALCULS PRÉCÉDENTS.

42. La méthode que j'ai employée dans le Chapitre III est à la vérité un peu longue et fort compliquée; cependant elle est, si je ne me trompe, l'unique qui puisse conduire à une solution directe et générale, telle que nous nous sommes proposé.

Quoique l'intégration des équations différentielles s'achève fort aisément par l'ingénieuse méthode de M. d'Alembert, cependant il est clair qu'on est encore après cela beaucoup éloigné du but principal, car il s'agit de plus de tirer d'un nombre indéfini d'équations autant d'inconnues, et de les exprimer toutes par une même formule générale. La difficulté de cette opération n'a pas sans doute échappé au savant Géomètre dont nous venons de faire mention, car ayant proposé à résoudre le problème des mouvements des cordes vibrantes, en les regardant comme des fils extensibles chargés de plusieurs petits poids, il s'est contenté de dire qu'on aurait toujours pu trouver leurs vibrations à peu près (*voyez* le n° 44 de son Mémoire cité ci-dessus).

Il serait à souhaiter que l'analyse qui a réussi dans ce cas pût également s'appliquer à tous les autres qui dépendent de la résolution d'un nombre indéfini d'équations différentielles toutes semblables entre elles, et où les changeantes ne montent qu'à la première dimension, puisqu'il est facile de démontrer que tous les petits mouvements réciproques qui peuvent avoir lieu dans un système quelconque de corps semblables, qui agissent les uns sur les autres tous d'une même manière, sont nécessairement contenus dans de telles équations. Nous serions par là en état de suivre les actions de la nature de beaucoup plus près qu'on n'a osé le faire jusqu'à présent.

J'ai déjà tenté une solution générale du problème des vibrations des cordes élastiques et des chaînes pesantes; mais étant maintenant fort pressé sur l'impression de cette pièce, et ayant d'ailleurs quelques autres occupations indispensables, je ne puis pas pousser assez loin ces recherches; c'est pourquoi je me réserve à traiter ce sujet dans une autre occasion.

Au reste, si on suppose dans notre cas que les corps se meuvent dans un milieu, dont la résistance soit proportionnelle à $\varepsilon u + \alpha$, ε et α dénotant des constantes quelconques, la double intégration des équations différentielles réussira de même; et si les quantités ε et α sont assez petites par rapport à la quantité e, on pourra encore achever le calcul par un procédé semblable à celui que nous avons exposé plus haut. Cette analyse pourrait être à la vérité de quelque utilité dans la recherche de la diminution du son, mais ce serait s'écarter trop de l'objet principal que de la vouloir exposer ici tout au long.

43. La construction que nous avons trouvée dans le Chapitre précédent, pour le cas où le nombre des corps mobiles est infini, est fondée entièrement sur ce qu'une suite infinie de produits de deux sinus, dont les arcs croissent en progression arithmétique, est toujours égale à zéro, excepté dans le cas où, les sinus devenant égaux, la suite donnée se change en une suite des carrés des mêmes sinus. Quoique cette vérité découle immédiatement de la formule que nous avons trouvée pour exprimer la somme d'une telle suite, cependant, comme c'est là un des points principaux de notre analyse, il ne sera pas hors de propos de démontrer encore la même proposition d'une autre manière, qui soit et plus directe et plus lumineuse.

Soit proposée la suite infinie

$$\sin\varphi \sin\theta + \sin 2\varphi \sin 2\theta + \sin 3\varphi \sin 3\theta + \ldots;$$

si l'on développe chaque terme par les théorèmes de la multiplication des angles, on aura les deux séries

$$\frac{\cos(\varphi-\theta)+\cos 2(\varphi-\theta)+\cos 3(\varphi-\theta)+\ldots}{2},$$

$$-\frac{\cos(\varphi+\theta)+\cos 2(\varphi+\theta)+\cos 3(\varphi+\theta)+\ldots}{2},$$

dont chacune est sommable par la théorie des progressions géométriques. Supposons, pour simplifier le calcul, que la série dont on veut prendre la somme soit généralement

$$\cos x+\cos 2x+\cos 3x+\ldots.$$

On réduira d'abord chaque terme aux expressions imaginaires exponentielles; ainsi l'on obtiendra

$$\frac{e^{x\sqrt{-1}}+e^{2x\sqrt{-1}}+e^{3x\sqrt{-1}}+\ldots}{2}+\frac{e^{-x\sqrt{-1}}+e^{-2x\sqrt{-1}}+e^{-3x\sqrt{-1}}+\ldots}{2};$$

ces deux suites, traitées comme deux progressions géométriques infinies, se changent par les règles connues en

$$\frac{e^{x\sqrt{-1}}}{2\left(1-e^{x\sqrt{-1}}\right)}+\frac{e^{-x\sqrt{-1}}}{2\left(1-e^{-x\sqrt{-1}}\right)},$$

et réduisant au dénominateur commun

$$\frac{e^{x\sqrt{-1}}+e^{-x\sqrt{-1}}-2}{2\left(2-e^{x\sqrt{-1}}-e^{-x\sqrt{-1}}\right)},$$

savoir

$$\frac{\cos x-1}{2(1-\cos x)}=-\frac{1}{2};$$

telle est la valeur d'une suite quelconque infinie de cosinus, dont les arcs croissent en progression arithmétique.

En appliquant ceci à notre cas, on trouvera pour la somme des deux suites données

$$-\frac{1}{4}+\frac{1}{4}=0,$$

quelles que soient les valeurs des angles φ et θ. Cependant, lorsque $\theta = \varphi$, il est clair que les deux séries se réduisent à

$$\frac{1+1+1+1+\ldots}{2} - \frac{\cos 2\varphi + \cos 4\varphi + \cos 6\varphi + \ldots}{2}.$$

Si $m - 1$ est le nombre des termes dans chacune de ces suites, la somme de la première est nécessairement $\frac{m-1}{2}$, la somme de la seconde est, par ce que nous avons trouvé ci-dessus, $-\frac{1}{2}$; donc la somme de toutes deux se trouvera dans ce cas

$$\frac{m-1}{2} + \frac{1}{2} = \frac{m}{2}.$$

44. Mais, dira-t-on, comment peut-il se faire que la somme de la suite infinie $\cos x, + \cos 2x, + \cos 3x, \ldots$ soit toujours égale à $-\frac{1}{2}$, puisque, dans le cas de $x = 0$, elle devient nécessairement égale à une suite d'autant d'unités? Je réponds que cela provient des termes qui se détruisent naturellement dans tous les cas, excepté dans celui où $x = 0$. Pour rendre la chose plus sensible, cherchons la somme de la suite

$$\cos x + \cos 2x + \cos 3x + \ldots + \cos mx;$$

on trouvera, par la même méthode ci-dessus, qu'elle est égale à

$$\frac{e^{x\sqrt{-1}} - e^{(m+1)x\sqrt{-1}}}{2\left(1 - e^{x\sqrt{-1}}\right)} + \frac{e^{-x\sqrt{-1}} - e^{-(m+1)x\sqrt{-1}}}{2\left(1 - e^{-x\sqrt{-1}}\right)},$$

expression qui se réduit à

$$\frac{\cos x - 1 + \cos mx - \cos(m+1)x}{2(1-\cos x)} = \frac{\cos mx - \cos(m+1)x}{2(1-\cos x)} - \frac{1}{2}.$$

Or, dans le cas où m est un nombre infini, on suppose que 1 évanouisse auprès de m, d'où le terme $\cos(m+1)x$ devient égal à $\cos mx$, et la formule reste

$$\frac{\cos mx - \cos(m+1)x}{2(1-\cos x)} = 0;$$

mais lorsque $x = 0$, le dénominateur devient aussi égal à zéro : c'est pourquoi elle reçoit une valeur donnée qu'on trouvera par la différentiation du numérateur et du dénominateur. On a donc en différentiant

$$\frac{(m+1)\sin(m+1)x - m\sin mx}{2\sin x},$$

qui se réduit de nouveau à $\frac{0}{0}$ par la supposition de $x = 0$; qu'on différentie une seconde fois, il viendra

$$\frac{(m+1)^2\cos(m+1)x - m^2\cos mx}{2\cos x},$$

et faisant $x = 0$,

$$\frac{(m+1)^2 - m^2}{2} = m + \frac{1}{2};$$

donc la valeur de la série est dans ce cas

$$m + \frac{1}{2} - \frac{1}{2} = m,$$

précisément comme on l'a vu plus haut.

Au reste, par la méthode de sommer les suites des cosinus ou sinus, que nous venons d'expliquer, on trouvera que la suite finie

$$\sin\varphi\sin\theta + \sin 2\varphi\sin 2\theta + \sin 3\varphi\sin 3\theta + \ldots + \sin(m-1)\varphi\sin(m-1)\theta$$

est égale à

$$\frac{\sin m\varphi\sin(m-1)\theta - \sin(m-1)\varphi\sin m\theta}{2(\cos\varphi - \cos\theta)},$$

ce qui convient avec ce qu'on a trouvé (38) en faisant $\varphi = \frac{\lambda\varpi}{2m}$ et $\theta = \frac{\mu\varpi}{2m}$, et supposant μ un nombre entier quelconque.

45. Nous avons enseigné (39) à construire l'ordonnée y et la vitesse u, l'une dans le cas où les vitesses initiales V sont égales à zéro, et l'autre dans le cas où les premières ordonnées Y sont égales à zéro; cependant, si l'on voulait une construction générale pour tous les cas possibles, on

pourrait la trouver moyennant les formules précédentes. Car on sait que les expressions de u ne sont autre chose que les différentielles de celles de y, en prenant le seul temps t pour variable et effaçant le dt; donc, si après avoir réduit la première partie de l'expression de y, qui contient seulement les Y, par la méthode donnée (39), on différentie la formule qui en résulte, en ne regardant que le temps t pour variable, on aura la formule qui donne la valeur de la première partie de l'expression de u et qui contient aussi les seules quantités Y. De même, si l'on intègre par dt la formule réduite de la seconde partie de l'expression de u, où se trouvent les seules quantités V, et qui est semblable à celle de y pour les quantités Y, comme on a vu (38), on aura la formule qui donnera la valeur de la seconde partie de l'expression de y, qui contient de même les seules quantités V. Ces calculs sont assez longs et compliqués, et ils demandent d'ailleurs beaucoup de circonspection; c'est pourquoi je ne fais que les indiquer ici pour montrer la route qu'on devrait tenir pour parvenir à une réduction directe et générale des expressions données. Il est cependant visible qu'on pourra aisément s'en passer, si l'on veut se contenter d'une construction des quantités y et u, pour chaque temps t, dérivée de celle qu'on a trouvée (39).

Soit donc, comme dans le numéro cité (*fig.* 10, p. 106), ANB la figure dont les ordonnées MN représentent les premières excursions Y, et *anb* (*fig.* 11) celle dont les ordonnées expriment les vitesses initiales V.

Fig. 11.

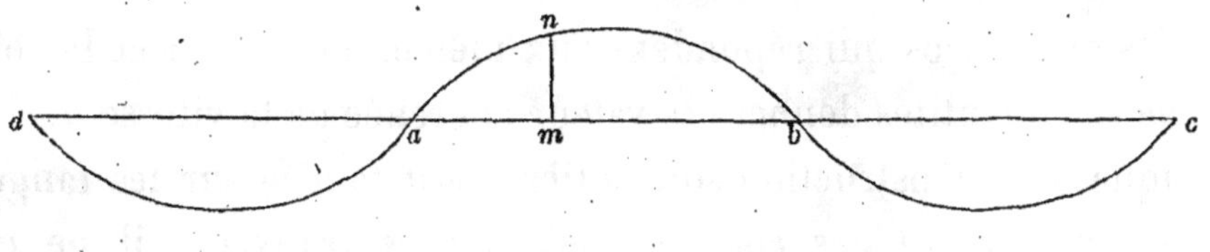

Qu'on réitère leur description de part et d'autre à l'infini de la manière enseignée; qu'on construise ensuite deux autres courbes infinies (*fig.* 12 et 13) A'N'B', *a'n'b'*, dont la première A'N'B' soit telle, que chaque ordonnée M'N' qui répond à l'abscisse A'M' = AM soit toujours quatrième proportionnelle à la sous-tangente au point N, à l'ordonnée MN, et à la quantité constante $\frac{a\mathrm{H}}{\mathrm{T}}$, et que la seconde $a'n'b'$ ait ses ordonnées $m'n'$ égales aux aires anm, qui répondent aux abscisses $am = a'm'$, ces aires

Fig. 12.

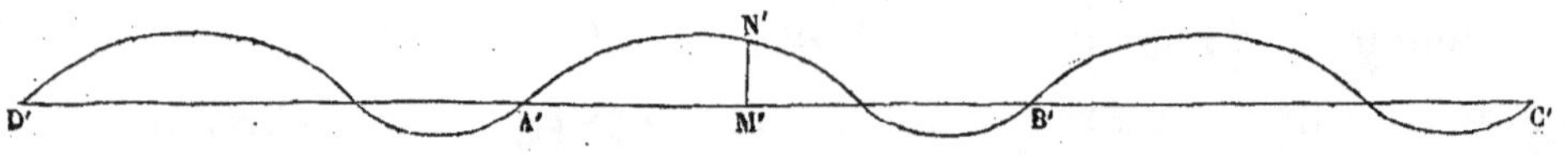

Fig. 13.

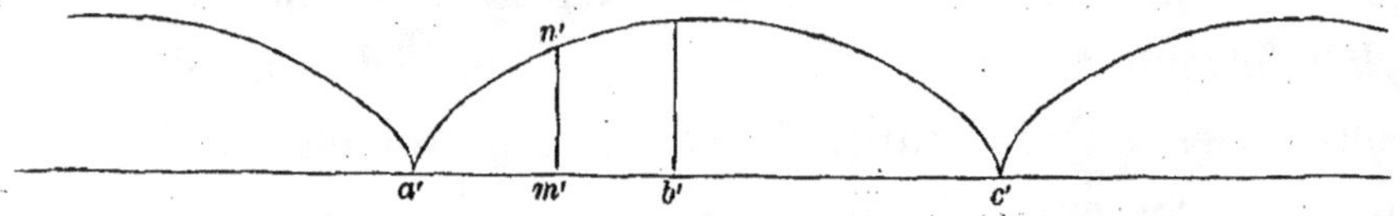

étant divisées par $\frac{a\mathrm{H}}{\mathrm{T}}$. Par le moyen de ces quatre courbes que je nommerai, comme celles de M. d'Alembert, *courbes génératrices*, on aura toujours l'ordonnée y et la vitesse u, pour chaque abscisse x et pour quelque temps t que ce soit. Car on n'aura qu'à prendre dans la courbe ANB la demi-somme des ordonnées qui répondent aux abscisses $x + \frac{a\mathrm{H}t}{\mathrm{T}}$ et $x - \frac{a\mathrm{H}t}{\mathrm{T}}$, et dans la courbe $a'n'b'$ la demi-différence des ordonnées qui répondront aux mêmes abscisses, et la somme totale de ces quantités sera l'ordonnée y cherchée. De même, pour la vitesse u, on prendra dans la courbe anb la demi-somme des ordonnées qui appartiennent aux abscisses $x + \frac{a\mathrm{H}t}{\mathrm{T}}$ et $x - \frac{a\mathrm{H}t}{\mathrm{T}}$, et dans la courbe A'N'B' la demi-différence des ordonnées qui répondent aux mêmes abscisses; et la somme totale de ces quantités donnera la valeur cherchée de la vitesse u.

Quoique cette construction soit entièrement fondée sur les tangentes et sur la quadrature des courbes génératrices trouvées, il ne paraît cependant pas qu'elle puisse être sujette aux difficultés que nous avons exposées (5). Car, la construction des courbes génératrices une fois établie, il n'est plus besoin d'avoir recours aux théories du calcul différentiel et intégral, pour en déduire celles des autres courbes cherchées; puisqu'on peut, indépendamment de ces calculs, par la simple considération des tangentes et des quadratures, démontrer que ces courbes résolvent le problème sans avoir en aucune façon égard à la loi de continuité dans leurs équations.

Si l'on prend pour la courbe ANB la courbe initiale de la corde tendue, et que l'autre courbe *anb* représente les vitesses qu'on donne à tous ses points en la relâchant tout à coup, on aura de cette façon la solution générale du problème des cordes vibrantes telle que M. d'Alembert l'a eue en vue dans les articles XXIII et suivants de son Mémoire. Il est vrai que ce grand homme ne cesse d'inculquer que les expressions des vitesses et des excursions initiales des points de la corde ne peuvent pas être données à volonté (34), ce qu'il répète encore expressément dans l'article II de son Addition. Mais nous avons fait voir plus haut les raisons qui obligeaient cet Auteur à penser ainsi, et ces raisons cessent d'avoir lieu dès qu'on considère tous les points de la corde comme isolés dans leurs mouvements, comme nous l'avons fait dans les calculs précédents.

CHAPITRE VII.

THÉORIE DES CORDES DE MUSIQUE ET DES FLUTES.

46. Les cordes dont on se sert ordinairement pour les instruments de musique sont de boyau, ou d'acier, ou de cuivre; à l'égard des premières, elles n'ont presque point d'autre élasticité que celle qui est produite par la tension, mais il n'en est pas de même des autres, dont la roideur se manifeste, même lorsqu'elles sont tout à fait lâches. Cependant il est aisé de voir que la force de cette roideur, pour mouvoir la corde, doit être bien petite par rapport à celle qui naît de la tension, d'où il s'ensuit que nous pouvons, sans crainte d'erreur, supposer toutes les cordes parfaitement flexibles, en tenant compte seulement de l'effet de la tension donnée. La manière commune de les mettre en vibration, en les touchant par quelqu'un de leurs points, soit avec un archet ou quelque autre instrument, consiste à les faire sortir de leur état de repos et à

donner à tous leurs points des impulsions quelconques. Donc, si l'on a une corde uniformément épaisse, dont la masse et la longueur soient données, et la tension soit exprimée par un poids équivalent, on pourra toujours, par la théorie exposée dans les Chapitres précédents, trouver le mouvement de cette corde pour un temps quelconque, de quelque façon que ses vibrations aient été d'abord produites. Mais la connaissance des mouvements particuliers des cordes est de peu de conséquence dans la pratique, et ce n'est qu'à la durée de leurs vibrations qu'il est important d'avoir égard, puisque c'est de là que dépend, selon le sentiment généralement reçu par tous les Physiciens, le ton grave ou aigu qu'elles doivent rendre.

Or, si l'on examine la construction des courbes génératrices exposée (45), on s'apercevra aisément que leur nature est telle, que si l'on augmente ou qu'on diminue les abscisses d'un multiple quelconque de $2a$, les ordonnées correspondantes demeurent tout à fait les mêmes; donc, si l'on fait que la quantité $\frac{aHt}{T}$, qui doit être ajoutée et retranchée de chaque abscisse x, devienne un multiple quelconque de $2a$, on aura la valeur du temps t, après lequel la corde reprendra sa première situation, avec les mêmes vitesses dans tous ses points. Ce temps sera donc égal à $\frac{2sT}{H}$, quelque nombre entier positif qu'on pose au lieu de s. C'est pourquoi le temps des oscillations sera toujours le même pour la même corde, et il ne dépendra en aucune façon du premier ébranlement qui peut varier à l'infini. Pour connaître plus exactement ce temps, qui est égal à $\frac{2T}{H}$, on n'a qu'à remettre au lieu de H sa valeur première $\sqrt{\frac{2Eh}{aS}}$ (25), et on aura $T\sqrt{\frac{2aS}{Eh}}$ pour le temps d'une oscillation entière, composée d'une allée et d'une revenue, où a est la longueur de la corde, S son poids, E le poids qui est égal à la force de tension; or, comme h exprime (6) la hauteur d'où un corps pesant peut tomber librement durant le temps T, si l'on fait ce temps d'une seconde, on aura le temps cherché exprimé de même en secondes de cette façon $\sqrt{\frac{2aS}{Eh}}$.

Supposons que le rapport du poids de la corde à celui qui la tend soit $\frac{a}{b}$; b sera une quantité qui ne dépendra que de l'épaisseur et de la gravité spécifique de la corde; on aura donc $\frac{S}{E} = \frac{a}{b}$, et par conséquent la formule du temps des vibrations entières deviendra $\frac{2a}{\sqrt{2bh}}$, et une oscillation simple devra être censée d'une durée égale à $\frac{a}{\sqrt{2bh}}$, tout de même comme si la corde eût toujours fait ses mouvements selon les lois de M. Taylor. Cette formule a été regardée jusqu'à présent pour vraie par tous les Auteurs qui ont écrit d'Acoustique, parce qu'elle s'accorde entièrement avec les proportions connues des divers tons des cordes, qu'on a toujours fait dépendre de la durée de leurs oscillations. C'est aussi par cette raison que plusieurs d'entre eux ont cru qu'une corde tendue ne pouvait résonner à moins que ses vibrations ne fussent toutes régulières et isochrones comme celles des pendules; ce qui paraît sans doute inconcevable, vu qu'une même corde rend toujours le même son lorsqu'elle est pincée ou ébranlée de quelque façon que ce soit. La démonstration que nous venons de donner peut donc servir à établir ces vérités généralement admises, savoir : que le ton d'une corde est toujours proportionnel au nombre de ses vibrations dans un temps donné, et que ce ton se conserve toujours le même, tandis que la corde reste dans les mêmes circonstances.

47. Quoique la connaissance absolue de la durée de chaque vibration dans une corde donnée ne soit guère d'usage dans la pratique ordinaire, elle est cependant nécessaire pour la détermination d'un son fixe, tel que M. Sauveur l'a eue en vue dans l'*Histoire de l'Académie des Sciences de Paris* pour l'année 1700. La méthode que ce savant Auteur a imaginée pour cela est à la vérité fort ingénieuse, mais elle est presque impraticable à cause de l'extrême délicatesse d'oreille qu'il faut pour apprécier les moments des *battements* de plusieurs sons, et de la grande difficulté qu'on rencontre à mesurer au juste l'intervalle du temps qui se

passe entre deux de ces battements consécutifs. Si la détermination de ce son fixe est de tant de conséquence, comme elle l'a paru à M. Sauveur, je crois qu'on pourra la tirer avec plus d'exactitude et de facilité de la formule trouvée, qui ne requiert d'autres *données* que la longueur de la corde, sa gravité spécifique et la raison de son poids à celui par lequel elle est tendue. Par exemple, si l'on veut, selon M. Sauveur, que le son fixe rende 100 vibrations dans une seconde, on fera $\frac{a}{\sqrt{2bh}} = 100$, d'où, b et h étant donnés, on tirera $a = 100\sqrt{2bh}$.

48. Nous venons de voir que le nombre des vibrations d'une corde donnée est généralement toujours le même; il est cependant quelques cas particuliers où ce nombre peut être diminué et réduit à la moitié, au tiers, etc. Pour s'en convaincre, on n'a qu'à réfléchir que la corde vibrante ne revient à son premier état que parce que la construction des courbes génératrices est telle, qu'en levant ou ajoutant aux abscisses les temps donnés, les ordonnées demeurent les mêmes. Donc, si l'on suppose que la figure initiale de la corde participe déjà à cette propriété, savoir qu'elle contienne deux ou trois, ou plusieurs ventres égaux et disposés alternativement au-dessus et au-dessous de l'axe, et qu'il en soit de même pour la courbe des vitesses, on verra aisément que les courbes génératrices déduites de celles-ci rendront la corde à son premier état dans la moitié, le tiers, etc., du temps donné. Ainsi la durée d'une oscillation se réduira dans ce cas à $\frac{a}{n\sqrt{2bh}}$, où n exprime le nombre des ventres primitifs. Il n'en sera pas de même si les ventres ne se trouvent pas égaux et disposés de la façon qu'on a dit, car il sera toujours facile de démontrer que les courbes résultantes ne pourront jamais avoir les propriétés nécessaires afin que les vibrations puissent s'achever dans un temps différent de celui qui convient à la nature de la corde donnée. M. Euler avait déjà fait cette importante remarque, pour le seul cas où la corde part du repos, dans les *Mémoires* cités *de l'Académie de Berlin*.

49. Lorsqu'une corde est en vibration, il n'y a généralement parlant que les deux bouts qui restent toujours immobiles; cependant, si l'on fait attention aux cas particuliers qu'on vient d'examiner, on voit clairement que tous les points où la figure initiale de la corde coupe l'axe doivent nécessairement demeurer en repos, puisqu'il y a de part et d'autre des branches semblables situées alternativement au-dessus et au-dessous de l'axe. Voyons donc s'il ne pourrait pas y avoir d'autres points qui fussent revêtus des mêmes propriétés.

Qu'on se représente pour cela une branche entière AMNB de la courbe génératrice pour la corde AB, et qu'on suppose qu'un de ses points quelconque M doive rester immobile (*fig.* 14). Il est d'abord évident

Fig. 14.

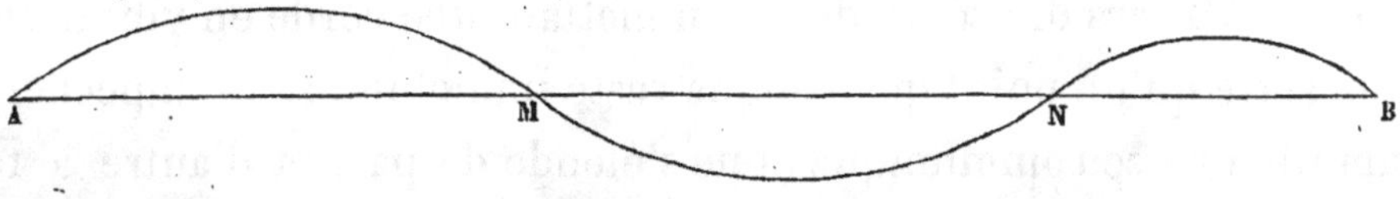

qu'elle devra couper l'axe dans ce même point; il faudra ensuite que la partie MN de la courbe soit égale et semblable à la partie AM, afin que la demi-somme des ordonnées également distantes de part et d'autre soit toujours nulle, d'où il s'ensuit qu'à moins que le point M ne soit à la moitié de l'axe AB, le point N tombera hors du point B, et ainsi la courbe cherchée AMNB coupera toujours l'axe en deux points M et N. Elle sera par conséquent composée de trois parties AM, AN et NB, dont les deux premières sont égales par supposition, et la troisième est encore arbitraire. Or je dis que la courbe AMNB doit avoir toutes ces parties égales, semblables et situées alternativement au-dessus et au-dessous de l'axe AB. Pour s'en convaincre, qu'on réfléchisse que, puisque les branches qui se trouvent situées de part et d'autre des deux points A et M doivent être semblables et égales dans toute la courbe génératrice engendrée par la description réitérée de celle-ci, il faut que cette courbe ait toutes ses parties de même nature que celle qui est comprise entre les points A et M, d'où il suit que la partie de l'axe NB ne peut être qu'égale à la partie AM, ou double, ou triple, etc., ou encore la moitié, ou le tiers, etc., de sorte que l'axe entier AB puisse se diviser en un nombre de parties égales et aliquotes aux deux parties données AM et MB. Et toute la courbe AMNB devra, dans ce cas, couper l'axe à chaque point de ces divisions, et elle devra contenir de plus autant de ventres égaux correspondants.

On conclura donc que nul point d'une corde de musique vibrante ne pourra demeurer en repos, à moins qu'il ne la divise en deux parties commensurables entre elles; que dans ce cas la figure initiale de la corde et la courbe des premières vitesses devront nécessairement avoir autant de branches égales et semblables qu'il y aura d'unités dans les deux parties AM, MB, et qui seront de plus situées alternativement au-dessus et au-dessous de chacune des parties aliquotes, dans lesquelles tout l'axe AB sera divisé. Si donc, en mettant une corde en vibration, on fait en sorte qu'un point quelconque reste immobile, sans empêcher que la vibration ne se communique et ne s'étende de part et d'autre à toute la corde, cette corde se divisera tout naturellement en autant de parties égales qu'il en faut pour rendre commensurables les deux parties coupées par le point immobile. D'où il s'ensuit que, lorsque ces deux parties sont en elles-mêmes incommensurables, il sera impossible que le point de leur division puisse jamais rester en repos, et la corde, dans ce cas, sera obligée de changer de signe d'un instant à l'autre, ce qui détruira nécessairement l'isochronisme et la régularité de ses vibrations. Mais dans le cas où le point immobile divise toute la corde en parties commensurables, il se formera pour lors un nombre de points de repos naturels, et la corde continuera de faire des oscillations régulières et isochrones, dont la durée ne sera que la moitié, le tiers, le quart, etc., de la durée des oscillations entières, selon que les deux parties auront pour commune mesure la moitié, le tiers, le quart, etc., de toute la corde, comme on l'a démontré (48).

Par un semblable raisonnement, on trouvera que si les points supposés immobiles coupent la corde en un nombre de parties quelconques, elle se divisera en autant de parties égales qu'il en faudra pour que chacune d'elles mesure exactement chacune des premières parties coupées; par conséquent, si ces parties sont entre elles incommensurables, les mouvements de la corde deviendront irréguliers, pendant que dans tout autre cas les vibrations s'achèveront dans un temps proportionnel réciproquement à celui des ventres naturels de la corde.

50. On s'est aperçu depuis longtemps qu'une corde pouvait rendre dans certaines circonstances des sons aigus, qui différaient plus ou moins du son naturel, et on a même reconnu que ces sons n'étaient presque jamais que l'octave au-dessus, l'octave de la quinte et la double octave de la tierce.

M. Sauveur, qui a fort bien traité cette matière, dans son *Système général d'Acoustique* imprimé parmi les *Mémoires de l'Académie royale de Paris* pour l'année 1701, s'est appliqué le premier, que je sache, à découvrir la véritable origine de ces divers sons rendus par une même corde, qu'il appelle *sons harmoniques;* il prend (*fig.* 15) pour cela une

Fig. 15.

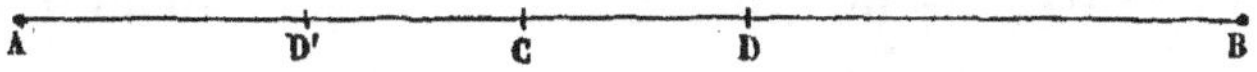

corde d'une longueur quelconque qui, étant pincée à vide, forme des vibrations simples et uniques qui rendent le son naturel de la corde qu'il nomme *son fondamental;* il divise ensuite cette corde en un nombre de parties égales, et mettant un chevalet mobile ou un autre obstacle quelconque léger au premier point marqué des divisions, de sorte que le mouvement qu'on donne à la corde puisse se communiquer de part et d'autre, et que l'obstacle posé ne fasse d'autre effet que d'obliger le point où il est appliqué à rester toujours en repos, cet Auteur observe que si l'on ébranle la corde dans cet état, elle se divise naturellement par une espèce d'ondulation en autant de ventres égaux, dont les extrémités qui restent immobiles répondent précisément aux points marqués des divisions; car ayant mis sur la corde divers morceaux de papier, il trouve que ceux qui sont sur les nœuds ne sont point du tout déplacés, les autres au contraire tombent aussitôt que la corde commence de se mouvoir. M. Sauveur compare de plus les sons harmoniques produits par une telle corde avec les sons naturels d'autres cordes semblables, et il reconnaît que la longueur de celles-ci doit toujours égaler celle de la partie de la corde donnée qui est interceptée entre le chevalet et le bout le plus proche. Il en est de même si le chevalet est placé à la seconde, troisième,... division, et en général la corde forme toujours autant de nœuds, immobiles à égale distance les uns des autres, qu'il en faut pour que le chevalet réponde à l'un d'eux, et le son rendu est toujours semblable au son que produirait une des parties de la corde comprise entre deux des points de repos naturels. Que si le chevalet divise la corde en deux parties incommensurables, la corde ne fait pour lors que frémir, sans résonner, et l'on n'entend qu'une espèce de bruit confus et désagréable à l'oreille.

51. On sait qu'en prenant le son d'une corde pour fondamental, sa moitié rend l'octave au-dessus, son tiers rend l'octave de la quinte, son quart rend la double octave du son fondamental, et la cinquième rend la double octave de la tierce; les autres divisions ne forment plus que des dissonances avec le son principal, à moins qu'elles ne donnent des octaves de ceux-ci. D'où il s'ensuit que l'on ne peut tirer d'une même corde d'autres sons harmoniques que la quinte ou la tierce, en omettant les octaves qui peuvent être regardées comme des répétitions de leurs sons principaux. Ainsi la trompette marine, qui est composée d'une seule corde à laquelle on applique le doigt en la faisant résonner avec un archet, ne produit jamais d'autres sons que ceux qu'on vient de nommer, et le doigt tient lieu de l'obstacle léger qui divise les vibrations de toute la corde.

On a encore heureusement appliqué cette théorie à toutes les espèces de violons où, par le moyen d'une légère pression de doigt, on produit des sons harmoniques très-agréables à l'oreille et qui s'approchent beaucoup du son des flûtes; on pourrait même, je crois, avec beaucoup d'exercice, parvenir à exécuter sur le violon une pièce quelconque de musique par des sons toujours harmoniques, car, pour en tirer tous les sons nécessaires, il ne s'agirait que d'ajuster sur les cordes deux doigts, dont l'un fût appuyé fortement sur le manche, comme on le fait ordinairement, en appliquant en même temps l'autre au tiers, ou au cinquième de la corde, pour lui donner le son harmonique convenable. C'est aux habiles musiciens à juger si l'exécution de ce projet n'est pas sujette à d'autres difficultés capables de rebuter les meilleurs artistes.

52. Nous avons fait voir (9) que les mouvements des parties de l'air, qui composent une fibre élastique continue, ne diffèrent nullement de ceux des cordes vibrantes, si ce n'est en ce que les vibrations de celles-ci sont perpendiculaires à l'axe au lieu que les autres sont longitudinales. Donc, si l'on considère une fibre quelconque d'air ou bien un amas de plusieurs fibres renfermées dans un tuyau qui les borne et les distingue de la masse continue de l'air extérieur, ces fibres pourront recevoir dans toutes leurs parties des mouvements semblables à ceux des points d'une corde de musique d'égale longueur et d'égal poids, et dont la force de tension soit équivalente à celle de l'élasticité naturelle de l'air. Si donc les mouvements de ces fibres peuvent se communiquer à l'air extérieur, il en résultera un son qui sera de même nature que celui qui serait produit par la corde correspondante.

Voilà le principe et l'origine de tous les instruments à vent, qui constituent une classe d'instruments de musique non moins étendue et non moins importante que celle des instruments à cordes.

Le célèbre M. Euler a tâché le premier de rapprocher les théories de ces deux espèces d'instruments dans une *Thèse sur le Son*, imprimée à Bâle l'année 1727, puis dans son excellent *Traité de Musique* qui a paru l'année 1739. Il compare en effet dans ces endroits la colonne d'air contenue dans un tuyau à une corde du même poids et de même longueur, et qui serait tendue par un poids égal à celui d'un cylindre de mercure, dont la base fût la même que celle du tuyau et la hauteur celle du baromètre. Par cette comparaison, il détermine le son que doit rendre une flûte quelconque donnée et il le trouve entièrement d'accord avec l'expérience. Il faut avouer que cette théorie a été portée par ce savant Auteur au plus haut degré de perfection, et qu'il n'y restait rien à désirer qu'une démonstration analytique et tirée de la nature même des mouvements qu'il a comparés ensemble. Mais, pour mettre cette importante matière dans tout son jour, développons-en ici encore quelque cas particulier. Soit une flûte de longueur a depuis l'embouchure jusqu'à l'autre extrémité, soit b^2 la largeur de sa base que je suppose être partout la même; on aura (46) pour la durée d'une oscillation aérienne $\sqrt{\frac{Sa}{2Eh}}$, où S est le poids de la colonne d'air contenue dans la flûte et E son élasticité naturelle. Supposons donc k égal à la hauteur barométrique, et $\frac{1}{n}$ la raison de la gravité spécifique de l'air à celle du mercure, on aura E égal au poids d'une colonne de mercure dont la base est b^2 et la longueur k, et S égal au poids d'une semblable colonne dont la longueur est seulement $\frac{a}{n}$; d'où $\frac{S}{E} = \frac{a}{nk}$, et par conséquent le temps d'une oscillation sera

$$\sqrt{\frac{a^2}{2nkh}} = \frac{a}{\sqrt{2nkh}},$$

ce qui fait voir que ces temps, toutes choses d'ailleurs égales, sont comme les longueurs des flûtes auxquelles les tons répondent, comme l'expérience nous l'enseigne en effet. Si l'on veut que la flûte achève 100 vibrations dans une seconde, ce qui produit le son fixe de M. Sauveur, on fera $\frac{100a}{\sqrt{2nkh}} = 1''$, d'où $a = \frac{\sqrt{2nkh}}{a}$; or nk exprime précisément la hauteur de l'air supposé homogène qui se trouve à peu près égale à 850×32 pieds, et h est de 15 pieds environ; donc

$$2nkh = 850 \times 32 \times 30 = 816\,000,$$

dont la racine carrée se trouve 903, 33,..., ce qui étant divisé par 100 donne pour la longueur du tuyau 9 pieds et 33 millièmes de pied.

Il est vrai que M. Sauveur trouve, d'après ses expériences des *battements*, que le tuyau d'orgue qui rend le son fixe est seulement de 5 pieds, ce qui donnerait suivant la théorie environ le double des vibrations que cet Auteur a déterminées pour chaque seconde; mais il est aisé de trouver la raison de cette différence, si l'on réfléchit que les vibrations de deux cordes ne sont réellement concurrentes, c'est-à-dire commençantes en même temps et se faisant dans le *même sens*, qu'après un nombre de vibrations double de celui qui est porté par la nature des deux cordes données; d'où il suit que, puisque les *battements* ne consistent que dans la concurrence des vibrations, le nombre déterminé par l'expérience de M. Sauveur sera précisément la moitié de ce qu'il est en effet, et dans ce cas les résultats de l'expérience s'accordent assez bien avec ceux de la théorie.

53. Puisque les mouvements des parties de l'air contenu dans une flûte quelconque sont les mêmes que ceux d'une corde de musique correspondante, il s'ensuit que la durée de leurs vibrations pourra de même, dans certains cas particuliers, devenir moindre qu'à l'ordinaire, et n'en être plus que la moitié, le tiers, le quart, etc., comme nous l'avons démontré dans les cordes vibrantes, lorsqu'elles se divisent en plusieurs ventres égaux. Or ceci arrive précisément dans les instruments à vent lorsqu'on augmente d'une certaine façon la force du souffle; car c'est une vérité de longtemps reconnue dans les trompettes et dans toutes sortes de flûtes, et surtout dans les traversières, que par un simple changement d'embouchure on obtient depuis le son grave ou fondamental ceux qui y répondent comme les nombres $\frac{1}{2}$, $\frac{1}{3}$, $\frac{1}{4}$, $\frac{1}{5}$, savoir l'octave au-dessus, la douzième, la quinzième et la dix-septième majeure; car le son suivant est proscrit de l'harmonie du son principal.

Au reste, quelque fondée et plausible que soit cette théorie des instruments à vent, il faut pourtant avouer qu'on ne saurait encore par son moyen rendre raison de toutes les propriétés qu'on y observe et qui regardent la forme de l'instrument, la largeur et la position des trous. Car ayant mesuré au juste leurs distances dans de bonnes flûtes traversières et douces, je ne les ai point trouvées tout à fait proportionnelles aux tons correspondants. De plus, on sait que pour rendre certains tons, il faut une combinaison donnée de trous ouverts et bouchés, ou entièrement, ou à demi seulement, ce qui me paraît fort difficile à expliquer par la simple comparaison des cordes vibrantes. Comme cette matière demande un examen long et exact de toutes les circonstances qui entrent dans chaque cas particulier, et que d'ailleurs cette pièce est actuellement sous presse, j'ai cru devoir différer ces recherches pour une autre occasion où, suivant quelques vues que j'ai déjà formées, j'espère pouvoir ramener aux lois de la théorie ci-dessus établie la plupart des bizarreries qui se rencontrent dans ces sortes d'instruments.

SECTION SECONDE.

DE LA PROPAGATION DU SON.

CHAPITRE PREMIER.

DE LA VITESSE DU SON.

54. Imaginons une fibre élastique composée d'un nombre infini m de particules d'air, dont une quelconque reçoive par l'ébranlement des parties du corps sonore une impulsion donnée c: il s'agit de déterminer la loi suivant laquelle ce mouvement se communiquera aux autres particules de la même fibre. Soient AB (*fig.* 15, p. 121) la longueur de toute la fibre égale à a, AC la distance de la particule C, qui est frappée par le corps sonore, égale à X, et AD la distance d'une autre particule quelconque D, dont on veut savoir le mouvement, égale à x; on trouvera, par l'application des formules données (35), que la vitesse u de cette particule sera exprimée par une seule série infinie, comme il suit

$$u = \frac{2c}{m}\left(\sin\frac{X\varpi}{2a}\sin\frac{x\varpi}{2a}\cos\frac{tH\varpi}{2T} + \sin\frac{2X\varpi}{2a}\sin\frac{2x\varpi}{2a}\cos\frac{2tH\varpi}{2T} + \sin\frac{3X\varpi}{2a}\sin\frac{3x\varpi}{2a}\cos\frac{3tH\varpi}{2T} + \ldots\right);$$

car tous les termes P_1, P_2, P_3,... évanouissent par supposition, et les autres Q_1, Q_2, Q_3,... se réduisent à $c\sin\frac{X\varpi}{2a}$, $c\sin\frac{2X\varpi}{2a}$, $c\sin\frac{3X\varpi}{2a}$,....

Qu'on change maintenant le produit de $\sin\frac{X\varpi}{2a}$ par $\cos\frac{tH\varpi}{2T}$, ainsi que les produits des sinus et des cosinus des autres angles multiples en de simples sinus, et l'équation ci-dessus deviendra

$$u=\frac{c}{m}\left[\sin\frac{x\varpi}{2a}\sin\left(\frac{X}{a}+\frac{Ht}{T}\right)\frac{\varpi}{2}+\sin\frac{2x\varpi}{2a}\sin\left(\frac{X}{a}+\frac{Ht}{T}\right)\frac{2\varpi}{2}\right.$$
$$\left.+\sin\frac{3x\varpi}{2a}\sin\left(\frac{X}{a}+\frac{Ht}{T}\right)\frac{3\varpi}{2}+\ldots\right]$$
$$+\left[\sin\frac{x\varpi}{2a}\sin\left(\frac{X}{a}-\frac{Ht}{T}\right)\frac{\varpi}{2}+\sin\frac{2x\varpi}{2a}\sin\left(\frac{X}{a}-\frac{Ht}{T}\right)\frac{2\varpi}{2}\right.$$
$$\left.+\sin\frac{3x\varpi}{2a}\sin\left(\frac{X}{a}-\frac{Ht}{T}\right)\frac{3\varpi}{2}+\ldots\right].$$

On démontrera ici, de la même manière que nous avons fait (38) sur des formules semblables, que ces deux suites infinies sont toujours égales à zéro, excepté dans le cas où $\frac{X}{a}+\frac{Ht}{T}$ dans la première, et $\frac{X}{a}-\frac{Ht}{T}$ dans la seconde, deviennent égaux à $\pm\left(\frac{x}{a}+2s\right)$, s dénotant un nombre quelconque entier positif ou négatif; d'où il s'ensuit que la vitesse u dans chaque particule ne sera, pour ainsi dire, qu'instantanée, et qu'elle n'obtiendra jamais aucune valeur réelle que lorsque

$$\frac{X}{a}\pm\frac{Ht}{T}=\pm\left(\frac{x}{a}+2s\right),$$

quels que soient les signes qu'on y veuille prendre.

Cette équation contient, comme on le voit, un certain rapport entre les espaces x et les temps t, les autres quantités X, a, H, T, S demeurant constantes. Elle contiendra donc la loi générale suivant laquelle se fait la propagation du son.

55. Pour développer cette importante matière autant qu'il est possible, imaginons que la particule D, qui reçoit son petit mouvement instantané au bout du temps t, soit éloignée par $DC = z$ de la première particule C qui a reçu l'impulsion extérieure; on aura donc

$$AD = x = z + X,$$

laquelle valeur substituée dans l'équation ci-dessus donnera

$$\frac{X}{a} \pm \frac{Ht}{T} = \pm \left(\frac{X + z}{a} + 2s \right),$$

et multipliant par a et transportant les termes,

$$\pm \frac{Hat}{T} = z + 2sa, \quad \text{ou bien encore} \quad \pm \frac{Hat}{T} = -(2X + z + 2sa);$$

et ces deux équations satisferont toujours également en prenant les signes ambigus comme on voudra. Or, puisque le temps t doit toujours être positif, l'ambiguïté des signes tombera nécessairement sur la quantité z, qui pourra par conséquent avoir des valeurs positives et négatives; d'où il suit que le son partant du point C se propagera également de part et d'autre vers A et vers B. De plus, il est visible par ces formules que la communication du mouvement d'une particule à l'autre sera toujours uniforme, et qu'elle se fera avec une vitesse qui ne dépendra en rien de la première vitesse c imprimée extérieurement, puisque l'expression de cette vitesse ne se rencontre nulle part dans la formule trouvée. Voici donc les lois que les sons doivent toujours suivre dans leur propagation.

Une particule quelconque d'air ébranlée par le mouvement d'oscillation d'un corps sonore mettra en mouvement les particules circonvoisines, et celles-ci les autres qui les suivent dans les fibres rectilignes, qui partent toutes du même point comme d'un centre commun; ces mouvements dans chaque particule seront instantanés et se communiqueront toujours avec une même vitesse constante, quelle que soit l'impulsion que la première particule ait reçue, d'où dépend la force ou la faiblesse du son. Ce n'est donc pas par une espèce d'ondulation que le son se propage, comme l'ont cru jusqu'ici tous les Physiciens d'après M. Newton; en effet, on a fait voir dans l'Introduction que cette hypothèse est insuffisante pour en expliquer les principaux phénomènes, et qu'elle est, outre cela, sujette à beaucoup d'autres difficultés qui la rendent tout à fait insoutenable.

On voit de là que le nombre des coups d'air, qui viennent frapper nos organes, doit nécessairement répondre au nombre des vibrations des particules des corps sonores. Donc, puisque dans les cordes de musique la durée de leurs vibrations ne dépend que de leur nature, et nullement des ébranlements extérieurs, on a la raison pour laquelle chaque corde rend généralement toujours le même ton, quelle que soit la manière avec laquelle on la mette d'abord en vibration, ce ton ne dépendant que de la grosseur, de la longueur et de la tension de la corde; comme on le savait déjà d'après la seule expérience. On appliquera encore le même raisonnement aux flûtes, dont les mouvements ont été prouvés semblables à ceux des cordes vibrantes; et, si on veut juger par analogie, on pourra l'étendre à tous les autres corps sonores qui ont lieu dans la nature, et dont les oscillations ne paraissent pas susceptibles d'une juste estimation analytique.

56. Mais, pour retourner à notre formule, on a posé (35)

$$H = \sqrt{\frac{2Eh}{Sa}},$$

par conséquent on aura

$$Ha = \sqrt{\frac{2Eah}{S}};$$

et faisant les mêmes suppositions qu'au n° 52, on trouvera

$$Ha = \sqrt{2nkh};$$

par ce moyen, on aura

$$\pm \frac{t\sqrt{2nkh}}{T} = z + 2sa,$$

$$\pm \frac{t\sqrt{2nkh}}{T} = -(2X + z + 2sa),$$

d'où l'on tire, par la différentiation,

$$\pm\frac{dt\sqrt{2nkh}}{T}=\pm dz,\quad \text{savoir}\quad \pm\frac{dz}{dt}=\frac{\sqrt{2nkh}}{T},$$

qui est l'expression de la vitesse absolue du son, soit qu'il se propage de C vers B ou de C vers A.

On peut évaluer cette expression comme dans le numéro cité, mais afin de la pouvoir plus commodément comparer avec les formules déjà connues, il sera utile de la réduire aux mesures ordinaires des oscillations des pendules. Soit l la longueur du pendule simple isochrone, qui fait une oscillation dans le temps T; on sait qu'un corps pesant parcourt un espace $\frac{l}{2}$ dans un temps qui est à T comme le diamètre du cercle est à la circonférence; on aura donc pour ce temps $\frac{2T}{\varpi}$, et comme les espaces parcourus en tombant sont comme les carrés des temps, on aura de plus

$$\frac{h}{T^2}=\frac{\frac{l}{2}}{\frac{4T^2}{\varpi^2}},$$

d'où l'on tire

$$h=\frac{\varpi^2 l}{8},$$

qui donnera

$$\pm\frac{dz}{dt}=\frac{\varpi}{2T}\sqrt{nkl};$$

c'est pourquoi l'espace parcouru par le son dans le temps T d'une oscillation du pendule l sera

$$\frac{\varpi}{2}\sqrt{nkl}.$$

Il est à remarquer en premier lieu que la longueur a de la fibre aérienne ne se trouve plus dans cette formule de la vitesse du son, d'où il suit qu'elle doit toujours être la même, soit que le son se propage dans des lieux ouverts où l'atmosphère peut être considérée comme continuée à l'infini de toute part, soit qu'il se trouve renfermé dans des détroits quelconques où les fibres aériennes ne peuvent être que d'une longueur donnée.

L'expérience est encore d'accord sur ce point, de l'aveu de tous les Physiciens; mais il y a plus : la formule que nous venons de trouver est la même qui avait déjà été donnée par MM. Newton et Bernoulli, et dont les résultats se trouvent assez conformes à la vérité, quoique ces deux Auteurs l'aient tirée de principes insuffisants et même fautifs, comme on l'a fait voir au commencement de cette pièce. Pour se convaincre de l'identité de ces formules nous n'avons qu'à nous rappeler la *Proposition* XLIX du n° 4, où il est dit que le son doit parcourir un espace égal à la circonférence du cercle dont le rayon est A ou bien nk, dans le temps qu'un pendule de même longueur fait une oscillation entière composée d'une allée et d'une revenue; donc, puisque M. Newton suppose le mouvement du son uniforme, et que les temps des oscillations des pendules sont comme les racines carrées de leurs longueurs, on aura pour le rapport de l'espace $\frac{\varpi nk}{2}$, parcouru par le son dans le temps d'une oscillation simple du pendule nk, à l'espace qu'il parcourrait dans le temps d'une semblable oscillation du pendule l, $\frac{\sqrt{nk}}{\sqrt{l}}$, d'où l'on tire pour cet espace

$$\frac{\varpi}{2}\sqrt{nkl},$$

tout de même comme on l'a trouvé par notre calcul.

57. Les résultats de cette formule étant assez connus, je ne crois pas devoir m'arrêter à les examiner. On sait effectivement qu'elle ne donne que 979 pieds pour chaque seconde, au lieu que les expériences moyennes donnent un espace de 1142. Cette différence, quoique assez grande en elle-même, ne monte néanmoins qu'environ à $\frac{1}{10}$ de l'espace total. D'ailleurs M. Newton expose, dans le scolie à la *Proposition* XLIX du second Livre des *Principes*, quelles peuvent en être les raisons; au reste il ne doit pas être étonnant que la théorie diffère tant

soit peu de l'expérience à l'égard des quantités absolues; car on sait que les expériences toujours assez compliquées ne peuvent jamais fournir des données simples et débarrassées de conditions étrangères, telles que l'analyse pure les demanderait.

M. Euler a donné à la vérité, dans les endroits cités dans l'Introduction, une formule plus approchante du vrai, qui est d'un espace égal à $4\sqrt{nkl}$; ce qui revient à 1222 pieds par seconde dans les plus grandes chaleurs, et à 1069 dans les plus grands froids. Mais comme cet Auteur n'a pas laissé voir l'analyse qui l'a conduit à ce résultat, nous ne pouvons porter aucun jugement là-dessus. Je remarquerai seulement que M. Euler suppose, sans le démontrer, que chaque globule d'air subisse des dilatations et des contractions successives qui se communiquent, suivant les lois de la communication du mouvement, aux particules contenues dans la même fibre, avec une vitesse constante et la même pour tous les sons soit forts, soit faibles [*voyez* la *Thèse* citée (52), où il a donné pour la première fois la formule qu'il a ensuite répétée dans la *Dissertation du Feu*], ce qui peut servir, pour le dire en passant, à faire voir de combien notre théorie doit être préférable, malgré son inexactitude sur ce point.

CHAPITRE II.

DE LA RÉFLEXION DU SON, OU DES ÉCHOS.

58. Nous avons trouvé dans le Chapitre précédent que les lois de la propagation du son sont contenues dans les deux formules générales

$$\pm\frac{t\sqrt{2nkh}}{T} = z + 2sa,$$

$$\pm\frac{t\sqrt{2nkh}}{T} = -(z + 2X + 2sa).$$

Or il y a ici trois cas à distinguer :

1° Quand l'air est tout à fait libre, ce qui donne $a = \infty$ et $X = \infty$;

2° Quand l'air n'est libre que d'un côté, par exemple quand il y a au point A de la fibre aérienne un obstacle invincible qui lui sert d'appui ; dans ce cas on aura de même $a=\infty$, mais l'X qui est égal à AC sera fini, puisqu'il dénote la distance du corps sonore à l'obstacle qui est en A;

3° Quand les fibres de l'air sont terminées des deux côtés par des obstacles inébranlables aux extrémités A et B, on aura, dans ce cas, a fini et égal à la distance des deux obstacles, et X sera de même fini et exprimera la distance du corps sonore au premier obstacle A.

Examinons avec soin ces cas l'un après l'autre. Soient en premier lieu $a=\infty$ et $X=\infty$; X sera un infini moindre que a, parce qu'on doit toujours regarder la fibre comme infinie de part et d'autre du point C; ainsi l'on aura $X=\frac{a}{2}$, et les deux équations ci-dessus deviendront

$$\pm\frac{t\sqrt{2nkh}}{T}=z+2sa,$$

$$\pm\frac{t\sqrt{2nkh}}{T}=-[z+(2s+1)a].$$

Il est visible que, a étant infini, le temps t n'obtiendra des valeurs finies que dans la première de ces équations, et dans le cas de $s=0$; car on a ici

$$\pm t=\frac{Tz}{\sqrt{2nkh}},$$

où l'alternative des signes est nécessaire afin que le temps t puisse toujours être positif, soit que z soit positif ou négatif. Donc il n'y aura dans ce cas qu'un instant donné, dans lequel chaque particule soit ébranlée; d'où il s'ensuit que dans l'air tout à fait libre le son sera unique, et qu'on cessera de l'entendre quand le corps sonore aura fini ses vibrations.

59. Supposons en second lieu a infini et X fini : on tirera des valeurs finies de t des deux formules générales en posant $s=0$; la première nous donnera

$$\pm t=\frac{Tz}{\sqrt{2nkh}},$$

et la seconde

$$\pm t = -\frac{T(z+2X)}{\sqrt{2nkh}}.$$

Chaque particule sera donc ébranlée deux fois de suite; le premier ébranlement arrivera comme dans le cas précédent, le second lui succédera après un intervalle de temps fini, qui dépendra des deux distances X et z. Donc, quand il se trouve un obstacle quelconque qui peut terminer les fibres aériennes d'un côté, il se formera une répétition du même son, laquelle sera distinguée du son primitif si l'intervalle du temps entre l'un et l'autre ne se trouve pas moindre de $\frac{1}{16}$ de seconde, qui est le moindre espace requis pour que l'oreille puisse percevoir distinctement deux sons successifs.

Pour mesurer au juste cet intervalle, on distinguera deux cas : lorsque z est positif, et lorsqu'il est négatif. Dans le premier, on aura

$$t = \frac{Tz}{\sqrt{2nkh}} \quad \text{et} \quad t = \frac{T(z+2X)}{\sqrt{2nkh}},$$

dont la différence est

$$\frac{2TX}{\sqrt{2nkh}};$$

dans le second, on aura de même

$$t = \frac{Tz}{\sqrt{2nkh}} \quad \text{et} \quad t = \frac{T(2X-z)}{\sqrt{2nkh}},$$

dont la différence se trouvera

$$\frac{2T(X-z)}{\sqrt{2nkh}}.$$

Cette différence sera donc dans le premier cas égale au temps que le même son met à parcourir un espace $2X$, et dans le second égale au temps qu'il lui faudrait pour parcourir l'espace $2X - 2z$. Or, comme le son qui part du point C (*fig.* 15, p. 121) se propage de part et d'autre, on concevra clairement la formation du son répété, si l'on imagine que celui qui est propagé vers A soit pour ainsi dire réfléchi par le point A, et qu'il retourne en arrière avec la même vitesse; ainsi, lorsque z est positif et que l'oreille est en D de l'autre part de l'obstacle, elle recevra premièrement l'impression du son qui a parcouru l'espace CD, ensuite elle sera de nouveau frappée par un semblable son, qui aura parcouru l'espace CA + AD, savoir 2CA + CD, ce qui donne précisément, pour la différence des temps, un temps proportionnel à l'espace 2CA = 2X. Au contraire, si z est négatif et que l'oreille soit placée en D′ entre le corps sonore et l'obstacle, ce sera le même son qui part de C vers A qui se fera entendre deux fois; le premier temps répondra à l'espace CD′ = z, et le second à l'espace CA + AD = 2X − z, dont l'intervalle répond au juste à l'espace 2X − 2z.

Le phénomène de la répétition du même son est un des plus connus dans la nature; on l'appelle ordinairement *écho*, et l'on voit en effet qu'il est produit par des obstacles quelconques, qui interceptent le son et l'obligent pour ainsi dire à rebrousser chemin; tels sont par exemple les montagnes, les bois épais, les rochers, les cavernes et même les nuées qui se trouvent à côté des corps sonores.

60. Mais achevons l'examen de nos formules et passons au troisième cas, où a et X sont deux quantités finies. Il est d'abord évident que les deux équations nous donneront ici une infinité de valeurs pour le temps t qui répondront à autant d'instants où une même particule d'air sera remuée. Pour les développer, supposons successivement s égal à

$$0,\ 1,\ -1,\ 2,\ -2,\ 3,\ -3,\ldots;$$

on tirera de la première équation

$$\pm t = \frac{Tz}{\sqrt{2nhk}},$$

$$\pm t = \frac{T(z+2a)}{\sqrt{2nhk}},$$

$$\pm t = \frac{T(z-2a)}{\sqrt{2nhk}},$$

$$\pm t = \frac{T(z+4a)}{\sqrt{2nhk}},$$

$$\cdots\cdots\cdots\cdots\cdots\cdots$$

La seconde nous donnera

$$\pm t = \frac{-T(z+2X)}{\sqrt{2nhk}},$$

$$\pm t = \frac{-T(z+2X+2a)}{\sqrt{2nhk}},$$

$$\pm t = \frac{-T(z+2X-2a)}{\sqrt{2nhk}},$$

$$\pm t = \frac{-T(z+2X+4a)}{\sqrt{2nhk}},$$

. . . .

On conclut de là que quand les fibres sonores de l'air sont terminées des deux côtés par des obstacles immobiles, qui en appuient et soutiennent les extrémités, il doit pour lors y avoir une infinité de répétitions du même son, savoir un écho composé qui durerait toujours, si la constitution de ces fibres ne pouvait jamais être altérée. Pour connaître la progression des temps au bout desquels doit se faire une des répétitions, nous remarquerons que chacun des temps t, dans les équations précédentes, est égal au temps que le son emploie à parcourir les espaces correspondants

$$z,\quad z+2a,\quad z-2a,\ldots,\quad \text{et}\quad z+2X,\quad z+2X+2a,\quad z+2X-2a,\ldots.$$

Donc, si l'on considère toujours ces espaces positifs, on pourra les représenter par les parties de la ligne AB de la manière suivante :

Première série.

CD,
CB + BA + AD,
CA + AB + BD,
CB + BA + AB + BD,
CA + AB + BA + AD,
. . . .

Seconde série.

CA + AD,
CA + AB + BA + AD,
CB + BD,
CB + BA + AB + BD,
. . . .

Si l'on conjoint ces deux séries, on en tirera ces deux-ci :

CD,
CB + BD,
CB + BA + AD,
CB + BA + AB + BD,
....................,

CA + AD,
CA + AB + BD,
CA + AB + BA + AD,
....

La nature et l'arrangement des termes qui composent ces progressions font assez connaître comment le même son, qui part du corps sonore qui est en C, doit revenir plusieurs fois frapper l'oreille au même endroit D. Car on voit aisément que la première de ces dernières suites exprime le chemin du son propagé de C vers B, et réfléchi d'abord par l'obstacle B, ensuite par A, et de nouveau par B, et ainsi à l'infini. Au contraire la seconde exprime de même les lois des allées et revenues du son qui, partant du même endroit C, se meut d'abord vers A, d'où il est ensuite porté vers B, et de là de nouveau vers A, et ainsi alternativement. Et ces deux sons achèvent pour ainsi dire leurs mouvements dans le même espace AB et dans le même temps, sans se troubler où s'entre-empêcher en aucune façon dans leurs rencontres. Donc, toutes les fois que chacun d'eux passera par le même point D, on entendra dans cet endroit une répétition ou bien un écho du son primitif.

C'est ainsi que se forment les échos composés qui répètent plusieurs fois le même son, en différents temps qui ne sont pas toujours égaux entre eux, selon que le corps sonore et le point d'où l'on veut entendre l'écho se trouvent différemment placés sur la ligne qui joint les deux obstacles.

61. Les Physiciens rapportent quelques exemples de ces échos composés, entre lesquels il en est qui répètent le même son plus de cinquante fois de suite, et on observe toujours qu'ils sont produits par des murs ou

des rochers ou d'autres obstacles quelconques situés presque vis-à-vis. La plupart d'entre eux ont cru pouvoir expliquer ces phénomènes par la théorie de la réflexion; car, disent-ils, les particules de l'air qui est en vibration, rencontrant des obstacles invincibles, sont réfléchies à peu près comme on conçoit que le sont les rayons de la lumière par les surfaces unies des miroirs; et cette explication paraît d'autant plus plausible, qu'on trouve en effet par expérience que l'intervalle du temps écoulé entre deux sons consécutifs est précisément tel qu'il le faut, pour que le son principal puisse être réfléchi par les obstacles donnés et revenir à l'oreille.

Cependant, à examiner la chose à fond, on sera obligé de convenir que le principe de la réflexion, comme on la conçoit ordinairement dans le choc des corps, ou dans la lumière, est ici un principe tout à fait illusoire. Car l'expérience nous montre que l'écho ne dépend en rien du poli de la surface réfléchissante, puisqu'il arrive que des surfaces en apparence polies ne produisent point d'écho, au lieu qu'on l'entend souvent dans des lieux remplis de mille inégalités. En effet, comment concevoir que des rochers, des forêts, des nuées, soient propres à produire dans l'air une réflexion semblable à celle des rayons de la lumière sur les miroirs? Rien donc n'est moins fondé que cette catoptrique des sons, que l'on a inventée pour rendre raison des propriétés de l'écho. M. d'Alembert est peut-être le premier qui ait senti l'insuffisance de cette théorie, dans l'*Encyclopédie,* au mot ÉCHO. Mais ni lui, ni aucun autre que je sache n'a jamais entrepris de donner des explications plus fondées de ce phénomène.

La théorie que nous venons de déduire de nos formules est, ce me semble, tout à fait à l'abri de ces difficultés; car il ne faut autre chose pour produire l'écho, sinon que les extrémités des fibres aériennes sonores trouvent un appui fixe, de quelque nature qu'il soit. S'il n'y a qu'un obstacle d'un côté, le son ne sera renvoyé qu'une fois; c'est l'écho simple. S'il y en a deux qui terminent la fibre de part et d'autre, les sons seront renvoyés réciproquement, ce qui formera des échos composés qui dureront autant que la constitution des fibres sonores pourra subsister;

si donc ces sortes d'échos durent plus ou moins, ce sont toujours quelques circonstances extérieures qui en sont cause. Mais, dira-t-on, pourquoi n'entend-on pas d'écho toutes les fois que l'air est renfermé entre quelques obstacles? Les Physiciens ont déjà répondu à cette difficulté en faisant voir qu'il faut une certaine distance entre le point d'où l'on veut entendre l'écho et l'obstacle qui doit le renvoyer, de même qu'entre le corps sonore et cet obstacle, afin qu'on puisse le distinguer du son primitif. Sans cela le son réfléchi se confond entièrement avec le direct et ne fait qu'en augmenter la force, comme on l'observe tous les jours. Il faut de plus que l'espace que l'écho doit parcourir ne soit embarrassé par aucun corps qui en empêche la propagation. Lorsque ces conditions auront lieu, je ne doute pas qu'il n'y ait toujours des échos; la construction des échos artificiels est appuyée sur ces seuls principes.

CHAPITRE III.

DU MÉLANGE ET DU RAPPORT DES SONS.

62. Je n'ai traité jusqu'ici de la propagation du son que dans le cas d'un seul corps sonore qui communique ses vibrations aux parties contiguës de l'air; il nous reste à voir si les lois trouvées ont de même lieu quand plusieurs sons sont excités en même temps dans divers endroits, et en quelle manière ces sons peuvent se répandre dans le même espace sans se troubler ou se confondre en aucune façon, comme nous le montre l'expérience journalière.

Concevons donc dans la même fibre aérienne sonore AB (*fig.* 16)

Fig. 16.

divers points physiques C', C'', C''',..., qui soient frappés en même temps par des corps sonores, qui diffèrent les uns des autres comme on voudra;

soient représentées par c_1, c_2, c_3,... les impulsions ou les vitesses communiquées à ces points, et que X_1, X_2, X_3,... désignent leurs distances AC′, AC″, AC‴,... de la première extrémité donnée A, on trouvera, pour la vitesse u d'un point quelconque D de la même fibre qui est éloigné de A par l'intervalle $AD = x$, l'expression générale suivante :

$$\begin{aligned} u = \frac{2c_1}{m}\Big(&\sin\frac{X_1\varpi}{2a}\sin\frac{x\varpi}{2a}\cos\frac{tH\varpi}{2T} + \sin\frac{2X_1\varpi}{2a}\sin\frac{2x\varpi}{2a}\cos\frac{2tH\varpi}{2T} \\ &+ \sin\frac{3X_1\varpi}{2a}\sin\frac{3x\varpi}{2a}\cos\frac{3tH\varpi}{2T} + \ldots\Big) \\ + \frac{2c_2}{m}\Big(&\sin\frac{X_2\varpi}{2a}\sin\frac{x\varpi}{2a}\cos\frac{tH\varpi}{2T} + \sin\frac{2X_2\varpi}{2a}\sin\frac{2x\varpi}{2a}\cos\frac{2tH\varpi}{2T} \\ &+ \sin\frac{3X_2\varpi}{2a}\sin\frac{3x\varpi}{2a}\cos\frac{3tH\varpi}{2T} + \ldots\Big) \\ + \frac{2c_3}{m}\Big(&\sin\frac{X_3\varpi}{2a}\sin\frac{x\varpi}{2a}\cos\frac{tH\varpi}{2T} + \sin\frac{2X_3\varpi}{2a}\sin\frac{2x\varpi}{2a}\cos\frac{2tH\varpi}{2a} \\ &+ \sin\frac{3X_3\varpi}{2a}\sin\frac{3x\varpi}{2a}\cos\frac{3tH\varpi}{2a} + \ldots\Big) \end{aligned}$$

....

On ramènera ces expressions à la forme de celles du n° **54**, et il viendra, comme il est aisé de le voir, une suite de formules toutes semblables entre elles, et semblables à celle qu'on a trouvée pour le cas d'une seule impulsion donnée c. Or, afin de connaître ce qui arrivera lorsqu'une même particule d'air sera ébranlée par plusieurs sons divers, il faut chercher la valeur de u au moment de l'ébranlement, et en suivant le même procédé qu'on a enseigné (**38**), on trouvera que chacune des expressions qui composent la valeur générale de u se réduira à $\pm c_1$, $\pm c_2$, $\pm c_3$,..., selon que le temps t répondra aux formules

$$\frac{X_1}{a} \pm \frac{Ht}{T} = \pm\left(\frac{x}{a} + 2s\right),$$

$$\frac{X_2}{a} \pm \frac{Ht}{T} = \pm\left(\frac{x}{a} + 2s\right),$$

$$\frac{X_3}{a} \pm \frac{Ht}{T} = \pm\left(\frac{x}{a} + 2s\right),$$

.........................,

où il est à remarquer que l'alternative des signes des quantités c_1, c_2, c_3,... doit répondre exactement à celle des quantités $\frac{x}{a} + 2s$.

On voit de là que lorsqu'il n'y a qu'une de ces équations qui soit vérifiée, u retient la même valeur c qu'il a eue au commencement; mais quand plusieurs ont lieu en même temps, la valeur de u devient composée des premières valeurs c_1, c_2, c_3,.... Donc, puisque chacune des équations répond, pour ainsi dire, à chacun des sons particuliers propagés ensemble, cette propagation se fera toujours de la même manière par rapport à chacun d'eux, comme s'il eût été seul, et il se communiquera d'une particule à l'autre la même impulsion qui a été produite par le corps sonore; par conséquent, lorsque deux ou plusieurs sons se rencontreront, la particule d'air qui se trouve dans leur point de rencontre recevra une impulsion composée des impulsions particulières qui constituent la nature de chacun d'eux; et passé ce moment, ils continueront leur chemin comme auparavant, tout de même comme on a vu qu'il arrive dans les échos composés.

63. Nous avons donc trouvé dans nos formules le développement d'un des principaux points de la théorie du son, qui regarde la manière avec laquelle l'air est capable de transmettre à l'oreille sans mélange les impressions de plusieurs sons différents. Cette vérité, qui est une des plus connues par expérience, a cependant embarrassé si fort les Physiciens jusqu'à présent, que les plus habiles ont été obligés de recourir à des systèmes pour en rendre raison. Les principaux se réduisent à deux : celui du mélange des vibrations isochrones, proposé par M. Daniel Bernoulli, et celui de la différente élasticité des particules de l'air, inventé par M. de Mairan. Pour ce qui est du premier, nous en avons vu l'insuffisance dans le Chapitre V. A l'égard de l'autre, il suffira de remarquer que la différente nature des particules de l'air ne peut influer que sur la vitesse du son, comme il résulte de la formule donnée (56); mais que pour ce qui est de leur ébranlement, il ne dépend que de la nature du corps sonore, dont les parties frappent dans leurs oscillations indistincte-

ment toutes celles de l'air contigu. On peut voir dans l'article Fondamental de l'*Encyclopédie* les autres raisons qui rendent ces deux systèmes insoutenables; c'est pourquoi je ne m'y arrêterai pas davantage.

64. Nous venons de voir que la particule d'air qui se trouve dans la rencontre de deux sons reçoit un ébranlement différent de celui qui est produit par chaque son en particulier; donc, si les sons sont de telle nature que leurs vibrations concourent toujours après un certain temps donné, l'impression suivie et régulière de ces ébranlements composés pourra être distinguée des autres impressions particulières, et une oreille assez exercée entendra un troisième son, dont le rapport avec les autres se trouvera en comparant le nombre des vibrations particulières que chacun d'eux achève entre deux concurrences successives. On devra donc entendre ce troisième son précisément au point milieu de la ligne qui joint les deux corps sonores, parce que, les sons ayant toujours une même vitesse, c'est là qu'ils doivent nécessairement se rencontrer; cependant, si l'on considère la masse continue de l'air, on voit que chaque particule d'une fibre sonore doit être considérée comme le centre d'une infinité d'autres fibres, auxquelles elle peut aussi communiquer du mouvement, ce qui fait que le son se propage en tous sens; d'où il suit que l'ébranlement composé pourra être de même porté à l'oreille dans une infinité d'autres endroits, quoique avec moins de force et moins distinctement, à cause de la diminution et de l'altération causées par les résistances des particules hétérogènes dont toute la masse de l'air est parsemée.

Il faut une extrême finesse d'oreille pour percevoir ces sons composés; aussi n'y a-t-il que quelques-uns des plus habiles artistes qui les aient reconnus. M. Tartini est le premier, que je sache, qui se soit attaché à les examiner avec soin, comme on peut le voir dans son *Traité de Musique* imprimé à Padoue l'année 1754. Ce célèbre Auteur nous apprend qu'en tirant d'un même instrument capable de tenue, comme les violons, les trompettes, etc., deux sons à la fois, ou bien en les tirant de deux instruments éloignés l'un de l'autre de quelques pas, on en entend un troisième, qui est d'autant plus sensible qu'on se rapproche plus du point milieu de l'intervalle donné.

Après beaucoup d'expériences sur ce sujet, M. Tartini conclut que si l'on considère la suite des fractions $\frac{1}{2}, \frac{1}{3}, \frac{1}{4}, \frac{1}{5}, \frac{1}{6}, \ldots,$ et qu'on ajuste autant de sons qui aient le même rapport entre eux que les termes de cette suite, deux sons voisins quelconques produiront toujours, pour troisième son, le premier son qui répond au terme $\frac{1}{2}$. Or, en examinant la concurrence des vibrations de tous ces sons, on trouve qu'elle ne peut avoir lieu qu'après un nombre de vibrations égal au dénominateur de la fraction qui exprime les sons correspondants; ainsi les deux sons exprimés par $\frac{1}{5}$ et par $\frac{1}{6}$ ne deviennent concurrents qu'après cinq vibrations du premier et six du second, et ainsi des autres; d'où il s'ensuit qu'en comparant le nombre des concurrences au nombre des vibrations de chaque son particulier, le troisième son produit par deux de la série précédente devrait toujours être exprimé par 1, ce qui donne proprement l'octave de celui qui est résulté à M. Tartini. Mais on sait que la différence entre un son et son octave est souvent insensible à l'oreille, par la facilité naturelle que nous avons de les confondre ensemble; donc, si l'on substitue au troisième son de M. Tartini son octave au-dessous, les résultats de ces expériences deviendront en tout conformes à ceux que nous donne notre théorie. On doit être d'autant plus porté à admettre cet échange d'un son dans son octave, que M. Serre, dans son ouvrage sur les *Principes de l'Harmonie* de 1753, en faisant mention des expériences de M. Tartini, nous rapporte que les troisièmes sons produits par des tierces majeures et mineures se trouvent précisément à l'octave basse de ceux de M. Tartini.

Nous avons parlé plus haut de l'expérience des *battements* de M. Sauveur, et nous avons vu qu'ils répondent exactement aux concurrences des vibrations; il y a donc tout lieu de croire qu'ils sont de même formés par la rencontre de deux sons, et qu'ainsi leur explication dépend entièrement de la théorie que nous venons de donner. Il est donc vraisemblable que le troisième son de M. Tartini n'est produit que par une suite de *battements,* et dans ce cas il est très-aisé de reconnaître que le troisième son doit avoir avec les deux sons primitifs le rapport que nous avons ci-dessus établi.

Ce serait ici le lieu d'examiner la nature et la source des consonnances et des dissonances; mais il faut avouer que, malgré les efforts de plusieurs habiles musiciens, on n'est pas encore parvenu à établir là-dessus des fondements constants et généraux. M. Sauveur est dans l'idée qu'un accord plaît d'autant plus à l'oreille que ses *battements* sont plus fréquents, et qu'ils restent pour cela moins sensibles; d'où il suit que les accords consonnants doivent être précisément ceux dont les vibrations sont les plus concurrentes, et qu'au contraire les accords deviendraient dissonants lorsque la concurrence des vibrations est telle, qu'elle peut aisément être perçue par l'oreille. M. Tartini tire aussi de ses expériences du troisième son plusieurs conséquences pour la nature de l'harmonie. Il prétend que le troisième son est toujours la vraie basse dont les sons particuliers sont les dessus, et c'est sur cela qu'il a principalement fondé son système de Musique. Quoi qu'il en soit, il est au moins certain, par ce que nous venons de démontrer, que, de quelque façon qu'on prenne la chose, la concurrence des vibrations en est toujours le fondement, quoique présentée sous des points de vue différents; nous verrons encore ci-après que le principe de l'harmonie, qu'on prétend trouver dans la nature même des corps sonores, revient encore à celui-ci.

65. Lorsque les parties des corps sonores sont ébranlées, l'air reçoit autant d'impressions successives que ces parties font de vibrations, et ces impressions se répandent partout, sans se multiplier ou se troubler en passant d'une particule d'air dans l'autre. Donc, si le corps sonore est de telle nature que les vibrations de ses parties commencent toutes et s'achèvent toujours dans le même temps, l'oreille sera frappée à la fois par plusieurs petits coups qui se succéderont par des intervalles de temps égaux, et cette uniformité d'impressions produira ce sentiment agréable qu'on appelle *son;* au contraire, si les vibrations des parties du corps

sonore diffèrent les unes des autres, c'est-à-dire qu'elles ne soient pas toutes d'égale durée, notre organe recevra à chaque instant des ébranlements différents, et on n'entendra dans ce cas qu'un bruit confus. Cette vérité, qui a été dès longtemps reconnue, est une suite nécessaire de ce que l'on a démontré sur les mouvements des cordes vibrantes et sur ceux des fibres élastiques d'air; car on éprouve tous les jours que les cordes qui produisent les meilleurs sons sont toujours celles qui ont une plus grande uniformité dans toute leur extension, ce qui les rend plus capables des mouvements réguliers et isochrones que nous avons déterminés dans le Chapitre VII. Ainsi l'explication du son et du bruit, que quelques Auteurs ont voulu donner en disant que tout bruit est *un*, et qu'au contraire tout son est *composé*, tombe ici d'elle-même, puisqu'elle est tout à fait opposée à ce que nous venons de démontrer.

Supposons à présent que pendant qu'une corde résonne il y ait près d'elle plusieurs autres cordes tendues, il est clair que l'air ébranlé par la première frappera toutes les autres, et que les impulsions reçues par celles-ci répondront parfaitement à chacune des vibrations de celle qu'on fait résonner; donc, à force de coups réitérés, elles devront de même entrer en vibration; or, puisque la durée des vibrations des cordes est absolument déterminée par la constitution de la corde même, il s'ensuit que si toutes les cordes sont de même nature, les vibrations naissantes de celles qui sont ébranlées par l'air pur seront toujours favorisées par des impulsions continues qui procèdent de la corde principale; c'est pourquoi au bout d'un certain temps elles seront aussi forcées de résonner. Au contraire, si les cordes sont telles, que leurs vibrations ne puissent jamais être concurrentes, elles seront tantôt favorisées et tantôt troublées par les impulsions qui procèdent de la corde principale, et ainsi il sera impossible qu'elles reçoivent jamais un mouvement sensible et capable de produire le son qui leur est propre. Supposons à présent que les cordes tendues ne soient pas à l'unisson de celle qu'on fait résonner, mais qu'elles y répondent comme nombre à nombre, il faudra ici distinguer deux cas : lorsque le son de la corde principale est mesuré exactement par ceux des autres cordes, et lorsque ces sons sont seulement commensurables entre eux. Il est visible que dans le premier de ces cas, les vibrations des cordes qu'on laisse en repos seront toujours favorisées par celles de la corde principale qu'on ébranle, et par conséquent ces cordes devront de même raisonner comme si elles étaient à l'unisson; dans l'autre cas, les cordes ne pourront résonner dans leur totalité, car elles seront toujours en partie troublées et en partie favorisées par les vibrations de la principale; et comme les impulsions contraires et favorables sont toujours uniformes, elles les forceront de prendre des figures telles, que leurs vibrations puissent toujours être favorisées. Il faudra donc qu'elles se divisent en plusieurs ventres égaux, de sorte que le son de chacun de ces ventres soit, ou à l'unisson de celui de la corde principale, ou bien qu'il le mesure toujours exactement comme dans le premier cas. Or, puisqu'il n'y a rien qui retienne fixes les nœuds formés par les ventres naturels de ces cordes, il arrivera facilement que les vibrations particulières se dérangent les unes les autres, ce qui en détruira l'uniformité et empêchera par conséquent les cordes de résonner; elles ne feront donc que frémir au son de la principale, et se diviseront, en frémissant, par une espèce d'ondulation, comme on le voit dans les sons harmoniques.

Ce phénomène a été observé par MM. Wallis et Mersenne, les premiers, puis par M. Sauveur dans la dissertation citée (50). Tout le monde le reconnaît aujourd'hui, et on convient généralement que l'air ébranlé par les oscillations d'une corde est celui qui met les autres en mouvement; mais il restait encore à donner la raison pourquoi, de plusieurs cordes frappées également par les mêmes coups d'air, il n'y a que les harmoniques qui puissent résonner ou frémir simplement. C'est à quoi il me paraît avoir entièrement satisfait par tout ce qui a été démontré jusqu'à présent.

Je souhaiterais pouvoir expliquer de même la multiplicité des sons harmoniques qui se font sentir en frappant une seule corde, telle que la douzième et la dix-septième au-dessous du son principal. Mais j'avoue qu'après bien des réflexions, je ne suis pas encore parvenu à trouver sur ce sujet rien de satisfaisant. Ayant examiné avec toute l'attention dont je suis capable les oscillations des cordes tendues, je les ai toujours trouvées simples et uniques dans toute leur étendue, d'où il me paraît impossible de concevoir comment divers tons peuvent être engendrés à la fois. Il serait pour cela inutile de recourir aux théories dont on a fait mention (63), puisque nous en avons déjà fait sentir le défaut. Je suis donc enclin à croire que ces sons peuvent être produits par d'autres corps qui résonnent au bruit du son principal, comme on vient de le voir dans les cordes; et ce qui peut donner quelque poids à cette conjecture, c'est que ce mélange de sons harmonieux n'est guère sensible que dans les clavecins ou dans les autres instruments montés de plusieurs cordes.

Quoi qu'il en soit, je désirerais que des personnes dont l'oreille fût extrêmement fine, et qui ne l'eussent pas beaucoup exercée à entendre de la musique, voulussent bien prendre la peine de répéter ces expériences sur une seule corde fixée par deux chevalets sur une simple table, dans des lieux ouverts de toute part; dans ce cas, on pourrait être sûr que ni la prévention de l'oreille accoutumée à entendre toujours les sons principaux accompagnés de leurs harmoniques, ni la résonnance des corps circonvoisins ne pourraient y avoir aucune part, et le résultat de l'expérience deviendrait hors de toute atteinte.

M. Rameau, un des plus célèbres artistes de nos jours, et à qui l'art musical est si redevable, a donné en 1750 une démonstration du principe de l'harmonie, fondée sur les expériences rapportées de la résonnance des corps sonores. Cet Auteur croit avoir ainsi découvert dans la nature même les vrais fondements de l'harmonie, qu'on avait avant lui inutilement cherchés par d'autres voies; mais après tout ce que nous venons de démontrer, on voit évidemment que ce principe même tire son origine de celui de la concurrence des vibrations, principe dès longtemps reconnu pour la source des consonnances et des dissonances, et sur lequel M. Euler a établi sa nouvelle théorie de musique dans le Traité cité (52). Ce célèbre Géomètre a donné en effet à ce principe toute l'étendue dont il paraît capable, et il a tâché par là de ramener à des formules assez simples les principales règles de la composition. On ne doit donc plus regarder le principe de M. Rameau que comme une nouvelle preuve de celui-ci tirée immédiatement de l'expérience; mais cet Auteur aura toujours le mérite d'avoir su en déduire avec une extrême simplicité la plupart des lois de l'harmonie, que plusieurs expériences détachées et aveugles avaient fait connaître.

Au reste, quelque principe qu'on adopte pour développer la nature des consonnances et des dissonances, il restera toujours à expliquer pourquoi il n'y a d'autres rapports primitifs consonnants que ceux qui sont contenus dans les nombres 1, 3, 5; car il est certain qu'une corde, qui sera la septième partie ou bien le septuple d'une autre, devra résonner dans le premier cas et frémir seulement dans le second, tout de même comme si elle rendait une douzième ou une dix-septième, d'où il résulte que, suivant même le principe de M. Rameau, on devrait regarder les rapports $\frac{4}{7}$ ou $\frac{7}{8}$ pour consonnants, ce qui est néanmoins démenti par l'expérience. Mais ce qui est plus étonnant, c'est que le rapport $\frac{8}{9}$, qui constitue une seconde majeure, est beaucoup moins dissonant que le rapport $\frac{7}{8}$, quoique les concurrences soient plus fréquentes dans celui-ci que dans l'autre. Il y a la même question à faire sur plusieurs accords qui ne sont pas reçus dans l'harmonie, quoiqu'ils contiennent moins de dissonances que d'autres qu'on emploie avec succès. Je crois que, dans quelque système de musique que l'on veuille imaginer, on ne pourra éluder ces difficultés qu'en recourant au goût et au sentiment commun, sur lesquels l'habitude et les préjugés ont peut-être beaucoup plus de pouvoir qu'on ne le pense ordinairement. Mais ce n'est pas ici le lieu d'entrer dans de telles discussions. Le savant M. d'Alembert en a traité fort au long dans l'article Fondamental de l'*Encyclopédie,* auquel nous nous contenterons de renvoyer.

NOUVELLES RECHERCHES

SUR

LA NATURE ET LA PROPAGATION DU SON.

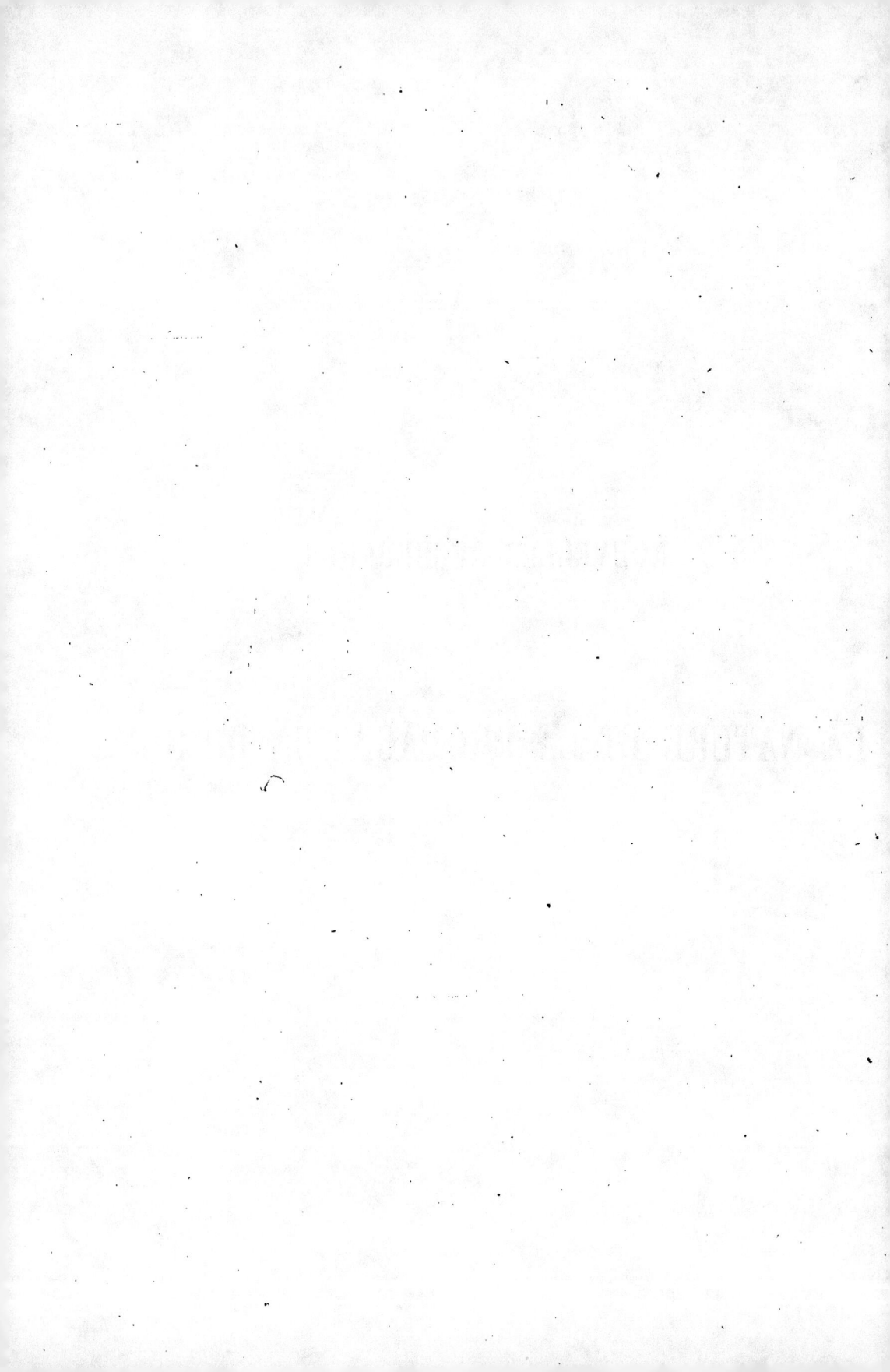

NOUVELLES RECHERCHES

SUR

LA NATURE ET LA PROPAGATION DU SON.

(*Miscellanea Taurinensia*, t. II, 1760-1761.)

CHAPITRE PREMIER.

REMARQUES SUR LA THÉORIE DE LA PROPAGATION DU SON, DONNÉE PAR M. NEWTON.

1. Soient (*fig.* 1) E, F, G trois particules d'air en repos, placées sur

Fig. 1.

la droite BC à des distances égales l'une de l'autre; imaginons que ces particules parviennent, dans un temps quelconque t, en ε, φ, γ; et supposons, avec M. Newton (*Prop.* XLVII, Liv. II des *Principes mathématiques*), que la loi de leur mouvement soit renfermée dans une seule courbe PKS (*fig.* 2), de telle manière qu'en faisant $PH = t$, et prenant les portions d'arc HI, IK égales entre elles, et qui aient un rapport donné aux distances primitives EF, FG, les abscisses correspondantes PL, PM, PN soient égales aux espaces parcourus $E\varepsilon$, $F\varphi$, $G\gamma$; il est clair qu'on aura

$$\varepsilon\gamma = EG - LN;$$

par conséquent, si on suppose que l'élasticité de l'air soit en raison directe de sa densité, l'élasticité de l'air condensé en $\varepsilon\gamma$ sera à son élasticité naturelle, que je nomme E, en raison inverse de $\varepsilon\gamma$ à EG, ou de EG — LN à EG; donc l'élasticité de la particule F transportée en φ, sera exprimée par $\frac{E \times EG}{EG - LN}$. Par le même raisonnement on trouvera en coupant dans

Fig. 2.

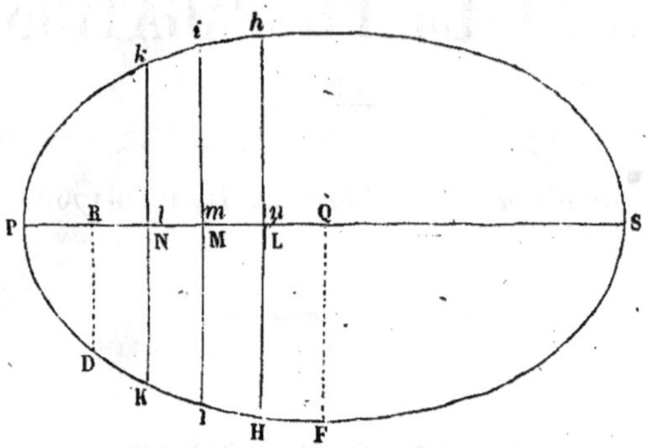

l'arc PKS les parties HF, DK égales à HI, IK, et menant les ordonnées FQ, DR, que l'élasticité de la particule E en ε sera égale à $\frac{E \times EG}{EG - QM}$, et celle de la particule G en γ égale à $\frac{E \times EG}{EG - MR}$; d'où l'excès de l'élasticité de l'air en ε sur son élasticité en γ sera

$$E \times EG \left(\frac{1}{EG - QM} - \frac{1}{EG - MR} \right) = E \times EG \frac{QM - MR}{(EG - QM)(EG - MR)},$$

ou, à cause que les excursions des particules sont fort petites par hypothèse,

$$E \frac{QM - MR}{EG}.$$

Cette quantité est la force qui fait mouvoir la partie du milieu φ, ou $\varepsilon\gamma$, dont la masse est $D \times EG$, en posant D pour la densité naturelle de l'air; donc la force accélératrice de la particule φ sera $\frac{E}{D} \frac{QM - MR}{\overline{EG}^2}$; or la loi du mouvement de cette particule demande qu'elle soit sollicitée par une force accélératrice

$$\frac{T^2}{2h} \frac{QM - MR}{\overline{DI}^2} = \frac{T^2}{2h} \frac{QM - MR}{\overline{KH}^2},$$

h étant la hauteur de laquelle un corps pesant tombe dans le temps T;

donc on doit avoir

$$\frac{E}{D}\frac{QM - MR}{\overline{EG}^2} = \frac{T^2}{2h}\frac{QM - MR}{\overline{KH}^2},$$

ce qui se réduit, en supposant $KH = \alpha EG$, à

$$\frac{E}{D} = \frac{T^2}{2h}\frac{1}{\alpha^2};$$

d'où l'on tire

$$\alpha = \pm\sqrt{\frac{T^2 D}{2Eh}},$$

la nature de la courbe PKS demeurant indéterminée.

De là résulte donc cette conclusion, dont l'exactitude ne peut être révoquée en doute, savoir : que la loi des mouvements des particules de l'air n'est pas unique et déterminée, comme l'a cru M. Newton, mais que, soit celle des pendules adoptée par ce grand Géomètre, soit celle des corps qui tombent par leur pesanteur, que M. Cramer jugeait absurde et contradictoire, ou toute autre qu'on imagine à volonté, a également lieu et peut être indifféremment employée dans la solution analytique. Je dis *dans la solution analytique*, car, lorsqu'il s'agira de déterminer cette loi dans des cas particuliers, il faudra encore avoir égard aux premiers ébranlements des particules donnés par l'hypothèse.

2. J'avais déjà trouvé cette conclusion générale dans le premier Chapitre de mes *Recherches sur la nature et la propagation du Son* (*), imprimées dans le tome Ier des *Miscellanea Taurinensia;* mais elle m'avait paru alors si paradoxe et si éloignée de la nature de la question, que j'avais cru pouvoir la regarder comme une preuve de l'insuffisance des *Principes* de M. Newton. Or je vais démontrer ici que cette même conclusion est au contraire entièrement conforme à la théorie de la propagation du son que j'ai donnée dans le Chapitre Ier de la seconde Section des *Recherches précédentes*.

(*) Comme j'aurai souvent occasion dans la suite de renvoyer à ces mêmes *Recherches*, je les appellerai simplement *Recherches précédentes*, et j'en citerai les Chapitres et les numéros en chiffres romains pour les distinguer de ceux de la Dissertation présente.

Qu'on considère une particule quelconque de la fibre AD, dont la distance à la particule E soit x dans l'état d'équilibre; on trouvera aisément, par la construction ci-dessus, que l'espace parcouru par cette particule dans le temps t sera égal à l'abscisse qui répond à l'arc $\text{PH} = t$ diminué d'un arc αx, c'est-à-dire à un arc $t - \alpha x$. Or, quelle que soit la nature de la courbe PHS, il est constant qu'on peut en regarder les arcs comme des fonctions données des abscisses correspondantes, et de même les abscisses comme des fonctions des arcs; donc l'espace parcouru par une particule quelconque de la fibre AD, pendant le temps t, sera exprimé généralement par $\varphi(t - \alpha x)$. Cette formule, en faisant $t = 0$, doit représenter les ébranlements primitifs de la fibre AD; donc, si on suppose, comme dans l'endroit cité des *Recherches précédentes*, qu'une particule quelconque E soit ébranlée par le corps sonore, il faudra que la fonction $\varphi(-\alpha x)$ soit toujours nulle, excepté lorsque $x = 0$. Par conséquent, la formule générale $\varphi(t - \alpha x)$ aura seulement une valeur réelle, lorsque $t - \alpha x = 0$, savoir $x = \frac{t}{\alpha}$; par où l'on voit que l'ébranlement excité dans la particule E se propagera dans la fibre AD, de manière que, dans un temps quelconque t, il parviendra à la particule qui est à une distance $\frac{t}{\alpha}$ de la particule E; d'où il s'ensuit que la vitesse du son sera uniforme et égale à

$$\frac{1}{\alpha} = \frac{1}{\sqrt{\frac{\text{T}^2\text{D}}{2\text{E}h}}} = \sqrt{\frac{2\text{E}h}{\text{T}^2\text{D}}},$$

ou, en mettant au lieu de $\frac{\text{E}}{\text{D}}$ la hauteur A de l'air supposé homogène,

$$\frac{\sqrt{2\text{A}h}}{\text{T}},$$

ce qui s'accorde avec le n° LVI des *Recherches précédentes*, et avec ce que M. Newton a trouvé par une méthode différente (*Prop.* XLIX, Liv. II des *Principes*).

Au reste, il est clair qu'à cause de l'ambiguïté des signes de la valeur de α, la formule $\varphi(t-\alpha x)$ renfermera réellement les deux formules $\varphi\left(t-\frac{x}{\sqrt{c}}\right)$ et $\varphi\left(t+\frac{x}{\sqrt{c}}\right)$, en posant, pour abréger, c au lieu de $\frac{2hA}{T^2}$; donc, en prenant deux fonctions différentes, l'une pour le signe + et l'autre pour le signe —, et les ajoutant ensemble, on aura

$$\varphi\left(t-\frac{x}{\sqrt{c}}\right)+\psi\left(t+\frac{x}{\sqrt{c}}\right)$$

pour l'expression générale de l'espace parcouru par chaque particule de la fibre AD dans un temps quelconque t.

Nous verrons dans la suite les conséquences qui résultent de cette formule, par rapport à la propagation du son considérée d'une manière générale; mais nous remarquerons d'avance que la vitesse de la propagation est toujours égale à $\sqrt{c}$, comme on l'a trouvé ci-dessus dans un cas particulier.

3. Telle est la solution générale qui peut se déduire des *Principes* de M. Newton; cet illustre Auteur n'en a tiré cependant qu'une solution assez particulière et même peu exacte, mais qui l'a conduit néanmoins au même résultat sur la vitesse de la propagation. C'est ce qu'il faut développer.

M. Newton commence par supposer que la courbe PKS est un cercle dont le diamètre PS est égal à la plus grande excursion Ee de la particule E, et dont la circonférence est à l'intervalle BC des *pulsions*, comme KH à EG, savoir comme α est à 1 selon nos dénominations; d'où il résulte que le mouvement de chaque particule d'air est le même que celui d'un pendule qui décrit des arcs de cycloïde, et que la durée de chaque oscillation est égale à la circonférence entière du cercle PKSkP, savoir

$$\alpha\times BC=\frac{T}{\sqrt{2hA}}BC.$$

M. Newton suppose ensuite que, dans le temps d'une oscillation, la *pulsion* en avançant parcourt sa largeur BC, c'est-à-dire qu'il se forme en CD une nouvelle fibre sonore CD égale à la première BC; d'où il déduit la vitesse du son

$$\frac{\sqrt{2hA} \times BC}{T \times BC} = \frac{\sqrt{2hA}}{T},$$

précisément comme on l'a trouvée ci-dessus.

Je remarque d'abord que la première hypothèse de M. Newton, savoir, que la courbe PKS soit un cercle, ne peut être admise qu'analytiquement et non relativement à la question de la propagation du son, car :

1° Les ébranlements primitifs dépendent absolument de l'impulsion du corps sonore, laquelle peut être quelconque; par conséquent il est impossible que ces ébranlements soient toujours exprimés par la même courbe, et encore moins par un cercle.

2° Comme le cercle est une courbe rentrante, il est clair qu'on peut toujours trouver un arc $t - \alpha x$, dont l'abscisse représentera (suivant la construction) l'excursion d'une particule quelconque distante comme l'on voudra de la particule E; d'où il s'ensuit que toutes les particules de la fibre AD infiniment prolongée de part et d'autre doivent être toutes en mouvement à la fois, ce qui détruit la propagation du son et est directement contraire à la nature même de la question.

A l'égard des oscillations des particules qui forment la *pulsion* BC, nous démontrerons plus bas (15) que leur durée est toujours la même, quelle que puisse être la nature de cette *pulsion*, et qu'ainsi la formule $\frac{\sqrt{2hA}}{T}$ BC, que donne l'hypothèse particulière de M. Newton, est exacte et conforme à la véritable théorie de la propagation du son.

Il en est de même de l'autre hypothèse de M. Newton, savoir, qu'il s'engendre une seconde fibre égale à la première, lorsque cette première a achevé une vibration entière. Cette hypothèse est légitime, comme on le verra plus bas (12 et 15); mais doit-on l'admettre sans la démontrer? On est d'autant plus en droit d'en exiger la démonstration que, suivant la construction de M. Newton, les *pulsions* AB, BC, CD,... ne se forment point l'une après l'autre, mais existent toutes à la fois et ne font que changer de place sur la fibre AD, comme il est aisé de s'en convaincre en examinant cette construction.

En voilà assez pour prouver l'insuffisance de la théorie de M. Newton, et pour rendre raison pourquoi elle conduit néanmoins aux véritables lois de la propagation du son.

4. Nous venons de montrer que la courbe PKS ne peut être un cercle. Or je dis qu'elle ne peut pas même être une courbe algébrique ou transcendante. Pour le prouver, je remarque que la fonction $\varphi\left(t-\frac{xT}{\sqrt{2hA}}\right)$, qui représente en général les excursions des particules de la fibre AD pour un temps quelconque t, doit aussi représenter les excursions primitives, telles qu'elles sont engendrées dans le premier instant par l'action du corps sonore sur les particules de l'air contigu. Or il est clair que cette impression ne saurait s'étendre à l'infini, mais qu'elle devra même être renfermée dans un très-petit espace autour du corps, à cause de l'extrême petitesse de ses vibrations; d'où il suit que dans le premier instant il ne peut y avoir qu'un certain nombre de particules, dans la fibre aérienne, qui soient mises en mouvement, et pour lesquelles la valeur de $\varphi\left(t-\frac{xT}{\sqrt{2hA}}\right)$ doive être réelle; il faudra, en conséquence, pour remplir cette condition, que la fonction $\varphi\left(t-\frac{xT}{\sqrt{2hA}}\right)$ s'évanouisse toujours d'elle-même, lorsque, t étant égal à zéro, x surpassera une quantité donnée. Soit a la longueur de la portion de la fibre qui est ébranlée au commencement, il faudra avoir en général

$$\varphi\left[-\frac{(a+z)T}{\sqrt{2hA}}\right]=0,$$

prenant pour z une quantité quelconque positive.

Telle devra donc être la nature de la courbe PHS, d'où dépend la valeur de φ, que tous les arcs exprimés par $-\frac{(a+z)T}{\sqrt{2hA}}$ répondent toujours au même point de l'axe où les abscisses ont leur origine; c'est ce qui ne saurait avoir lieu dans aucune courbe, soit géométrique, soit transcendante, puisqu'il faudrait pour cela que dans un tel point elle se transformât tout à coup en une droite perpendiculaire à l'axe.

CHAPITRE II.

DES FONCTIONS IRRÉGULIÈRES ET DISCONTINUES.

Observations sur la nature et l'usage de ces fonctions.

5. Nous venons de démontrer que, pour trouver les ébranlements des particules de l'air dans le cas de la nature, il faut se servir d'une ligne courbe dont le cours devienne tout à coup rectiligne en un point donné, condition qui est absolument incompatible avec la loi de continuité, à laquelle toutes les courbes, soit algébriques, soit mécaniques, sont nécessairement soumises.

De là on voit la nécessité d'admettre dans ce calcul d'autres courbes que celles que les Géomètres ont considérées jusqu'à présent, et d'employer un nouveau genre de fonctions variables indépendantes de la loi de continuité, et qu'on peut très-bien appeler *fonctions irrégulières* et *discontinues*. Mais ce n'est pas ici le seul usage qu'on doit faire de ces sortes de fonctions; elles sont nécessaires pour un grand nombre de questions importantes de Dynamique et d'Hydrodynamique; car, lorsqu'on a un système de corps ou de points mobiles, dont le nombre est infini, et qu'on en cherche les mouvements après les avoir, comme que ce soit, dérangés de leur état d'équilibre, il est facile de comprendre que tous ces mouvements ne pourront être contenus dans une même formule, à moins qu'elle ne soit aussi applicable au premier état du système, qui est tout à fait arbitraire, et dans lequel la loi de continuité est le plus souvent violée. M. Euler est, je crois, le premier qui ait introduit dans l'Analyse ce nouveau genre de fonctions, dans sa solution du problème *de chordis vibrantibus*, qui rentre dans la classe de ceux dont nous venons de parler; mais nous avons exposé ailleurs (*Rech. préc.*, XV) les difficultés dont cette solution est susceptible, et la nécessité où l'on était de l'établir et de la confirmer par une méthode aussi directe et rigoureuse que celle que nous avons donnée dans le Chapitre V des *Recherches précédentes;* M. Euler même m'a fait l'honneur de me l'avouer dans une lettre particulière qu'il m'a écrite au sujet de ma théorie sur le son. Cette méthode cependant, qui consiste à regarder d'abord le nombre des corps mobiles comme fini et indéterminé, est extrêmement pénible et embarrassante, et elle le devient encore beaucoup plus lorsqu'il s'agit de rendre leur nombre infini. Un tel passage du fini à l'infini dans mes formules n'ayant pas paru assez évident et démonstratif à deux grands Géomètres, MM. Daniel Bernoulli et d'Alembert, comme ils ont daigné me le faire sentir dans des lettres particulières, j'ai cru devoir chercher de nouveau une autre méthode plus simple, par laquelle on pût éviter tous les embarras qui se rencontrent dans la transformation des formules, et qui levât de même tous les doutes qui pourraient encore se présenter sur l'exactitude de mes résultats.

6. Problème I. — *Étant donné un système d'un nombre infini de points mobiles, dont chacun dans l'état d'équilibre soit déterminé par la variable x, et dont le premier et le dernier, qui répondent à $x = 0$ et à $x = a$, soient supposés fixes, trouver les mouvements de tous les points intermédiaires, dont la loi est contenue dans la formule $\frac{d^2 z}{dt^2} = c\frac{d^2 z}{dx^2}$, z étant l'espace décrit par chacun d'eux durant un temps quelconque t.*

Qu'on multiplie cette équation par $\mathrm{M}dx$, M étant une fonction quelconque de x, et qu'on l'intègre en ne faisant varier que x; il est clair que si dans cette intégrale, prise en sorte qu'elle évanouisse lorsque $x = 0$, on fait $x = a$, on aura la somme de toutes les valeurs particulières de la formule $\frac{d^2 z}{dt^2}\mathrm{M}dx = c\frac{d^2 z}{dx^2}\mathrm{M}dx$, qui répondent à chaque point mobile du système donné. Cette somme sera donc

$$\int \frac{d^2 z}{dt^2}\mathrm{M}\,dx = c\int \frac{d^2 z}{dx^2}\mathrm{M}\,dx.$$

Or l'intégrale $\int \frac{d^2 z}{dx^2}\mathrm{M}dx$, où la différence $d^2 z$ ne dépend que de la variable x, peut se transformer par les règles connues en

$$\frac{dz}{dx}\mathrm{M} - \int \frac{dz}{dx}\frac{d\mathrm{M}}{dx}dx;$$

cette dernière intégrale se change de même en

$$z\frac{d\mathrm{M}}{dx} - \int z\frac{d^2\mathrm{M}}{dx^2}dx;$$

de sorte qu'on aura

$$\int \frac{d^2z}{dx^2}\mathrm{M}\,dx = \frac{dz}{dx}\mathrm{M} - z\frac{d\mathrm{M}}{dx} + \int z\frac{d^2\mathrm{M}}{dx^2}dx;$$

or, puisque $\int \frac{d^2z}{dx^2}\mathrm{M}dx$ est égal à zéro, lorsque $x = 0$, si l'on suppose que $\int z\frac{d^2\mathrm{M}}{dx^2}dx$ le soit aussi, il faudra que $\frac{dz}{dx}\mathrm{M} - z\frac{d\mathrm{M}}{dx}$ évanouisse de même dans ce point; mais, par hypothèse, on a ici $z = 0$; donc il suffira que l'on ait $\frac{dz}{dx}\mathrm{M} = 0$ ou bien $\mathrm{M} = 0$, lorsque $x = 0$.

Par là notre équation intégrale deviendra

$$\int \frac{d^2z}{dt^2}\mathrm{M}\,dx = c\left(\frac{dz}{dx}\mathrm{M} - z\frac{d\mathrm{M}}{dx}\right) + c\int z\frac{d^2\mathrm{M}}{dx^2}dx.$$

Posons $x = a$, et puisque z s'évanouit de nouveau par hypothèse, faisons disparaître de même l'autre terme $\frac{dz}{dx}\mathrm{M}$ par une valeur convenable de M.

Il ne restera après cela que la simple équation

$$\int \frac{d^2z}{dt^2}\mathrm{M}\,dx = c\int z\frac{d^2\mathrm{M}}{dx^2}dx.$$

Soit supposé $\frac{d^2\mathrm{M}}{dx^2} = k\mathrm{M}$, k désignant une constante indéterminée dont on trouvera la valeur au moyen des conditions qu'on a déjà attachées à la quantité M; on aura

$$\int \frac{d^2z}{dt^2}\mathrm{M}\,dx = kc\int z\mathrm{M}\,dx.$$

Soit encore $\int z\mathrm{M}\,dx = s$; prenant la différence de part et d'autre dans la supposition que le seul t soit variable, on a, à cause de $\mathrm{M} =$ une fonction de x,

$$\int \frac{dz}{dt}\mathrm{M}\,dx = \frac{ds}{dt},$$

et, différentiant une seconde fois,

$$\int \frac{d^2z}{dt^2}\mathrm{M}\,dx = \frac{d^2s}{dt^2};$$

ces valeurs substituées dans la dernière équation intégrale, il en résulte

$$\frac{d^2s}{dt^2} = cks,$$

équation qu'il faut maintenant intégrer en ne regardant que le temps t comme variable. Nous avons donc deux équations différentielles à intégrer, dont l'une regarde simplement la variabilité de x et l'autre celle de t, ce qui fait qu'elles rentrent dans la classe ordinaire des équations différentielles à deux changeantes.

Commençons par l'équation $\frac{d^2s}{dt^2} = cks$, et faisons usage de la méthode inventée par M. d'Alembert pour ces sortes d'équations.

Soit supposé $\frac{ds}{dt} = r$, on aura

$$\frac{d^2s}{dt^2} = \frac{dr}{dt},$$

et l'équation donnée se changera en

$$\frac{dr}{dt} = cks;$$

qu'on la multiplie par un coefficient quelconque μ, et qu'on la joigne avec celle qu'on a faite par hypothèse, on aura

$$\frac{ds + \mu\,dr}{dt} = \mu cks + r = \mu ck\left(s + \frac{1}{\mu ck}r\right);$$

soit fait $\mu = \frac{1}{\mu ck}$ et par conséquent

$$\mu^2 = \frac{1}{ck}, \quad \mu = \pm \frac{1}{\sqrt{ck}},$$

j'aurai donc

$$\frac{ds + \mu dr}{dt} = \frac{1}{\mu}(s + \mu r),$$

différentielle dont l'intégrale est, par les méthodes connues, en ajoutant une constante A,

$$s + \mu r = A e^{\frac{t}{\mu}};$$

substituant la valeur de μ, on a, à cause de l'ambiguïté des signes, les deux équations

$$s + \frac{r}{\sqrt{ck}} = A e^{t\sqrt{ck}}, \qquad s - \frac{r}{\sqrt{ck}} = B e^{-t\sqrt{ck}},$$

B étant une nouvelle constante arbitraire.

Pour déterminer les valeurs de A et de B, supposons que s et r deviennent S et R lorsque $t = 0$, nous aurons

$$S + \frac{R}{\sqrt{ck}} = A, \qquad S - \frac{R}{\sqrt{ck}} = B;$$

substituant ces valeurs, et joignant ensemble les deux équations, il nous vient

$$s = S\,\frac{e^{t\sqrt{ck}} + e^{-t\sqrt{ck}}}{2} + \frac{R}{\sqrt{ck}}\,\frac{e^{t\sqrt{ck}} - e^{-t\sqrt{ck}}}{2};$$

de même, en retranchant l'une équation de l'autre, on trouve

$$r = R\,\frac{e^{t\sqrt{ck}} + e^{-t\sqrt{ck}}}{2} + S\sqrt{ck}\,\frac{e^{t\sqrt{ck}} - e^{-t\sqrt{ck}}}{2};$$

ces équations se réduisent à la forme suivante qui est beaucoup plus simple, savoir :

$$s = S\cos(t\sqrt{-ck}) + \frac{R}{\sqrt{-ck}}\sin(t\sqrt{-ck}),$$

$$r = R\cos(t\sqrt{-ck}) - S\sqrt{-ck}\sin(t\sqrt{-ck}).$$

Or, par supposition,

$$s = \int z \mathrm{M}\, dx \quad \text{et} \quad r = \frac{ds}{dt} = \int \frac{dz}{dt} \mathrm{M}\, dx,$$

ou bien, puisque $\frac{dz}{dt}$ exprime la vitesse qui répond à l'espace z et au temps t, si on dénote cette vitesse par u, on a

$$r = \int u \mathrm{M}\, dx.$$

Pour avoir de même les valeurs de S et de R, supposons que Z soit en général la valeur de z et U celle de u au commencement du mouvement, lorsque $t = 0$, on aura

$$\mathrm{S} = \int \mathrm{ZM}\, dx \quad \text{et} \quad \mathrm{R} = \int \mathrm{UM}\, dx;$$

substituant ces valeurs, on changera les équations précédentes en celles-ci :

$$\int z\mathrm{M}\, dx = \cos(t\sqrt{-ck}) \int \mathrm{ZM}\, dx + \frac{\sin(t\sqrt{-ck})}{\sqrt{-ck}} \int \mathrm{UM}\, dx,$$

$$\int u\mathrm{M}\, dx = \cos(t\sqrt{-ck}) \int \mathrm{UM}\, dx - \sqrt{-ck}\sin(t\sqrt{-ck}) \int \mathrm{ZM}\, dx.$$

Il ne nous reste plus qu'à trouver la valeur de M par la résolution de l'équation

$$\frac{d^2\mathrm{M}}{dx^2} = k\mathrm{M},$$

qu'on intégrera par la même méthode que nous avons pratiquée ci-dessus; prenant deux constantes quelconques A et B, on trouvera aisément que la valeur de M est en général $\mathrm{A}e^{x\sqrt{k}} + \mathrm{B}e^{-x\sqrt{k}}$; or M doit premièrement être égal à zéro lorsque $x = 0$, ce qui donne $\mathrm{A} + \mathrm{B} = 0$ et $\mathrm{B} = -\mathrm{A}$; par conséquent,

$$\mathrm{M} = \mathrm{A}\left(e^{x\sqrt{k}} - e^{-x\sqrt{k}}\right).$$

Changeons la constante A et supposons-la divisée par $2\sqrt{-1}$, on aura plus simplement

$$M = A \sin(x\sqrt{-k}).$$

Il faut maintenant faire en sorte que M évanouisse lorsque $x = a$, d'où l'on a

$$A \sin(a\sqrt{-k}) = 0,$$

et prenant pour ν un nombre quelconque entier positif ou négatif,

$$a\sqrt{-k} = \frac{\nu\varpi}{2},$$

ce qui nous apprend que $\sqrt{-k}$ peut avoir une infinité de valeurs différentes, qui remplissent toutes également les conditions données. Substituons à présent pour M sa valeur trouvée, et retenant pour plus de simplicité la quantité $\sqrt{-k}$, on aura, après avoir divisé par A,

$$\int z \sin(x\sqrt{-k})\,dx = \cos(t\sqrt{-ck}) \int Z \sin(x\sqrt{-k})\,dx + \frac{\sin(t\sqrt{-ck})}{\sqrt{-ck}} \int U \sin(x\sqrt{-k})\,dx,$$

$$\int u \sin(x\sqrt{-k})\,dx = \cos(t\sqrt{-ck}) \int U \sin(x\sqrt{-k})\,dx - \sqrt{-ck}\sin(t\sqrt{-ck}) \int Z \sin(x\sqrt{-k})\,dx.$$

Ces deux équations doivent se vérifier pour toutes les valeurs qu'on peut donner à $\sqrt{-k}$, et c'est d'après une telle condition qu'il faut déterminer les valeurs cherchées de z et de u par celles de Z et U qui sont supposées données.

Pour cela il faut commencer par faire disparaître au moyen de quelques transformations la quantité $\sqrt{-k}$ qui n'est point renfermée dans des sinus ou des cosinus; ces transformations ne consistent qu'à prendre les intégrales par parties comme nous l'avons déjà pratiqué plus haut, en sorte que l'intégrale qui reste se trouve naturellement multipliée ou divisée par $\sqrt{-k}$. Par ce moyen, on transformera d'abord l'expression

$$\int \mathrm{U} \sin(x\sqrt{-k})\,dx$$

dans celle-ci

$$\sin(x\sqrt{-k})\int \mathrm{U}\,dx - \sqrt{-k}\int\left[\cos(x\sqrt{-k})\int \mathrm{U}\,dx\right]dx.$$

Je remarque maintenant que la valeur de $\sin(x\sqrt{-k})$ devient nulle dans les deux cas de $x = 0$ et de $x = a$, d'où il suit que puisque les formules intégrales que nous manions ici doivent être prises pour toute l'étendue de x, depuis o jusqu'à a, on aura plus simplement

$$\int \mathrm{U} \sin(x\sqrt{-k})\,dx = -\sqrt{-k}\int\left[\cos(x\sqrt{-k})\int \mathrm{U}\,dx\right]dx.$$

Par une opération contraire, on trouvera ensuite

$$\int \mathrm{Z} \sin(x\sqrt{-k})\,dx = -\frac{\mathrm{Z}\cos(x\sqrt{-k})}{\sqrt{-k}} + \frac{1}{\sqrt{-k}}\int \frac{d\mathrm{Z}}{dx}\cos(x\sqrt{-k})\,dx;$$

et puisque $\mathrm{Z} = 0$ lorsque $x = 0$ et $x = a$, par l'hypothèse du problème, on aura pour notre cas

$$\int \mathrm{Z} \sin(x\sqrt{-k})\,dx = \frac{1}{\sqrt{-k}}\int \frac{d\mathrm{Z}}{dx}\cos(x\sqrt{-k})\,dx.$$

Ces valeurs substituées, il en résulte

$$\int z \sin(x\sqrt{-k})\,dx = \cos(t\sqrt{-ck})\int \mathrm{Z}\sin(x\sqrt{-k})\,dx$$
$$- \frac{\sin(t\sqrt{-ck})}{\sqrt{c}}\int\left(\int \mathrm{U}\,dx\right)\cos(x\sqrt{-k})\,dx,$$

$$\int u \sin(x\sqrt{-k})\,dx = \cos(t\sqrt{-ck})\int \mathrm{U}\sin(x\sqrt{-k})\,dx$$
$$- \sqrt{c}\sin(t\sqrt{-ck})\int \frac{d\mathrm{Z}}{dx}\cos(x\sqrt{-k})\,dx.$$

Avant d'aller plus loin je remarque que comme on aura occasion dans la suite de comparer des valeurs de Z et de U avec des valeurs de z et u qui ne répondent pas aux mêmes x, pour ne pas se méprendre dans ces opérations, il sera utile de distinguer par des expressions différentes les x qui conviennent aux Z et U, d'avec ceux qui conviennent aux z et u; je désignerai les premiers par la lettre X que je substituerai partout dans les seconds membres des équations précédentes au lieu de x, en retenant néanmoins le dx qui ne peut causer aucun embarras; j'observe de plus que les intégrales qui entrent dans les termes de ces membres se rapportent uniquement à la variable x ou X, ce qui fait qu'on peut mettre aussi sous le signe ces quantités $\sin(t\sqrt{-kc})$ et $\cos(t\sqrt{-kc})$, qui sont constantes à leur égard; j'aurai donc

$$\int z \sin(x\sqrt{-k})\,dx = \int Z \sin(X\sqrt{-k})\cos(t\sqrt{-kc})\,dx - \frac{1}{\sqrt{c}}\int\left(\int U\,dx\right)\cos(X\sqrt{-k})\sin(t\sqrt{-kc})\,dx,$$

$$\int u \sin(x\sqrt{-k})\,dx = \int U \sin(X\sqrt{-k})\cos(t\sqrt{-kc})\,dx - \sqrt{c}\int \frac{dZ}{dx}\cos(X\sqrt{-k})\sin(t\sqrt{-kc})\,dx.$$

Je développe à présent les produits des sinus et cosinus par les méthodes connues; j'obtiens

$$\begin{aligned}\int z \sin(x\sqrt{-k})\,dx = {} & \frac{1}{2}\int Z \sin[(X + t\sqrt{c})\sqrt{-k}]\,dx \\ & + \frac{1}{2}\int Z \sin[(X - t\sqrt{c})\sqrt{-k}]\,dx \\ & - \frac{1}{2\sqrt{c}}\int\left(\int U\,dx\right)\sin[(X + t\sqrt{c})\sqrt{-k}]\,dx \\ & + \frac{1}{2\sqrt{c}}\int\left(\int U\,dx\right)\sin[(X - t\sqrt{c})\sqrt{-k}]\,dx.\end{aligned}$$

$$\begin{aligned}\int u \sin(x\sqrt{-k})\,dx = {} & \frac{1}{2}\int U \sin[(X + t\sqrt{c})\sqrt{-k}]\,dx \\ & + \frac{1}{2}\int U \sin[(X - t\sqrt{c})\sqrt{-k}]\,dx \\ & - \frac{\sqrt{c}}{2}\int \frac{dZ}{dx}\sin[(X + t\sqrt{c})\sqrt{-k}]\,dx \\ & + \frac{\sqrt{c}}{2}\int \frac{dZ}{dx}\sin[(X - t\sqrt{c})\sqrt{-k}]\,dx.\end{aligned}$$

Ces équations sont réduites maintenant à la forme nécessaire pour en tirer les valeurs de z et de u. Voici comment je m'y prends.

Je considère qu'en substituant pour $\sqrt{-k}$ sa valeur $\frac{\nu\varpi}{2a}$, le nombre ν, qui peut être tel qu'on veut, pourvu qu'il soit entier, doit nécessairement disparaître de l'équation, puisqu'elle doit être vraie pour toutes les valeurs possibles de ν. Il faut donc faire en sorte que la quantité $\sqrt{-k}$ disparaisse elle-même de l'équation qui la renferme, ce qu'on ne peut obtenir dans notre cas qu'en rendant égaux tous les angles multiples de $\sqrt{-k}$ dans tous les termes de l'une et de l'autre équation; mais comme on pourrait être embarrassé dans les différentes valeurs qu'il faut donner à X, je ne retiendrai cette lettre X que dans la seule expression $\sin\left[(X + t\sqrt{c})\sqrt{-k}\right]$ et je mettrai, dans l'autre expression $\sin\left[(X - t\sqrt{c})\sqrt{-k}\right]$, X′ au lieu de X, en désignant de même par Z′ et U′ les valeurs de Z et de U qui y répondent; ainsi j'aurai par la comparaison des angles, après avoir divisé par $\sqrt{-k}$,

$$x = X + t\sqrt{c} = X' - t\sqrt{c},$$

et ensuite les équations

$$z = \frac{Z}{2} + \frac{Z'}{2} - \frac{\int U\,dx}{2\sqrt{c}} + \frac{\int U'\,dx}{2\sqrt{c}},$$

$$u = \frac{U}{2} + \frac{U'}{2} - \frac{\sqrt{c}}{2}\frac{dZ}{dx} + \frac{\sqrt{c}}{2}\frac{dZ'}{dx}.$$

Maintenant, l'abscisse qui convient à Z et U étant X, elle deviendra égale à $x - t\sqrt{c}$ qui est sa valeur tirée de l'équation ci-dessus; on aura de même pour l'abscisse X′ qui répond à Z′ et à U′ l'expression $x + t\sqrt{c}$; donc si, pour plus de commodité, on joint à chaque quantité son abscisse en forme d'exposant placé entre deux parenthèses, on aura enfin les valeurs de z et de u exprimées de la manière suivante :

$$z = \frac{1}{2}\left[Z^{(x+t\sqrt{c})} + Z^{(x-t\sqrt{c})}\right] + \frac{1}{2\sqrt{c}}\left[\left(\int U\,dx\right)^{(x+t\sqrt{c})} - \left(\int U\,dx\right)^{(x-t\sqrt{c})}\right],$$

$$u = \frac{1}{2}\left[U^{(x+t\sqrt{c})} + U^{(x-t\sqrt{c})}\right] + \frac{\sqrt{c}}{2}\left[\left(\frac{dZ}{dx}\right)^{(x+t\sqrt{c})} - \left(\frac{dZ}{dx}\right)^{(x-t\sqrt{c})}\right].$$

Telles sont donc les valeurs de z et de u pour chaque point mobile du système donné et pour tous les instants de leurs mouvements; valeurs qui ne dépendent, comme on le voit, que des quantités Z et U données à volonté dans le commencement du mouvement.

7. Les formules qu'on vient de trouver nous mènent directement à la construction suivante. Sur l'axe $AB = a$ (*fig.* 3), j'élève à chaque

Fig. 3.

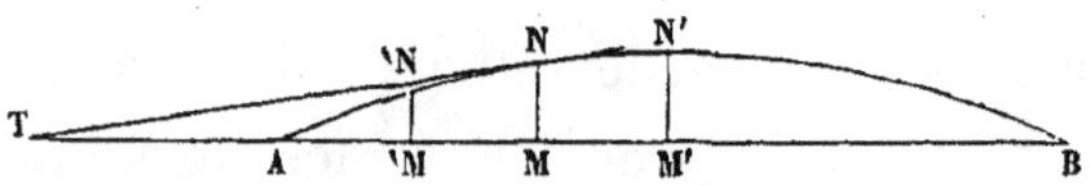

point M la perpendiculaire MN égale à la valeur de Z, c'est-à-dire à la valeur initiale de z qui répond à l'abscisse $x = AM$. J'en fais autant à l'égard des valeurs initiales de u sur un autre axe de même longueur AB (*fig.* 4), et j'obtiens par ce moyen les deux courbes ANB, AQB que j'ap-

Fig. 4.

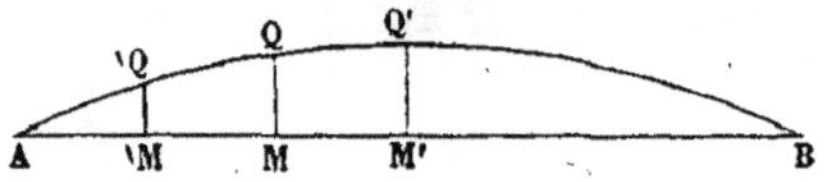

pelle *courbes fondamentales*, et qui sont les lieux géométriques des quantités Z et U.

Ces courbes seront régulières ou irrégulières, suivant la nature des quantités Z et U; mais elles se termineront toujours d'un côté et de l'autre aux extrémités A et B de l'axe, puisque les valeurs de Z et de U dans ces points sont nulles par supposition.

Je trace ensuite sur deux autres axes égaux AB, AB (*fig.* 5 et 6) les

Fig. 5.

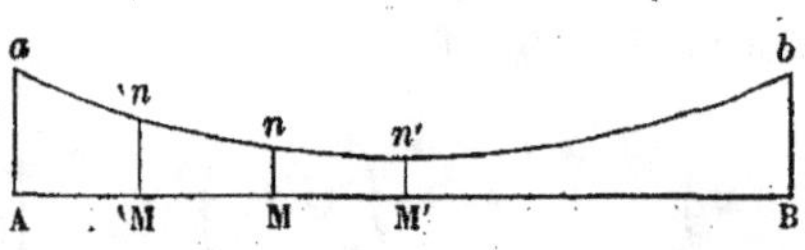

Fig. 6.

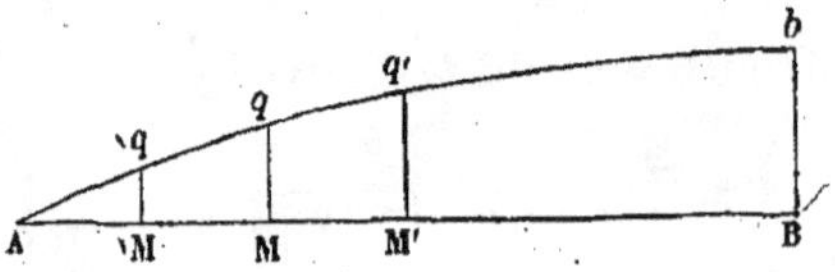

nouvelles courbes *anb*, A*qb*, telles que chaque ordonnée M*n* de la première soit toujours quatrième proportionnelle à la sous-tangente MT de la courbe ANB, à l'ordonnée correspondante MN et à la quantité constante $\sqrt{c}$, et que l'ordonnée Mq de la seconde soit égale à l'aire AQM de la courbe AQB, divisée par la même quantité $\sqrt{c}$.

Ces quatre courbes ainsi données, si l'on cherche les valeurs de z et de u qui répondent à une abscisse quelconque $x =$ AM et à un temps quelconque t, on n'aura qu'à prendre, de part et d'autre des points M, les points M′ et ′M éloignés par des intervalles MM′ et ′MM égaux à $t\sqrt{c}$, et l'on aura

$$z = \frac{\mathrm{M'N'} + \mathrm{'M\,'N} + \mathrm{M'}q' - \mathrm{'M}\,'q}{2},$$

$$u = \frac{\mathrm{M'Q'} + \mathrm{'M\,'Q} + \mathrm{M'}n' - \mathrm{'M}\,'n}{2}.$$

Quelque générale que paraisse cette construction que nous venons de trouver, elle ne l'est cependant pas tout à fait, car il y a une infinité de cas où elle ne saurait avoir lieu; c'est ce qui arrivera toutes les fois que les points ′M et M′ tomberont au delà de A et de B.

Pour voir ce qu'il faudra faire dans ces cas, et comment les courbes données pourront être continuées de part et d'autre, il est nécessaire de reprendre les dernières formules intégrales d'où l'on a tiré les valeurs de z et de u, et de les examiner avec attention; pour mieux y réussir nous réduirons ces formules à des constructions géométriques.

Soit imaginée la ligne ARB (*fig.* 7) qui soit le lieu géométrique des

Fig. 7.

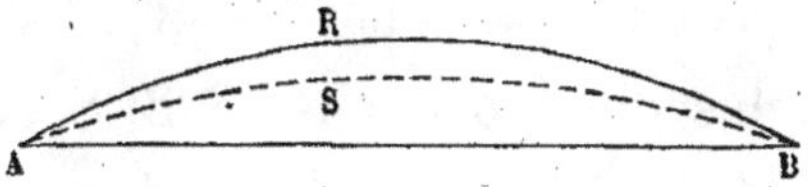

valeurs de z pour tous les points de l'axe AB, et soit décrite sur le même axe la courbe ASB qui ait à chaque abscisse x l'ordonnée $\sin(x\sqrt{-k})$. Il est manifeste que si l'on fait les produits des ordonnées correspondantes de ces deux courbes, l'aire d'une troisième courbe qui aura ces produits pour ordonnées sera la valeur de l'intégrale $\int z \sin(x\sqrt{-k})\,dx$.

Pour construire de même les autres formules intégrales, supposons d'abord $t\sqrt{c} < a$, et ayant tracé (*fig.* 8) la ligne ANB qui renferme toutes

Fig. 8.

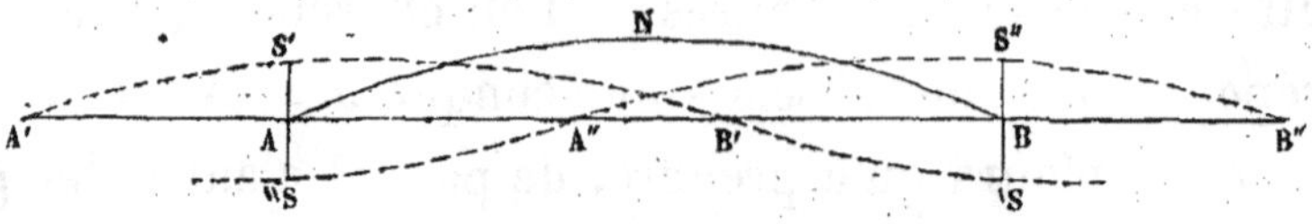

les valeurs de Z, qu'on coupe de part et d'autre du point A les deux portions de l'axe AA′, AA″ égales entre elles et à $t\sqrt{c}$, et qu'on transporte la courbe ASB en A′S′B′ et en A″S″B″; il est clair que si l'on prend de nouveau les produits des ordonnées de chacune de ces courbes par les ordonnées correspondantes de la courbe ANB, les aires de ces produits exprimeront les valeurs des intégrales

$$\int Z \sin\left[(X + t\sqrt{c})\sqrt{-k}\right]dx \quad \text{et} \quad \int Z \sin\left[(X - t\sqrt{c})\sqrt{-k}\right]dx.$$

Mais il faut remarquer que comme ces intégrales ne doivent s'étendre que depuis $X = 0$ jusqu'à $X = a = AB$, les aires qui les exprimeront ne pourront contenir que les parties de l'une et de l'autre courbe qui répondent à l'axe AB. D'où il s'ensuit que les deux portions A′S′ et S″B″, qui se trouvent au dehors de l'espace compris entre les ordonnées AS′, BS″ élevées des points A et B, ne seront ici d'aucun usage, mais qu'il faudra au contraire ajouter à l'une et l'autre courbe ce qui lui manque par rapport à l'axe entier AB; c'est-à-dire que la courbe A′S′B′ devra être continuée jusqu'en ʽS, et de même la courbe B″S″A″ jusqu'en ʽʽS; ce qui étant exécuté, on aura les deux branches S′B′ʽS et S″A″ʽʽS, qui seront celles qu'on devra employer dans la formation des aires proposées. Pour cela examinons la nature des fonctions $\sin\left[(X + t\sqrt{c})\sqrt{-k}\right]$ et $\sin\left[(X - t\sqrt{c})\sqrt{-k}\right]$, qui forment les courbes A′S′B′ʽS et B″S″A″ʽʽS, en comptant les abscisses X du point d'origine A, et voyons ce que ces fonctions deviennent au delà du point B′ et en deçà du point A″.

Puisque les deux courbes A′S′B′, A″S″B″ ne sont que la même courbe ASB (*fig.* 7, p. 169) dans laquelle, nommant x les abscisses, les ordonnées sont exprimées par $\sin(x\sqrt{-k})$, la question se réduit à déterminer la valeur de $\sin(x\sqrt{-k})$ lorsque x est négatif et lorsque x est plus grand que a; soit donc en premier lieu x négatif : on aura, comme on le sait,

$$\sin(-x\sqrt{-k}) = -\sin(x\sqrt{-k}),$$

c'est-à-dire que la fonction donnée de x ne recevra point d'autre changement, sinon qu'elle deviendra négative. Soit ensuite $x > a$, mais $< 2a$, savoir $x = 2a - z$, on aura

$$\sin(x\sqrt{-k}) = \sin[(2a - z)\sqrt{-k}] = \sin(2a\sqrt{-k} - z\sqrt{-k}).$$

Or, par la valeur déterminée ci-dessus de $\sqrt{-k}$, $2a\sqrt{-k} = \nu\varpi$, et par les règles connues de la Trigonométrie,

$$\sin(\nu\varpi - z\sqrt{-k}) = \sin(-z\sqrt{-k}) = -\sin(z\sqrt{-k});$$

donc, puisque $z = 2a - x$ on aura, dans ce cas,

$$\sin(x\sqrt{-k}) = \sin[(2a - x)\sqrt{-k}].$$

De là il s'ensuit :

1° Que pour avoir la continuation A'''S du côté des abscisses négatives de la courbe A''S''B'', on n'aura qu'à renverser la même courbe au-dessous de l'axe, en sorte que le point A'' demeure immobile;

2° Que pour avoir la continuation B''S du côté des abscisses plus grandes que a dans la courbe A'S'B', il faudra aussi renverser cette courbe de la même façon que l'autre, mais en prenant ici le point B' pour fixe.

Je dis maintenant que la portion de courbe A'''S est la même que la portion A'S', ainsi que la portion B''S est la même que la portion B''S'', et que par conséquent, au lieu des deux courbes S'B''S et S''A'''S, on peut substituer les deux autres A'S'B' et A''S''B'' lorsqu'il ne s'agit que d'avoir la somme des mêmes parties. Je dis ensuite que la somme des aires formées des produits des ordonnées de l'une et de l'autre courbe S'B''S et S''A'''S par celles de la courbe ANB sera égale à la somme des aires qu'on pourra former de la même façon par les ordonnées des courbes A′S′B′, A″S″B″, pourvu que dans les espaces AA′, BB″ on prenne, pour ordonnées de la courbe ANB, celles qui conviennent aux espaces AA″ et BB′ avec des signes contraires; d'où je déduis que si l'on veut continuer la courbe ANB de part et d'autre de l'axe, afin qu'elle réponde immédiatement à toute l'étendue des courbes A′S′B′ et A″S″B″, on n'a qu'à la renverser au-dessous de l'axe en AN′ et BN″, le point A demeurant immobile dans le premier cas et le point B dans le second, comme on le voit clairement dans la *fig.* 9.

Fig. 9.

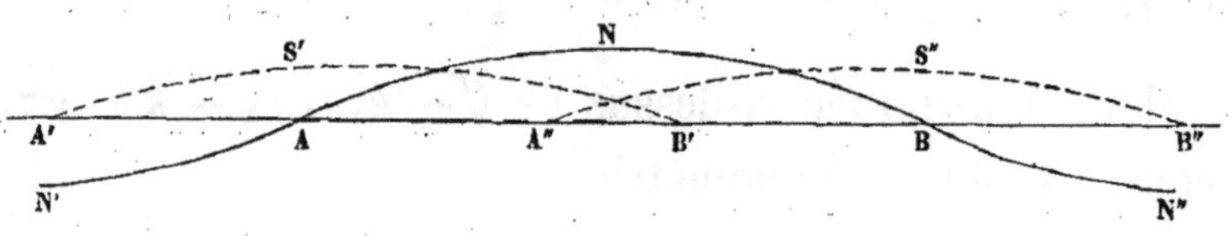

Il résulte donc de tout ce qu'on vient de démontrer que pour avoir la valeur de l'expression composée

$$\int Z \sin[(X + t\sqrt{c})\sqrt{-k}]\,dx + \int Z \sin[(X - t\sqrt{c})\sqrt{-k}]\,dx,$$

on n'a qu'à prendre la somme des deux aires qui se formeront par les produits des ordonnées des courbes A′S′B′ et A″S″B″ multipliées par les ordonnées correspondantes de la courbe N′ANBN″. La moitié de cette somme, si l'on suppose U = o, devra donc être égale à l'aire formée par les deux courbes ARB, ASB.

Or, puisque les ordonnées de la courbe ASB, qui est la même que les deux courbes A′S′B′ et A″S″B″, renferment la quantité $\sqrt{-k}$, laquelle doit s'évanouir de l'équation, on ne parviendra à se défaire de cette quantité qu'en égalant la valeur de z, qui multiplie chaque ordonnée de ARB, à la demi-somme des valeurs de Z qui multiplient la même ordonnée dans l'une et l'autre courbe A′S′B′ et A″S″B″; prenant pour ces valeurs de Z les ordonnées correspondantes de la courbe N′ANBN″, on coupera donc des points A′ et A″, qui sont les origines des courbes A′S′B′, A″S″B″, deux abscisses égales à x, ou bien, à cause de

$$AA' = AA'' = t\sqrt{c}$$

on coupera du point A, origine de la courbe génératrice ANB, deux abscisses $x + t\sqrt{c}$ et $x - t\sqrt{c}$, et la demi-somme des ordonnées correspondantes dans cette courbe sera la valeur cherchée de z.

Si l'on suppose la courbe ANB anéantie et qu'on y substitue la courbe AQB (*fig.* 4, p. 168), on aura par la construction précédente les valeurs de la vitesse u dans le cas où $Z = 0$. Mais si l'on veut avoir égard à la fois aux deux courbes ANB et AQB, il faudra encore faire attention aux autres formules intégrales que nous avons négligées, et qui se construisent de la même façon que les précédentes, avec cette seule différence qu'au lieu des courbes ANB, AQB il faut employer les *anb* et A*qb* (*fig.* 5 et 6, p. 168). On s'y prendra donc à l'égard de ces dernières courbes d'une manière parfaitement analogue à celle qu'on vient de pratiquer pour les premières; il faudra seulement observer que, comme les deux formules intégrales qui naissent de chacune d'elles ont des signes différents, les branches A′S′B′ et A″S″B″ devront être situées l'une au-dessus et l'autre au-dessous de l'axe; c'est pourquoi la partie A″′S, qui doit servir de continuation à la branche B′S′ au lieu de sa partie A′S′, se trouvera du même côté de l'axe, comme aussi la partie B′′S à l'égard de l'autre branche A″S″, dont elle est le supplément au lieu de S″B″; d'où il s'ensuit que les branches de continuation dans les courbes A*nb* et *aqb* se trouveront au-dessus de l'axe, comme on le voit dans la *fig.* 10. On prendra donc dans

Fig. 10.

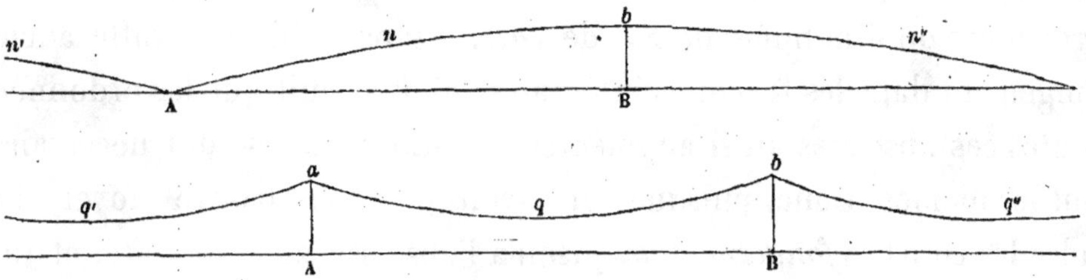

ces courbes ainsi continuées de part et d'autre les ordonnées qui répondent aux abscisses $x + t\sqrt{c}$ et $x - t\sqrt{c}$ en comptant du point A, et leur demi-différence donnera ce qu'il faut ajouter à la valeur de z et de u.

La construction que nous venons de trouver est la même pour le fond que celle qu'on a donnée plus haut, mais elle est plus générale en ce que les courbes ici se trouvent continuées de part et d'autre par une étendue égale à l'axe AB; ce qui suffit pour résoudre tous les cas où $t\sqrt{c}$ ne surpasse point a, comme on l'a supposé d'abord.

Tous les autres cas demanderont donc encore une nouvelle continuation, qu'on pourrait trouver aussi en suivant une méthode analogue à celle que nous avons employée ci-dessus, mais qu'on déduira plus aisément de la réflexion suivante. Je considère d'abord le sinus de l'angle $(X - t\sqrt{c})\sqrt{-k}$, qui est celui qui donne des valeurs de X plus grandes que a; je trouve que ce sinus ne change point en retranchant de X un multiple quelconque de $2a$, car $\sin\left[(X - t\sqrt{c})\sqrt{-k} - 2\mu a\sqrt{-k}\right]$ devient $\sin\left[(X - t\sqrt{c})\sqrt{-k} - \mu\nu\varpi\right]$, en substituant, au lieu de $\sqrt{-k}$, sa valeur $\frac{\nu\varpi}{2a}$. Or, μ étant un nombre quelconque entier, $\mu\nu$ le sera aussi, et par conséquent, par les règles connues, ce sinus deviendra égal à $\sin\left[(X - t\sqrt{c})\sqrt{-k}\right]$, tel qu'il était d'abord. J'examine de même le sinus de l'autre angle $(X + t\sqrt{c})\sqrt{-k}$, d'où naissent les valeurs négatives de X, et je vois que ce sinus demeure le même en ajoutant à X un multiple quelconque de $2a$, car on trouve aussi

$$\sin\left[(X + t\sqrt{c})\sqrt{-k} + \mu\nu\varpi\right] = \sin(X + t\sqrt{c}).$$

Ces deux propositions prouvent donc que les abscisses X peuvent être augmentées ou diminuées de $2a$, de $4a, \ldots$, sans qu'il en résulte aucun changement dans les formules intégrales; d'où il suit que les ordonnées à toutes ces abscisses ainsi augmentées ou diminuées seront nécessairement les mêmes. Donc, puisque nous avons ci-dessus trouvé moyen d'étendre les courbes *fondamentales* jusqu'à l'abscisse $2a$ d'un côté, et jusqu'à l'abscisse $-a$ de l'autre, on pourra à présent les étendre tant qu'on voudra, en appliquant à chaque abscisse exprimée par $z \pm 2\mu a$ l'ordonnée qui convient à la simple abscisse z, dont la valeur est supposée contenue entre les limites $+2a$ et $-a$. Il ne faudra pour cela que transporter successivement le long de l'axe toute la courbe qui répond à l'abscisse $2a$, et qui est composée de deux branches égales, situées l'une au-dessus et l'autre au-dessous du même axe; d'où il résultera une courbe continue et de figure anguiforme, c'est-à-dire contenant plusieurs ventres égaux situés alternativement au-dessus et au-dessous de l'axe. Nous appellerons les courbes ainsi formées *courbes génératrices*.

On fera la même chose à l'égard des autres courbes formées par les tangentes et par la quadrature des courbes *fondamentales;* mais comme la portion de ces courbes, qui répond à l'abscisse $2a$, est composée de deux branches égales, situées l'une et l'autre du même côté de l'axe, la courbe qui résultera de la répétition de cette partie contiendra aussi plusieurs ventres égaux, mais tous placés du même côté de l'axe.

Voilà comment, par la simple description réitérée des branches données ANB, AQB, *anb*, A*qb*, on peut prolonger toutes ces courbes à l'infini, et avoir par conséquent des ordonnées réelles pour toutes les abscisses exprimées par $x + t\sqrt{c}$ et $x - t\sqrt{c}$, quelle que soit la valeur du temps t; ce qui suffit pour que la construction des valeurs de z et de u ne soit plus sujette à aucune exception.

Le problème dont la solution nous a jusqu'à présent occupé est le même que celui qu'on a résolu dans le Chapitre V des *Recherches précédentes;* car il est facile de voir que les équations du n° XIX, dans le cas où le nombre des points mobiles est infini, peuvent se réduire à la formule générale $\frac{d^2 z}{dt^2} = c\frac{d^2 z}{dx^2}$. Aussi la construction que nous venons de trouver s'accorde entièrement avec celle qu'on a donnée dans le n° XXXIX, et plus amplement dans le n° XLV, ce qui doit être regardé comme une confirmation de la justesse et de la bonté de nos calculs.

Remarques sur la solution précédente.

8. Quoique la solution précédente soit beaucoup moins compliquée que celle qui se trouve dans mes *Recherches sur le Son*, elle l'est cependant encore à un point qui la rend assez difficile à suivre. C'est pourquoi il me paraît bon de l'éclaircir par quelques remarques, qui fassent con-

naître plus à fond la nature et l'esprit de la méthode qui nous y a conduit.

Comme la question est de trouver les mouvements d'une infinité de points mobiles, dans la supposition que leur état d'équilibre ait été dérangé d'une manière quelconque, on ne peut pas, ainsi qu'on l'a prouvé plus haut, exprimer tous ces mouvements par une seule formule générale; mais il faut regarder au contraire chaque point mobile comme isolé, et en chercher le mouvement, en résolvant comme autant de problèmes à la fois qu'il y a de points mobiles dans le système donné. Une telle question demande donc, pour être pleinement résolue, d'autres procédés que ceux de l'analyse ordinaire; c'est ce que M. d'Alembert a eu soin de faire remarquer au sujet des cordes vibrantes, dans l'article II de son Addition au *Mémoire sur la courbe que forme une corde tendue mise en vibration*, imprimée parmi les *Mémoires de l'Académie de Berlin* pour l'année 1750. *Dans tout autre cas,* dit-il (c'est-à-dire dans tous les cas où la courbe initiale n'aura point les conditions prescrites par cet Auteur), *le problème ne pourra se résoudre, au moins par ma méthode, et je ne sais même s'il ne surpassera pas les forces de l'analyse connue. En effet, on ne peut, ce me semble, exprimer y analytiquement d'une manière plus générale qu'en la supposant une fonction de t et de s; mais, dans cette supposition, on ne trouve la solution du problème que pour le cas où les différentes figures de la corde vibrante peuvent être renfermées dans une seule et même équation. Dans tous les autres cas il me paraît impossible de donner à y une forme plus générale.*

La méthode que nous avons exposée ci-dessus est une réduction de celle que j'ai inventée pour résoudre le problème des vibrations d'une corde chargée d'un nombre indéfini de petits poids; ainsi elle remplit la condition que tous les points mobiles soient considérés chacun en particulier, et en même temps elle n'est pas sujette aux difficultés qui se présentent en passant du nombre indéfini des points mobiles à un nombre réellement infini.

Le fondement principal de l'une et de l'autre de ces méthodes, c'est l'ingénieuse analyse inventée par M. d'Alembert pour intégrer des équations différentielles d'un degré quelconque, et contenant un nombre quelconque de variables, pourvu qu'elles ne paraissent que sous une forme linéaire. Aussi est-ce une justice qu'il faut rendre à ce savant Géomètre, que de reconnaître que nous lui devons le principal secours qui nous a aidé à franchir les difficultés que lui-même semble avoir crues insurmontables à l'analyse.

A l'égard des procédés de nos deux méthodes, ils ne diffèrent d'abord entre eux que parce que l'on a substitué, dans les derniers, des différentiations et des intégrations au lieu des sommes et des différences algébriques qui se trouvent dans les autres; mais, comme on pourrait craindre que ces opérations n'entraînassent les inconvénients qu'on a indiqués dans le n° XV des *Recherches précédentes*, il me paraît utile de développer cet objet plus en détail, en rapprochant l'analyse que j'ai donnée ci-dessus de celle du Chapitre III des mêmes *Recherches*.

J'imagine d'abord qu'au lieu de la simple équation générale $\frac{d^2 z}{dt^2} = c \frac{d^2 z}{dx^2}$, qui appartient à tous les points mobiles, il y en ait une infinité dont chacune représente le mouvement de chacun des points en particulier; mouvement qui dépend d'ailleurs de tous les autres, puisque la différentielle $d^2 z$ qu'on prend, en ne faisant varier que x, exprime la différence seconde des valeurs de z pour trois points consécutifs. Je multiplie donc chacune de ces équations par un coefficient indéterminé M, ou plutôt par la quantité $\mathrm{M}dx$, en regardant M comme une variable qui peut convenir à toutes les équations en général, et j'en prends la somme par une intégration indiquée à la manière ordinaire.

Maintenant, comme il s'agit de joindre ensemble les coefficients de chaque valeur de z qui répond à chaque point mobile, je transforme mon équation intégrale en sorte que les différentielles de z dépendantes de x s'évanouissent.

Les transformations dont je fais usage dans cette occasion sont celles qu'on appelle *intégrations par parties*, et qui se démontrent ordinairement par les principes du calcul différentiel; mais il n'est pas difficile de voir qu'elles ont leur fondement dans le calcul général des sommes et des différences; d'où il suit qu'on n'a point à craindre d'introduire par là dans notre calcul aucune loi de continuité entre les différentes valeurs de z.

Après cela, je détermine les valeurs de l'indéterminée M par la comparaison des coefficients des termes correspondants z et $\frac{d^2z}{dt^2}$; et je trouve pour cela une équation différentielle du deuxième degré, qui contient une nouvelle indéterminée constante k, et dont l'intégration entraîne encore dans la valeur de M deux autres constantes arbitraires. Je détermine ces constantes à être telles, que M s'évanouisse lorsque $x = 0$ et lorsque $x = a$, puisque, les valeurs de z étant nulles dans ces deux points, les M qui les multiplient ne doivent non plus avoir des valeurs réelles; par ce moyen, on fait disparaître de l'équation intégrale les termes qui sont absolument algébriques, et qui auraient d'ailleurs empêché le reste des opérations. Ces deux conditions laissent encore indéterminée la valeur d'une constante par laquelle toute l'expression de M est multipliée; mais cette constante s'évanouit ensuite d'elle-même par la division. A l'égard de la constante k, on trouve une infinité de valeurs différentes qui toutes lui conviennent également, et dont le nombre répond à celui des équations particulières qu'on résout à la fois. C'est de ce nombre infini de valeurs de k que dépend ensuite la détermination de toutes les valeurs de z.

De là je passe à l'intégration actuelle de notre équation formée par l'addition de toutes les équations particulières. Cette intégration ne regarde que la variabilité de t, et elle s'achève selon les méthodes connues du calcul intégral, puisque ici la loi de continuité a lieu. Après cela je substitue la valeur de M, et il en résulte une équation assez simple qui renferme toutes les valeurs de z pour chaque point mobile dans tous les instants du mouvement, avec les valeurs particulières des mêmes z et des vitesses u dans le premier instant; valeurs qu'on suppose données à volonté, et qui ne sont point réglées par aucune loi de continuité. Je trouve en même temps une formule semblable pour les vitesses u de tous les points dans un temps quelconque.

Jusqu'ici cette analyse est parfaitement d'accord avec celle du Chapitre cité de mes *Recherches;* mais elle en diffère entièrement dans la suite, où il s'agit de tirer les valeurs de z et de u.

Comme il est nécessaire que nos dernières formules soient vérifiées, quelque valeur qu'on donne à k, parmi le nombre infini de celles qu'on a trouvées, il est visible qu'il faut chasser cette même quantité k à l'aide d'autant d'équations particulières qu'il y a de différentes fonctions de k. C'est à quoi nous sommes parvenu en employant différentes transformations et réductions, dont on a rendu compte dans le cours de cette analyse, et qui me paraissent les seules capables de remplir l'objet proposé.

La construction qu'on a donnée ensuite des valeurs de z et de u par le moyen des courbes *génératrices,* et la manière de continuer ces courbes à l'infini de part et d'autre, dépendent d'une considération intime sur la nature de nos formules. Il est vrai que les principes d'où l'on a tiré cette construction pourraient paraître trop recherchés, mais elle n'en est pas moins démonstrative et certaine; ce n'a été que pour conserver une entière rigueur que j'ai été obligé d'avoir recours à de tels principes; car, dès que l'on aura démontré dans deux ou trois Problèmes de cette sorte, que la nature des courbes *génératrices* est la même que celle qu'on trouve en supposant ces courbes représentées par une fonction régulière et continue, ainsi que l'a fait M. d'Alembert dans sa solution du Problème des vibrations des cordes, on sera assez fondé à appliquer la méthode de ces fonctions aux cas mêmes où l'on voudra supposer qu'elles n'aient point lieu.

9. Après tout ce que nous venons d'expliquer, il ne sera pas difficile de déterminer le degré de généralité dont notre méthode est susceptible. On verra premièrement qu'elle ne pourra réussir à moins que l'indéterminée z et ses différences ne se trouvent que sous une forme linéaire, et, de plus, qu'elles ne soient point mêlées avec la variable t; lorsque ces conditions seront observées, quoique les différentielles de z montent à un degré plus haut que le second, et qu'il y ait même un terme sans z qui soit une fonction quelconque de t et de x, on pourra toujours se ser-

vir avec succès des artifices et des transformations enseignées, comme on le verra dans les solutions que nous donnerons dans la suite. Toute la difficulté ne tombera plus que sur l'intégration des équations en M et en s, équations qui se rapportent aux méthodes ordinaires du calcul intégral. En second lieu, le succès de notre méthode demande qu'on puisse faire disparaître des équations la quantité k qui a toujours une infinité de valeurs; cette opération renferme des difficultés plus considérables, et je ne suis point encore parvenu jusqu'à présent à trouver pour cela une méthode directe et générale; cependant, nous ferons voir dans la suite que cet objet pourra toujours être rempli sinon exactement, au moins en se servant des approximations et des séries.

Pour ce qui est de la première condition, qui est absolument indispensable dans notre méthode, il est aisé de démontrer qu'elle aura toujours lieu dans les mouvements d'un système quelconque d'un nombre infini de points mobiles, lorsque ces mouvements seront supposés infiniment petits, comme le sont tous les mouvements réciproques qu'on observe dans la nature; d'où il suit qu'on pourra toujours les calculer soit exactement, soit seulement par approximation.

CHAPITRE III.

DE LA PROPAGATION DU SON.

10. La masse de l'air étant naturellement de trois dimensions, il est clair que, pour calculer la propagation du son en toute rigueur, il faudrait résoudre les formules générales que M. Euler a données dans ses *Recherches sur la propagation des ébranlements dans un milieu élastique* (*Miscellanea Taurinensia*, t. II, p. 1). Mais ces formules n'étant point du nombre de celles sur lesquelles notre méthode peut avoir prise, il faut renoncer pour le présent, c'est-à-dire jusqu'à ce qu'on soit aidé par de nouveaux secours, à toute théorie de la propagation du son envisagée sous ce point de vue. Cependant, comme il est très-probable que les

ébranlements des particules de l'air, pour produire le son, doivent être infiniment petits, ainsi que nous tâcherons de le prouver dans la suite, on pourra s'en tenir aux formules que M. Euler a aussi données pour ce cas; formules qui sont sans comparaison beaucoup plus simples que les premières, et qui, par la raison qu'on a dite plus haut (9), rentrent nécessairement dans la classe de celles qu'on peut soumettre à notre analyse.

Quoique la manière dont M. Euler a trouvé ces formules soit sans contredit la plus directe et la plus rigoureuse qui se puisse imaginer, cependant, puisque la supposition des ébranlements infiniment petits rend le calcul incomparablement plus simple, j'ai cru qu'on ne serait point fâché de le trouver ici.

Soient X, Y, Z les coordonnées rectangles qui déterminent la position d'une particule quelconque de fluide dans l'état d'équilibre; supposons que ces coordonnées, dans le temps t, deviennent $X + x$, $Y + y$, $Z + z$; il ne sera pas difficile de voir que, si les quantités x, y, z sont supposées infiniment petites, le parallélipipède $dX\,dY\,dZ$, qui représente une particule dans l'état d'équilibre, pourra être censé se changer en un autre

$$(dX + dx)(dY + dy)(dZ + dz),$$

ou, en négligeant les puissances plus hautes de dx, dy, dz,

$$dX\,dY\,dZ + dX\,dY\,dz + dX\,dZ\,dy + dY\,dZ\,dx.$$

De là il suit qu'en nommant E l'élasticité naturelle de la portion infiniment petite de fluide renfermée dans le premier parallélipipède, l'élasticité de la même portion, lorsqu'elle remplira le second, se trouvera, en négligeant ce qui se doit négliger,

$$\frac{E\,dX\,dY\,dZ}{dX\,dY\,dZ + dX\,dY\,dz + dX\,dZ\,dy + dY\,dZ\,dx},$$

ou

$$E - E\left(\frac{dx}{dX} + \frac{dy}{dY} + \frac{dz}{dZ}\right).$$

Soit prise maintenant la différence de cette quantité, en ne faisant varier que X, et l'on aura, E étant constant,

$$-E\left(\frac{d^2x}{dX^2}+\frac{d^2y}{dX\,dY}+\frac{d^2Z}{dX\,dZ}\right)dX$$

pour la différence d'élasticité de deux particules infiniment voisines et placées dans la direction de la ligne X; donc, si l'on considère une autre particule intermédiaire à celles-ci, et qui leur soit contiguë par tous les points des deux faces opposées $dY\,dZ$, il est clair que cette particule sera repoussée par l'excès de l'élasticité de la particule antérieure sur celle de la particule postérieure avec une force qui sera exprimée par

$$-E\left(\frac{d^2x}{dX^2}+\frac{d^2y}{dX\,dY}+\frac{d^2z}{dX\,dZ}\right)dX\,dY\,dZ.$$

Cette force, divisée par la masse à mouvoir, qui est ici (en posant D pour la densité naturelle du fluide) $D\,dX\,dY\,dZ$, sera donc $-\frac{T^2}{2h}\frac{d^2x}{dt^2}$, h étant l'espace qu'un corps pesant parcourt dans le temps T; d'où l'on aura l'équation

$$\frac{T^2}{2h}\frac{d^2x}{dt^2}=\frac{E}{D}\left(\frac{d^2x}{dX^2}+\frac{d^2y}{dX\,dY}+\frac{d^2z}{dX\,dZ}\right).$$

On trouvera de même, par un semblable raisonnement, les deux autres équations

$$\frac{T^2}{2h}\frac{d^2y}{dt^2}=\frac{E}{D}\left(\frac{d^2y}{dY^2}+\frac{d^2x}{dY\,dX}+\frac{d^2z}{dY\,dZ}\right),$$

$$\frac{T^2}{2h}\frac{d^2z}{dt^2}=\frac{E}{D}\left(\frac{d^2z}{dZ^2}+\frac{d^2x}{dZ\,dX}+\frac{d^2y}{dZ\,dY}\right).$$

Il est visible que ces trois équations s'accordent avec celles de M. Euler, en posant, selon les hypothèses de cet Auteur, $h=g$, $\frac{E}{D}=h$, $T=1$, et substituant p, q et r pour x, y et z.

11. Au reste, ces formules sont fondées sur l'hypothèse que l'élasticité de l'air soit proportionnelle à sa densité; mais il n'est pas difficile de les étendre à telle autre hypothèse qu'on voudra.

Pour embrasser la question dans toute la généralité possible, supposons que l'élasticité de l'air soit comme une fonction quelconque de la densité, de sorte que nommant s la densité dans un instant quelconque, l'élasticité correspondante soit exprimée par $E\varphi(s)$; il est clair, par les calculs du numéro précédent, que

$$s = \frac{D\,dX\,dY\,dZ}{(dX+dx)(dY+dy)(dZ+dz)} = D - D\left(\frac{dx}{dX} + \frac{dy}{dY} + \frac{dz}{dZ}\right);$$

donc, à cause de dx, dy, dz infiniment petits par rapport à dX, dY, dZ, on aura

$$E\varphi(s) = E\varphi(D) - \left(\frac{dx}{dX} + \frac{dy}{dY} + \frac{dz}{dZ}\right) ED\varphi'(D),$$

φ' marquant une telle fonction de φ que $\varphi'(s) = \dfrac{d\varphi(s)}{ds}$.

Maintenant, comme D est une quantité constante, les différences de $E\varphi(s)$ seront exprimées simplement par

$$ED\varphi'(D)d\left(\frac{dx}{dX} + \frac{dy}{dY} + \frac{dz}{dZ}\right);$$

d'où l'on voit que, pour avoir les équations du mouvement du fluide, il ne faudra qu'écrire au lieu de E, dans les calculs du numéro précédent, $ED\varphi'(D)$, ou $E\varphi'(D)$ simplement en posant $D = 1$.

Si le fluide était composé de parties de différentes densités, il faudrait regarder alors la quantité D, non plus comme constante, mais comme une variable exprimée par quelque fonction de X, Y, Z. Ainsi, on parviendrait aux trois équations suivantes :

$$\frac{T^2}{2h}\frac{d^2x}{dt^2} = E\varphi'(D)\left(\frac{d^2x}{dX^2} + \frac{d^2y}{dX\,dY} + \frac{d^2z}{dX\,dZ}\right) + \frac{E}{D}\frac{dD\varphi'(D)}{dX}\left(\frac{dx}{dX} + \frac{dy}{dY} + \frac{dz}{dZ}\right) - \frac{E}{D}\frac{d\varphi(D)}{dX},$$

$$\frac{T^2}{2h}\frac{d^2y}{dt^2} = E\varphi'(D)\left(\frac{d^2y}{dY^2} + \frac{d^2x}{dY\,dX} + \frac{d^2z}{dY\,dZ}\right) + \frac{E}{D}\frac{dD\varphi'(D)}{dY}\left(\frac{dx}{dX} + \frac{dy}{dY} + \frac{dz}{dZ}\right) - \frac{E}{D}\frac{d\varphi(D)}{dY},$$

$$\frac{T^2}{2h}\frac{d^2z}{dt^2} = E\varphi'(D)\left(\frac{d^2z}{dZ^2} + \frac{d^2x}{dZ\,dX} + \frac{d^2y}{dZ\,dY}\right) + \frac{E}{D}\frac{dD\varphi'(D)}{dZ}\left(\frac{dx}{dX} + \frac{dy}{dY} + \frac{dz}{dZ}\right) - \frac{E}{D}\frac{d\varphi(D)}{dZ}.$$

Supposons, par exemple, que la différente densité des particules du fluide vienne du poids du fluide supérieur; dans ce cas, quelle que soit la fonction φ, on aura toujours, en supposant que la direction de Z soit verticale,

$$\frac{\mathrm{E}d\varphi(\mathrm{D})}{d\mathrm{Z}} = -\mathrm{D};$$

d'où l'on trouvera la valeur de D qui sera une fonction de Z seulement. De là on pourrait tirer les équations nécessaires pour trouver les lois de la propagation du son, en ayant égard à la densité variable des couches de l'atmosphère; mais, pour ne pas trop nous engager dans des difficultés de calcul, nous nous contenterons dans tout le cours des recherches suivantes de regarder la densité de l'air comme constante; ce qui ne nous éloignera pas sensiblement de la vérité, pourvu qu'on ne considère la propagation du son que près de la surface de la terre. C'est donc sur les équations du numéro précédent que nous fonderons principalement nos recherches sur la propagation du son; mais, comme ces équations sont encore trop compliquées à cause des trois variables qu'elles renferment, il sera bon de commencer par les simplifier au moyen de quelques hypothèses qui limitent le mouvement de chaque particule de l'air. Or, de toutes les hypothèses qu'on peut employer pour cela, les plus commodes et les plus conformes à la nature sont les deux suivantes. La première consiste à imaginer la masse de l'air réduite à une simple ligne physique, dans lequel cas on fait disparaître à volonté deux variables quelconques x et y, avec leurs correspondantes X et Y. La seconde hypothèse est de supposer que les ébranlements se propagent dans toute la masse de l'air par des ondulations sphériques autour du corps sonore; dans ce cas chaque couche concentrique d'air est supposée subir le même ébranlement dans toutes ses parties; d'où il suit que la détermination de l'ébranlement de chaque couche ne peut dépendre que du temps t et du rayon de la couche, c'est-à-dire de la distance du corps sonore.

§ I. — *De la propagation du son dans une ligne physique d'air.*

12. Si l'on fait, selon la première hypothèse,

$$x = 0, \quad y = 0 \quad \text{et} \quad X = 0, \quad Y = 0,$$

et qu'on pose, pour abréger, c au lieu de $\frac{2hE}{T^2 D}$, on trouve l'équation

$$\frac{d^2 z}{dt^2} = c \frac{d^2 z}{dZ^2},$$

qui est la même que celle que nous avons appris à construire dans le Problème I, Z dénotant ici la même chose que x; d'où il suit que, pour avoir les lois de la propagation du son dans cette hypothèse, il ne faudra qu'appliquer la construction donnée, suivant les différents ébranlements excités par les corps sonores et la nature du milieu élastique qui les environne. Quoique cette matière ait déjà été traitée dans la seconde Section de mes *Recherches sur le Son*, elle peut néanmoins l'être encore d'une manière beaucoup plus générale. Je la reprendrai donc ici avec d'autant plus de plaisir qu'elle me donnera occasion de faire plusieurs remarques nouvelles et importantes.

Que la droite PQ (*fig.* 11) représente une ligne physique d'air étendue

Fig. 11.

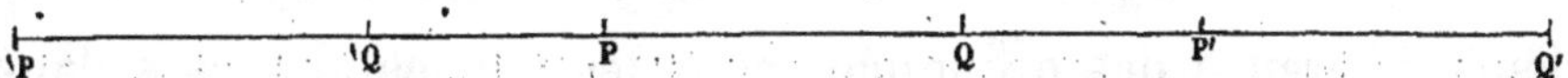

d'un côté et de l'autre à l'infini, et qu'au lieu de supposer, comme je l'ai fait dans la Section citée, que la seule particule P reçoive du corps sonore une impulsion quelconque, on imagine que toutes les particules contenues dans l'espace PQ soient ébranlées en même temps, PQ représentant, suivant M. Newton, la *pulsion* primitive de la fibre sonore; il s'agit de déterminer les lois de la propagation de cette pulsion. Ayant tracé pour cela, selon ce qui a été enseigné plus haut, les deux courbes *fondamentales*, qui représentent les déplacements primitifs des particules, avec les vitesses qui leur ont été imprimées, et ayant construit de même les deux autres courbes qui résultent de la quadrature et des tangentes de celles-ci, et que nous appellerons dorénavant courbes *dérivées*, on remarquera :

1° Que les courbes *fondamentales* se termineront nécessairement aux deux points P et Q qui sont les limites de l'agitation primitive, par supposition ;

2° Que, puisque la fibre aérienne est supposée s'étendre à l'infini de part et d'autre, aucune de ses particules ne pourra être absolument fixe ; d'où il suit que les extrémités A et B des courbes *fondamentales*, qui sont censées fixes, devront dans ce cas être reculées à l'infini, ce qui fera disparaître toutes les branches de continuation, en sorte que les courbes *génératrices* ne renfermeront aucune ordonnée réelle au delà des points P et Q ;

3° Qu'il en sera de même pour les courbes *dérivées*, excepté celle qui dépend des quadratures, laquelle dégénérera du côté de Q en une droite parallèle à l'axe, comme il est facile de le voir en examinant la génération de cette courbe.

Ces choses posées et bien entendues, voici comment je raisonne. Je suppose que l'on demande l'état de la particule qui répond à l'abscisse x pour un temps quelconque t écoulé depuis le premier instant du mouvement. Je n'aurai qu'à prendre la demi-somme des ordonnées dont les abscisses sont $x + t\sqrt{c}$ et $x - t\sqrt{c}$ dans les deux courbes *fondamentales*, et la demi-différence des ordonnées pour les mêmes abscisses dans les courbes *dérivées*, et joignant ensemble la première des demi-sommes et la seconde des demi-différences, comme aussi la seconde demi-somme et la première demi-différence, j'aurai l'espace parcouru par la particule pendant le temps donné t et sa vitesse à la fin de ce temps. Je vois donc que cet espace et cette vitesse seront toujours nulles, lorsque l'abscisse $x \pm t\sqrt{c}$ restera en deçà du point P ; ensuite que l'espace sera constant et la vitesse nulle, lorsque l'abscisse $x \pm t\sqrt{c}$ tombera au delà de Q. D'où je conclus que, pour un temps quelconque t, il n'y aura et il ne pourra y avoir d'autres particules en mouvement que celles pour lesquelles la valeur de $x \pm t\sqrt{c}$ sera plus grande que la distance du point P au point A, et moindre que la distance du point Q au même point A, qui est toujours l'origine des abscisses, quoique placé à une distance infinie. Examinons séparément les deux cas de $x + t\sqrt{c}$ et de $x - t\sqrt{c}$.

Soit p la distance entre le point A et le point P, et soit $x = p + z$, z sera une nouvelle abscisse qui aura son origine en P. Posons maintenant en premier lieu

$$p + z - t\sqrt{c} = p,$$

on aura

$$z = t\sqrt{c};$$

posons ensuite

$$p + z - t\sqrt{c} = p + \mathrm{PQ},$$

on aura

$$z = \mathrm{PQ} + t\sqrt{c}.$$

Par là on peut avoir les limites de l'agitation des particules dans le temps t, en tant qu'elle résulte des termes dépendant de l'expression $x - t\sqrt{c}$; car il ne faut que prendre sur la ligne PQ les points P′ et Q′ tels que $\mathrm{PP'} = t\sqrt{c}$ et $\mathrm{P'Q'} = \mathrm{PQ}$, et la portion P′Q′ de la fibre sera la seule où cette agitation aura lieu. On trouvera de la même manière les limites de l'agitation des particules qui dépend de la valeur de $x + t\sqrt{c}$; car, en faisant

$$p + z + t\sqrt{c} = p \quad \text{et} \quad p + z + t\sqrt{c} = p + \mathrm{PQ},$$

on a deux valeurs de z, savoir

$$z = -t\sqrt{c} \quad \text{et} \quad z = \mathrm{PQ} - t\sqrt{c}.$$

On prendra donc de nouveau, sur la même ligne prolongée du côté opposé, deux autres points 'P et 'Q tels, que $\mathrm{P\,'P} = t\sqrt{c}$ et $\mathrm{P\,'Q} = \mathrm{P\,'P} - \mathrm{PQ}$, c'est-à-dire que $\mathrm{'P\,'Q} = \mathrm{PQ}$, et tous les mouvements, dont la détermination dépendra de la valeur de $x + t\sqrt{c}$, seront renfermés dans ce dernier espace 'P 'Q.

De ce qu'on vient de démontrer il s'ensuit que la *pulsion* primitive, c'est-à-dire l'onde excitée par le corps sonore dans l'espace PQ de la fibre aérienne indéfinie, s'est comme divisée en deux autres, qui, dans le temps t, ont été transportées, l'une à droite en P'Q', et l'autre à gauche en 'P'Q, conservant toujours la même étendue PQ. Pour connaître la vitesse de la propagation de ces *pulsions* secondaires, on n'a qu'à chercher celle des points P' et 'P, dont la position par rapport à P est déterminée généralement par les équations

$$z = t\sqrt{c} \quad \text{et} \quad z = -t\sqrt{c};$$

donc puisque z représente ici les espaces parcourus par ces points dans le temps t, il est évident que leur mouvement sera uniforme et leur vitesse égale à $\sqrt{c}$, et que cela aura lieu quelle qu'ait été la nature de la *pulsion* primitive. Il est inutile de nous arrêter à examiner la valeur de $\sqrt{c}$ qui est $\frac{1}{T}\frac{\sqrt{2hE}}{D}$, puisque cette expression, en substituant pour $\frac{E}{D}$ la quantité A ou nk qui est sa valeur, devient la même que celle qu'on a trouvée ailleurs (LVI), et que M. Newton a déduite de sa théorie, comme on l'a déjà remarqué ci-dessus (1).

13. Ce serait ici le lieu de faire voir l'application de la formule générale que nous avons trouvée d'après les *Principes* de M. Newton dans le numéro cité; mais cette formule étant entièrement semblable à celle que M. d'Alembert a donnée sur les vibrations des cordes, il est clair qu'en admettant les fonctions discontinues qui sont indispensables dans la matière dont il s'agit ici (4), on aura la même construction que nous avons donnée (7), et que, par conséquent, la théorie de la propagation du son qui en résultera ne sera point autre que celle qui vient d'être expliquée. Par là on prouvera aisément ce que l'on a avancé plus haut (1), que la vitesse de la propagation, selon cette théorie, est déterminée par la quantité $\frac{\sqrt{2hA}}{T}$ qui divise x dans les fonctions φ et ψ.

14. La manière dont nous venons de considérer la propagation du son

est beaucoup plus générale et plus conforme à la nature que celle qu'on a employée dans le Chapitre I de la Section II des *Recherches précédentes*. En effet, l'hypothèse que j'avais adoptée dans cet Ouvrage, savoir qu'une seule particule d'air fût ébranlée par le corps sonore à chacune de ses vibrations, ne paraît pas pouvoir subsister avec l'équilibre mutuel de toutes les particules de la fibre; il me semble beaucoup plus naturel d'imaginer que la première particule poussée par le corps sonore condense jusqu'à une certaine distance les particules suivantes, pourvu que cette distance ne soit pas telle, que les *pulsions* ou ondes sonores qui se succéderont les unes aux autres puissent se troubler et s'entre-détruire, comme il arriverait nécessairement si le temps qu'elles mettent à parcourir leur largeur était moindre que l'intervalle du temps entre deux vibrations successives du corps sonore. On pourra déterminer les limites de la plus grande largeur des ondes, en prenant le nombre des vibrations que fait dans une seconde le son le plus aigu que nous puissions entendre et divisant par ce nombre l'espace que les ondes sonores parcourent dans le même temps. Ce nombre peut se déduire rigoureusement de la formule connue des vibrations des cordes, que nous avons démontré être exacte pour quelque figure que la corde prenne; si donc on s'en tient à ce que dit M. Euler dans l'Article XIII de sa *Théorie de la Musique*, on aura le nombre 7520, par lequel divisant le nombre 1240 qui exprime en pieds l'espace parcouru par le son dans une seconde, selon les expériences moyennes, il viendra pour quotient 1 pouce et 2 lignes environ, qui sera par conséquent la mesure de la plus grande étendue que puissent avoir les ondes sonores pour former des sons distincts et perceptibles à l'oreille.

15. Jusqu'ici nous n'avons encore considéré que le mouvement progressif des ondes sonores; si on voulait aussi connaître les mouvements particuliers qui les composent, on les trouverait aisément par les principes établis ci-dessus.

Supposons que x ou bien z soit donné, au lieu de t, dans les équations

$$z = t\sqrt{c} \quad \text{et} \quad z = \text{PQ} + t\sqrt{c},$$

la différence des deux valeurs de t nous donnera la durée du mouvement de chaque particule de l'onde P'Q', laquelle sera $\frac{PQ}{\sqrt{c}}$. Or, puisque $\sqrt{c}$ est la vitesse constante avec laquelle les ondes avancent continuellement, il est clair que l'agitation de chaque particule ne durera précisément que le temps que l'onde met à parcourir toute sa largeur PQ. Il en sera de même pour les ondes propagées du côté opposé, ce qu'il est aisé de reconnaître par le moyen des deux équations

$$z = -t\sqrt{c} \quad \text{et} \quad z = PQ - t\sqrt{c}$$

qui leur appartiennent.

Pour ce qui est de la nature de chaque mouvement particulier, il faudra la déterminer par la construction générale des espaces et des vitesses. On trouvera pour cela :

1° Que toutes les particules subissent successivement la même agitation dépendante de la nature de toute la *pulsion* primitive;

2° Que, si on suppose que la *pulsion* primitive consiste dans le seul déplacement des particules, sans aucune vitesse imprimée, l'agitation de chaque particule ne sera composée que d'une seule allée et d'un retour à son lieu d'équilibre, après lequel elle demeurera immobile;

3° Que, si l'on suppose au contraire que la *pulsion* primitive ne consiste que dans l'impression d'une certaine vitesse, les particules, pendant tout le temps de leur agitation, s'écarteront continuellement de leurs points d'équilibre et n'y reviendront plus comme auparavant;

4° Qu'enfin, si la *pulsion* primitive dépend de l'une et de l'autre cause, l'agitation des particules sera composée de celles dont nous venons de parler, ce qui paraît être le cas de la nature.

16. M. Euler, dans une lettre du 23 octobre 1759, m'a fait l'honneur de me mander que la lecture de mes *Recherches sur le Son* lui avait suggéré le dénoûment d'une difficulté qui s'était présentée à lui depuis longtemps. Cette difficulté consistait à savoir pourquoi, les ébranlements primitifs se répandant d'abord naturellement de deux côtés opposés, les ébranlements dérivatifs ne se propagent plus que d'un seul côté et toujours suivant la même direction. La raison de cette différence dépend de la nature particulière des ébranlements dérivatifs, qui est telle que leur propagation ne peut avoir lieu que d'un seul côté.

Pour s'en convaincre, qu'on examine les formules des valeurs de z et de u trouvées à la fin du n° 6, et supposant que z et u soient les excursions et les vitesses données, qu'on cherche celles qui en résultent pour un temps quelconque t' et pour une particule quelconque déterminée par l'abscisse x'. Il est visible qu'il n'y a pour cela qu'à substituer z à la place de Z, et u à la place de U ; et désignant par z' et u' les valeurs cherchées, on aura

$$z' = \frac{1}{2}\left[z^{(x'+t'\sqrt{c})} + z^{(x'-t'\sqrt{c})}\right] + \frac{1}{2\sqrt{c}}\left[\left(\int u\,dx\right)^{(x'+t'\sqrt{c})} - \left(\int u\,dx\right)^{(x'-t'\sqrt{c})}\right],$$

$$u' = \frac{1}{2}\left[u^{(x'+t'\sqrt{c})} + u^{(x'-t'\sqrt{c})}\right] + \frac{\sqrt{c}}{2}\left[\left(\frac{dz}{dx}\right)^{(x'+t'\sqrt{c})} - \left(\frac{dz}{dx}\right)^{(x'-t'\sqrt{c})}\right].$$

Maintenant on sait, par ce qu'on a démontré (12), que les termes dont les exposants sont $(x - t\sqrt{c})$ sont les seuls qui déterminent la propagation suivant la direction PP', et que la propagation suivant P'P dépend simplement des termes qui renferment la quantité $(x + t\sqrt{c})$; donc, pour connaître la propagation des ébranlements de l'onde P'Q', il ne faudra substituer, au lieu de z et de u, que les seuls termes

$$\frac{1}{2}Z^{(x-t\sqrt{c})} - \frac{1}{2\sqrt{c}}\left(\int U\,dx\right)^{(x-t\sqrt{c})},$$

$$\frac{1}{2}U^{(x-t\sqrt{c})} - \frac{\sqrt{c}}{2}\left(\frac{dZ}{dx}\right)^{(x-t\sqrt{c})};$$

ce qui donnera, en posant $x' \pm t'\sqrt{c}$ au lieu de x dans les exposants,

$$z' = \frac{1}{4}\left[Z^{(x'+t'\sqrt{c}-t\sqrt{c})} + Z^{(x'-t'\sqrt{c}-t\sqrt{c})}\right]$$
$$- \frac{1}{4\sqrt{c}}\left[\left(\int U\,dx\right)^{(x'+t'\sqrt{c}-t\sqrt{c})} + \left(\int U\,dx\right)^{(x'-t'\sqrt{c}-t\sqrt{c})}\right]$$

$$+ \frac{1}{4\sqrt{c}}\left[\left(\int \mathrm{U}\,dx\right)^{(x'+t'\sqrt{c}-t\sqrt{c})} - \left(\int \mathrm{U}\,dx\right)^{(x'-t'\sqrt{c}-t\sqrt{c})}\right]$$

$$- \frac{1}{4}\left[\mathrm{Z}^{(x'+t'\sqrt{c}-t\sqrt{c})} - \mathrm{Z}^{(x'-t'\sqrt{c}-t\sqrt{c})}\right],$$

$$u' = \frac{1}{4}\left[\mathrm{U}^{(x'+t'\sqrt{c}-t\sqrt{c})} + \mathrm{U}^{(x'-t'\sqrt{c}-t\sqrt{c})}\right]$$

$$- \frac{\sqrt{c}}{4}\left[\left(\frac{d\mathrm{Z}}{dx}\right)^{(x'+t'\sqrt{c}-t\sqrt{c})} + \left(\frac{d\mathrm{Z}}{dx}\right)^{(x'-t'\sqrt{c}-t\sqrt{c})}\right]$$

$$+ \frac{\sqrt{c}}{4}\left[\left(\frac{d\mathrm{Z}}{dx}\right)^{(x'+t'\sqrt{c}-t\sqrt{c})} - \left(\frac{d\mathrm{Z}}{dx}\right)^{(x'-t'\sqrt{c}-t\sqrt{c})}\right]$$

$$- \frac{1}{4}\left[\mathrm{U}^{(x'+t'\sqrt{c}-t\sqrt{c})} - \mathrm{U}^{(x'-t'\sqrt{c}-t\sqrt{c})}\right].$$

Dans ces formules il est visible que les termes dont les exposants renferment la quantité $+t'\sqrt{c}$ s'évanouissent tous d'eux-mêmes, et qu'il ne reste que ceux où la même quantité se trouve avec le signe négatif; d'où il s'ensuit que la propagation des ébranlements z' et u' ne peut se faire que dans le seul sens PP'.

On prouverait la même chose pour les ébranlements propagés d'abord suivant la direction opposée P'P; car, en substituant pour z et u les seuls termes dont les exposants contiennent $+t\sqrt{c}$, on verra que les formules résultantes ne seront composées que de termes où la quantité $t'\sqrt{c}$ se trouvera avec le signe $+$.

17. Nous avons supposé ci-dessus que la fibre aérienne était infinie de l'un et de l'autre côté, et cette hypothèse nous a donné des courbes *génératrices* composées d'une seule branche terminée de part et d'autre, et pour ainsi dire isolée. Mais il n'en serait pas de même si la fibre était elle-même terminée des deux côtés ou d'un côté simplement; car, puisque la manière de continuer les courbes *fondamentales* et *dérivées* est générale, et que les extrémités fixes de la fibre sont les points autour desquels on doit, pour ainsi dire, faire tourner chaque branche pour en avoir la continuation, ainsi qu'on l'a enseigné (7), il est évident que, dans le cas d'une seule extrémité fixe, les courbes *génératrices* seront composées de deux branches égales et semblablement situées de part et d'autre du point qui constitue cette extrémité, et que dans le cas de deux extrémités fixes les courbes *génératrices* auront un nombre infini de branches égales et semblablement situées autour des deux points qui constituent les extrémités données. De là, si on cherche la propagation des ondes sonores par la méthode du n° 12, on trouvera sans beaucoup de peine que chaque onde, venant rencontrer une des extrémités fixes, devra se réfléchir, pour ainsi dire, et retourner en arrière avec la même vitesse et conservant la même nature qu'elle avait avant la réflexion, d'où il résultera des échos simples ou composés, ainsi qu'on l'a expliqué (Chapitre II de la Section II des *Recherches précédentes*).

Je ne m'arrêterai pas ici à démontrer plus en détail cette théorie des échos, non plus que les autres propriétés du son, qui dépendent des principes que nous venons d'établir. Il ne faut que relire attentivement la Section citée pour voir que les propositions qu'on a démontrées, en ne considérant que des mouvements instantanés dans les particules de l'air, sont aussi vraies dans l'hypothèse présente des ondulations.

Mais il est un point essentiel de la théorie du son, dont on n'a pas encore parlé jusqu'à présent; c'est son intensité. Or, de ce que les ondes sonores ne souffrent aucune altération en parcourant un espace quelconque, comme on l'a fait voir (12), il est simple de conclure que l'intensité du son sera constante et indépendante de la distance du corps sonore. Mais cette conclusion ne peut avoir lieu que dans l'hypothèse que le son soit obligé de suivre une seule et même direction, comme si l'on supposait l'air renfermé dans des tuyaux ou des conduits assez étroits par rapport à leur longueur; ainsi, dans les aqueducs de Rome, le P. Kircher rapporte que les sons ne reçoivent point de diminution sensible par l'espace de 600 pieds environ. Il n'en est pas de même pour l'air libre, dans lequel le son se propageant de tous côtés à la ronde doit s'affaiblir à mesure qu'il s'éloigne du corps sonore; et c'est ce que l'expérience journalière apprend, et que nous allons aussi démontrer par la théorie, en adoptant la seconde hypothèse du n° 11 qui reste encore à examiner.

§ II. — *De la propagation du son dans l'hypothèse des ondes sphériques.*

18. Dans cette hypothèse on conserve à la masse de l'air ses trois dimensions; mais on suppose que, ayant pris un point fixe pour centre, toutes les particules qui se trouvent dans la direction de chaque rayon se meuvent sans sortir de cette direction, et que leurs mouvements ne dépendent que du temps t et de la distance de chacune d'elles au centre. De là il est clair qu'il doit se former dans l'air des ondulations sphériques et concentriques, dont la détermination soit contenue dans une seule équation, de même que dans le cas de l'hypothèse précédente. Cette équation peut se trouver soit par l'application des formules générales, ainsi que l'a fait M. Euler dans son Mémoire (*Miscellanea Taurinensia*, t. II, p. 1), ou plus simplement encore, quoique avec moins de rigueur, en considérant le mouvement d'un fluide élastique renfermé dans un tuyau conique, comme on le verra plus bas. Nous nous contenterons pour le présent d'emprunter l'équation de M. Euler et d'y appliquer notre méthode, afin d'avoir une construction qui ne soit point assujettie à la loi de continuité, comme l'exige la théorie de la propagation du son. Cette équation, en substituant z pour u et x pour U, se réduit à celle-ci

$$\frac{d^2 z}{dt^2} = c\frac{d^2 z}{dx^2} + 2c\frac{d\frac{z}{x}}{dx},$$

qui peut être traitée de la même manière que celle du Problème I.

19. Problème II. — *Conservant les mêmes noms et les mêmes suppositions du* Problème I, *avec cette seule différence que les mouvements des particules soient contenus dans l'équation* $\frac{d^2 z}{dt^2} = c\frac{d^2 z}{dx^2} + 2c\frac{d\frac{z}{x}}{dx}$, *construire cette même équation.*

Je commence par multiplier l'un et l'autre membre par Mdx, M étant une fonction quelconque de x, ensuite j'intègre en ne faisant varier que x; j'ai

$$\int \frac{d^2z}{dt^2} \mathrm{M}\,dx = c\int \frac{d^2z}{dx^2}\mathrm{M}\,dx + 2c\int \frac{d\frac{z}{x}}{dx}\mathrm{M}\,dx.$$

Je transforme d'abord l'intégrale

$$\int \frac{d^2z}{dx^2}\mathrm{M}\,dx$$

en

$$\frac{dz}{dx}\mathrm{M} - \int \frac{dz}{dx}\frac{d\mathrm{M}}{dx}\,dx,$$

ensuite en

$$\frac{dz}{dx}\mathrm{M} - z\frac{d\mathrm{M}}{dx} + \int z\frac{d^2\mathrm{M}}{dx}\,dx.$$

Je change de même l'autre intégrale

$$\int \frac{d\frac{z}{x}}{dx}\mathrm{M}\,dx$$

en

$$\frac{z\mathrm{M}}{x} - \int \frac{z}{x}\frac{d\mathrm{M}}{dx}\,dx,$$

et je tire par la substitution la nouvelle équation

$$\int \frac{d^2z}{dt^2}\mathrm{M}\,dx = c\left(\mathrm{M}\frac{dz}{dx} - z\frac{d\mathrm{M}}{dx} + \frac{2z\mathrm{M}}{x}\right) + c\int z\left(\frac{d^2\mathrm{M}}{dx^2} - \frac{2}{x}\frac{d\mathrm{M}}{dx}\right)dx.$$

Je dois maintenant supposer M tel que

$$\frac{\mathrm{M}dz}{dx} - \frac{zd\mathrm{M}}{dx} + \frac{2z\mathrm{M}}{x} = 0,$$

lorsque $x = 0$ et lorsque $x = a$; or, puisque l'on a déjà dans ces deux cas $z = 0$ par hypothèse, il suffit que M le soit aussi, ce qui donnera les mêmes conditions à remplir par les constantes de M, que l'on a eues dans le Problème I.

L'équation restante sera donc

$$\int \frac{d^2z}{dt^2}\mathrm{M}\,dx = c\int z\left(\frac{d^2\mathrm{M}}{dx^2} - \frac{2}{x}\frac{d\mathrm{M}}{dx}\right)dx,$$

où il faudra supposer

$$\frac{d^2M}{dx^2} - \frac{2dM}{x\,dx} = kM.$$

Cette équation en M est intégrable par les méthodes connues; mais en voici une qui est, si je ne me trompe, la plus simple qu'on puisse employer dans ce cas.

Soit supposé $M = e^{\int \frac{dx}{p}}$, on aura par la substitution

$$-\frac{dp}{p^2\,dx} + \frac{1}{p^2} - \frac{2}{px} = k, \quad \text{savoir} \quad kp^2 + \frac{2p}{x} + \frac{dp}{dx} = 1.$$

Je vois que cette équation peut s'écrire ainsi

$$k\left(p + \frac{1}{kx}\right)^2 dx + d\left(p + \frac{1}{kx}\right) = dx;$$

donc si l'on fait $p + \frac{1}{kx} = q$, on aura

$$kq^2\,dx + dq = dx,$$

d'où l'on tire

$$dx = \frac{dq}{1 - kq^2},$$

et intégrant par les logarithmes,

$$x = \frac{1}{2\sqrt{k}} \log\left(\frac{1 + q\sqrt{k}}{1 - q\sqrt{k}}\right),$$

ou bien en passant aux exponentielles, avec l'addition d'une constante C,

$$q\sqrt{k} = \frac{Ce^{2x\sqrt{k}} - 1}{Ce^{2x\sqrt{k}} + 1},$$

donc

$$p = -\frac{1}{kx} + \frac{1}{\sqrt{k}}\,\frac{Ce^{2x\sqrt{k}} - 1}{Ce^{2x\sqrt{k}} + 1}.$$

Il faut maintenant, pour avoir la valeur de M, intégrer la quantité $\frac{dx}{p}$. Or il est visible que si l'on substitue pour p son expression telle qu'on vient de la trouver, on a une différentielle qu'il serait assez difficile, peut-être impossible, de ramener à l'intégration; mais on peut simplifier beaucoup le calcul, en supposant l'arbitraire C nulle ou infinie; dans le premier cas on a

$$p = -\frac{1}{kx} - \frac{1}{\sqrt{k}},$$

et dans le second

$$p = -\frac{1}{kx} + \frac{1}{\sqrt{k}},$$

et combinant l'une et l'autre valeur,

$$p = -\frac{1}{kx} \pm \frac{1}{\sqrt{k}}.$$

On aura donc

$$\int \frac{dx}{p} = \int \frac{kx\,dx}{-1 \pm x\sqrt{k}} = -1 \pm x\sqrt{k} + \log(-1 \pm x\sqrt{k});$$

et par conséquent, en ajoutant une constante A,

$$M = A(-1 \pm x\sqrt{k})\,e^{-1 \pm x\sqrt{k}},$$

ou bien, à cause de l'ambiguïté des signes,

$$M = A(-1 + x\sqrt{k})\,e^{-1+x\sqrt{k}} + B(-1 - x\sqrt{k})\,e^{-1-x\sqrt{k}}.$$

Or il faut que $M = 0$ lorsque $x = 0$, d'où il suit que $A + B = 0$, et par conséquent $B = -A$; donc en changeant la valeur de la constante A,

$$M = A(e^{x\sqrt{k}} - e^{-x\sqrt{k}}) - Ax\sqrt{k}\,(e^{x\sqrt{k}} + e^{-x\sqrt{k}}),$$

ou bien encore

$$M = A[\sin(x\sqrt{-k}) - x\sqrt{-k}\cos(x\sqrt{-k})].$$

Telle est la valeur de M qu'il fallait trouver; si l'on en prend la différence, on a

$$\frac{dM}{dx} = -Akx\sin(x\sqrt{-k}),$$

d'où l'on voit qu'au commencement où $x = 0$, on a aussi $\frac{dM}{dx} = 0$, de sorte que le terme $-z\frac{dM}{dx}$ s'évanouit de lui-même, sans qu'il soit besoin de supposer $z=0$ dans ce point; ce qui nous montre que la valeur de z pourra être ici tout ce que l'on voudra.

Il faut maintenant déterminer k par la condition que M devienne nul lorsque $x=a$; on aura donc pour cela

$$A[\sin(a\sqrt{-k})-a\sqrt{-k}\cos(a\sqrt{-k})]=0,$$

ce qui donne

$$a\sqrt{-k}=\frac{\sin(a\sqrt{-k})}{\cos(a\sqrt{-k})}=\operatorname{tang}(a\sqrt{-k}),$$

c'est-à-dire que l'angle $a\sqrt{-k}$ devra être égal à sa tangente. Cherchant donc un tel angle et le nommant φ, on aura

$$\sqrt{-k}=\frac{\varphi}{a}.$$

Quoiqu'il soit impossible d'exprimer cet angle algébriquement, on peut néanmoins, par la seule considération du cercle, se convaincre qu'il n'est pas unique et déterminé, mais qu'il y en a une infinité qui ont tous la même propriété, de sorte que $\sqrt{-k}$ aura aussi une infinité de valeurs différentes qui satisferont toutes également. On peut voir dans le tome II de l'*Introduction à l'Analyse des infiniment petits* de M. Euler le dernier Problème du Chapitre XXII, où l'on trouvera une manière assez simple de déterminer tous ces angles par approximation. Au reste, nous n'aurons pas besoin dans la suite de connaître leurs valeurs, il nous suffira de savoir que leur nombre est infini.

Après avoir ainsi déterminé la variable M, si on suppose, comme dans le Problème I, $\int zM\,dx=s$, et qu'on pratique les mêmes différentiations à l'égard de t, notre dernière équation intégrale deviendra $\frac{d^2s}{dt^2}=cks$, qui est la même que nous avons déjà intégrée dans le Problème cité. On aura donc ici de même

$$s = S\cos(t\sqrt{-ck}) + \frac{R}{\sqrt{-ck}}\sin(t\sqrt{-ck}),$$

$$r = R\cos(t\sqrt{-ck}) - S\sqrt{-ck}\sin(t\sqrt{-ck}),$$

et mettant à la place des quantités s, r, S et R leurs valeurs en z, u, Z et U,

$$\int z\mathrm{M}\,dx = \cos(t\sqrt{-ck})\int \mathrm{ZM}\,dx + \frac{\sin(t\sqrt{-ck})}{\sqrt{-ck}}\int \mathrm{UM}\,dx,$$

$$\int u\mathrm{M}\,dx = \cos(t\sqrt{-ck})\int \mathrm{UM}\,dx - \sqrt{-ck}\sin(t\sqrt{-ck})\int \mathrm{ZM}\,dx.$$

Il faut maintenant substituer la valeur de M et faire les autres opérations que demande notre méthode; mais comme cette valeur de M est différente de celle du Problème I, il est clair que les mêmes procédés que nous avons suivis alors ne suffiront pas à présent; on pourra cependant s'en servir de nouveau avec succès, en préparant par une simple transformation les expressions $\int z\mathrm{M}\,dx$, $\int u\mathrm{M}\,dx$ avec les deux autres $\int \mathrm{ZM}\,dx$ et $\int \mathrm{UM}\,dx$ de la manière que voici. Substituant la valeur de M, j'ai d'abord

$$\int z\sin(x\sqrt{-k})\,dx - \sqrt{-k}\int zx\cos(x\sqrt{-k})\,dx;$$

or il est clair que si l'on n'avait que le premier membre de cette expression, on serait exactement dans le cas du Problème I; il ne s'agira donc que de ramener aussi le second membre à la même forme; pour cela je change d'abord la formule

$$\int zx\cos(x\sqrt{-k})\,dx$$

en

$$\frac{zx\sin(x\sqrt{-k})}{\sqrt{-k}} - \frac{1}{\sqrt{-k}}\int \frac{dzx}{dx}\sin(x\sqrt{-k})\,dx,$$

ensuite je remarque que, puisqu'on suppose que les intégrales ne s'étendent que depuis $x = o$ jusqu'à $x = a$, le terme algébrique, qui est de lui-même égal à zéro dans le cas de $x = o$, et qui le devient aussi dans le cas de $x = a$, à cause que z s'évanouit par hypothèse, ce terme, dis-je, devra être entièrement effacé, de sorte que l'on aura simplement

$$\int zx \cos(x\sqrt{-k})\,dx = -\frac{1}{\sqrt{-k}} \int \frac{dzx}{dx} \sin(x\sqrt{-k})\,dx.$$

Substituant donc cette transformée dans l'expression de $\int z\mathrm{M}\,dx$, elle deviendra

$$\int \left(z + \frac{dzx}{dx}\right) \sin(x\sqrt{-k})\,dx.$$

Faisant des opérations semblables sur les autres expressions intégrales, et supposant pour plus de simplicité

$$z + \frac{dzx}{dx} = z', \quad u + \frac{dux}{dx} = u',$$

$$\mathrm{Z} + \frac{d\mathrm{Z}x}{dx} = \mathrm{Z}', \quad \mathrm{U} + \frac{d\mathrm{U}x}{dx} = \mathrm{U}',$$

nos deux équations intégrales deviendront

$$\int z' \sin(x\sqrt{-k})\,dx = \cos(t\sqrt{-ck}) \int \mathrm{Z}' \sin(x\sqrt{-k})\,dx + \frac{\sin(t\sqrt{-ck})}{\sqrt{-ck}} \int \mathrm{U}' \sin(x\sqrt{-k})\,dx,$$

$$\int u' \sin(x\sqrt{-k})\,dx = \cos(t\sqrt{-ck}) \int \mathrm{U}' \sin(x\sqrt{-k})\,dx - \sqrt{-ck}\,\sin(t\sqrt{-ck}) \int \mathrm{Z}' \sin(x\sqrt{-k})\,dx.$$

Ces équations sont réduites à l'état de celles que nous avons appris à construire dans le Problème précédent. Il sera donc facile de leur appliquer la même méthode; or, puisque tout se réduit à faire disparaître la quantité $\sqrt{-k}$ à cause du nombre infini de valeurs dont elle est susceptible, il est clair que quoique ces valeurs ne soient pas les mêmes ici que dans le Problème cité, néanmoins les résultats des opérations seront parfaitement semblables, en sorte qu'il ne faudra que substituer z', u', Z' et U' à la place de z, u, Z et U pour avoir tout d'un coup

$$z' = \frac{1}{2}\left[Z'^{(x+t\sqrt{c})} + Z'^{(x-t\sqrt{c})}\right] + \frac{1}{2\sqrt{c}}\left[\left(\int U'\,dx\right)^{(x+t\sqrt{c})} - \left(\int U'\,dx\right)^{(x-t\sqrt{c})}\right],$$

$$u' = \frac{1}{2}\left[U'^{(x+t\sqrt{c})} + U'^{(x-t\sqrt{c})}\right] + \frac{\sqrt{c}}{2}\left[\left(\frac{dZ'}{dx}\right)^{(x+t\sqrt{c})} - \left(\frac{dZ'}{dx}\right)^{(x-t\sqrt{c})}\right].$$

Remettant à présent au lieu de z', u', Z', U' leurs valeurs en z, u, Z et U, on aura deux équations qui détermineront les deux variables inconnues z et u par les données Z et U pour un temps quelconque t.

20. Les deux formules que nous venons de trouver étant parfaitement analogues à celles du Problème I admettront aussi une construction semblable à celle qu'on a déduite des courbes *fondamentales* et *dérivées* (7). Supposons donc ici que les courbes ANB, AQB (*fig.* 1 et 2, p. 151 et 152) soient les lieux des valeurs de Z' et de U', savoir de $Z + \frac{dZx}{dx}$ et de $U + \frac{dUx}{dx}$ pour chaque abscisse x, et que les autres courbes anb, AqB (*fig.* 3 et 4, p. 168) en dépendent de la manière qu'on a dit dans le numéro cité; on aura pour une abscisse quelconque $x =$ AM, et pour un temps quelconque $t = \frac{MM'}{\sqrt{c}} = \frac{M\,'M}{\sqrt{c}}$,

$$z' = z + \frac{dzx}{dx} = \frac{M'N' + {}'M\,'N}{2} + \frac{M'q' - {}'M\,'q}{2},$$

$$u' = u + \frac{dux}{dx} = \frac{M'Q' + {}'M\,'Q}{2} + \frac{M'n' - {}'M\,'n}{2}.$$

Si on désigne par P et Q ces valeurs de z' et u', de sorte que

$$z + \frac{dzx}{dx} = 2z + x\frac{dz}{dx} = P,$$

$$u + \frac{dux}{dx} = 2u + x\frac{du}{dx} = Q,$$

on aura en intégrant, après avoir multiplié par $x\,dx$,

$$zx^2 = \int Px\,dx, \quad \text{d'où} \quad z = \frac{\int Px\,dx}{x^2},$$

et de même

$$ux^2 = \int Qx\,dx, \quad \text{d'où} \quad u = \frac{\int Qx\,dx}{x^2}.$$

Que φ et ψ représentent deux fonctions quelconques régulières ou irrégulières, telles que

$$\mathrm{MN} = \varphi(\mathrm{AM}) = \varphi(x),$$
$$\mathrm{MQ} = \psi(\mathrm{AM}) = \psi(x),$$

on aura

$$\mathrm{M'N'} = \varphi(\mathrm{AM'}) = \varphi(x + t\sqrt{c}),$$
$$\mathrm{'M'N} = \varphi(\mathrm{A'M}) = \varphi(x - t\sqrt{c}),$$
$$\mathrm{M'Q'} = \psi(\mathrm{AM'}) = \psi(x + t\sqrt{c}),$$
$$\mathrm{'M'Q} = \psi(\mathrm{A'M}) = \psi(x - t\sqrt{c}),$$

et

$$\mathrm{M}n = \sqrt{c}\,\frac{d\varphi(\mathrm{AM})}{d\mathrm{AM}} = \sqrt{c}\,\frac{d\varphi(x)}{dx},$$
$$\mathrm{M}q = \frac{1}{\sqrt{c}}\int \psi(\mathrm{AM})\,d\mathrm{AM} = \frac{1}{\sqrt{c}}\int \psi(x)\,dx,$$

et par conséquent

$$\mathrm{M'}n' = \sqrt{c}\,\frac{d\varphi(x + t\sqrt{c})}{dx},$$
$$\mathrm{'M'}n = \sqrt{c}\,\frac{d\varphi(x - t\sqrt{c})}{dx},$$
$$\mathrm{M'}q' = \frac{1}{\sqrt{c}}\int \psi(x + t\sqrt{c})\,dx,$$
$$\mathrm{'M'}q = \frac{1}{\sqrt{c}}\int \psi(x - t\sqrt{c})\,dx;$$

donc

$$\mathrm{P} = \frac{1}{2}\left[\varphi(x + t\sqrt{c}) + \varphi(x - t\sqrt{c})\right] + \frac{1}{2\sqrt{c}}\int\left[\psi(x + t\sqrt{c})\,dx - \int \psi(x - t\sqrt{c})\,dx\right],$$

$$\mathrm{Q} = \frac{1}{2}\left[\psi(x + t\sqrt{c}) + \psi(x - t\sqrt{c})\right] + \frac{\sqrt{c}}{2}\left[\frac{d\varphi(x + t\sqrt{c})}{dx} - \frac{d\varphi(x - t\sqrt{c})}{dx}\right].$$

Soit supposé

$$\frac{d\varphi(x)}{dx} = \varphi'(x), \quad \frac{d\varphi'(x)}{dx} = \varphi''(x), \ldots,$$

$$\int \varphi(x)\,dx = {}'\varphi(x), \quad \int {}'\varphi(x)\,dx = {}''\varphi(x), \ldots,$$

et ainsi pour la fonction ψ, on aura

$$\int x\varphi(x \pm t\sqrt{c})\,dx = x\int \varphi(x \pm t\sqrt{c})\,dx - \int dx \int \varphi(x \pm t\sqrt{c})\,dx$$
$$= x\,{}'\varphi(x \pm t\sqrt{c}) - {}''\varphi(x \pm t\sqrt{c});$$

traitant de la même manière les autres formules intégrales qui composent les valeurs de $\int Pxdx$ et de $\int Qxdx$, on aura, après toutes les substitutions,

$$\begin{aligned} z = {} & \frac{{}'\varphi(x + t\sqrt{c})}{2x} - \frac{{}''\varphi(x + t\sqrt{c})}{2x^2} \\ & + \frac{{}''\psi(x + t\sqrt{c})}{2x\sqrt{c}} - \frac{{}'''\psi(x + t\sqrt{c})}{2x^2\sqrt{c}} \\ & + \frac{{}'\varphi(x - t\sqrt{c})}{2x} - \frac{{}''\varphi(x - t\sqrt{c})}{2x^2} \\ & - \frac{{}''\psi(x - t\sqrt{c})}{2x\sqrt{c}} + \frac{{}'''\psi(x + t\sqrt{c})}{2x^2\sqrt{c}}, \end{aligned}$$

$$\begin{aligned} u = {} & \frac{{}'\psi(x + t\sqrt{c})}{2x} - \frac{{}''\psi(x + t\sqrt{c})}{2x^2} \\ & + \sqrt{c}\,\frac{\varphi(x + t\sqrt{c})}{2x} - \sqrt{c}\,\frac{{}'\varphi(x + t\sqrt{c})}{2x^2} \\ & + \frac{{}'\psi(x - t\sqrt{c})}{2x} - \frac{{}''\psi(x - t\sqrt{c})}{2x^2} \\ & - \sqrt{c}\,\frac{\varphi(x - t\sqrt{c})}{2x} + \sqrt{c}\,\frac{{}'\varphi(x - t\sqrt{c})}{2x^2}. \end{aligned}$$

21. On peut simplifier ces expressions de la manière suivante. Au lieu de ${}''\varphi(x + t\sqrt{c}) + \dfrac{{}'''\psi(x + t\sqrt{c})}{\sqrt{c}}$ je pose simplement $\Delta(x + t\sqrt{c})$, et au lieu de ${}''\varphi(x - t\sqrt{c}) - \dfrac{{}'''\psi(x - t\sqrt{c})}{\sqrt{c}}$ je substitue de même la seule expression $\Gamma(x - t\sqrt{c})$, Δ et Γ étant de nouvelles fonctions variables différentes de φ et ψ; et prenant les différences de la manière indiquée ci-dessus on obtiendra les formules

$$z = \frac{\Delta'(x + t\sqrt{c})}{2x} - \frac{\Delta(x + t\sqrt{c})}{2x^2} + \frac{\Gamma'(x - t\sqrt{c})}{2x} - \frac{\Gamma(x - t\sqrt{c})}{2x^2},$$

$$u = \sqrt{c}\,\frac{\Delta''(x + t\sqrt{c})}{2x} - \sqrt{c}\,\frac{\Delta'(x + t\sqrt{c})}{2x^2} - \sqrt{c}\,\frac{\Gamma''(x - t\sqrt{c})}{2x} + \sqrt{c}\,\frac{\Gamma'(x - t\sqrt{c})}{2x^2},$$

lesquelles s'accordent pour le fond avec celles que M. Euler a données dans ses *Recherches sur la propagation des ébranlements dans un milieu élastique* (*Miscellanea taurinensia*, t. I, p. 9), où il nomme u ce que nous avons appelé z' et V ce que nous avons nommé x.

22. La construction trouvée au commencement du nº 20 n'est bonne que pour les cas où $x \pm t\sqrt{c}$ n'est pas plus grand que a ni moindre que zéro, puisque les valeurs de Z et de U ne sont données que pour la simple étendue de l'axe AB $= a$. Il faut donc chercher ici, comme on l'a fait dans le Problème I, une manière de continuer les courbes ANB, AQB, ... au delà des points A et B. Pour cela, ayant conservé la construction du nº 7 avec la même équation des courbes A'S'B', A''S''B'', on examinera leur cours au delà des points B' et A'', en supposant (19) la quantité $\sqrt{-k}$ déterminée par l'équation

$$a\sqrt{-k} = \frac{\sin(a\sqrt{-k})}{\cos(a\sqrt{-k})}.$$

Pour ce qui regarde la branche A'''S qui est du côté des abscisses négatives, rien n'est d'abord plus facile que de la trouver; car faisant x négatif, $\sin(x\sqrt{-k})$ devient simplement négatif sans changer de valeur, d'où il s'ensuit que cette branche ne doit être que la branche même A''S'' renversée de la manière qu'on l'a déjà fait (*fig.* 6, p. 168). Ainsi on prouvera de nouveau, par le même raisonnement du n° 7, que la partie des aires qui répond à l'abscisse AA″ sera la même que celle qu'on pourrait former sur l'abscisse AA′, en employant la courbe A′S′ et la courbe AN continuée au-dessous de l'axe de la même manière que la courbe A″S″; d'où l'on voit que la continuation de la courbe ANB au delà de A sera aussi la même que celle qu'on a pratiquée dans la *fig.* 7, p. 169.

Mais il n'en sera pas ainsi pour la continuation au delà de B, car $\sin(x\sqrt{-k})$ n'ayant plus dans le cas présent des valeurs égales et contraires autour du point B′ qui répond à $x = a$, la branche B′'S ne saurait non plus être la même que la B′'S renversée. Il ne serait pas difficile de connaître la nature de cette branche B′'S, mais cela ne servirait de rien pour l'objet présent, puisque la méthode du n° 7 demande que la branche B′'S puisse être substituée à la place de la branche B″S″, afin qu'on ait la courbe entière A″S″B″, qui soit la même que la courbe A′S′B′ et que la courbe ASB. Pour remplir cette condition il n'y a pas d'autre moyen que de transformer chaque portion d'aire qui répond à B′B en une autre égale et dans laquelle la branche B′'S soit semblable et diamétralement opposée à la branche B′S′, comme dans la *fig.* 6, p. 168. Examinons pour cela cette expression intégrale

$$\int Z' \sin[(a+z)\sqrt{-k}]\,dz,$$

laquelle étant prise depuis le point B′ où $z = 0$ jusqu'au point B, exprime l'aire formée par les produits des ordonnées des deux courbes ANB, A′S′B′ relativement à l'espace B′B, et voyons si l'on peut la changer en une autre de la forme de

$$-\int (Z) \sin[(a-z)\sqrt{-k}]\,dz,$$

(Z) désignant une quantité quelconque donnée en Z′.

Je prends cette autre expression

$$\int R \sin[(a+z)\sqrt{-k}]\,dz,$$

et je la change dans son égale

$$\int R \sin(a\sqrt{-k}) \cos(z\sqrt{-k})\, dz + \int R \cos(a\sqrt{-k}) \sin(z\sqrt{-k})\, dx.$$

Je substitue ensuite à la place de $\sin(a\sqrt{-k})$ la quantité $a\sqrt{-k}\cos(a\sqrt{-k})$ tirée de l'équation qui détermine la valeur de $\sqrt{-k}$, et je fais évanouir à l'aide d'une intégration par parties le coefficient $\sqrt{-k}$ introduit par cette substitution; j'ai ainsi

$$\int R \sin(a\sqrt{-k}) \cos(z\sqrt{-k})\, dz = a\sqrt{-k} \int R \cos(a\sqrt{-k}) \cos(z\sqrt{-k})\, dz$$

$$= aR \cos(a\sqrt{-k}) \sin(z\sqrt{-k}) - a \int \cos(a\sqrt{-k}) \sin(z\sqrt{-k})\, dR.$$

Le terme algébrique de cette transformée s'évanouit de lui-même lorsque $z = 0$; donc, si l'on suppose $R = 0$ lorsque $z = B'B$ (nous verrons ci-après que cette supposition est possible), on pourra l'effacer entièrement, et la première transformée deviendra par la substitution

$$\int R \cos(a\sqrt{-k}) \sin(z\sqrt{-k})\, dz - a \int \cos(a\sqrt{-k}) \sin(z\sqrt{-k})\, dR$$

$$= \int R \sin[(a+z)\sqrt{-k}]\, dz.$$

Développons à présent les produits des sinus et cosinus; on aura l'équation

$$\frac{1}{2}\int R \sin[(a+z)\sqrt{-k}]\, dz - \frac{1}{2}\int R \sin[(a-z)\sqrt{-k}]\, dz$$

$$- \frac{1}{2} a \int \sin[(a+z)\sqrt{-k}]\, dR + \frac{1}{2} a \int \sin[(a-z)\sqrt{-k}]\, dR$$

$$= \int R \sin[(a+z)\sqrt{-k}]\, dz,$$

et réduisant,

$$\int \left(R + a\frac{dR}{dz}\right) \sin[(a+z)\sqrt{-k}]\, dz = - \int \left(R - a\frac{dR}{dz}\right) \sin[(a-z)\sqrt{-k}]\, dz.$$

Comparant donc les deux membres de cette équation avec les formules proposées

$$\int Z' \sin[(a+z)\sqrt{-k}]\,dz, \quad -\int (Z)\sin[(a-z)\sqrt{-k}]\,dz,$$

on aura

$$Z' = R + a\frac{dR}{dz}, \quad (Z) = R - a\frac{dR}{dz};$$

d'où l'on déduira le rapport entre (Z) et Z'. Multipliant la première équation par $e^{\frac{z}{a}}dz$ et intégrant, il vient

$$\int Z' e^{\frac{z}{a}}\,dz = aRe^{\frac{z}{a}}$$

et

$$R = \frac{1}{a}e^{-\frac{z}{a}}\int Z' e^{\frac{z}{a}}\,dz;$$

d'où l'on tire, en substituant,

$$(Z) = \frac{2}{a}e^{-\frac{z}{a}}\int Z' e^{\frac{z}{a}}\,dz - Z'.$$

Or, nous avons supposé que R était égal à zéro lorsque $z = B'B$; on satisfera donc à cette condition en prenant l'intégrale $\int Z' e^{\frac{z}{a}}dz$, telle qu'il s'évanouisse dans ce cas; il ne faudra pour cela que poser $B'B - y$ au lieu de z, et $-dy$ au lieu de dz, et commencer l'intégration avec les abscisses y du point B en allant vers B'; on aura par ce moyen

$$(Z) = \frac{2}{a}e^{\frac{y}{a}}\int Z' e^{-\frac{y}{a}}\,dy - Z'.$$

Telle est la valeur de (Z) qui, étant prise au lieu de Z', pour multiplier chaque ordonnée correspondante de la branche B'S, produira une aire égale à celle qui se formerait en multipliant la valeur de Z' par l'ordonnée correspondante non pas de la branche B'S, mais de celle qui serait la vraie continuation de la courbe A'S'B' dans notre cas. De là et du raisonnement du n° 7, il n'est pas difficile de conclure que la portion d'aire qui répond naturellement à B′B dans la formule

$$\int Z' \sin\left[(X + t\sqrt{c})\sqrt{-k}\right] dx$$

peut être changée en une autre formée sur BB″ par les ordonnées de la branche S″B″ et par celles d'une autre branche, comme la BN″ (*fig.* 12),

Fig. 12.

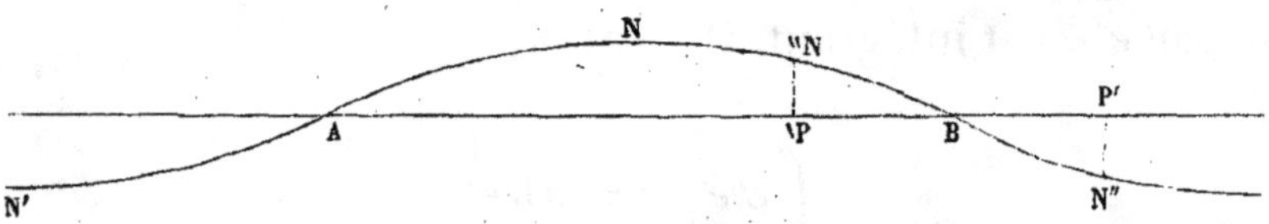

qui serve, pour ainsi dire, de continuation à la courbe fondamentale ANB, et qui soit telle qu'en prenant de part et d'autre de B les abscisses égales BP′, B'P $= y$, on ait toujours

$$P'N'' = (Z) = \frac{2}{a} e^{\frac{y}{a}} \int Z' e^{-\frac{y}{a}} dy - Z'$$

$$= \frac{2}{a} e^{\frac{y}{a}} \int {'P}\,{''N}\, e^{-\frac{y}{a}} dy - {'P}\,{''N}.$$

Voilà donc comment il faudra continuer la courbe *fondamentale* ANB au delà de B, pour pouvoir faire usage de la construction donnée ci-dessus lorsque X a des valeurs plus grandes que a.

Tout ce que nous avons jusqu'ici enseigné sur la manière de continuer cette courbe d'un côté et de l'autre s'appliquera aussi à l'autre courbe *fondamentale* AQB et encore aux courbes *dérivées anb*, Aqb, pourvu que dans ces dernières on ait soin de placer les deux branches de continuation au-dessus de l'axe par la raison qu'on a dite à la fin du n° 7.

La construction qu'on vient de trouver n'est encore suffisante que pour les cas où X est contenu entre les limites $-a$ et $+2a$. Pour lui donner toute la généralité possible, reprenons la formule

$$\int Z' \sin\left[(a + z)\sqrt{-k}\right] dz,$$

qui a été changée en

$$-\int (Z)\sin\left[(a-z)\sqrt{-k}\right]dz;$$

posant $a+z=x$, on aura

$$\int Z'\sin(x\sqrt{-k})\,dx=\int (Z)\sin\left[(x-2a)\sqrt{-k}\right]dx;$$

d'où l'on voit que l'abscisse x peut être diminuée de $2a$, pourvu qu'on change l'ordonnée Z' en (Z); de même, si ((Z)) est une fonction de (Z), telle que (Z) l'est de Z', on pourra diminuer de $2a$ l'abscisse qui se rapporte à (Z), en changeant (Z) en ((Z)); donc on pourra aussi diminuer l'abscisse de Z' de $4a$ en changeant immédiatement Z' en ((Z)), et ainsi de suite. De là il résulte que le reste de la continuation des courbes, soit *fondamentales*, soit *dérivées*, au delà du point B, pourra se déduire aisément de la branche qui répond à l'abscisse $2a$; car on n'aura qu'à transformer successivement cette branche en d'autres, dont les ordonnées aux mêmes abscisses se répondent entre elles comme les expressions Z', (Z), ((Z)),..., et appliquer ensuite par ordre et suivant la direction AB toutes ces branches l'une à côté de l'autre le long de l'axe AB prolongé à l'infini.

Par un raisonnement tout opposé, on prouvera que la continuation des mêmes courbes au delà de A se fera par un assemblage semblable de branches dérivées l'une après l'autre de la seule branche qui répond à l'abscisse $2a$, mais avec des opérations contraires aux précédentes, savoir, de manière que les ordonnées qui répondent à une même abscisse x dans chaque branche, à commencer du point A, soient entre elles comme les quantités (Z) et Z'.

Par là on trouvera sans difficulté que les courbes dont il s'agit auront autour du point A une figure semblable, avec cette seule différence que pour les courbes *fondamentales* les deux branches infinies de part et d'autre de A seront diamétralement opposées, savoir, l'une au-dessus, l'autre au-dessous de l'axe, et que pour les courbes *dérivées*, les branches seront l'une et l'autre du même côté de l'axe; d'où il s'ensuit qu'ayant exécuté la continuation du côté des abscisses positives à l'infini, suivant ce qu'on a dit ci-dessus, on n'aura plus qu'à renverser la même courbe au delà de A, et au-dessous ou au-dessus de l'axe, selon qu'elle appartiendra aux *fondamentales* ou aux *dérivées*.

23. Par la méthode qui vient d'être expliquée, nous avons la manière de continuer de part et d'autre à l'infini les courbes qui dépendent des valeurs de Z et de U, données à volonté dans le premier instant du mouvement, sans s'embarrasser que les différentes branches de ces courbes soient liées entre elles par la loi de continuité. Mais, si on voulait se borner à admettre cette loi, on pourrait obtenir les mêmes résultats avec beaucoup moins de peine par la simple considération des formules données à la fin du n° **20**. Toute la difficulté se réduirait à chercher la nature des fonctions φ et ψ au delà des points A et B, par la condition que z et u soient égaux à zéro dans ces points, quelque valeur qu'on suppose à t.

Posons d'abord dans ces formules $x = 0$, $z = 0$, $u = 0$, on aura les équations

$$
\begin{aligned}
0 = {} & \frac{'\varphi(t\sqrt{c}) + {'\varphi}(-t\sqrt{c})}{2x} - \frac{''\varphi(t\sqrt{c}) + {''\varphi}(-t\sqrt{c})}{2x^2} \\
& + \frac{''\psi(t\sqrt{c}) - {''\psi}(-t\sqrt{c})}{2x\sqrt{c}} - \frac{'''\psi(t\sqrt{c}) - {'''\psi}(-t\sqrt{c})}{2x^2\sqrt{c}}, \\
0 = {} & \frac{'\psi(t\sqrt{c}) + {'\psi}(-t\sqrt{c})}{2x} - \frac{''\psi(t\sqrt{c}) + {''\psi}(-t\sqrt{c})}{2x^2} \\
& + \sqrt{c}\,\frac{\varphi(t\sqrt{c}) - \varphi(-t\sqrt{c})}{2x} - \sqrt{c}\,\frac{'\varphi(t\sqrt{c}) - {'\varphi}(-t\sqrt{c})}{2x^2}.
\end{aligned}
$$

De ces deux équations il suffira de vérifier la première, puisque la seconde n'en est que la différentielle divisée par dt; mais il se présente dans cette opération une difficulté, car les termes étant divisés les uns par x, les autres par x^2, on peut être en doute si, en faisant à part égaux à zéro les numérateurs de x et de x^2, toute la formule disparaîtra, à cause que x est déjà lui-même égal à zéro. Pour lever cette difficulté, supposons que x, au lieu d'être tout à fait nul, soit seulement infiniment petit et égal à α, et développons chaque fonction $''\varphi(\alpha \pm t\sqrt{c})$, $''\psi(\alpha \pm t\sqrt{c})$,... suivant la formule connue

$$\varphi(z+a) = \varphi(z) + \alpha\varphi'(z) + \frac{\alpha^2\varphi''(z)}{2} + \frac{\alpha^3\varphi'''(z)}{2.3} + \ldots;$$

en effaçant ce qui se détruit et en négligeant les termes qui se trouvent multipliés par des puissances de α, on aura l'équation

$$\begin{aligned} o = &- \frac{''\varphi(t\sqrt{c}) + ''\varphi(-t\sqrt{c})}{2\alpha^2} + \frac{\varphi(t\sqrt{c}) + \varphi(-t\sqrt{c})}{4} \\ &- \frac{'''\psi(t\sqrt{c}) - '''\psi(-t\sqrt{c})}{2\alpha^2} + \frac{'\psi(t\sqrt{c}) - '\psi(-t\sqrt{c})}{4}, \end{aligned}$$

qui doit être vraie indépendamment de la quantité α; donc on aura

$$\begin{gathered} [''\varphi(t\sqrt{c}) + ''\varphi(-t\sqrt{c})] + ['''\psi(t\sqrt{c}) - '''\psi(-t\sqrt{c})] = o, \\ [\varphi(t\sqrt{c}) + \varphi(-t\sqrt{c})] + ['\psi(t\sqrt{c}) - '\psi(-t\sqrt{c})] = o, \end{gathered}$$

équations auxquelles on satisfera en posant

$$''\varphi(-t\sqrt{c}) = -''\varphi(t\sqrt{c}) \quad \text{et} \quad '''\psi(-t\sqrt{c}) = '''\psi(t\sqrt{c}),$$

ou bien, en différentiant,

$$''\psi(-t\sqrt{c}) = -''\psi(t\sqrt{c}).$$

Or, t étant une variable qui peut croître à l'infini en commençant à zéro, $t\sqrt{c}$ pourra représenter une abscisse quelconque positive; donc la nature des fonctions $''\varphi$ et $''\psi$ devra être telle que, faisant les abscisses négatives, ces fonctions deviennent simplement négatives sans changer de valeur. Il en sera de même des fonctions φ et ψ, puisque, en différentiant deux fois les équations précédentes, elles deviennent

$$\varphi(-t\sqrt{c}) = -\varphi(t\sqrt{c}) \quad \text{et} \quad \psi(-t\sqrt{c}) = -\psi(t\sqrt{c});$$

d'où l'on voit que les deux courbes ANB, AQB, qui représentent ces fonctions, devront avoir de part et d'autre du point A des branches égales et diamétralement opposées, ainsi qu'on l'a trouvé (22). Il n'en sera pas tout à fait ainsi pour les courbes *anb* et A*qb* qui contiennent les fonctions $'\varphi$ et $'\psi$, car on a pour ces fonctions

$$\varphi'(-t\sqrt{c}) = \varphi'(t\sqrt{c}) \quad \text{et} \quad '\psi(-t\sqrt{c}) = '\psi(t\sqrt{c}),$$

ce qui montre que les ordonnées doivent être exactement les mêmes à des abscisses égales, positives et négatives, et que par conséquent les branches autour de A seront semblablement situées sur l'axe, ce qui s'accorde avec ce qui a été enseigné dans le numéro cité.

Examinons maintenant les valeurs des mêmes fonctions pour les abscisses qui surpassent l'axe donné a. Posant $x = a$, $z = 0$ et $u = 0$, on aura de nouveau deux équations; la première sera

$$0 = \frac{'\varphi(a+t\sqrt{c}) + '\varphi(a-t\sqrt{c})}{2a} - \frac{''\varphi(a+t\sqrt{c}) + ''\varphi(a-t\sqrt{c})}{2a^2}$$

$$+ \frac{''\psi(a+t\sqrt{c}) - ''\psi(a-t\sqrt{c})}{2a\sqrt{c}} - \frac{'''\psi(a+t\sqrt{c}) - '''\psi(a-t\sqrt{c})}{2a^2\sqrt{c}},$$

la seconde ne sera que la différentielle de celle-ci divisée par dt, et par conséquent nous pourrons nous dispenser d'y avoir égard. Or, afin que les fonctions φ et ψ ne dépendent pas l'une de l'autre, on fera séparément

$$a\,'\varphi(a+t\sqrt{c}) - ''\varphi(a+t\sqrt{c}) = -a\,'\varphi(a-t\sqrt{c}) + ''\varphi(a-t\sqrt{c})$$

et

$$a\,''\psi(a-t\sqrt{c}) - '''\psi(a+t\sqrt{c}) = a\,''\psi(a-t\sqrt{c}) - '''\psi(a-t\sqrt{c}).$$

Différentions deux fois la première et trois fois la seconde; on aura, en changeant les signes,

$$\varphi(a+t\sqrt{c}) - a\varphi'(a+t\sqrt{c}) = -\varphi(a-t\sqrt{c}) + a\varphi'(a-t\sqrt{c})$$

et

$$\psi(a+t\sqrt{c}) - a\psi'(a+t\sqrt{c}) = -\psi(a-t\sqrt{c}) + a\psi'(a-t\sqrt{c}),$$

équations qui sont tout à fait semblables entre elles.

Je multiplie par $e^{-\frac{t\sqrt{c}}{a}}\sqrt{c}\,dt$ et j'intègre; j'ai

$$-a\varphi(a+t\sqrt{c})e^{-\frac{t\sqrt{c}}{a}} = -a\varphi(a-t\sqrt{c})e^{-\frac{t\sqrt{c}}{a}} - 2\int\varphi(a-t\sqrt{c})e^{-\frac{t\sqrt{c}}{a}}\sqrt{c}\,dt,$$

où l'on voit que la valeur de l'intégrale du dernier terme doit être égale à zéro lorsque $t=0$, puisque dans ce cas les deux autres termes se détruisent d'eux-mêmes. On aura donc

$$\varphi(a+t\sqrt{c}) = \varphi(a-t\sqrt{c}) + \frac{2e^{\frac{t\sqrt{c}}{a}}}{a}\int\varphi(a-t\sqrt{c})e^{-\frac{t\sqrt{c}}{a}}\sqrt{c}\,dt.$$

Or, si l'on fait $t\sqrt{c}=y$, et que l'intégration soit supposée commencer du point où $y=0$, on aura

$$\varphi(a+y) = \varphi(a-y) + \frac{2e^{\frac{y}{a}}}{a}\int\varphi(a-y)e^{-\frac{y}{a}}dy,$$

ce qui nous fait connaître la manière dont les valeurs de la fonction φ, qui sont de part et d'autre à distances égales de l'extrémité B de l'axe, doivent être liées entre elles. Or il est aisé de voir, en relisant les n°s 20 et 22, que $\varphi(a-y)$ dénote ici la même chose que Z', et $\varphi(a+y)$ la même chose que $-(Z)$; donc l'équation précédente donne le même rapport entre Z' et (Z) qu'on a trouvé dans le dernier des numéros cités, et par conséquent aussi la même continuation de la courbe ANB au delà de B. Il est vrai que l'équation entre (Z) et Z' donnée dans l'endroit mentionné n'était d'abord censée appartenir qu'à la seule portion de l'axe comprise depuis l'abscisse a jusqu'à l'abscisse $2a$, et que pour toutes les autres abscisses plus grandes à l'infini, on a donné une manière générale de continuer la courbe au moyen des branches déjà connues; mais il ne faudra que considérer toutes les branches de continuation au delà de B, pour s'apercevoir qu'elles auront constamment avec celles qui sont en deçà de B le même rapport que la quantité $-(Z)$ a avec la quantité Z'.

Ce qu'on vient de démontrer sur la fonction φ doit se dire de même de l'autre fonction ψ qui appartient à la courbe AQB, et il ne sera pas difficile de l'appliquer aussi aux autres fonctions φ' et ψ pour les courbes *aqb*, ANB, et de faire voir le parfait accord qu'il y a entre les résultats de ces procédés et ceux qu'on a trouvés plus haut par une voie différente.

Cette matière aurait peut-être besoin d'être traitée avec un plus long détail que nous ne l'avons fait ici, mais ceux qui auront bien saisi l'esprit de nos méthodes n'auront pas de peine à suppléer d'eux-mêmes à ce qui peut manquer pour l'entière exactitude des démonstrations, sans qu'il soit nécessaire de nous étendre davantage là-dessus.

24. Il est à remarquer au reste que l'on abrégerait beaucoup la solution précédente, si, par le moyen de quelque substitution convenable, on parvenait à ramener tout d'un coup l'équation

$$\frac{d^2 z}{dt^2} = c\left(\frac{d^2 z}{dx^2} + 2\frac{d\frac{z}{x}}{dx}\right)$$

à la forme

$$\frac{d^2 z'}{dt^2} = c\frac{d^2 z'}{dx^2}.$$

Or pour cela il n'y aurait qu'à supposer

$$z = \frac{\int z' x\,dx}{x^2},$$

ce qui donne, en différentiant,

$$\frac{d^2 z}{dt^2} = \frac{\int \frac{d^2 z'}{dt^2} x\,dx}{x^2},$$

$$\frac{d\frac{z}{x}}{dx} = \frac{z'}{x^2} - \frac{3\int z' x\,dx}{x^4},$$

$$\frac{d^2 z}{dx^2} = \frac{\frac{dz'}{dx}}{x} - \frac{3z'}{x^2} + \frac{6\int z' x\,dx}{x^4},$$

et substituant,

$$\frac{\int \frac{d^2 z'}{dt^2} x\, dx}{x^2} = c\left(\frac{\frac{dz'}{dx}}{x} - \frac{z'}{x^2}\right);$$

multipliant par x^2 et différentiant de nouveau,

$$\frac{d^2 z'}{dt^2} x\, dx = c\frac{d^2 z'}{dx^2} x\, dx,$$

ou bien

$$\frac{d^2 z'}{dt^2} = c\frac{d^2 z'}{dx^2},$$

équation réduite au cas du Problème I. Or, puisque la valeur de z' est ici égale à

$$\frac{1}{x}\frac{d(zx^2)}{dx} = 2z + x\frac{dz}{dx},$$

telle qu'on l'a supposée dans l'analyse du Problème précédent, il est facile de voir que la solution qu'on aura de cette façon reviendra entièrement à celle qu'on a déjà trouvée. Il est vrai qu'il faudra pour cela que la quantité k ait aussi les mêmes valeurs, et c'est ce qu'il sera aisé de prouver, car on sait que la détermination de k dépend de la condition que les termes algébriques $M\frac{dz'}{dx} - z'\frac{dM}{dx}$ disparaissent lorsque $x = a$ (*voyez* Problème I). Or on a ici

$$z' = 2z + x\frac{dz}{dx};$$

donc

$$dz' = 3dz + xd\frac{dz}{dx},$$

d'où l'on aura, en posant $x = a$ et $z = 0$, l'équation

$$3M\frac{dz}{dx} + aM\frac{d^2 z}{dx^2} - a\frac{dM}{dx}\frac{dz}{dx} = 0.$$

Maintenant, puisque z doit toujours disparaître lorsque $x = a$, quel que soit le temps t, on aura aussi

$$\frac{d^2z}{dt^2}=0,$$

et, par conséquent, par l'équation fondamentale,

$$0=\frac{d^2z}{dx^2}+\frac{2}{a}\frac{dz}{dx}-\frac{2z}{a^2}$$

d'où l'on tire

$$\frac{d^2z}{dx^2}=-\frac{2}{a}\frac{dz}{dx};$$

laquelle valeur substituée, on aura

$$\left(M-a\frac{dM}{dx}\right)\frac{dx}{dz}=0,$$

ou bien

$$M-a\frac{dM}{dx}=0.$$

Or M étant égal à $\sin(x\sqrt{-k})$ (6), on aura, en substituant et posant ensuite $x=a$,

$$\sin(a\sqrt{-k})-a\sqrt{-k}\cos(a\sqrt{-k})=0,$$

d'où l'on tire, comme dans le nº **18**,

$$a\sqrt{-k}=\frac{\sin(a\sqrt{-k})}{\cos(a\sqrt{-k})}=\operatorname{tang}(a\sqrt{-k}).$$

Il y a encore une autre substitution qu'on pourrait employer au lieu de la précédente; cette substitution consiste à faire

$$z=y-x\frac{dy}{dx},$$

ce qui réduira l'équation en z à une équation en y de la forme de

$$\frac{d^2z}{dt^2}=c\frac{d^2z}{dx^2};$$

et cette équation étant construite par la méthode du Problème I, on aura pour la valeur de z des formules analogues à celles qu'on a trouvées à la fin du nº **20**.

Application de la solution précédente à la recherche des lois de la propagation du son.

25. L'application du Problème précédent à la théorie de la propagation du son se présente d'elle-même. Imaginons un corps sonore quelconque mis en vibration au milieu d'un air tranquille, homogène et libre de tous côtés; il est visible que ce corps peut être regardé comme placé sensiblement au centre d'une sphère aérienne d'une étendue indéfinie; donc on ne s'écartera que très-peu de la vérité en calculant les mouvements communiqués à toute la masse de l'air, dans l'hypothèse des ondulations sphériques du n° 18 et d'après la construction donnée dans les n°s 20 et suivants.

Pour cela, ayant mené la ligne indéfinie PR qui représente le rayon de la sphère totale d'air qui environne le corps sonore, soit pris PQ pour le

Fig. 13.

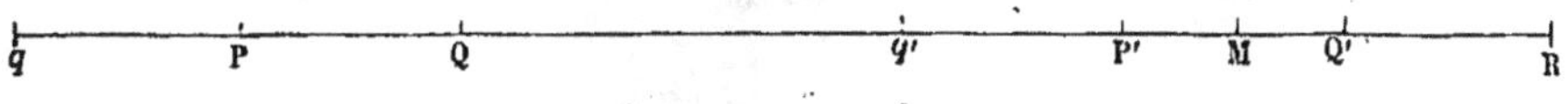

rayon de la petite sphère dans laquelle sont contenues les particules qui ont reçu leur mouvement primitif du corps sonore placé en P, et soient tracées sur la ligne PQ les courbes qui représentent les valeurs données de Z et U que nous avons appelées courbes *fondamentales;* il suit du n° 22 que chacune de ces deux courbes devra être continuée du côté opposé Pq avec une branche semblable, égale et diamétralement opposée à la première. Il est vrai que cette proposition n'a été démontrée que pour les courbes qui représentent les variables Z′ et U′, mais il est facile de voir qu'elle a également lieu ici, où, à cause de $x = 0$ au point P, les valeurs de Z′ et U′ deviennent 2Z et 2U. On prouvera de même que les autres branches de continuation qui, suivant la théorie du numéro cité, devraient être ajoutées du côté PR, disparaîtront entièrement à cause du rayon a infini, de sorte que les courbes *génératrices* seront toutes renfermées dans le seul espace qQ. Or, cela posé, qu'on demande pour un temps quelconque t les mouvements des particules qui composent la fibre rectiligne PR, mouvements qui selon l'hypothèse doivent être sensiblement les mêmes pour toutes les autres fibres partant du centre P.

Soit, pour faciliter cette recherche, $t > \frac{PQ}{\sqrt{c}}$; il est évident qu'il faudra rejeter dans la construction du n° 20 les termes qui répondent aux abscisses $x + t\sqrt{c}$, ces termes ne pouvant ici produire aucune valeur réelle; il n'y aura donc que les termes relatifs aux abscisses $x - t\sqrt{c}$ qui entrent dans la détermination des quantités z et u, d'où dépend la connaissance des mouvements en question. Ayant pris (*fig.* 13, p. 217) sur la ligne PR le point P′ tel, que $PP' = t\sqrt{c}$, et ayant coupé de part et d'autre les parties P′Q′, P′q' égales à PQ et Pq, je transporte en q'P′Q′ les deux courbes qui renferment les valeurs des Z et U, telles qu'elles ont été décrites sur le diamètre qPQ, et prenant le point P′ pour l'origine des abscisses x, je trouve pour une particule quelconque M

$$z' = \frac{1}{2}\left[Z + \frac{dZx}{dx} - \frac{1}{\sqrt{c}}\int\left(U + \frac{dUx}{dx}\right)dx\right],$$

$$u' = \frac{1}{2}\left[U + \frac{dUx}{dx} - \sqrt{c}\,\frac{d\left(Z + \frac{dZx}{dx}\right)}{dx}\right].$$

Or, par les suppositions faites à la fin du n° 19, on a généralement

$$z' = z + \frac{dzx}{dx},$$

$$u' = u + \frac{dux}{dx},$$

l'origine des x étant au point P. Mettant donc ici, pour transporter cette origine en P′, $x + t\sqrt{c}$ au lieu de x et intégrant après avoir multiplié par $(x + t\sqrt{c})\,dx$, il viendra les deux équations suivantes :

$$z\,(x + t\sqrt{c})^2 = \frac{1}{2}Z\,x^2 + \frac{1}{2}t\sqrt{c}\left(\int Z\,dx + Zx\right)$$
$$- \frac{1}{2\sqrt{c}}\int(x + t\sqrt{c})\,dx\int\left(U + \frac{dUx}{dx}\right)dx,$$

$$u(x+t\sqrt{c})^2 = \frac{1}{2}\,\mathrm{U}\,x^2 + \frac{1}{2}\,t\sqrt{c}\left(\int \mathrm{U}\,dx + \mathrm{U}\,x\right)$$
$$- \frac{\sqrt{c}}{2}\int (x+t\sqrt{c})\,d\left(\mathrm{Z} + \frac{d\,\mathrm{Z}x}{dx}\right).$$

Si l'on simplifie les expressions intégrales par la méthode des intégrations par parties et qu'on ajoute les constantes nécessaires, on aura

$$z(x+t\sqrt{c})^2 = \frac{1}{2}(x^2 + xt\sqrt{c})\,\mathrm{Z} + \frac{1}{2}\,t\sqrt{c}\int \mathrm{Z}\,dx - \frac{1}{2}\,t\sqrt{c}\,\mathrm{A}$$
$$- \frac{1}{2\sqrt{c}}\left(\frac{x^2}{2} + xt\sqrt{c}\right)\int \mathrm{U}\,dx - \frac{1}{4\sqrt{c}}\int \mathrm{U}\,x^2\,dx + \frac{\mathrm{D}}{4\sqrt{c}},$$

$$u(x+t\sqrt{c})^2 = \frac{1}{2}(x^2 + xt\sqrt{c})\,\mathrm{U} + \frac{1}{2}\,t\sqrt{c}\int \mathrm{U}\,dx - \frac{1}{2}\,t\sqrt{c}\,\mathrm{B}$$
$$- \frac{\sqrt{c}}{2}(x^2 + xt\sqrt{c})\frac{d\mathrm{Z}}{dx} - \frac{\sqrt{c}}{2}(x + 2t\sqrt{c})\,\mathrm{Z} + \frac{\sqrt{c}}{2}\int \mathrm{Z}\,dx - \frac{\sqrt{c}}{2}\,\mathrm{A}.$$

L'addition des constantes sert à rendre égal à zéro le dernier membre de chacune des équations précédentes lorsque $x + t\sqrt{c} = 0$, ou $x = -t\sqrt{c} = -\mathrm{PP}'$, ce qui est nécessaire, puisque alors les premiers membres disparaissent d'eux-mêmes; ainsi, en supposant que les intégrations commencent toutes au point P′ où $x = 0$, les lettres A, B, D représenteront les valeurs des intégrales $\int \mathrm{Z}\,dx$, $\int \mathrm{U}\,dx$, $\int \mathrm{U}\,x^2\,dx$ prises depuis P′ jusqu'à q', lesquelles sont les mêmes que si on les prenait de l'autre côté depuis P′ jusqu'à Q′. Il faut néanmoins remarquer que dans la première équation l'on ne trouve point de constante qui fasse évanouir le terme $-\frac{1}{2\sqrt{c}}\left(\frac{x^2}{2} + xt\sqrt{c}\right)\int \mathrm{U}\,dx$ dans le cas de $x = -t\sqrt{c}$; c'est une omission que j'ai faite exprès à cause d'un nouveau terme qu'il faut encore ajouter à la même équation. Pour voir la raison de ceci, on n'a qu'à se souvenir de ce que, dans l'expression des valeurs de z' et de u', nous avons regardé comme généralement nuls tous les termes qui répondaient aux abscisses exprimées par $x + t\sqrt{c}$; il en est cependant un qu'on ne peut pas négliger, c'est celui qui est exprimé par la formule intégrale

$$\int\left(U+\frac{dUx}{dx}\right)dx=\int U\,dx+Ux,$$

car il est évident que quoique les valeurs de U disparaissent sur la ligne QR depuis le point Q, l'intégrale $\int U\,dx$ conserve toujours la même valeur constante qu'on a désignée ci-dessus par B; de là il est facile de conclure qu'il faut ajouter à la valeur de z' le terme $\frac{B}{2\sqrt{c}}$ et par conséquent à la valeur de $z\,(x+t\sqrt{c})^2$ le terme $\left(\frac{x^2}{2}+xt\sqrt{c}\right)\frac{B}{2\sqrt{c}}$, lequel fera justement disparaître l'autre terme $-\frac{1}{2\sqrt{c}}\left(\frac{x^2}{2}+xt\sqrt{c}\right)\int U\,dx$ lorsque $x=-t\sqrt{c}$, $\int U\,dx$ devenant alors égal à B.

Si l'on examine maintenant la forme des deux équations précédentes, on verra aisément que l'on peut se passer de l'addition des constantes, en donnant une autre origine aux intégrales $\int Z\,dx$, $\int U\,dx$, $\int Ux^2\,dx$, et les faisant commencer du point q' en allant vers R; ainsi l'on aura plus simplement

$$z=\frac{(x^2+xt\sqrt{c})Z+t\sqrt{c}\int Z\,dx}{2(x+t\sqrt{c})^2}-\frac{(x^2+2xt\sqrt{c})\int U\,dx+\int Ux^2\,dx}{4\sqrt{c}\,(x+t\sqrt{c})^2},$$

$$u=\frac{(x^2+xt\sqrt{c})U+t\sqrt{c}\int U\,dx}{2(x+t\sqrt{c})^2}-\sqrt{c}\,\frac{(x^2+xt\sqrt{c})\frac{dZ}{dx}+(x+2t\sqrt{c})Z-\int Z\,dx}{2(x+xt\sqrt{c})^2}.$$

26. Il est visible par ces formules que z et u sont toujours égaux à zéro lorsque la valeur de x tombe au delà des points q' et Q'; d'où il suit que pour le temps donné t, il n'y a que la seule partie q'Q' de la fibre qui soit en mouvement; or, comme le point du milieu P' a été pris tel que $PP'=t\sqrt{c}$, il est évident que l'onde aérienne q'Q' avancera toujours avec une vitesse constante et égale à $\sqrt{c}$, qui est la même que nous avons trouvée plus haut dans la première hypothèse (12). On pourrait ici développer les lois particulières que chaque particule d'air observera dans ses mouvements, dépendamment des premières impressions Z et U produites par le corps sonore; mais laissant ces discussions peu importantes en elles-mêmes, nous nous contenterons de faire observer en général la variation des quantités z et u à mesure que le temps t augmente.

Pour cela, comme l'espace PQ est toujours très-petit (14), on peut, sans erreur sensible, lorsque le temps t a déjà une valeur considérable, négliger x par rapport à $t\sqrt{c}$; ainsi il viendra

$$z = \frac{xZ + \int Z\,dx - \frac{1}{\sqrt{c}}\int U\,dx}{2t\sqrt{c}},$$

$$u = \frac{xU + \int U\,dx - \left(x\frac{dZ}{dx} + 2Z\right)\sqrt{c}}{2t\sqrt{c}},$$

d'où l'on voit qu'en général les valeurs de z et de u diminuent dans la raison inverse de $t\sqrt{c}$ ou de PP', ce qui montre que la force ou l'intensité du son doit décroître à très-peu près dans la raison inverse des distances simples du centre de propagation.

Je ne pousserai pas plus loin l'examen de ces formules et je ne chercherai pas non plus à déduire de la théorie exposée dans le n° 22 les lois de la réflexion qui aurait lieu dans l'hypothèse présente, si la masse de l'air était renfermée dans un vase sphérique de grandeur finie. Ces recherches étant de peu d'utilité, je me contenterai d'en avoir posé tous les principes dans la solution générale du Problème précédent.

CHAPITRE IV.

APPLICATION DE NOTRE MÉTHODE DU CHAPITRE II A DIFFÉRENTES HYPOTHÈSES.

27. Les Problèmes dont nous allons maintenant nous occuper, quoique peu nécessaires pour la matière que nous traitons, serviront néanmoins à faire voir l'utilité et l'extension de notre méthode du Chapitre II; ils pourront aussi être d'usage dans plusieurs autres points de la théorie du son.

Problème III. — *Construire l'équation* $\frac{d^2 z}{dt^2} = c\frac{d^2 z}{dx^2} + mc\frac{d\frac{z}{x}}{dx}$.

Multipliant par $M\,dx$ et pratiquant les mêmes réductions que dans le Problème II, on aura l'équation en M

$$\frac{d^2 M}{dx^2} - \frac{m}{x}\frac{dM}{dx} = kM,$$

qu'il faudra intégrer. Or il est facile de s'assurer, au moyen de quelques transformations convenables, que cette équation tombe dans le cas général de Riccati et que par conséquent son intégrabilité dépend de certaines conditions qui se réduisent ici à ce que m soit un nombre pair positif ou négatif; mais la méthode ordinaire d'intégration pour ces mêmes cas est si laborieuse que je ne saurais me résoudre à la pratiquer; d'ailleurs il ne suffit pas de trouver une expression algébrique de M, il faut de plus qu'elle soit telle, qu'on puisse dans la suite du calcul chasser aisément la quantité k à l'aide de quelques réductions, comme on a fait dans les Problèmes précédents. Il m'a donc fallu imaginer une autre méthode, et voici comment je m'y suis pris.

Puisque l'on a trouvé pour le cas de $m = 0$, qui est celui du Problème I, $M = A\sin(x\sqrt{-k})$, et pour le cas de $m = 2$ dans le Problème II $M = A[\sin(x\sqrt{-k}) - x\sqrt{-k}\cos(x\sqrt{-k})]$, ce qui s'exprime plus simplement par $M = A\sin(x\sqrt{-k}) - Ax\frac{d\sin(x\sqrt{-k})}{dx}$, on est assez fondé à croire que lorsque m aura une valeur quelconque 4, 6,..., l'expression de M sera de la forme suivante :

$$M = A\sin(x\sqrt{-k}) + Bx\frac{d\sin(x\sqrt{-k})}{dx} + Cx^2\frac{d^2\sin(x\sqrt{-k})}{dx^2} + \ldots,$$

A, B, C,..., étant des coefficients à déterminer par la substitution et la comparaison des termes.

Mais pour embrasser une plus grande généralité, je suppose

$$\sin(x\sqrt{-k}) = u,$$

$$M = Au + B\frac{du}{dx} + C\frac{d^2u}{dx^2} + D\frac{d^3u}{dx^3} + \ldots,$$

et je regarde les quantités A, B, C,... comme des fonctions variables de x, dont il faut chercher la valeur convenable à l'équation donnée.

Je commence par prendre la différentielle de M que je mets sous la forme suivante :

$$\begin{array}{rl|l|l|l}
\dfrac{dM}{dx} = \dfrac{dA}{dx}u & +\dfrac{dB}{dx} & \dfrac{du}{dx} + \dfrac{dC}{dx} & \dfrac{d^2u}{dx^2} + \dfrac{dD}{dx} & \dfrac{d^3u}{dx^3} + \ldots, \\
 & +A & \quad +B & \quad +C & \quad + \ldots.
\end{array}$$

Je trouve de même

$$\begin{array}{rl|l|l|l}
\dfrac{d^2M}{dx^2} = \dfrac{d^2A}{dx^2}u & +\dfrac{d^2B}{dx^2} & \dfrac{du}{dx} + \dfrac{d^2C}{dx^2} & \dfrac{d^2u}{dx^2} + \dfrac{d^2D}{dx^2} & \dfrac{d^3u}{dx^3} + \ldots, \\
 & +\dfrac{2dA}{dx} & \quad +\dfrac{2dB}{dx} & \quad +\dfrac{2dC}{dx} & \quad + \ldots, \\
 & & \quad +A & \quad +B & \quad + \ldots.
\end{array}$$

On trouvera de plus par la nature de la fonction u

$$kM = A\frac{d^2u}{dx^2} + B\frac{d^3u}{dx^3} + C\frac{d^4u}{dx^4} + D\frac{d^5u}{dx^5} + \ldots.$$

Substituant ces valeurs dans l'équation

$$\frac{d^2M}{dx^2} - \frac{m}{x}\frac{dM}{dx} - kM = 0$$

et ordonnant les termes par rapport à la variable u, on aura

$$\left.\begin{aligned} u\left(\frac{d^2A}{dx^2}-\frac{m}{x}\frac{dA}{dx}\right)+\frac{du}{dx}\left(\frac{d^2B}{dx^2}-\frac{m}{x}\frac{dB}{dx}+2\frac{dA}{dx}-\frac{mA}{x}\right)&\\ +\frac{d^2u}{dx^2}\left(\frac{d^2C}{dx^2}-\frac{m}{x}\frac{dC}{dx}+2\frac{dB}{dx}-\frac{mB}{x}\right)&\\ +\frac{d^3u}{dx^3}\left(\frac{d^2D}{dx^2}-\frac{m}{x}\frac{dD}{dx}+2\frac{dC}{dx}-\frac{mC}{x}\right)&\\ \ldots\ldots\ldots\ldots\ldots\ldots\ldots\ldots&\end{aligned}\right\}=0,$$

d'où l'on tirera les équations particulières

$$\begin{aligned}&\frac{d^2A}{dx^2}-\frac{m}{x}\frac{dA}{dx}=0,\\ &\frac{d^2B}{dx^2}-\frac{m}{x}\frac{dB}{dx}+2\frac{dA}{dx}-\frac{mA}{x}=0,\\ &\frac{d^2C}{dx^2}-\frac{m}{x}\frac{dC}{dx}+2\frac{dB}{dx}-\frac{mB}{x}=0,\\ &\ldots\ldots\ldots\ldots\ldots\ldots\ldots\ldots,\end{aligned}$$

qui sont très-aisées à résoudre; dans l'intégration de toutes ces équations, à l'exception de la première, on peut négliger les constantes qui ne serviraient qu'à rendre les valeurs des quantités B, C, D,... plus compliquées sans les rendre plus générales. Ainsi f et h étant les deux constantes de la première quantité A, on aura

$$\begin{aligned}&A=f+hx^{m+1},\\ &B=-fx-hx^{m+2},\\ &C=f\frac{(m-2)}{2(m-1)}x^2+h\frac{(m+4)}{2(m+3)}x^{m+3},\\ &D=-f\frac{(m-2)(m-4)}{2.3(m-1)(m-2)}x^3-h\frac{(m+4)(m+6)}{2.3(m+3)(m+4)}x^{m+4},\\ &\ldots\ldots\ldots\ldots\ldots\ldots\ldots\ldots\ldots\ldots\ldots\ldots,\end{aligned}$$

où la loi de la progression est assez manifeste.

28. Dans ces formules on voit clairement que si m est un nombre pair positif à commencer par 2, la série des termes multipliés par f devient

exacte et finie, tandis que l'autre série, qui est toute multipliée par h, va à l'infini; c'est tout le contraire lorsque m est un nombre pair négatif à commencer de -4, car dans ce cas la seconde série se termine après un nombre fini de termes, la première allant à l'infini; d'où il suit que, puisque les quantités f et h sont absolument arbitraires, il n'y a qu'à faire $h = 0$ dans le premier cas et $f = 0$ dans le second, et l'on aura algébriquement la valeur de M en x, en cherchant celle des coefficients A, B, C,..., dont le nombre est alors limité.

On pourrait au premier aspect former des doutes sur l'exactitude des formules précédentes, par la raison qu'elles ne paraissent pas satisfaire aux cas de $m = 0$ et de $m = -2$, dans lesquels on sait d'ailleurs que M a une valeur finie.

Pour lever cette difficulté, il ne faut que recourir à l'intégration immédiate des équations qui doivent donner les valeurs de A et de B dans les deux cas proposés; on trouvera pour le premier

$$A = f,\quad B = 0,\quad C = 0,\ldots,$$

et pour le second

$$A = hx^{-1},\quad B = 0,\quad C = 0;$$

c'est un inconvénient attaché à toutes ces sortes de formules générales d'intégration, d'être en défaut dans certains cas qui demandent un examen à part.

On pourrait encore être embarrassé dans l'usage des formules précédentes, lorsque $m = \pm 1$, $m = \pm 3$, $m = \pm 5$,..., puisque dans ces cas tous les termes de la série f ou h deviennent infinis, à l'exception seulement de quelques-uns des premiers. Mais il est aisé de se tirer de cet embarras, si l'on fait réflexion que les constantes f et h étant absolument arbitraires peuvent être supposées tout ce qu'on veut; ainsi il n'y a qu'à faire f ou h égaux à 0 ou à $0 \times g$, car ce 0 détruisant celui du dénominateur, les termes qui étaient infinis redeviendront finis et se trouveront de nouveau multipliés par une constante arbitraire g; ceux au contraire qui étaient demeurés finis s'évanouiront par cette supposition; d'où résulte la règle générale, savoir, de ne conserver que les termes qui reçoivent une valeur infinie, en les dégageant cependant de l'infini qu'ils renferment.

Ayant ainsi trouvé la valeur de M, il ne s'agit plus que de poursuivre le calcul de la même manière qu'on l'a fait dans le Problème I; on aura donc de nouveau les deux équations

$$\int z\mathrm{M}\,dx = \cos(t\sqrt{-ck})\int \mathrm{ZM}\,dx + \frac{\sin(t\sqrt{-ck})}{\sqrt{-ck}}\int \mathrm{UM}\,dx,$$

$$\int u\mathrm{M}\,dx = \cos(t\sqrt{-ck})\int \mathrm{UM}\,dx - \sqrt{-ck}\sin(t\sqrt{-ck})\int \mathrm{ZM}\,dx;$$

substituant la valeur de

$$\mathrm{M} = \mathrm{A}\sin(x\sqrt{-k}) + \mathrm{B}\frac{d\sin(x\sqrt{-k})}{dx} + \mathrm{C}\frac{d^2\sin(x\sqrt{-k})}{dx^2} + \ldots,$$

et faisant disparaître les différences de $\sin(x\sqrt{-k})$ par la méthode des intégrations par parties, on obtiendra

$$\int z'\sin(x\sqrt{-k})\,dx = \cos(t\sqrt{-ck})\int \mathrm{Z}'\sin(x\sqrt{-ck})\,dx$$
$$+ \frac{\sin(t\sqrt{-ck})}{\sqrt{-ck}}\int \mathrm{U}'\sin(x\sqrt{-k})\,dx,$$

$$\int u'\sin(x\sqrt{-k})\,dx = \cos(t\sqrt{-ck})\int \mathrm{U}'\sin(x\sqrt{-k})\,dx$$
$$- \sqrt{-ck}\sin(t\sqrt{-ck})\int \mathrm{Z}'\sin(x\sqrt{-k})\,dx,$$

où

$$z' = \mathrm{A}z - \frac{d\mathrm{B}z}{dx} + \frac{d^2\mathrm{C}z}{dx^2} - \ldots,$$

$$\mathrm{Z}' = \mathrm{AZ} - \frac{d\mathrm{BZ}}{dx} + \frac{d^2\mathrm{CZ}}{dx^2} - \ldots,$$

$$u' = \mathrm{A}u - \frac{d\mathrm{B}u}{dx} + \frac{d^2\mathrm{C}u}{dx^2} - \ldots,$$

$$\mathrm{U}' = \mathrm{AU} - \frac{d\mathrm{BU}}{dx} + \frac{d^2\mathrm{CU}}{dx^2} - \ldots.$$

Enfin l'on tirera les valeurs de z et de u par les mêmes procédés qu'on a suivis dans les Problèmes I et II.

Je ne m'arrêterai pas ici à examiner la nature des courbes *génératrices* et la manière de les continuer, laquelle dépend de la valeur de M; il serait cependant aisé de le faire suivant les principes que nous avons établis, mais comme je ne donne ici cette solution générale que comme une simple application de ma méthode, il vaut mieux la simplifier autant qu'il est possible, en y introduisant les fonctions indéterminées φ et ψ comme on l'a pratiqué dans le Problème II. On trouvera donc par ce moyen les deux équations suivantes :

$$Az - \frac{dBz}{dx} + \frac{d^2Cz}{dx^2} + \ldots = \frac{\varphi(x + t\sqrt{c}) + \varphi(x - t\sqrt{c})}{2} + \frac{'\psi(x + t\sqrt{c}) - '\psi(x - t\sqrt{c})}{2\sqrt{c}},$$

$$Au - \frac{dBu}{dx} + \frac{d^2Cu}{dx^2} + \ldots = \frac{\psi(x + t\sqrt{c}) + \psi(x - t\sqrt{c})}{2} + \sqrt{c}\,\frac{\varphi'(x + t\sqrt{c}) - \varphi'(x - t\sqrt{c})}{2},$$

qu'il faudra ensuite intégrer pour avoir les valeurs de z et de u; ces intégrations, quoique toujours possibles, ne laisseraient pas que d'être souvent fort embarrassantes; c'est pourquoi je vais résoudre le même Problème par une autre méthode moins directe à la vérité et moins lumineuse que la précédente, mais telle qu'elle donnera les valeurs de z et de u en termes finis.

Autre construction de l'équation $\dfrac{d^2z}{dt^2} = c\dfrac{d^2z}{dx^2} + mc\dfrac{d\frac{z}{x}}{dx}$.

29. Au lieu de multiplier cette équation par Mdx, en supposant M une fonction de x, et de l'intégrer ensuite eu égard à la seule variabilité de x, je la multiplie au contraire par Mdt, où M est supposée une fonction de t, et j'en prends la somme en considérant la seule t comme variable; je poursuis le calcul de la même façon qu'auparavant en faisant toujours varier t au lieu de x. Je trouve d'abord l'équation en M

$$\frac{d^2M}{dt^2} = kM,$$

d'où je tire

$$M = \sin(t\sqrt{-k});$$

puis, en supposant $\int zM\,dt = s$, il me vient l'équation fondamentale

$$ks = c\frac{d^2s}{dx^2} + mc\frac{d\frac{s}{x}}{dx}.$$

Pour intégrer cette nouvelle équation, je fais $\frac{s}{x} = y$, ce qui la réduit par la substitution à

$$ky = c\frac{d^2y}{dx^2} + \frac{(m+2)c}{x}\frac{dy}{dx},$$

équation qui, étant comparée à celle en M du Problème précédent, donnera pour la valeur de y la suite

$$Au + B\frac{du}{dx} + C\frac{d^2u}{dx^2} + D\frac{d^3u}{dx^3} + \ldots,$$

les valeurs des A, B, C,... étant les mêmes qu'auparavant, mais étant transformées par la substitution de $m+2$ au lieu de $-m$. A l'égard de la valeur de u, elle sera ici égale à $\sin\left(x\sqrt{-\frac{k}{c}}\right)$; il faut observer qu'elle peut être également $\cos\left(x\sqrt{-\frac{k}{c}}\right)$; d'où il suit qu'en prenant deux quantités P, Q constantes à l'égard de x, on aura généralement

$$u = P\sin\left(x\sqrt{-\frac{k}{c}}\right) + Q\cos\left(x\sqrt{-\frac{k}{c}}\right);$$

donc si on fait

$$\begin{aligned} s = P&\left[A\sin\left(x\sqrt{-\frac{k}{c}}\right) + \frac{\sqrt{-k}}{\sqrt{c}}B\cos\left(x\sqrt{-\frac{k}{c}}\right) + \frac{k}{c}C\sin\left(x\sqrt{-\frac{k}{c}}\right) + \ldots\right] \\ + Q&\left[A\cos\left(x\sqrt{-\frac{k}{c}}\right) - \frac{\sqrt{-k}}{\sqrt{c}}B\sin\left(x\sqrt{-\frac{k}{c}}\right) + \frac{k}{c}C\cos\left(x\sqrt{-\frac{k}{c}}\right) - \ldots\right], \end{aligned}$$

on aura

$$A = fx + hx^{-m},$$
$$B = -fx^2 - hx^{1-m},$$
$$C = f\frac{(m+4)}{2(m+3)}x^3 + h\frac{(m-2)}{2(m-1)}x^{2-m},$$
$$D = -f\frac{(m+4)(m+6)}{2.3(m+3)(m+4)}x^4 - h\frac{(m-2)(m-4)}{2.3(m-1)(m-2)}x^{3-m},$$
$$\ldots\ldots\ldots\ldots\ldots\ldots\ldots\ldots\ldots\ldots\ldots\ldots,$$

où l'on voit que les coefficients des termes de la série f sont les mêmes que ceux de la série h dans les formules du Problème précédent, et réciproquement; donc il suffira d'appliquer aux formules présentes les mêmes remarques qu'on a déjà faites sur les différents cas de m positif ou négatif.

Soit divisée toute l'équation par A, il est évident que, puisque l'on ne doit prendre à la fois que l'une des deux séries, selon que m est positif ou négatif, les fractions $\frac{B}{A}$, $\frac{C}{A}$, ... seront toujours égales à zéro lorsque $x = 0$; soit, de plus, lorsque $x = 0$, Z la valeur de $\frac{z}{A}$ et U la valeur de $\frac{d\frac{z}{A}}{dx}$, valeurs qui pourront très-bien être l'une et l'autre des fonctions de t; on aura, en faisant d'abord $x = 0$ dans l'équation ainsi préparée,

$$\int ZM\,dt = Q;$$

ensuite, différentiant la même équation et y faisant de nouveau $x = 0$, il viendra

$$\int UM\,dt = P\frac{\sqrt{-k}}{\sqrt{c}}(1+\mu),$$

équation dans laquelle μ est une constante qui désigne la valeur de $\frac{d\frac{B}{A}}{dx}$; posant, pour abréger, U au lieu de $\frac{U}{1+\mu}$, on substituera $\int ZM dt$ au lieu de Q et $\frac{\sqrt{c}}{\sqrt{-k}}\int UM dt$ au lieu de P. Maintenant, pour chasser la lettre k

de l'équation, on se servira de la méthode des intégrations par parties qui a déjà été tant de fois mise en usage; car, puisque $M = \sin(t\sqrt{-k})$, on peut, au lieu de $\int ZM\,dt$, substituer indifféremment

$$\frac{1}{\sqrt{-k}}\int \frac{dZ}{dt}\cos(t\sqrt{-k})\,dt \quad \text{ou} \quad -\frac{1}{k}\int \frac{d^2Z}{dt^2}\sin(t\sqrt{-k})\,dt,$$

en négligeant les termes algébriques qui doivent être supposés d'eux-mêmes égaux à zéro; il en est de même de l'expression $\int UM\,dt$. Ces opérations achevées, on mettra sous les signes d'intégration les sinus et cosinus de $x\sqrt{-\frac{k}{c}}$, et on développera à l'ordinaire les produits de ces sinus et cosinus par les sinus et cosinus correspondants de $t\sqrt{-k}$; on obtiendra ainsi l'équation

$$\begin{aligned}\int z\sin(t\sqrt{-k})\,dt = {} & \frac{1}{2}\int\left(AZ + \frac{B}{\sqrt{c}}\frac{dZ}{dt} + \frac{C}{c}\frac{d^2Z}{dt^2} + \ldots\right)\sin\left[\left(t - \frac{x}{\sqrt{c}}\right)\sqrt{-k}\right]dt \\ & + \frac{1}{2}\int\left(AZ - \frac{B}{\sqrt{c}}\frac{dZ}{dt} + \frac{C}{c}\frac{d^2Z}{dt^2} + \ldots\right)\sin\left[\left(t + \frac{x}{\sqrt{c}}\right)\sqrt{-k}\right]dt \\ & + \frac{1}{2\sqrt{c}}\int\left(A\int U\,dt + \frac{B}{\sqrt{c}}U + \frac{C}{c}\frac{dU}{dt} + \ldots\right)\sin\left[\left(t - \frac{x}{\sqrt{c}}\right)\sqrt{-k}\right]dt \\ & - \frac{1}{2\sqrt{c}}\int\left(A\int U\,dt - \frac{B}{\sqrt{c}}U + \frac{C}{c}\frac{dU}{dt} + \ldots\right)\sin\left[\left(t + \frac{x}{\sqrt{c}}\right)\sqrt{-k}\right]dt.\end{aligned}$$

Or, suivant les principes de notre méthode, on égalera le t du premier membre aux quantités $t - \frac{x}{\sqrt{c}}$ et $t + \frac{x}{\sqrt{c}}$ du second; d'où l'on aura $t + \frac{x}{\sqrt{c}}$ pour la valeur de t dans les termes multipliés par $\sin\left(t - \frac{x}{\sqrt{c}}\right)$ et $t - \frac{x}{\sqrt{c}}$ pour la valeur de t dans les autres termes qui se trouvent multipliés par $\sin\left(t + \frac{x}{\sqrt{c}}\right)$; or, Z et U étant des fonctions de t, on peut les exprimer généralement par Δt et Γt, ou si, pour abréger davantage, on pose $Z + \frac{1}{\sqrt{c}}\int U\,dt = \Delta t$ et $Z - \frac{1}{\sqrt{c}}\int U\,dt = \Gamma t$, on tirera de l'équation précédente

$$z = \frac{A}{2}\left[\Delta\left(t+\frac{x}{\sqrt{c}}\right)+\Gamma\left(t+\frac{x}{\sqrt{c}}\right)\right]$$
$$+\frac{B}{2\sqrt{c}}\left[\Delta'\left(t+\frac{x}{\sqrt{c}}\right)-\Gamma'\left(t-\frac{x}{\sqrt{c}}\right)\right]$$
$$+\frac{C}{2c}\left[\Delta''\left(t+\frac{x}{\sqrt{c}}\right)+\Gamma''\left(t-\frac{x}{\sqrt{c}}\right)\right]$$
....

Si l'on aimait mieux que l'expression de Z fût composée de fonctions de $x + t\sqrt{c}$ et de $x - t\sqrt{c}$, il n'y aurait qu'à faire quelques légères transformations à l'équation finale qui donne immédiatement la valeur de z; mais, sans avoir recours à cet expédient qui est sans doute le plus direct, il suffit de remarquer que l'équation différentielle de z ne contenant que le dt^2, il faut que l'expression de z soit telle qu'elle demeure la même en changeant t en $-t$. Soit donc mis dans la formule précédente $-t$ au lieu de t, $\Delta\left(t+\frac{x}{\sqrt{c}}\right)$ et $\Gamma\left(t-\frac{x}{\sqrt{c}}\right)$ deviendront

$$\Delta\left(-t+\frac{x}{\sqrt{c}}\right)=\Delta\left[\frac{1}{\sqrt{c}}(x-t\sqrt{c})\right],$$
$$\Gamma\left(-t-\frac{x}{\sqrt{c}}\right)=\Gamma\left[\frac{-1}{\sqrt{c}}(x+t\sqrt{c})\right].$$

Changeant les valeurs des fonctions Δ et Γ, on pourra mettre simplement $\Delta(x-t\sqrt{c})$ au lieu de $\Delta\left[\frac{1}{\sqrt{c}}(x-t\sqrt{c})\right]$, et $\Gamma(x+t\sqrt{c})$ au lieu de $\Gamma\left[\frac{-1}{\sqrt{c}}(x-t\sqrt{c})\right]$; mais il faudra mettre ensuite

$$\sqrt{c}\,\Delta'(x-t\sqrt{c}),\quad c\Delta''(x-t\sqrt{c}),\ldots$$

au lieu de

$$\Delta'\left[\frac{1}{\sqrt{c}}(x-t\sqrt{c})\right],\quad \Delta''\left[\frac{1}{\sqrt{c}}(x-t\sqrt{c})\right],\ldots;$$

et

$$-\sqrt{c}\,\Gamma'(x+t\sqrt{c}),\quad c\Gamma''(x+t\sqrt{c}),\ldots$$

au lieu de

$$\Gamma'\left[\frac{-1}{\sqrt{c}}(x+t\sqrt{c})\right],\quad \Gamma''\left[\frac{-1}{\sqrt{c}}(x+t\sqrt{c})\right],\ldots,$$

comme il est aisé de s'en assurer avec un peu de réflexion; on aura de cette manière

$$\begin{aligned} z = {} & \frac{A}{2}[\Gamma(x+t\sqrt{c})+\Delta(x-t\sqrt{c})] \\ & +\frac{B}{2}[\Gamma'(x+t\sqrt{c})+\Delta'(x-t\sqrt{c})] \\ & +\frac{C}{2}[\Gamma''(x+t\sqrt{c})+\Delta''(x-t\sqrt{c})] \\ & \ldots\ldots\ldots\ldots\ldots\ldots\ldots\ldots \end{aligned}$$

En rapprochant cette formule de celle qu'on a trouvée dans le numéro précédent, il sera facile de déterminer le rapport des fonctions $\Gamma(x+t\sqrt{c})$ et $\Delta(x-t\sqrt{c})$ aux fonctions $\varphi(x+t\sqrt{c})+\frac{1}{\sqrt{c}}\psi(x+t\sqrt{c})$ et $\varphi(x-t\sqrt{c})-\frac{1}{\sqrt{c}}\psi(x-t\sqrt{c})$.

Cette méthode conduit, comme on le voit, à des résultats beaucoup plus simples que la première, mais elle est aussi moins générale et ne peut à la rigueur être employée que dans l'hypothèse que toutes les valeurs de z, qui répondent à différentes abscisses x dans un même instant, soient liées entre elles par la loi de continuité. Ce n'est que d'après la première solution qu'il sera permis de prendre pour Γ et Δ des fonctions quelconques, régulières ou non.

Des oscillations d'un fluide élastique renfermé dans un tuyau de figure conoïdale quelconque.

30. Soit imaginé tout le fluide partagé en une infinité de tranches perpendiculaires à l'axe, dont la largeur variable soit exprimée par X qui désigne une fonction de la partie correspondante x de l'axe; il est clair que, si l'on suppose que les tranches conservent toujours leur parallélisme et que z soit l'espace infiniment petit parcouru par une tranche quelconque $X dx$ dans le temps t, cette quantité $X dx$ deviendra

$$\left(X + \frac{dX}{dx} z\right)(dx + dz) = X dx + \frac{dX}{dx} z dx + X dz,$$

en supprimant les infiniment petits du second ordre; donc, si c désigne l'élasticité du fluide dans son état naturel, l'élasticité du fluide contenu dans la tranche $X dx$ sera, après le temps t,

$$c \frac{X dx}{X dx + \frac{dX}{dx} z dx + X dz} = c\left(1 - \frac{dz}{dx} - \frac{dX}{X dx} z\right),$$

en négligeant ce qui se doit négliger. La différence de cette expression prise négativement donne l'excès de l'élasticité d'une tranche quelconque sur celle qui la suit immédiatement; donc, si on multiplie cet excès par la largeur $X + \frac{dX}{dx} z$ de la tranche et qu'on divise ensuite par la masse $X dx$, on aura la force accélératrice qui tend à faire parcourir l'espace z; donc l'équation du mouvement du fluide sera

$$\frac{d^2 z}{dt^2} = c\left(\frac{d^2 z}{dx^2} + \frac{d \frac{dX}{X dx} z}{dx}\right)\left(\frac{X + \frac{dX}{dx} z}{X}\right),$$

qui se réduit, par la supposition de z infiniment petit, à

$$\frac{d^2 z}{dt^2} = c\left(\frac{d^2 z}{dx^2} + \frac{d \frac{dX}{X dx} z}{dx}\right).$$

Telle est l'équation générale, mais jusqu'à présent je ne connais encore que quelques cas où elle soit constructible; ce sont ceux qui peuvent être compris dans la solution du Problème III, c'est-à-dire où l'on a $\frac{dX}{X dx} = \frac{m}{x}$ ou bien $X = hx^m$, ce qui donne un conoïde formé par la révolution d'une parabole ou d'une hyperbole quelconque. On aura donc, dans cette hypothèse,

$$\frac{d^2 z}{dt^2} = c\left(\frac{d^2 z}{dx^2} + m \frac{d \frac{z}{x}}{dx}\right),$$

équation intégrable exactement toutes les fois que m sera un nombre pair positif ou négatif (28); dans tous les autres cas la valeur de z sera exprimée par une suite infinie.

Soit $m = 2$, on aura le cas du Problème II, et la formule du nº 28 donnera

$$z + \frac{dxz}{dx} = \frac{\varphi(x + t\sqrt{c}) + \varphi(x - t\sqrt{c})}{2} + \frac{\psi(x + t\sqrt{c}) - \psi(x - t\sqrt{c})}{2\sqrt{c}},$$

ce qui s'accorde avec ce qu'on a trouvé dans le nº 20; de plus, la formule du nº 29 donne

$$z = \frac{\Gamma(x + t\sqrt{c}) + \Delta(x - t\sqrt{c})}{x^2} - \frac{\Gamma'(x + t\sqrt{c}) + \Delta'(x - t\sqrt{c})}{x},$$

ce qui s'accorde encore avec le nº 21.

Si on fait $m = 1$, le conoïde sera formé par la révolution d'une parabole Apollonienne autour de son axe, et la valeur de z ne pourra être donnée que par des séries.

31. Scolie. — Si le tuyau avait une figure plane, l'équation précédente aurait encore lieu, et le cas de $m = 1$ appartiendrait à un tuyau triangulaire; ainsi l'équation

$$\frac{d^2 z}{dt^2} = c\left(\frac{d^2 z}{dx^2} + \frac{d\frac{z}{x}}{dx}\right).$$

pourrait servir à trouver les lois de la propagation du son dans un plan, et c'est dans cette vue que M. Euler me fit l'honneur de me la proposer dans la même lettre dont j'ai fait mention (16). En faisant usage de ma nouvelle méthode, je reconnus bientôt que cette équation n'était pas intégrable exactement, mais qu'on pouvait la rendre telle en donnant au terme $\frac{d\frac{z}{x}}{dx}$ le coefficient 2. Voilà ce qui m'a conduit à l'hypothèse des ondulations sphériques que nous avons examinée au long dans le Chapitre précédent, hypothèse qui est d'ailleurs beaucoup plus conforme à la nature que celle des ondulations simplement circulaires. Je fis part à M. Euler des changements que j'avais faits à son hypothèse et des résultats qui m'en étaient venus, dans une lettre de la fin de décembre 1759; mais j'ai vu depuis avec beaucoup de plaisir que ce savant Auteur en avait déjà fait de même, et était parvenu aux mêmes conclusions que moi sur les lois de la propagation des ébranlements de l'air dans une sphère. (*Voyez* son Mémoire imprimé dans le tome II des *Miscellanea Taurinensia*, à la tête de ces Recherches.)

32. Supposons maintenant le tuyau d'une longueur donnée a, et bouché à ses deux extrémités; il faudra que la nature des fonctions Γ et Δ (29) soit telle, que z s'évanouisse aux points où $x=0$ et $x=a$, quel que soit d'ailleurs le temps t. Par un raisonnement semblable à celui du n° 23, on trouvera pour la première de ces conditions

$$\Gamma(t\sqrt{c})+\Delta(-t\sqrt{c})=0,$$

ce qui apprend comment la fonction Δ doit être continuée du côté des abscisses négatives; pour satisfaire ensuite à l'autre condition, faisons

$$\Gamma(a+t\sqrt{c})=\mathrm{T},\quad \Delta(a-t\sqrt{c})=\theta,$$

et soient $\alpha, \beta, \gamma, \ldots$ les valeurs des quantités $\frac{\mathrm{A}}{2}, \frac{\mathrm{B}}{2}, \frac{\mathrm{C}}{2}, \ldots$, lorsque $x=a$; on aura

$$\alpha(\mathrm{T}+\theta)+\frac{\beta}{\sqrt{c}}\frac{d(\mathrm{T}-\theta)}{dt}+\frac{\gamma}{c}\frac{d^2(\mathrm{T}+\theta)}{dt^2}+\ldots=0.$$

Soit maintenant

$$\mathrm{T}=-\theta+y,$$

on aura

$$\alpha y+\frac{\beta}{\sqrt{c}}\frac{dy}{dt}+\frac{\gamma}{c}\frac{d^2y}{dt^2}+\ldots=\frac{2\beta}{\sqrt{c}}\frac{d\theta}{dt}+\ldots;$$

l'intégration de cette équation sera toujours possible. Soient $a', a'', a''', \ldots$ les racines de l'équation

$$\alpha+\beta x+\gamma x^2+\ldots=0;$$

la valeur de y sera de la forme suivante :

$$\begin{aligned} y = & \, F e^{a' t \sqrt{c}} \int (- a' \beta e^{-a' t \sqrt{c}} d\theta - \ldots) \\ & + G e^{a'' t \sqrt{c}} \int (- a'' \beta e^{-a'' t \sqrt{c}} d\theta - \ldots) \\ & + H e^{a''' t \sqrt{c}} \int (- a''' \beta e^{-a''' t \sqrt{c}} d\theta - \ldots) \\ & \ldots\ldots\ldots\ldots\ldots\ldots\ldots\ldots\ldots, \end{aligned}$$

F, G, H,... désignant des constantes à déterminer par la substitution et la comparaison des termes.

Si la quantité y était égale à zéro, il est évident que les courbes génératrices, qui représentent les fonctions Γ et Δ, ne seraient qu'un assemblage de branches toutes égales et semblables à celles qui répondent à la portion a de l'axe; ainsi il ne serait pas difficile de comprendre que le système des particules reprendrait toujours sa première position après chaque intervalle de temps égal à $\frac{2a}{\sqrt{c}}$; or, pour que ce cas puisse avoir lieu, il suffira que le coefficient β et tous ceux qui multiplient les différences impaires de y soient nuls, c'est-à-dire que la valeur de z soit telle, qu'elle ne renferme que des différences paires des fonctions Γ et Δ, ou au moins que leurs coefficients s'évanouissent en posant $x = a$. Ces conditions ne pouvant avoir lieu dans notre cas, on en doit conclure que les oscillations des particules de l'air contenu dans les tuyaux donnés changeront continuellement et ne reviendront jamais les mêmes, si ce n'est par une espèce de hasard dépendant de la nature des premiers ébranlements. Je dis par une espèce de hasard, puisque je suppose que ces ébranlements soient quelconques; car on pourrait d'ailleurs les supposer tels, que le système fût toujours soumis aux lois de l'isochronisme : c'est ce qui est connu de tous les Géomètres; mais nous aurons dans la suite occasion d'examiner cette matière plus à fond qu'on ne l'a encore fait.

Des vibrations des cordes inégalement épaisses.

33. Il est facile de voir que l'équation pour le mouvement des cordes tendues qui sont d'une épaisseur variable sera de la même forme que celle qu'on a donnée (*Rech. préc.*, XII), avec cette seule différence que la quantité c devra être regardée non plus comme constante, mais comme une variable exprimée par quelque fonction de x. Conservant donc les mêmes noms, et supposant X une fonction donnée de x, on aura

$$\frac{d^2y}{dt^2} = X\frac{d^2y}{dx^2}.$$

Soit, dans un cas particulier,

$$X = hx^n;$$

je fais

$$x = s^{\frac{2}{2-n}}, \quad y = \frac{z}{s},$$

et prenant ds pour constante, je trouve, après les substitutions et les réductions convenables,

$$\frac{d^2z}{dt^2} = \frac{(2-n)^2h}{4}\left(\frac{d^2z}{ds^2} - \frac{n-4}{n-2}\,\frac{d\frac{z}{s}}{ds}\right),$$

équation qui est dans le cas du Problème III. Donc, si on suppose

$$m = -\frac{n-4}{n-2}, \quad c = \frac{(2-n)^2h}{4},$$

et qu'on substitue s au lieu de x dans les formules des n^{os} **28** ou **29**, on aura la valeur de z, laquelle étant ensuite multipliée par s donnera celle de y en s et en t, où il n'y aura plus qu'à remettre, au lieu de s, sa valeur en x tirée de l'équation de supposition

$$x = s^{\frac{2}{2-n}}.$$

De là il est évident que y aura une valeur finie et exacte toutes les fois que $\frac{n-4}{n-2}$ sera un nombre pair positif ou négatif; c'est ce qui arrivera lorsque $n = \frac{4\mu-4}{2\mu-1}$, μ étant pris pour exprimer un nombre quelconque entier; dans tous les autres cas la série ira à l'infini. Au reste, soit qu'on trouve pour y une valeur exacte ou non, les vibrations de la corde ne seront jamais isochrones, excepté dans le seul cas de $n = 0$, qui est celui d'une épaisseur uniforme; car il est visible que la corde étant supposée fixe à ses deux bouts, on aura les mêmes conditions à remplir que dans le n° **32**; donc les conséquences en seront aussi les mêmes.

Le défaut d'isochronisme dans les cordes inégalement épaisses les rend incapables de produire un son fixe et appréciable à l'oreille; aussi les artistes les rejettent-ils toujours et les nomment-ils communément cordes *fausses*, par la raison qu'elles ne peuvent jamais s'accorder parfaitement avec les autres.

Cette observation peut servir, ce me semble, à démontrer l'insuffisance de la théorie de M. Taylor sur les vibrations des cordes; car il est visible que, quelque inégale que puisse être une corde sonore, elle devrait cependant faire toujours des vibrations de même durée, si la figure qu'elle prend d'elle-même ne pouvait être autre que celle qui convient à l'isochronisme, tel que cet Auteur le suppose.

Au reste on pourra toujours résoudre l'équation générale

$$\frac{d^2y}{dt^2} = X\frac{d^2y}{dx^2}$$

directement par ma méthode, toute la difficulté se réduisant à l'intégration de l'équation en M

$$kM = X\frac{d^2M}{dx^2}.$$

Les cas les plus connus de l'intégrabilité de cette équation sont ceux de

$$X = hx^n,$$

n étant égal à $\frac{4\mu-4}{2\mu-1}$, que nous avons examinés précédemment; il peut y en avoir d'autres, mais il serait trop long de les examiner ici.

Des oscillations d'une chaîne pesante.

34. Ce Problème étant célèbre parmi les Géomètres, je crois pouvoir me dispenser de donner l'analyse par laquelle on trouve que la force accélératrice de chaque point de la chaîne est comme la somme des angles de contingence depuis le sommet, moins l'angle de contingence multiplié par le rapport du poids total de la portion inférieure de la chaîne au petit poids dont ce point est chargé. Soient donc x la longueur d'une partie quelconque de la chaîne, à commencer par le bout inférieur, $X\,dx$ la pesanteur où dx est la masse de la portion infiniment petite, et y l'espace parcouru horizontalement dans le temps t, on aura l'équation

$$-\frac{d^2y}{dt^2}=-\frac{dy}{dx}-\frac{\int X\,dx}{X}\frac{d^2y}{dx^2}.$$

Or, soit $X=fx^n$, on aura

$$\frac{\int X\,dx}{X}=\frac{x}{n+1},$$

et faisant

$$x=\frac{s^2}{h},\quad y=\frac{z}{s},$$

il viendra

$$\frac{d^2z}{dt^2}=\frac{h}{4(1+n)}\left[\frac{d^2z}{ds^2}+(2n-1)\left(\frac{d\frac{z}{s}}{ds}\right)\right],$$

équation réduite à notre formule générale, et qui aura une solution exacte toutes les fois que $2n-1$ sera un nombre pair quelconque, c'est-à-dire que $n=\frac{2\mu+1}{2}$. Dans le cas où la chaîne est d'une pesanteur uniforme, on a $n=0$; ainsi m sera égal à -1 dans les formules du n° 27, et l'on trouvera que les deux séries, dont l'une est toute multipliée par f et l'autre par h, reviendront précisément à la même.

Soit l la longueur de la chaîne, on aura dans le point de suspension $y=\frac{z}{\sqrt{hl}}$; donc, ce point étant supposé fixe, il faudra que z y soit égal à zéro, d'où l'on retrouvera les mêmes conditions entre les fonctions

$\Gamma(a+t\sqrt{c})$ et $\Delta(a-t\sqrt{c})$ que dans le nº 32. Maintenant, puisque la chaîne est libre dans tous ses autres points, il est visible que ce serait mal à propos qu'on supposerait $y=0$ lorsque $x=0$, mais il faudra remplacer cette condition par celle-ci

$$\frac{d^2y}{dx^2}=0;$$

car il est naturel de penser que la courbure de la chaîne doive s'évanouir à son extrémité inférieure, par la raison qu'il n'y a ici aucun appui à l'action des parties supérieures. Or

$$\frac{d^2y}{dx^2}=\frac{h^2}{4s^5}\left(s^2\frac{d^2z}{ds^2}-3s\frac{dz}{ds}+3z\right);$$

donc, lorsque s est zéro ou simplement infiniment petit, $\frac{d^2y}{dx^2}$ se réduit à $\frac{3h^2z}{4s^5}$ et par conséquent on aura de même ici $z=0$, lorsque $s=0$, et $\Gamma(t\sqrt{c})+\Delta(-t\sqrt{c})=0$, comme dans le numéro cité. Au reste, ce Problème étant absolument analogue aux précédents est susceptible de remarques semblables. Je me contenterai simplement de faire observer que si l'on voulait le résoudre directement par notre méthode générale, on parviendrait, après les opérations ordinaires, à cette équation en M,

$$kM=\frac{d^2\dfrac{M\int X\,dx}{X}}{dx^2}-\frac{dM}{dx},$$

qui est constructible par les méthodes connues dans le cas où

$$X=hx^{\frac{2\mu+1}{2}};$$

il faudrait ensuite déterminer la quantité k avec les autres constantes de M, par la condition

$$\frac{M\int X\,dx}{X}\frac{dy}{dx}-\frac{d\dfrac{M\int X\,dx}{X}}{dx}y+My=0,$$

ou bien

$$\frac{M\int X\,dx}{X}\frac{dy}{dx}-\frac{dM}{dx}\frac{\int X\,dx}{X}y+M\left(\int X\,dx\right)\frac{dX}{X^2\,dx}y=0,$$

lorsque $x = a$ et $x = 0$. Or dans le premier cas, y étant lui-même égal à zéro, il suffira que M le soit aussi; dans le second il est clair que toute la quantité s'évanouira d'elle-même à cause du facteur $\int X\,dx$ qui multiplie tous ses termes; cependant on supposera toujours $M = 0$, afin de terminer la suite des points mobiles au bout inférieur de la chaîne.

35. Scolie I. — Par les formules données dans ce Chapitre, on peut résoudre le Problème du nº 61 de l'excellent *Traité de la résistance des fluides*, de M. d'Alembert, d'une manière peut-être plus analytique que ne l'a fait cet Auteur. Voici en quoi consiste ce Problème : il s'agit de trouver deux quantités A et B telles, que $A\,dx + B\,dz$ et $zB\,dx - zA\,dz$ soient l'une et l'autre des différentielles exactes. Pour rendre la question plus générale, je me propose de rendre exactes les deux différentielles $\alpha dt + \beta dx$, $x^m \beta dt + bx^n \alpha dx$; soit la première égale à dp et la seconde égale à dq, on aura

$$\alpha = \frac{dp}{dt},\quad \beta = \frac{dp}{dx},\quad x^m \beta = \frac{dq}{dt},\quad bx^n \alpha = \frac{dq}{dx};$$

donc

$$x^m \frac{dp}{dx} = \frac{dq}{dt},\quad bx^n \frac{dp}{dt} = \frac{dq}{dx}.$$

Je différentie ces équations en faisant varier x seul dans la première et t seul dans la seconde, et je compare ensuite les deux valeurs de $\frac{d^2 q}{dx\,dt}$; j'ai

$$\frac{d x^m \frac{dp}{dx}}{dx} = bx^n \frac{d^2 p}{dt^2},$$

savoir

$$bx^{n-m} \frac{d^2 p}{dt^2} = \frac{d^2 p}{dx^2} + \frac{m}{x}\frac{dp}{dx},$$

équation qui est, comme on le voit, susceptible de notre méthode; en suivant cette méthode, on trouvera d'abord l'équation en M

$$kMx^{n-m} = \frac{d^2 M}{dx^2} - m\frac{d\frac{M}{x}}{dx};$$

qu'il faut intégrer avant d'aller plus avant. Pour cela je fais

$$x = s^u, \quad M = Ns^v,$$

et supposant

$$u = \frac{2}{n - m + 2}, \quad v^2 - (u + mu)v + mu^2 = 0,$$

je trouve, après les substitutions et les réductions,

$$kNu^2 = \frac{d^2N}{ds^2} + \frac{2v - u - mu + 1}{s}\frac{dN}{ds},$$

équation qui se rapporte à celle du n° **27**. On voit donc par là que l'équation en M sera constructible exactement par nos formules toutes les fois que $2v - u - mu + 1$ sera un nombre pair quelconque; le reste du calcul n'ayant plus de difficulté, on trouvera pour la valeur de p une expression exacte et finie, composée de fonctions très-générales de x et de t. Si $n = m$, alors on a $u = 1$, et l'équation qui donne la valeur de v devient

$$v^2 - (1 + m)v + m = 0,$$

d'où l'on tire

$$v = 1 \quad \text{ou} \quad v = m;$$

dans le premier cas, le coefficient $2v - u - mu + 1$ devient égal à $2 - m$, et dans le second égal à m; or, dans le Problème de M. d'Alembert, on a $m = 1$, d'où l'on voit que ce Problème n'admet point de solution exacte, au moins suivant ma méthode; cependant, si l'on veut se contenter d'une solution seulement approchée, on pourra y parvenir immédiatement par les formules du Problème III, car si dans l'équation

$$bx^{n-m}\frac{d^2p}{dt^2} = \frac{d^2p}{dx^2} + \frac{m}{x}\frac{dp}{dx}$$

on fait

$$x = s^u, \quad p = qs^v,$$

et qu'on suppose les valeurs u et v déterminées par ces équations

$$u = \frac{2}{n - m + 2},$$

$$v^2 + (2 - u + mu)v + mu - u + 1 = 0,$$

il vient

$$bu^2 \frac{d^2 q}{dt^2} = \frac{d^2 q}{ds^2} + (2v - u + 1 + mu)\frac{d\frac{q}{s}}{ds},$$

équation qui a la même forme que celle du Problème cité, et qui par conséquent est susceptible des mêmes solutions. Lorsque $m = n$, on a $u = 1$ et $v = -1$ ou $v = -m$; la première racine rend le coefficient de $\frac{d\frac{q}{s}}{ds}$ égal à $m - 2$ et la seconde le rend égal à $-m$, ce qui conduit aux mêmes conclusions que plus haut. Au reste, il est visible que le Problème présent renferme dans sa généralité tous ceux dont nous avons traité dans ce Chapitre.

36. Scolie II. — L'équation

$$kM = \frac{d^2 M}{dx^2} - \frac{m}{x}\frac{dM}{dx},$$

étant transformée par la substitution de $fs^{\frac{1}{1+m}}$ au lieu de x, devient

$$\frac{f^2 k}{(1+m)^2} M s^{\frac{2m}{1+m}} = \frac{d^2 M}{ds^2},$$

et, faisant ensuite $M = e^{\int y\,ds}$,

$$\frac{dy}{ds} + y^2 = \frac{f^2 k}{(1+m)} s^{\frac{2m}{1+m}},$$

qui est l'équation même de Riccati. Les formules trouvées dans la solution du Problème III donnent, comme on le voit, une construction générale de cette équation; mais il faut remarquer que ces formules ne sont encore que des cas particuliers des intégrales complètes, qui résultent de la supposition de quelques constantes égales à zéro; pour les compléter on joindra à la valeur déjà trouvée de y la quantité $\frac{e^{-2\int y\,ds}}{\int e^{-2\int y\,ds}\,ds}$, ce qui est facile à démontrer.

CHAPITRE V.

CONTINUATION DES RECHERCHES SUR LA PROPAGATION DU SON.

---

§ I. — *De la propagation du son, en supposant que les ébranlements des particules de l'air ne soient pas infiniment petits.*

37. Quelque naturelles que paraissent les hypothèses que nous avons examinées dans le Chapitre III, elles donnent cependant la vitesse du son moindre que la véritable d'environ 163 pieds par seconde, comme on le peut conclure des nos **12** et **26**. Cette différence est sans doute assez considérable pour ne pas être attribuée aux erreurs des expériences qui servent d'éléments à notre théorie, comme j'étais porté à le penser quand je donnai mes premières *Recherches sur le son* (LVII); mais quelle pourrait donc en être la cause? M. Euler a cru la trouver dans la supposition des ébranlements infiniment petits, sur laquelle on a jusqu'ici fondé les calculs de la propagation du son (*voyez* son Mémoire : Recherches sur la propagation des ébranlements dans un milieu élastique, *Miscellanea Taurinensia*, t. II). Cette conjecture est plausible, mais je doute qu'en l'examinant à fond on la trouve aussi satisfaisante qu'elle le paraît d'abord. Pour en apprécier la valeur, voici la méthode que j'ai imaginée.

PROBLÈMES PRÉLIMINAIRES.

38. Problème IV. — *Construire l'équation* $\left(\frac{d^2z}{dt^2}\right) = c\left(\frac{d^2z}{dx^2}\right) + y$, *y étant une fonction quelconque de x et de t.*

Je la multiplie par Mdx, je l'intègre, et j'opère à l'égard des termes $\int \frac{d^2z}{dt^2}\,\mathrm{M}dx$ et $c\int \frac{d^2z}{dx^2}\,\mathrm{M}dx$, comme dans le Problème I; je parviens ainsi à cette équation en s,

$$\frac{d^2s}{dt^2} = cks + \int \mathrm{M}y\,dx\,;$$

par les mêmes procédés je trouve l'intégrale

$$s + \mu r = \mathrm{A}e^{\frac{t}{\mu}} + \mu e^{\frac{t}{\mu}} \int e^{\frac{-t}{\mu}}\,dt \int \mathrm{M}y\,dx,$$

d'où résultent les deux équations

$$(\mathrm{A})\left\{\begin{aligned} \int z\mathrm{M}\,dx = {} & \cos(t\sqrt{-ck}) \int \mathrm{ZM}\,dx + \frac{\sin(t\sqrt{-ck})}{\sqrt{-ck}} \int \mathrm{UM}\,dx \\ & + \frac{1}{2\sqrt{ck}} e^{t\sqrt{ck}} \int e^{-t\sqrt{ck}}\,dt \int \mathrm{M}y\,dx \\ & - \frac{1}{2\sqrt{ck}} e^{-t\sqrt{ck}} \int e^{t\sqrt{ck}}\,dt \int \mathrm{M}y\,dx, \end{aligned}\right.$$

$$(\mathrm{B})\left\{\begin{aligned} \int u\mathrm{M}\,dx = {} & \cos(t\sqrt{-ck}) \int \mathrm{UM}\,dx - \sqrt{-ck}\sin(t\sqrt{-ck}) \int \mathrm{ZM}\,dx \\ & + \frac{1}{2} e^{t\sqrt{ck}} \int e^{-t\sqrt{ck}}\,dt \int \mathrm{M}y\,dx \\ & + \frac{1}{2} e^{-t\sqrt{ck}} \int e^{t\sqrt{ck}}\,dt \int \mathrm{M}y\,dx. \end{aligned}\right.$$

Or, puisque $\mathrm{M} = \sin(x\sqrt{-k})$, il faut, pour pouvoir chasser la quantité k des équations précédentes, réduire tous leurs termes, en sorte que cette quantité k ne se rencontre que dans des fonctions de la forme de $\sin[(x)\sqrt{-k}]$, (x) marquant une fonction quelconque de x et t. Les termes qui renferment $\int \mathrm{ZM}dx$, $\int \mathrm{UM}dx$ étant les mêmes ici que dans le Problème I, ils se ramèneront à cette forme par les réductions enseignées; ainsi toute la difficulté se réduira aux termes affectés de deux signes d'intégration et provenant de la quantité y.

Prenons d'abord le terme

$$\frac{1}{2\sqrt{ck}} e^{t\sqrt{ck}} \int e^{-t\sqrt{ck}}\,dt \int \mathrm{M}y\,dx,$$

et commençons par faire disparaître la quantité k du coefficient $\frac{1}{2\sqrt{ck}}$. Pour cela, soit changée l'intégrale

$$\int My\,dx = \int \sin(x\sqrt{-k})\,y\,dx.$$

en son équivalente

$$\sin(x\sqrt{-k})\int y\,dx - \sqrt{-k}\int \cos(x\sqrt{-k})\,dx\int y\,dx;$$

ce qui donnera par la substitution, et en effaçant le terme $\sin(x\sqrt{-k})\int y\,dx$ à cause de $\sin(x\sqrt{-k}) = 0$ au premier et au dernier point de l'intégrale $\int My\,dx$, la transformée

$$\frac{1}{2\sqrt{-1}\sqrt{c}}\,e^{t\sqrt{ck}}\int e^{-t\sqrt{ck}}\,dt\int \cos(x\sqrt{-k})\,dx\int y\,dx.$$

Posons, pour abréger, $\int y\,dx = Y$, et mettons au lieu de $\cos(x\sqrt{-k})$ sa valeur exponentielle $\frac{1}{2}(e^{x\sqrt{k}} + e^{-x\sqrt{k}})$; transportant le signe d'intégration qui regarde x au devant de celui qui regarde t (ce qui est permis à cause que la quantité $e^{-t\sqrt{ck}}$, qui est entre les deux signes, est une quantité constante à l'égard de x), on aura

$$\frac{1}{4\sqrt{-1}\sqrt{c}}\,e^{t\sqrt{ck}}\int dx\int e^{(x-t\sqrt{c})\sqrt{k}}\,Y\,dt + \frac{1}{4\sqrt{-1}\sqrt{c}}\,e^{t\sqrt{ck}}\int dx\int e^{-(x+t\sqrt{c})\sqrt{k}}\,Y\,dt.$$

Soit fait $x - t\sqrt{c} = p$, $x + t\sqrt{c} = q$, et soit nommée P la fonction de t et de p qui vient de la substitution de $p + t\sqrt{c}$ au lieu de x dans la quantité Y, et Q la fonction de t et de q qui vient de la substitution de $q - t\sqrt{c}$ au lieu de x dans la même quantité Y; en prenant, au lieu des variables t et x, les nouvelles variables t et p, et t et q, on changera les deux expressions intégrales

$$\int dx\int e^{(x-t\sqrt{c})\sqrt{k}}\,Y\,dt \quad \text{et} \quad \int dx\int e^{-(x+t\sqrt{c})\sqrt{k}}\,Y\,dt$$

en celles-ci :

$$\int dp \int e^{p\sqrt{k}} \mathrm{P}\,dt \quad \text{et} \quad \int dq \int e^{-q\sqrt{k}} \mathrm{Q}\,dt,$$

qui ont les mêmes valeurs, quoique sous des formes différentes. Dans ces dernières expressions, les intégrations $\int e^{p\sqrt{k}} \mathrm{P}\,dt$ et $\int e^{-q\sqrt{k}} \mathrm{Q}\,dt$ devront se faire en variant seulement t; donc, si on suppose que les intégrales $\int \mathrm{P}\,dt$ et $\int \mathrm{Q}\,dt$ soient prises avec cette condition, on aura

$$e^{p\sqrt{k}} \int \mathrm{P}\,dt \quad \text{et} \quad e^{-q\sqrt{k}} \int \mathrm{Q}\,dt,$$

ce qui donnera les transformées

$$\int e^{p\sqrt{k}}\,dp \int \mathrm{P}\,dt \quad \text{et} \quad \int e^{-q\sqrt{k}}\,dq \int \mathrm{Q}\,dt,$$

dans lesquelles il faudra faire maintenant p et q variables, et t constante; or, à cause que les quantités $\int \mathrm{P}\,dt$ et $\int \mathrm{Q}\,dt$ ne contiennent point de x, il est visible qu'il reviendra au même d'intégrer $e^{p\sqrt{k}}dp \int \mathrm{P}\,dt$ et $e^{-q\sqrt{k}}\,dq \int \mathrm{Q}\,dt$, en supposant p et q seuls variables, et de remettre après l'intégration, au lieu de p et q, leurs valeurs $x - t\sqrt{c}$ et $x + t\sqrt{c}$, que de restituer d'abord ces valeurs à la place de p et de q, et d'intégrer ensuite en faisant varier x; d'où il s'ensuit qu'on aura

$$\int dx \int e^{(x-t\sqrt{c})\sqrt{k}}\,\mathrm{Y}\,dt = \int dp \int e^{p\sqrt{k}} \mathrm{P}\,dt = \int e^{(x-t\sqrt{c})\sqrt{k}}\,dx \int \mathrm{P}\,dt,$$

$$\int dx \int e^{-(x+t\sqrt{c})\sqrt{k}}\,\mathrm{Y}\,dt = \int dq \int e^{-q\sqrt{k}} \mathrm{Q}\,dt = \int e^{-(x+t\sqrt{c})\sqrt{k}}\,dx \int \mathrm{Q}\,dt.$$

Par conséquent la transformée cherchée du terme

$$\frac{1}{2\sqrt{ck}} e^{t\sqrt{ck}} \int e^{-t\sqrt{ck}}\,dt \int \mathrm{M}y\,dx$$

deviendra, après toutes les substitutions,

$$\frac{1}{4\sqrt{-1}\sqrt{c}} e^{t\sqrt{ck}} \int e^{(x-t\sqrt{c})\sqrt{k}}\,dx \int \mathrm{P}\,dt + \frac{1}{4\sqrt{-1}\sqrt{c}} e^{t\sqrt{ck}} \int e^{-(x+t\sqrt{c})\sqrt{k}}\,dx \int \mathrm{Q}\,dt,$$

laquelle, en mettant hors des signes d'intégration la quantité exponentielle $e^{-t\sqrt{ck}}$, qui est constante à l'égard de x, se réduit plus simplement à

$$\frac{1}{4\sqrt{-1}\sqrt{c}}\left(\int e^{x\sqrt{k}}dx\int \mathrm{P}dt+\int e^{-x\sqrt{k}}dx\int \mathrm{Q}dt\right).$$

Par des opérations et des réductions semblables on changera encore l'autre terme

$$\frac{1}{2\sqrt{ck}}e^{-t\sqrt{ck}}\int e^{t\sqrt{ck}}dt\int \mathrm{M}y\,dx$$

en

$$\frac{1}{4\sqrt{-1}\sqrt{c}}\left(\int e^{x\sqrt{k}}dx\int \mathrm{Q}dt+\int e^{-x\sqrt{k}}dx\int \mathrm{P}dt\right);$$

donc, en retranchant la transformée du second terme de celle du premier, on aura

$$\begin{aligned}&\frac{1}{4\sqrt{-1}\sqrt{c}}\int\left(e^{x\sqrt{k}}-e^{-x\sqrt{k}}\right)\left(\int \mathrm{P}dt-\int \mathrm{Q}dt\right)dx\\ &=\int\frac{1}{2\sqrt{c}}\left(\int \mathrm{Q}\,dt-\int \mathrm{P}\,dt\right)\sin\left(x\sqrt{-k}\right)dx.\end{aligned}$$

Substituant cette expression dans l'équation (A), et égalant entre eux tous les angles multiples de $\sqrt{-k}$, suivant les règles de notre méthode, on trouvera pour la valeur de z les formules qu'on a déjà trouvées dans le Problème I, jointes avec la quantité $\frac{1}{2\sqrt{c}}\left(\int \mathrm{Q}dt-\int \mathrm{P}dt\right)$.

Après avoir ainsi trouvé la valeur de z, il ne sera pas difficile de déduire celle de u de l'équation (B). Pour cela, comme dans cette équation les termes qui renferment y sont exempts du coefficient $\frac{1}{\sqrt{ck}}$, on y mettra d'abord, et sans aucune préparation, à la place de M sa valeur exponentielle $\frac{e^{x\sqrt{k}}-e^{-x\sqrt{k}}}{2\sqrt{-1}}$; ensuite, faisant des observations et des réductions analogues à celles que nous avons faites précédemment, on trouvera que, si P′ et Q′ sont pris pour exprimer les valeurs de y après les substitutions de $p+t\sqrt{c}$ et de $q-t\sqrt{c}$ au lieu de x, les termes dont il s'agit deviendront $\frac{1}{2}\int\left(\int P'dt + \int Q'dt\right)\sin(x\sqrt{-k})\,dx$; par conséquent l'expression de u renfermera, outre les formules trouvées à la fin du n° 6, encore celle-ci, $\frac{1}{2}\left(\int P'dt + \int Q'dt\right)$.

COROLLAIRE. — Donc le terme y ajouté à l'équation

$$\frac{d^2z}{dt^2} = c\,\frac{d^2z}{dx^2}$$

produit dans les valeurs de z et de u une augmentation qu'on déterminera ainsi. Soit intégré ydx, en ne faisant varier que x, et l'intégrale trouvée $\int ydx$ étant multipliée par dt soit intégrée de nouveau, en supposant d'abord $x + t\sqrt{c}$ constant et t seul variable; puis, en supposant $x - t\sqrt{c}$ constant et t seul variable, retranchant cette seconde intégrale de la première et divisant la différence par $2\sqrt{c}$, on aura ce qu'il faut ajouter à la valeur de z. Ensuite soit intégré simplement ydt d'abord, en traitant $x + t\sqrt{c}$ comme constante et t comme variable, puis en traitant $x - t\sqrt{c}$ comme constante et t de même comme variable; la somme de ces deux intégrales divisée par 2 sera l'augmentation de la valeur de u.

39. SCOLIE I. — Dans l'excellent *Traité de la cause des vents* de M. d'Alembert, on trouve à l'article 87 une méthode fort simple et fort ingénieuse pour rendre complètes ces deux différentielles,

$$\alpha ds + \beta du \quad \text{et} \quad \rho\alpha du + \nu\beta ds + du\,\Delta(u, s) + ds\,\Gamma(u, s).$$

Le Problème se réduit à celui que nous venons de résoudre, car, en supposant la première de ces différentielles égale à dp, on trouve $\alpha = \frac{dp}{ds}$ et $\beta = \frac{dp}{du}$; mais, pour que la seconde différentielle soit exacte, il faut que

$$\frac{d[\rho\alpha + \Delta(u, s)]}{ds} = \frac{d[\nu\beta + \Gamma(u, s)]}{du},$$

ce qui donne, en substituant et différentiant,

$$\rho \frac{d^2 p}{ds^2} + \frac{d\Delta(u, s)}{ds} = \nu \frac{d^2 p}{du^2} + \frac{d\Gamma(u, s)}{du},$$

équation qui reviendra au même que celle du Problème précédent, si l'on pose z au lieu de p, t au lieu de s, x au lieu de u, c au lieu de $\frac{\nu}{\rho}$ et y au lieu de $\frac{1}{\rho}\left[\frac{d\Gamma(u, s)}{du} - \frac{d\Delta(u, s)}{ds}\right]$.

Si d'un côté la solution de M. d'Alembert est plus simple que la nôtre, de l'autre elle paraît insuffisante pour les cas où les valeurs de p seraient prises à volonté lorsque $s = 0$; et c'est précisément dans ces cas que rentre la question qui est l'objet du Problème précédent. Au reste, si l'on introduit dans notre solution, au lieu de Z et de U, des fonctions indéterminées, on en tirera des formules analogues à celles que M. d'Alembert a trouvées par sa méthode. Il est vrai que nos formules se présenteront sous une autre forme que celles de cet Auteur; mais la comparaison n'en sera pas difficile et ne demandera d'ailleurs qu'un peu d'adresse de calcul; c'est pourquoi je ne m'y arrêterai pas.

40. Scolie II. — Ce savant Géomètre a encore rendu l'usage de sa méthode plus général en l'appliquant à déterminer les quantités α et β par les conditions que

$$\alpha ds + \beta du \quad \text{et} \quad \rho\alpha du + p\beta du + \gamma\beta ds + m\alpha ds + du\Delta(u, s) + ds\Gamma(u, s)$$

soient l'une et l'autre des différentielles complètes. Faisant

$$\alpha ds + \beta du = dq,$$

et substituant dans la seconde différentielle les valeurs de α et β en q, on trouvera par les conditions de l'intégrabilité l'équation suivante :

$$\rho \frac{d^2 q}{ds^2} + p \frac{d^2 q}{ds\,du} + \frac{d\Delta(u, s)}{ds} = \gamma \frac{d^2 q}{du^2} + m \frac{d^2 q}{du\,ds} + \frac{d\Gamma(u, s)}{du},$$

qui peut se rapporter à cette forme,

$$\frac{d^2 z}{dt^2} = b\,\frac{d^2 z}{dt\,dx} + c\,\frac{d^2 z}{dx^2} + y.$$

Quoique cette équation soit étrangère à la matière que nous traitons, je crois qu'on ne sera point fâché de voir comment notre méthode s'y applique. Je commence ici par supposer $\frac{dz}{dt} = u$, et je décompose par ce moyen l'équation proposée dans les deux suivantes :

$$\frac{dz}{dt} = u, \quad \frac{du}{dt} = b\frac{du}{dx} + c\frac{d^2z}{dx^2} + y;$$

je multiplie la première de ces équations par Ndx et la seconde par Mdx, je les ajoute ensemble et j'en prends l'intégrale en faisant évanouir par des intégrations par parties les différences de z qui naissent de la variabilité de x; j'ai

$$\int\left(\mathrm{N}\frac{dz}{dt} + \mathrm{M}\frac{du}{dt}\right)dx = \int\left[c\frac{d^2\mathrm{M}}{dx^2}z + \left(\mathrm{N} - b\frac{d\mathrm{M}}{dx}\right)u\right]dx + \int \mathrm{M}y\,dx$$
$$+ b\mathrm{M}u + c\mathrm{M}\frac{dz}{dx} - c\frac{d\mathrm{M}}{dx}z.$$

Négligeant ces derniers termes algébriques qui disparaissent d'eux-mêmes, dans la supposition que z et M soient égaux à zéro au premier et au dernier point de l'intégrale, et comparant terme à terme, on aura

$$k\mathrm{N} = c\frac{d^2\mathrm{M}}{dx^2}, \quad k\mathrm{M} = \mathrm{N} - b\frac{d\mathrm{M}}{dx};$$

d'où l'on tire

$$k^2\mathrm{M} + bk\frac{d\mathrm{M}}{dx} - c\frac{d^2\mathrm{M}}{dx^2} = 0, \quad \mathrm{M} = \mathrm{A}e^{mkx} + \mathrm{B}e^{nkx},$$

m et n étant les racines de l'équation

$$1 + by - cy^2 = 0.$$

Or, M devant être égal à zéro lorsque $x = 0$ et $x = a$, on aura

$$\mathrm{B} = -\mathrm{A} \quad \text{et} \quad e^{mka} - e^{nka} = 0,$$

ce qui fournira une infinité de valeurs de k; on aura donc

$$\mathrm{M} = e^{mkx} - e^{nkx},$$

et par conséquent

$$N = ck(m^2 e^{mkx} - n^2 e^{nkx}).$$

Soit maintenant

$$\int (Nz + Mu)\,dx = s,$$

notre équation deviendra

$$\frac{ds}{dt} = ks + \int My\,dx;$$

d'où l'on tire, en intégrant et conservant les noms que nous avons employés dans tout le cours des *Recherches précédentes*,

$$\int (Nz + Mu)\,dx = e^{kt}\int (NZ + MU)\,dx + e^{kt}\int e^{-kt}dt \int My\,dx.$$

Or, la quantité N étant multipliée par un coefficient k, pour le faire disparaître on changera les intégrales

$$\int Nz\,dx \quad \text{et} \quad \int NZ\,dx$$

en

$$-\int \frac{dz}{dx}\,dx \int N\,dx \quad \text{et} \quad -\int \frac{dZ}{dx}\,dx \int N\,dx,$$

en négligeant les autres termes qui deviennent nuls à cause que z et Z disparaissent quand $x = 0$ et $x = a$; substituant donc les valeurs de M et de $\int N\,dx$, on aura

$$\int \left(u - cm\frac{dz}{dx}\right) e^{mkx}dx - \int \left(u - cn\frac{dz}{dx}\right) e^{nkx}dx$$
$$= \int \left(U - cm\frac{dZ}{dx}\right) e^{(mx+t)k}dx - \int \left(U - cn\frac{dZ}{dx}\right) e^{(nx+t)k}dx$$
$$+ e^{kt}\int e^{-kt}dt \int e^{mkx}y\,dx - e^{kt}\int e^{-kt}dt \int e^{nkx}y\,dx.$$

Soient P la fonction de p et de t qui vient de la substitution de p au lieu de $mx - t$ dans y, et Q la fonction de q et de t qui vient de la substitution de q à la place de $nx - t$ dans la même quantité y; les deux derniers termes de la formule précédente se changeront, selon ce qui a été enseigné plus haut, en ceux-ci :

$$\int\left(\int \mathrm{P}\,dt\right) e^{mkx}\,dx - \int\left(\int \mathrm{Q}\,dt\right) e^{nkx}\,dx.$$

Maintenant, puisque m est supposé différent de n, il est clair que les quantités exponentielles e^{mkx}, e^{nkx} et $e^{(mx+t)k}$, $e^{(nx+t)k}$ ne sauraient jamais devenir égales; donc il faudra nécessairement décomposer l'équation en deux, afin d'en chasser la quantité k; par ce moyen, on trouvera, en retenant les expressions employées dans le Problème I,

$$u - cm\frac{dz}{dx} = \left(\mathrm{U} - cm\frac{d\mathrm{Z}}{dx}\right)^{\left(x-\frac{t}{m}\right)} + \int \mathrm{P}\,dt,$$

$$u - cn\frac{dz}{dx} = \left(\mathrm{U} - cn\frac{d\mathrm{Z}}{dx}\right)^{\left(x-\frac{t}{n}\right)} + \int \mathrm{Q}\,dt.$$

S'il arrivait que $n = m$, alors, la première de ces équations demeurant la même, on ne ferait qu'augmenter n d'une quantité infiniment petite α, c'est-à-dire on supposerait $n = m + \alpha$, et, ôtant la première équation de la seconde, il viendrait, après avoir divisé par α,

$$\frac{dz}{dx} = \left[\frac{d\mathrm{Z}}{dx} - \frac{d\left(\mathrm{U} - cm\frac{d\mathrm{Z}}{dx}\right)}{dx}\frac{t}{cm^2}\right]^{\left(x-\frac{t}{m}\right)} + \int \frac{d\mathrm{P}}{dp}\,\frac{p+t}{cm^2}\,dt.$$

Si n était infini, ce qui arrivera lorsque $c = 0$, alors on aurait aussi $cn = 0$, et la seconde équation deviendrait

$$u = \mathrm{U}^{(x)} + \int \mathrm{Q}\,dt.$$

Si l'on veut maintenant comparer les résultats de cette solution avec ceux de M. d'Alembert, on prendra pour

$$\left(\mathrm{U} - cm\frac{d\mathrm{Z}}{dx}\right)^{\left(x-\frac{t}{m}\right)} \quad \text{et} \quad \left(\mathrm{U} - cn\frac{d\mathrm{Z}}{dx}\right)^{\left(x-\frac{t}{n}\right)}$$

des fonctions indéterminées de $x - \frac{t}{m}$ et de $x - \frac{t}{n}$, et faisant les substitutions et les réductions nécessaires, on trouvera pour α et β des formules analogues à celles que cet Auteur a données. Quoique j'aie fait tous les calculs que cette comparaison demande, je ne les insérerai point ici pour ne pas passer les bornes que je me suis prescrites dans cette Dissertation.

41. Problème V. — *Construire l'équation* $\frac{d^2z}{dt^2} = c\frac{d^2z}{dx^2} + c\frac{d\frac{z}{x}}{dx} + y$.

En suivant notre méthode, on parviendra aux mêmes équations (A) et (B) du Problème précédent, avec cette seule différence que la quantité M sera maintenant égale à

$$\sin(x\sqrt{-k}) - x\sqrt{-k}\cos(x\sqrt{-k})$$

comme dans le Problème II, ce qui rendra l'expression $\int \mathrm{M}y\,dx$ composée des deux termes

$$\int \sin(x\sqrt{-k})y\,dx - \sqrt{-k}\int \cos(x\sqrt{-k})yx\,dx;$$

on aura donc dans l'équation (A)

$$\begin{aligned}\frac{1}{2\sqrt{ck}}\int \mathrm{M}y\,dx &= \frac{1}{2\sqrt{ck}}\int \sin(x\sqrt{-k})y\,dx + \frac{1}{2\sqrt{c}\sqrt{-1}}\int \cos(x\sqrt{-k})yx\,dx\\ &= \frac{1}{2\sqrt{c}\sqrt{-1}}\int \cos(x\sqrt{-k})\left(\int y\,dx + xy\right)dx,\end{aligned}$$

en réduisant le premier terme, comme on l'a fait dans le Problème précédent. Il faudra pourtant observer que l'intégrale $\int y\,dx$ soit prise de manière qu'elle s'évanouisse lorsque $x = a$, afin que le terme

$$\frac{\sin(x\sqrt{-k})\int y\,dx}{\sqrt{ck}}$$

que nous négligeons s'évanouisse de même. Supposant donc maintenant $\int y\,dx + xy = \mathrm{Y}$, et faisant les autres observations et réductions suivant les principes établis dans les Problèmes II et IV, on trouvera que la valeur de z', savoir de $z + \frac{dzx}{dx}$, du n° **20**, devra être ici augmentée de la quantité

$$\frac{1}{2\sqrt{c}}\left(\int Q\,dt - \int P\,dt\right).$$

On tirera de même de l'équation (B) la valeur de u'; mais on pourra s'épargner la peine de ce calcul, en cherchant, d'après la valeur trouvée de z', celle de $\frac{dz'}{dt} = u'$.

Usage des Problèmes précédents.

42. Examinons d'abord le cas d'une ligne physique d'air; il est facile de trouver que l'équation rigoureuse du mouvement des particules sera

$$\frac{d^2z}{dt^2} = -c\,\frac{d\,\frac{1}{1+\frac{dz}{dx}}}{dx}\left(1+\frac{dz}{dx}\right) = c\,\frac{\frac{d^2z}{dx^2}}{1+\frac{dz}{dx}},$$

car la portion du fluide, qui dans l'état d'équilibre occupe l'espace dx, après le temps t remplira l'espace $dx\left(1+\frac{dz}{dx}\right)$, et son élasticité sera par conséquent diminuée dans le rapport $\frac{1}{1+\frac{dz}{dx}}$; donc la différence d'élasticité des deux particules adjacentes s'exprimera par

$$c\,\frac{d\,\frac{1}{1+\frac{dz}{dx}}}{dx}\left(1+\frac{dz}{dx}\right)dx;$$

donc, divisant par la masse dx de la particule intermédiaire, on aura la force qui tend à la mouvoir; donc, etc.

Je réduis la fraction $\frac{1}{1+\frac{dz}{dx}}$ en suite par une division infinie; il vient

$$1 - \frac{dz}{dx} + \left(\frac{dz}{dx}\right)^2 - \ldots;$$

j'aurai donc, en substituant,

$$\frac{d^2 z}{dt^2} = c\frac{d^2 z}{dx^2} - c\frac{dz}{dx}\frac{d^2 z}{dx^2} + \epsilon\left(\frac{dz}{dx}\right)^2\frac{d^2 z}{dx^2} - \ldots.$$

Or, si on suppose $\frac{dz}{dx}dx$ infiniment petit par rapport à dx, il est clair que le second membre de cette équation se réduit au seul terme $c\frac{d^2 z}{dx^2}$, et qu'ainsi l'équation

$$\frac{d^2 z}{dt^2} = c\frac{d^2 z}{dx^2}$$

donnera une valeur de z qui pourra être regardée comme exacte; c'est le cas que nous avons déjà traité. Mais, si on suppose seulement z fort petit et cependant fini, l'équation

$$\frac{d^2 z}{dt^2} = c\frac{d^2 z}{dx^2}$$

ne donnera plus qu'une valeur approchée de z; on substituera donc cette valeur dans les termes

$$-c\frac{dz}{dx}\frac{d^2 z}{dx^2} + c\left(\frac{dz}{dx}\right)^2\frac{d^2 z}{dx^2} - \ldots$$

qu'on avait négligés, et intégrant l'équation par la méthode du Problème IV, on aura une valeur de z plus exacte; on substituera de nouveau la valeur de z ainsi corrigée, et l'on en tirera une autre encore plus exacte que la précédente; en opérant ainsi de suite, on approchera toujours de plus en plus de la valeur de z.

Or si, pour faciliter le calcul, on introduit les fonctions indéterminées dans notre solution du Problème I, on a pour la première valeur de z

$$z = \varphi(x + t\sqrt{c}) + \psi(x - t\sqrt{c});$$

maintenant il faut supposer

$$y = -c\frac{dz}{dx}\frac{d^2 z}{dx^2} + c\left(\frac{dz}{dx}\right)^2\frac{d^2 z}{dx^2} - \ldots,$$

ce qui donne

$$\int y\,dx = \mathrm{Y} = -\frac{c}{2}\left(\frac{dz}{dx}\right)^2 + \frac{c}{3}\left(\frac{dz}{dx}\right)^3 - \ldots$$

$$= -\frac{1}{2}c\varphi'^2(x - t\sqrt{c}) - \frac{1}{2}c\psi'^2(x - t\sqrt{c})$$

$$- c\varphi'(x + t\sqrt{c})\,\psi'(x - t\sqrt{c}),$$

en négligeant les termes suivants qui doivent être regardés comme infiniment petits d'un ordre plus élevé; on aura donc

$$\mathrm{P} = -\frac{1}{2}c\varphi'^2(p + 2t\sqrt{c}) - c\varphi'(p + 2t\sqrt{c})\,\psi'(p) - \frac{1}{2}c\psi'^2(p),$$

$$\mathrm{Q} = -\frac{1}{2}c\varphi'^2(q) - c\varphi'(q)\,\psi'(q - 2t\sqrt{c}) - \frac{1}{2}c\psi'^2(q - 2t\sqrt{c}),$$

et par conséquent

$$\int \mathrm{P}\,dt = -\frac{1}{2}c\int \varphi'^2(p + 2t\sqrt{c})\,dt - \frac{\sqrt{c}}{2}\varphi(p + 2t\sqrt{c})\,\psi'(p) - \frac{1}{2}ct\psi'^2(p),$$

$$\int \mathrm{Q}\,dt = -\frac{1}{2}ct\varphi'^2(q) + \frac{\sqrt{c}}{2}\varphi'(q)\,\psi(q - 2t\sqrt{c}) - \frac{1}{2}c\int \psi'^2(q - 2t\sqrt{c})\,dt.$$

Que (φ) dénote la valeur de l'intégrale $\int \varphi'^2(p + 2t\sqrt{c})\,dt\sqrt{c}$, et (ψ) celle de l'intégrale $\int \psi'^2(q - 2t\sqrt{c})\,dt\sqrt{c}$, on trouvera, après avoir restitué au lieu de p et de q leurs valeurs,

$$\frac{\int \mathrm{Q}\,dt - \int \mathrm{P}\,dt}{2\sqrt{c}} = \frac{1}{4}t\sqrt{c}\,[\psi'^2(x - t\sqrt{c}) - \varphi'^2(x + t\sqrt{c})]$$

$$+ \frac{1}{4}\psi(x - t\sqrt{c})\,\varphi'(x + t\sqrt{c})$$

$$+ \frac{1}{4}\psi'(x - t\sqrt{c})\,\varphi(x + t\sqrt{c}) - \frac{1}{4}(\psi) + \frac{1}{4}(\varphi),$$

quantité qui devra être ajoutée à la première valeur de z.

Pour voir maintenant combien cette correction peut influer sur la vitesse de la propagation des ébranlements, on observera que les fonctions $\varphi(x)$ et $\psi(x)$ doivent être telles, qu'elles soient toujours égales à zéro, lorsque les abscisses x ne sont pas très-petites (4); d'où il suit que pour la propagation du côté des abscisses positives x, il ne faudra retenir que les fonctions de $x - t\sqrt{c}$ ou de $q - 2t\sqrt{c}$; on aura donc

$$z = \psi(x - t\sqrt{c}) + \frac{1}{4} t\sqrt{c}\,\psi'^2(x - t\sqrt{c}) - \frac{1}{4}(\psi).$$

Or, en supposant la valeur de $\psi(x - t\sqrt{c})$ très-petite, $\psi'^2(x - t\sqrt{c})$ sera un infiniment petit du second ordre, et (ψ) sera aussi du même ordre à très-peu près, à cause que la fonction $\psi(x - t\sqrt{c})$ n'a de valeur que dans une fort petite étendue de l'axe; mais $t\sqrt{c}$ devant être à peu près égal à x recevra une valeur considérable, donc le terme (ψ) s'évanouira auprès du terme $t\sqrt{c}\,\psi'^2(x - t\sqrt{c})$, et la valeur de z se réduira à

$$\psi(x - t\sqrt{c}) + \frac{1}{4} t\sqrt{c}\,\psi'^2(x - t\sqrt{c}).$$

Le premier terme $\psi(x - t\sqrt{c})$ donne, comme il est facile de voir et comme on l'a démontré ailleurs, la vitesse de la propagation égale à $\sqrt{c}$, et il est clair que cette vitesse ne peut varier à moins que la quantité $\sqrt{c}$ ne varie de même; supposons donc $\sqrt{c} + \alpha$, au lieu de $\sqrt{c}$, α étant une quantité assez petite, on aura pour le premier terme de la valeur de z

$$\psi(x - t\sqrt{c} - t\alpha),$$

qui se réduit à

$$\psi(x - t\sqrt{c}) - t\alpha\psi'(x - t\sqrt{c});$$

comparant cette expression avec celle qu'on a trouvée par notre approximation, on a

$$\alpha = -\frac{\sqrt{c}}{4}\psi'(x - t\sqrt{c});$$

mais

$$-\sqrt{c}\,\psi'(x - t\sqrt{c}) = \frac{d\psi(x - t\sqrt{c})}{dt} = u,$$

en désignant par u la vitesse propre de la particule qui répond à l'abscisse x; donc

$$\alpha = \frac{u}{4},$$

et par conséquent la vitesse de la propagation deviendra à très-peu près égale à

$$\sqrt{c} + \frac{u}{4}.$$

Cette conclusion parait donc en quelque sorte favorable à l'hypothèse des ébranlements finis, mais elle perdra toute sa force pour peu qu'on s'arrête à l'examiner.

Par ce qu'on vient de trouver, on a

$$z = \psi\left(x - t\sqrt{c} - \frac{tu}{4}\right);$$

soit a la longueur de l'onde aérienne excitée immédiatement par le corps sonore, il est clair que z ne commencera à avoir une valeur que quand on aura

$$x - t\sqrt{c} - \frac{tu}{4} = a;$$

d'où il s'ensuit qu'au bout du temps t le son sera parvenu jusqu'à la particule qui répond à l'abscisse

$$x = a + t\left(\sqrt{c} + \frac{u}{4}\right),$$

u étant la vitesse que cette particule reçoit en même temps. Or, en premier lieu cette vitesse ne peut être qu'infiniment petite, puisqu'il serait absurde qu'une particule d'un fluide élastique reçût tout d'un coup une vitesse finie par l'action des autres parties adjacentes; en second lieu, il est visible que la formule trouvée détruirait l'uniformité de la vitesse du son et la ferait dépendre en quelque sorte de la nature des ébranlements primitifs, ce qui est contraire à toutes les expériences.

Il serait, après cela, inutile de pousser plus loin l'approximation de la valeur de z; car, outre qu'il n'en résulterait que des termes moindres que celui que nous venons d'examiner, l'expression de la vitesse du son deviendrait toujours plus compliquée et par conséquent moins conforme à la véritable.

43. Passons maintenant à l'hypothèse des ondulations sphériques, et cherchons par le moyen du Problème V si le changement que la supposition des ébranlements finis cause dans leur propagation peut s'accorder avec les phénomènes.

Par les principes posés dans le nº 30, on trouvera pour l'équation rigoureuse du mouvement du fluide

$$\frac{d^2z}{dt^2} = -c\,\frac{d\left[\dfrac{x^2}{(x+z)^2}\,\dfrac{1}{1+\dfrac{dz}{dx}}\right]}{dx}\,\frac{(x+z)^2}{x^2}\left(1+\frac{dz}{dx}\right)$$

$$= \frac{\dfrac{d^2z}{dx^2}}{1+\dfrac{dz}{dx}} + \frac{2}{x+z}\,\frac{dz}{dx} - \frac{2z}{x(x+z)},$$

d'où l'on tire, par la voie des séries,

$$\frac{d^2z}{dt^2} = c\left(\frac{d^2z}{dx^2} + \frac{2d\dfrac{z}{x}}{dx}\right) - c\left(\frac{dz}{dx}\,\frac{d^2z}{dx^2} + 2\frac{z}{x}\,\frac{d\dfrac{z}{x}}{dx}\right)$$
$$+ c\left[\left(\frac{dz}{dx}\right)^2\frac{d^2z}{dx^2} + 2\frac{z^2}{x^2}\,\frac{d\dfrac{z}{x}}{dx}\right] - \ldots$$

On aura donc, selon le Problème V,

$$y = -c\left(\frac{dz}{dx}\,\frac{d^2z}{dx^2} + 2\frac{z}{x}\,\frac{d\dfrac{z}{x}}{dx}\right),$$

en négligeant les autres termes qui renferment plus de deux dimensions de z; donc

$$\int y\,dx = -\frac{c}{2}\left(\frac{dz}{dx}\right)^2 - c\,\frac{z^2}{x^2},$$

et

$$\int y dx + xy = Y = \frac{d(x\int y dx)}{dx} = -\frac{c}{2}\frac{d\left[x\left(\frac{dz}{dx}\right)^2\right]}{dx} - c\frac{d\frac{z^2}{x}}{dx}.$$

Maintenant, il faut substituer au lieu de z sa valeur tirée des formules du Problème II. Pour abréger ces substitutions, je remarque d'abord, comme il est évident, qu'il ne faudra employer que les seules fonctions de $x - t\sqrt{c}$; d'où il suit que si l'on pose

$$z + \frac{dzx}{dx} = \varphi(x - t\sqrt{c}),$$

on aura

$$z = \frac{'\varphi(x - t\sqrt{c})}{x} - \frac{''\varphi(x - t\sqrt{c})}{x^2}.$$

Je remarque ensuite que, lorsque x a une valeur considérable, on peut négliger, auprès des termes qui contiennent x seul au dénominateur, tous ceux qui sont divisés par des puissances de x plus hautes que l'unité; par ce moyen, on aura simplement

$$z = \frac{'\varphi(x - t\sqrt{c})}{x}, \quad Y = -c\frac{\varphi(x - t\sqrt{c})\,\varphi'(x - t\sqrt{c})}{x};$$

donc

$$P = -\frac{c\varphi(p)\varphi'(p)}{p + t\sqrt{c}},$$

$$\int P dt = -\sqrt{c}\,\varphi(p)\varphi'(p)\log(p + t\sqrt{c}) = -\sqrt{c}.\varphi(x - t\sqrt{c})\,\varphi'(x - t\sqrt{c})\log x,$$

$$Q = -\frac{c\varphi(q - 2t\sqrt{c})\,\varphi'(q - 2t\sqrt{c})}{q - t\sqrt{c}},$$

d'où l'on tirera par les quadratures la valeur de $\int Q dt$; mais il est facile de voir que cette valeur sera infiniment petite par rapport à celle de $\int P dt$, à cause que la fonction φ et ses différences sont toujours infiniment petites, et qu'elles n'ont outre cela des valeurs réelles que dans une très-petite portion de l'axe; ne prenant donc que la formule $\frac{1}{2\sqrt{c}}\int P dt$

et l'ôtant de $z + \frac{dxz}{dx}$, savoir de $\varphi(x - t\sqrt{c})$, on aura pour l'augmentation de cette fonction

$$\frac{1}{2}\varphi(x - t\sqrt{c})\,\varphi'(x - t\sqrt{c})\log x;$$

or, si on suppose, comme on l'a fait plus haut, que la quantité $\sqrt{c}$ croisse d'une très-petite quantité α, on trouvera ici

$$\alpha = -\frac{\varphi(x - t\sqrt{c})\log x}{2t},$$

ce qui changera la fonction

$$\varphi(x - t\sqrt{c})$$

en

$$\varphi\left[x - t\sqrt{c} + \frac{\log x}{2}\varphi(x - t\sqrt{c})\right].$$

Prenant a pour le rayon de la première onde aérienne excitée par le corps sonore, les lois de la propagation du son seront donc contenues dans la formule

$$x - t\sqrt{c} + \frac{\log x}{2}\varphi(x - t\sqrt{c}) = a.$$

Je crois superflu de m'arrêter ici à examiner les conséquences de cette formule, car il est facile de voir qu'elles ne seront pas plus favorables à la supposition dont il s'agit que ne l'ont été celles qu'on a trouvées dans le numéro précédent.

44. Corollaire. — Après ce qu'on vient de démontrer, je crois qu'on peut regarder comme une vérité assez constante, que l'hypothèse des ébranlements infiniment petits est la seule recevable dans la théorie de la propagation du son, comme nous avions promis de le prouver dans le n° 10. Je vais donc rentrer dans cette hypothèse, et chercher à déterminer les lois de la propagation du son d'une manière plus générale et plus exacte que je ne l'ai fait.

§ II. — *Essai d'une construction générale des trois équations du n° 10.*

45. Je multiplie la première de ces équations par L, la seconde par M et la troisième par N, en supposant que L, M, N soient des fonctions quelconques de X, Y, Z; j'en fais une somme que je multiplie encore par $dX\,dY\,dZ$, et dont je prends l'intégrale en faisant varier l'une après l'autre les trois changeantes X, Y et Z. De cette manière, j'aurai l'équation

$$\begin{aligned}\int\left(\frac{d^2x}{dt^2}L+\frac{d^2y}{dt^2}M+\frac{d^2z}{dt^2}N\right)dX\,dY\,dZ\\=c\int\left(\frac{d^2x}{dX^2}L+\frac{d^2y}{dX\,dY}L+\frac{d^2z}{dX\,dZ}L+\frac{d^2y}{dY^2}M+\frac{d^2x}{dY\,dX}M\right.\\\left.+\frac{d^2z}{dY\,dZ}M+\frac{d^2z}{dZ^2}N+\frac{d^2x}{dZ\,dX}N+\frac{d^2y}{dZ\,dY}N\right)dX\,dY\,dZ,\end{aligned}$$

qui renferme le mouvement de chaque point mobile du système donné. On remarquera que c est mise ici pour $\frac{2Eh}{T^2D}$, ainsi que nous l'avons pratiqué partout ailleurs.

En suivant notre méthode, on prendra autant d'intégrales par parties qu'il en faudra pour faire disparaître toutes les différences de x, y, z suivant X, Y, Z; on aura donc

$$\int\frac{d^2x}{dX^2}L\,dX\,dY\,dZ=\int x\frac{d^2L}{dX^2}dX\,dY\,dZ+\int\left(\frac{dx}{dX}L-x\frac{dL}{dX}\right)dY\,dZ,$$

$$\int\frac{d^2y}{dX\,dY}L\,dX\,dY\,dZ=\int y\frac{d^2L}{dX\,dY}dX\,dY\,dZ+\int\frac{dy}{dY}L\,dY\,dZ-\int y\frac{dL}{dX}dX\,dZ,$$

$$\int\frac{d^2z}{dX\,dZ}L\,dX\,dY\,dZ=\int z\frac{d^2L}{dX\,dZ}dX\,dY\,dZ+\int\frac{dz}{dZ}L\,dY\,dZ-\int z\frac{dL}{dX}dX\,dY,$$

$$\int\frac{d^2y}{dY^2}M\,dX\,dY\,dZ=\int y\frac{d^2M}{dY^2}dX\,dY\,dZ+\int\left(\frac{dy}{dY}M-y\frac{dM}{dY}\right)dX\,dZ,$$

$$\int\frac{d^2x}{dY\,dX}M\,dX\,dY\,dZ=\int x\frac{d^2M}{dY\,dX}dX\,dY\,dZ+\int\frac{dx}{dX}M\,dX\,dZ-\int x\frac{dM}{dY}dY\,dZ,$$

$$\int\frac{d^2z}{dY\,dZ}M\,dX\,dY\,dZ=\int z\frac{d^2M}{dY\,dZ}dX\,dY\,dZ+\int\frac{dz}{dZ}M\,dX\,dZ-\int z\frac{dM}{dY}dX\,dY,$$

$$\int \frac{d^2z}{dZ^2} \mathrm{N}\, d\mathrm{X}\, d\mathrm{Y}\, d\mathrm{Z} = \int z \frac{d^2\mathrm{N}}{dZ^2} d\mathrm{X}\, d\mathrm{Y}\, d\mathrm{Z} + \int \left(\frac{dz}{d\mathrm{Z}}\mathrm{N} - z\frac{d\mathrm{N}}{d\mathrm{Z}}\right) d\mathrm{X}\, d\mathrm{Y},$$

$$\int \frac{d^2x}{d\mathrm{Z}\, d\mathrm{X}} \mathrm{N}\, d\mathrm{X}\, d\mathrm{Y}\, d\mathrm{Z} = \int x \frac{d^2\mathrm{N}}{d\mathrm{Z}\, d\mathrm{X}} d\mathrm{X}\, d\mathrm{Y}\, d\mathrm{Z} + \int \frac{dx}{d\mathrm{X}} \mathrm{N}\, d\mathrm{X}\, d\mathrm{Y} - \int x \frac{d\mathrm{N}}{d\mathrm{Z}} d\mathrm{Y}\, d\mathrm{Z},$$

$$\int \frac{d^2y}{d\mathrm{Z}\, d\mathrm{Y}} \mathrm{N}\, d\mathrm{X}\, d\mathrm{Y}\, d\mathrm{Z} = \int y \frac{d^2\mathrm{N}}{d\mathrm{Z}\, d\mathrm{Y}} d\mathrm{X}\, d\mathrm{Y}\, d\mathrm{Z} + \int \frac{dy}{d\mathrm{Y}} \mathrm{N}\, d\mathrm{X}\, d\mathrm{Y} - \int y \frac{d\mathrm{N}}{d\mathrm{Z}} d\mathrm{X}\, d\mathrm{Z}.$$

Dans ces transformées, il y a, comme on le voit, deux sortes d'expressions intégrales : les unes, plus générales, renferment trois intégrations, suivant la variabilité des trois coordonnées X, Y, Z, et expriment par conséquent la somme d'autant de valeurs particulières qu'il y a de particules dans la masse totale du fluide; les autres, au contraire, moins générales, ne renferment chacune que deux intégrations suivant la variabilité de deux des coordonnées X, Y et Z, et ne dénotent en conséquence que la somme d'autant de valeurs particulières qu'il y a de particules dans une seule tranche du fluide. Celles-ci pourront donc être regardées comme des constantes à l'égard de la troisième variable manquante, et l'on sera toujours le maître de les faire évanouir, en donnant certaines limitations aux valeurs des quantités L, M et N, selon la figure de l'espace dans lequel on suppose que la masse de l'air est renfermée.

Ainsi, par exemple, si cette figure est celle d'un parallélipipède quelconque, on voit aisément que x est nul dans les deux plans opposés qui sont perpendiculaires à la ligne X; d'où il suit que les intégrales qui contiennent x seront aussi nulles dans toute leur étendue, à cause que ces intégrales ne varient que suivant Y et Z; par une raison semblable, on verra que les intégrales contenant y et z s'évanouiront aussi d'elles-mêmes; donc, pour achever de faire évanouir les autres intégrales, on supposera L tel, qu'il devienne égal à zéro lorsque $\mathrm{X} = 0$ et lorsque $\mathrm{X} = a$, quels que soient Y et Z; ensuite, M devra devenir égal à zéro lorsque $\mathrm{Y} = 0$ et $\mathrm{Y} = b$, X et Z étant quelconques; enfin, N devra disparaître de même en posant $\mathrm{Z} = 0$ et $\mathrm{Z} = c$, pour toute l'étendue des X et Y; a, b, c étant les trois dimensions du parallélipipède donné.

Si la masse du fluide avait une autre figure quelconque, on trouverait aussi, en ayant égard à cette figure, les conditions qui pourront faire disparaître toutes les expressions intégrales à deux seules changeantes; il est vrai que le plus souvent ces opérations ne pourront s'exécuter, faute de connaître les valeurs exactes et générales des quantités L, M et N; mais il suffira de les imaginer exécutées pour démontrer que l'on peut toujours omettre les expressions intégrales dont nous parlons. Ainsi l'on aura simplement après les substitutions

$$\int\left(\frac{d^2x}{dt^2}\mathrm{L}+\frac{d^2y}{dt^2}\mathrm{M}+\frac{d^2z}{dt^2}\mathrm{N}\right)d\mathrm{X}\,d\mathrm{Y}\,d\mathrm{Z}$$

$$=c\int\left[x\left(\frac{d^2\mathrm{L}}{d\mathrm{X}^2}+\frac{d^2\mathrm{M}}{d\mathrm{X}\,d\mathrm{Y}}+\frac{d^2\mathrm{N}}{d\mathrm{X}\,d\mathrm{Z}}\right)\right.$$

$$+y\left(\frac{d^2\mathrm{M}}{d\mathrm{Y}^2}+\frac{d^2\mathrm{L}}{d\mathrm{Y}\,d\mathrm{X}}+\frac{d^2\mathrm{N}}{d\mathrm{Y}\,d\mathrm{Z}}\right)$$

$$\left.+z\left(\frac{d^2\mathrm{N}}{d\mathrm{Z}^2}+\frac{d^2\mathrm{L}}{d\mathrm{Z}\,d\mathrm{X}}+\frac{d^2\mathrm{M}}{d\mathrm{Z}\,d\mathrm{Y}}\right)\right]d\mathrm{X}\,d\mathrm{Y}\,d\mathrm{Z}.$$

On fera maintenant

$$\text{(A)}\qquad \frac{d^2\mathrm{L}}{d\mathrm{X}^2}+\frac{d^2\mathrm{M}}{d\mathrm{X}\,d\mathrm{Y}}+\frac{d^2\mathrm{N}}{d\mathrm{X}\,d\mathrm{Z}}=k\mathrm{L},$$

$$\text{(B)}\qquad \frac{d^2\mathrm{M}}{d\mathrm{Y}^2}+\frac{d^2\mathrm{L}}{d\mathrm{Y}\,d\mathrm{X}}+\frac{d^2\mathrm{N}}{d\mathrm{Y}\,d\mathrm{Z}}=k\mathrm{M},$$

$$\text{(C)}\qquad \frac{d^2\mathrm{N}}{d\mathrm{Z}^2}+\frac{d^2\mathrm{L}}{d\mathrm{Z}\,d\mathrm{X}}+\frac{d^2\mathrm{M}}{d\mathrm{Z}\,d\mathrm{Y}}=k\mathrm{N},$$

équations par lesquelles on déterminera les valeurs des quantités L, M et N. Il faudra de plus que ces valeurs satisfassent aux conditions énoncées ci-dessus, et c'est par là qu'on déterminera toutes les constantes que l'intégration aura entraînées, comme aussi la constante k qui ne pourra manquer d'avoir autant de valeurs différentes qu'il y a de particules mobiles.

Cela fait, notre équation principale pourra se mettre sous la forme ordinaire

$$\frac{d^2s}{dt^2}=kcs,$$

ayant ici

$$s=\int(x\mathrm{L}+y\mathrm{M}+z\mathrm{N})\,d\mathrm{X}\,d\mathrm{Y}\,d\mathrm{Z};$$

d'où l'on tirera, comme dans le Problème I,

$$s = S\cos(t\sqrt{-ck}) + \frac{R}{\sqrt{-ck}}\sin(t\sqrt{-ck}),$$

$$r = R\cos(t\sqrt{-ck}) - S\sqrt{-ck}\sin(t\sqrt{-ck}).$$

Or, soient

$$\frac{dx}{dt} = x', \quad \frac{dy}{dt} = y', \quad \frac{dz}{dt} = z',$$

et que (x), (y), (z), (x'), (y'), (z') désignent les valeurs de x, y, z, x', y', z', lorsque $t = 0$; on aura donc

$$(\mathrm{D}) \quad \left\{ \begin{aligned} &\int (xL + yM + zN)\, dX\, dY\, dZ \\ &= \cos(t\sqrt{-ck}) \int [(x)L + (y)M + (z)N]\, dX\, dY\, dZ \\ &\quad + \frac{\sin(t\sqrt{-ck})}{\sqrt{-ck}} \int [(x')L + (y')M + (z')N]\, dX\, dY\, dZ, \end{aligned} \right.$$

$$(\mathrm{E}) \quad \left\{ \begin{aligned} &\int (x'L + y'M + z'N)\, dX\, dY\, dZ \\ &= \cos(t\sqrt{-ck}) \int [(x')L + (y')M + (z')N]\, dX\, dY\, dZ \\ &\quad - \sqrt{-ck}\sin(t\sqrt{-ck}) \int [(x)L + (y)M + (z)N]\, dX\, dY\, dZ. \end{aligned} \right.$$

Voilà les équations d'où l'on tirerait, suivant notre méthode, les valeurs exactes de x, y, z, si l'on avait celles de L, M, N, et qu'on pût faire disparaître la quantité k, ainsi qu'on l'a fait dans les Problèmes précédents.

Mais le premier de ces objets nous présente d'abord des difficultés insurmontables, soit qu'en effet les équations (A), (B), (C) ne soient pas susceptibles d'intégration, soit qu'elles demandent d'autres méthodes que celles que nous connaissons. Si on voulait se borner à des constructions particulières, il serait aisé d'en trouver, mais elles ne sauraient être d'aucune utilité dans la recherche des lois de la propagation du son.

46. Il est visible, par exemple, qu'on peut supposer

$$L = A e^{(pX + qY + rZ)\sqrt{k}},$$
$$M = B e^{(pX + qY + rZ)\sqrt{k}},$$
$$N = C e^{(pX + qY + rZ)\sqrt{k}},$$

A, B, C, p, q, r étant des constantes à déterminer par la substitution et la comparaison des termes; pour cela, on trouvera les trois équations

$$A = c(Ap^2 + Bpq + Cpr),$$
$$B = c(Bq^2 + Apq + Crq),$$
$$C = c(Cp^2 + Apr + Bqr),$$

qui donne, en posant R pour $\sqrt{A^2 + B^2 + C^2}$,

$$p = \frac{A}{R\sqrt{c}}, \quad q = \frac{B}{R\sqrt{c}}, \quad r = \frac{C}{R\sqrt{c}};$$

mais les valeurs de L, M et N n'étant que particulières, on ne pourra s'en servir, suivant notre méthode, que dans l'hypothèse que les valeurs de x, y et z soient renfermées dans certaines conditions, car il est visible que L, M et N étant exprimées par une même fonction de $pX + qY + rZ$, multipliée seulement par des constantes différentes, les valeurs de x, y, z devront être les mêmes pour tous les points dont la position est renfermée dans la formule

$$pX + qY + rZ = \text{constante},$$

et de plus ces valeurs devront garder entre elles un rapport constant. Supposé que ces conditions aient lieu, on pourra poursuivre le calcul en substituant les valeurs trouvées de L, M et N dans l'équation (D), et transformant ensuite le terme

$$\int [A(x') + B(y') + C(z')] e^{(pX + qY + rZ)\sqrt{k}} \, dX \, dY \, dZ$$

en

$$-\sqrt{k} \int \Big[pA \int (x') \, dX + qB \int (y') \, dY$$
$$+ rC \int (z') \, dZ \Big] e^{(pX + qY + rZ)\sqrt{k}} \, dX \, dY \, dZ,$$

et réduisant $\cos(t\sqrt{-ck})$ et $\sin(t\sqrt{-ck})$ en exponentielles imaginaires, on aura

$$\begin{aligned}
&\int (Ax + By + Cz)\, e^{(pX+qY+rZ)\sqrt{k}}\, dX\, dY\, dZ \\
&= \frac{1}{2}\int\Big[A(x) + B(y) + C(z) - \frac{1}{\sqrt{c}}pA\int(x')\,dX - \frac{1}{\sqrt{c}}qB\int(y')\,dY \\
&\qquad\qquad - \frac{1}{\sqrt{c}}rC\int(z')\,dZ\Big]\, e^{(pX+qY+rZ+t\sqrt{c})\sqrt{k}}\, dX\, dY\, dZ \\
&+ \frac{1}{2}\int\Big[A(x) + B(y) + C(z) + \frac{1}{\sqrt{c}}pA\int(x')\,dX + \frac{1}{\sqrt{c}}qB\int(y')\,dY \\
&\qquad\qquad + \frac{1}{\sqrt{c}}rC\int(z')\,dZ\Big]\, e^{(pX+qY+rZ-t\sqrt{c})\sqrt{k}}\, dX\, dY\, dZ,
\end{aligned}$$

équation d'où l'on tirera, suivant notre méthode,

$$\begin{aligned}
&Ax + By + Cz \\
&= \frac{1}{2}\Big[A(x) + B(y) + C(z) + \frac{1}{\sqrt{c}}pA\int(x')\,dX \\
&\qquad + \frac{1}{\sqrt{c}}qB\int(y')\,dY + \frac{1}{\sqrt{c}}rC\int(z')\,dZ\Big]^{(pX+qY+rZ+t\sqrt{c})} \\
&+ \frac{1}{2}\Big[A(x) + B(y) + C(z) - \frac{1}{\sqrt{c}}pA\int(x')\,dX \\
&\qquad - \frac{1}{\sqrt{c}}qB\int(y')\,dY - \frac{1}{\sqrt{c}}rC\int(z')\,dZ\Big]^{(pX+qY+rZ-t\sqrt{c})}.
\end{aligned}$$

Les quantités mises en forme d'exposants dénotent, comme dans le Problème I, les valeurs qu'il faut donner aux coordonnées; ainsi X, Y, Z étant les coordonnées qui répondent à x, y, z, et (X), (Y), (Z) étant supposées celles qui répondent aux expressions qui ont l'exposant $pX + qY + rZ \pm t\sqrt{c}$, les valeurs de ces dernières devront être telles, que

$$p(X) + q(Y) + r(Z) = pX + qY + rZ \pm t\sqrt{c}.$$

Au reste, si l'on introduit dans cette solution les fonctions indéterminées, elle reviendra au même que celle que M. Euler a donnée dans son Mémoire, car on aura

$$Ax + By + Cz = \varphi(pX + qY + rZ + t\sqrt{c}) + \psi(pX + qY + rZ - t\sqrt{c});$$

d'où l'on tirera les valeurs de y et de z en faisant, selon l'hypothèse,

$$y = fx, \quad z = hx;$$

substituant ensuite ces valeurs dans les équations différentielles du n° **10**, on trouvera

$$f = \frac{B}{A}, \quad h = \frac{C}{A},$$

conformément aux formules données par M. Euler dans ses *Recherches sur la propagation des ébranlements dans un milieu élastique* (*Miscellanea Taurinensia*, t. II).

Voilà le Problème résolu analytiquement pour une infinité de cas, mais il faut avouer qu'aucune de ces solutions ne sera applicable à la théorie de la propagation du son, dans laquelle les ébranlements primitifs doivent être supposés quelconques. Il en sera de même de toute autre solution qui se trouvera en intégrant les équations (A), (B), (C) dans des cas particuliers. C'est pourquoi nous renoncerons pour le présent à déterminer les valeurs exactes de x, y et z par les voies ordinaires de notre méthode, et nous nous bornerons à les trouver, s'il est possible, par approximation, en supposant que le temps t soit fort petit; nous verrons ensuite quelles conséquences on pourra tirer d'un tel calcul pour la connaissance des lois de la propagation du son en général.

47. Je commence par développer l'expression $\cos(t\sqrt{-k})$ en poussant la série jusqu'aux quantités infiniment petites du quatrième ordre; j'ai

$$\cos(t\sqrt{-ck}) = 1 + \frac{1}{2}kt^2c + \frac{1}{2.3.4}k^2t^4c^2,$$

ce qui changera le terme de l'équation (D)

$$\cos(t\sqrt{-ck})\int[(x)L + (y)M + (z)N]\,dX\,dY\,dZ$$

en

$$\int(x)\left[L + \frac{1}{2}t^2ckL + \frac{1}{2.3.4}t^4c^2k^2L\right]dX\,dY\,dZ$$

$$+\int(y)\left[M + \frac{1}{2}t^2ckM + \frac{1}{2.3.4}t^4c^2k^2M\right]dX\,dY\,dZ$$

$$+\int(z)\left[N + \frac{1}{2}t^2ckN + \frac{1}{2.3.4}t^4c^2k^2N\right]dX\,dY\,dZ.$$

Or les équations (A), (B), (C) donnent d'abord

$$kL = \frac{d^2L}{dX^2} + \frac{d^2M}{dX\,dY} + \frac{d^2N}{dX\,dZ},$$

$$kM = \frac{d^2M}{dY^2} + \frac{d^2L}{dY\,dX} + \frac{d^2N}{dY\,dZ},$$

$$kN = \frac{d^2N}{dZ^2} + \frac{d^2L}{dZ\,dX} + \frac{d^2M}{dZ\,dY};$$

multipliant ces équations par k et substituant de nouveau au lieu de kL, kM, kN leurs valeurs, on aura ensuite

$$k^2 L = \frac{d^4L}{dX^4} + \frac{d^4L}{dX^2dY^2} + \frac{d^4L}{dX^2dZ^2} + \frac{d^4M}{dX^3dY} + \frac{d^4M}{dX\,dY^3} + \frac{d^4M}{dX\,dY\,dZ^2} + \frac{d^4N}{dX^3dZ} + \frac{d^4N}{dX\,dZ^3} + \frac{d^4N}{dX\,dZ\,dY^2},$$

$$k^2 M = \frac{d^4M}{dY^4} + \frac{d^4M}{dY^2dX^2} + \frac{d^4M}{dY^2dZ^2} + \frac{d^4L}{dY^3dX} + \frac{d^4L}{dY\,dX^3} + \frac{d^4L}{dX\,dY\,dZ^2} + \frac{d^4N}{dY^3dZ} + \frac{d^4N}{dY\,dZ^3} + \frac{d^4N}{dX^2dY\,dZ},$$

$$k^2 N = \frac{d^4N}{dZ^4} + \frac{d^4N}{dZ^2dX^2} + \frac{d^4N}{dZ^2dY^2} + \frac{d^4L}{dZ^3dX} + \frac{d^4L}{dZ\,dX^3} + \frac{d^4L}{dX\,dY^2dZ} + \frac{d^4M}{dZ^3dY} + \frac{d^4M}{dZ\,dY^3} + \frac{d^4M}{dX^2dY\,dZ}.$$

Par là, on pourra faire évanouir la lettre k de l'expression précédente; car on aura

$$(\mathrm{F})\quad \left\{ \begin{aligned} & L + \frac{1}{2}t^2ckL + \frac{1}{2.3.4}t^4c^2k^2L \\ & = L + \frac{1}{2}t^2c\left(\frac{d^2L}{dX^2} + \frac{d^2M}{dX\,dY} + \frac{d^2N}{dX\,dZ}\right) \\ & + \frac{1}{2.3.4}t^4c^2\left(\frac{d^4L}{dX^4} + \frac{d^4L}{dX^2dY^2} + \frac{d^4L}{dX^2dZ^2} + \frac{d^4M}{dX^3dY} + \frac{d^4M}{dX\,dY^3}\right. \\ & \left. + \frac{d^4M}{dX\,dY\,dZ^2} + \frac{d^4N}{dX^3dZ} + \frac{d^4N}{dX\,dZ^3} + \frac{d^4N}{dX\,dY^2dZ}\right), \end{aligned} \right.$$

$$(G)\quad\left\{\begin{aligned}&M+\frac{1}{2}t^2ckM+\frac{1}{2.3.4}t^4c^2k^2M\\&=M+\frac{1}{2}t^2c\left(\frac{d^2M}{dY^2}+\frac{d^2L}{dY\,dX}+\frac{d^2N}{dY\,dZ}\right)\\&+\frac{1}{2.3.4}t^4c^2\left(\frac{d^4M}{dY^4}+\frac{d^4M}{dY^2dX^2}+\frac{d^4M}{dY^2dZ^2}+\frac{d^4L}{dY^3dX}+\frac{d^4L}{dY\,dX^3}\right.\\&\left.\qquad+\frac{d^4L}{dX\,dY\,dZ^2}+\frac{d^4N}{dY^3dZ}+\frac{d^4N}{dY\,dZ^3}+\frac{d^4N}{dX^2dY\,dZ}\right),\end{aligned}\right.$$

$$(H)\quad\left\{\begin{aligned}&N+\frac{1}{2}t^2ckN+\frac{1}{2.3.4}t^4c^2k^2N\\&=N+\frac{1}{2}t^2c\left(\frac{d^2N}{dZ^2}+\frac{d^2L}{dZ\,dX}+\frac{d^2M}{dZ\,dY}\right)\\&+\frac{1}{2.3.4}t^4c^2\left(\frac{d^4N}{dZ^4}+\frac{d^4N}{dZ^2dX^2}+\frac{d^4N}{dZ^2dY^2}+\frac{d^4L}{dX^3dX}+\frac{d^4L}{dZ\,dX^3}\right.\\&\left.\qquad+\frac{d^4L}{dX\,dY^2dZ}+\frac{d^4M}{dZ^3dY}+\frac{d^4M}{dZ\,dY^3}+\frac{d^4M}{dX^2dY\,dZ}\right).\end{aligned}\right.$$

Or, quelles que soient les valeurs des quantités L, M, N, il est certain qu'elles seront des fonctions de X, Y, Z, ce que nous dénoterons ainsi

$$L^{(X,\,Y,\,Z)},\quad M^{(X,\,Y,\,Z)},\quad N^{(X,\,Y,\,Z)};$$

de sorte que, si l'on suppose que les variables X, Y, Z deviennent $X+pt$, $Y+qt$, $Z+rt$, les valeurs correspondantes de L, M, N s'exprimeront à notre manière par

$$L^{(X+pt,\,Y+qt,\,Z+rt)},\quad M^{(X+pt,\,Y+qt,\,Z+rt)},\quad N^{(X+pt,\,Y+qt,\,Z+rt)}.$$

Cela posé, on sait que si L représente une fonction quelconque de la variable X, laquelle croisse d'une quantité très-petite pt, la valeur de L deviendra, en négligeant les quantités infiniment petites au-dessus du quatrième ordre,

$$L+pt\frac{dL}{dX}+\frac{1}{2}p^2t^2\frac{d^2L}{dX^2}+\frac{1}{2.3}p^3t^3\frac{d^3L}{dX^3}+\frac{1}{2.3.4}p^4t^4\frac{d^4L}{dX^4};$$

donc, si l'on suppose que la fonction L renferme, outre la variable X, les variables Y et Z qui croissent en même temps des quantités très-petites qt, rt, on trouvera par un calcul assez simple

$$L^{(X+pt,\,Y+qt,\,Z+rt)} = L + t\left(p\frac{dL}{dX} + q\frac{dL}{dY} + r\frac{dL}{dZ}\right)$$

$$+\frac{1}{2}t^2\left(p^2\frac{d^2L}{dX^2} + 2pq\frac{d^2L}{dX\,dY} + q^2\frac{d^2L}{dY^2} + 2pr\frac{d^2L}{dX\,dZ} + 2qr\frac{d^2L}{dY\,dZ} + r^2\frac{d^2L}{dZ^2}\right)$$

$$+\frac{1}{2.3}t^3\left(p^3\frac{d^3L}{dX^3} + 3p^2q\frac{d^3L}{dX^2\,dY} + 3pq^2\frac{d^3L}{dX\,dY^2} + q^3\frac{d^3L}{dY^3} + 3p^2r\frac{d^3L}{dX^2\,dZ}\right.$$

$$\left.+3pr^2\frac{d^3L}{dX\,dZ^2} + 3q^2r\frac{d^3L}{dY^2\,dZ} + 3qr^2\frac{d^3L}{dY\,dZ^2} + 6pqr\frac{d^3L}{dX\,dY\,dZ} + r^3\frac{d^3L}{dZ^3}\right)$$

$$+\frac{1}{2.3.4}t^4\left(p^4\frac{d^4L}{dX^4} + 4p^3q\frac{d^4L}{dX^3\,dY} + 6p^2q^2\frac{d^4L}{dX^2\,dY^2} + 4pq^3\frac{d^4L}{dX\,dY^3}\right.$$

$$+q^4\frac{d^4L}{dY^4} + 4p^3r\frac{d^4L}{dX^3\,dZ} + 6p^2r^2\frac{d^4L}{dX^2\,dZ^2} + 4pr^3\frac{d^4L}{dX\,dZ^3}$$

$$+4q^3r\frac{d^4L}{dY^3\,dZ} + 6q^2r^2\frac{d^4L}{dY^2\,dZ^2} + 4qr^3\frac{d^4L}{dY\,dZ^3} + 12p^2qr\frac{d^4L}{dX^2\,dY\,dZ}$$

$$\left.+12pq^2r\frac{d^4L}{dX\,dY^2\,dZ} + 12pqr\frac{d^4L}{dX\,dY\,dZ^2} + r^4\frac{d^4L}{dZ^4}\right).$$

De cette formule je déduis les suivantes :

$$\frac{1}{8}L^{(X+pt,\,Y+qt,\,Z+rt)} + \frac{1}{8}L^{(X+pt,\,Y-qt,\,Z+rt)}$$

$$+\frac{1}{8}L^{(X+pt,\,Y+qt,\,Z-rt)} + \frac{1}{8}L^{(X+pt,\,Y-qt,\,Z-rt)}$$

$$+\frac{1}{8}L^{(X-pt,\,Y+qt,\,Z+rt)} + \frac{1}{8}L^{(X-pt,\,Y-qt,\,Z+rt)}$$

$$+\frac{1}{8}L^{(X-pt,\,Y+qt,\,Z-rt)} + \frac{1}{8}L^{(X-pt,\,Y-qt,\,Z-rt)}$$

$$= L + \frac{1}{2}t^2\left(p^2\frac{d^2L}{dX^2} + q^2\frac{d^2L}{dY^2} + r^2\frac{d^2L}{dZ^2}\right)$$

$$+\frac{1}{2.3.4}t^4\left(p^4\frac{d^4L}{dX^4} + 6p^2q^2\frac{d^4L}{dX^2\,dY^2} + q^4\frac{d^4L}{dY^4} + 6p^2r^2\frac{d^4L}{dX^2\,dZ^2}\right.$$

$$\left.+6q^2r^2\frac{d^4L}{dY^2\,dZ^2} + r^4\frac{d^4L}{dZ^4}\right),$$

$$\frac{1}{4}L^{(X,\,Y+qt,\,Z-rt)}+\frac{1}{4}L^{(X,\,Y-qt,\,Z+rt)}+\frac{1}{4}L^{(X,\,Y+qt,\,Z-rt)}+\frac{1}{4}L^{(X,\,Y-qt,\,Z-rt)}$$

$$=L+\frac{1}{2}t^2\left(q^2\frac{d^2L}{dY^2}+r^2\frac{d^2L}{dZ^2}\right)+\frac{1}{2.3.4}t^4\left(q^4\frac{d^4L}{dY^4}+6q^2r^2\frac{d^4L}{dY^2\,dZ^2}+r^4\frac{d^4L}{dZ^4}\right),$$

$$\begin{aligned}&\frac{1}{8}L^{(X+pt,\,Y+qt,\,Z+rt)}+\frac{1}{8}L^{(X+pt,\,Y+qt,\,Z-rt)}\\&+\frac{1}{8}L^{(X-pt,\,Y-qt,\,Z+rt)}+\frac{1}{8}L^{(X-pt,\,Y-qt,\,Z-rt)}\\&-\frac{1}{8}L^{(X+pt,\,Y-qt,\,Z+rt)}-\frac{1}{8}L^{(X+pt,\,Y-qt,\,Z-rt)}\\&-\frac{1}{8}L^{(X-pt,\,Y+qt,\,Z+rt)}-\frac{1}{8}L^{(X-pt,\,Y+qt,\,Z-rt)}\\&=\frac{1}{2}2pq\,t^2\frac{d^2L}{dX\,dY}+\frac{1}{2.3.4}t^4\left(4p^3q\frac{d^4L}{dX^3\,dY}+4pq^3\frac{d^4L}{dX\,dY^3}\right.\\&\qquad\left.+12\,pq\,r^2\frac{d^4L}{dX\,dY\,dZ^2}\right),\end{aligned}$$

$$\begin{aligned}&\frac{1}{8}L^{(X+pt,\,Y+qt,\,Z+rt)}+\frac{1}{8}L^{(X+pt,\,Y-qt,\,Z+rt)}\\&+\frac{1}{8}L^{(X-pt,\,Y+qt,\,Z-rt)}+\frac{1}{8}L^{(X-pt,\,Y-qt,\,Z-rt)}\\&-\frac{1}{8}L^{(X+pt,\,Y+qt,\,Z-rt)}-\frac{1}{8}L^{(X+pt,\,Y-qt,\,Z-rt)}\\&-\frac{1}{8}L^{(X-pt,\,Y+qt,\,Z+rt)}-\frac{1}{8}L^{(X-pt,\,Y-qt,\,Z+rt)}\\&=\frac{1}{2}2prt^2\frac{d^2L}{dX\,dZ}+\frac{1}{2.3.4}t^4\left(4p^3r\frac{d^4L}{dX^3\,dZ}+4pr^3\frac{d^4L}{dX\,dZ^3}\right.\\&\qquad\left.+12\,pq^2r\frac{d^4L}{dX\,dY^2\,dZ}\right).\end{aligned}$$

On formera de pareilles formules à l'égard des expressions

$$M^{(X+pt,\,Y+qt,\,Z+rt)}\quad\text{et}\quad N^{(X+pt,\,Y+qt,\,Z+rt)},$$

et en donnant des valeurs convenables aux constantes indéterminées p, q, r on changera, par les substitutions, l'équation (F) en celle-ci :

$$(\mathrm{L})\quad L+\frac{1}{2}t^2ckL+\frac{1}{2.3.4}t^4c^2k^2L$$

$$=L^{(X,\,Y,\,Z)}$$

$$-\frac{1}{4}L^{\left(X,\,Y+t\sqrt{\frac{c}{6}},\,Z+t\sqrt{\frac{c}{6}}\right)}-\frac{1}{4}L^{\left(X,\,Y-t\sqrt{\frac{c}{6}},\,Z+t\sqrt{\frac{c}{6}}\right)}$$

$$-\frac{1}{4}L^{\left(X,\,Y+t\sqrt{\frac{c}{6}},\,Z-t\sqrt{\frac{c}{6}}\right)}-\frac{1}{4}L^{\left(X,\,Y-t\sqrt{\frac{c}{6}},\,Z-t\sqrt{\frac{c}{6}}\right)}$$

$$+\frac{1}{8}L^{\left(X+t\sqrt{c},\quad Y+t\sqrt{\frac{c}{6}},\,Z+t\sqrt{\frac{c}{6}}\right)}+\frac{1}{8}L^{\left(X+t\sqrt{c},\quad Y-t\sqrt{\frac{c}{6}},\,Z+t\sqrt{\frac{c}{6}}\right)}$$

$$+\frac{1}{8}L^{\left(X+t\sqrt{c},\quad Y+t\sqrt{\frac{c}{6}},\,Z-t\sqrt{\frac{c}{6}}\right)}+\frac{1}{8}L^{\left(X+t\sqrt{c},\quad Y-t\sqrt{\frac{c}{6}},\,Z-t\sqrt{\frac{c}{6}}\right)}$$

$$+\frac{1}{8}L^{\left(X-t\sqrt{c},\quad Y+t\sqrt{\frac{c}{6}},\,Z+t\sqrt{\frac{c}{6}}\right)}+\frac{1}{8}L^{\left(X-t\sqrt{c},\quad Y-t\sqrt{\frac{c}{6}},\,Z+t\sqrt{\frac{c}{6}}\right)}$$

$$+\frac{1}{8}L^{\left(X-t\sqrt{c},\quad Y+t\sqrt{\frac{c}{6}},\,Z-t\sqrt{\frac{c}{6}}\right)}+\frac{1}{8}L^{\left(X-t\sqrt{c},\quad Y-t\sqrt{\frac{c}{6}},\,Z-t\sqrt{\frac{c}{6}}\right)}$$

$$+\frac{1}{8}M^{\left(X+t\sqrt{\frac{c}{2}},\,Y+t\sqrt{\frac{c}{2}},\,Z+t\sqrt{\frac{c}{6}}\right)}+\frac{1}{8}M^{\left(X+t\sqrt{\frac{c}{2}},\,Y+t\sqrt{\frac{c}{2}},\,Z-t\sqrt{\frac{c}{6}}\right)}$$

$$+\frac{1}{8}M^{\left(X-t\sqrt{\frac{c}{2}},\,Y-t\sqrt{\frac{c}{2}},\,Z+t\sqrt{\frac{c}{6}}\right)}+\frac{1}{8}M^{\left(X-t\sqrt{\frac{c}{2}},\,Y-t\sqrt{\frac{c}{2}},\,Z-t\sqrt{\frac{c}{6}}\right)}$$

$$-\frac{1}{8}M^{\left(X+t\sqrt{\frac{c}{2}},\,Y-t\sqrt{\frac{c}{2}},\,Z+t\sqrt{\frac{c}{6}}\right)}-\frac{1}{8}M^{\left(X+t\sqrt{\frac{c}{2}},\,Y-t\sqrt{\frac{c}{2}},\,Z-t\sqrt{\frac{c}{6}}\right)}$$

$$-\frac{1}{8}M^{\left(X-t\sqrt{\frac{c}{2}},\,Y+t\sqrt{\frac{c}{2}},\,Z+t\sqrt{\frac{c}{6}}\right)}-\frac{1}{8}M^{\left(X-t\sqrt{\frac{c}{2}},\,Y+t\sqrt{\frac{c}{6}},\,Z-t\sqrt{\frac{c}{2}}\right)}$$

$$+\frac{1}{8}N^{\left(X+t\sqrt{\frac{c}{2}},\,Y+t\sqrt{\frac{c}{6}},\,Z+t\sqrt{\frac{c}{2}}\right)}+\frac{1}{8}N^{\left(X+t\sqrt{\frac{c}{2}},\,Y-t\sqrt{\frac{c}{6}},\,Z+t\sqrt{\frac{c}{2}}\right)}$$

$$+\frac{1}{8}N^{\left(X-t\sqrt{\frac{c}{2}},\ Y+t\sqrt{\frac{c}{6}},\ Z-t\sqrt{\frac{c}{2}}\right)}+\frac{1}{8}N^{\left(X-t\sqrt{\frac{c}{2}},\ Y-t\sqrt{\frac{c}{6}},\ Z-t\sqrt{\frac{c}{2}}\right)}$$

$$-\frac{1}{8}N^{\left(X+t\sqrt{\frac{c}{2}},\ Y+t\sqrt{\frac{c}{6}},\ Z-t\sqrt{\frac{c}{2}}\right)}-\frac{1}{8}N^{\left(X+t\sqrt{\frac{c}{2}},\ Y-t\sqrt{\frac{c}{6}},\ Z-t\sqrt{\frac{c}{2}}\right)}$$

$$-\frac{1}{8}N^{\left(X-t\sqrt{\frac{c}{2}},\ Y+t\sqrt{\frac{c}{6}},\ Z+t\sqrt{\frac{c}{2}}\right)}-\frac{1}{8}N^{\left(X-t\sqrt{\frac{c}{2}},\ Y-t\sqrt{\frac{c}{6}},\ Z+t\sqrt{\frac{c}{2}}\right)};$$

on trouvera de même les transformées (M) et (N) des deux autres équations (G) et (H), et l'on aura ainsi, en substituant, la transformée entière de la formule

$$\cos(t\sqrt{-ck})\int[(x)L+(y)M+(z)N]\,dX\,dY\,dZ,$$

qu'on substituera ensuite dans l'équation (D).

Supposons, pour un moment, que les quantités (x'), (y'), (z') soient nulles dans cette équation, la lettre k s'en ira entièrement et ne se trouvera plus que dans les expressions des quantités L, M et N. Or, quoique nous ne connaissions point la forme de ces expressions, on pourra cependant vérifier l'équation indépendamment de k, comme notre méthode le demande; car pour cela il ne s'agira que de comparer ensemble les quantités qui se trouveront multipliées par les fonctions L, M, N qui auront des valeurs égales.

Que (X), (Y), (Z) dénotent les coordonnées qui répondent à l'expression générale $L^{(X+pt,\ Y+qt,\ Z+rt)}$, on aura, selon notre hypothèse,

$$(X)=X+pt,\quad (Y)=Y+qt,\quad (Z)=Z+rt,$$

X, Y, Z étant les coordonnées qui répondent à l'expression L simplement et aux quantités x, y, z, (x), (y), (z). Supposons donc que les valeurs de (X), (Y), (Z) soient diminuées des quantités pt, qt, rt (ce qui est permis, puisque ces quantités sont constantes à l'égard des intégrations indiquées dans l'équation), elles deviendront X, Y, Z; mais en même temps les coordonnées correspondantes à (x), (y), (z), et qui étaient auparavant X, Y, Z, deviendront $X-pt$, $Y-qt$, $Z-rt$. De cette manière, toutes les quantités exprimées généralement par

$$L^{(X+pt,\, Y+qt,\, Z+rt)},\quad M^{(X+pt,\, Y+qt,\, Z+rt)},\quad N^{(X+pt,\, Y+qt,\, Z+rt)},$$

redeviendront

$$L^{(X,\, Y,\, Z)},\quad M^{(X,\, Y,\, Z)},\quad N^{(X,\, Y,\, Z)} \quad \text{ou simplement} \quad L,\ M,\ N;$$

mais à leur tour les quantités (x), (y), (z), qui les multiplient, se changeront en

$$(x)^{(X-pt,\, Y-qt,\, Z-rt)},\quad (y)^{(X-pt,\, Y-qt,\, Z-rt)},\quad (z)^{(X-pt,\, Y-qt,\, Z-rt)}.$$

Après ces transformations, on joindra ensemble tous les termes de l'équation qui se trouvent multipliés par L, M, N, et on décomposera ensuite cette équation en trois portions, dont chacune devra se vérifier séparément et indépendamment des valeurs de L, M et N. On aura donc par là

$$
\begin{aligned}
(\text{P})\quad x = {} & (x)^{(X,\, Y,\, Z)} \\
& - \tfrac{1}{4}(x)^{\left(X,\; Y-t\sqrt{\frac{c}{6}},\; Z-t\sqrt{\frac{c}{6}}\right)} - \tfrac{1}{4}(x)^{\left(X,\; Y+t\sqrt{\frac{c}{6}},\; Z-t\sqrt{\frac{c}{6}}\right)} \\
& - \tfrac{1}{4}(x)^{\left(X,\; Y-t\sqrt{\frac{c}{6}},\; Z+t\sqrt{\frac{c}{6}}\right)} - \tfrac{1}{4}(x)^{\left(X,\; Y+t\sqrt{\frac{c}{6}},\; Z+t\sqrt{\frac{c}{6}}\right)} \\
& + \tfrac{1}{8}(x)^{\left(X-t\sqrt{c},\; Y-t\sqrt{\frac{c}{6}},\; Z-t\sqrt{\frac{c}{6}}\right)} + \tfrac{1}{8}(x)^{\left(X-t\sqrt{c},\; Y+t\sqrt{\frac{c}{6}},\; Z-t\sqrt{\frac{c}{6}}\right)} \\
& + \tfrac{1}{8}(x)^{\left(X-t\sqrt{c},\; Y-t\sqrt{\frac{c}{6}},\; Z+t\sqrt{\frac{c}{6}}\right)} + \tfrac{1}{8}(x)^{\left(X-t\sqrt{c},\; Y+t\sqrt{\frac{c}{6}},\; Z+t\sqrt{\frac{c}{6}}\right)} \\
& + \tfrac{1}{8}(x)^{\left(X+t\sqrt{c},\; Y-t\sqrt{\frac{c}{6}},\; Z-t\sqrt{\frac{c}{6}}\right)} + \tfrac{1}{8}(x)^{\left(X+t\sqrt{c},\; Y+t\sqrt{\frac{c}{6}},\; Z-t\sqrt{\frac{c}{6}}\right)} \\
& + \tfrac{1}{8}(x)^{\left(X+t\sqrt{c},\; Y-t\sqrt{\frac{c}{6}},\; Z+t\sqrt{\frac{c}{6}}\right)} + \tfrac{1}{8}(x)^{\left(X+t\sqrt{c},\; Y+t\sqrt{\frac{c}{6}},\; Z+t\sqrt{\frac{c}{6}}\right)} \\
& + \tfrac{1}{8}(y)^{\left(X-t\sqrt{\frac{c}{2}},\; Y-t\sqrt{\frac{c}{2}},\; Z-t\sqrt{\frac{c}{6}}\right)} + \tfrac{1}{8}(y)^{\left(X-t\sqrt{\frac{c}{2}},\; Y-t\sqrt{\frac{c}{2}},\; Z+t\sqrt{\frac{c}{6}}\right)}
\end{aligned}
$$

$$+ \frac{1}{8}(y)^{\left(X+t\sqrt{\frac{c}{2}},\ Y+t\sqrt{\frac{c}{2}},\ Z-t\sqrt{\frac{c}{6}}\right)} + \frac{1}{8}(y)^{\left(X+t\sqrt{\frac{c}{2}},\ Y+t\sqrt{\frac{c}{2}},\ Z+t\sqrt{\frac{c}{6}}\right)}$$

$$- \frac{1}{8}(y)^{\left(X-t\sqrt{\frac{c}{2}},\ Y+t\sqrt{\frac{c}{2}},\ Z-t\sqrt{\frac{c}{6}}\right)} - \frac{1}{8}(y)^{\left(X-t\sqrt{\frac{c}{2}},\ Y+t\sqrt{\frac{c}{2}},\ Z+t\sqrt{\frac{c}{6}}\right)}$$

$$- \frac{1}{8}(y)^{\left(X+t\sqrt{\frac{c}{2}},\ Y-t\sqrt{\frac{c}{2}},\ Z-t\sqrt{\frac{c}{6}}\right)} - \frac{1}{8}(y)^{\left(X+t\sqrt{\frac{c}{2}},\ Y-t\sqrt{\frac{c}{2}},\ Z+t\sqrt{\frac{c}{6}}\right)}$$

$$+ \frac{1}{8}(z)^{\left(X-t\sqrt{\frac{c}{2}},\ Y-t\sqrt{\frac{c}{6}},\ Z-t\sqrt{\frac{c}{2}}\right)} + \frac{1}{8}(z)^{\left(X-t\sqrt{\frac{c}{2}},\ Y+t\sqrt{\frac{c}{6}},\ Z-t\sqrt{\frac{c}{2}}\right)}$$

$$+ \frac{1}{8}(z)^{\left(X+t\sqrt{\frac{c}{2}},\ Y-t\sqrt{\frac{c}{6}},\ Z+t\sqrt{\frac{c}{2}}\right)} + \frac{1}{8}(z)^{\left(X+t\sqrt{\frac{c}{2}},\ Y+t\sqrt{\frac{c}{6}},\ Z+t\sqrt{\frac{c}{2}}\right)}$$

$$- \frac{1}{8}(z)^{\left(X-t\sqrt{\frac{c}{2}},\ Y-t\sqrt{\frac{c}{6}},\ Z+t\sqrt{\frac{c}{2}}\right)} - \frac{1}{8}(z)^{\left(X-t\sqrt{\frac{c}{2}},\ Y+t\sqrt{\frac{c}{6}},\ Z+t\sqrt{\frac{c}{2}}\right)}$$

$$- \frac{1}{8}(z)^{\left(X+t\sqrt{\frac{c}{2}},\ Y-t\sqrt{\frac{c}{6}},\ Z-t\sqrt{\frac{c}{2}}\right)} - \frac{1}{8}(z)^{\left(X+t\sqrt{\frac{c}{2}},\ Y+t\sqrt{\frac{c}{6}},\ Z-t\sqrt{\frac{c}{2}}\right)}.$$

On aura de même, pour les valeurs de y et de z, deux autres formules que je nommerai (Q) et (R), et que je m'abstiens de rapporter, puisqu'on peut les déduire de la précédente en changeant simplement x, (x), X en y, (y), Y pour la formule (Q), et en z, (z), Z pour la formule (R), et réciproquement.

Ce sont là les valeurs de x, y, z dans l'hypothèse que (x'), (y') et (z') soient nulles. Supposons maintenant que ces quantités aient une valeur, mais qu'en même temps les (x), (y) et (z) soient nulles; il est clair que dans l'équation (D) on aura, à la place du terme

$$\cos(t\sqrt{-ck})\int [(x)L + (y)M + (z)N]\,dX\,dY\,dZ,$$

l'autre terme

$$\frac{\sin(t\sqrt{-ck})}{\sqrt{-ck}}\int [(x')L + (y')M + (z')N]\,dX\,dY\,dZ;$$

or, si l'on fait attention que

$$\frac{\sin(t\sqrt{-ck})}{\sqrt{-ck}} = \int \cos(t\sqrt{-ck})\,dt,$$

il ne sera pas difficile d'apercevoir que les expressions de L, M et N, qui qui se trouveront en faisant disparaître la lettre k, ne seront que les intégrales de celles qu'on a trouvées plus haut, prises en regardant t seul comme variable. Ainsi un terme quelconque de la transformée sera représenté par

$$\int\left[(x')\int \mathrm{L}^{(\mathrm{X}+pt,\ \mathrm{Y}+qt,\ \mathrm{Z}+rt)}\,dt\right]d\mathrm{X}\,d\mathrm{Y}\,d\mathrm{Z};$$

or il est visible que l'intégration suivant t, dans l'expression

$$\int \mathrm{L}^{(\mathrm{X}+pt,\ \mathrm{Y}+qt,\ \mathrm{Z}+rt)}\,dt,$$

se réduit à trois intégrations suivant X, Y, Z; d'où il s'ensuit que l'intégrale

$$\int\left[(x')\int \mathrm{L}^{(\mathrm{X}+pt,\ \mathrm{Y}+qt,\ \mathrm{Z}+rt)}\,dt\right]d\mathrm{X}\,d\mathrm{Y}\,d\mathrm{Z}$$

pourra se transformer, par des intégrations par parties, en celle-ci :

$$-\int\left[\mathrm{L}^{(\mathrm{X}+pt,\ \mathrm{Y}+qt,\ \mathrm{Z}+rt)}\int(x')\,dt\right]d\mathrm{X}\,d\mathrm{Y}\,d\mathrm{Z},$$

qui pourra encore se mettre sous cette autre forme :

$$\int\left[\mathrm{L}^{(\mathrm{X},\ \mathrm{Y},\ \mathrm{Z})}\int(x')^{(\mathrm{X}-pt,\ \mathrm{Y}-qt,\ \mathrm{Z}-rt)}\,dt\right]d\mathrm{X}\,d\mathrm{Y}\,d\mathrm{Z},$$

où l'intégrale de $(x')^{(\mathrm{X}-pt,\ \mathrm{Y}-qt,\ \mathrm{Z}-rt)}$ devra être prise en faisant varier t dans les valeurs $\mathrm{X}-pt$, $\mathrm{Y}-qt$, $\mathrm{Z}-rt$ des coordonnées de (x').

Faisant des observations et des réductions semblables sur tous les autres termes, et comparant ensuite les quantités L, M et N entre elles, on trouvera pour x, y, z des formules qui ne différeront de celles qu'on a trouvées ci-dessus, qu'en ce qu'à la place des quantités (x), (y), (z) il y aura les quantités intégrales $\int(x')\,dt$, $\int(y')\,dt$, $\int(z')\,dt$.

Il est maintenant facile de voir, en examinant l'équation (D), que les deux solutions particulières qui viennent d'être trouvées renferment la solution générale, et qu'il ne faudra qu'ajouter ensemble les expressions trouvées de x, y, z dans les cas où $(x'), (y'), (z')$ ou $(x), (y), (z)$ sont nulles, pour avoir les expressions complètes pour le cas où ces quantités sont toutes réelles.

De plus, comme l'équation (E) n'est que la différentielle de l'équation (D) prise en variant t seul, on aura tout d'un coup les valeurs des vitesses, en différentiant les formules qu'on vient de trouver pour les valeurs des espaces x, y, z; il viendra donc

(P′)

$$
\begin{aligned}
x' = (x')^{(X,Y,Z)}
&- \frac{1}{4}\left[(x') + \frac{d(x)}{dt}\right]^{\left(X,\, Y-t\sqrt{\frac{c}{6}},\, Z-t\sqrt{\frac{c}{6}}\right)}\\
&- \frac{1}{4}\left[(x') + \frac{d(x)}{dt}\right]^{\left(X,\, Y+t\sqrt{\frac{c}{6}},\, Z-t\sqrt{\frac{c}{6}}\right)}\\
&- \frac{1}{4}\left[(x') + \frac{d(x)}{dt}\right]^{\left(X,\, Y-t\sqrt{\frac{c}{6}},\, Z+t\sqrt{\frac{c}{6}}\right)}\\
&- \frac{1}{4}\left[(x') + \frac{d(x)}{dt}\right]^{\left(X,\, Y+t\sqrt{\frac{c}{6}},\, Z+t\sqrt{\frac{c}{6}}\right)}\\
&+ \frac{1}{8}\left[(x') + \frac{d(x)}{dt}\right]^{\left(X-t\sqrt{c},\, Y-t\sqrt{\frac{c}{6}},\, Z-t\sqrt{\frac{c}{6}}\right)}\\
&+ \frac{1}{8}\left[(x') + \frac{d(x)}{dt}\right]^{\left(X-t\sqrt{c},\, Y+t\sqrt{\frac{c}{6}},\, Z-t\sqrt{\frac{c}{6}}\right)}\\
&+ \frac{1}{8}\left[(x') + \frac{d(x)}{dt}\right]^{\left(X-t\sqrt{c},\, Y-t\sqrt{\frac{c}{6}},\, Z+t\sqrt{\frac{c}{6}}\right)}\\
&+ \frac{1}{8}\left[(x') + \frac{d(x)}{dt}\right]^{\left(X-t\sqrt{c},\, Y+t\sqrt{\frac{c}{6}},\, Z+t\sqrt{\frac{c}{6}}\right)}\\
&+ \frac{1}{8}\left[(x') + \frac{d(x)}{dt}\right]^{\left(X+t\sqrt{c},\, Y-t\sqrt{\frac{c}{6}},\, Z-t\sqrt{\frac{c}{6}}\right)}
\end{aligned}
$$

$$+\frac{1}{8}\left[(x')+\frac{d(x)}{dt}\right]^{\left(X+t\sqrt{c},\ Y+t\sqrt{\frac{c}{6}},\ Z-t\sqrt{\frac{c}{6}}\right)}$$

$$+\frac{1}{8}\left[(x')+\frac{d(x)}{dt}\right]^{\left(X+t\sqrt{c},\ Y-t\sqrt{\frac{c}{6}},\ Z+t\sqrt{\frac{c}{6}}\right)}$$

$$+\frac{1}{8}\left[(x')+\frac{d(x)}{dt}\right]^{\left(X+t\sqrt{c},\ Y+t\sqrt{\frac{c}{6}},\ Z+t\sqrt{\frac{c}{6}}\right)}$$

$$+\frac{1}{8}\left[(y')+\frac{d(y)}{dt}\right]^{\left(X-t\sqrt{\frac{c}{2}},\ Y-t\sqrt{\frac{c}{2}},\ Z-t\sqrt{\frac{c}{6}}\right)}$$

$$+\frac{1}{8}\left[(y')-\frac{d(y)}{dt}\right]^{\left(X-t\sqrt{\frac{c}{2}},\ Y-t\sqrt{\frac{c}{2}},\ Z+t\sqrt{\frac{c}{6}}\right)}$$

$$+\frac{1}{8}\left[(y')+\frac{d(y)}{dt}\right]^{\left(X+t\sqrt{\frac{c}{2}},\ Y+t\sqrt{\frac{c}{2}},\ Z-t\sqrt{\frac{c}{6}}\right)}$$

$$+\frac{1}{8}\left[(y')+\frac{d(y)}{dt}\right]^{\left(X+t\sqrt{\frac{c}{2}},\ Y+t\sqrt{\frac{c}{2}},\ Z+t\sqrt{\frac{c}{6}}\right)}$$

$$-\frac{1}{8}\left[(y')+\frac{d(y)}{dt}\right]^{\left(X-t\sqrt{\frac{c}{2}},\ Y+t\sqrt{\frac{c}{2}},\ Z-t\sqrt{\frac{c}{6}}\right)}$$

$$-\frac{1}{8}\left[(y')+\frac{d(y)}{dt}\right]^{\left(X-t\sqrt{\frac{c}{2}},\ Y+t\sqrt{\frac{c}{2}},\ Z+t\sqrt{\frac{c}{6}}\right)}$$

$$-\frac{1}{8}\left[(y')+\frac{d(y)}{dt}\right]^{\left(X+t\sqrt{\frac{c}{2}},\ Y-t\sqrt{\frac{c}{2}},\ Z-t\sqrt{\frac{c}{6}}\right)}$$

$$-\frac{1}{8}\left[(y')+\frac{d(y)}{dt}\right]^{\left(X+t\sqrt{\frac{c}{2}},\ Y-t\sqrt{\frac{c}{2}},\ Z+t\sqrt{\frac{c}{6}}\right)}$$

$$+\frac{1}{8}\left[(z')+\frac{d(z)}{dt}\right]^{\left(X-t\sqrt{\frac{c}{2}},\ Y-t\sqrt{\frac{c}{6}},\ Z-t\sqrt{\frac{c}{2}}\right)}$$

$$+\frac{1}{8}\left[(z')+\frac{d(z)}{dt}\right]^{\left(X-t\sqrt{\frac{c}{2}},\ Y+t\sqrt{\frac{c}{6}},\ Z-t\sqrt{\frac{c}{2}}\right)}$$

$$+ \frac{1}{8}\left[(z') + \frac{d(z)}{dt}\right]^{\left(X + t\sqrt{\frac{c}{2}},\ Y - t\sqrt{\frac{c}{6}},\ Z + t\sqrt{\frac{c}{2}}\right)}$$

$$+ \frac{1}{8}\left[(z') + \frac{d(z)}{dt}\right]^{\left(X + t\sqrt{\frac{c}{2}},\ Y + t\sqrt{\frac{c}{6}},\ Z + t\sqrt{\frac{c}{2}}\right)}$$

$$- \frac{1}{8}\left[(z') + \frac{d(z)}{dt}\right]^{\left(X - t\sqrt{\frac{c}{2}},\ Y - t\sqrt{\frac{c}{6}},\ Z + t\sqrt{\frac{c}{2}}\right)}$$

$$- \frac{1}{8}\left[(z') + \frac{d(z)}{dt}\right]^{\left(X - t\sqrt{\frac{c}{2}},\ Y + t\sqrt{\frac{c}{6}},\ Z + t\sqrt{\frac{c}{2}}\right)}$$

$$- \frac{1}{8}\left[(z') + \frac{d(z)}{dt}\right]^{\left(X + t\sqrt{\frac{c}{2}},\ Y - t\sqrt{\frac{c}{6}},\ Z - t\sqrt{\frac{c}{2}}\right)}$$

$$- \frac{1}{8}\left[(z') + \frac{d(z)}{dt}\right]^{\left(X + t\sqrt{\frac{c}{2}},\ Y + t\sqrt{\frac{c}{6}},\ Z - t\sqrt{\frac{c}{2}}\right)}.$$

Les valeurs de y' et de z' se trouveront de même en substituant dans cette formule à la place de x', (x), (x'), X, leurs correspondantes y', (y), (y'), Y ou z', (z), (z'), Z et réciproquement.

48. Voilà des formules très-générales par lesquelles, connaissant dans un instant quelconque le mouvement de toutes les parties du fluide, on pourra déterminer à très-peu près leur mouvement dans les instants suivants, au moins pendant un intervalle de temps fort court. Or, si après ce temps on recommence le calcul en substituant à la place de (x), (y), (z), (x'), (y'), (z') les valeurs trouvées de x, y, z, x', y', z', on en tirera des nouvelles valeurs de x, y, z, x', y', z' qui serviront pour un second intervalle de temps égal au premier; et opérant ainsi de suite on pourra trouver les mouvements du fluide pour tel espace de temps qu'on voudra; mais il faut avouer que cette méthode ne sera guère praticable pour un temps assez long; car nos formules n'étant qu'approchées, l'inexactitude de chaque résultat influera nécessairement sur tous les résultats suivants, et par conséquent plus le nombre des opérations sera grand, plus aussi on risquera de s'éloigner de la vérité.

Conséquences qui résultent des formules précédentes par rapport à la propagation du son.

49. Imaginons d'abord qu'un corps sonore n'ébranle qu'une seule particule d'air dont la position soit déterminée par les coordonnées [X], [Y], [Z], et voyons comment et par quels degrés cet ébranlement unique se propagera au loin dans toute la masse de l'air pendant un temps quelconque t fort court.

Il est d'abord évident que dans les équations (P), (Q), (R), (P′), (Q′), (R′) il faudra regarder comme nulles toutes les quantités (x), (y), (z), (x'), (y'), (z'), qui auront un autre exposant que ([X], [Y], [Z]); or, soit en général l'exposant de chacune de ces quantités exprimé par $(X - pt, Y - qt, Z - rt)$, il suit de ce qu'on vient de dire que les valeurs de x, y, z, x', y', z' seront aussi nulles pour toutes les particules dont la position ne sera point déterminée par des coordonnées X, Y, Z, telles que

$$X - pt = [X], \quad Y - pt = [Y], \quad Z - qt = [Z],$$

savoir que

$$X = [X] + pt, \quad Y = [Y] + qt, \quad Z = [Z] + rt;$$

si donc on donne successivement à p, q, r toutes leurs valeurs particulières conformément à nos formules, on aura autant de valeurs de X, Y, Z, qui détermineront la position de toutes les particules de l'air qui auront quelque mouvement au bout du temps t.

Supposons p, q, r donnés et faisons varier t; il est clair que les coordonnées X, Y, Z appartiendront à une ligne droite qui passera par le point auquel répondent les coordonnées [X], [Y], [Z] et qui fera avec les lignes X, Y, Z des angles dont les cosinus seront

$$\frac{p}{\sqrt{p^2 + q^2 + r^2}}, \quad \frac{q}{\sqrt{p^2 + q^2 + r^2}}, \quad \frac{r}{\sqrt{p^2 + q^2 + r^2}};$$

d'où il s'ensuit qu'en donnant à p, q, r des valeurs différentes, on aura aussi des droites de différente position, mais qui s'entrecouperont toutes dans un même point et qu'on pourra par conséquent regarder comme autant de rayons sonores excités par l'ébranlement donné de la particule qui est à leur centre.

Ces rayons croîtront uniformément avec le temps, de sorte qu'au bout d'un temps quelconque t leur longueur sera généralement exprimée par

$$t\sqrt{c(p^2+q^2+r^2)};$$

on aura donc, pour la vitesse de la propagation du son dans chacun d'eux, la formule $\sqrt{c(p^2+q^2+r^2)}$, dont la valeur se connaîtra en substituant au lieu de p, q, r leurs valeurs particulières. Par ces substitutions, on aura les trois quantités suivantes :

$$\sqrt{c\left(\frac{1}{6}+\frac{1}{6}\right)}=\sqrt{\frac{c}{3}},$$

$$\sqrt{c\left(1+\frac{1}{6}+\frac{1}{6}\right)}=2\sqrt{\frac{c}{3}},$$

$$\sqrt{c\left(\frac{1}{2}+\frac{1}{2}+\frac{1}{6}\right)}=\sqrt{\frac{7c}{6}},$$

qui constitueront pour ainsi dire autant d'espèces différentes de rayons sonores.

C'est une chose digne de remarque que la plus grande vitesse $2\sqrt{\frac{c}{3}}$ approche beaucoup de celle qu'on trouve par l'expérience ; car $\sqrt{c}$ étant égal environ à 979 pieds et c à 958441, on aura $\sqrt{\frac{c}{3}}=565$, et par conséquent $2\sqrt{\frac{c}{3}}=1130$ qui est à très-peu près le nombre de pieds que le son parcourt dans une seconde, selon les expériences moyennes. Cependant il ne paraît pas que ce résultat soit encore capable de mettre la théorie d'accord avec l'expérience sur la vitesse de la propagation du son. Voici les raisons qui m'obligent à suspendre mon jugement là-dessus.

1° Nos formules ne sont qu'approchées et ne peuvent avoir lieu que pendant un temps assez court, après lequel chaque particule mobile doit être regardée comme un nouveau centre de rayons sonores.

2° La position de chaque rayon n'est pas fixe, puisqu'elle dépend de celle des trois axes principaux, laquelle est absolument arbitraire; d'où il suit qu'en changeant la position des axes, les rayons qui avaient auparavant une vitesse donnée pourront prendre la place de ceux qui avaient des vitesses différentes; ce qui paraît renfermer une espèce de contradiction, puisqu'une même particule de fluide pourrait en ce cas avoir ou ne pas avoir de mouvement. Cet inconvénient, qui vient sans doute de ce que nos formules ne renferment pas tous les termes nécessaires, sera aussi attaché à toutes les autres formules qu'on trouvera par approximation; d'où il résulte que, jusqu'à ce qu'on ait trouvé des formules tout à fait exactes et rigoureuses, on ne sera pas en état de prononcer sur le point dont il s'agit.

3° Nous avons trouvé dans les deux hypothèses du Chapitre III la vitesse du son égale à $\sqrt{c}$, et cette même valeur peut se trouver aussi par les formules de ce Chapitre, en considérant la plus grande vitesse des rayons estimée suivant la direction de chacun des trois axes, ce qui paraît mieux cadrer avec la nature particulière de ces formules.

50. Nous n'avons encore considéré que l'effet qui résulte de l'ébranlement d'une seule particule d'air; supposons maintenant que tant de particules qu'on voudra soient ébranlées d'une manière quelconque dans le premier instant du temps t; on trouvera, en raisonnant sur nos formules de la même manière qu'on a fait ci-dessus, que chacun des ébranlements primitifs excitera dans le fluide environnant les mêmes rayons sonores que s'il était seul, de sorte que les particules d'air qui se trouveront dans la rencontre de plusieurs rayons auront un mouvement composé de tous les mouvements qui dépendront de chaque ondulation particulière. C'est ce qui nous fournit une explication complète et rigoureuse de la manière dont plusieurs sons différents peuvent coexister et se répandre dans une même masse d'air, sans se nuire mutuellement les uns aux autres (*Recherches précédentes*, LXIII).

Au reste, comme chaque particule d'air ébranlée devient elle-même un centre de rayons sonores, il est évident que le son doit se répandre également en tous sens, ce qui est aussi un des principaux phénomènes de sa propagation.

51. Quoiqu'il ne soit pas nécessaire de connaître la nature particulière de chaque ébranlement, il est cependant bon de faire attention à la différence qui se trouve entre les ébranlements primitifs et dérivatifs, par rapport à leur propagation. Supposons pour cela qu'ayant déduit de nos formules les valeurs de $x, y, z,\ldots$ pour un temps quelconque désigné par (t), on les substitue dans les mêmes formules à la place de (x), (y), (z),..., pour trouver les valeurs correspondantes de $x, y, z,\ldots$ pour un second intervalle de temps marqué par t; et soit par exemple

$$\alpha\left[(x)+\int(x')\,dt\right]^{[X+p(t),\ Y+q(t)\ Z+r(t)]}$$

un terme quelconque de la valeur de x, et

$$\alpha\left[(x')+\frac{d(x)}{dt}\right]^{[X+p(t),\ Y+q(t),\ Z+r(t)]}$$

le terme correspondant de la valeur de x', lesquels doivent être substitués au lieu de (x) et de (x') dans les termes de la forme de

$$\alpha\left[(x)+\int(x')\,dt\right]^{(X+pt,\ Y+qt,\ Z+rt)}$$

pour la valeur de x, et dans ceux de la forme de

$$\alpha\left[(x')+\frac{d(x)}{dt}\right]^{(X+pt,\ Y+qt,\ Z+rt)}$$

pour la valeur de x'. On remarquera d'abord que dans nos formules un terme quelconque, dont l'exposant est $(X+pt,\ Y+qt,\ Z+rt)$ est toujours accompagné d'un autre terme exprimé de la même manière, mais avec l'exposant $(X-pt,\ Y-qt,\ Z-rt)$; on sait de plus, par ce qui a été dit ci-dessus, que les termes

$$\left[(x)+\int(x')\,dt\right]^{(X+pt,\ Y+qt,\ Z+rt)},$$

$$\left[(x')+\frac{d(x)}{dt}\right]^{(X+pt,\ Y+qt,\ Z+rt)},$$

marquent la propagation des ébranlements (x), (x') suivant une ligne qui fait avec les trois axes principaux des angles dont les cosinus sont

$$\frac{p}{\sqrt{p^2+q^2+r^2}}, \quad \frac{q}{\sqrt{p^2+q^2+r^2}}, \quad \frac{r}{\sqrt{p^2+q^2+r^2}},$$

d'où il s'ensuit que les termes

$$\left[(x) + \int (x')\,dt\right]^{(X-pt,\ Y-qt,\ Z-rt)},$$

$$\left[(x') + \frac{d(x)}{dt}\right]^{(X-pt,\ Y-qt,\ Z-rt)},$$

dénoteront la propagation des mêmes ébranlements (x) et (x') dans la même ligne prolongée du côté opposé. Or, cela posé, je dis que si C*c* (*fig.* 14) représente un rayon de la propagation d'un ébranlement

Fig. 14.

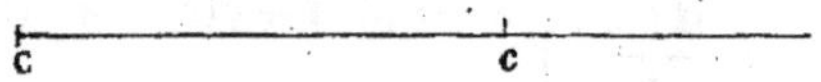

primitif excité en C, la propagation de l'ébranlement dérivatif qui est en *c* sera nulle suivant la direction *c*C opposée à celle de son ébranlement primitif. Pour le prouver, il n'y a qu'à faire voir qu'en substituant

$$\alpha\left[(x) + \int (x')\,dt\right]^{(X+pt,\ Y+qt,\ Z+rt)}$$

au lieu de (x), et

$$\alpha\left[(x') + \frac{d(x)}{dt}\right]^{(X+pt,\ Y+qt,\ Z+rt)}$$

au lieu de (x') dans les termes

$$\left[(x) + \int (x')\,dt\right]^{(X-pt,\ Y-qt,\ Z-rt)},$$

$$\left[(x') + \frac{d(x)}{dt}\right]^{(X-pt,\ Y-qt,\ Z-rt)},$$

ces termes deviendront nuls. Or, comme dans les exposants $X-pt$, $Y-qt$, $Z-rt$, le temps t est négatif par rapport aux coordonnées X, Y, Z, il est visible que l'intégrale $\int (x)\,dt$ et la différentielle $\frac{d(x)}{dt}$ seront aussi nécessairement négatives; d'où l'on aura par la substitution

$$\left[(x) - \int (x')\,dt\right] = \alpha\left[(x) + \int (x')\,dt - \int (x')\,dt - (x)\right] = 0,$$

et de même

$$\left[(x') - \frac{d(x)}{dt}\right] = \alpha\left[(x) + \frac{d(x)}{dt} - \frac{d(x)}{dt} - x'\right] = 0,$$

donc, etc.

Au reste, la remarque que nous venons de faire sur les formules générales de ce Chapitre est entièrement analogue à celle qu'on a déjà faite sur les formules particulières du Chapitre III, dans le n° 16, remarque dont nous sommes redevables à M. Euler et qui est d'une grande importance dans la théorie de la propagation du son.

52. Il ne nous reste plus qu'à examiner le changement qui doit arriver aux rayons sonores par la rencontre d'un obstacle quelconque, qui s'oppose entièrement, ou en partie, au mouvement des particules contiguës de l'air. Pour cela, il n'y a qu'à chercher quelle devra être la position d'une particule mobile quelconque, lorsque les coordonnées

$$X = [X] + pt, \quad Y = [Y] + qt, \quad Z = [Z] + rt$$

tomberont au delà de l'obstacle immobile. Or, en examinant les calculs du n° 47, on voit que les valeurs des X, Y, Z, pour une particule quelconque mobile, sont les mêmes que celles qui constituent les fonctions

$$L^{(X,\,Y,\,Z)},\quad M^{(X,\,Y,\,Z)},\quad N^{(X,\,Y,\,Z)};$$

donc tout se réduit à examiner la nature de ces fonctions et à voir de quelle manière il faudra les transformer, afin que les quantités X, Y, Z ne surpassent jamais des valeurs données.

Imaginons donc que la masse de l'air soit interrompue de quelque côté, et comme terminée par une espèce de paroi immobile de figure donnée; il est constant, par ce qui a été enseigné dans le n° 45, que les expressions intégrales à deux seules changeantes, que nous avons traitées comme nulles dans le numero cité, devront disparaître par elles-mêmes, en tant qu'elles se rapporteront à un point quelconque de la figure proposée. Rappelons-nous ces expressions négligées dans les calculs précédents et considérons d'abord celles qui ont le signe — ; je dis que leur somme est toujours évanouissante, quelle que soit la figure à laquelle il faille les rapporter. Pour le prouver, ajoutons-les ensemble; on aura

$$\int\left(\frac{dL}{dX}+\frac{dM}{dY}+\frac{dN}{dZ}\right)(x\,dY\,dZ+y\,dX\,dZ+z\,dX\,dY).$$

Or, soit le rapport entre les trois coordonnées X, Y, Z, exprimé par l'équation

$$dZ=P\,dX+Q\,dY,$$

il est aisé de prouver qu'on peut ramener tous les termes de l'expression précédente à la variabilité des seules coordonnées X, Y, en substituant au lieu de dZ, $P\,dX$ dans le produit $dY\,dZ$, et $Q\,dY$ dans le produit $dX\,dZ$; d'où l'on aura la transformée

$$\int\left(\frac{dL}{dX}+\frac{dM}{dY}+\frac{dN}{dZ}\right)(xP+yQ+z)\,dX\,dY$$

qu'il faudra maintenant intégrer en faisant varier X et Y l'un après l'autre. Mais x, y, z dénotant les espaces parcourus par une même particule suivant les directions des trois coordonnées X, Y, Z, il n'est pas difficile de voir que $\frac{xP+yQ+z}{\sqrt{1+P^2+Q^2}}$ dénotera l'espace que cette même particule décrira suivant une direction perpendiculaire à la surface dont l'équation est

$$dZ=P\,dX+Q\,dY;$$

or, il est clair que dans notre cas cet espace doit être nul, puisque le mouvement est entièrement arrêté suivant la direction perpendiculaire à chaque point de la paroi immobile; donc on aura

$$\frac{xP+yQ+z}{\sqrt{1+P^2+Q^2}}=0,$$

et par conséquent

$$xP + yQ + z = 0.$$

Joignant ensemble les autres formules qui ont le signe +, on aura l'expression

$$\int \left(\frac{dx}{dX} + \frac{dy}{dY} + \frac{dz}{dZ}\right)(L\,dY\,dZ + M\,dX\,dZ + N\,dX\,dY)$$

qui doit aussi être égale à zéro, en tant qu'elle se rapporte à chacun des points de la surface exprimée par

$$dZ = P\,dX + Q\,dY.$$

Or, le facteur

$$L\,dY\,dZ + M\,dX\,dZ + N\,dX\,dY$$

se réduira, de la même façon que ci-dessus, à

$$(LP + MQ + N)\,dX\,dY,$$

d'où l'on tirera l'équation

$$LP + MQ + N = 0,$$

qui devra avoir lieu pour tous les points de la surface proposée; et cette équation renfermera en général les conditions que doivent avoir les valeurs de L, M, N (45).

Supposons maintenant, pour simplifier les choses,

$$P = 0, \quad Q = 0,$$

de sorte que la paroi immobile soit un plan perpendiculaire à l'axe des Z; l'équation trouvée se réduira à

$$N = 0,$$

ou bien, si l'on veut que le plan donné soit perpendiculaire à l'axe des X, et que sa distance au point de l'origine des abscisses soit égale à a, on aura

$$L = 0,$$

X étant égal à a, et Y et Z étant quelconques; ce qui s'exprimera à notre manière par

$$L^{(a,\,Y,\,Z)} = 0.$$

Or, si dans l'expression générale $L^{(X,\,Y,\,Z)}$ on suppose que X surpasse a d'une quantité infiniment petite u, de sorte que $X = a + u$, on aura à très-peu près

$$L^{(X,\,Y,\,Z)} = L^{(a+u,\,Y,\,Z)} = L^{(a,\,Y,\,Z)} + u\frac{dL^{(a,\,Y,\,Z)}}{dX},$$

ou

$$L^{(a+u,\,Y,\,Z)} = u\frac{dL^{(a,\,Y,\,Z)}}{dX};$$

de même, si l'on suppose u négative, on aura

$$L^{(a-u,\,Y,\,Z)} = -u\frac{dL^{(a,\,Y,\,Z)}}{dX},$$

d'où je tire

$$L^{(a+u,\,Y,\,Z)} = -L^{(a-u,\,Y,\,Z)},$$

et remettant pour u sa valeur $X - a$,

$$L^{(X,\,Y,\,Z)} = -L^{(2a-X,\,Y,\,Z)}.$$

Maintenant, comme les fonctions $M^{(X,\,Y,\,Z)}$, $N^{(X,\,Y,\,Z)}$ doivent avoir un certain rapport avec la fonction $L^{(X,\,Y,\,Z)}$, en vertu des équations (A), (B), (C), il est clair que la même condition

$$L^{(a,\,Y,\,Z)} = 0$$

servira aussi à trouver les transformations qui conviennent aux fonctions M et N, lorsque X est supposé plus grand que a; pour y parvenir, je reprends les équations mentionnées, et comparant la première, différentiée suivant la variable Y et divisée par dY, à la seconde, différentiée suivant la variable X et divisée par dX, je trouve

$$\frac{dL}{dY} = \frac{dM}{dX};$$

et de même, comparant la première, différentiée suivant Z et divisée par dZ, à la troisième, différentiée suivant X et divisée par dX, j'ai

$$\frac{dL}{dZ} = \frac{dN}{dX};$$

posons dans ces deux équations $X = a$, de sorte que

$$\frac{dL^{(a,Y,Z)}}{dY} = \frac{dM^{(a,Y,Z)}}{dX},$$

$$\frac{dL^{(a,Y,Z)}}{dZ} = \frac{dN^{(a,Y,Z)}}{dX};$$

or, ayant en général

$$L^{(a,Y,Z)} = 0,$$

on aura aussi

$$\frac{dL^{(a,Y,Z)}}{dY} = 0, \quad \frac{dL^{(a,Y,Z)}}{dZ} = 0;$$

donc

$$\frac{dM^{(a,Y,Z)}}{dX} = 0, \quad \frac{dN^{(a,Y,Z)}}{dX} = 0.$$

Supposons maintenant $X = a + u$ dans les fonctions indéterminées $M^{(X,Y,Z)}$, $N^{(X,Y,Z)}$ et développons-les en poussant les séries jusqu'aux infiniment petits du second ordre; on aura

$$M^{(a+u,Y,Z)} = M^{(a,Y,Z)} + u\frac{dM^{(a,Y,Z)}}{dX} + \frac{u^2}{2}\frac{d^2M^{(a,Y,Z)}}{dX^2},$$

$$N^{(a+u,Y,Z)} = N^{(a,Y,Z)} + u\frac{dN^{(a,Y,Z)}}{dX} + \frac{u^2}{2}\frac{d^2N^{(a,Y,Z)}}{dX^2},$$

et de même, en prenant u négativement,

$$M^{(a-u,\, Y,\, Z)} = M^{(a,\, Y,\, Z)} - u\frac{dM^{(a,\, Y,\, Z)}}{dX} + \frac{u^2}{2}\frac{d^2M^{(a,\, Y,\, Z)}}{dX^2},$$

$$N^{(a-u,\, Y,\, Z)} = N^{(a,\, Y,\, Z)} - u\frac{dN^{(a,\, Y,\, Z)}}{dX} + \frac{u^2}{2}\frac{d^2N^{(a,\, Y,\, Z)}}{dX^2};$$

d'où, à cause de l'hypothèse

$$\frac{dM^{(a,\, Y,\, Z)}}{dX} = 0 \quad \text{et} \quad \frac{dN^{(a,\, Y,\, Z)}}{dX} = 0,$$

on déduit

$$M^{(a+u,\, Y,\, Z)} = M^{(a-u,\, Y,\, Z)},$$
$$N^{(a+u,\, Y,\, Z)} = N^{(a-u,\, Y,\, Z)},$$

ou bien, restituant pour u sa valeur $X - a$,

$$M^{(X,\, Y,\, Z)} = M^{(2a-X,\, Y,\, Z)},$$
$$N^{(X,\, Y,\, Z)} = N^{(2a-X,\, Y,\, Z)}.$$

Soient reprises maintenant les formules (D), (E), et supposant que X surpasse a d'une quantité infiniment petite, on commencera par changer l'expression $L^{(X,\, Y,\, Z)}$ des termes xL, x'L, ou, ce qui est la même chose, des termes $xL^{(X,\, Y,\, Z)}$, $x'L^{(X,\, Y,\, Z)}$ en $-L^{(2a-X,\, Y,\, Z)}$, lorsque X deviendra plus grand que a, et l'on aura par conséquent ces termes transformés en $-xL^{(2a-X,\, Y,\, Z)}$, $-x'L^{(2a-X,\, Y,\, Z)}$, sur lesquels on opérera comme auparavant pour en tirer les valeurs de x et x'. Or, puisque les coordonnées qui répondent à x et x' sont les mêmes que celles qui entrent dans l'expression de L, il est clair que, sans autre opération, il suffira de changer la valeur X de l'abscisse de x et x' en $2a - X$, en rendant en même temps ces quantités x et x' négatives. On changera de même les expressions $M^{(X,\, Y,\, Z)}$, $N^{(X,\, Y,\, Z)}$ qui entrent dans les termes My, My', et Nz, Nz' des mêmes formules (D), (E), en $M^{(2a-X,\, Y,\, Z)}$ et $N^{(2a-X,\, Y,\, Z)}$, et, par un raisonnement semblable au précédent, on trouvera que l'abscisse X, en tant qu'elle répond aux autres quantités y, y', z, z', deviendra de même $2a - X$, mais sans que la valeur de ces quantités soit changée.

On conclura donc pour notre cas que, lorsque le temps t sera tel que l'abscisse $[X] + pt$ surpassera a, il faudra mettre à sa place l'abscisse $2a - [X] - pt$ et faire en même temps l'espace x négatif, laissant les mêmes les deux coordonnées $[Y] + pt$ et $[Z] + qt$ et les deux autres espaces y, z.

Voici maintenant le changement qui en résultera dans les rayons sonores. Que CA (*fig.* 15) représente l'axe des X qui est le même que

Fig. 15.

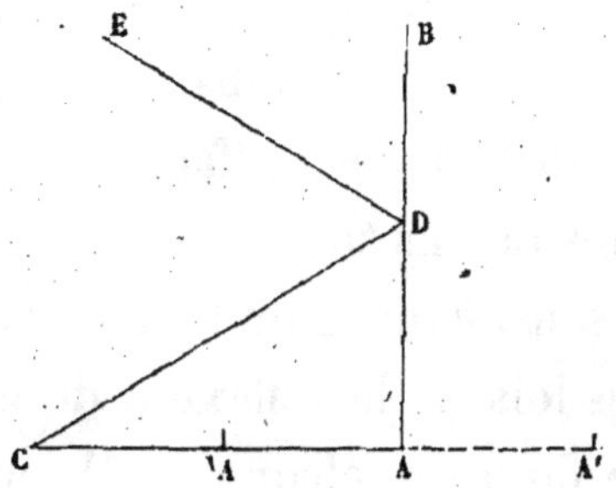

celui des [X] et qui rencontre perpendiculairement le plan inébranlable AB; que C soit un centre de rayons sonores déterminé par les trois coordonnées [X], [Y], [Z], et que CD soit un de ces rayons quelconque déterminé par les coordonnées $[X] + pt$, $[Y] + qt$, $[Z] + rt$. Supposons maintenant que t soit augmenté en sorte que $[X] + pt$ surpasse a, c'est-à-dire que pt surpasse CA, et soit par exemple égal à CA', le point A' tombant derrière l'obstacle immobile AB; il faudra, suivant ce que nous venons d'enseigner, changer la valeur de $[X] + pt$ en $2a - [X] - pt$, ce qui donnera, en supposant $CA = \alpha$ et par conséquent $a = [X] + \alpha$,

$$[X] + 2\alpha - pt \quad \text{au lieu de} \quad [X] + pt;$$

ou bien, posant $AA' = \theta$ et par conséquent $pt = \alpha + \theta$,

$$[X] + \alpha - \theta \quad \text{au lieu de} \quad [X] + pt, \quad \text{savoir de} \quad [X] + \alpha + \theta;$$

d'où l'on voit que le point A' sera transporté en 'A, les distances AA' et A'A au plan AB étant égales de part et d'autre; donc, comme les deux autres coordonnées perpendiculaires à l'axe CA demeurent les mêmes, le rayon CD sera continué du côté CA dans la direction de la droite DE, dont la position devra être telle qu'elle se trouve dans le plan des deux lignes CD, CA, et qu'elle fasse de plus avec le plan BA l'angle BDE égal à l'angle CDA. Le rayon CD sera donc réfléchi par le plan BA, en sorte que l'angle de réflexion soit égal à l'angle d'incidence, tout de même qu'il arrive à un corps parfaitement élastique.

Voilà donc la réflexion du son déduite de ses vrais principes et prouvée d'une manière rigoureuse et exacte, ce que personne n'avait encore fait (*Rech. préc.*, LXI).

Au reste, si nous n'avons considéré qu'une surface plane, ce n'a été que pour rendre notre calcul moins embarrassant; car il n'aurait pas été difficile de l'appliquer aussi à des surfaces courbes d'une nature quelconque; mais, comme les rayons sonores se multiplient continuellement et se répandent en tout sens, comme on l'a fait voir (50), il serait assez inutile de déterminer les lois de la réflexion de chaque rayon à la rencontre d'un obstacle de figure quelconque. Il suffit, pour l'explication des échos, d'avoir prouvé que cette réflexion doit toujours avoir lieu, lorsque l'air est appuyé sur un obstacle quelconque inébranlable.

53. Scolie I. — Il est visible que, dans les formules (P), (Q), (R), (P'), (Q'), (R'), on peut regarder les expressions $(x)^{(X+pt,\, Y+qt,\, Z+rt)}, \ldots$ comme des fonctions indéterminées de $X+pt$, $Y+qt$, $Z+rt$, de sorte qu'en substituant pour (x), (x'), (y), (y'), (z), (z') des fonctions de différente nature et composées des mêmes variables qui constituent l'exposant de chacune des quantités (x), $(x'), \ldots$, on aura les valeurs de x, x', $y, \ldots$, données en fonctions indéterminées, ainsi que M. d'Alembert l'a pratiqué le premier dans la théorie des vibrations des cordes et ailleurs.

Au reste, pour démontrer que ces valeurs de x, y, z satisfont aux trois équations du n° 10, il faudra nécessairement regarder t comme infiniment petit, et développer les fonctions indéterminées comme on l'a pratiqué à l'égard des fonctions L, M, N (47), en négligeant tous les termes qui seront multipliés par des puissances de t plus hautes que la quatrième.

54. Scolie II. — Si l'on voulait se borner à chercher les valeurs de x, y, z par les séries, on y parviendrait fort aisément par les principes du nº 47; car, développant en suites infinies les expressions $\cos(t\sqrt{-ck})$ et $\sin(t\sqrt{-ck})$ de l'équation (D), et faisant ensuite évanouir toutes les puissances de k par les transformations enseignées dans le même numéro, on obtiendra une équation qui ne renfermera que les fonctions inconnues L, M, N avec leurs différences; or ces différences pourront toujours se réduire aux quantités finies L, M, N par les opérations connues des intégrations par parties; car, soit par exemple

$$\frac{1}{2}t^2c\int(x)\frac{d^2\mathrm{L}}{d\mathrm{X}^2}d\mathrm{X}\,d\mathrm{Y}\,d\mathrm{Z}$$

un terme quelconque de l'équation (D) transformée comme nous venons de le dire, ce terme se réduira, en négligeant toujours les intégrales à deux seules changeantes, à

$$\frac{1}{2}t^2c\int\frac{d^2(x)}{d\mathrm{X}^2}\mathrm{L}\,d\mathrm{X}\,d\mathrm{Y}\,d\mathrm{Z},$$

et généralement il suffira d'ôter les différentiations aux quantités L, M, N, et de les appliquer aux quantités (x), (y), (z), (x'), (y'), (z'), par lesquelles celles-là sont multipliées. Cela fait, comme l'équation ne renfermera plus que les fonctions finies L, M, N qui, à cause de la quantité k qu'elles contiennent, ne doivent point entrer dans les valeurs de x, y, z, on trouvera ces valeurs en comparant ensemble tous les termes qui seront multipliés séparément par L, M, N. On aura donc par là

$$x=(x)+t(x')+\frac{1}{2}t^2c\left[\frac{d^2(x)}{d\mathrm{X}^2}+\frac{d^2(y)}{d\mathrm{X}\,d\mathrm{Y}}+\frac{d^2(z)}{d\mathrm{X}\,d\mathrm{Z}}\right]+\ldots,$$
$$y=(y)+t(y')+\ldots\ldots\ldots\ldots\ldots\ldots,$$
$$z=(z)+t(z')+\ldots\ldots\ldots\ldots\ldots\ldots,$$

où les quantités (x), (y), (z), (x'), (y'), (z') devront être regardées comme des fonctions indéterminées des trois variables X, Y, Z, pour qu'on puisse avoir les valeurs des différences $\frac{d^2(x)}{dX^2}$, $\frac{d^2(y)}{dX\,dY}$, ... Or, dans le cas où t est supposé infiniment petit, si l'on néglige les termes multipliés par des puissances de t plus hautes que la quatrième, et qu'on pratique ensuite sur les fonctions (x), (y),... des réductions analogues à celles qui ont été pratiquées sur les fonctions L, M, N dans le calcul du nº 47, il sera aisé de réduire les expressions de x, y, z à des fonctions de $X+pt$, $Y+qt$, $Z+rt$, comme dans le Scolie précédent, ce qui sera une preuve de la justesse de nos calculs.

Au reste la méthode que nous n'avons fait qu'indiquer dans ce Scolie est générale et peut aussi être appliquée à la résolution d'une infinité d'autres équations de la nature de celles que nous avons examinées dans tout le cours des *Recherches précédentes*. Mais on trouvera toujours des séries composées de puissances croissantes de t et qui par conséquent ne seront bonnes que tant que t aura des valeurs fort petites.

§ III. — *Conjectures sur la loi de l'élasticité des particules de l'air.*

55. Nous avons vu que la vitesse du son, suivant la théorie, est exprimée par

$$\sqrt{c} = \frac{\sqrt{2hE}}{T^2D},$$

et nous avons vu aussi qu'elle diffère de la véritable d'environ 163 pieds par seconde, quantité qui ne peut raisonnablement être négligée; comment donc concilier sur ce point la théorie et l'expérience?

L'expression $\frac{\sqrt{2hE}}{T^2D}$ est fondée sur l'hypothèse ordinaire que l'élasticité des parties de l'air soit exactement proportionnelle à leur densité; mais ne pourrait-on pas supposer que l'élasticité variât dans une autre raison peu différente de celle de la densité simple. Si on voulait en général supposer E proportionnel à $\varphi(D)$, comme dans le n° **11**, il n'y aurait qu'à mettre dans nos calculs $E\varphi'(D)$ au lieu de E, tout le reste demeurant le même; ce qui ne produirait d'autre différence dans les résultats, sinon que la vitesse du son serait augmentée dans la raison de $\sqrt{\varphi'(D)}$ à 1.

Soit l'élasticité proportionnelle à une puissance quelconque m de la densité, ce qui paraît le cas le plus naturel; on aura

$$\varphi(D) = D^m \quad \text{et} \quad \varphi'(D) = mD^{m-1};$$

d'où, en posant $D = 1$, on tire pour la vitesse du son $\sqrt{m}\sqrt{c}$ ou $979\sqrt{m}$ pieds par seconde; par conséquent, en prenant 1142 pieds par seconde pour l'expression véritable de cette vitesse, il faudra que

$$979\sqrt{m} = 1142,$$

ce qui donnera

$$\sqrt{m} = \frac{1142}{979},$$

et en fractions décimales

$$m = 1,36,$$

ou à très-peu près

$$m = 1 + \frac{1}{3}.$$

Or, comme l'élasticité se mesure par le poids comprimant, il est clair que si cette hypothèse a lieu dans la nature, il faudra que la densité devenant double, triple, quadruple,..., les poids comprimants croissent comme les nombres $2\sqrt[3]{2}$, $3\sqrt[3]{3}$, $4\sqrt[3]{4}$,..., qui surpassent les nombres de la progression arithméthique 2, 3, 4,..., d'environ 0,519, 1,327, 2,350,....

Ces différences paraissent à la vérité trop fortes pour qu'on puisse raisonnablement supposer qu'elles aient échappé aux savants Physiciens qui ont déterminé par l'expérience les lois de la compression de l'air; aussi je ne donne l'hypothèse de l'élasticité proportionnelle à $D^{1+\frac{1}{3}}$ que comme une légère conjecture, et je me contenterai seulement de faire observer que l'expérience même paraît jusqu'à un certain point favorable à la supposition que l'élasticité croisse dans une raison plus grande que la densité, puisqu'on sait que de très-habiles Physiciens ont trouvé que, lorsque la densité est devenue quadruple de la naturelle, l'air ne se comprime plus que suivant une proportion moindre que celle des poids.

56. Au reste, il est clair que si l'hypothèse $P = D$, et en général $P = D^m$, avait exactement lieu dans la nature, la densité d'une particule d'air deviendrait nulle lorsque le poids comprimant serait nul, ce qui paraît renfermer quelque espèce de contradiction; si donc, pour éviter un pareil inconvénient, on suppose que le poids comprimant soit proportionnel à quelque autre fonction φ de la densité, on satisfera tout à la fois à la théorie de la propagation du son et aux expériences de la compression de l'air, si on peut déterminer φ en sorte que

$$\varphi'(D) = 1 + \frac{1}{3}$$

(en y mettant $D = 1$), et qu'en même temps $\varphi(D)$ soit assez sensiblement proportionnel à D, tant que D est contenu entre les limites 1 et 4.

CHAPITRE VI.

RÉFLEXIONS SUR LA THÉORIE DES INSTRUMENTS A VENT.

57. Dans le n° LII des *Recherches précédentes*, j'ai réduit la théorie des flûtes à celle des oscillations d'une fibre élastique d'air dont les deux extrémités soient fixes, comme dans les cordes sonores; mais cette supposition n'est pas exacte, car on sait que l'air renfermé dans le tuyau communique toujours avec l'air extérieur, ou de deux côtés comme dans toutes les espèces de flûtes, ou d'un côté seulement comme dans les trompettes, les cors de chasse, et dans les tuyaux d'orgue bouchés; je vais donc maintenant avoir égard à ces circonstances.

Considérons d'abord des flûtes de forme exactement cylindrique, et supposons que la colonne d'air qui y est renfermée soit soutenue, à ses deux extrémités, par une force égale au ressort naturel de l'air extérieur.

Dénotant par z les excursions longitudinales de chaque partie d'air, on aura l'équation

$$\frac{d^2 z}{dt^2} = c\,\frac{d^2 z}{dx^2},$$

d'où il sera aisé de tirer, par le Problème I ci-dessus, les mêmes résultats que dans le numéro cité, en supposant, comme on l'a pratiqué partout ailleurs, z nul lorsque $x = 0$ et $x = a$, a étant ici la longueur entière de la flûte; mais, dans le cas que nous nous proposons d'examiner, ce n'est plus cette condition qui doit avoir lieu; il faut que l'élasticité de la première et de la dernière particule soit la même que l'élasticité naturelle de l'atmosphère, savoir, que

$$c\left(1 - \frac{dz}{dx}\right) = c \quad \text{ou bien} \quad \frac{dz}{dx} = 0,$$

lorsque $x = 0$ et $x = a$. Or, puisque dans ces deux points les deux termes $\frac{dz}{dx}\mathrm{M}$ et $z\,\frac{d\mathrm{M}}{dx}$ doivent disparaître d'eux-mêmes, par la nature de notre méthode (*voyez* Problème I), il faudra que la différentielle $\frac{d\mathrm{M}}{dx}$ y devienne nulle; c'est pourquoi l'on aura

$$\mathrm{M} = \mathrm{A}\cos(x\sqrt{-k}) \quad \text{et} \quad \sqrt{-k} = \frac{\nu\pi}{2a},$$

et par conséquent les équations

$$\int z\cos(x\sqrt{-k})\,dx = \cos(t\sqrt{-ck})\int \mathrm{Z}\cos(x\sqrt{-k})\,dx + \frac{\sin(t\sqrt{-ck})}{\sqrt{-ck}}\int \mathrm{U}\cos(x\sqrt{-k})\,dx,$$

$$\int u\cos(x\sqrt{-k})\,dx = \cos(t\sqrt{-ck})\int \mathrm{U}\cos(x\sqrt{-k})\,dx - \sqrt{-ck}\,\sin(t\sqrt{-ck})\int \mathrm{Z}\cos(x\sqrt{-k})\,dx.$$

Ces équations fourniront une construction à peu près semblable à celle du n° 7, mais on pourra s'en passer lorsqu'il ne sera question que de déterminer la durée commune des oscillations des particules de l'air; car il suffira pour cela de considérer que les équations trouvées demeurent invariables lorsqu'on augmente la valeur de t d'un multiple quelconque de $\frac{2a}{\sqrt{c}}$; d'où il s'ensuit qu'au bout de chaque intervalle de temps $\frac{2a}{\sqrt{c}}$, les valeurs de z et de u reviendront les mêmes, et que par conséquent toutes les particules reprendront aussi la même situation et le même mouvement; ce qui s'accorde avec ce qu'on a trouvé dans l'endroit cité des *Recherches précédentes*, quoique d'après une autre hypothèse.

Cela aura lieu en général pour toutes les valeurs possibles de ν; mais si on suppose que les valeurs de ν soient renfermées dans la formule particulière

$$\nu = m\mu,$$

m étant un nombre entier, positif et déterminé, et μ un nombre quelconque entier, il est évident, par la nature des sinus et cosinus, que les valeurs de z et de u reviendront les mêmes après chaque intervalle de temps égal à $\frac{2a}{m\sqrt{c}}$, et qu'ainsi la durée des oscillations se réduira à la moitié, au tiers, au quart,..., selon que m sera exprimé par 2, 3, 4,....

Or, dans ce cas, il est clair que si l'on décrit une courbe où, les abscisses étant x, les ordonnées soient $\cos(x\sqrt{-k})$, cette courbe aura autant de ventres égaux et semblables qu'il y a d'unités dans le nombre m; par conséquent les quantités Z, U, z, u, qui sont multipliées par chacune de ces ordonnées, devront former aussi des courbes de pareille forme; autrement le Problème demeurerait indéterminé ou plutôt indéterminable, puisqu'on pourrait trouver pour z et u plusieurs valeurs différentes, ce qui serait absurde.

On voit par là que ce cas répond exactement à celui que nous avons examiné dans le n° XLIX des *Recherches précédentes*, et qu'il contient par conséquent l'explication des sons harmoniques.

58. Supposons maintenant que la flûte soit bouchée à l'extrémité opposée à l'embouchure; puisque alors $z = 0$, x étant égal à a, le terme $z\frac{dM}{dx}$ disparaîtra de lui-même et le terme restant $M\frac{dz}{dx}$ donnera

$$M = 0,$$

d'où l'on tirera

$$\cos(a\sqrt{-k}) = 0 \quad \text{et} \quad \sqrt{-k} = (2\nu + 1)\frac{\varpi}{4a},$$

ν marquant un nombre quelconque entier positif ou négatif.

Cette valeur substituée dans les deux équations du numéro précédent, on verra aisément que les termes $\cos(t\sqrt{-ck})$ et $\sin(t\sqrt{-ck})$ ne reprendront les mêmes valeurs que lorsque t sera augmenté de $\frac{4a}{\sqrt{c}}$; ce qui donnera la durée des oscillations double de celle qu'on a trouvée dans le cas précédent.

Ce fait est confirmé par l'expérience, par laquelle on trouve en effet que les tuyaux bouchés donnent justement l'octave du son qu'ils donneraient étant ouverts. Mais il y a plus : comme la durée des oscillations ne peut s'accourcir, à moins que $2\nu + 1$ ne devienne le produit de deux nombres entiers et par conséquent impairs, il s'ensuit qu'elle ne pourra devenir que le tiers, ou la cinquième partie, ou etc., de la durée naturelle $\frac{4a}{\sqrt{c}}$; d'où il résulte qu'une flûte bouchée, après avoir rendu le son fondamental, ira immédiatement à la douzième, et puis à la dix-septième, etc., sans passer par aucune des octaves intermédiaires.

Voilà l'explication exacte d'un phénomène assez singulier, que M. Daniel Bernoulli a le premier fait remarquer dans l'article III de son *Mémoire sur les vibrations des cordes* (Académie de Berlin, 1753), mais dont ni lui ni aucun autre, que je sache, n'avaient encore jusqu'ici rendu raison.

59. Lorsque les flûtes n'ont pas une forme cylindrique, ou en général lorsqu'il s'agit des trompettes et des cors de chasse, il semble qu'on pourrait tirer leur théorie des calculs du n° 30; cependant voici une difficulté.

On sait que ces instruments, quelque figure qu'ils aient, donnent toujours, par une simple variation d'embouchure, tous les sons qui répondent aux nombres $1, \frac{1}{2}, \frac{1}{3}, \frac{1}{4}, \frac{1}{5}, \ldots$, et il n'est pas difficile de voir, en appliquant aux formules générales du n° **28** les remarques des numéros précédents, que cela demande nécessairement que les valeurs de k soient $1, 2, 3, 4, \ldots$, comme dans les flûtes cylindriques. Or je ne vois point comment l'expression de M du n° **27** pourrait fournir de telles valeurs pour k, à moins que les coefficients alternatifs A, C,... ou B, D,... ne fussent nuls, ainsi qu'on l'a déjà remarqué dans le n° **32**.

Au reste, quels que soient les mouvements des particules de l'air dans les instruments à vent, ils seront toujours renfermés dans les trois équations générales du n° **10**, dont nous avons donné une construction approchée dans le Chapitre précédent. Il est vrai que cette construction ne nous apprendra rien sur la nature des vibrations des particules, mais les équations (D) et (E) font connaître que, pour que ces vibrations deviennent synchrones, il faut que toutes les valeurs de $\sqrt{-k}$ soient commensurables entre elles, afin qu'il y ait un certain intervalle de temps après lequel, les fonctions $\sin(t\sqrt{-ck})$ et $\cos(t\sqrt{-ck})$ reprenant toujours les mêmes valeurs, les équations mentionnées redeviennent aussi exactement les mêmes.

Cette condition cependant n'est point nécessaire, si l'on suppose que les équations dont il s'agit soient vérifiées indépendamment des quantités $\sin(t\sqrt{-ck})$ et $\cos(t\sqrt{-ck})$, ce qui a lieu lorsque chacune des intégrales

$$\int (x\,L + y\,M + z\,N)\,dX\,dY\,dZ,$$

$$\int (x'\,L + y'\,M + z'\,N)\,dX\,dY\,dZ,$$

$$\int [(x)\,L + (y)\,M + (z)\,N]\,dX\,dY\,dZ,$$

$$\int [(x')\,L + (y')\,M + (z')\,N]\,dX\,dY\,dZ$$

s'évanouit d'elle-même. Il ne sera donc pas inutile d'examiner ici quelles doivent être les valeurs de x, y, z, x', y', z',..., pour que ces dernières conditions aient lieu.

60. Pour cela, soient substituées au lieu de L, M, N leurs valeurs tirées des équations de condition (A), (B), (C) du n° 45, et faisant évanouir par des intégrations par parties les différences de L, M, N, on aura d'abord, en négligeant les intégrales à deux seules changeantes qui sont nulles par la nature même des quantités x, y, z et des fonctions L, M, N, la transformée suivante

$$\begin{aligned}
&\int (x\mathrm{L} + y\mathrm{M} + z\mathrm{N})\, d\mathrm{X}\, d\mathrm{Y}\, d\mathrm{Z} \\
&= \frac{1}{k}\int \Bigg[\left(\frac{d^2x}{d\mathrm{X}^2} + \frac{d^2y}{d\mathrm{X}\,d\mathrm{Y}} + \frac{d^2z}{d\mathrm{X}\,d\mathrm{Z}} \right) \mathrm{L} \\
&\qquad + \left(\frac{d^2y}{d\mathrm{Y}^2} + \frac{d^2x}{d\mathrm{Y}\,d\mathrm{X}} + \frac{d^2z}{d\mathrm{Y}\,d\mathrm{Z}} \right) \mathrm{M} \\
&\qquad + \left(\frac{d^2z}{d\mathrm{Z}^2} + \frac{d^2x}{d\mathrm{Z}\,d\mathrm{X}} + \frac{d^2y}{d\mathrm{Z}\,d\mathrm{Y}} \right) \mathrm{N} \Bigg] d\mathrm{X}\, d\mathrm{Y}\, d\mathrm{Z},
\end{aligned}$$

où l'on voit que les quantités multipliées par L, M, N sont les mêmes que celles qui composent les seconds membres des équations différentielles proposées, ce qui ne pourra jamais être autrement, quelque forme que puissent avoir ces équations, puisqu'il est clair que les nouvelles intégrations par parties dont on fait usage ici ne servent qu'à défaire ce qu'on avait fait par les premières.

On aura donc, en posant α pour une constante quelconque,

$$\begin{aligned}
&\int \Bigg[\left(\alpha x + \frac{d^2x}{d\mathrm{X}^2} + \frac{d^2y}{d\mathrm{X}\,d\mathrm{Y}} + \frac{d^2z}{d\mathrm{X}\,d\mathrm{Z}} \right) \mathrm{L} \\
&\qquad + \left(\alpha y + \frac{d^2y}{d\mathrm{Y}^2} + \frac{d^2z}{d\mathrm{Y}\,d\mathrm{Z}} + \frac{d^2x}{d\mathrm{Y}\,d\mathrm{X}} \right) \mathrm{M} \\
&\qquad + \left(\alpha z + \frac{d^2z}{d\mathrm{Z}^2} + \frac{d^2x}{d\mathrm{Z}\,d\mathrm{X}} + \frac{d^2y}{d\mathrm{Z}\,d\mathrm{Y}} \right) \mathrm{N} \Bigg] d\mathrm{X}\, d\mathrm{Y}\, d\mathrm{Z} \\
&= (\alpha + k)\int (x\mathrm{L} + y\mathrm{M} + z\mathrm{N})\, d\mathrm{X}\, d\mathrm{Y}\, d\mathrm{Z},
\end{aligned}$$

et par conséquent, tant que α ne sera pas égal à $-k$, on satisfera à l'équation

$$\int (x\mathrm{L} + y\mathrm{M} + z\mathrm{N})\, d\mathrm{X}\, d\mathrm{Y}\, d\mathrm{Z} = 0,$$

en faisant séparément

$$(a) \qquad \alpha x + \frac{d^2 x}{d\mathrm{X}^2} + \frac{d^2 y}{d\mathrm{X}\, d\mathrm{Y}} + \frac{d^2 z}{d\mathrm{X}\, d\mathrm{Z}} = 0,$$

$$(b) \qquad \alpha y + \frac{d^2 y}{d\mathrm{Y}^2} + \frac{d^2 z}{d\mathrm{Y}\, d\mathrm{Z}} + \frac{d^2 x}{d\mathrm{Y}\, d\mathrm{X}} = 0,$$

$$(c) \qquad \alpha z + \frac{d^2 z}{d\mathrm{Z}^2} + \frac{d^2 z}{d\mathrm{Z}\, d\mathrm{X}} + \frac{d^2 y}{d\mathrm{Z}\, d\mathrm{X}} = 0,$$

d'où l'on tirera les valeurs de x, y, z qu'on pourra exprimer généralement ainsi :

$$x = \mathrm{A}\varphi(\alpha, \mathrm{X}, \mathrm{Y}, \mathrm{Z}),$$
$$y = \mathrm{A}\psi(\alpha, \mathrm{X}, \mathrm{Y}, \mathrm{Z}),$$
$$z = \mathrm{A}\chi(\alpha, \mathrm{X}, \mathrm{Y}, \mathrm{Z}),$$

les lettres φ, ψ, χ marquant des fonctions variables données.

La constante A peut être quelconque et même une fonction du temps t, qui est ici regardé comme constant, mais les autres constantes qui se trouveront dans les fonctions φ, ψ, χ devront être déterminées par les conditions qu'on supposera aux quantités x, y, z, conditions qui dépendront dans le cas présent de la figure du tuyau qui renferme les particules mobiles de l'air.

A l'égard de la constante α, elle sera susceptible d'une infinité de valeurs qui seront les mêmes précisément que celle de la quantité k, mais prises négativement; ce qu'on peut démontrer en général de la manière suivante. Les équations trouvées (a), (b), (c), comparées avec les équations fondamentales du n° **10**, donnent

$$\frac{d^2 x}{dt^2} = -c\alpha x,$$

$$\frac{d^2 y}{dt^2} = -c\alpha y,$$

$$\frac{d^2 z}{dt^2} = -c\alpha z;$$

d'où l'on tire l'équation

$$\frac{d^2 s}{dt^2} = -c\alpha s,$$

qui, comparée avec l'équation en s trouvée dans le n° 45,

$$\frac{d^2 s}{dt^2} = kcs,$$

donne

$$\alpha = -k.$$

En raisonnant et opérant de même sur les autres formules intégrales qui doivent aussi être égales à zéro, on trouvera pour x', y', z', comme aussi pour (x), (y), (z) et (x'), (y'), (z'), des valeurs qui ne différeront de celles de x, y, z que dans la constante arbitraire par laquelle les fonctions φ, ψ, χ peuvent être multipliées; on aura ainsi

$$x' = B\varphi(\alpha, X, Y, Z), \quad y' = B\psi(\alpha, X, Y, Z), \quad z' = B\chi(\alpha, X, Y, Z);$$
$$(x) = E\varphi(\alpha, X, Y, Z), \quad (y) = E\psi(\alpha, X, Y, Z), \quad (z) = E\chi(\alpha, X, Y, Z);$$
$$(x') = F\varphi(\alpha, X, Y, Z), \quad (y') = F\psi(\alpha, X, Y, Z), \quad (z') = F\chi(\alpha, X, Y, Z).$$

Maintenant, il faut observer que comme les équations (a), (b), (c) ne rendent l'intégrale proposée égale à zéro que tant que α n'est pas égal à $-k$, et que d'ailleurs les équations (D) et (E) du n° 45 doivent avoir lieu en général pour toutes les valeurs de k, il restera encore à vérifier ces équations dans le cas de $k = -\alpha$; or, substituant dans l'équation (D) les valeurs trouvées ci-dessus de x, y,..., il viendra

$$A\int [L\varphi(\alpha, X, Y, Z) + M\psi(\alpha, X, Y, Z) + N\chi(\alpha, X, Y, Z)]\, dX\, dY\, dZ$$
$$= \left[E\cos(t\sqrt{c\alpha}) + \frac{F\sin(t\sqrt{c\alpha})}{\sqrt{c\alpha}}\right]$$
$$\times \int [L\varphi(\alpha, X, Y, Z) + M\psi(\alpha, X, Y, Z) + N\chi(\alpha, X, Y, Z)]\, dX\, dY\, dZ;$$

ce qui donnera

$$A = E\cos(t\sqrt{c\alpha}) + \frac{F\sin(t\sqrt{c\alpha})}{\sqrt{c\alpha}}.$$

On aura de même, par l'équation (E),

$$B = F\cos(t\sqrt{c\alpha}) - E\sqrt{c\alpha}\sin(t\sqrt{c\alpha});$$

donc

$$x = \left[E \cos(t\sqrt{c\alpha}) + \frac{F \sin(t\sqrt{c\alpha})}{\sqrt{c\alpha}} \right] \varphi(\alpha, X, Y, Z),$$

$$y = \left[E \cos(t\sqrt{c\alpha}) + \frac{F \sin(t\sqrt{c\alpha})}{\sqrt{c\alpha}} \right] \psi(\alpha, X, Y, Z),$$

$$z = \left[E \cos(t\sqrt{c\alpha}) + \frac{F \sin(t\sqrt{c\alpha})}{\sqrt{c\alpha}} \right] \chi(\alpha, X, Y, Z);$$

$$x' = [F \cos(t\sqrt{c\alpha}) - E\sqrt{c\alpha} \sin(t\sqrt{c\alpha})] \varphi(\alpha, X, Y, Z),$$

$$y' = [F \cos(t\sqrt{c\alpha}) - E\sqrt{c\alpha} \sin(t\sqrt{c\alpha})] \psi(\alpha, X, Y, Z),$$

$$z' = [F \cos(t\sqrt{c\alpha}) - E\sqrt{c\alpha} \sin(t\sqrt{c\alpha})] \chi(\alpha, X, Y, Z).$$

Il n'est pas difficile de voir ici que les vibrations des particules seront toutes synchrones à celles d'un pendule simple dont la longueur serait $\frac{2h}{\alpha T^2 c} = \frac{1}{\alpha} \frac{D}{E}$; par conséquent, quelles que soient les valeurs de α, le fluide pourra toujours faire des oscillations isochrones d'autant d'espèces qu'il y aura de différentes valeurs de α. Au reste, ce cas est celui de l'isochronisme ordinaire, où les forces accélératrices sont proportionnelles aux espaces à parcourir.

61. Supposons maintenant

$$\alpha x + \frac{d^2 x}{dX^2} + \frac{d^2 y}{dX\,dY} + \frac{d^2 z}{dX\,dZ} = p,$$

$$\alpha y + \frac{d^2 y}{dY^2} + \frac{d^2 z}{dY\,dZ} + \frac{d^2 x}{dY\,dX} = q,$$

$$\alpha z + \frac{d^2 z}{dZ^2} + \frac{d^2 x}{dZ\,dX} + \frac{d^2 y}{dZ\,dY} = r,$$

on aura

$$\int (pL + qM + rN)\, dX\, dY\, dZ = (\alpha + k) \int (xL + yM + zN)\, dX\, dY\, dZ.$$

Donc, pour que l'intégrale

$$\int (xL + yM + zN)\, dX\, dY\, dZ$$

devienne nulle, il suffira de faire

$$\int (pL + qM + rN)\, dX\, dY\, dZ = 0,$$

sans qu'il soit séparément $p=0$, $q=0$, $r=0$, comme dans les équations (*a*), (*b*), (*c*).

Or, cette dernière formule étant semblable à la formule

$$\int (x\mathrm{L}+y\mathrm{M}+z\mathrm{N})\,d\mathrm{X}\,d\mathrm{Y}\,d\mathrm{Z},$$

qui a fourni les équations (*a*), (*b*), (*c*), on trouvera par des procédés pareils les équations suivantes :

$$(p)\qquad \beta p+\frac{d^2p}{d\mathrm{X}^2}+\frac{d^2q}{d\mathrm{X}\,d\mathrm{Y}}+\frac{d^2r}{d\mathrm{X}\,d\mathrm{Z}}=0,$$

$$(q)\qquad \beta q+\frac{d^2q}{d\mathrm{Y}^2}+\frac{d^2r}{d\mathrm{Y}\,d\mathrm{Z}}+\frac{d^2p}{d\mathrm{Y}\,d\mathrm{X}}=0,$$

$$(r)\qquad \beta r+\frac{d^2r}{d\mathrm{Z}^2}+\frac{d^2p}{d\mathrm{Z}\,d\mathrm{X}}+\frac{d^2q}{d\mathrm{Z}\,d\mathrm{Y}}=0;$$

d'où l'on tirera les valeurs de p, q, r, qui, étant substituées ci-dessus, donneront des nouvelles valeurs de x, y, z,....

Il faut remarquer que dans la transformation de la formule

$$\int (p\mathrm{L}+q\mathrm{M}+r\mathrm{N})\,d\mathrm{X}\,d\mathrm{Y}\,d\mathrm{Z},$$

on trouvera des intégrales à deux changeantes de même forme que celles qui résultent de la formule

$$\int (x\mathrm{L}+y\mathrm{M}+z\mathrm{N})\,d\mathrm{X}\,d\mathrm{Y}\,d\mathrm{Z};$$

il faudra donc les faire évanouir, en supposant aux valeurs de p, q, r les mêmes conditions qu'à celles de x, y, z; d'où il s'ensuit que, comme les équations (p), (q), (r) sont d'ailleurs entièrement semblables aux équations (*a*), (*b*), (*c*), on aura de même

$$p=\mathrm{A}\varphi(\beta,\mathrm{X},\mathrm{Y},\mathrm{Z}),$$
$$q=\mathrm{A}\psi(\beta,\mathrm{X},\mathrm{Y},\mathrm{Z}),$$
$$r=\mathrm{A}\chi(\beta,\mathrm{X},\mathrm{Y},\mathrm{Z}),$$

et de plus que la quantité β aura les mêmes valeurs que la quantité $-k$.

Maintenant, au lieu de substituer ces valeurs de p, q, r dans les équations en x, y, z, je multiplie ces mêmes équations telles qu'elles sont par un coefficient indéterminé H, et j'ajoute chacune d'elles avec sa correspondante d'entre les trois autres (p), (q), (r), ce qui me donne

$$\mathrm{H}\alpha x + (\beta - \mathrm{H})p + \mathrm{H}\frac{d^2x}{d\mathrm{X}^2} + \frac{d^2p}{d\mathrm{X}^2} + \mathrm{H}\frac{d^2y}{d\mathrm{X}\,d\mathrm{Y}} + \frac{d^2q}{d\mathrm{X}\,d\mathrm{Y}} + \mathrm{H}\frac{d^2z}{d\mathrm{X}\,d\mathrm{Z}} + \frac{d^2r}{d\mathrm{X}\,d\mathrm{Z}} = 0,$$

$$\mathrm{H}\alpha y + (\beta - \mathrm{H})q + \ldots\ldots\ldots\ldots\ldots\ldots = 0,$$

$$\mathrm{H}\alpha z + (\beta - \mathrm{H})r + \ldots\ldots\ldots\ldots\ldots\ldots = 0.$$

Soit donc fait

$$\beta - \mathrm{H} = \alpha, \quad \text{savoir} \quad \mathrm{H} = \beta - \alpha,$$

et supposant pour abréger

$$\mathrm{H}x + p = p', \quad \mathrm{H}y + q = q', \quad \mathrm{H}z + r = r',$$

on aura

$$\alpha p' + \frac{d^2p'}{d\mathrm{X}^2} + \frac{d^2q'}{d\mathrm{X}\,d\mathrm{Y}} + \frac{d^2r'}{d\mathrm{X}\,d\mathrm{Z}} = 0,$$

$$\alpha q' + \frac{d^2q'}{d\mathrm{Y}^2} + \frac{d^2r'}{d\mathrm{Y}\,d\mathrm{Z}} + \frac{d^2p'}{d\mathrm{Y}\,d\mathrm{X}} = 0,$$

$$\alpha r' + \frac{d^2r'}{d\mathrm{Z}^2} + \frac{d^2p'}{d\mathrm{Z}\,d\mathrm{X}} + \frac{d^2q'}{d\mathrm{Z}\,d\mathrm{Y}} = 0,$$

d'où l'on tirera comme ci-dessus

$$p' = \mathrm{A}\varphi(\alpha, \mathrm{X}, \mathrm{Y}, \mathrm{Z}),$$
$$q' = \mathrm{A}\psi(\alpha, \mathrm{X}, \mathrm{Y}, \mathrm{Z}),$$
$$r' = \mathrm{A}\chi(\alpha, \mathrm{X}, \mathrm{Y}, \mathrm{Z}),$$

A marquant une nouvelle constante arbitraire.

Or, les conditions qui déterminent les constantes de p, q, r étant les mêmes que celles qui déterminent les constantes de x, y, z, par ce qui a été dit ci-dessus, elles seront encore les mêmes pour les constantes de p' q', r', d'où il s'ensuit qu'on aura aussi pour α les mêmes valeurs que pour β, savoir les mêmes que celles de la quantité $-k$.

Maintenant, comme

$$x = \frac{p' - p}{\mathrm{H}}, \quad y = \frac{q' - q}{\mathrm{H}}, \quad z = \frac{r' - r}{\mathrm{H}},$$

on aura, en substituant et prenant deux différentes constantes arbitraires A′, A″, et marquant par α', α'' deux valeurs quelconques de $-k$,

$$x = A'\varphi(\alpha', X, Y, Z) + A''\varphi(\alpha'', X, Y, Z),$$
$$y = A'\psi(\alpha', X, Y, Z) + A''\psi(\alpha'', X, Y, Z),$$
$$z = A'\chi(\alpha', X, Y, Z) + A''\chi(\alpha'', X, Y, Z),$$

formules qui serviront aussi pour les autres variables x', y', z', (x), (y),…, en ne faisant que changer les constantes A′, A″.

Or, pour trouver le rapport entre les quantités x, y, z, x', y', z' et (x), (y), (z), (x'), (y'), (z'), dépendant du temps t, on remarquera qu'il y a ici deux cas où les équations (p), (q), (r) ne remplissent point la condition proposée de

$$\int (xL + yM + zN)\, dX\, dY\, dZ = 0,$$

savoir, celui où $k = -\alpha'$ et celui où $k = -\alpha''$. Il faudra donc, dans ces cas, recourir immédiatement aux équations (D) et (E), et substituant au lieu de x, y, z,… les expressions trouvées, faire en sorte que ces équations deviennent possibles lorsque $k = -\alpha'$ et $k = -\alpha''$.

Soient désignées par B′, B″, les constantes qui répondent aux quantités x, y, z, et par E′, E″, F′, F″ celles qui répondent aux quantités (x), (y), (z) et (x'), (y'), (z'), et posons d'abord $k = -\alpha'$, il est clair que la formule

$$\int [L\varphi(\alpha'', X, Y, Z) + M\psi(\alpha'', X, Y, Z) + N\chi(\alpha'', X, Y, Z)]\, dX\, dY\, dZ$$

évanouira par elle-même, suivant ce qui a été démontré dans le numéro précédent; donc l'équation (D) se réduira comme ci-dessus à

$$\begin{aligned} A' \int &[L\varphi(\alpha', X, Y, Z) + M\psi(\alpha', X, Y, Z) + N\chi(\alpha', X, Y, Z)]\, dX\, dY\, dZ \\ &= \left[E' \cos(t\sqrt{c\alpha'}) + \frac{F' \sin(t\sqrt{c\alpha'})}{\sqrt{c\alpha'}}\right] \\ &\quad \times \int [L\varphi(\alpha', X, Y, Z) + M\psi(\alpha', X, Y, Z) + N\chi(\alpha', X, Y, Z)]\, dX\, dY\, dZ, \end{aligned}$$

d'où l'on tire

$$A' = E' \cos(t\sqrt{c\alpha'}) + \frac{F' \sin(t\sqrt{c\alpha'})}{\sqrt{c\alpha'}}.$$

On tirera de même, de l'équation (E),

$$B' = F' \cos(t\sqrt{c\alpha'}) - E'\sqrt{c\alpha'} \sin(t\sqrt{c\alpha'}).$$

Après cela, on supposera $k = -\alpha''$ et l'on trouvera par des procédés semblables

$$A'' = E'' \cos(t\sqrt{c\alpha''}) + \frac{F'' \sin(t\sqrt{c\alpha''})}{\sqrt{c\alpha''}},$$

$$B'' = F'' \cos(t\sqrt{c\alpha''}) - E''\sqrt{c\alpha''} \sin(t\sqrt{c\alpha''}).$$

On aura donc

$$x = \left[E' \cos(t\sqrt{c\alpha'}) + \frac{F'}{\sqrt{c\alpha'}} \sin(t\sqrt{c\alpha'})\right] \varphi(\alpha', X, Y, Z)$$
$$+ \left[E'' \cos(t\sqrt{c\alpha''}) + \frac{F''}{\sqrt{c\alpha''}} \sin(t\sqrt{c\alpha''})\right] \varphi(\alpha'', X, Y, Z),$$

$y = \ldots\ldots\ldots\ldots\ldots\ldots\ldots\ldots,$

$z = \ldots\ldots\ldots\ldots\ldots\ldots\ldots\ldots;$

$$x' = [F' \cos(t\sqrt{c\alpha'}) - E'\sqrt{c\alpha'} \sin(t\sqrt{c\alpha'})] \varphi(\alpha', X, Y, Z)$$
$$+ [F'' \cos(t\sqrt{c\alpha''}) - E''\sqrt{c\alpha''} \sin(t\sqrt{c\alpha''})] \varphi(\alpha'', X, Y, Z),$$

$y' = \ldots\ldots\ldots\ldots\ldots\ldots\ldots\ldots,$

$z' = \ldots\ldots\ldots\ldots\ldots\ldots\ldots\ldots$

On voit par ces formules que le mouvement de chaque particule sera composé de deux mouvements analogues chacun au mouvement représenté par les formules du numéro précédent; d'où il est aisé de conclure que les vibrations ne seront jamais isochrones, à moins que les mouvements composants ne soient synchrones entre eux, ce qui ne pourra arriver que lorsque les quantités α' et α'' seront commensurables entre elles.

62. En suivant la méthode que nous venons d'expliquer, on pourra

supposer de nouveau, au lieu des équations (p), (q), (r),

$$\beta p + \frac{d^2 p}{dX^2} + \frac{d^2 q}{dX\,dY} + \frac{d^2 r}{dX\,dZ} = P,$$

$$\beta q + \frac{d^2 q}{dY^2} + \frac{d^2 r}{dY\,dZ} + \frac{d^2 p}{dY\,dX} = Q,$$

$$\beta r + \frac{d^2 r}{dZ^2} + \frac{d^2 p}{dZ\,dX} + \frac{d^2 q}{dZ\,dY} = R,$$

et ensuite

$$\gamma P + \frac{d^2 P}{dX^2} + \frac{d^2 Q}{dX\,dY} + \frac{d^2 R}{dX\,dZ} = 0,$$

$$\gamma Q + \frac{d^2 Q}{dY^2} + \frac{d^2 R}{dY\,dZ} + \frac{d^2 P}{dY\,dX} = 0,$$

$$\gamma R = \frac{d^2 R}{dZ^2} + \frac{d^2 P}{dZ\,dX} + \frac{d^2 Q}{dZ\,dY} = 0;$$

d'où, par des opérations analogues à celles qui ont été pratiquées ci-dessus, on parviendra aux formules suivantes :

$$\begin{aligned} x = & \left[E' \cos\left(t\sqrt{c\alpha'}\right) + \frac{F'}{\sqrt{c\alpha'}} \sin\left(t\sqrt{c\alpha'}\right)\right] \varphi(\alpha', X, Y, Z) \\ & + \left[E'' \cos\left(t\sqrt{c\alpha''}\right) + \frac{F''}{\sqrt{c\alpha''}} \sin\left(t\sqrt{c\alpha''}\right)\right] \varphi(\alpha'', X, Y, Z) \\ & + \left[E''' \cos\left(t\sqrt{c\alpha'''}\right) + \frac{F'''}{\sqrt{c\alpha'''}} \sin\left(t\sqrt{c\alpha'''}\right)\right] \varphi(\alpha''', X, Y, Z), \\ y = & \ldots\ldots\ldots\ldots\ldots\ldots\ldots\ldots\ldots\ldots\ldots\ldots, \\ z = & \ldots\ldots\ldots\ldots\ldots\ldots\ldots\ldots\ldots\ldots\ldots\ldots; \end{aligned}$$

$$\begin{aligned} x' = & \left[F' \cos\left(t\sqrt{c\alpha'}\right) - E'\sqrt{c\alpha'} \sin\left(t\sqrt{c\alpha'}\right)\right] \varphi(\alpha', X, Y, Z) \\ & + \left[F'' \cos\left(t\sqrt{c\alpha''}\right) - E''\sqrt{c\alpha''} \sin\left(t\sqrt{c\alpha''}\right)\right] \varphi(\alpha'', X, Y, Z) \\ & + \left[F''' \cos\left(t\sqrt{c\alpha'''}\right) - E'''\sqrt{c\alpha'''} \sin\left(t\sqrt{c\alpha'''}\right)\right] \varphi(\alpha''', X, Y, Z), \\ y' = & \ldots\ldots\ldots\ldots\ldots\ldots\ldots\ldots\ldots\ldots\ldots\ldots, \\ z' = & \ldots\ldots\ldots\ldots\ldots\ldots\ldots\ldots\ldots\ldots\ldots\ldots, \end{aligned}$$

qui donnent les mouvements des particules composés de trois mouvements simples, analogues chacun à celui du n° **60**; d'où il s'ensuit que l'isochronisme n'y aura lieu que lorsque les quantités α', α'', α''', qui expriment trois valeurs quelconques de $-k$, seront toutes commensurables entre elles.

En suivant encore la même méthode, on trouvera pour les valeurs de x, y, z, x', y', z' des formules composées de 4, 5, 6,... termes semblables dont chacun répondra à une quelconque des valeurs de k; on pourra donc par ce moyen avoir autant de solutions particulières qu'il y aura de combinaisons à faire, une à une, deux à deux, trois à trois,..., des valeurs de k, de sorte que, leur nombre étant m, celui de solutions particulières sera $2^m - 1$; mais, si le nombre des valeurs commensurables est seulement égal à n, il n'y aura que $2^n + m - n - 1$ de ces solutions qui rendent les oscillations isochrones.

63. *Remarque.* — Si l'on poussait les expressions des valeurs de x, y,..., jusqu'à ce que le nombre de leurs termes fût égal à celui des valeurs de k, on aurait alors une solution générale et applicable à tous les cas possibles; quoique cette proposition ne soit pas une suite nécessaire de l'analyse précédente, il est aisé de la démontrer en rigueur par le moyen des principes jusqu'ici établis.

Pour cela, je suppose qu'on développe la formule (D) en autant de formules particulières qu'il y a de valeurs de k, et qu'on en tire par la combinaison la valeur de chacune des quantités x, y, z,..., soit en se servant des règles ordinaires, soit en employant une méthode analogue à celle dont nous avons fait usage dans le Chapitre III des *Recherches précédentes* (XXIV); il est facile de voir que ces valeurs seront exprimées de la manière suivante :

$$\begin{aligned}
x = {} & \mathrm{P}'\left[\mathrm{S}'\cos\left(t\sqrt{c\alpha'}\right) + \frac{\mathrm{U}'}{\sqrt{c\alpha'}}\sin\left(t\sqrt{c\alpha'}\right)\right] \\
& + \mathrm{P}''\left[\mathrm{S}''\cos\left(t\sqrt{c\alpha''}\right) + \frac{\mathrm{U}''}{\sqrt{c\alpha''}}\sin\left(t\sqrt{c\alpha''}\right)\right] \\
& + \ldots\ldots\ldots\ldots\ldots\ldots\ldots\ldots \\
& + \mathrm{P}^{(m)}\left[\mathrm{S}^{(m)}\cos\left(t\sqrt{c\alpha^{(m)}}\right) + \frac{\mathrm{U}^{(m)}}{\sqrt{c\alpha^{(m)}}}\sin\left(t\sqrt{c\alpha^{(m)}}\right)\right],
\end{aligned}$$

$$\begin{aligned}
y = {} & \mathrm{Q}'\left[\mathrm{S}'\cos\left(t\sqrt{c\alpha'}\right) + \frac{\mathrm{U}'}{\sqrt{c\alpha'}}\sin\left(t\sqrt{c\alpha'}\right)\right] \\
& + \mathrm{Q}''\left[\mathrm{S}''\cos\left(t\sqrt{c\alpha''}\right) + \frac{\mathrm{U}''}{\sqrt{c\alpha''}}\sin\left(t\sqrt{c\alpha''}\right)\right] \\
& + \ldots\ldots\ldots\ldots\ldots\ldots\ldots\ldots
\end{aligned}$$

$$+ Q^{(m)}\left[S^{(m)}\cos\left(t\sqrt{c\alpha^{(m)}}\right) + \frac{U^{(m)}}{\sqrt{c\alpha^{(m)}}}\sin\left(t\sqrt{c\alpha^{(m)}}\right)\right],$$

$$\begin{aligned} z = R' &\left[S'\cos\left(t\sqrt{c\alpha'}\right) + \frac{U'}{\sqrt{c\alpha'}}\sin\left(t\sqrt{c\alpha'}\right)\right] \\ + R'' &\left[S''\cos\left(t\sqrt{c\alpha''}\right) + \frac{U''}{\sqrt{c\alpha''}}\sin\left(t\sqrt{c\alpha''}\right)\right] \\ + &\ldots\ldots\ldots\ldots\ldots\ldots\ldots\ldots \\ + R^{(m)} &\left[S^{(m)}\cos\left(t\sqrt{c\alpha^{(m)}}\right) + \frac{U^{(m)}}{\sqrt{c\alpha^{(m)}}}\sin\left(t\sqrt{c\alpha^{(m)}}\right)\right], \end{aligned}$$

posant $\alpha^{(m)}$ pour la dernière des valeurs de $-k$.

Les quantités S', S'',..., $S^{(m)}$ et U', U'',..., $U^{(m)}$ sont mises pour dénoter les valeurs des expressions

$$\int [(x)L + (y)M + (z)N]\, dX\, dY\, dZ \quad \text{et} \quad \int [(x')L + (y')M + (z')N)],$$

lorsqu'on fait successivement $-k$ égal à α', α'',..., $\alpha^{(m)}$. Les autres quantités P', P'',...., $P^{(m)}$, Q', Q'',..., $Q^{(m)}$; R', R'',..., $R^{(m)}$ sont différentes pour chaque particule, c'est-à-dire sont des fonctions variables de X, Y, Z.

Or, si l'on regarde ces fonctions comme indéterminées, on pourra en connaître la valeur par le moyen de la substitution et de la comparaison, ainsi qu'on le pratique dans la méthode connue des indéterminées. Substituons donc au lieu de x, y, z, dans l'équation (D), les expressions ci-dessus, et supposant pour abréger que S, U dénotent en général les valeurs de S', S'',..., U', U'',..., lorsqu'il y a encore $-k$ au lieu de α', α'',..., on aura

$$\begin{aligned} &\left[S'\cos\left(t\sqrt{c\alpha'}\right) + \frac{U'}{\sqrt{c\alpha'}}\sin\left(t\sqrt{c\alpha'}\right)\right]\int (P'L + Q'M + R'N)\, dX\, dY\, dZ \\ +&\left[S''\cos\left(t\sqrt{c\alpha''}\right) + \frac{U''}{\sqrt{c\alpha''}}\sin\left(t\sqrt{c\alpha''}\right)\right]\int (P''L + Q''M + R''N)\, dX\, dY\, dZ \\ +&\ldots\ldots\ldots\ldots\ldots\ldots\ldots\ldots\ldots\ldots \\ +&\left[S^{(m)}\cos\left(t\sqrt{c\alpha^{(m)}}\right) + \frac{U^{(m)}}{\sqrt{c\alpha^{(m)}}}\sin\left(t\sqrt{c\alpha^{(m)}}\right)\right]\int (P^{(m)}L + Q^{(m)}M + R^{(m)}N)\, dX\, dY\, dZ \\ =&\, S\cos\left(t\sqrt{-ck}\right) + \frac{U}{\sqrt{-ck}}\sin\left(t\sqrt{-ck}\right), \end{aligned}$$

équation qui doit être identique en faisant $-k$ égal à α', α'',..., $\alpha^{(m)}$.

Soit donc posé en général $-k=\alpha^{(\mu)}$, le second membre de l'équation deviendra

$$S^{(\mu)}\cos\left(t\sqrt{c\alpha^{(\mu)}}\right)\ \frac{U^{(\mu)}}{\sqrt{c\alpha^{(\mu)}}}\sin\left(t\sqrt{c\alpha^{(\mu)}}\right),$$

et le terme $\mu^{ième}$ du premier membre étant

$$\left[S^{(\mu)}\cos\left(t\sqrt{c\alpha^{(\mu)}}\right)+\frac{U^{(\mu)}}{\sqrt{c\alpha^{(\mu)}}}\sin\left(t\sqrt{c\alpha^{(\mu)}}\right)\right]\int\left(P^{(\mu)}L+Q^{(\mu)}M+R^{(\mu)}N\right)dX\,dY\,dZ,$$

pour identifier les deux membres, on supposera que

$$\int\left(P^{(\mu)}L+Q^{(\mu)}M+R^{(\mu)}N\right)dX\,dY\,dZ$$

soit égal à 1, et que toutes les autres formules exprimées généralement par

$$\int(PL+QM+RN)\,dX\,dY\,dZ$$

soient nulles, $-k$ étant égal à $\alpha^{(\mu)}$ dans les valeurs de L, M, N; d'où l'on voit que les valeurs de P, Q, R devront être telles, que la formule générale

$$\int\left(P^{(\mu)}L+Q^{(\mu)}M+R^{(\mu)}N\right)dX\,dY\,dZ$$

soit toujours égale à 1, lorsque $k=-\alpha^{(\mu)}$, et qu'elle soit toujours égale à zéro, lorsque k a une autre valeur quelconque,

Or, par ce qui a été démontré dans le nº 60, on trouvera d'abord, pour remplir cette dernière condition, les équations suivantes :

$$\alpha^{(\mu)}P^{(\mu)}=\frac{d^2P^{(\mu)}}{dX^2}+\frac{d^2Q^{(\mu)}}{dX\,dY}+\frac{d^2R^{(\mu)}}{dX\,dZ},$$

$$\alpha^{(\mu)}Q^{(\mu)}=\frac{d^2Q^{(\mu)}}{dY^2}+\frac{d^2R^{(\mu)}}{dY\,dZ}+\frac{d^2P^{(\mu)}}{dY\,dX},$$

$$\alpha^{(\mu)}R^{(\mu)}=\frac{d^2R^{(\mu)}}{dZ^2}+\frac{d^2P^{(\mu)}}{dZ\,dX}+\frac{d^2Q^{(\mu)}}{dZ\,dY},$$

d'où il résultera, comme dans le numéro cité,

$$P^{(\mu)} = A\varphi(\alpha^{(\mu)}, X, Y, Z),$$
$$Q^{(\mu)} = A\psi(\alpha^{(\mu)}, X, Y, Z),$$
$$R^{(\mu)} = A\chi(\alpha^{(\mu)}, X, Y, Z).$$

Soit maintenant la valeur de

$$\int [L\varphi(\alpha^{(\mu)}, X, Y, Z) + M\psi(\alpha^{(\mu)}, X, Y, Z) + N\chi(\alpha^{(\mu)}, X, Y, Z)]\, dX\, dY\, dZ,$$

en y posant $-k = \alpha^{(\mu)}$, exprimée par $D^{(\mu)}$; on aura, pour satisfaire à la première condition,

$$AD^{(\mu)} = 1,$$

et par conséquent

$$A = \frac{1}{D^{(\mu)}}.$$

Substituant enfin les valeurs trouvées de P, Q, R dans les expressions de x, y, z, et posant pour plus de simplicité E', E'',... au lieu de $\frac{S'}{D'}$, $\frac{S''}{D''}$, ..., et F', F'',... au lieu de $\frac{U'}{D'}$, $\frac{U''}{D''}$, ..., il viendra

$$\begin{aligned} x = &\left[E'\cos(t\sqrt{c\alpha'}) + \frac{F'}{\sqrt{c\alpha'}}\sin(t\sqrt{c\alpha'})\right]\varphi(\alpha', X, Y, Z) \\ &+ \left[E''\cos(t\sqrt{c\alpha''}) + \frac{F''}{\sqrt{c\alpha''}}\sin(t\sqrt{c\alpha''})\right]\varphi(\alpha'', X, Y, Z) \\ &+ \ldots\ldots\ldots\ldots\ldots\ldots\ldots\ldots\ldots\ldots \\ &+ \left[E^{(m)}\cos(t\sqrt{c\alpha^{(m)}}) + \frac{F^{(m)}}{\sqrt{c\alpha^{(m)}}}\sin(t\sqrt{c\alpha^{(m)}})\right]\varphi(\alpha^{(m)}, X, Y, Z), \\ y = &\ldots\ldots\ldots\ldots\ldots\ldots\ldots\ldots\ldots\ldots, \\ z = &\ldots\ldots\ldots\ldots\ldots\ldots\ldots\ldots\ldots\ldots \end{aligned}$$

Par des raisonnements et des opérations semblables, on tirera de l'équation (E)

$$\begin{aligned} x' = & \left[F' \cos\left(t\sqrt{c\alpha'}\right) - E'\sqrt{c\alpha'} \sin\left(t\sqrt{c\alpha'}\right)\right] \varphi(\alpha', X, Y, Z) \\ & + \left[F'' \cos\left(t\sqrt{c\alpha''}\right) - E''\sqrt{c\alpha''} \sin\left(t\sqrt{c\alpha''}\right)\right] \varphi(\alpha'', X, Y, Z) \\ & + \ldots\ldots\ldots\ldots\ldots\ldots\ldots\ldots \\ & + \left[F^{(m)} \cos\left(t\sqrt{c\alpha^{(m)}}\right) - E^{(m)}\sqrt{c\alpha^{(m)}} \sin\left(t\sqrt{c\alpha^{(m)}}\right)\right] \varphi(\alpha^{(m)}, X, Y, Z), \\ y' = & \ldots\ldots\ldots\ldots\ldots\ldots\ldots\ldots, \\ z' = & \ldots\ldots\ldots\ldots\ldots\ldots\ldots\ldots \end{aligned}$$

Voilà, comme l'on voit, une construction générale des mêmes équations que nous avons déjà traitées dans le § II du Chapitre précédent par une voie fort différente, et seulement par approximation; mais il faut avouer que cette construction n'est guère utile pour la connaissance du mouvement des particules de l'air. Car les valeurs de x, y, z sont composées de suites infinies dont les termes ne sont point convergents ou du moins ne peuvent point être regardés comme tels, puisque les constantes E, F, que ces termes renferment, dépendent des premières valeurs de x, y, z, et de x', y', z', qui doivent être supposées quelconques.

64. Scolie. — Il est clair que la méthode de la Remarque précédente peut être employée dans une infinité d'autres équations de même espèce, et qu'elle s'applique également, que le nombre des corps mobiles soit infini ou qu'il soit fini, de sorte qu'on peut la regarder comme une simplification et une généralisation de celle dont nous nous sommes servis dans le Chapitre III des *Recherches précédentes*.

Au reste, cette méthode sert à démontrer la belle proposition de M. Daniel Bernoulli que : *lorsqu'un système quelconque de corps fait des oscillations infiniment petites, le mouvement de chaque corps peut être considéré comme composé de plusieurs mouvements partiels et synchrones chacun à celui d'un pendule simple*. (*Voyez* les *Mémoires de l'Académie de Berlin*, année 1753.)

ADDITION AUX PREMIÈRES RECHERCHES

SUR

LA NATURE ET LA PROPAGATION DU SON.

ADDITION AUX PREMIÈRES RECHERCHES

SUR

LA NATURE ET LA PROPAGATION DU SON.

(*Miscellanea Taurinensia*, t. II, 1760-1761.)

M. d'Alembert ayant fait l'honneur à ma solution du Problème des cordes vibrantes, de l'attaquer sur quelques points par un écrit particulier, imprimé dans le Tome Ier de ses *Opuscules mathématiques*, je vais ajouter ici de nouveaux éclaircissements sur l'analyse de cette solution, qui serviront en même temps de réponse aux objections de cet illustre Géomètre et de confirmation à ma théorie.

I.

La solution en question n'est qu'une application de la formule trouvée dans le Chapitre III de la première Partie (page 72), pour le mouvement d'un fil chargé d'un nombre quelconque $m-1$ de poids, au cas où l'on suppose ce nombre infini; c'est cette application qui a paru à M. d'Alembert susceptible de plusieurs difficultés.

1° La formule dont je viens de parler, étant composée d'une suite de termes qui renferment successivement les sinus de tous les arcs

$$\frac{\varpi}{4m},\quad \frac{2\varpi}{4m},\quad \frac{3\varpi}{4m},\ldots,\quad \frac{(m-1)\varpi}{4m},$$

j'ai pris dans le cas de $m=\infty$ ces arcs mêmes pour les valeurs de leurs sinus. M. d'Alembert m'objecte que cela n'est permis que pour tout angle $\frac{\nu\varpi}{4m}$, ν étant un nombre fini, et nullement pour les angles $\frac{(m-1)\varpi}{4m}$, $\frac{(m-2)\varpi}{4m}$, ... Cette objection prise en elle-même est solide et sans réplique; mais elle perd toute sa force si on la considère par rapport à la formule dont il s'agit, car je vais prouver directement et invinciblement que les expressions

$$\sin\frac{\varpi}{4m},\quad \sin\frac{2\varpi}{4m},\ldots,\quad \sin\frac{(m-1)\varpi}{4m}.$$

doivent être changées en

$$\frac{\varpi}{4m},\quad \frac{2\varpi}{4m},\ldots,\quad \frac{(m-1)\varpi}{4m},$$

dans le cas de $m=\infty$.

En remontant à l'analyse du Chapitre cité, il est aisé de trouver que toutes ces expressions viennent (XXI) de l'expression générale

$$\pm 2\sqrt{e}\sin\frac{\nu\varpi}{4m}\sqrt{-1},$$

qui est celle du coefficient R (XIX), ν étant un nombre quelconque entier depuis zéro jusqu'à m. Tout se réduit donc à prouver que, quand $m=\infty$,

$$R=\pm 2\sqrt{e}\frac{\nu\varpi}{4m}\sqrt{-1}.$$

Pour y parvenir, je remarque d'abord (XIX) que

$$R^2=e(k-2);$$

je vois de plus que la valeur de k dépend de cette condition que

$$M_\mu=\frac{a^\mu-b^\mu}{a-b}=0,$$

lorsque $\mu=m$, a étant égal à $\frac{k}{2}+\sqrt{\frac{k^2}{4}-1}$ et b égal à $\frac{k}{2}-\sqrt{\frac{k^2}{4}-1}$, c'est-à-dire de l'équation

$$\frac{\left(\frac{k}{2}+\sqrt{\frac{k^2}{4}-1}\right)^m-\left(\frac{k}{2}-\sqrt{\frac{k^2}{4}-1}\right)^m}{2\sqrt{\frac{k^2}{4}-1}}=0,$$

ou simplement

$$\left(\frac{k}{2}+\sqrt{\frac{k^2}{4}-1}\right)^m-\left(\frac{k}{2}-\sqrt{\frac{k^2}{4}-1}\right)^m=0.$$

Or, $\sqrt{e}=m\frac{H}{T}$ (XXXV), $\frac{H}{T}$ étant une quantité finie; donc

$$k=2+\frac{R^2}{e}=2+\frac{R^2T^2}{m^2H^2};$$

mais R doit être aussi une quantité finie, comme il est aisé de le voir par la nature même du calcul, donc $\frac{R^2T^2}{m^2H^2}$ sera une quantité infiniment petite du second ordre dans le cas où $m=\infty$.

Qu'on suppose $\frac{RT}{H}=f\sqrt{-1}$, en sorte que $k=2-\frac{f^2}{m^2}$, et qu'on mette cette valeur de k dans l'équation ci-dessus, il viendra

$$\left(1-\frac{f^2}{2m^2}+\sqrt{-\frac{f^2}{m^2}+\frac{f^4}{4m^4}}\right)^m-\left(1-\frac{f^2}{2m^2}-\sqrt{-\frac{f^2}{m^2}+\frac{f^4}{4m^4}}\right)^m=0,$$

équation qui, en négligeant ce qui se doit négliger à cause de $m=\infty$, se réduit à celle-ci

$$\left(1+\frac{f}{m}\sqrt{-1}\right)^m-\left(1-\frac{f}{m}\sqrt{-1}\right)^m=0.$$

Or on sait qu'une expression telle que

$$\frac{\left(1+\frac{f}{m}\sqrt{-1}\right)^m-\left(1-\frac{f}{m}\sqrt{-1}\right)^m}{2\sqrt{-1}}$$

devient, dans le cas de $m=\infty$, égale à $\sin f$; donc l'équation qu'on vient de trouver est équivalente à $2\sqrt{-1}\sin f=0$, savoir à $\sin f=0$;

ce qui donne $f = \frac{\nu\varpi}{2}$, ν étant un nombre quelconque entier; donc $\frac{\mathrm{RT}}{\mathrm{H}} = \frac{\nu\varpi}{2}\sqrt{-1}$, donc

$$\mathrm{R} = \frac{\mathrm{H}}{\mathrm{T}}\frac{\nu\varpi}{2}\sqrt{-1} = 2\sqrt{e}\frac{\nu\varpi}{4m}\sqrt{-1}.$$

2° M. d'Alembert prétend que j'ai tort de regarder en général l'expression $\sin\frac{\varpi}{2}\left(\frac{mx}{a} \pm \frac{m\mathrm{H}t}{\mathrm{T}}\right)$ comme égale à zéro, lorsque $m = \infty$ (XXXVIII).

Je conviens que je ne me suis pas exprimé assez exactement, en disant que $m\left(\frac{x}{a} \pm \frac{\mathrm{H}t}{\mathrm{T}}\right)$ est toujours égal à un nombre entier, parce que $m = \infty$; mais ma proposition n'en est pas moins vraie pour cela. Car on voit par le n° XXXVI que $\frac{mx}{a}$ est mis au lieu de μ, qui est de lui-même un nombre entier; et, à l'égard de $\frac{m\mathrm{H}t}{\mathrm{T}}$, il sera aussi un nombre entier, en regardant $\frac{\mathrm{H}t}{\mathrm{T}}$ comme commensurable avec $\frac{x}{a}$; c'est-à-dire en supposant $\frac{\mathrm{H}dt}{\mathrm{T}} = \frac{dx}{a}$; supposition qui est évidemment permise et qui n'apportera pas la moindre limitation à ma solution.

3° M. d'Alembert attaque aussi les calculs que j'ai faits dans le Chapitre VI pour trouver d'une manière directe et générale la somme d'une suite infinie, telle que

$$\sin\varphi \sin\theta + \sin 2\varphi \sin 2\theta + \ldots.$$

La méthode que j'ai employée dans cette recherche est très-simple; après avoir transformé la suite proposée en deux autres composées de simples cosinus, j'ai mis à la place de chacun de ces cosinus son expression exponentielle imaginaire, et j'ai cherché la somme de suites résultantes par la méthode ordinaire de la sommation des séries géométriques, en supposant le dernier terme nul comme on le fait communément lorsque la série va à l'infini. M. d'Alembert m'objecte que cette supposition n'est point exacte, parce que dans la suite

$$e^{x\sqrt{-1}} + e^{2x\sqrt{-1}} + \ldots,$$

le dernier terme est $e^{\infty\sqrt{-1}}$, quantité qui est indéterminée au lieu d'être zéro.

Or je demande si, toutes les fois que dans une formule algébrique il se trouvera par exemple une série géométrique infinie, telle que $1 + x + x^2 + x^3 + \ldots$, on ne sera pas en droit d'y substituer $\frac{1}{1-x}$, quoique cette quantité ne soit réellement égale à la somme de la série proposée qu'en supposant le dernier terme x^∞ nul. Il me semble qu'on ne saurait contester l'exactitude d'une telle substitution sans renverser les principes les plus communs de l'analyse.

M. d'Alembert apporte encore un argument particulier pour prouver que la somme de la suite

$$\cos x + \cos 2x + \cos 3x + \ldots$$

ne peut pas être $-\frac{1}{2}$, comme je l'ai trouvée par mon calcul. Il suppose $x = 45°$, et il trouve que cette suite devient

$$\frac{1}{\sqrt{2}}, \quad 0, \quad -\frac{1}{\sqrt{2}}, \quad -1, \quad -\frac{1}{\sqrt{2}}, \quad 0, \quad +\frac{1}{\sqrt{2}}, \quad +1,$$

après quoi elle recommence : « Or, dit-il, la somme de cette suite finie est, ou $\frac{1}{\sqrt{2}}$, ou 0, ou -1, ou $-1-\frac{1}{\sqrt{2}}$, selon qu'on y prendra plus ou moins de termes. Donc la somme de la suite entière est aussi, ou $\frac{1}{\sqrt{2}}$, ou 0, ou $-1-\frac{1}{\sqrt{2}}$, selon le nombre m des termes qu'on y prendra, quel que soit d'ailleurs ce nombre de termes fini ou infini, et cette somme ne sera point égale à zéro, à moins que $m \times 45°$ ne soit égal à une infinité de fois la circonférence, ou à $135°$ plus une infinité de fois la circonférence. »

Je réponds qu'avec un pareil raisonnement on soutiendrait aussi que $\frac{1}{1+x}$ n'est point l'expression générale de la somme de la suite infinie $1 - x + x^2 - x^3 + \ldots$, parce que, en faisant $x = 1$, on a $1 - 1 + 1 - 1 + \ldots$, ce qui est, ou 0, ou 1, selon que le nombre des termes qu'on prend est pair ou impair, tandis que la valeur de $\frac{1}{1+x}$ est $\frac{1}{2}$. Or je ne crois pas qu'aucun Géomètre voulût admettre cette conclusion.

II.

Quand même les objections auxquelles nous venons de répondre seraient fondées, M. d'Alembert ne pourrait pas se dispenser de convenir que les résultats de ma théorie sont nécessairement exacts dans les cas où ces résultats s'accordent avec ceux qu'il a trouvés par la sienne; ce qui arrive quand la corde a une certaine figure au commencement du mouvement. Or toutes les objections que M. d'Alembert m'a faites jusqu'ici sont absolument indépendantes de la figure initiale de la corde; donc, puisque ses objections n'empêchent point ma solution d'être exacte lorsque cette figure a certaines conditions, elles ne l'empêcheront pas non plus d'être exacte en général, quelle que soit la figure initiale de la corde.

Ce raisonnement est simple, et ne peut pas avoir échappé au savant Géomètre dont nous parlons; aussi s'est-il attaché dans la suite à combattre seulement la généralité de ma solution, et à la borner comme la sienne aux courbes assujetties à la loi de continuité. Il se fonde sur ce que j'ai fait usage de la méthode de M. Bernoulli pour trouver la valeur d'une quantité qui, dans certains cas, est $\frac{0}{0}$, méthode qui suppose que la quantité proposée soit une fonction algébrique.

Mais je le prie de faire attention que, dans ma solution, la détermination de la figure de la corde à chaque instant dépend uniquement des quantités Z et U, lesquelles n'entrent point dans l'opération dont il s'agit. Je conviens que la formule à laquelle j'applique la méthode de M. Bernoulli est assujettie à la loi de continuité; mais il ne me paraît pas s'ensuivre que les quantités Z et U, qui constituent le coefficient de cette formule, le soient aussi, comme M. d'Alembert le prétend.

III.

Je viens maintenant aux difficultés que M. d'Alembert a faites contre la théorie de M. Euler, et qui peuvent aussi s'appliquer à la mienne; ce sont celles qui regardent la construction que M. Euler a donnée pour trouver la figure de la corde à chaque instant; construction qui est précisément la même que celle qui résulte de ma théorie (XL).

1° M. d'Alembert prétend que cette construction ne peut satisfaire à l'équation de la corde vibrante

$$\frac{d^2y}{dx^2} = \frac{d^2y}{dt^2},$$

à moins que la courbe initiale AMB ne soit telle que les flèches $r''\omega$,

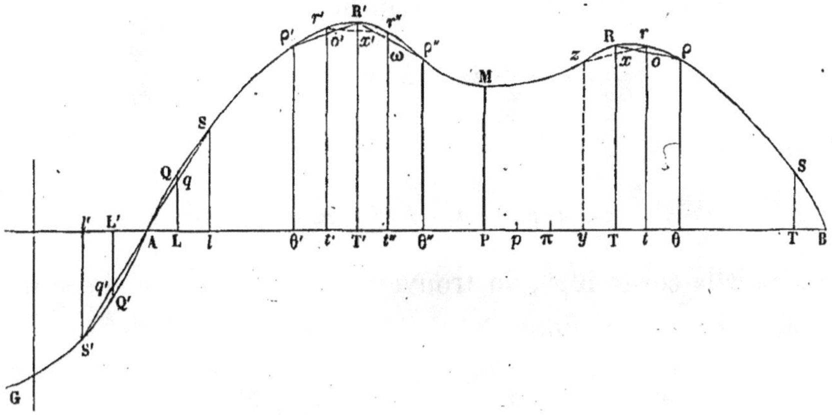

$r'o'$ de deux arcs consécutifs et infiniment petits, ρ''R', R'ρ', soient égales; ou, ce qui est la même chose, que la courbure au point r'' soit la même que la courbure au point r' infiniment proche; ce qui exclut déjà toutes les courbes dans lesquelles le rayon osculateur change brusquement en quelque point. Voici le raisonnement de M. d'Alembert :

« Soit pris, dit-il dans le § VII du *Mémoire sur les vibrations de Cordes sonores*, imprimé dans le même volume, AP $= x$, PT $= t$ sur l'axe AB; donc, regardant x comme constante, et faisant PT' $=$ PT, $\mathrm{T}t = t\theta = \mathrm{T}'t' = t'\theta' = dt$, on aura

$$\mathrm{AT} = x + t, \quad \mathrm{A}t = x + t + dt, \quad \mathrm{A}\theta = x + t + 2dt,$$
$$\mathrm{AT}' = x - t, \quad \mathrm{A}t' = x - t - dt, \quad \mathrm{A}\theta' = x - t - 2dt.$$

Or y étant, suivant la construction de M. Euler, égal à la demi-ordonnée TR qui répond à $x + t$ plus à la demi-ordonnée T'R' qui répond à $x - t$, il s'ensuit que d^2y, en ne faisant varier que t, est

$$\frac{\theta\rho - tr - (tr - \mathrm{TR})}{2} + \frac{\theta'\rho' - t'r' - (t'r' - \mathrm{T'R'})}{2};$$

donc

$$\frac{d^2y}{dt^2} = \frac{\theta\rho + \mathrm{TR} - 2tr}{2\overline{\mathrm{T}t}^2} + \frac{\theta'\rho' - \mathrm{T'R'} - 2t'r'}{2\overline{\mathrm{T}t}^2} = \frac{-ro - r'o'}{\overline{\mathrm{T}t}^2},$$

en menant les cordes $\mathrm{R}\rho$, $\mathrm{R}'\rho'$. Maintenant faisons t constant et égal à PT, et x variable; prenons $\mathrm{P}p = p\varpi = dx$, et supposons $dx = \mathrm{T}t$, ce qui est évidemment permis : 1° nous aurons

$$\mathrm{A}t = x + t + dx, \quad \mathrm{A}\theta = x + t + 2dx;$$

2° Faisant $\mathrm{T}'t'' = t''\theta'' = \mathrm{P}p = \mathrm{T}t$, nous aurons

$$\mathrm{A}t'' = x + dx - t, \quad \mathrm{A}\theta'' = x + 2dx - t;$$

donc, menant la corde $\mathrm{R}'\rho''$, on trouvera que d^2y, en ne faisant varier que x, est $-ro - r''\omega$; donc

$$\frac{d^2y}{dx^2} = \frac{-ro - r''\omega}{\overline{\mathrm{P}p}^2}.$$

Il faut donc, pour que $\frac{d^2y}{dx^2}$ soit égal à $\frac{d^2y}{dt^2}$, que $r'o' = r''\omega$. »

Je réponds que, dans l'équation générale

$$\frac{d^2y}{dt^2} = \frac{d^2y}{dx^2},$$

en ne faisant varier que x, d^2y est la différence seconde de trois ordonnées consécutives, dont l'une répond à l'abscisse $x - dx$, l'autre à l'abscisse x, la troisième à l'abscisse $x + dx$, et que, en ne faisant varier que t, d^2y est la différence seconde de trois ordonnées répondant à la même abscisse x, la première pour le temps $t - dt$, la seconde pour le temps t, la dernière pour le temps $t + dt$, comme M. d'Alembert lui-même le dit dans le § X; qu'ainsi, en ne faisant varier que t, la valeur de d^2y sera, suivant la construction de M. Euler et la mienne, en tirant l'ordonnée yz telle que $y\mathrm{T} = \mathrm{T}t$, et en menant les cordes zr, $r''r'$,

$$\frac{tr - \mathrm{TR} - (\mathrm{TR} - yz)}{2} + \frac{t'r' - \mathrm{T'R'} - (\mathrm{T'R'} - t''r'')}{2}$$
$$= \frac{tr + yz - 2\mathrm{TR}}{2} + \frac{t'r' + t''r'' - 2\mathrm{T'R'}}{2}$$
$$= \frac{-\mathrm{R}x - \mathrm{R}'x'}{2},$$

et que, en ne faisant varier que x, la valeur de d^2y sera

$$\frac{tr - \mathrm{TR} - (\mathrm{TR} - zy)}{2} + \frac{t''r'' - \mathrm{T'R'} - (\mathrm{T'R'} - t'r')}{2} = \frac{-\mathrm{R}x - \mathrm{R}'x'}{2};$$

donc

$$\frac{d^2y}{dt^2} = \frac{-\mathrm{R}x - \mathrm{R}'x'}{2\overline{\mathrm{T}t}^2}, \quad \frac{d^2y}{dx^2} = \frac{-\mathrm{R}x - \mathrm{R}'x'}{2\overline{\mathrm{P}p}^2} = \frac{-\mathrm{R}x - \mathrm{R}'x'}{2\overline{\mathrm{T}t}^2},$$

en supposant $\mathrm{T}t = \mathrm{P}p$, et l'équation

$$\frac{d^2y}{dt^2} = \frac{d^2y}{dx^2}$$

devient identique.

2° M. d'Alembert prétend ensuite que la courbure doit être nulle aux extrémités A et B. « Car soit, dit-il dans le § VIII, PT et PT′ égaux à AP, on a, en ne faisant varier que t,

$$\frac{d^2y}{dt^2} = \frac{\theta\rho + \mathrm{TR} - 2tr}{2\overline{\mathrm{T}t}^2} + \frac{l's' - 2\mathrm{L'Q'}}{2\overline{\mathrm{T}t}^2} = \frac{-ro + \mathrm{Q}'q'}{\overline{\mathrm{T}t}^2},$$

et non pas

$$\frac{-ro - \mathrm{Q}'q'}{\overline{\mathrm{T}t}^2},$$

parce que

$$l's' - 2\mathrm{Q'L'} = -2\mathrm{Q}'q',$$

et que $l's'$ et Q′L′ doivent être prises négativement par leur position, et par la construction de M. Euler. Maintenant, en ne faisant varier que x, on aura

$$\frac{d^2y}{dx^2} = \frac{-ro - \mathrm{Q}q}{\overline{\mathrm{T}t}^2};$$

donc $\frac{d^2y}{dx^2}$ ne sera pas égal à $\frac{d^2y}{dt^2}$, si la courbure n'est pas nulle en A. »

Ce raisonnement est semblable à celui auquel je viens de répondre, et se réfute par conséquent de la même manière. En effet, la valeur de $\frac{d^2y}{dt^2}$ au point A n'est pas

$$\frac{\theta\rho + TR - 2tr}{2\overline{Tt}^2} + \frac{l's' - 2L'Q'}{2\overline{Tt}^2},$$

comme le suppose M. d'Alembert, mais

$$\frac{tr + zy - 2TR}{2\overline{Tt}^2} + \frac{L'Q' + QL}{2\overline{Tt}^2} = \frac{Rx}{2\overline{Tt}^2},$$

parce que L'Q' étant égale et de position contraire à QL, suivant la construction de M. Euler et la mienne, on a

$$L'Q' + LQ = 0;$$

de même la valeur de $\frac{d^2y}{dx^2}$ est

$$\frac{tr + zy - 2TR}{2\overline{Tt}^2} + \frac{LQ + L'Q'}{\overline{Tt}^2} = \frac{Rx}{2\overline{Tt}^2},$$

et non pas

$$\frac{-ro - Qq}{\overline{Tt}^2};$$

donc $\frac{d^2y}{dt^2}$ est toujours égal à $\frac{d^2y}{dx^2}$, quelle que soit la courbure en A.

3° Autre argument de M. d'Alembert pour prouver que la courbure doit être uniforme dans chaque portion infiniment petite de la courbe AMB. Il donne à la différence dt deux valeurs différentes à volonté, et il trouve que, pour que la valeur de $\frac{d^2y}{dt^2}$ soit toujours la même et égale à celle de $\frac{d^2y}{dx^2}$, il faut que les flèches ro, qui appartiennent à différents arcs infiniment petits $Rr\rho$, soient toujours proportionnelles aux carrés des portions correspondantes $T\theta$ de l'axe; ce qui ne peut avoir lieu que dans des arcs de courbure uniforme, comme M. d'Alembert le démontre fort au long dans le § X de son Mémoire.

A cela je répondrai qu'il n'est nullement nécessaire, pour la généralité de ma solution, que les différences dt demeurent indéterminées et puissent être supposées quelconques, comme je l'ai déjà remarqué plus haut. Il me suffit qu'on prenne toujours

$$dt = \frac{\mathrm{T}}{\mathrm{H}a} dx,$$

ou, en supposant avec M. d'Alembert $\frac{\mathrm{H}a}{\mathrm{T}} = 1$,

$$dt = dx;$$

car, comme dx peut être pris aussi petit qu'on voudra, il est évident qu'on n'en trouvera pas moins la figure de la corde au bout d'un temps quelconque donné t.

4° M. d'Alembert apporte de plus une raison métaphysique pour faire voir en général que le mouvement de la corde ne peut être représenté par aucune construction quand la courbure fait un saut en quelque point M de la courbe initiale. « C'est, dit-il dans le § XI, que dans ce cas il y a proprement au point M deux rayons osculateurs différents, quoique coïncidents quant à la direction, dont l'un appartient à la portion de courbe MR, et l'autre à la portion de courbe MA. Or la force accélératrice en chaque point de la corde étant en raison inverse du rayon osculateur, lequel des deux rayons communs au point M doit servir à déterminer la force en ce point M? C'est ce qu'il est impossible de fixer, et il l'est par conséquent aussi de résoudre le Problème dans ce cas-là. En effet, supposons que la figure initiale de la corde soit composée de deux différentes courbes ainsi réunies en M; je demande quelle est la force accélératrice du point M, lorsque la corde commence à se mouvoir? »

La réponse est bien simple : la courbe AMB étant continue, il est clair qu'on peut toujours prendre, à quelque point R que ce soit, trois ordonnées consécutives et infiniment proches zy, RT, rt; or les différences de ces trois ordonnées constituent la valeur de d^2y, à laquelle la force accélératrice du point du milieu R est nécessairement proportionnelle par la nature du Problème, quel que soit d'ailleurs le rayon osculateur en ce point.

5° M. d'Alembert fait voir dans le même paragraphe, que si la courbure n'était pas nulle en B, il s'ensuivrait de la construction de M. Euler et de la mienne, qu'il y aurait un saut dans le $\frac{d^2y}{dt^2}$ qui répond à un point quelconque M lorsque $t = \text{PT}$, savoir que sa force accélératrice passerait brusquement et sans degrés de la valeur qu'elle a en cet instant à une autre valeur, qui différerait de celle-là d'une quantité du même ordre; ce qui serait contraire à la nature de la force accélératrice.

Je réponds que cet inconvénient aurait lieu en effet, si les forces accélératrices qui agissent sur chaque point de la corde à chaque instant avaient une valeur finie; mais, dans notre cas, ces forces sont toujours infiniment petites, puisqu'on suppose dy infiniment petit, par rapport à dx; par conséquent l'accroissement de la force du point M sera aussi infiniment petit; ce qui n'a plus rien de choquant.

6° M. d'Alembert ajoute encore une nouvelle considération pour prouver que le mouvement de la corde ne peut être soumis à aucun calcul analytique quand la courbure est finie en A et B. « Qu'on se représente, dit-il, § XII, la corde au commencement de son mouvement; si la courbure n'est pas nulle en B, le rayon osculateur y sera donc fini; par conséquent la force accélératrice y sera aussi finie et tendra à donner du mouvement au point B; cependant ce point étant fixement arrêté est incapable de se mouvoir; ainsi, d'un côté $\frac{d^2y}{dx^2}$ est finie lorsque $x = \text{AB}$ et lorsque $t = 0$, et de l'autre $\frac{d^2y}{dt^2}$ est toujours égal à zéro au point B, quelle que soit la valeur de t.... La nature en ce point arrête, pour ainsi dire, brusquement le calcul; on a deux forces accélératrices voisines et infiniment peu différentes, l'une au point B, l'autre au point infiniment proche de celui-là; la seconde de ces forces produit un mouvement, la première n'en saurait produire, quoique par l'équation

$$\frac{d^2y}{dx^2} = \frac{d^2y}{dt^2}$$

elle paraisse devoir en produire un, lorsque $\frac{d^2y}{dx^2}$ n'est pas égal à zéro;

ainsi la loi du mouvement n'étant pas continue pour tous les points de la courbe, ne peut être représentée avec exactitude par l'équation dont il s'agit. »

A cela je réponds :

1° Qu'il ne me paraît nullement exact de dire que la force accélératrice est finie en B, et tend à donner du mouvement à ce point. Car il est facile de voir que les points A et B, par où la corde est attachée, ne sont réellement sollicités par aucune force accélératrice perpendiculaire à l'axe, mais simplement tirés par la force de tension de la corde, laquelle agit presque dans la direction même de l'axe, et qui doit être détruite par l'hypothèse du Problème.

2° Sans m'embarrasser de la valeur, quelle qu'elle soit, du rayon osculateur en A et B, je considère que le $\frac{d^2y}{dx^2}$, qui répond exactement à ces points, est toujours nul de lui-même, suivant ma construction, comme on l'a fait voir plus haut. D'où je conclus que le calcul est parfaitement d'accord avec la nature.

Voilà les principales objections de M. d'Alembert sur la construction que M. Euler et moi avons donnée pour le mouvement des cordes vibrantes. Il me paraît d'y avoir pleinement satisfait, et d'avoir montré en même temps que cette construction a toute la généralité dont la question est susceptible.

Quant aux autres difficultés que M. d'Alembert propose dans le même *Mémoire* contre la théorie de M. Euler, et qui sont tirées de la considération des fonctions algébriques, il est clair qu'elles ne touchent point à ma solution, mais servent seulement à confirmer ce que j'avais déjà avancé (XV) sur l'insuffisance de la méthode de ces deux grands Géomètres, pour conduire à une théorie exacte et complète du mouvement des cordes sonores.

Au reste, quelque générale que soit la solution que j'ai trouvée de cet important Problème, je suis bien éloigné de penser qu'elle puisse donner le vrai mouvement de la corde, quand sa figure est composée de deux ou plusieurs lignes qui font des angles entre elles; car il est évident que l'équation différentielle

$$\frac{d^2y}{dt^2} = \frac{d^2y}{dx^2}$$

ne saurait avoir lieu dans ces cas. Mais il est certain d'autre part, et l'on peut même s'en assurer par l'expérience, que la raideur de la corde et l'action réciproque de toutes ses parties l'obligeront de prendre aussitôt une figure courbe continue, à laquelle on pourra par conséquent appliquer notre construction générale du n° XLV. Les vibrations qui suivront les premiers instants, et qui sont les seules qu'il nous importe de connaître, seront donc toujours régulières et isochrones, et leur durée ne dépendra en aucune manière de la figure primitive, mais seulement de la tension, de la longueur et de la grosseur de la corde, comme on l'a démontré (XLVI), ce qui suffit pour expliquer pourquoi une corde frappée d'une manière quelconque rend toujours le même son.

ESSAI D'UNE NOUVELLE MÉTHODE

POUR

DÉTERMINER LES MAXIMA ET LES MINIMA

DES

FORMULES INTÉGRALES INDÉFINIES.

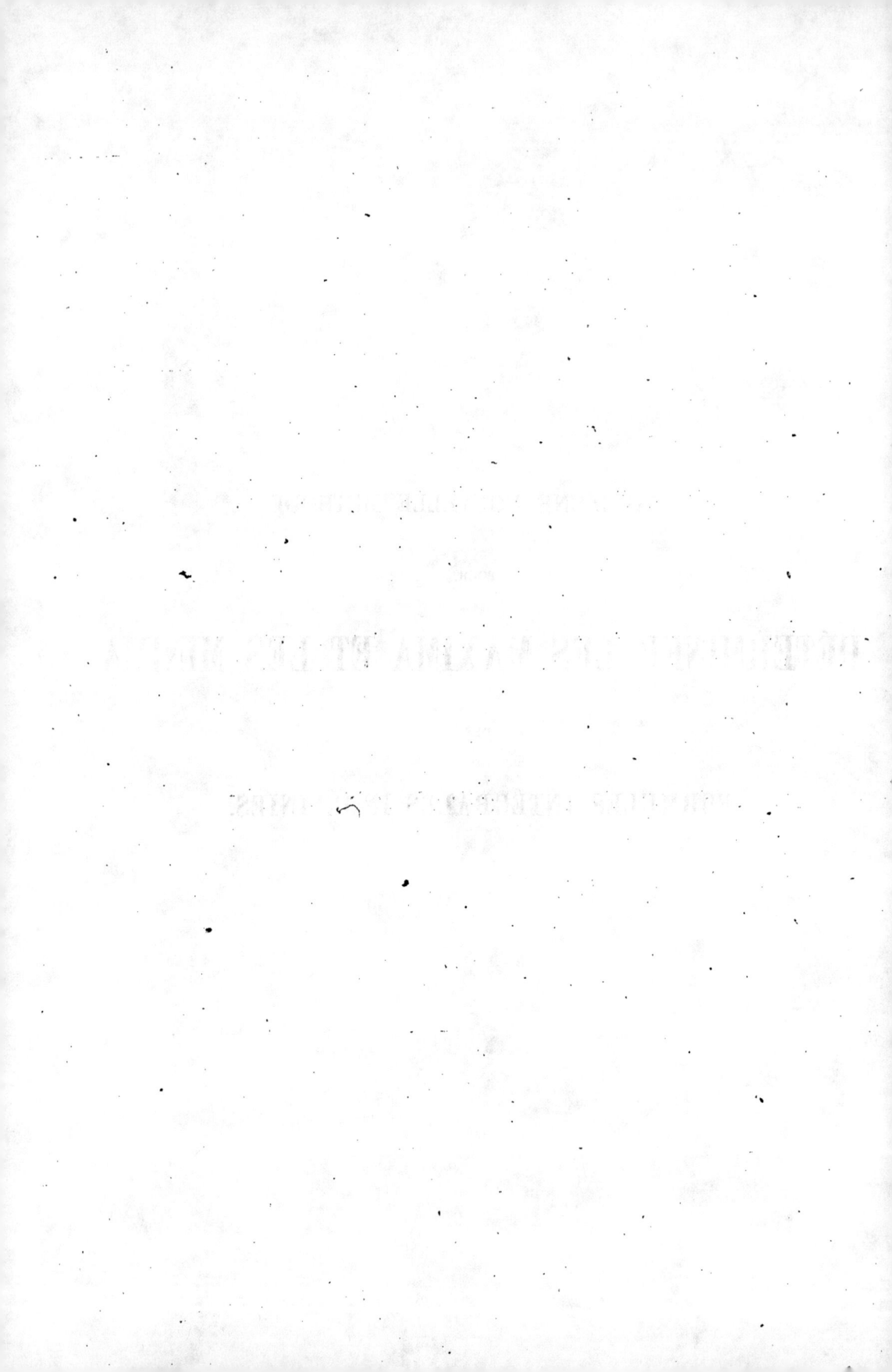

ESSAI D'UNE NOUVELLE MÉTHODE

POUR

DÉTERMINER LES MAXIMA ET LES MINIMA

DES

FORMULES INTÉGRALES INDÉFINIES.

(*Miscellanea Taurinensia,* t. II, 1760-1761.)

Pour peu qu'on soit au fait des principes du Calcul différentiel, on connaît la méthode de déterminer les plus grandes et les moindres ordonnées des courbes; mais il est des questions *de maximis* et *minimis* d'un genre plus élevé et qui, quoique dépendantes de la même méthode, ne s'y appliquent pas si aisément. Ce sont celles où il s'agit de trouver les courbes mêmes, dans lesquelles une expression intégrale donnée soit un maximum ou un minimum par rapport à toutes les autres courbes.

Le premier Problème de ce genre, que les Géomètres aient résolu, est celui de la *Brachistochrone,* ou ligne de la plus vite descente, que M. Jean Bernoulli proposa vers la fin du siècle passé. On n'y parvint alors que par des voies particulières, et ce ne fut que quelque temps après, et à l'occasion des recherches sur les *Isopérimètres,* que le grand Géomètre dont nous venons de parler et son illustre frère M. Jacques Bernoulli, donnèrent quelques règles générales pour résoudre plusieurs autres questions de même nature. Mais ces règles n'ayant pas assez d'étendue, le célèbre M. Euler a entrepris de réduire toutes les recherches de ce genre à une méthode générale, dans l'ouvrage intitulé : *Methodus inveniendi lineas curvas maximi, minimive proprietate gaudentes : sive solutio*

Problematis isoperimetrici latissimo sensu accepti; ouvrage original et qui brille partout d'une profonde science du calcul. Cependant, quelque ingénieuse et féconde que soit sa méthode, il faut avouer qu'elle n'a pas toute la simplicité qu'on peut désirer dans un sujet de pure analyse. L'Auteur le fait sentir lui-même dans l'Article 39 du Chapitre II de son livre, par ces paroles : « Desideratur itaque methodus a resolutione geometrica et lineari libera, qua pateat in tali investigatione maximi minimique, loco $P\,dp$ scribi debere $-p\,dP$. »

Maintenant voici une méthode qui ne demande qu'un usage fort simple des principes du Calcul différentiel et intégral; mais avant tout je dois avertir que, comme cette méthode exige que les mêmes quantités varient de deux manières différentes, pour ne pas confondre ces variations, j'ai introduit dans mes calculs une nouvelle caractéristique δ. Ainsi δZ exprimera une différence de Z qui ne sera pas la même que dZ, mais qui sera cependant formée par les mêmes règles; de sorte qu'ayant une équation quelconque $dZ = m\,dx$, on pourra avoir également $\delta Z = m\,\delta x$, et ainsi des autres. Cela posé, je viens d'abord au Problème suivant.

I.

Problème I. — *Étant proposée une formule intégrale indéfinie représentée par* $\int Z$, *où* Z *désigne une fonction quelconque déterminée des variables* x, y, z, *et de leurs différences* dx, dy, dz, d^2x, d^2y, d^2z,..., *trouver la relation que ces variables doivent avoir entre elles, pour que la formule* $\int Z$ *devienne un maximum ou un minimum.*

Solution. — Suivant la méthode connue *de maximis* et *minimis*, il faudra différentier la proposée $\int Z$, en regardant les quantités x, y, z, dx, dy, dz, d^2x, d^2y, d^2z,..., comme variables, et faire la différentielle, qui en résulte, égale à zéro. Marquant donc ces variations par δ, on aura d'abord, pour l'équation du maximum ou minimum,

$$\delta \int Z = 0,$$

ou, ce qui en est l'équivalent,

$$\int \delta Z = 0.$$

Or, soit Z tel que

$$\begin{aligned}\delta Z = n\,\delta x + p\,\delta dx + q\,\delta d^2x + r\,\delta d^3x + \ldots\\ + N\delta y + P\,\delta dy + Q\delta d^2y + R\delta d^3y + \ldots\\ + \nu\,\delta z + \varpi\delta dz + \chi\,\delta d^2z + \rho\,\delta d^3z + \ldots,\end{aligned}$$

il en viendra l'équation

$$\begin{aligned}\int n\,\delta x + \int p\,\delta dx + \int q\,\delta d^2x + \int r\,\delta d^3x + \ldots\\ + \int N\delta y + \int P\,\delta dy + \int Q\delta d^2y + \int R\delta d^3y + \ldots\\ + \int \nu\,\delta z + \int \varpi\,\delta dz + \int \chi\,\delta d^2z + \int \rho\,\delta d^3z + \ldots = 0;\end{aligned}$$

mais on comprend aisément que

$$\delta dx = d\delta x, \quad \delta d^2x = d^2\delta x,$$

et ainsi des autres; de plus, on trouve, par la méthode des intégrations par parties,

$$\begin{aligned}\int pd\delta x &= p\delta x - \int dp\delta x,\\ \int qd^2\delta x &= qd\delta x - dq\delta x + \int d^2q\delta x,\\ \int rd^3\delta x &= rd^2\delta x - drd\delta x + d^2r\delta x - \int d^3r\delta x,\end{aligned}$$

et ainsi du reste; donc l'équation précédente se changera en celle-ci :

$$(\mathrm{A})\quad\left\{\begin{aligned}&\int(n - dp + d^2q - d^3r + \ldots)\delta x\\ &+\int(N - dP + d^2Q - d^3R + \ldots)\delta y\\ &+\int(\nu - d\varpi + d^2\chi - d^3\rho + \ldots)\delta z\\ &+(p - dq + d^2r - \ldots)\delta x + (q - dr + \ldots)d\delta x + (r - \ldots)d^2\delta x + \ldots\\ &+(P - dQ + d^2R - \ldots)\delta y + (Q - dR + \ldots)d\delta y + (R - \ldots)d^2\delta y + \ldots\\ &+(\varpi - d\chi + d^2\rho - \ldots)\delta z + (\chi - d\rho + \ldots)d\delta z + (\rho - \ldots)d^2\delta z + \ldots = 0;\end{aligned}\right.$$

d'où l'on tirera premièrement l'équation indéfinie

$$(B)\quad \left\{\begin{aligned} &(n - dp + d^2q - d^3r + \ldots)\,\delta x\\ &+(N - dP + d^2Q - d^3R + \ldots)\,\delta y\\ &+(\nu - d\varpi + d^2\chi - d^3\rho + \ldots)\,\delta z = 0,\end{aligned}\right.$$

et ensuite l'équation déterminée

$$(C)\quad \left\{\begin{aligned} &(p - dq + d^2r - \ldots)\,\delta x + (q - dr + \ldots)\,d\delta x + (r - \ldots)\,d^2\delta x + \ldots\\ &+(P - dQ + d^2R - \ldots)\,\delta y + (Q - dR + \ldots)\,d\delta y + (R - \ldots)\,d^2\delta y + \ldots\\ &+(\varpi - d\chi + d^2\rho - \ldots)\,\delta z + (\chi - d\rho + \ldots)\,d\delta z + (\rho - \ldots)\,d^2\delta z + \ldots = 0.\end{aligned}\right.$$

Cette équation se rapporte au dernier point de l'intégrale $\int Z$; mais il faut observer que, comme chacun de ses termes comme $p\delta x$ dépend d'une intégration partielle de la formule $\int pd\delta x$, on peut lui ajouter ou en retrancher une quantité constante. Or, la condition par laquelle cette constante doit se déterminer est qu'elle fasse évanouir le terme $p\delta x$ au point où commence l'intégrale $\int pd\delta x$; il faudra donc retrancher de $p\delta x$ sa valeur en ce point; d'où résulte la règle suivante. Soit le premier membre de l'équation (C), exprimé généralement par M, et soit la valeur de M, au point où commence l'intégrale $\int Z$, désignée par $'M$, et au point où cette intégrale finit, désignée par M', on aura $M' - {'M} = 0$ pour l'expression complète de l'équation (C).

Maintenant, pour se défaire dans les équations trouvées des différences indéterminées δx, δy, δz, $d\delta x$, $d\delta y$,..., on examinera d'abord si, par la nature du Problème, il y a entre elles quelque rapport donné, et les ayant réduites au plus petit nombre possible, on fera ensuite le coefficient de chacune de celles qui resteront égales à zéro. Si elles sont absolument indépendantes les unes des autres, l'équation (B) nous donnera sur-le-champ les trois suivantes :

$$\begin{aligned} n - dp + d^2q - d^3r + \ldots &= 0,\\ N - dP + d^2Q - d^3R + \ldots &= 0,\\ \nu - d\varpi + d^2\chi - d^3\rho + \ldots &= 0.\end{aligned}$$

II.

Exemple. — Soit cherchée la courbe brachistochrone dans le vide. Nommant x l'abscisse verticale, et y et z les deux ordonnées horizontales et perpendiculaires l'une à l'autre, la formule qui exprime le temps sera

$$\int \frac{\sqrt{dx^2+dy^2+dz^2}}{\sqrt{x}},$$

laquelle étant comparée à $\int Z$, on a

$$Z = \frac{\sqrt{dx^2+dy^2+dz^2}}{\sqrt{x}};$$

et différentiant par δ, suivant les règles ordinaires des différentiations,

$$\delta Z = -\frac{\delta x\sqrt{dx^2+dy^2+dz^2}}{2x\sqrt{x}} + \frac{dx\,\delta dx}{\sqrt{x}\sqrt{dx^2+dy^2+dz^2}} + \frac{dy\,\delta dy}{\sqrt{x}\sqrt{dx^2+dy^2+dz^2}} + \frac{dz\,\delta dz}{\sqrt{x}\sqrt{dx^2+dy^2+dz^2}};$$

donc, posant, pour abréger,

$$ds = \sqrt{dx^2+dy^2+dz^2},$$

on a

$$n = -\frac{ds}{2x\sqrt{x}}, \quad p = \frac{dx}{\sqrt{x}\,ds}, \quad P = \frac{dy}{\sqrt{x}\,ds}, \quad \varpi = \frac{dz}{\sqrt{x}\,ds},$$

et toutes les autres quantités q, r, N, Q,..., égales à zéro.

III.

Premier cas. — Or, si le Problème est de trouver en général, entre toutes les courbes possibles, celle de la plus vite descente, on aura en ce cas les équations

$$n - dp = 0, \quad -dP = 0, \quad -d\varpi = 0,$$

savoir

$$-\frac{ds}{2x\,dx} - d\,\frac{dx}{\sqrt{x}\,ds} = 0, \quad -d\,\frac{dy}{\sqrt{x}\,ds} = 0, \quad -d\,\frac{dz}{\sqrt{x}\,ds} = 0;$$

ces trois équations devant représenter une courbe unique, il faut qu'elles se réduisent à deux seulement : c'est de quoi il est facile de s'assurer par le calcul, car la seconde étant multipliée par $2\,\frac{dy}{\sqrt{x}\,ds}$ et ajoutée à la troisième multipliée par $2\,\frac{dz}{\sqrt{x}\,ds}$, il vient, à cause de $ds^2 = dx^2 + dy^2 + dz^2$,

$$d\left(\frac{1}{x} - \frac{dx^2}{x\,ds^2}\right) = 0,$$

savoir, en différentiant et divisant le tout par $\frac{2\,dx}{\sqrt{x}\,ds}$,

$$-\frac{ds}{2x\sqrt{x}} - d\,\frac{dx}{\sqrt{x}\,ds} = 0,$$

qui est la première équation.

Présentement, si l'on intègre les deux équations

$$d\,\frac{dy}{\sqrt{x}\,ds} = 0, \quad d\,\frac{dz}{\sqrt{x}\,ds} = 0,$$

on a

$$\frac{dy}{\sqrt{x}\,ds} = \frac{1}{\sqrt{a}}, \quad \frac{dz}{\sqrt{x}\,ds} = \frac{1}{\sqrt{b}},$$

d'où l'on tire d'abord

$$\frac{dy}{dz} = \frac{\sqrt{b}}{\sqrt{a}},$$

ce qui fait voir que la courbe cherchée est toute dans un même plan vertical, et que par conséquent elle est à simple courbure. Pour la mieux connaître, rapportons-la à deux coordonnées prises dans son même plan. Que x soit l'une et t l'autre, on aura

$$\sqrt{y^2 + z^2} = t,$$

et puisque $\frac{dy}{dz} = \frac{\sqrt{b}}{\sqrt{a}}$, on aura en intégrant, sans ajouter de constante, parce que je suppose que l'axe des x passe par la courbe même,

$$z = y\frac{\sqrt{a}}{\sqrt{b}};$$

d'où l'on tire

$$z = t\frac{\sqrt{a}}{\sqrt{a+b}}, \quad y = t\frac{\sqrt{b}}{\sqrt{a+b}}, \quad dy = dt\frac{\sqrt{b}}{\sqrt{a+b}}, \quad ds = \sqrt{dx^2 + dt^2},$$

et enfin

$$\frac{dy}{\sqrt{x}\,ds} = \frac{\sqrt{b}}{\sqrt{a+b}\sqrt{x}}\frac{dt}{\sqrt{dx^2+dt^2}} = \frac{1}{\sqrt{a}},$$

ce qui se réduit, en posant $\frac{ab}{a+b} = c$, à

$$dt = \frac{\sqrt{x}\,dx}{\sqrt{c-x}},$$

équation d'une cycloïde décrite sur une base horizontale par un cercle, dont le diamètre est égal à c.

IV.

Maintenant, si le premier et le dernier point de la brachistochrone sont donnés, il est clair que, les coordonnées x, y, z étant invariables pour ces points, leurs différences δx, δy, δz, $d\delta x$, $d\delta y$, ... seront nulles, et par conséquent aussi tous les termes de l'équation (C); la constante c devra donc être déterminée en sorte que la cycloïde passe par les deux points donnés.

Si le premier point est donné, et que la brachistochrone doive être telle qu'un corps partant de ce point arrive dans le moindre temps à un plan horizontal donné, alors 'M sera nul de lui-même, et l'équation (C) donnera M' = o, savoir

$$\frac{dx}{\sqrt{x}\,ds}\delta x + \frac{dy}{\sqrt{x}\,ds}\delta y + \frac{dz}{\sqrt{x}\,ds}\delta z = 0,$$

équation qui devra avoir lieu seulement dans le point où la courbe rencontre le plan; or, ce plan étant donné de position, l'abscisse x qui y répond sera donnée aussi; par conséquent, on aura $\delta x = 0$, et le reste de l'équation devra être vrai, quelles que soient δy et δz. On aura donc

$$\frac{dy}{\sqrt{x}\,ds} = 0, \quad \frac{dz}{\sqrt{x}\,ds} = 0, \quad a = \infty, \quad b = \infty,$$

ce qui transformera la cycloïde en une droite verticale. Mais, si le plan donné au lieu d'être horizontal était vertical et perpendiculaire à l'axe des y ou des z, on aurait alors $\delta y = 0$, et par conséquent

$$\frac{dx}{\sqrt{x}\,ds} = 0, \quad \frac{dz}{\sqrt{x}\,ds} = 0,$$

pour le premier cas, et $\delta z = 0$, et par conséquent

$$\frac{dx}{\sqrt{x}\,ds} = 0, \quad \frac{dy}{\sqrt{x}\,ds} = 0$$

pour le second; par là, on déterminerait les constantes a et b, et l'on trouverait que la cycloïde devrait être telle qu'elle rencontrât le plan donné à angles droits.

En général, si, au lieu d'un plan, on prend une surface quelconque pour terme de la brachistochrone, il est clair que les δx, δy, δz de l'équation (C) devront avoir entre elles un rapport dépendant de la nature de la surface donnée; de sorte que,

$$dz = \mathrm{T}\,dx + \mathrm{U}\,dy$$

étant supposée l'équation différentielle de cette surface, on aura

$$\delta z = \mathrm{T}\,\delta x + \mathrm{U}\,\delta y;$$

donc, substituant cette valeur de δz dans l'équation (C), on aura

$$\left(\frac{dx}{\sqrt{x}\,ds} + \mathrm{T}\frac{dz}{\sqrt{x}\,ds}\right)\delta x + \left(\frac{dy}{\sqrt{x}\,ds} + \mathrm{U}\frac{dz}{\sqrt{x}\,ds}\right)\delta y = 0;$$

d'où l'on tire séparément

$$dx + T\,dz = 0 \quad \text{et} \quad dy + U\,dz = 0,$$

équations qui font connaître que la surface proposée doit toujours être coupée à angles droits par la courbe cherchée.

Si la brachistochrone doit simplement être terminée par deux surfaces données de position, alors pour remplir l'équation (C) il est nécessaire de faire séparément $M = 0$ et $M' = 0$, d'où l'on tire, pour le premier et le dernier point de la courbe, les mêmes conditions qu'on a trouvées dans le cas précédent pour le dernier point seulement; on en conclura donc que la courbe cherchée sera celle, d'entre toutes les cycloïdes possibles, qui rencontrera perpendiculairement les deux surfaces proposées.

V.

Second cas. — Supposons maintenant que la brachistochrone doive être toute couchée sur une surface donnée, dont l'équation soit

$$dz = p\,dx + q\,dy;$$

changeant la caractéristique d en δ, on aura donc

$$\delta z = p\,\delta x + q\,\delta y,$$

équation qui donne le rapport qu'il doit y avoir en général entre les différences δz, δy, δx. Substituant cette valeur de δz dans l'équation (B), et faisant ensuite les deux coefficients de δx et de δy chacun égal à zéro, on aura pour la courbe cherchée

$$-p\,d\frac{dz}{\sqrt{x}\,ds} - \frac{ds}{\sqrt{x}\,2x} - d\frac{dx}{\sqrt{x}\,ds} = 0,$$

$$-q\,d\frac{dz}{\sqrt{x}\,ds} - d\frac{dy}{\sqrt{x}\,ds} = 0.$$

Ces équations reviennent au même, étant combinées avec l'équation à la surface $dz = p\,dx + q\,dy$; car, multipliant la première par $\frac{2\,dx}{\sqrt{x}\,ds}$ et la seconde par $\frac{2dy}{\sqrt{x}\,ds}$, et les joignant ensemble, on trouve, après toutes les réductions,

$$-d\frac{1}{x} - \frac{dx}{x^2} = 0.$$

On prendra donc une de ces équations à volonté, et on la combinera avec l'équation $dz = p\,dx + q\,dx$, pour avoir la brachistochrone cherchée.

VI.

A l'égard de l'équation (C), il est clair que tous les termes de cette équation s'évanouiront lorsqu'on supposera donnés le premier et le dernier point de la courbe; mais si l'un d'eux était arbitraire, alors ayant substitué, au lieu de δz, sa valeur $p\,\delta x + q\,\delta y$, on aurait les équations

$$p\frac{dz}{\sqrt{x}\,ds} + \frac{dx}{\sqrt{x}\,ds} = 0 \quad \text{et} \quad q\frac{dz}{\sqrt{x}\,ds} + \frac{dy}{\sqrt{x}\,ds} = 0,$$

qu'il faudrait vérifier par rapport à ce point. Mais, si l'on avait tracé sur la surface une courbe à laquelle le mobile dût arriver dans le temps le plus court, supposant cette courbe donnée par l'équation

$$dy = m\,dx,$$

on aurait de même

$$\delta y = m\,\delta x;$$

et, cette valeur de δy étant substituée dans l'équation (C), on ferait

$$p\frac{dz}{\sqrt{x}\,ds} + \frac{dx}{\sqrt{x}\,ds} + \left(q\frac{dz}{\sqrt{x}\,ds} + \frac{dy}{\sqrt{x}\,ds}\right)m = 0,$$

ou bien

$$(p + qm)\,dz + dx + m\,dy = 0,$$

équation qui renferme les conditions nécessaires pour que la brachistochrone rencontre à angles droits la courbe proposée.

VII.

Remarque I. — M. Euler est le premier qui ait donné des formules générales pour trouver les courbes dans lesquelles une fonction intégrale donnée est la plus grande ou la plus petite (*voyez* l'ouvrage dont on a fait mention plus haut, page 335); mais les formules de cet Auteur sont moins générales que les nôtres : 1° parce qu'il ne fait varier que la seule changeante y dans l'expression Z; 2° parce qu'il suppose que le premier et le dernier point de la courbe sont fixes. En introduisant ces conditions dans nos formules, elles deviendront entièrement conformes à celles du Problème V du Traité cité; il faudra seulement mettre $\int Z dx$ au lieu de Z, et ensuite $\frac{P}{dx}, \frac{Q}{dx^2}, \ldots$ au lieu de P, Q,..., dx étant constant.

VIII.

Remarque II. — Soit supposé

$$dy = A\,dx,\quad dA = B\,dx, \ldots,\quad dz = \alpha\,dx,\quad d\alpha = \beta\,dx, \ldots,$$

il est clair qu'en substituant ces valeurs dans l'expression Z, elle prendra cette forme Xdx, où X sera une fonction quelconque algébrique des variables finies

$$x,\ y,\ z,\ A,\ B, \ldots,\ \alpha,\ \beta, \ldots;$$

faisons donc

$$\delta X = N'\delta x + n'\delta y + \nu'\delta z + P'\delta A + Q'\delta B + \ldots + \varpi'\delta\alpha + \chi'\delta\beta + \ldots,$$

on aura

$$\delta Z = \delta(X\,dx) = \delta X\,dx + X\,\delta dx = \delta X\,dx + \frac{Z\,\delta dx}{dx} = N'\,dx\,\delta x + \frac{Z}{dx}\delta dx$$
$$+ n'\,dx\,\delta y + \nu'\,dx\,\delta z + P'\,dx\,\delta A + Q'\,dx\,\delta B + \ldots + \varpi'\,dx\,\delta\alpha + \chi'\,dx\,\delta\beta + \ldots.$$

Or,

$$dy = A\,dx,$$
$$d^2y = B\,dx^2 + A\,d^2x,$$
$$\ldots\ldots\ldots\ldots\ldots\ldots,$$

donc

$$\delta dy = \delta A\, dx + A\delta dx,$$
$$\delta d^2y = \delta B\, dx^2 + \delta A\, d^2x + 2B\, dx\,\delta dx + A\delta d^2x,$$
$$\ldots\ldots\ldots\ldots\ldots\ldots\ldots\ldots\ldots\ldots;$$

on trouvera de même

$$\delta dz = \delta\alpha\, dx + \alpha\delta dx,$$
$$\delta d^2z = \delta\beta\, dx^2 + \delta\alpha\, d^2x + 2\beta\, dx\,\delta dx + \alpha\delta d^2x,$$
$$\ldots\ldots\ldots\ldots\ldots\ldots\ldots\ldots\ldots\ldots;$$

substituant ces valeurs dans l'expression de δZ, de l'Article I, et ordonnant les termes, on aura

$$\begin{aligned}\delta Z = n\delta x &+ (p + PA + 2QB\,dx + \ldots + \varpi\alpha + 2\chi\beta\, dx + \ldots)\,\delta dx\\ &+ (q + QA + \ldots + \chi\alpha + \ldots)\,\delta d^2x\\ &+ \ldots\ldots\ldots\ldots\ldots\ldots\\ &+ N\delta y + \nu\delta z + (P\,dx + Q\,d^2x + \ldots)\,\delta A + (Q\,dx^2 + \ldots)\,\delta B + \ldots\\ &+ (\varpi\, dx + \chi\, d^2x + \ldots)\,\delta\alpha + (\chi\, dx^2 + \ldots)\,\delta\beta\\ &+ \ldots\ldots\ldots\ldots\ldots\ldots\ldots\ldots\end{aligned}$$

Cette valeur de δZ doit être identique avec celle qu'on a trouvée précédemment; comparant donc les termes affectés de δdx, δd^2x,..., on aura les équations

$$\frac{Z}{dx} = p + PA + 2QB\, dx + \ldots + \varpi\alpha + 2\chi\beta\, dx + \ldots,$$
$$q + QA + \ldots + \chi\alpha + \ldots = 0.$$

La seconde étant différentiée et ensuite retranchée de la première, on a

$$\frac{Z}{dx} = p - dq + \ldots + PA + QB\,dx - A\,dQ + \ldots + \varpi\alpha + \chi\beta\, dx - \alpha\, d\chi + \ldots = 0.$$

La même équation étant multipliée par d^2x et ensuite ajoutée à celle-ci, multipliée par dx, il vient

$$Z = p\,dx + P\,dy + \varpi\, dz + q\,d^2x - dq\,dx + Q\,d^2y - dQ\,dy + \chi\, d^2z - d\chi\, dz + \ldots.$$

Différentiant et effaçant ce qui se détruit, on aura, à cause de $dZ = n\,dx + N\,dy + \nu\,dz + p\,d^2x + P\,d^2y + \ldots$,

$$(n - dp + d^2q + \ldots)\,dx + (N - dP + d^2Q + \ldots)\,dy + (\nu - d\varpi + d^2\chi + \ldots)\,dz = 0,$$

équation qui est d'elle-même identique, et qui montre par conséquent que les équations trouvées à la fin de l'Article I sont telles, que, si on en prend deux à volonté, la troisième s'ensuit toujours nécessairement.

IX.

Problème II. — *Rendre la formule $\int Z$ un maximum ou un minimum, en supposant que Z est une fonction quelconque algébrique composée des changeantes x, y, z avec leurs différences dx, dy, dz, d^2x, d^2y,..., et de la quantité $\Pi = \int Z'$, Z' étant une autre fonction algébrique quelconque des seules changeantes x, y, z,... et de leurs différences dx, dy, dz, d^2x, d^2y,....*

Solution. — Soit, en différentiant par δ,

$$\begin{aligned}\delta Z = L\delta\Pi + n\delta x + p\delta dx + q\delta d^2x + \ldots + N\delta y + P\delta dy + Q\delta d^2y + \ldots\\ + \nu\delta z + \varpi\delta dz + \chi\delta d^2z + \ldots\end{aligned}$$

et

$$\begin{aligned}\delta Z' = n'\delta x + p'\delta dx + q'\delta d^2x + \ldots + N'\delta y + P'\delta dy + Q'\delta d^2y + \ldots\\ + \nu'\delta z + \varpi'\delta dz + \chi'\delta d^2z + \ldots,\end{aligned}$$

on aura, par hypothèse,

$$\delta\Pi = \delta\int Z' = \int \delta Z' = \int(n'\delta x + p'\delta dx + q'\delta d^2x + \ldots);$$

donc

$$\begin{aligned}\delta\int Z = \int\delta Z = \int(n\delta x + p\delta dx + q\delta d^2x + \ldots)\\ + \int L\int(n'\delta x + p'\delta dx + q'\delta d^2x + \ldots).\end{aligned}$$

La première partie se réduira, comme dans le Problème I, à

$$\int(n - dp + d^2q - \ldots)\delta x + (p - dq + \ldots)\delta x + (q - \ldots)d\delta x + \ldots.$$

A l'égard de la seconde, on la transformera d'abord en

$$\int \mathrm{L} \times \int (n'\delta x + p'\delta dx + q'\delta d^2 x + \ldots)$$
$$- \int \left[\int \mathrm{L} \times (n'\delta x + p'\delta dx + q'\delta d^2 x + \ldots) \right].$$

Or, soit la valeur totale de l'intégrale $\int \mathrm{L}$ représentée par H, prenant cette quantité H pour constante, la transformée précédente se réduira à celle-ci

$$\int \left[\left(\mathrm{H} - \int \mathrm{L}\right) (n'\delta x + p'\delta dx + q'\delta d^2 x + \ldots) \right],$$

laquelle se transformera aisément, par des intégrations par parties, en

$$\int \left[n'\left(\mathrm{H} - \int \mathrm{L}\right) - dp'\left(\mathrm{H} - \int \mathrm{L}\right) + d^2 q'\left(\mathrm{H} - \int \mathrm{L}\right) - \ldots \right] \delta x$$
$$+ \left[p'\left(\mathrm{H} - \int \mathrm{L}\right) - dq'\left(\mathrm{H} - \int \mathrm{L}\right) + \ldots \right] \delta x$$
$$+ \left[q'\left(\mathrm{H} - \int \mathrm{L}\right) - \ldots \right] d\delta x + \ldots.$$

Posant donc, pour abréger,

$$n + n'\left(\mathrm{H} - \int \mathrm{L}\right) = (n),$$
$$p + p'\left(\mathrm{H} - \int \mathrm{L}\right) = (p),$$
$$q + q'\left(\mathrm{H} - \int \mathrm{L}\right) = (q),$$
$$\ldots\ldots\ldots\ldots\ldots\ldots\ldots,$$

et de même

$$\mathrm{N} + \mathrm{N}'\left(\mathrm{H} - \int \mathrm{L}\right) = (\mathrm{N}),$$
$$\mathrm{P} + \mathrm{P}'\left(\mathrm{H} - \int \mathrm{L}\right) = (\mathrm{P}),$$
$$\mathrm{Q} + \mathrm{Q}'\left(\mathrm{H} - \int \mathrm{L}\right) = (\mathrm{Q}),$$
$$\ldots\ldots\ldots\ldots\ldots\ldots\ldots,$$

comme aussi

$$\nu + \nu'\left(\mathrm{H} - \int \mathrm{L}\right) = (\nu),$$

$$\varpi + \varpi'\left(\mathrm{H} - \int \mathrm{L}\right) = (\varpi),$$

$$\chi + \chi'\left(\mathrm{H} - \int \mathrm{L}\right) = (\chi),$$

$$\ldots\ldots\ldots\ldots\ldots\ldots,$$

on aura, en général,

$$(\mathrm{D})\quad\left\{\begin{aligned}\delta\int \mathrm{Z} = {} & \int [(n) - d(p) + d^2(q) - \ldots]\,\delta x\\ & + \int [(\mathrm{N}) - d(\mathrm{P}) + d^2(\mathrm{Q}) - \ldots]\,\delta y\\ & + \int [(\nu) - d(\varpi) + d^2(\chi) - \ldots]\,\delta z\\ & + [(p) - d(q) + \ldots]\,\delta x + [(q) - \ldots]\,\delta dx + \ldots\\ & + [(\mathrm{P}) - d(\mathrm{Q}) + \ldots]\,\delta y + [(\mathrm{Q}) - \ldots]\,\delta dy + \ldots\\ & + [(\varpi) - d(\chi) + \ldots]\,\delta z + [(\chi) - \ldots]\,\delta dz + \ldots = 0,\end{aligned}\right.$$

équation réduite à la forme de l'équation (A) du Problème précédent; donc, etc.

X.

Corollaire. — Ce serait la même méthode qu'il faudrait suivre si la quantité Z' renfermait une autre fonction intégrale indéfinie $\Pi' = \int \mathrm{Z}''$, en sorte que

$$\delta \mathrm{Z}' = \mathrm{L}'\delta\Pi' + n'\delta x + p'\delta dx + \ldots,$$

$$\begin{aligned}\delta \mathrm{Z}'' = {} & n''\delta x + p''\delta dx + q''\delta d^2x + \ldots + \mathrm{N}''\delta y + \mathrm{P}''\delta dy + \mathrm{Q}''\delta d^2y + \ldots\\ & + \nu''\delta z + \varpi''\delta dz + \chi''\delta d^2z + \ldots.\end{aligned}$$

Alors l'expression de $\delta\int \mathrm{Z}$ serait augmentée de la formule

$$\int \mathrm{L}\int \mathrm{L}'\int (n''\delta x + p''\delta dx + q''\delta d^2x + \ldots);$$

or cette formule se réduit d'abord à

$$\int\left[\left(\mathrm{H}-\int \mathrm{L}\right)\mathrm{L}'\int(n''\delta x+p''\delta dx+q''\delta d^2x+\ldots)\right],$$

et ensuite à

$$\int\left\{\left[\mathrm{H}'-\int\left(\mathrm{H}-\int \mathrm{L}\right)\mathrm{L}'\right](n''\delta x+p''\delta dx+q''\delta d^2x+\ldots)\right\},$$

en posant H′ pour la valeur totale de l'intégrale

$$\int\left(\mathrm{H}-\int \mathrm{L}\right)\mathrm{L}'.$$

Par conséquent, il n'y aura qu'à augmenter, dans la formule (D), la valeur de (n) de la quantité

$$n''\left[\mathrm{H}'-\int\left(\mathrm{H}-\int \mathrm{L}\right)\mathrm{L}\right],$$

celle de (p) de la quantité

$$p''\left[\mathrm{H}'-\int\left(\mathrm{H}-\int \mathrm{L}\right)\mathrm{L}\right],$$

et ainsi des autres.

Il est aisé de voir maintenant le procédé qu'il faudrait suivre si la formule Z″ contenait encore une autre formule intégrale $\int \mathrm{Z}'''$, et ainsi de suite.

XI.

Problème III. — *Trouver l'équation du maximum ou du minimum de la formule* $\int \mathrm{Z}$, *lorsque* Z *est donné simplement par une équation différentielle qui ne renferme d'autres différences de* Z *que la première.*

Solution. — Quelle que soit l'équation proposée, pourvu qu'elle soit délivrée de tout signe d'intégration, il est clair qu'en la différentiant par δ on pourra toujours la mettre sous la forme suivante :

$$\delta d\mathrm{Z}+\mathrm{T}\delta\mathrm{Z}=n\delta x+p\delta dx+\ldots+\mathrm{N}\delta y+\mathrm{P}\delta dy+\ldots+\nu\delta z+\varpi\delta dz+\ldots;$$

d'où l'on tirera, à cause de $\delta dZ = d\delta Z$, la valeur de δZ exprimée par

$$e^{-\int T} \int e^{\int T} (n\delta x + p\delta dx + \ldots),$$

et de là

$$\delta \int Z = \int e^{-\int T} \int e^{\int T} (n\delta x + p\delta dx + \ldots).$$

En suivant les principes établis dans le Problème précédent, on supposera que G soit la valeur totale de $\int e^{-\int T}$, et faisant ensuite

$$n e^{\int T} \left(G - \int e^{-\int T} \right) = (n),$$

$$p e^{\int T} \left(G - \int e^{-\int T} \right) = (p),$$

$$q e^{\int T} \left(G - \int e^{-\int T} \right) = (q),$$

$$\ldots\ldots\ldots\ldots\ldots\ldots\ldots\ldots,$$

on trouvera pour l'expression de $\delta \int Z$ une formule tout à fait semblable à la formule (D) ci-dessus.

XII.

Scolie. — Les formules qui font l'objet des deux Problèmes précédents sont analogues à celles que M. Euler a traitées dans le Chapitre III de son ouvrage sur cette matière.

Le lecteur qui sera curieux de comparer nos solutions avec celles que ce savant Auteur a trouvées par une méthode différente verra qu'elles s'accordent dans les résultats, en ayant égard à ce qu'on a dit dans l'Article VII ci-dessus. Au reste, M. Euler n'est pas allé plus loin et n'a point examiné les cas où la formule Z dépendrait d'une équation différentielle d'un ordre plus élevé. Le Corollaire suivant ne laissera plus rien à désirer sur ce sujet.

XIII.

Corollaire. — Supposons que dans l'équation différentielle proposée il se trouve des différences de Z du second ordre, de sorte qu'en différentiant par δ il vienne

$$\delta d^2 Z + T\delta dZ + U\delta Z = n\delta x + p\delta dx + \ldots.$$

Je commence par mettre la caractéristique d avant la caractéristique δ; ensuite, je multiplie toute l'équation par une variable indéterminée α, et j'en prends la somme, en affectant les deux membres du signe $\int$; après, je transforme le premier membre

$$\int (\alpha d^2 \delta Z + \alpha T d\delta Z + \alpha U \delta Z)$$

en

$$\alpha d\delta Z + (\alpha T - d\alpha)\delta Z + \int [\alpha U - d(\alpha T - d\alpha)]\delta Z,$$

et supposant α tel que

$$\alpha U - d(\alpha T - d\alpha) = 0,$$

j'ai l'équation

$$d\delta Z + \frac{\alpha T - d\alpha}{\alpha}\delta Z = \frac{1}{\alpha}\int (n\delta x + p\delta dx + \ldots)\alpha;$$

d'où l'on tire aisément

$$\delta Z = e^{-\int T'} \int \frac{e^{\int T'}}{\alpha} \int (n\delta x + p\delta dx + \ldots)\alpha,$$

T' étant mis pour $\frac{\alpha T - d\alpha}{\alpha}$; et enfin

$$\delta \int Z = \int e^{-\int T'} \int \frac{e^{\int T'}}{\alpha} \int (n\delta x + p\delta dx + \ldots)\alpha,$$

formule qui est dans le cas de celle qu'on a traitée dans l'Article X.

Par des procédés semblables, on trouvera l'expression de $\delta \int Z$ lorsque

δZ sera donnée par une équation différentielle du troisième ordre et au delà, et cette expression sera toujours susceptible de la méthode expliquée dans le Problème II.

XIV.

Remarque. — L'équation de condition

$$\alpha U - d(\alpha T - d\alpha) = 0$$

est du second ordre, et ne peut être intégrée que dans certains cas particuliers; mais notre solution n'en est pas moins générale, car, pour délivrer l'équation du maximum ou du minimum de l'inconnue α, il ne faudra que la combiner avec la précédente par le moyen de plusieurs différentiations réitérées; il n'y aura de difficulté que la longueur du calcul.

XV.

Scolie. — Il est clair que la méthode du Corollaire précédent suffit pour déterminer les maxima et les minima de toutes les formules intégrales imaginables; car dénotant par Π la formule proposée, il sera toujours possible d'exprimer Π par une équation différentielle qui ne renferme aucun signe d'intégration; ainsi l'on aura, en différentiant par δ, une nouvelle équation qui contiendra $\delta\Pi$ avec ses différences $d\delta\Pi, \ldots$, et l'on en tirera l'expression intégrale de $\delta\Pi$, et par conséquent l'équation du maximum ou minimum par les règles enseignées.

Appendice I.

Par la méthode qui vient d'être expliquée on peut aussi chercher les maxima et les minima des surfaces courbes, d'une manière plus générale qu'on ne l'a fait jusqu'ici.

Pour ne donner là-dessus qu'un exemple très-simple, supposons qu'il faille trouver la surface qui est la moindre de toutes celles qui ont un même périmètre donné.

Ayant pris trois coordonnées rectangles x, y, z, et la surface étant supposée représentée par l'équation

$$dz = p\,dx + q\,dy,$$

on trouvera, pour l'élément de la quadrature, $dx\,dy\sqrt{1+p^2+q^2}$; par conséquent, la surface entière sera égale à

$$\iint dx\,dy\sqrt{1+p^2+q^2},$$

où les deux signes $\iint$ marquent deux intégrations successives, l'une par rapport à x et l'autre par rapport à y, ou réciproquement. On aura donc, suivant notre méthode,

$$\delta\iint dx\,dy\sqrt{1+p^2+q^2} = 0,$$

ce qui se réduit d'abord à

$$\iint \delta\left(dx\,dy\sqrt{1+p^2+q^2}\right) = \iint dx\,dy\,\frac{p\,\delta p + q\,\delta q}{\sqrt{1+p^2+q^2}} = 0,$$

en différentiant et en supposant dx, dy constantes. Or,

$$p = \left(\frac{dz}{dx}\right), \quad q = \left(\frac{dz}{dy}\right);$$

donc

$$\delta p = \left(\frac{\delta dz}{dx}\right) = \left(\frac{d\delta z}{dx}\right), \quad \delta q = \left(\frac{\delta dz}{dy}\right) = \left(\frac{d\delta z}{dy}\right);$$

donc

$$\iint dx\,dy\,\frac{p}{\sqrt{1+p^2+q^2}}\left(\frac{d\delta z}{dx}\right) + \iint dx\,dy\,\frac{q}{\sqrt{1+p^2+q^2}}\left(\frac{d\delta z}{dy}\right) = 0.$$

Maintenant, comme dans l'expression $\left(\frac{d\delta z}{dx}\right)$ $d\delta z$ exprime la différence de δz, x seul étant variable, il est clair que pour faire disparaître cette différence, il ne faudra considérer dans la formule

$$\iint dx\,dy\,\frac{p}{\sqrt{1+p^2+q^2}}\left(\frac{d\delta z}{dx}\right)$$

que l'intégration relative à x; soit donc prise l'intégrale

$$\int dx \frac{p}{\sqrt{1+p^2+q^2}} \left(\frac{d\delta z}{dx}\right)$$

où x seul varie, il est facile de la transformer par des intégrations par parties en

$$\frac{p}{\sqrt{1+p^2+q^2}} \delta z - \int d \frac{p}{\sqrt{1+p^2+q^2}} \delta z,$$

ce qui se réduit, en supposant les premiers et les derniers z donnés, à

$$-\int d \frac{p}{\sqrt{1+p^2+q^2}} \delta z,$$

la différentielle de $\frac{p}{\sqrt{1+p^2+q^2}}$ étant prise en variant seulement x. Soit, pour abréger,

$$\frac{p}{\sqrt{1+p^2+q^2}} = \mathrm{P};$$

on aura, en multipliant par dy et intégrant de nouveau,

$$\int dy \int dx \frac{p}{\sqrt{1+p^2+q^2}} \left(\frac{d\delta z}{dx}\right),$$

ou, ce qui est la même chose,

$$\begin{aligned}\iint dx\,dy \frac{p}{\sqrt{1+p^2+q^2}} \left(\frac{d\delta z}{dx}\right)\\ = -\int dy \int dx \left(\frac{d\mathrm{P}}{dx}\right) \delta z = -\iint dx\,dy \left(\frac{d\mathrm{P}}{dx}\right) \delta z.\end{aligned}$$

On trouvera de même, en n'ayant égard qu'à la variabilité de y et posant Q pour $\frac{q}{\sqrt{1+p^2+q^2}}$,

$$\int dy \frac{q}{\sqrt{1+p^2+q^2}} \left(\frac{d\delta z}{dy}\right) = \mathrm{Q}\delta z - \int dy \left(\frac{d\mathrm{Q}}{dy}\right) \delta z = -\int dy \left(\frac{d\mathrm{Q}}{dy}\right) \delta z,$$

et

$$\iint dx\,dy \frac{q}{\sqrt{1+p^2+q^2}} \left(\frac{d\delta z}{dy}\right) = -\iint dx\,dy \left(\frac{d\mathrm{Q}}{dy}\right) \delta z.$$

Substituant ces valeurs dans l'équation ci-dessus, elle deviendra

$$-\int\!\!\int dx\,dy\left[\left(\frac{dP}{dx}\right)+\left(\frac{dQ}{dy}\right)\right]\delta z=0,$$

laquelle devra être vraie indépendamment de δz; on aura donc en général, pour tous les points de la surface cherchée,

$$\left(\frac{dP}{dx}\right)+\left(\frac{dQ}{dy}\right)=0;$$

ce qui montre que cette quantité

$$P\,dy-Q\,dx,\quad \text{savoir}\quad \frac{p\,dy-q\,dx}{\sqrt{1+p^2+q^2}},$$

doit être une différentielle complète. Le problème se réduit donc à chercher p et q par ces conditions que

$$p\,dx+q\,dy\quad \text{et}\quad \frac{p\,dy-p\,dx}{\sqrt{1+p^2+q^2}}$$

soient l'une et l'autre des différentielles exactes.

Il est d'abord clair qu'on satisfera à ces conditions en faisant p et q constantes, ce qui donnera un plan quelconque pour la surface cherchée; mais ce ne sera là qu'un cas très-particulier, car la solution générale doit être telle, que le périmètre de la surface puisse être déterminé à volonté.

Si la surface cherchée ne devait être un minimum qu'entre toutes celles qui forment des solides égaux, alors, $z\,dx\,dy$ étant l'élément du solide, il faudrait que la formule $\int\!\!\int z\,dx\,dy$ demeurât la même pendant que l'autre, la formule $\int\!\!\int dx\,dy\sqrt{1+p^2+q^2}$, varie; on aurait donc à la fois les deux équations

$$\delta\left(\int\!\!\int z\,dx\,dy\right)=0\quad \text{et}\quad \delta\left(\int\!\!\int dx\,dy\sqrt{1+p^2+q^2}\right)=0,$$

savoir

$$\int\!\!\int dx\,dy\,\delta z=0\quad \text{et}\quad \int\!\!\int dx\,dy\left[\left(\frac{dP}{dx}\right)+\left(\frac{dQ}{dy}\right)\right]\delta z=0.$$

Qu'on multiplie la première par un coefficient quelconque k, et qu'on l'ajoute à la seconde, on aura

$$\iint dx\,dy\left[k + \left(\frac{dP}{dx}\right) + \left(\frac{dQ}{dy}\right)\right]\delta z = 0,$$

d'où l'on tire l'équation générale

$$k + \left(\frac{dP}{dx}\right) + \left(\frac{dQ}{dy}\right) = 0,$$

qui aura lieu toutes les fois que

$$(P + kx)\,dy - Q\,dx$$

sera une différentielle complète. Donc la question sera réduite à chercher p et q par cette condition que, $p\,dx + q\,dy$ étant une différentielle exacte,

$$\frac{p\,dy - q\,dx}{\sqrt{1 + p^2 + q^2}} + kx\,dy$$

en soit une aussi.

L'équation de la sphère est en général

$$(z - a)^2 + (y - b)^2 + (x - c)^2 = r^2,$$

ce qui donne

$$dz = \frac{(y - b)\,dy + (x - c)\,dx}{\sqrt{r^2 - (y - b)^2 - (x - c)^2}};$$

donc

$$p = \frac{x - c}{\sqrt{r^2 - (y - b)^2 - (x - c)^2}}, \quad q = \frac{y - b}{\sqrt{r^2 - (y - b)^2 - (x - c)^2}},$$

donc

$$\frac{p\,dy - q\,dx}{\sqrt{1 + p^2 + q^2}} + kx\,dy = \left(\frac{1}{r} + k\right)x\,dy - \frac{1}{r}y\,dx + \frac{b\,dx - c\,dy}{r},$$

qui est une différentielle complète si

$$\frac{1}{r} + k = -\frac{1}{r}.$$

Appendice II.

Soit proposé de trouver celui d'entre tous les polygones qui ont un nombre donné de côtés donnés, dont l'aire est la plus grande.

La méthode de ce Mémoire est aussi applicable à ces sortes de questions, car soient y une ordonnée quelconque du polygone, et x l'abscisse correspondante, on aura pour l'élément fini de l'aire

$$\left(y + \frac{1}{2} dy\right) dx,$$

comme il est aisé de s'en assurer par l'inspection d'une figure fort simple; par conséquent l'aire entière sera

$$\int \left(y + \frac{1}{2} dy\right) dx.$$

Donc, suivant notre méthode,

$$\delta\left[\int \left(y + \frac{1}{2} dy\right) dx\right] = \int \left[(\delta y)\, dx + \frac{1}{2}(\delta dy)\, dx + \left(y + \frac{1}{2} dy\right) \delta dx\right] = 0.$$

Or, chaque côté du polygone est en général $\sqrt{dx^2 + dy^2}$; donc on aura

$$\delta \sqrt{dx^2 + dy^2} = \frac{dx\,\delta dx + dy\,\delta dy}{\sqrt{dx^2 + dy^2}} = 0,$$

c'est-à-dire

$$dx\,\delta dx + dy\,\delta dy = 0$$

et

$$\delta dx = -\frac{dy\,\delta dy}{dx};$$

substituant cette valeur de δdx dans l'équation précédente, elle deviendra celle-ci :

$$\int \left[dx\,\delta y + \left(\frac{1}{2} dx - \frac{y\,dy}{dx} - \frac{1}{2}\frac{dy^2}{dx}\right) \delta dy\right] = 0.$$

Qu'on mette au lieu de δdy son égale $d\delta y$, et qu'on fasse, pour abréger,

$$\frac{1}{2} dx - \frac{y\,dy}{dx} - \frac{1}{2}\frac{dy^2}{dx} = z,$$

on aura la formule $z\,d\delta y$ qu'il faudra intégrer par parties, afin de faire disparaître la différence de δy. Pour cela, je remarque que dans le cas des différences finies on a

$$d(z\delta y) = dz\,\delta y + z\,d\delta y + dz\,d\delta y = z\,d\delta y + dz(\delta y + d\delta y),$$

et, en dénotant par $\delta y'$ le terme qui suit δy,

$$d(z\,\delta y) = z\,d\delta y + dz\,\delta y';$$

donc

$$z\,\delta y = \int z\,d\delta y + \int dz\,\delta y',$$

donc

$$\int z\,d\delta y = z\,\delta y - \int dz\,\delta y',$$

ou, ce qui est la même chose,

$$\int z\,d\,\delta y = z\,\delta y - \int d\,'z\,\delta y,$$

$d\,'z$ étant le terme qui précède dz et qui par conséquent est multiplié par δy; substituant ces valeurs dans l'équation ci-dessus, elle deviendra

$$z\,\delta y + \int (dx - d\,'z)\,\delta y = 0.$$

Supposons que le polygone coupe l'axe en deux points, en sorte que le premier et le dernier y soient nuls, aussi bien que leurs différences δy; le terme $z\,\delta y$ qui est hors du signe $\int$ disparaîtra, et l'on aura simplement

$$\int (dx - d\,'z)\,\delta y = 0,$$

ce qui donnera en général

$$dx - d\,'z = 0,$$

c'est-à-dire, en intégrant,

$$a = x - {}'z = x' - z = x + dx - z = x + dx - \frac{1}{2}dx + \frac{y\,dy}{dx} + \frac{1}{2}\frac{dy^2}{dx};$$

multipliant par dx et réduisant, on aura

$$a\,dx = \left(x + \frac{1}{2}dx\right)dx + \left(y + \frac{1}{2}dy\right)dy = \frac{1}{2}d(x^2) + \frac{1}{2}d(y^2);$$

et intégrant de nouveau,

$$2ax + r^2 = x^2 + y^2,$$

équation d'un cercle dont le centre est dans l'axe des x; donc on voit que le polygone cherché doit être tel, qu'il puisse être inscrit dans la demi-circonférence d'un cercle.

Si la base du polygone était donnée, alors il faudrait que le dernier δx fût égal à zéro; or,

$$\delta x = -\int \frac{dy\,d\delta y}{dx},$$

il faudrait donc que la valeur totale de $\int \frac{dy\,d\delta y}{dx}$ fût égale à zéro en même temps que celle de

$$\int \left[dx\,\delta y + \left(\frac{1}{2}dx - \frac{y\,dy}{dx} - \frac{1}{2}\frac{dy^2}{dx}\right)d\delta y\right]$$

est aussi égale à zéro. Pour cela, soit la première formule multipliée par un coefficient indéterminé k, et ensuite ajoutée à la seconde, on aura

$$\int \left[dx\,\delta y + \left(k\frac{dy}{dx} + \frac{1}{2}dx - \frac{y\,dy}{dx} - \frac{1}{2}\frac{dy^2}{dx}\right)d\delta y\right] = 0;$$

donc, faisant

$$k\frac{dy}{dx} + \frac{1}{2}dx - \frac{y\,dy}{dx} - \frac{1}{2}\frac{dy^2}{dx} = z,$$

on parviendra comme ci-dessus à l'équation

$$a = x + dx - z,$$

qui se réduit, en multipliant par dx, à l'équation

$$a\,dx = k\,dy + \frac{1}{2}d(x^2) + \frac{1}{2}d(y^2),$$

dont l'intégrale est

$$ax + b^2 = ky + \frac{1}{2}y^2 + \frac{1}{2}x^2,$$

équation d'un cercle en général; d'où résulte ce théorème, que *le plus grand polygone qu'on puisse former avec des côtés donnés est celui qui peut être inscrit dans un cercle*.

M. Cramer a démontré ce théorème synthétiquement dans un Mémoire imprimé parmi ceux de l'Académie de Berlin, année 1752.

Si l'on veut que les côtés du polygone ne soient pas donnés chacun en particulier, mais seulement leur somme, c'est-à-dire le périmètre du polygone, on fera simplement égale à zéro la différence de l'intégrale $\int \sqrt{dx^2 + dy^2}$, ce qui donnera l'équation

$$\delta \int \sqrt{dx^2 + dy^2} = \int \frac{dx\,\delta dx + dy\,\delta dy}{\sqrt{dx^2 + dy^2}} = 0,$$

laquelle devra avoir lieu en même temps que l'équation du maximum

$$\int \left[dx\,\delta y + \frac{1}{2} dx\,\delta dy + \left(y + \frac{1}{2} dy\right) \delta dx\right] = 0.$$

Multipliant donc une de ces équations par un coefficient indéterminé k, et les ajoutant ensemble, on aura en général

$$\int \left[dx\,\delta y + \left(\frac{1}{2} dx + \frac{k\,dy}{\sqrt{dx^2 + dy^2}}\right) \delta dy + \left(y + \frac{1}{2} dy + \frac{k\,dx}{\sqrt{dx^2 + dy^2}}\right) \delta dx\right] = 0.$$

Soit supposé

$$\frac{1}{2} dx + \frac{k\,dy}{\sqrt{dx^2 + dy^2}} = z \quad \text{et} \quad y + \frac{1}{2} dy + \frac{k\,dx}{\sqrt{dx^2 + dy^2}} = u,$$

on aura

$$\int (dx\,\delta y + z\,\delta dy + u\,\delta dx) = 0,$$

équation qui se transforme par la même méthode que ci-dessus en

$$z\delta y + u\delta x - \int [(dx - d'z)\delta y - d'u\,\delta x)] = 0,$$

d'où l'on tire

$$dx - d'z = 0 \quad \text{et} \quad d'u = 0;$$

on aura donc, en intégrant,

$$x - {}'z = a, \quad \text{savoir} \quad x + dx - z = a,$$

et

$${}'u = b, \quad \text{savoir} \quad u = b,$$

c'est-à-dire, en substituant pour z et u leurs valeurs,

$$x + \frac{1}{2} dx - \frac{k\,dy}{\sqrt{dx^2 + dy^2}} = a, \quad y + \frac{1}{2} dy + \frac{k\,dx}{\sqrt{dx^2 + dy^2}} = b.$$

Qu'on multiplie la première par dx et la seconde par dy, et qu'ensuite on les ajoute ensemble, il viendra

$$\left(x+\frac{1}{2}dx\right)dx+\left(y+\frac{1}{2}dy\right)dy=a\,dx+b\,dy;$$

et, en intégrant,

$$\frac{1}{2}x^2+\frac{1}{2}y^2=ax+by+r^2,$$

équation d'un cercle en général. Qu'on reprenne les mêmes équations et qu'on les carre, après avoir transposé les termes $x+\frac{1}{2}dx$ et $y+\frac{1}{2}dy$, on aura

$$\frac{k^2dy^2}{dx^2+dy^2}=\left(a-x-\frac{1}{2}dx\right)^2,\quad \frac{k^2dx^2}{dx^2+dy^2}=\left(b-y-\frac{1}{2}dy\right)^2;$$

ces équations étant ajoutées ensemble donnent

$$\begin{aligned}k^2&=\left(a-x-\frac{1}{2}dx\right)^2+\left(b-y+\frac{1}{2}dy\right)^2\\&=a^2+b^2-2ax-2by+x^2+y^2-(a-x)dx-(b-y)dy+\frac{1}{4}dx^2+\frac{1}{4}dy^2\\&=a^2+b^2+r^2-\frac{1}{4}dx^2-\frac{1}{4}dy^2,\end{aligned}$$

à cause de

$$x^2+y^2-2ax-2by=r^2 \quad\text{et}\quad (a-x)dx+(b-y)dy=\frac{1}{2}dx^2+\frac{1}{2}dy^2;$$

donc

$$\sqrt{dx^2+dy^2}=2\sqrt{a^2+b^2+r^2-k^2},$$

ce qui montre que tous les côtés du polygone doivent être égaux entre eux, et que par conséquent le polygone doit être régulier.

A l'égard des termes $z\delta y$, $u\delta x$ il est clair que ces termes disparaîtront d'eux-mêmes, si l'on suppose les premiers et derniers x et y donnés; mais si, la base du polygone étant donnée et étant égale à c, l'ordonnée y qui y répond ne l'était pas, il faudrait faire $u=0$ et $z=0$, lorsque $x=c$; on aurait donc $b=0$, $c=a$, et la base c deviendrait le diamètre du cercle circonscrit au polygone.

APPLICATION DE LA MÉTHODE

EXPOSÉE DANS LE MÉMOIRE PRÉCÉDENT

A LA SOLUTION DE

DIFFÉRENTS PROBLÈMES DE DYNAMIQUE.

APPLICATION DE LA MÉTHODE
EXPOSÉE DANS LE MÉMOIRE PRÉCÉDENT
A LA SOLUTION DE
DIFFÉRENTS PROBLÈMES DE DYNAMIQUE.

(*Miscellanea Taurinensia*, t. II, 1760-1761.)

M. Euler, dans une Addition à son excellent ouvrage qui a pour titre : *Methodus inveniendi lineas curvas maximi minimive proprietate gaudentes : sive solutio Problematis isoperimetrici latissimo sensu accepti*, a démontré ce principe que, dans les trajectoires que des corps décrivent par des forces centrales, l'intégrale de la vitesse, multipliée par l'élément de la courbe, fait toujours un maximum ou un minimum.

Je me propose ici de généraliser ce même principe, et d'en faire voir l'usage pour résoudre avec facilité toutes les questions de Dynamique.

PRINCIPE GÉNÉRAL. — *Soient tant de corps qu'on voudra* M, M', M'',..., *qui agissent les uns sur les autres d'une manière quelconque, et qui soient de plus, si l'on veut, animés par des forces centrales proportionnelles à des fonctions quelconques des distances ; que* $s, s', s'', \ldots,$ *dénotent les espaces parcourus par ces corps dans le temps* t, *et que* $u, u', u'', \ldots,$ *soient leurs vitesses à la fin de ce temps ; la formule*

$$M\int u\,ds + M'\int u'\,ds' + M''\int u''\,ds'' + \ldots$$

sera toujours un maximum ou un minimum.

I.

Problème I. — *Trouver le mouvement d'un corps* M *attiré vers tant de centres fixes qu'on voudra par des forces* P, Q, R,..., *exprimées par des fonctions quelconques des distances.*

Solution. — Comme il n'y a ici qu'un seul corps M, la formule qui doit être un maximum ou un minimum sera simplement $M\int u\,ds$; on aura donc, suivant la méthode expliquée dans le Mémoire précédent, l'équation

$$\delta\left(M\int u\,ds\right)=0,$$

ou, en divisant par M qui est constante,

$$\delta\left(\int u\,ds\right)=0.$$

Or,

$$\delta(u\,ds)=u\,\delta\,ds+\delta u\,ds;$$

donc, changeant l'expression $\delta\left(\int u\,ds\right)$ en son équivalente $\int\delta(u\,ds)$, comme on l'a enseigné (Article I, Mémoire précédent), on aura l'équation

$$\int(u\,\delta\,ds+\delta u\,ds)=0.$$

Soient $p, q, r,\ldots$ les distances du corps M aux centres des forces P, Q, R,..., on aura, comme tous les Géomètres le savent,

$$\frac{u^2}{2}=\text{const}-\int(P\,dp+Q\,dq+R\,dr+\ldots);$$

donc

$$\begin{aligned}u\,\delta u&=-\delta\int(P\,dp+Q\,dq+R\,dr+\ldots)\\&=-\int(\delta P\,dp+P\,\delta dp+\delta Q\,dq+Q\,\delta dq+\delta R\,dr+R\,\delta dr+\ldots)\end{aligned}$$

ou en changeant δdp, δdq, δdr,... en $d\delta p$, $d\delta q$, $d\delta r$,..., et intégrant par parties les termes $Pd\delta p$, $Qd\delta q$, $Rd\delta r$,...,

$$u\delta u = -P\delta p - Q\delta q - R\delta r - \ldots + \int(\delta P\, dp - dP\,\delta p + \delta Q\, dq - dQ\,\delta q + \delta R\, dr - dR\,\delta r + \ldots).$$

Or, par hypothèse,

$$P = \text{fonct. } p,\quad Q = \text{fonct. } q,\quad R = \text{fonct. } r, \ldots;$$

on trouvera donc, en différentiant,

$$\frac{\delta P}{\delta p} = \frac{dP}{dp},\quad \frac{\delta Q}{\delta q} = \frac{dQ}{dq},\quad \frac{\delta R}{\delta r} = \frac{dR}{dr}, \ldots,$$

et par conséquent

$$\delta P\, dp - dP\,\delta p = 0,\quad \delta Q\, dq - dQ\,\delta q = 0,\quad \delta R\, dr - dR\,\delta r = 0, \ldots;$$

donc

$$u\delta u = -P\delta p - Q\delta q - R\delta r - \ldots \quad \text{et} \quad \delta u\, ds = -P\, dt\,\delta p - Q\, dt\,\delta q - R\, dt\,\delta r - \ldots,$$

en mettant au lieu de $\frac{ds}{u}$ son égale dt; donc l'équation ci-dessus se changera en celle-ci

$$\text{(A)} \qquad \int(u\delta\, ds - P\, dt\,\delta p - Q\, dt\,\delta q - R\, dt\,\delta r - \ldots) = 0.$$

Il faut maintenant chercher le rapport que les différences δp, δq, δr,..., δds ont entre elles, ce qui se fera différemment selon les différentes sortes de coordonnées qu'on emploiera pour représenter la trajectoire. Et, premièrement, soient prises trois coordonnées rectangles x, y, z: on aura

$$ds = \sqrt{dx^2 + dy^2 + dz^2};$$

par conséquent,

$$\delta ds = \frac{dx\,\delta dx + dy\,\delta dy + dz\,\delta dz}{ds} = \frac{dx\, d\delta x + dy\, d\delta y + dz\, d\delta z}{ds},$$

en changeant δdx,... en $d\delta x$,...; donc

$$\int u\delta\, ds = \int\left(\frac{u\,dx}{ds} d\delta x + \frac{u\,dy}{ds} d\delta y + \frac{u\,dz}{ds} d\delta z\right).$$

Qu'on fasse disparaître dans cette expression les différentielles de δx, δy, δz par la méthode des intégrations par parties, pratiquée dans le Mémoire précédent, on aura la transformée suivante :

$$\int u\delta\, ds = -\int\left(d\frac{u\,dx}{ds}\delta x + d\frac{u\,dy}{ds}\,dy + d\frac{u\,dz}{ds}\delta z\right)$$
$$+\frac{u\,dx}{ds}\delta x + \frac{u\,dy}{ds}\delta y + \frac{u\,dz}{ds}\delta z.$$

Il ne s'agit plus que d'exprimer les différences δp, δq, δr,... par les δx, δy, δz. Pour cela, on cherchera les valeurs analytiques des lignes p, q, r,..., rapportées aux coordonnées x, y, z, et on prendra leurs différentielles en mettant δ pour d. Soit supposé, en général,

$$dp = \mathrm{L}\,dx + l\,dy + \lambda\,dz,$$
$$dq = \mathrm{M}\,dx + m\,dy + \mu\,dz,$$
$$dr = \mathrm{N}\,dx + n\,dy + \nu\,dz;$$

il est clair qu'on aura aussi

$$\delta p = \mathrm{L}\,\delta x + l\,\delta y + \lambda\,\delta z,$$
$$\delta q = \mathrm{M}\,\delta x + m\,\delta y + \mu\,\delta z,$$
$$\delta r = \mathrm{N}\,\delta x + n\,\delta y + \nu\,\delta z.$$

Donc, si on fait, pour abréger,

$$\mathrm{PL} + \mathrm{QM} + \mathrm{RN} = \Pi,$$
$$\mathrm{P}l + \mathrm{Q}m + \mathrm{R}n = \varpi,$$
$$\mathrm{P}\lambda + \mathrm{Q}\mu + \mathrm{R}\nu = \Psi,$$

on aura

$$\mathrm{P}\delta p + \mathrm{Q}\delta q + \mathrm{R}\delta r + \ldots = \Pi\,\delta x + \varpi\,\delta y + \Psi\,\delta z.$$

Faisant toutes ces différentes substitutions dans l'équation (A), elle deviendra

$$(\mathrm{B})\left\{\begin{aligned}&-\int\left[\left(d\frac{u\,dx}{ds} + \Pi\,dt\right)\delta x + \left(d\frac{u\,dy}{ds} + \varpi\,dt\right)\delta y + \left(d\frac{u\,dz}{ds} + \Psi\,dt\right)\delta z\right]\\ &\qquad + \frac{u\,dx}{ds}\delta x + \frac{u\,dy}{ds}\delta y + \frac{u\,dz}{ds}\delta z = 0,\end{aligned}\right.$$

équation qui doit avoir lieu, quelques valeurs qu'on suppose aux différences δx, δy, δz; c'est pourquoi l'on fera les trois équations suivantes :

$$d\frac{u\,dx}{ds}+\Pi\,dt=0,$$

$$d\frac{u\,dy}{ds}+\varpi\,dt=0,$$

$$d\frac{u\,dz}{ds}+\Psi\,dt=0.$$

Ce sont ces équations qui serviront à déterminer la courbe décrite par le corps M et sa vitesse à chaque instant.

Si on met dt au lieu de $\frac{ds}{u}$, qu'on multiplie la première équation par $\frac{dx}{dt}$, la seconde par $\frac{dy}{dt}$, la troisième par $\frac{dz}{dt}$, et qu'ensuite on les intègre, on aura

$$\frac{dx^2}{2dt^2}=a^2-\int\Pi\,dx,\quad \frac{dy^2}{2dt^2}=b^2-\int\varpi\,dy,\quad \frac{dz^2}{2dt^2}=c^2-\int\Psi\,dz;$$

d'où l'on tire, en chassant dt et extrayant la racine carrée,

$$\frac{dx}{\sqrt{a^2-\int\Pi\,dx}}=\frac{dy}{\sqrt{b^2-\int\varpi\,dy}},$$

$$\frac{dx}{\sqrt{a^2-\int\Pi\,dx}}=\frac{dz}{\sqrt{c^2-\int\Psi\,dz}},$$

équations où les indéterminées seront séparées si $\Pi=$ fonct. x, $\varpi=$ fonct. y, $\Psi=$ fonct. z.

II.

Remarque. — Quant aux termes

$$\frac{u\,dx}{ds}\delta x+\frac{u\,dy}{ds}\delta y+\frac{u\,dz}{ds}\delta z,$$

on pourra se dispenser d'y avoir égard, en supposant que les deux extrémités de la trajectoire soient données de position, car cette supposition fera évanouir les premiers et les derniers δx, δy, δz, et par conséquent aussi tous les termes en question. (*Voyez* l'Article IV du Mémoire précédent.)

III.

Corollaire. — Imaginons que le mobile M sollicité par les mêmes forces P, Q, R,... soit contraint de se mouvoir sur une surface courbe donnée par l'équation $dz = p\,dx + q\,dy$; en changeant d en δ, on aura $\delta z = p\,\delta x + q\,\delta y$; substituant cette valeur de δz dans l'équation (B), et faisant les deux coefficients de δx et de δy chacun égal à zéro, on aura deux équations

$$d\frac{u\,dx}{ds} + \Pi\,dt + \left[d\frac{u\,dz}{ds} + \Psi\,dt\right]p = 0,$$

$$d\frac{u\,dy}{ds} + \varpi\,dt + \left[d\frac{u\,dz}{ds} + \Psi\,dt\right]q = 0,$$

qui, avec l'équation donnée

$$dz = p\,dx + q\,dy,$$

suffiront pour résoudre le Problème.

IV.

Autre solution. — Qu'on prenne, à la place des deux coordonnées rectangles x, y, un rayon variable x qui tourne autour d'un point fixe dans le même plan des x et des y, et dont la position à chaque instant soit déterminée par un angle φ. Conservant la troisième coordonnée z, qu'on imaginera élevée de l'extrémité du rayon x perpendiculairement au plan de l'angle φ, il est facile de trouver que l'élément ds de la courbe sera

$$\sqrt{x^2 d\varphi^2 + dx^2 + dz^2};$$

ainsi on aura, en différentiant,

$$\delta ds = \frac{x^2 d\varphi\,\delta d\varphi + x d\varphi^2 \delta x + dx\,\delta dx + dz\,\delta dz}{ds}$$

$$= \frac{x^2 d\varphi\,d\delta\varphi + x d\varphi^2 \delta x + dx\,d\delta x + dz\,d\delta z}{ds};$$

Mettant donc cette valeur dans la formule intégrale $\int u\delta\, ds$, et faisant disparaître les différentielles de $\delta\varphi$, δx, δz par la voie ordinaire des intégrations par parties, on aura

$$\int u\delta ds = -\int\left[d\frac{ux^2 d\varphi}{ds}\delta\varphi + \left(d\frac{u\,dx}{ds} - \frac{ux\,d\varphi^2}{ds}\right)\delta x + d\frac{u\,dz}{ds}\delta z\right]$$
$$+\frac{ux^2 d\varphi}{ds}\delta\varphi + \frac{u\,dx}{ds}\delta x + \frac{u\,dz}{ds}\delta z.$$

Après la substitution de cette valeur de $\int u\delta\, ds$ dans l'équation (A) de l'Article I, il n'y aura plus qu'à réduire les différences δp, δq, δr,... aux différences δx, δy, δz. Pour cela soit supposé, en général,

$$\begin{aligned} dp &= \mathrm{L}\,dx + l\,d\varphi + \lambda\,dz,\\ dq &= \mathrm{M}\,dx + m\,d\varphi + \mu\,dz,\\ dr &= \mathrm{N}\,dx + n\,d\varphi + \nu\,dz. \end{aligned}$$

on aura de même

$$\begin{aligned} \delta p &= \mathrm{L}\delta x + l\,\delta\varphi + \lambda\delta z,\\ \delta q &= \mathrm{M}\delta x + m\,\delta\varphi + \mu\delta z,\\ \delta r &= \mathrm{N}\delta x + n\,\delta\varphi + \nu\delta z. \end{aligned}$$

Donc, si on fait les mêmes suppositions que dans la solution précédente, on aura aussi

$$\mathrm{P}\delta p + \mathrm{Q}\delta q + \mathrm{R}\delta r + \ldots = \Pi\delta x + \varpi\delta\varphi + \psi\delta z,$$

et l'équation (A) deviendra enfin

$$(\mathrm{C})\quad \left\{\begin{aligned} &-\int\Bigg[\left(d\frac{ux^2 d\varphi}{ds} + \varpi\,dt\right)\delta\varphi + \left(d\frac{u\,dx}{ds} - \frac{ux\,d\varphi^2}{ds} + \Pi\,dt\right)\delta x\\ &\qquad\qquad + \left(d\frac{u\,dz}{ds} + \Psi\,dt\right)\delta z\Bigg]\\ &\qquad + \frac{ux^2 d\varphi}{ds}\delta\varphi + \frac{u\,dx}{ds}\delta x + \frac{u\,dz}{ds}\delta z = 0. \end{aligned}\right.$$

Maintenant, si on suppose, comme dans l'Article II, que le premier et le dernier point de la trajectoire sont donnés, il est clair que les $\delta\varphi$, δx, δz qui y répondent seront nulles d'elles-mêmes, et que par conséquent les trois premiers termes de cette équation le seront aussi. Donc, pour satisfaire au reste de l'équation, indépendamment des différences indéterminées $\delta\varphi$, δx, δz, on fera chacun de leurs coefficients égal à zéro, et l'on aura pour les équations générales du mouvement du corps

$$d\frac{ux^2 d\varphi}{ds} + \varpi dt = 0,$$

$$d\frac{u dx}{ds} - \frac{ux d\varphi^2}{ds} + \Pi dt = 0,$$

$$d\frac{u dz}{ds} + \Psi dt = 0.$$

Qu'on mette dans ces équations dt pour $\frac{ds}{u}$, et qu'on intègre la première, après l'avoir multipliée par $\frac{x^2 d\varphi}{dt}$, on aura

$$\frac{1}{2}\left(\frac{x^2 d\varphi}{dt}\right)^2 = a^2 - \int \varpi x^2 d\varphi,$$

d'où l'on tire

$$dt = \frac{x^2 d\varphi}{\sqrt{2a^2 - 2\int \varpi x^2 d\varphi}};$$

substituant cette valeur dans la seconde équation et faisant, pour abréger,

$$\sqrt{2a^2 - 2\int \varpi x^2 d\varphi} = U,$$

on aura

$$d\frac{U dx}{x^2 d\varphi} - \frac{U d\varphi}{x} + \frac{\Pi x^2 d\varphi}{U} = 0,$$

ou, en mettant y pour $\frac{1}{x}$,

$$-d\frac{U dy}{d\varphi} - U y\, d\varphi + \frac{\Pi d\varphi}{U y^2} = 0,$$

ce qui donnera par la différentiation, en regardant $d\varphi$ comme constante et multipliant par $\frac{d\varphi}{U}$,

$$-d^2 y - \frac{dU}{U} dy - y\, d\varphi^2 + \frac{\Pi d\varphi^2}{U^2 y^2} = 0,$$

savoir, à cause de $\frac{d\mathrm{U}}{\mathrm{U}} = -\frac{\varpi x^2 d\varphi}{\mathrm{U}^2} = -\frac{\varpi d\varphi}{\mathrm{U}^2 y^2}$,

$$-d^2 y - y\,d\varphi^2 + \frac{\Pi + \frac{\varpi\,dy}{d\varphi}}{\mathrm{U}^2 y^2}\,d\varphi^2 = 0,$$

équation constructible dans plusieurs cas particuliers.

Enfin, la troisième équation étant multipliée par $\frac{dz}{dt}$, et ensuite intégrée, deviendra

$$\frac{2\,dz^2}{dt^2} = b^2 - \int \Psi\,dz,$$

d'où l'on tirera la valeur de dt, laquelle étant comparée à celle qu'on a trouvée plus haut fournira l'équation

$$\frac{dz}{\sqrt{2b^2 - 2\int \Psi dz}} = \frac{d\varphi}{\mathrm{U}y^2}.$$

V.

Corollaire. — Si le corps était obligé de se mouvoir sur une surface courbe donnée, alors rapportant cette surface aux trois variables x, φ, z, et la supposant exprimée par l'équation

$$dz = p\,d\varphi + q\,dx,$$

on mettrait dans l'équation (C) $p\delta\varphi + q\delta x$ au lieu de δz, ensuite on égalerait à zéro les coefficients de δx et de $\delta\varphi$, et l'on aurait

$$d\frac{ux^2\,d\varphi}{ds} + \varpi\,dt + \left(d\frac{u\,dz}{ds} + \Psi\,dt\right)p = 0,$$

$$d\frac{u\,dx}{ds} - \frac{ux\,d\varphi^2}{ds} + \Pi\,dt + \left(d\frac{u\,dz}{ds} + \Psi\,dt\right)q = 0.$$

VI.

Remarque I. — Nous avons supposé que les forces P, Q, R,... étaient comme des fonctions quelconques des distances p, q, r,...; cependant il est facile de démontrer, par les principes de Dynamique, que les équations trouvées sont générales pour toutes sortes de forces accélératrices, et l'on peut d'ailleurs s'en convaincre par cette seule raison que les équations dont il s'agit ne renferment point la loi suivant laquelle les forces P, Q, R,... croissent ou décroissent, mais seulement les quantités et les directions instantanées de ces forces, comme il est aisé de le voir en substituant pour Π, ϖ et Ψ leurs valeurs. Au reste, à examiner les solutions précédentes, il est évident que l'hypothèse de

$$P = \text{fonct.}\, p, \quad Q = \text{fonct.}\, q, \quad R = \text{fonct.}\, r, \ldots$$

ne sert qu'à rendre égale à zéro la formule intégrale

$$\int (\delta P\, dp - dP\, \delta p + \delta Q\, dq - dQ\, \delta q + \delta R\, dr - dR\, \delta r \ldots).$$

Or, pour cela, il suffirait que les quantités P, Q, R,... eussent entre elles un rapport tel que

$$\delta P\, dp - dP\, \delta p + \delta Q\, dq - dQ\, \delta q + \delta R\, dr - dR\, \delta r + \ldots = 0;$$

soient donc P, Q, R,... des fonctions quelconques de p, q, r,..., de sorte que l'on ait par la différentiation

$$\begin{aligned} dP &= A\, dp + B\, dq + C\, dr + \ldots, \\ dQ &= D\, dp + E\, dq + F\, dr + \ldots, \\ dR &= G\, dp + H\, dq + I\, dr + \ldots; \end{aligned}$$

il est clair qu'on aura également

$$\begin{aligned} \delta P &= A\, \delta p + B\, \delta q + C\, \delta r + \ldots, \\ \delta Q &= D\, \delta p + E\, \delta q + F\, \delta r + \ldots, \\ \delta R &= G\, \delta p + H\, \delta q + I\, \delta r + \ldots. \end{aligned}$$

Substituant ces valeurs dans l'équation de condition et réduisant, on aura

$$(B - D)(dp\, \delta q - dq\, \delta p) + (C - G)(dp\, \delta r - dr\, \delta p) + (F - H)(dq\, \delta r - dr\, \delta q) = 0,$$

donc

$$B - D = 0, \quad C - G = 0, \quad F - H = 0,$$

savoir

$$\frac{dP}{dq} = \frac{dQ}{dp}, \quad \frac{dP}{dr} = \frac{dR}{dp}, \quad \frac{dQ}{dr} = \frac{dR}{dq},$$

c'est-à-dire que $P dp + Q dq + R dr + \ldots$ devra être une différentielle complète. Si cette condition a lieu, la valeur de $u \delta u$ sera simplement

$$- P \delta p - Q \delta q - R \delta r - \ldots;$$

autrement, il faudra encore tenir compte de l'intégrale

$$\int (\delta P dp - dP \delta p + \ldots)$$

pour rendre la formule $\int u ds$ un vrai maximum ou minimum; mais les équations qu'on trouverait alors ne seraient plus les véritables équations du mouvement du corps.

VII.

Remarque II. — Ce Problème est le seul auquel M. Euler ait appliqué son principe. Il l'a aussi résolu pour les deux cas des coordonnées rectangles et des rayons partant d'un centre fixe. Mais pour pouvoir comparer ses solutions avec les nôtres, il faut remarquer :

1° Que M. Euler n'a considéré que des courbes à simple courbure;

2° Qu'il n'a cherché le maximum ou le minimum de la formule $\int u ds$ qu'eu égard à la variabilité de l'ordonnée y dans le premier cas, et à celle de l'angle que nous avons nommé φ dans le second. (*Voyez* l'Addition citée au commencement de ce Mémoire.)

Au reste, il est clair que par notre méthode on pourra encore varier la solution de ce Problème en plusieurs autres manières, selon les différentes sortes de coordonnées qu'on choisira pour représenter la trajectoire cherchée.

VIII.

Problème II général. — *Soit un système quelconque de plusieurs corps,* M, M′, M″,..., *qui soient sollicités par tant de forces centrales qu'on voudra, savoir :* M *par les forces* P, Q, R,... ; M′ *par les forces* P′, Q′, R′,... ; M″ *par les forces* P″, Q″, R″,..., *et qui agissent de plus les uns sur les autres par des forces quelconques d'attraction mutuelle ; trouver le mouvement de chacun de ces corps.*

Solution. — Tout se réduit à rendre la formule

$$M\int u\,ds + M'\int u'\,ds' + M''\int u''\,ds'' + \ldots$$

un maximum ou un minimum. On fera donc, suivant notre méthode,

$$\delta\left(M\int u\,ds\right) + \delta\left(M'\int u'\,ds'\right) + \delta\left(M''\int u''\,ds''\right) + \ldots = 0.$$

Or, à cause que M est constant (Article I),

$$\delta\left(M\int u\,ds\right) = M\delta\int u\,ds = M\int(u\,\delta ds + u\,\delta u\,dt) = \int M(u\,\delta u\,ds + u\,\delta u\,dt).$$

On trouvera de même, en substituant toujours dt pour $\frac{ds'}{u'}, \frac{ds''}{u''},\ldots,$

$$\delta\left(M'\int u'\,ds'\right) = \int(u'\,\delta ds' + u'\,\delta u'\,dt),$$

$$\delta\left(M''\int u''\,ds''\right) = \int M''(u''\,\delta ds'' + u''\,\delta u''\,dt),$$

et ainsi de suite; on aura donc l'équation

$$\text{(D)}\qquad \left\{\begin{aligned}\int\big[&M u\,\delta ds + M'u'\,\delta ds' + M''u''\,\delta ds'' + \ldots\\ &+ (M u\,\delta u + M'u'\,\delta u' + M''u''\,\delta u'' + \ldots)dt\big] = 0.\end{aligned}\right.$$

Maintenant, soient $p, q, r,\ldots,$ les distances du corps M aux centres des forces P, Q, R,..., et $p', q', r',\ldots, p'', q'', r'',\ldots,$ celles des autres corps

M', M'',... aux centres de leurs forces P', Q', R',..., P'', Q'', R'',.... Soient, outre cela, f la distance entre le corps M et le corps M', et F la force avec laquelle chaque point de l'un attire chaque point de l'autre; de même f' la distance entre les corps M' et M'', et F' leur force d'attraction, et ainsi de suite. Soient encore g la distance entre le corps M' et le corps M'', et G leur attraction, et ainsi pour tous les autres corps; on aura, par le principe général de la conservation des forces vives, l'équation

$$\begin{aligned}
Mu^2 + M'u'^2 + M''u''^2 + \ldots = {} & MU^2 + M'U'^2 + M''U''^2 + \ldots \\
& - 2M \int (P\,dp + Q\,dq + R\,dr + \ldots) \\
& - 2M' \int (P'\,dp' + Q'\,dq' + R'\,dr' + \ldots) \\
& - 2M'' \int (P''\,dp'' + Q''\,dq'' + R''\,dr'' \ldots) \\
& \ldots\ldots\ldots\ldots\ldots\ldots\ldots\ldots \\
& - 2MM' \int F\,df - 2MM'' \int F'\,df' - \ldots - 2M'M'' \int G\,dg - \ldots,
\end{aligned}$$

U, U', U'',... étant les vitesses primitives des corps M, M', M'',....

Or, soient supposés

$$\begin{aligned}
&P = \text{fonct.}\,p, \quad Q = \text{fonct.}\,q, \quad R = \text{fonct.}\,r, \ldots, \\
&P' = \text{fonct.}\,p', \quad Q' = \text{fonct.}\,q', \quad R' = \text{fonct.}\,r', \ldots, \\
&F = \text{fonct.}\,f, \ldots, \quad G = \text{fonct.}\,g, \ldots,
\end{aligned}$$

on trouvera, par un calcul analogue à celui qu'on a fait dans le Problème I, l'équation différentielle

$$(U) \quad \left\{ \begin{aligned}
& Mu\,\delta u + M'u'\,\delta u' + M''u''\,\delta u'' + \ldots \\
& \quad = - M(P\,\delta p + Q\,\delta q + R\,\delta r + \ldots) \\
& \qquad - M'(P'\,\delta p' + Q'\,\delta q' + R'\,\delta r' + \ldots) \\
& \qquad - M''(P'\,\delta p'' + Q''\,\delta q'' + R''\,\delta r'' + \ldots) \\
& \qquad \ldots\ldots\ldots\ldots\ldots\ldots\ldots\ldots \\
& \qquad - MM'F\,\delta f - MM''F'\,\delta f' - \ldots \\
& \qquad - M'M''G\,\delta g - \ldots.
\end{aligned} \right.$$

Il faut maintenant trouver les valeurs des différences δds, $\delta ds'$, $\delta ds''$,..., et cette recherche dépend, comme on le voit, de la nature des coordonnées qu'on emploie pour représenter les courbes décrites par chaque corps.

IX.

Premier cas. — Soient, comme dans l'Article I, x, y, z trois coordonnées rectangles qui déterminent la position du corps M dans un temps quelconque, et soient de même $x', y', z', x'', y'', z'', \ldots$, d'autres coordonnées rectangles et parallèles à celles-là pour la position des autres corps M′, M″,..., dans le même temps; on aura, comme dans l'Article cité,

$$\delta ds = \frac{dx\, d\delta x + dy\, d\delta y + dz\, d\delta z}{ds},$$

et de même

$$\delta ds' = \frac{dx'\, d\delta x' + dy'\, d\delta y' + dz'\, d\delta z'}{ds'},$$

$$\delta ds'' = \frac{dx''\, d\delta x'' + dy''\, d\delta y'' + dz''\, d\delta z''}{ds''},$$

et ainsi de suite.

Qu'on substitue ces valeurs dans l'équation (D), et qu'on fasse disparaître, comme à l'ordinaire, les différentielles de $\delta x, \delta y, \delta z, \delta x', \delta y', \ldots$, on aura, en négligeant tous les termes hors du signe $\int$, qui peuvent être supposés nuls par la remarque de l'Article II,

$$(\mathrm{E})\quad \left\{\begin{aligned} \int\Big[& \mathrm{M} d\, \frac{u\, dx}{ds}\, \delta x + \mathrm{M} d\, \frac{u\, dy}{ds}\, \delta y + \mathrm{M} d\, \frac{u\, dz}{ds}\, \delta z \\ & + \mathrm{M}' d\, \frac{u'\, dx'}{ds'}\, \delta x' + \mathrm{M}' d\, \frac{u'\, dy'}{ds'}\, \delta y' + \mathrm{M}' d\, \frac{u'\, dz'}{ds'}\, \delta z' \\ & + \mathrm{M}'' d\, \frac{u''\, dx''}{ds''}\, \delta x'' + \mathrm{M}'' d\, \frac{u''\, dy''}{ds''}\, \delta y'' + \mathrm{M}'' d\, \frac{u''\, dz''}{ds''}\, \delta z'' \\ & \cdots\cdots\cdots\cdots\cdots\cdots\cdots\cdots\cdots\cdots \\ & - (\mathrm{M} u \delta u + \mathrm{M}' u' \delta u' + \mathrm{M}'' u'' \delta u'' + \ldots) dt \Big] = 0. \end{aligned}\right.$$

Il ne s'agira plus maintenant que de substituer dans cette équation, au lieu de

$$\mathrm{M} u \delta u + \mathrm{M}' u' \delta u' + \mathrm{M}'' u'' \delta u'' + \ldots,$$

sa valeur tirée de l'équation (U), et de réduire ensuite les différences

$$\delta p,\ \delta q,\ \delta r,\ldots,\quad \delta p',\ \delta q',\ldots,\quad \delta f,\ \delta f',\ldots,\quad \delta g,\ldots,$$

aux différences

$$\delta x,\ \delta y,\ \delta z,\ \delta x',\ \delta y',\ldots,$$

par une méthode analogue à celle que l'on a pratiquée dans le Problème précédent; après quoi, si chaque corps est entièrement libre, en sorte que toutes les différences δx, δy, δz, $\delta x'$, $\delta y'$,..., demeurent indéterminées, on fera chacun de leurs coefficients égal à zéro, et l'on aura trois fois autant d'équations qu'il y a de corps, lesquelles, prises ensemble, suffiront pour déterminer toutes les vitesses et les courbes cherchées; mais si un ou plusieurs de ces corps sont forcés de se mouvoir sur des courbes ou des surfaces données, et qu'ils agissent de plus les uns sur les autres, soit en se poussant, soit en se tirant par des fils ou des verges inflexibles, ou de quelque autre manière que ce soit, alors on cherchera les rapports qui devront nécessairement se trouver entre les différences δx, δy, δz, $\delta x'$, $\delta y'$,.... On réduira par là ces différences au plus petit nombre possible, et on fera ensuite chacun de leurs coefficients égal à zéro, ce qui donnera toutes les équations nécessaires pour la solution du Problème.

X.

Corollaire. — Supposons le système entièrement libre, et que les corps agissent les uns sur les autres d'une manière quelconque; supposons outre cela que tous les corps soient sollicités par trois forces P, Q, R dirigées parallèlement aux coordonnées x, y, z et qui soient les mêmes pour chacun d'eux; on mettra dans l'équation (U) x, y, z à la place de p, q, r, et l'on aura

$$\begin{aligned}&\mathrm{M}u\,\delta u + \mathrm{M}'u'\,\delta u' + \mathrm{M}''u''\,\delta u'' + \ldots\\ &\quad = -\mathrm{M}(\mathrm{P}\,\delta x + \mathrm{Q}\,\delta y + \mathrm{R}\,\delta z) - \mathrm{M}'(\mathrm{P}\,\delta x' + \mathrm{Q}\,\delta y' + \mathrm{R}\,\delta z')\\ &\qquad - \mathrm{M}''(\mathrm{P}\,\delta x'' + \mathrm{Q}\,\delta y'' + \mathrm{R}\,\delta z'') - \ldots\\ &\qquad - \mathrm{M}\mathrm{M}'\mathrm{F}\,\delta f - \mathrm{M}\mathrm{M}''\mathrm{F}'\,\delta f' - \ldots - \mathrm{M}'\mathrm{M}''\mathrm{G}\,\delta g - \ldots.\end{aligned}$$

Cette valeur de $Mu\delta u + M'u'\delta u' + \ldots$ étant substituée dans l'équation (E), soit fait

$$x' = x + X, \quad y' = y + Y, \quad z' = z + Z,$$
$$x'' = x + X', \quad y'' = y + Y', \quad z'' = z + Z',$$
$$\ldots\ldots\ldots\ldots\ldots\ldots\ldots\ldots,$$

et par conséquent

$$\delta x' = \delta x + \delta X, \quad \delta y' = \delta y + \delta Y, \quad \delta z' = \delta z + \delta Z,$$
$$\delta x'' = \delta x + \delta X', \quad \delta y'' = \delta y + \delta Y', \quad \delta z'' = \delta z + \delta Z',$$
$$\ldots\ldots\ldots\ldots\ldots\ldots\ldots\ldots,$$

il est clair que les lignes $f, f', g, \ldots$, qui marquent les distances des corps entre eux, dépendront uniquement des lignes X, Y, Z, X′, Y′, Z′,..., qui déterminent leur position respective, et qu'ainsi les expressions des différences $\delta f, \delta f', \delta g, \ldots$ ne renfermeront aucunement les différences δx, δy, δz; on remarquera de plus que ces mêmes différences δx, δy, δz seront absolument indépendantes de toutes les autres différences δX, δY,.... Car il est évident que, l'action mutuelle des corps ne dépendant que de leur position respective, savoir des lignes X, Y, Z, X′, Y′ Z′, X″,..., il n'y aura que les seules différences δX, δY, δZ, $\delta X'$, $\delta Y'$, $\delta Z'$,... de ces mêmes lignes qui soient liées entre elles par des rapports donnés par la nature du Problème; d'où il suit que les termes affectés des différences δx, δy, δz dans l'équation (E) devront être chacun en particulier égal à zéro; ce qui donnera les trois équations générales

$$M d\frac{u\,dx}{ds} + M' d\frac{u'\,dx'}{ds'} + M'' d\frac{u''\,dx''}{ds''} + \ldots + (M + M' + M'' + \ldots) P\,dt = 0,$$
$$M d\frac{u\,dy}{ds} + M' d\frac{u'\,dy'}{ds'} + M'' d\frac{u''\,dy''}{ds''} + \ldots + (M + M' + M'' + \ldots) Q\,dt = 0,$$
$$M d\frac{u\,dz}{ds} + M' d\frac{u'\,dz'}{ds'} + M'' d\frac{u''\,dz''}{ds''} + \ldots + (M + M' + M'' + \ldots) R\,dt = 0.$$

Or,

$$\frac{ds}{u} = \frac{ds'}{u'} = \frac{ds''}{u''} = \ldots = dt,$$

donc, ces équations deviendront celles-ci :

$$d\frac{\mathrm{M}\,dx + \mathrm{M}'\,dx' + \mathrm{M}''\,dx'' + \ldots}{dt} + (\mathrm{M} + \mathrm{M}' + \mathrm{M}'' + \ldots)\mathrm{P}\,dt = 0,$$

$$d\frac{\mathrm{M}\,dy + \mathrm{M}'\,dy' + \mathrm{M}''\,dy'' + \ldots}{dt} + (\mathrm{M} + \mathrm{M}' + \mathrm{M}'' + \ldots)\mathrm{Q}\,dt = 0,$$

$$d\frac{\mathrm{M}\,dz + \mathrm{M}'\,dz' + \mathrm{M}''\,dz'' + \ldots}{dt} + (\mathrm{M} + \mathrm{M}' + \mathrm{M}'' + \ldots)\mathrm{R}\,dt = 0;$$

d'où l'on voit que si l'on prend à chaque instant dans le système un point tel que sa position soit déterminée par trois coordonnées, l'une parallèle à x et égale à

$$\frac{\mathrm{M}x + \mathrm{M}'x' + \mathrm{M}''x'' + \ldots}{\mathrm{M} + \mathrm{M}' + \mathrm{M}'' + \ldots},$$

l'autre parallèle à y et égale à

$$\frac{\mathrm{M}y + \mathrm{M}'y' + \mathrm{M}''y'' + \ldots}{\mathrm{M} + \mathrm{M}' + \mathrm{M}'' + \ldots},$$

et la troisième parallèle à z et égale à

$$\frac{\mathrm{M}z + \mathrm{M}'z' + \mathrm{M}''z'' + \ldots}{\mathrm{M} + \mathrm{M}' + \mathrm{M}'' + \ldots},$$

ce point se mouvra comme ferait un corps sollicité simplement par les trois forces P, Q, R. Or il est évident que ce point ne sera autre chose que le centre de gravité du système, savoir, de tous les corps M, M',..., qui le composent.

XI.

Second cas. — Soit pris, comme dans l'Article IV, au lieu des deux coordonnées rectangles x et y, un rayon vecteur x avec un angle φ, et soient de même substitués aux autres coordonnées x', y', x'', y'',..., les rayons vecteurs x', x'',..., partant du même point fixe que le rayon x, avec les angles correspondants φ', φ'',..., pris dans le même plan de l'angle φ; on trouvera, comme dans l'Article cité,

$$\delta\,ds = \frac{x^2\,d\varphi\,d\delta\varphi + x\,d\varphi^2\,\delta x + dx\,d\delta x + dz\,d\delta z}{ds},$$

et de même

$$\delta ds' = \frac{x'^2\, d\varphi'\, d\delta\varphi' + x'\, d\varphi'^2\, \delta x' + dx'\, d\delta x' + dz'\, d\delta z'}{ds'},$$

$$\delta ds'' = \frac{x''^2 d\varphi''\, d\delta\varphi'' + x''\, d\varphi''^2 \delta x'' + dx''\, d\delta x'' + dz''\, d\delta z''}{ds''},$$

et ainsi des autres. On substituera ces valeurs dans l'équation (D) de l'Article VIII, et pratiquant les mêmes réductions que dans l'Article IV, elle deviendra

$$(\mathrm{F})\left\{\begin{aligned} \int\Big[&\mathrm{M}\, d\,\frac{ux^2\, d\varphi}{ds}\,\delta\varphi + \mathrm{M}\left(d\,\frac{u\, dx}{ds} - \frac{ux\, d\varphi^2}{ds}\right)\delta x + \mathrm{M}\, d\,\frac{u\, dz}{ds}\,\delta z \\ &+ \mathrm{M}'\, d\,\frac{u'\, x'^2\, d\varphi'}{ds'}\,\delta\varphi' + \mathrm{M}'\left(d\,\frac{u'\, dx'}{ds'} - \frac{u'\, x'\, d\varphi'^2}{ds'}\right)\delta x' + \mathrm{M}'\, d\,\frac{u'\, dz'}{ds'}\,\delta z' \\ &+ \mathrm{M}''\, d\,\frac{u''\, x''^2\, d\varphi''}{ds''}\,\delta\varphi' + \mathrm{M}''\left(d\,\frac{u''\, dx''}{ds''} - \frac{u''\, x''\, d\varphi''^2}{ds''}\right)\delta x'' + \mathrm{M}''\, d\,\frac{u''\, dz''}{ds''}\,\delta z'' \\ &\ldots\ldots\ldots\ldots\ldots\ldots\ldots\ldots\ldots\ldots\ldots\ldots\ldots\ldots\ldots\ldots \\ &+ (\mathrm{M}u\,\delta u + \mathrm{M}'\, u'\,\delta u' + \mathrm{M}''\, u''\,\delta u'' + \ldots)\, dt\Big] = 0 \end{aligned}\right.$$

équation dans laquelle j'ai rejeté tous les termes qui sont hors du signe $\int$, parce que ces termes deviennent évidemment nuls dans la supposition que le premier et le dernier point de chaque trajectoire soient donnés. Or, cette équation étant analogue à l'équation (E) de l'Article VIII, ne demandera plus que des opérations semblables pour trouver le mouvement de chaque corps. On en verra des exemples dans les Problèmes suivants.

XII.

Corollaire. — Si le système est entièrement libre ou qu'il soit simplement assujetti à se mouvoir autour d'un point fixe, et que toutes les forces sollicitatrices des corps concourent à ce point, prenant ce point pour le centre des rayons vecteurs x, x', x'',..., et faisant

$$\varphi' = \varphi + \Phi, \quad \varphi'' = \varphi + \Phi' \ldots,$$

il est facile de voir que $\delta\varphi$ sera absolument indépendante des autres différences $\delta\Phi$, $\delta\Phi'$,..., δx, $\delta x'$, $\delta x''$,..., quelle que soit l'action réciproque des corps les uns sur les autres; il est de plus évident que toutes les différences δp, δq, δf,..., qui entrent dans la valeur de $Mu\delta u + M'u'\delta u'$,..., seront aussi indépendantes de la différence $\delta\varphi$; d'où il suit que tous les termes de l'équation (F) qui se trouveront affectés de la différence $\delta\varphi$ après les substitutions de $\delta\varphi + \delta\Phi$, $\delta\varphi + \delta\Phi'$,..., à la place de $\delta\varphi'$, $\delta\varphi''$,..., devront être égaux à zéro séparément du reste de l'équation; on aura donc en général, après avoir effacé le $\delta\varphi$, l'équation

$$M d\frac{ux^2 d\varphi}{ds} + M' d\frac{u'x'^2 d\varphi'}{ds'} + M'' d\frac{u''x''^2 d\varphi''}{ds''} + \ldots = 0,$$

dont l'intégrale est

$$\text{(G)} \qquad \frac{Mux^2 d\varphi}{ds} + \frac{M'u'x'^2 d\varphi'}{ds'} + \frac{M''u''x''^2 d\varphi''}{ds''} + \ldots = \text{const.},$$

ou, en mettant dt pour $\frac{u}{ds}$, $\frac{u'}{ds'}$, $\frac{u''}{ds''}$, ... et en nommant H la constante,

$$Mx^2 d\varphi + M'x'^2 d\varphi' + M''x''^2 d\varphi'' + \ldots = H\,dt,$$

et intégrant de nouveau, il vient

$$M\int x^2 d\varphi + M'\int x'^2 d\varphi' + M''\int x''^2 d\varphi'' + \ldots = Ht.$$

Il est visible que l'intégrale

$$\int x^2 d\varphi$$

exprime l'aire que la projection du corps M décrit autour du centre des forces, et que les autres intégrales

$$\int x'^2 d\varphi', \quad \int x''^2 d\varphi'', \ldots,$$

expriment de même les aires décrites par les projections des autres corps M', M'',..., autour du même centre; donc la somme de chacune de ces aires, multipliée par la masse du corps qui la décrit, est toujours proportionnelle au temps.

Le lecteur qui sera curieux de voir une démonstration de ce théorème tirée des principes de Mécanique, la trouvera dans un Mémoire de M. le chevalier d'Arcy, imprimé parmi ceux de l'Académie royale des Sciences de Paris, année 1747; il y trouvera aussi l'usage de ce même théorème pour résoudre plusieurs questions de Dynamique.

Au reste, nous remarquerons que l'équation (G) renferme le principe que MM. Daniel Bernoulli et Euler ont appelé la *conservation du moment du mouvement circulatoire,* et qui consiste en ce que la somme des produits de chaque corps M par sa vitesse circulatoire $\frac{u x d\varphi}{ds}$ et par sa distance au centre de x est constante pendant le mouvement du système. (*Voyez* les *Mémoires de l'Académie royale des Sciences de Berlin,* année 1745, et les *Opuscules* de M. Euler imprimés à Berlin en 1746.)

La même équation (G) renferme aussi le principe de M. le chevalier d'Arcy, que la somme des produits de chaque corps M par sa vitesse u, et par la perpendiculaire $\frac{x^2 d\varphi}{ds}$ menée du centre sur la direction du corps, fait toujours une quantité constante. (*Voyez* les *Mémoires de l'Académie de Paris,* années 1749, 1752.)

XIII.

Remarque. — Il est aisé de trouver, par la méthode que j'ai donnée dans la Remarque de l'Article VI, que l'équation (U) sera exacte en général toutes les fois que la formule

$$-\,M(P\,dp + Q\,dq + R\,dr + \ldots) - M'(P'\,dp' + Q'\,dq' + R'\,dr' + \ldots) - \ldots,$$

qui exprime la valeur de

$$M\,u\,du + M'\,u'\,du' + M''\,u''\,du'' + \ldots,$$

sera une différentielle complète. Dans tous les autres cas, cette équation ne pourra plus servir à trouver les conditions de la *maximité* ou de la *minimité* de la formule intégrale

$$M\int u\,ds + M'\int u'\,ds' + M''\int u''\,ds'' + \ldots,$$

mais elle servira toujours également pour trouver les mouvements des corps M, M′, M″,..., quelles que soient les forces dont ils sont animés. Ainsi, sans s'embarrasser que la formule dont nous parlons soit réellement un maximum ou un minimum, on pourra toujours employer l'équation (U) dans quelque hypothèse de forces que ce soit.

XIV.

Problème III. — *Trois corps* M, M′, M″ *s'attirent mutuellement par des forces d'attraction* F, F′, G ; *trouver les orbites des corps* M′, M″ *par rapport au corps* M *regardé comme en repos.*

Solution. — Les mêmes noms étant conservés que dans l'Article IX, on fera de plus, comme dans l'Article X,

$$x' = x + X, \quad y' = y + Y, \ldots,$$

et l'on aura

$$ds = \sqrt{dx^2 + dy^2 + dz^2},$$

$$ds' = \sqrt{(dx + dX)^2 + (dy + dY)^2 + (dz + dZ)^2},$$

$$ds'' = \sqrt{(dx + dX')^2 + (dy + dY')^2 + (dz + dZ')^2},$$

d'où l'on tirera, par la différentiation, les valeurs de δds, $\delta ds'$, $\delta ds''$, qu'il faudra substituer dans l'équation (D) de l'Article VIII.

Mais pour mieux représenter les orbites relatives des corps M′, M″, soient pris, au lieu des coordonnées rectangles X, Y, X′, Y′, deux rayons vecteurs r, r', avec deux angles correspondants φ, φ', tels que l'on ait

$$X = r\cos\varphi, \quad Y = r\sin\varphi,$$

$$X' = r'\cos\varphi', \quad Y' = r'\sin\varphi';$$

ayant fait ces substitutions dans les valeurs de ds', ds'', on aura

$$ds' = \sqrt{ds^2 + 2dx\,d(r\cos\varphi) + 2dy\,d(r\sin\varphi) + r^2 d\varphi^2 + dr^2 + 2dz\,dZ + dZ^2},$$
$$ds'' = \sqrt{ds^2 + 2dx\,d(r'\cos\varphi') + 2dy\,d(r'\sin\varphi') + r'^2 d\varphi'^2 + dr'^2 + 2dz\,dZ' + dZ'^2}.$$

Maintenant, si l'on veut regarder l'orbite du corps M comme connue, on prendra les différences δds, $\delta ds'$, $\delta ds''$, en supposant dx, dy, dz constantes; on aura

$$\delta ds = 0,$$
$$\delta ds' = \frac{1}{ds'}[dx\,\delta d(r\cos\varphi) + dy\,\delta d(r\sin\varphi) + r^2 d\varphi\,\delta d\varphi + r d\varphi^2 \delta r + dr\,\delta dr + (dz + dZ)\delta dZ],$$
$$\delta ds'' = \frac{1}{ds''}[dx\,\delta d(r'\cos\varphi') + dy\,\delta d(r'\sin\varphi') + r'^2 d\varphi'\,\delta d\varphi' + r' d\varphi'^2 \delta r' + dr'\,\delta dr' + (dz + dZ')\delta dZ'].$$

Avant que de faire ces substitutions dans l'équation (D) de l'Article VIII, je remarque que les corps M', M'' dont on cherche le mouvement étant entièrement libres par l'hypothèse du Problème, les différences de leurs coordonnées δr, $\delta\varphi$, δZ, $\delta r'$, $\delta\varphi'$, $\delta Z'$ sont nécessairement indépendantes entre elles; d'où il suit qu'on peut faire pour chacun de ces corps un calcul à part, en ne considérant à la fois que les variations des trois coordonnées r, φ, Z ou r', φ', Z'.

Qu'on ne prenne d'abord que les trois premières r, φ, Z pour variables, il est clair qu'on aura $\delta ds'' = 0$; par conséquent l'équation mentionnée deviendra simplement

$$\int [M' u' \delta ds' + (M u \delta u + M' u' \delta u' + M'' u'' \delta u'' + \ldots) dt] = 0.$$

Pour appliquer cette équation au Problème présent, on commencera par substituer, à la place de $\delta ds'$, sa valeur trouvée ci-dessus, en y mettant, pour plus de simplicité, au lieu de $\frac{u'}{ds'}$ son égale $\frac{1}{dt}$; ensuite on intégrera par parties tous les termes qui renfermeront des différences affectées du double signe δd, après avoir changé ce signe dans son équivalent $d\delta$; cette opération donnera les transformées suivantes :

$$\begin{aligned}\int \frac{dx\, d\delta(r\cos\varphi)}{dt} &= \frac{dx\,\delta(r\cos\varphi)}{dt} - \int d\left(\frac{dx}{dt}\right)\delta(r\cos\varphi)\\ &= \frac{dx}{dt}(\cos\varphi\,\delta r - r\sin\varphi\,\delta\varphi) - \int d\left(\frac{dx}{dt}\right)(\cos\varphi\,\delta r - r\sin\varphi\,\delta\varphi)\\ &= -\int d\left(\frac{dx}{dt}\right)(\cos\varphi\,\delta r - r\sin\varphi\,\delta\varphi)\end{aligned}$$

(en rejetant les termes qui sont hors du signe d'intégration et qui s'évanouissent toujours dans l'hypothèse de l'Article II), et de même

$$\int \frac{dy\, d\delta(r\sin\varphi)}{dt} = -\int d\left(\frac{dy}{dt}\right)(\sin\varphi\,\delta r + r\cos\varphi\,\delta\varphi),$$

$$\int \frac{r^2 d\varphi\, d\delta\varphi}{dt} = -\int d\left(\frac{r^2 d\varphi}{dt}\right)\delta\varphi, \quad \int \frac{dr\,\delta\, dr}{dt} = -\int d\left(\frac{dr}{dt}\right)\delta r,$$

$$\int \frac{(dz + dZ)\, d\delta Z}{dt} = -\int d\,\frac{(dz + dZ)}{dt}\,\delta Z.$$

En joignant ensemble toutes ces transformées, et y ajoutant le terme $\int \frac{r d\varphi^2}{dt}\delta r$, on aura la valeur de $\int u'\,\delta ds'$ exprimée par la formule suivante :

$$\begin{aligned}\int \Bigg[&\left(r\sin\varphi\, d\frac{dx}{dt} - r\cos\varphi\, d\frac{dy}{dt} - d\,\frac{r^2 d\varphi}{dt}\right)\delta\varphi\\ &- \left(\cos\varphi\, d\frac{dx}{dt} + \sin\varphi\, d\frac{dy}{dt} + d\,\frac{dr}{dt} - \frac{r^2 d\varphi^2}{dt}\right)\delta r - d\,\frac{dz + dZ}{dt}\,\delta Z\Bigg].\end{aligned}$$

A présent, pour avoir la valeur de

$$M u\,\delta u + M' u'\,\delta u' + M'' u''\,\delta u'',$$

on fera dans l'équation (U) de l'Article VIII toutes les quantités P, Q, R, P', Q',..., qui représentent des forces étrangères égales à zéro, et l'on aura

$$M u\,\delta u + M' u'\,\delta u' + M'' u''\,\delta u'' = -MM'F\,\delta f - MM''F'\,\delta f' - M'M''G\,\delta g.$$

Or il est facile de trouver que

$$f=\sqrt{X^2+Y^2+Z^2}=\sqrt{r^2+Z^2},\quad f'=\sqrt{X'^2+Y'^2+Z'^2}=\sqrt{r'^2+Z'^2},$$

$$g=\sqrt{(X'-X)^2+(Y'-Y)^2+(Z'-Z)^2}=\sqrt{r'^2+r^2-2r'r\cos(\varphi'-\varphi)+(Z'-Z)^2};$$

d'où l'on tirera, en regardant toujours φ', r' et Z' comme constantes,

$$\delta f=\frac{r\delta r+Z\delta Z}{f},\quad \delta f'=0,$$

$$\delta g=\frac{r-r'\cos(\varphi'-\varphi)}{g}\delta r-\frac{r'r\sin(\varphi'-\varphi)}{g}\delta\varphi-\frac{Z'-Z}{g}\delta Z.$$

Ayant fait ces substitutions, on ajoutera ensemble les valeurs de $M'\int u'\delta ds'$, et de $Mu\delta u+M'u'\delta u'+M''u''\delta u''$, et l'on aura une formule intégrale, dont chaque terme contiendra une des différences $\delta\varphi$, δr, δZ, et qui devra être égale à zéro, quelles que soient les valeurs de ces différences. On trouvera donc, en faisant séparément égal à zéro chacun de leurs coefficients, et divisant par M',

$$-d\frac{r^2d\varphi}{dt}+r\sin\varphi\, d\frac{dx}{dt}-r\cos\varphi\, d\frac{dy}{dt}+\frac{r'r\sin(\varphi'-\varphi)}{g}M''G\,dt=0,$$

$$d\frac{dr}{dt}-\frac{rd\varphi^2}{dt}+\cos\varphi\, d\frac{dx}{dt}+\sin\varphi\, d\frac{dy}{dt}+\frac{r}{f}MF\,dt+\frac{r-r'\cos(\varphi'-\varphi)}{g}M''G\,dt=0,$$

$$d\frac{dz+dZ}{dt}-\frac{Z'-Z}{g}M''G\,dt=0,$$

équations qui se réduisent à la forme de celles de l'Article IV, en supposant

$$r\sin\varphi\, d\frac{dx}{dt}-r\cos\varphi\, d\frac{dy}{dt}+\frac{rr'\sin(\varphi'-\varphi)}{g}M''G\,dt=-\varpi\,dt,$$

$$\cos\varphi\, d\frac{dx}{dt}+\sin\varphi\, d\frac{dy}{dt}+\frac{r}{f}MF\,dt+\frac{r-r'\cos(\varphi'-\varphi)}{g}M''G\,dt=\Pi\,dt,$$

$$d\frac{dz}{dt}-\frac{Z'-Z}{g}M''G\,dt=\Psi\,dt.$$

Et ces équations suffiront pour déterminer l'orbite du corps M', en supposant connues les orbites des deux autres corps M, M''.

Qu'on fasse maintenant, dans les expressions de $\delta ds'$, $\delta ds''$, $\delta f'$, δg, les changeantes r', φ', Z' variables au lieu des r, φ, Z; on trouvera, par des raisonnements et des opérations semblables aux précédentes, trois autres équations, qui ne différeront des équations ci-dessus que parce qu'il y aura r', φ', Z' à la place de r, φ, Z et réciproquement, et ces équations seront celles de l'orbite du corps M''.

XV.

Corollaire I. — Si l'on ne connaissait pas l'orbite absolue du corps M, alors, pour déterminer les valeurs des quantités $\frac{dx}{dt}$, $\frac{dy}{dt}$, $\frac{dz}{dt}$, il faudrait aussi faire varier les trois changeantes x, y, z dans les valeurs de ds, ds', ds'', ce qui donnerait

$$\delta ds = \frac{1}{ds}(dx\,\delta dx + dy\,\delta dy + dz\,\delta dz),$$

$$\delta ds' = \frac{1}{ds'}[dx + d(r\cos\varphi)]\,\delta dx + [dy + d(r\sin\varphi)]\,\delta dy + (dz + dZ)\,\delta dz,$$

$$\delta ds'' = \frac{1}{ds''}[dx + d(r'\cos\varphi')]\,\delta dx + [dy + d(r'\sin\varphi')]\,\delta dy + (dz + dZ')\,\delta dz.$$

On substituerait ces valeurs dans l'équation générale (D) de l'Article VIII, et faisant après les réductions ordinaires les trois coefficients de δx, δy, δz chacun égal à zéro, on aurait trois équations, par lesquelles on pourrait déterminer les valeurs de $\frac{dx}{dt}$, $\frac{dy}{dt}$, $\frac{dz}{dt}$. Au reste, ces équations reviendraient au même que celles de l'Article X, en y faisant P, Q, R chacun égal à zéro.

XVI.

Corollaire II. — Les équations qu'on trouverait par la méthode du Corollaire précédent ne renfermeraient point les forces F, F', G, mais seulement les changeantes r, φ, r', φ' avec leurs différences; mais, pour ne pas trop charger de différentielles les équations du mouvement des corps M', M'', il sera mieux de chercher les valeurs de $\frac{dx}{dt}$, $\frac{dy}{dt}$, $\frac{dz}{dt}$, en considérant directement les orbites absolues de ces deux corps.

Que $x', y', z', x'', y'', z''$ soient les ordonnées rectangles des orbites dont nous parlons : on parviendra à une équation qui sera la même que l'équation (E) du Problème II, et dans laquelle, à cause que les corps sont libres, il faudra faire les coefficients de δx, δy, δz, $\delta x'$, $\delta y'$,..., chacun égal à zéro. Or il est facile de trouver que

$$f=\sqrt{(x'-x)^2+(y'-y)^2+(z'-z)^2},$$
$$f'=\sqrt{(x''-x)^2+(y''-y)^2+(z''-z)^2},$$
$$g=\sqrt{(x''-x')^2+(y''-y')^2+(z''-z')^2};$$

pour notre cas, il suffit de faire varier x, y, z seulement; on aura donc

$$\delta f=-\frac{x'-x}{f}\delta x-\frac{y'-y}{f}\delta y-\frac{z'-z}{f}\delta z,$$
$$\delta f'=-\frac{x''-x}{f'}\delta x-\frac{y''-y}{f'}\delta y-\frac{z''-z}{f'}\delta z,$$
$$\delta g=0.$$

On substituera ces valeurs dans l'expression

$$-\mathrm{MM'F}\,\delta f-\mathrm{MM''F'}\,\delta f'-\mathrm{M'M''G}\,\delta g,$$

et à cause de

$$x'-x=\mathrm{X}=r\cos\varphi,\quad y'-y=\mathrm{Y}=r\sin\varphi,\quad z'-z=\mathrm{Z},$$
$$x''-x=\mathrm{X'}=r'\cos\varphi',\quad y''-y=\mathrm{Y'}=r'\sin\varphi',\quad z''-z=\mathrm{Z'},$$

on aura

$$\begin{aligned}&\mathrm{M}u\,\delta u+\mathrm{M'}u'\,\delta u'+\mathrm{M''}u''\,\delta u''\\&=\mathrm{M}\left(\frac{\mathrm{M'F}r\cos\varphi}{f}+\frac{\mathrm{M''F'}r'\cos\varphi'}{f'}\right)\delta x+\mathrm{M}\left(\frac{\mathrm{M'F}r\sin\varphi}{f}+\frac{\mathrm{M''F'}r'\sin\varphi'}{f'}\right)\delta y\\&\quad+\mathrm{M}\left(\frac{\mathrm{M'FZ}}{f}+\frac{\mathrm{M''F'Z'}}{f'}\right)\delta z.\end{aligned}$$

Mettant cette valeur de

$$\mathrm{M}u\delta u + \mathrm{M}'u'\delta u' + \mathrm{M}''u''\delta u''$$

dans l'équation (E), et faisant égal à zéro séparément chacun des trois coefficients de δx, δy, δz, il viendra, après avoir divisé le tout par M, et mis dt à la place de $\frac{ds}{u}$,

$$d\frac{dx}{dt} - \left(\frac{\mathrm{M}'\mathrm{F}r\cos\varphi}{f} + \frac{\mathrm{M}''\mathrm{F}'r'\cos\varphi'}{f'}\right)dt = 0,$$

$$d\frac{dy}{dt} - \left(\frac{\mathrm{M}'\mathrm{F}r\sin\varphi}{f} + \frac{\mathrm{M}''\mathrm{F}'r'\sin\varphi'}{f'}\right)dt = 0,$$

$$d\frac{dz}{dt} - \left(\frac{\mathrm{M}'\mathrm{FZ}}{f} + \frac{\mathrm{M}''\mathrm{F}'\mathrm{Z}'}{f'}\right)dt = 0.$$

Par là, les valeurs de ϖ, Π, Ψ de l'Article XIV deviendront, après quelques réductions fort simples,

$$\mathrm{M}''\left(\frac{\mathrm{G}}{g} - \frac{\mathrm{F}'}{f'}\right)rr'\sin(\varphi' - \varphi) = \varpi,$$

$$(\mathrm{M} + \mathrm{M}')\frac{\mathrm{F}r}{f} + \mathrm{M}''\left\{\frac{\mathrm{G}}{g}[r - r'\cos(\varphi' - \varphi)] + \frac{\mathrm{F}'}{f'}r'\cos(\varphi' - \varphi)\right\} = \Pi,$$

$$\mathrm{M}'\frac{\mathrm{FZ}}{f} + \mathrm{M}''\left[\frac{\mathrm{F}'\mathrm{Z}'}{f'} - \frac{\mathrm{G}(\mathrm{Z}' - \mathrm{Z})}{g}\right] = \Psi.$$

XVII.

Problème IV. — *Un corps* M *étant sollicité par tant de forces qu'on voudra* P, Q, R,..., *et tirant après lui deux autres corps* M', M'' *par le moyen de deux fils de longueurs données, trouver le mouvement de chacun de ces trois corps. On suppose, pour plus de simplicité, qu'ils se meuvent tous trois dans le même plan.*

Solution. — Soient f, f' les longueurs données des fils, c'est-à-dire les distances invariables des corps M', M'' au corps M; x, y les coordonnées rectangles de la courbe décrite par le corps M, et φ, φ' les angles que les lignes f, f' forment à chaque instant avec l'axe des x; prenant x', y',

x'', y'' pour les coordonnées rectangles des autres corps M′, M″, on aura

$$x' = x - f\cos\varphi, \quad y' = y - f\sin\varphi,$$
$$x'' = x - f'\cos\varphi'', \quad y'' = y - f'\sin\varphi',$$
$$ds^2 = dx^2 + dy^2,$$
$$ds'^2 = dx'^2 + dy'^2 = dx^2 + dy^2 + 2f(\sin\varphi\, dx - \cos\varphi\, dy)\, d\varphi + f^2 d\varphi^2,$$
$$ds''^2 = dx''^2 + dy''^2 = dx^2 + dy^2 + 2f'(\sin\varphi'\, dx - \cos\varphi'\, dy) d\varphi' + f'^2 d\varphi'^2,$$

d'où l'on tire

$$\delta ds = \frac{1}{ds}(dx\,\delta dx + dy\,\delta dy),$$

$$\delta ds' = \frac{1}{ds'}[(dx + f\sin\varphi\, d\varphi)\delta dx + (dy - f\cos\varphi\, d\varphi)\delta dy + f d\varphi(\cos\varphi\, dx + \sin\varphi dy)\delta\varphi + f(\sin\varphi\, dx - \cos\varphi\, dy + f d\varphi)\delta d\varphi],$$

$$\delta ds'' = \frac{1}{ds''}[(dx + f'\sin\varphi'\, d\varphi')\,\delta dx + (dy - f'\cos\varphi'\, d\varphi')\delta dy + f' d\varphi'(\cos\varphi'\, dx + \sin\varphi'\, dy)\,\delta\varphi' + f'(\sin\varphi' dx - \cos\varphi' dy + f' d\varphi')\,\delta\, d\varphi$$

On substituera ces valeurs dans les intégrales

$$\int u\,\delta\, ds, \quad \int u'\,\delta\, ds', \quad \int u''\,\delta\, ds''$$

de l'équation (D) de l'Article VIII, et faisant les transformations et les réductions ordinaires, on trouvera

$$\int u\,\delta\, ds = -\int\left(d\frac{dx}{dt}\delta x + d\frac{dy}{dt}\delta y\right),$$

$$\int u'\,\delta ds' = -\int\left[d\frac{dx + f\sin\varphi\, d\varphi}{dt}\delta x + d\,\frac{dy - f\cos\varphi\, d\varphi}{dt}\delta y - \left(\frac{\cos\varphi\, dx + \sin\varphi\, dy}{dt} f d\varphi - d\,\frac{\sin\varphi\, dx - \cos\varphi\, dy - f d\varphi}{dt} f\right)\delta\varphi\right]$$

Et l'on aura pour $\int u''\,\delta\, ds''$ la même expression que pour $\int u'\,\delta\, ds'$, en marquant seulement d'un trait les lettres φ et f, comme il est aisé de s'en assurer par le calcul.

Pour avoir maintenant la valeur de

$$M u\,\delta u + M' u'\,\delta u' + M'' u''\,\delta u'',$$

on aura recours à l'équation générale (U) de l'Article VIII, laquelle donnera pour le cas présent

$$\mathrm{M}u\delta u+\mathrm{M}'u'\delta u'+\mathrm{M}''u''\delta u''=-\mathrm{M}(\mathrm{P}\delta p+\mathrm{Q}\delta q+\mathrm{R}\delta r)=-\mathrm{M}(\Pi\delta x+\varpi\delta y),$$

en faisant les mêmes suppositions que dans l'Article I.

Il n'y a plus qu'à mettre ces différentes transformées dans l'équation (D); or, si l'on fait, pour abréger,

$$\mathrm{I}\left(d\frac{dx}{dt}+\Pi\,dt\right)+\mathrm{M}'d\left[\frac{1}{dt}(dx+f\sin\varphi\,d\varphi)\right]+\mathrm{M}''d\left[\frac{1}{dt}(dx+f'\sin\varphi'\,d\varphi')\right]=[x],$$

$$\mathrm{I}\left(d\frac{dy}{dt}+\varpi\,dt\right)+\mathrm{M}'d\left[\frac{1}{dt}(dy-f\cos\varphi\,d\varphi)\right]+\mathrm{M}''d\left[\frac{1}{dt}(dy-f'\cos\varphi'\,d\varphi')\right]=[y],$$

$$\frac{\mathrm{I}'f\,d\varphi}{dt}(\cos\varphi\,dx+\sin\varphi\,dy)-\mathrm{M}'d\left[\frac{f}{dt}(\sin\varphi\,dx-\cos\varphi\,dy+f\,d\varphi)\right]=[\varphi],$$

$$\frac{\mathrm{I}''f'\,d\varphi'}{dt}(\cos\varphi'\,dx+\sin\varphi'\,dy)-\mathrm{M}''d\left[\frac{f'}{dt}(\sin\varphi'\,dx-\cos\varphi'\,dy+f'\,d\varphi')\right]=[\varphi'],$$

on trouve

$$(\mathrm{H})\qquad -\int([x]\delta x+[y]\delta y-[\varphi]\delta\varphi-[\varphi']\delta\varphi')=0,$$

d'où l'on tire par notre méthode

$$[x]=0,\quad [y]=0,\quad [\varphi]=0,\quad [\varphi']=0,$$

quatre équations qui suffiront pour déterminer le rapport des indéterminées x, y, φ, φ' au temps t, et par conséquent le mouvement de chacun des trois corps M, M', M''.

XVIII.

Corollaire I. — Si le corps M était mû dans une rainure courbe représentée par l'équation

$$dy=m\,dx,$$

alors il n'y aurait qu'à mettre, dans l'équation (H), $m\delta x$ pour δy, et faire ensuite chacun des trois coefficients de δx, $\delta\varphi$, $\delta\varphi'$ égal à zéro; ce qui donnerait pour les équations du mouvement des corps

$$[x]+m[y]=0, \quad [\varphi]=0, \quad [\varphi']=0.$$

Si le corps M était, outre cela, obligé de se mouvoir avec une vitesse dont la loi à chaque point de la courbe fût donnée, alors, comme le mouvement de ce corps serait entièrement donné, on aurait $\delta x=0$ et $\delta y=0$; c'est pourquoi il faudrait supprimer les équations $[x]=0$ et $[y]=0$, et mettre dans les deux autres $[\varphi]=0$, $[\varphi']=0$, au lieu de $\frac{dx}{dt}$, $\frac{dy}{dt}$, leurs valeurs données.

XIX.

Corollaire II. — Supposons que les trois corps M, M', M'', au lieu de se tenir par des fils, soient attachés à une verge inflexible, en sorte que l'angle des lignes f, f' soit constant et égal à α; on aura donc en ce cas

$$\varphi'=\varphi+\alpha \quad \text{et} \quad \delta\varphi'=\delta\varphi;$$

ainsi, il ne faudra qu'écrire, dans l'équation (H), $\varphi+\alpha$ pour φ' et $\delta\varphi$ pour $\delta\varphi'$, et faisant ensuite les coefficients de δx, δy, $\delta\varphi$ chacun en particulier égal à zéro, on aura

$$[x]=0, \quad [y]=0, \quad [\varphi]+[\varphi']=0.$$

XX.

Corollaire III. — Si l'on veut de plus, dans le cas du Corollaire précédent, que le corps M se meuve dans une rainure courbe dont l'équation soit $dy=mdx$, mettant, comme dans l'Article XVIII, $m\delta x$ au lieu de δy, et faisant chacun égal à zéro les coefficients de δx et $\delta\varphi$, on aura simplement les deux équations

$$[x]+m[y]=0, \quad \text{et} \quad [\varphi]+[\varphi']=0.$$

Mais si la vitesse du corps M est aussi donnée, en ce cas, δx et δy étant nuls, il ne restera que l'équation

$$[\varphi]+[\varphi']=0,$$

dans laquelle il faudra mettre, au lieu de $\frac{dx}{dt}, \frac{dy}{dt}$, leurs valeurs données.

XXI.

Corollaire IV. — Si les corps M', M'' étaient liés par un même fil, de longueur donnée, le long duquel l'autre corps M pût couler librement par le moyen d'un anneau, on pourrait résoudre le Problème de la même manière en faisant les quantités f, f' variables dans les expressions de ds', ds'' et de leurs différences $\delta ds'$, $\delta ds''$.

Pour cela, il n'y aurait qu'à augmenter la valeur de ds'^2 trouvée ci-dessus (Article XVII) de la quantité

$$-2(\cos\varphi\, dx+\sin\varphi\, dy)\,df+df^2,$$

et ensuite celle de $\delta ds'$ de la quantité

$$\begin{aligned}(\sin\varphi\, dx-\cos\varphi\, dy+f d\varphi)\,d\varphi\,\delta f-(\cos\varphi\, dx+\sin\varphi\, dy-df)\,\delta df\\ +(\sin\varphi\, dx-\cos\varphi\, dy)\,df\,\delta\varphi-\cos\varphi\, df\,\delta dx-\sin\varphi\, df\,\delta dy\end{aligned}$$

divisée par ds'; c'est pourquoi la valeur de la formule intégrale $\int u'\,\delta ds'$ serait augmentée de

$$\begin{aligned}\int\Big\{ d\,\frac{\cos\varphi\, df}{dt}\,\delta x+d\,\frac{\sin\varphi\, df}{dt}\,\delta y+\frac{df}{dt}(\sin\varphi\, dx-\cos\varphi\, dy)\,\delta\varphi\\ +\left[\frac{d\varphi}{dt}(\sin\varphi\, dx-\cos\varphi\, dy+f\,d\varphi)+d\,\frac{1}{dt}(\cos\varphi\, dx+\sin\varphi\, dy-df)\right]\delta f\Big\}.\end{aligned}$$

Et l'autre formule intégrale $\int u''\,\delta ds''$ serait aussi augmentée de la même quantité, en marquant seulement d'un trait les deux lettres φ et f. Par là, l'équation (H) deviendrait de cette forme :

$$(\text{I})\qquad -\int[(x)\,\delta x+(y)\,\delta y-(\varphi)\,\delta\varphi-(\varphi')\,\delta\varphi'+(f)\,\delta f+(f')\,\delta f']=0,$$

dans laquelle

$$(x) = [x] - M' d \frac{\cos\varphi\, df}{dt} - M'' d \frac{\cos\varphi'\, df}{dt},$$

$$(y) = [y] - M' d \frac{\sin\varphi\, df}{dt} - M'' d \frac{\sin\varphi'\, df'}{dt},$$

$$(\varphi) = [\varphi] + M' \frac{df}{dt} (\sin\varphi\, dx - \cos\varphi\, dy),$$

$$(\varphi') = [\varphi'] + M'' \frac{df'}{dt} (\sin\varphi'\, dx - \cos\varphi'\, dy),$$

$$(f) = M' \frac{d\varphi}{dt} (\sin\varphi\, dx - \cos\varphi\, dy - f\, d\varphi) + M' d \left[\frac{1}{dt} (\cos\varphi\, dx + \sin\varphi\, dy - df) \right],$$

$$(f') = M'' \frac{d\varphi'}{dt} (\sin\varphi'\, dx - \cos\varphi'\, dy + f'\, d\varphi') + M'' d \left[\frac{1}{dt} (\cos\varphi'\, dx + \sin\varphi'\, dy - df') \right] (*)$$

Maintenant, les deux corps M′, M″ étant attachés fixement aux extrémités du fil qui est supposé inextensible, il faut que la somme des lignes f et f' soit constante; soit cette somme, c'est-à-dire la longueur totale du fil, égale à a, on aura

$$f' = a - f \quad \text{et} \quad \delta f' = - \delta f;$$

on fera donc ces substitutions dans l'équation (I), et mettant ensuite chacun égal à zéro les coefficients des différences restantes δx, δy, $\delta\varphi$, $\delta\varphi'$, δf, on aura les cinq équations

$$(x) = 0, \quad (y) = 0, \quad (\varphi) = 0, \quad (\varphi') = 0, \quad (f) - (f') = 0,$$

lesquelles donneront le rapport des cinq indéterminées x, y, φ, φ', f au temps t.

XXII.

Corollaire V. — Si le corps M était fixe, ou, ce qui revient au même, si le fil qui joint les deux corps M′, M″ passait à travers un anneau immo-

(*) On a rétabli, dans ces formules, les masses M′ et M″ qui sont omises dans le texte primitif. (*Note de l'Éditeur.*)

bile, on aurait pour lors dx, dy et δx, δy chacun égal à zéro, et les équations du mouvement des deux corps seraient

$$(\varphi)=0, \quad (\varphi')=0 \quad \text{et} \quad (f)-(f')=0,$$

savoir, à cause que $dx=0$, $dy=0$ et $f'=a-f$,

$$d\frac{f^2\,d\varphi}{dt}=0, \quad d\frac{(a-f)^2\,d\varphi'}{dt}=0,$$

et

$$\frac{f(d\varphi^2+d\varphi'^2)-a\,d\varphi'^2}{dt}+2d\frac{df}{dt}=0\ (*).$$

Les deux premières équations, étant intégrées, donneront

$$d\varphi^2=\frac{A\,dt^2}{f^4}, \quad d\varphi'^2=\frac{B\,dt^2}{(a-f)^4},$$

et, ces valeurs substituées dans la troisième, on aura

$$\frac{A\,dt}{f^3}-\frac{B\,dt}{(a-f)^3}+2d\frac{df}{dt}=0,$$

laquelle étant multipliée par $\frac{df}{dt}$, et ensuite intégrée, devient

$$-\frac{A}{2f^2}+\frac{B}{2(a-f)^2}+\frac{df^2}{dt^2}=C,$$

d'où l'on tire

$$dt=\frac{df}{\sqrt{C+\dfrac{A}{2f^2}-\dfrac{B}{2(a-f)^2}}}.$$

XXIII.

Corollaire VI. — Si dans le cas du Corollaire précédent les deux corps M′, M″ étaient attachés à une verge droite et inflexible, alors on aurait $\varphi'=\varphi$ et $\delta\varphi'=\delta\varphi$, et les équations $(\varphi)=0$, $(\varphi')=0$ n'en feraient

(*) Dans cet Article et dans le suivant, Lagrange ne tient pas compte des masses; il en résulte que les formules obtenues se rapportent au seul cas où les masses M′ et M″ sont égales entre elles. (*Note de l'Éditeur.*)

plus qu'une seule, savoir $(\varphi)+(\varphi')=0$; on aurait donc simplement les deux équations

$$(\varphi)+(\varphi')=0 \quad \text{et} \quad (f)-(f')=0,$$

c'est-à-dire

$$d\frac{(a^2-2af+2f^2)\,d\varphi}{dt}=0 \quad \text{et} \quad \frac{(2f-a)\,d\varphi^2}{dt}+2d\frac{df}{dt}=0,$$

lesquelles donnent, en chassant dt,

$$\frac{(2f-a)\,d\varphi}{a^2-2af+2f^2}+2d\frac{df}{(a^2-2af+2f^2)\,d\varphi}=0.$$

Cette équation étant multipliée par $\dfrac{df}{a^2-2af+2f^2}$, et ensuite intégrée, en regardant $d\varphi$ comme constante, deviendra celle-ci

$$\frac{d\varphi}{2(a^2-2af+2f^2)}+\frac{df^2}{(a^2-2af+2f^2)^2\,d\varphi}=\frac{d\varphi}{A^2},$$

qui se réduit à

$$d\varphi=\frac{A\,df\sqrt{2}}{\sqrt{2(a^2-2af+2f^2)^2-A^2(a^2-2af+2f^2)}}.$$

XXIV.

Problème V. — *Trouver le mouvement d'un fil fixe en une de ses extrémités, et chargé de tant de corps pesants qu'on voudra* M, M', M'',....

Solution. — Ayant pris, comme dans l'Article IX, x, y, z, x', y', z', x'', y'', z'',... pour les coordonnées rectangles des corps M, M', M'',..., on a d'abord l'équation (E). Soit maintenant f la portion du fil interceptée entre l'extrémité fixe et le corps M; soient aussi f', f'',... les portions du même fil interceptées entre les corps M et M', M' et M'', et ainsi de suite; on aura les équations

$$\begin{aligned}
f &= \sqrt{x^2+y^2+z^2},\\
f' &= \sqrt{(x'-x)^2+(y'-y)^2+(z'-z)^2},\\
f'' &= \sqrt{(x''-x')^2+(y''-y')^2+(z''-z')^2},\\
&\cdots\cdots\cdots\cdots\cdots\cdots\cdots\cdots,
\end{aligned}$$

l'origine des abscisses x, x', x'',... étant à l'extrémité fixe du fil. On tire de là

$$x = \sqrt{f^2 - y^2 - z^2},$$
$$x' = x + \sqrt{f'^2 - (y' - y)^2 - (z' - z)^2},$$
$$x'' = x' + \sqrt{f''^2 - (y'' - y')^2 - (z'' - z')^2},$$
$$\dots\dots\dots,$$

et par conséquent

$$\delta x = -\frac{1}{x}(y\delta y + z\delta z),$$

$$\delta x' = \delta x - \frac{1}{x' - x}[(y' - y)(\delta y' - \delta y) + (z' - z)(\delta z' - \delta z)]$$
$$= \left(\frac{y' - y}{x' - x} - \frac{y}{x}\right)\delta y - \frac{y' - y}{x' - x}\delta y' + \left(\frac{z' - z}{x' - x} - \frac{z}{x}\right)\delta z - \frac{z' - z}{x' - x}\delta z',$$

$$\delta x'' = \delta x' - \frac{1}{x'' - x'}[(y'' - y')(\delta y'' - \delta y') + (z'' - z')(\delta z'' - \delta z')]$$
$$= \left(\frac{y' - y}{x' - x} - \frac{y}{x}\right)\delta y + \left(\frac{y'' - y'}{x'' - x'} - \frac{y' - y}{x' - x}\right)\delta y' - \frac{y'' - y'}{x'' - x'}\delta y''$$
$$+ \left(\frac{z' - z}{x' - x} - \frac{z}{x}\right)\delta z + \left(\frac{z'' - z'}{x'' - x'} - \frac{z' - z}{x' - x}\right)\delta z' - \frac{z'' - z'}{x'' - x'}\delta z'',$$

et ainsi de suite.

Maintenant, si on suppose, ce qui est absolument arbitraire, l'axe des x, x', x'',... vertical, et que P exprime la pesanteur absolue des corps, il faudra mettre dans l'équation (U) de l'Article VIII δx, $\delta x'$, $\delta x''$,... au lieu de δp, $\delta p'$, $\delta p''$,..., $-$P au lieu de P, P', P'',..., et toutes les autres forces Q, R, Q',... égales à zéro; on aura donc

$$\mathrm{M}u\delta u + \mathrm{M}'u'\delta u' + \mathrm{M}''u''\delta u'' + \dots = \mathrm{P}(\mathrm{M}\delta x + \mathrm{M}'\delta x' + \mathrm{M}''\delta x'' + \dots).$$

Faisant ces substitutions dans l'équation (E) citée ci-devant, et ordonnant les termes, elle deviendra de la forme suivante :

$$\int([y]\delta y + [y']\delta y' + [y'']\delta y'' + \dots + [z]\delta z + [z']\delta z' + [z'']\delta z'' + \dots) = 0,$$

dans laquelle on aura, après avoir mis au lieu de $\frac{ds}{u}$, $\frac{ds'}{u'}$, $\frac{ds''}{u''}$,... leur valeur commune dt,

$$
\begin{aligned}
[y] = \mathrm{M}\left[d\frac{dy}{dt} + \frac{y}{x}\left(\mathrm{P}dt - d\frac{dx}{dt}\right)\right] \\
- \left[\frac{y'-y}{x'-x} - \frac{y}{x}\right]\left[\mathrm{M}'\left(\mathrm{P}dt - d\frac{dx'}{dt}\right) + \mathrm{M}''\left(\mathrm{P}dt - d\frac{dx''}{dt}\right)\right. \\
\left. + \mathrm{M}'''\left(\mathrm{P}dt - d\frac{dx'''}{dt}\right) + \ldots\right],
\end{aligned}
$$

$$
\begin{aligned}
[y'] = \mathrm{M}'\left[d\frac{dy'}{dt} + \frac{y'-y}{x'-x}\left(\mathrm{P}dt - d\frac{dx'}{dt}\right)\right] \\
- \left[\frac{y''-y'}{x''-x'} - \frac{y'-y}{x'-x}\right]\left[\mathrm{M}''\left(\mathrm{P}dt - d\frac{dx''}{dt}\right) + \mathrm{M}'''\left(\mathrm{P}dt - d\frac{dx'''}{dt}\right) + \ldots\right],
\end{aligned}
$$

$$
\begin{aligned}
[y''] = \mathrm{M}''\left[d\frac{dy''}{dt} + \frac{y''-y'}{x''-x}\left(\mathrm{P}dt - d\frac{dx''}{dt}\right)\right] \\
- \left[\frac{y'''-y''}{x'''-x''} - \frac{y''-y'}{x''-x'}\right]\left[\mathrm{M}'''\left(\mathrm{P}dt - d\frac{dx'''}{dt}\right) + \ldots\right],
\end{aligned}
$$

. . . . ,

et les valeurs de $[z]$, $[z']$, $[z'']$,... seront les mêmes que celles de $[y]$, $[y']$, $[y'']$,..., en y mettant simplement z, z', z'',... au lieu de y, y', y'',....

On fera donc, suivant notre méthode,

$$
\begin{gathered}
[y] = 0, \quad [y'] = 0, \quad [y''] = 0, \ldots, \\
[z] = 0, \quad [z'] = 0, \quad [z''] = 0, \ldots,
\end{gathered}
$$

équations qui, avec celles qu'on a trouvées plus haut, suffiront pour résoudre le Problème.

XXV.

Corollaire. — Soient les corps M, M′, M″,... infiniment petits, et placés à des distances égales les uns des autres; marquant par la lettre d la différence de deux coordonnées consécutives quelconques, on aura en général

$$
\frac{y'-y}{x'-x} = \frac{\mathrm{d}y}{\mathrm{d}x} \quad \text{et} \quad \frac{y''-y'}{x''-x'} - \frac{y'-y}{x'-x} = \mathrm{d}\frac{\mathrm{d}y}{\mathrm{d}x}.
$$

Soit dm chaque petit poids dont le fil est chargé; soit, de plus, désignée par $\mathrm{T}dt$ la somme des valeurs de $dm\left(\mathrm{P}dt - d\frac{dx}{dt}\right)$ pour toute la longueur du fil, et la somme indéfinie des mêmes valeurs prise relativement à l'abscisse x, marquée par la lettre S, de cette manière

$$\mathrm{S}dm\left(\mathrm{P}dt - d\frac{dx}{dt}\right);$$

il est facile de voir que les équations $[y]=0$, $[y']=0$, $[y'']=0$,... se réduiront toujours à celle-ci générale :

$$dm\left[d\frac{dy}{dt} + \frac{\mathrm{d}y}{\mathrm{d}x}\left(\mathrm{P}dt - d\frac{dx}{dt}\right)\right] - \mathrm{d}\frac{\mathrm{d}y}{\mathrm{d}x}\left[\mathrm{T}dt - \mathrm{S}dm\left(\mathrm{P}dt - d\frac{dx}{dt}\right)\right] = 0;$$

que de même les équations $[z]=0$, $[z']=0$, $[z'']=0$,... se changeront en

$$dm\left[d\frac{dz}{dt} + \frac{\mathrm{d}z}{\mathrm{d}x}\left(\mathrm{P}dt - d\frac{dx}{dt}\right)\right] - \mathrm{d}\frac{\mathrm{d}z}{\mathrm{d}x}\left[\mathrm{T}dt - \mathrm{S}dm\left(\mathrm{P}dt - d\frac{dx}{dt}\right)\right] = 0.$$

Ce seront donc ces deux équations qui serviront à déterminer le mouvement du fil; mais il y faudra encore ajouter une troisième équation qui se déduira de ce que chaque élément du fil, dont l'expression générale est $\sqrt{\mathrm{d}x^2 + \mathrm{d}y^2 + \mathrm{d}z^2}$, doit demeurer constant, pendant que le fil varie de courbe. Cette équation sera donc

$$\frac{d\sqrt{\mathrm{d}x^2 + \mathrm{d}y^2 + \mathrm{d}z^2}}{dt} = 0,$$

savoir

$$\mathrm{d}x\left(\frac{d\,\mathrm{d}x}{dt}\right) + \mathrm{d}y\left(\frac{d\,\mathrm{d}y}{dt}\right) + \mathrm{d}z\left(\frac{d\,\mathrm{d}z}{dt}\right) = 0.$$

Dans le cas des oscillations infiniment petites on a $\frac{dx}{dt}=0$, parce qu'alors chaque point du fil répond toujours à très-peu près au même point de l'axe; de plus, si on regarde le fil comme uniformément épais, et que l'élément de sa courbe $\sqrt{\mathrm{d}x^2 + \mathrm{d}y^2 + \mathrm{d}z^2}$ soit dénoté par $\mathrm{d}s$, on aura $dm = \mathrm{d}s$, et la formule intégrale $\mathrm{S}dm\left(\mathrm{P}dt - d\frac{dx}{dt}\right)$ se réduira à $\mathrm{SP}\mathrm{d}s\,dt = \mathrm{P}s\,dt$, à cause de $\mathrm{P}dt$ constant, s étant la longueur de la partie du fil qui répond à l'abscisse x; par conséquent, si la longueur totale du fil est l, on aura $\mathrm{T}=\mathrm{P}l$, et les deux premières équations deviendront celles-ci, beaucoup plus simples,

$$\mathrm{d}s\left(d\frac{dy}{dt}+\frac{\mathrm{d}y}{\mathrm{d}x}\mathrm{P}dt\right)-\mathrm{P}dt\,\mathrm{d}\frac{\mathrm{d}y}{\mathrm{d}x}(l-s)=\mathrm{o},$$

$$\mathrm{d}s\left(d\frac{dz}{dt}+\frac{\mathrm{d}z}{\mathrm{d}x}\mathrm{P}dt\right)-\mathrm{P}dt\,\mathrm{d}\frac{\mathrm{d}z}{\mathrm{d}x}(l-s)=\mathrm{o};$$

la troisième sera inutile.

XXVI.

Scolie. — Si les fils $f, f', f'', \ldots$, qui joignent les corps M, M', M'',..., étaient extensibles et élastiques, on aurait alors les équations

$$\begin{aligned}
f\,\delta f &= x\delta x+y\delta y+z\delta z,\\
f'\delta f' &= (x'-x)(\delta x'-\delta x)+(y'-y)(\delta y'-\delta y)+(z'-z)(\delta z'-\delta z),\\
f''\delta f'' &= (x''-x')(\delta x''-\delta x')+(y''-y')(\delta y''-\delta y')+(z''-z')(\delta z''-\delta z'),
\end{aligned}$$

et ainsi de suite.

On trouvera de plus, en appelant F, F', F'',... les forces d'élasticité ou de contraction des fils $f, f', f'', \ldots$, que l'équation (U) deviendra

$$\begin{aligned}
&\mathrm{M}u\delta u+\mathrm{M}'u'\delta u'+\mathrm{M}''u''\delta u''+\ldots\\
&\quad=\mathrm{P}(\mathrm{M}\delta x+\mathrm{M}'\delta x'+\mathrm{M}''\delta x''+\ldots)-\mathrm{F}\delta f-\mathrm{F}'\delta f'-\mathrm{F}''\delta f''-\ldots,
\end{aligned}$$

comme il est facile de s'en assurer en appliquant le principe de la conservation des forces vives au cas dont il s'agit ici.

On mettra donc, dans cette expression de

$$\mathrm{M}u\delta u+\mathrm{M}'u'\delta u'+\mathrm{M}''u''\delta u''+\ldots,$$

au lieu de $\delta f, \delta f', \delta f'', \ldots$, les valeurs qu'on vient de trouver, et on la substituera ensuite dans l'équation (E) de l'Article IX; ce qui donnera, après avoir ordonné les termes et mis dt à la place de $\frac{ds}{u}, \frac{ds'}{u'}, \frac{ds''}{u''}, \ldots,$

une équation de cette forme :

$$\int [(x)\,\delta x + (x')\,\delta x' + (x'')\,\delta x'' + \ldots + (y)\,\delta y + (y')\,\delta y' + (y'')\,\delta y'' + \ldots + (z)\,\delta z + (z')\,\delta z' + (z'')\,\delta z'' + \ldots] = 0,$$

dans laquelle

$$(x) = \mathrm{M}\left(d\frac{dx}{dt} - \mathrm{P}\,dt\right) + \left(\frac{x}{f}\mathrm{F} - \frac{x'-x}{f'}\mathrm{F}'\right)dt,$$

$$(x') = \mathrm{M}'\left(d\frac{dx'}{dt} - \mathrm{P}\,dt\right) + \left(\frac{x'-x}{f'}\mathrm{F}' - \frac{x''-x'}{f''}\mathrm{F}''\right)dt,$$

$$(x'') = \mathrm{M}''\left(d\frac{dx''}{dt} - \mathrm{P}\,dt\right) + \left(\frac{x''-x'}{f''}\mathrm{F}'' - \frac{x'''-x''}{f'''}\mathrm{F}'''\right)dt,$$

....,

$$(y) = \mathrm{M}\,d\frac{dy}{dt} + \left(\frac{y}{f}\mathrm{F} - \frac{y'-y}{f'}\mathrm{F}'\right)dt,$$

$$(y') = \mathrm{M}'\,d\frac{dy'}{dt} + \left(\frac{y'-y}{f'}\mathrm{F}' - \frac{y''-y'}{f''}\mathrm{F}''\right)dt,$$

$$(y'') = \mathrm{M}''\,d\frac{dy''}{dt} + \left(\frac{y''-y'}{f''}\mathrm{F}'' - \frac{y'''-y''}{f'''}\mathrm{F}'''\right)dt,$$

....,

et les autres expressions (z), (z'), (z'') seront les mêmes que les (y), (y'), (y''),..., en changeant seulement y en z, y' en z', y'' en z'',....

De cette équation on tirera donc, suivant notre méthode, les équations particulières

$$(x) = 0, \quad (x') = 0, \quad (x'') = 0, \ldots,$$
$$(y) = 0, \quad (y') = 0, \quad (y'') = 0, \ldots,$$
$$(z) = 0, \quad (z') = 0, \quad (z'') = 0, \ldots,$$

qui seront celles du mouvement des corps M, M', M'',....

XXVII.

Corollaire. — Si l'on veut que les masses M, M', M'',... soient infiniment petites et placées à des distances infiniment petites les unes des autres, conservant les suppositions faites dans l'Article XXV, on aura en général $M = dm$, $f = \mathrm{d}s$, $x' - x = \mathrm{d}x$, $y' - y = \mathrm{d}y$, $z' - z = \mathrm{d}z$, et l'on trouvera que les équations ci-dessus se changeront dans les trois suivantes :

$$dm\left(d\frac{dx}{dt} - P\,dt\right) - \mathrm{d}\frac{F\,\mathrm{d}x}{\mathrm{d}s}\,dt = 0,$$

$$dm\, d\frac{dy}{dt} - \mathrm{d}\frac{F\,\mathrm{d}y}{\mathrm{d}s}\,dt = 0,$$

$$dm\, d\frac{dz}{dt} - \mathrm{d}\frac{F\,\mathrm{d}z}{\mathrm{d}s}\,dt = 0,$$

où la quantité F marque l'élasticité variable de chaque élément du fil.

Si l'on fait abstraction de la pesanteur P, et qu'on suppose, outre cela, les oscillations du fil infiniment petites, en sorte que l'abscisse x demeure toujours la même pour chaque élément $\mathrm{d}s$, la première équation se réduira à

$$-\mathrm{d}\frac{F\,\mathrm{d}x}{\mathrm{d}s}\,dt = 0,$$

dont l'intégrale est $\frac{F\,\mathrm{d}x}{\mathrm{d}s} = k$, ce qui donne

$$\frac{F}{\mathrm{d}s} = \frac{k}{\mathrm{d}x},$$

et cette valeur étant substituée dans les deux autres équations, on aura, à cause de k constant,

$$dm\, d\frac{dy}{dt} = \mathrm{d}\frac{\mathrm{d}y}{\mathrm{d}x}\,k\,dt, \quad dm\, d\frac{dz}{dt} = \mathrm{d}\frac{\mathrm{d}z}{\mathrm{d}x}\,k\,dt.$$

Soit X l'épaisseur du fil, en sorte que $dm = X\,\mathrm{d}x$ (il faudrait mettre à la rigueur $dm = X\,\mathrm{d}s$, mais comme on suppose les vibrations infiniment petites, il est clair que $\mathrm{d}y$ et $\mathrm{d}z$ seront aussi infiniment petites par rapport à $\mathrm{d}x$, et qu'ainsi $\mathrm{d}s$ sera à très-peu près égal à $\mathrm{d}x$), on trouvera en différentiant et prenant dt et $\mathrm{d}x$ pour constantes, ce qui est permis,

$$\frac{d^2y}{dt^2} = \frac{k}{X}\frac{\mathrm{d}^2y}{\mathrm{d}x^2}, \quad \frac{d^2z}{dt} = \frac{k}{X}\frac{\mathrm{d}^2z}{\mathrm{d}x^2},$$

équations connues.

XXVIII.

Remarque. — Les équations trouvées pour le mouvement d'un fil vibrant, élastique ou non, peuvent encore l'être d'une autre manière plus directe, en regardant d'abord le fil comme un assemblage d'une infinité de points mobiles; c'est ce qu'il est bon de faire voir pour développer davantage l'application de notre principe général à ces sortes de questions.

XXIX.

Problème VI. — *Trouver le mouvement d'un fil inextensible, dont tous les points sont sollicités par des forces quelconques* P, Q, R,....

Solution. — En conservant les noms donnés dans l'Article XXV, soient, de plus, u la vitesse de chaque élément du fil, et ds le petit espace qu'il parcourt dans le temps dt; il est facile de voir que la formule du principe général deviendra

$$\mathrm{S}\,dm\int u\,ds.$$

On fera donc, suivant notre méthode, l'équation

$$\delta\,\mathrm{S}\,dm\int u\,ds = 0,$$

qui se réduira d'abord, à cause que dm est constant pendant que le fil varie de courbe, à

$$\mathrm{S}\,dm\,\delta\int u\,ds = 0,$$

savoir à

$$\mathrm{S}\,dm\int(u\,\delta ds + \delta u\,ds) = \mathrm{S}\,dm\int u\,\delta ds + \mathrm{S}\,dm\int u\,\delta u\,dt = 0,$$

en mettant dt pour $\frac{ds}{u}$.

Maintenant, si on prend pour chaque élément du fil trois coordonnées rectangles x, y, z, comme dans le Problème I, on aura aussi

$$\delta ds = \frac{1}{ds}(dx\, d\delta x + dy\, d\delta y + dz\, d\delta z)$$

et

$$\int u\delta ds = -\int \left(d\frac{dx}{dt}\delta x + d\frac{dy}{dt}\delta y + d\frac{dz}{dt}\delta z\right),$$

en mettant dt pour $\frac{ds}{u}$; donc l'intégrale $\mathrm{S}dm \int u\delta ds$ deviendra

$$-\int \mathrm{S}dm\left(d\frac{dx}{dt}\delta x + d\frac{dy}{dt}\delta y + d\frac{dz}{dt}\delta z\right),$$

en transposant les signes S, $\int$, ce qui est évidemment permis.

On changera aussi par la même transposition des signes la formule $\mathrm{S}dm \int u\delta u\, dt$ en $\int \mathrm{S}dm\, u\delta u\, dt$, et l'on aura l'équation

$$\text{(K)} \qquad \int \mathrm{S}dm\left(u\delta u\, dt - d\frac{dx}{dt}\delta x - d\frac{dy}{dt}\delta y - d\frac{dz}{dt}\delta z\right) = 0.$$

Il s'agit maintenant de trouver la valeur de $\mathrm{S}dm\, u\delta u\, dt$. Or il n'est pas difficile de voir que l'équation (U) de l'Article VIII appliquée à la question présente donne

$$\mathrm{S}dm\, u\delta u = -\mathrm{S}dm(\mathrm{P}\delta p + \mathrm{Q}\delta q + \mathrm{R}\delta r + \ldots).$$

On aura donc, en multipliant par dt dont la valeur est la même pour tous les éléments du fil,

$$\mathrm{S}dm\, u\delta u\, dt = -\mathrm{S}dm(\mathrm{P}\delta p + \mathrm{Q}\delta q + \mathrm{R}\delta r + \ldots)dt,$$

ou bien en mettant, selon les suppositions de l'Art. I, $\Pi\delta x + \varpi\delta x + \Psi\delta z$ au lieu de $\mathrm{P}\delta p + \mathrm{Q}\delta q + \mathrm{R}\delta r + \ldots$,

$$\text{(X)} \qquad \mathrm{S}dm\, u\delta u\, dt = -\mathrm{S}dm(\Pi\, dt\,\delta x + \varpi\, dt\,\delta y + \Psi\, dt\,\delta z).$$

Cette valeur substituée dans l'équation (K), il viendra

$$\text{(L)} \quad -\int \mathrm{S}dm\left[\left(d\frac{dx}{dt} + \Pi\, dt\right)\delta x + \left(d\frac{dy}{dt} + \varpi\, dt\right)\delta y + \left(d\frac{dz}{dt} + \Psi\, dt\right)\delta z\right] = 0.$$

Présentement, comme chaque élément du fil, $ds = \sqrt{dx^2 + dy^2 + dz^2}$, est supposé inextensible, on a, comme dans l'Article XXV, l'équation

$$dx \frac{d\,dx}{dt} + dy \frac{d\,dy}{dt} + dz \frac{d\,dz}{dt} = 0.$$

On a de plus, par la même raison,

$$\delta \sqrt{dx^2 + dy^2 + dz^2} = 0,$$

ce qui donne

$$dx\,\delta dx + dy\,\delta dy + dz\,\delta dz = 0,$$

savoir, en transposant les deux caractéristiques δ, d,

$$dx\,d\delta x + dy\,d\delta y + dz\,d\delta z = 0;$$

d'où l'on tire

$$d\delta x = -\frac{dy\,d\delta y + dz\,d\delta z}{dx},$$

et, en intégrant,

$$S d\delta x = \delta x = \delta' x - S\frac{dy\,d\delta y + dz\,d\delta z}{dx};$$

$\delta' x$ dénote la valeur de δx lorsque l'intégrale marquée par S est zéro, savoir la valeur du δx à la première extrémité du fil. La substitution de cette valeur de δx dans l'équation (L) changera l'expression intégrale

$$S dm \left(d\frac{dx}{dt} + \Pi\,dt\right)\delta x$$

en celle-ci

$$S dm \left(d\frac{dx}{dt} + \Pi\,dt\right)\delta' x - S dm \left[\left(d\frac{dx}{dt} + \Pi\,dt\right) S\left(\frac{dy}{dx} d\delta y + \frac{dz}{dx} d\delta z\right)\right].$$

Or la différence $\delta' x$, étant constante, peut être dégagée du signe d'intégration; donc si $T dt$ exprime la valeur totale de l'intégrale

$$S dm \left(d\frac{dx}{dt} + \Pi\,dt\right),$$

l'expression $S dm \left(d\frac{dx}{dt} + \Pi\,dt\right)\delta' x$ se réduira à celle-ci plus simple, $T dt\,\delta' x$. Il s'agit maintenant de faire disparaître les différences de δy et

δz dans l'autre expression $\left[\mathrm{S}dm\left(d\frac{dx}{dt}+\Pi\,dt\right)\mathrm{S}\left(\frac{\mathrm{d}y}{\mathrm{d}x}\mathrm{d}\,\delta y+\frac{\mathrm{d}z}{\mathrm{d}x}\mathrm{d}\,\delta z\right)\right]$; c'est de quoi l'on viendra aisément à bout par la méthode de l'Article IX du Mémoire précédent. Suivant cette méthode, on trouvera que, si $\mathrm{T}dt$ représente, comme ci-devant, la valeur totale de l'intégrale

$$\mathrm{S}dm\left(d\frac{dx}{dt}+\Pi\,dt\right),$$

et qu'on fasse, pour abréger,

$$\mathrm{T}dt-\mathrm{S}dm\left(d\frac{dx}{dt}+\Pi\,dt\right)=\mathrm{U}dt,$$

on aura

$$\mathrm{S}dm\left(d\frac{dx}{dt}+\Pi\,dt\right)\mathrm{S}\frac{\mathrm{d}y}{\mathrm{d}x}\mathrm{d}\,\delta y=\frac{\mathrm{U}dt\,\mathrm{d}y}{\mathrm{d}x}\delta y-\mathrm{S}\mathrm{d}\frac{\mathrm{U}dt\,\mathrm{d}y}{\mathrm{d}x}\delta y,$$

et de même

$$\mathrm{S}dm\left(d\frac{dx}{dt}+\Pi\,dt\right)\mathrm{S}\frac{\mathrm{d}z}{\mathrm{d}x}\mathrm{d}\,\delta z=\frac{\mathrm{U}dt\,\mathrm{d}z}{\mathrm{d}x}\delta z-\mathrm{S}\mathrm{d}\frac{\mathrm{U}dt\,\mathrm{d}z}{\mathrm{d}x}\delta z,$$

où les termes qui se trouvent hors du signe d'intégration S doivent être pris avec les conditions énoncées à la fin de l'Article I du Mémoire précédent; or la valeur de $\mathrm{U}dt$ qui répond au dernier point du fil est nulle, parce que $\mathrm{S}dm\left(d\frac{dx}{dt}+\Pi\,dt\right)$ devient alors égal à $\mathrm{T}dt$, et, pour le premier point, cette valeur est égale à $\mathrm{T}dt$, parce que $\mathrm{S}dm\left(d\frac{dx}{dt}+\Pi\,dt\right)$ est égal à zéro; donc, si l'on marque par $'x$, $'y$, $'z$ les coordonnées qui répondent à ce point, on aura $-\frac{\mathrm{T}dt\,\mathrm{d}'y}{\mathrm{d}'x}\delta\,'y$ pour la valeur exacte du terme $\frac{\mathrm{U}dt\,\mathrm{d}y}{\mathrm{d}x}\delta y$, et $-\frac{\mathrm{T}dt\,\mathrm{d}'z}{\mathrm{d}'z}\delta\,'z$ pour celle de l'autre terme $\frac{\mathrm{U}dt\,\mathrm{d}z}{\mathrm{d}x}\delta z$. Par ces substitutions, on aura donc

$$\begin{aligned}\mathrm{S}dm&\left[\left(d\frac{dx}{dt}+\Pi\,dt\right)\mathrm{S}\left(\frac{\mathrm{d}y}{\mathrm{d}x}\mathrm{d}\,\delta y+\frac{\mathrm{d}z}{\mathrm{d}x}\mathrm{d}\,\delta z\right)\right]\\&=-\mathrm{T}dt\left(\delta\,'x+\frac{\mathrm{d}'y}{\mathrm{d}'x}\delta\,'y+\frac{\mathrm{d}'z}{\mathrm{d}'x}\delta\,'z\right)-\mathrm{S}\left(\mathrm{d}\frac{\mathrm{U}dt\,\mathrm{d}y}{\mathrm{d}x}\delta y+\mathrm{d}\frac{\mathrm{U}dt\,\mathrm{d}z}{\mathrm{d}x}\delta z\right),\end{aligned}$$

et l'équation (L) se changera en celle-ci :

$$(\mathrm{M})\quad \left\{\begin{aligned} &-\int\left(\delta\,'x+\frac{\mathrm{d}\,'y}{\mathrm{d}\,'x}\delta\,'y+\frac{\mathrm{d}\,'z}{\mathrm{d}\,'x}\delta\,'z\right)\mathrm{T}\,dt\\ &-\int \mathrm{S}\left[\left(\mathrm{d}\,\frac{\mathrm{U}\,dt\,\mathrm{d}y}{\mathrm{d}x}+dm\,d\,\frac{dy}{dt}+dm\,\varpi\,dt\right)\delta y\right.\\ &\qquad\left.+\left(\mathrm{d}\,\frac{\mathrm{U}\,dt\,\mathrm{d}z}{\mathrm{d}x}+dm\,d\,\frac{dz}{dt}+dm\,\Psi\,dt\right)\delta z\right]=0, \end{aligned}\right.$$

d'où l'on tire pour tous les points du fil en général

$$\mathrm{d}\,\frac{\mathrm{U}\,dt\,\mathrm{d}y}{\mathrm{d}x}+dm\left(d\,\frac{dy}{dt}+\varpi\,dt\right)=0,$$

$$\mathrm{d}\,\frac{\mathrm{U}\,dt\,\mathrm{d}z}{\mathrm{d}x}+dm\left(d\,\frac{dz}{dt}+\Psi\,dt\right)=0,$$

et ces équations, avec celle qui a été trouvée précédemment

$$\mathrm{d}x\left(\frac{d\,\mathrm{d}x}{dt}\right)+\mathrm{d}y\left(\frac{d\,\mathrm{d}y}{dt}\right)+\mathrm{d}z\left(\frac{d\,\mathrm{d}z}{dt}\right)=0,$$

serviront pour déterminer le mouvement du fil.

Si l'on fait dans ces équations $\Pi=-\mathrm{P}$, $\varpi=0$, $\Psi=0$, elles reviendront au même que celles de l'Article XXV, comme il est facile de s'en assurer par un calcul fort simple.

XXX.

Scolie I. — Maintenant, pour satisfaire au reste de l'équation (M), on fera encore

$$\left(\delta\,'x+\frac{\mathrm{d}\,'y}{\mathrm{d}\,'x}\delta\,'y+\frac{\mathrm{d}\,'z}{\mathrm{d}\,'x}\delta\,'z\right)\mathrm{T}\,dt=0,$$

équation qui appartient uniquement au premier point du fil.

Supposons d'abord ce point absolument fixe : il est clair qu'on aura $\delta\,'x=0$, $\delta\,'y=0$, $\delta\,'z=0$, ce qui rendra nuls tous les termes de l'équation dont il s'agit; donc les équations trouvées à la fin de l'Article précédent suffiront dans ce cas pour résoudre le Problème.

Mais si l'autre bout du fil est aussi fixe, il faudra faire alors quelques changements à ces équations. Pour cela soit reprise l'équation,

$$\delta x = \delta' x - \mathrm{S}\left(\frac{dy}{dx}\, d\,\delta y + \frac{dz}{dx}\, d\,\delta z\right),$$

on trouvera, en intégrant par parties avec l'addition des constantes nécessaires,

$$\delta x = \delta' x - \frac{dy}{dx}\delta y - \frac{dz}{dx}\delta z + \frac{d'y}{d'x}\delta' y + \frac{d'z}{d'x}\delta' z + \mathrm{S}\left(d\,\frac{dy}{dx}\delta y + d\,\frac{dz}{dx}\delta z\right).$$

Désignons par x', y', z' les valeurs de x, y, z qui répondent à l'extrémité du fil, et rapportons l'équation qu'on vient de trouver à ce point, on aura, en transposant,

$$\delta x' + \frac{dy'}{dx'}\delta y' + \frac{dz'}{dx'}\delta z' - \delta' x - \frac{d'y}{d'x}\delta' y - \frac{d'z}{d'x}\delta' z$$
$$- \mathrm{S}\left(d\,\frac{dy}{dx}\delta y + d\,\frac{dz}{dx}\delta z\right) = 0,$$

l'intégrale

$$\mathrm{S}\left(d\,\frac{dy}{dx}\delta y + d\,\frac{dz}{dx}\delta z\right)$$

étant prise pour toute la longueur du fil. Cette équation étant vraie pour tous les instants du mouvement du fil, on peut la multiplier par dt, et en prendre l'intégrale relativement au temps t; on aura donc, en affectant tous les termes du signe $\int$,

$$(\mathrm{N})\quad \left\{ \begin{aligned} &\int\left(\delta x' + \frac{dy'}{dx'}\delta y' + \frac{dz'}{dx'}\delta z' - \delta' x - \frac{d'y}{d'x}\delta' y - \frac{d'z}{d'x}\delta' z\right) dt \\ &\qquad - \int \mathrm{S}\left(d\,\frac{dy}{dx}\delta y + d\,\frac{dz}{dx}\delta z\right) dt = 0, \end{aligned} \right.$$

équation qui doit avoir lieu en même temps que l'équation générale (M) en faisant $\delta x'$, $\delta y'$, $\delta z'$, $\delta' x$, $\delta' y$, $\delta' z$ égaux à zéro conformément à l'hypothèse, ce qui la réduit à

$$- \int \mathrm{S}\left(d\,\frac{dy}{dx}\delta y + d\,\frac{dz}{dx}\delta z\right) dt = 0;$$

je multiplie donc cette équation par un coefficient indéterminé k, et je l'ajoute à l'équation (M); j'ai, à cause de $\delta' x$, $\delta' y$, $\delta' z$ égaux à zéro,

$$-\int \mathrm{S}\left[\left(\mathrm{d}\,\frac{\mathrm{U}\,dt\,\mathrm{d}y}{\mathrm{d}x} + dm\,d\,\frac{dy}{dt} + dm\,\varpi\,dt + \mathrm{d}\,\frac{\mathrm{d}y}{\mathrm{d}x}\,k\,dt\right)\delta y + \left(\mathrm{d}\,\frac{\mathrm{U}\,dt\,\mathrm{d}z}{\mathrm{d}x} + dm\,d\,\frac{dz}{dt} + dm\,\Psi\,dt + \mathrm{d}\,\frac{\mathrm{d}z}{\mathrm{d}x}\,k\,dt\right)\delta z\right] = 0,$$

d'où je tire pour le mouvement du fil

$$\mathrm{d}\,\frac{\mathrm{U}\,dt\,\mathrm{d}y}{\mathrm{d}x} + dm\left(d\,\frac{dy}{dt} + \varpi\,dt\right) + \mathrm{d}\,\frac{\mathrm{d}y}{\mathrm{d}x}\,k\,dt = 0,$$

$$\mathrm{d}\,\frac{\mathrm{U}\,dt\,\mathrm{d}z}{\mathrm{d}x} + dm\left(d\,\frac{dz}{dt} + \Psi\,dt\right) + \mathrm{d}\,\frac{\mathrm{d}z}{\mathrm{d}x}\,k\,dt = 0,$$

et la troisième équation sera la même que dans l'Article précédent.

XXXI.

Scolie II. — L'équation (N) étant multipliée par un coefficient indéterminé k, et ensuite ajoutée à l'équation (M), on a en général

$$\int\left[(\mathrm{d}x'\,\delta x' + \mathrm{d}y'\,\delta y' + \mathrm{d}z'\,\delta z')\,\frac{k\,dt}{\mathrm{d}x'} - (\mathrm{d}'x\,\delta' x + \mathrm{d}'y\,\delta' y + \mathrm{d}'z\,\delta' z)\,\frac{\mathrm{T}+k}{\mathrm{d}'x}\,dt\right]$$

$$-\int \mathrm{S}\left[\left(\mathrm{d}\,\frac{\mathrm{U}\,dt\,\mathrm{d}y}{\mathrm{d}x} + \mathrm{d}\,\frac{\mathrm{d}y}{\mathrm{d}x}\,k\,dt + dm\,d\,\frac{dy}{dt} + dm\,\varpi\,dt\right)\delta y + \left(\mathrm{d}\,\frac{\mathrm{U}\,dt\,\mathrm{d}z}{\mathrm{d}x} + \mathrm{d}\,\frac{\mathrm{d}z}{\mathrm{d}x}\,k\,dt + dm\,d\,\frac{dz}{dt} + dm\,\Psi\,dt\right)\delta z\right] = 0.$$

Les termes affectés du double signe $\int \mathrm{S}$ fourniront d'abord pour le mouvement général du fil les mêmes équations que dans l'Article précédent; ensuite les autres termes affectés simplement du signe $\int$ donneront l'équation

$$(\mathrm{d}x'\,\delta x' + \mathrm{d}y'\,\delta y' + \mathrm{d}z'\,\delta z')\,\frac{k\,dt}{\mathrm{d}x'} - (\mathrm{d}'x\,\delta' x + \mathrm{d}'y\,\delta' y + \mathrm{d}'z\,\delta' z)\,\frac{\mathrm{T}+k}{\mathrm{d}'x}\,dt = 0,$$

d'où l'on tire les conclusions suivantes :

1° Si le fil est fixement arrêté à ses deux extrémités, les différences

$\delta'x$, $\delta'y$, $\delta'z$, $\delta x'$, $\delta y'$, $\delta z'$ sont nulles par elles-mêmes, et l'équation dont il s'agit ne fournit aucune condition nouvelle; c'est le cas de l'Article précédent.

2° S'il n'y a qu'une des extrémités du fil qui soit fixe, alors on aura simplement $\delta'x$, $\delta'y$, $\delta'z$ ou $\delta x'$, $\delta y'$, $\delta z'$ égaux à zéro; dans le premier cas, il restera l'équation

$$(\mathrm{d}x'\,\delta x' + \mathrm{d}y'\,\delta y' + \mathrm{d}z'\,\delta z')\frac{k\,dt}{\mathrm{d}x'} = 0,$$

à laquelle on ne peut satisfaire qu'en mettant $k = 0$; dans le second, l'équation restante sera

$$-(\mathrm{d}'x\,\delta'x + \mathrm{d}'y\,\delta'y + \mathrm{d}'z\,\delta'z)\frac{k+\mathrm{T}}{\mathrm{d}'x}\,dt = 0,$$

laquelle donnera nécessairement

$$k + \mathrm{T} = 0, \quad \text{savoir} \quad \mathrm{T} = -k.$$

3° Si le fil est attaché d'un côté à une verge fixe le long de laquelle il puisse couler par le moyen d'un anneau, et que l'équation de la verge soit en général

$$dz = m\,dx + n\,dy,$$

alors on supposera

$$\delta'z = {}'m\,\delta'x + {}'n\,\delta'y, \quad \text{ou} \quad \delta z' = m'\,\delta x' + n'\,\delta y',$$

selon que ce sera le premier ou le dernier point du fil qui décrira la courbe donnée; et substituant dans l'équation ci-dessus la valeur de $\delta'z$ ou de $\delta z'$ on en tirera pour le premier cas les deux conditions

$$\mathrm{d}'x + {}'m\,\mathrm{d}'z = 0, \quad \mathrm{d}'y + {}'n\,\mathrm{d}'z = 0,$$

et de plus $k = 0$, si l'autre bout du fil est libre, et pour le second cas on trouvera de même

$$\mathrm{d}x' + m'\,\mathrm{d}z' = 0, \quad \mathrm{d}y' + n'\,\mathrm{d}z' = 0,$$

et de plus $\mathrm{T} + k = 0$, si le premier point du fil est libre.

4° Si les deux bouts du fil coulent le long de deux courbes représentées par les équations

$$d'z = 'm\,d'x + 'n\,d'y,\quad dz' = m'\,dx' + n'\,dy',$$

on mettra $'m\,\delta'x + 'n\,\delta'y$ pour $\delta'z$, et $m'\,\delta x' + n'\,\delta y'$ pour $\delta z'$, et l'on fera en conséquence

$$\mathrm{d}'x + 'm\,\mathrm{d}'z = 0,\quad \mathrm{d}'y + 'n\,\mathrm{d}'z = 0,\quad \mathrm{d}x' + m'\,\mathrm{d}z' = 0,\quad \mathrm{d}y' + n'\,\mathrm{d}z' = 0.$$

5° Si les deux bouts du fil sont attachés l'un à l'autre, en sorte qu'il en résulte une courbe rentrant en elle-même, on aura dans ce cas $x' = 'x$, $y' = 'y$, $z' = 'z$, et l'équation générale se réduira à

$$-(\mathrm{d}'x\,\delta'x + \mathrm{d}'y\,\delta'y + \mathrm{d}'z\,\delta'z)\frac{\mathrm{T}\,dt}{\mathrm{d}'x} = 0;$$

d'où T = o comme dans le premier cas du n° 1.

Toutes ces équations, au reste, devront se vérifier au moyen des constantes qui se trouveront dans les équations générales de l'Article précédent après leur intégration.

XXXII.

Scolie III. — Imaginons que le fil soit emporté par un corps de masse finie M' attaché à son extrémité et animé par des puissances quelconques P', Q', R',.... Il est clair que dans ce cas la formule, qui doit être un maximum ou un minimum, ne sera plus simplement $\mathrm{S}dm\int u\,ds$, mais

$$\mathrm{S}dm\int u\,ds + \mathrm{M}'\int u'\,ds',$$

en nommant u' la vitesse du corps M' et ds' l'élément de la courbe qu'il décrit. Or cette dernière formule, étant traitée comme celle du Problème I, donnera pour sa différentielle

$$-\mathrm{M}'\int\left[\left(d\frac{dx'}{dt} + \Pi'\,dt\right)\delta x' + \left(d\frac{dy'}{dt} + \varpi'\,dt\right)\delta y' + \left(d\frac{dz'}{dt} + \Psi'\,dt\right)\delta z'\right];$$

on ajoutera donc cette quantité au premier membre de l'équation générale de l'Article précédent, et l'on aura celle-ci :

$$
(\mathrm{P})\left\{
\begin{aligned}
&-\int\Big[\Big(\mathrm{M}'d\frac{dx'}{dt}+\mathrm{M}'\Pi'dt-k\,dt\Big)\delta x'+\Big(\mathrm{M}'d\frac{dy'}{dt}+\mathrm{M}'\varpi'dt-\frac{\mathrm{d}y'}{\mathrm{d}x'}k\,dt\Big)\delta y'\\
&\quad+\Big(\mathrm{M}'d\frac{dz'}{dt}+\mathrm{M}'\Psi dt-\frac{\mathrm{d}z'}{\mathrm{d}x'}k\,dt\Big)\delta z'+(\mathrm{d}'x\,\delta'x+\mathrm{d}'y\,\delta'y+\mathrm{d}'z\,\delta'z)\frac{\mathrm{T}+k}{\mathrm{d}'x}dt\\
&-\int\mathrm{S}\Big[\Big(\mathrm{d}\,\frac{\mathrm{U}dt\,\mathrm{d}y}{\mathrm{d}x}+\mathrm{d}\,\frac{\mathrm{d}y}{\mathrm{d}x}k\,dt+dm\,d\frac{dy}{dt}+dm\,\varpi\,dt\Big)\delta y\\
&\qquad-\Big(\mathrm{d}\,\frac{\mathrm{U}dt\,\mathrm{d}z}{\mathrm{d}x}+\mathrm{d}\,\frac{\mathrm{d}z}{\mathrm{d}x}k\,dt+dm\,d\frac{dz}{dt}+dm\,\Psi\,dt\Big)\delta z\Big]=
\end{aligned}\right.
$$

Les termes affectés du double signe $\int\mathrm{S}$ donneront pour le mouvement du fil en général les mêmes équations de l'Article XXX, qu'il est inutile de répéter. Les autres termes fourniront l'équation

$$
\begin{aligned}
&\Big(\mathrm{M}'d\frac{dx'}{dt}+\mathrm{M}'\Pi'dt-k\,dt\Big)\delta x'\\
&+\Big(\mathrm{M}'d\frac{dy'}{dt}+\mathrm{M}'\varpi'dt-\frac{\mathrm{d}y'}{\mathrm{d}x'}k\,dt\Big)\delta y'\\
&+\Big(\mathrm{M}'d\frac{dz'}{dt}+\mathrm{M}'\Psi'dt-\frac{\mathrm{d}z'}{\mathrm{d}x'}k\,dt\Big)\delta z'\\
&+(\mathrm{d}'x\,\delta'x+\mathrm{d}'y\,\delta'y+\mathrm{d}'z\,\delta'z)\frac{\mathrm{T}+k}{\mathrm{d}'x}dt=0.
\end{aligned}
$$

Or, si le corps M′ est libre, en sorte que les différentiations $\delta x'$, $\delta y'$, $\delta z'$ demeurent indéterminées, on fera

$$
\begin{aligned}
&\mathrm{M}'\Big(d\frac{dx'}{dt}+\Pi'dt\Big)-k\,dt=0,\\
&\mathrm{M}'\Big(d\frac{dy'}{dt}+\varpi'dt\Big)-\frac{\mathrm{d}y'}{\mathrm{d}x'}k\,dt=0,\\
&\mathrm{M}'\Big(d\frac{dz'}{dt}+\Psi'dt\Big)-\frac{\mathrm{d}z'}{\mathrm{d}x'}k\,dt=0.
\end{aligned}
$$

Ce sont les équations qui serviront à déterminer le mouvement du corps M'.

Si ce corps était contraint de se mouvoir sur une surface donnée par l'équation

$$dz' = m' dx' + n' dy',$$

on mettrait, comme à l'ordinaire, $m'\delta x' + n'\delta y'$ au lieu de $\delta z'$, et l'on en tirerait les équations

$$\mathrm{M}'\left(d\frac{dx'}{dt} + \Pi' dt\right) - k\,dt + \left[\mathrm{M}'\left(d\frac{dz'}{dt} + \Psi' dt\right) - \frac{\mathrm{d}z'}{\mathrm{d}x'} k\,dt\right] m' = 0,$$

$$\mathrm{M}'\left(d\frac{dy'}{dt} + \varpi' dt\right) - \frac{\mathrm{d}y'}{\mathrm{d}x'} k\,dt + \left[\mathrm{M}'\left(d\frac{dz'}{dt} + \Psi' dt\right) - \frac{\mathrm{d}z'}{\mathrm{d}x'} k\,dt\right] n' = 0.$$

A l'égard des termes

$$(\mathrm{d}\,'x\,\delta\,'x + \mathrm{d}\,'y\,\delta\,'y + \mathrm{d}\,'z\,\delta\,'z)\frac{\mathrm{T}+k}{\mathrm{d}\,'x}\,dt,$$

qui appartiennent au premier point du fil, ils fourniront les mêmes conditions que dans l'Article précédent, selon les différentes circonstances du mouvement de ce point. Mais si l'on imaginait de plus en ce point un autre corps 'M, animé des puissances 'P, 'Q, 'R, ..., en sorte que le fil fût emporté par deux corps 'M, M' fixement attachés à ses extrémités, alors on aurait, pour la formule du maximum ou du minimum,

$$\mathrm{S}\,dm\int u\,ds + \mathrm{M}'\int u'\,ds' + {}'\mathrm{M}\int {}'u\,d\,'s,$$

et l'on trouverait, en faisant le calcul de la même manière que ci-dessus, que le premier membre de l'équation (P) serait augmenté des termes

$$-{}'\mathrm{M}\int\left[\left(d\frac{d\,'x}{dt} + {}'\Pi\,dt\right)\delta\,'x + \left(d\frac{d\,'y}{dt} + {}'\varpi\,dt\right)\delta\,'y + \left(d\frac{d\,'z}{dt} + {}'\Psi\,dt\right)\delta\,'z\right],$$

ce qui ne changerait rien aux formules trouvées pour le mouvement du fil et de l'autre corps M'; mais on aurait de plus l'équation

$$\left['M\,d\frac{d'x}{dt}+'M'\Pi dt+(T+k)\,dt\right]\delta'x$$
$$+\left['M\,d\frac{d'y}{dt}+'M'\varpi dt+\frac{d'y}{d'x}(T+k)\,dt\right]\delta y$$
$$+\left['M\,d\frac{d'z}{dt}+'M'\Psi dt+\frac{d'z}{d'x}(T+k)\,dt\,\delta\right]\delta'z=0,$$

d'où l'on tirerait pour le mouvement du corps 'M des formules analogues à celles qu'on a trouvées pour le corps M'.

XXXIII.

PROBLÈME VII. — *Résoudre le Problème précédent, en supposant que le fil soit extensible et élastique.*

SOLUTION. — Soit F le ressort, c'est-à-dire la force de contraction de chaque élément du fil, on aura, en général, par l'équation (U) de l'Article VIII,

$$S\,dm\,u\,\delta u=-S\,dm(P\,\delta p+Q\,\delta q+R\,\delta r+\ldots)-SF\,\delta f;$$

ce qui donne, en multipliant par dt, et mettant $\Pi\delta x+\varpi\delta y+\Psi\delta z$ au lieu de $P\delta p+Q\delta q+R\delta r+\ldots$, et $\mathrm{d}s$ au lieu de f,

$$(Y)\qquad S\,dm\,u\,\delta u\,dt=-S\,dm(\Pi dt\,\delta x+\varpi dt\,\delta y+\Psi dt\,\delta z)-SF\,dt\,\delta\,\mathrm{d}s.$$

Or

$$\mathrm{d}s=\sqrt{\mathrm{d}x^2+\mathrm{d}y^2+\mathrm{d}z^2},$$

donc

$$\delta\mathrm{d}s=\frac{\mathrm{d}x\,\delta\mathrm{d}x+\mathrm{d}y\,\delta\mathrm{d}y+\mathrm{d}z\,\delta\mathrm{d}z}{\mathrm{d}s}=\frac{\mathrm{d}x\,\mathrm{d}\delta x+\mathrm{d}y\,\mathrm{d}\delta y+\mathrm{d}z\,\mathrm{d}\delta z}{\mathrm{d}s};$$

donc, mettant cette valeur dans $SF\,dt\,\delta\mathrm{d}s$, et intégrant par parties avec les constantes nécessaires, on aura

$$SF\,dt\,\delta\mathrm{d}s=\frac{F'\,dt}{\mathrm{d}s'}(\mathrm{d}x'\,\delta x'+\mathrm{d}y'\,\delta y'+\mathrm{d}z'\,\delta z')-\frac{'F\,dt}{\mathrm{d}'s}(\mathrm{d}'x\,\delta'x+\mathrm{d}'y\,\delta'y+\mathrm{d}'z\,\delta'z)$$
$$-S\left(\mathrm{d}\frac{F\mathrm{d}x}{\mathrm{d}s}\delta x+\mathrm{d}\frac{F\mathrm{d}y}{\mathrm{d}s}\delta y+\mathrm{d}\frac{F\mathrm{d}z}{\mathrm{d}s}\delta z\right)dt.$$

Maintenant, pour résoudre le Problème, il n'y a plus qu'à mettre dans l'équation (K) de l'Article XXIX, au lieu de $\mathrm{S}\,dm\,u\,\delta u\,dt$, la valeur qu'on vient de trouver, et l'on aura, en ordonnant les termes,

$$-\int\left[(\mathrm{d}x'\,\delta x' + \mathrm{d}y'\,\delta y' + \mathrm{d}z'\,\delta z')\frac{\mathrm{F}'\,dt}{\mathrm{d}s'} - (\mathrm{d}'x\,\delta'x + \mathrm{d}'y\,\delta'y + \mathrm{d}'z\,\delta'z)\frac{'\mathrm{F}\,dt}{\mathrm{d}'s}\right]$$

$$\begin{aligned}+\int\mathrm{S}\Big[&\left(\mathrm{d}\frac{\mathrm{F}\,\mathrm{d}x}{\mathrm{d}s}\,dt - dm\,\Pi\,dt - dm\,d\frac{dx}{dt}\right)\delta x\\ &+\left(\mathrm{d}\frac{\mathrm{F}\,\mathrm{d}y}{\mathrm{d}s}\,dt - dm\,\varpi\,dt - dm\,d\frac{dy}{dt}\right)\delta y\\ &+\left(\mathrm{d}\frac{\mathrm{F}\,\mathrm{d}z}{\mathrm{d}s}\,dt - dm\,\Psi\,dt - dm\,d\frac{dz}{dt}\right)\delta z\Big] = 0,\end{aligned}$$

d'où l'on tire, pour les équations générales du mouvement du fil,

$$\mathrm{d}\frac{\mathrm{F}\,\mathrm{d}x}{\mathrm{d}s}\,dt - dm\left(\Pi\,dt + d\frac{dx}{dt}\right) = 0,$$

$$\mathrm{d}\frac{\mathrm{F}\,\mathrm{d}y}{\mathrm{d}s}\,dt - dm\left(\varpi\,dt + d\frac{dy}{dt}\right) = 0,$$

$$\mathrm{d}\frac{\mathrm{F}\,\mathrm{d}z}{\mathrm{d}s}\,dt - dm\left(\Psi\,dt + d\frac{dz}{dt}\right) = 0,$$

ce qui s'accorde avec ce qu'on a trouvé dans l'Article XXVII, en mettant ϖ et $\Psi = 0$, et $-\mathrm{P}$ au lieu de Π.

On aura de plus l'équation

$$(\mathrm{d}x'\,\delta x' + \mathrm{d}y'\,\delta y' + \mathrm{d}z'\,\delta z')\frac{\mathrm{F}'\,dt}{\mathrm{d}s'} - (\mathrm{d}'x\,\delta'x + \mathrm{d}'y\,\delta'y + \mathrm{d}'z\,\delta'z)\frac{'\mathrm{F}\,\mathrm{d}t}{\mathrm{d}'s} = 0,$$

qu'on traitera ainsi qu'on a fait ci-devant l'équation (P), et qui donnera par conséquent des conclusions semblables sur le mouvement des deux extrémités du fil. J'en laisse le détail au lecteur.

XXXIV.

Problème VIII. — *Trouver le mouvement d'un corps de figure quelconque animé par des forces quelconques.*

Solution — Soient nommées *dm* chaque particule du corps, *u* sa vitesse et ds l'espace qu'elle parcourt dans le temps dt : on aura, comme dans l'Article XXIX, $\mathrm{S}dm\int u\,ds$ pour la formule qui doit être un maximum ou un minimum.

En suivant la méthode expliquée dans cet Article, on parviendra de même à l'équation (L)

$$-\int \mathrm{S}dm\left[\left(d\frac{dx}{dt}+\Pi\,dt\right)\delta x+\left(d\frac{dy}{dt}+\varpi\,dt\right)\delta y+\left(d\frac{dz}{dt}+\Psi\,dt\right)\delta z\right]=0,$$

et il n'y aura plus qu'à substituer dans cette équation les valeurs de dx, dy, dz et δx, δy, δz convenables à chaque particule du corps donné.

Pour trouver ces valeurs, je prends dans l'intérieur du corps un point quelconque fixe que j'appelle le centre de rotation et dont je suppose que la position soit représentée par les coordonnées rectangles X, Y, Z; je rapporte à ce centre chacun des autres points du corps par le moyen de trois nouvelles coordonnées p, q, r prises dans les mêmes axes que les X, Y, Z; j'ai ainsi

$$x=\mathrm{X}+p,\quad y=\mathrm{Y}+q,\quad z=\mathrm{Z}+r;$$

par conséquent

$$dx=d\mathrm{X}+dp,\quad dy=d\mathrm{Y}+dq,\quad dz=d\mathrm{Z}+dr,$$

et de même

$$\delta x=\delta\mathrm{X}+\delta p,\quad \delta y=\delta\mathrm{X}+\delta q,\quad \delta z=\delta\mathrm{Z}+\delta r.$$

Il s'agit maintenant de trouver les valeurs des différences de p, q, r pour chaque point du corps; pour cela il faut considérer le mouvement du corps autour de son centre et déterminer les variations qui en résultent dans chacune des lignes p, q, r. Or il est facile de voir que, quel que soit ce mouvement, il peut toujours être regardé comme formé de trois mouvements de rotation autour de trois axes perpendiculaires entre eux, et passant par le centre dont nous parlons; donc, si l'on prend pour les axes de rotation ceux des coordonnées p, q, r, on trouvera par un calcul très-simple que, tandis que le corps tourne autour de l'axe des r d'un mouvement angulaire $d\mathrm{R}$, la ligne p croîtra de la quantité $q\,d\mathrm{R}$, et la ligne q décroîtra de la quantité $pd\mathrm{R}$; que de même, en nommant $d\mathrm{Q}$ l'angle de rotation autour de l'axe des q, les lignes p et r deviendront par ce mouvement $p+rd\mathrm{Q}$, $r-pd\mathrm{Q}$; et qu'enfin l'angle de rotation autour de l'axe des p étant $d\mathrm{P}$, il en résultera dans la ligne q un accroissement égal à $rd\mathrm{P}$, et dans la ligne r un décroissement égal à $qd\mathrm{P}$. Donc, en ajoutant ensemble toutes ces différentes variations des lignes p, q, r, et exprimant les variations totales par dp, dq, dr, on aura, en général,

$$(\mathrm{Q})\qquad dp=rd\mathrm{Q}+qd\mathrm{R},\quad dq=rd\mathrm{P}-pd\mathrm{R},\quad dr=-qd\mathrm{P}-pd\mathrm{Q},$$

et par conséquent aussi, en changeant d en δ,

$$\delta p=r\delta\mathrm{Q}+q\delta\mathrm{R},\quad \delta q=r\delta\mathrm{P}-p\delta\mathrm{R},\quad \delta r=-q\delta\mathrm{P}-p\delta\mathrm{Q}.$$

On aura donc par là

$$\begin{aligned}
\delta x&=\delta\mathrm{X}+r\delta\mathrm{Q}+q\delta\mathrm{R},\\
\delta y&=\delta\mathrm{Y}+r\delta\mathrm{P}-p\delta\mathrm{R},\\
\delta z&=\delta\mathrm{Z}-q\delta\mathrm{P}-p\delta\mathrm{Q};\\
\frac{dx}{dt}&=\frac{d\mathrm{X}}{dt}+r\frac{d\mathrm{Q}}{dt}+q\frac{d\mathrm{R}}{dt},\\
\frac{dy}{dt}&=\frac{d\mathrm{Y}}{dt}+r\frac{d\mathrm{P}}{dt}-p\frac{d\mathrm{R}}{dt},\\
\frac{dz}{dt}&=\frac{d\mathrm{Z}}{dt}-q\frac{d\mathrm{P}}{dt}-p\frac{d\mathrm{Q}}{dt},
\end{aligned}$$

d'où l'on tire

$$d\frac{dx}{dt}=d\frac{d\mathrm{X}}{dt}+rd\frac{d\mathrm{Q}}{dt}+dr\frac{d\mathrm{Q}}{dt}+qd\frac{d\mathrm{R}}{dt}+dq\frac{d\mathrm{R}}{dt},$$

savoir, en mettant pour dq, dr leurs valeurs,

$$d\frac{dx}{dt}=d\frac{d\mathrm{X}}{dt}+rd\frac{d\mathrm{Q}}{dt}+qd\frac{d\mathrm{R}}{dt}-q\frac{d\mathrm{P}\,d\mathrm{Q}}{dt}-p\frac{d\mathrm{Q}^2}{dt}+r\frac{d\mathrm{P}\,d\mathrm{R}}{dt}-p\frac{d\mathrm{R}^2}{dt};$$

on aura de la même manière

$$d\frac{dy}{dt}=d\frac{d\mathrm{Y}}{dt}+rd\frac{d\mathrm{P}}{dt}-pd\frac{d\mathrm{R}}{dt}-q\frac{d\mathrm{P}^2}{dt}-p\frac{d\mathrm{P}\,d\mathrm{Q}}{dt}-r\frac{d\mathrm{Q}\,d\mathrm{R}}{dt}-q\frac{d\mathrm{R}^2}{dt},$$

$$d\frac{dz}{dt}=d\frac{d\mathrm{Z}}{dt}-qd\frac{d\mathrm{P}}{dt}-pd\frac{d\mathrm{Q}}{dt}-r\frac{d\mathrm{P}^2}{dt}+p\frac{d\mathrm{P}\,d\mathrm{R}}{dt}-r\frac{d\mathrm{Q}^2}{dt}-q\frac{d\mathrm{Q}\,d\mathrm{R}}{dt}.$$

Substituant ces valeurs dans l'équation (L) ci-dessus, et faisant sortir hors du signe S les quantités dX, dY, dZ, δX, δY, δZ, dP, dQ, dR, δP, δQ, δR qui sont les mêmes pour chaque point du corps, enfin ordonnant les termes par rapport à δX, δY, δZ, δP, δQ, δR, on aura une équation de la forme suivante :

$$\text{(S)} \qquad \int([X]\delta X + [Y]\delta Y + [Z]\delta Z + [P]\delta P + [Q]\delta Q + [R]\delta R) = 0,$$

dans laquelle

$$[X] = M d\frac{dX}{dt} + S r dm\left(d\frac{dQ}{dt} + \frac{dP\,dR}{dt}\right) + S q dm\left(d\frac{dR}{dt} - \frac{dP\,dQ}{dt}\right)$$
$$- S p dm \frac{dQ^2 + dR^2}{dt} + S\Pi\, dm\, dt,$$

$$[Y] = M d\frac{dY}{dt} + S r dm\left(d\frac{dP}{dt} + \frac{dQ\,dR}{dt}\right) + S q dm \frac{dP^2 + dR^2}{dt}$$
$$- S p dm\left(d\frac{dR}{dt} + \frac{dP\,dQ}{dt}\right) + S\varpi\, dm\, dt,$$

$$[Z] = M d\frac{dZ}{dt} - S r dm \frac{dP^2 + dQ^2}{dt} - S q dm\left(d\frac{dP}{dt} + \frac{dP\,dR}{dt}\right)$$
$$- S p dm\left(d\frac{dQ}{dt} + \frac{dP\,dR}{dt}\right) + S\Psi\, dm\, dt,$$

$$[P] = S r dm d\frac{dY}{dt} - S q dm d\frac{dZ}{dt} + (S r^2 dm + S q^2 dm) d\frac{dP}{dt}$$
$$+ S pq dm d\frac{dQ}{dt} - S pr dm d\frac{dR}{dt} + S qr dm \frac{dQ^2 - dR^2}{dt} - S pr dm \frac{dP\,dQ}{dt}$$
$$- S pq dm \frac{dP\,dR}{dt} + (S q^2 dm - S r^2 dm)\frac{dQ\,dR}{dt} + S\varpi r\, dm\, dt - S\Psi q\, dm\, dt,$$

$$[Q] = S r dm d\frac{dX}{dt} - S p dm d\frac{dZ}{dt} + (S r^2 dm + S p^2 dm) d\frac{dQ}{dt}$$
$$+ S pq dm d\frac{dP}{dt} + S qr dm d\frac{dR}{dt} + S pr dm \frac{dP^2 - dR^2}{dt} - S qr dm \frac{dP\,dQ}{dt}$$
$$+ S pq dm \frac{dQ\,dR}{dt} + (S r^2 dm - S p^2 dm)\frac{dP\,dR}{dt} + S\Pi r\, dm\, dt - S\Psi p\, dm\, dt,$$

$$[R] = Sqdmd\frac{dX}{dt} - Spdmd\frac{dY}{dt} + (Sp^2dm + Sq^2dm)\,d\frac{dR}{dt}$$
$$+ Sqrdmd\frac{dQ}{dt} - Sprdmd\frac{dP}{dt} + Spqdm\frac{dP^2 - dQ^2}{dt} + Sqrdm\frac{dP\,dR}{dt}$$
$$+ Sprdm\frac{dQ\,dR}{dt} + (Sp^2dm - Sq^2dm)\frac{dP\,dQ}{dt} + S\Pi qdm\,dt - S\varpi pdm\,dt;$$

M exprime la valeur de Sdm, savoir la masse entière du corps.

Cette équation donnera la solution du Problème en faisant, comme à l'ordinaire, les coefficients des différences marquées par δ, chacun en particulier égal à zéro, comme on va le voir dans les Corollaires suivants.

XXXV.

Remarque. — On peut simplifier les expressions de [X], [Y], [Z], [P], [Q], [R] en faisant tomber le centre de rotation dans le centre de gravité du corps. Car alors les intégrales S$p\,dm$, S$q\,dm$, S$r\,dm$, qui expriment la somme des moments de toutes les particules du corps par rapport à ses trois axes de rotation, deviendront nécessairement égales à zéro, par la propriété connue de ce centre.

A l'égard des autres intégrales S$p^2\,dm$, S$q^2\,dm$,..., il faut observer que leur valeur dépend de la position instantanée du corps, et qu'elle varie par conséquent avec le temps t.

En effet,

$$d(Sp^2\,dm) = Sd(p^2\,dm) = 2Sp\,dp\,dm = 2Sprdm\,dQ + 2Spq\,dm\,dR,$$

en mettant au lieu de dp sa valeur $rdQ + qdR$; on trouvera de la même manière

$$d(Sq^2\,dm) = 2(Sqrdm)\,dP - 2(Spq\,dm)\,dR,$$
$$d(Sr^2\,dm) = -2(Sqrdm)\,dP - 2(Sprdm)\,dQ,$$
$$d(Spq\,dm) = (Sprdm)\,dP + (Sqrdm)\,dQ + (Sq^2dm - Sp^2dm)\,dR,$$
$$d(Sprdm) = -(Spq\,dm)\,dP + (Sr^2dm - Sp^2dm)\,dQ + (Sq^2dm)\,dR,$$
$$d(Sqrdm) = (Sr^2dm - Sq^2dm)\,dP - (Spq\,dm)\,dQ - (Sprdm)\,dR.$$

Ce sont ces équations qui serviront à déterminer les valeurs générales des quantités $Sp^2 dm$, $Sq^2 dm$, $Sr^2 dm$, $Spq dm$, $Spr dm$, $Sqr dm$ qui entrent dans les expressions [X], [Y],... de l'équation (S); mais c'est de quoi il ne paraît pas facile de venir à bout, à cause de la difficulté d'intégrer ces sortes d'équations.

XXXVI.

Corollaire I. — Or, si le corps est entièrement libre, en sorte que les différences δx, δy, δz, δP, δQ, δR n'aient entre elles aucun rapport déterminé, il faut, pour vérifier l'équation (S), faire les coefficients de ces différences chacun en particulier égal à zéro, ce qui donne les six équations $[X] = 0$, $[Y] = 0$, $[Z] = 0$, $[P] = 0$, $[Q] = 0$, $[R] = 0$, par où l'on peut connaître le mouvement du corps à chaque instant. Si l'on fait dans ces équations $Sp\,dm = 0$, $Sq\,dm = 0$, $Sr\,dm = 0$, selon l'hypothèse de l'Article précédent, les trois premières deviendront celles-ci :

$$M d \frac{dX}{dt} + S\Pi\, dm\, dt = 0,$$

$$M d \frac{dY}{dt} + S\varpi\, dm\, dt = 0,$$

$$M d \frac{dZ}{dt} + S\Psi\, dm\, dt = 0,$$

lesquelles montrent que le centre de gravité du corps se meut de la même manière que si toute la masse du corps était réunie dans ce centre.

Les trois autres équations ne contiendront que les variables dP, dQ, dR d'où dépend le mouvement de rotation du corps autour du centre de gravité; ainsi ce mouvement sera tout à fait indépendant de celui du centre de gravité.

Imaginons que le corps ne tourne qu'autour d'un seul axe, on supposera, dans les équations $[P] = 0$, $[Q] = 0$, $[R] = 0$, deux quelconques des trois variables dP, dQ, dR égales à zéro. Soient d'abord dQ, dR

égales à zéro, on aura

$$(\mathrm{S}r^2 dm + \mathrm{S}q^2 dm)\, d\frac{d\mathrm{P}}{dt} + \mathrm{S}\varpi r\, dm\, dt - \mathrm{S}\Psi q\, dm\, dt = 0,$$

$$(\mathrm{S}pq\, dm)\, d\frac{d\mathrm{P}}{dt} + (\mathrm{S}pr\, dm)\frac{d\mathrm{P}^2}{dt} + \mathrm{S}\Pi r\, dm\, dt - \mathrm{S}\Psi p\, dm\, dt = 0,$$

$$-(\mathrm{S}pr\, dm)\, d\frac{d\mathrm{P}}{dt} + (\mathrm{S}pq\, dm)\frac{d\mathrm{P}^2}{dt} + \mathrm{S}\Pi q\, dm\, dt - \mathrm{S}\varpi p\, dm\, dt = 0.$$

On trouvera, de plus, par les formules données à la fin de l'Article précédent,

$$d(\mathrm{S}r^2\, dm) + d(\mathrm{S}q^2\, dm) = 0,$$
$$d(\mathrm{S}pq\, dm) = (\mathrm{S}pr\, dm)\, d\mathrm{P},$$
$$d(\mathrm{S}pr\, dm) = -(\mathrm{S}pq\, dm)\, d\mathrm{P},$$

d'où

1° $$\mathrm{S}r^2 dm + \mathrm{S}q^2 dm = \text{const.},$$

constante que j'appellerai A;

2° $$\frac{d(\mathrm{S}pq\, dm)}{\mathrm{S}pr\, dm} = -\frac{d(\mathrm{S}pr\, dm)}{\mathrm{S}pq\, dm},$$

savoir :

$$(\mathrm{S}pq\, dm)\, d(\mathrm{S}pq\, dm) = -(\mathrm{S}pr\, dm)\, d(\mathrm{S}pr\, dm),$$

ce qui donne, en intégrant et réduisant,

$$(\mathrm{S}pq\, dm)^2 + (\mathrm{S}pr\, dm)^2 = \text{const.};$$

soit cette constante égale à B², on aura

$$\mathrm{S}pr\, dm = \sqrt{\mathrm{B}^2 - (\mathrm{S}pq\, dm)^2},$$

donc

$$\frac{d(\mathrm{S}pq\, dm)}{\sqrt{\mathrm{B}^2 - (\mathrm{S}pq\, dm)^2}} = d\mathrm{P},$$

d'où

$$\mathrm{S}pq\, dm = \mathrm{B}\sin(\alpha + \mathrm{P}),$$

α étant un angle constant tel, que $\mathrm{B}\sin\alpha = \mathrm{S}pq\, dm$, au commencement de la rotation du corps; par conséquent,

$$\mathrm{S}pr\,dm = \mathrm{B}\cos(\alpha + \mathrm{P});$$

donc, si l'on substitue ces valeurs dans les trois équations ci-dessus, on aura

$$\mathrm{A}\,d\frac{d\mathrm{P}}{dt} + \mathrm{S}\varpi r\,dm\,dt - \mathrm{S}\Psi q\,dm\,dt = 0,$$

$$\mathrm{B}\sin(\alpha + \mathrm{P})\,d\frac{d\mathrm{P}}{dt} + \mathrm{B}\cos(\alpha + \mathrm{P})\frac{d\mathrm{P}^2}{dt} + \mathrm{S}\Pi r\,dm\,dt - \mathrm{S}\Psi p\,dm\,dt = 0,$$

$$-\mathrm{B}\cos(\alpha + \mathrm{P})\,d\frac{d\mathrm{P}}{dt} + \mathrm{B}\sin(\alpha + \mathrm{P})\frac{d\mathrm{P}^2}{dt} + \mathrm{S}\Pi q\,dm\,dt - \mathrm{S}\varpi p\,dm\,dt = 0.$$

La première de ces équations étant multipliée par $\frac{d\mathrm{P}}{dt}$, et ensuite intégrée, donne

$$\frac{\mathrm{A}\,d\mathrm{P}^2}{2dt^2} + \int(\mathrm{S}\varpi r\,dm - \mathrm{S}\Psi q\,dm)\,d\mathrm{P} = \frac{\mathrm{A}c^2}{2},$$

c étant la valeur de $\frac{d\mathrm{P}}{dt}$ lorsque $\mathrm{P} = 0$, c'est-à-dire la vitesse primitive de rotation; donc, substituant dans la seconde et dans la troisième équation, au lieu de $d\frac{d\mathrm{P}}{dt}$ et de $\frac{d\mathrm{P}^2}{dt}$, leurs valeurs, on aura, après avoir divisé par dt,

$$\begin{aligned} &-\frac{\mathrm{B}}{\mathrm{A}}\sin(\alpha + \mathrm{P})(\mathrm{S}\varpi r\,dm - \mathrm{S}\Psi q\,dm) \\ &\quad -\frac{2\mathrm{B}}{\mathrm{A}}\cos(\alpha + \mathrm{P})\int(\mathrm{S}\varpi r\,dm - \Psi q\,dm)\,d\mathrm{P} \\ &\qquad + \mathrm{B}c^2\cos(\alpha + \mathrm{P}) + \mathrm{S}\Pi r\,dm - \mathrm{S}\Psi p\,dm = 0, \end{aligned}$$

$$\begin{aligned} &\frac{\mathrm{B}}{\mathrm{A}}\cos(\alpha + \mathrm{P})(\mathrm{S}\varpi r\,dm - \mathrm{S}\Psi q\,dm) \\ &\quad -\frac{2\mathrm{B}}{\mathrm{A}}\sin(\alpha + \mathrm{P})\int(\mathrm{S}\varpi r\,dm - \mathrm{S}\Psi q\,dm)\,d\mathrm{P} \\ &\qquad + \mathrm{B}c^2\sin(\alpha + \mathrm{P}) + \mathrm{S}\Pi q\,dm - \mathrm{S}\varpi p\,dm = 0, \end{aligned}$$

et ces équations renfermeront les conditions nécessaires pour que le corps tourne librement autour d'un axe immobile.

Si les forces Π, ϖ, Ψ sont nulles, ou constantes, ou bien si elles sont proportionnelles à p, q, r, on a

$$S\varpi r\,dm - S\Psi q\,dm = 0,\quad S\Pi r\,dm - S\Psi p\,dm = 0,\quad S\Pi q\,dm - S\varpi p\,dm = 0;$$

par conséquent,

$$\frac{dP^2}{dt^2} = c^2,$$

c'est-à-dire que le mouvement de rotation est uniforme, et les équations précédentes se réduisent à

$$Bc^2\cos(\alpha + P) = 0,\quad Bc^2\sin(\alpha + P) = 0,$$

ce qui donne $B = 0$; on aura donc

$$\sqrt{(Spq\,dm)^2 + (Spr\,dm)^2} = 0,$$

ce qui ne peut arriver, à moins que l'on n'ait $Spq\,dm = 0$, $Spr\,dm = 0$. Voilà donc les conditions par lesquelles on déterminera la position de l'axe de rotation au dedans du corps. Il est clair que ces conditions sont suffisantes pour une telle détermination, puisqu'on sait que la position d'une droite qui passe par un point donné ne dépend que de deux variables.

Soient maintenant

$$dP = 0,\quad dR = 0 \quad \text{ou} \quad dP = 0,\quad dQ = 0,$$

dans les équations

$$[P] = 0,\quad [Q] = 0,\quad [R] = 0;$$

on trouvera, par des procédés semblables à ceux que nous venons de pratiquer, les conditions de la rotation du corps autour de deux autres axes.

Dans la supposition de

$$S\varpi r\,dm - S\Psi q\,dm = 0,\quad S\Pi r\,dm - S\Psi p\,dm = 0,\quad S\Pi q\,dm - S\varpi p\,dm = 0,$$

les équations dont il s'agit seront

$$(\mathrm{S}pq\,dm)\,d\,\frac{d\mathrm{Q}}{dt}+(\mathrm{S}qr\,dm)\,\frac{d\mathrm{Q}^2}{dt}=0,$$

$$(\mathrm{S}r^2\,dm+\mathrm{S}p^2\,dm)\,d\,\frac{d\mathrm{Q}}{dt}=0,$$

$$(\mathrm{S}qr\,dm)\,d\,\frac{d\mathrm{Q}}{dt}-(\mathrm{S}pq\,dm)\,\frac{d\mathrm{Q}^2}{dt}=0,$$

pour le cas où $d\mathrm{P}=0$, $d\mathrm{R}=0$, et

$$-(\mathrm{S}pr\,dm)\,d\,\frac{d\mathrm{R}}{dt}-(\mathrm{S}qr\,dm)\,\frac{d\mathrm{R}^2}{dt}=0,$$

$$(\mathrm{S}qr\,dm)\,d\,\frac{d\mathrm{R}}{dt}-(\mathrm{S}pr\,dm)\,\frac{d\mathrm{R}^2}{dt}=0,$$

$$(\mathrm{S}p^2\,dm+\mathrm{S}q^2\,dm)\,d\,\frac{d\mathrm{R}}{dt}=0,$$

pour le cas où $d\mathrm{P}=0$, $d\mathrm{Q}=0$.

Dans le premier cas on aura donc $d\,\frac{d\mathrm{Q}}{dt}=0$, c'est-à-dire que la rotation sera uniforme, et de plus $\mathrm{S}qr\,dm=0$, $\mathrm{S}pq\,dm=0$ pour la détermination de l'axe de rotation.

Le second cas donnera pareillement $d\,\frac{d\mathrm{R}}{dt}=0$, savoir la rotation uniforme, et $\mathrm{S}pr\,dm=0$, $\mathrm{S}qr\,dm=0$ pour la détermination de son axe.

On trouvera donc trois axes fixes autour de chacun desquels le corps M pourra tourner librement et uniformément, en cherchant dans ce corps la position de trois droites, qui passent par son centre de gravité, et qui soient telles que

$$\mathrm{S}pq\,dm=0,\quad \mathrm{S}pr\,dm=0,$$
$$\mathrm{S}qr\,dm=0,\quad \mathrm{S}pq\,dm=0,$$
$$\mathrm{S}qr\,dm=0,\quad \mathrm{S}pr\,dm=0,$$

savoir :

$$\mathrm{S}pq\,dm=0,\quad \mathrm{S}pr\,dm=0,\quad \mathrm{S}qr\,dm=0,$$

p, q, r étant les coordonnées rectangles qui déterminent la position de chaque particule du corps par rapport à chacune de ces droites; d'où il est aisé de conclure que les trois axes de rotation dont il s'agit sont nécessairement perpendiculaires entre eux.

Au reste, quel que soit le mouvement du corps autour de son centre de gravité, il y aura toujours un axe instantané de rotation qui passera par ce centre, et qui sera facile à déterminer dès qu'on connaîtra les mouvements angulaires $d\mathrm{P}$, $d\mathrm{Q}$, $d\mathrm{R}$. Soient p', q', r' les coordonnées qui répondent à chacun des points placés dans l'axe dont nous parlons : il est clair que ces points devant être immobiles pour un instant, on doit avoir

$$\begin{aligned} dp' &= r'd\mathrm{Q} + q'd\mathrm{R} = 0, \\ dq' &= r'd\mathrm{P} - p'd\mathrm{R} = 0, \\ dr' &= -q'd\mathrm{P} - p'd\mathrm{Q} = 0, \end{aligned}$$

équations dont la troisième est, comme on le voit, une suite nécessaire des deux premières; c'est pourquoi on fera simplement

$$r'd\mathrm{Q} + q'd\mathrm{R} = 0, \quad r'd\mathrm{P} - p'd\mathrm{R} = 0;$$

ce qui, en regardant p', q', r' comme variables, et $d\mathrm{P}$, $d\mathrm{Q}$, $d\mathrm{R}$ comme constantes, donne une droite dont la position est aisée à déterminer par rapport aux axes des coordonnées p', q', r'.

Dans le premier instant du mouvement on a, en faisant $d\mathrm{P} = 0$, $d\mathrm{Q} = 0$, $d\mathrm{R} = 0$ dans les équations $[\mathrm{P}] = 0$, $[\mathrm{Q}] = 0$, $[\mathrm{R}] = 0$,

$$(\mathrm{S}r^2dm + \mathrm{S}q^2dm)\,d\frac{d\mathrm{P}}{dt} + (\mathrm{S}pq\,dm)\,d\frac{d\mathrm{Q}}{dt} - (\mathrm{S}pr\,dm)\,d\frac{d\mathrm{R}}{dt} + \mathrm{S}\varpi r\,dm\,dt - \mathrm{S}\Psi q\,dm\,dt = 0,$$

$$(\mathrm{S}r^2dm + \mathrm{S}p^2dm)\,d\frac{d\mathrm{Q}}{dt} + (\mathrm{S}pq\,dm)\,d\frac{d\mathrm{P}}{dt} + (\mathrm{S}qr\,dm)\,d\frac{d\mathrm{R}}{dt} + \mathrm{S}\Pi r\,dm\,dt - \mathrm{S}\Psi p\,dm\,dt = 0,$$

$$(\mathrm{S}p^2dm + \mathrm{S}q^2dm)\,d\frac{d\mathrm{R}}{dt} + (\mathrm{S}qr\,dm)\,d\frac{d\mathrm{Q}}{dt} - (\mathrm{S}pr\,dm)\,d\frac{d\mathrm{P}}{dt} + \mathrm{S}\Pi q\,dm\,dt - \mathrm{S}\varpi p\,dm\,dt = 0;$$

de plus, les équations

$$r'd\mathrm{Q} + q'd\mathrm{R} = 0, \quad r'd\mathrm{P} - p'd\mathrm{R} = 0,$$

étant divisées par dt et ensuite différentiées, donnent, à cause de $dP=0$, $dQ=0$, $dR=0$,

$$r'd\frac{dQ}{dt}+q'd\frac{dR}{dt}=0,\quad r'd\frac{dP}{dt}-p'd\frac{dR}{dt}=0;$$

d'où l'on tire

$$d\frac{dQ}{dt}=-\frac{q'}{r'}d\frac{dR}{dt},\quad d\frac{dP}{dt}=\frac{p'}{r'}d\frac{dR}{dt};$$

ces valeurs substituées dans les équations ci-devant, on a

$$\left[(\mathrm{S}r^2dm+\mathrm{S}q^2dm)\frac{p'}{r'}-(\mathrm{S}pq\,dm)\frac{q'}{r'}-\mathrm{S}pr\,dm\right]d\frac{dR}{dt}$$
$$+\mathrm{S}\varpi r\,dm\,dt-\mathrm{S}\Psi q\,dm\,dt=0,$$

$$\left[-(\mathrm{S}r^2dm+\mathrm{S}p^2dm)\frac{q'}{r'}+(\mathrm{S}pq\,dm)\frac{p'}{r'}+\mathrm{S}qr\,dm\right]d\frac{dR}{dt}$$
$$+\mathrm{S}\Pi r\,dm\,dt-\mathrm{S}\Psi p\,dm\,dt=0,$$

$$\left[\mathrm{S}p^2dm+\mathrm{S}q^2dm-(\mathrm{S}qr\,dm)\frac{q'}{r'}-(\mathrm{S}pr\,dm)\frac{p'}{r'}\right]d\frac{dR}{dt}$$
$$+\mathrm{S}\Pi q\,dm\,dt-\mathrm{S}\varpi p\,dm\,dt=0,$$

et, en éliminant $d\frac{dR}{dt}$,

$$\frac{(\mathrm{S}r^2dm+\mathrm{S}q^2dm)p'-(\mathrm{S}pq\,dm)q'-(\mathrm{S}pr\,dm)r'}{(\mathrm{S}pq\,dm)p'-(\mathrm{S}r^2dm+\mathrm{S}p^2dm)q'+(\mathrm{S}qr\,dm)r'}=\frac{\mathrm{S}\Psi q\,dm-\mathrm{S}\varpi r\,dm}{\mathrm{S}\Psi p\,dm-\mathrm{S}\Pi r\,dm},$$

$$\frac{(\mathrm{S}r^2dm+\mathrm{S}q^2dm)p'-(\mathrm{S}pq\,dm)q'-(\mathrm{S}pr\,dm)r'}{-(\mathrm{S}pr\,dm)p'-(\mathrm{S}r^2dm+\mathrm{S}q^2dm)q'+(\mathrm{S}qr\,dm)r'}=\frac{\mathrm{S}\Psi q\,dm-\mathrm{S}\varpi r\,dm}{\mathrm{S}\varpi p\,dm-\mathrm{S}\Pi q\,dm},$$

équations qui donnent le rapport des coordonnées p', q', r' entre elles, et par conséquent la position de l'axe de rotation au commencement du mouvement.

XXXVII.

Corollaire II. — Si le corps n'est pas absolument libre, mais qu'un de ses points quelconque soit obligé de se mouvoir sur une surface donnée, alors, prenant ce point pour le centre de rotation, et supposant la surface exprimée par l'équation

$$dZ = m\,dX + n\,dY,$$

on ne fera que mettre, dans l'équation (S), $m\delta X + n\delta Y$ pour δZ, et l'on aura, au lieu des trois équations $[X] = 0$, $[Y] = 0$, $[Z] = 0$, ces deux-ci :

$$[X] + m[Z] = 0, \quad [Y] + n[Z] = 0,$$

les trois autres ne recevant aucun changement. Mais si, pour simplifier les expressions de $[X]$, $[Y]$,..., on veut que le centre de rotation soit le centre de même de gravité du corps, suivant la Remarque de l'Article XXXV, alors on ne doit plus prendre X, Y, Z pour les coordonnées de la surface proposée, mais $X + p'$, $Y + q'$, $Z + r'$, p', q', r' étant les coordonnées qui déterminent la position du point qui se meut sur cette surface par rapport au centre de gravité; on aura donc

$$dZ + dr' = m(dX + dp') + n(dY + dq'),$$

et mettant au lieu de dp', dq', dr' leurs valeurs

$$r'\,dQ + q'\,dR, \quad r'\,dP - p'\,dR, \quad -q'\,dP - p'\,dQ,$$

et ordonnant les termes,

$$dZ = m\,dX + n\,dY + (q' + nr')\,dP + (p' + mr')\,dQ + (mr' - np')\,dR;$$

on trouvera par un raisonnement semblable

$$\delta Z = m\delta X + n\delta Y + (q' + nr')\delta P + (p' + mr')\delta Q + (mq' - np')\delta R;$$

donc, substituant cette valeur de δZ dans l'équation (S), et faisant les coefficients des différences restantes chacun égal à zéro, on aura les cinq équations

$$[X] + m[Z] = 0, \quad [Y] + n[Z] = 0,$$

$$[P] + (q' + nr')[Z] = 0, \quad [Q] + (p' + mr')[Z] = 0, \quad [R] + (mr' - np')[Z] = 0,$$

et pour la sixième équation on prendra celle qu'on a trouvée ci-dessus,

savoir

$$dZ = m\,dX + n\,dY + (q' + nr')\,dP + \ldots$$

Mais si l'on supposait que le point qui répond aux coordonnées p', q', r' fût fixement attaché, alors on ferait

$$dX + dp' = 0, \quad dY + dq' = 0, \quad dZ + dr' = 0,$$

ce qui donnerait, en mettant au lieu de dp', dq', dr' leurs valeurs,

$$dX = -r'\,dQ - q'\,dR, \quad dY = -r'\,dP + p'\,dR, \quad dZ = q'\,dP + p'\,dQ;$$

on aurait par la même raison

$$\delta X = -r'\delta Q - q'\delta R, \quad \delta Y = -r'\delta P + p'\delta R, \quad \delta Z = q'\delta P + p'\delta Q,$$

et, ces valeurs substituées dans l'équation (S), on trouverait, en faisant les coefficients de δP, δQ, δR chacun égal à zéro, les trois équations

$$-r'[Y] + q'[Z] + [P] = 0,$$
$$-r'[X] + q'[Z] + [Q] = 0,$$
$$-q'[X] + p'[Y] + [R] = 0.$$

XXXVIII.

Corollaire III. — Imaginons que le corps soit posé sur un plan ou sur une surface quelconque le long de laquelle il puisse glisser librement, en tournant sur lui-même d'une manière quelconque; soient p', q', r' les coordonnées de la superficie du corps, et

$$dr' = M\,dp' + N\,dq'$$

son équation différentielle, il est clair :

1° Que tandis que le corps a ses divers mouvements dX, dY, dZ, dP, dQ, dR, chaque point de sa surface parcourt les espaces

$$dX + r'\,dQ + q'\,dR, \quad dY + r'\,dP - p'\,dR, \quad dZ - q'\,dP - p'\,dQ$$

dans la direction des coordonnées X, Y, Z;

2° Que le point d'attouchement, étant mobile sur cette surface, parcourra de plus dans les mêmes directions les espaces dp', dq', dr', savoir dp', dq', $M dp' + N dq'$, d'où il suit que les espaces entiers parcourus par le point touchant seront

$$dX + r' dQ + q' dR + dp',$$
$$dY + r' dP - p' dR + dq',$$
$$dZ - q' dP - p' dQ + M dp' + N dq'.$$

Or, ce point devant aussi se mouvoir sur une surface représentée par l'équation

$$dZ = m dX + n dY,$$

ou bien

$$dz = m dx + n dy,$$

en appelant x, y, z les coordonnées de cette surface pour les distinguer des X, Y, Z qui appartiennent au centre de gravité du corps, il faudra mettre dans cette équation, au lieu de dx, dy, dz, les quantités qu'on vient de trouver, ce qui donnera après les réductions

$$dZ = m dX + n dY + (q' + nr') dP + (p' + mr') dQ + (mq' - np') dR$$
$$+ (m - M) dp' + (n - N) dq'.$$

Cette équation appartiendrait en général à tous les points dans lesquels la superficie du corps pourrait rencontrer la surface proposée; mais dans notre cas, où l'on veut que les deux surfaces se touchent, il faudra de plus supposer qu'elles aient les mêmes tangentes dans leurs points de rencontre, c'est-à-dire que $m = M$, $n = N$; donc l'équation trouvée se réduira à

$$dZ = m dX + n dY + (q' + nr') dP + (p' + mr') dQ + (mq' - np') dR.$$

Par les mêmes raisonnements, on trouvera, en considérant les différences marquées par δ,

$$\delta Z = m \delta X + n \delta Y + (q' + nr') \delta P + (p' + mr') \delta Q + (mq' - np') \delta R.$$

Il n'y aura donc plus qu'à substituer cette valeur de δZ dans l'équation (S), et à égaler ensuite à zéro chacun des coefficients des différences δX, δY, δP, δQ, δR, ce qui donnera les cinq équations

$$[X]+m[Z]=0, \quad [Y]+n[Z]=0,$$

$$[P]+(q'+nr')[Z]=0, \quad [Q]+(p'+mr')[Z]=0, \quad [R]+(mq'-np')[Z]=0,$$

lesquelles étant jointes avec l'équation ci-dessus,

$$dZ=m\,dX+n\,dY+(q'+nr')\,dP+\ldots,$$

serviront à déterminer le mouvement du corps.

Si l'on voulait que le corps n'eût à chaque instant qu'un mouvement autour du point touchant, c'est-à-dire qu'il n'eût aucun mouvement pour glisser le long de la surface sur laquelle il se meut, alors il est clair que les espaces parcourus par le point d'attouchement sur la surface dont nous parlons et sur celle du corps devraient être exactement les mêmes; il faudrait donc que

$$dX+r'\,dQ+q'\,dR+dp'=dp',$$

$$dY+r'\,dP-p'\,dR+dq'=dq',$$

$$dZ-q'\,dP-p'\,dR+dr'=dr',$$

savoir

$$dX+r'\,dQ+q'\,dR=0, \quad dY+r'\,dP-p'\,dR=0, \quad dZ-q'\,dP-p'\,dR=0,$$

et pareillement

$$\delta X+r'\,\delta Q+q'\,\delta R=0, \quad \delta Y+r'\,\delta P-p'\,\delta R=0, \quad \delta Z-q'\,\delta P-p'\,\delta R=0,$$

d'où l'on aurait pour δX, δY, δZ les mêmes valeurs que dans le second cas de l'Article XXXVII, et ces valeurs substituées dans l'équation (S) donneraient par conséquent aussi les mêmes équations pour le mouvement du corps, mais avec cette différence que les coordonnées p', q', r' répondraient ici non plus à un point fixe, mais à un point mobile qui change continuellement de place tant sur la surface du corps que sur celle le long de laquelle le corps se meut.

XXXIX.

Scolie. — Les expressions [X], [Y],..., sont en général

$$[X] = M d\frac{dX}{dt} + S\left(d\frac{dp}{dt} + \Pi\, dt\right) dm,$$

$$[Y] = M d\frac{dY}{dt} + S\left(d\frac{dq}{dt} + \varpi\, dt\right) dm,$$

$$[Z] = M d\frac{dZ}{dt} + S\left(d\frac{dr}{dt} + \Psi\, dt\right) dm,$$

$$[P] = (S r dm) d\frac{dY}{dt} - (S q dm) d\frac{dZ}{dt}$$
$$+ S\left(d\frac{dq}{dt} + \varpi\, dt\right) r dm - S\left(d\frac{dr}{dt} + \Psi\, dt\right) q dm,$$

$$[Q] = (S r dm) d\frac{dX}{dt} - (S p dm) d\frac{dZ}{dt}$$
$$+ S\left(d\frac{dp}{dt} + \Pi\, dt\right) r dm - S\left(d\frac{dr}{dt} + \Psi\, dt\right) p dm,$$

$$[R] = (S q dm) d\frac{dX}{dt} - (S p dm) d\frac{dY}{dt}$$
$$+ S\left(d\frac{dp}{dt} + \Pi\, dt\right) q dm - S\left(d\frac{dq}{dt} + \varpi\, dt\right) p dm.$$

Dans les formules de l'Article XXXIV nous avons mis à la place de p, q, r leurs valeurs tirées de l'équation (Q), et cette substitution a introduit les quantités $Sp^2 dm$, $Sq^2 dm$, $Sr^2 dm$, $Spq dm$, $Spr dm$, $Sqr dm$ qui ne peuvent être déterminées que par l'intégration des équations données dans l'Article XXXV. Or, pour éviter cet embarras, il n'y aura qu'à exprimer les coordonnées p, q, r par d'autres variables, dont les unes dépendent uniquement de la situation du corps et soient par conséquent les mêmes pour chacun de ses points, et les autres au contraire soient différentes pour tous les points du corps et demeurent toujours les mêmes pendant qu'il change de situation. Pour cela, ayant imaginé deux axes perpendiculaires l'un à l'autre, qui passent par le centre de rotation et qui demeurent toujours fixes au dedans du corps, on remarquera : 1° que la position de ces deux axes relativement à un plan fixe quelconque ne dépend que de trois variables qu'on peut nommer P, Q, R; 2° que la position de chaque point du corps, relativement à ces axes, dépend encore de trois autres variables que j'appellerai ξ, φ, ζ; d'où il suit que la position de chaque point du corps par rapport à un plan fixe quelconque dépendra en tout de six variables P, Q, R, ξ, φ, ζ, et qu'ainsi les quantités p, q, r ne seront que des fonctions de ces mêmes variables, fonctions toujours faciles à déterminer par les éléments de Géométrie. Ayant donc trouvé les valeurs de p, q, r en P, Q, R, ξ, φ, ζ, on en tirera aisément celles de $d\frac{dp}{dt}$, $d\frac{dq}{dt}$, $d\frac{dr}{dt}$, en faisant varier P, Q, R; on substituera ensuite toutes ces valeurs dans les expressions ci-dessus, et l'on intégrera les termes affectés du signe S, en regardant ξ, φ, ζ comme variables, après quoi il ne restera plus de variables que les P, Q, R qui représentent la position du corps à chaque instant.

Au reste les expressions de p, q, r dont nous venons de parler peuvent servir aussi à trouver les valeurs des différences δp, δq, δr. Soient en général pour chaque point du corps, c'est-à-dire en regardant ξ, φ, ζ comme constantes,

$$dp = \mathrm{A}\,d\mathrm{P} + \mathrm{B}\,d\mathrm{Q} + \mathrm{C}\,d\mathrm{R},$$
$$dq = \mathrm{D}\,d\mathrm{P} + \mathrm{E}\,d\mathrm{Q} + \mathrm{F}\,d\mathrm{R},$$
$$dr = \mathrm{G}\,d\mathrm{P} + \mathrm{H}\,d\mathrm{Q} + \mathrm{I}\,d\mathrm{R},$$

on aura également

$$\delta p = \mathrm{A}\delta\mathrm{P} + \mathrm{B}\delta\mathrm{Q} + \mathrm{C}\delta\mathrm{R},$$
$$\delta q = \mathrm{D}\delta\mathrm{P} + \mathrm{E}\delta\mathrm{Q} + \mathrm{F}\delta\mathrm{R},$$
$$\delta r = \mathrm{G}\delta\mathrm{P} + \mathrm{H}\delta\mathrm{Q} + \mathrm{I}\,\delta\mathrm{R},$$

et par conséquent

$$\delta x = \delta\mathrm{X} + \delta p = \delta\mathrm{X} + \mathrm{A}\delta\mathrm{P} + \mathrm{B}\delta\mathrm{Q} + \mathrm{C}\delta\mathrm{R},$$
$$\delta y = \delta\mathrm{Y} + \delta q = \delta\mathrm{Y} + \mathrm{D}\delta\mathrm{P} + \mathrm{E}\delta\mathrm{Q} + \mathrm{F}\delta\mathrm{R},$$
$$\delta z = \delta\mathrm{Z} + \delta r = \delta\mathrm{Z} + \mathrm{G}\delta\mathrm{P} + \mathrm{H}\delta\mathrm{Q} + \mathrm{I}\delta\mathrm{R}.$$

Substituant ces valeurs dans l'équation (L), on aura une équation de la même forme que (S), dans laquelle les quantités [X], [Y], [Z] seront exprimées comme ci-dessus, et les [P], [Q], [R] auront les valeurs suivantes :

$$[P] = (SA\,dm)\,d\frac{dX}{dt} + (SD\,dm)\,d\frac{dY}{dt} + (SG\,dm)\,d\frac{dZ}{dt}$$
$$+ S\left[\left(d\frac{dp}{dt} + \Pi\,dt\right)A + \left(d\frac{dq}{dt} + \varpi\,dt\right)D + \left(d\frac{dr}{dt} + \Psi\,dt\right)G\right]dm,$$

$$[Q] = (SB\,dm)\,d\frac{dX}{dt} + (SE\,dm)\,d\frac{dY}{dt} + (SH\,dm)\,d\frac{dZ}{dt}$$
$$+ S\left[\left(d\frac{dp}{dt} + \Pi\,dt\right)B + \left(d\frac{dq}{dt} + \varpi\,dt\right)E + \left(d\frac{dr}{dt} + \Psi\,dt\right)H\right]dm,$$

$$[R] = (SC\,dm)\,d\frac{dX}{dt} + (SF\,dm)\,d\frac{dY}{dt} + (SI\,dm)\,d\frac{dZ}{dt}$$
$$+ S\left[\left(d\frac{dp}{dt} + \Pi\,dt\right)C + \left(d\frac{dq}{dt} + \varpi\,dt\right)F + \left(d\frac{dr}{dt} + \Psi\,dt\right)I\right]dm.$$

Je laisse au lecteur le détail de l'application de cette équation, qui n'aura aucune difficulté, après ce que nous avons dit dans les Corollaires précédents.

XL.

Problème IX. — *Trouver les lois du mouvement des fluides non élastiques.*

Solution. — Il est visible que l'équation (L), qui a servi pour résoudre le Problème précédent, a encore lieu ici, cette équation étant générale pour un système quelconque de corpuscules dm, agités par des forces quelconques P, Q, R,...,

Soit D la densité de chaque particule du fluide dm, on aura

$$dm = \mathrm{D}\,\mathrm{d}x\,\mathrm{d}y\,\mathrm{d}z,$$

et l'équation dont il s'agit sera

$$(a)\quad \left\{ \begin{aligned} &\int S^3\,\mathrm{d}x\,\mathrm{d}y\,\mathrm{d}z\,\mathrm{D}\left[\left(d\frac{dx}{dt} + \Pi\,dt\right)\delta x + \left(d\frac{dy}{dt} + \varpi\,dt\right)\delta y \right.\\ &\qquad\qquad \left. + \left(d\frac{dz}{dt} + \Psi\,dt\right)\delta z\right] = 0. \end{aligned}\right.$$

Je mets l'exposant [3] au signe S, pour exprimer les trois intégrations que ce signe renferme, relativement aux trois variables x, y, z, intégrations que nous aurons souvent occasion dans la suite de considérer chacune en particulier.

Maintenant, comme le fluide est supposé incompressible, il faut que le volume de chaque particule dm, lequel est exprimé par $\mathrm{d}x\,\mathrm{d}y\,\mathrm{d}z$, reste toujours le même; on aura donc

$$\mathrm{d}y\,\mathrm{d}z\,d\,\mathrm{d}x + \mathrm{d}x\,\mathrm{d}z\,d\,\mathrm{d}y + \mathrm{d}x\,\mathrm{d}y\,d\,\mathrm{d}z = 0,$$

savoir

$$\frac{d\,\mathrm{d}x}{\mathrm{d}x} + \frac{d\,\mathrm{d}y}{\mathrm{d}y} + \frac{d\,\mathrm{d}z}{\mathrm{d}z} = 0,$$

ou, en mettant $\mathrm{d}d$ au lieu de $d\mathrm{d}$,

$$(b) \qquad \frac{\mathrm{d}\,dx}{\mathrm{d}x} + \frac{\mathrm{d}\,dy}{\mathrm{d}y} + \frac{\mathrm{d}\,dz}{\mathrm{d}z} = 0.$$

On aura par la même raison

$$\mathrm{d}y\,\mathrm{d}z\,\delta\,\mathrm{d}x + \mathrm{d}x\,\mathrm{d}z\,\delta\,\mathrm{d}y + \mathrm{d}x\,\mathrm{d}y\,\delta\,\mathrm{d}z = 0,$$

ou bien

$$\mathrm{d}y\,\mathrm{d}z\,\mathrm{d}\delta x + \mathrm{d}x\,\mathrm{d}z\,\mathrm{d}\delta y + \mathrm{d}x\,\mathrm{d}y\,\mathrm{d}\delta z = 0,$$

ce qui donne

$$\mathrm{d}\delta x = -\,\mathrm{d}x\left(\frac{\mathrm{d}\delta y}{\mathrm{d}y} + \frac{\mathrm{d}\delta z}{\mathrm{d}z}\right),$$

et par conséquent

$$(c) \qquad \mathrm{S}\,\mathrm{d}\delta x = \delta x = \delta' x - \mathrm{S}\,\mathrm{d}x\left(\frac{\mathrm{d}\delta y}{\mathrm{d}y} + \frac{\mathrm{d}\delta z}{\mathrm{d}z}\right);$$

$\delta' x$ est la valeur de δx, quand l'intégrale $\mathrm{S}\,\mathrm{d}x\left(\frac{\mathrm{d}\delta y}{\mathrm{d}y} + \frac{\mathrm{d}\delta z}{\mathrm{d}z}\right)$ est nulle; or, comme cette intégrale doit être prise en variant seulement x, il s'ensuit que la quantité $\delta' x$ sera constante par rapport à x, mais variable par rapport à y et z, c'est-à-dire que cette quantité sera une fonction de y et z.

Donc, mettant dans l'équation (a), à la place de δx, la valeur qu'on vient de trouver, l'expression intégrale

$$S^3\, dx\, dy\, dz\, D\left(d\frac{dx}{dt} + \Pi\, dt\right)\delta x$$

se changera en celle-ci :

$$S^3\, dx\, dy\, dz\, D\left(d\frac{dx}{dt} + \Pi\, dt\right)\delta' x$$
$$- S^3\, dx\, dy\, dz\left[D\left(d\frac{dx}{dt} + \Pi\, dt\right) S\, dx\left(\frac{d\delta y}{dy} + \frac{d\delta z}{dz}\right)\right].$$

J'écris d'abord le premier membre transformé ainsi :

$$S^2\, dy\, dz\, S\, dx\, D\left(d\frac{dx}{dt} + \Pi\, dt\right)\delta' x,$$

expression qu'on voit bien être équivalente à la proposée. Or, soit la valeur totale de

$$S\, dx\, D\left(d\frac{dx}{dt} + \Pi\, dt\right)$$

exprimée par $T\,dt$, il est clair qu'on aura, à cause que $\delta' x$ est constant par rapport à x,

$$S\, dx\, D\left(d\frac{dx}{dt} + \Pi\, dt\right)\delta' x = \delta' x\, S\, dx\, D\left(d\frac{dx}{dt} + \Pi\, dt\right) = \delta' x\, T\, dt;$$

donc

$$S^3\, dx\, dy\, dz\, D\left(d\frac{dx}{dt} + \Pi\, dt\right)\delta' x = S^2\, dy\, dz\, T\, dt\, \delta' x.$$

Je mets de même le second membre sous la forme suivante :

$$S^2\, dy\, dz\, S\, dx\left[D\left(d\frac{dx}{dt} + dt\right) S\, dx\left(\frac{d\delta y}{dy} + \frac{d\delta z}{dz}\right)\right];$$

j'opère sur l'intégrale

$$S\, dx\left[D\left(d\frac{dx}{dt} + \Pi\, dt\right) S\, dx\left(\frac{d\delta y}{dy} + \frac{d\delta z}{dz}\right)\right]$$

suivant la méthode de l'Article IX, Mémoire précédent : j'aurai, en supposant, pour abréger,

$$\mathrm{U}\,dt = \mathrm{T}\,dt - \mathrm{S}\,\mathrm{d}x\,\mathrm{D}\left(d\frac{dx}{dt} + \Pi\,dt\right),$$

la transformée

$$\mathrm{S}\,\mathrm{d}x\,\mathrm{U}\,dt\left(\frac{\mathrm{d}\delta y}{\mathrm{d}y} + \frac{\mathrm{d}\delta z}{\mathrm{d}z}\right),$$

où il n'y a plus qu'un seul signe d'intégration; la formule proposée deviendra donc

$$\mathrm{S}^2\,\mathrm{d}y\,\mathrm{d}z\,\mathrm{S}\,\mathrm{d}x\,\mathrm{U}\,dt\left(\frac{\mathrm{d}\delta y}{\mathrm{d}y} + \frac{\mathrm{d}\delta z}{\mathrm{d}z}\right),$$

ou, ce qui est la même chose,

$$\mathrm{S}^3\,\mathrm{d}x\,\mathrm{d}y\,\mathrm{d}z\,\mathrm{U}\,dt\left(\frac{\mathrm{d}\delta y}{\mathrm{d}y} + \frac{\mathrm{d}\delta z}{\mathrm{d}z}\right),$$

dans laquelle il ne s'agit plus que de faire disparaître les différences de δy et δz.

Pour cela il est nécessaire de distinguer d'abord les intégrations relatives à la variabilité de y et de z, en mettant cette intégrale sous la forme suivante :

$$\mathrm{S}^2\,\mathrm{d}x\,\mathrm{d}z\,\mathrm{S}\,\mathrm{d}y\,\frac{\mathrm{U}\,dt\,\mathrm{d}\delta y}{\mathrm{d}y} + \mathrm{S}^2\,\mathrm{d}x\,\mathrm{d}y\,\mathrm{S}\,\mathrm{d}z\,\frac{\mathrm{U}\,dt\,\mathrm{d}\delta z}{\mathrm{d}z}.$$

Or, par la méthode ordinaire des intégrations par parties, on trouve

$$\mathrm{S}\,\mathrm{d}y\,\frac{\mathrm{U}\,dt\,\mathrm{d}\delta y}{\mathrm{d}y} = \mathrm{U}\,dt\,\delta y - \mathrm{S}\,\mathrm{d}y\,\frac{\mathrm{d}(\mathrm{U}\,dt)}{\mathrm{d}y}\,\delta y.$$

J'écris $\mathrm{S}\,\mathrm{d}y\,\frac{\mathrm{d}(\mathrm{U}\,dt)}{\mathrm{d}y}\,\delta y$ au lieu de $\mathrm{S}\,\mathrm{d}(\mathrm{U}\,dt)\,\delta y$ qui lui est égal, pour dénoter que cette intégrale, de même que la différentielle $\mathrm{d}\mathrm{U}\,dt$, doit être prise en ne considérant que la variabilité de y seul. Soient maintenant $'y$ la valeur de y lorsque l'intégrale $\mathrm{S}\,\mathrm{d}y\,\frac{\mathrm{d}(\mathrm{U}\,dt)}{\mathrm{d}y}\,\delta y$ commence, et y' sa valeur lorsque cette intégrale finit; et soit exprimé par $'\mathrm{U}$ ce que devient U en y mettant $'y$ à la place de y, et par U' ce que la même quantité devient en faisant $y = y'$; on trouvera, par la Remarque faite à la fin de l'Article I du Mémoire précédent, que la valeur complète du terme $U\,dt\,\delta y$ sera $U'dt\,\delta y' - {}'U dt\,\delta' y$.

Mais pour peu qu'on réfléchisse sur la nature de nos formules, il est aisé de voir que quand $U = {}'U$ l'intégrale $S\,dx\,D\left(d\frac{dx}{dt} + \Pi\,\delta t\right)$ est nulle, et que quand $U = U'$, cette intégrale est précisément égale à $T\,dt$; c'est pourquoi l'on aura ${}'U = T$ et $U' = 0$; donc enfin

$$S\,dy\,\frac{U\,dt\,d\delta y}{dy} = -T\delta' y - S\,dy\,\frac{d(U\,dt)}{dy}\delta y.$$

On trouvera par des opérations et des raisonnements semblables

$$S\,dz\,\frac{-U\,dt\,d\delta z}{dz} = -T\delta' z - S\,dz\,\frac{d(U\,dt)}{dz}\delta z;$$

donc

$$S^3\,dx\,dy\,dz\,U\,dt\left(\frac{d\delta y}{dy} + \frac{d\delta z}{dz}\right)$$

se changera en

$$-S^2\,dx\,dz\,T\,dt\,\delta' y - S^2\,dx\,dz\,S\,dy\,\frac{d(U\,dt)}{dy}\delta y$$
$$-S^2\,dx\,dy\,T\,dt\,\delta' z - S^2\,dx\,dy\,S\,dz\,\frac{d(U\,dt)}{dz}\delta z,$$

ou, en réduisant,

$$-S^2 dx\,dz\,T\,dt\,\delta' y - S^2 dx\,dz\,T\,dt\,\delta' z - S^3 dx\,dy\,dz\left(\frac{d(U\,dt)}{dy}\delta y + \frac{d(U\,dt)}{dz}\delta z\right);$$

donc

$$S^3\,dx\,dy\,dz\;D\left(d\frac{dx}{dt} + \Pi\,dt\right)\delta x = S^2\,dy\,dz\,T\,dt\,\delta' x - S^2\,dx\,dz\,T\,dt\,\delta' y$$
$$-S^2\,dx\,dy\,T\,dt\,\delta' z + S^3\,dx\,dy\,dz\left(\frac{d(U\,dt)}{dy}\delta y + \frac{d(U\,dt)}{dz}\delta z\right),$$

donc l'équation (a) deviendra

$$(d)\quad \left\{\begin{aligned} &\int (S^2\,dy\,dz.T\,dt\,\delta' x + S^2\,dx\,dz\,T\,dt\,\delta' y + S^2\,dx\,dy\,T\,dt\,\delta' z) \\ &+\int S^3\,dx\,dy\,dz\left\{\left[\frac{d(U\,dt)}{dy} + D\left(d\frac{dy}{dt} + \varpi\,dt\right)\right]\delta y\right. \\ &\qquad\qquad\left. + \left[\frac{d(U\,dt)}{dz} + D\left(d\frac{dz}{dt} + \Psi\,dt\right)\right]\delta z\right\} = 0; \end{aligned}\right.$$

d'où l'on tire pour le mouvement de chaque particule du fluide en général

$$(e)\quad \begin{cases} \dfrac{\mathrm{d}(\mathrm{U}\,dt)}{\mathrm{d}y} + \mathrm{D}\left(d\,\dfrac{dy}{dt} + \varpi\,dt\right) = 0, \\[2ex] \dfrac{\mathrm{d}(\mathrm{U}\,dt)}{\mathrm{d}z} + \mathrm{D}\left(d\,\dfrac{dz}{dt} + \Psi\,dt\right) = 0. \end{cases}$$

Ensuite, pour satisfaire au reste de l'équation, on fera

$$(f)\quad \mathrm{S}^2\,\mathrm{d}y\,\mathrm{d}z\,\mathrm{T}\,dt\,\delta' x + \mathrm{S}^2\,\mathrm{d}x\,\mathrm{d}z\,\mathrm{T}\,dt\,\delta' y + \mathrm{S}^2\,\mathrm{d}x\,\mathrm{d}y\,\mathrm{T}\,dt\,\delta' z = 0.$$

XLI.

Corollaire I. — La valeur de $\mathrm{U}\,dt$ est

$$\mathrm{T}\,dt - \mathrm{S}\,\mathrm{d}x\,\mathrm{D}\left(d\,\frac{dx}{dt} + \Pi\,dt\right),$$

l'intégrale étant prise en variant seulement x; on substituera donc cette valeur dans les équations (e); mais, pour pouvoir faire disparaître le signe S, on prendra les différentielles de ces deux équations en supposant x seul variable, ce qui donnera, en mettant pour $\dfrac{\mathrm{d}(\mathrm{U}\,dt)}{\mathrm{d}x}$ sa valeur $-\mathrm{D}\left(d\,\dfrac{dx}{dt} + \Pi\,dt\right)$, deux équations

$$(g)\quad \begin{cases} \dfrac{\mathrm{d}\left[\mathrm{D}\left(d\,\dfrac{dx}{dt} + \Pi\,dt\right)\right]}{\mathrm{d}y} = \dfrac{\mathrm{d}\left[\mathrm{D}\left(d\,\dfrac{dy}{dt} + \varpi\,dt\right)\right]}{\mathrm{d}x}, \\[3ex] \dfrac{\mathrm{d}\left[\mathrm{D}\left(d\,\dfrac{dx}{dt} + \Pi\,dt\right)\right]}{\mathrm{d}z} = \dfrac{\mathrm{d}\left[\mathrm{D}\left(d\,\dfrac{dz}{dt} + \Psi\,dt\right)\right]}{\mathrm{d}x}, \end{cases}$$

qui jointes à l'équation (b) trouvée ci-dessus feront connaître les valeurs de x, y, z pour un temps quelconque.

XLII.

Corollaire II. — Telles sont les équations par lesquelles on peut déterminer en général le mouvement d'un fluide non élastique sollicité par des forces quelconques P, Q, R,..., qui agissent suivant des directions quelconques, ou bien par des forces Π, ϖ, Ψ dirigées suivant les lignes x, y, z; comme il est aisé de le voir en examinant les valeurs de ces quantités Π, ϖ, Ψ (Article I).

Pour mieux connaître les équations dont il s'agit, exprimons par α, β, γ les vitesses de chaque particule du fluide parallèlement aux coordonnées x, y, z, c'est-à-dire les valeurs de $\frac{dx}{dt}$, $\frac{dy}{dt}$, $\frac{dz}{dt}$: on aura, en divisant par dt,

$$(h)\quad \begin{cases} \dfrac{\mathrm{d}\left(\mathrm{D}\frac{d\alpha}{dt}\right)}{\mathrm{d}y} + \dfrac{\mathrm{d}(\mathrm{D}\Pi)}{\mathrm{d}y} = \dfrac{\mathrm{d}\left(\mathrm{D}\frac{d\beta}{dt}\right)}{\mathrm{d}x} + \dfrac{\mathrm{d}(\mathrm{D}\varpi)}{\mathrm{d}x}, \\[2ex] \dfrac{\mathrm{d}\left(\mathrm{D}\frac{d\alpha}{dt}\right)}{\mathrm{d}z} + \dfrac{\mathrm{d}(\mathrm{D}\Pi)}{\mathrm{d}z} = \dfrac{\mathrm{d}\left(\mathrm{D}\frac{d\gamma}{dt}\right)}{\mathrm{d}x} + \dfrac{\mathrm{d}(\mathrm{D}\Psi)}{\mathrm{d}x}, \end{cases}$$

$$(i)\quad \frac{\mathrm{d}\alpha}{\mathrm{d}x} + \frac{\mathrm{d}\beta}{\mathrm{d}y} + \frac{\mathrm{d}\gamma}{\mathrm{d}z} = 0.$$

On voit par ces équations que les quantités α, β, γ sont nécessairement des fonctions des variables x, y, z qui déterminent la position des particules à chaque instant, et du temps écoulé depuis le commencement du mouvement; or, dans l'instant dt, il est clair que les variables x, y, z deviennent $x + \alpha\, dt$, $y + \beta\, dt$, $z + \gamma\, dt$; donc les variations des quantités α, β, γ dans cet instant ne seront pas seulement $\frac{d\alpha}{dt}dt$, $\frac{d\beta}{dt}dt$, $\frac{d\gamma}{dt}dt$, mais

$$\frac{d\alpha}{dt}dt + \frac{d\alpha}{dx}\alpha\, dt + \frac{d\alpha}{dy}\beta\, dt + \frac{d\alpha}{dz}\gamma\, dt,$$

$$\frac{d\beta}{dt}dt + \frac{d\beta}{dx}\alpha\, dt + \frac{d\beta}{dy}\beta\, dt + \frac{d\beta}{dz}\gamma\, dt,$$

$$\frac{d\gamma}{dt}dt + \frac{d\gamma}{dx}\alpha\, dt + \frac{d\gamma}{dy}\beta\, dt + \frac{d\gamma}{dz}\gamma\, dt,$$

et telles seront les valeurs de $d\alpha$, $d\beta$, $d\gamma$; donc, si on substitue ces valeurs dans les équations (h), et qu'on suppose pour plus de simplicité les forces Π, ϖ, Ψ nulles ou telles que

$$\frac{\mathrm{d}(\mathrm{D}\Pi)}{\mathrm{d}y} = \frac{\mathrm{d}(\mathrm{D}\varpi)}{\mathrm{d}x}, \quad \frac{\mathrm{d}(\mathrm{D}\Pi)}{\mathrm{d}z} = \frac{\mathrm{d}(\mathrm{D}\Psi)}{\mathrm{d}x},$$

et de plus la densité D constante, on aura, en divisant par D et marquant toutes les différences par d, ce qui est absolument indifférent ici,

$$\frac{d^2\alpha}{dt\,dy} + \alpha\frac{d^2\alpha}{dx\,dy} + \beta\frac{d^2\alpha}{dy^2} + \gamma\frac{d^2\alpha}{dy\,dz} + \frac{d\alpha}{dx}\frac{d\alpha}{dy} + \frac{d\alpha}{dy}\frac{d\beta}{dy} + \frac{d\alpha}{dz}\frac{d\gamma}{dy}$$
$$= \frac{d^2\beta}{dt\,dx} + \alpha\frac{d^2\beta}{dx^2} + \beta\frac{d^2\beta}{dx\,dy} + \gamma\frac{d^2\beta}{dx\,dz} + \frac{d\beta}{dx}\frac{d\alpha}{dx} + \frac{d\beta}{dy}\frac{d\beta}{dx} + \frac{d\beta}{dz}\frac{d\gamma}{dx},$$

$$\frac{d^2\alpha}{dt\,dz} + \alpha\frac{d^2\alpha}{dx\,dz} + \beta\frac{d^2\alpha}{dy\,dz} + \gamma\frac{d^2\alpha}{dz^2} + \frac{d\alpha}{dx}\frac{d\alpha}{dz} + \frac{d\alpha}{dy}\frac{d\beta}{dz} + \frac{d\alpha}{dz}\frac{d\gamma}{dz}$$
$$= \frac{d^2\gamma}{dt\,dx} + \alpha\frac{d^2\gamma}{dx^2} + \beta\frac{d^2\gamma}{dx\,dy} + \gamma\frac{d^2\gamma}{dx\,dz} + \frac{d\gamma}{dx}\frac{d\alpha}{dx} + \frac{d\gamma}{dy}\frac{d\beta}{dx} + \frac{d\gamma}{dz}\frac{d\gamma}{dx}.$$

Ces équations peuvent s'abréger en supposant

$$\frac{d\alpha}{dy} - \frac{d\beta}{dx} = \mu, \quad \frac{d\alpha}{dz} - \frac{d\gamma}{dx} = \nu,$$

ce qui les réduira à

$$(k)\quad \begin{cases} \dfrac{d\mu}{dt} + \alpha\dfrac{d\mu}{dx} + \beta\dfrac{d\mu}{dy} + \gamma\dfrac{d\mu}{dz} + \mu\left(\dfrac{d\alpha}{dx} + \dfrac{d\beta}{dy}\right) + \dfrac{d\alpha}{dz}\dfrac{d\gamma}{dy} - \dfrac{d\beta}{dz}\dfrac{d\gamma}{dx} = 0, \\ \dfrac{d\nu}{dt} + \alpha\dfrac{d\nu}{dx} + \beta\dfrac{d\nu}{dy} + \gamma\dfrac{d\nu}{dz} + \nu\left(\dfrac{d\alpha}{dx} + \dfrac{d\beta}{dy}\right) + \dfrac{d\alpha}{dy}\dfrac{d\beta}{dz} - \dfrac{d\gamma}{dy}\dfrac{d\beta}{dx} = 0. \end{cases}$$

On peut satisfaire à ces deux équations, en faisant

$$\mu = \frac{d\alpha}{dy} - \frac{d\beta}{dx} = 0, \quad \nu = \frac{d\alpha}{dz} - \frac{d\gamma}{dx} = 0, \quad \frac{d\beta}{dz} - \frac{d\gamma}{dy} = 0,$$

comme il est facile de s'en assurer; or la troisième de ces conditions est évidemment une suite nécessaire des deux premières; donc on n'aura réellement que deux conditions à remplir, lesquelles pourront s'exprimer plus simplement en disant que $\alpha dx + \beta dy + \gamma dz$ doit être une différentielle complète; et ces conditions jointes avec celle que donne l'équation (i), savoir, en changeant d en d,

$$\frac{d\alpha}{dx} + \frac{d\beta}{dy} + \frac{d\gamma}{dz} = 0,$$

serviront à déterminer les mouvements du fluide dans plusieurs cas particuliers.

Ces cas se réduisent à ceux où l'on suppose que les particules du fluide décrivent des courbes invariables, ce qui arrive quand les rapports des vitesses α, β, γ sont indépendants du temps t, c'est-à-dire quand les quantités α, β, γ sont simplement des fonctions de x, y, z multipliées par une même fonction de t. Car, soit mis dans les équations générales (h) $\theta\alpha$, $\theta\beta$, $\theta\gamma$ à la place de α, β, γ (θ étant une fonction quelconque de t, et α, β, γ étant maintenant regardées comme des fonctions indéterminées de x, y, z sans t), on trouvera, après avoir divisé par θ^2,

$$\frac{\mu}{\theta^2}\frac{d\theta}{dt}+\alpha\frac{d\mu}{dx}+\beta\frac{d\mu}{dy}+\gamma\frac{d\mu}{dz}+\mu\left(\frac{d\alpha}{dx}+\frac{d\beta}{dy}\right)+\frac{d\alpha}{dz}\frac{d\gamma}{dy}-\frac{d\beta}{dz}\frac{d\gamma}{dx}=0,$$

$$\frac{\nu}{\theta^2}\frac{d\theta}{dt}+\alpha\frac{d\nu}{dx}+\beta\frac{d\nu}{dy}+\gamma\frac{d\nu}{dz}+\nu\left(\frac{d\alpha}{dx}+\frac{d\beta}{dy}\right)+\frac{d\alpha}{dy}\frac{d\beta}{dz}-\frac{d\gamma}{dy}\frac{d\beta}{dx}=0.$$

Or, comme les termes $\frac{\mu}{\theta^2}\frac{d\theta}{dt}$, $\frac{\nu}{\theta^2}\frac{d\theta}{dt}$ sont les seuls qui renferment t, il faut nécessairement qu'ils soient égaux à zéro séparément de tous les autres, pour que les équations soient possibles; on aura donc $\mu=0$, $\nu=0$, ce qui satisfait encore au reste de l'une et de l'autre équation, comme on l'a vu plus haut.

Il y a pourtant un cas où les équations précédentes peuvent être vérifiées sans supposer $\mu=0$ et $\nu=0$; c'est celui où l'on aura

$$\frac{1}{\theta^2}\frac{d\theta}{dt}=\text{const.},$$

c'est-à-dire où

$$\frac{1}{\theta}=a-bt \quad \text{et} \quad \theta=\frac{1}{a-bt},$$

a et b étant deux constantes quelconques; car alors les termes $\frac{\mu}{\theta^2}\frac{d\theta}{dt}$, $\frac{\nu}{\theta^2}\frac{d\theta}{dt}$ se trouveront entièrement indépendants du temps t, ainsi que tous les autres.

Au reste, en combinant les équations $\mu=0$, $\nu=0$ avec l'équation (i), on peut séparer les indéterminées α, β, γ, et l'on aura

$$\frac{d^2\alpha}{dx^2} + \frac{d^2\alpha}{dy^2} + \frac{d^2\alpha}{dz^2} = 0,$$

$$\frac{d^2\beta}{dx^2} + \frac{d^2\beta}{dy^2} + \frac{d^2\beta}{dz^2} = 0,$$

$$\frac{d^2\gamma}{dx^2} + \frac{d^2\gamma}{dy^2} + \frac{d^2\gamma}{dz^2} = 0,$$

XLIII.

Remarque. — Quand on aura trouvé, par le moyen des équations de l'Article précédent, les valeurs générales de α, β, γ, il faudra de-plus déterminer ces valeurs, en sorte que les particules contiguës aux parois du vase dans lequel le fluide se meut puissent couler le long de ces parois; soient x', y', z' leurs coordonnées, et

$$dz' = p\,dx' + q\,dy'$$

l'équation qui représente la figure du vase donné, en mettant, au lieu de dx', dy', dz', leurs valeurs $\alpha' dt$, $\beta' dt$, $\gamma' dt$; α', β', γ' dénotant les valeurs de α, β, γ lorsque x, y, z deviennent x', y', z', on aura l'équation

$$\gamma' = p\alpha' + q\beta',$$

qui devra être vraie indépendamment de t.

Dans le cas où le temps t n'entre point dans le rapport des vitesses α, β, γ, il est clair qu'il n'entrera pas non plus dans l'équation

$$\gamma' = p\alpha' + q\beta';$$

mais alors les valeurs de α, β, γ étant beaucoup moins générales, il pourra arriver que cette équation ne se vérifie qu'en supposant que les quantités p, q aient certaines conditions, c'est-à-dire que le vase ait une certaine figure; c'est ce que M. d'Alembert a déjà remarqué dans un excellent Mémoire sur les lois du mouvement des fluides, imprimé dans le premier volume de ses *Opuscules mathématiques*. Mais ce savant Géomètre prétend de plus que, lorsque le vase aura une autre figure quelconque, le mouvement du fluide ne pourra plus être soumis au calcul; c'est de quoi je ne saurais tomber d'accord avec lui; car il me semble que tout ce qu'il faudrait conclure alors, c'est que la supposition particulière de $\mu=0$ et $\nu=0$ cesserait d'être exacte, et que par conséquent les valeurs de α, β, γ dépendraient de la résolution générale des équations (k).

Il est vrai que M. d'Alembert prétend que les équations $\mu=0$, $\nu=0$ sont les seules vraiment exactes pour déterminer les lois du mouvement des fluides; il se fonde sur ce que le rapport des vitesses α, β, γ doit être indépendant du temps t dans les particules qui coulent le long des parois du vase; d'où il infère qu'il doit l'être aussi en général dans toutes les particules du fluide; mais cette conséquence, si j'ose le dire, ne me paraît point assez juste. En effet, on peut très-bien imaginer, ce me semble, des fonctions de x, y, z telles, que la variable t ne disparaisse de l'expression de leur rapport que lorsque x, y, z deviennent x', y', z', et sont liées par l'équation

$$dz' = p\,dx' + q\,dy'.$$

En général, il me paraît certain qu'en résolvant les équations (h), (i) par des méthodes analogues à celles que j'ai expliquées dans les *Recherches sur le Son*, imprimées ci-devant, on aura une solution applicable à tous les cas possibles, et par laquelle on pourra déterminer le mouvement des fluides qui se meuvent dans des vases de figure quelconque, et qui ont reçu au commencement des impulsions quelconques.

Il ne pourra y avoir de difficulté que dans les seuls cas où le fluide se divisera en se mouvant et cessera de former une masse continue; mais alors, ayant trouvé par le calcul, ce qui est toujours possible, les endroits où le fluide doit se diviser en plusieurs portions, on considérera ensuite chaque portion à part, et on en déterminera le mouvement en la regardant comme une masse isolée.

Nous avons observé dans l'Article précédent qu'il y a un cas où les équations $\mu=0$, $\nu=0$ ne sont pas indispensables dans l'hypothèse que les rapports des vitesses α, β, γ soient indépendants du temps t. M. d'Alembert a fait aussi cette remarque dans l'Article X de son Mémoire cité ci-dessus; mais il trouve, par ses formules, que le cas dont il s'agit est celui où

$$\theta = ac^t,$$

au lieu que, suivant les nôtres, ce cas est celui où

$$\theta = \frac{1}{a - bt}.$$

Or cette différence vient d'une légère méprise qui s'est glissée dans les calculs de M. d'Alembert, mais qui n'influe d'ailleurs en rien sur le reste de ses ingénieuses recherches.

Pour faire sentir la vérité de ce que nous avançons ici, examinons les équations que M. d'Alembert donne dans l'Article I du Mémoire cité pour les fluides pesants qui se meuvent dans un plan. Ces équations sont:

1° $$\frac{dp}{dz} = -\frac{dq}{dx},$$

2° $$\frac{d(g - B\theta p - A\theta q - qT)}{dz} = \frac{d(-\theta q A - \theta p B' - pT)}{dx};$$

g est la gravité, θ est une fonction quelconque de t comme ci-dessus; θq, θp expriment les vitesses que nous avons nommées α et γ, et les quantités A, B, A′, B′, T sont telles, que

$$d(\theta q) = qT\,dt + \theta A\,dx + \theta B\,dz, \quad d(\theta p) = pT\,dt + \theta A'\,dx + \theta B'\,dz.$$

La première de ces équations résulte de l'incompressibilité des particules du fluide, et revient par conséquent au même que l'équation (i) ci-dessus en y faisant $\beta = 0$. A l'égard de la seconde, l'Auteur la tire de cette considération, que les forces verticales et horizontales, perdues à chaque instant par les particules du fluide, doivent se faire équilibre; ces forces sont, selon lui,

$$g - B\theta p - A\theta q - qT, \quad -\theta q A' - \theta p B' - pT,$$

ce qui donne, par les lois générales de l'équilibre des fluides, l'équation dont nous parlons. Or je dis que, suivant les hypothèses de M. d'Alembert, il faut écrire θ^2 au lieu de θ dans les expressions des forces en question. Car il est facile de voir que ces forces sont en général

$$g - \frac{d\alpha}{dt}, \quad -\frac{d\gamma}{dt},$$

savoir :

$$g - \frac{d(\theta q)}{dt}, \quad -\frac{d(\theta p)}{dt},$$

c'est-à-dire

$$g - q\mathrm{T} - \frac{\theta \mathrm{A}\, dx}{dt} - \frac{\theta \mathrm{B}\, dz}{dt}, \quad -p\mathrm{T} - \frac{\theta \mathrm{A}'\, dx}{dt} - \frac{\theta \mathrm{B}'\, dz}{dt};$$

mais

$$dx = \alpha\, dt = \theta q\, dt, \quad dz = \gamma\, dt = \theta p\, dt;$$

donc ces quantités deviendront

$$g - q\mathrm{T} - \theta^2 \mathrm{A} q - \theta^2 \mathrm{B} p, \quad -p\mathrm{T} - \theta^2 \mathrm{A}' q - \theta^2 \mathrm{B}' p.$$

Ainsi l'on aura à la rigueur l'équation

$$\frac{d(g - \mathrm{B}\theta^2 p - \mathrm{A}\theta^2 q - q\mathrm{T})}{dz} = \frac{d(-\theta^2 q \mathrm{A}' - \theta^2 p \mathrm{B}' - p\mathrm{T})}{dx},$$

de laquelle le temps t ne disparaît que quand θ^2 est proportionnel à T, c'est-à-dire

$$\frac{\mathrm{T}\, dt}{\theta^2} = \frac{d\theta}{\theta^2} = \text{const.};$$

d'où l'on tire, comme ci-dessus,

$$\theta = \frac{1}{a - bt};$$

au lieu que, selon l'équation de M. d'Alembert, cela doit arriver lorsque

$$\frac{\mathrm{T}}{\theta} = \text{const.},$$

ce qui donne, en intégrant,

$$\theta = ac^t,$$

comme cet Auteur l'a trouvé.

XLIV.

Corollaire III. — Si, au lieu de considérer les vitesses α, β, γ, on veut considérer les variables x, y, z elles-mêmes, on remarquera que ces variables ne peuvent être que des fonctions du temps t et des valeurs qu'elles avaient au commencement du mouvement quand $t = 0$, valeurs qui doivent être entièrement arbitraires, pour que la solution du problème ait toute la généralité possible.

Dénotons ces valeurs par X, Y, Z, c'est-à-dire supposons que les variables x, y, z, qui représentent la position de chaque particule du fluide, après un temps quelconque t, soient au commencement du mouvement X, Y, Z; les différences de x, y, z s'exprimeront en général de la manière suivante :

$$\begin{aligned}
\text{différ. } x &= \mathrm{L}\,d\mathrm{X} + \mathrm{M}\,d\mathrm{Y} + \mathrm{N}\,d\mathrm{Z} + \alpha\,dt,\\
\text{différ. } y &= \mathrm{P}\,d\mathrm{X} + \mathrm{Q}\,d\mathrm{Y} + \mathrm{R}\,d\mathrm{Z} + \beta\,dt,\\
\text{différ. } z &= \mathrm{S}\,d\mathrm{X} + \mathrm{T}\,d\mathrm{Y} + \mathrm{U}\,d\mathrm{Z} + \gamma\,dt,
\end{aligned}$$

de sorte que

$$dx = \alpha\,dt, \quad dy = \beta\,dt, \quad dz = \gamma\,dt,$$

et

$$\begin{aligned}
\mathrm{d}x &= \mathrm{L}\,d\mathrm{X} + \mathrm{M}\,d\mathrm{Y} + \mathrm{N}\,d\mathrm{Z},\\
\mathrm{d}y &= \mathrm{P}\,d\mathrm{X} + \mathrm{Q}\,d\mathrm{Y} + \mathrm{R}\,d\mathrm{Z},\\
\mathrm{d}z &= \mathrm{S}\,d\mathrm{X} + \mathrm{T}\,d\mathrm{Y} + \mathrm{U}\,d\mathrm{Z}.
\end{aligned}$$

Substituant dans les équations (g), (b), α, β, γ au lieu de $\frac{dx}{dt}$, $\frac{dy}{dt}$, $\frac{dz}{dt}$, et supposant d'ailleurs, pour simplifier le calcul, D constant, et

$$\frac{\mathrm{d}(\mathrm{D}\Pi)}{\mathrm{d}y} = \frac{\mathrm{d}(\mathrm{D}\varpi)}{\mathrm{d}x}, \quad \frac{\mathrm{d}(\mathrm{D}\Pi)}{\mathrm{d}z} = \frac{\mathrm{d}(\mathrm{D}\Psi)}{\mathrm{d}x},$$

on trouvera, après avoir divisé les deux premières par Ddt, et la troisième par dt,

$$(l) \qquad \frac{\mathrm{d}\frac{d\alpha}{dt}}{\mathrm{d}y} = \frac{\mathrm{d}\frac{d\beta}{dt}}{\mathrm{d}x}, \quad \frac{\mathrm{d}\frac{d\alpha}{dt}}{\mathrm{d}z} = \frac{\mathrm{d}\frac{d\gamma}{dt}}{\mathrm{d}x},$$

$$(m) \qquad \frac{\mathrm{d}\alpha}{\mathrm{d}x} + \frac{\mathrm{d}\beta}{\mathrm{d}y} + \frac{\mathrm{d}\gamma}{\mathrm{d}z} = 0.$$

Or $\frac{\mathrm{d}\frac{d\alpha}{dt}}{\mathrm{d}y}$ exprime, comme on sait, le coefficient qu'aurait y dans la différentiation de $\frac{d\alpha}{dt}$, supposé que α fût exprimée par une fonction de x, y, z, t; et ainsi des autres expressions semblables. Donc, puisque les quantités α, β, γ sont, par hypothèse, des fonctions de X, Y, Z, il faudra substituer dans α, β, γ, à la place des variables X, Y, Z, leurs valeurs en x, y, z, et différentier ensuite en prenant x, y, z pour variables, ou bien, ce qui revient au même, différentier d'abord les quantités α, β, γ, en faisant varier X, Y, Z, et substituer ensuite au lieu de dX, dY, dZ leurs valeurs en $\mathrm{d}x$, $\mathrm{d}y$, $\mathrm{d}z$.

Des expressions de $\mathrm{d}x$, $\mathrm{d}y$, $\mathrm{d}z$, données ci-dessus, on tire par les règles communes de l'Algèbre

$$dX = \frac{(QU - RT)\,\mathrm{d}x + (NT - MU)\,\mathrm{d}y + (MR - NQ)\,\mathrm{d}z}{K},$$

$$dY = \frac{(RS - PU)\,\mathrm{d}x + (LU - NS)\,\mathrm{d}y + (NP - LR)\,\mathrm{d}z}{K},$$

$$dZ = \frac{(PT - QS)\,\mathrm{d}x + (MS - LT)\,\mathrm{d}y + (LQ - MP)\,\mathrm{d}z}{K},$$

K étant mis, pour abréger, au lieu de

$$LQU - MPU + MRS - NQS + NPT - LRT.$$

Or $\mathrm{d}\alpha$ est la différence de α, qui naît des différences $\mathrm{d}x$, $\mathrm{d}y$, $\mathrm{d}z$, ou bien des différences dX, dY, dZ; donc on aura en général

$$\mathrm{d}\alpha = \frac{d\alpha}{dX}dX + \frac{d\alpha}{dY}dY + \frac{d\alpha}{dZ}dZ;$$

on aura de plus, à cause que la différence de x est une différentielle complète,

$$\frac{d\alpha}{dX} = \frac{dL}{dt}, \quad \frac{d\alpha}{dY} = \frac{dM}{dt}, \quad \frac{d\alpha}{dZ} = \frac{dN}{dt};$$

donc

$$\mathrm{d}\alpha = \frac{dL}{dt}dX + \frac{dM}{dt}dY + \frac{dN}{dt}dZ;$$

on trouvera de même

$$\mathrm{d}\beta = \frac{dP}{dt}dX + \frac{dQ}{dt}dY + \frac{dR}{dt}dZ,$$
$$\mathrm{d}\gamma = \frac{dS}{dt}dX + \frac{dT}{dt}dY + \frac{dU}{dt}dZ;$$

substituant, au lieu de dX, dY, dZ, les valeurs trouvées ci-devant, il viendra

$$\begin{aligned}\mathrm{d}\alpha = {} & \frac{(QU-RT)\frac{dL}{dt}+(RS-PU)\frac{dM}{dt}+(PT-QS)\frac{dN}{dt}}{K}\,\mathrm{d}x\\ & + \frac{(NT-MU)\frac{dL}{dt}+(LU-NS)\frac{dM}{dt}+(MS-LT)\frac{dN}{dt}}{K}\,\mathrm{d}y\\ & + \frac{(MR-NQ)\frac{dL}{dt}+(NP-LR)\frac{dM}{dt}+(LQ-MP)\frac{dN}{dt}}{K}\,\mathrm{d}z,\end{aligned}$$

$$\begin{aligned}\mathrm{d}\beta = {} & \frac{(QU-RT)\frac{dP}{dt}+(RS-PU)\frac{dQ}{dt}+(PT-QS)\frac{dR}{dt}}{K}\,\mathrm{d}x\\ & + \frac{(NT-MU)\frac{dP}{dt}+(LU-NS)\frac{dQ}{dt}+(MS-LT)\frac{dR}{dt}}{K}\,\mathrm{d}y\\ & + \frac{(MR-NQ)\frac{dP}{dt}+(NP-LR)\frac{dQ}{dt}+(LQ-MP)\frac{dR}{dt}}{K}\,\mathrm{d}z,\end{aligned}$$

$$\begin{aligned}\mathrm{d}\gamma = {} & \frac{(QU-RT)\frac{dS}{dt}+(RS-PU)\frac{dT}{dt}+(PT-QS)\frac{dU}{dt}}{K}\,\mathrm{d}x\\ & + \frac{(NT-MU)\frac{dS}{dt}+(LU-NS)\frac{dT}{dt}+(MS-LT)\frac{dU}{dt}}{K}\,\mathrm{d}y\\ & + \frac{(MR-NQ)\frac{dS}{dt}+(NP-LR)\frac{dT}{dt}+(LQ-MP)\frac{dU}{dt}}{K}\,\mathrm{d}z.\end{aligned}$$

Donc prenant, dans l'expression de $d\alpha$, le coefficient de $\mathrm{d}x$, dans celle de $\mathrm{d}\beta$ le coefficient de $\mathrm{d}y$, et dans celle de $\mathrm{d}\gamma$ le coefficient de $\mathrm{d}z$, on aura les valeurs de $\frac{d\alpha}{dx}$, $\frac{d\beta}{dy}$, $\frac{d\gamma}{dz}$, et l'équation (m) deviendra

$$\begin{aligned}(QU - RT)\frac{dL}{dt} + (RS - PU)\frac{dM}{dt} + (PT - QS)\frac{dN}{dt}\\ + (NT - MU)\frac{dP}{dt} + (LU - NS)\frac{dQ}{dt} + (MS - LT)\frac{dR}{dt}\\ + (MR - NQ)\frac{dS}{dt} + (NP - LR)\frac{dT}{dt} + (LQ - NP)\frac{dU}{dt} = 0,\end{aligned}$$

ou, ce qui est la même chose,

$$\frac{dK}{dt} = 0,$$

d'où l'on tirera K = const., savoir :

$$LQU - MPU + MRS - NQS + NPT - LRT = H,$$

H étant une fonction de X, Y, Z, sans t, savoir la valeur de K, lorsque $t = 0$.

A l'égard des deux équations (l), on remarquera que $d\frac{d\alpha}{dt}$ est la même chose que $\frac{d\,d\alpha}{dt}$; c'est pourquoi il n'y aura qu'à différentier la valeur de $d\alpha$ trouvée ci-dessus, en ne faisant varier que t, et l'on aura

$$d\frac{d\alpha}{dt} = \frac{d^2L}{dt^2}dX + \frac{d^2M}{dt^2}dY + \frac{d^2N}{dt^2}dZ;$$

de la même manière on trouvera

$$\begin{aligned}d\frac{d\beta}{dt} &= \frac{d^2P}{dt^2}dX + \frac{d^2Q}{dt^2}dY + \frac{d^2R}{dt^2}dZ,\\ d\frac{d\gamma}{dt} &= \frac{d^2S}{dt^2}dX + \frac{d^2T}{dt^2}dY + \frac{d^2U}{dt^2}dZ.\end{aligned}$$

On substituera donc dans ces expressions, comme on a fait ci-dessus dans celles de $d\alpha$, $d\beta$, $d\gamma$, les valeurs de dX, dY, dZ en dx, dy, dz, et prenant les coefficients de dy et de dz dans la différentielle $d\frac{d\alpha}{dt}$, et ceux de dx dans les deux différentielles $\mathrm{d}\frac{d\beta}{dt}$, $\mathrm{d}\frac{d\gamma}{dt}$, on aura les valeurs de

$$\frac{\mathrm{d}\frac{d\alpha}{dt}}{\mathrm{d}y},\quad \frac{\mathrm{d}\frac{d\alpha}{dt}}{\mathrm{d}z},\quad \frac{\mathrm{d}\frac{d\beta}{dt}}{\mathrm{d}x},\quad \frac{\mathrm{d}\frac{d\gamma}{dt}}{\mathrm{d}x},$$

lesquelles étant mises à la place de ces quantités dans les équations (l), il nous viendra, en ôtant le dénominateur commun K, les deux équations

$$\begin{aligned}(NT-MU)\frac{d^2L}{dt^2}+(LU-NS)\frac{d^2M}{dt^2}+(MS-LT)\frac{d^2N}{dt^2}\\ =(QU-RT)\frac{d^2P}{dt^2}+(RS-PU)\frac{d^2Q}{dt^2}+(PT-QS)\frac{d^2R}{dt^2},\end{aligned}$$

$$\begin{aligned}(MR-NQ)\frac{d^2L}{dt^2}+(NP-LR)\frac{d^2M}{dt^2}+(LQ-MP)\frac{d^2N}{dt^2}\\ =(QU-RT)\frac{d^2S}{dt^2}+(RS-PU)\frac{d^2T}{dt^2}+(PT-QS)\frac{d^2U}{dt^2}.\end{aligned}$$

Si l'on met dans ces deux équations, aussi bien que dans celle qui a été trouvée précédemment pour L, M, N, P, Q, R, S, T, U, leurs valeurs $\frac{dx}{dX}$, $\frac{dx}{dY}$, $\frac{dx}{dZ}$, $\frac{dy}{dX}$, $\frac{dy}{dY}$, $\frac{dy}{dZ}$, $\frac{dz}{dX}$, $\frac{dz}{dY}$, $\frac{dz}{dZ}$, on aura trois équations générales qui ne renfermeront que les changeantes x, y, z avec leurs différences relatives à X, Y, Z, t, et par lesquelles on pourra déterminer la position de chaque particule du fluide à chaque instant de son mouvement.

XLV.

SCOLIE. — Les équations

$$\frac{\mathrm{d}(\mathrm{D}\Pi)}{\mathrm{d}y}=\frac{\mathrm{d}(\mathrm{D}\varpi)}{\mathrm{d}x},\quad \frac{\mathrm{d}(\mathrm{D}\Pi)}{\mathrm{d}z}=\frac{\mathrm{d}(\mathrm{D}\Psi)}{\mathrm{d}x},$$

que nous avons supposées dans l'Article XLII pour simplifier les formules (h), ont lieu quand toutes les forces Π, ϖ, Ψ sont telles que leurs actions sur les particules du fluide se détruisent mutuellement, c'est-à-dire que les particules du fluide animées par ces forces se font équilibre.

En effet, si le fluide est en repos, les vitesses α, β, γ sont nulles, et les équations (h) se réduisent à celles que nous venons de rapporter.

Au reste, pour pouvoir faire usage des équations dont il s'agit, il n'est pas nécessaire que les quantités D, Π, ϖ, Ψ soient uniquement des fonctions de x, y, z comme il semble qu'on pourrait le conclure de la forme même de ces équations.

Supposons, par exemple, que les quantités D, Π, ϖ, Ψ renferment outre les variables x, y, z encore une quatrième variable s représentée par une ligne quelconque, il est clair que, quelles que soient la nature et la position de cette ligne, on pourra toujours exprimer sa différentielle ds de cette manière : $A\,dx + B\,dy + C\,dz$; par conséquent, la valeur complète de l'expression $\frac{d(D\Pi)}{dy}$, qui n'est autre chose que le coefficient de dy dans la différentiation de $D\Pi$, sera

$$\frac{d(D\Pi)}{dy} + B\frac{d(D\Pi)}{ds};$$

on trouvera de même

$$\frac{d(D\Pi)}{dz} + C\frac{d(D\Pi)}{ds}, \quad \frac{d(D\varpi)}{dx} + A\frac{d(D\varpi)}{ds}, \quad \frac{d(D\Psi)}{dx} + A\frac{d(D\Psi)}{ds},$$

pour les valeurs complètes des expressions $\frac{d(D\Pi)}{dz}$, $\frac{d(D\varpi)}{dx}$, $\frac{d(D\Psi)}{dx}$; substituant ces valeurs dans les équations ci-dessus, elles deviendront

$$\frac{d(D\Pi)}{dy} + B\frac{d(D\Pi)}{ds} = \frac{d(D\varpi)}{dx} + A\frac{d(D\varpi)}{ds},$$
$$\frac{d(D\Pi)}{dz} + C\frac{d(D\Pi)}{ds} = \frac{d(D\Psi)}{dx} + A\frac{d(D\Psi)}{ds},$$

équations dans lesquelles les différentielles qui dépendent de chacune des variables x, y, z, s se trouvent séparées.

Je fais cette remarque relativement à un endroit de l'excellent *Traité de la résistance des Fluides* (Article 164).

Si la densité D est constante, les équations

$$\frac{d(D\Pi)}{dy} = \frac{d(D\varpi)}{dx}, \quad \frac{d(D\Pi)}{dz} = \frac{d(D\Psi)}{dx}$$

deviennent, en divisant par D,

$$\frac{d\Pi}{dy} = \frac{d\varpi}{dx}, \quad \frac{d\Pi}{dz} = \frac{d\Psi}{dx},$$

lesquelles renferment les conditions de l'équilibre des fluides homogènes.

Supposons que le fluide soit composé de différentes couches, dont chacune soit d'une densité uniforme, et qu'on en cherche l'équation; soient x, y, z les coordonnées de chacune de ces couches, on aura par hypothèse

$$\frac{dD}{dx}dx + \frac{dD}{dy}dy + \frac{dD}{dz}dz = 0.$$

Or les équations

$$\frac{d(D\Pi)}{dy} = \frac{d(D\varpi)}{dx}, \quad \frac{d(D\Pi)}{dz} = \frac{d(D\Psi)}{dx}$$

donnent

$$\Pi\frac{dD}{dy} + D\frac{d\Pi}{dy} = \varpi\frac{dD}{dx} + D\frac{d\varpi}{dx},$$

$$\Pi\frac{dD}{dz} + D\frac{d\Pi}{dz} = \Psi\frac{dD}{dx} + D\frac{d\Psi}{dx};$$

substituant dans l'équation ci-dessus les valeurs de $\frac{dD}{dy}$, $\frac{dD}{dz}$ tirées de celles-ci, et ordonnant les termes, il viendra

$$\frac{dD}{dx}\left(dx + \frac{\varpi}{\Pi}dy + \frac{\Psi}{\Pi}dz\right) + \frac{D}{\Pi}\left[\left(\frac{d\varpi}{dx} - \frac{d\Pi}{dy}\right)dy + \left(\frac{d\Psi}{dx} - \frac{d\Pi}{dz}\right)dz\right] = 0,$$

savoir, en multipliant par $\frac{\Pi}{D}$,

$$\frac{1}{D}\frac{dD}{dx}(\Pi dx + \varpi dy + \Psi dz) + \left(\frac{d\varpi}{dx} - \frac{d\Pi}{dy}\right)dy + \left(\frac{d\Psi}{dx} - \frac{d\Pi}{dz}\right)dz = 0,$$

équation qui exprimera la figure de chaque couche où la densité est uniforme.

Si l'on a

$$\frac{d\Pi}{dy} = \frac{d\varpi}{dx}, \quad \frac{d\Pi}{dz} = \frac{d\Psi}{dx},$$

c'est-à-dire si les forces Π, ϖ, Ψ sont par leur nature telles, qu'elles puissent tenir en équilibre une masse fluide homogène, alors l'équation précédente se réduit à

$$\frac{1}{D}\frac{dD}{dx}(\Pi dx + \varpi dy + \Psi dz) = 0,$$

ce qui donne

$$\Pi dx + \varpi dy + \Psi dz = 0,$$

équation générale des couches de niveau, comme il est aisé de le voir, d'où il s'ensuit que, dans ce cas, chaque couche de niveau sera nécessairement d'une densité uniforme dans toute son étendue.

Tel devrait donc être l'arrangement de différentes parties de la terre si elle avait été primitivement fluide; car il est aisé de prouver par le calcul, et M. Clairaut l'a démontré à l'Article LIV de sa *Théorie de la figure de la Terre,* que les forces Π, ϖ, Ψ, résultantes de toutes les attractions que les particules exercent les unes sur les autres, ont d'elles-mêmes les conditions

$$\frac{d\Pi}{dy} = \frac{d\varpi}{dx}, \quad \frac{d\Pi}{dz} = \frac{d\Psi}{dx}.$$

Cependant un grand Géomètre a cru qu'il n'était pas toujours nécessaire que les surfaces des différentes couches fussent de niveau, et il a donné un autre principe pour connaître la figure de ces surfaces (*). Mais les équations que son principe fournit ne sont elles-mêmes dans le fond que celles des couches de niveau. Pour le démontrer d'une manière générale, soit un sphéroïde composé de couches de différentes densités, et dont le rayon soit exprimé généralement par $r + \alpha Z$, r étant une quantité constante dans la même couche, Z étant une fonction quelconque de r et d'un angle z variable pour tous les points de chaque couche, et α marquant une petite quantité constante. Qu'on réduise l'attraction totale que ce sphéroïde exerce sur chaque particule d'une couche quelconque, à deux forces, l'une verticale, c'est-à-dire perpendi-

(*) *Voyez* l'Appendice qui est à la fin de l'*Essai sur la résistance des Fluides* cité ci-dessus, et la troisième Partie des *Recherches sur le système du Monde,* p. 226 et suiv.

culaire à la couche, et qui pourra sans erreur sensible être supposée égale à la pesanteur qui tend au centre du sphéroïde; l'autre horizontale, savoir dans la direction même de la couche, laquelle est à peu près perpendiculaire au rayon; et soit nommée la première Π, et la seconde ϖ. Par le principe de l'illustre Auteur dont nous venons de parler, il faudra multiplier la force horizontale ϖ par $\Delta r\,dz$, Δ marquant la densité du fluide qu'on suppose être une fonction de r seulement, ensuite la différentier en ne faisant varier que r; de même il faudra multiplier la force verticale Π par $\Delta\left(dr + \alpha\frac{dZ}{dr}dr\right)$ et différentier ensuite en ne faisant varier que z; après quoi on égalera les deux différentielles, ce qui donnera l'équation

$$\frac{d\,\Delta r\varpi}{dr}dr\,dz = \frac{d\left(\Delta\Pi + \Delta\alpha\Pi\frac{dZ}{dr}\right)}{dz}dz\,dr,$$

savoir

$$\frac{d\Delta}{dr}r\varpi + \frac{d\,r\varpi}{dr}\Delta = \frac{d\left(\Pi + \alpha\Pi\frac{dZ}{dr}\right)}{dz}\Delta.$$

Or, en faisant le calcul, on trouvera toujours que les quantités Π, ϖ, Z seront telles que

$$\frac{d\left(\Pi + \alpha\Pi\frac{dZ}{dr}\right)}{dz} = \frac{d\,r\varpi}{dr};$$

donc il ne restera que l'équation

$$\frac{d\Delta}{dr}r\varpi = 0,$$

qui donne $\varpi = 0$, savoir la force horizontale nulle, et par conséquent chaque couche de niveau.

XLVI.

Corollaire IV. — Je viens maintenant à l'équation (f). Par la nature des expressions dont cette équation est composée, il est manifeste qu'elle appartient uniquement à la surface postérieure du fluide. Or, si l'on suppose qu'il n'y ait point de parois qui soutiennent le fluide, les valeurs de $\delta' x$, $\delta' y$, $\delta' z$ demeureront absolument arbitraires, et l'équation (f) ne pourra se vérifier qu'en faisant généralement $\mathrm{T} = 0$, savoir la valeur totale de l'intégrale $\mathrm{S}\, dx \mathrm{D} \left(d \frac{dx}{dt} + \Pi dt\right)$ nulle.

Soient rapportées les équations (e) à la surface postérieure du fluide, en y mettant $'x$, $'y$, $'z$ au lieu de x, y, z, et supposant l'intégrale $\mathrm{S}\, dx \mathrm{D} \left(d \frac{dx}{dt} + \Pi dt\right)$ nulle, ce qui rend $\mathrm{U} = \mathrm{T}$, on aura

$$\frac{d(\mathrm{T}\, dt)}{d'y} = '\mathrm{D}\left(d \frac{d'y}{dt} + '\Pi dt\right), \quad \frac{d(\mathrm{T}\, dt)}{d'z} = '\mathrm{D}\left(d \frac{d'z}{dt} + '\Psi dt\right);$$

donc

$$d\mathrm{T} = \frac{d\mathrm{T}}{d'x} d'x + \frac{d\mathrm{T}}{d'y} d'y + \frac{d\mathrm{T}}{d'z} d'z$$

$$= '\mathrm{D}\left[\left(d \frac{d'x}{dt} + '\Pi dt\right) d'x + \left(d \frac{d'y}{dt} + '\varpi dt\right) d'y + \left(d \frac{d'z}{dt} + '\Psi dt\right) d'z\right].$$

C'est la valeur de la différentielle de T prise dans la surface dont nous parlons; donc, puisque la quantité T y doit être généralement égale à zéro, sa différentielle le sera aussi, et l'on aura par conséquent l'équation

$$\left(d \frac{d'x}{dt} + '\Pi dt\right) d'x + \left(d \frac{d'y}{dt} + '\varpi dt\right) d'y + \left(d \frac{d'y}{dt} + '\Psi dt\right) d'z = 0,$$

qui sera celle que la surface postérieure du fluide doit avoir.

On trouvera une équation semblable pour la surface antérieure du fluide; car nommant x', y', z' les coordonnées pour cette surface, et U' ce que devient U quand x, y, z deviennent x', y', z', on aura en général, comme on l'a déjà remarqué, Article XL, $\mathrm{U}' = 0$; donc aussi

$$d\mathrm{U}' = \frac{d\mathrm{U}'}{dx'} dx' + \frac{d\mathrm{U}'}{dy'} dy' + \frac{d\mathrm{U}'}{dz'} dz' = 0.$$

Or

$$\frac{d(\mathrm{U}\, dt)}{dx} dx = -\mathrm{D}\, dx \left(d \frac{dx}{dt} + \Pi dt\right),$$

et

$$\frac{d(U\,dt)}{dy} = -D\left(d\frac{dy}{dt} + \varpi\,dt\right), \quad \frac{d(U\,dt)}{dz} = -D\left(d\frac{dz}{dt} + \Psi\,dt\right);$$

donc

$$dU' = -\frac{D'}{dt}\left[\left(d\frac{dx'}{dt} + \Pi'\,dt\right)dx' + \left(d\frac{dy'}{dt} + \varpi'\,dt\right)dy' + \left(d\frac{dz'}{dt} + \Psi'\,dt\right)dz'\right] = 0.$$

Donc, en général, quand le fluide est libre de tous côtés, sa surface extérieure doit être déterminée par l'équation

$$\left(d\frac{dx}{dt} + \Pi\,dt\right)dx + \left(d\frac{dy}{dt} + \varpi\,dt\right)dy + \left(d\frac{dz}{dt} + \Psi\,dt\right)dz = 0.$$

Supposons maintenant que le fluide soit soutenu par des parois fixes de figure quelconque, et dont l'équation soit

$$dz = m\,dx + n\,dy.$$

Si l'on considère les trois expressions intégrales de l'équation (f), on voit qu'elles renferment chacune deux intégrations qui se rapportent à y et z dans la première, à x et z dans la seconde, à x et y dans la troisième. Or, puisque la relation des trois variables x, y, z est donnée par l'équation $dz = m\,dx + n\,dy$, ces différentes intégrales pourront être ramenées toutes à la même forme, c'est-à-dire être rapportées à deux seules changeantes x et y; il n'y aura pour cela qu'à mettre dans la première, au lieu de dz, sa valeur en x, $m\,dx$, et dans la seconde sa valeur en y, $n\,dy$; par là l'équation (f) deviendra celle-ci

$$S^2\,dx\,dy\,(m\,\delta x + n\,\delta y + \delta z)\,T\,dt = 0.$$

Mais puisque

$$dz = m\,dx + n\,dy,$$

on doit avoir aussi

$$\delta z = m\,\delta x + n\,\delta y;$$

donc l'équation sera identique et ne fournira aucune condition; ainsi tout se réduira à faire en sorte que les équations générales (b), (e) satisfassent, après leur intégration, à l'équation donnée

$$dz = m\,dx + n\,dy.$$

XLVII.

Remarque. — Je ne m'étends pas davantage sur cette matière, pour ne point passer les bornes que je me suis prescrites dans le présent Mémoire. Au reste, par les formules et les méthodes données dans ce Problème et dans les précédents, on pourrait encore trouver la solution de plusieurs questions qui concernent les fluides : comme le mouvement d'un fluide enfermé dans un vase mobile, les oscillations d'un corps qui flotte sur un fluide, la résistance qu'un fluide fait à un corps qui s'y meut, et d'autres Problèmes de cette espèce.

XLVIII.

Problème X. — *Trouver les lois du mouvement des fluides élastiques.*

Solution. — Par notre principe général, il faut que la quantité $S^3 dm \int u\,ds$ soit un maximum ou un minimum; donc, en faisant les mêmes raisonnements que dans le Problème VI, on trouvera l'équation

$$\int S^3 dm \left(u\,\delta u\,dt - d\frac{dx}{dt}\delta x - d\frac{dy}{dt}\delta y - d\frac{dz}{dt}\delta z\right) = 0.$$

Or, si aucune force n'agissait entre les corpuscules dm, on aurait, conformément à la formule (X) du même Problème,

$$S^3 dm\,u\,\delta u\,dt = S^3 dm\,(\Pi\,dt\,\delta x + \varpi\,dt\,\delta y + \Psi\,dt\,\delta z);$$

mais le fluide étant supposé élastique, on doit regarder chaque particule comme un ressort qui agit de tous côtés sur les particules contiguës. Nommant F la force du ressort et f l'espace par lequel il tend à se dilater, on trouvera, en appliquant ici la formule (U) de l'Article VIII,

$$S^3\, dm\, u\, \delta u = - S^3\, dm (P\,\delta p + Q\,\delta q + R\,\delta r + \ldots) - S^3\, F\,\delta f,$$

ou, en mettant $\Pi\,\delta x + \varpi\,\delta y + \Psi\,\delta z$ au lieu de $P\,\delta p + Q\,\delta q + R\,\delta r + \ldots$, et prenant F négativement à cause que cette force tend ici à éloigner les particules,

$$S^3\, dm\, u\, \delta u = - S^3\, dm (\Pi\,\delta x + \varpi\,\delta y + \Psi\,\delta z) + S^3\, F\,\delta f.$$

Substituant cette valeur dans l'équation ci-dessus, et mettant au lieu de dm sa valeur $D\,\mathrm{d}x\,\mathrm{d}y\,\mathrm{d}z$, on aura donc

$$(n)\quad \left\{ \begin{aligned} &- \int S^3\, \mathrm{d}x\,\mathrm{d}y\,\mathrm{d}z\, D\left[\left(d\frac{dx}{dt} + \Pi\, dt\right)\delta x + \left(d\frac{dy}{dt} + \varpi\, dt\right)\delta y \right. \\ &\qquad\qquad \left. + \left(d\frac{dz}{dt} + \Psi\, dt\right)\delta z\right] + \int S^3\, F\,\delta f\, dt = 0. \end{aligned} \right.$$

Or, comme l'action du ressort F consiste à augmenter le volume de chaque particule dm, il est clair qu'il faudra prendre ce volume même pour la valeur de l'espace f; donc $f = \mathrm{d}x\,\mathrm{d}y\,\mathrm{d}z$; par conséquent,

$$\begin{aligned} \delta f &= \mathrm{d}y\,\mathrm{d}z\,\delta\,\mathrm{d}x + \mathrm{d}x\,\mathrm{d}z\,\delta\,\mathrm{d}y + \mathrm{d}x\,\mathrm{d}y\,\delta\,\mathrm{d}z, \\ &= \mathrm{d}y\,\mathrm{d}z\,\mathrm{d}\delta x + \mathrm{d}x\,\mathrm{d}z\,\mathrm{d}\delta y + \mathrm{d}x\,\mathrm{d}y\,\mathrm{d}\delta z, \end{aligned}$$

en transposant les signes δ, d; donc

$$\begin{aligned} S^3\, F\,\delta f &= S^3 (F\,\mathrm{d}y\,\mathrm{d}z\,\mathrm{d}\delta x + F\,\mathrm{d}x\,\mathrm{d}z\,\mathrm{d}\delta y + F\,\mathrm{d}x\,\mathrm{d}y\,\mathrm{d}\delta z) \\ &= S^3\, \mathrm{d}x\,\mathrm{d}y\,\mathrm{d}z \left(\frac{F}{\mathrm{d}x}\mathrm{d}\delta x + \frac{F}{\mathrm{d}y}\mathrm{d}\delta y + \frac{F}{\mathrm{d}z}\mathrm{d}\delta z\right), \end{aligned}$$

formule qu'on peut mettre sous cette forme :

$$S^2\,\mathrm{d}y\,\mathrm{d}z\, S\,\mathrm{d}x\frac{F}{\mathrm{d}x}\mathrm{d}\delta x + S^2\,\mathrm{d}x\,\mathrm{d}z\, S\,\mathrm{d}y\frac{F}{\mathrm{d}y}\mathrm{d}\delta y + S^2\,\mathrm{d}x\,\mathrm{d}y\, S\,\mathrm{d}z\frac{F}{\mathrm{d}z}\mathrm{d}\delta z.$$

Or $S\,\mathrm{d}x\frac{F}{\mathrm{d}x}\mathrm{d}\delta x$ se réduit, en intégrant par parties, à

$$F\,\delta x - S\,\mathrm{d}x\frac{dF}{\mathrm{d}x}\delta x$$

(j'écris $dx\frac{dF}{dx}$ au lieu de dF, pour dénoter que cette différentielle doit être prise en ne variant que x), et à

$$F'\delta x' - {}'F\delta {}'x - S\,dx\frac{dF}{dx}\delta x$$

en complétant l'intégrale, suivant la remarque que nous avons faite à la fin de l'Article I du Mémoire précédent; on changera de même

$$S\,dy\frac{F}{dy}d\delta y \quad \text{en} \quad F'\delta y' - {}'F\delta {}'y - S\,dy\frac{dF}{dy}\delta y,$$

et

$$S\,dz\frac{F}{dz}d\delta z \quad \text{en} \quad F'\delta z' - {}'F\delta {}'z - S\,dz\frac{dF}{dz}\delta z;$$

donc

$$\begin{aligned}
S^3 F\delta f &= S^2\,dy\,dz\,(F'\delta x' - {}'F\delta {}'x) + S^2\,dx\,dz\,(F'\delta y' - {}'F\delta {}'y)\\
&\quad + S^2\,dx\,dy\,(F'\delta z' - {}'F\delta {}'z) - S^2\,dy\,dz\,S\,dx\frac{dF}{dx}\delta x\\
&\quad - S^2\,dx\,dz\,S\,dy\frac{dF}{dy}\delta y - S^2\,dx\,dy\,S\,dz\frac{dF}{dz}\delta z\\
&= S^2\,dy\,dz\,F'\delta x' + S^2\,dx\,dz\,F'\delta y' + S^2\,dx\,dy\,F'\delta y'\\
&\quad - S^2\,dy\,dz\,{}'F\delta {}'x - S^2\,dx\,dz\,{}'F\delta {}'y - S^2\,dx\,dy\,{}'F\delta {}'z\\
&\quad - S^3\,dx\,dy\,dz\left(\frac{dF}{dx}\delta x + \frac{dF}{dy}\delta y + \frac{dF}{dz}\delta z\right);
\end{aligned}$$

donc, substituant dans l'équation (n), au lieu de $S^3 F\delta f$, l'expression qu'on vient de trouver, on aura enfin

$$\begin{aligned}
&\int\Big[S^2\,dy\,dz\,F'\delta x' + S^2\,dx\,dz\,F'\delta y' + S^2\,dx\,dy\,F'\delta z'\\
&\qquad - S^2\,dy\,dz\,{}'F\delta {}'x - S^2\,dx\,dz\,{}'F\delta {}'y - S^2\,dx\,dy\,{}'F\delta {}'z\Big]dt\\
&- \int S^2\,dx\,dy\,dz\left[\left(D\,d\frac{dx}{dt} + D\Pi\,dt + \frac{dF}{dx}dt\right)\delta x\right.\\
&\qquad\qquad + \left(D\,d\frac{dy}{dt} + D\varpi\,dt + \frac{dF}{dy}dt\right)\delta y\\
&\qquad\qquad \left. + \left(D\,d\frac{dz}{dt} + D\Psi\,dt + \frac{dF}{dz}dt\right)\delta z\right] = 0,
\end{aligned}$$

équation réduite à l'état qu'exige notre méthode. Supposant donc les coefficients des différences δx, δy, δz chacun égal à zéro, on aura

$$
(p)\qquad \left\{
\begin{aligned}
&\mathrm{D}\left(d\,\frac{dx}{dt} + \Pi\, dt\right) + \frac{\mathrm{d}\,\mathrm{F}}{\mathrm{d}x}\,dt = 0,\\
&\mathrm{D}\left(d\,\frac{dy}{dt} + \varpi\, dt\right) + \frac{\mathrm{d}\,\mathrm{F}}{\mathrm{d}y}\,dt = 0,\\
&\mathrm{D}\left(d\,\frac{dz}{dt} + \Psi\, dt\right) + \frac{\mathrm{d}\,\mathrm{F}}{\mathrm{d}z}\,dt = 0,
\end{aligned}
\right.
$$

et le reste de l'équation donnera

$$
(q)\qquad \left\{
\begin{aligned}
&\mathrm{S}^2\, \mathrm{d}y\, \mathrm{d}z\, \mathrm{F}'\, \delta x' + \mathrm{S}^2\, \mathrm{d}x\, \mathrm{d}z\, \mathrm{F}'\, \delta y' + \mathrm{S}^2\, \mathrm{d}x\, \mathrm{d}y\, \mathrm{F}'\, \delta z'\\
&\quad - \mathrm{S}^2\, \mathrm{d}y\, \mathrm{d}z\, {}'\mathrm{F}\, \delta\, {}'x - \mathrm{S}^2\, \mathrm{d}x\, \mathrm{d}z\, {}'\mathrm{F}\, \delta\, {}'y - \mathrm{S}^2\, \mathrm{d}x\, \mathrm{d}y\, {}'\mathrm{F}\, \delta\, {}'z = 0.
\end{aligned}
\right.
$$

XLIX.

Corollaire I. — Les trois équations (p) renferment les lois générales du mouvement des fluides élastiques. Pour faire usage de ces équations on supposera, comme dans l'Article XLII,

$$
\frac{dx}{dt} = \alpha, \quad \frac{dy}{dt} = \beta, \quad \frac{dz}{dt} = \gamma;
$$

on mettra au lieu de $d\alpha$, $d\beta$, $d\gamma$ leurs valeurs trouvées dans le même Article, et marquant, pour plus de simplicité, toutes les différences par d, on trouvera, après avoir divisé par $\mathrm{D}\,dt$ les trois équations

$$
(r)\qquad \left\{
\begin{aligned}
&\frac{d\alpha}{dt} + \alpha\frac{d\alpha}{dx} + \beta\frac{d\alpha}{dy} + \gamma\frac{d\alpha}{dz} + \Pi = -\frac{1}{\mathrm{D}}\frac{d\mathrm{F}}{dx},\\
&\frac{d\beta}{dt} + \alpha\frac{d\beta}{dx} + \beta\frac{d\beta}{dy} + \gamma\frac{d\beta}{dz} + \varpi = -\frac{1}{\mathrm{D}}\frac{d\mathrm{F}}{dy},\\
&\frac{d\gamma}{dt} + \alpha\frac{d\gamma}{dx} + \beta\frac{d\gamma}{dy} + \gamma\frac{d\gamma}{dz} + \Psi = -\frac{1}{\mathrm{D}}\frac{d\mathrm{F}}{dz},
\end{aligned}
\right.
$$

dans lesquelles il ne faudra plus que substituer, au lieu de F et de D, leurs valeurs en x, y, z, t.

Voici comment on trouvera ces valeurs : F exprime la force du ressort de chaque particule du fluide, laquelle est ordinairement proportionnelle à la densité; supposons donc, pour plus de généralité, que cette force soit comme une fonction quelconque donnée de la densité, en sorte que $dF = E\,dD$; on aura

$$\frac{dF}{dx} = E\frac{dD}{dx}, \quad \frac{dF}{dy} = E\frac{dD}{dy}, \quad \frac{dF}{dz} = E\frac{dD}{dz}.$$

Ensuite, pour trouver D, on observera que la masse *dm* de chaque particule du fluide est $D\,\mathrm{d}x\,\mathrm{d}y\,\mathrm{d}z$, et que cette masse reste toujours la même quelque mouvement que le fluide reçoive; donc sa différentielle, en faisant varier *t*, doit être nulle, ce qui donne

$$\frac{d(D\,\mathrm{d}x\,\mathrm{d}y\,\mathrm{d}z)}{dt} = 0,$$

savoir :

$$\frac{dD}{dt}\mathrm{d}x\,\mathrm{d}y\,\mathrm{d}z + \frac{d\,\mathrm{d}x}{dt}D\,\mathrm{d}y\,dz + \frac{d\,\mathrm{d}y}{dt}D\,\mathrm{d}x\,\mathrm{d}z + \frac{d\,\mathrm{d}z}{dt}D\,\mathrm{d}x\,\mathrm{d}y = 0,$$

ou

$$(s) \qquad \frac{\frac{dD}{dt}}{D} + \frac{\frac{d\,\mathrm{d}x}{dt}}{\mathrm{d}x} + \frac{\frac{d\,\mathrm{d}y}{dt}}{\mathrm{d}y} + \frac{\frac{d\,\mathrm{d}z}{dt}}{\mathrm{d}z} = 0.$$

Or

$$\frac{d\,\mathrm{d}x}{dt} = \mathrm{d}\,\frac{dx}{dt} = \mathrm{d}\alpha;$$

donc

$$\frac{\frac{d\,\mathrm{d}x}{dt}}{\mathrm{d}x} = \frac{\mathrm{d}\alpha}{\mathrm{d}x};$$

on trouve de même

$$\frac{\frac{d\,\mathrm{d}y}{dt}}{\mathrm{d}y} = \frac{\mathrm{d}\beta}{\mathrm{d}y}, \quad \text{et} \quad \frac{\frac{d\,\mathrm{d}z}{dt}}{\mathrm{d}z} = \frac{\mathrm{d}\gamma}{\mathrm{d}z};$$

de plus, $\frac{dD}{dt}dt$ exprime la variation de D dans l'instant dt; donc, si l'on suppose que D soit représenté par une fonction quelconque de x, y, z, t, on trouvera que la valeur complète de $\frac{dD}{dt}dt$ sera

$$\frac{dD}{dt}dt + \frac{dD}{dx}\alpha\,dt + \frac{dD}{dy}\beta\,dt + \frac{\mathrm{d}D}{\mathrm{d}z}\gamma\,dt;$$

on mettra ces valeurs dans l'équation ci-dessus, et changeant les lettres d en d et multipliant le tout par D, on aura

$$\frac{dD}{dt} + \alpha\frac{dD}{dx} + \beta\frac{dD}{dy} + \gamma\frac{dD}{dz} + D\left(\frac{d\alpha}{dx} + \frac{d\beta}{dy} + \frac{d\gamma}{dz}\right) = 0,$$

ou

$$\frac{dD}{dt} + \frac{d(D\alpha)}{dx} + \frac{d(D\beta)}{dy} + \frac{d(D\gamma)}{dz} = 0,$$

équation par laquelle on connaîtra D, et par conséquent F.

L.

Corollaire II. — Soit, suivant l'hypothèse ordinaire, F = D, par conséquent E = 1, et qu'on mette les équations (r) sous cette forme :

$$L = -\frac{1}{D}\frac{dF}{dx}, \quad M = -\frac{1}{D}\frac{dF}{dy}, \quad N = -\frac{1}{D}\frac{dF}{dz},$$

on aura

$$L = -\frac{1}{D}\frac{dD}{dx}, \quad M = -\frac{1}{D}\frac{dD}{dy}, \quad N = -\frac{1}{D}\frac{dD}{dz}.$$

Supposons encore

$$\frac{d\alpha}{dx} + \frac{d\beta}{dy} + \frac{d\gamma}{dz} = U,$$

on aura (Article précédent) l'équation

$$\frac{dD}{dt} + \alpha\frac{dD}{dx} + \beta\frac{dD}{dy} + \gamma\frac{dD}{dz} + DU = 0;$$

donc, chassant les quantités $\frac{dD}{dx}, \frac{dD}{dy}, \frac{dD}{dz}$ par le moyen des équations précédentes, divisant par D, et transposant, on aura

$$\frac{\frac{dD}{dt}}{D} = \frac{d\log D}{dt} = \alpha L + \beta M + \gamma N - U,$$

ou, pour abréger,

$$\frac{d\log D}{dt} = T.$$

Or les équations ci-dessus se réduisent à

$$L = -\frac{d\log D}{dx}, \quad M = -\frac{d\log D}{dy}, \quad N = -\frac{d\log D}{dz};$$

donc, comparant ces équations avec celle qu'on vient de trouver, on aura

$$\frac{dL}{dt} = -\frac{dT}{dx}, \quad \frac{dM}{dt} = -\frac{dT}{dy}, \quad \frac{dN}{dt} = -\frac{dT}{dz},$$

équations où la lettre D ne se trouve plus. On trouvera encore, en combinant ensemble les équations ci-devant,

$$\frac{dL}{dy} = \frac{dM}{dx}, \quad \frac{dL}{dz} = \frac{dN}{dx},$$

deux équations qui reviennent au même que les équations (k) de l'Article XLII. On aura donc cinq équations toutes délivrées de la lettre D, dont trois prises à volonté suffiront pour résoudre le Problème.

Si l'on suppose que le mouvement du fluide soit parvenu à un état permanent, alors on aura $\frac{dD}{dt} = 0$, et par conséquent $T = 0$.

LI.

Corollaire III. — On peut encore représenter le mouvement du fluide par les variables X, Y, Z, t, comme dans l'Article XLIV. Pour cela on cherchera d'abord la valeur de D au moyen de l'équation (s), laquelle, en introduisant les lettres α, β, γ, devient celle-ci :

$$\frac{\frac{dD}{dt}}{D} + \frac{\mathrm{d}\alpha}{\mathrm{d}x} + \frac{\mathrm{d}\beta}{\mathrm{d}y} + \frac{\mathrm{d}\gamma}{\mathrm{d}z} = 0.$$

Or, par les formules de l'Article cité, on trouve

$$\frac{\mathrm{d}\alpha}{\mathrm{d}x} + \frac{\mathrm{d}\beta}{\mathrm{d}y} + \frac{\mathrm{d}\gamma}{\mathrm{d}z} = \frac{\frac{dK}{dt}}{K};$$

par conséquent,

$$\frac{\frac{dD}{dt}}{D} + \frac{\frac{dK}{dt}}{K} = 0,$$

d'où l'on tire

$$\log D + \log K = \text{const.},$$

savoir :

$$DK = h \quad \text{et} \quad D = \frac{h}{K}.$$

Pour déterminer la constante h, on remarquera qu'au commencement du mouvement

$$dx = dX, \quad dy = dY, \quad dz = dZ;$$

donc

$$L = 1, \quad M = 0, \quad N = 0, \quad P = 0, \quad Q = 1, \quad R = 0, \quad S = 0, \quad T = 0, \quad U = 1,$$

ce qui donne $K = 1$; d'où il s'ensuit que h doit être égale à la densité D que le fluide a au premier instant de son mouvement.

Ayant trouvé l'expression de D, il n'y aura plus qu'à la substituer dans les équations (p); or, D étant une fonction de X, Y, Z, t, sa différentielle, en prenant t constant, sera représentée par

$$E\,dX + F\,dY + G\,dZ;$$

ainsi, pour avoir les valeurs de $\frac{\mathrm{d}D}{\mathrm{d}x}$, $\frac{\mathrm{d}D}{\mathrm{d}y}$, $\frac{\mathrm{d}D}{\mathrm{d}z}$, il faudra encore substituer au lieu de dX, dY, dZ leurs expressions en $\mathrm{d}x$, $\mathrm{d}y$, $\mathrm{d}z$ trouvées dans l'Article XLIV, ce qui, en supposant

$$\begin{aligned} E(QU - RT) + F(RS - PU) + G(PT - QS) &= A, \\ E(NT - MU) + F(LU - NS) + G(MS - LT) &= B, \\ E(MR - NQ) + F(NP - LR) + G(LQ - MP) &= C, \end{aligned}$$

donnera

$$\mathrm{d}D = \frac{A\,\mathrm{d}x + B\,\mathrm{d}y + C\,\mathrm{d}z}{K},$$

d'où l'on tire

$$\frac{\mathrm{d}D}{\mathrm{d}x} = \frac{A}{K}, \quad \frac{\mathrm{d}D}{\mathrm{d}y} = \frac{B}{K}, \quad \frac{\mathrm{d}D}{\mathrm{d}z} = \frac{C}{K},$$

et par conséquent, suivant l'hypothèse de l'Article XLIX,

$$\frac{\mathrm{d}F}{\mathrm{d}x}=\frac{EA}{K},\quad \frac{\mathrm{d}F}{\mathrm{d}y}=\frac{EB}{K},\quad \frac{\mathrm{d}F}{\mathrm{d}z}=\frac{EC}{K}.$$

On substituera donc ces valeurs dans les équations (p), et l'on aura, en divisant par D qui est égal à $\frac{h}{K}$,

$$d\frac{dx}{dt}+\Pi\,dt+\frac{EA}{b}dt=0,$$

$$d\frac{dy}{dt}+\varpi\,dt+\frac{EB}{b}dt=0,$$

$$d\frac{dz}{dt}+\Psi\,dt+\frac{EC}{b}dt=0.$$

Si l'on suppose dans ces équations

$$\Pi=0,\quad \varpi=0,\quad \Psi=0,\quad \frac{E}{b}=2g,$$

elles reviennent au même que celles que M. Euler a trouvées par une voie différente (Recherches sur la propagation des ébranlements dans un milieu élastique, *Miscellanea Taurinensia*, t. II, p. 6).

LII.

Scolie. — A l'égard de l'équation (q) qui reste encore à examiner, on prouvera, par un raisonnement semblable à celui de l'Article XLVI, que si le fluide appuie contre des parois fixes, les trois termes

$$S^2\,\mathrm{d}y\,\mathrm{d}z\,{}'F\,\delta\,{}'x+S^2\,\mathrm{d}x\,\mathrm{d}z\,{}'F\,\delta\,{}'y+S^2\,\mathrm{d}x\,\mathrm{d}y\,{}'F\,\delta\,{}'z$$

sont toujours égaux à zéro aussi bien que les trois autres

$$S^2\,\mathrm{d}y\,\mathrm{d}z\,F'\,\delta x'+S^2\,\mathrm{d}x\,\mathrm{d}z\,F'\,\delta y'+S^2\,\mathrm{d}x\,\mathrm{d}y\,F'\,\delta z'.$$

Mais si l'on suppose le fluide libre de toutes parts, ou seulement de quelque côté, alors la quantité F devra être nulle à la surface extérieure du fluide dans les endroits où il est libre; on aura donc, pour cette surface, l'équation $\mathrm{d}F = 0$, savoir :

$$\frac{\mathrm{d}F}{\mathrm{d}x}\mathrm{d}x + \frac{\mathrm{d}F}{\mathrm{d}y}\mathrm{d}y + \frac{\mathrm{d}F}{\mathrm{d}z}\mathrm{d}z = 0,$$

ou, en mettant au lieu de $\frac{\mathrm{d}F}{\mathrm{d}x}, \frac{\mathrm{d}F}{\mathrm{d}y}, \frac{\mathrm{d}F}{\mathrm{d}z}$ leurs valeurs tirées des équations (p),

$$\left(d\,\frac{dx}{dt} + \Pi\,dt\right)\mathrm{d}x + \left(d\,\frac{dy}{dt} + \varpi\,dt\right)\mathrm{d}y + \left(d\,\frac{dz}{dt} + \Psi\,dt\right)\mathrm{d}z = 0,$$

précisément comme on a trouvé dans l'Article cité, pour les fluides non élastiques.

SOLUTION

DE

DIFFÉRENTS PROBLÈMES

DE

CALCUL INTÉGRAL.

SOLUTION

DE

DIFFÉRENTS PROBLÈMES

DE

CALCUL INTÉGRAL.

(*Miscellanea Taurinensia*, t. III, 1762-1765.)

Sur l'intégration de l'équation

$$\text{(A)} \qquad Ly + M\frac{dy}{dt} + N\frac{d^2y}{dt^2} + P\frac{d^3y}{dt^3} + \ldots = T,$$

dans laquelle L, M, N,..., T *sont des fonctions de t.*

1. Je multiplie cette équation par $z\,dt$, z étant une variable indéterminée; j'en prends l'intégrale, j'ai

$$\int Lzy\,dt + \int Mz\frac{dy}{dt}dt + \int Nz\frac{d^2y}{dt^2}dt + \int Pz\frac{d^3y}{dt^3}dt + \ldots = \int Tz\,dt;$$

je change les expressions

$$\int Mz\frac{dy}{dt}dt, \quad \int Nz\frac{d^2y}{dt^2}dt, \quad \int Pz\frac{d^3y}{dt^3}dt, \ldots,$$

en leurs égales

$$Mzy - \int \frac{dMz}{dt}y\,dt,$$

$$N z \frac{dy}{dt} - \frac{dNz}{dt} y + \int \frac{d^2 N z}{dt^2} y \, dt,$$

$$P z \frac{d^2 y}{dt^2} - \frac{dPz}{dt}\frac{dy}{dt} + \frac{d^2 P z}{dt^2} y - \int \frac{d^3 P z}{dt^3} y \, dt,$$

$$\ldots\ldots\ldots\ldots\ldots\ldots\ldots\ldots\ldots\ldots\ldots\ldots;$$

j'ai, en ordonnant les termes par rapport à y,

$$\begin{aligned} & y\left(Mz - \frac{dNz}{dt} + \frac{d^2 Pz}{dt^2} - \ldots\right) \\ & + \frac{dy}{dt}\left(Nz - \frac{dPz}{dt} + \ldots\right) + \frac{d^2 y}{dt^2}(Pz - \ldots) + \ldots \\ & + \int \left(Lz - \frac{dMz}{dt} + \frac{d^2 Nz}{dt^2} - \frac{d^3 Pz}{dt^3} + \ldots\right) y \, dt = \int Tz \, dt. \end{aligned}$$

Soit maintenant

$$\text{(B)} \qquad Lz - \frac{dMz}{dt} + \frac{d^2 Nz}{dt^2} - \frac{d^3 Pz}{dt^3} \ldots = 0,$$

et l'équation précédente se réduira à celle-ci :

$$\text{(C)} \quad \left\{ \begin{aligned} & y\left(Mz - \frac{dNz}{dt} + \frac{d^2 Pz}{dt^2} - \ldots\right) \\ & \quad + \frac{dy}{dt}\left(Nz - \frac{dPz}{dt} + \ldots\right) + \frac{d^2 y}{dt^2}(Pz - \ldots) + \ldots = \int Tz \, dt, \end{aligned} \right.$$

laquelle est d'un ordre moins élevé d'une unité que l'équation proposée (A).

2. Donc : 1° si l'on peut trouver une valeur de z, laquelle satisfasse à l'équation (B), on aura tout de suite l'intégrale de l'équation proposée (A), en mettant cette valeur dans l'équation (C); 2° si l'on avait deux valeurs différentes de z, lesquelles satisfissent également à l'équation (B), on aurait, par la substitution successive de ces valeurs dans l'équation (C), deux intégrales de l'équation (A), à l'aide desquelles on éliminerait la plus haute différentielle de y, et l'équation résultante serait l'intégrale seconde de la proposée (j'entends par intégrale première, ou intégrale simplement, une équation qui est d'un ordre moins

élevé d'une unité que la proposée; par intégrale seconde, une équation qui est d'un ordre moins élevé de deux unités, et ainsi de suite); 3° de même, si l'on avait trois valeurs différentes de z, on trouverait trois équations intégrales; d'où, éliminant les deux plus hautes différentielles de y, on aurait une équation qui serait l'intégrale troisième de la proposée, et ainsi de suite. D'où il est aisé de conclure, qu'en connaissant un nombre de valeurs de z égal à celui de l'exposant de l'ordre de l'équation (A), on pourra trouver l'intégrale finie et algébrique de cette même équation.

3. Qu'on multiplie l'équation (B) par $y\,dt$, et qu'on en prenne l'intégrale, en faisant disparaître de dessous le signe $\int$ toutes les différences de z, par des intégrations par parties, comme nous l'avons pratiqué sur l'équation (A), on aura, en changeant les signes,

$$\begin{aligned} &y\left(\mathrm{M}z - \frac{d\mathrm{N}z}{dt} + \frac{d^2\mathrm{P}z}{dt^2} - \ldots\right) \\ &\quad + \frac{dy}{dt}\left(\mathrm{N}z - \frac{d\mathrm{P}z}{dt} + \ldots\right) + \frac{d^2y}{dt}(\mathrm{P}z - \ldots) + \ldots \\ &\quad - \int\left(\mathrm{L}y + \mathrm{M}\frac{dy}{dt} + \mathrm{N}\frac{d^2y}{dt^2} + \mathrm{P}\frac{d^3y}{dt^3} + \ldots\right) z\,dt = \text{const.} \end{aligned}$$

Donc, si l'on fait

$$\text{(D)} \qquad \mathrm{L}y + \mathrm{M}\frac{dy}{dt} + \mathrm{N}\frac{d^2y}{dt^2} + \mathrm{P}\frac{d^3y}{dt^3} + \ldots = 0,$$

et qu'on ordonne l'équation restante par rapport à z, on aura

$$\text{(E)} \quad \left\{ \begin{aligned} &z\left[\left(\mathrm{M} - \frac{d\mathrm{N}}{dt} + \frac{d^2\mathrm{P}}{dt^2} - \ldots\right)y + \left(\mathrm{N} - \frac{d\mathrm{P}}{dt} + \ldots\right)\frac{dy}{dt}\right. \\ &\qquad\qquad \left. + (\mathrm{P} - \ldots)\frac{d^2y}{dt} + \ldots\right] \\ &\quad - \frac{dz}{dt}\left[\left(\mathrm{N} - 2\frac{d\mathrm{P}}{dt} + \ldots\right)y + (\mathrm{P} - \ldots)\frac{dy}{dt} + \ldots\right] \\ &\qquad\qquad + \frac{d^2z}{dt}\left[(\mathrm{P} - \ldots)y + \ldots\right] - \ldots = \text{const.} \end{aligned} \right.$$

4. Donc, si l'on peut trouver une valeur de y qui satisfasse à l'équation (D), on aura l'intégrale première de l'équation (B); si l'on a deux valeurs différentes de y, qui satisfassent à la même équation (D), on aura l'intégrale seconde de l'équation (B), et ainsi de suite; de sorte que, si l'on connaissait un nombre de valeurs de y égal à celui de l'exposant de l'équation (B), on pourrait trouver (2) l'intégrale finie et algébrique de cette même équation.

5. Cette dernière intégrale contiendra, comme on voit, autant de constantes arbitraires qu'il y a d'unités dans l'exposant de l'ordre de l'équation différentielle (B); car les équations (E), d'où elle résulte, contiennent chacune une constante arbitraire. Donc, si l'on fait successivement toutes ces constantes, moins une, égales à zéro, on aura autant d'intégrales particulières, et par conséquent autant de valeurs différentes de z qu'il y a d'unités dans l'exposant de l'ordre de l'équation (B); or il est facile de voir que cette équation est du même ordre que l'équation (A) (1); donc on trouvera aussi l'intégrale finie et algébrique de cette dernière équation (2).

6. Donc l'équation (A), savoir

$$Ly + M\frac{dy}{dt} + N\frac{d^2y}{dt^2} + P\frac{d^3y}{dt^3} + \ldots = T,$$

sera intégrable algébriquement toutes les fois qu'on aura m valeurs de y en t dans le cas de $T = 0$, m étant l'exposant de l'ordre de cette équation.

7. Si l'on ne connaissait que $m-1$ valeurs de y, dans le cas de $T=0$, on pourrait néanmoins trouver l'intégrale algébrique de l'équation (A), car on aurait dans ce cas $m-1$ équations (E); d'où, éliminant les plus hautes différences de z, on parviendrait à une équation de cette forme $Vz + X\frac{dz}{dt} = Y$; V, X et Y étant des fonctions de t, laquelle donnerait

$$z = e^{-\int\frac{V}{X}dt}\left(\text{const.} + \int\frac{Ye^{\int\frac{V}{X}dt}}{X}dt\right);$$

donc, etc.

8. Donc l'équation (A) sera aussi intégrable algébriquement, toutes les fois qu'on aura $m-1$ valeurs de y dans le cas de $T=0$.

9. Si les valeurs connues de y n'étaient qu'au nombre de $m-2$, alors il faudrait, pour avoir les m valeurs de z, intégrer une équation de cette forme

$$Vz + X\frac{dz}{dt} + Y\frac{d^2z}{dt^2} = Z,$$

laquelle n'est intégrable que dans quelques cas particuliers, et ainsi de suite.

10. Au reste, si l'on ne connaissait pas d'avance les valeurs particulières de y dans le cas de $T=0$, il vaudrait mieux chercher directement les valeurs de z par la résolution de l'équation (B), laquelle n'est guère plus compliquée que l'équation (D).

11. Soit l'équation

$$Ly + M\frac{dy}{dt} + N\frac{d^2y}{dt^2} = T,$$

pour laquelle on connait deux valeurs particulières de y dans le cas de $T=0$.

On aura d'abord l'équation en z (3)

$$z\left[\left(M - \frac{dN}{dt}\right)y + N\frac{dy}{dt}\right] - \frac{dz}{dt}Ny = \text{const.};$$

donc, supposant que y_1 et y_2 soient les deux valeurs de y qui satisfont à l'équation

$$Ly + M\frac{dy}{dt} + N\frac{d^2y}{dt^2} = 0,$$

on aura

$$z\left[\left(M - \frac{dN}{at}\right)y_1 + N\frac{dy_1}{dt}\right] - \frac{dz}{dt}Ny_1 = A,$$

$$z\left[\left(M - \frac{dN}{dt}\right)y_2 + N\frac{dy_2}{dt}\right] - \frac{dz}{dt}Ny_2 = B,$$

A et B étant deux constantes arbitraires.

On tire de ces deux équations

$$z = \frac{Ay_2 - By_1}{N\left(y_2 \frac{dy_1}{dt} - y_1 \frac{dy_2}{dt}\right)}.$$

Soit d'abord A = o, on aura

$$z = -\frac{B}{N} \frac{y_1}{y_2 \frac{dy_1}{dt} - y_1 \frac{dy_2}{dt}} = z_1;$$

soit ensuite B = o, on aura

$$z = \frac{A}{N} \frac{y_2}{y_2 \frac{dy_1}{dt} - y_1 \frac{dy_2}{dt}} = z_2.$$

Ayant deux valeurs de z, savoir z_1 et z_2, on les substituera successivement dans l'équation (C), et l'on aura

$$y\left(Mz_1 - \frac{dNz_1}{dt}\right) + \frac{dy}{dt} Nz_1 = \int Tz_1\, dt,$$

$$y\left(Mz_2 - \frac{dNz_2}{dt}\right) + \frac{dy}{dt} Nz_2 = \int Tz_2\, dt;$$

d'où l'on tire

$$\text{(F)} \qquad y = \frac{z_2 \int Tz_1\, dt - z_1 \int Tz_2\, dt}{N\left(z_1 \frac{dz_2}{dt} - z_2 \frac{dz_1}{dt}\right)}.$$

C'est la valeur générale et complète de y qui satisfait à l'équation proposée.

Si l'on ne connaissait que la valeur y_1, on aurait simplement l'équation

$$z\left[\left(M - \frac{dN}{dt}\right) y_1 + N \frac{dy_1}{dt}\right] - \frac{dz}{dt} Ny_1 = A,$$

laquelle étant intégrée donnerait

$$z = e^{\int\left(\frac{M}{N} - \frac{dN}{Ndt} + \frac{dy_1}{y_1 dt}\right) dt}\left[\text{const.} - A \int \frac{e^{-\int\left(\frac{M}{N} - \frac{dN}{Ndt} + \frac{dy_1}{y_1 dt}\right) dt}}{Ny_1} dt\right]$$

ou bien

$$z = \frac{y_1}{N} e^{\int \frac{M}{N} dt} \left[C - A \int \frac{e^{-\int \frac{M}{N} dt}}{y_1^2} dt \right].$$

Donc, en faisant $A = 0$, on aurait

$$z = \frac{C y_1}{N} e^{\int \frac{M}{N} dt} = z_1,$$

et, en faisant $C = 0$,

$$z = -\frac{A y_1}{N} e^{\int \frac{M}{N} dt} \int \frac{e^{-\int \frac{M}{N} dt}}{y_1^2} dt = z_2.$$

Supposons que les quantités L, M, N soient constantes, on aura, comme on sait, pour les deux valeurs de y qui satisfont à l'équation $Ly + M\frac{dy}{dt} + N\frac{d^2y}{dt^2} = 0$, $e^{k_1 t}$ et $e^{k_2 t}$; k_1 et k_2 étant les racines de l'équation $L + Mk + Nk^2 = 0$; donc

$$y_1 = e^{k_1 t}, \quad y_2 = e^{k_2 t};$$

et par conséquent

$$z_1 = -\frac{B}{N} \frac{e^{-k_2 t}}{k_1 - k_2}, \quad z_2 = \frac{A}{N} \frac{e^{-k_1 t}}{k_1 - k_2};$$

donc

$$y = \frac{e^{k_2 t} \int T e^{-k_2 t} dt - e^{k_1 t} \int T e^{-k_1 t} dt}{N(k_2 - k_1)}.$$

Si l'on voulait employer les valeurs de z_1 et de z_2 trouvées à la fin du numéro précédent, on aurait

$$z_1 = \frac{C y_1}{N} e^{\frac{M}{N} t} \quad \text{et} \quad z_2 = -\frac{A y_1}{N} e^{\frac{M}{N} t} \int \frac{e^{-\frac{M}{N} t}}{y_1^2} dt,$$

ou bien, en mettant pour y_1 sa valeur $e^{k_1 t}$,

$$z_1 = \frac{C}{N} e^{\left(k_1 + \frac{M}{N}\right) t} \quad \text{et} \quad z_2 = \frac{A}{M + 2Nk_1} e^{-k_1 t}.$$

Or, k_1 et k_2 étant les racines de l'équation $L + Mk + Nk^2 = 0$, on aura

$$k_1 + k_2 = -\frac{M}{N};$$

donc

$$k_1 + \frac{M}{N} = -k_2 \quad \text{et} \quad M + 2Nk_1 = N(k_1 - k_2);$$

donc, en faisant $C = -\frac{B}{k_1 - k_2}$, les valeurs de z_1 et de z_2 seront les mêmes que ci-dessus.

Ces valeurs pourraient encore se trouver d'une manière plus simple par la remarque du n° **10**. Car l'équation (B) sera, dans le cas présent,

$$Lz - M\frac{dz}{dt} + N\frac{d^2z}{dt^2} = 0;$$

d'où l'on tire

$$z = Fe^{h_1 t} = z_1 \quad \text{et} \quad z = Ge^{h_2 t} = z_2,$$

F, G étant deux constantes arbitraires, et h_1, h_2 les racines de l'équation $L - Mh + Nh^2 = 0$; de sorte qu'on aura

$$h_1 = -k_1 \quad \text{et} \quad h_2 = -k_2.$$

Recherche des cas d'intégration de l'équation

$$\frac{d^2y}{dt^2} + ayt^m = T.$$

12. On aura ici $L = at^{2m}$, $M = 0$, $N = 1$; donc l'équation (B) deviendra

$$(G) \qquad azt^{2m} + \frac{d^2z}{dt^2} = 0.$$

Supposons dt variable, nous aurons, au lieu du terme $\frac{d^2z}{dt^2}$, ces deux-ci $\frac{d^2z}{dt^2} - \frac{dz\,d^2t}{dt^3}$; donc, faisant cette substitution et divisant toute l'équation par t^{2m}, on aura la transformée

$$\frac{d^2z}{t^{2m}\,dt^2} - \frac{dz\,d^2t}{t^{2m}\,dt^3} + az = 0.$$

Soit maintenant $t^m\,dt = du$, c'est-à-dire $u = \frac{t^{m+1}}{m+1}$, on aura, en prenant du pour constante,

$$\frac{d^2 t}{dt} + m\frac{dt}{t} = 0,$$

c'est-à-dire, à cause de $dt = t^{-m} du$,

$$\frac{d^2 t}{dt} = -mt^{-m-1} du = -\frac{m}{m+1}\frac{du}{u};$$

donc, substituant ces valeurs dans l'équation précédente, et faisant, pour abréger, $\frac{m}{m+1} = n$, on aura

$$\frac{d^2 z}{du^2} + \frac{n}{u}\frac{dz}{du} + az = 0.$$

Si n était égal à zéro, on aurait $\frac{d^2 z}{du^2} + az = 0$; par conséquent $z = e^{ku}$, k étant une des racines de l'équation $k^2 + a = 0$.

Supposons donc $z = xe^{ku}$, on aura, après les substitutions et les réductions,

$$\frac{d^2 x}{du^2} + \left(2k + \frac{n}{u}\right)\frac{dx}{du} + \frac{nkx}{u} = 0.$$

Qu'on fasse

$$x = Au^r + Bu^{r+1} + Cu^{r+2} + \ldots,$$

on trouvera, en égalant à zéro les termes homogènes, les équations suivantes :

$$r(r-1)A + nrA = 0,$$
$$(r+1)rB + 2krA + n(r+1)B + nkA = 0,$$
$$(r+2)(r+1)C + 2k(r+1)B + n(r+2)C + nkB = 0,$$

et ainsi de suite.

D'où l'on tire premièrement, ou $r = 0$, ou $r - 1 + n = 0$, savoir $r = 1 - n$, ensuite

$$B = -\frac{2r+n}{(r+1)(r+n)}kA,$$

$$C = -\frac{2(r+1)+n}{(r+2)(r+1+n)}kB,$$

$$D = -\frac{3(r+2)+n}{(r+3)(r+2+n)}kC,$$

. . . .

En combinant les deux cas de $r=0$ et de $r=1-n$, et faisant $1-n=\nu$ et $A=1$, on aura

$$A=1,$$
$$B=-k,$$
$$C=\frac{3\pm\nu}{2(2\pm\nu)}k^2,$$
$$D=-\frac{(3\mp\nu)(5\mp\nu)}{2.3(2\mp\nu)(3\mp\nu)}k^3,$$
$$E=\frac{(3\mp\nu)(5\mp\nu)(7\mp\nu)}{2.3.4(2\mp\nu)(3\mp\nu)(4\mp\nu)}k^4,$$
$$\ldots\ldots\ldots\ldots\ldots\ldots\ldots\ldots\ldots\ldots,$$

le signe supérieur étant pour le premier cas, et le signe inférieur pour le second cas; d'où l'on voit que la série se terminera toutes les fois que ν sera égal à un nombre quelconque impair positif ou négatif, à l'exception de ± 1.

Ayant ainsi la valeur de x, on aura celle de z par la supposition de $z=xe^{ku}$, et comme l'équation $k^2+a=0$ donne deux valeurs de k, savoir $k=\pm\sqrt{-a}$, on aura aussi deux valeurs de z, qu'on nommera, comme ci-dessus, z_1 et z_2, et qui, étant substituées dans la formule (F) du numéro précédent, donneront la valeur de y.

Si a est une quantité positive, les deux valeurs de k seront imaginaires. Dans ce cas la valeur de x sera de cette forme $P\pm Q\sqrt{-1}$, et par conséquent on aura

$$z=(P\pm Q\sqrt{-1})\,e^{\pm u\sqrt{a}\sqrt{-1}},$$

ou, en mettant au lieu de $e^{\pm u\sqrt{a}\sqrt{-1}}$ sa valeur $\cos(u\sqrt{a})\pm\sin(u\sqrt{a})\sqrt{-1}$, savoir :

$$z=[P\cos(u\sqrt{a})-Q\sin(u\sqrt{a})]\pm[P\sin(u\sqrt{a})+Q\cos(u\sqrt{a})]\sqrt{-1}.$$

Soit donc, pour abréger,

$$P\cos(u\sqrt{a})-Q\sin(u\sqrt{a})=R,$$
$$P\sin(u\sqrt{a})+Q\cos(u\sqrt{a})=S,$$

on aura

$$R+S\sqrt{-1}=z_1 \quad \text{et} \quad R-S\sqrt{-1}=z_2,$$

et la valeur de y deviendra

$$y = \frac{R\int TS\,dt - S\int TR\,dt}{\left(S\frac{dR}{dt} - R\frac{dS}{dt}\right)}.$$

13. Si $m = 1$, on aura $n = \infty$, et la valeur de x sera exprimée par une suite infinie; mais, en reprenant l'équation (G), on aura

$$\frac{az}{t^2} + \frac{d^2z}{dt^2} = 0,$$

laquelle, en faisant $z = t^r$, se change en

$$a + r(r-1) = 0,$$

d'où l'on tire

$$r = \frac{1}{2} \mp \sqrt{\frac{1}{4} - a}.$$

Ainsi l'on aura les deux valeurs de z.

14. Soient $T = 0$ et $y = e^{\int q\,dt}$, l'équation proposée se changera en celle-ci :

$$\frac{dq}{dt} + q + at^{2m} = 0,$$

laquelle est connue sous le nom d'*équation de Riccati;* on trouvera donc par la méthode précédente l'intégrale de cette même équation.

Intégration de l'équation

$$\text{(H)}\quad Ay + B(h+kt)\frac{dy}{dt} + C(h+kt)^2\frac{d^2y}{dt^2} + D(h+kt)^3\frac{d^3y}{dt^3} + \ldots = T,$$

A, B, C,... *étant des coefficients constants.*

15. En comparant cette équation avec la formule générale (A), on aura

$$L = A,\quad M = B(h+kt),\quad N = C(h+kt)^2,\quad P = D(h+kt)^3,\ldots.$$

Donc les équations (B) et (C) deviendront

$$(\text{I})\quad Az - B\frac{d.(h+kt)z}{dt} + C\frac{d^2.(h+kt)^2z}{dt^2} - D\frac{d^3.(h+kt)^3z}{dt^3} + \ldots = 0,$$

$$(\text{K})\quad \left\{\begin{aligned} & y\left[B(h+kt)z - C\frac{d.(h+kt)^2z}{dt} + D\frac{d^2.(h+kt)^3z}{dt^2} - \ldots\right] \\ & + \frac{dy}{dt}\left[C(h+kt)^2z - D\frac{d.(h+kt)z}{dt} + \ldots\right] \\ & + \frac{d^2y}{dt^2}\left[D(h+kt)^3z - \ldots\right] + \ldots\ldots\ldots\ldots = \int Tz\,dt. \end{aligned}\right.$$

Soit maintenant

$$z = (h+kt)^r,$$

et l'équation (I) étant divisée par $(h+kt)^r$ se réduira à celle-ci :

$$(\text{L})\quad A - Bk(r+1) + Ck^2(r+1)(r+2) - Dk^3(r+1)(r+2)(r+3) + \ldots = 0,$$

laquelle étant ordonnée par rapport à r montera à un degré dont l'exposant sera le même que celui de l'ordre de l'équation proposée (H).

Faisant la même substitution dans l'équation (K), on aura, après avoir divisé par $(h+kt)^{r+1}$,

$$\begin{aligned} & y[B - Ck(r+2) + Dk^2(r+2)(r+3) - \ldots] \\ & \qquad + \frac{dy}{dt}[C - Dk(r+3) + \ldots](h+kt) + \frac{d^2y}{dt^2}(D - \ldots)(h+kt)^2 + \ldots \\ & = (h+kt)^{-r-1}\int T(h+kt)^r\,dt, \end{aligned}$$

équation qui devra avoir lieu en mettant pour r chacune des racines de l'équation (L).

Soit, pour abréger,

$$\begin{aligned} & B - Ck(r+2) + Dk^2(r+2)(r+3) - \ldots = \alpha, \\ & C - Dk(r+3) + \ldots = \beta, \\ & D - \ldots = \gamma, \\ & \ldots\ldots\ldots\ldots, \\ & (h+kt)^{-r-1}\int T(h+kt)^r\,dt = \theta, \end{aligned}$$

l'équation dont il s'agit se réduira à celle-ci :

$$(\mathrm{M}) \qquad \alpha y + \beta(h+kt)\frac{dy}{dt} + \gamma(h+kt)^2\frac{d^2y}{dt^2} + \ldots = \theta.$$

Supposons que $r_1, r_2, r_3, \ldots$ soient les racines de l'équation (L), et que $\alpha_1, \alpha_2, \alpha_3, \ldots, \beta_1, \beta_2, \beta_3, \ldots$ soient ce que deviennent les quantités α, $\beta, \ldots$, lorsque r devient successivement $r_1, r_2, r_3, \ldots$; au lieu de l'équation (M), on aura celles-ci :

$$(\mathrm{M}_1) \qquad \alpha_1 y + \beta_1(h+kt)\frac{dy}{dt} + \gamma_1(h+kt)^2\frac{d^2y}{dt^2} + \ldots = \theta_1,$$

$$(\mathrm{M}_2) \qquad \alpha_2 y + \beta_2(h+kt)\frac{dy}{dt} + \gamma_2(h+kt)^2\frac{d^2y}{dt^2} + \ldots = \theta_2,$$

$$(\mathrm{M}_3) \qquad \alpha_3 y + \beta_3(h+kt)\frac{dy}{dt} + \gamma_3(h+kt)^2\frac{d^2y}{dt^2} + \ldots = \theta_3,$$

$$\ldots\ldots\ldots\ldots\ldots\ldots\ldots\ldots\ldots\ldots,$$

dont le nombre sera le même que celui des quantités inconnues y, $\frac{dy}{dt}$, $\frac{d^2y}{dt^2}, \ldots$, comme il est facile de s'en assurer. Ainsi, en éliminant les quantités $\frac{dy}{dt}$, $\frac{d^2y}{dt^2}, \ldots$, on aura la valeur de y.

Pour cet effet, je multiplie l'équation (M_1) par M', l'équation (M_2) par M'', et ainsi de suite; après quoi je les ajoute ensemble : j'ai

$$\begin{aligned}
&(\alpha_1\mathrm{M}' + \alpha_2\mathrm{M}'' + \alpha_3\mathrm{M}''' + \ldots)y \\
&+ (\beta_1\mathrm{M}' + \beta_2\mathrm{M}'' + \beta_3\mathrm{M}''' + \ldots)(h+kt)\frac{dy}{dt} \\
&+ (\gamma_1\mathrm{M}' + \gamma_2\mathrm{M}'' + \gamma_3\mathrm{M}''' + \ldots)(h+kt)^2\frac{d^2y}{dt^2} + \ldots \\
&= \mathrm{M}'\theta_1 + \mathrm{M}''\theta_2 + \mathrm{M}'''\theta_3 + \ldots.
\end{aligned}$$

Je suppose

$$(\mathrm{N}) \qquad \left\{\begin{array}{l}
\beta_1\mathrm{M}' + \beta_2\mathrm{M}'' + \beta_3\mathrm{M}''' + \ldots = 0, \\
\gamma_1\mathrm{M}' + \gamma_2\mathrm{M}'' + \gamma_3\mathrm{M}''' + \ldots = 0, \\
\ldots\ldots\ldots\ldots\ldots\ldots\ldots\ldots;
\end{array}\right.$$

j'aurai

$$\text{(P)} \qquad y = \frac{M'\theta_1 + M''\theta_2 + M'''\theta_3 + \ldots}{M'\alpha_1 + M''\alpha_2 + M'''\alpha_3 + \ldots},$$

et toute la difficulté se réduira à déterminer les quantités M′, M″, M‴,... par le moyen des équations (N).

Or, si l'on substitue dans ces équations les valeurs de β_1, γ_1,..., β_2, γ_2,..., et qu'on ordonne les termes par rapport aux puissances de r, on verra qu'elles se réduisent à celles-ci :

$$\begin{array}{l}
M' + M'' + M''' + \ldots\ldots\ldots\ldots\ldots\ldots + M^{(m)} = 0,\\
M' r_1 + M'' r_2 + M''' r_3 + \ldots\ldots\ldots\ldots + M^{(m)} r_m = 0,\\
M' r_1^2 + M'' r_2^2 + M''' r_3^2 + \ldots\ldots\ldots\ldots + M^{(m)} r_m^2 = 0,\\
M' r_1^3 + M'' r_2^3 + M''' r_3^3 + \ldots\ldots\ldots\ldots + M^{(m)} r_m^3 = 0,\\
\ldots\ldots\ldots\ldots\ldots\ldots\ldots\ldots\ldots\ldots\ldots\ldots,\\
M' r_1^{m-2} + M'' r_2^{m-2} + M''' r_3^{m-2} + \ldots + M^{(m)} r_m^{m-2} = 0,
\end{array}$$

m étant l'exposant de l'ordre de l'équation proposée (H), et la quantité $M'\alpha_1 + M''\alpha_2 + M'''\alpha_3 + \ldots$ deviendra

$$\pm V k^{m-1} (M' r_1^{m-1} + M'' r_2^{m-1} + M''' r_3^{m-1} + \ldots + M^{(m)} r_m^{m-1}),$$

dans laquelle V est le coefficient du terme $(h + kt)^m \dfrac{d^m y}{dt^m}$ de la même équation, le signe supérieur étant pour le cas de m impair, et le signe inférieur pour celui de m pair.

Telles sont les équations par lesquelles il faudra déterminer les inconnues M′, M″, M‴,..., $M^{(m)}$.

Pour rendre cette recherche plus générale, nous supposerons que l'on ait les équations suivantes :

$$\begin{array}{l}
M' + M'' + M''' + \ldots\ldots\ldots\ldots\ldots\ldots + M^{(m)} = R,\\
M' r_1 + M'' r_2 + M''' r_3 + \ldots\ldots\ldots\ldots + M^{(m)} r_m = R',\\
M' r_1^2 + M'' r_2^2 + M''' r_3^2 + \ldots\ldots\ldots\ldots + M^{(m)} r_m^2 = R'',\\
M' r_1^3 + M'' r_2^3 + M''' r_3^3 + \ldots\ldots\ldots\ldots + M^{(m)} r_m^3 = R''',\\
\ldots\ldots\ldots\ldots\ldots\ldots\ldots\ldots\ldots\ldots\ldots\ldots\\
M' r_1^{m-1} + M'' r_2^{m-1} + M''' r_3^{m-1} + \ldots + M^{(m)} r_m^{m-1} = R^{(m-1)}.
\end{array}$$

(Je prends ici une équation de plus afin que l'on ait autant d'équations que d'inconnues.)

On multipliera la première de ces équations par N, la seconde par N', la troisième par N'', et ainsi des autres; on les ajoutera ensemble, et l'on aura

$$\begin{aligned}
&M'\,(N + N' r_1 + N'' r_1^2 + N''' r_1^3 + \ldots + N^{(m-1)} r_1^{m-1})\\
&+ M''(N + N' r_2 + N'' r_2^2 + N''' r_2^3 + \ldots + N^{(m-1)} r_2^{m-1})\\
&+ M'''(N + N' r_3 + N'' r_3^2 + N''' r_3^3 + \ldots + N^{(m-1)} r_3^{m-1})\\
&+ \ldots\ldots\ldots\ldots\ldots\ldots\ldots\ldots\ldots\ldots\\
&+ M^{(m)}(N + N' r_m + N'' r_m^2 + N''' r_m^3 + \ldots + N^{(m-1)} r_m^{m-1})\\
= {}& NR + N'R' + N''R'' + N'''R''' + \ldots + N^{(m-1)} R^{(m-1)}.
\end{aligned}$$

Maintenant, pour avoir la valeur d'une M quelconque, comme $M^{(\mu)}$, il n'y aura qu'à supposer égales à zéro les quantités qui multiplient toutes les autres M, et l'on aura

$$\text{(Q)}\qquad M^{(\mu)} = \frac{NR + N'R' + N''R'' + N'''R''' + \ldots + N^{(m-1)} R^{(m-1)}}{N + N' r_\mu + N'' r_\mu^2 + N''' r_\mu^3 + \ldots + N^{(m-1)} r_\mu^{m-1}},$$

et les quantités N, N', N'',..., $N^{(m-1)}$ seront déterminées par ces équations

$$N + N' r_1 + N'' r_1^2 + \ldots + N^{(m-1)} r_1^{m-1} = 0,$$
$$N + N' r_2 + N'' r_2^2 + \ldots + N^{(m-1)} r_2^{m-1} = 0,$$

et ainsi de suite jusqu'à

$$N + N' r_m + N'' r_m^2 + \ldots + N^{(m-1)} r_m^{m-1} = 0,$$

à l'exception de

$$N + N' r_\mu + N'' r_\mu^2 + \ldots + N^{(m-1)} r_\mu^{m-1} = 0;$$

c'est-à-dire qu'on aura l'équation

$$N + N' r + N'' r^2 + N''' r^3 + \ldots + N^{(m-1)} r^{(m-1)} = 0,$$

laquelle devra avoir lieu en mettant au lieu de r, successivement r_1, r_2, r_3,..., r_m, à l'exception de r_μ.

Or, comme $r_1, r_2, r_3, \ldots, r_m$ sont les racines de l'équation (L), si l'on représente cette équation par

$$a + br + cr^2 + dr^3 + \ldots + tu^{m-1} + ur^m = 0,$$

on aura, par la théorie des équations,

$$1 + \frac{N'}{N} r + \frac{N''}{N} r^2 + \frac{N'''}{N} r^3 + \ldots + \frac{N^{(m-1)}}{N} r^{m-1} = \frac{1 + \frac{b}{a} r + \frac{c}{a} r^2 + \frac{d}{a} r^3 + \ldots + \frac{u}{a} r}{1 - \frac{r}{r_\mu}};$$

donc, multipliant par $1 - \frac{r}{r_\mu}$ et comparant les termes, on aura

$$\frac{N'}{N} - \frac{1}{r_\mu} = \frac{b}{a},$$

$$\frac{N''}{N} - \frac{1}{r_\mu} \frac{N'}{N} = \frac{c}{a},$$

$$\frac{N'''}{N} - \frac{1}{r_\mu} \frac{N''}{N} = \frac{d}{a},$$

$$\ldots\ldots\ldots\ldots\ldots;$$

d'où l'on tire

$$N' = \frac{N}{ar_\mu}(a + br_\mu),$$

$$N'' = \frac{N}{ar_\mu^2}(a + br_\mu + cr_\mu^2),$$

$$N''' = \frac{N}{ar_\mu^3}(a + br_\mu + cr_\mu^2 + dr_\mu^3),$$

$$\ldots\ldots\ldots\ldots\ldots\ldots\ldots\ldots,$$

$$N^{(m-1)} = \frac{N}{ar_\mu^{m-1}}(a + br_\mu + cr_\mu^2 + dr_\mu^3 + \ldots + tr_\mu^{m-1}).$$

Faisant ces substitutions dans la formule (Q), on verra que la quantité N disparaîtra d'elle-même; de sorte que l'on aura la valeur de chacun des coefficients M.

Soit maintenant $R = 0$, $R' = 0$, $R'' = 0, \ldots, R^{(m-2)} = 0$, on aura

$$M^{(\mu)} = \frac{N^{(m-1)} R^{(m-1)}}{N + N' r_\mu + N'' r_\mu^2 + \ldots + N^{(m-1)} r_\mu^{m-1}}.$$

Or

$$N^{(m-1)} = \frac{N}{ar_\mu^{m-1}}(a + br_\mu + cr_\mu^2 + \ldots + tr_\mu^{m-1});$$

et comme

$$a + br + cr^2 + \ldots + tr^{m-1} + ur^m = 0,$$

on a, en mettant r_μ au lieu de r,

$$a + br_\mu + cr_\mu^2 + \ldots + tr_\mu^{m-1} = -ur_\mu^m;$$

donc

$$N^{(m-1)} = \frac{N}{ar_\mu^{m-1}}(-ur_\mu^m) = -\frac{Nu}{a}r_\mu.$$

De plus, on a

$$\frac{N + N'r + N''r + \ldots + N^{(m-1)}r^{m-1}}{N} = \frac{a + br + cr^2 + \ldots + ur^m}{a\left(1 - \frac{r}{r_\mu}\right)};$$

donc, si l'on fait pareillement $r = r_\mu$, on aura, en prenant la différence du numérateur et du dénominateur, à cause que l'un et l'autre s'évanouissent dans ce cas,

$$\frac{N + N'r_\mu + N''r_\mu^2 + \ldots + N^{(m-1)}r_\mu^{m-1}}{N} = -\frac{b + 2cr_\mu + 3dr_\mu^2 + \ldots + mur_\mu^{m-1}}{\frac{a}{r_\mu}};$$

donc

$$M^{(\mu)} = \frac{uR^{(m-1)}}{b + 2cr_\mu + 3dr_\mu^2 + \ldots}.$$

Soit

$$A - Bk(r+1) + Ck^2(r+1)(r+2) - \ldots \mp Vk^m(r+1)(r+2)\ldots(r+m) = P,$$

de sorte que l'équation (L) soit représentée par $P = 0$, on aura

$$a + br + cr^2 + \ldots + ur^m = P;$$

donc

$$u = \mp Vk^m$$

(le signe supérieur étant pour le cas de m impair, et l'inférieur pour celui de m pair), et

$$b + 2cr + 3dr^2 + \ldots = \frac{dP}{dr}.$$

Donc, si l'on fait $\frac{dP}{dr} = Q$, et qu'on dénote par Q_1, Q_2, Q_3,..., les valeurs de Q lorsque r devient r_1, r_2, r_3,..., on aura

$$M' = \frac{+ V k^m R^{(m-1)}}{Q_1}, \quad M'' = \frac{+ V k^m R^{(m-1)}}{Q_2}, \ldots .$$

Substituant donc ces valeurs dans la formule (P), et faisant attention que

$$\begin{aligned} M'\alpha_1 + M''\alpha_2 + M'''\alpha_3 + \ldots &= \pm V k^{m-1} (M' r_1^{m-1} + M'' r_2^{m-1} + M''' r_3^{m-1} + \ldots) \\ &= \pm V k^{m-1} R^{(m-1)}, \end{aligned}$$

on aura enfin

$$\text{(R)} \qquad y = -k\left(\frac{\theta_1}{Q_1} + \frac{\theta_2}{Q_2} + \frac{\theta_3}{Q_3} + \ldots\right).$$

D'où l'on voit que chaque racine de l'équation $P = 0$ donne, dans la valeur de y, un terme correspondant tel que $-k\frac{\theta}{Q}$.

16. Toute la difficulté se réduit donc à résoudre l'équation $P = 0$; or il peut arriver deux cas qu'il est bon d'examiner : le premier est celui où cette équation aurait des racines égales, le second celui où elle aurait des racines imaginaires.

1° Supposons que l'on trouve deux racines égales, par exemple $r_2 = r_1$; on fera $r_2 = r_1 + \omega$, ω étant une quantité évanouissante; et, comme P peut être représenté en général par $(r - r_1)(r - r_2)\Pi$, on aura

$$Q = \frac{dP}{dr} = (r - r_2)\Pi + (r - r_1)\Pi + (r - r_1)(r - r_2)\frac{d\Pi}{dr};$$

donc, faisant successivement $r = r_1$ et $r = r_2$, et substituant $r_1 + \omega$ au lieu de r_2, on aura

$$Q_1 = -\omega\Pi_1 \quad \text{et} \quad Q_2 = \omega\Pi_1,$$

Π_1 étant la valeur de Π lorsque $r = r_1$. Pour trouver cette valeur, on remarquera que, puisque $r_2 = r_1$, on a $(r - r_1)^2 \Pi = P$; d'où l'on tire, en différentiant deux fois,

$$2\Pi + 4(r - r_1)\frac{d\Pi}{dr} + (r - r_1)^2\frac{d^2\Pi}{dr^2} = \frac{d^2 P}{dr^2} = R;$$

et, par conséquent, en faisant $r = r_1$,

$$2\Pi_1 = R_1 \quad \text{et} \quad \Pi_1 = \frac{R_1}{2};$$

donc

$$Q_1 = -\frac{\omega}{2}R_1 \quad \text{et} \quad Q_2 = \frac{\omega}{2}R_1.$$

Maintenant on a

$$\theta_1 = (h + kt)^{-r_1-1}\int T(h + kt)^{r_1}dt \quad \text{et} \quad \theta_2 = (h + kt)^{-r_2-1}\int T(h + kt)^{r_2}dt;$$

or

$$(h + kt)^{-r_2-1} = (h + kt)^{-r_1-1-\omega} = (h + kt)^{-r_1-1}[1 - \omega\log(h + kt)\ldots],$$

et de même

$$(h + kt)^{r_2} = (h + kt)^{r_1}[1 + \omega\log(h + kt)];$$

donc, négligeant les ω^2, on aura

$$\theta_2 = \theta_1 + \omega(h+kt)^{-r_1-1}\left[\int T(h+kt)^{r_1}\log(h+kt)dt - \log(h+kt)\int T(h+kt)^{r_1}dt\right],$$

ou bien

$$\theta_2 = \theta_1 - \omega(h + kt)^{-r_1-1}\int\frac{k\,dt}{h + kt}\int T(h + kt)^{r_1}dt;$$

donc, faisant ces substitutions dans les termes $-k\frac{\theta_1}{Q_1} - k\frac{\theta_2}{Q_2}$ de la valeur de y, lesquels répondent aux racines égales r_1, r_2, et effaçant ce qui se détruit, on aura

$$-k\frac{\theta_1}{Q_1} - k\frac{\theta_2}{Q_2} = k\frac{2(h + kt)^{-r_1-1}}{R_1}\int\frac{k\,dt}{h + kt}\int T(h + kt)^{r_1}dt.$$

On résoudrait de même le cas de trois racines égales, en faisant $r_2 = r_1 + \omega$, $r_3 = r_1 + \eta$, ω et η étant deux quantités infiniment petites, et ayant égard aux quantités du second ordre. De cette manière on trouvera que les trois termes $-k\frac{\theta_1}{Q_1}-k\frac{\theta_2}{Q_2}-k\frac{\theta_3}{Q_3}$ deviendront

$$-k\frac{6(h+kt)^{-r_1-1}}{S_1}\int\frac{k\,dt}{h+kt}\int\frac{k\,dt}{h+kt}\int T(h+kt)^{r_1}\,dt,$$

S étant égal à $\frac{d^3P}{dr^3}$, et S_1 exprimant la valeur de S lorsque $r=r_1$, et ainsi de suite.

2° Supposons maintenant que les deux racines r_1 et r_2 soient imaginaires, en sorte que $r_1=F+G\sqrt{-1}$ et $r_2=F-G\sqrt{-1}$; il est facile de voir que les quantités Q_1 et Q_2 seront de cette forme: $Q_1=M+N\sqrt{-1}$, $Q_2=M-N\sqrt{-1}$; de plus, les quantités $(h+kt)^{-r_1-1}$ et $(h+kt)^{r_1}$ deviendront

$$(h+kt)^{-F-1}(h+kt)^{-G\sqrt{-1}},\quad \text{et}\quad (h+kt)^{F}(h+kt)^{G\sqrt{-1}}.$$

Or soit

$$(h+kt)^{G\sqrt{-1}}=\lambda(\cos\varphi+\sin\varphi\sqrt{-1}),$$

on aura par les logarithmes

$$G\sqrt{-1}\log(h+kt)=\log\lambda+\varphi\sqrt{-1},$$

donc $\log\lambda=0$, savoir

$$\lambda=1,\quad \text{et}\quad \varphi=G\log(h+kt),$$

donc

$$(h+kt)^{G\sqrt{-1}}=\cos[G\log(h+kt)]+\sin[G\log(h+kt)]\sqrt{-1},$$

et prenant le radical $\sqrt{-1}$ en $-$,

$$(h+kt)^{-G\sqrt{-1}}=\cos[G\log(h+kt)]-\sin[G\log(h+kt)]\sqrt{-1};$$

par ces substitutions on réduira les quantités θ_1 et θ_2 à la forme $X\pm Y\sqrt{-1}$, de sorte que les deux termes $-k\frac{\theta_1}{Q_1}-k\frac{\theta_2}{Q_2}$ de l'expression de y se changeront en

$$-k\frac{X+Y\sqrt{-1}}{M+N\sqrt{-1}}-k\frac{X-Y\sqrt{-1}}{M-N\sqrt{-1}}=-2k\frac{MX+NY}{M^2+N^2}.$$

Application à l'équation

$$Ay + B\frac{dy}{dt} + C\frac{d^2y}{dt^2} + D\frac{d^3y}{dt^3} + \ldots = T.$$

17. On aura dans ce cas $h = 1$ et $k = 0$; mais comme la supposition de $k = 0$ donnerait $P = A = 0$, on supposera simplement k infiniment petite, et ensuite r infiniment grande, en sorte que kr soit égal à une quantité finie ρ; de cette manière on aura

$$P = A - B\rho + C\rho^2 - D\rho^3 + \ldots = 0,$$

équation d'où l'on tirera autant de valeurs de ρ qu'il y a d'unités dans l'exposant de l'ordre de l'équation différentielle, de sorte que, si l'on appelle $\rho_1, \rho_2, \rho_3, \ldots$, les racines de cette équation, on aura

$$r_1 = \frac{\rho_1}{k}, \quad r_2 = \frac{\rho_2}{k}, \ldots.$$

Or on a $Q = \frac{dP}{dr}$; donc, si l'on fait $\frac{dP}{d\rho} = \text{q}$, on aura $Q = k\text{q}$, et par conséquent

$$Q_1 = k\text{q}_1 \quad Q_2 = k\text{q}_2, \ldots,$$

donc

$$y = -\left(\frac{\theta_1}{\text{q}_1} + \frac{\theta_2}{\text{q}_2} + \frac{\theta_3}{\text{q}_3} + \ldots\right).$$

Or

$$\theta = (h + kt)^{-r-1}\int T(h + kt)^r dt;$$

donc, si l'on fait $h = 1$, et qu'on mette $\frac{\rho}{k}$ au lieu de r, on aura, à cause de $r = \infty$,

$$\theta = (1 + kt)^{-\frac{\rho}{k}}\int T(1 + kt)^{\frac{\rho}{k}} dt;$$

mais on sait que

$$(1 + kt)^{\pm\frac{\rho}{k}} = e^{\pm\rho t}$$

(dans le cas de k infiniment petite), e étant le nombre dont le logarithme hyperbolique est 1; donc

$$\theta = e^{-\rho t} \int \mathrm{T} e^{\rho t}\, dt,$$

et par conséquent

$$\theta_1 = e^{-\rho_1 t} \int \mathrm{T} e^{\rho_1 t}\, dt, \quad \theta_2 = e^{-\rho_2 t} \int \mathrm{T} e^{\rho_2 t}\, dt, \ldots.$$

Si l'équation $\mathrm{P} = 0$ a deux racines égales, on transformera d'abord les termes

$$-\frac{\theta_1}{Q_1} - \frac{\theta_2}{Q_2} = -k\left(\frac{\theta_1}{Q_1} + \frac{\theta_2}{Q_2}\right)$$

en

$$k\,\frac{2(h+kt)^{-r_1-1}}{R_1} \int \frac{k\,dt}{h+kt} \int \mathrm{T}(h+kt)^{r_1}\, dt$$

(numéro précédent), expression qui se réduit dans le cas présent à celle-ci :

$$\frac{2k^2}{R_1} e^{-\rho_1 t} \int dt \int \mathrm{T} e^{\rho_1 t}\, dt;$$

mais

$$\mathrm{R} = \frac{d^2\mathrm{P}}{dr^2} = \frac{k^2 d^2\mathrm{P}}{d\rho^2};$$

donc, si l'on fait $\frac{d^2\mathrm{P}}{d\rho^2} = \mathrm{R}$, on aura

$$\frac{2}{\mathrm{R}_1} e^{-\rho_1 t} \int dt \int \mathrm{T} e^{\rho_1 t}\, dt$$

au lieu des termes $-\frac{\theta_1}{Q_1} - \frac{\theta_2}{Q_2}$. On opérerait de même si l'on avait trois, quatre, etc., racines égales.

Si ρ_1 et ρ_2 sont imaginaires, de sorte que

$$\rho_1 = \mathrm{F} + \mathrm{G}\sqrt{-1}, \quad \text{et} \quad \rho_2 = \mathrm{F} - \mathrm{G}\sqrt{-1},$$

on aura

$$e^{\pm \rho_1 t} = e^{\pm \mathrm{F} t}(\cos \mathrm{G}t \pm \sin \mathrm{G}t\sqrt{-1}),$$

et

$$e^{\pm \rho_2 t} = e^{\pm \mathrm{F} t}(\cos \mathrm{G}t \pm \sin \mathrm{G}t\sqrt{-1});$$

de plus on trouvera

$$Q_1 = M + N\sqrt{-1} \quad \text{et} \quad Q_2 = M - N\sqrt{-1},$$

donc les termes $-\frac{\theta_1}{Q_1} - \frac{\theta_2}{Q_2}$ se réduiront à

$$-\frac{2e^{-\nu t}}{M^2 + N^2}\Big[(M\cos Gt - N\sin Gt)\int Te^{\nu t}\cos Gt\,dt$$
$$+ (M\sin Gt + N\cos Gt)\int Te^{\nu t}\sin Gt\,dt\Big].$$

Résolution de l'équation

$$\alpha\varphi[t + a(h+kt)] + \beta\varphi[t + b(h+kt)] + \gamma\varphi[t + c(h+kt)] + \ldots = T,$$

dans laquelle φ dénote une fonction inconnue.

18. On sait que $\varphi[t + a(h+kt)]$ peut se réduire en série de cette manière :

$$\varphi(t) + a(h+kt)\frac{d\varphi(t)}{dt} + \frac{1}{2}a^2(h+kt)^2\frac{d^2\varphi(t)}{dt^2} + \frac{1}{2.3}a^3(h+kt)^3\frac{d^3\varphi(t)}{dt^3} + \ldots;$$

donc, si l'on développe de même $\varphi[t+b(h+kt)]$, $\varphi[t+c(h+kt)]$,..., et qu'on fasse

$$\varphi(t) = y,$$

l'équation proposée deviendra

$$(S)\quad \left\{\begin{aligned} &(\alpha+\beta+\gamma+\ldots)y \\ &+(\alpha a+\beta b+\gamma c+\ldots)(h+kt)\frac{dy}{dt} \\ &+\frac{1}{2}(\alpha a^2+\beta b^2+\gamma c^2+\ldots)(h+kt)^2\frac{d^2y}{dt^2} \\ &+\frac{1}{2.3}(\alpha a^3+\beta b^3+\gamma c^3+\ldots)(h+kt)^3\frac{d^3y}{dt^3} \\ &+\ldots\ldots\ldots\ldots\ldots\ldots\ldots\ldots = T. \end{aligned}\right.$$

Comparant cette équation avec l'équation (H) du n° **15**, on a

$$A = \alpha + \beta + \gamma + \ldots,$$
$$B = \alpha a + \beta b + \gamma c + \ldots,$$
$$C = \frac{1}{2}(\alpha a^2 + \beta b^2 + \gamma c^2 + \ldots),$$
$$D = \frac{1}{2.3}(\alpha a^3 + \beta b^3 + \gamma c^3 + \ldots),$$
$$\ldots\ldots\ldots\ldots\ldots\ldots\ldots;$$

donc on aura

$$\begin{aligned}P = {} & \alpha\left[1 - ka(r+1) + \frac{k^2a^2}{2}(r+1)(r+2) - \frac{k^3a^3}{2.3}(r+1)(r+2)(r+3) + \ldots\right] \\ & + \beta\left[1 - kb(r+1) + \frac{k^2b^2}{2}(r+1)(r+2) - \frac{k^3b^3}{2.3}(r+1)(r+2)(r+3) + \ldots\right] \\ & + \gamma\left[1 - kc(r+1) + \frac{k^2c^2}{2}(r+1)(r+2) - \frac{k^3c^3}{2.3}(r+1)(r+2)(r+3) + \ldots\right] \\ & \ldots\ldots\ldots\ldots\ldots\ldots\ldots\ldots\ldots\ldots\ldots\ldots \\ & = 0,\end{aligned}$$

équation d'où l'on tirera les valeurs $r_1, r_2, r_3, \ldots$, de r, dont le nombre sera infini; de sorte que la valeur de y sera exprimée par une suite infinie, telle que

$$-k\left(\frac{\theta_1}{Q_1} + \frac{\theta_2}{Q_2} + \frac{\theta_3}{Q_3} + \ldots\right),$$

θ étant égal à $(h+kt)^{-r-1}\int T(h+kt)^r\,dt$.

Maintenant il est clair que la valeur de P se réduit à

$$\alpha(1+ka)^{-r-1} + \beta(1+kb)^{-r-1} + \gamma(1+kc)^{-r-1} + \ldots,$$

donc

$$\begin{aligned}Q = {} & -\alpha(1+ka)^{-r-1}\log(1+ka) - \beta(1+kb)^{-r-1}\log(1+kb) \\ & - \gamma(1+kc)^{-r-1}\log(1+kc) - \ldots,\end{aligned}$$

et l'équation à résoudre sera

$$\alpha(1+ka)^{-r-1}+\beta(1+kb)^{-r-1}+\gamma(1+kc)^{-r-1}+\ldots=0,$$

r étant l'inconnue; or cette résolution réussira dans les deux cas suivants:

1° Lorsque l'équation n'a que deux termes, c'est-à-dire lorsqu'on a

$$\alpha(1+ka)^{-r-1}+\beta(1+kb)^{-r-1}=0;$$

car, divisant par $\beta(1+kb)^{-r-1}$, on a

$$\frac{\alpha}{\beta}\left(\frac{1+ka}{1+kb}\right)^{-r-1}+1=0,$$

d'où l'on tire, par les logarithmes,

$$r+1=\frac{\log\left(-\frac{\alpha}{\beta}\right)}{\log\frac{1+ka}{1+kb}}.$$

Qu'on suppose, ce qui est toujours possible,

$$-\frac{\alpha}{\beta}=\lambda(\cos\omega+\sin\omega\sqrt{-1}),$$

λ étant une quantité réelle et positive, on trouvera pour ω une infinité d'angles différents, et l'on aura

$$\log\left(-\frac{\alpha}{\beta}\right)=\log\lambda+\omega\sqrt{-1},$$

ce qui donnera une infinité de valeurs de r.

Soit $\frac{\alpha}{\beta}$ une quantité réelle positive, on fera

$$\lambda=\frac{\alpha}{\beta},\quad \cos\omega=-1\quad\text{et}\quad\sin\omega=0,$$

ce qui donne

$$\omega=(2\nu+1)\pi,$$

ν étant un nombre quelconque entier positif ou négatif, et π dénotant l'angle de 180 degrés; donc

$$r+1=\frac{\log\frac{\alpha}{\beta}+(2\nu+1)\pi\sqrt{-1}}{\log\frac{1+ka}{1+kb}},$$

et l'on aura les différentes valeurs de r, en faisant successivement ν égal à $1, -1, 2, -2, \ldots$.

Si $\frac{\alpha}{\beta}$ est une quantité réelle négative, $-\frac{\alpha}{\beta}$ sera réelle positive; c'est pourquoi on supposera

$$\lambda=-\frac{\alpha}{\beta},\quad \cos\omega=1,\quad \sin\omega=0;$$

d'où

$$\omega=2\nu\pi,$$

et par conséquent

$$r+1=\frac{\log\left(-\frac{\alpha}{\beta}\right)+2\nu\pi\sqrt{-1}}{\log\frac{1+ka}{1+kb}}.$$

Enfin, si $\frac{\alpha}{\beta}$ est une quantité imaginaire de la forme $p+q\sqrt{-1}$, on aura

$$\lambda\cos\omega=-p \quad\text{et}\quad \lambda\sin\omega=-q,$$

d'où l'on tire

$$\lambda=\sqrt{p^2+q^2},\quad \sin\omega=-\frac{q}{\lambda}\quad\text{et}\quad \cos\omega=-\frac{p}{\lambda}.$$

Donc, si l'on suppose que ω' soit le plus petit angle dont le sinus est égal à $-\frac{q}{\lambda}$, et le cosinus à $-\frac{p}{\lambda}$, on aura

$$\omega=\omega'+2\nu\pi,$$

ν dénotant comme ci-devant un nombre quelconque entier positif ou négatif, d'où

$$r+1=\frac{\log\lambda+(\omega'+2\nu\pi)\sqrt{-1}}{\log\frac{1+ka}{1+kb}}.$$

2° Lorsque $1+kb=(1+ka)^2$, $1+kc=(1+ka)^3,\ldots$; car, en faisant

$$(1+ka)^{-r-1}=p,$$

l'équation proposée deviendra

$$\alpha p+\beta p^2+\gamma p^3+\ldots=0;$$

d'où l'on tirera p par les méthodes connues; après quoi on trouvera r par la méthode précédente.

19. Si $k=0$ et $h=1$, en sorte que l'équation à résoudre soit

$$\alpha\varphi(t+a)+\beta\varphi(t+b)+\gamma\varphi(t+c)+\ldots=\mathrm{T},$$

alors, suivant ce qui a été dit dans le n° **13**, on trouvera

$$\mathrm{P}=\alpha e^{-\rho a}+\beta e^{-\rho b}+\gamma e^{-\rho c}+\ldots$$

et

$$\mathrm{Q}=-\alpha a e^{-\rho a}-\beta b e^{-\rho b}-\gamma c e^{-\rho c}-\ldots,$$

et la valeur de y, c'est-à-dire de $\varphi(t)$, sera exprimée par la suite infinie

$$-\frac{\theta_1}{Q_1}-\frac{\theta_2}{Q_2}-\frac{\theta_3}{Q_3}-\ldots,$$

dans laquelle on aura, en général,

$$\theta=e^{-\rho t}\int \mathrm{T}e^{\rho t}\,dt.$$

A l'égard des valeurs de ρ, on les tirera de l'équation $\mathrm{P}=0$, laquelle est résoluble dans les mêmes cas que ci-dessus, savoir lorsque le coefficient γ et tous les suivants sont nuls, et lorsque $b=2a$, $c=3a,\ldots$. Dans le premier cas on aura

$$\alpha e^{-\rho a}+\beta e^{-\rho b}=0,$$

d'où l'on tire, en divisant par $\beta e^{-\rho b}$ et prenant les logarithmes,

$$\rho = \frac{\log\left(-\frac{\alpha}{\beta}\right)}{b-a} = \frac{\log\lambda + \omega\sqrt{-1}}{b-a}.$$

Dans le second on aura, en faisant $e^{-\rho a} = p$,

$$\alpha + \beta p^2 + \gamma p^3 + \ldots = 0,$$

d'où l'on tirera p, et par conséquent ρ.

Solutions de quelques problèmes concernant le mouvement des fluides.

20. Si un fluide homogène et non élastique se meut dans un vase de figure quelconque, et qu'on suppose son mouvement arrivé à un état permanent, nommant p et q les vitesses d'une particule quelconque du fluide parallèlement à deux axes fixes perpendiculaires entre eux, et t, x les coordonnées rectangles qui déterminent la position de cette particule par rapport aux mêmes axes, on aura les équations suivantes :

$$\frac{dp}{dt} + \frac{dq}{dx} = 0 \quad \text{et} \quad \frac{dp}{dx} - \frac{dq}{dt} = 0.$$

(*Voyez* l'Article XLII du Mémoire qui a pour titre : *Application de la méthode précédente à la solution, etc.*, page 440.)

De ces deux équations on tire celle-ci :

$$\frac{d^2p}{dt^2} = -\frac{d^2p}{dx^2},$$

dont l'intégrale est

$$p = \varphi(t + x\sqrt{-1}) + \psi(t - x\sqrt{-1}),$$

φ et ψ dénotant des fonctions quelconques.

Ensuite l'équation $\frac{dq}{dt} = \frac{dp}{dx}$ donnera

$$\frac{q}{\sqrt{-1}} = \varphi(t + x\sqrt{-1}) - \psi(t - x\sqrt{-1}).$$

Or, dans chaque courbe que les particules du fluide décrivent, on a $\frac{dt}{dx} = \frac{p}{q}$; donc l'équation générale de ces courbes sera

$$p\,dx - q\,dt = 0,$$

ou bien, en substituant les valeurs de p et q et intégrant ensuite,

$$\Phi(t + x\sqrt{-1}) - \Psi(t - x\sqrt{-1}) = M,$$

M étant une constante arbitraire, et Φ, Ψ dénotant des fonctions telles que $\frac{d\Phi(t)}{dt} = \varphi(t)$ et $\frac{d\Psi(t)}{dt} = \psi(t)$, et cette équation devra exprimer aussi la courbure des parois du vase.

Supposons que l'axe des t divise le vase en deux parties égales et semblables, il faudra que l'équation dont il s'agit ne contienne aucune puissance paire de x; or

$$\Phi(t + x\sqrt{-1}) = \Phi(t) + \varphi(t)x\sqrt{-1} - \varphi'(t)\frac{x^2}{2} - \varphi''(t)\frac{x^3}{2.3}\sqrt{-1}\ldots,$$

$$\Psi(t - x\sqrt{-1}) = \Psi(t) - \psi(t)x\sqrt{-1} - \psi'(t)\frac{x^2}{2} + \psi''(t)\frac{x^3}{2.3}\sqrt{-1}\ldots$$

$\left(\text{on suppose ici que } \varphi'(t) = \frac{d\varphi(t)}{dt},\ \varphi''(t) = \frac{d\varphi'(t)}{dt}, \text{ et ainsi des autres}\right)$; donc l'équation sera

$$\Phi(t) - \Psi(t) + [\varphi(t) + \psi(t)]x\sqrt{-1} - [\varphi'(t) - \psi'(t)]\frac{x^2}{2}$$
$$- [\varphi''(t) + \psi''(t)]\frac{x^3}{2.3}\sqrt{-1}\ldots = M.$$

Maintenant il est clair que les puissances impaires de x ne peuvent disparaître que dans ces deux cas : 1° lorsque

$$\Phi(t) - \Psi(t) = M,$$

ce qui donne, en différentiant deux fois,

$$\varphi'(t) - \psi'(t) = 0, \ldots;$$

2° lorsque

$$\varphi(t) + \psi(t) = 0,$$

ce qui donne aussi

$$\varphi''(t) + \psi''(t) = 0, \ldots$$

Dans le premier cas on aura

$$\Psi(t - x\sqrt{-1}) = \Phi(t - x\sqrt{-1}) - M,$$

et l'équation deviendra

$$\Phi(t + x\sqrt{-1}) - \Phi(t - x\sqrt{-1}) = 0;$$

de plus on aura

$$p = \varphi(t + x\sqrt{-1}) + \varphi(t - x\sqrt{-1})$$

et

$$\frac{q}{\sqrt{-1}} = \varphi(t + x\sqrt{-1}) - \varphi(t - x\sqrt{-1}),$$

où il faut remarquer qu'en faisant x négative, la valeur de p demeure la même, et que celle de q change de signe; d'où il s'ensuit que dans ce cas-là les particules du fluide auront autour du diamètre du vase des mouvements semblables, et dans le même sens.

Dans le second cas on aura

$$\psi(t - x\sqrt{-1}) = -\varphi(t - x\sqrt{-1}),$$

et intégrant,

$$\Psi(t - x\sqrt{-1}) = N - \Phi(t - x\sqrt{-1}),$$

d'où

$$\Phi(t + x\sqrt{-1}) + \Phi(t - x\sqrt{-1}) = M + N,$$

et ensuite

$$p = \varphi(t + x\sqrt{-1}) - \varphi(t - x\sqrt{-1}),$$

$$\frac{q}{\sqrt{-1}} = \varphi(t + x\sqrt{-1}) + \varphi(t - x\sqrt{-1}).$$

Ici, en faisant x négative, p devient négative, et q demeure positive, ce qui fait voir que dans ce cas les particules du fluide décrivent de côté et d'autre du diamètre du vase des courbes égales et semblables, comme dans le cas précédent, mais avec des directions contraires.

Tout se réduit donc à trouver la fonction Φ par cette condition que

$$\Phi(t + x\sqrt{-1}) \pm \Phi(t - x\sqrt{-1}) = \text{H},$$

x étant donnée en t par la figure des parois du vase, et H étant une quantité constante.

Soit $x = h + kt$, ce qui est le cas où les parois sont des lignes droites, et l'équation dont il s'agit sera réductible à la formule générale du n° 18.

On fera donc

$$\alpha = 1, \quad \beta = \pm 1; \quad \gamma = 0, \quad a = \sqrt{-1}, \quad b = -\sqrt{-1}, \quad \text{T} = \text{H}, \quad y = \Phi(t),$$

et l'on aura :

1° $-\dfrac{\alpha}{\beta} = \mp 1$, et par conséquent

$$\lambda = 1, \quad \cos\omega = \mp 1, \quad \sin\omega = 0;$$

donc $\omega = \mu\pi$, π dénotant la demi-circonférence, et μ étant un nombre quelconque impair dans le premier cas, savoir dans le cas où l'on prend le signe supérieur, et un nombre quelconque pair dans l'autre cas; par conséquent on aura

$$r + 1 = \frac{\mu\pi\sqrt{-1}}{\log\dfrac{1 + k\sqrt{-1}}{1 - k\sqrt{-1}}};$$

or on sait que

$$\log\frac{1 + \operatorname{tang} u\sqrt{-1}}{1 - \operatorname{tang} u\sqrt{-1}} = 2u\sqrt{-1};$$

donc, prenant u pour l'arc dont la tangente est k, on aura

$$r + 1 = \frac{\mu\pi}{2u}.$$

2° On aura, par le même numéro,

$$\text{Q} = -(1 + k\sqrt{-1})^{-r-1}\log(1 + k\sqrt{-1}) \mp (1 - k\sqrt{-1})^{-r-1}\log(1 - k\sqrt{-1});$$

or, à cause de $k = \frac{\sin u}{\cos u}$, on a

$$(1 \pm k\sqrt{-1})^{-r-1} = \cos^{r+1} u (\cos u \pm \sin u \sqrt{-1})^{-r-1}$$
$$= \cos^{r+1} u [\cos(r+1)u + \sin(r+1)u\sqrt{-1}],$$

et

$$\log(1 \pm k\sqrt{-1}) = \log \frac{\cos u \pm \sin u \sqrt{-1}}{\cos u} = \pm u\sqrt{-1} - \log \cos u;$$

donc on aura pour le premier cas, à cause de $(r+1)u = \frac{\mu\pi}{2}$,

$$Q = -2\cos^{r+1} u [u \sin(r+1)u - (\log \cos u)\cos(r+1)u] = \mp 2u \cos^{r+1} u,$$

le signe supérieur étant pour le cas où μ sera de la forme $4\nu + 1$, et le signe inférieur pour le cas où μ sera de la forme $4\nu + 3$; et pour l'autre cas

$$Q = -2\cos^{r+1} u [u \cos(r+1)u + (\log \cos u)\sin(r+1)u]\sqrt{-1}$$
$$= \mp 2u \cos^{r+1} u \sqrt{-1},$$

le signe supérieur étant pour le cas où μ est de la forme 4ν, et le signe inférieur pour le cas où μ est de la forme $4\nu + 2$.

3° On aura, à cause de $T = H$,

$$\int T(h+kt)^r dt = \frac{H}{(r+1)k}(h+kt)^{r+1} + \text{const.};$$

donc

$$\theta = \frac{H}{(r+1)k} + (h+kt)^{-r-1} \times \text{const.}$$

Donc on aura en général dans le premier cas

$$-k\frac{\theta}{Q} = \pm \frac{H}{2u(r+1)\cos^{r+1} u} + (h+kt)^{-r-1} \times \text{const.},$$

et dans le second cas

$$-k\frac{\theta}{Q} = \pm \frac{H}{2u(r+1)\cos^{r+1} u\sqrt{-1}} + (h+kt)^{-r-1} \times \text{const.}$$

Ainsi, substituant au lieu de $r+1$ sa valeur $\frac{\mu\pi}{2u}$, et mettant successivement au lieu de μ tous les nombres entiers positifs et négatifs, on aura tous les termes qui doivent entrer dans la valeur de y.

Il y a cependant un cas à excepter; c'est celui où $\mu=0$, et par conséquent $r=-1$; dans ce cas on aura

$$\int T(h+kt)^r dt = \frac{H}{k}\log(h+kt) + \text{const.},$$

et par conséquent

$$-k\frac{\theta}{Q} = \frac{H}{2u\sqrt{-1}}\log(h+kt) + \text{const.}$$

Donc, faisant, pour abréger,

$$(\cos u)^{\frac{\pi}{2u}} = p, \quad (h+kt)^{\frac{\pi}{2u}} = z,$$

et prenant des constantes arbitraires A, B, C,..., $a, b, c,\ldots$, on aura pour l'équation

$$\Phi\left[t+(h+kt)\sqrt{-1}\right] + \Phi\left[t-(h+kt)\sqrt{-1}\right] = H,$$

$$\Phi(t) = Az + az^{-1} + Bz^3 + bz^{-3} + \ldots$$
$$+\frac{H}{\pi}\left(p + \frac{1}{p} - \frac{1}{3}p^3 - \frac{1}{3p^3} + \frac{1}{5}p^5 + \frac{1}{5p^5} - \ldots\right),$$

et pour l'équation

$$\Phi\left[t+(h+kt)\sqrt{-1}\right] - \Phi\left[t-(h+kt)\sqrt{-1}\right] = H,$$

$$\Phi(t) = \frac{H}{2u\sqrt{-1}}\log(h+kt) + Az^2 + az^{-2} + Bz^4 + bz^{-4} + \ldots + \text{const.}$$

Or

$$p - \frac{1}{3}p^3 + \frac{1}{5}p^5 - \ldots = \text{arc tang}\, p,$$

$$\frac{1}{p} - \frac{1}{3p^3} + \frac{1}{5p^5} - \ldots = \text{arc cot}\, p;$$

donc la somme de ces deux séries sera égale à $\frac{\pi}{2}$; par conséquent on aura pour la première équation

$$\Phi(t) = Az + az^{-1} + Bz^3 + bz^{-3} + \ldots + \frac{H}{2}.$$

Connaissant ainsi la nature de la fonction Φ, on trouvera par la différentiation la fonction φ, et par conséquent les expressions des vitesses p et q, et l'on déterminera ensuite les constantes arbitraires A, a, B, b,..., par les valeurs connues et données de p et q, lorsque $t = 0$.

21. Si $k = 0$, de manière que le fluide se meuve dans un canal rectiligne et dont la largeur soit partout égale à $2h$, on supposera k infiniment petite, et l'on aura d'abord $u = k$; faisant ensuite $k = \alpha h$, α étant une quantité évanouissante, on aura

$$(h + kt)^{\frac{\pi}{2u}} = h^{\frac{\pi}{2u}}(1 + \alpha t)^{\frac{\pi}{2\alpha h}} = h^{\frac{\pi}{2k}} e^{\frac{\pi t}{2h}}$$

et

$$\log(h + kt) = \log[h(1 + \alpha t)] = \log h + \alpha t;$$

par conséquent

$$\frac{H}{2u\sqrt{-1}} \log(h + kt) = \frac{H \log h}{2k\sqrt{-1}} + \frac{Ht}{2h\sqrt{-1}}.$$

Donc, si l'on fait $z = e^{\frac{\pi t}{2h}}$, on aura pour $\Phi(t)$ les mêmes expressions que dans le numéro précédent, excepté qu'au lieu de $\frac{H}{2u\sqrt{-1}} \log(h + kt)$, il faudra mettre $\frac{Ht}{2h\sqrt{-1}}$.

22. Si l'on ne voulait pas que le vase eût deux parties égales et semblables, alors nommant x les ordonnées qui répondent à l'une des parois, et x' celles qui répondent à l'autre, on aura les deux équations

$$\Phi(t + x\sqrt{-1}) - \Psi(t - x\sqrt{-1}) = M,$$
$$\Phi(t + x'\sqrt{-1}) - \Psi(t - x'\sqrt{-1}) = N,$$

par le moyen desquelles on déterminera les fonctions Φ et Ψ.

Si les deux parois sont des lignes droites, de sorte que

$$x = h + kt \quad \text{et} \quad x' = h' + k't,$$

on en viendra à bout de la manière suivante. On supposera $h' = h + \mathrm{H}$, $k' = k + \mathrm{K}$, et la seconde équation deviendra, en faisant $\mathrm{H} + \mathrm{K}t = \mathrm{X}$,

$$\Phi(t + x\sqrt{-1} + \mathrm{X}\sqrt{-1}) - \Psi(t - x\sqrt{-1} - \mathrm{X}\sqrt{-1}) = \mathrm{N}.$$

Soient maintenant

$$\Phi(t + x\sqrt{-1}) = y \quad \text{et} \quad \Psi(t - x\sqrt{-1}) = y';$$

on aura ces deux équations :

$$y - y' = \mathrm{M},$$

$$\begin{aligned} &y + \frac{dy}{dt}\mathrm{X}\sqrt{-1} + \frac{d^2y}{dt^2}\frac{(\mathrm{X}\sqrt{-1})^2}{2} + \frac{d^3y}{dt^3}\frac{(\mathrm{X}\sqrt{-1})^3}{2.3} + \ldots \\ -&y' + \frac{dy'}{dt}\mathrm{X}\sqrt{-1} - \frac{d^2y'}{dt^2}\frac{(\mathrm{X}\sqrt{-1})^2}{2} + \frac{d^3y'}{dt^3}\frac{(\mathrm{X}\sqrt{-1})^3}{2.3} - \ldots = \mathrm{N}. \end{aligned}$$

La première donne

$$y' = y - \mathrm{M}, \quad \frac{dy'}{dt} = \frac{dy}{dt}, \quad \frac{d^2y'}{dt^2} = \frac{d^2y}{dt^2}, \ldots;$$

donc la seconde deviendra

$$2\frac{dy}{dt}\mathrm{X}\sqrt{-1} + 2\frac{d^3y}{dt^3}\frac{(\mathrm{X}\sqrt{-1})^3}{2.3} + \ldots + \mathrm{M} = \mathrm{N},$$

ou bien

$$\begin{aligned} 2\sqrt{-1}(\mathrm{H} + \mathrm{K}t)\frac{dy}{dt} &+ 2\frac{(\sqrt{-1})^3}{2.3}(\mathrm{H} + \mathrm{K}t)^3\frac{d^3y}{dt^3} \\ &+ 2\frac{(\sqrt{-1})^5}{2.3.4.5}(\mathrm{H} + \mathrm{K}t)^5\frac{d^5y}{dt^5} - \ldots = \mathrm{N} - \mathrm{M}, \end{aligned}$$

équation qui est dans le cas de la formule (S) du n° **18**, et l'on aura

$$\alpha = 1, \quad \beta = -1, \quad \gamma = 0; \quad a = \sqrt{-1}, \quad b = -\sqrt{-1}; \quad h = \mathrm{H}, \quad k = \mathrm{K};$$

donc, etc.

On trouvera ainsi la valeur de y en t, après quoi on aura celle de y' par l'équation $y' = y - M$.

23. Les équations

$$p = \varphi(t + x\sqrt{-1}) + \varphi(t - x\sqrt{-1}),$$

$$\frac{q}{\sqrt{-1}} = \varphi(t + x\sqrt{-1}) - \varphi(t - x\sqrt{-1}),$$

trouvées dans le n° **20**, donnent

$$p \pm \frac{q}{\sqrt{-1}} = 2\varphi(t \pm x\sqrt{-1});$$

ou bien, en faisant $P = \frac{p}{2}$, $Q = -\frac{q}{2}$,

$$\varphi(t \pm x\sqrt{-1}) = P \pm Q\sqrt{-1};$$

ainsi, pour trouver les vitesses p et q, il ne s'agit que de réduire l'expression $\varphi(t + x\sqrt{-1})$ à la forme $P + Q\sqrt{-1}$, P et Q étant des quantités réelles.

Lorsque la fonction φ est donnée algébriquement, on peut trouver les valeurs de P et Q par les méthodes connues; mais, si la fonction φ est inconnue, alors il faut avoir recours aux séries, lesquelles donnent

$$P = \varphi(t) - \frac{x^2}{2}\varphi''(t) + \frac{x^4}{2.3.4}\varphi^{\text{IV}}(t) - \ldots,$$

$$Q = x\varphi'(t) - \frac{x^3}{2.3}\varphi'''(t) + \frac{x^5}{2.3.4.5}\varphi^{\text{V}}(t) - \ldots.$$

Or je remarque : 1° que ces deux séries deviennent divergentes lorsque x est fort grande; 2° qu'elles demandent qu'on connaisse les différences de la fonction $\varphi(t)$, de sorte qu'elles ne peuvent être d'usage dans la pratique que lorsque la fonction φ est connue analytiquement, et nullement lorsque cette fonction n'est donnée que mécaniquement, c'est-à-dire par le moyen d'une courbe; ainsi je crois qu'il ne sera pas inutile de faire voir comment on peut transformer ces mêmes séries en d'autres qui dépendent uniquement de la fonction φ.

Pour cet effet, je prends la quantité

$$\frac{\varphi(t+x\sqrt{-1})+\varphi(t-x\sqrt{-1})}{2},$$

laquelle étant réduite en série devient

$$\varphi(t)-\frac{x^2}{2}\varphi''(t)+\frac{x^4}{2.3.4}\varphi^{\text{IV}}(t)-\frac{x^6}{2.3.4.5.6}\varphi^{\text{VI}}(t)+\ldots.$$

Je prends de plus la quantité

$$\frac{\varphi(t+x)+\varphi(t-x)}{2},$$

laquelle se change de même en celle-ci :

$$\varphi(t)+\frac{x^2}{2}\varphi''(t)+\frac{x^4}{2.3.4}\varphi^{\text{IV}}(t)+\frac{x^6}{2.3.4.5.6}\varphi^{\text{VI}}(t)+\ldots.$$

J'appelle la première de ces deux quantités y, et la seconde y; ensuite je suppose que $\mathrm{Y}, \mathrm{Y}', \mathrm{Y}'', \mathrm{Y}''',\ldots$ soient les valeurs de y, lorsque, au lieu de x, on y met $0, x, 2x, 3x,\ldots$, et prenant des coefficients arbitraires $\alpha, \alpha', \alpha'', \alpha''',\ldots$, j'aurai

$$\begin{aligned}
&y-\alpha\mathrm{Y}-\alpha'\mathrm{Y}'-\alpha''\mathrm{Y}''-\alpha'''\mathrm{Y}'''-\ldots\\
&\quad=(1-\alpha-\alpha'-\alpha''-\alpha'''-\ldots)\varphi(t)\\
&\quad-(1+\alpha'+2^2\alpha''+3^2\alpha'''+\ldots)\frac{x^2}{2}\varphi''(t)\\
&\quad+(1-\alpha'-2^4\alpha''-3^4\alpha'''-\ldots)\frac{x^4}{2.3.4}\varphi^{\text{IV}}(t)\\
&\quad-(1+\alpha'+2^6\alpha''+3^6\alpha'''+\ldots)\frac{x^6}{2.3.4.5.6}\varphi^{\text{IV}}(t)\\
&\quad\ldots\ldots\ldots\ldots\ldots\ldots\ldots\ldots\ldots\ldots\ldots\ldots
\end{aligned}$$

Soient

$$(\mathrm{T})\quad\left\{\begin{aligned}
&1-\alpha-\alpha'-\alpha''-\alpha'''-\ldots=0,\\
&1+\alpha'+2^2\alpha''+3^2\alpha'''+\ldots=0,\\
&1-\alpha'-2^4\alpha''-3^4\alpha'''-\ldots=0,\\
&1+\alpha'+2^6\alpha''+3^6\alpha'''+\ldots=0,\\
&\ldots\ldots\ldots\ldots\ldots\ldots\ldots\ldots,
\end{aligned}\right.$$

on aura

$$y = \alpha Y + \alpha' Y' + \alpha'' Y'' + \alpha''' Y''' + \ldots$$

Tout se réduira donc à tirer les valeurs de α', α'', α''',... des équations (T). Pour y parvenir, je multiplie la seconde par β', la troisième par β'', la quatrième par β''',...; β', β'', β''',... étant des coefficients indéterminés; après quoi je les ajoute toutes ensemble, ce qui me donne

$$\begin{aligned}
&1 + \beta' + \beta'' + \beta''' + \ldots - \alpha\\
&-(1 - \beta' + \beta'' - \beta''' + \ldots)\alpha'\\
&-(1 - 2^2\beta' + 2^4\beta'' - 2^6\beta''' + \ldots)\alpha''\\
&-(1 - 3^2\beta' + 3^4\beta'' - 3^6\beta''' + \ldots)\alpha'''\\
&-\ldots\ldots\ldots\ldots\ldots\ldots\ldots\ldots = 0.
\end{aligned}$$

A présent, pour avoir la valeur d'une α quelconque, comme $\alpha^{(m)}$, je fais égal à zéro chacun des coefficients des autres α; de cette manière j'ai d'abord

$$\alpha^{(m)} = \frac{1 + \beta' + \beta'' + \beta''' + \ldots - \alpha}{1 - m^2\beta' + m^4\beta'' - m^6\beta''' + \ldots},$$

et ensuite les équations de condition

$$\begin{aligned}
&1 - \beta' + \beta'' - \beta''' + \ldots = 0,\\
&1 - 2^2\beta' + 2^4\beta'' - 2^6\beta''' + \ldots = 0,\\
&\ldots\ldots\ldots\ldots\ldots\ldots\ldots\ldots,
\end{aligned}$$

c'est-à-dire l'équation

$$1 - \beta' u^2 + \beta'' u^4 - \beta''' u^6 + \ldots = 0,$$

laquelle doit avoir lieu en mettant au lieu de u tous les nombres entiers 1, 2, 3,... à l'infini, excepté m. Donc, si l'on multiplie cette équation par $1 - \frac{u^2}{m^2}$, et qu'on suppose $u = \frac{z}{\pi}$, on aura

$$1 - \frac{\beta' + \frac{1}{m^2}}{\pi^2} z^2 + \frac{\beta'' + \frac{\beta'}{m^2}}{\pi^4} z^4 - \frac{\beta''' + \frac{\beta''}{m^2}}{\pi^6} z^6 + \ldots = 0,$$

équation dont les racines seront π^2, $4\pi^2$, $9\pi^2$, $16\pi^2$,... à l'infini; donc, comparant cette équation avec l'équation

$$\frac{\sin z}{z} = 1 - \frac{z^2}{2.3} + \frac{z^4}{2.3.4.5} - \frac{z^6}{2.3.4.5.6.7} + \ldots = 0,$$

dont les racines sont aussi, comme on sait, π^2, $4\pi^2$, $9\pi^2$, $16\pi^2$,..., on aura

$$\beta' + \frac{1}{m^2} = \frac{\pi^2}{2.3},$$

$$\beta'' + \frac{\beta'}{m^2} = \frac{\pi^4}{2.3.4.5},$$

$$\beta''' + \frac{\beta''}{m^2} = \frac{\pi^6}{2.3.4.5.6.7},$$

$$\ldots\ldots\ldots\ldots\ldots\ldots,$$

par où l'on connaîtra les valeurs des quantités β; mais, pour notre objet, il suffit de remarquer que

$$1 - \beta' u^2 + \beta'' u^4 - \beta''' u^6 + \ldots = \frac{\sin \pi u}{\pi u \left(1 - \frac{u^2}{m^2}\right)}.$$

Car, faisant : 1° $u^2 = -1$, savoir $u = \sqrt{-1}$, on aura

$$1 + \beta' + \beta'' + \beta''' + \ldots = \frac{\sin(\pi\sqrt{-1})}{\pi\sqrt{-1}\left(1 + \frac{1}{m^2}\right)} = \frac{e^{\pi} - e^{-\pi}}{2\pi\left(1 + \frac{1}{m^2}\right)};$$

2° si l'on suppose $u = m$, on trouvera, en différentiant le numérateur et le dénominateur, à cause que l'un et l'autre s'évanouissent lorsque $u = m$,

$$1 - \beta' m^2 + \beta'' m^4 - \beta''' m^6 + \ldots = -\frac{\cos m\pi}{2} = \pm\frac{1}{2},$$

le signe supérieur étant pour le cas où m est impair, et le signe inférieur pour le cas où m est pair; donc on aura

$$\alpha^{(m)} = \pm \frac{e^{\pi} - e^{-\pi}}{\pi\left(1 + \frac{1}{m^2}\right)} \mp 2\alpha,$$

ou bien, en faisant $\alpha = a\dfrac{e^{\pi}-e^{-\pi}}{2\pi}$,

$$\alpha^{(m)} = \pm\frac{e^{\pi}-e^{-\pi}}{\pi}\,\frac{m^2(1-a)-a}{m^2+1};$$

donc enfin

$$y = \frac{e^{\pi}-e^{-\pi}}{\pi}\left[\frac{a}{2}Y + \frac{1-a-a}{1+1}Y' - \frac{4(1-a)-a}{4+1}Y'' + \frac{9(1-a)-a}{9+1}Y''' - \ldots\right].$$

Or, puisque la quantité a est arbitraire, on la déterminera de manière que la série devienne la plus convergente qu'il est possible; c'est pourquoi on fera $1-a=0$, savoir $a=1$; ce qui donnera

$$y = \frac{e^{\pi}-e^{-\pi}}{\pi}\left(\frac{Y}{2} - \frac{Y'}{1+1} + \frac{Y''}{4+1} - \frac{Y'''}{9+1} + \ldots\right),$$

et par conséquent

$$\begin{aligned}&\varphi(t+x\sqrt{-1})+\varphi(t-x\sqrt{-1})\\ &= \frac{e^{\pi}-e^{-\pi}}{\pi}\left[\frac{1}{2}\varphi(t) - \frac{\varphi(t+x)+\varphi(t-x)}{1+1} + \frac{\varphi(t+2x)+\varphi(t-2x)}{4+1} - \frac{\varphi(t+3x)+\varphi(t-3x)}{9+1} + \ldots\right].\end{aligned}$$

Qu'on différentie cette équation en faisant varier x, et qu'on l'intègre ensuite en faisant varier t, on aura

$$\begin{aligned}&[\varphi(t+x\sqrt{-1})-\varphi(t-x\sqrt{-1})]\sqrt{-1}\\ &= \frac{e^{\pi}-e^{-\pi}}{\pi}\left[\frac{\varphi(t+x)-\varphi(t-x)}{1+1} - 2\frac{\varphi(t+2x)-\varphi(t-2x)}{4+1} + 3\frac{\varphi(t+3x)-\varphi(t-3x)}{9+1} - \ldots\right].\end{aligned}$$

Donc, si l'on fait

$$P = \frac{e^{\pi}-e^{-\pi}}{2\pi}\left[\frac{1}{2}\varphi(t) - \frac{\varphi(t+x)+\varphi(t-x)}{1+1} + \frac{\varphi(t+2x)+\varphi(t-2x)}{4+1} - \frac{\varphi(t+3x)+\varphi(t-3x)}{9+1} + \ldots\right],$$

et

$$Q = \frac{e^\pi - e^{-\pi}}{2\pi}\left[\frac{\varphi(t+x)-\varphi(t-x)}{1+1} - 2\frac{\varphi(t+2x)-\varphi(t-2x)}{4+1} + 3\frac{\varphi(t+3x)-\varphi(t-3x)}{9+1} - \ldots\right],$$

on aura

$$\varphi(t \pm x\sqrt{-1}) = P + Q\sqrt{-1};$$

et les quantités P et Q seront données, comme on voit, par des suites convergentes dont chaque terme pourra se déterminer mécaniquement sans qu'il soit besoin de connaître la nature de la fonction φ.

24. Il est clair que l'intégrale de l'équation (n° 20)

$$\frac{d^2p}{dt^2} = -\frac{d^2p}{dx^2}$$

est aussi

$$p = \varphi(x + t\sqrt{-1}) + \psi(x - t\sqrt{-1}),$$

ou, ce qui revient au même,

$$p = \frac{\varphi(x+t\sqrt{-1})+\varphi(x-t\sqrt{-1})}{2} - \frac{\psi(x+t\sqrt{-1})-\psi(x-t\sqrt{-1})}{2\sqrt{-1}},$$

d'où l'on tire ensuite

$$q = \frac{\varphi(x+t\sqrt{-1})-\varphi(x-t\sqrt{-1})}{2\sqrt{-1}} + \frac{\psi(x+t\sqrt{-1})+\psi(x-t\sqrt{-1})}{2}.$$

Imaginons que le vase soit formé de deux parois droites et parallèles, en sorte qu'il ait partout la même largeur a; en prenant une de ces parois pour l'axe des t, il faudra que la vitesse q soit nulle lorsque $x = 0$ et lorsque $x = a$, quel que soit t. Or, en faisant $t = 0$, on a $p = \varphi(x)$ et $q = \psi(x)$; ainsi, en décrivant sur la portion de l'axe des x comprise entre les parois du vase deux courbes qui soient les échelles des vitesses p et q, que doivent avoir les particules du fluide dans cette section du vase, les appliquées de ces courbes répondantes à une abscisse quelconque x représenteront les fonctions $\varphi(x)$ et $\psi(x)$.

Présentement on trouvera, par le numéro précédent,

$$p = \frac{e^{\pi} - e^{-\pi}}{2\pi}\left[\frac{1}{2}\varphi(x) - \frac{\varphi(x+t)+\varphi(x-t)}{1+1} + \frac{\varphi(x+2t)+\varphi(x-2t)}{4+1} - \ldots\right]$$
$$- \frac{e^{\pi} - e^{-\pi}}{2\pi}\left[\frac{\psi(x+t)-\psi(x-t)}{4+1} - 2\,\frac{\psi(x+2t)-\psi(x-2t)}{4+1} + \ldots\right],$$

$$q = \frac{e^{\pi} - e^{-\pi}}{2\pi}\left[\frac{\varphi(x+t)-\varphi(x-t)}{1+1} - 2\,\frac{\varphi(x+2t)-\varphi(x-2t)}{4+1} + \ldots\right]$$
$$+ \frac{e^{\pi} - e^{-\pi}}{2\pi}\left[\frac{1}{2}\psi(x) - \frac{\psi(x+t)+\psi(x-t)}{1+1} + \frac{\psi(x+2t)+\psi(x-2t)}{4+1} - \ldots\right].$$

Donc, puisque q doit être égale à zéro, lorsque $x = 0$ et $x = a$, il faudra que l'on ait

$$\frac{\varphi(t)-\varphi(-t)}{1+1} - 2\,\frac{\varphi(2t)-\varphi(-2t)}{4+1} + \ldots$$
$$+ \frac{1}{2}\psi(0) - \frac{\psi(t)+\psi(-t)}{1+1} + \frac{\psi(2t)+\psi(-2t)}{4+1} - \ldots = 0,$$

$$\frac{\varphi(a+t)-\varphi(a-t)}{1+1} - 2\,\frac{\varphi(a+2t)-\varphi(a-2t)}{4+1} + \ldots$$
$$+ \frac{1}{2}\psi(a) - \frac{\psi(a+t)+\psi(a-t)}{1+1} + \frac{\psi(a+2t)+\psi(a-2t)}{4+1} - \ldots = 0,$$

ou bien, afin que les fonctions φ et ψ ne dépendent point l'une de l'autre,

$$\frac{\varphi(t)-\varphi(-t)}{1+1} - 2\,\frac{\varphi(2t)-\varphi(-2t)}{4+1} + \ldots = 0,$$
$$\frac{\varphi(a+t)-\varphi(a-t)}{1+1} - 2\,\frac{\varphi(a+2t)-\varphi(a-2t)}{4+1} + \ldots = 0,$$
$$\frac{1}{2}\psi(0) - \frac{\psi(t)+\psi(-t)}{1+1} + \frac{\psi(2t)+\psi(-2t)}{4+1} - \ldots = 0,$$
$$\frac{1}{2}\psi(a) - \frac{\psi(a+t)+\psi(a-t)}{1+1} + \frac{\psi(a+2t)+\psi(a-2t)}{4+1} + \ldots = 0.$$

Pour satisfaire à ces quatre conditions, on supposera que les fonctions φ et ψ soient telles, que l'on ait en général, quelle que soit la valeur de u,

$$\varphi u = \varphi(-u), \quad \varphi(a+u) = \varphi(a-u),$$
$$\psi(u) = -\psi(-u), \quad \psi(a+u) = -\psi(a-u),$$

ce qui servira à déterminer la continuation des deux échelles données pour les abscisses négatives et pour les abscisses plus grandes que a; laquelle devra par conséquent être telle, que les ordonnées également distantes de part et d'autre des deux extrémités de l'axe a soient égales et de même signe dans la courbe des vitesses p, et de signes différents dans la courbe des vitesses q; d'où il s'ensuit que la première de ces courbes sera composée d'une infinité de branches égales et semblables, toutes du même côté de l'axe, et disposées alternativement en sens contraire, et que l'autre aura de même une infinité de branches égales et semblables, mais situées alternativement au-dessus et au-dessous de l'axe.

Ayant donc décrit ces deux courbes, on aura, par les séries données ci-dessus, les valeurs approchées des vitesses p et q de chaque particule du fluide; d'où l'on voit que le mouvement d'un fluide qui se meut dans un canal droit est déterminé par le mouvement que ce fluide a dans une section quelconque de ce même canal.

De plus il est clair, par la nature des courbes qui représentent les fonctions φ et ψ, qu'en augmentant ou en diminuant la quantité t de $2a$, ou de $4a$, ou de $6a$,..., les valeurs de p et de q demeurent les mêmes; d'où il s'ensuit que si l'on imagine le fluide divisé en portions égales par des droites perpendiculaires aux parois du canal, et placées à la distance $2a$ les unes des autres, chacune de ces portions du fluide aura nécessairement le même mouvement.

Si le fluide était terminé par une ligne droite perpendiculaire aux parois du vase, alors prenant cette même ligne pour l'axe des x, il faudrait que $p = 0$ lorsque $t = 0$; donc $\varphi(x) = 0$, et par conséquent

$$p = -\frac{e^{\pi} - e^{-\pi}}{2\pi}\left[\frac{\psi(x+t) - \psi(x-t)}{1+1} - 2\,\frac{\psi(x+2t) - \psi(x-2t)}{4+1} + \ldots\right]$$

$$q = \frac{e^{\pi} - e^{-\pi}}{2\pi}\left[\frac{1}{2}\psi(x) - \frac{\psi(x+t) - \psi(x-t)}{1+1} + \frac{\psi(x+2t) + \psi(x-2t)}{4+1} - \ldots\right].$$

Or, puisque la valeur de p est nulle lorsque $t = 0$, elle le sera aussi lorsque t est égal à $2a$, $4a$,...; ainsi le fluide aura dans ce cas le même mouvement que s'il était renfermé dans un vase de figure rectangulaire dont la longueur fût double, quadruple, etc., de la largeur.

On pourra encore trouver le mouvement du fluide lorsque la longueur du vase sera égale à sa largeur, et en général toutes les fois que les deux dimensions du vase seront commensurables entre elles; mais il faudra pour lors que les valeurs données de q forment une courbe qui ait un ou plusieurs nœuds, de sorte que la fonction $\psi(x)$ demeure la même en augmentant ou en diminuant x d'une quantité égale à la longueur du vase. Dans tous les autres cas, c'est-à-dire lorsque les dimensions du vase seront incommensurables, on ne pourra déterminer le mouvement du fluide par la théorie précédente; et comme cette théorie est fondée sur la supposition que le mouvement du fluide soit dans un état constant, en sorte que les particules du fluide décrivent des courbes invariables, ce sera une marque que l'hypothèse dont nous parlons n'aura point lieu; sur quoi *voyez* les Articles XLII et XLIII de la Dissertation citée ci-dessus.

Solution d'une question relative à la théorie des cordes vibrantes.

25. La question que je vais examiner ici consiste à savoir si toutes les courbes qui rendent la solution du problème des cordes vibrantes possible, suivant la théorie de M. d'Alembert, sont renfermées ou non dans l'équation

$$y = \alpha \sin \frac{\pi x}{a} + \beta \sin \frac{2\pi x}{a} + \gamma \sin \frac{3\pi x}{a} + \ldots;$$

question que ce grand Géomètre a vivement agitée avec MM. Bernoulli et Euler dans le premier Mémoire de ses *Opuscules mathématiques*.

Pour pouvoir résoudre cette question d'une manière directe et convaincante, je prends l'équation générale de la courbe que forme la corde vibrante, laquelle est, comme on sait,

$$y = \frac{\varphi(x+t) + \varphi(x-t)}{2},$$

et j'examine quelle doit être la forme de la fonction φ pour que l'on ait en général, quel que soit t,

$$\varphi(t)+\varphi(-t)=0, \quad \text{et} \quad \varphi(a+t)+\varphi(a-t)=0,$$

conditions nécessaires pour que les deux bouts de la corde soient fixes; or, puisque $\varphi(t)=-\varphi(-t)$, on aura

$$\varphi(a-t)=-\varphi[-(a-t)]=-\varphi(t-a);$$

donc la seconde des deux conditions se réduira à celle-ci :

$$\varphi(t+a)-\varphi(t-a)=0.$$

Cette équation étant comparée avec la formule du n° 19, on aura

$$\alpha=1, \quad \beta=-1, \quad \gamma=0, \quad b=-a, \quad T=0;$$

donc

$$P=e^{-\rho a}-e^{\rho a};$$

et faisant $\rho=-r\sqrt{-1}$,

$$P=2\sin ra\sqrt{-1};$$

donc l'équation $P=0$ donnera $ra=\mu\pi$, μ étant un nombre entier positif ou négatif; par conséquent on aura

$$r=\frac{\mu\pi}{a} \quad \text{et} \quad \rho=-\frac{\mu\pi}{a}\sqrt{-1};$$

or, T étant égal à zéro, on aura

$$\int T e^{\rho t}\,dt=\text{const.};$$

donc

$$\frac{\theta}{q}=e^{\frac{\mu\pi t}{a}\sqrt{-1}}\times\text{const.};$$

donc, donnant successivement à μ toutes ses valeurs $1, -1, +2, -2, \ldots$, et prenant des constantes arbitraires A, B, C,..., A', B', C',..., on aura

$$\varphi(t)=Ae^{\frac{\pi t}{a}\sqrt{-1}}+A'e^{-\frac{\pi t}{a}\sqrt{-1}}+Be^{\frac{2\pi t}{a}\sqrt{-1}}+B'e^{-\frac{2\pi t}{a}\sqrt{-1}}+\ldots,$$

équation qui revient à cette forme :

$$\varphi(t)=\alpha\sin\frac{\pi t}{a}+\alpha'\cos\frac{\pi t}{a}+\beta\sin\frac{2\pi t}{a}+\beta'\cos\frac{2\pi t}{a}+\ldots,$$

$\alpha, \alpha', \beta, \beta', \ldots$, étant pareillement des constantes arbitraires.

Or, par la première condition il faut que

$$\varphi(t)+\varphi(-t)=0,$$

donc

$$\alpha' \cos\frac{\pi t}{a}+\beta' \cos\frac{2\pi t}{a}+\ldots=0,$$

donc

$$\alpha'=0,\quad \beta'=0,\ldots,$$

donc

$$\varphi(t)=\alpha\sin\frac{\pi t}{a}+\beta\sin\frac{2\pi t}{a}+\gamma\sin\frac{3\pi t}{a}+\ldots;$$

par conséquent l'équation de la figure initiale de la corde, lorsqu'elle en a une, ne peut être que de la forme

$$y=\alpha\sin\frac{\pi x}{a}+\beta\sin\frac{2\pi x}{a}+\gamma\sin\frac{3\pi x}{a}+\ldots;$$

Sur l'intégration des équations

$$L y+M\frac{dy}{dt}+N\frac{d^2y}{dt^2}+\ldots+ly'+m\frac{dy'}{dt}+n\frac{d^2y'}{dt^2}+\ldots$$
$$+\lambda y''+\mu\frac{dy''}{dt}+\nu\frac{d^2y''}{dt^2}+\ldots=T,$$

$$L' y+M'\frac{dy}{dt}+N'\frac{d^2y}{dt^2}+\ldots+l'y'+m'\frac{dy'}{dt}+n'\frac{d^2y'}{dt^2}+\ldots$$
$$+\lambda' y''+\mu'\frac{dy''}{dt}+\nu'\frac{d^2y''}{dt^2}+\ldots=T',$$

$$L'' y+M''\frac{dy}{dt}+N''\frac{d^2y}{dt^2}+\ldots+l''y'+m''\frac{dy'}{dt}+n''\frac{d^2y'}{dt^2}+\ldots$$
$$+\lambda'' y''+\mu''\frac{dy''}{dt}+\nu''\frac{d^2y''}{dt^2}+\ldots=T'',$$

. . . . ,

dans lesquelles L, M, N,..., *l*, *m*, *n*,..., *sont des fonctions quelconques de t.*

26. En suivant les mêmes principes que dans le n° 1, on multipliera la première de ces équations par $z\,dt$, la seconde par $z'\,dt$, la troisième

par $z''\,dt$, et ainsi de suite, z, z', z'',... étant de nouvelles indéterminées, et, après les avoir ajoutées ensemble, on en prendra l'intégrale en faisant disparaître, par des intégrations par parties, les différences des variables y, y', y'',..., de dessous le signe $\int$; de cette manière on aura une équation de la forme suivante :

$$U + \int (Vy + V'y' + V''y'' + \ldots)\,dt = \int (Tz + T'z' + T''z'' + \ldots)\,dt;$$

dans laquelle

$$\begin{aligned} U = y &\left(Mz - \frac{d.Nz}{dt} + \ldots + M'z' - \frac{d.N'z'}{dt^2} + \ldots + M''z'' - \frac{d.N''z''}{dt} + \ldots\right) \\ &+ \frac{dy}{dt}(Nz - \ldots + N'z' - \ldots + N''z'' - \ldots) + \ldots \\ + y' &\left(mz - \frac{d.nz}{dt} + \ldots + m'z' - \frac{d.n'z'}{dt^2} + \ldots + m''z'' - \frac{d.n''z''}{dt} + \ldots\right) \\ &+ \frac{dy'}{dt}(nz - \ldots + n'z' - \ldots + n''z'' - \ldots) + \ldots \\ + y'' &\left(\mu z - \frac{d.\nu z}{dt} + \ldots + \mu'z' - \frac{d.\nu'z'}{dt^2} + \ldots + \mu''z'' - \frac{d.\nu''z''}{dt} + \ldots\right) \\ &+ \frac{dy''}{dt}(\nu z - \ldots + \nu'z' - \ldots + \nu''z'' - \ldots) + \ldots, \\ &\ldots\ldots\ldots\ldots\ldots\ldots\ldots\ldots, \end{aligned}$$

$$\begin{aligned} V = Lz &- \frac{d.Mz}{dt} + \frac{d^2.Nz}{dt^2} - \ldots \\ + L'z' &- \frac{d.M'z'}{dt} + \frac{d^2.N'z'}{dt^2} - \ldots \\ + L''z'' &- \frac{d.M''z''}{dt} + \frac{d^2.N''z''}{dt^2} - \ldots \\ &\ldots\ldots\ldots\ldots\ldots\ldots, \end{aligned}$$

$$\begin{aligned} V' = lz &- \frac{d.mz}{dt} + \frac{d^2.nz}{dt^2} - \ldots \\ + l'z' &- \frac{d.m'z'}{dt} + \frac{d^2.n'z'}{dt^2} - \ldots \\ + l''z'' &- \frac{d.m''z''}{dt} + \frac{d^2.n''z''}{dt^2} - \ldots \\ &\ldots\ldots\ldots\ldots\ldots\ldots, \end{aligned}$$

$$\begin{aligned}V'' = {} & \lambda z - \frac{d.\mu z}{dt} + \frac{d^2.\nu z}{dt^2} - \ldots \\ & + \lambda' z' - \frac{d.\mu' z'}{dt} + \frac{d^2.\nu' z'}{dt^2} - \ldots \\ & + \lambda'' z'' - \frac{d.\mu'' z''}{dt} + \frac{d^2.\nu'' z''}{dt^2} - \ldots \\ & \ldots\ldots\ldots\ldots\ldots\ldots\ldots\ldots\end{aligned}$$

Supposant donc

$$V = 0, \quad V' = 0, \quad V'' = 0, \ldots,$$

on aura

$$U = \int (Tz + T'z' + T''z'' + \ldots)\, dt,$$

équation dans laquelle les plus hautes différences des variables y, y', y'',... se trouveront moins élevées d'une unité que dans les équations différentielles proposées.

On aura donc autant de pareilles intégrales qu'on trouvera de valeurs particulières de chacune des quantités z, z', z'',... par le moyen des équations $V = 0$, $V' = 0$, $V'' = 0$,.... Or, soit m la somme des exposants des plus hautes différences de y, y', y'',... dans les équations proposées, il est clair que la quantité U contiendra autant d'inconnues, comme y, $y', y'', \ldots, \frac{dy}{dt}, \frac{dy'}{dt}, \frac{dy''}{dt}, \ldots$, qu'il y a d'unités dans le nombre m; donc, si l'on a aussi m valeurs particulières de z, de z', de z'',..., on trouvera facilement les valeurs générales et complètes de y, y', y'',....

Soient maintenant Y, Y', Y'',... les premiers membres des équations proposées, on aura

$$(U) \quad \int (Yz + Y'z' + Y''z'' + \ldots)\, dt = U + \int (Vy + V'y' + V''y'' + \ldots)\, dt;$$

donc, faisant $V = 0$, $V' = 0$, $V'' = 0$,..., on aura l'équation

$$U - \int (Yz + Y'z' + Y''z'' + \ldots)\, dt = \text{const.},$$

laquelle aura nécessairement toutes les valeurs de z, z', z'',... communes avec les équations $V=0$, $V'=0$, $V''=0$,.... Or l'équation (U) est identique, et par conséquent ne dépend point des valeurs de $y, y', y'',\ldots$; donc on peut supposer ces valeurs telles que

$$Y=0, \quad Y'=0, \quad Y''=0,\ldots,$$

et l'on aura par ce moyen l'équation $U=\text{const.}$, dans laquelle on regardera les quantités $y, y', y'',\ldots, \frac{dy}{dt}, \frac{dy'}{dt}, \frac{dy''}{dt},\ldots$ comme données, et les quantités $z, z', z'',\ldots, \frac{dz}{dt}, \frac{dz'}{dt}, \frac{dz''}{dt},\ldots$ comme indéterminées; or il est aisé de voir que ces indéterminées seront aussi au nombre de m; si donc on a m valeurs particulières de chacune des quantités $y, y', y'',\ldots$ dans les équations $Y=0$, $Y'=0$, $Y''=0,\ldots$, on aura aussi, par la substitution successive de ces valeurs dans l'équation $U=\text{const.}$, m équations particulières, d'où l'on tirera les valeurs de $z, z', z'',\ldots$, lesquelles contiendront nécessairement m constantes arbitraires; de sorte qu'en faisant successivement toutes ces constantes, hors une, égales à zéro, on aura m valeurs particulières de z, de z', de z'',.... Donc, etc.

27. De là résulte ce théorème :

Les équations proposées seront intégrables algébriquement, si l'on peut trouver, dans le cas de $T=0$, $T'=0$, $T''=0,\ldots$, *autant de valeurs particulières de chacune des quantités* $y, y', y'',\ldots$ *qu'il y a d'unités dans la somme des exposants des plus hautes différences de ces variables.*

Au reste, ce théorème n'est qu'une suite de celui du n° 6. Car il est clair que les équations proposées peuvent toujours réduire à ne contenir chacune qu'une seule variable, et il est facile de s'assurer par le calcul que les réduites seront nécessairement de l'ordre m; donc, etc.

28. Les équations $V=0$, $V'=0$, $V''=0,\ldots$ sont intégrables en général lorsque

$$L=A(h+kt)^{p}, \quad M=B(h+kt)^{p+1}, \quad N=C(h+kt)^{p+2},\ldots,$$
$$L'=A'(h+kt)^{p}, \quad M'=B'(h+kt)^{p+1},\ldots,$$

et de même

$$l = a(h+kt)^q,\quad m = b(h+kt)^{q+1},\quad n = c(h+kt)^{q+2},\ldots,$$
$$l' = a'(h+kt)^q,\quad m' = b'(h+kt)^{q+1},\ldots,$$

et ainsi des autres.

On fera dans ce cas

$$z = \mathrm{R}(h+kt)^r,\quad z' = \mathrm{R}'(h+kt)^r,\quad z'' = \mathrm{R}''(h+kt)^r,\ldots,$$

R, R′, R″,... étant ainsi que r des constantes indéterminées; on substituera ces valeurs dans les équations dont il s'agit, et divisant ensuite la première par $(h+kt)^{p+r}$, la seconde par $(h+kt)^{q+r}$,..., on aura des équations sans t, qui donneront les valeurs de r, R, R′, R″,....

29. Si les coefficients L, M, N,..., L′, M′, N′,... étaient constants, on ferait $k=0$, $h=1$ et $r=\frac{\rho}{k}$, ρ étant une quantité finie, et l'on aurait

$$(h+kt)^r = e^{\rho t};$$

par conséquent il faudrait supposer

$$z = \mathrm{R}e^{\rho t},\quad z' = \mathrm{R}'e^{\rho t},\quad z'' = \mathrm{R}''e^{\rho t},\ldots.$$

Méthode générale pour déterminer le mouvement d'un système quelconque de corps qui agissent les uns sur les autres, en supposant que ces corps ne fassent que des oscillations infiniment petites autour de leurs points d'équilibre.

30. Soit n le nombre des corps qui composent le système, et nommons $y', y'', y''',\ldots$ les espaces infiniment petits que ces corps décrivent dans leurs oscillations pendant le temps t; on aura, en négligeant les quantités infiniment petites du second ordre et des ordres plus élevés, des équations de cette forme

$$(a)\quad\left\{\begin{aligned}
&\frac{d^2y'}{dt^2}+A'y'+B'y''+C'y'''+\ldots\ldots+N'y^{(n)}=0,\\
&\frac{d^2y''}{dt^2}+A''y'+B''y''+C''y'''+\ldots\ldots+N''y^{(n)}=0,\\
&\frac{d^2y'''}{dt^2}+A'''y'+B'''y''+C'''y'''+\ldots\ldots+N'''y^{(n)}=0,\\
&\ldots\ldots\ldots\ldots\ldots\ldots\ldots\ldots\ldots\ldots\ldots\ldots,\\
&\frac{d^2y^{(n)}}{dt^2}+A^{(n)}y'+B^{(n)}y''+C^{(n)}y'''+\ldots+N^{(n)}y^{(n)}=0,
\end{aligned}\right.$$

$A', B', C',\ldots, A'', B'', C'',\ldots$ étant des constantes données par la nature du problème.

Pour intégrer ces équations suivant la méthode expliquée ci-dessus, on multipliera la première par $\lambda' e^{\rho t}dt$, la seconde par $\lambda'' e^{\rho t}dt$, la troisième par $\lambda''' e^{\rho t}dt$, et ainsi de suite, $\lambda', \lambda'', \lambda''',\ldots$ étant, ainsi que ρ, des constantes indéterminées; ensuite on les ajoutera ensemble, et on en prendra l'intégrale en faisant disparaître de dessous le signe $\int$ les différences des variables $y', y'', y''',\ldots$; après quoi on fera les coefficients des quantités $\int y'e^{\rho t}dt$, $\int y''e^{\rho t}dt$, $\int y'''e^{\rho t}dt,\ldots$, égaux à zéro; de cette manière on aura d'abord l'équation intégrale

$$(b)\quad\left\{\begin{aligned}
&\left[\lambda'\left(\frac{dy'}{dt}-\rho y'\right)+\lambda''\left(\frac{dy''}{dt}-\rho y''\right)\right.\\
&\quad\left.+\lambda'''\left(\frac{dy'''}{dt}-\rho y'''\right)+\ldots+\lambda^{(n)}\left(\frac{dy^{(n)}}{dt}-\rho y^{(n)}\right)\right]e^{\rho t}=\text{const.}
\end{aligned}\right.$$

et ensuite les équations

$$(c)\quad\left\{\begin{aligned}
&\rho^2\lambda'+A'\lambda'+A''\lambda''+A'''\lambda'''+\ldots+A^{(n)}\lambda^{(n)}=0,\\
&\rho^2\lambda''+B'\lambda'+B''\lambda''+B'''\lambda'''+\ldots+B^{(n)}\lambda^{(n)}=0,\\
&\rho^2\lambda'''+C'\lambda'+C''\lambda''+C'''\lambda'''+\ldots+C^{(n)}\lambda^{(n)}=0,\\
&\ldots\ldots\ldots\ldots\ldots\ldots\ldots\ldots\ldots\ldots\ldots\ldots,\\
&\rho^2\lambda^{(n)}+N'\lambda'+N''\lambda''+N'''\lambda'''+\ldots+N^{(n)}\lambda^{(n)}=0,
\end{aligned}\right.$$

lesquelles serviront à déterminer les quantités $\rho, \lambda', \lambda'', \lambda''',\ldots$

Soient, lorsque $t = 0$,

$$y' = Y', \quad y'' = Y'', \quad y''' = Y''', \ldots,$$

et

$$\frac{dy'}{dt} = V', \quad \frac{dy''}{dt} = V'', \quad \frac{dy'''}{dt} = V''', \ldots,$$

l'équation (b) deviendra, en divisant par $e^{\rho t}$,

$$\lambda' \frac{dy'}{dt} + \lambda'' \frac{dy''}{dt} + \lambda''' \frac{dy'''}{dt} + \ldots + \lambda^{(n)} \frac{dy^{(n)}}{dt} - \rho[\lambda' y' + \lambda'' y'' + \lambda''' y''' + \ldots + \lambda^{(n)} y^{(n)}]$$
$$= [\lambda' V' + \lambda'' V'' + \lambda''' V''' + \ldots + \lambda^{(n)} V^{(n)} - \rho(\lambda' Y' + \lambda'' Y'' + \lambda''' Y''' + \ldots + \lambda^{(n)} Y^{(n)})] e^{-\rho t}.$$

Or, comme la quantité ρ ne se trouve dans les équations (c) que sous la forme quadratique ρ^2, il s'ensuit qu'elle peut avoir indifféremment le signe $+$ et le signe $-$; donc on aura aussi

$$\lambda' \frac{dy'}{dt} + \lambda'' \frac{dy''}{dt} + \lambda''' \frac{dy'''}{dt} + \ldots + \lambda^{(n)} \frac{dy^{(n)}}{dt} + \rho(\lambda' y' + \lambda'' y'' + \lambda''' y''' + \ldots + \lambda^{(n)} y^{(n)})$$
$$= [\lambda' V' + \lambda'' V'' + \lambda''' V''' + \ldots + \lambda^{(n)} V^{(n)} + \rho(\lambda' Y' + \lambda'' Y'' + \lambda''' Y''' + \ldots + \lambda^{(n)} Y^{(n)})] e^{\rho t};$$

donc, retranchant ces deux équations l'une de l'autre, et divisant ensuite par 2ρ, on aura

$$(d) \quad \left\{ \begin{aligned} &\lambda' y' + \lambda'' y'' + \lambda''' y''' + \ldots + \lambda^{(n)} y^{(n)} \\ &\quad = [\lambda' Y' + \lambda'' Y'' + \lambda''' Y''' + \ldots + \lambda^{(n)} Y^{(n)}] \frac{e^{\rho t} + e^{-\rho t}}{2} \\ &\quad + [\lambda' V' + \lambda'' V'' + \lambda''' V''' + \ldots + \lambda^{(n)} V^{(n)}] \frac{e^{\rho t} - e^{-\rho t}}{2\rho}. \end{aligned} \right.$$

Qu'on reprenne maintenant les équations (c) et qu'on substitue dans une quelconque de ces équations les valeurs de $\frac{\lambda''}{\lambda'}, \frac{\lambda'''}{\lambda'}, \ldots, \frac{\lambda^{(n)}}{\lambda'}$ en ρ^2 tirées des $n - 1$ autres, valeurs qui seront toujours données, comme on voit, par des équations linéaires, on aura une équation qui, étant ordonnée par rapport à ρ^2, montera au degré n, et aura par conséquent n racines. Donc ρ aura, indépendamment de l'ambiguïté du signe dont nous avons déjà tenu compte, n valeurs que nous dénoterons par ρ_1, $\rho_2, \rho_3, \ldots, \rho_n$, en sorte que $\rho_1^2, \rho_2^2, \rho_3^2, \ldots$ soient les racines de l'équation dont il s'agit. Donc, si l'on fait, pour abréger,

$$\theta = [\lambda' \mathrm{Y}' + \lambda'' \mathrm{Y}'' + \lambda''' \mathrm{Y}''' + \ldots + \lambda^{(n)} \mathrm{Y}^{(n)}] \frac{e^{\rho t} + e^{-\rho t}}{2}$$

$$+ [\lambda' \mathrm{V}' + \lambda'' \mathrm{V}'' + \lambda''' \mathrm{V}''' + \ldots + \lambda^{(n)} \mathrm{V}^{(n)}] \frac{e^{\rho t} - e^{-\rho t}}{2\rho},$$

et qu'on désigne par $\lambda'_1, \lambda'_2, \lambda'_3, \ldots, \lambda'_n$, $\lambda''_1, \lambda''_2, \lambda''_3, \ldots, \lambda''_n, \ldots$ les valeurs de $\lambda', \lambda'', \ldots$ qui résultent de la substitution de $\rho_1, \rho_2, \rho_3, \ldots, \rho_n$ au lieu de ρ, et que de même $\theta_1, \theta_2, \theta_3, \ldots, \theta_n$ soient les valeurs correspondantes de θ, on aura, au lieu de l'équation (d), les n suivantes :

$$\lambda'_1 y' + \lambda''_1 y'' + \lambda'''_1 y''' + \ldots + \lambda_1^{(n)} y^{(n)} = \theta_1,$$

$$\lambda'_2 y' + \lambda''_2 y'' + \lambda'''_2 y''' + \ldots + \lambda_2^{(n)} y^{(n)} = \theta_2,$$

$$\lambda'_3 y' + \lambda''_3 y'' + \lambda'''_3 y''' + \ldots + \lambda_3^{(n)} y^{(n)} = \theta_3,$$

$$\ldots\ldots\ldots\ldots\ldots\ldots\ldots\ldots\ldots\ldots,$$

$$\lambda'_n y' + \lambda''_n y'' + \lambda'''_n y''' + \ldots + \lambda_n^{(n)} y^{(n)} = \theta_n,$$

par lesquelles il faudra déterminer les n inconnues $y', y'', y''', \ldots, y^{(n)}$; c'est à quoi se réduit maintenant toute la difficulté du problème.

Pour en venir à bout, je multiplie la première de ces équations par μ', la seconde par μ'', la troisième par μ''', et ainsi de suite, $\mu', \mu'', \mu''', \ldots$ étant des coefficients indéterminés, puis je les ajoute ensemble, ce qui me donne, en ordonnant les termes par rapport à $y', y'', y''', \ldots$,

$$[\mu' \lambda'_1 + \mu'' \lambda'_2 + \mu''' \lambda'_3 + \ldots + \mu^{(n)} \lambda'_n] y'$$

$$+ [\mu' \lambda''_1 + \mu'' \lambda''_2 + \mu''' \lambda''_3 + \ldots + \mu^{(n)} \lambda''_n] y''$$

$$+ [\mu' \lambda'''_1 + \mu'' \lambda'''_2 + \mu''' \lambda'''_3 + \ldots + \mu^{(n)} \lambda'''_n] y'''$$

$$\ldots\ldots\ldots\ldots\ldots\ldots\ldots\ldots\ldots\ldots$$

$$+ [\mu' \lambda_1^{(n)} + \mu'' \lambda_2^{(n)} + \mu''' \lambda_3^{(n)} + \ldots + \mu^{(n)} \lambda_n^{(n)}] y^{(n)}$$

$$= \mu' \theta_1 + \mu'' \theta_2 + \mu''' \theta_3 + \ldots + \mu^{(n)} \theta_n;$$

d'où l'on tirera aisément la valeur d'une y quelconque, comme $y^{(s)}$, en égalant à zéro chacun des coefficients des autres y; ainsi l'on aura

$$(e) \qquad y^{(s)} = \frac{\mu'\theta_1 + \mu''\theta_2 + \mu'''\theta_3 + \ldots + \mu^{(n)}\theta_n}{\mu'\lambda_1^{(s)} + \mu''\lambda_2^{(s)} + \mu'''\lambda_3^{(s)} + \ldots + \mu^{(n)}\lambda_n^{(s)}},$$

et ensuite ces équations de condition :

$$(f) \qquad \begin{cases} \mu'\lambda'_1 + \mu''\lambda'_2 + \mu'''\lambda'_3 + \ldots\ldots + \mu^{(n)}\lambda'_n = 0, \\ \mu'\lambda''_1 + \mu''\lambda''_2 + \mu'''\lambda''_3 + \ldots\ldots + \mu^{(n)}\lambda''_n = 0, \\ \ldots\ldots\ldots\ldots\ldots\ldots\ldots\ldots\ldots\ldots, \\ \mu'\lambda_1^{(n)} + \mu''\lambda_2^{(n)} + \mu'''\lambda_3^{(n)} + \ldots + \mu^{(n)}\lambda_n^{(n)} = 0, \end{cases}$$

à l'exception seulement de celle qui répondrait à l'exposant s.

Supposons que l'on ait en général

$$\begin{aligned} &\mu'\lambda'_1 + \mu''\lambda'_2 + \mu'''\lambda'_3 + \ldots\ldots + \mu^{(n)}\lambda'_n = \Delta', \\ &\mu'\lambda''_1 + \mu''\lambda''_2 + \mu'''\lambda''_3 + \ldots\ldots + \mu^{(n)}\lambda''_n = \Delta'', \\ &\mu'\lambda'''_1 + \mu''\lambda'''_2 + \mu'''\lambda'''_3 + \ldots\ldots + \mu^{(n)}\lambda'''_n = \Delta''', \\ &\ldots\ldots\ldots\ldots\ldots\ldots\ldots\ldots\ldots\ldots, \\ &\mu'\lambda_1^{(n)} + \mu''\lambda_2^{(n)} + \mu'''\lambda_3^{(n)} + \ldots + \mu^{(n)}\lambda_n^{(n)} = \Delta^{(n)}, \end{aligned}$$

et qu'il faille trouver la valeur d'une μ quelconque comme $\mu^{(m)}$. On multipliera ces équations par des coefficients indéterminés $\nu', \nu'', \nu''', \ldots, \nu^{(n)}$, et, après les avoir ajoutées ensemble, on fera les coefficients des quantités $\mu', \mu'', \mu''', \ldots$ chacun égal à zéro, excepté celui de la quantité $\mu^{(m)}$; de cette manière on aura

$$(g) \qquad \mu^{(m)} = \frac{\nu'\Delta' + \nu''\Delta'' + \nu'''\Delta''' + \ldots + \nu^{(n)}\Delta^{(n)}}{\nu'\lambda'_m + \nu''\lambda''_m + \nu'''\lambda'''_m + \ldots + \nu^{(n)}\lambda_m^{(n)}},$$

et la détermination des quantités $\nu', \nu'', \nu''', \ldots$ dépendra de cette condition que

$$(h) \qquad \nu'\lambda' + \nu''\lambda'' + \nu'''\lambda''' + \ldots + \nu^{(n)}\lambda^{(n)} = 0,$$

lorsque $\rho = \rho_1, \rho_2, \rho_3, \ldots, \rho_n$, excepté ρ_m.

Or, les équations (c) étant multipliées par $\nu', \nu'', \nu''', \ldots$, et ajoutées ensemble, donnent

$$(i)\quad \begin{cases} [\rho^2 \nu' + A' \nu' + B' \nu'' + C' \nu''' + \ldots\ldots + N' \nu^{(n)}]\lambda' \\ + [\rho^2 \nu'' + A'' \nu' + B'' \nu'' + C'' \nu''' + \ldots\ldots + N'' \nu^{(n)}]\lambda'' \\ + [\rho^2 \nu''' + A''' \nu' + B''' \nu'' + C''' \nu''' + \ldots\ldots + N''' \nu^{(n)}]\lambda''' \\ + \ldots\ldots\ldots\ldots\ldots\ldots\ldots\ldots\ldots\ldots \\ + [\rho^2 \nu^{(n)} + A^{(n)} \nu' + B^{(n)} \nu'' + C^{(n)} \nu''' + \ldots + N^{(n)} \nu^{(n)}]\lambda^{(n)} = 0. \end{cases}$$

Donc, si l'on suppose que les quantités $\nu', \nu'', \nu''', \ldots, \nu^{(n)}$, ou plutôt leurs rapports, soient tels que les coefficients de $\lambda', \lambda'', \lambda''', \ldots, \lambda^{(n-1)}$ dans cette équation soient nuls chacun en particulier, celui de $\lambda^{(n)}$ le sera aussi; de sorte que l'on aura les n équations suivantes :

$$(k)\quad \begin{cases} \rho^2 \nu' + A' \nu' + B' \nu'' + C' \nu''' + \ldots + N' \nu^{(n)} = 0, \\ \rho^2 \nu'' + A'' \nu' + B'' \nu'' + C'' \nu''' + \ldots + N'' \nu^{(n)} = 0, \\ \rho^2 \nu''' + A''' \nu' + B''' \nu'' + C''' \nu''' + \ldots + N''' \nu^{(n)} = 0, \\ \ldots\ldots\ldots\ldots\ldots\ldots\ldots\ldots\ldots\ldots, \\ \rho^2 \nu^{(n)} + A^{(n)} \nu' + B^{(n)} \nu'' + C^{(n)} \nu''' + \ldots + N^{(n)} \nu^{(n)} = 0. \end{cases}$$

Et il est bon de remarquer qu'en éliminant de ces équations les quantités $\nu', \nu'', \nu''', \ldots$, on aura une équation finale en ρ^2 qui sera nécessairement la même que celle qui résulte des équations (c) par l'évanouissement des quantités $\lambda', \lambda'', \lambda''', \ldots$; ce qui peut se voir aisément *à priori*.

Faisons maintenant $\rho = \rho_m$, nous aurons

$$\begin{aligned} A' \nu' + B' \nu'' + C' \nu''' + \ldots\ldots + N' \nu^{(n)} &= -\rho_m^2 \nu', \\ A'' \nu' + B'' \nu'' + C'' \nu''' + \ldots\ldots + N'' \nu^{(n)} &= -\rho_m^2 \nu'', \\ A''' \nu' + B''' \nu'' + C''' \nu''' + \ldots\ldots + N''' \nu^{(n)} &= -\rho_m^2 \nu''', \\ \ldots\ldots\ldots\ldots\ldots\ldots\ldots\ldots\ldots\ldots&, \\ A^{(n)} \nu' + B^{(n)} \nu'' + C^{(n)} \nu''' + \ldots + N^{(n)} \nu^{(n)} &= -\rho_m^2 \nu^{(n)}, \end{aligned}$$

et l'équation (i) deviendra

$$(\rho^2 - \rho_m^2)[\nu' \lambda' + \nu'' \lambda'' + \nu''' \lambda''' + \ldots + \nu^{(n)} \lambda^{(n)}] = 0,$$

laquelle devant être vraie pour toutes les valeurs de ρ qui satisfont aux équations (e), d'où celle-ci est tirée, on aura, en général,

$$\nu'\lambda' + \nu''\lambda'' + \nu'''\lambda''' + \ldots + \nu^{(n)}\lambda^{(n)} = 0,$$

lorsque $\rho = \rho_1, \rho_2, \rho_3, \ldots, \rho_n$, excepté ρ_m, auquel cas l'équation se vérifie d'elle-même, à cause du facteur $\rho^2 - \rho_m^2$.

D'où l'on voit que les valeurs de $\nu', \nu'', \nu''', \ldots, \nu^{(n)}$, qui satisfont à la condition (h), sont les mêmes que celles qui résultent des équations (k), en y faisant $\rho = \rho_m$. Donc, si l'on dénote ces valeurs par $\nu'_m, \nu''_m, \nu'''_m, \ldots$, et qu'on les substitue dans l'équation (g), on aura

$$\mu^{(m)} = \frac{\nu'_m \Delta' + \nu''_m \Delta'' + \nu'''_m \Delta''' + \ldots + \nu_m^{(n)} \Delta^{(m)}}{\nu'_m \lambda'_m + \nu''_m \lambda''_m + \nu'''_m \lambda'''_m + \ldots + \nu_m^{(n)} \lambda_m^{(n)}}.$$

Mais les équations (f) demandent que les quantités $\Delta', \Delta'', \Delta''', \ldots, \Delta^{(n)}$ soient toutes nulles à l'exception de $\Delta^{(s)}$; donc, si l'on fait, pour abréger,

$$\nu'\lambda' + \nu''\lambda'' + \nu'''\lambda''' + \ldots + \nu^{(n)}\lambda^{(n)} = Q,$$

et qu'on dénote en général par Q_m la valeur de Q lorsque $\rho = \rho_m$, on aura, pour notre cas,

$$\mu^{(m)} = \frac{\nu_m^{(s)} \Delta^{(s)}}{Q_m},$$

et par conséquent

$$\mu' = \frac{\nu_1^{(s)} \Delta^{(s)}}{Q_1}, \quad \mu'' = \frac{\nu_2^{(s)} \Delta^{(s)}}{Q_2}, \ldots.$$

Donc enfin, substituant ces valeurs dans la formule (e), et faisant attention que

$$\Delta^{(s)} = \mu'\lambda_1^{(s)} + \mu''\lambda_2^{(s)} + \mu'''\lambda_3^{(s)} + \ldots + \mu^{(n)}\lambda_n^{(s)},$$

on aura

$$y^{(s)} = \frac{\nu_1^{(s)}}{Q_1}\theta_1 + \frac{\nu_2^{(s)}}{Q_2}\theta_2 + \frac{\nu_3^{(s)}}{Q_3}\theta_3 + \ldots + \frac{\nu_n}{Q_n}\theta_n.$$

Ainsi le problème ne dépend plus que de la résolution des équations (c) et (k).

31. Nous avons trouvé que la quantité $\nu'_m\lambda' + \nu''_m\lambda'' + \nu'''_m\lambda''' + \ldots + \nu_m^{n}\lambda^{(n)}$

est nulle lorsque $\rho=\rho_1, \rho_2, \rho_3,\ldots, \rho_n$, excepté ρ_m; or il est facile de voir que les valeurs de $\frac{\lambda''}{\lambda'}, \frac{\lambda'''}{\lambda'},\ldots, \frac{\lambda^{(n)}}{\lambda'}$, tirées des équations ($c$), seront exprimées par des fractions telles que $\frac{q''}{q'}, \frac{q'''}{q'},\ldots, \frac{q^{(n)}}{q'}$, les quantités q', q'', q''',... étant de la forme

$$a+b\rho^2+c\rho^4+\ldots+h\rho^{2(n-1)};$$

de sorte que si l'on fait, ce qui est permis, $\lambda'=q'$, on aura $\lambda''=q''$, $\lambda'''=q'''$,..., et, par conséquent, la quantité

$$\nu'_m\lambda'+\nu''_m\lambda''+\nu'''_m\lambda'''+\ldots+\nu^{(n)}_m\lambda^{(n)}$$

deviendra de la forme

$$\alpha+\beta\rho^2+\gamma\rho^4+\ldots+\zeta\rho^{2(n-1)};$$

donc on aura

$$\nu'_m\lambda'+\nu''_m\lambda''+\nu'''_m\lambda'''+\ldots+\nu^{(n)}_m\lambda^{(n)}=\chi\left(1-\frac{\rho^2}{\rho_1^2}\right)\left(1-\frac{\rho^2}{\rho_2^2}\right)\cdots\left(1-\frac{\rho^2}{\rho_n^2}\right),$$

en prenant tous les facteurs depuis $1-\frac{\rho^2}{\rho_1^2}$ jusqu'à $1-\frac{\rho^2}{\rho_n^2}$, hormis $1-\frac{\rho^2}{\rho_m^2}$, et le coefficient χ étant égal à la valeur de

$$\nu'_m\lambda'+\nu''_m\lambda''+\ldots+\nu^{(n)}_m\lambda^{(n)},$$

lorsqu'on fait $\rho=0$ dans les quantités λ', λ'', λ''',....

Or, soit $P=0$ l'équation en ρ^2 tirée des équations (c) ou (k), on aura, en supposant que le terme tout connu de P soit 1,

$$P=\left(1-\frac{\rho^2}{\rho_1^2}\right)\left(1-\frac{\rho^2}{\rho_2^2}\right)\cdots\left(1-\frac{\rho^2}{\rho_n^2}\right);$$

donc

$$\chi P=[\nu'_m\lambda'+\nu''_m\lambda''+\nu'''_m\lambda'''+\ldots+\nu^{(n)}_m\lambda^{(n)}]\left(1-\frac{\rho^2}{\rho_m^2}\right).$$

Prenons les différences de part et d'autre, en faisant varier ρ, et supposons ensuite $\rho=\rho_m$, ce qui changera les quantités λ', λ'', λ''',... en λ'_m,

$\lambda''_m, \lambda'''_m, \ldots$, nous aurons

$$\chi \frac{dP}{d\rho} = -\frac{2}{\rho_m}\left[\nu'_m \lambda'_m + \nu''_m \lambda''_m + \nu'''_m \lambda'''_m + \ldots + \nu^{(n)}_m \lambda^{(n)}_m\right] = \frac{2Q_m}{\rho_m};$$

donc on aura, en général,

$$Q = -\frac{1}{2}\chi\rho\frac{dP}{d\rho},$$

ce qui pourra servir à abréger le calcul de la valeur de Q dans plusieurs occasions.

32. Examinons maintenant les différents cas qui peuvent arriver relativement aux racines de l'équation $P = 0$. Et d'abord il est clair que si toutes ces racines sont réelles, positives et inégales, les valeurs de ρ seront aussi réelles et inégales; ainsi ce cas n'aura aucune difficulté.

S'il y a des racines négatives, alors les valeurs correspondantes de ρ deviendront imaginaires de la forme $r\sqrt{-1}$, ce qui réduira les exponentielles $\frac{e^{\rho t}+e^{-\rho t}}{2}$ et $\frac{e^{\rho t}-e^{-\rho t}}{2\rho}$ à cette forme : $\cos rt$ et $\frac{\sin rt}{r}$; d'où il s'ensuit que si toutes les racines de l'équation $P = 0$ étaient réelles, négatives et inégales, les valeurs de $y', y'', y''', \ldots$ ne contiendraient que des sinus et des cosinus; nous verrons plus bas que ce cas est le seul où la solution soit bonne en général relativement à la question mécanique.

Passons au cas des racines égales, et supposons $\rho_2 = \rho_1$, il est facile de voir, par les formules du numéro précédent, que les valeurs de Q_1 et de Q_2 deviendront égales à zéro; de sorte que les deux premiers termes de la valeur de $y^{(s)}$ semblent devoir être infinis. Pour obvier à cet inconvénient, on supposera $\rho_2 = \rho_1 + \omega$, ω étant une quantité évanouissante, et à cause de

$$Q = -\frac{1}{2}\chi\rho\frac{dP}{d\rho} = -\frac{\chi\rho}{2\,d\rho}d\left[\left(1-\frac{\rho^2}{\rho_1^2}\right)\left(1-\frac{\rho^2}{\rho_2^2}\right)\left(1-\frac{\rho^2}{\rho_3^2}\right)\cdots\left(1-\frac{\rho^2}{\rho_n^2}\right)\right],$$

on aura

$$Q = \chi\left(1-\frac{\rho_1^2}{\rho_2^2}\right)\left(1-\frac{\rho_1^2}{\rho_3^2}\right)\cdots\left(1-\frac{\rho_1^2}{\rho_n^2}\right) = 2\chi\frac{\omega}{\rho_1}\left(1-\frac{\rho_1^2}{\rho_3^2}\right)\cdots\left(1-\frac{\rho_1^2}{\rho_n^2}\right),$$

et de même

$$Q_2 = -2\chi\frac{\omega}{\rho_1}\left(1-\frac{\rho_1^2}{\rho_3^2}\right)\cdots\left(1-\frac{\rho_1^2}{\rho_n^2}\right).$$

Donc, si l'on fait $\frac{dQ}{d\rho} = R$, et qu'on dénote par R_1 ce que devient R lorsque ρ devient ρ_1, on aura

$$Q_1 = -\frac{\omega}{\rho_1^2}R_1 \quad \text{et} \quad Q_2 = \frac{\omega}{\rho_1^2}R_1.$$

Or, en faisant

$$\rho_2 = \rho_1 + \omega,$$

on a

$$\nu_2^{(s)}\theta_2 = \nu_1^{(s)}\theta_1 + \frac{d[\nu_1^{(s)}\theta_1]}{d\rho_1}\omega;$$

donc

$$\frac{\nu_1^{(s)}\theta_1}{Q_1} + \frac{\nu_2^{(s)}\theta_2}{Q_2} = -\frac{\rho_1^2\nu_1^{(s)}\theta_1}{\omega R_1} + \frac{\rho_1^2\nu_1^{(s)}\theta_1}{\omega R_1} + \frac{\rho_1^2}{\omega R_1}\,\frac{d[\nu_1^{(s)}\theta_1]}{d\rho_1}\omega = \frac{\rho_1^2}{R_1}\,\frac{d[\nu_1^{(s)}\theta_1]}{d\rho_1}.$$

On résoudra de même le cas de trois racines égales, et ainsi des autres. Au reste, il est évident que les termes de la valeur de $y^{(s)}$ qui répondent aux racines égales contiendront toujours l'angle t, et de plus des exponentielles ordinaires si ces racines sont positives, et des sinus et des cosinus si elles sont négatives.

Enfin, s'il se trouvait des racines imaginaires, on les réduirait d'abord deux à deux à la forme $a + b\sqrt{-1}$ et $a - b\sqrt{-1}$, a et b étant des quantités réelles, de sorte que

$$\rho_1^2 = a + b\sqrt{-1}, \quad \rho_2^2 = a - b\sqrt{-1},$$

et ainsi de suite; ce qui donnerait

$$\rho_1 = f + g\sqrt{-1}, \quad \rho_2 = f - g\sqrt{-1},$$

et, par conséquent,

$$e^{\pm\rho_1 t} = e^{\pm ft}e^{\pm gt\sqrt{-1}} = e^{\pm ft}(\cos gt \pm \sin gt\sqrt{-1}),$$

et de même

$$e^{\pm\rho_2 t} = e^{\pm ft}(\cos gt \pm \sin gt\sqrt{-1}).$$

On ramènerait de même à la forme $p+q\sqrt{-1}$ et $p-q\sqrt{-1}$ les valeurs des quantités μ, ν et Q répondantes à ρ_1 et ρ_2, et on trouverait, après les substitutions et les réductions, que les imaginaires se détruiraient dans les deux termes $\frac{\nu_1^{(s)}}{Q_1}\theta_1 + \frac{\nu_2^{(s)}}{Q_2}\theta_2$, lesquels contiendraient alors des sinus et des cosinus multipliés par des exponentielles ordinaires.

33. Au reste, quand on veut appliquer la solution précédente au mouvement d'un système quelconque de corps, on doit supposer, comme nous l'avons fait, que les quantités y', y'', y''',... soient assez petites pour qu'on puisse négliger, sans erreur sensible, dans les expressions des forces accélératrices des corps, les termes qui contiendraient les produits y'^2, $y'y''$,.... Ainsi il faudra, pour que la solution soit bonne *mécaniquement* : 1° que les valeurs initiales Y′, Y″, Y‴,..., V′, V″, V‴,... soient infiniment petites; 2° que les expressions de y', y'', y''',... ne contiennent aucun terme qui augmente à l'infini avec le temps t; par conséquent il faudra que les racines de l'équation $P=0$ soient toutes réelles, négatives et inégales, auquel cas la valeur de $y^{(s)}$ ne contiendra que des sinus et des cosinus (numéro précédent), ou au moins que les termes qui renfermeraient l'arc t disparaissent d'eux-mêmes.

Donc, 1° si ρ_1^2 est une quantité positive, il faudra que l'on ait

$$(l)\qquad \left\{\begin{aligned} &\lambda'_1 Y' + \lambda''_1 Y'' + \lambda'''_1 Y''' + \ldots + \lambda_1^{(n)} Y^{(n)} = 0,\\ &\lambda'_1 V' + \lambda''_1 V'' + \lambda'''_1 Y''' + \ldots + \lambda_1^{(n)} V^{(n)} = 0,\end{aligned}\right.$$

ce qui fera évanouir le premier terme $\frac{\nu_1^{(s)}}{Q_1}\theta_1$ de la valeur de $y^{(s)}$.

De même, si ρ_1^2 et ρ_2^2 étaient toutes deux positives, mais inégales, on aurait, outre les deux conditions précédentes, encore ces deux-ci :

$$\begin{aligned} &\lambda'_2 Y' + \lambda''_2 Y'' + \lambda'''_2 Y''' + \ldots + \lambda_2^{(n)} Y^{(n)} = 0,\\ &\lambda'_2 V' + \lambda''_2 V'' + \lambda'''_2 V''' + \ldots + \lambda_2^{(n)} V^{(n)} = 0,\end{aligned}$$

et il faudrait effacer les deux premiers termes de $y^{(s)}$, et ainsi de suite.

2° Si ρ_1^2 et ρ_2^2 sont égales et négatives, on aura les mêmes conditions (l), et les deux termes $\frac{\nu_1^{(s)}}{Q_1}\theta_1 + \frac{\nu_2^{(s)}}{Q_2}\theta_2$ deviendront, en faisant $\rho_1 = r_1\sqrt{-1}$,

$$\frac{r_1}{2R_1}\frac{d\left[\nu_1^{(s)}(\lambda'_1 Y' + \lambda''_1 Y'' + \lambda'''_1 Y''' + \ldots + \lambda_1^{(n)} Y^{(n)})\right]}{dr_1}\cos r_1 t$$

$$+ \frac{r_1}{2R_1}\frac{d\left[\frac{\nu_1^{(s)}}{r_1}(\lambda'_1 V' + \lambda''_1 V'' + \lambda'''_1 V''' + \ldots + \lambda_1^{(n)} V^{(n)})\right]}{dr_1}\sin r_1 t.$$

Mais si ρ_1^2 et ρ_2^2 étaient égales et positives, alors on aurait encore deux autres conditions à remplir, savoir

$$\frac{d\left[\nu_1^{(s)}(\lambda'_1 Y' + \lambda''_1 Y'' + \lambda'''_1 Y''' + \ldots + \lambda_1^{(n)} Y^{(n)})\right]}{d\rho_1} = 0,$$

$$\frac{d\left[\frac{\nu_1^{(s)}}{\rho_1}(\lambda'_1 V' + \lambda''_1 V'' + \lambda'''_1 V''' + \ldots + \lambda_1^{(n)} V^{(n)})\right]}{d\rho_1} = 0,$$

et ainsi du reste.

Mais il y a ici une remarque importante à faire : c'est que les équations (a) n'étant qu'approchées, l'équation $P = 0$ doit aussi être regardée comme telle, de sorte que lorsqu'on trouve des racines égales, on n'est pas en droit d'en conclure que les valeurs de ρ sont égales, mais seulement qu'elles ne diffèrent que par des quantités infiniment petites; d'où il s'ensuit qu'à la rigueur, l'égalité des racines de l'équation $P = 0$ ne suffit pas pour introduire des arcs de cercle dans les valeurs de y', y'', y''',..., en tant que ces quantités représentent les espaces parcourus dans les oscillations des corps. Cependant, comme la supposition de $\rho_2 = \rho_1 + \omega$, ω étant une quantité très-petite, rend aussi les quantités Q_1 et Q_2 très-petites du même ordre, comme on peut s'en assurer par ce qui a été dit dans le numéro précédent sur le cas des racines égales, il est clair que les quantités $\frac{\theta_1}{Q_1}$ et $\frac{\theta_2}{Q_2}$ contiendront des termes finis, et qu'ainsi il faudra, pour que les valeurs de y', y'', y''',... soient toujours très-petites, que les termes dont il s'agit disparaissent entièrement de l'expression de $y^{(s)}$, ce qui donnera, en négligeant les quantités infiniment petites du second ordre, les mêmes conditions et les mêmes résultats que ci-dessus. Il est clair que ce que nous venons de dire des racines égales doit avoir lieu de même, lorsqu'elles ne diffèrent que par des quantités très-petites.

3° Si ρ_1^2 et ρ_2^2 étaient imaginaires, alors réduisant les quantités λ'_1, λ''_1, $\lambda'''_1, \ldots$, et λ'_2, λ''_2, $\lambda'''_2, \ldots$ à la forme $p'+q'\sqrt{-1}$, $p''+q''\sqrt{-1}$, $p'''+q'''\sqrt{-1}, \ldots$, et $p'-q'\sqrt{-1}$, $p''-q''\sqrt{-1}$, $p'''-q'''\sqrt{-1}, \ldots$, on aurait les conditions suivantes :

$$p'\,\mathrm{Y}' + p''\,\mathrm{Y}'' + p'''\,\mathrm{Y}''' + \ldots + p^{(n)}\,\mathrm{Y}^{(n)} = 0,$$
$$p'\,\mathrm{V}' + p''\,\mathrm{V}'' + p'''\,\mathrm{V}''' + \ldots + p^{(n)}\,\mathrm{V}^{(n)} = 0,$$

et

$$q'\,\mathrm{Y}' + q''\,\mathrm{Y}'' + q'''\,\mathrm{Y}''' + \ldots + q^{(n)}\,\mathrm{Y}^{(n)} = 0,$$
$$q'\,\mathrm{V}' + q''\,\mathrm{V}'' + q'''\,\mathrm{V}''' + \ldots + q^{(n)}\,\mathrm{V}^{(n)} = 0.$$

On aura de pareilles conditions pour chaque paire de racines imaginaires.

34. De là on tire une méthode générale pour voir si l'état d'équilibre d'un système quelconque donné de corps est *stable*, c'est-à-dire si, les corps étant infiniment peu dérangés de cet état, ils y reviendront d'eux-mêmes, ou au moins tendront à y revenir.

On supposera le système dans un état infiniment proche de celui d'équilibre, et on cherchera les expressions des forces accélératrices des corps pour se remettre à cet état, lesquelles seront, aux infiniment petits du second ordre et des suivants près, de cette forme :

$$\mathrm{A}y' + \mathrm{B}y'' + \mathrm{C}y''' + \ldots,$$

comme nous l'avons supposé dans les équations (a). On formera ensuite des équations telles que les équations (c), et on en tirera l'équation $\mathrm{P}=0$, dont ρ^2 sera l'inconnue, et qui sera nécessairement d'un degré égal à l'exposant du nombre des corps. Cela posé :

1° Si toutes les racines de cette équation sont réelles négatives et inégales, l'état d'équilibre sera *stable* en général, quel que soit le dérangement initial du système;

2° Si ces racines sont toutes réelles positives ou toutes imaginaires, ou en partie réelles positives, et en partie imaginaires, l'état d'équilibre n'aura aucune *stabilité*, et le système une fois dérangé de cet état ne pourra le reprendre;

3° Enfin, si les racines sont en partie réelles négatives et inégales, et en partie réelles négatives et égales, ou réelles et positives, ou imaginaires, l'état d'équilibre aura seulement une *stabilité relative et conditionnelle*, c'est-à-dire que cet état ne se rétablira, ou ne tendra à se rétablir, que lorsqu'il y aura, entre les distances et les vitesses initiales, les conditions marquées dans le numéro précédent; dans tous les autres cas il sera impossible que le système revienne de lui-même à son premier état.

35. Lorsque toutes les racines de l'équation $P = 0$ sont réelles inégales et négatives, il est clair qu'en faisant $\rho^2 = -r^2$, chaque terme de la valeur de $y^{(s)}$ se réduira à la forme

$$\alpha \cos rt + \beta \sin rt,$$

laquelle représente, comme on sait, le mouvement d'un pendule simple de longueur $\frac{1}{r^2}$; d'où il est aisé de conclure que le mouvement de chaque corps sera composé de n mouvements pareils à ceux de n pendules dont les longueurs seraient

$$\frac{1}{r_1^2}, \quad \frac{1}{r_2^2}, \quad \frac{1}{r_3^2}, \ldots, \quad \frac{1}{r_n^2}.$$

C'est le théorème que M. Daniel Bernoulli a déduit, par induction, de la considération du mouvement d'une corde chargée de plusieurs poids.

Si l'on veut que les oscillations des corps deviennent simples et isochrones, on supposera que l'état initial du système soit tel, que l'on ait

$$(m) \quad \begin{cases} \lambda' Y' + \lambda'' Y'' + \lambda''' Y''' + \ldots + \lambda^{(n)} Y^{(n)} = 0, \\ \lambda' V' + \lambda'' V'' + \lambda''' V''' + \ldots + \lambda^{(n)} V^{(n)} = 0, \end{cases}$$

pour toutes les valeurs de ρ^2, hors une quelconque à volonté comme ρ_m^2; car alors les quantités θ_1, θ_2, θ_3,... seront nulles, à l'exception de θ_m, et par conséquent la valeur de $y^{(s)}$ se réduira à $\frac{\nu_m^{(s)}}{Q_m}\theta_m$. Mais, les équations (m) étant absolument semblables à l'équation (h) du n° 30, il est clair qu'on aura pour la détermination des quantités Y', Y'', Y''',..., V', V'', V''',..., des équations analogues aux équations (k); d'où il s'ensuit que ces quantités seront en raison constante avec les quantités ν'_m, ν''_m, ν'''_m,..., $\nu_m^{(n)}$; de sorte qu'on aura

$$\frac{\lambda'_m Y' + \lambda''_m Y'' + \lambda'''_m Y''' + \ldots + \lambda_m^{(n)} Y^{(n)}}{Y^{(s)}} = \frac{\lambda'_m V' + \lambda''_m V'' + \lambda'''_m V''' + \ldots + \lambda_m^{(n)} V^{(n)}}{V^{(s)}}$$

$$= \frac{\lambda'_m \nu'_m + \lambda''_m \nu''_m + \lambda'''_m \nu'''_m + \ldots + \lambda_m^{(n)} \nu_m^{(n)}}{\nu_m^{(s)}} = \frac{Q_m}{\nu_m^{(s)}};$$

donc

$$y^{(s)} = Y^{(s)} \cos r_m t + V^{(s)} \frac{\sin r_m t}{r_m}.$$

Ainsi le mouvement des corps sera le même, dans ce cas, que s'ils étaient pesants et qu'ils fussent suspendus chacun à un fil de longueur $\frac{1}{r_m^2}$, la gravité étant prise pour l'unité des forces accélératrices; d'où l'on voit que le système est susceptible d'autant de différents mouvements isochrones que l'équation $P = 0$ a de racines réelles négatives et inégales.

Des oscillations d'un fil fixe par une de ses extrémités, et chargé d'un nombre quelconque de poids.

36. Soit n le nombre des poids, que nous supposerons, pour plus de simplicité, égaux entre eux et également éloignés les uns des autres; imaginons que le fil ne fasse que des oscillations infiniment petites et dans le même plan; et soient nommées y', y'', y''',..., $y^{(n)}$ les distances des corps à la verticale, à commencer par le plus bas, et a la distance d'un corps à l'autre: on aura, comme il est très-aisé de le voir par les principes de la Dynamique, et comme on peut le déduire des formules générales que j'ai données dans le Mémoire intitulé : *Application de la méthode précédente à différents problèmes de dynamique* (page 398),

$$\frac{d^2 y'}{dt^2} + \frac{y' - y''}{a} = 0,$$

$$\frac{d^2 y''}{dt^2} + \frac{y'' - y'''}{a} - \frac{y' - 2y'' + y'''}{a} = 0,$$

$$\frac{d^2 y'''}{dt^2} + \frac{y''' - y^{\text{IV}}}{a} - 2\,\frac{y'' - 2y''' + y^{\text{IV}}}{a} = 0,$$

$$\frac{d^2 y^{\text{IV}}}{dt^2} + \frac{y^{\text{IV}} - y^{\text{V}}}{a} - 3\,\frac{y''' - 2y^{\text{IV}} + y^{\text{V}}}{a} = 0,$$

. . . . ,

$$\frac{d^2 y^{(n)}}{dt^2} + \frac{y^{(n)}}{a} - (n-1)\,\frac{y^{(n-1)} - 2y^{(n)}}{a} = 0,$$

c'est-à-dire

$$\frac{d^2 y'}{dt^2} + \frac{y' - y''}{a} = 0,$$

$$\frac{d^2 y''}{dt^2} + \frac{-y' + 3y'' - 2y'''}{a} = 0,$$

$$\frac{d^2 y'''}{dt^2} + \frac{-2y'' + 5y''' - 3y^{\text{IV}}}{a} = 0,$$

$$\frac{d^2 y^{\text{IV}}}{dt^2} + \frac{-3y''' + 7y^{\text{IV}} - 4y^{\text{V}}}{a} = 0,$$

. . . . ,

$$\frac{d^2 y^{(n)}}{dt^2} + \frac{-(n-1)\,y^{(n-1)} + (2n-1)\,y^{(n)}}{a} = 0.$$

Comparant ces équations avec les équations (a) du nº **30**, on trouvera que les équations (c) du même numéro deviennent celles-ci :

$$\rho^2 \lambda' + \frac{\lambda' - \lambda''}{a} = 0,$$

$$\rho^2 \lambda'' + \frac{-\lambda' + 3\lambda'' - 2\lambda'''}{a} = 0,$$

$$\rho^2 \lambda''' + \frac{-2\lambda'' + 5\lambda''' - 3\lambda^{\text{IV}}}{a} = 0,$$

$$\rho^2 \lambda^{\text{IV}} + \frac{-3\lambda''' + 7\lambda^{\text{IV}} - 4\lambda^{\text{V}}}{a} = 0,$$

. . . . ,

$$\rho^2 \lambda^{(n)} + \frac{-(n-1)\,\lambda^{(n-1)} + (2n-1)\,\lambda^{(n)}}{a} = 0,$$

d'où l'on tire

$$\lambda'' = (1 + a\rho^2)\lambda',$$

$$\lambda''' = \frac{-\lambda' + (3 + a\rho^2)\lambda''}{2} = \left(1 + 2a\rho^2 + \frac{a^2\rho^4}{2}\right)\lambda',$$

$$\ldots\ldots\ldots\ldots\ldots\ldots\ldots\ldots\ldots\ldots\ldots\ldots,$$

$$\lambda^{\text{IV}} = \left(1 + 3a\rho^2 + \frac{3a^2\rho^4}{2} + \frac{a^3\rho^6}{2.3}\right)\lambda',$$

$$\lambda^{\text{V}} = \left(1 + 4a\rho^2 + \frac{6a^2\rho^4}{2} + \frac{4a^3\rho^6}{2.3} + \frac{a^4\rho^8}{2.3.4}\right)\lambda',$$

et ainsi de suite; de sorte qu'on aura en général

$$\lambda^{(m)} = \left[1 + (m-1)a\rho^2 + \frac{(m-1)(m-2)}{4}a^2\rho^4 + \frac{(m-1)(m-2)(m-3)}{4.9}a^3\rho^6 + \ldots\right]\lambda'.$$

Or il est visible que, pour satisfaire à la dernière équation

$$\rho^2\lambda^{(n)} + \frac{-(n-1)\lambda^{(n-1)} + (2n-1)\lambda^{(n)}}{a} = 0,$$

il faut supposer

$$\lambda^{(n+1)} = 0,$$

ce qui donne

$$1 + na\rho^2 + \frac{n(n-1)a^2}{4}\rho^4 + \frac{n(n-1)(n-2)a^3}{4.9}\rho^6 + \ldots = 0,$$

équation d'où l'on tirera n valeurs de ρ^2, qu'on désignera par ρ_1^2, ρ_2^2, $\rho_3^2, \ldots, \rho_n^2$, et qu'on substituera successivement dans l'expression de $\lambda^{(m)}$ pour avoir les valeurs de $\lambda_1^{(m)}, \lambda_2^{(m)}, \lambda_3^{(m)}, \ldots$.

A l'égard des quantités ν, on les trouvera de la même manière par le moyen des équations (k), lesquelles deviennent, dans le cas présent,

$$\rho^2\nu' + \frac{\nu' - \nu''}{a} = 0,$$

$$\rho^2\nu'' + \frac{-\nu' + 3\nu'' - 2\nu'''}{a} = 0,$$

$$\rho^2\nu''' + \frac{-2\nu'' + 5\nu''' - 3\nu^{\text{IV}}}{a} = 0,$$

$$\ldots\ldots\ldots\ldots\ldots\ldots\ldots\ldots\ldots,$$

$$\rho^2\nu^{(n)} + \frac{-(n-1)\nu^{(n-1)} + (2n-1)\nu^{(n)}}{a},$$

d'où l'on tire, comme ci-dessus,

$$\nu^{(m)} = \left[1 + (m-1)a\rho^2 + \frac{(m-1)(m-2)}{4}a^2\rho^4 + \frac{(m-1)(m-2)(m-3)}{4\cdot 9}a^3\rho^6 + \ldots\right]\nu',$$

ou bien, en supposant $\lambda' = \nu' = 1$ pour plus de simplicité,

$$\nu^{(m)} = \lambda^{(m)},$$

et, par conséquent,

$$\nu_1^{(m)} = \lambda_1^{(m)}, \quad \nu_2^{(m)} = \lambda_2^{(m)}, \ldots.$$

On aura donc

$$\begin{aligned} Q &= \lambda'^2 + \lambda''^2 + \lambda'''^2 + \ldots + \lambda^{(n)2} \\ &= 1 + (1 + a\rho^2)^2 + \left(1 + 2a\rho^2 + \frac{a^2}{2}\rho^4\right)^2 + \ldots \\ &\quad + \left[1 + (n-1)a\rho^2 + \frac{(n-1)(n-2)a^2}{4}\rho^4 + \ldots\right]^2. \end{aligned}$$

Mais on peut trouver une expression plus simple de cette quantité par la méthode du n° 31. Car on a d'abord

$$P = 1 + na\rho^2 + \frac{n(n-1)a^2}{4}\rho^4 + \frac{n(n-1)(n-2)a^3}{4\cdot 9}\rho^6 + \ldots,$$

d'où l'on tire

$$\frac{1}{2}\rho\frac{dP}{d\rho} = na\rho^2 + \frac{n(n-1)a^2}{2}\rho^4 + \frac{n(n-1)(n-2)a^3}{4.3}\rho^6 + \ldots.$$

Or, en faisant $\rho = 0$, on a

$$\lambda' = 1, \quad \lambda'' = 1, \quad \lambda''' = 1, \ldots;$$

donc

$$\begin{aligned}
\chi &= \nu' + \nu'' + \nu''' + \ldots + \nu^{(n)} \\
&= 1 \\
&+ 1 + a\rho^2 \\
&+ 1 + 2a\rho^2 + \frac{a^2}{2}\rho^4 \\
&+ 1 + 3a\rho^2 + \frac{3a^2}{2}\rho^4 + \frac{a^3}{2.3}\rho^6 \\
&\ldots\ldots\ldots\ldots\ldots\ldots\ldots\ldots \\
&+ 1 + (n-1)a\rho^2 + \frac{(n-1)(n-2)a^2}{4}\rho^4 + \frac{(n-1)(n-2)(n-3)a^3}{4.9}\rho^6 + \ldots \\
&= n + \frac{n(n-1)a}{2}\rho^2 + \frac{n(n-1)(n-2)a^2}{4.3}\rho^4 + \frac{n(n-1)(n-2)(n-3)a^3}{4.9.4}\rho^6 + \ldots,
\end{aligned}$$

donc

$$\begin{aligned}
Q = -\frac{1}{2}\chi\rho\frac{dP}{d\rho} = -a\rho^2\Big[n &+ \frac{n(n-1)}{2}a\rho^2 + \frac{n(n-1)(n-2)}{4.3}a^2\rho^4 \\
&+ \frac{n(n-1)(n-2)(n-3)}{4.9.4}a^3\rho^6 + \ldots\Big]^2.
\end{aligned}$$

Ces deux expressions de Q ne sont pas à la vérité identiques, mais elles deviennent égales lorsque ρ est égal à ρ_1, ρ_2, ρ_3...; ce qui suffit pour notre objet.

Faisant donc ces substitutions dans la dernière formule du n° **30**, on aura l'expression générale des quantités y, et le problème sera résolu.

Au reste, quoiqu'il soit difficile, peut-être impossible, de déterminer en général les racines de l'équation $P = 0$, on peut cependant s'assurer, par la nature même du problème, que ces racines sont nécessairement toutes réelles inégales et négatives; car sans cela les valeurs de y', y'', y''',... pourraient croître à l'infini, ce qui serait absurde.

37. Si l'on cherche quelles doivent être les distances et les vitesses initiales des corps pour que chacun d'eux ne fasse que des vibrations isochrones et analogues à celles d'un pendule simple, on trouvera (n° **35**), en prenant l pour la longueur de ce pendule,

$$Y^{(s)} = \left[1 - \frac{(s-1)a}{l} + \frac{(s-1)(s-2)a^2}{4l^2} - \frac{(s-1)(s-2)(s-3)a^3}{4.9l^3} + \ldots\right] Y',$$

$$V^{(s)} = \left[1 - \frac{(s-1)a}{l} + \frac{(s-1)(s-2)a^2}{4l^2} - \frac{(s-1)(s-2)(s-3)a^3}{4.9l^3} + \ldots\right] V';$$

et la valeur de l devra se déterminer par l'équation

$$1 - \frac{na}{l} + \frac{n(n-1)a^2}{4l^2} - \frac{n(n-1)(n-2)}{4.9l^3} + \ldots = 0.$$

Des vibrations d'une corde tendue et chargée d'un nombre quelconque de poids.

38. Quoique j'aie déjà résolu ce problème dans mes *Recherches sur le son*, imprimées dans le premier volume de ces Mémoires, je crois pouvoir le redonner ici, non-seulement pour faire voir comment ma méthode générale s'y applique, mais encore parce qu'il me donnera lieu de faire de nouvelles réflexions sur les vibrations des cordes sonores, qui pourront être utiles à l'éclaircissement de cette matière épineuse et délicate.

Supposons une corde chargée de n poids égaux qui la divisent en $n+1$ parties égales que nous ferons chacune égale à a, et tendue par un poids qui soit à la somme de ceux dont la corde est chargée comme c^2 est à 1; nommant $y', y'', y''', \ldots, y^{(n)}$ les distances des poids à l'axe de la corde, et faisant, pour abréger,

$$\frac{nc^2}{a} = k^2,$$

on aura

$$\frac{d^2y'}{dt^2} - k^2(-2y' + y'') = 0,$$

$$\frac{d^2y''}{dt^2} - k^2(y' - 2y'' + y''') = 0,$$

$$\frac{d^2y'''}{dt^2} - k^2(y'' - 2y''' + y^{\text{iv}}) = 0,$$

$$\ldots\ldots\ldots\ldots\ldots\ldots\ldots\ldots,$$

$$\frac{d^2y^{(n)}}{dt^2} - k^2(y^{(n-1)} - 2y^{(n)}) = 0.$$

Donc, en comparant ces équations avec les équations générales du nº 30, on aura les équations suivantes en λ', λ'', λ''',...,

$$\begin{aligned}
&\rho^2\lambda' - k^2(-2\lambda' + \lambda'') = 0,\\
&\rho^2\lambda'' - k^2(\lambda' - 2\lambda'' + \lambda''') = 0,\\
&\rho^2\lambda''' - k^2(\lambda'' - 2\lambda''' + \lambda^{\text{IV}}) = 0,\\
&\ldots\ldots\ldots\ldots\ldots\ldots\ldots\ldots,\\
&\rho^2\lambda^{(n)} - k^2(\lambda^{(n-1)} - 2\lambda^{(n)}) = 0;
\end{aligned}$$

d'où l'on tire, en supposant $1 + \frac{\rho^2}{2k^2} = \cos\varphi$,

$$\lambda'' = \frac{\sin 2\varphi}{\sin\varphi}\lambda', \quad \lambda''' = \frac{\sin 3\varphi}{\sin\varphi}\lambda', \ldots,$$

et en général

$$\lambda^{(m)} = \frac{\sin m\varphi}{\sin\varphi}\lambda'.$$

Et pour la détermination de l'angle φ, c'est-à-dire de la quantité ρ, on aura l'équation

$$\lambda^{(n+1)} = \frac{\sin(n+1)\varphi}{\sin\varphi}\lambda' = 0;$$

laquelle donne

$$\varphi = \frac{m\pi}{n+1},$$

π exprimant l'angle de 180 degrés, et m un nombre quelconque entier depuis zéro jusqu'à n inclusivement. De sorte qu'on aura

$$\rho = k\sqrt{2\cos\varphi - 2} = 2k\sin\frac{1}{2}\varphi\sqrt{-1} = 2k\sin\frac{m\pi}{2(n+1)}\sqrt{-1};$$

ce qui donnera toutes les valeurs de ρ que nous avons désignées par ρ_1, ρ_2, ρ_3,..., ρ_n, en faisant m successivement égal à 1, 2, 3,..., n.

On trouvera des équations entièrement semblables en ν', ν'', ν''',..., d'où l'on tirera pareillement

$$\nu^{(m)} = \frac{\sin(n+1)\varphi}{\sin\varphi}.$$

De plus on aura

$$Q = \frac{\nu'\lambda'}{\sin^2\varphi}(\sin^2\varphi + \sin^2 2\varphi + \sin^3 2\varphi + \ldots + \sin^2 n\varphi)$$

$$= \frac{\nu'\lambda'}{\sin^2\varphi}\left[\frac{1}{2}n - \frac{1}{2}(\cos 2\varphi + \cos 4\varphi + \cos 6\varphi + \ldots + \cos 2n\varphi)\right]$$

$$= \frac{\nu'\lambda'}{\sin^2\varphi}\left[\frac{1}{2}n - \frac{1}{2}\left(\frac{\cos 2n\varphi - \cos 2(n+1)\varphi}{2(1-\cos 2\varphi)} - \frac{1}{2}\right)\right],$$

ou, à cause de $\varphi = \frac{m\pi}{n+1}$,

$$Q = \frac{(n+1)}{2\sin^2\varphi}\nu'\lambda'.$$

On trouverait la même valeur de Q par la méthode du n° 31; mais le calcul serait alors tant soit peu plus long. Cependant, comme ce calcul peut servir à montrer la bonté de la méthode dont nous parlons, je n'ai pas cru devoir le supprimer, mais je l'ai renfermé entre deux crochets, afin que mes lecteurs puissent le passer s'ils le jugent à propos.

[On aura d'abord

$$P = \frac{\sin(n+1)\varphi}{(n+1)\sin\varphi}:$$

j'écris $P = \frac{\sin(n+1)\varphi}{(n+1)\sin\varphi}$ et non pas simplement $P = \frac{\sin(n+1)\varphi}{\sin\varphi}$, afin que, lorsque $\rho = 0$, c'est-à-dire $\varphi = 0$, on ait $P = 1$, comme nous l'avons supposé; d'où l'on tire par la différentiation

$$\frac{dP}{d\varphi} = \frac{\cos(n+1)\varphi}{\sin\varphi} - \frac{\sin(n+1)\varphi\cos\varphi}{(n+1)\sin^2\varphi},$$

ou, à cause de $\sin(n+1)\varphi = 0$,

$$\frac{dP}{d\varphi} = \frac{\cos(n+1)\varphi}{\sin\varphi};$$

or l'équation $1 + \frac{\rho^2}{2k^2} = \cos\varphi$ donne

$$\frac{\rho^2}{2k^2} = \cos\varphi - 1,$$

et prenant les différences logarithmiques,

$$\frac{d\rho}{\rho} = \frac{\sin\varphi}{1 - \cos\varphi}\, d\varphi;$$

donc

$$\frac{1}{2}\rho\frac{dP}{d\rho} = \frac{(1-\cos\varphi)\cos(n+1)\varphi}{2\sin^2\varphi} = \frac{\cos(n+1)\varphi}{2(1+\cos\varphi)}.$$

Maintenant on a $\varphi = 0$, lorsque $\rho = 0$, et par conséquent

$$\lambda'' = 2\lambda', \quad \lambda''' = 3\lambda', \ldots;$$

donc

$$\begin{aligned}\chi &= \lambda'[\nu' + 2\nu'' + 3\nu''' + \ldots + n\nu^{(n)}]\\ &= \frac{\nu'\lambda'}{\sin\varphi}(\sin\varphi + 2\sin 2\varphi + 3\sin 3\varphi + \ldots + n\sin n\varphi)\\ &= \frac{\nu'\lambda'}{\sin\varphi}\,\frac{(n+1)\sin n\varphi - n\sin(n+1)\varphi}{2(1-\cos\varphi)},\end{aligned}$$

et, à cause de $\sin(n+1)\varphi = 0$,

$$\chi = \nu'\lambda'\,\frac{(n+1)\sin n\varphi}{2\sin\varphi(1-\cos\varphi)};$$

donc

$$Q = -\frac{1}{2}\chi\rho\frac{dP}{d\rho} = -\frac{(n+1)\sin\varphi\cos(n+1)\varphi}{4\sin^3\varphi}\nu'\lambda',$$

et, à cause de $\sin(2n+1)\varphi = -\sin\varphi$,

$$Q = -\frac{(n+1)[\sin(2n+1)\varphi - \sin\varphi]}{4\sin^3\varphi}\nu'\lambda' = \frac{n+1}{2\sin^2\varphi}\nu'\lambda'.]$$

Donc, faisant ces substitutions dans l'expression de y' (n° **30**), et supposant en général

$$Y_m = Y'\sin\frac{m\pi}{n+1} + Y''\sin\frac{2m\pi}{n+1} + Y'''\sin\frac{3m\pi}{n+1} + \ldots + Y^{(n)}\sin\frac{nm\pi}{n+1}$$

et

$$V_m = V' \sin\frac{m\pi}{n+1} + V'' \sin\frac{2m\pi}{n+1} + V''' \sin\frac{3m\pi}{n+1} + \ldots + V^{(n)} \sin\frac{nm\pi}{n+1},$$

on aura

$$\begin{aligned}
) = {} & \frac{2\sin\frac{s\pi}{n+1}}{n+1}\left\{Y_1 \cos\left[2tk\sin\frac{\pi}{2(n+1)}\right] + \frac{V_1}{2k\sin\frac{\pi}{2(n+1)}}\sin\left[2tk\sin\frac{\pi}{2(n+1)}\right]\right\} \\
+ {} & \frac{2\sin\frac{2s\pi}{n+1}}{n+1}\left\{Y_2 \cos\left[2tk\sin\frac{2\pi}{2(n+1)}\right] + \frac{V_2}{2k\sin\frac{2\pi}{2(n+1)}}\sin\left[2tk\sin\frac{2\pi}{2(n+1)}\right]\right\} \\
+ {} & \frac{2\sin\frac{3s\pi}{n+1}}{n+1}\left\{Y_3 \cos\left[2tk\sin\frac{3\pi}{2(n+1)}\right] + \frac{V_3}{2k\sin\frac{3\pi}{2(n+1)}}\sin\left[2tk\sin\frac{3\pi}{2(n+1)}\right]\right\} \\
& \cdots\cdots\cdots\cdots\cdots\cdots\cdots\cdots \\
+ {} & \frac{2\sin\frac{ns\pi}{n+1}}{n+1}\left\{Y_n \cos\left[2tk\sin\frac{n\pi}{2(n+1)}\right] + \frac{V_n}{2k\sin\frac{n\pi}{2(n+1)}}\sin\left[2tk\sin\frac{n\pi}{2(n+1)}\right]\right\}.
\end{aligned}$$

Application de la solution précédente aux cordes sonores.

39. Je supposerai ici, pour plus de simplicité, que les vitesses initiales V', V'', V''',... soient nulles, moyennant quoi la valeur de $y^{(s)}$ ne contiendra plus que des termes de cette forme

$$\frac{2\sin\frac{ms\pi}{n+1}}{n+1} Y_m \cos\left[2tk\sin\frac{m\pi}{2(n+1)}\right],$$

m étant successivement 1, 2, 3,..., n.

Cela posé, on sait que

$$\varphi = \sin\varphi + \alpha\sin^3\varphi + \beta\sin^5\varphi + \gamma\sin^7\varphi + \ldots,$$

en faisant

$$\alpha = \frac{1.1}{2.3}, \quad \beta = \frac{3.3}{4.5}, \quad \gamma = \frac{5.5}{6.7}\beta, \ldots;$$

donc

$$\sin\varphi = \varphi - \alpha\sin^3\varphi - \beta\sin^5\varphi - \gamma\sin^7\varphi - \ldots;$$

donc, supposant $\varphi = \frac{m\pi}{2(n+1)}$, et faisant, pour abréger,

$$\sin\frac{m\pi}{2(n+1)} = x,$$

on aura

$$\sin\frac{m\pi}{2(n+1)} = \frac{m\pi}{2(n+1)} - ax^3 - \beta x^5 - \gamma x^7 - \ldots,$$

et, par conséquent,

$$\cos\left[2tk\sin\frac{m\pi}{2(n+1)}\right] = \cos\left(\frac{mkt}{n+1}\pi - 2\alpha ktx^3 - 2\beta ktx^5 - 2\gamma ktx^7 - \ldots\right)$$

$$= \cos\left(\frac{mkt}{n+1}\pi\right)\cos(2\alpha ktx^3 + 2\beta ktx^5 + \ldots)$$

$$+ \sin\left(\frac{mkt}{n+1}\pi\right)\sin(2\alpha ktx^3 + 2\beta ktx^5 + \ldots).$$

Or

$$\cos(2\alpha ktx^3 + 2\beta ktx^5 + \ldots) = 1 - 2\alpha^2k^2t^2x^6 - 2\alpha\beta k^2t^2x^8 - 2\beta^2k^2t^2x^{10} - \ldots,$$

et

$$\sin(2\alpha ktx^3 + 2\beta ktx^5 + \ldots) = 2\alpha ktx^3 + 2\beta ktx^5 + 2\gamma ktx^7 + \left(2\delta kt - \frac{4\alpha^3k^3t^3}{3}\right)x^9 + \ldots;$$

de plus

$$\frac{1}{\sqrt{1-x^2}} = 1 + \frac{1}{2}x^2 + \frac{1.3}{2.4}x^4 + \frac{1.3.5}{2.4.6}x^6\ldots,$$

et, par conséquent,

$$\left(1 + \frac{1}{2}x^2 + \frac{1.3}{2.4}x^4 + \ldots\right)\sqrt{1-x^2} = 1;$$

donc, on aura aussi

$$\sin(2\alpha ktx^3 + 2\beta ktx^5 + \ldots) = \left\{2\alpha ktx^2 + (\alpha + 2\beta)ktx^4 + \left(\frac{3\alpha}{4} + \beta + 2\gamma\right)ktx^6\right.$$

$$\left. + \left[\left(\frac{3.5\alpha}{4.6} + \frac{3\beta}{4} + \gamma + 2\delta\right)kt - \frac{4\alpha^3}{3}k^3t^3\right]x^8 + \ldots\right\}x\sqrt{1-x^2},$$

où l'on remarquera que

$$x\sqrt{1-x^2} = \sin\frac{m\pi}{2(n+1)}\cos\frac{m\pi}{2(n+1)} = \frac{1}{2}\sin\frac{m\pi}{n+1}.$$

Maintenant (nº 38)

$$Y_m = Y'\sin\frac{m\pi}{n+1} + Y''\sin\frac{2m\pi}{n+1} + Y'''\sin\frac{3m\pi}{n+1} + \ldots + Y^{(n)}\sin\frac{nm\pi}{n+1};$$

donc, si l'on multiplie cette quantité par x^2, c'est-à-dire par

$$\left[\sin\frac{m\pi}{2(n+1)}\right]^2 = \frac{1}{2}\left(1-\cos\frac{m\pi}{n+1}\right),$$

et qu'on développe les produits des sinus et des cosinus, on aura

$$\begin{aligned}
Y_m x^2 = \frac{1}{4}\Big\{ & Y'\left(2\sin\frac{m\pi}{n+1} - \sin\frac{2m\pi}{n+1}\right)\\
& + Y''\left(2\sin\frac{2m\pi}{n+1} - \sin\frac{3m\pi}{n+1} - \sin\frac{m\pi}{n+1}\right)\\
& + Y'''\left(2\sin\frac{3m\pi}{n+1} - \sin\frac{4m\pi}{n+1} - \sin\frac{2m\pi}{n+1}\right)\\
& \ldots\ldots\ldots\ldots\ldots\ldots\ldots\ldots\ldots\ldots\\
& + Y^{(n)}\left[2\sin\frac{nm\pi}{n+1} - \sin\frac{(n+1)m\pi}{n+1} - \sin\frac{(n-1)m\pi}{n+1}\right]\Big\}\\
= -\frac{1}{4}\Big[& (Y''-2Y')\sin\frac{m\pi}{n+1} + (Y'''-2Y''+Y')\sin\frac{2m\pi}{n+1}\\
& + (Y^{\text{IV}}-2Y'''+Y'')\sin\frac{3m\pi}{n+1} + \ldots + [-2Y^{(n)}+Y^{(n-1)}]\sin\frac{nm\pi}{n+1}\Big],
\end{aligned}$$

à cause de $\sin\frac{(n+1)m\pi}{n+1} = \sin m\pi = 0$.

Qu'on dénote par $\Delta^2 Y$ les différences secondes des quantités Y dans la suite $Y', Y'', Y''', \ldots, Y^{(n)}$, de sorte que l'on ait en général

$$\Delta^2 Y^{(s)} = Y^{(s+1)} - 2Y^{(s)} + Y^{(s-1)},$$

et supposant

$$Y^0 = 0 \quad \text{et} \quad Y^{(n+1)} = 0$$

(ce qui est permis, à cause que les quantités $Y', Y'', Y''', \ldots, Y^{(n)}$ sont les seules données), afin que

$$\Delta^2 Y' = Y'' - 2Y' \quad \text{et} \quad \Delta^2 Y^{(m)} = -2Y^{(m)} + Y^{(m-1)},$$

on aura

$$Y^{(m)} x^2 = -\frac{1}{4}\left[\Delta^2 Y' \sin\frac{m\pi}{n+1} + \Delta^2 Y'' \sin\frac{2m\pi}{n+1} + \Delta^2 Y''' \sin\frac{3m\pi}{n+1} + \ldots + \Delta^2 Y^{(n)} \sin\frac{nm\pi}{n+1}\right].$$

Si l'on fait de même

$$\begin{aligned} \Delta^4 Y^{(s)} &= \Delta^2 Y^{(s+1)} - 2\Delta^2 Y^{(s)} + \Delta^2 Y^{(s-1)} \\ &= Y^{(s+2)} - 4Y^{(s+1)} + 6Y^{(s)} - 4Y^{(s-1)} + Y^{(s-2)}, \end{aligned}$$

et qu'on suppose ensuite

$$\Delta^2 Y^0 = 0 \quad \text{et} \quad \Delta^2 Y^{(n+1)} = 0,$$

on trouvera

$$Y_m x^4 = \frac{1}{16}\left[\Delta^4 Y' \sin\frac{m\pi}{n+1} + \Delta^4 Y'' \sin\frac{2m\pi}{n+1} + \Delta^4 Y''' \sin\frac{3m\pi}{n+1} + \ldots + \Delta^4 Y^{(n)} \sin\frac{nm\pi}{n+1}\right].$$

En général on aura

$$Y_m x^{2r} = \pm\frac{1}{2^r}\left[\Delta^{2r} Y' \sin\frac{m\pi}{n+1} + \Delta^{2r} Y'' \sin\frac{2m\pi}{n+1} + \Delta^{2r} Y''' \sin\frac{3m\pi}{n+1} + \ldots + \Delta^{2r} Y^{(n)} \sin\frac{nm\pi}{n+1}\right]$$

(le signe supérieur étant pour le cas de r pair, et l'inférieur pour celui de r impair), pourvu qu'on suppose

$$Y^0 = 0, \quad \Delta^2 Y^0 = 0, \quad \Delta^4 Y^0 = 0, \ldots, \quad Y^{(n+1)} = 0, \quad \Delta^2 Y^{(n+1)} = 0, \quad \Delta^4 Y^{(n+1)} = 0, \ldots,$$

conditions auxquelles on peut satisfaire en imaginant la suite des Y continuée de part et d'autre à l'infini, de manière que les termes Y^0 et $Y^{(n-1)}$ soient nuls, et que les termes également distants de ceux-ci soient égaux et de signes contraires.

Donc, si l'on fait ces substitutions, et qu'on fasse, pour abréger,

$$\frac{2\alpha^2 k^2 t^2}{2^6}\Delta^6 Y^{(s)} - \frac{2\alpha\beta k^2 t^2}{2^8}\Delta^8 Y^{(s)} + \ldots = P^{(s)},$$

$$-\frac{\alpha kt}{2^2}\Delta^2 Y^{(s)} + \frac{1}{2}(\alpha + 2\beta)\frac{kt}{2^4}\Delta^4 Y^{(s)} - \frac{1}{2}\left(\frac{3\alpha}{4} + \beta + 2\gamma\right)\frac{kt}{2^6}\Delta^6 Y^{(s)} + \ldots = Q^{(s)},$$

et de plus

$$P' \sin\frac{m\pi}{n+1} + P'' \sin\frac{2m\pi}{n+1} + P''' \sin\frac{3m\pi}{n+1} + \ldots + P^{(n)} \sin\frac{nm\pi}{n+1} = P_m,$$

$$Q' \sin\frac{m\pi}{n+1} + Q'' \sin\frac{2m\pi}{n+1} + Q''' \sin\frac{3m\pi}{n+1} + \ldots + Q^{(n)} \sin\frac{nm\pi}{n+1} = Q_m,$$

on aura

$$\begin{aligned}
&\frac{2\sin\frac{ms\pi}{n+1}}{n+1} Y_m \cos\left[2tk\sin\frac{m\pi}{2(n+1)}\right] \\
&= \frac{2\sin\frac{ms\pi}{n+1}}{n+1}(Y_m + P_m)\cos\frac{mkt}{n+1}\pi + \frac{2\sin\frac{ms\pi}{n+1}}{n+1} Q_m \sin\frac{m\pi}{n+1}\sin\frac{mkt}{n+1}\pi \\
&= \frac{Y_m + P_m}{n+1}\left[\sin\frac{m(s+kt)}{n+1}\pi + \sin\frac{m(s-kt)}{n+1}\pi\right] \\
&\quad + \frac{Q_m}{2(n+1)}\left[\sin\frac{m(s+1+kt)}{n+1}\pi - \sin\frac{m(s-1+kt)}{n+1}\pi\right. \\
&\qquad\qquad \left. - \sin\frac{m(s+1-kt)}{n+1}\pi + \sin\frac{m(s-1-kt)}{n+1}\pi\right].
\end{aligned}$$

Donc, si l'on fait m successivement égal à 1, 2, 3,..., n, et qu'on suppose en général

$$\begin{aligned}
\varphi(x) = {} & 2\frac{Y_1 + P_1}{n+1}\sin x\pi + 2\frac{Y_2 + P_2}{n+1}\sin 2x\pi + 2\frac{Y_3 + P_3}{n+1}\sin 3x\pi + \ldots \\
& + 2\frac{Y_n + P_n}{n+1}\sin nx\pi,
\end{aligned}$$

$$\begin{aligned}
\psi(x) = {} & 2\frac{Q_1}{n+1}\sin x\pi + 2\frac{Q_2}{n+1}\sin 2x\pi + 2\frac{Q_3}{n+1}\sin 3x\pi + \ldots \\
& + 2\frac{Q_n}{n+1}\sin nx\pi,
\end{aligned}$$

φ et ψ dénotant des fonctions, on aura (numéro précédent)

$$y^{(s)} = \frac{1}{2}\left[\varphi\left(\frac{s+kt}{n+1}\right) + \varphi\left(\frac{s-kt}{n+1}\right)\right]$$
$$+ \frac{1}{4}\left[\psi\left(\frac{s+1+kt}{n+1}\right) - \psi\left(\frac{s-1+kt}{n+1}\right) - \psi\left(\frac{s+1-kt}{n+1}\right) + \psi\left(\frac{s-1-kt}{n+1}\right)\right].$$

D'où l'on voit que pour avoir la valeur d'une y quelconque, comme $y^{(s)}$, après un temps quelconque t, il n'y aura qu'à tracer deux courbes, dont les ordonnées répondant aux abscisses x soient $\varphi(x)$ et $\psi(x)$, et prendre ensuite dans la première de ces courbes

$$\frac{1}{2}\,\text{ord. absc.}\,\frac{s+kt}{n+1} + \frac{1}{2}\,\text{ord. absc.}\,\frac{s-kt}{n+1},$$

et dans la seconde

$$\frac{1}{4}\,\text{ord. absc.}\,\frac{s+1+kt}{n+1} - \frac{1}{4}\,\text{ord. absc.}\,\frac{s-1+kt}{n+1}$$
$$- \frac{1}{4}\,\text{ord. absc.}\,\frac{s+1-kt}{n+1} + \frac{1}{4}\,\text{ord. absc.}\,\frac{s-1-kt}{n+1}.$$

Substituons maintenant dans les expressions de $\varphi(x)$ et de $\psi(x)$ les valeurs de $Y_1, Y_2, Y_3, \ldots, Y_n$, $P_1, P_2, P_3, \ldots, P_n$, et $Q_1, Q_2, Q_3, \ldots, Q_n$, et supposant en général

$$\chi(u, x) = \sin u\pi \sin x\pi + \sin 2u\pi \sin 2x\pi + \sin 3u\pi \sin 3x\pi + \ldots$$
$$+ \sin nu\pi \sin nx\pi,$$

nous aurons

$$\varphi(x) = 2\frac{Y' + P'}{n+1}\chi\left(\frac{1}{n+1}, x\right) + 2\frac{Y'' + P''}{n+1}\chi\left(\frac{2}{n+1}, x\right)$$
$$+ 2\frac{Y''' + P'''}{n+1}\chi\left(\frac{3}{n+1}, x\right) + \ldots + 2\frac{Y^{(n)} + P^{(n)}}{n+1}\chi\left(\frac{n}{n+1}, x\right)$$

et

$$\psi(x) = 2\frac{Q'}{n+1}\chi\left(\frac{1}{n+1}, x\right) + 2\frac{Q''}{n+1}\chi\left(\frac{2}{n+1}, x\right)$$
$$+ 2\frac{Q'''}{n+1}\chi\left(\frac{3}{n+1}, x\right) + \ldots + 2\frac{Q^{(n)}}{n+1}\chi\left(\frac{n}{n+1}, x\right).$$

Or

$$\begin{aligned}
&2\cos u\pi\,\chi(u,x)\\
&\quad=2\cos u\pi\,\sin u\pi\,\sin x\pi+2\cos u\pi\,\sin 2u\pi\,\sin 2x\pi\\
&\qquad+2\cos u\pi\,\sin 3u\pi\,\sin 3x\pi+\ldots+2\cos u\pi\,\sin nu\pi\,\sin nx\pi\\
&\quad=\sin 2u\pi\,\sin x\pi+(\sin u\pi+\sin 3u\pi)\sin 2x\pi\\
&\qquad+(\sin 2u\pi+\sin 4u\pi)\sin 3x\pi+\ldots\\
&\qquad+[\sin(n-1)u\pi+\sin(n+1)u\pi]\sin nx\pi\\
&\quad=\sin 2x\pi\,\sin u\pi+(\sin x\pi+\sin 3x\pi)\sin 2u\pi\\
&\qquad+(\sin 2x\pi+\sin 4x\pi)\sin 3u\pi+\ldots\\
&\qquad+[\sin(n-1)x\pi+\sin(n+1)x\pi]\sin nu\pi\\
&\qquad+\sin(n+1)u\pi\,\sin nx\pi-\sin(n+1)x\pi\,\sin nu\pi\\
&\quad=2\cos x\pi\,\chi(u,x)+\sin(n+1)u\pi\,\sin nx\pi-\sin(n+1)x\pi\,\sin nu\pi.
\end{aligned}$$

Donc

$$\chi(u,x)=\frac{\sin(n+1)u\pi\,\sin nx\pi-\sin(n+1)x\pi\,\sin nu\pi}{2(\cos u\pi-\cos x\pi)}.$$

Soient

$$u=\frac{m}{n+1},\quad x=\frac{s}{n+1},$$

m et s étant des nombres entiers, on aura

$$\sin(n+1)u\pi=\sin m\pi=0,\quad \sin(n+1)x\pi=\sin s\pi=0;$$

par conséquent,

$$\chi\left(\frac{m}{n+1},\frac{s}{n+1}\right)=0.$$

Il en faut excepter le cas où $s=m$, car alors le numérateur et le dénominateur de la formule deviennent égaux chacun à zéro. Pour trouver la valeur de $\chi(u,x)$ dans ce cas, on fera $x=u+\omega$, ω étant une quantité évanouissante, et l'on aura, en effaçant ce qui se détruit,

$$\chi(u,x)=\frac{n\sin(n+1)u\pi\,\cos nu\pi}{2\sin u\pi}-\frac{(n+1)\cos(n+1)u\pi\,\sin nu\pi}{2\sin u\pi}.$$

Donc, faisant $u = x = \frac{m}{n+1}$,

$$\chi\left(\frac{m}{n+1}, \frac{m}{n+1}\right) = -\frac{(n+1)\cos m\pi \sin \frac{nm\pi}{n+1}}{2\sin\frac{m\pi}{n+1}}.$$

Or

$$\cos m\pi \sin\frac{nm}{n+1}\pi = \frac{1}{2}\sin\frac{2n+1}{n+1}m\pi - \frac{1}{2}\sin\frac{m}{n+1}\pi,$$

et

$$\sin\frac{2n+1}{n+1}m\pi = \sin\left(2m - \frac{m}{n+1}\right)\pi = -\sin\frac{m}{n+1}\pi$$

(à cause que m est un nombre entier); donc

$$\cos m\pi \sin\frac{nm}{n+1}\pi = -\sin\frac{m}{n+1}\pi;$$

et, par conséquent,

$$\chi\left(\frac{m}{n+1}, \frac{m}{n+1}\right) = \frac{n+1}{2}.$$

On aura donc

$$\varphi\left(\frac{s}{n+1}\right) = Y^{(s)} + P^{(s)} \quad \text{et} \quad \psi\left(\frac{s}{n+1}\right) = Q^{(s)};$$

c'est-à-dire que les deux courbes qui représentent les fonctions $\varphi(x)$ et $\psi(x)$ doivent être telles, que les ordonnées répondant aux abscisses $\frac{s}{n+1}$ soient $Y^{(s)} + P^{(s)}$ et $Q^{(s)}$.

Ayant donc divisé l'axe de la corde, que je suppose égal à 1, en $n+1$ parties égales, on appliquera à chaque abscisse $\frac{s}{n+1}$ deux ordonnées, l'une égale à $Y^{(s)} + P^{(s)}$, et l'autre égale à $Q^{(s)}$, et l'on fera passer par les extrémités de chacune de ces deux suites d'ordonnées deux courbes représentées par l'équation

$$y = \alpha \sin x\pi + \beta \sin 2x\pi + \gamma \sin 3x\pi + \ldots + \omega \sin nx\pi,$$

y étant l'ordonnée qui répond à l'abscisse x, et α, β, γ,..., ω des coefficients arbitraires; on aura de cette manière les courbes qui serviront à déterminer, pour un temps quelconque t, la figure du polygone vibrant, comme nous l'avons enseigné plus haut.

A l'égard de la continuation de ces courbes, il est clair qu'elles s'étendront de part et d'autre à l'infini, et seront composées de branches égales, semblables et alternativement situées au-dessus et au-dessous de l'axe, de sorte qu'il ne faudra que tracer les branches qui répondent à l'axe 1, et les transporter ensuite alternativement au-dessus et au-dessous de l'axe prolongé à l'infini de part et d'autre.

40. Supposons présentement que le nombre n des corps soit très-grand, et que, par conséquent, la distance a d'un corps à l'autre soit très-petite, la longueur de toute la corde étant égale à 1; il est clair que les différences $\Delta^2 Y$, $\Delta^4 Y$,... deviendront très-petites du second ordre, du quatrième,...; donc, puisque $k = \sqrt{\frac{nc^2}{a}} = \frac{c}{a}$, à cause de $n = \frac{1}{a}$, les quantités $k\Delta^2 Y$, $k\Delta^4 Y$, $k^2\Delta^6 Y$,... seront très-petites du premier ordre, du troisième, du quatrième,..., et par conséquent les quantités P et Q pourront être regardées et traitées comme nulles sans erreur sensible.

Ainsi, dans cette hypothèse, on aura à très-peu près le mouvement de la corde, en faisant passer par les sommets des ordonnées très-proches Y', Y'', Y''',..., lesquelles représentent la figure initiale du polygone vibrant, une courbe dont l'équation soit

$$y = \alpha \sin \pi x + \beta \sin 2\pi x + \gamma \sin 3\pi x + \ldots + \omega \sin n\pi x,$$

et que j'appellerai *génératrice*, et prenant ensuite pour l'ordonnée du polygone vibrant, qui répond à une abscisse quelconque $\frac{s}{n+1} = x$, la demi-somme de deux ordonnées de cette courbe, desquelles l'une réponde à l'abscisse

$$\frac{s+kt}{n+1} = x + ct,$$

et l'autre réponde à l'abscisse

$$\frac{s-kt}{n+1} = x - ct;$$

et cette détermination sera toujours d'autant plus exacte que le nombre n sera plus grand. Or il est évident que plus le nombre des poids est grand, plus le polygone initial doit s'approcher de la courbe circonscrite; d'où il s'ensuit qu'en supposant le nombre des poids infini, ce qui est le cas de la corde vibrante, on pourra regarder la figure initiale même de la corde comme une branche de la courbe génératrice, et qu'ainsi pour avoir cette courbe il n'y aura qu'à transporter la courbe initiale alternativement au-dessus et au-dessous de l'axe à l'infini (numéro précédent).

41. On pourrait douter s'il ne faut pas que la courbe initiale de la corde soit aussi comprise dans la même équation

$$y = \alpha \sin \pi x + \beta \sin 2\pi x + \ldots.$$

Il est certain que si l'on veut que la courbe génératrice soit la même *géométriquement* que la courbe initiale, il faut que celle-ci soit renfermée dans l'équation $y = \alpha \sin \pi x + \beta \sin 2\pi x + \ldots$. Je dis : la même géométriquement, car il suffit que la différence de ces deux courbes soit moindre qu'aucune grandeur donnée, pour qu'elles puissent être prises pour les mêmes. Or il est clair que, quelle que soit la courbe initiale, on peut toujours faire passer, par une infinité de points infiniment proches de cette courbe, une autre courbe de la forme

$$y = \alpha \sin \pi x + \beta \sin 2\pi x + \ldots,$$

de manière que la différence entre les deux courbes soit aussi petite qu'on voudra, quoique cette différence ne puisse devenir absolument nulle que dans le cas où la courbe initiale sera aussi de la même forme; dans tous les autres cas cette courbe initiale ne sera qu'une espèce d'asymptote dont la courbe génératrice pourra s'approcher à l'infini, sans qu'elles puissent jamais coïncider entièrement.

Pour confirmer ce que je viens de dire, je vais faire voir comment on peut trouver une infinité de telles courbes, qui coïncident avec une courbe donnée en un nombre quelconque de points aussi près les uns des autres qu'on voudra. Pour cela je prends l'équation

$$y = \frac{2Y_1}{n+1}\sin x\pi + \frac{2Y_2}{n+1}\sin 2x\pi + \frac{2Y_3}{n+1}\sin 3x\pi + \ldots + \frac{2Y_n}{n+1}\sin nx\pi,$$

dans laquelle

$$Y_m = Y'\sin\frac{m\pi}{n+1} + Y''\sin\frac{2m\pi}{n+1} + Y'''\sin\frac{3m\pi}{n+1} + \ldots + Y^{(n)}\sin\frac{nm\pi}{n+1},$$

et, par ce que j'ai démontré dans le nº 39, j'aurai, lorsque $x = \frac{s}{n+1}$,

$$y = Y^{(s)}$$

Soient maintenant

$$n+1 = \frac{1}{dX} \quad \text{et} \quad \frac{s}{n+1} = X,$$

on aura

$$Y_m = \int Y \sin mX\pi = (n+1)\int Y \sin mX\pi\, dX,$$

cette intégrale étant prise depuis $X = 0$ jusqu'à $X = 1$; par conséquent

$$y = 2\int Y \sin X\pi\, dX \sin x\pi + 2\int Y \sin 2X\pi\, dX \sin 2x\pi$$
$$+ 2\int Y \sin 3X\pi\, dX \sin 3x\pi + \ldots + 2\int Y \sin nX\pi\, dX \sin nx\pi,$$

de sorte que, lorsque $x = X$, on aura $y = Y$, Y étant l'ordonnée qui répond à l'abscisse X.

Or, soient Z une fonction quelconque de X, et z une pareille fonction de x, il est clair qu'en mettant dans l'équation précédente YZ au lieu de Y, et yz au lieu de y, on aura aussi, lorsque $X = x$,

$$yz = YZ,$$

c'est-à-dire, à cause de $z = Z$ dans ce cas,

$$y = Y.$$

D'où il s'ensuit que si l'on a une courbe quelconque rapportée à un axe égal à 1, et dont les coordonnées soient X et Y, et qu'on décrive sur le même axe une autre courbe dont l'équation, en prenant x et y pour les coordonnées, soit

$$y = \frac{2}{z}\int ZY\sin X\pi\, dX + \frac{2}{z}\int ZY\sin 2X\pi\, dX + \frac{2}{z}\int ZY\sin 3X\pi\, dX + \ldots + \frac{2}{z}\int ZY\sin nX\pi\, dX,$$

ces deux courbes coïncideront dans tous les points qui répondent aux abscisses

$$x = X = \frac{s}{n+1},$$

s et n étant des nombres entiers, quelle que soit d'ailleurs la fonction Z; or on peut rendre n et s si grands que, les points de coïncidence soient aussi près les uns des autres qu'on voudra.

Au reste il ne faut pas manquer d'observer que la construction donnée ci-dessus, pour représenter le mouvement de la corde vibrante, n'est exacte qu'autant qu'il est permis de négliger les quantités P et Q comme nous l'avons fait (n° 40). Or il est clair que ces quantités seront toujours nulles d'elles-mêmes, si $\frac{d^m y}{dx^m}$ ne fait de saut nulle part dans la courbe initiale, ni dans les branches alternatives; ainsi, pourvu que cette condition soit observée, on pourra toujours déterminer le mouvement de la corde, quelle que soit d'ailleurs la nature de la courbe initiale.

Nouvelle manière d'intégrer par approximation l'équation

$$\text{(A)} \qquad \frac{d^2y}{dt^2} + K^2y + L + iMy^2 + i^2Ny^3 + \ldots = 0,$$

dans laquelle K, L, M, N,... *sont des constantes quelconques, et i marque un coefficient très-petit.*

42. On sait que l'intégrale de l'équation

$$\frac{d^2y}{dt^2} + K^2y + L + a\cos\alpha t + b\cos\beta t + \ldots = 0$$

est

$$y = f\cos Kt + \frac{g}{K}\sin Kt + \frac{L}{K^2}(\cos Kt - 1) + \frac{a}{K^2-\alpha^2}(\cos Kt - \cos\alpha t)$$
$$+ \frac{b}{K^2-\beta^2}(\cos Kt - \cos\beta t) + \ldots,$$

f et g étant deux constantes arbitraires dont l'une exprime la valeur de y, et l'autre celle de $\frac{dy}{dt}$, lorsque $t = 0$.

Si $\alpha = K$, on trouvera, en faisant $\alpha = K + \omega$ et regardant ω comme une quantité évanouissante, que les termes

$$\frac{a}{K^2-\alpha^2}(\cos Kt - \cos\alpha t)$$

se réduisent à celui-ci :

$$-\frac{a}{2K}t\sin Kt.$$

43. Cela posé, pour intégrer l'équation (A) suivant la méthode ordinaire d'approximation, on négligera d'abord les termes affectés de i, et l'on aura pour première équation approchée

$$\frac{d^2y}{dt^2} + K^2y + L = 0,$$

et, par conséquent,

$$y = f\cos Kt + \frac{g}{K}\sin Kt + \frac{L}{K^2}(\cos Kt - 1).$$

On substituera ensuite cette première valeur de y dans le terme iMy^2, en négligeant le terme suivant i^2Ny^3, et faisant, pour plus de simplicité,

$$g = 0 \quad \text{et} \quad f + \frac{L}{K^2} = F;$$

on aura la nouvelle équation

$$\frac{d^2y}{dt^2} + K^2y + L + iM\left(\frac{F^2}{2} + \frac{L^4}{K^4}\right) - 2i\frac{MLF}{K}\cos Kt + i\frac{MF^2}{2}\cos 2Kt = 0,$$

dont l'intégrale sera

$$y = f\cos Kt + \frac{L'}{K^2}(\cos Kt - 1) + i\frac{MLF}{K^3}t\sin Kt - i\frac{MF^2}{2.3K^2}(\cos Kt - \cos 2Kt),$$

en supposant

$$g = 0 \quad \text{et} \quad L + iM\left(\frac{F^2}{2} + \frac{L^2}{K^4}\right) = L'.$$

44. Mais voici une difficulté. L'expression de y qu'on vient de trouver renferme un terme multiplié par t, et si l'on continuait le calcul de la même manière, on trouverait encore des termes multipliés par t^2, t^3,...; cependant il est certain que la valeur de y ne doit point contenir de pareils termes. Pour le démontrer je reprends l'équation (A) et j'en tire, en multipliant par $2dy$ et intégrant,

$$\text{(B)} \qquad \frac{dy^2}{dt^2} + K^2y^2 + 2Ly + H + \frac{2iM}{3}y^3 + \frac{i^2N}{2}y^4 \ldots = 0,$$

H étant une constante qu'on déterminera par les valeurs données de y et de $\frac{dy}{dt}$, lorsque $t = 0$; de sorte qu'on aura, en général,

$$H = -g^2 - K^2f^2 - 2Lf - \frac{2iM}{3}f^3 - \frac{i^2N}{2}f^4 \ldots.$$

Je fais $\frac{dy}{dt} = x$, j'ai

$$x^2 + K^2y^2 + 2Ly + H + \frac{2iM}{3}y^3 + \frac{i^2N}{2}y^4 \ldots = 0,$$

équation qui peut être regardée comme appartenant à une courbe dont x et y soient les coordonnées. Or, puisque i est une quantité très-petite, il est clair qu'on aura à peu près

$$x^2 + K^2y^2 + 2Ly + H = 0,$$

d'où l'on tire

$$y = \frac{-L + \sqrt{L^2 - K^2H - K^2x^2}}{K^2}.$$

Ces deux racines donnent, comme l'on voit, une ovale dans laquelle la valeur de y est contenue entre ces deux limites :

$$y = \frac{-L + \sqrt{L^2 - K^2 H}}{K^2} \quad \text{et} \quad y = \frac{-L - \sqrt{L^2 - K^2 H}}{K^2}.$$

Pour trouver les autres racines, on supposera $y = \frac{z}{i}$, et après avoir fait disparaître les puissances de i qui se trouveront au dénominateur, on cherchera les valeurs de z par les règles ordinaires d'approximation. De cette manière on aura, en ne considérant d'abord que l'équation

$$x^2 + K^2 y^2 + 2Ly + H + \frac{2iM}{3} y^3 = 0,$$

et poussant la précision jusqu'aux i^2,

$$z = -\frac{3K^2}{2M} + \frac{2iL}{K} - \frac{8i^2 L^2 M}{3K^6} - \frac{2i^2 M(H + x^2)}{3K^4},$$

et, par conséquent,

$$y = -\frac{3K^2}{2iM} + \frac{2L}{K^2} - \frac{8iL^2M}{3K^6} - \frac{2iM(H + x^2)}{3K^4},$$

ce qui donne une branche parabolique infiniment éloignée de l'axe. On tirera de même de l'équation

$$x^2 + K^2 y^2 + 2Ly + H + \frac{2iM}{3} y^3 + \frac{i^2 N}{2} y^4 = 0,$$

$$y = \frac{\alpha}{i} + \beta + i(\gamma + \delta x^2),$$

où

$$\alpha = \frac{-\frac{2M}{3} \pm \sqrt{\frac{4M^2}{9} - 2K^2}}{N},$$

$$\beta = -\frac{4L\alpha}{4N\alpha^3 + 4M\alpha^2 + 4K^2\alpha},$$

$$\gamma = -\frac{(6N^2\alpha^2 + 4M\alpha + 2K^2)\beta^2 + 4L\beta + 2C}{4N\alpha^3 + 4M\alpha^2 + 4K^2\alpha},$$

$$\delta = -\frac{2}{4N\alpha^3 + 4M\alpha^2 + 4K^2\alpha},$$

ce qui donnera, à cause de l'ambiguïté du radical $\sqrt{\frac{4M^2}{9} - 2K^2}$, deux branches paraboliques éloignées à l'infini de l'axe, et ainsi de suite.

De là il est aisé de conclure que la valeur de y ne peut jamais passer du fini à l'infini. Donc, puisque t peut devenir infinie, ce qui est évident par la nature même de l'équation (A), il s'ensuit que la valeur de y en t ne doit point contenir de termes qui croissent avec t; donc, etc.

45. Voyons donc comment on pourrait faire disparaître de l'expression de y les termes qui contiendraient des puissances de t, et qui rendraient cette expression très-fautive.

Qu'on suppose, dans l'équation (A),

$$y = y' + \lambda + i\mu + i^2\nu + \ldots,$$

λ, μ, ν,... étant des constantes indéterminées et y' une nouvelle variable, et négligeant les termes qui seraient affectés de i^3,..., on aura une équation de cette forme :

$$\text{(C)} \quad \frac{d^2y'}{dt^2} + R^2y' + A + i(B + My'^2) + i^2(C + 3N\lambda y'^2 + Ny'^3) + \ldots = 0,$$

dans laquelle

$$R^2 = K^2 + 2iM\lambda + i^2(2M\mu + 3N\lambda^2),$$

$$A = L + K^2\lambda, \quad B = K^2\mu + M\lambda^2, \quad C = K^2\nu + 2M\mu\lambda + N\lambda^3,$$

ce qui donnera pour première équation approchée

$$\frac{d^2y'}{dt^2} + R^2y' + A = 0;$$

d'où on aura, en supposant $y' = f'$ et $\frac{dy'}{dt} = 0$, lorsque $t = 0$,

$$y' = f'\cos Rt + \frac{A}{R^2}(\cos Rt - 1).$$

Substituant ensuite cette première valeur de y' dans le terme iMy'^2

de l'équation (C), et négligeant les termes affectés de i^2, on aura

$$\frac{d^2y'}{dt^2} + R^2y' + A + i\left[B + M\frac{A^2}{R^4} + \frac{M}{2}\left(f' + \frac{A}{R^2}\right)^2\right]$$
$$- 2iM\frac{A}{R^2}\left(f' + \frac{A}{R^2}\right)\cos Rt + i\frac{M}{2}\left(f' + \frac{A}{R^2}\right)^2\cos 2Rt = 0.$$

On fera $A = 0$, moyennant quoi le terme qui contient $\cos Rt$ disparaîtra, et l'équation se réduira à celle-ci :

$$\frac{d^2y'}{dt^2} + R^2y' + i\left(B + \frac{Mf'^2}{2}\right) + i\frac{Mf'^2}{2}\cos 2Rt = 0,$$

dont l'intégrale sera

$$y' = f'\cos Rt + i\left(\frac{B}{R^2} + \frac{Mf'^2}{2R^2}\right)(\cos Rt - 1) - i\frac{Mf'^2}{2.3R^2}(\cos Rt - \cos 2Rt).$$

Si l'on veut se contenter de cette approximation, on négligera dans la valeur de R les termes de l'ordre de i^2, et l'on aura

$$R^2 = K^2 + 2iM\lambda;$$

or la supposition de $A = 0$ donne $\lambda = -\frac{L}{K^2}$, donc on aura

$$R^2 = K^2 - 2i\frac{LM}{K^2}.$$

A l'égard de la quantité μ qui entre dans la valeur de B, on pourra la supposer égale à zéro, de sorte qu'on aura

$$B = M\lambda^2 = \frac{L^2M}{K^4}.$$

Ainsi la valeur de y sera, aux quantités de l'ordre de i^2 près,

$$-\frac{L}{K^2} + y'.$$

Mais si l'on voulait pousser le calcul plus loin, il faudrait substituer l'expression précédente de y' dans les termes iMy'^2, $3i^2N\lambda y'^2$ et $i^2Ny'^3$

de l'équation (C), en négligeant les quantités qui se trouveraient affectées de i^3, et faire disparaître ensuite le terme qui contiendrait $\cos Rt$, en supposant égal à zéro son coefficient

$$i^2\left[-2Mf'\left(\frac{B}{R^2}+\frac{Mf'^2}{2R^2}\right)+\frac{M^2f'^3}{2.3R^2}+\frac{3Nf'^3}{4}\right],$$

ce qui donnerait

$$B=-\frac{5Mf'^2}{12}+\frac{3NR^2f'^2}{8M}.$$

De cette manière on aurait une nouvelle valeur de y' qui ne contiendrait, comme la précédente, que des cosinus d'angles, et ainsi de suite.

La valeur de B qu'on vient de trouver donnera, à cause de $B=K^2\mu+M\lambda^2$,

$$\mu=\left(\frac{3NR^2}{8MK^2}-\frac{5M}{12K^2}\right)f'^2-\frac{ML^2}{K^6}=\left(\frac{3N}{8M}-\frac{5M}{12K^2}\right)f'^2-\frac{ML^2}{K^6},$$

en mettant au lieu de R^2 sa valeur approchée K^2; d'où l'on aura

$$\begin{aligned}R^2 &= K^2+2iM\lambda+i^2(2M\mu+3N\lambda^2)\\ &= K^2-2i\frac{ML}{K^2}+i^2\left[\left(\frac{3N}{4}-\frac{5M^2}{6K^2}\right)f'^2+\frac{3NL^2}{K^4}-\frac{2M^2L^2}{K^6}\right];\end{aligned}$$

c'est la valeur de R^2 aux quantités de l'ordre de i^3 près.

46. Je vais présentement donner une méthode particulière pour intégrer ces sortes d'équations différentielles aussi exactement qu'on voudra par approximation, méthode qui aura sur la précédente l'avantage de donner directement, et sans aucune supposition précaire, la vraie forme de l'intégrale.

Je supposerai ici, pour plus de simplicité, qu'on ne veuille avoir égard qu'aux quantités de l'ordre de i et de i^2; mais on verra aisément que la méthode aura lieu quelque loin qu'on veuille pousser l'approximation.

Soient $y^2=u$ et $y^3=v$; l'équation proposée (A) deviendra

$$\text{(D)}\qquad \frac{d^2y}{dt^2}+K^2y+L+iMu+i^2Nv=0.$$

Or

$$\frac{d^2u}{dt^2} = 2y\frac{d^2y}{dt^2} + 2\frac{dy^2}{dt^2};$$

donc, si l'on multiplie l'équation (A) par $2y$, et l'équation (B) du nº 44 par 2, et qu'ensuite on les ajoute ensemble, on aura

$$\frac{d^2u}{dt^2} + 4K^2y^2 + 6Ly + 2H + \frac{10iM}{3}y^3 + 6i^2Ny^4 = 0.$$

Mais, comme la quantité u est déjà multipliée par i dans l'équation (D), il est clair que pour ne pas introduire dans la valeur de y des termes de l'ordre de i^3, il faut rejeter dans la valeur de u, et par conséquent aussi dans celle de $\frac{d^2u}{dt^2}$, les termes de l'ordre de i^2; effaçant donc le terme $6i^2Ny^4$, et mettant dans les autres u à la place de y^2 et v à la place de y^3, on aura

$$\frac{d^2u}{dt^2} + 4K^2u + 6Ly + 2H + \frac{10iM}{3}v = 0.$$

On a de même

$$\frac{d^2v}{dt^2} = 3y^2\frac{d^2y}{dt^2} + 6y\frac{dy^2}{dt^2};$$

donc, multipliant l'équation (A) par $3y^2$, et l'équation (B) par $6y$, et les ajoutant ensemble, on aura

$$\frac{d^2v}{dt^2} + 9K^2y^3 + 15Ly^2 + 6Hy + 7iMy^4 + \ldots = 0.$$

Or, v étant multipliée par i^2 dans l'équation (D), on rejettera dans la valeur de $\frac{d^2v}{dt^2}$ tous les termes affectés de i, de sorte qu'on aura, en mettant u au lieu de y^2 et v au lieu de y^3,

$$\frac{d^2v}{dt^2} + 9K^2v + 15Lu + 6Hy = 0.$$

Nous avons donc, entre les trois variables y, u, v, ces trois équations du second ordre :

$$(E)\quad \begin{cases} \dfrac{d^2y}{dt^2} + K^2y + L + iMu + i^2Nv = 0, \\ \dfrac{d^2u}{dt^2} + 4K^2u + 6Ly + 2H + \dfrac{10iM}{3}v = 0, \\ \dfrac{d^2v}{dt^2} + 9K^2v + 15Lu + 6Hy = 0, \end{cases}$$

lesquelles sont intégrables par la méthode du n° **26**.

Suivant cette méthode je multiplie la première par $\lambda e^{\rho t}dt$, la seconde par $\mu e^{\rho t}dt$, la troisième par $\nu e^{\rho t}dt$ (n° **29**), λ, μ, ν et ρ étant des constantes indéterminées, ensuite je les ajoute ensemble, et j'en prends l'intégrale en faisant disparaître, par des intégrations par parties, les différences des variables y, u, v de dessous le signe $\int$; j'aurai donc

$$\left[\lambda\frac{dy}{dt} + \mu\frac{du}{dt} + \nu\frac{dv}{dt} - (\lambda y + \mu u + \nu v)\rho + \frac{\lambda L + 2\mu H}{\rho}\right]e^{\rho t}$$
$$+ \int\Big[(\lambda\rho^2 + \lambda K^2 + 6\mu L + 6\nu H)y + (i\lambda M + \mu\rho^2 + 4\mu K^2 + 15\nu L)u$$
$$+ \left(i^2\lambda N + \frac{10i}{3}\mu M + \nu\rho^2 + 9\nu K^2\right)v\Big]e^{\rho t}dt = \text{const.}$$

J'égale à zéro les coefficients des variables y, u, v, qui sont sous les signes $\int$, ce qui me donne ces trois équations :

$$(F)\quad \begin{cases} \lambda\rho^2 + \lambda K^2 + 6\mu L + 6\nu H = 0, \\ i\lambda M + \mu\rho^2 + 4\mu K^2 + 15\nu L = 0, \\ i^2\lambda N + \dfrac{10i}{3}\mu M + \nu\rho^2 + 9\nu K^2 = 0, \end{cases}$$

par le moyen desquelles je détermine les quantités λ, μ, ν et ρ.

De cette manière j'ai

$$(G)\quad \left[\lambda\frac{dy}{dt} + \mu\frac{du}{dt} + \nu\frac{dv}{dt} - (\lambda y + \mu u + \nu v)\rho + \frac{\lambda L + 2\mu H}{\rho}\right]e^{\rho t} = \text{const.}$$

Or, pour peu qu'on examine les équations (F), il est aisé de reconnaitre que la quantité μ doit être de l'ordre de i, et celle de ν de l'ordre de i^2.

Soient donc

$$\mu = i\lambda\alpha \quad \text{et} \quad \nu = i^2\lambda\beta,$$

on aura, en divisant la première équation par λ, la seconde par $i\lambda$, et la troisième par $i^2\lambda$, les trois suivantes :

$$\rho^2 + K^2 + 6i\alpha L + 6i^2\beta H = 0,$$
$$M + \alpha(\rho^2 + 4K^2) + 15i\beta L = 0,$$
$$N + \frac{10}{3}\alpha M + \beta(\rho^2 + 9K^2) = 0.$$

La première donne

$$\rho^2 = -K^2 - 6i\alpha L - 6i^2\beta H,$$

et mettant cette valeur de ρ^2 dans les deux autres, on aura

$$M + \alpha(3K^2 - 6i\alpha L - 6i^2\beta H) + 15i\beta L = 0,$$
$$N + \frac{10}{3}\alpha M + \beta(8K^2 - 6i\alpha L - 6i^2\beta H) = 0.$$

Négligeons d'abord les termes affectés de i, et nous aurons

$$M + 3\alpha K^2 = 0, \quad N + \frac{10}{3}\alpha M + 8\beta K^2 = 0,$$

d'où l'on tire

$$\alpha = -\frac{M}{3K^2} \quad \text{et} \quad \beta = -\frac{N}{8K^2} - \frac{10\alpha M}{3.8K^2} = -\frac{N}{8K^2} + \frac{10M^2}{9.8K^4}.$$

Substituant ensuite ces valeurs dans les termes de l'ordre de i, et négligeant ceux de l'ordre de i^2, on aura

$$M + 3\alpha K^2 - 6iL\left(\frac{M}{3K^2}\right)^2 + 15iL\left(-\frac{N}{8K^2} + \frac{10M^2}{9.8K^4}\right) = 0,$$
$$N + \frac{10}{3}\alpha M + 8\beta K^2 - 6iL\left(-\frac{M}{3K^2}\right)\left(-\frac{N}{8K^2} + \frac{10M^2}{9.8K^4}\right) = 0,$$

d'où l'on tirera de nouvelles valeurs plus exactes de α et de β, lesquelles seront

$$\alpha = -\frac{M}{3K^2} + \frac{6iL}{3K^2}\left(\frac{M}{3K^2}\right)^2 - \frac{15iL}{3K^2}\left(-\frac{N}{8K^2} + \frac{10M^2}{9.8K^4}\right),$$

$$\beta = -\frac{N}{8K^2} + \frac{10M^2}{8.9K^4} - \frac{10.6iLM}{9.8K^4}\left(\frac{M}{3K^2}\right)^2 + \frac{15iLM}{9.8K^4}\left(-\frac{N}{8K^2} + \frac{10M^2}{9.8K^4}\right)$$
$$+ \frac{6iL}{8K^2}\left(-\frac{M}{3K^2}\right)\left(-\frac{N}{8K^2} + \frac{10M^2}{9.8K^4}\right),$$

et ainsi de suite; mais comme $\mu = i\lambda\alpha$ et $\nu = i^2\lambda\beta$, il est clair que pour notre objet il suffira d'avoir la valeur de α aux quantités de l'ordre de i^2 près, et celle de β aux quantités de l'ordre de i près; de sorte qu'on pourra se contenter de prendre

$$\alpha = -\frac{M}{3K^2} + \frac{iL}{K^4}\left(\frac{5N}{8} - \frac{17M^2}{36K^2}\right)$$

et

$$\beta = -\frac{N}{8K^2} + \frac{10M^2}{9.8K^4}.$$

Ayant trouvé les valeurs de α et de β, on les substituera dans l'équation $\rho^2 = -K^2 - 6i\alpha L - 6i^2\beta H$, et l'on aura, en ordonnant les termes par rapport à i,

$$\rho^2 = -K^2 + \frac{2iLM}{K^2} - \frac{i^2L^2}{K^4}\left(\frac{15N}{4} - \frac{17M^2}{6K^2}\right) + \frac{i^2H}{K^2}\left(\frac{3N}{4} - \frac{5M^2}{6K^2}\right).$$

Soit $\rho = R\sqrt{-1}$, en sorte que $\rho^2 = -R^2$, et l'on aura

$$R^2 = K^2 - \frac{2iLM}{K^2} + \frac{i^2L^2}{K^4}\left(\frac{15N}{4} - \frac{17M^2}{6K^2}\right) - \frac{i^2H}{K^2}\left(\frac{3N}{4} - \frac{5M^2}{6K^2}\right);$$

d'où

$$R = K - i\frac{LM}{K^3} + i^2\frac{L^2}{K^5}\left(\frac{15N}{8} - \frac{10M^2}{3K^2}\right) - i^2\frac{H}{K^3}\left(\frac{3N}{8} - \frac{15M^2}{12K^2}\right).$$

Reprenons maintenant l'équation (G), et substituons-y $R\sqrt{-1}$ au lieu de ρ, $i\lambda\alpha$ au lieu de μ, $i^2\lambda\beta$ au lieu de ν, y^2 au lieu de u, et y^3 au lieu de v, nous aurons, en prenant C pour la constante,

$$\lambda e^{Rt\sqrt{-1}}\left[(1+2i\alpha y+3i^2\beta y^2)\frac{dy}{dt} - \left(y+i\alpha y^2+i^2\beta y^3+\frac{L-2i\alpha H}{R^2}\right)R\sqrt{-1}\right]=C.$$

Or, soient, lorsque $t=0$,

$$y=f \quad \text{et} \quad \frac{dy}{dt}=g,$$

on aura

$$C=\lambda(1+2i\alpha f+3i^2\beta f^2)g-\lambda\left(f+i\alpha f^2+i^2\beta f^3+\frac{L-2i\alpha H}{R^2}\right)R\sqrt{-1}.$$

Donc, si l'on fait

$$F=f+i\alpha f^2+i^2\beta f^3+\frac{L-2i\alpha H}{R^2}, \quad G=(1-2i\alpha f+3i^2\beta f^2)g,$$

et qu'on divise toute l'équation par $\lambda e^{Rt\sqrt{-1}}$, on aura

$$\begin{aligned}(1+2i\alpha y+3i^2\beta y^2)\frac{dy}{dt} - \left(y+i\alpha y^2+i^2\beta y^3+\frac{L-2i\alpha H}{R^2}\right)R\sqrt{-1}\\ =(G-FR\sqrt{-1})e^{-Rt\sqrt{-1}}\\ =(G\cos Rt-FR\sin Rt)-(FR\cos Rt+G\sin Rt)\sqrt{-1};\end{aligned}$$

et prenant le radical $\sqrt{-1}$ en moins,

$$\begin{aligned}(1+2i\alpha y+3i^2\beta y^2)\frac{dy}{dt} + \left(y+i\alpha y^2+i^2\beta y^3+\frac{L-2i\alpha H}{R^2}\right)R\sqrt{-1}\\ =(G\cos Rt-FR\sin Rt)+(FR\cos Rt+G\sin Rt)\sqrt{-1};\end{aligned}$$

donc, retranchant la première de ces équations de la seconde, et divisant ensuite par $2R\sqrt{-1}$, on aura

$$\text{(H)} \qquad y+i\alpha y^2+i^2\beta y^3+\frac{L-2i\alpha H}{R^2}=F\cos Rt+\frac{G}{R}\sin Rt.$$

C'est l'intégrale de l'équation (A), en n'ayant égard qu'aux quantités de l'ordre de i et de i^2.

Si l'on veut avoir la valeur de y, on n'aura qu'à résoudre l'équation (H) par approximation, en observant de négliger dans cette opération les quantités qui se trouveraient multipliées par des puissances de i plus hautes que la seconde.

Pour y parvenir plus aisément on fera

$$y = \mathrm{T} + i\mathrm{T}' + i^2\mathrm{T}'',$$

et, substituant cette valeur dans l'équation (H), on égalera à zéro les termes homogènes, c'est-à-dire ceux qui sont affectés de la même puissance de i; ce qui donnera

$$\mathrm{T} = \mathrm{F}\cos\mathrm{R}t + \frac{\mathrm{G}}{\mathrm{R}}\sin\mathrm{R}t - \frac{\mathrm{L} - 2i\alpha\mathrm{H}}{\mathrm{R}^2},$$

$$\mathrm{T}' = -\alpha\mathrm{T}^2, \quad \mathrm{T}'' = -2\alpha\mathrm{T}\mathrm{T}' - \beta\mathrm{T}^3;$$

d'où il est clair que la valeur de y ne contiendra que des sinus et des cosinus d'angles multiples de t.

En supposant $g = 0$, on verra que la valeur de R^2 trouvée ci-dessus s'accorde entièrement avec celle du n° 45; il n'y aura, pour s'en convaincre, qu'à mettre, au lieu de H et de f', leurs valeurs approchées $-(\mathrm{K}^2 f + 2\mathrm{L}f)$ et $f + \frac{\mathrm{L}}{\mathrm{K}^2}$ (n°s 44 et 45).

Du mouvement d'un corps qui décrit une orbite à peu près circulaire, en vertu d'une force centrale proportionnelle à une fonction quelconque de la distance.

47. Soient r le rayon vecteur de l'orbite, t le temps écoulé depuis le commencement du mouvement, φ l'angle parcouru par le rayon r durant le temps t, Δr la fonction de la distance r qui exprime la force centrale, a la distance initiale, c la vitesse de projection, et b l'angle de la ligne de projection avec le rayon vecteur; on aura, en prenant dt constant, ces deux équations

$$d\frac{r^2 d\varphi}{dt} = 0, \quad \frac{d^2 r}{dt^2} - \frac{r\,d\varphi^2}{dt^2} + \Delta r = 0.$$

(*Voyez* l'Article IV du Mémoire qui a pour titre *Application de la méthode précédente, etc.*, page 370.)

La première étant intégrée donne $\frac{r^2 d\varphi}{dt}$ égale à une constante; mais lorsque $t = 0$, on a

$$r = a \quad \text{et} \quad \frac{r\,d\varphi}{dt} = c \sin b;$$

donc

$$\frac{r^2 d\varphi}{dt} = ac \sin b \quad \text{et} \quad \frac{d\varphi}{dt} = \frac{ac \sin b}{r^2};$$

substituant donc cette valeur dans l'autre équation, on aura, pour les équations générales du mouvement du corps,

$$\frac{d^2 r}{dt^2} - \frac{a^2 c^2 \sin^2 b}{r^3} + \Delta r = 0, \quad \frac{d\varphi}{dt} - \frac{ac \sin b}{r^2} = 0.$$

Maintenant, puisqu'on suppose que l'orbite diffère peu d'un cercle, il est clair que r doit être presque égal à a, et que par conséquent on peut faire $r = a + iy$, i étant un coefficient très-petit, et y une nouvelle variable; ce qui donnera

$$\frac{d^2 r}{dt^2} = i\,\frac{d^2 y}{dt^2}, \quad \frac{1}{r^3} = \frac{1}{(a + iy)^3} = \frac{1}{a^3} - 3i\,\frac{y}{a^4} + 6i^2\,\frac{y^2}{a^5} - 10i^3\,\frac{y^3}{a^6} + \ldots,$$

$$\Delta r = \Delta(a + iy) = \Delta a + i\Delta' a y + i^2 \frac{\Delta'' a}{2} y^2 + i^3 \frac{\Delta''' a}{2.3} y^3 + \ldots,$$

en supposant

$$\frac{d.\Delta r}{dr} = \Delta' r, \quad \frac{d.\Delta' r}{dr} = \Delta'' r, \ldots;$$

donc la première équation deviendra

$$i\,\frac{d^2 y}{dt^2} - \frac{c^2 \sin^2 b}{a}\left(1 - 3i\,\frac{y}{a} + 6i^2\,\frac{y^2}{a^2} - 10i^3\,\frac{y^3}{a^3} + \ldots\right)$$
$$+ \Delta a + i\Delta' a y + i^2 \frac{\Delta'' a}{2} y^2 + i^3 \frac{\Delta''' a}{2.3} y^3 + \ldots = 0;$$

d'où l'on voit que $\Delta a - \frac{c^2 \sin^2 b}{a}$ doit être nécessairement une quantité très-petite de l'ordre de i; de sorte qu'on peut supposer

$$\Delta a - \frac{c^2 \sin^2 b}{a} = i\,\mathrm{L},$$

moyennant quoi l'équation sera divisible par i, et deviendra, après la division,

$$\frac{d^2 y}{dt^2} + \left(\Delta' a + \frac{3c^2 \sin^2 b}{a^2}\right) y + \mathrm{L} + i\left(\frac{\Delta'' a}{2} - \frac{6c^2 \sin^2 b}{a^3}\right) y^2$$
$$+ i^2 \left(\frac{\Delta''' a}{2.3} + \frac{10\,c^2 \sin^2 b}{a^4}\right) y^3 + \ldots = 0,$$

équation qui se réduit à la formule (A) du n° **42**, en supposant

$$\Delta' a + \frac{3c^2 \sin^2 b}{a^2} = \mathrm{K}^2, \quad \frac{\Delta'' a}{2} - \frac{6c^2 \sin^2 b}{a^3} = \mathrm{M}, \quad \frac{\Delta''' a}{2.3} + \frac{10\,c^2 \sin^2 b}{a^4} = \mathrm{N}, \ldots$$

Ainsi l'on aura la valeur de y, et par conséquent celle de r en t; il faudra seulement observer que, quand $t = 0$, $r = a$ et $\frac{dr}{dt} = -c \cos b$, c'est-à-dire

$$y = 0 \quad \text{et} \quad i\frac{dy}{dt} = -c \cos b,$$

par conséquent

$$f = 0 \quad \text{et} \quad ig = -c \cos b;$$

d'où l'on voit que $\cos b$ doit être très-petit, et par conséquent l'angle de projection b presque droit; ce qui est d'ailleurs évident, à cause que l'orbite est supposée peu différente d'un cercle.

L'autre équation donnera, après la substitution de $a + iy$ au lieu de r,

$$\frac{d\varphi}{dt} - \frac{c \sin b}{a} + 2i\frac{c \sin b}{a^2} y - 3i^2 \frac{c \sin b}{a^3} y^2 + 4i^3 \frac{c \sin b}{a^4} y^3 - \ldots = 0.$$

Je substitue dans cette équation u au lieu de y^2, et v au lieu de y^3, ensuite j'y ajoute les trois équations (E) du n° **46**, multipliées la première par λ, la seconde par μ, la troisième par ν (λ, μ, ν étant des coefficients indéterminés), ce qui me donne, en ordonnant les termes,

$$\begin{aligned}\frac{d\varphi}{dt}+\lambda\frac{d^2y}{dt^2}+\mu\frac{d^2u}{dt^2}+\nu\frac{d^2v}{dt^2}-\frac{c\sin b}{a}+\lambda L+2\mu H&\\+\left(\frac{2ic\sin b}{a^2}+\lambda K^2+6\mu L+6\nu H\right)y&\\+\left(-\frac{3i^2c\sin b}{a^3}+i\lambda M+4\mu K^2+15\nu L\right)u&\\+\left(\frac{4i^3c\sin b}{a^4}+i^2\lambda N+\frac{10i\mu M}{3}+9\nu K^2\right)v&=0.\end{aligned}$$

Je suppose à présent

$$(\mathrm{I})\qquad\left\{\begin{aligned}&\frac{2ic\sin b}{a^2}+\lambda K^2+6\mu L+6\nu H=0,\\&-\frac{3i^2c\sin b}{a^3}+i\lambda M+4\mu K^2+15\nu L=0,\\&\frac{4i^3c\sin b}{a^4}+i^2\lambda N+\frac{10i\mu M}{3}+9\nu K^2=0,\end{aligned}\right.$$

ce qui réduit l'équation précédente à

$$\frac{d\varphi}{dt}+\lambda\frac{d^2y}{dt^2}+\mu\frac{d^2u}{dt^2}+\nu\frac{d^2v}{dt^2}-\frac{c\sin b}{a}+\lambda L+2\mu H=0,$$

dont l'intégrale est

$$\varphi+\lambda\frac{dy}{dt}+\mu\frac{du}{dt}+\nu\frac{dv}{dt}-\left(\frac{c\sin b}{a}-\lambda L-2\mu H\right)t=\text{const.},$$

c'est-à-dire, en remettant y^2 au lieu de u, y^3 au lieu de v, et faisant attention que lorsque $t=0$ on a $\varphi=0$, $y=0$ et $\frac{dy}{dt}=g$,

$$\varphi+(\lambda+2\mu y+3\nu y^2)\frac{dy}{dt}-\left(\frac{c\sin b}{a}-\lambda L-2\mu H\right)t=\lambda g.$$

Et il ne s'agira plus que de tirer les valeurs de λ, μ, ν des équations (I); or, si l'on fait $\lambda=i\gamma$, $\mu=i^2\delta$, $\nu=i^3\varepsilon$, et qu'on divise la première équation par i, la seconde par i^2, la troisième par i^3, on aura

$$\frac{2c\sin b}{a^2}+\gamma K^2+6i\delta L+6i^2\varepsilon H=0,$$

$$-\frac{3c\sin b}{a^3}+\gamma M+4\delta K^2+15i\varepsilon L=0,$$

$$\frac{4c\sin b}{a^4}+\gamma N+\frac{10}{3}\delta M+9\varepsilon K^2=0,$$

d'où l'on tire, en négligeant ce qu'on doit négliger,

$$\gamma=-\frac{2c\sin b}{a^2K^2}+\frac{6iL}{K^2}\delta-\frac{6i^2H}{K^2}\varepsilon,$$

$$\delta=\frac{c\sin b}{a^2K^2}\left(\frac{3}{4a}+\frac{M}{2K^2}+\frac{9iLM}{8aK^4}+\frac{3iLM^2}{4K^6}\right)-\frac{15iL}{4K^2}\varepsilon,$$

$$\varepsilon=\frac{c\sin b}{a^2K^2}\left(-\frac{4}{9a^2}+\frac{2N}{9K^2}-\frac{5M}{18aK^2}-\frac{5M^2}{27K^4}\right).$$

Donc si l'on fait, pour abréger,

$$S=\frac{c\sin b}{a}-i\gamma L-2i^2\delta H,$$

on aura

$$\text{(K)}\qquad \varphi=St+i\gamma g-i(\gamma+2i\delta y+3i^2\varepsilon y^2)\frac{dy}{dt}.$$

Or y est déjà connu en t; donc on connaîtra aussi φ en t.

Il est à remarquer que $St+i\gamma g$ représente l'angle du mouvement moyen; de sorte que si l'on nomme cet angle θ, et qu'on substitue dans les équations (H) et (K) $\frac{\theta-i\gamma g}{S}$ au lieu de t, on aura les formules qui feront trouver le lieu vrai du corps, son lieu moyen étant donné.

Il est visible que les absides de l'orbite se trouveront aux points où $dy=0$; or, si l'on différentie l'équation (H) et qu'on fasse ensuite $dy=0$, on aura

$$-RF\sin Rt+G\cos Rt=0,$$

c'est-à-dire

$$\tang Rt=\frac{G}{RF}.$$

Soit h le plus petit angle qui répond à la tangente $\frac{G}{RF}$, et l'on aura

$$Rt = h + \mu\pi,$$

π dénotant l'angle de 180 degrés, et μ un nombre quelconque entier; maintenant l'équation (K) donnera, lorsque $dy = 0$,

$$\varphi = St + i\gamma g;$$

donc, mettant au lieu de t sa valeur $\frac{h + \mu\pi}{R}$, on aura pour les lieux des absides

$$\varphi = i\gamma g + \frac{S}{R}(h + \mu\pi);$$

d'où l'on voit que la distance d'une abside à l'autre sera égale à l'angle $\frac{S}{R}\pi$, et que par conséquent le mouvement des absides sera de $\left(\frac{S}{R} - 1\right)$ 360 degrés à chaque révolution.

48. Si l'on veut connaître la figure de l'orbite décrite par les corps, il faudra éliminer t des équations (H) et (K) pour avoir une équation entre y et φ; mais il sera beaucoup plus simple de substituer d'abord dans l'équation $\frac{d^2r}{dt^2} - \frac{r\,d\varphi^2}{dt^2} + \Delta r = 0$, au lieu de dt, sa valeur $\frac{r^2 d\varphi}{ac \sin b}$, ce qui donnera, en faisant $\frac{1}{r} = s$ et prenant $d\varphi$ constant,

$$\frac{d^2 s}{d\varphi^2} + s - \frac{\Delta \frac{1}{s}}{s^2 a^2 c^2 \sin^2 b} = 0,$$

et d'intégrer ensuite cette dernière équation par la méthode du n° 46.

En effet, puisque r est à peu près égale à a, par hypothèse, s sera à peu près égale à $\frac{1}{a}$, et par conséquent on pourra supposer

$$s = \frac{1}{a} + iy,$$

ce qui, en faisant

$$\frac{\Delta \frac{1}{s}}{s^2 a^2 t^2 \sin^2 b} = \Gamma s,$$

et

$$\frac{1}{a} - \Gamma\frac{1}{a} = L, \quad 1 - \Gamma'\frac{1}{a} = K^2, \quad -\frac{1}{2}\Gamma''\frac{1}{a} = M, \quad -\frac{1}{2.3}\Gamma'''\frac{1}{a} = N, \ldots,$$

donnera

$$\frac{d^2 y}{d\varphi^2} + K^2 y + H + iMy^2 + i^2 N y^3 + \ldots = 0,$$

dont l'intégrale sera (n° 46)

$$y + i\alpha y^2 + i^2\beta y^3 = -\frac{L - 2i\alpha H}{R^2} + F\cos R\varphi + \frac{G}{R}\sin R\varphi.$$

Ainsi l'on aura y en φ; il faudra seulement observer que la quantité g n'exprimera plus ici la valeur de $\frac{dy}{dt}$ lorsque $t = 0$, mais celle de $\frac{dy}{d\varphi}$, c'est-à-dire $\frac{dr}{id\varphi}$, de sorte qu'on aura

$$ig = -\cot b.$$

Le coefficient R donnera la distance d'une abside à l'autre de $\frac{180°}{R}$, et l'on verra, après en avoir fait le calcul, que cette valeur s'accorde avec celle que nous avons trouvée ci-dessus.

Soit

$$\Delta r = A r^{m-2},$$

on aura

$$\Gamma s = \frac{A}{a^2 c^2 \sin^2 b} s^{-m},$$

donc

$$\Gamma\frac{1}{a} = \frac{A a^{m-2}}{c^2 \sin^2 b},$$

$$\Gamma'\frac{1}{a} = -m\frac{A a^{m-1}}{c^2 \sin^2 b},$$

$$\Gamma''\frac{1}{a} = m(m+1)\frac{A a^{m}}{c^2 \sin^2 b},$$

$$\Gamma'''\frac{1}{a} = -m(m+1)(m+2)\frac{A a^{m+1}}{c^2 \sin^2 b},$$

$$\ldots\ldots\ldots\ldots\ldots\ldots\ldots\ldots;$$

on aura donc

$$\frac{1}{a}-\frac{Aa^{m-2}}{c^2\sin^2 b}=i\mathrm{L},$$

$$1+m\frac{Aa^{m-1}}{c^2\sin^2 b}=\mathrm{K}^2,$$

$$-\frac{m(m+1)}{2}\frac{Aa^{m}}{c^2\sin^2 b}=\mathrm{M},$$

$$\frac{m(m+1)(m+2)}{2.3}\frac{Aa^{m+1}}{c^2\sin^2 b}=\mathrm{N},$$

$$\ldots\ldots\ldots\ldots\ldots\ldots\ldots\ldots;$$

donc, puisque $\frac{Aa^{m-2}}{c^2\sin^2 b}=\frac{1}{a}-i\mathrm{L}$, on aura

$$\mathrm{K}^2=1+m(1-ia\mathrm{L}),\quad \mathrm{M}=-\frac{m(m+1)a}{2}(1-ia\mathrm{L}),$$

$$\mathrm{N}=\frac{m(m+1)(m+2)a^2}{2.3}(1-ia\mathrm{L}),\ldots;$$

faisant donc ces substitutions dans la valeur de R^2 du n° **46**, et rejetant tous les termes qui contiendraient des puissances de i plus hautes que la seconde, on aura

$$\begin{aligned}\mathrm{R}^2=1+m(1-ia\mathrm{L})+im(m+1)a\mathrm{L}\,\frac{1-ia\mathrm{L}}{1+m(1-ia\mathrm{L})}\\ +\frac{i^2a^2\mathrm{L}^2}{(1+m)^2}\left[\frac{5m(m+1)(m+2)}{8}-\frac{17m^2(m+1)}{24}\right]\\ -\frac{i^2a^2\mathrm{H}}{1+m}\left[\frac{m(m+1)(m+2)}{8}-\frac{5m^2(m+1)}{24}\right]\\ =1+m+\frac{i^2m(3-m)a^2}{12(1+m)}[\mathrm{L}^2-(1+m)\mathrm{H}],\end{aligned}$$

d'où l'on tire

$$\mathrm{R}=\sqrt{1+m}+\frac{i^2m(3-m)a^2}{24(1+m)^{\frac{3}{2}}}[\mathrm{L}^2-(1+m)\mathrm{H}],$$

ce qui donnera pour la distance d'une abside à l'autre

$$\left[\frac{1}{\sqrt{1+m}}-\frac{i^2m(3-m)a^2}{24(1+m)^{\frac{5}{2}}}[\mathrm{L}^2-(1+m)\mathrm{H}]\right]180°.$$

49. Supposons maintenant que l'on ait à intégrer l'équation

$$\frac{d^2y}{dt^3} + K^2y + L + i\left(My^2 + M'\frac{dy^2}{dt^2}\right) + i^2\left(Ny^3 + N'y\frac{dy^2}{dt^2}\right) + \ldots = 0,$$

on pourra faire disparaître la quantité $\frac{dy^2}{dt^2}$ de la manière suivante.

Qu'on multiplie l'équation par $2dy$, et qu'on en prenne l'intégrale, en négligeant les termes affectés de i^2, on aura

$$\frac{dy^2}{dt^3} + K^2y^2 + 2Ly + H + i\left(\frac{2M}{3}y^3 + 2M'\int\frac{dy^2}{dt^2}dy\right) = 0.$$

Or,

$$\int\frac{dy^2}{dt^2}dy = y\frac{dy^2}{dt^2} - 2\int y\,dy\frac{d^2y}{dt^2},$$

et, en mettant au lieu de $\frac{dy^2}{dt^2}$ et de $\frac{d^2y}{dt^2}$ leurs valeurs approchées $-K^2y^2 - 2Ly - H$ et $-K^2y - L$,

$$\int\frac{dy^2}{dt^2}dy = -\frac{K^2}{3}y^3 - Ly^2 - Hy;$$

donc on aura

$$\frac{dy^2}{dt^2} + (K^2 - 2iLM')y^2 + (2L - 2iHM')y + H + i\left(\frac{2M}{3} - \frac{2K^2M'}{3}\right)y^3 = 0.$$

Substituant donc cette valeur de $\frac{dy^2}{dt^2}$ dans l'équation proposée, elle deviendra

$$\begin{aligned}\frac{d^2y}{dt^2} &+ [K^2 - 2iLM' + i^2H(2M'^2 - N')]y + L - iHM'\\ &+ i(M - K^2M' + 2iLM'^2)y^2 + i^2\left(N - K^2N' - \frac{2MM'}{3} + \frac{2K^2M^2}{3}\right)y^3 = 0,\end{aligned}$$

laquelle est, comme on le voit, dans le cas de l'équation (A).

Par cette méthode on pourra faire disparaître toutes les puissances paires de $\frac{dy}{dt}$ qui se trouveront dans l'équation proposée. A l'égard des puissances impaires de $\frac{dy}{dt}$, il est facile de voir qu'elles donneront dans la valeur de y des arcs de cercle; d'où il s'ensuit que la solution ne pourra avoir lieu que tant que t ne sera pas fort grande, et qu'ainsi il sera permis de se servir de telle méthode d'approximation qu'on voudra. Cependant, comme il peut être quelquefois important de connaître la vraie forme de la valeur de y, qu'on chercherait vainement par les méthodes ordinaires, je vais donner le moyen d'y parvenir.

50. Soit en général l'équation

$$\frac{d^2 y}{dt^2} + Ky + K'\frac{dy}{dt} + L + i\left(My^2 + M'y\frac{dy}{dt} + M''\frac{dy^2}{dt^2}\right)$$
$$+ i^2\left(Ny^3 + N'y^2\frac{dy}{dt} + N''y\frac{dy^2}{dt^2} + N'''\frac{dy^3}{dt^3}\right) + \ldots = 0.$$

On fera $\frac{dy}{dt} = z$, et l'on aura

$$\frac{d^2 y}{dt^2} + Ky + K'z + L + i(My^2 + M'yz + M''z^2)$$
$$+ i^2(Ny^3 + N'y^2 z + N''yz^2 + N'''z^3) + \ldots = 0.$$

On différentiera cette équation, et l'on y substituera ensuite $\frac{d^2 z}{dt^2}$ au lieu de $\frac{d^3 y}{dt^3}$, z au lieu de $\frac{dy}{dt}$, et $\frac{d^2 y}{dt^2}$ au lieu de $\frac{dz}{dt}$, ou plutôt sa valeur en y et z; de cette manière on aura une nouvelle équation en z de la forme suivante

$$\frac{d^2 z}{dt^2} + ky + k'z + l + i(my^2 + m'yz + m''z^2)$$
$$+ i^2(ny^3 + n'y^2 z + n''yz^2 + n'''z^3) + \ldots = 0.$$

Toute la difficulté se réduira donc à intégrer ces deux équations; sur quoi voyez ci-après le n° **52**.

51. Si l'équation proposée était du quatrième ordre, on la réduirait à deux du second, en faisant $\frac{d^2 y}{dt^2} - z = 0$, et substituant ensuite z au lieu de $\frac{d^2 y}{dt^2}$, $\frac{dz}{dt}$ au lieu de $\frac{d^3 y}{dt^3}$, et $\frac{d^2 z}{dt^2}$ au lieu de $\frac{d^4 y}{dt^4}$.

Mais si la proposée était du troisième ordre, alors il faudrait la réduire d'abord au quatrième par la différentiation, et ensuite à deux du second par la supposition de $\frac{d^2 y}{dt^2} - z = 0$, et ainsi du reste.

De l'intégration des équations

$$(\mathrm{L})\quad \left\{\begin{aligned} &\frac{d^2y}{dt^2}+\mathrm{F}+\mathrm{G}y+\mathrm{H}z+i(\mathrm{K}y^2+\mathrm{L}yz+\mathrm{M}z^2)\\ &\qquad+i^2(\mathrm{N}y^3+\mathrm{P}y^2z+\mathrm{Q}yz^2+\mathrm{R}z^3)+\ldots=0,\end{aligned}\right.$$

$$(\mathrm{M})\quad \left\{\begin{aligned} &\frac{d^2z}{dt^2}+f+gy+hz+i(ky^2+lyz+mz^2)\\ &\qquad+i^2(ny^3+py^2z+qyz^2+rz^3)+\ldots=0.\end{aligned}\right.$$

52. Nous commencerons par chercher la valeur des quantités $\frac{dy^2}{dt^2}$, $\frac{dz^2}{dt^2}$ et $\frac{dy\,dz}{dt^2}$, qui entrent dans les différentielles secondes de y^2, z^2, $yz,\ldots$; or, comme nous nous proposons seulement de pousser l'approximation jusqu'aux quantités de l'ordre de i^2, il suffira d'avoir égard, dans les valeurs dont il s'agit, aux termes de l'ordre de i, parce que les quantités y^2, z^2, $yz,\ldots$ sont déjà elles-mêmes multipliées par i dans les équations proposées.

Je multiplie d'abord l'équation (L) par $2dy$, et j'en prends l'intégrale; j'ai, en négligeant les termes affectés de i^2,

$$(\mathrm{N})\quad \left\{\begin{aligned} &\frac{dy^2}{dt^2}+\mathrm{A}+2\mathrm{F}y+\mathrm{G}y^2+2\mathrm{H}\int z\,dy\\ &\qquad+i\left(\frac{2\mathrm{K}}{3}y^3+2\mathrm{L}\int yz\,dy+2\mathrm{M}\int z^2\,dy\right)=0.\end{aligned}\right.$$

Je multiplie de même l'équation (M) par $2dz$ et j'ai, après l'intégration,

$$\frac{dz^2}{dt^2}+\mathrm{B}+2fz+2g\int y\,dz+hz^2+i\left(2k\int y^2dz+2l\int yz\,dz+\frac{2m}{3}z^3\right)=0,$$

ou bien, en mettant $yz-\int z\,dy$ au lieu de $\int y\,dz$, $y^2z-2\int yz\,dy$ au lieu de $\int y^2\,dz$, et $\frac{1}{2}yz^2-\frac{1}{2}\int z^2\,dy$ au lieu de $\int yz\,dz$,

$$(\mathrm{O})\quad \left\{\begin{aligned} &\frac{dz^2}{dt^2}+\mathrm{B}+2fz+2gyz+hz^2-2g\int z\,dy\\ &\qquad+i\left(2ky^2z+lyz^2+\frac{2m}{3}z^3-4k\int yz\,dy-l\int z^2\,dy\right)=0.\end{aligned}\right.$$

Enfin, multipliant l'équation (L) par dz et l'équation (M) par dy, les ajoutant ensemble et intégrant, on aura

$$(\mathrm{P})\quad \left\{\begin{aligned} &\frac{dy\,dz}{dt^2}+C+fy+Fz+\frac{g}{2}y^2+Gyz+\frac{H}{2}z^2+(h-G)\int z\,dy\\ &+i\left[\frac{k}{3}y^3+Ky^2z+\frac{L}{2}yz^2+\frac{M}{3}z^3\right.\\ &\left.\qquad+(l-2K)\int yz\,dy+\left(m-\frac{L}{2}\right)\int z^2\,dy\right]=0.\end{aligned}\right.$$

Pour déterminer les constantes A, B, C, on supposera que, quand $t=0$, on ait $y=\gamma$, $z=\delta$, $\frac{dy}{dt}=\varepsilon$, $\frac{dz}{dt}=\eta$, $\int z\,dy=\Gamma$, $\int yz\,dy=\Delta$ et $\int z^2\,dy=\Lambda$, et l'on aura

$$A=-\varepsilon^2-2F\gamma-G\gamma^2-2H\Gamma-i\left(\frac{2K}{3}\gamma^3+2L\Delta+2M\Lambda\right),$$

$$\begin{aligned} B=&-\eta^2-2f\delta-2g\gamma\delta-h\delta^2+2g\Gamma\\ &-i\left(2k\gamma^2\delta+l\gamma\delta^2+\frac{2m}{3}\delta^3-4k\Delta-l\Lambda\right),\end{aligned}$$

$$\begin{aligned} C=&-\varepsilon\eta-f\gamma-F\delta-\frac{g}{2}\gamma^2-G\gamma\delta-\frac{H}{2}\delta^2-(h-G)\Gamma\\ &-i\left[\frac{k}{3}\gamma^3+K\gamma^2\delta+\frac{L}{2}\gamma\delta^2+\frac{M}{3}\delta^3+(l-2K)\Delta+\left(m-\frac{L}{2}\right)\Lambda\right].\end{aligned}$$

Cela posé, je fais

$$\begin{gathered} y^2=u,\qquad yz=u_1,\qquad z^2=u_2,\qquad \int z\,dy=u_3,\\ y^3=v,\qquad y^2z=v_1,\qquad yz^2=v_2,\qquad z^3=v_3,\\ \int yz\,dy=v_4,\qquad \int z^2\,dy=v_5,\qquad y\int z\,dy=v_6,\qquad z\int z\,dy=v_7;\end{gathered}$$

j'aurai, au lieu des équations (L) et (M), ces deux-ci :

$$(1)\quad \frac{d^2y}{dt^2}+F+Gy+Hz+i(Ku+Lu_1+Mu_2)+i^2(Nv+Pv_1+Qv_2+Rv_3)=0,$$

$$(2)\quad \frac{d^2z}{dt^2}+f+gy+hz+i(ku+lu_1+mu_2)+i^2(nv+pv_1+qv_2+rv_3)=0.$$

Maintenant on a :

$$1^\circ \quad \frac{d^2u}{dt^2} = 2y\frac{d^2y}{dt^2} + 2\frac{dy^2}{dt^2};$$

donc $2y \times (L) + 2(N)$ donnera, en négligeant les termes de l'ordre de i,

$$\frac{d^2u}{dt^2} + 2A + 6Fy + 4Gy^2 + 2Hyz + 4H\int z\,dy$$
$$+ i\left(\frac{10K}{3}y^3 + 2Ly^2z + 2Myz^2 + 4L\int yz\,dy + 4M\int z^2\,dy\right) = 0,$$

et, en faisant les substitutions précédentes,

$$(3)\quad \begin{cases} \dfrac{d^2u}{dt^2} + 2A + 6Fy + 4Gu + 2Hu_1 + 4Hu_3 \\ \qquad + i\left(\dfrac{10K}{3}v + 2Lv_1 + 2Mv_2 + 4Lv_4 + 4Mv_5\right) = 0. \end{cases}$$

$$2^\circ \quad \frac{d^2u_1}{dt^2} = z\frac{d^2y}{dt^2} + y\frac{d^2z}{dt^2} + 2\frac{dy\,dz}{dt^2};$$

donc $z \times (L) + y \times (M) + 2(P)$ donnera

$$(4)\quad \begin{cases} \dfrac{d^2u_1}{dt^2} + 2C + 3fy + 3Fz + 2gu + (3G + h)u_1 + 2Hu_2 + 2(h - G)u_3 \\ \qquad + i\Big[\dfrac{5k}{3}v + (3K + l)v_1 + (2L + m)v_2 + \dfrac{5M}{3}v_3 \\ \qquad\qquad + (2l - 4K)v_4 + (2m - L)v_5\Big] = 0. \end{cases}$$

$$3^\circ \quad \frac{d^2u_2}{dt^2} = 2z\frac{d^2z}{dt^2} + 2\frac{dz^2}{dt^2};$$

donc $2z \times (M) + 2(O)$ donnera

$$(5)\quad \begin{cases} \dfrac{d^2u_2}{dt^2} + 2B + 6fz + 6gu_1 + 4hu_2 - 4gu_3 \\ \qquad + i\left(6kv_1 + 4lv_2 + \dfrac{10m}{3}v_3 - 8kv_4 - 2lv_5\right) = 0. \end{cases}$$

$$4^\circ \quad \frac{d^2u_3}{dt^2} = z\frac{d^2y}{dt^2} + \frac{dy\,dz}{dt^2};$$

donc $z \times (L) + (P)$ donnera

$$(6)\quad \left\{\begin{aligned} &\frac{d^2 u_3}{dt^2} + C + fy + 2Fz + \frac{g}{2}u + 2Gu_1 + \frac{3H}{2}u_2 + (h - G)u_3 \\ &\quad + i\left[\frac{k}{3}v + 2Kv_1 + \frac{3L}{2}v_2 + \frac{4M}{3}v_3 + (l - 2K)v_4 + \left(m - \frac{L}{2}\right)v_5\right] = 0. \end{aligned}\right.$$

$$5^o\quad \frac{d^2 v}{dt^2} = 3y^2\frac{d^2 y}{dt^2} + 6y\frac{dy^2}{dt^2};$$

donc $3y^2 \times (L) + 6y \times (N)$ donnera, en rejetant les termes affectés de i, à cause que la variable v est déjà elle-même multipliée par i^2 dans les équations (1) et (2),

$$(7)\qquad \frac{d^2 v}{dt^2} + 6Ay + 15Fu + gGv + 3Hv_1 + 12Hv_6 = 0.$$

$$6^o\quad \frac{d^2 v_1}{dt^2} = 2yz\frac{d^2 y}{dt^2} + y^2\frac{d^2 z}{dt^2} + 2z\frac{dy^2}{dt^2} + 4y\frac{dy\,dz}{dt^2};$$

donc $2yz \times (L) + y^2 \times (M) + 2z \times (N) + 4y \times (P)$ donnera, en négligeant par la même raison que ci-devant les termes de l'ordre de i,

$$(8)\quad \left\{\begin{aligned} &\frac{d^2 v_1}{dt^2} + 4Cy + 2Az + 5fu + 10Fu_1 + 3gv \\ &\quad + (8G + h)v_1 + 4Hv_2 + 4(h - G)v_6 + 4Hv_7 = 0. \end{aligned}\right.$$

$$7^o\quad \frac{d^2 v_2}{dt^2} = z^2\frac{d^2 y}{dt^2} + 2yz\frac{d^2 z}{dt^2} + 2y\frac{dz^2}{dt^2} + 4z\frac{dy\,dz}{dt^2};$$

donc $z^2 \times (L) + 2yz \times (M) + 2y \times (O) + 4z \times (P)$ donnera

$$(9)\quad \left\{\begin{aligned} &\frac{d^2 v_2}{dt^2} + 2By + 4Cz + 10fu_1 + 5Fu_2 + 8gv_1 \\ &\quad + (5G + 4h)v_2 + 3Hv_3 - 4gv_6 + 4(h - G)v_7 = 0. \end{aligned}\right.$$

$$8^o\quad \frac{d^2 v_3}{dt^2} = 3z^2\frac{d^2 z}{dt^2} + 6z\frac{dz^2}{dt^2};$$

donc $3z^2 \times (M) + 6z \times (O)$ donnera

$$(10)\qquad \frac{d^2 v_3}{dt^2} + 6Bz + 15fu_2 + 15gv_2 + ghv_3 - 12gv_7 = 0.$$

9° $\frac{d^2v_4}{dt^2} = yz\frac{d^2y}{dt^2} + z\frac{dy^2}{dt^2} + y\frac{dy\,dz}{dt^2}$;

donc $yz \times (L) + z \times (N) + y \times (P)$ donnera

$$(11)\quad \begin{cases} \frac{d^2v_4}{dt^2} + Cy + Az + fu + 4Fu_1 + \frac{g}{2}v \\ \quad + 3Gv_1 + \frac{3H}{2}v_2 + (h - G)v_6 + 2Hv_7 = 0. \end{cases}$$

10° $\frac{d^2v_5}{dt^2} = z^2\frac{d^2y}{dt^2} + 2z\frac{dy\,dz}{dt^2}$;

donc $z^2 \times (L) + 2z \times (P)$ donnera

$$(12)\quad \frac{d^2v_5}{dt^2} + 2Cz + 2fu_1 + 3Fu_2 + gv_1 + 3Gv_2 + 2Hv_3 + 2(h - G)v_7 = 0.$$

11° $\frac{d^2v_6}{dt^2} = \left(yz + \int z\,dy\right)\frac{d^2y}{dt^2} + 2z\frac{dy^2}{dt^2} + y\frac{dy\,dz}{dt^2}$;

donc $\left(yz + \int z\,dy\right) \times (L) + 2z \times (N) + y \times (P)$ donnera

$$(13)\quad \begin{cases} \frac{d^2v_6}{dt^2} + Cy + 2Az + fu + 6Fu_1 + Fu_3 \\ \quad + \frac{g}{2}v + 4Gv_1 + \frac{3H}{2}v_2 + hv_6 + 5Hv_7 = 0. \end{cases}$$

12° $\frac{d^2v_7}{dt^2} = z^2\frac{d^2y}{dt^2} + \frac{d^2z}{dt^2}\int z\,dy + 3z\frac{dy\,dz}{dt^2}$;

donc $z^2 \times (L) + (M) \times \int z\,dy + 3z \times (P)$ donnera

$$(14)\quad \begin{cases} \frac{d^2v_7}{dt^2} + 3Cz + 3fu_1 + 4Fu_2 + fu_3 \\ \quad + \frac{3g}{2}v_1 + 4Gv_2 + \frac{5H}{2}v_3 + gv_6 + (4h - 3G) = 0. \end{cases}$$

Ayant ainsi autant d'équations que de variables, l'intégration qui doit donner la valeur de y et de z est facile par la méthode du n° **26**; de sorte que, si l'on multiplie l'équation (1) par $e^{\rho t}$, l'équation (2) par $\lambda e^{\rho t}$, l'équation (3) par $i\mu e^{\rho t}$, l'équation (4) par $i\mu_1 e^{\rho t}$, l'équation (5) par $i\mu_2 e^{\rho t}$, l'équation (6) par $i\mu_3 e^{\rho t}$, l'équation (7) par $i^2\nu e^{\rho t}$, l'équation (8) par $i^2\nu_1 e^{\rho t}$; l'équation (9) par $i^2\nu_2 e^{\rho t}$, l'équation (10) par $i^2\nu_3 e^{\rho t}$, l'équation (11) par $i^2\nu_4 e^{\rho t}$, l'équation (12) par $i^2\nu_5 e^{\rho t}$, l'équation (13) par $i^2\nu_6 e^{\rho t}$ et l'équation (14) par $i^2\nu_7 e^{\rho t}$, et qu'on achève le reste comme dans le n° 46, on aura, en faisant, pour abréger,

$$\theta = y + \lambda z + i(\mu u + \mu_1 u_1 + \mu_2 u_2 + \mu_3 u_3)$$
$$+ i^2(\nu v + \nu_1 v_1 + \nu_2 v_2 + \nu_3 v_3 + \nu_4 v_4 + \nu_5 v_5 + \nu_6 v_6 + \nu_7 v_7)$$

et

$$\varkappa = F + \lambda f + i(2\mu A + 2\mu_1 C + 2\mu_2 B + \mu_3 C),$$

on aura, dis-je,

$$\text{(Q)} \qquad \left(\frac{d\theta}{dt} - \rho\theta \mp \frac{\varkappa}{\rho}\right) e^{\rho t} = \text{const.},$$

et ensuite

$$\rho^2 + G + g\lambda + i(6F\mu + 3f\mu_1 + f\mu_3) + i^2(6A\nu + 4C\nu_1 + 2B\nu_2 + C\nu_4 + C\nu_6) = 0,$$

$$H + (\rho^2 + h)\lambda + i(3F\mu_1 + 6f\mu_2 + 2F\mu_3)$$
$$+ i^2(2A\nu_1 + 4C\nu_2 + 6B\nu_3 + A\nu_4 + 2C\nu_5 + 2A\nu_6 + 3C\nu_7) = 0,$$

$$K + k\lambda + (\rho^2 + 4G)\mu + 2g\mu_1 + \frac{g}{2}\mu_3 + i(15F\nu + 5f\nu_1 + f\nu_4 + f\nu_6) = 0,$$

$$L + l\lambda + 2H\mu + (\rho^2 + 3G + h)\mu_1 + 6g\mu_2 + 2G\mu_3$$
$$+ i(10F\nu_1 + 10f\nu_2 + 4F\nu_4 + 2f\nu_5 + 6F\nu_6 + 3f\nu_7) = 0,$$

$$M + m\lambda + 2H\mu_1 + (\rho^2 + 4h)\mu_2 + \frac{3H}{2}\mu_3 + i(5F\nu_2 + 15f\nu_3 + 3F\nu_5 + 4F\nu_7) = 0,$$

$$4H\mu + 2(h - G)\mu_1 - 4g\mu_2 + (\rho^2 + h - G)\mu_3 + i(F\nu_6 + f\nu_7) = 0,$$

$$N + n\lambda + \frac{10K}{3}\mu + \frac{5k}{3}\mu_1 + \frac{k}{3}\mu_3 + (\rho^2 + 9G)\nu + 3g\nu_1 + \frac{g}{2}\nu_4 + \frac{g}{2}\nu_6 = 0,$$

$$P + p\lambda + 2L\mu + (3K + l)\mu_1 + 6k\mu_2 + 2K\mu_3$$
$$+ 3H\nu + (\rho^2 + 8G + h)\nu_1 + 8g\nu_2 + 3G\nu_4 + g\nu_5 + 4G\nu_6 + \frac{3g}{2}\nu_7 = 0,$$

$$Q+q\lambda+2M\mu+(2L+m)\mu_1+4l\mu_2+\frac{3L}{2}\mu_3$$
$$+4H\nu_1+(\rho^2+5G+4h)\nu_2+15g\nu_3+\frac{3H}{2}\nu_4+3G\nu_5+\frac{3H}{2}\nu_6+4G\nu_7=0,$$

$$R+r\lambda+\frac{5M}{3}\mu_1+\frac{10m}{3}\mu_2+\frac{4M}{3}\mu_3+3H\nu_2+(\rho^2+9h)\nu_3+2H\nu_5+\frac{5H}{2}\nu_7=0,$$

$$4L\mu+(2l-4K)\mu_1-8k\mu_2+(l-2K)\mu_3+\rho^2\nu_4=0,$$

$$4M\mu+(2m-L)\mu_1-2l\mu_2+\left(m-\frac{L}{2}\right)\mu_3+\rho^2\nu_5=0,$$

$$12H\nu+4(h-G)\nu_1-4g\nu_2+(h-G)\nu_4+(\rho^2+h)\nu_6+g\nu_7=0,$$

$$4H\nu_1+4(h-G)\nu_2-12g\nu_3+2H\nu_4+2(h-G)\nu_5+h\nu_6+(\rho^2+4h-3G)\nu_7=0,$$

équations par lesquelles on déterminera les quatorze inconnues ρ, λ, μ, μ_1, μ_2, μ_3, ν, ν_1, ν_2, ν_3, ν_4, ν_5, ν_6, ν_7, en ayant attention de pousser les valeurs des deux premières jusqu'aux quantités de l'ordre de i^2, celles des quatre suivantes jusqu'aux quantités de l'ordre de i seulement, et enfin de rejeter dans les valeurs des sept dernières toutes les quantités affectées de i.

Or je remarque : 1° que la quantité ρ ne paraissant que sous la forme quadrative, elle aura nécessairement deux valeurs, l'une positive et l'autre négative; de sorte que si l'on suppose que ρ désigne la racine positive, on pourra écrire partout indifféremment $+\rho$ et $-\rho$; 2° que si l'on représente les deux premières équations par

$$\rho^2+G+g\lambda+i\alpha=0 \quad \text{et} \quad H+(\rho^2+h)\lambda+i\beta=0,$$

on aura, en éliminant λ,

$$\text{(R)} \qquad \rho^4+(G+h+i\alpha)\rho^2+Gh-Hg+i(\alpha h-\beta g)=0,$$

d'où l'on tirera deux valeurs de ρ^2.

Soient maintenant, lorsque $t=0$,

$$\theta=D \quad \text{et} \quad \frac{d\theta}{dt}=E,$$

c'est-à-dire

$$D = \gamma + \lambda\delta + i(\mu\gamma^2 + \mu_1\gamma\delta + \mu_2\delta^2 + \mu_3\Gamma)$$
$$+ i^2(\nu\gamma^3 + \nu_1\gamma^2\delta + \nu_2\gamma\delta^2 + \nu_3\delta^3 + \nu_4\Delta + \nu_5\Lambda + \nu_6\gamma\Gamma + \nu_7\delta\Gamma)$$

et

$$E = \varepsilon + \lambda\eta + i[2\mu\gamma\varepsilon + \mu_1(\delta\varepsilon + \gamma\eta) + 2\mu_2\delta\eta + \mu_3\delta\varepsilon]$$
$$+ i^2[3\nu\gamma^2\delta + \nu_1(2\gamma\delta\varepsilon + \gamma^2\eta) + \nu_2(\delta^2\varepsilon + 2\gamma\delta\eta) + 3\nu_3\delta^2\eta + \nu_4\gamma\delta\varepsilon + \nu_5\delta^2\varepsilon$$
$$+ \nu_6(\Gamma\varepsilon + \gamma^2\delta\varepsilon) + \nu_7(\Gamma\eta + \gamma\delta^2\varepsilon)];$$

l'équation (Q) donnera, en divisant par $e^{\rho t}$,

$$\frac{d\theta}{dt} - \rho\theta + \frac{\varkappa}{\rho} = \left(E - \rho D + \frac{\varkappa}{\rho}\right)e^{-\rho t},$$

et prenant la quantité ρ en $-$,

$$\frac{d\theta}{dt} + \rho\theta - \frac{\varkappa}{\rho} = \left(E + \rho D - \frac{\varkappa}{\rho}\right)e^{\rho t},$$

d'où l'on tire

$$\theta = \frac{\varkappa}{\rho^2} + \left(D - \frac{\varkappa}{\rho^2}\right)\frac{e^{\rho t} + e^{-\rho t}}{2} + E\,\frac{e^{\rho t} - e^{-\rho t}}{2\rho}$$

ou bien

$$\theta = \frac{\varkappa}{\rho^2} + \left(D - \frac{\varkappa}{\rho^2}\right)\cos(t\sqrt{-\rho^2}) + \frac{E}{\sqrt{-\rho^2}}\sin(t\sqrt{-\rho^2}).$$

Soient maintenant ρ'^2 et ρ''^2 les deux racines de l'équation (R), et θ', θ'', λ', λ'', μ', μ'',..., les valeurs correspondantes de θ, λ, μ,...; on aura, en remettant au lieu de u, u_1, u_2,..., leurs valeurs y^2, yz, z^2,..., ces deux équations

$$y + \lambda' z + i\left(\mu' y^2 + \mu'_1 yz + \mu'_2 z^2 + \mu'_3\int z\,dy\right)$$
$$+ i^2\left(\nu' y^3 + \nu'_1 y^2 z + \nu'_2 yz^2 + \nu'_3 z^3 + \nu'_4\int yz\,dy\right.$$
$$\left. + \nu'_5\int z^2 dy + \nu'_6 y\int dzy + \nu'_7 z\int z\,dy\right) = \theta',$$

$$y + \lambda'' z + i\left(\mu'' y^2 + \mu''_1 yz + \mu''_2 z^2 + \mu''_3 \int z\,dy\right)$$
$$+ i^2\left(\nu'' y^3 + \nu''_1 y^2 z + \nu''_2 yz^2 + \nu''_3 z^3 + \nu''_4 \int yz\,dy\right.$$
$$\left. + \nu''_5 \int z^2 dy + \nu''_6 y \int z\,dy + \nu''_7 z \int z\,dy\right) = \theta'',$$

d'où l'on tirera par approximation les valeurs de y et de z.

Il est évident que pour que les valeurs de y et de z ne contiennent que des sinus et des cosinus, il faut que les racines de l'équation (R) soient toutes deux réelles et négatives; par conséquent il faut que l'on ait

1° $$(G + h + i\alpha)^2 > 4[Gh - Hg + i(\alpha h - \beta g)],$$

2° $$G + h + i\alpha > 0, \quad GhHg + i(\alpha h - \beta g) > 0.$$

Si ces trois conditions n'ont point lieu à la fois, alors les valeurs de y et de z contiendront des exponentielles réelles, et par conséquent la solution ne sera bonne que tant que t ne sera pas fort grande.

On pourrait ajouter que les expressions de y et de z renfermeraient l'angle t, si les deux valeurs de ρ^2 étaient égales; car alors, supposant $\rho'' = \rho' + \omega$, et regardant ω comme une quantité évanouissante, on trouverait que la seconde des deux équations ci-dessus se réduirait à celle-ci

$$\frac{d\lambda'}{d\rho'} z + i\left(\frac{d\mu'}{d\rho'} y^2 + \frac{d\mu'_1}{d\rho'} yz + \frac{d\mu'_2}{d\rho'} z^2 + \frac{d\mu'_3}{d\rho'} \int z\,dy\right)$$
$$+ i^2\left(\frac{d\nu'}{d\rho'} y^3 + \frac{d\nu'_1}{d\rho'} y^2 z + \frac{d\nu'_2}{d\rho'} yz^2 + \frac{d\nu'_3}{d\rho'} z^3 + \frac{d\nu'_4}{d\rho'} \int yz\,dy\right.$$
$$\left. + \frac{d\nu'_5}{d\rho'} \int z^2 dy + \frac{d\nu'_6}{d\rho'} y \int z\,dy + \frac{d\nu'_7}{d\rho'} z \int dy\right) = \frac{d\theta'}{d\rho'},$$

dans laquelle la quantité $\frac{d\theta'}{d\rho'}$ contient nécessairement des termes multipliés par l'angle t. Mais comme l'équation (R) n'est qu'approchée, quand il arriverait que

$$(G + h + i\alpha)^2 = 4[Gh - Hg + i(\alpha h - \beta g)],$$

ce qui est la condition des racines égales, on n'en pourrait conclure autre chose, sinon que les deux valeurs de ρ^2 seraient égales aux quantités de l'ordre de i^3 près, et que par conséquent il faudrait pousser l'approximation jusqu'aux quantités de ce même ordre. Ce ne serait qu'après avoir poussé l'approximation fort loin et avoir reconnu que les valeurs de ρ sont toujours égales, qu'on pourrait à la rigueur faire usage de l'équation que nous venons de donner.

53. On voit aisément que la méthode précédente est générale pour tel nombre d'équations qu'on voudra, pourvu que ces équations soient analogues aux équations (L) et (M), c'est-à-dire que les produits de deux dimensions soient affectés de i, ceux de trois soient affectés de i^2, et ainsi de suite.

Cette méthode serait surtout utile pour déterminer aussi près qu'on voudrait le mouvement d'un système quelconque de corps qui agiraient les uns sur les autres, et qui ne feraient que de très-petites oscillations autour de leurs points d'équilibre. Car nommant iy, iz,..., les espaces parcourus par ces corps dans leurs oscillations, on trouverait des équations de la forme de celle dont je viens de parler; au reste nous avons déjà donné (n° 30) la solution générale de ce problème pour le cas des oscillations infiniment petites.

54. Si les équations proposées contenaient des termes de la forme

$$i\int z\,dy,\quad i^2\int yz\,dy,\quad i^2\int z^2dy,\quad i^2y\int z\,dy,\quad i^2z\int z\,dy,$$

l'intégration n'aurait aucune difficulté de plus; il faudrait seulement avoir attention de changer les expressions

$$\int dy\int z\,dy \quad \text{et} \quad \int dz\int z\,dy$$

qui se trouveraient dans les équations (N), (O), (P) en leurs équivalentes

$$y\int z\,dy-\int yz\,dy \quad \text{et} \quad z\int z\,dy-\int z^2dy.$$

55. Si elles contenaient des termes de la forme

$$i\frac{dy^2}{dt^2},\quad i\frac{dy\,dz}{dt^2},\quad i\frac{dz^2}{dt^2},\quad i^2y\frac{dy^2}{dt^2},\quad i^2y\frac{dy\,dz}{dt^2},\ldots,$$

on les ferait disparaître par des procédés semblables à ceux que nous avons suivis dans le n° 49. Il en serait de même de tous les termes qui contiendraient des produits de $\frac{dy}{dt}$ et $\frac{dz}{dt}$ de dimensions paires; mais s'il se trouvait des produits de dimensions impaires de ces mêmes quantités, alors on ferait chacune d'elles égale à une nouvelle variable, et on achèverait le reste comme dans le n° 50.

56. Enfin, si l'on avait des équations du troisième ordre et au delà, on les réduirait toujours au second par la méthode du n° 51.

De l'intégration de l'équation

$$\text{(S)}\qquad \frac{d^2y}{dt^2}+K^2y+i\left(My\cos Ht+N\frac{dy}{dt}\sin Ht\right)=T,$$

dans laquelle T *est une fonction quelconque de* t.

57. Je remarque d'abord que si T était égal à zéro, l'équation serait dans le cas du n° 55, car il n'y aurait qu'à faire $\cos Ht=z$, ce qui donnerait

$$\sin Ht=-\frac{1}{H}\frac{dz}{dt}\quad\text{et}\quad\frac{d^2z}{dt^2}+H^2z=0.$$

Or, puisque l'indéterminée y n'y passe pas le premier degré, il est clair qu'on pourra faire disparaître le terme tout connu T par la méthode du n° 1. En effet, si l'on multiplie l'équation proposée par $z\,dt$, et qu'on pratique les autres opérations que prescrit cette méthode, on aura les deux équations suivantes :

$$\frac{d^2z}{dt^2}+K^2z+i\left[\left(M\cos Ht-\frac{d(N\sin Ht)}{dt}\right)z-N\sin Ht\frac{dz}{dt}\right]=0,$$

$$\frac{dy}{dt}z-y\frac{dz}{dt}=\int Tz\,dt,$$

dont la première est réductible au cas du n° **55**, et dont l'autre étant intégrée donnera $y = \int \frac{dt}{z^2} \int \mathrm{T} z\, dt$.

Au reste, ces sortes d'équations peuvent encore s'intégrer par une méthode particulière et fort simple que je vais exposer.

Je fais

$$y \cos \mathrm{H}t = u, \quad y \cos 2\mathrm{H}t = v, \ldots,$$
$$y \sin \mathrm{H}t = U, \quad y \sin 2\mathrm{H}t = V, \ldots,$$

ce qui me donne

$$\frac{dy}{dt} \cos \mathrm{H}t = \frac{du}{dt} + \mathrm{H}U, \quad \frac{dy}{dt} \cos 2\mathrm{H}t = \frac{dv}{dt} + 2\mathrm{H}V, \ldots,$$
$$\frac{dy}{dt} \sin \mathrm{H}t = \frac{dU}{dt} - \mathrm{H}u, \quad \frac{dy}{dt} \sin 2\mathrm{H}t = \frac{dV}{dt} - 2\mathrm{H}v, \ldots,$$

et ensuite

$$\frac{d^2y}{dt^2} \cos \mathrm{H}t = \frac{d^2u}{dt^2} + 2\mathrm{H}\frac{dU}{dt} - \mathrm{H}^2 u,$$
$$\frac{d^2y}{dt^2} \cos 2\mathrm{H}t = \frac{d^2v}{dt^2} + 4\mathrm{H}\frac{dV}{dt} - 4\mathrm{H}^2 v,$$
$$\ldots\ldots\ldots\ldots\ldots\ldots\ldots\ldots,$$
$$\frac{d^2y}{dt^2} \sin \mathrm{H}t = \frac{d^2U}{dt^2} - 2\mathrm{H}\frac{du}{dt} - \mathrm{H}^2 U,$$
$$\frac{d^2y}{dt^2} \sin 2\mathrm{H}t = \frac{d^2V}{dt^2} - 4\mathrm{H}\frac{dv}{dt} - 4\mathrm{H}^2 V,$$
$$\ldots\ldots\ldots\ldots\ldots\ldots\ldots\ldots$$

Cela posé, j'aurai d'abord, au lieu de l'équation (S), celle-ci :

$$(1) \qquad \frac{d^2y}{dt^2} + \mathrm{K}^2 y + i\left[(\mathrm{M} - \mathrm{HN})u + \mathrm{N}\frac{dU}{dt}\right] = \mathrm{T}.$$

De plus, la même équation (S) étant multipliée successivement par $\cos \mathrm{H}t$ et par $\sin \mathrm{H}t$ donnera

$$\frac{d^2y}{dt^2} \cos \mathrm{H}t + \mathrm{K}^2 y \cos \mathrm{H}t + i\left[\mathrm{M}y\left(\frac{1}{2} + \frac{1}{2}\cos 2\mathrm{H}t\right) + \frac{1}{2}\mathrm{N}\frac{dy}{dt}\sin 2\mathrm{H}t\right]$$
$$= \mathrm{T} \cos \mathrm{H}t$$

et

$$\frac{d^2y}{dt^2}\sin Ht + K^2 y \sin Ht + i\left[\frac{1}{2}My\sin 2Ht + N\frac{dy}{dt}\left(\frac{1}{2}-\frac{1}{2}\cos 2Ht\right)\right] = T\sin Ht,$$

c'est-à-dire, en faisant les substitutions ci-dessus,

$$(2)\quad \frac{d^2u}{dt^2} + 2H\frac{dU}{dt} + (K^2 - H^2)u + i\left[\frac{M}{2}y + \left(\frac{M}{2} - NH\right)v + \frac{N}{2}\frac{dV}{dt}\right] = T\cos Ht,$$

$$(3)\quad \frac{d^2U}{dt^2} - 2H\frac{du}{dt} + (K^2 - H^2)U + i\left[\left(\frac{M}{2} - NH\right)V - \frac{N}{2}\frac{dv}{dt}\right] = T\sin Ht.$$

Si l'on voulait n'avoir égard, dans la valeur de y, qu'aux quantités de l'ordre de i, on négligerait dans les valeurs de u et de U, et par conséquent aussi dans les équations (2) et (3), tous les termes affectés de i, moyennant quoi ces équations ne contiendraient plus que les trois variables y, u et U, de sorte qu'avec l'équation (1) elles suffiraient pour résoudre le problème; mais si l'on veut pousser l'approximation jusqu'aux quantités de l'ordre de i^2, comme nous l'avons fait dans les problèmes précédents, alors on conservera tous les termes des équations (2) et (3), et on multipliera de nouveau l'équation (S) par $\cos 2Ht$ et par $\sin 2Ht$; ce qui donnera, après les substitutions, deux équations en v et en V, dans lesquelles on pourra négliger les termes affectés de i, parce que les quantités v et V sont déjà elles-mêmes multipliées par i dans les équations (2) et (3); ainsi l'on aura

$$(4)\quad \frac{d^2v}{dt^2} + 4H\frac{dV}{dt} + (K^2 - 4H^2)v = T\cos 2Ht,$$

$$(5)\quad \frac{d^2V}{dt^2} - 4H\frac{dv}{dt} + (K^2 - 4H^2)V = T\sin 2Ht,$$

et l'intégration de l'équation proposée sera réduite à celle de cinq équations (1), (2), (3), (4) et (5), lesquelles sont, comme on voit, dans le cas du n° 29.

Ayant donc multiplié la première de ces équations par $\lambda e^{\rho t}dt$, la seconde par $\mu e^{\rho t}dt$, la troisième par $\mathfrak{M} e^{\rho t}dt$, la quatrième par $\nu e^{\rho t}dt$, et la cinquième par $\mathfrak{N} e^{\rho t} dt$, on les ajoutera ensemble, et on en prendra l'intégrale en faisant disparaître de dessous le signe $\int$ les différences des variables $y, u, U, \ldots$; après quoi on chassera les expressions intégrales $\int y e^{\rho t} dt$, $\int u e^{\rho t} dt$, $\int U e^{\rho t} dt, \ldots$, en égalant à zéro leurs coefficients, ce qui donnera

$$(\rho^2 + K^2)\lambda + i\left(\frac{M}{2}\mu - \frac{N}{2}\mathfrak{M}\rho\right) = 0,$$

$$i(M - NH)\lambda + (\rho^2 + K^2 - H^2)\mu + 2H\mathfrak{M}\rho = 0,$$

$$- iN\lambda\rho - 2H\mu\rho + (\rho^2 + K^2 - H^2)\mathfrak{M} = 0,$$

$$i\left(\frac{M}{2} - NH\right)\mu + \frac{iN}{2}\mathfrak{M}\rho + (\rho^2 + K^2 - 4H^2)\nu + 4H\mathfrak{N}\rho = 0,$$

$$-\frac{iN}{2}\mu\rho + i\left(\frac{M}{2} - NH\right)\mathfrak{M} - 4H\nu\rho + (\rho^2 + K^2 - 4H^2)\mathfrak{N} = 0.$$

De cette manière on aura l'équation intégrale

$$\left[\lambda\frac{dy}{dt} + \mu\frac{du}{dt} + \mathfrak{M}\frac{dU}{dt} + \nu\frac{dv}{dt} + \mathfrak{N}\frac{dV}{dt} + \left(-\lambda\rho + \frac{iN}{2}\mathfrak{M}\right)y\right.$$
$$+ (-\mu\rho - 2H\mathfrak{M})u + (iN\lambda + 2H\mu - \mathfrak{M}\rho)U$$
$$\left. + \left(-\frac{iN}{2}\mathfrak{M} - \nu\rho - 4H\mathfrak{N}\right)v + \left(\frac{iN}{2}\mu + 4H\nu - \mathfrak{N}\rho\right)V\right]e^{\rho t}$$
$$= \int T(\lambda + \mu\cos Ht + \mathfrak{M}\sin Ht + \nu\cos 2Ht + \mathfrak{N}\sin 2Ht)e^{\rho t}dt.$$

Soit $\rho^2 = -R^2$, de sorte que $\rho = R\sqrt{-1}$, et

$$\mu = i\alpha\lambda, \quad \nu = i^2\beta\lambda, \quad \mathfrak{M} = i\mathcal{A}\rho\lambda, \quad \mathfrak{N} = i^2\mathcal{B}\rho\lambda,$$

et l'on aura premièrement

$$- R^2 + K^2 + i^2\left(\frac{M}{2}\alpha + \frac{N}{2}R^2\alpha\right) = 0,$$

$$M - NH + (-R^2 + K^2 - H^2)\alpha - 2HR^2\mathcal{A} = 0,$$

$$- N - 2H\alpha + (-R^2 + K^2 - H^2)\mathcal{A} = 0,$$

$$\left(\frac{M}{2}-NH\right)\alpha-\frac{N}{2}R^2\mathcal{A}+(-R^2+K^2-4H^2)\beta-4HR^2\mathcal{B}=0,$$

$$-\frac{N}{2}\alpha+\left(\frac{M}{2}-NH\right)\mathcal{A}-4H\beta+(-R^2+K^2-4H^2)\mathcal{B}=0,$$

d'où l'on tire

$$R^2=\frac{K^2+\frac{1}{2}i^2M\alpha}{1-\frac{1}{2}i^2N\mathcal{A}},$$

$$\alpha=\frac{(M-NH)(R^2-K^2+H^2)+2NHR^2}{(R^2-K^2+H^2)^2-4H^2R^2},$$

$$\mathcal{A}=\frac{N(R^2-K^2+H^2)+2(M-NH)H}{(R^2-K^2+H^2)^2-4H^2R^2},$$

$$\beta=\frac{\left(\frac{1}{2}M-NH\right)(R^2-K^2+4H^2)+2NHR^2}{(R^2-K^2+4H^2)^2-16H^2R^2}\alpha$$
$$-\frac{\frac{1}{2}N(R^2-K^2+4H^2)R^2+4\left(\frac{1}{2}M-NH\right)HR}{(R^2-K^2+4H^2)^2-16H^2R^2}\mathcal{A},$$

$$\mathcal{B}=\frac{\left(\frac{1}{2}M-NH\right)(R^2-K^2+4H^2)+2NHR^2}{(R^2-K^2+4H^2)^2-16H^2R^2}\mathcal{A}$$
$$-\frac{\frac{1}{2}N(R^2-K^2+4H^2)+4\left(\frac{1}{2}M-NH\right)H}{(R^2-K^2+4H^2)^2-16H^2R^2}\alpha;$$

et ensuite

$$\left\{\frac{dy}{dt}+i\alpha\frac{du}{dt}+i(N+2H\alpha+R^2\mathcal{A})U+i^2\beta\frac{dv}{dt}+i^2\left(\frac{N}{2}\alpha+4H\beta+R^2\mathcal{B}\right)V\right.$$
$$-\left[\left(1-\frac{iN}{2}\mathcal{A}\right)y+i(\alpha+2H\mathcal{A})u-i\mathcal{A}\frac{dU}{dt}\right.$$
$$\left.\left.+i^2\left(\frac{N}{2}\mathcal{A}+\beta+4H\mathcal{B}\right)v-i^2\mathcal{B}\frac{dV}{dt}\right]R\sqrt{-1}\right\}e^{Rt\sqrt{-1}}$$
$$=\int T\,[1+i\alpha\cos Ht+i^2\beta\cos 2Ht$$
$$+(i\mathcal{A}\sin Ht+i^2\mathcal{B}\sin 2Ht)R\sqrt{-1}\,]\,e^{Rt\sqrt{-1}}\,dt;$$

ou, divisant par $e^{Rt\sqrt{-1}}$, et changeant les exponentielles imaginaires en sinus et cosinus,

$$\begin{aligned}
&\frac{dy}{dt} + i\alpha\frac{du}{dt} + i(N + 2H\alpha + R^2 \mathcal{A})U + i^2\beta\frac{dv}{dt} + i^2\left(\frac{N}{2}\alpha + 4H\beta + R^2\mathcal{B}\right)V \\
&\quad - \left[\left(1 - \frac{iN}{2}\mathcal{A}\right)y + i(\alpha + 2H\mathcal{A})u - i\mathcal{A}\frac{dU}{dt}\right. \\
&\qquad \left. + i^2\left(\frac{N}{2}\mathcal{A} + \beta + 4H\mathcal{B}\right)v - i^2\mathcal{B}\frac{dV}{dt}\right]R\sqrt{-1} \\
&= \cos Rt\int T[(1 + i\alpha\cos Ht + i^2\beta\cos 2Ht)\cos Rt \\
&\qquad - i(\mathcal{A}\sin Ht + i\mathcal{B}\sin 2Ht)R\sin Rt]\,dt \\
&+ \sin Rt\int T[(1 + i\alpha\cos Ht + i^2\beta\cos 2Ht)\sin Rt \\
&\qquad + i(\mathcal{A}\sin Ht + i\mathcal{B}\sin 2Ht)R\cos Rt]\,dt \\
&- \sin Rt\int T[(1 + i\alpha\cos Ht + i^2\beta\cos 2Ht)\cos Rt \\
&\qquad - i(\mathcal{A}\sin Ht + i\mathcal{B}\sin 2Ht)R\sin Rt]\,dt\sqrt{-1} \\
&+ \cos Rt\int T[(1 + i\alpha\cos Ht + i^2\beta\cos 2Ht)\sin Rt \\
&\qquad + i(\mathcal{A}\sin Ht + i\mathcal{B}\sin 2Ht)R\cos Rt]\,dt\sqrt{-1}.
\end{aligned}$$

Donc, si l'on remet pour u, U, v et V leurs valeurs, et qu'on compare les imaginaires avec les imaginaires, et les réelles avec les réelles, on aura

$$\begin{aligned}
&\left[1 - \frac{iN}{2}\mathcal{A} + i(\alpha + H\mathcal{A})\cos Ht + i^2\left(\frac{N}{2}\mathcal{A} + \beta + 2H\mathcal{B}\right)\cos 2Ht\right]y \\
&\quad - i(\mathcal{A}\sin Ht + i\mathcal{B}\sin 2Ht)\frac{dy}{dt} \\
&= \sin Rt\int T\left[(1 + i\alpha\cos Ht + i^2\beta\cos 2Ht)\frac{\cos Rt}{R}\right. \\
&\qquad \left. - i(\mathcal{A}\sin Ht + i\mathcal{B}\sin 2Ht)\sin Rt\right]dt \\
&- \cos Rt\int T\left[(1 + i\alpha\cos Ht + i^2\beta\cos Ht)\frac{\sin Rt}{R}\right. \\
&\qquad \left. + i(\mathcal{A}\sin Ht + i\mathcal{B}\sin 2Ht)\cos Rt\right]dt,
\end{aligned}$$

et

$$(1 + i\alpha\cos Ht + i^2\beta\cos 2Ht)\frac{dy}{dt}$$
$$+ i\left[(N + H\alpha + R^2\mathcal{A})\sin Ht + \left(\frac{N}{2}\alpha + 2H\beta + R^2\mathcal{B}\right)\sin 2Ht\right]y$$
$$= \cos Rt\int T[(1 + i\alpha\cos Ht + i^2\beta\cos 2Ht)\cos Rt$$
$$- i(\mathcal{A}\sin Ht + i\mathcal{B}\sin 2Ht)R\sin Rt]\,dt$$
$$+ \sin Rt\int T[(1 + i\alpha\cos Ht + i^2\beta\cos 2Ht)\sin Rt$$
$$+ i(\mathcal{A}\sin Ht + i\mathcal{B}\sin 2Ht)R\cos Rt]\,dt,$$

deux équations à l'aide desquelles on éliminera $\frac{dy}{dt}$.

De l'intégration des équations

$$\text{(T)}\qquad \frac{d^2y}{dt^2} + K^2y + i\left(My'\cos Ht + N\frac{dy'}{dt}\sin Ht\right) = T,$$

$$\text{(U)}\qquad \frac{d^2y'}{dt^2} + K'^2y' + i\left(M'y\cos Ht - N'\frac{dy}{dt}\sin Ht\right) = T'.$$

58. Soit fait, comme dans le numéro précédent,

$$y\cos Ht = u,\quad y\sin Ht = U,\quad y\cos 2Ht = v,\quad y\sin 2Ht = V,\ldots,$$

et de même

$$y'\cos Ht = u',\quad y'\sin Ht = U',\quad y'\cos 2Ht = v',\quad y'\sin 2Ht = V',\ldots,$$

on aura

$$\frac{dy}{dt}\cos Ht = \frac{du}{dt} + HU,\qquad \frac{dy}{dt}\cos 2Ht = \frac{dv}{dt} + 2HV,$$

$$\frac{dy}{dt}\sin Ht = \frac{dU}{dt} - Hu,\qquad \frac{dy}{dt}\sin 2Ht = \frac{dV}{dt} - 2Hv,$$

$$\frac{d^2y}{dt^2}\cos Ht = \frac{d^2u}{dt^2} + 2H\frac{dU}{dt} - H^2u,\qquad \frac{d^2y}{dt^2}\cos 2Ht = \frac{d^2v}{dt^2} + 4H\frac{dV}{dt} - 4H^2v,$$

$$\frac{d^2y}{dt^2}\sin Ht = \frac{d^2U}{dt^2} - 2H\frac{du}{dt} - H^2U,\qquad \frac{d^2y}{dt^2}\sin 2Ht = \frac{d^2V}{dt^2} - 4H\frac{dv}{dt} - 4H^2V,$$

et pareillement

$$\frac{dy'}{dt}\cos Ht = \frac{du'}{dt} + HU', \qquad \frac{dy'}{dt}\cos 2Ht = \frac{dv'}{dt} + 2HV',$$

$$\frac{dy'}{dt}\sin Ht = \frac{dU'}{dt} - Hu', \qquad \frac{dy'}{dt}\sin 2Ht = \frac{dV'}{dt} - 2Hv',$$

$$\frac{d^2y'}{dt^2}\cos Ht = \frac{d^2u'}{dt^2} + 2H\frac{dU'}{dt} - H^2u', \qquad \frac{d^2y'}{dt^2}\cos 2Ht = \frac{d^2v'}{dt^2} + 4H\frac{dV'}{dt} - 4H^2v',$$

$$\frac{d^2y'}{dt^2}\sin Ht = \frac{d^2U'}{dt^2} - 2H\frac{du'}{dt} - H^2U', \qquad \frac{d^2y'}{dt^2}\sin 2Ht = \frac{d^2V'}{dt^2} - 4H\frac{dv'}{dt} - 4H^2V'.$$

Cela posé, on aura d'abord, au lieu des équations (T) et (U), ces deux-ci :

$$(1) \qquad \frac{d^2y}{dt^2} + K^2y + i\left[(M - HN)u' + N\frac{dU'}{dt}\right] = T,$$

$$(2) \qquad \frac{d^2y'}{dt^2} + K'^2y' + i\left[(M' - HN')u - N'\frac{dU}{dt}\right] = T'.$$

Ensuite les mêmes équations (T) et (U) étant multipliées successivement par $\cos Ht$ et par $\sin Ht$ donneront (après les substitutions) ces quatre autres équations :

$$(3) \qquad \left\{\begin{aligned} &\frac{d^2u}{dt^2} + 2H\frac{dU}{dt} + (K^2 - H^2)u \\ &\quad + i\left[\frac{M}{2}y' + \left(\frac{M}{2} - NH\right)v' + \frac{N}{2}\frac{dV'}{dt}\right] = T\cos Ht, \end{aligned}\right.$$

$$(4) \qquad \left\{\begin{aligned} &\frac{d^2U}{dt^2} - 2H\frac{du}{dt} + (K^2 - H^2)U \\ &\quad + i\left[\left(\frac{M}{2} - NH\right)V' + \frac{N}{2}\frac{dy'}{dt} - \frac{N}{2}\frac{dv'}{dt}\right] = T\sin Ht, \end{aligned}\right.$$

$$(5) \qquad \left\{\begin{aligned} &\frac{d^2u'}{dt^2} + 2H\frac{dU'}{dt} + (K'^2 - H^2)u' \\ &\quad + i\left[\frac{M'}{2}y + \left(\frac{M'}{2} + N'H\right)v - \frac{N'}{2}\frac{dV}{dt}\right] = T'\cos Ht, \end{aligned}\right.$$

$$(6) \qquad \left\{\begin{aligned} &\frac{d^2U'}{dt^2} - 2H\frac{du'}{dt} + (K'^2 - H^2)U' \\ &\quad + i\left[\left(\frac{M'}{2} + N'H\right)V - \frac{N'}{2}\frac{dy}{dt} + \frac{N'}{2}\frac{dv}{dt}\right] = T'\sin Ht. \end{aligned}\right.$$

Enfin, multipliant encore l'une et l'autre des équations (T) et (U) par

$\cos 2Ht$ et par $\sin 2Ht$, et négligeant les termes affectés de i, on aura

$$(7)\qquad \frac{d^2 v}{dt^2} + 4H\frac{dV}{dt} + (K^2 - 4H^2)v = T\cos 2Ht,$$

$$(8)\qquad \frac{d^2 V}{dt^2} - 4H\frac{dv}{dt} + (K^2 - 4H^2)V = T\sin 2Ht,$$

$$(9)\qquad \frac{d^2 v'}{dt^2} + 4H\frac{dV'}{dt} + (K'^2 - 4H^2)v' = T'\cos 2Ht,$$

$$(10)\qquad \frac{d^2 V'}{dt^2} - 4H\frac{dv'}{dt} + (K'^2 - 4H^2)V' = T'\sin 2Ht.$$

On aura donc en tout dix inconnues et dix équations, et le problème ne dépendra plus que de l'intégration de ces équations.

En suivant notre méthode on multipliera l'équation (1) par λ, l'équation (2) par λ', l'équation (3) par μ, l'équation (4) par $\mathfrak{M}$, l'équation (5) par μ', l'équation (6) par $\mathfrak{M}'$, l'équation (7) par ν, l'équation (8) par $\mathfrak{N}$, l'équation (9) par ν', l'équation (10) par $\mathfrak{N}'$; et, après les avoir ajoutées ensemble, on multipliera la somme par $e^{\rho t}dt$, et on en prendra l'intégrale; ce qui donnera, en faisant disparaître de dessous le signe $\int$ les différences des variables y, u, V, u',..., et égalant ensuite à zéro les coefficients des termes où ces mêmes variables se trouveront sous le signe,

$$(V)\qquad \left\{\begin{aligned}
&(\rho^2 + K^2)\lambda + i\left(\frac{M'}{2}\mu' + \frac{N'}{2}\mathfrak{M}'\rho\right) = 0,\\
&(\rho^2 + K'^2)\lambda' + i\left(\frac{M}{2}\mu - \frac{N}{2}\mathfrak{M}\rho\right) = 0,\\
&i(M' + N'H)\lambda' + (\rho^2 + K^2 - H^2)\mu + 2H\mathfrak{M}\rho = 0,\\
&iN'\lambda'\rho - 2H\mu\rho + (\rho^2 + K^2 - H^2)\mathfrak{M} = 0,\\
&i(M - NH)\lambda + (\rho^2 + K'^2 - H^2)\mu' + 2H\mathfrak{M}'\rho = 0,\\
&-iN\lambda\rho - 2H\mu'\rho + (\rho^2 + K'^2 - H^2)\mathfrak{M}' = 0,\\
&i\left(\frac{M'}{2} + N'H\right)\mu' - \frac{iN'}{2}\mathfrak{M}'\rho + (\rho^2 + K^2 - 4H^2)\nu + 4H\mathfrak{N}\rho = 0,\\
&\frac{iN'}{2}\mu'\rho + i\left(\frac{M'}{2} + N'H\right)\mathfrak{M}' - 4H\nu\rho + (\rho^2 + K^2 - 4H^2)\mathfrak{N} = 0,\\
&i\left(\frac{M}{2} - NH\right)\mu + \frac{iN}{2}\mathfrak{M}\rho + (\rho^2 + K'^2 - 4H^2)\nu' + 4H\mathfrak{N}'\rho = 0,\\
&-\frac{iN}{2}\mu\rho + i\left(\frac{M}{2} - NH\right)\mathfrak{M} - 4H\nu'\rho + (\rho^2 + K'^2 - 4H^2)\mathfrak{N}' = 0.
\end{aligned}\right.$$

et

$$(X)\quad\left\{\begin{aligned}&\Big[\lambda\frac{dy}{dt}+\lambda'\frac{dy'}{dt}+\mu\frac{du}{dt}+\mathfrak{M}\frac{dU}{dt}+\mu'\frac{du'}{dt}\\&\quad+\mathrm{M}'\frac{dU'}{dt}+\nu\frac{dv}{dt}+\mathfrak{N}\frac{dV}{dt}+\nu'\frac{dv'}{dt}+\mathfrak{N}'\frac{dV'}{dt}\\&\quad+\left(-\lambda\rho-\frac{i\mathrm{N}'}{2}\mathfrak{M}'\right)y+\left(-\lambda'\rho+\frac{i\mathrm{N}}{2}\mathfrak{M}\right)y'\\&\quad+(-\mu\rho-2\mathrm{H}\mathfrak{M})u+(-i\mathrm{N}'\lambda'+2\mathrm{H}\mu-\mathfrak{M}\rho)U\\&\quad+(-\mu'\rho-2\mathrm{H}\mathfrak{M}')u'+(i\mathrm{N}\lambda+2\mathrm{H}\mu'-\mathfrak{M}'\rho)U'\\&\quad+\left(\frac{i\mathrm{N}'}{2}\mathfrak{M}'-\nu\rho-4\mathrm{H}\mathfrak{N}\right)v+\left(-\frac{i\mathrm{N}'}{2}\mu'+4\mathrm{H}\nu-\mathfrak{N}\rho\right)V\\&\quad+\left(-\frac{i\mathrm{N}}{2}\mathfrak{M}-\nu'\rho-4\mathrm{H}\mathfrak{N}'\right)v'+\left(\frac{i\mathrm{N}}{2}\mu+4\mathrm{H}\nu'-\mathfrak{N}'\rho\right)V'\Big]e^{\rho t}\\&=\int[\mathrm{T}(\lambda+\mu\cos\mathrm{H}t+\mathfrak{M}\sin\mathrm{H}t+\nu\cos2\mathrm{H}t+\mathrm{N}\sin2\mathrm{H}t)\\&\qquad+\mathrm{T}'(\lambda'+\mu'\cos\mathrm{H}t+\mathfrak{M}'\sin\mathrm{H}t+\nu'\cos2\mathrm{H}t+\mathfrak{N}'\sin2\mathrm{H}t)]e^{\rho t}dt.\end{aligned}\right.$$

59. Qu'on multiplie la quatrième, la sixième, la huitième et la dixième des équations (V) par $\pm\sqrt{-1}$, et qu'on les ajoute ensuite chacune à sa précédente, on aura, au lieu des dix équations (V), les six suivantes :

$$(\rho^2+\mathrm{K}^2)\lambda+i\left(\frac{\mathrm{M}'}{2}\mu'+\frac{\mathrm{N}'}{2}\mathfrak{M}'\rho\right)=0,$$

$$(\rho^2+\mathrm{K}'^2)\lambda'+i\left(\frac{\mathrm{M}}{2}\mu-\frac{\mathrm{N}}{2}\mathfrak{M}\rho\right)=0,$$

$$i[\mathrm{M}'+\mathrm{N}'(\mathrm{H}\pm\rho\sqrt{-1})]\lambda'+[\mathrm{K}^2-(\mathrm{H}\pm\rho\sqrt{-1})^2](\mu\pm\mathfrak{M}\sqrt{-1})=0,$$

$$i[\mathrm{M}-\mathrm{N}(\mathrm{H}\pm\rho\sqrt{-1})]\lambda+[\mathrm{K}'^2-(\mathrm{H}\pm\rho\sqrt{-1})^2](\mu'\pm\mathfrak{M}'\sqrt{-1})=0,$$

$$\begin{aligned}&i[\mathrm{M}'+\mathrm{N}'(2\mathrm{H}\pm\rho\sqrt{-1})](\mu'\pm\mathfrak{M}'\sqrt{-1})\\&\quad+2[\mathrm{K}^2-(2\mathrm{H}\pm\rho\sqrt{-1})^2](\nu\pm\mathfrak{N}\sqrt{-1})=0,\end{aligned}$$

$$\begin{aligned}&i[\mathrm{M}-\mathrm{N}(2\mathrm{H}\pm\rho\sqrt{-1})](\mu\pm\mathfrak{M}\sqrt{-1})\\&\quad+2[\mathrm{K}'^2-(2\mathrm{H}\pm\rho\sqrt{-1})^2](\nu'\pm\mathfrak{N}'\sqrt{-1})=0.\end{aligned}$$

Les deux premières donnent, ou bien

$$(Y)\qquad -\rho^2=\mathrm{K}^2+\frac{i}{\lambda}\left(\frac{\mathrm{M}'}{2}\mu'+\frac{\mathrm{N}'}{2}\mathfrak{M}'\rho\right)$$

et

$$\lambda' = -i\,\frac{M\mu - N\mathfrak{M}\rho}{2(\rho^2 + K^2)},$$

ou bien

$$-\rho^2 = K'^2 + \frac{i}{\lambda'}\left(\frac{M}{2}\mu - \frac{N}{2}\mathfrak{M}\rho\right)$$

et

$$\lambda = -i\,\frac{M'\mu' + N\mathfrak{M}'\rho}{2(\rho^2 + K^2)}.$$

Dans le premier cas, la troisième équation deviendra, en substituant la valeur de λ',

$$\begin{aligned}&[K^2 - (H \pm \rho\sqrt{-1})^2](\mu \pm \mathfrak{M}\sqrt{-1})\\ &\qquad - i^2[M' + N'(H \pm \rho\sqrt{-1})]\,\frac{M'\mu' + N\mathfrak{M}'\rho}{2(\rho^2 + K^2)} = 0,\end{aligned}$$

laquelle donnera séparément, à cause de l'ambiguïté du signe, $\mu = 0$ et $\mathfrak{M} = 0$; de sorte qu'on aura aussi $\lambda' = 0$, $\nu' = 0$ et $\mathfrak{N}' = 0$; et l'on aura ensuite, pour la détermination des quantités μ', $\mathfrak{M}'$, ν et $\mathfrak{N}$,

$$(Z)\quad\left\{\begin{aligned}&\mu' \pm \mathfrak{M}'\sqrt{-1} = -i\,\frac{M - N(H \pm \rho\sqrt{-1})}{K'^2 - (H \pm \rho\sqrt{-1})}\,\lambda,\\ &\nu \pm \mathfrak{N}\sqrt{-1} = -i\,\frac{M' + N'(2H \pm \rho\sqrt{-1})}{2[K^2 - (2H \pm \rho\sqrt{-1})^2]}\,(\mu' \pm \mathfrak{M}'\sqrt{-1}),\end{aligned}\right.$$

d'où l'on voit que les quantités μ' et $\mathfrak{M}'$ seront de l'ordre de i, et les quantités ν et $\mathfrak{N}$ de celui de i^2.

Dans le second cas on trouvera d'abord $\mu' = 0$, $\mathfrak{M}' = 0$, et par conséquent $\lambda = 0$, $\nu = 0$, et $\mathfrak{N} = 0$; ensuite on aura

$$\mu \pm \mathfrak{M}\sqrt{-1} = -i\,\frac{M' + N'(H \pm \rho\sqrt{-1})}{K^2 - (H \pm \rho\sqrt{-1})^2}\,\lambda',$$

et

$$\nu' \pm \mathfrak{N}'\sqrt{-1} = -i\,\frac{M - N(2H \pm \rho\sqrt{-1})}{2[K'^2 - (2H \pm \rho\sqrt{-1})^2]}\,(\mu \pm \mathfrak{M}\sqrt{-1}),$$

d'où l'on tirera μ, $\mathfrak{M}$, ν' et $\mathfrak{N}'$.

Ayant ainsi les valeurs de tous les coefficients, on achèvera le calcul comme on a fait dans le numéro précédent, et l'on aura, à l'aide des deux valeurs de ρ^2, deux équations finales qui serviront à trouver y et y'.

Il y a cependant un cas qui demande une discussion particulière; c'est celui où le coefficient H serait presque égal à $K - K'$, la différence n'étant que de l'ordre de i; nous allons l'examiner dans les numéros suivants.

Analyse du cas où H *est presque égal à* K — K'.

60. Soient

$$K = h + ik, \quad K' = h' + ik' \quad \text{et} \quad H = h - h',$$

en sorte que

$$H = K - K' + i(k - k').$$

Je fais

$$\rho\sqrt{-1} = h + im,$$

c'est-à-dire

$$\rho = -(h + im)\sqrt{-1},$$

ce qui me donne

$$\rho^2 + K^2 = -2ih(m - k) - 2i^2(m^2 - k^2),$$

et les équations (Y) et (Z) du numéro précédent se changeront en celles-ci :

$$(a) \qquad 2h(m - k) + i(m^2 - k^2) = \frac{1}{\lambda}\left[\frac{M'}{2}\mu' - \frac{N'(h + im)}{2}\mathfrak{M}'\sqrt{-1}\right],$$

$$(b) \qquad \mu' \pm \mathfrak{M}'\sqrt{-1} = -i\,\frac{M - N[h - h' \pm (h + im)]}{(h' + ik')^2 - [h - h' \pm (h + im)]^2}\lambda,$$

$$(c) \quad \nu \pm \mathfrak{N}\sqrt{-1} = -\frac{i}{2}\,\frac{M' + N[2h - 2h' \pm (h + im)]}{(h + ik)^2 - [2h - 2h' \pm (h + im)]^2}(\mu' \pm \mathfrak{M}'\sqrt{-1}),$$

d'où l'on tirera les valeurs de m, μ', $\mathfrak{M}'$, ν et $\mathfrak{N}$.

L'équation (b) étant prise en — donnera

$$\mu' - \mathfrak{M}'\sqrt{-1} = -i\,\frac{M + N(h' + im)}{(h' + ik)^2 - (h' + im)^2}\lambda.$$

Or

$$[(h'+ik')^2-(h'+im)^2=2ih'(k'-m)+i^2(k'^2-m^2)]$$
$$=-i(m-k')[2h+i(m+k')];$$

donc, faisant cette substitution, et divisant ensuite le haut et le bas de la fraction par i, on aura

$$\mu'-\mathfrak{M}'\sqrt{-1}=\frac{M+N(h'+im)}{(m-k')[2h'+i(m+k')]}\lambda,$$

équation dans laquelle je remarque que la quantité i ne se trouve plus qu'au premier degré; de sorte que cette équation ne doit être regardée comme exacte qu'aux quantités de l'ordre de i^2 près. C'est pourquoi il faudra négliger dans la suite toutes les quantités de ce même ordre.

Prenons maintenant l'équation (b) en $+$, et nous aurons, en rejetant les termes de l'ordre de i^2,

$$\mu'+\mathfrak{M}'\sqrt{-1}=-i\frac{M-N(2h-h)}{h'^2-(2h-h')^2}\lambda.$$

Donc

$$\mu'=\frac{1}{2}\left\{\frac{M+N(h'+im)}{(m-k')[2h'+i(m+k')]}+i\frac{M-N(2h-h')}{4h(h-h')}\right\}\lambda,$$

$$\mathfrak{M}'=\frac{1}{2}\left\{\frac{M+N(h'+im)}{(m-k')[2h'+i(m+k')]}-i\frac{M-N(2h-h')}{4h(h-h')}\right\}\lambda,$$

c'est-à-dire, en faisant

$$\alpha=\frac{Nm}{4h'(m-k')}-\frac{(M+Nh')(m+k')}{8h'^2(m-k')}+\frac{M-N(2h-h')}{8h(h-h')}$$

$$\mathcal{A}=\frac{Nm}{4h'(m-k')}-\frac{(M+Nh')(m+k')}{8h'^2(m-k')}+\frac{M-N(2h-h')}{8h(h-h')},$$

$$\mu'=\left[\frac{M+Nh'}{4h'(m-k')}+i\alpha\right]\lambda,\quad \mathfrak{M}'=\left[\frac{M+Nh'}{4h'(m-k')}+i\mathcal{A}\right]\lambda\sqrt{-1}.$$

Ces valeurs étant substituées dans l'équation (a), il viendra

$$2h(m-k)+i(m^2-k^2)$$
$$=\frac{M'(M+Nh')}{8h'(m-k')}+i\alpha\frac{M'}{2}+\frac{N'(M+Nh)(h+im)}{8h'(m-k')}+i\mathcal{A}\frac{N'h}{2},$$

ou multipliant par $\frac{m-k'}{2h}$ et réduisant,

$$(m-k)(m-k') - \frac{(M+Nh')(M'+Nh)}{16hh'}$$
$$+ i\left[(m^2-k^2)(m-k') - \frac{(M+Nh)N'm}{16hh'} - \frac{(\alpha M' + \mathcal{A}N'h)(m-k')}{4h}\right] = 0.$$

De sorte que si l'on fait

$$\Delta = (m^2-k^2)(m-k') - \frac{(M+Nh)N'm}{16hh'} - \frac{(\alpha M' + \mathcal{A}N'h)(m-k')}{4h},$$

on aura

$$(d) \qquad (m-k)(m-k') - \frac{(M+Nh')(M'+N'h)}{16hh'} + i\Delta = 0,$$

équation d'où l'on tirera deux valeurs de m que j'appellerai m_1 et m_2.

Si l'on néglige le terme $i\Delta$, on aura les premières valeurs approchées de m_1 et de m_2; et substituant ensuite ces valeurs dans l'expression de Δ. on aura les valeurs de m_1 et de m_2 aux quantités de l'ordre de i^2 près.

Enfin l'équation (c) donnera, en substituant les valeurs de μ' et de $\mathfrak{M}'$. et négligeant les termes de l'ordre de i^2,

$$\nu \pm \varpi\sqrt{-1} = -i\,\frac{M+N(2h-2h'\pm h)}{h^2-(2h-2h'\pm h)^2}\,\frac{M+Nh'}{8h'(m-k')}(1\mp 1)\lambda,$$

d'où, en faisant

$$\beta = -\frac{M+N(h-2h')}{4h'(h-h')}\,\frac{M+Nh'}{8h'(m-k')},$$

on aura

$$\nu = i\beta\lambda, \quad \varpi = i\beta\lambda\sqrt{-1}.$$

A l'égard des autres coefficients, savoir : λ', μ, $\mathfrak{M}$, ν' et ϖ', ils seront tous égaux à zéro, comme nous l'avons vu dans le numéro précédent.

61. On fera maintenant ces différentes substitutions dans l'équation

intégrale (X) du n° 58, et l'on aura, en rejetant les termes de l'ordre de i^2,

$$
(e)\quad
\left\{
\begin{aligned}
&\left(\frac{dy}{dt}+\frac{\mathrm{M}+\mathrm{N}h'}{4h'(m-k')}\left(\frac{du'}{dt}+\frac{dU'}{dt}\sqrt{-1}\right)\right.\\
&\quad+hy\sqrt{-1}+(h-2\mathrm{H})\frac{\mathrm{M}+\mathrm{N}h'}{4h'(m-k')}(u'\sqrt{-1}-U')\\
&\quad+i\left\{\alpha\frac{du'}{dt}+\mathcal{A}\frac{dU'}{dt}\sqrt{-1}+\beta\left(\frac{dv}{dt}+\frac{dV}{dt}\sqrt{-1}\right)\right.\\
&\qquad+\left[m-\frac{\mathrm{N}'(\mathrm{M}+\mathrm{N}h')}{8h'(m-k')}\right]y\sqrt{-1}\\
&\qquad+\left[\frac{(\mathrm{M}+\mathrm{N}h')m}{4h'(m-k')}+h\alpha-2\mathrm{H}\mathcal{A}\right]u'\sqrt{-1}\\
&\qquad+\left[\mathrm{N}+2\mathrm{H}\alpha-\frac{(\mathrm{M}+\mathrm{N}h')m}{4h'(m-k')}-h\mathcal{A}\right]U'\\
&\qquad\left.\left.+\left[\frac{\mathrm{N}'(\mathrm{M}+\mathrm{N}h')}{8h'(m-k')}+(h-4\mathrm{H})\beta\right](v\sqrt{-1}-V)\right\}\right)e^{(h+im)t\sqrt{-1}}\\
&=\int\left\{\mathrm{T}+\frac{\mathrm{M}+\mathrm{N}h'}{4h'(m-k')}\mathrm{T}'(\cos\mathrm{H}t+\sin\mathrm{H}t\sqrt{-1})\right.\\
&\qquad+i\,[\beta\mathrm{T}(\cos2\mathrm{H}t+\sin2\mathrm{H}t\sqrt{-1})\\
&\qquad\qquad\left.+\mathrm{T}'(\alpha\cos\mathrm{H}t+\mathcal{A}\sin\mathrm{H}t\sqrt{-1})]\right\}e^{-(h+im)t\sqrt{-1}}\,dt.
\end{aligned}
\right.
$$

Supposons que cette intégrale soit prise de telle manière qu'elle soit nulle lorsque $t=0$, et qu'alors on ait

$$y=f,\quad \frac{dy}{dt}=g,\quad y'=f',\quad \frac{dy'}{dt}=g',$$

et par conséquent

$$u'=f',\quad \frac{du'}{dt}=g',\quad U'=0,\quad \frac{dU'}{dt}=\mathrm{H}f',\quad v=f,\quad \frac{dv}{dt}=g,\quad V=0,$$

et (n° 58)

$$\frac{dV}{dt}=2\mathrm{H}f,$$

il est clair qu'il faudra ajouter au second membre de l'équation précédente, la quantité

$$g+\frac{M+Nh'}{4h'(m-k')}(g'+Hf'\sqrt{-1})+hf\sqrt{-1}+(h-2H)\frac{M+Nh'}{4h'(m-k')}f'\sqrt{-1}$$

$$+i\Big\{\alpha g'+\mathcal{A}Hf'\sqrt{-1}+\beta(g+2Hf\sqrt{-1})+\left[m-\frac{N'(M+Nh')}{8h'(m-k')}\right]f\sqrt{-1}$$

$$+\left[\frac{(M+Nh')m}{4h'(m-k')}+h\alpha-2H\mathcal{A}\right]f'\sqrt{-1}$$

$$+\left[\frac{N'(M+Nh')}{8h'(m-k')}+(h-4H)\beta\right]f\sqrt{-1}\Big\},$$

c'est-à-dire, à cause de $H=h-h'$,

$$g+hf\sqrt{-1}+\frac{M+Nh'}{4h'(m-k')}(g'+h'f'\sqrt{-1})$$

$$+i\Big\{\alpha g'+\beta g+\left[\frac{(M+Nh')m}{4h'(m-k')}+h\alpha-H\mathcal{A}\right]f'\sqrt{-1}$$

$$+[m-(h-2h')\beta]f\sqrt{-1}\Big\}.$$

62. Pour rendre le calcul plus simple, nous négligerons d'abord les termes de l'ordre de i; moyennant quoi l'équation (e) deviendra, en mettant $h-h'$ au lieu de H, et $e^{(h-h')t\sqrt{-1}}$ au lieu de $\cos Ht+\sin Ht\sqrt{-1}$,

$$(f)\quad\left\{\begin{aligned}&\Big(\frac{dy}{dt}+\frac{M+Nh'}{4h'(m-k')}\left[\frac{du'}{dt}+(h-2h')U'\right]\\&\quad+\Big\{hy+\frac{M+Nh'}{4h'(m-k')}\left[\frac{dU'}{dt}-(h-2h')u'\right]\Big\}\sqrt{-1}\Big)e^{-(h+im)t\sqrt{-1}}\\&=g+\frac{M+Nh'}{4h'(m-k')}g'+\left[hf+\frac{M+Nh'}{4(m-h')}f'\right]\sqrt{-1}\\&\quad+\int\left[Te^{-(h+im)t\sqrt{-1}}+\frac{M+Nh'}{4h'(m-h')}T'e^{-(h'+im)t\sqrt{-1}}\right]dt.\end{aligned}\right.$$

Si l'on multiplie cette équation par $e^{(h+im)t\sqrt{-1}}$, qu'ensuite, après avoir réduit les exponentielles imaginaires en sinus et cosinus, on compare la partie imaginaire du premier membre à la partie imaginaire du second, et qu'on fasse, pour abréger,

$$\theta = \sin[(h+im)t]\int \mathrm{T}\cos[(h+im)t]\,dt - \cos[(h+im)t]\int \mathrm{T}\sin[(h+im)t]\,dt,$$

$$\vartheta = \sin[(h+im)t]\int \mathrm{T}'\cos[(h'+im)t]\,dt - \cos[(h+im)t]\int \mathrm{T}'\sin[(h'+im)t]\,dt,$$

on aura l'équation suivante

$$\begin{aligned} hy + \frac{\mathrm{M}+\mathrm{N}h'}{4h'(m-k')}\left[\frac{d\mathrm{U}'}{dt} - (h-2h')u'\right] &= \left[hf + \frac{\mathrm{M}+\mathrm{N}h'}{4(m-k')}f'\right]\cos[(h+im)t] \\ &+ \left[g + \frac{\mathrm{M}+\mathrm{N}h'}{4h'(m-k')}g'\right]\sin[(h+im)t] + \theta + \frac{\mathrm{M}+\mathrm{N}h'}{4h'(m-k')}\vartheta, \end{aligned}$$

laquelle, en mettant successivement m_1 et m_2 à la place de m, et dénotant par θ_1 et θ_2, ϑ_1 et ϑ_2 les valeurs correspondantes de θ et de ϑ, en fournira deux autres, dont la seconde étant multipliée par $\frac{m_2-k'}{h(m_1-m_2)}$, et ensuite retranchée de la première aussi multipliée par $\frac{m_1-k'}{h(m_1-m_2)}$, on aura

$$(g)\quad \left\{\begin{aligned} y = &\left[\frac{m_1-k'}{m_1-m_2}f + \frac{\mathrm{M}+\mathrm{N}h'}{4h(m_1-m_2)}f'\right]\cos[(h+im_1)t] \\ &+ \left[\frac{m_1-k'}{h(m_1-m_2)}g + \frac{\mathrm{M}+\mathrm{N}h'}{4hh'(m_1-m_2)}g'\right]\sin[(h+im_1)t] \\ &- \left[\frac{m_2-k'}{m_1-m_2}f + \frac{\mathrm{M}+\mathrm{N}h'}{4h(m_1-m_2)}f'\right]\cos[(h+im_2)t] \\ &- \left[\frac{m_2-k'}{h(m_1-m_2)}g + \frac{\mathrm{M}+\mathrm{N}h'}{4hh'(m_1-m_2)}g'\right]\sin[(h+im_2)t] \\ &+ \frac{m_1-k'}{h(m_1-m_2)}\theta_1 - \frac{m_2-k'}{h(m_1-m_2)}\theta_2 - \frac{\mathrm{M}+\mathrm{N}h'}{4hh'(m_1-m_2)}(\vartheta_1-\vartheta_2). \end{aligned}\right.$$

63. Il faudrait maintenant faire un calcul semblable pour trouver la valeur de y', en employant les autres formules du n° 59; mais sans entrer

dans un nouveau détail à cet égard, il suffira de considérer que les équations proposées (T) et (U), dans lesquelles $\mathrm{H} = h - h'$, sont telles que l'une se change en l'autre, en marquant seulement d'un trait les lettres y, K, M, N, h, T, et effaçant celui des lettres y', K', M', N', h', T'; d'où il s'ensuit que pour avoir l'expression de y' il ne faudra que mettre dans celle de y, f', g', h', k', M', N', T' au lieu de f, g, h, k, M, N, T, et *vice versâ*.

A l'égard des valeurs de m, on remarquera qu'en négligeant le terme $i\Delta$, elles seront les mêmes pour les deux cas, puisque les quantités M, N, h, k et M', N', h', k' entrent de la même manière dans l'équation (d) du n° 60.

64. Ayant trouvé les premières valeurs de y et de y', si l'on veut avoir une plus grande précision et tenir compte aussi des quantités de l'ordre de i, on nommera ces valeurs y et y', et on désignera de même par u', U', v et V les valeurs correspondantes des quantités u', U', v et V; ensuite on supposera

$$y = \mathrm{y} + iy^{*}, \quad u' = \mathrm{u}' + iu'^{*}, \quad U' = \mathrm{U}' + iU'^{*},$$

et l'on fera ces substitutions dans l'équation (e) du n° 61, en négligeant les termes de l'ordre de i^2; après quoi on effacera tous les termes qui ne seront point affectés de i, parce que ces termes se détruiront d'eux-mêmes, en vertu de l'équation (f), et l'on divisera les autres par i. De cette manière on aura

$$\begin{aligned} &\left(\frac{dy^{*}}{dt} + \frac{\mathrm{M} + \mathrm{N}h'}{4h'(m - k')}\left(\frac{du'^{*}}{dt} + (h - 2h')U'^{*}\right)\right. \\ &\quad + \left[hy^{*} + \frac{\mathrm{M} + \mathrm{N}h'}{4h'(m - k')}\left(\frac{dU'^{*}}{dt} - (h - 2h')u'^{*}\right)\right]\sqrt{-1} \\ &\quad + \alpha\frac{d\mathrm{u}'}{dt} + \beta\frac{d\mathrm{v}}{dt} + \left(\mathrm{N} + 2\mathrm{H}\alpha - \frac{(\mathrm{M} + \mathrm{N}h')m}{4h(m - k')} - h\mathfrak{b}\right)\mathrm{U}' \\ &\quad - \left(\frac{\mathrm{N}'(\mathrm{M} + \mathrm{N}h')}{8h'(m - k')} + (h - 4\mathrm{H})\beta\right)\mathrm{V} \end{aligned}$$

$$+\left[\mathcal{A}\frac{dU'}{dt}+\beta\frac{dV}{dt}+\left(m-\frac{N'(M+Nh')}{8h'(m-k')}\right)y\right.$$
$$+\left(\frac{(M+Nh')m}{4h'(m-k')}+h\alpha-2H\mathcal{A}\right)u'$$
$$\left.\left.+\left(\frac{N(M+Nh')}{8h'(m-k')}+(h-4H)\beta\right)v\right]\sqrt{-1}\right\}e^{-(h+im)t\sqrt{-1}}$$

$$=\alpha g'+\beta g+\left[\left(\frac{(M+Nh')m}{4h'(m-k')}+h\alpha-H\mathcal{A}\right)f'+\left(m-(h-2h')\beta\right)f\right]\sqrt{-1}$$
$$+\int[\beta T(\cos 2Ht+\sin 2Ht\sqrt{-1})$$
$$+T'(\alpha\cos Ht+\mathcal{A}\sin Ht\sqrt{-1})]\,e^{-(h+im)t\sqrt{-1}}dt.$$

On traitera cette équation comme on a fait ci-devant l'équation (f), et supposant, pour abréger,

$$\varphi=\sin[(h+im)t]\int T\cos[(2h'-h+im)t]\,dt$$
$$-\cos[(h+im)t]\int T\sin[(2h'-h+im)t]\,dt,$$

$$\chi=\sin[(h+im)t]\int T'\cos[(h'+im)t]\,dt$$
$$-\cos[(h+im)t]\int T'\sin[(h'+im)t]\,dt,$$

$$\psi=\sin[(h+im)t]\int T'\cos[(2h-h'+im)t]\,dt$$
$$-\cos[(h+im)t]\int T'\sin[(2h-h'+im)t]\,dt,$$

et de plus

$$\gamma=m-\frac{N'(M+Nh')}{8h'(m-k')},$$

$$\delta=\frac{(M+Nh')m}{4h'(m-k')}+h\alpha-2H\mathcal{A},$$

$$\varepsilon=\frac{N'(M+Nh')}{8h'(m-k')}+(h-4H)\beta,$$

$$\zeta=\alpha g'+\beta g,$$

$$\eta=\left[\frac{(M+Nh)m}{4h'(m-k')}+h\alpha-H\mathcal{A}\right]f'+[m-(h-2h')\beta]f,$$

on trouvera

$$y^* = \frac{m_1 - k'}{h(m_1 - m_2)}\Big[\eta_1 \cos[(h + im_1)t] + \zeta_1 \sin[(h + im_1)t]$$

$$+ \mathcal{A}_1 \frac{d\mathrm{U}'}{dt} + \beta_1 \frac{d\mathrm{V}'}{dt} + \gamma_1 \mathrm{y} + \delta_1 \mathrm{u}' + \varepsilon_1 \mathrm{v}$$

$$+ \beta_1 \varphi_1 + \frac{\alpha_1 + \mathcal{A}_1}{2} \chi_1 + \frac{\alpha_1 - \mathcal{A}_1}{2} \psi_1\Big]$$

$$- \frac{m_2 - k'}{h(m_1 - m_2)}\Big[\eta_2 \cos[(h + im_2)t] + \zeta_2 \sin[(h + im_2)t]$$

$$+ \mathcal{A}_2 \frac{d\mathrm{U}'}{dt} + \beta_2 \frac{d\mathrm{V}'}{dt} + \gamma_2 \mathrm{y} + \delta_2 \mathrm{u}' + \varepsilon_2 \mathrm{v}$$

$$+ \beta_2 \varphi_2 + \frac{\alpha_2 + \mathcal{A}_1}{2} \chi_2 + \frac{\alpha_2 - \mathcal{A}_1}{2} \psi_2\Big],$$

$\eta_1, \eta_2, \zeta_1, \zeta_2, \ldots$ étant les valeurs de $\eta, \zeta, \ldots$ qui répondent à m_1 et m_2.

Si l'on voulait encore pousser la précision plus loin, il faudrait alors reprendre les calculs du nº 58, et y avoir égard aux quantités de l'ordre de i^3 que nous y avons négligées.

65. Soit $\mathrm{T} = \mathrm{AP}$, A étant une quantité constante, et P une fonction de P telle, que

$$\frac{d^2\mathrm{P}}{dt^2} + a^2 \mathrm{P} = 0;$$

on aura donc

$$\int \mathrm{T} \cos[(h + im)t]\, dt = \mathrm{A} \int \mathrm{P} \cos[(h + im)t]\, dt,$$

et

$$\int \mathrm{P} \cos[(h + im)t]\, dt = -\frac{1}{a^2} \int \frac{d^2\mathrm{P}}{dt^2} \cos[(h + im)t]\, dt$$

$$= -\frac{1}{a^2} \frac{d\mathrm{P}}{dt} \cos[(h + im)t] - \frac{h + im}{a^2} \mathrm{P} \sin[(h + im)t]$$

$$+ \frac{(h + im)^2}{a^2} \int \mathrm{P} \cos[(h + im)t]\, dt$$

en intégrant par parties; donc, supposant que l'intégrale

$$\int \mathrm{P} \cos[(h + im)t]\, dt$$

soit prise de manière qu'elle soit nulle lorsque $t=0$, et qu'alors on ait $\frac{dP}{dt}=\alpha$, on aura

$$\begin{aligned}\int P\cos[(h+im)t]\,dt\\ =\left[(h+im)P\sin[(h+im)t]+\frac{dP}{dt}\cos[(h+im)t]-\alpha\right]\frac{1}{(h+im)^2-a^2}.\end{aligned}$$

On trouvera de même, en prenant β pour ce que devient P lorsque $t=0$,

$$\begin{aligned}\int P\sin[(h+im)t]\,dt\\ =\left[-(h+im)P\cos[(h+im)t]+\frac{dP}{dt}\sin[(h+im)t]+(h+im)\beta\right]\frac{1}{(h+im)^2-a^2}.\end{aligned}$$

De sorte qu'on aura (n° 62)

$$\theta=\frac{A}{(h+im)^2-a^2}\left[(h+im)P-\alpha\sin[(h+im)t]-\beta(h+im)\cos[(h+im)t\right].$$

Pareillement, si l'on a

$$T'=A'P' \quad \text{et} \quad \frac{d^2P'}{dt^2}+a'^2P'=0,$$

et que α', β' soient les valeurs de $\frac{dP'}{dt}$ et de P' quand $t=0$, on trouvera

$$\begin{aligned}\vartheta=\frac{A'}{(h'+im)-a'^2}\Big[(h'+im)P\cos[(h-h')t]+\frac{dP}{dt}\sin[(h-h')t]\\ -\alpha'\sin[(h'+im)t]-\beta'(h'+im)\cos[(h'+im)t]\Big].\end{aligned}$$

Donc, si l'on a

$$T=AP+BQ+CR+\ldots$$

et

$$\frac{d^2P}{dt^2}+a^2P=0,\quad \frac{d^2Q}{dt^2}+b^2Q=0,\quad \frac{d^2R}{dt^2}+c^2R=0,\ldots;$$

et de même

$$T'=A'P'+B'Q'+C'R'+\ldots$$

et

$$\frac{d^2P'}{dt^2}+a'^2P'=0,\quad \frac{d^2Q'}{dt^2}+b'^2Q'=0,\quad \frac{d^2R'}{dt^2}+c'^2R'=0,\ldots,$$

et qu'on fasse

$$\Theta = \frac{A}{h^2 - a^2} P + \frac{B}{h^2 - b^2} Q + \frac{C}{h^2 - c^2} R + \ldots,$$

$$\Theta' = \frac{A'}{h'^2 - a'^2} P' + \frac{B'}{h'^2 - b'^2} Q' + \frac{C'}{h'^2 - c'^2} R' + \ldots,$$

et de plus

$$F = f - \Lambda, \quad G = g - \Gamma, \quad F' = f' - \Lambda', \quad G' = g' - \Gamma'$$

$\left(\Lambda, \Gamma, \Lambda' \text{ et } \Gamma' \text{ étant les valeurs de } \Theta, \frac{d\Theta}{dt}, \Theta' \text{ et } \frac{d\Theta'}{dt}, \text{ lorsque } t = 0\right)$, la formule (g) du n° **62** donnera, en négligeant les termes de l'ordre de i,

$$(h) \quad \left\{ \begin{aligned} y = & \left[\frac{m_1 - k'}{m_1 - m_2} F + \frac{M + Nh'}{4h'(m_1 - m_2)} F'\right] \cos[(h + im_1)t] \\ & + \left[\frac{m_1 - k'}{h(m_1 - m_2)} G + \frac{M + Nh'}{4hh'(m_1 - m_2)} G'\right] \sin[(h + im_1)t] \\ & - \left[\frac{m_2 - k'}{m_1 - m_2} F + \frac{M + Nh'}{4h'(m_1 - m_2)} F'\right] \cos[(h + im_2)t] \\ & - \left[\frac{m_2 - k'}{h(m_1 - m_2)} G + \frac{M + Nh'}{4hh'(m_1 - m_2)} G'\right] \sin[(h + im_2)t] + \Theta. \end{aligned} \right.$$

Par là on aura la valeur de y lorsque les fonctions T et T' seront exprimées par des suites quelconques de différents sinus et cosinus d'angles multiples de t.

Il faut observer que si a était égal ou presque égal à h, il ne serait pas permis de négliger les termes affectés de i dans l'expression de θ, et l'on trouverait alors dans la valeur de y des termes dont les coefficients seraient très-grands; il en faudra dire autant du cas où a' ne serait que très-peu différent de h'; nous en laissons le détail au Lecteur.

Mais, si a était exactement égal à $h + im$, le dénominateur $a^2 - (h + im)^2$ de l'expression de θ deviendrait égal à zéro, et comme cette quantité n'est point infinie, le numérateur correspondant serait aussi égal à zéro dans ce cas-là; faisant donc

$$h + im = a + \omega,$$

et regardant ω comme une quantité évanouissante, on trouverait

$$\theta = -\frac{A}{2a}\left[\alpha t \cos at + \beta(\cos at - at \sin at) - P - a\frac{dP}{da}\right];$$

de sorte que la formule (h) contiendrait des termes multipliés par l'angle t. Il en serait de même si $a' = h' + im$. Au reste ces deux cas sont susceptibles de remarques analogues à celle que nous avons faite à la fin n° 52.

66. Comme les quantités m_1 et m_2 sont les racines d'une équation du second degré (n° 60), il peut arriver qu'elles soient égales ou imaginaires; ainsi il ne sera pas inutile de nous arrêter ici à discuter ces deux cas.

1° Si $m_2 = m_1$, je fais $m_2 = m_1 + \omega$ (ω étant une quantité évanouissante), ce qui me donne

$$\frac{m_1 - k'}{m_1 - m_2} = -\frac{m_1 - k'}{\omega}, \quad \frac{m_2 - k'}{m_1 - m_2} = -\frac{m_1 - k'}{\omega} - 1, \quad \frac{M + Nh'}{m_1 - m_2} = -\frac{M + Nh'}{\omega},$$

et

$$\cos[(h + im_2)t] = \cos[(h + im_1)t] - it\omega \sin[(h + im_1)t],$$
$$\sin[(h + im_2)t] = \sin[(h + im_1)t] + it\omega \cos[(h + im_1)t];$$

donc, faisant ces substitutions dans la formule (h), on aura, après avoir effacé ce qui se détruit,

$$\begin{aligned} y = {} & F\cos[(h + im_1)t] + \frac{G}{h}\sin[(h + im_1)t] \\ & + i\left[(m_1 - k')F + \frac{M + Nh'}{4h}F'\right] t \sin[(h + im_1)t] \\ & - i\left[\frac{m_1 - k'}{h}G + \frac{M + Nh'}{4hh'}G'\right] t \cos[(h + im_1)t] + \Theta. \end{aligned}$$

Mais il faut bien remarquer que, pour que cette équation ait lieu, il faut que les valeurs de m soient égales rigoureusement et sans rien négliger. (*Voyez* le numéro cité ci-dessus.)

2° Si m_1 et m_2 sont imaginaires, en sorte que

$$m_1 = \mu + \nu\sqrt{-1} \quad \text{et} \quad m_2 = \mu - \nu\sqrt{-1},$$

on aura

$$\frac{m_1 - k'}{m_1 - m_2} = \frac{\mu - k'}{2\nu\sqrt{-1}} + \frac{1}{2}, \quad \frac{m_2 - k'}{m_1 - m_2} = \frac{\mu - k'}{2\nu\sqrt{-1}} - \frac{1}{2}, \quad \frac{M + Nh'}{m_1 - m_2} = \frac{M + Nh'}{2\nu\sqrt{-1}};$$

ensuite on trouvera

$$\cos[(h + im_1)t] = \cos[(h + i\mu)t]\frac{e^{i\nu t} + e^{-i\nu t}}{2} + \sin[(h + i\mu)t]\frac{e^{i\nu t} - e^{-i\nu t}}{2\sqrt{-1}},$$

$$\sin[(h + im_1)t] = \sin[(h + i\mu)t]\frac{e^{i\nu t} + e^{-i\nu t}}{2} - \cos[(h + i\mu)t]\frac{e^{i\nu t} - e^{-i\nu t}}{2\sqrt{-1}},$$

et de même

$$\cos[(h + im_2)t] = \cos[(h + i\mu)t]\frac{e^{i\nu t} + e^{-i\nu t}}{2} - \sin[(h + i\mu)t]\frac{e^{i\nu t} - e^{-i\nu t}}{2\sqrt{-1}},$$

$$\sin[(h + im_2)t] = \sin[(h + i\mu)t]\frac{e^{i\nu t} + e^{-i\nu t}}{2} + \cos[(h + i\mu)t]\frac{e^{i\nu t} - e^{-i\nu t}}{2\sqrt{-1}}.$$

Ces substitutions faites, on verra que les imaginaires se détruiront dans la formule (h), et qu'elle deviendra

$$\begin{aligned} y = {} & \left[F\cos[(h + i\mu)t] + \frac{G}{h}\sin[(h + i\mu)t]\right]\frac{e^{i\nu t} + e^{-i\nu t}}{2} \\ & - \left[\left(\frac{\mu - k'}{\nu}F + \frac{M + Nh'}{4h\nu}F'\right)\sin[(h + i\mu)t]\right. \\ & \quad \left. - \left(\frac{\mu - k'}{h\nu}G + \frac{M + Nh'}{4hh'\nu}G'\right)\cos[(h + i\mu)t]\right]\frac{e^{i\nu t} - e^{-i\nu t}}{2} + \Theta. \end{aligned}$$

Ainsi, dans le cas où l'équation (d) a ses deux racines imaginaires, la valeur de y contient nécessairement des exponentielles toutes réelles, et qui croissent à l'infini à mesure que t croît.

Application de la solution précédente à la théorie de Jupiter et de Saturne.

67. Soient I la masse du Soleil, J celle de Jupiter, r le rayon vecteur de l'orbite de cette planète projetée sur le plan de l'écliptique (plan que nous regarderons comme absolument fixe et immobile), φ l'angle décrit par le rayon r, pendant le temps t, et q la tangente de la latitude héliocentrique de Jupiter.

Soient de même J' la masse de Saturne, r' le rayon vecteur de son orbite réduit au plan de l'écliptique, φ' l'angle décrit par ce rayon durant le même temps t, et q' la tangente de la latitude héliocentrique de Saturne.

Enfin, soient la perpendiculaire menée du centre de Jupiter sur le plan de l'écliptique p, la perpendiculaire menée du centre de Saturne sur le même plan p', la distance de Jupiter au Soleil, c'est-à-dire le rayon mené du Soleil à Jupiter, u, la distance de Saturne au Soleil u', et la distance de Jupiter à Saturne v, en sorte que

$$p = rq, \quad p' = r'q', \quad u = \sqrt{r^2 + p^2} = r\sqrt{1 + q^2}, \quad u' = r'\sqrt{1 + q'^2},$$

et

$$v = \sqrt{[r\sin(\varphi - \varphi')]^2 + [r' - r\cos(\varphi - \varphi')]^2 + (p - p')^2}$$

$$= \sqrt{r^2(1 + q^2) - 2rr'[\cos(\varphi - \varphi') + qq'] + r'^2(1 + q'^2)},$$

et supposant

$$R = J'\left[\frac{r - r'\cos(\varphi - \varphi')}{v^3} + \frac{r'\cos(\varphi - \varphi')}{u'^3}\right],$$

$$Q = J'\left(\frac{r'}{v^3} - \frac{r'}{u'^3}\right) r\sin(\varphi - \varphi'),$$

$$P = J'\left(\frac{p - p'}{v^3} + \frac{p'}{u'^3}\right),$$

$$R' = J\left[\frac{r' - r\cos(\varphi' - \varphi)}{v^3} + \frac{r\cos(\varphi' - \varphi)}{u^3}\right],$$

$$Q' = J\left(\frac{r}{v^3} - \frac{r}{u^3}\right) r'\sin(\varphi' - \varphi),$$

$$P' = J\left(\frac{p' - p}{v^3} + \frac{p}{u^3}\right),$$

on aura les six équations suivantes (*voyez* les Articles XIV et XVI du Mémoire intitulé : *Application de la méthode précédente, etc.*,

p. 385 et 389) :

$$\frac{d^2r}{dt^2} - \frac{r\,d\varphi^2}{dt^2} + (I + J)\frac{r}{u^3} + R = 0,$$

$$\frac{d(r^2 d\varphi)}{dt^2} + Q = 0,$$

$$\frac{d^2p}{dt^2} + (I + J)\frac{p}{u^3} + P = 0,$$

$$\frac{d^2r'}{dt^2} - \frac{r'\,d\varphi'^2}{dt^2} + (I + J')\frac{r'}{u'^3} + R' = 0,$$

$$\frac{d(r'^2 d\varphi')}{dt^2} + Q' = 0,$$

$$\frac{d^2p'}{dt^2} + (I + J')\frac{p'}{u'^3} + P' = 0,$$

dont les trois premières représentent le mouvement de Jupiter dérangé par Saturne, et les trois autres celui de Saturne dérangé par Jupiter.

D'où l'on voit que, quand on aura calculé les dérangements de Jupiter, les mêmes formules serviront à calculer ceux de Saturne, puisqu'il n'y aura qu'à changer r', φ', p', u', J' en r, φ, p, u, J, et *vice versâ*.

68. Puisque $p = rq$, l'équation

$$\frac{d^2p}{dt^2} + (I + J)\frac{p}{u^3} + P = 0$$

deviendra, en divisant par r,

$$\frac{d^2q}{dt^2} + \frac{2\,dq\,dr}{r\,dt^2} + q\frac{d^2r}{r\,dt^2} + (I + J)\frac{q}{u^3} + \frac{P}{r} = 0,$$

et, mettant au lieu de $\frac{d^2r}{dt^2}$ sa valeur tirée de la première équation, on aura, après avoir effacé ce qui se détruit,

$$\frac{d^2q}{dt^2} + q\frac{d\varphi^2}{dt^2} + \frac{2\,dq\,dr}{r\,dt^2} + \frac{P - Rq}{r} = 0.$$

Ensuite l'équation $\frac{d(r^2 d\varphi)}{dt^2} + Q = 0$ donnera

$$\frac{r^2 d\varphi}{dt} = c - \int Q\,dt,$$

c étant une constante arbitraire; d'où l'on tire

$$\frac{d\varphi}{dt} = \frac{c - \int Q\,dt}{r^2}.$$

Donc les équations du mouvement de Jupiter seront, à cause de $u = r\sqrt{1 + q^2}$,

$$(i)\quad \begin{cases} \dfrac{d^2 r}{dt^2} - \dfrac{(c - \int Q\,dt)^2}{r^3} + \dfrac{1 + J}{r^2(1 + q^2)^{\frac{3}{2}}} + R = 0, \\[2ex] \dfrac{d^2 q}{dt^2} + q\dfrac{(c - \int Q\,dt)^2}{r^4} + \dfrac{2\,dq\,dr}{r\,dt^2} + \dfrac{P - Rq}{r} = 0, \\[2ex] \dfrac{d\varphi}{dt} - \dfrac{c - \int Q\,dt}{r^2} = 0. \end{cases}$$

69. Les équations (i) donneront r, q et φ en t; d'où l'on connaîtra le lieu de la planète à chaque instant. Si l'on voulait de plus avoir l'orbite qu'elle décrit, on n'aurait qu'à éliminer le temps t au moyen de l'équation

$$\frac{d(r^2 d\varphi)}{dt^2} + Q = 0,$$

laquelle étant multipliée par $2r^2 d\varphi$, et ensuite intégrée, donne

$$\left(\frac{r^2 d\varphi}{dt}\right)^2 + 2\int Q r^2 d\varphi = C,$$

C étant une constante arbitraire; d'où l'on tire

$$dt = \frac{r^2 d\varphi}{\sqrt{C - 2\int Q r^2 d\varphi}}.$$

Et cette valeur étant substituée dans les deux premières des équations (i), on aura, en prenant $d\varphi$ constant au lieu de dt, et faisant

$$\frac{1}{r} = s, \quad R r^2 + Q\frac{dr}{d\varphi} = U, \quad r^3\left(P - Rq + Q\frac{dq}{r\,d\varphi}\right) = V,$$

les équations suivantes :

$$\frac{d^2s}{d\varphi^2} + s + \frac{(I+J)(1+q^2)^{-\frac{3}{2}} + U}{C - 2\int Qr^2\,d\varphi} = 0,$$

$$\frac{d^2q}{d\varphi^2} + q + \frac{V}{C - 2\int Qr^2\,d\varphi} = 0.$$

70. Supposons que les forces perturbatrices R, Q, P soient nulles, en sorte que l'orbite soit décrite en vertu de la seule force $\frac{I+J}{u^2}$ tendant au centre du Soleil, et les équations que nous venons de trouver deviendront

$$\frac{d^2s}{d\varphi^2} + s - \frac{I+J}{C(1+q^2)^{\frac{3}{2}}} = 0, \quad \frac{d^2q}{d\varphi^2} + q = 0,$$

lesquelles étant intégrées donneront

$$q = \varepsilon \sin(\varphi - \alpha), \quad s = \frac{I+J}{D}\sqrt{1+q^2} + \eta \cos(\varphi - \omega),$$

ε, α, η et ω étant des constantes arbitraires, et D étant égal à $C(1+\varepsilon^2)$.

La première de ces deux formules nous montre que l'orbite est toute dans un plan fixe passant par le centre des rayons r, et coupant ce plan de manière que ε soit la tangente de l'inclinaison, et α le lieu du nœud ascendant.

La seconde fait voir que l'orbite est une ellipse dont le foyer est dans le centre même des rayons vecteurs r; et pour en déterminer l'espace et la position on considérera que si l'on nomme Φ et $\mathcal{A}$ les angles dont φ et α sont les projections, on aura, $\Phi - \mathcal{A}$ étant l'argument de latitude, et $\varphi - \alpha$ sa projection,

$$\frac{\cos(\varphi - \alpha)}{\cos(\Phi - \mathcal{A})} = \sqrt{1+q^2}, \quad \frac{\sin(\varphi - \alpha)}{\sin(\Phi - \mathcal{A})} = \frac{\sqrt{1+q^2}}{\sqrt{1+\varepsilon^2}},$$

et par conséquent

$$\cos(\varphi - \alpha) = \sqrt{1+q^2}\cos(\Phi - \mathcal{A}), \quad \sin(\varphi - \alpha) = \frac{\sqrt{1+q^2}}{\sqrt{1+\varepsilon^2}}\sin(\Phi - \mathcal{A});$$

donc

$$\begin{aligned}\cos(\varphi-\omega) &= \cos(\varphi-\alpha+\alpha-\omega)\\ &= \cos(\varphi-\alpha)\cos(\alpha-\omega)-\sin(\varphi-\alpha)\sin(\alpha-\omega)\\ &= \left[\cos(\alpha-\omega)\cos(\Phi-\mathcal{A})-\frac{\sin(\alpha-\omega)}{\sqrt{1+\varepsilon^2}}\sin(\Phi-\mathcal{A})\right]\sqrt{1+q^2};\end{aligned}$$

et faisant, pour plus de simplicité,

$$\cos(\alpha-\omega)=\mathcal{E}\cos(\mathcal{A}-\mathcal{B}),\qquad \frac{\sin(\alpha-\omega)}{\sqrt{1+\varepsilon^2}}=\mathcal{E}\sin(\mathcal{A}-\mathcal{B}),$$

ce qui donne

$$\mathcal{E}=\sqrt{\frac{1+\varepsilon^2\cos(\alpha-\omega)^2}{1+\varepsilon^2}}\quad \text{et}\quad \operatorname{tang}(\mathcal{A}-\mathcal{B})=\frac{\operatorname{tang}(\alpha-\omega)}{\sqrt{1-\varepsilon^2}},$$

on aura

$$\cos(\varphi-\omega)=\mathcal{E}\cos(\Phi-\mathcal{B})\sqrt{1+q^2};$$

donc

$$\frac{s}{\sqrt{1+q^2}}=\frac{I+J}{D}+\eta\mathcal{E}\cos(\Phi-\mathcal{B}).$$

Or $s=\frac{1}{r}$, et $r\sqrt{1+q^2}=u$ rayon vecteur de l'orbite réelle; donc l'équation de cette orbite sera

$$u=\frac{1}{\frac{I+J}{D}+\eta\mathcal{E}\cos(\Phi-\mathcal{B})},$$

laquelle est visiblement celle d'une ellipse dont $\frac{I+J}{D}$ est le paramètre et $\eta\mathcal{E}$ l'excentricité. A l'égard de la position du grand axe de cette ellipse, il est clair que $\Phi=\mathcal{B}$ donnera le lieu du périhélie, et pour avoir l'angle correspondant φ, que nous nommerons β, on observera que

$$\operatorname{tang}(\varphi-\alpha)=\frac{\operatorname{tang}(\Phi-\mathcal{A})}{\sqrt{1+\varepsilon}},$$

de sorte qu'on aura

$$\operatorname{tang}(\beta-\alpha)=\frac{\operatorname{tang}(\mathcal{B}-\mathcal{A})}{\sqrt{1+\varepsilon^2}}=\frac{\operatorname{tang}(\omega-\alpha)}{1+\varepsilon^2}.$$

71. Imaginons maintenant que l'effet des forces perturbatrices consiste à faire varier les quantités ε, α, η et ϖ, en sorte que l'orbite soit représentée par une ellipse qui change continuellement d'espace et de position; nous aurons donc

$$1^{\circ}\quad q = \varepsilon \sin(\varphi - \alpha) \text{ et } \frac{dq}{d\varphi} = \varepsilon \cos(\varphi - \alpha) + \frac{d\varepsilon}{d\varphi}\sin(\varphi - \alpha) - \frac{d\alpha}{d\varphi}\varepsilon\cos(\varphi - \alpha);$$

or, puisqu'on a deux indéterminées ε et α, dont l'une peut être tout ce qu'on voudra, nous supposerons

$$\sin(\varphi - \alpha)\,d\varepsilon = \varepsilon\cos(\varphi - \alpha)\,d\alpha,$$

ce qui donnera

$$\frac{dq}{d\varphi} = \varepsilon\cos(\varphi - \alpha),$$

de sorte que la variation instantanée de la latitude sera la même que si le plan de l'orbite ne changeait point de position. Donc, en mettant $\dfrac{\varepsilon\cos(\varphi - \alpha)\,d\alpha}{\sin(\varphi - \alpha)}$ pour $d\varepsilon$,

$$\begin{aligned}\frac{d^2q}{d\varphi^2} &= -\varepsilon\sin(\varphi - \alpha) + \frac{d\varepsilon}{d\varphi}\cos(\varphi - \alpha) + \frac{d\alpha}{d\varphi}\varepsilon\sin(\varphi - \alpha)\\ &= -\varepsilon\sin(\varphi - \alpha) + \frac{\varepsilon\,d\alpha}{\sin(\varphi - \alpha)\,d\varphi}.\end{aligned}$$

Donc on aura, au lieu de l'équation

$$\frac{d^2q}{d\varphi^2} + q + \frac{V}{C - 2\int Qr^2 d\varphi} = 0,$$

ces deux-ci :

$$\frac{\varepsilon\,d\alpha}{\sin(\varphi - \alpha)\,d\varphi} + \frac{V}{\dfrac{D}{1 + \varepsilon^2} - 2\displaystyle\int Qr^2\,d\varphi} = 0,$$

$$\frac{d\varepsilon}{\varepsilon} - \frac{d\alpha}{\operatorname{tang}(\varphi - \alpha)} = 0,$$

par lesquelles on connaitra le mouvement de la ligne des nœuds, et la variation de l'inclinaison de l'orbite.

2° On aura

$$s = \frac{\text{I}+\text{J}}{\text{D}}\sqrt{1+q^2} + \eta\cos(\varphi-\omega),$$

d'où l'on tire

$$\frac{ds}{d\varphi} = \frac{\text{I}+\text{J}}{\text{D}}\,\frac{q\,dq}{d\varphi\sqrt{1+q^2}} - \eta\sin(\varphi-\omega) + \frac{d\eta}{d\varphi}\cos(\varphi-\omega) + \frac{d\omega}{d\varphi}\eta\sin(\varphi-\omega).$$

Supposons ici, à l'imitation de ce que nous venons de faire plus haut,

$$\cos(\varphi-\omega)\,d\eta = -\eta\sin(\varphi-\omega)\,d\omega,$$

de manière que l'on ait simplement

$$\frac{ds}{d\varphi} = \frac{\text{I}+\text{J}}{\text{D}}\,\frac{q\,dq}{d\varphi\sqrt{1+q^2}} - \eta\sin(\varphi-\omega),$$

c'est-à-dire que la variation instantanée du rayon $r = \frac{1}{s}$ soit la même que si l'ellipse demeurait constante, et différentiant cette valeur de $\frac{ds}{d\varphi}$, on trouvera

$$\frac{d^2s}{d\varphi^2} = \frac{\text{I}+\text{J}}{\text{D}}\left[\frac{dq^2+q\,d^2q}{d\varphi^2\sqrt{1+q^2}} - \frac{q^2\,dq^2}{d\varphi^2(1+q^2)^{\frac{3}{2}}}\right]$$
$$-\eta\cos(\varphi-\omega) - \frac{d\eta}{d\varphi}\sin(\varphi-\omega) + \frac{d\omega}{d\varphi}\eta\cos(\varphi-\omega);$$

or, à cause de $\frac{dq^2}{d\varphi^2} + q^2 = \varepsilon^2$,

$$\frac{dq^2}{d\varphi^2\sqrt{1+q^2}} - \frac{q^2\,dq^2}{d\varphi^2(1+q^2)^{\frac{3}{2}}} = \frac{dq^2}{d\varphi^2(1+q^2)^{\frac{3}{2}}} = \frac{\varepsilon^2-q^2}{(1+q^2)^{\frac{3}{2}}} = \frac{1+\varepsilon^2}{(1+q^2)^{\frac{3}{2}}} - \frac{1}{\sqrt{1+q^2}};$$

de plus

$$\frac{d^2q}{d\varphi^2} = -q - \frac{V}{\text{C}-2\int \text{Q}r^2\,d\varphi},$$

donc

$$\frac{q\,d^2q}{d\varphi^2\sqrt{1+q^2}} = -\frac{q^2}{\sqrt{1+q^2}} - \frac{q}{\sqrt{1+q^2}}\,\frac{V}{\text{C}-2\int \text{Q}r^2\,d\varphi}$$
$$= -\sqrt{1+q^2} + \frac{1}{\sqrt{1+q^2}} - \frac{q}{\sqrt{1+q^2}}\,\frac{V}{\text{C}-2\int \text{Q}r^2\,d\varphi};$$

donc on aura, à cause de $d\eta = -\frac{\eta \sin(\varphi - \omega)}{\cos(\varphi - \omega)} d\omega$,

$$\frac{d^2 s}{d\varphi^2} = \frac{I + J}{D}\left[\frac{1 + \varepsilon^2}{(1 + q^2)^{\frac{3}{2}}} - \sqrt{1 + q^2} - \frac{q}{\sqrt{1 + q^2}}\,\frac{V}{C - 2\int Q r^2 d\varphi}\right]$$
$$- \eta \cos(\varphi - \omega) + \frac{\eta\, d\omega}{d\varphi \cos(\varphi - \omega)}.$$

De sorte que l'équation

$$\frac{d^2 s}{d\varphi^2} + s - \frac{(I + J)(1 + q^2)^{\frac{3}{2}} + U}{C - 2\int Q r^2 d\varphi} = 0$$

se changera en ces deux-ci :

$$\frac{\eta\, d\omega}{\cos(\varphi - \omega) d\varphi} - \frac{U + \frac{I + J}{D}\left[2\frac{1 + \varepsilon^2}{(1 + q^2)^{\frac{3}{2}}}\int Q r^2 d\varphi + \frac{q}{\sqrt{1 + q^2}} V\right]}{\frac{D}{1 + \varepsilon^2} - 2\int Q r^2 d\varphi} = 0,$$

$$\frac{d\eta}{\eta} + \operatorname{tang}(\varphi - \omega)\, d\varphi = 0,$$

lesquelles serviront à trouver η et ω.

Au reste, dès qu'on aura trouvé r et q en φ, ou bien r, q et φ en t, on pourra, si l'on veut, trouver tout de suite les valeurs de α, ε, ω et η ; car les équations

$$q = \varepsilon \sin(\varphi - \alpha), \quad \frac{dq}{d\varphi} = \varepsilon \cos(\varphi - \alpha)$$

donneront

$$\varepsilon = \sqrt{q^2 + \left(\frac{dq}{d\varphi}\right)^2}, \quad \operatorname{tang}(\varphi - \alpha) = \frac{q\, d\varphi}{dq}.$$

Et de même, les équations

$$s = \frac{I + J}{D}\sqrt{1 + q^2} + \eta \cos(\varphi - \omega), \quad \frac{ds}{d\varphi} = \frac{I + J}{D}\,\frac{q\, dq}{d\varphi \sqrt{1 + q^2}} - \eta \sin(\varphi - \omega)$$

donneront, en faisant, pour abréger, $S - \frac{I + J}{D}\sqrt{1 + q^2} = u$,

$$\eta = \sqrt{u^2 + \left(\frac{du}{d\varphi}\right)^2}, \quad \operatorname{tang}(\varphi - \omega) = -\frac{du}{u\, d\varphi}.$$

72. Les observations nous apprennent que le mouvement de Jupiter autour du Soleil est à peu près circulaire et uniforme, et que le plan de son orbite ne fait qu'un très-petit angle avec celui de l'écliptique; d'où il s'ensuit que si l'on nomme a la distance moyenne de Jupiter au Soleil, et h sa vitesse angulaire moyenne, on pourra supposer

$$r = a(1 + iy), \quad \varphi = ht + ix, \quad q = iz,$$

y, x, z étant des quantités variables, et i un coefficient très-petit, où il faut remarquer que les valeurs de y et de $\frac{dx}{dt}$ ne doivent renfermer aucun terme tout constant; autrement, contre l'hypothèse, a et h ne seraient plus les valeurs moyennes de r et de $\frac{d\varphi}{dt}$.

Cela posé, si l'on fait ces substitutions dans les équations (i) du n° 68, et qu'on divise la première par a, on aura, en poussant la précision jusqu'aux quantités de l'ordre de i^3,

$$i\frac{d^2y}{dt^2} - \frac{\left(c - \int Q\,dt\right)^2}{a^4}(1 - 3iy + 6i^2y^2 - 10i^3y^3)$$
$$+ \frac{I + J}{a^3}\left(1 - 2iy + 3i^2y^2 - \frac{3}{2}i^2z^2 - 4i^3y^3 + 3i^3yz^2\right) + \frac{R}{a} = 0,$$

$$i\frac{d^2z}{dt^2} + i\frac{\left(c - \int Q\,dt\right)^2}{a^4}z(1 - 4iy + 10i^2y^2)$$
$$+ 2i^2\left(\frac{dz\,dy}{dt^2} - iy\frac{dz\,dy}{dt^2}\right) + \frac{P - Rq}{r} = 0,$$

$$h + i\frac{dx}{dt} - \frac{c - \int Q\,dt}{a^2}(1 - 2iy + 3i^2y^2 - 4i^3y^3) = 0.$$

On voit d'abord par ces équations que les quantités

$$-\frac{\left(c - \int Q\,dt\right)^2}{a^4} + \frac{I + J}{a^3} + \frac{R}{a}, \quad \frac{P - Rq}{r} \quad \text{et} \quad h - \frac{c - \int Q\,dt}{a^2}$$

doivent être chacune très-petites de l'ordre de i, pour que les hypothèses que nous avons faites puissent subsister.

Supposons donc

$$(k)\qquad \frac{c-\int Q\,dt}{a^2}=h+i\mathrm{X},\quad \frac{\mathrm{I}+\mathrm{J}}{a^3}+\frac{\mathrm{R}}{a}=h^2+i\mathrm{Y},\quad \frac{\mathrm{P}-\mathrm{R}q}{r}=i\mathrm{Z},$$

et les équations précédentes étant divisées par i deviendront, en faisant $b=\frac{\mathrm{I}+\mathrm{J}}{a^3}$,

$$\frac{d^2y}{dt^2}+(3h^2-2b)y+\mathrm{Y}-2h\mathrm{X}-i(6h^2-3b)y^2-\frac{3}{2}ibz^2+6ihy\mathrm{X}-i\mathrm{X}^2$$
$$+i^2(10h^2-4b)y^3+3i^2byz^2-12i^2hy^2\mathrm{X}+3i^2y\mathrm{X}^2=0,$$

$$\frac{d^2z}{dt^2}+h^2z+\mathrm{Z}-4ih^2zy+2i\frac{dz\,dy}{dt^2}+2ihz\mathrm{X}$$
$$+10i^2h^2zy^2-2i^2\frac{dz\,dy}{dt^2}y-8i^2hzy\mathrm{X}+i^2z\mathrm{X}^2=0,$$

$$\frac{dx}{dt}+2hy-\mathrm{X}-3ihy^2+2iy\mathrm{X}+4i^2hy^3-3i^2y^2\mathrm{X}=0.$$

Si l'on nomme de même a' la distance moyenne de Saturne au Soleil, h' sa vitesse angulaire moyenne, et qu'on suppose

$$r'=a'(1+iy'),\quad \varphi'=h't+ix',\quad q'=iz',$$

on aura les mêmes équations que ci-devant, en marquant seulement les lettres d'un trait.

73. Il faut maintenant faire les mêmes substitutions dans les valeurs de P, Q, R, et premièrement dans celle de $\frac{1}{v^3}$ qui entre dans la valeur de ces quantités; mais, pour rendre le calcul plus simple, nous n'aurons égard dans cette opération qu'aux termes de l'ordre de i, une plus grande précision étant d'ailleurs inutile dans la présente recherche.

Mettons d'abord $a(1+iy)$ à la place de r, et $a'(1+iy')$ à la place de r', et nous aurons, en négligeant les termes q^2, qq' et q'^2, qui seraient du second ordre, et faisant, pour plus de simplicité, $\varphi-\varphi'=\theta$,

$$v=\sqrt{a^2(1+2iy)-2aa'(1+iy+iy')\cos\theta+a'^2(1+2iy')},$$

savoir

$$v = \sqrt{a^2 - 2aa'\cos\theta + a'^2 + 2i(a^2y + a'^2y') - 2iaa'(y + y')\cos\theta},$$

d'où l'on tire par les séries

$$\frac{1}{v^3} = [a^2 - 2aa'\cos\theta + a'^2]^{-\frac{3}{2}}$$
$$- 3i[a^2y + a'^2y' - aa'(y + y')\cos\theta][a^2 - 2aa'\cos\theta + a'^2]^{-\frac{5}{2}}.$$

Or les quantités

$$[a^2 - 2aa'\cos\theta + a'^2]^{-\frac{3}{2}} \quad \text{et} \quad [a^2 - 2aa'\cos\theta + a'^2]^{-\frac{5}{2}}$$

étant irrationnelles, il est nécessaire de les réduire à une forme rationnelle, sans quoi l'intégration des équations proposées ne réussirait point.

Pour cela je remarque qu'en faisant $a' = \alpha a$, la question se réduit à changer en une fonction rationnelle une quantité de cette forme $(1 - 2\alpha\cos\theta + \alpha^2)^{-s}$, dans laquelle α est une fraction moindre que l'unité. Or, puisque

$$1 - 2\alpha\cos\theta + \alpha^2 = [1 - \alpha(\cos\theta + \sin\theta\sqrt{-1})][1 - \alpha(\cos\theta - \sin\theta\sqrt{-1})],$$

on élèvera la quantité $1 - \alpha(\cos\theta \pm \sin\theta\sqrt{-1})$ à la puissance $-s$; ce qui, à cause de

$$(\cos\theta \pm \sin\theta\sqrt{-1})^m = \cos m\theta \pm \sin m\theta\sqrt{-1},$$

donnera

$$[1 - \alpha(\cos\theta \pm \sin\theta\sqrt{-1})]^{-s}$$
$$= 1 + s\alpha(\cos\theta \pm \sin\theta\sqrt{-1}) + \frac{s(s+1)}{2}\alpha^2(\cos 2\theta \pm \sin 2\theta\sqrt{-1})$$
$$+ \frac{s(s+1)(s+2)}{2.3}\alpha^3(\cos 3\theta \pm \sin 3\theta\sqrt{-1}) + \ldots.$$

De sorte que, si l'on fait

$$P = 1 + s\alpha\cos\theta + \frac{s(s+1)}{2}\alpha^2\cos 2\theta + \frac{s(s+1)(s+2)}{2.3}\alpha^3\cos 3\theta + \ldots,$$

$$Q = s\alpha\sin\theta + \frac{s(s+1)}{2}\alpha^2\sin 2\theta + \frac{s(s+1)(s+2)}{2.3}\alpha^3\sin 3\theta + \ldots,$$

on aura

$$[1-\alpha(\cos\theta+\sin\theta\sqrt{-1})]^{-s}=P+Q\sqrt{-1}$$

et

$$[1-\alpha(\cos\theta-\sin\theta\sqrt{-1})]^{-s}=P-Q\sqrt{-1}.$$

Donc

$$(1-2\alpha\cos\theta+\alpha^2)^{-s}=P^2+Q^2.$$

Or, si l'on fait les carrés des deux séries P et Q, et qu'on ajoute ensemble les termes qui auront le même coefficient, en faisant attention que

$$\cos m\theta\cos n\theta+\sin m\theta\sin n\theta=\cos(m-n)\theta,$$

on trouvera

$$(1-2\alpha\cos\theta+\alpha^2)^{-s}=\mathcal{A}+\mathcal{B}\cos\theta+\mathcal{C}\cos2\theta+\mathcal{D}\cos3\theta+\ldots,$$

les coefficients $\mathcal{A}$, $\mathcal{B}$, $\mathcal{C}$,.., étant exprimés de la manière suivante :

$$\mathcal{A}=1+s^2\alpha^2+\left[\frac{s(s+1)}{2}\right]^2\alpha^4+\left[\frac{s(s+1)(s+2)}{2.3}\right]^2\alpha^6+\ldots,$$

$$\frac{\mathcal{B}}{2}=s\alpha+s\frac{s(s+1)}{2}\alpha^3+\frac{s(s+1)}{2}\,\frac{s(s+1)(s+2)}{2.3}\alpha^5+\ldots,$$

$$\frac{\mathcal{C}}{2}=\frac{s(s+1)}{2}\alpha^2+s\frac{s(s+1)(s+2)}{2.3}\alpha^4+\frac{s(s+1)}{2}\,\frac{s(s+1)(s+2)(s+3)}{2.3.4}\alpha^6+\ldots,$$

et ainsi de suite.

Au reste, quand on aura déterminé par ces séries les deux premiers coefficients $\mathcal{A}$ et $\mathcal{B}$, on trouvera tous les suivants d'une manière très-simple et très-facile; car, si l'on prend les différentielles logarithmiques de l'équation

$$(1-2\alpha\cos\theta+\alpha^2)^{-s}=\mathcal{A}+\mathcal{B}\cos\theta+\mathcal{C}\cos2\theta+\ldots,$$

et qu'après avoir multiplié les deux membres en croix on compare terme à terme, on aura, comme M. Euler l'a trouvé le premier dans ses *Recherches sur le mouvement de Saturne*,

$$\mathcal{C}=\frac{(1+\alpha^2)\mathcal{B}-2s\alpha\mathcal{A}}{(2-s)\alpha},$$

$$\mathfrak{D} = \frac{2(1+\alpha^2)\mathfrak{C} - (1+s)\alpha\mathfrak{B}}{(3-s)\alpha},$$

$$\mathfrak{E} = \frac{3(1+\alpha^2)\mathfrak{D} - (2+s)\alpha\mathfrak{C}}{(4-s)\alpha},$$

....

Connaissant ainsi tous les coefficients de la série qui représente $(1 - 2\alpha\cos\theta + \alpha^2)^{-s}$, on trouvera tout de suite ceux de la série qui exprime $(1 - 2\alpha\cos\theta + \alpha^2)^{-s-1}$; car, dénotant ces derniers par $\mathfrak{P}$, $\mathfrak{Q}$, $\mathfrak{R}, \ldots$, il faudra que la série $\mathfrak{P} + \mathfrak{Q}\cos\theta + \mathfrak{R}\cos 2\theta + \ldots$, étant multipliée par $1 - 2\alpha\cos\theta + \alpha^2$, devienne égale à la série $\mathfrak{A} + \mathfrak{B}\cos\theta + \mathfrak{C}\cos 2\theta + \ldots$. La multiplication faite, on trouvera, en comparant les deux premiers termes,

$$\mathfrak{A} = (1+\alpha^2)\mathfrak{P} - \alpha\mathfrak{Q} \quad \text{et} \quad \mathfrak{B} = (1+\alpha^2)\mathfrak{Q} - 2\alpha\mathfrak{P} - \alpha\mathfrak{R}.$$

Or $\mathfrak{R}$ est donné en $\mathfrak{P}$ et $\mathfrak{Q}$ de la même manière que $\mathfrak{C}$ est donné en $\mathfrak{A}$ et $\mathfrak{B}$, de sorte qu'on aura, en mettant $s+1$ à la place de s,

$$\mathfrak{R} = \frac{(1+\alpha^2)\mathfrak{Q} - 2(s+1)\alpha\mathfrak{P}}{(1-s)\alpha}.$$

Donc, substituant cette valeur de $\mathfrak{R}$, on aura deux équations en $\mathfrak{A}$, $\mathfrak{B}$, $\mathfrak{P}$ et $\mathfrak{Q}$, d'où l'on tirera

$$\mathfrak{P} = \frac{(1+\alpha^2)\mathfrak{A} + \frac{s-1}{s}\alpha\mathfrak{B}}{(1-\alpha^2)^2},$$

$$\mathfrak{Q} = \frac{\frac{s-1}{s}(1+\alpha^2)\mathfrak{B} + 4\alpha\mathfrak{A}}{(1-\alpha^2)^2}.$$

Ensuite on aura

$$\mathfrak{S} = \frac{2(1+\alpha^2)\mathfrak{R} - (2+s)\alpha\mathfrak{Q}}{(2-s)\alpha},$$

$$\mathfrak{T} = \frac{3(1+\alpha^2)\mathfrak{S} - (3+s)\alpha\mathfrak{R}}{(3-s)\alpha},$$

....

Tout se réduit donc à trouver les valeurs de $\mathfrak{A}$ et de $\mathfrak{B}$, lorsque $s = \frac{3}{2}$;

or les séries ci-dessus donnent, pour ce cas,

$$\mathcal{A} = 1 + \frac{9}{4}\alpha^2 + \frac{9.25}{4.16}\alpha^4 + \frac{9.25.49}{4.16.36}\alpha^6 + \ldots,$$

$$\frac{\mathcal{B}}{2} = \frac{3}{2}\alpha + \frac{9.5}{4.4}\alpha^3 + \frac{9.25.7}{4.16.6}\alpha^5 + \ldots,$$

lesquelles, à cause de $\alpha = \frac{5}{9}$ environ, dans la théorie de Jupiter et de Saturne, seront assez convergentes pour qu'on puisse se contenter d'un petit nombre de termes.

Pour faciliter le calcul de ces deux séries, lesquelles peuvent aussi être d'usage dans plusieurs autres occasions, je vais donner ici les logarithmes des différentes puissances de α qui entrent dans les valeurs de $\mathcal{A}$ et de $\frac{\mathcal{B}}{2}$.

	LOGARITHMES des coefficients.		LOGARITHMES des coefficients.		LOGARITHMES des coefficients.
α	0,1760913	α^{15}	1,0207661	α^{29}	1,2880049
α^2	0,3521825	α^{16}	1,0470951	α^{30}	1,3022454
α^3	0,4490925	α^{17}	1,0705762	α^{31}	1,3156093
α^4	0,5460025	α^{18}	1,0940573	α^{32}	1,3289733
α^5	0,6129493	α^{19}	1.1152466	α^{33}	1,3415624
α^6	0,6798961	α^{20}	1,1364359	α^{34}	1,3541515
α^7	0,7310486	α^{21}	1,1557410	α^{35}	1,3660508
α^8	0.7822012	α^{22}	1,1750462	α^{36}	1,3779500
α^9	0,8235939	α^{23}	1,1927749	α^{37}	1,3892310
α^{10}	0,8649865	α^{24}	1,2105037	α^{38}	1,4005120
α^{11}	0,8997486	α^{25}	1,2268941	α^{39}	1,4112359
α^{12}	0,9345108	α^{26}	1,2432845	α^{40}	1,4219598
α^{13}	0,9644740	α^{27}	1,2585245	..	....
α^{14}	0.9944372	α^{28}	1,2737645	..	....

En examinant cette Table il est aisé de voir que les différences des logarithmes forment une progression décroissante; d'où il s'ensuit que si, après avoir pris la somme d'un nombre quelconque de termes de l'une ou de l'autre série, on en regarde le reste comme une progression géométrique, l'erreur sera toujours moindre que la somme de cette progression; ainsi il sera aisé de juger de la quantité de l'approximation.

74. Supposons donc

$$(a^2 - 2aa'\cos\theta + a'^2)^{-\frac{3}{2}} = \mathfrak{A}_1 + \mathfrak{B}_1\cos\theta + \mathfrak{C}_1\cos 2\theta + \mathfrak{D}_1\cos 3\theta + \ldots$$

et

$$(a^2 - 2aa'\cos\theta + a'^2)^{-\frac{5}{3}} = \mathfrak{P}_1 + \mathfrak{Q}_1\cos\theta + \mathfrak{R}_1\cos 2\theta + \mathfrak{S}_1\cos 3\theta + \ldots$$

et nous aurons

$$\begin{aligned}\frac{1}{v^3} = {} & \mathfrak{A}_1 + \mathfrak{B}_1\cos\theta + \mathfrak{C}_1\cos 2\theta + \mathfrak{D}_1\cos 3\theta + \ldots \\ & - 3iy\left[a^2\mathfrak{P}_1 - aa'\frac{\mathfrak{Q}_1}{2} + \left(a^2\mathfrak{Q}_1 - aa'\mathfrak{P}_1 - aa'\frac{\mathfrak{R}_1}{2}\right)\cos\theta\right. \\ & \qquad\qquad \left. + \left(a^2\mathfrak{R}_1 - aa'\frac{\mathfrak{Q}_1 + \mathfrak{S}_1}{2}\right)\cos 2\theta + \ldots\right] \\ & - 3iy'\left[a'^2\mathfrak{P}_1 - aa'\frac{\mathfrak{Q}_1}{2} + \left(a'^2\mathfrak{Q}_1 - aa'\mathfrak{P}_1 - aa'\frac{\mathfrak{R}_1}{2}\right)\cos\theta\right. \\ & \qquad\qquad \left. + \left(a'^2\mathfrak{R}_1 - aa'\frac{\mathfrak{Q}_1 + \mathfrak{S}_1}{2}\right)\cos 2\theta + \ldots\right],\end{aligned}$$

ou bien

$$\begin{aligned}\frac{1}{v^3} = {} & \mathfrak{A}_1 + \mathfrak{B}_1\cos\theta + \mathfrak{C}_1\cos 2\theta + \mathfrak{D}_1\cos 3\theta + \ldots \\ & + iy(\mathfrak{P}_2 + \mathfrak{Q}_2\cos\theta + \mathfrak{R}_2\cos 2\theta + \mathfrak{S}_2\cos 3\theta + \ldots) \\ & + iy'(\mathfrak{P}_3 + \mathfrak{Q}_3\cos\theta + \mathfrak{R}_3\cos 2\theta + \mathfrak{S}_3\cos 3\theta + \ldots),\end{aligned}$$

en faisant, pour abréger,

$$\mathfrak{P}_2 = 3\left(aa'\frac{\mathfrak{Q}_1}{2} - a^2\mathfrak{P}_1\right),$$

$$\mathfrak{Q}_2 = 3\left(aa'\frac{2\mathfrak{P}_1 + \mathfrak{R}_1}{2} - a^2\mathfrak{Q}_1\right),$$

$$\mathfrak{R}_2 = 3\left(aa'\frac{\mathfrak{Q}_1 + \mathfrak{S}_1}{2} - a^2\mathfrak{R}_1\right),$$

$$\mathfrak{S}_2 = 3\left(aa'\frac{\mathfrak{R}_1 + \mathfrak{T}_1}{2} - a^2\mathfrak{S}_1\right),$$

. . . . ,

$$\mathcal{P}_3 = 3\left(aa'\,\frac{\mathcal{Q}_1}{2} - a'^2\mathcal{P}_1\right),$$

$$\mathcal{Q}_3 = 3\left(aa'\,\frac{2\mathcal{P}_1 + \mathcal{R}_1}{2} - a'^2\mathcal{Q}_1\right),$$

$$\mathcal{R}_3 = 3\left(aa'\,\frac{\mathcal{Q}_1 + \mathcal{S}_1}{2} - a'^2\mathcal{R}_1\right),$$

$$\mathcal{S}_3 = 3\left(aa'\,\frac{\mathcal{R}_1 + \mathcal{T}_1}{2} - a'^2\mathcal{S}_1\right),$$

$$\dots\dots\dots\dots\dots\dots\dots\dots$$

75. Cela posé, on aura d'abord

$$\begin{aligned}\frac{r}{v^3} &= a(\mathcal{A}_1 + \mathcal{B}_1\cos\theta + \mathcal{C}_1\cos 2\theta + \mathcal{D}_1\cos 3\theta + \dots)\\ &+ iya\left[\mathcal{A}_1 + \mathcal{P}_2 + (\mathcal{B}_1 + \mathcal{Q}_2)\cos\theta + (\mathcal{C}_1 + \mathcal{R}_2)\cos 2\theta + (\mathcal{D}_1 + \mathcal{S}_2)\cos 3\theta + \dots\right]\\ &+ iy'a(\mathcal{P}_3 + \mathcal{Q}_3\cos\theta + \mathcal{R}_3\cos 2\theta + \mathcal{S}_3\cos 3\theta + \dots),\end{aligned}$$

et de même

$$\begin{aligned}\frac{r'}{v^3} &= a'(\mathcal{A}_1 + \mathcal{B}_1\cos\theta + \mathcal{C}_1\cos 2\theta + \mathcal{D}_1\cos 3\theta + \dots)\\ &+ iya'(\mathcal{P}_2 + \mathcal{Q}_2\cos\theta + \mathcal{R}_2\cos 2\theta + \mathcal{S}_2\cos 3\theta + \dots)\\ &+ iy'a'\left[\mathcal{A}_1 + P_3 + (\mathcal{B}_1 + \mathcal{Q}_3)\cos\theta + (\mathcal{C}_1 + \mathcal{R}_3)\cos 2\theta + (\mathcal{D}_1 + \mathcal{S}_3)\cos 3\theta + \dots\right].\end{aligned}$$

Donc, multipliant cette dernière quantité par $\cos\theta$, on aura

$$\begin{aligned}\frac{r'}{v^3}\cos\theta = a'&\left[\frac{\mathcal{B}_1}{2} + \left(\mathcal{A}_1 + \frac{\mathcal{C}_1}{2}\right)\cos\theta + \frac{\mathcal{B}_1 + \mathcal{D}_1}{2}\cos 2\theta + \dots\right.\\ &+ iya'\left[\frac{\mathcal{Q}_2}{2} + \left(\mathcal{P}_2 + \frac{\mathcal{R}_2}{2}\right)\cos\theta + \frac{\mathcal{Q}_2 + \mathcal{S}_2}{2}\cos 2\theta + \dots\right]\\ &+ iy'a'\left[\frac{\mathcal{B}_1 + \mathcal{Q}_3}{2} + \left(\mathcal{A}_1 + \mathcal{P}_3 + \frac{\mathcal{C}_1 + \mathcal{R}_3}{2}\right)\cos\theta\right.\\ &\qquad\left. + \frac{\mathcal{B}_1 + \mathcal{Q}_3 + \mathcal{D}_1 + \mathcal{S}_3}{2}\cos 2\theta + \dots\right].\end{aligned}$$

Or, en négligeant les termes de l'ordre de i^2,

$$\frac{r'}{u'^3} = \frac{1}{r'^2(1 + q'^3)^{\frac{3}{2}}} = \frac{1 - 2y'}{a'^2},$$

et par conséquent

$$\frac{r'}{u'^3}\cos\theta = \frac{1}{a'^2}\cos\theta - 2iy'\frac{1}{a'^2}\cos\theta.$$

Donc si l'on fait

$$\mathcal{A}_2 = a^3\mathcal{A}_1 - a^2a'\frac{\mathcal{B}_1}{2},$$

$$\mathcal{B}_2 = a^3\mathcal{B}_1 - a^2a'\frac{2\mathcal{A}_1 + \mathcal{C}_1}{2} + \frac{a^2}{a'^2},$$

$$\mathcal{C}_2 = a^3\mathcal{C}_1 - a^2a'\frac{\mathcal{B}_1 + \mathcal{D}_1}{2},$$

$$\mathcal{D}_2 = a^3\mathcal{D}_1 - a^2a'\frac{\mathcal{C}_1 + \mathcal{E}_1}{2},$$

$$\dots\dots\dots\dots\dots\dots;$$

$$\mathcal{P}_4 = a^3(\mathcal{A}_1 + \mathcal{P}_2) - a^2a'\frac{\mathcal{Q}_2}{2},$$

$$\mathcal{Q}_4 = a^3(\mathcal{B}_1 + \mathcal{Q}_2) - a^2a'\frac{2\mathcal{P}_2 + \mathcal{R}_2}{2},$$

$$\mathcal{R}_4 = a^3(\mathcal{C}_1 + \mathcal{R}_2) - a^2a'\frac{\mathcal{Q}_2 + \mathcal{S}_2}{2},$$

$$\mathcal{S}_4 = a^3(\mathcal{D}_1 + \mathcal{S}_2) - a^2a'\frac{\mathcal{R}_2 + \mathcal{T}_2}{2},$$

$$\dots\dots\dots\dots\dots\dots;$$

$$\mathcal{P}_5 = a^3\mathcal{P}_3 - a^2a'\left(\frac{\mathcal{B}_1}{2} + \frac{\mathcal{Q}_3}{2}\right),$$

$$\mathcal{Q}_5 = a^3\mathcal{Q}_3 - a^2a'\left(\frac{2\mathcal{A}_1 + \mathcal{C}_1}{2} + \frac{2\mathcal{P}_3 + \mathcal{R}_3}{2}\right) - \frac{2a}{a'^2},$$

$$\mathcal{R}_5 = a^3\mathcal{R}_3 - a^2a'\left(\frac{\mathcal{B}_1 + \mathcal{D}_1}{2} + \frac{\mathcal{Q}_3 + \mathcal{S}_3}{2}\right),$$

$$\mathcal{S}_5 = a^3\mathcal{S}_3 - a^2a'\left(\frac{\mathcal{C}_1 + \mathcal{E}_1}{2} + \frac{\mathcal{R}_3 + \mathcal{T}_3}{2}\right),$$

$$\dots\dots\dots\dots\dots\dots,$$

on aura (n° **67**)

$$\begin{aligned} R = {} & \frac{J'}{a^2}(\mathcal{A}_2 + \mathcal{B}_2\cos\theta + \mathcal{C}_2\cos 2\theta + \mathcal{D}_2\cos 3\theta + \dots) \\ & + i\frac{J'}{a^2}y(\mathcal{P}_4 + \mathcal{Q}_4\cos\theta + \mathcal{R}_4\cos 2\theta + \mathcal{S}_4\cos 3\theta + \dots) \\ & + i\frac{J'}{a^2}y'(\mathcal{P}_5 + \mathcal{Q}_5\cos\theta + \mathcal{R}_5\cos 2\theta + \mathcal{S}_5\cos 3\theta + \dots). \end{aligned}$$

Maintenant on aura

$$\begin{aligned}\frac{r'}{v^3}\sin\theta = a'&\left[\left(\mathcal{A}_1-\frac{\mathcal{C}_1}{2}\right)\sin\theta+\frac{\mathcal{B}_1-\mathcal{D}_1}{2}\sin 2\theta+\ldots\right]\\ &+iya'\left[\left(\mathcal{P}_2-\frac{\mathcal{R}_2}{2}\right)\sin\theta+\frac{\mathcal{Q}_2-\mathcal{S}_2}{2}\sin 2\theta+\ldots\right]\\ &+iy'a'\left[\left(\mathcal{A}_1+\mathcal{P}_3-\frac{\mathcal{C}_1+\mathcal{R}_3}{2}\right)\sin\theta+\left(\frac{\mathcal{B}_1+\mathcal{Q}_3}{2}-\frac{\mathcal{D}_1+\mathcal{S}_3}{2}\right)\sin 2\theta+\ldots\right]\end{aligned}$$

et

$$\frac{r'}{u'^3}\sin\theta=\frac{1}{a'^2}\sin\theta-2iy'\frac{1}{a'^2}\sin\theta.$$

Donc, si l'on multiplie ces deux quantités par $r=a(1+iy)$, et qu'on fasse

$$\begin{aligned}\mathcal{A}_3 &= a^2a'\,\frac{2\mathcal{A}_1-\mathcal{C}_1}{2}-\frac{a^2}{a'^2},\\ \mathcal{B}_3 &= a^2a'\,\frac{\mathcal{B}_1-\mathcal{D}_1}{2},\\ \mathcal{C}_3 &= a^2a'\,\frac{\mathcal{C}_1-\mathcal{E}_1}{2},\\ &\ldots\ldots\ldots\ldots\ldots\ldots;\\ \mathcal{P}_6 &= a^2a'\left(\frac{2\mathcal{A}_1-\mathcal{C}_1}{2}+\frac{2\mathcal{P}_2-\mathcal{R}_2}{2}\right)-\frac{a^2}{a'^2},\\ \mathcal{Q}_6 &= a^2a'\left(\frac{\mathcal{B}_1-\mathcal{D}_1}{2}+\frac{\mathcal{Q}_2-\mathcal{S}_2}{2}\right),\\ \mathcal{R}_6 &= a^2a'\left(\frac{\mathcal{C}_1-\mathcal{E}_1}{2}+\frac{\mathcal{R}_2-\mathcal{T}_2}{2}\right),\\ &\ldots\ldots\ldots\ldots\ldots\ldots;\\ \mathcal{P}_7 &= a^2a'\left(\frac{2\mathcal{A}_1-\mathcal{C}_1}{2}+\frac{2\mathcal{P}_3-\mathcal{R}_3}{2}\right)+\frac{2a^2}{a'^2},\\ \mathcal{Q}_7 &= a^2a'\left(\frac{\mathcal{B}_1-\mathcal{D}_1}{2}+\frac{\mathcal{Q}_3-\mathcal{S}_3}{2}\right),\\ \mathcal{R}_7 &= a^2a'\left(\frac{\mathcal{C}_1-\mathcal{E}_1}{2}+\frac{\mathcal{R}_3-\mathcal{T}_3}{2}\right),\\ &\ldots\ldots\ldots\ldots\ldots\ldots,\end{aligned}$$

ou aura (numéro cité)

$$Q=\frac{J'}{a}(\mathcal{A}_3\sin\theta+\mathcal{B}_3\sin 2\theta+\mathcal{C}_3\sin 3\theta+\ldots)$$

$$+ i\frac{J'}{a}y(\mathfrak{P}_6 \sin\theta + \mathfrak{Q}_6 \sin 2\theta + \mathfrak{R}_6 \sin 3\theta + \ldots)$$

$$+ i\frac{J'}{a}y'(\mathfrak{P}_7 \sin\theta + \mathfrak{Q}_7 \sin 2\theta + \mathfrak{R}_7 \sin 3\theta + \ldots).$$

Enfin on a

$$\frac{p - p'}{v^3} = i\left(z\frac{r}{v^3} - z'\frac{r'}{v^3}\right) \quad \text{et} \quad \frac{p'}{u'^3} = iz'\frac{1}{r'^2(1 + q'^2)};$$

d'où, en négligeant les termes de l'ordre de i^2, on aura

$$P = iJ'\left[(za - z'a')(\mathcal{A}_1 + \mathcal{B}_1 \cos\theta + \mathcal{C}_1 \cos 2\theta + \ldots) + \frac{z'}{a'^2}\right].$$

De sorte que, si l'on fait

$$\mathcal{A}_4 = a^3\mathcal{A}_1 - \mathcal{A}_2, \qquad \mathcal{B}_4 = a^3\mathcal{B}_1 - \mathcal{B}_2, \qquad \mathcal{C}_4 = a^3\mathcal{C}_1 - \mathcal{C}_2, \ldots,$$

$$\mathcal{A}_5 = \frac{a^2}{a'^2} - a^2a'\mathcal{A}_1, \qquad \mathcal{B}_5 = -a^2a'\mathcal{B}_1, \qquad \mathcal{C}_5 = -a^2a'\mathcal{C}_1, \ldots,$$

on aura, aux quantités de l'ordre de i^2 près,

$$\frac{P - Rq}{r} = i\frac{J'}{a^3}z(\mathcal{A}_4 + \mathcal{B}_4 \cos\theta + \mathcal{C}_4 \cos 2\theta + \mathcal{D}_4 \cos 3\theta + \ldots)$$

$$+ i\frac{J'}{a^3}z'(\mathcal{A}_5 + \mathcal{B}_5 \cos\theta + \mathcal{C}_5 \cos 2\theta + \mathcal{D}_5 \cos 3\theta + \ldots).$$

Et il ne restera plus, pour achever les substitutions, qu'à mettre au lieu de θ, c'est-à-dire au lieu de $\varphi - \varphi'$, sa valeur $(h - h')t + i(x - x')$, ou bien, en faisant $h - h' = H$, $Ht + i(x - x')$, ce qui est très-facile, car il n'y aura qu'à mettre partout dans les expressions précédentes Ht à la place de θ, et ajouter ensuite à la valeur de R la quantité

$$-i\frac{J'}{a^2}(x - x')(\mathcal{B}_2 \sin Ht + 2\mathcal{C}_2 \sin 2Ht + 3\mathcal{D}_2 \sin 3Ht + \ldots),$$

et à celle de Q la quantité

$$i\frac{J'}{a}(x - x')(\mathcal{A}_3 \cos Ht + 2\mathcal{B}_3 \cos 2Ht + 3\mathcal{C}_3 \cos 3Ht + \ldots).$$

76. On sait que les masses de Jupiter et de Saturne sont très-petites

par rapport à celle du Soleil, en sorte qu'on peut supposer $\frac{J}{I} = i\mathrm{m}$ et $\frac{J'}{I} = i\mathrm{m}'$; donc, puisque $b = \frac{I+J}{a^2}$ (n° 72), on aura

$$J' = i\frac{\mathrm{m}'}{1+i\mathrm{m}}a^3 b,$$

où, faisant $\frac{\mathrm{m}'}{1+i\mathrm{m}}b = \mathrm{n}$,

$$J' = ia^3\mathrm{n};$$

d'où il s'ensuit que les quantités P, Q, R sont très-petites de l'ordre de i, et qu'ainsi, pour satisfaire aux équations (k) du numéro cité, il est nécessaire de supposer $\frac{c}{a^2}$ presque égal à h, et $\frac{I+J}{a^3}$ ou bien b presque égal à h^2.

Soit donc

$$\frac{c}{a^2} - h = i\mathrm{f} \quad \text{et} \quad b - h^2 = i\mathrm{g},$$

et les équations (k) donneront, après avoir substitué les valeurs de R, Q et $\frac{P - Rq}{r}$, trouvées ci-dessus, et divisé le tout par i,

$$\begin{aligned} X = \mathrm{f} &+ \frac{\mathrm{n}}{H}\left(\mathcal{A}_3 \cos Ht + \frac{1}{2}\mathcal{B}_3 \cos 2Ht + \ldots\right) \\ &- i\mathrm{n}\int y\,(\mathcal{P}_6 \sin Ht + \mathcal{Q}_6 \sin 2Ht + \ldots)\,dt \\ &- i\mathrm{n}\int y'(\mathcal{P}_7 \sin Ht + \mathcal{Q}_7 \sin 2Ht + \ldots)\,dt \\ &- i\mathrm{n}\int (x - x')(\mathcal{A}_3 \cos Ht + \mathcal{B}_3 \cos 2Ht + \ldots)\,dt, \end{aligned}$$

$$\begin{aligned} Y = \mathrm{g} &+ \mathrm{n}(\mathcal{A}_2 + \mathcal{B}_2 \cos Ht + \mathcal{C}_2 \cos 2Ht + \ldots) \\ &+ i\mathrm{n}y\,(\mathcal{P}_4 + \mathcal{Q}_4 \cos Ht + \mathcal{R}_4 \cos 2Ht + \ldots) \\ &+ i\mathrm{n}y'(\mathcal{P}_5 + \mathcal{Q}_5 \cos Ht + \mathcal{R}_5 \cos 2Ht + \ldots) \\ &- i\mathrm{n}(x - x')(\mathcal{B}_2 \sin Ht + \mathcal{C}_2 \sin 2Ht + \ldots), \end{aligned}$$

$$\begin{aligned} Z = i\mathrm{n}z\,&(\mathcal{A}_4 + \mathcal{B}_4 \cos Ht + \mathcal{C}_4 \cos 2Ht + \ldots) \\ + i\mathrm{n}z'&(\mathcal{A}_5 + \mathcal{B}_5 \cos Ht + \mathcal{C}_5 \cos 2Ht + \ldots). \end{aligned}$$

77. Ayant ainsi les valeurs de X, Y et Z, il ne s'agira plus que de les substituer dans les équations du n° 72. Or, si l'on met $h^2 + ig$ au lieu de b, qu'on néglige les quantités affectées de $i^2\mathrm{n}$ et de $i\mathrm{n}^2$ (parce que n est aussi une quantité fort petite, comme on le verra plus bas), et, qu'après avoir ajouté ensemble les coefficients des termes analogues, on fasse

$$\mathcal{A}_6 = \mathcal{B}_2 - \frac{2(h+if)}{\mathrm{H}}\mathcal{A}_3,$$

$$\mathcal{B}_6 = \mathcal{C}_2 - \frac{2(h+if)}{2\mathrm{H}}\mathcal{B}_3,$$

$$\ldots\ldots\ldots\ldots\ldots\ldots,$$

$$\mathcal{A}_7 = \mathcal{B}_4 + \frac{2h}{\mathrm{H}}\mathcal{A}_3,$$

$$\mathcal{B}_7 = \mathcal{C}_4 + \frac{2h}{2\mathrm{H}}\mathcal{B}_3,$$

$$\ldots\ldots\ldots\ldots\ldots\ldots,$$

$$\mathcal{P}_8 = \mathcal{Q}_4 + \frac{6h}{\mathrm{H}}\mathcal{A}_3,$$

$$\mathcal{Q}_8 = \mathcal{R}_4 + \frac{6h}{2\mathrm{H}}\mathcal{B}_3,$$

$$\ldots\ldots\ldots\ldots\ldots\ldots,$$

et ensuite

$$\begin{aligned}
\Phi = {} & \mathcal{A}_6 \cos \mathrm{H}t + \mathcal{B}_6 \cos 2\mathrm{H}t + \ldots + iy(\mathcal{P}_8 \cos \mathrm{H}t + \mathcal{Q}_8 \cos 2\mathrm{H}t + \ldots) \\
& + iy'(\mathcal{P}_5 + \mathcal{Q}_5 \cos \mathrm{H}t + \mathcal{R}_5 \cos 2\mathrm{H}t + \ldots) \\
& + 2ih\int y(\mathcal{P}_6 \sin \mathrm{H}t + \mathcal{Q}_6 \sin 2\mathrm{H}t + \ldots)\,dt \\
& + 2ih\int y'(\mathcal{P}_7 \sin \mathrm{H}t + \mathcal{Q}_7 \sin 2\mathrm{H}t + \ldots)\,dt \\
& - i(x - x')(\mathcal{B}_2 \sin \mathrm{H}t + \mathcal{C}_2 \sin 2\mathrm{H}t + \ldots) \\
& + 2ih\int (x - x')(\mathcal{A}_3 \cos \mathrm{H}t + \mathcal{B}_3 \cos 2\mathrm{H}t + \ldots)\,dt,
\end{aligned}$$

$$\Psi = z(\mathcal{A}_7 \cos \mathrm{H}t + \mathcal{B}_7 \cos 2\mathrm{H}t + \ldots) + z'(\mathcal{A}_5 + \mathcal{B}_5 \cos \mathrm{H}t + \mathcal{C}_5 \cos 2\mathrm{H}t + \ldots),$$

$$\begin{aligned}
\Xi = {} & -\frac{1}{\mathrm{H}}\left(\mathcal{A}_3 \cos \mathrm{H}t + \frac{\mathcal{B}_3}{2}\cos 2\mathrm{H}t + \ldots\right) + \frac{2i}{\mathrm{H}}y\left(\mathcal{A}_3 \cos \mathrm{H}t + \frac{\mathcal{B}_3}{2}\cos 2\mathrm{H}t + \ldots\right) \\
& + i\int y(\mathcal{P}_6 \sin \mathrm{H}t + \mathcal{Q}_6 \sin 2\mathrm{H}t + \ldots)\,dt
\end{aligned}$$

$$+ i \int y'(\mathfrak{P}_3 \sin Ht + \mathfrak{Q}_3 \sin 2Ht + \ldots)\, dt$$

$$+ i \int (x - x')(\mathcal{A}_3 \cos Ht + \mathcal{B}_3 \cos 2Ht + \ldots)\, dt,$$

on aura les équations suivantes :

$$(l) \quad \left\{ \begin{aligned} &\frac{d^2 y}{dt^2} + [h^2 + i(6hf - 2g + 3if^2 + n\mathfrak{P}_4)] y \\ &\qquad + g - 2hf - if^2 + n\mathcal{A}_2 - 3i[h^2 + i(4hf - g)] y^2 \\ &\qquad\qquad - \frac{3}{2} i (h^2 + ig) z^2 + 6i^2 h^2 y^3 + 3i^2 h^2 y z^2 + n\Phi = 0, \end{aligned} \right.$$

$$(m) \quad \left\{ \begin{aligned} &\frac{d^2 z}{dt^2} + [h^2 + i(2hf + if^2 + n\mathcal{A}_4)] z - 4i(h^2 + 2ihf) zy \\ &\qquad + 2i \frac{dz\, dy}{dt^2} + 10 i^2 h^2 z y^2 - 2i^2 y \frac{dz\, dy}{dt^2} + in\Psi = 0, \end{aligned} \right.$$

$$(n) \qquad \frac{dx}{dt} + 2(h + if) y - f - 3i(h + if) y^2 + 4i^2 h y^3 + n\Xi = 0.$$

Telles sont les équations du mouvement de Jupiter, en tant qu'il est altéré par l'action de Saturne.

On trouvera des équations semblables pour le mouvement de Saturne dérangé par Jupiter; il ne faudra pour cela que mettre x', y', z' à la place de x, y, z, et *vice versâ*, et marquer toutes les autres lettres d'un trait, à l'exception de H, laquelle étant égale à $h - h'$ deviendra $h' - h$, c'est-à-dire simplement négative.

78. Je remarque maintenant que les équations (l) et (m) peuvent se réduire à ces formes plus simples :

$$\frac{d^2 \mathrm{y}}{dt^2} + K^2 \mathrm{y} + n\mathfrak{Y} = 0 \quad \text{et} \quad \frac{d^2 \mathrm{z}}{dt^2} + L^2 \mathrm{z} + in\mathfrak{Z} = 0,$$

en supposant

$$\mathrm{y} = y + \alpha + i(\beta y^2 + \gamma z^2) + i^2 \left(\delta y^3 + \varepsilon y z^2 + \eta z \frac{dy\, dz}{dt^2} \right)$$

et

$$\mathrm{z} = z + i \left(\mu z y + \nu \frac{dz\, dy}{dt^2} \right) + i^2 \left(\pi z^3 + \rho z y^2 + \sigma y \frac{dz\, dy}{dt^2} \right).$$

Pour le prouver, et déterminer en même temps les valeurs de α, β, $\gamma,\ldots$, μ, ν, $\pi,\ldots$; je prends d'abord les différentielles secondes de y et de z; j'ai

$$\begin{aligned}\frac{d^2\mathrm{y}}{dt^2} = \frac{d^2y}{dt^2} &+ i\beta\left(2y\frac{d^2y}{dt^2}+2\frac{dy^2}{dt^2}\right)+i\gamma\left(2z\frac{d^2z}{dt^2}+2\frac{dz^2}{dt^2}\right)\\ &+i^2\delta\left(3y^2\frac{d^2y}{dt^2}+6y\frac{dy^2}{dt^2}\right)+i^2\varepsilon\left(z^2\frac{d^2y}{dt^2}+2zy\frac{d^2z}{dt^2}+2y\frac{dz^2}{dt^2}+4z\frac{dy\,dz}{dt^2}\right)\\ &+i^2\eta\left(2\frac{dz^2}{dt^2}\frac{d^2y}{dt^2}+3\frac{dy\,dz}{dt^2}\frac{d^2z}{dt^2}+z\frac{dz}{dt}\frac{d^3y}{dt^3}+z\frac{dy}{dt}\frac{d^3z}{dt^3}+2z\frac{d^2y}{dt^2}\frac{d^2z}{dt^2}\right),\end{aligned}$$

$$\begin{aligned}\frac{d^2\mathrm{z}}{dt^2} = \frac{d^2z}{dt^2} &+ i\mu\left(y\frac{d^2z}{dt^2}+z\frac{d^2y}{dt^2}+2\frac{dz\,dy}{dt^2}\right)\\ &+i\nu\left(\frac{dy}{dt}\frac{d^3z}{dt^3}+\frac{dz}{dt}\frac{d^3y}{dt^3}+2\frac{d^2z}{dt^2}\frac{d^2y}{dt^2}\right)+i^2\pi\left(3z^2\frac{d^2z}{dt^2}+6z\frac{dz^2}{dt^2}\right)\\ &+i^2\rho\left(y^2\frac{d^2z}{dt^2}+2zy\frac{d^2y}{dt^2}+2z\frac{dy^2}{dt^2}+4y\frac{dz\,dy}{dt^2}\right)\\ &+i^2\sigma\left(2\frac{dy^2}{dt^2}\frac{d^2z}{dt^2}+3\frac{dz\,dy}{dt^2}\frac{d^2y}{dt^2}+y\frac{dy}{dt}\frac{d^3z}{dt^3}+y\frac{dz}{dt}\frac{d^3y}{dt^3}+2y\frac{d^2z}{dt^2}\frac{d^2y}{dt^2}\right).\end{aligned}$$

Ensuite je substitue à la place de $\frac{d^2y}{dt^2}$, $\frac{d^2z}{dt^2}$, $\frac{d^3y}{dt^3}$, $\frac{d^3z}{dt^3}$, $\frac{dy^2}{dt^2}$, $\frac{dz^2}{dt^2}$ leurs valeurs tirées des équations (l) et (m), en négligeant les quantités qui seraient affectées de i^3, ou de $i^2\mathrm{n}$; et pour avoir les valeurs de $\frac{dy^2}{dt^2}$ et $\frac{dz^2}{dt^2}$ (car les autres se déduisent aisément des équations citées), je multiplie l'équation (l) par $2dy$, et l'équation (m) par $2dz$, et ensuite je les intègre, ce qui me donne, en négligeant les quantités de l'ordre de i^2 et de $i\mathrm{n}$, parce que $\frac{dy^2}{dt^2}$ et $\frac{dz^2}{dt^2}$ ne se trouvent que dans des termes déjà affectés de i,

$$\begin{aligned}\frac{dy^2}{dt^2} &+ [h^2+i(6h\mathrm{f}-2\mathrm{g})]y^2+2(\mathrm{g}-2h\mathrm{f}-i\mathrm{f}^2+\mathrm{n}\mathcal{A}_2)\\ &+\mathrm{A}-2ih^2y^3-3ih^2\int z^2dy+2\mathrm{n}\int\Phi dy=0,\end{aligned}$$

$$\frac{dz^2}{dt^2}+(h^2+2ih\mathrm{f})z^2+\mathrm{B}-8ih^2\int yz\,dz+4i\int\frac{dz^2}{dt^2}dy+2i n\int\Psi dz=0,$$

A et B étant des constantes.

Je conserve exprès le terme $2in\int\Psi dz$, parce que la quantité Ψ contient un terme de cette forme $\mathcal{B}_5 z'\cos Ht$, lequel étant multiplié par dz, et ensuite intégré, après avoir substitué les valeurs de z et de z' en t, se trouvera divisé par des quantités de l'ordre de i.

Or l'équation (m) donne, en rejetant tous les termes affectés de i,

$$\frac{d^2z}{dt^2}+h^2z=0,$$

et par conséquent

$$\int z\frac{d^2z}{dt^2}dy+h^2\int z^2dy=0;$$

mais, en mettant au lieu de $\frac{dz^2}{dt^2}$ et de $\frac{d^2y}{dt^2}$ leurs valeurs approchées $-h^2z^2-B$ et $-h^2y-g+2hf$, car on peut négliger ici tous les termes affectés de i et de n,

$$\begin{aligned}\int z\frac{d^2z}{dt^2}dy &= z\frac{dy\,dz}{dt^2}-\int\left(\frac{dz^2}{dt^2}dy+z\frac{d^2y}{dt^2}dz\right)\\ &= z\frac{dy\,dz}{dt^2}+h^2\int z^2dy+By+h^2\int yz\,dz+\frac{g-2hf}{2}z^2,\end{aligned}$$

et, à cause de $\int yz\,dz=\frac{1}{2}yz^2-\frac{1}{2}\int z^2dy$,

$$\int z\frac{d^2z}{dt^2}dy=z\frac{dy\,dz}{dt^2}+\frac{h^2}{2}\int z^2dy+By+\frac{h^2}{2}yz^2+\frac{g-2hf}{2}z^2.$$

Donc on aura

$$\frac{3}{2}h^2\int z^2dy+\frac{h^2}{2}yz^2+z\frac{dy\,dz}{dt^2}+By+\frac{g-2hf}{2}z^2=0;$$

d'où l'on tire

$$\int z^2dy=-\frac{1}{3}yz^2-\frac{2}{3h^2}z\frac{dy\,dz}{dt^2}-\frac{2B}{3h^2}y-\frac{g-2hf}{3h^2}z^2.$$

Donc, si l'on met cette valeur dans la première des deux équations ci-dessus, et qu'on substitue $-h^2\int z^2dy-By$ dans la seconde à la place de $\int \frac{dz^2}{dt^2} dy$, et $\mathfrak{B}_5 \int (\cos Ht)\, z'\, dz$ à la place de $\int \Psi\, dz$, on aura, après les réductions,

$$(o)\left\{\begin{aligned}&\frac{dy^2}{dt^2} + [h^2 + i(6hf - 2g)]\, y^2 + 2[g - 2hf - i(f^2 - B) + n\mathcal{A}_2]\, y\\ &\qquad + A + i(g - 2hf)\, z^2 - 2ih^2 y^3 + ih^2 y z^2 + 2iz\frac{dy\, dz}{dt^2} + 2n\int \Phi\, dy = 0,\end{aligned}\right.$$

$$(p)\quad \frac{dz^2}{dt^2} + (h^2 + 2ihf)\, z^2 + B - 4iBy - 4ih^2 y z^2 + 2in\mathfrak{B}_5 \int (\cos Ht)\, z'\, dz = 0.$$

Ces substitutions faites, on trouvera, en ordonnant les termes,

$$\begin{aligned}\frac{d^2y}{dt^2} = \Big[&- h^2 - i(6hf - 2g + 3if^2 + n\mathcal{P}_4)\\ &- 6i\beta\left(g - 2hf - if^2 + \frac{2}{3} iB + n\mathcal{A}_2\right)\\ &+ 8i^2\gamma B - 6i^2\delta A - 2i^2\varepsilon B + 2i^2\eta h^2 B\Big]\, y\\ &- (g - 2hf - if^2 + n\mathcal{A}_2) - 2i\beta A - 2i\gamma B + 2i^2\eta(g - 2hf)\, B\\ &+ \Big[3ih^2 + 3i^2(4hf - g) - 4i\beta[h^2 + i(6hf - 2g)] - 15 i^2\delta(g - 2hf)\Big]\, y^2\\ &+ \Big[\frac{3}{2} i(h^2 + ig) - 2i^2\beta(g - 2hf) - 4i\gamma(h^2 + 2ihf)\\ &\qquad\qquad - i^2\varepsilon(g - 2hf) - 4i^2\eta h^2(g - 2hf)\Big]\, z^2\\ &+ (-6i^2h^2 + 10i^2\beta h^2 - 9i^2\delta h^2)\, y^3\\ &+ (-3i^2h^2 + i^2\beta h^2 + 16i^2\gamma h^2 - 5i^2\varepsilon h^2 + 4i^2\eta h^4)\, y z^2\\ &+ (-4i^2\beta - 4i^2\gamma + 4i^2\varepsilon - 5i^2\eta h^2)\, z\frac{dy\, dz}{dt^2}\\ &+ n\Big[- \Phi - 2i\beta\Phi y - 4i\beta\int \Phi\, dy - 4i^2\gamma\mathfrak{B}_5\int (\cos Ht)\, z'\, dz\Big],\end{aligned}$$

$$\begin{aligned}\frac{d^2z}{dt^2} = [&- h^2 - i(2hf + if^2 + n\mathcal{A}_4) - i\mu(g - 2hf - if^2 + n\mathcal{A}_2)\\ &+ 2i\nu(g - 2hf - if^2 + n\mathcal{A}_2)(h^2 + 2ihf)\\ &\qquad - 3i^2\nu h^2(2A + B) - 6i^2\pi B - 2i^2\rho A + 2i^2\sigma h^2 A]\, z\\ &+ \Big[4i(h^2 + 2ihf) - 2i\mu[h^2 + i(4hf - g)]\\ &\qquad + 2i\nu[h^2 + i(6hf - 2g)](h^2 + 2ihf) - 20i^2\nu h^2(g - 2hf)\\ &\qquad\qquad - 6i^2\rho(g - 2hf) + 6i^2\sigma h^2(g - 2hf)\Big]\, zy\end{aligned}$$

$$+\left[-2i+2i\mu-i\nu[2h^2+i(20hf-8g)]-3i^2\sigma(g-2hf)\right]\frac{dy\,dz}{dt^2}$$

$$+\left(\frac{3}{2}i^2\mu h^2-6i^2\nu h^4-9i^2\pi h^2\right)z^3$$

$$+(-10i^2h^2+7i^2\mu h^2-20i^2\nu h^4-5i^2\rho h^2+4i^2\sigma h^4)y^2z$$

$$+(2i^2-2i^2\mu+16i^2\nu h^2+4i^2\rho-5i^2\sigma h^2)y\frac{dy\,dz}{dt^2}$$

$$+n\left(-i\Psi-i\mu z\Phi-i\nu\frac{d\Phi\,dz}{dt^2}+2i\nu h^2z\Phi\right).$$

Je mets donc ces valeurs de y, z, $\frac{d^2y}{dt^2}$ et $\frac{d^2z}{dt^2}$ dans les équations

$$\frac{d^2y}{dt^2}+K^2y+n\mathfrak{I}=0,\quad \frac{d^2z}{dt^2}+L^2z+in\mathfrak{Z}=0,$$

et ensuite j'égale à zéro les termes homogènes, ce qui me donne les équations suivantes :

$$-h^2-i(6hf-2g+3if^2+n\mathfrak{P}_4)-6i\beta\left(g-2hf-if^2+\frac{2}{3}iB+n\mathfrak{A}_2\right)$$
$$+8i^2\gamma B-6i^2\delta A-2i^2\varepsilon B+2i^2\eta h^2B+K^2=0,$$

$$-(g-2hf-if^2+n\mathfrak{A}_2)-2i\beta A-2i\gamma B+2i^2\eta(g-2hf)B+\alpha K^2=0,$$

$$3h^2+3i(4hf-g)-4\beta[h^2+i(6hf-2g)]-15i\delta(g-2hf)+\beta K^2=0,$$

$$\frac{3}{2}(h^2+ig)-2i\beta(g-2hf)-4\gamma(h^2+2ihf)-i\varepsilon(g-2hf)$$
$$+4i\eta h^2(g-2hf)+\gamma K^2=0,$$

$$-6h^2+10\beta h^2-9\delta h^2+\delta K^2=0,$$

$$-3h^2+\beta h^2+16\gamma h^2-5\varepsilon h^2+4\eta h^4+\varepsilon K^2=0,$$

$$-4\beta-4\gamma+4\varepsilon-5\eta h^2+\eta K^2=0,$$

$$-\Phi-2i\beta\Phi y-4i\beta\int\Phi\,dy-4i^2\gamma\mathfrak{B}\int(\cos Ht)\,z'\,dz+\mathfrak{I}=0,$$

$$-h^2-i(2hf+if^2+n\mathfrak{A}_4)-i\mu(g-2hf-if^2+n\mathfrak{A}_2)$$
$$+2i\nu(g-2hf-if^2+n\mathfrak{A}_2)(h^2+2ihf)$$
$$-3i^2\nu h^2(2A+B)-6i^2\pi B-2i^2\rho A+2i^2\sigma h^2A+L^2=0,$$

$$4(h^2+2ihf)-2\mu[h^2+i(4hf-g)]+2\nu[h^2+i(6hf-2g)](h^2+2ihf)$$
$$-20i\nu h^2(g-2hf)-6i\rho(g-2hf)+6i\sigma h^2(g-2hf)+\mu L^2=0,$$

$$-2+2\mu-\nu[2h^2+i(20hf-8g)]-3i\sigma(g-2hf)+\nu L^2=0,$$

$$\frac{3}{2}\mu h^2-6\nu h^4-9\pi h^2+\pi L^2=0,$$

$$-10h^2+7\mu h^2-20\nu h^4-5\rho h^2+4\sigma h^4+\rho L^2=0,$$

$$2-2\mu+16\nu h^2+4\rho-5\sigma h^2+\sigma L^2=0,$$

$$-\Psi-(\mu-2\nu h^2)z\Phi-\nu\frac{d\Phi\,dz}{dt^2}+\mathfrak{Z}=0,$$

par où l'on déterminera les valeurs des coefficients K^2, α, β, γ, δ, ε, η, L^2, μ, ν, π, ρ, σ, ainsi que celles de $\mathfrak{Y}$ et de $\mathfrak{Z}$, en ayant soin de pousser les valeurs de K^2, L^2 et α jusqu'aux quantités de l'ordre de i^2 et in, celles de β, γ, μ, ν jusqu'aux quantités de l'ordre de i et de n seulement, et enfin de négliger dans les autres toutes les quantités affectées de i et de n.

79. Si l'on regarde la quantité α comme connue, et qu'on s'en serve pour déterminer g, on aura

$$g=\alpha K^2+2hf-n\mathcal{A}_2+i(f^2-2\beta A-2\gamma B)+2i^2\eta\alpha K^2B;$$

ensuite, supposant

$$K=h+ik \quad \text{et} \quad L=h+il,$$

on trouvera

$$k=f+2h\alpha+\frac{i}{2h}(4hf\alpha+15h^2\alpha^2-5A-B)+\frac{n}{2h}(\mathfrak{P}_4+2\mathcal{A}_2),$$

$$l=f+2h\alpha+\frac{i}{2h}(4hf\alpha+15h^2\alpha^2-5A-B)+\frac{n}{2h}\mathcal{A}_4,$$

$$\beta=1+\frac{i}{2}\alpha,\quad \gamma=\frac{1}{2}+i\alpha\eta h^2,\quad \delta=\frac{1}{2},\quad \varepsilon=\frac{3}{2}+\eta h^2,$$

$$\mu=i(15+2\sigma h^2)\alpha,\quad \nu=-\frac{2}{h^2}+i\left(\frac{4f}{h^3}+\frac{6+\sigma h^2}{h^2}\alpha\right),\quad \pi=\frac{3}{2},\quad \rho=\frac{15}{2}+\sigma h^2,$$

$$\mathfrak{Y}=\Phi+2i\beta\Phi y+4i\beta\int\Phi\,dy+4i^2\gamma\mathcal{B}_5\int(\cos Ht)\,z'\,dz,$$

$$\mathfrak{Z}=\Psi+(\mu-2\nu h^2)\Phi z+\nu\frac{d\Phi\,dz}{dt^2}.$$

Et l'on remarquera qu'il restera encore deux indéterminées η et σ, lesquelles pourront être supposées égales à tout ce qu'on voudra, selon ce qu'on jugera plus commode.

A l'égard des quantités α et f, il faudra les prendre de telle manière que les deux conditions exprimées dans le n° **72** aient lieu, c'est-à-dire que les valeurs de y et de $\frac{dx}{dt}$ ne renferment aucun terme tout constant; ainsi ce ne sera qu'après avoir trouvé les expressions générales de y et de $\frac{dx}{dt}$ en t, qu'on pourra déterminer les constantes α et f.

Au reste, comme il n'est pas absolument nécessaire que la quantité a représente exactement la distance moyenne de la planète, on pourra, si l'on veut, se contenter de remplir la seconde des deux conditions dont nous venons de parler, et pour lors on aura encore une nouvelle indéterminée α à volonté.

Enfin, pour déterminer A et B, on substituera d'abord dans les équations (o) et (p) les valeurs de y et z en t, et on fera ensuite des équations séparées des termes dans lesquels t n'entre pas, les autres étant censés se détruire d'eux-mêmes. Or, en mettant au lieu de y et z leurs valeurs approchées $\mathrm{y} - \alpha$ et z, et négligeant tous les termes affectés de i, ainsi que ceux qui contiennent des sinus et des cosinus, on a, à cause de $\mathrm{g} - 2h\mathrm{f}$ égal à très-peu près à αh^2,

$$\frac{d\mathrm{y}^2}{dt^2} + h^2\mathrm{y}^2 - \alpha h^2 + \mathrm{A} = 0$$

et

$$\frac{d\mathrm{z}^2}{dt^2} + h^2\mathrm{z}^2 + \mathrm{B} = 0.$$

De sorte qu'en ne prenant, dans les valeurs de y^2, $\frac{d\mathrm{y}^2}{dt^2}$, z^2 et $\frac{d\mathrm{z}^2}{dt^2}$, que les termes constants, et omettant les autres, on aura

$$\mathrm{A} = \alpha^2 h^2 - h^2\mathrm{y}^2 - \frac{d\mathrm{y}^2}{dt^2}$$

et

$$\mathrm{B} = -h^2\mathrm{z}^2 - \frac{d\mathrm{z}^2}{dt^2}.$$

80. Pour mettre nos formules sous une forme plus commode et plus simple, nous ferons $\alpha = 0$, $\eta = 0$ et $\sigma = -\frac{11}{2h^2}$; moyennant quoi nous aurons

$$y + i\left(y^2 + \frac{1}{2}z^2\right) + i^2\left(\frac{1}{2}y^3 + \frac{3}{2}yz^2\right) = \mathrm{y}$$

et

$$z - 2i\left(1 - \frac{2i\mathrm{f}}{h}\right)\frac{dz\,dy}{h^2dt^2} + i^2\left(\frac{3}{2}z^3 + 2zy^2 - \frac{11}{2}y\frac{dy\,dz}{h^2dt^2}\right) = \mathrm{z};$$

d'où l'on tire, en ne poussant la précision que jusqu'aux quantités de l'ordre de i^2,

$$(q)\qquad y = \mathrm{y} - i\left(\mathrm{y}^2 + \frac{1}{2}\mathrm{z}^2\right) + i^2\left(\frac{3}{2}\mathrm{y}^3 - \frac{1}{2}\mathrm{y}\mathrm{z}^2 - 2\mathrm{z}\frac{d\mathrm{y}\,d\mathrm{z}}{h^2dt^2}\right),$$

$$z = \mathrm{z} + 2i\left(1 - \frac{2i\mathrm{f}}{h}\right)\frac{d\mathrm{z}\,d\mathrm{y}}{h^2dt^2}$$
$$- i^2\left[\frac{3}{2}\mathrm{z}^3 + 2\mathrm{z}\mathrm{y}^2 - \frac{3}{2}\mathrm{y}\frac{d\mathrm{z}\,d\mathrm{y}}{h^2dt^2} + 2\mathrm{z}\frac{d\mathrm{z}^2}{h^2dt^2} = 4\frac{d\mathrm{y}\,d(d\mathrm{z}\,d\mathrm{y})}{h^4dt^4}\right],$$

ou bien, en mettant pour $\frac{d^2\mathrm{y}}{dt^2}$ et $\frac{d^2\mathrm{z}}{dt^2}$ leurs valeurs approchées $-h^2\mathrm{y}$ et $-h^2\mathrm{z}$,

$$(r)\qquad \left\{\begin{aligned} z = \mathrm{z} &+ 2i\left(1 - \frac{2i\mathrm{f}}{h}\right)\frac{d\mathrm{z}\,d\mathrm{y}}{h^2dt^2}\\ &- i^2\left(\frac{3}{2}\mathrm{z}^3 + 2\mathrm{z}\mathrm{y}^2 + \frac{5}{2}\mathrm{y}\frac{d\mathrm{z}\,d\mathrm{y}}{h^2dt^2} + 2\mathrm{z}\frac{d\mathrm{z}^2}{h^2dt^2} + 4\mathrm{z}\frac{d\mathrm{y}^2}{h^2dt^2}\right).\end{aligned}\right.$$

Et si l'on substitue cette valeur de y dans l'équation (n) du n° 77, on aura

$$(s)\qquad \left\{\begin{aligned} \frac{dx}{dt} = &-2(h + i\mathrm{f})\mathrm{y} + \mathrm{f} + i(h + i\mathrm{f})(5\mathrm{y}^2 + \mathrm{z}^2)\\ &- i^2h\left(13\mathrm{y}^3 + 2\mathrm{y}\mathrm{z}^2 - 4\mathrm{z}\frac{d\mathrm{y}\,d\mathrm{z}}{h^2dt^2}\right) - \mathrm{n}\Xi,\end{aligned}\right.$$

équation facile à intégrer dès qu'on aura les valeurs de y et z en t. On se souviendra seulement qu'il faudra, avant l'intégration, égaler à zéro tous les termes constants.

De plus, si l'on veut avoir l'expression du rayon vecteur u de l'orbite réelle, on fera

$$u = a(1 + iv),$$

et comme $u = r\sqrt{1+q^2}$, on trouvera

$$v = y + \frac{i}{2}z^2 + \frac{i^2}{2}yz^2,$$

et mettant au lieu de y et z leurs valeurs en y et z,

$$v = \mathrm{y} - i\mathrm{y}^2 + \frac{3}{2}i^2\mathrm{y}^3.$$

Ainsi le problème ne dépendra plus que de l'intégration des équations

$$(t) \qquad \frac{d^2\mathrm{y}}{dt^2} + \mathrm{K}^2\mathrm{y} + \mathrm{n}\mathfrak{Y} = 0,$$

$$(u) \qquad \frac{d^2\mathrm{z}}{dt^2} + \mathrm{L}^2\mathrm{z} + i\mathrm{n}\mathfrak{Z} = 0.$$

81. Si l'on fait $n = 0$, on aura le cas ordinaire où l'orbite est une ellipse immobile.

On trouvera donc pour ce cas

$$\mathrm{y} = \Delta\cos(\mathrm{K}t - \mathcal{A}) \quad \text{et} \quad \mathrm{z} = \Lambda\sin(\mathrm{L}t - \mathcal{C}),$$

Δ, Λ, $\mathcal{A}$ et $\mathcal{C}$ étant des constantes.

Donc : 1° $\mathrm{A} = -h^2\Delta^2$ et $\mathrm{B} = -h^2\Delta^2$ (n° 79); 2° si l'on substitue ces valeurs de y et de z dans le second membre de l'équation (s), et qu'après avoir développé les puissances des sinus et des cosinus on égale à zéro tous les termes constants, on aura, aux quantités de l'ordre de i^2 près,

$$\mathrm{f} + ih\left(\frac{5}{2}\Delta^2 + \frac{1}{2}\Lambda^2\right) = 0;$$

d'où

$$f = -ih\left(\frac{5}{2}\Delta^2 + \frac{1}{2}\Lambda^2\right).$$

De sorte qu'on trouvera (à cause de $\alpha = 0$ et de $\mathrm{n} = 0$) $k = 0$ et $l = 0$, et par conséquent $\mathrm{K} = h$ et $\mathrm{L} = h$ (n° 79).

Si l'on n'eût pas supposé $\alpha = 0$, on eût eu

$$A = h^2(\alpha^2 - \Delta^2), \quad B = -h^2\Lambda^2$$

et

$$2(h + if)\alpha + f + 5ih\left(\frac{1}{2}\Delta^2 + \alpha\right) + \frac{ih}{2}\Lambda^2 = 0;$$

d'où

$$f = -2h\alpha - ih\alpha^2 - \frac{ih}{2}(5\Delta^2 + \Lambda^2),$$

et l'on trouverait, après les substitutions, que tous les termes des valeurs de k et de l se détruiraient d'eux-mêmes, de manière que ces quantités seraient aussi nulles, comme elles le doivent être dans ce cas; ce qui pourrait servir, s'il en était besoin, à confirmer la bonté de nos formules.

Il ne s'agira donc plus que de mettre, dans les équations du numéro précédent, $\Delta\cos(ht - \mathcal{A})$ à la place de y, et $\Lambda\sin(ht - \mathcal{C})$ à la place de z, ce qui n'aura aucune difficulté; d'ailleurs ce cas est si connu des Géomètres qu'il serait superflu de nous y arrêter. Je me contenterai d'observer :

1° Que les absides de l'orbite se trouveront aux points où $dy = 0$, et par conséquent où $\sin(ht - \mathcal{A}) = 0$, ce qui donnera pour l'aphélie

$$\cos(ht - \mathcal{A}) = 1 \quad \text{et} \quad \upsilon = \Delta - i\Delta^2 + \frac{3}{2}i^2\Delta^3,$$

et pour le périhélie

$$\cos(ht - \mathcal{A}) = -1 \quad \text{et} \quad \upsilon = -\Delta - i\Delta^2 - \frac{3}{2}i^2\Delta^3;$$

d'où il s'ensuit que le demi-axe de l'ellipse sera égal à $a(1 - i^2\Delta^2)$, et l'excentricité à $i\Delta\dfrac{1 + \frac{3}{2}i^2\Delta^2}{1 - i^2\Delta^2} = i\Delta\left(1 + \frac{5}{2}i^2\Delta^2\right)$, soit $i\Delta$ à très-peu près;

2° Que par conséquent l'angle $ht - \mathcal{A}$ représentera l'anomalie moyenne, et $\mathcal{A}$ le lieu de l'aphélie;

3° Que les limites, c'est-à-dire les plus grandes latitudes, seront aux points où $dz = \dfrac{2iz\,dy}{1 - 2iy}$, et par conséquent, en négligeant les quantités de l'ordre de i^2, aux points où $\frac{\cos(ht-\mathcal{E})}{\sin(ht-\mathcal{E})} = 2i\frac{dy}{h\,dt}$, c'est-à-dire où $\cos(ht-\mathcal{E}) = 2i\frac{dy}{h\,dt}$; d'où la plus grande valeur de z sera

$$A\left(1 - 2i^2h^2\Delta^2 - \frac{3}{2}i^2h^2A^2\right);$$

de sorte qu'on aura pour la tangente de l'inclinaison de l'orbite

$$iA\left(1 - 2i^2h^2\Delta^2 - \frac{3}{2}i^2h^2A^2\right) \pm i\Delta$$

à très-peu près;

4° Que, comme $\frac{d^2y}{dt^2} + h^2y = 0$, on aura, à cause de $\frac{dx}{dt} = -2hy$, en négligeant les termes affectés de i,

$$\frac{dy}{dt} = -h^2\int y\,dt = \frac{h}{2}x;$$

donc on aura dans les limites

$$\frac{\cos(ht-\mathcal{E})}{\sin(ht-\mathcal{E})} = ix;$$

et par conséquent,

$$\cos(ht-\mathcal{E}) - ix\sin(ht-\mathcal{E}) = 0,$$

ou bien

$$\cos(ht + ix - \mathcal{E}) = 0,$$

c'est-à-dire

$$\cos(\varphi - \mathcal{E}) = 0;$$

ce qui montre que $\mathcal{E}$ est le lieu du nœud ascendant, et qu'ainsi l'angle $ht - \mathcal{E}$ dénote la distance moyenne de la planète au nœud.

82. Il est bon de remarquer que si l'on voulait résoudre le problème du n° 78 d'une manière plus générale, en donnant à tous les termes des équations (l) et (m) des coefficients indéterminés, on trouverait, après en avoir fait le calcul, deux équations de condition entre ces mêmes coefficients; de sorte que la solution ne pourrait avoir lieu que quand ces équations seraient identiques d'elles-mêmes; or c'est précisément ce qui arrive dans notre cas, et c'est là la raison pourquoi il reste deux coefficients indéterminés η et σ. Au reste il est facile de voir que cet inconvénient ne vient que de ce que nous avons conservé la quantité $\frac{dy\,dz}{dt^2}$ au lieu d'y substituer sa valeur tirée des équations (l) et (m), comme nous l'avons pratiqué dans le n° **52**. Ainsi il sera très-aisé d'y remédier, et de donner par là à notre méthode toute la généralité dont elle est susceptible.

83. Revenons maintenant à notre sujet, et voyons comment il faut s'y prendre pour intégrer les équations (t) et (u). Pour cela on commencera par mettre dans les expressions de $\mathfrak{Y}$ et $\mathfrak{Z}$, à la place de y, z et x leurs valeurs approchées y, z et $-2h\int \mathrm{y}\,dt$ tirées des équations (q), (r), (s), et de même à la place de y', z', x' les valeurs correspondantes y', z' et $-2h'\int \mathrm{y}'dt$; puis on cherchera, par l'intégration, les valeurs de y, z et de y', z', en y négligeant d'abord tous les termes affectés de i et n; et ces premières valeurs étant ensuite substituées dans $\mathfrak{Y}$ et $\mathfrak{Z}$ serviront à déterminer plus exactement les mêmes quantités y, z, y', z'.

Or il semble d'abord qu'on pourrait se contenter de prendre pour premières valeurs approchées de y et z celles que nous avons trouvées plus haut (n° **81**), savoir

$$\mathrm{y} = \Delta\cos(\mathrm{K}t - \mathcal{A}), \quad \mathrm{z} = \Lambda\sin(\mathrm{L}t - \mathcal{E}),$$

et par conséquent aussi

$$\mathrm{y}' = \Delta'\cos(\mathrm{K}'t - \mathcal{A}'), \quad \mathrm{z}' = \Lambda'\sin(\mathrm{L}'t - \mathcal{E}').$$

Mais ces valeurs étant substituées dans les quantités $\mathfrak{Y}$ et $\mathfrak{Z}$, on verra, après le développement des produits des différents sinus et cosinus, qu'on aura des termes de cette forme :

$$\cos[(ht + ik')t - \mathcal{A}'] \quad \text{et} \quad \sin[(ht + il')t - \mathcal{E}'],$$

lesquels étant de l'ordre de in dans les équations différentielles se trouveront divisés, après l'intégration, par des quantités du même ordre; de sorte qu'ils appartiendront aussi aux premières valeurs de y et z.

Le terme $i\mathfrak{Q}_5 y' \cos Ht$, par exemple, qui se trouve dans la quantité Φ, donnera par la substitution de la valeur de y' le terme

$$\frac{i\mathfrak{Q}_5}{2}\Delta' \cos[(h+ik')t - \mathfrak{A}'],$$

à cause de $K' = h' + ik'$ et de $H = h - h'$; de sorte que la quantité $\mathfrak{Y}$ contiendra le terme

$$\frac{i\,\mathrm{n}\,\mathfrak{Q}_5}{2}\Delta' \cos[(h+ik')t - \mathfrak{A}'],$$

lequel étant intégré (n° 42) donnera dans la valeur de y le nouveau terme

$$\frac{i\,\mathrm{n}\,\mathfrak{Q}_5}{2[(h+ik')^2 - K^2]}\Delta \cos[(h+ik')t - \mathfrak{A}'];$$

or, en mettant $h+ik$ au lieu de K, et négligeant les termes de l'ordre de i^2,

$$(h+ik')^2 - K^2 = 2i(k'-k)h;$$

de plus on a (n° 79), à cause de $\alpha = 0$ et $f = \frac{i}{h}\left(\frac{5}{2}A + \frac{1}{2}B\right)$ (n° 81),

$$k = \frac{\mathrm{n}}{2h}(\mathfrak{P}_4 + 2\,\mathfrak{A}_2),$$

et de même

$$k' = \frac{\mathrm{n}'}{2h'}(\mathfrak{P}'_4 + 2\,\mathfrak{A}'_2);$$

donc le terme dont il s'agit deviendra

$$\frac{\mathfrak{Q}_5}{2\frac{\mathrm{n}'h}{\mathrm{n}h'}(\mathfrak{P}'_4 + 2\,\mathfrak{A}'_2) - 2(\mathfrak{P}_4 + 2\,\mathfrak{A}_2)}\Delta \cos[(h+ik')t - \mathfrak{A}'],$$

lequel appartient, comme on voit, à la première valeur de y.

On trouvera de même dans la première valeur de y' un terme contenant $\cos[(h'+ik)t-\mathcal{A}]$, et qui étant substitué dans le même terme $in\mathfrak{Q}_5 y' \cos Ht$ de la quantité $\mathfrak{Y}$ donnera un terme de cette forme : $\cos[(h+ik)t-\mathcal{A}]$, savoir : $\cos(Kt-\mathcal{A})$; de sorte que la nouvelle valeur de y renfermera un arc de cercle (n° 42).

Le même inconvénient aura lieu, comme il est aisé de s'en assurer, par rapport à tous les termes de $\mathfrak{Y}$ et de $\mathfrak{Z}$ qui renferment y' ou z' multipliés par $\cos Ht$ ou par $\sin Ht$. Tels sont dans la quantité $\mathfrak{Y}$ les termes

$$i\left[\mathfrak{Q}_5 y' \cos Ht + 2h\mathfrak{P}_7 \int y' \sin Ht\,dt - 2h'\mathfrak{B}_2 \int y'\,dt \times \sin Ht + 4hh'\mathcal{A}_3 \int\left(\int y'\,dt \times \cos Ht\right)dt\right],$$

et dans la quantité $\mathfrak{Z}$ le terme $\mathfrak{B}_5 z' \cos Ht$. Ainsi il sera nécessaire d'avoir égard à ces termes dans la première approximation des valeurs de y et z.

On aura donc en premier lieu l'équation suivante en y :

$$\frac{d^2y}{dt^2} + K^2 y + in\left[\mathfrak{Q}_5 y' \cos Ht + 2h\mathfrak{P}_7 \int y' \sin Ht\,dt - 2h'\mathfrak{B}_2 \int y'\,dt \times \sin Ht + 4hh'\mathcal{A}_3 \int\left(\int y\,dt \times \cos Ht\right)dt\right] = 0,$$

ou bien, parce que

$$\int\left(\int y'\,dt \times \cos Ht\right)dt = \frac{1}{H}\int y'\,dt \times \sin Ht - \frac{1}{H}\int y' \sin Ht\,dt,$$

$$\frac{d^2y}{dt^2} + K^2 y + in\left[\mathfrak{Q}_5 y' \cos Ht + \left(\frac{4hh'}{H}\mathcal{A}_3 - 2h'\mathfrak{B}_2\right)\int y'\,dt \times \sin Ht - \left(\frac{4hh'}{H}\mathcal{A}_3 - 2h\mathfrak{P}_7\right)\int y' \sin Ht\,dt\right] = 0.$$

Or on a, aux quantités de l'ordre de n près,

$$\frac{d^2y}{dt^2} + K^2 y = 0;$$

donc on aura aussi, dans la même hypothèse,

$$\frac{d^2y'}{dt^2} + K'^2 y' = 0;$$

donc : 1° $\frac{dy'}{dt} + K'^2 \int y'\,dt = 0$, d'où

$$\int y'\,dt = -\frac{dy'}{K'^2 dt};$$

2° $\int \frac{d^2y'}{dt^2} \sin Ht\,dt + K'^2 \int y' \sin Ht\,dt = 0$; mais

$$\int \frac{d^2y'}{dt^2} \sin Ht\,dt = \frac{dy'}{dt} \sin Ht - Hy' \cos Ht - H^2 \int y' \sin Ht\,dt;$$

donc

$$\frac{dy'}{dt} \sin Ht = Hy' \cos Ht + (K'^2 - H^2) \int y' \sin Ht\,dt;$$

par conséquent

$$\int y' \sin Ht\,dt = \frac{\left(\frac{dy'}{dt} \sin Ht - Hy' \cos Ht\right)}{H^2 - K'^2}.$$

Donc, substituant ces valeurs dans l'équation précédente, elle deviendra

$$\frac{d^2y}{dt^2} + K^2y + in\left[\left(\mathcal{Q}_5 + \frac{4hh'}{H^2 - K'^2}\mathcal{A}_3 - \frac{2hH}{H^2 - K'^2}\mathcal{P}_7\right) y' \cos Ht \right.$$
$$\left. + \left(\frac{2h}{H^2 - K'^2}\mathcal{P}_7 - \frac{4hh'H}{(H^2 - K'^2)K'^2}\mathcal{A}_3 + \frac{2h'}{K'^2}\mathcal{B}_2\right) \frac{dy'}{dt} \sin Ht\right] = 0.$$

Ensuite on aura cette équation en z :

$$\frac{d^2z}{dt^2} + L^2z + in\,\mathcal{B}_5\,z' \cos Ht = 0.$$

On trouvera de même des équations semblables en y′ et z′, suivant la remarque du n° 77, et l'on aura ainsi quatre équations, lesquelles s'intégreront, comme on le voit, par la méthode du n° 58.

84. Puisque $H = h - h'$ (n° 85) et $K = h + ik$, $L = h + il$ (n° 79), et de même $K' = h' + ik'$, $L' = h' + il'$, on aura le cas du n° 60.

Donc : 1° si l'on fait

$$M = \mathrm{n}\left(\mathfrak{Q}_5 + \frac{4hh'}{H^2 - K'^2}\mathcal{A}_3 - \frac{2hH}{H^2 - K'^2}\mathfrak{P}_7\right),$$

$$N = \mathrm{n}\left[\frac{2h}{H^2 - K'^2}\mathfrak{P}_7 - \frac{4hh'H}{(H^2 - K'^2)K'^2}\mathcal{A}_3 + \frac{2h'}{K'^2}\mathfrak{B}_2\right],$$

et de même

$$M' = \mathrm{n}'\left(\mathfrak{Q}'_5 + \frac{4h'h}{H^2 - K^2}\mathcal{A}'_3 + \frac{2h'H}{H^2 - K^2}\mathfrak{P}'_7\right),$$

$$N' = \mathrm{n}'\left[\frac{2h'}{H^2 - K^2}\mathfrak{P}'_7 + \frac{4h'hH}{(H^2 - K^2)K^2}\mathcal{A}'_3 + \frac{2h}{K^2}\mathfrak{B}'_2\right],$$

ensuite

$$P = \frac{M + Nh'}{4h}, \quad P' = \frac{M' + N'h}{4h'},$$

et qu'on appelle m_1, m_2 les racines de l'équation

$$(m - k)(m - k') - PP' = 0,$$

en sorte que

$$m_1 = \frac{k + k' + \sqrt{(k - k')^2 + 4PP'}}{2},$$

$$m_2 = \frac{k + k' - \sqrt{(k - k')^2 + 4PP'}}{2},$$

on trouvera (n°s 62 et 65) que la première valeur approchée de y sera de cette forme :

$$(v)\left\{\begin{aligned} y = {} & \frac{(m_1 - k')F + PF'}{m_1 - m_2}\cos(h + im_1)t + \frac{(m_1 - k')G + PG'}{m_1 - m_2}\sin(h + im_1)t \\ & - \frac{(m_2 - k')F + PF'}{m_1 - m_2}\cos(h + im_2)t - \frac{(m_2 - k')G + PG'}{m_1 - m_2}\sin(h + im_2)t. \end{aligned}\right.$$

2° Si l'on fait de même

$$Q = \frac{\mathrm{n}\mathfrak{B}_5}{4h}, \quad Q' = \frac{\mathrm{n}'\mathfrak{B}'_5}{4h'},$$

et qu'on nomme n_1, n_2 les racines de l'équation

$$(n - l)(n - l') - QQ' = 0,$$

en sorte que

$$n_1 = \frac{l + l' + \sqrt{(l - l')^2 + 4QQ'}}{2}, \quad n_2 = \frac{l + l' - \sqrt{(l - l')^2 + 4QQ'}}{2},$$

on aura

$$(x) \quad \left\{ \begin{aligned} z = {} & \frac{(n_1 - l')B + QB'}{n_1 - n_2} \cos(h + in_1)t + \frac{(n_1 - l')C + QC'}{n_1 - n_2} \sin(h + in_1)t \\ & - \frac{(n_2 - l')B + QB'}{n_1 - n_2} \cos(h + in_2)t + \frac{(n_2 - l')C + QC'}{n_1 - n_2} \sin(h + in_2)t, \end{aligned} \right.$$

F, F′, G, G′, B, B′, C, C′ étant des constantes qu'il faudra déterminer par les observations.

Telles sont les premières valeurs approchées de y et z, et, pour avoir celles de y′ et z′, il n'y aura qu'à marquer simplement d'un trait toutes les lettres qui ne le sont point et *viçe versâ*.

Si l'on voulait maintenant pousser l'approximation plus loin, et déterminer plus exactement les quantités y, z, y′, z′, on substituerait d'abord les valeurs qu'on vient de trouver, dans les termes de $\mathfrak{Y}$ et de $\mathfrak{Z}$ que nous avons négligés; après quoi il n'y aurait plus qu'à suivre la méthode qui a été exposée dans le n° **64**.

Le peu de temps qui me reste ne me permettant pas d'entrer dans ce détail, je me contenterai d'avoir établi les principes nécessaires pour résoudre le problème dont il s'agit, et je me bornerai à examiner ici, d'après les formules données ci-dessus, les inégalités des mouvements de Jupiter et de Saturne qui font varier l'excentricité et la position de l'aphélie de ces deux planètes, aussi bien que l'inclinaison et le lieu du nœud de leurs orbites, et qui produisent surtout une altération apparente dans leurs moyens mouvements, inégalités que les observations ont fait connaître depuis longtemps, mais que personne jusqu'ici n'a encore entrepris de déterminer avec toute l'exactitude qu'on peut exiger dans un sujet si important.

85. Soit

$$m_1 + m_2 = 2\mu h \quad \text{et} \quad m_1 - m_2 = 2\nu h.$$

en sorte que

$$\mu = \frac{k + k'}{2h} \quad \text{et} \quad \nu = \frac{\sqrt{(k - k')^2 + 4PP'}}{2h};$$

supposons de plus

$$F_1 = \frac{(k - k')F + 2PF'}{2h\nu},$$

$$G_1 = \frac{(k - k')G + 2PG'}{2h\nu},$$

et nous aurons, au lieu de l'équation (ν), celle-ci :

$$\begin{aligned} y = {} & F\cos(1 + i\mu)ht\cos i\nu ht - F_1\sin(1 + i\mu)ht\sin i\nu ht \\ & + G\sin(1 + i\mu)ht\cos i\nu ht + G_1\cos(1 + i\mu)ht\sin i\nu ht. \end{aligned}$$

Soient maintenant

$$F = \delta\cos\alpha, \quad G = \delta\sin\alpha,$$
$$F_1 = \delta_1\cos\alpha_1, \quad G_1 = \delta_1\sin\alpha_1,$$

on aura

$$y = \delta\cos[(1 + i\mu)ht - \alpha]\cos i\nu ht - \delta_1\sin[(1 + i\mu)ht - \alpha_1]\sin i\nu ht.$$

Soient encore

$$\alpha_1 = \alpha + \eta \quad \text{et} \quad \delta_1 = \beta\delta,$$

on aura

$$\sin[(1 + i\mu)ht - \alpha_1] = \sin[(1 + i\mu)ht - \alpha]\cos\eta - \cos[(1 + i\mu)ht - \alpha]\sin\eta;$$

donc

$$\begin{aligned} y = {} & \delta(\cos i\nu ht + \beta\sin\eta\sin i\nu ht)\cos[(1 + i\mu)ht - \alpha] \\ & - \delta\beta\cos\eta\sin i\nu ht\sin[(1 + i\mu)ht - \alpha]. \end{aligned}$$

Enfin, soit

$$\frac{\cos i\nu ht + \beta\sin\eta\sin i\nu ht}{\beta\cos\eta\sin i\nu ht} = \frac{\cos\psi}{\sin\psi},$$

c'est-à-dire

$$\cot\psi = \frac{\cot i\nu ht}{\beta\cos\eta} + \tan\!g\,\eta,$$

et nous aurons

$$y = \delta\sqrt{(\cos i\nu ht + \beta\sin\eta\sin i\nu ht)^2 + (\beta\cos\eta\sin i\nu ht)^2} \times \cos[(1 + i\mu)ht + \psi - \alpha],$$

ou bien, en faisant

$$\Delta = \delta\sqrt{\frac{1+\beta^2}{2} + \frac{1-\beta^2}{2}\cos 2i\nu ht + \beta\sin\eta\sin 2i\nu ht} \quad \text{et} \quad \mathcal{A} = \alpha - \psi - i\mu ht,$$

$$y = \Delta\cos(ht - \mathcal{A}).$$

De même, si l'on fait

$$n_1 + n_2 = 2\rho h, \quad n_1 - n_2 = 2\sigma h,$$

en sorte que

$$\rho = \frac{l+l'}{2h}, \quad \sigma = \frac{\sqrt{(l-l')^2 + 4QQ'}}{2h},$$

ensuite

$$B_1 = \frac{(l-l')B + 2QB'}{2h\sigma}, \quad C_1 = \frac{(l-l')C + 2QC'}{2h\sigma},$$

et de plus

$$B = -\lambda\sin\varepsilon, \quad C = \lambda\cos\varepsilon,$$

$$B_1 = -\lambda_1\sin\varepsilon_1, \quad C_1 = \lambda_1\cos\varepsilon_1,$$

$$\varepsilon_1 = \varepsilon + \omega, \quad \lambda_1 = \gamma\lambda,$$

$$\cot\zeta = \frac{\cot i\sigma ht}{\gamma\cos\omega} + \operatorname{tang}\omega,$$

enfin

$$\Lambda = \lambda\sqrt{\frac{1+\gamma^2}{2} + \frac{1-\gamma^2}{2}\cos 2i\sigma ht + \gamma\sin\omega\sin 2i\sigma ht} \quad \text{et} \quad \mathcal{E} = \varepsilon - \zeta - i\rho ht,$$

on aura par l'équation (x)

$$z = \Lambda\sin(ht - \mathcal{E}).$$

Voilà donc les valeurs de y et de z réduites à la même forme que celles du n° 71; d'où il est aisé de conclure que l'orbite de Jupiter est une ellipse, dans laquelle l'excentricité est $i\Delta$, le lieu de l'aphélie $\mathcal{A}$, la tangente de l'inclinaison à l'écliptique $i\Lambda$, et le lieu du nœud ascendant $\mathcal{E}$. Il en sera de même de l'orbite de Saturne, en marquant seulement les lettres d'un trait.

86. Il faudrait présentement substituer ces valeurs de y et de z dans les équations (q), (r) et (s) du n° 80, pour en déduire les expressions des quantités y, z et x, et par conséquent celles de r, q et φ (n° **72**); mais sans entrer dans ce détail, il suffira de remarquer :

1° Que les quantités μ, ν, ρ et σ étant de l'ordre de n, comme on le verra ci-après, les variations des quantités Δ, Λ, $\mathcal{A}$ et $\mathcal{E}$ seront de l'ordre de in; d'où il s'ensuit que les expressions de y et de z seront à très-peu près les mêmes, c'est-à-dire aux quantités de l'ordre de i^2n près, que si ces quantités étaient constantes. De sorte que pour avoir le rayon vecteur de l'orbite, ainsi que la tangente de l'inclinaison, pour un instant quelconque, il n'y aura qu'à calculer l'un et l'autre par les méthodes ordinaires, d'après les éléments $i\Delta$, $i\Lambda$, $\mathcal{A}$ et $\mathcal{E}$ regardés comme constants.

2° Que, si l'on dénote par $\left(\frac{dx}{dt}\right)$ la valeur de $\frac{dx}{dt}$, en supposant Δ, Λ, $\mathcal{A}$ et $\mathcal{E}$ constantes, on aura, abstraction faite du terme nΞ qu'on doit négliger ici,

$$\frac{dx}{dt} = \left(\frac{dx}{dt}\right) + \mathrm{f} + i(h + i\mathrm{f})\left(\frac{5}{2}\Delta^2 + \frac{1}{2}\Lambda^2\right) = 0,$$

parce que, dans l'hypothèse de Δ et Λ constantes, les termes tous constants $\mathrm{f} + i(h + i\mathrm{f})\left(\frac{5}{2}\Delta^2 + \frac{1}{2}\Delta^2\right)$ doivent être supposés nuls, comme nous l'avons fait (n° **81**); or, dans le cas présent où les quantités Δ et Λ sont en partie constantes et en partie variables, on fera simplement

$$\mathrm{f} + i(h + i\mathrm{f})\left[\frac{5}{4}\delta^2(1 + \beta^2) + \frac{1}{4}\lambda^2(1 + \gamma^2)\right] = 0,$$

et on conservera dans la valeur de $\frac{dx}{dt}$ les termes variables qui entrent dans Δ^2 et Λ^2, savoir

$$\delta^2\left(\frac{1 - \beta^2}{2}\cos 2i\nu ht + \beta\sin\eta\sin 2i\nu ht\right)$$

et

$$\lambda^2\left(\frac{1 - \gamma^2}{2}\cos 2i\sigma ht + \gamma\sin\omega\sin 2i\sigma ht\right),$$

de sorte que l'on aura, en négligeant les quantités de l'ordre de i^3,

$$\mathrm{f} = -\frac{ih}{4}\left[5\delta^2(1 + \beta^2) + \lambda^2(1 + \gamma^2)\right],$$

et ensuite

$$\frac{dx}{dt} = \left(\frac{dx}{dt}\right) + \frac{5ih}{2}\delta^2\left(\frac{1-\beta^2}{2}\cos 2i\nu ht + \beta\sin\eta\sin 2i\nu ht\right)$$
$$+ \frac{ih}{2}\lambda^2\left(\frac{1-\gamma^2}{2}\cos 2i\sigma ht + \gamma\sin\omega\sin 2i\sigma ht\right).$$

Pour intégrer cette équation, soit (x) la valeur de x, dans la supposition de Δ, Λ, $\mathfrak{A}$ et $\mathfrak{C}$ constantes, et dénotons par $\mathrm{d}(x)$ la différentielle de (x) en faisant ces quantités seules variables, il est clair que la valeur complète de $\frac{d(x)}{dt}$ sera $\left(\frac{dx}{dt}\right) + \frac{\mathrm{d}(x)}{dt}$; de manière qu'on aura, en intégrant,

$$(x) = \int\left(\frac{dx}{dt}\right)dt + \int\mathrm{d}(x),$$

et par conséquent

$$\int\left(\frac{dx}{dt}\right)dt = (x) - \int\mathrm{d}(x).$$

Mais comme les différences des quantités Δ, Λ, $\mathfrak{A}$ et $\mathfrak{C}$ sont de l'ordre de in, la quantité $\int\mathrm{d}(x)$ sera aussi du même ordre, et par conséquent elle pourra être négligée, du moins dans la recherche présente; on aura donc simplement

$$\int\left(\frac{dx}{dt}\right)dt = (x);$$

donc

$$x = (x) + \frac{5\delta^2}{4\nu}\left[\frac{1-\beta^2}{2}\sin 2i\nu ht - \beta\sin\eta(\cos 2i\nu ht - 1)\right]$$
$$+ \frac{\lambda^2}{4\sigma}\left[\frac{1-\gamma^2}{2}\sin 2i\sigma ht - \gamma\sin\omega(\cos 2i\sigma ht - 1)\right],$$

et, par conséquent,

$$\varphi = ht + i(x) + \frac{5i\delta^2}{4\nu}\left[\frac{1-\beta^2}{2}\sin 2i\nu ht - \beta\sin\eta(\cos 2i\nu ht - 1)\right]$$
$$+ \frac{i\lambda^2}{4\sigma}\left[\frac{1-\gamma^2}{2}\sin 2i\sigma ht - \gamma\sin\omega(\cos 2i\sigma ht - 1)\right],$$

où l'on remarquera que ht est l'angle du mouvement moyen, et $i(x)$ l'équation du centre calculée à l'ordinaire, et combinée avec la réduction à l'écliptique.

Or, comme les coefficients $i\nu$ et $i\sigma$ sont extrêmement petits, il est visible que, tant que l'angle ht ne sera pas fort grand, on aura à très-peu près

$$\sin 2i\nu ht = 2i\nu ht, \quad \cos 2i\nu ht = 1,$$

et

$$\sin 2i\sigma ht = 2i\sigma ht, \quad \cos 2i\sigma ht = 1,$$

et, par conséquent,

$$\varphi = \left[1 + \frac{5}{4} i^2 \delta^2 (1 - \beta^2) + \frac{1}{4} i^2 \lambda^2 (1 - \gamma^2)\right] ht + i(x);$$

de sorte que le mouvement moyen sera augmenté en raison de $1 + \frac{5}{4} i^2 \delta^2 (1 - \beta^2) + \frac{1}{4} i^2 \lambda^2 (1 - \gamma^2)$ à 1.

Si donc on veut que le terme ht représente le moyen mouvement *apparent* de la planète, c'est-à-dire celui qui résulte des observations de sa révolution, il faudra faire simplement $f = -\frac{ih}{2}(5\delta^2 + \lambda^2)$; et l'on aura pour lors

$$\frac{dx}{dt} = \left(\frac{dx}{dt}\right) + \frac{5ih}{2}\delta^2 \left[\frac{1-\beta^2}{2}(\cos 2i\nu ht - 1) + \beta \sin\eta \sin 2i\nu ht\right]$$
$$+ \frac{ih}{2}\lambda^2 \left[\frac{1-\gamma^2}{2}(\cos 2i\sigma ht - 1) + \gamma \sin\omega \sin 2i\sigma ht\right],$$

d'où l'on trouvera

$$\varphi = ht + i(x) + \frac{5i\delta^2}{4\nu}\left[\frac{1-\beta^2}{2}(\sin 2i\nu ht - 2i\nu ht) - \beta \sin\eta\,(\cos 2i\nu ht - 1)\right]$$
$$+ \frac{i\lambda^2}{4\sigma}\left[\frac{1-\gamma^2}{2}(\sin 2i\sigma ht - 2i\sigma ht) - \gamma \sin\omega\,(\cos 2i\sigma ht - 1)\right].$$

Ainsi, tant que les angles $2i\nu ht$ et $2i\sigma ht$ seront fort petits, ce qui aura lieu pendant un certain nombre de révolutions, on aura à très-peu près

$$\varphi = ht + i(x);$$

c'est-à-dire que la longitude de la planète sera aussi la même que celle qu'on trouverait par les méthodes ordinaires d'après les éléments $i\Delta$, $i\Lambda$, $\mathcal{A}$ et $\mathcal{E}$ supposés constants.

87. Pour faire maintenant usage de nos formules, on remarquera :

1° Que n est égal à $\frac{m'}{1+im}b$ (n° 76) ou à très-peu près à $m'h^2$, en sorte que

$$in = im'h^2 = \frac{J'}{I}h^2 \quad \text{et} \quad in' = \frac{J}{I}h'^2.$$

2° Que l'on aura, par le n° 79,

$$A = h^2(\alpha^2 - \Delta^2) \quad \text{et} \quad B = -h^2\Lambda^2,$$

c'est-à-dire, en ne prenant, comme on le doit, que les termes constants des valeurs de Δ^2 et de Λ^2,

$$A = h^2\left[\alpha^2 - \frac{1}{2}\delta^2(1+\beta^2)\right] \quad \text{et} \quad B = -\frac{1}{2}h^2\lambda^2(1+\gamma^2),$$

ce qui donnera

$$k = \frac{n}{2h}(\mathcal{P}_4 + 2\mathcal{A}_2) \quad \text{et} \quad l = \frac{n}{2h}\mathcal{A}_4,$$

à cause de $\alpha = 0$ et de $f = -\frac{ih}{4}[5\delta^2(1+\beta^2) + \lambda^2(1+\gamma^2)]$, de sorte qu'on aura

$$ik = \frac{J'}{2I}h(\mathcal{P}_4 + 2\mathcal{A}_2), \quad il = \frac{J'}{2I}h\mathcal{A}_4,$$

et de même

$$ik' = \frac{J}{2I}h'(\mathcal{P}'_4 + 2\mathcal{A}'_2), \quad il' = \frac{J}{2I}h'\mathcal{A}'_4.$$

Si l'on voulait employer l'autre valeur de f, savoir $-\frac{ih}{2}(5\delta^2 + \lambda^2)$, il faudrait alors mettre, dans les valeurs de A et de B, δ^2 au lieu de Δ^2, et λ^2 au lieu de Λ^2, et l'on trouverait les mêmes expressions de k et de l que ci-devant.

3° Que $\frac{I+J}{a^3} = b = h^2 + ig$ (n° 76), est à très-peu près égal à h^2.

parce que g est déjà une quantité très-petite (nº 79). Donc on aura aussi

$$\frac{I + J'}{a'^3} = h'^2,$$

et, par conséquent,

$$\frac{I + J'}{I + J}\,\frac{a^3}{a'^3} = \frac{h'^2}{h^2},$$

ou bien, à cause que les masses J et J' de Jupiter et de Saturne sont très-petites par rapport à celle du Soleil I,

$$\frac{a^3}{a'^3} = \frac{h'^2}{h^2},$$

de sorte qu'on aura

$$\frac{a}{a'} = \left(\frac{h'}{h}\right)^{\frac{2}{3}}.$$

Cela posé, on commencera par déterminer, suivant la méthode du nº 73, les coefficients $\mathcal{A}$, $\mathcal{B}$, $\mathcal{C}$,..., et $\mathcal{P}$, $\mathcal{Q}$, $\mathcal{R}$,...; après quoi on cherchera les valeurs des quantités $\mathcal{A}_2$, $\mathcal{A}_3$, $\mathcal{A}_4$, $\mathcal{B}_2$, $\mathcal{B}_5$, $\mathcal{P}_4$, $\mathcal{P}_7$,..., $\mathcal{Q}_5$, ainsi que celles de $\mathcal{A}'_2$, $\mathcal{A}'_3$, $\mathcal{A}'_4$,..., qui entrent dans les expressions de k, l, P, Q et de k', l', P', Q'. Or, en faisant $s = \frac{3}{2}$ et $\frac{a}{a'} = \mathrm{a}$ (je mets ici a au lieu de α, parce que j'aurai occasion dans la suite de faire servir cette dernière lettre à un autre usage), on aura, par le numéro cité,

$$(1 - 2\mathrm{a}\cos\theta + \mathrm{a}^2)^{-\frac{3}{2}} = \mathcal{A} + \mathcal{B}\cos\theta + \mathcal{C}\cos 2\theta + \ldots;$$

donc, ayant supposé (nº 74)

$$(a^2 - 2aa'\cos\theta + a'^2)^{-\frac{3}{2}} = \mathcal{A}_1 + \mathcal{B}_1\cos\theta + \mathcal{C}_1\cos 2\theta + \ldots,$$

on aura

$$\mathcal{A}_1 = \frac{\mathcal{A}}{a'^3},\quad \mathcal{B}_1 = \frac{\mathcal{B}}{a'^3},\quad \mathcal{C}_1 = \frac{\mathcal{C}}{a'^3},\ldots.$$

On trouvera de même

$$\mathcal{P} = \frac{\mathcal{P}}{a'^5},\quad \mathcal{Q}_1 = \frac{\mathcal{Q}}{a'^5},\quad \mathcal{R}_1 = \frac{\mathcal{R}}{a'^5},\ldots,$$

et l'on remarquera que les quantités $\mathcal{A}_1$, $\mathcal{B}_1$, $\mathcal{C}_1$,..., $\mathcal{P}_1$, $\mathcal{Q}_1$, $\mathcal{R}_1$,..., restent nécessairement les mêmes, en changeant a en a' et a' en a, de sorte qu'on aura aussi

$$\mathcal{A}'_1 = \frac{\mathcal{A}}{a'^3}, \quad \mathcal{B}'_1 = \frac{\mathcal{B}}{a'^3}, \ldots, \quad \mathcal{P}'_1 = \frac{\mathcal{P}}{a'^5}, \quad \mathcal{Q}'_1 = \frac{\mathcal{Q}}{a'^5}, \ldots.$$

Faisant donc ces substitutions dans les formules du n° 75, et mettant partout a au lieu de $\frac{a}{a'}$, on trouvera d'abord

$$\mathcal{A}_2 = \mathrm{a}^3 \mathcal{A} - \mathrm{a}^2 \frac{\mathcal{B}}{2},$$

$$\mathcal{A}_3 = \mathrm{a}^2 \frac{2\mathcal{A} - \mathcal{C}}{2} - \mathrm{a}^2,$$

$$\mathcal{A}_4 = \mathrm{a}^3 \mathcal{A} - \mathcal{A}_2 = \mathrm{a}^2 \frac{\mathcal{B}}{2},$$

$$\mathcal{B}_2 = \mathrm{a}^3 \mathcal{B} - \mathrm{a}^2 \frac{2\mathcal{A} + \mathcal{C}}{2} + \mathrm{a}^2,$$

$$\mathcal{B}_3 = -\mathrm{a}^2 \mathcal{B},$$

ensuite on aura (n° 74)

$$\mathcal{P}_2 = \frac{3}{a'^3}\left(\mathrm{a}\frac{\mathcal{Q}}{2} - \mathrm{a}^2 \mathcal{P}\right),$$

$$\mathcal{Q}_2 = \frac{3}{a'^3}\left(\mathrm{a}\frac{2\mathcal{P} + \mathcal{R}}{2} - \mathrm{a}^2 \mathcal{Q}\right),$$

$$\mathcal{R}_2 = \frac{3}{a'^3}\left(\mathrm{a}\frac{\mathcal{Q} + \mathcal{S}}{2} - \mathrm{a}^2 \mathcal{R}\right),$$

$$\cdots\cdots\cdots\cdots\cdots\cdots\cdots\cdots;$$

$$\mathcal{P}_3 = \frac{3}{a'^3}\left(\mathrm{a}\frac{\mathcal{Q}}{2} - \mathcal{P}\right),$$

$$\mathcal{Q}_3 = \frac{3}{a'^3}\left(\mathrm{a}\frac{2\mathcal{P} + \mathcal{R}}{2} - \mathcal{Q}\right),$$

$$\mathcal{R}_3 = \frac{3}{a'^3}\left(\mathrm{a}\frac{\mathcal{Q} + \mathcal{S}}{2} - \mathcal{R}\right),$$

$$\cdots\cdots\cdots\cdots\cdots\cdots\cdots\cdots,$$

ou bien, en faisant pour plus de simplicité

$$\mathrm{p} = 3\left(\mathrm{a}\frac{\mathcal{Q}}{2} - \mathrm{a}^2 \mathcal{P}\right),$$

$$q = 3\left(a\,\frac{2\mathfrak{P} + \mathfrak{R}}{2} - a^2\mathfrak{Q}\right),$$

$$r = 3\left(a\,\frac{\mathfrak{Q} + \mathfrak{S}}{2} - a^2\mathfrak{R}\right),$$

$$\ldots\ldots\ldots\ldots\ldots\ldots\ldots\ldots\ldots;$$

$$p_1 = 3\left(a\,\frac{\mathfrak{Q}}{2} - \mathfrak{P}\right),$$

$$q_1 = 3\left(a\,\frac{2\mathfrak{P} + \mathfrak{R}}{2} - \mathfrak{Q}\right),$$

$$r_1 = 3\left(a\,\frac{\mathfrak{Q} + \mathfrak{S}}{2} - \mathfrak{R}\right),$$

$$\ldots\ldots\ldots\ldots\ldots\ldots\ldots\ldots\ldots,$$

on aura

$$\mathfrak{P}_2 = \frac{p}{a'^3},\quad \mathfrak{Q}_2 = \frac{q}{a'^3},\quad \mathfrak{R}_2 = \frac{r}{a'^3},\ldots,$$

$$\mathfrak{P}_3 = \frac{p_1}{a'^3},\quad \mathfrak{Q}_3 = \frac{q_1}{a'^3},\quad \mathfrak{R}_3 = \frac{r_1}{a'^3},\ldots.$$

De là on trouvera, par les formules du n° 75,

$$\mathfrak{P}_4 = a^3(\mathcal{A} + p) - a^2\frac{q}{2},$$

$$\mathfrak{P}_7 = a^2\left(\frac{2\mathcal{A} - \mathcal{C}}{2} + \frac{2p_1 - r_1}{2}\right) + 2a^2$$

et

$$\mathfrak{Q}_5 = a^3 q_1 - a^2\left(\frac{2\mathcal{A} + \mathcal{C}}{2} + \frac{2p_1 + r_1}{2}\right) - 2a^2.$$

On trouvera de même les autres quantités $\mathcal{A}'_2$, $\mathcal{B}'_3$,...; il n'y aura pour cela qu'à mettre, dans les formules des numéros cités, a' au lieu de a et a au lieu de a', et marquer ensuite toutes les autres lettres d'un trait, ce qui donnera, après les substitutions,

$$\mathcal{A}'_2 = \mathcal{A} - a\,\frac{\mathcal{B}}{2},$$

$$\mathcal{A}'_3 = a\,\frac{2\mathcal{A} - \mathcal{C}}{2} - \frac{1}{a^2},$$

$$\mathcal{A}'_4 = \mathcal{A} - \mathcal{A}'_2 = a\,\frac{\mathcal{B}}{2},$$

$$\mathcal{B}'_2 = \mathcal{B} - a\,\frac{2\mathcal{A} + \mathcal{C}}{2} + \frac{1}{a^2},$$

$$\mathcal{B}'_5 = -a\mathcal{B},$$

et ensuite

$$\mathfrak{P}'_2 = \frac{\mathrm{p}_1}{a'^3},\quad \mathfrak{Q}'_2 = \frac{\mathrm{q}_1}{a'^3},\quad \mathfrak{R}'_2 = \frac{\mathrm{r}_1}{a'^3},\ldots,$$

$$\mathfrak{P}'_3 = \frac{\mathrm{p}}{a'^3},\quad \mathfrak{Q}'_3 = \frac{\mathrm{q}}{a'^3},\quad \mathfrak{R}'_3 = \frac{\mathrm{r}}{a'^3},\ldots,$$

d'où

$$\mathfrak{P}'_4 = \mathcal{A} + \mathrm{p}_1 - \mathrm{a}\frac{\mathrm{q}_1}{2},$$

$$\mathfrak{P}'_7 = \mathrm{a}\left(\frac{2\mathcal{A} - \mathfrak{S}}{2} + \frac{2\mathrm{p} - \mathrm{r}}{2}\right) + \frac{2}{\mathrm{a}^2},$$

$$\mathfrak{Q}'_5 = \mathrm{q} - \mathrm{a}\left(\frac{2\mathcal{A} + \mathfrak{S}}{2} + \frac{2\mathrm{p} + \mathrm{r}}{2}\right) - \frac{2}{\mathrm{a}^2}.$$

Enfin on trouvera par le n° **84**, en mettant à la place de H $h - h'$, à la place de K et de K′ leurs valeurs approchées h et h', et, à la place de in et de in′, $\frac{J'}{I}h^2$ et $\frac{J}{I}h'^2$,

$$iP = \frac{J'}{4I}h\,(\mathfrak{Q}_5 - 4\mathcal{A}_3 - 2\mathfrak{P}_7 + 2\mathfrak{B}_2),$$

$$iP' = \frac{J}{4I}h'(\mathfrak{Q}'_5 - 4\mathcal{A}'_3 - 2\mathfrak{P}'_7 + 2\mathfrak{B}'_2),$$

$$iQ = \frac{J'}{4I}h\mathfrak{B}_5,$$

$$iQ' = \frac{J}{4I}h'\mathfrak{B}'_5.$$

Par ces valeurs de iP, iP', iQ, iQ', et par les valeurs de ik, ik', il, il' trouvées ci-dessus, on trouvera les valeurs de $i\mu$, $i\nu$, $i\rho$, $i\varsigma$ (n° **85**), et, ces mêmes valeurs étant ensuite multipliées par $\frac{h}{h'}$, on aura celles de $i\mu'$, $i\nu'$, $i\rho'$, $i\sigma'$.

Maintenant on aura par le même numéro

$$\tan g\,\alpha_1 = \frac{G_1}{F_1} = \frac{(k-k)G + 2PG'}{(k-k')F + 2PF'} = \frac{(k-k')\delta\sin\alpha + 2P\delta'\sin\alpha'}{(k-k')\delta\cos\alpha + 2P\delta'\cos\alpha'},$$

et

$$\delta_1 = \sqrt{F_1^2 + G_1^2} = \frac{\sqrt{(k-k')^2\delta^2 + 4(k-k')P\delta\delta'(\sin\alpha\sin\alpha' + \cos\alpha\cos\alpha') + 4P^2\delta'^2}}{2h\nu}.$$

Soit $\alpha' - \alpha = A$, c'est-à-dire $\alpha' = \alpha + A$, et l'on aura

$$\operatorname{tang}\alpha_1 = \frac{[(k-k')\delta + 2P\delta'\cos A]\sin\alpha + 2P\delta'\sin A\cos\alpha}{[(k-k')\delta + 2P\delta'\cos A]\cos\alpha - 2P\delta'\sin A\sin\alpha},$$

$$\delta_1 = \frac{\sqrt{(k-k')^2\delta^2 + 4(k-k')P\delta\delta'\cos A + 4P^2\delta'^2}}{2h\nu}.$$

Donc, si l'on fait

$$(k-k')\delta + 2P\delta'\cos A = \delta s\cos u \quad \text{et} \quad 2P\delta'\sin A = \delta s\sin u,$$

on aura :

1° $$\operatorname{tang}\alpha_1 = \frac{\cos u\sin\alpha + \sin u\cos\alpha}{\cos u\cos\alpha - \sin u\sin\alpha} = \frac{\sin(u+\alpha)}{\cos(u+\alpha)} = \operatorname{tang}(u+\alpha);$$

donc $\alpha_1 = u + \alpha$, et par conséquent $\eta = u$.

2° $$\delta s = \sqrt{[(k-k')\delta + 2P\delta'\cos A]^2 + (2P\delta'\sin A)^2} = 2h\nu\delta_1 = 2h\nu\beta\delta;$$

donc

$$\beta = \frac{s}{2h\nu}.$$

Donc, si l'on fait, pour plus de simplicité, $\frac{\delta'}{\delta} = b$, on aura

$$\beta = \frac{\sqrt{(k-k'+2Pb\cos A)^2 + (2Pb\sin A)^2}}{2h\nu},$$

$$\sin\eta = \frac{Pb\sin A}{h\nu\beta}, \quad \cos\eta = \frac{k-k'+2Pb\cos A}{2h\nu\beta}.$$

Et, pour avoir les valeurs de β', $\sin\eta'$ et $\cos\eta'$, il n'y aura qu'à mettre k' au lieu de k, α' au lieu de α, δ' au lieu de δ, et *vice versâ*, et marquer ensuite toutes les autres lettres d'un trait; ce qui donnera, à cause de $b = \frac{\delta'}{\delta}$ et $A = \alpha' - \alpha$,

$$\beta' = \frac{\sqrt{\left(k'-k+\frac{2P'}{b}\cos A\right)^2 + \left(\frac{2P'}{b}\sin A\right)^2}}{2h'\nu'},$$

$$\sin\eta' = -\frac{P'\sin A}{bh'\nu'\beta'}, \quad \cos\eta' = \frac{k'-k+\frac{2P'}{b}\cos A}{2h'\nu'\beta'}.$$

Si l'on fait de même

$$\varepsilon' - \varepsilon = \mathrm{E} \quad \text{et} \quad \frac{\lambda'}{\lambda} = c,$$

on trouvera, par des procédés semblables,

$$\gamma = \frac{\sqrt{(l - l' + 2\mathrm{Q}c\cos\mathrm{E})^2 + (2\mathrm{Q}c\sin\mathrm{E})^2}}{2h\sigma},$$

$$\sin\omega = \frac{\mathrm{Q}c\sin\mathrm{E}}{h\sigma\gamma}, \quad \cos\omega = \frac{l - l' + 2\mathrm{Q}c\cos\mathrm{E}}{2h\sigma\gamma},$$

et ensuite

$$\gamma' = \frac{\sqrt{\left(l' - l + \frac{2\mathrm{Q}'}{c}\cos\mathrm{E}\right)^2 + \left(\frac{2\mathrm{Q}'}{c}\sin\mathrm{E}\right)^2}}{2h'\sigma'},$$

$$\sin\omega' = -\frac{\mathrm{Q}'\sin\mathrm{E}}{ch'\sigma'\gamma'}, \quad \cos\omega' = \frac{l' - l + \frac{2\mathrm{Q}'}{c}\cos\mathrm{E}}{2h'\sigma'\gamma'}.$$

88. Pour déterminer maintenant les constantes δ, λ, α, ε et δ', λ', α', ε', on remarquera qu'en supposant $t = 0$ on a

$$\Delta = \delta, \quad \Lambda = \lambda, \quad \mathcal{A} = \alpha, \quad \mathcal{E} = \varepsilon,$$

et par conséquent aussi

$$\Delta' = \delta', \quad \Lambda' = \lambda', \quad \mathcal{A}' = \alpha', \quad \mathcal{E}' = \varepsilon'.$$

On cherchera donc les éléments de la théorie de Jupiter et de Saturne pour une certaine époque, par exemple pour le commencement de l'année 1750, et l'on fera :

$i\delta =$ l'excentricité de Jupiter,
$i\lambda =$ la tangente de l'inclinaison de son orbite par rapport à l'écliptique,
$\alpha =$ la longitude de l'aphélie,
$\varepsilon =$ la longitude du nœud ascendant,

et de même

$i\delta' =$ l'excentricité de Saturne,

$i\lambda'$ = la tangente de son inclinaison à l'écliptique,
α' = la longitude de l'aphélie,
ε' = la longitude du nœud.

A l'égard des constantes h et h', on les déterminera à l'aide des mouvements moyens de Jupiter et de Saturne; car on aura

$$\frac{h}{h'} = \frac{\text{mouv. moy. Jup.}}{\text{mouv. moy. Sat.}}.$$

89. Voilà toutes les quantités qu'il est nécessaire de connaître pour déterminer les perturbations de Jupiter et de Saturne, en vertu de leur action réciproque. Nous allons remettre ici sous les yeux du lecteur les principales altérations du mouvement de ces deux planètes.

Soient T et T′ les moyens mouvements de Jupiter et de Saturne comptés depuis l'époque pour laquelle on a déterminé les éléments de ces deux planètes, et on trouvera :

1° Qu'au bout du temps qui répond au mouvement moyen T, l'excentricité de Jupiter se trouvera augmentée en raison de

$$\sqrt{\frac{1+\beta^2}{2} + \frac{1-\beta^2}{2}\cos 2\,i\sigma\mathrm{T} + \beta\sin\eta\sin 2\,i\nu\mathrm{T}} \quad \text{à } 1.$$

2° Que la tangente de l'inclinaison de l'orbite sera pareillement augmentée en raison de

$$\sqrt{\frac{1+\gamma^2}{2} + \frac{1-\gamma^2}{2}\cos 2\,i\sigma\mathrm{T} + \gamma\sin\omega\sin 2\,i\sigma\mathrm{T}} \quad \text{à } 1.$$

3° Que le lieu de l'aphélie se trouvera moins avancé d'un arc égal à

$$i\mu\mathrm{T} + \operatorname{arc\,cot}\left(\frac{\cot i\nu\mathrm{T}}{\beta\cos\eta} + \operatorname{tang}\eta\right).$$

4° Que le lieu du nœud sera aussi moins avancé d'un arc égal à

$$i\rho\mathrm{T} + \operatorname{arc\,cot}\left(\frac{\cot i\sigma\mathrm{T}}{\gamma\cos\omega} + \operatorname{tang}\omega\right).$$

5° Que le mouvement de Jupiter par rapport à l'écliptique sera altéré d'une quantité égale à

$$\frac{5i\delta^2}{4\nu}\left[\frac{1-\beta^2}{2}(\sin 2i\nu T - 2i\nu T) - \beta\sin\eta(\cos 2i\nu T - 1)\right]$$
$$+\frac{i\lambda^2}{4\sigma}\left[\frac{1-\gamma^2}{2}(\sin 2i\sigma T - 2i\sigma T) - \gamma\cos\omega(\cos 2i\sigma T - 1)\right],$$

c'est-à-dire qu'il faudra ajouter à sa longitude un angle égal à cette quantité.

On en dira autant de Saturne, avec cette seule différence qu'il faudra marquer les lettres d'un trait.

90. Nous verrons plus bas, dans le numéro suivant, que les coefficients $i\nu$ et $i\sigma$ sont égaux environ à $\frac{1}{10000}$; de sorte que durant plusieurs révolutions les angles $2i\nu T$ et $2i\sigma T$ seront assez petits pour qu'on puisse supposer, sans erreur sensible,

$$\sin 2i\nu T = 2i\nu T, \quad \sin 2i\sigma T = 2i\sigma T \quad \text{et} \quad \cos 2i\nu T = 1, \quad \cos 2i\sigma T = 1.$$

Donc :

1° L'augmentation de l'excentricité de Jupiter sera à très-peu près dans la raison de

$$1 + i\nu\beta\sin\eta \times T \quad \text{à } 1,$$

c'est-à-dire de

$$1 + \frac{iP}{h}b\sin A \times T \quad \text{à } 1;$$

de sorte que la valeur de $i\delta$ croîtra de la quantité $i\delta'\frac{iP}{h}\sin A \times T$. Or on sait que dans les ellipses qui sont peu excentriques, la plus grande équation est à très-peu près égale au double de l'excentricité; d'où il s'ensuit que la plus grande équation de Jupiter ira en augmentant, et que sa variation sera, au bout de n révolutions à compter depuis l'époque donnée, de

$$2i\delta'\frac{iP}{h}\sin A \times 360'' \times n.$$

2° La tangente de l'inclinaison de Jupiter à l'écliptique croîtra de même d'une quantité égale à $i\lambda' \frac{iQ}{h} \sin E \times T$, et comme cette tangente est fort petite, ainsi qu'on le verra plus bas, on aura pour la variation de l'inclinaison de Jupiter à l'écliptique pendant n révolutions

$$i\lambda' \frac{iQ}{h} \sin E \times 360° \times n.$$

3° Le mouvement de l'aphélie sera représenté à très-peu près par

$$-\left(i\mu + \frac{i\nu\beta\cos\eta}{1 + i\nu\beta\sin\eta \times T}\right) T,$$

ou encore par

$$-(i\mu + i\nu\beta\cos\eta)T + (i^2\nu^2\beta^2\cos\eta\sin\eta)T^2,$$

c'est-à-dire par

$$-\left(\frac{ik}{h} + \frac{iP}{h} b\cos A\right) T + \frac{iP}{h} b\sin A \left(\frac{ik - ik'}{2h} + \frac{iP}{h} b\cos A\right) T^2,$$

où l'on voit que le terme

$$-\left(\frac{ik}{h} + \frac{iP}{h} b\cos A\right) T$$

exprime le mouvement moyen et uniforme de l'aphélie, et que le terme

$$\frac{iP}{h} b\sin A \left(\frac{ik - ik'}{2h} + \frac{iP}{h} b\cos A\right) T^2$$

donne une inégalité du mouvement de l'aphélie, laquelle augmente comme les carrés des temps.

Ainsi, le mouvement moyen de l'aphélie de Jupiter sera, pour n révolutions de cette planète, de

$$-\left(\frac{ik}{h} + \frac{iP}{h} b\cos A\right) \times 360° \times n,$$

et l'inégalité croissante du mouvement de cet aphélie sera de

$$\frac{iP}{h} b\sin A \left(\frac{ik - ik'}{2h} + \frac{iP}{h} b\cos A\right) \times \frac{360°}{57° 17' 44''} \times 360° \times n^2.$$

4° Le mouvement des nœuds de Jupiter sera composé de même de deux parties, dont l'une croîtra uniformément et donnera le mouvement moyen du nœud de

$$-\left(\frac{il}{h}+\frac{iQ}{h}c\cos E\right)\times 360^\circ\times n,$$

et dont l'autre suivra la loi du carré du temps et donnera une inégalité croissante de

$$\frac{iQ}{h}c\sin E\left(\frac{il-il'}{2h}+\frac{iQ}{h}c\cos E\right)\times\frac{360^\circ}{57^\circ 17' 44''}\times 360^\circ\times n^2.$$

5° Le mouvement de Jupiter en longitude sera sujet à une altération de

$$\left(\frac{5i^3\delta^2\nu}{2}\beta\sin\eta+\frac{i^3\lambda^2\nu}{2}\gamma\sin\omega\right)T^2$$

à très-peu près, c'est-à-dire de

$$\left(\frac{5}{2}i\delta.i\delta'\frac{iP}{h}\sin A+\frac{1}{2}i\lambda.i\lambda'\frac{iQ}{h}\sin E\right)T^2;$$

ce qui donne, comme on voit, dans le mouvement de cette planète, une inégalité croissante comme les carrés des temps, et qui sera au bout de n révolutions de

$$\left(\frac{5}{2}i\delta.i\delta'\frac{iP}{h}\sin A+\frac{1}{2}i\lambda.i\lambda'\frac{iQ}{h}\sin E\right)\times\frac{360^\circ}{57^\circ 17' 44''}\times 360^\circ\times n^2.$$

On trouvera de la même manière :

1° Que, pendant n révolutions de Saturne à compter depuis la même époque, la plus grande équation de cette planète variera de

$$-2i\delta\frac{iP'}{h'}\sin A\times 360^\circ\times n.$$

2° Que l'inclinaison de son orbite à l'écliptique variera dans le même temps de

$$-i\lambda\frac{iQ'}{h'}\sin E\times 360^\circ\times n.$$

3° Que le mouvement moyen et uniforme de l'aphélie de Saturne sera exprimé par

$$-\left(\frac{ik'}{h'}+\frac{iP'}{h'}\frac{1}{b}\cos A\right)\times 360^\circ\times n,$$

et que de plus le mouvement de cet aphélie sera sujet à une inégalité croissant comme les carrés des temps, laquelle sera, pour n révolutions, de

$$-\frac{iP'}{h'}\frac{1}{b}\sin A\left(\frac{ik'-ik}{2h'}+\frac{iP'}{h'}\frac{1}{b}\cos A\right)\times\frac{360^\circ}{57^\circ 17' 44''}\times 360^\circ\times n^2.$$

4° Que le mouvement moyen des nœuds de Saturne sera de

$$-\left(\frac{il'}{h'}+\frac{iQ'}{h'}\frac{1}{c}\cos E\right)\times 360^\circ\times n,$$

et qu'il y aura aussi, dans le mouvement des nœuds de cette planète, une inégalité de la même espèce, laquelle sera représentée par

$$-\frac{iQ'}{h'}\frac{1}{c}\sin E\left(\frac{il'-il}{2h'}+\frac{iQ'}{h'}\frac{1}{c}\cos E\right)\times\frac{360^\circ}{57^\circ 17' 44''}\times 360^\circ\times n^2.$$

5° Qu'enfin le mouvement de Saturne en longitude sera sujet à une inégalité croissant comme les carrés des temps, et dont la valeur sera, au bout de n révolutions, de

$$-\left(\frac{5}{2}i\delta.i\delta'\frac{iP'}{h'}\sin A+\frac{1}{2}i\lambda.i\lambda'\frac{iQ'}{h'}\sin E\right)\times\frac{360^\circ}{57^\circ 17' 44''}\times 360^\circ\times n^2.$$

Au reste, il faut se ressouvenir que ces propositions cessent d'être exactes lorsqu'après un grand nombre de révolutions les angles $2i\nu T$, $2i\sigma T$ et $2i\nu' T'$, $2i\sigma' T'$ commencent à devenir considérables.

91. Suivant les Tables de M. Halley, le mouvement moyen de Jupiter en 100 années juliennes est $8^{\text{rév}}5^{s}6^\circ 28' 11''$, c'est-à-dire $10\,931\,291''$; d'où, retranchant la précession séculaire des équinoxes, laquelle est de $5034''$, on a pour le mouvement séculaire de Jupiter $10\,926\,257''$.

Les mêmes Tables donnent le mouvement moyen de Saturne en 100 ans de $3^{\text{rév}}4^{\text{s}}\,28^\circ 6' 0''$, c'est-à-dire de $4\,403\,160''$, d'où l'on trouve pour le mouvement séculaire de Saturne $4\,398\,126''$.

On aura donc

$$\frac{h'}{h}=\frac{4398126}{10926257}=0,402528;$$

d'où l'on tire

$$\mathrm{a}=0,545169.$$

De là on trouvera

$$\begin{aligned}
\mathcal{A} &= 2,178104, & \mathcal{P} &= 6,891711,\\
\mathcal{B} &= 3,183228, & \mathcal{Q} &= 12,403290,\\
\mathcal{C} &= 2,080116, & \mathcal{R} &= 9,890764,\\
\mathcal{D} &= 1,294032, & \mathcal{S} &= 7,315770,\\
&\ldots\ldots\ldots\ldots, & &\ldots\ldots\ldots\ldots,
\end{aligned}$$

et ensuite

$$\begin{aligned}
\mathcal{A}_2 &= -\,0,120125, & \mathcal{A}'_2 &= 1,310407,\\
\mathcal{A}_3 &= 0,041029, & \mathcal{A}'_3 &= -\,2,744209,\\
\mathcal{A}_4 &= 0,473042, & \mathcal{A}'_4 &= 0,867697,\\
\mathcal{B}_2 &= -\,0,143482, & \mathcal{B}'_2 &= 4,793425,\\
\mathcal{B}_5 &= -\,0,946083, & \mathcal{B}'_5 &= -\,1,735395,\\
\mathrm{p} &= 3,997995, & \mathrm{p}_1 &= -10,532304,\\
\mathrm{q} &= 8,300535, & \mathrm{q}_1 &= -17,850234,\\
\mathrm{r} &= 7,306455, & \mathrm{r}_1 &= -13,546971,\\
\mathcal{P}_4 &= -\,0,232789, & \mathcal{P}'_4 &= -\,3,488506,\\
\mathcal{P}_7 &= -\,0,184498, & \mathcal{P}'_7 &= 7,537649,\\
\mathcal{Q}_5 &= 0,700695, & \mathcal{Q}'_5 &= -\,4,354384,
\end{aligned}$$

Donc, à cause de

$$\frac{\mathrm{J}}{\mathrm{I}}=\frac{1}{1067}=0,000\,937\,207$$

et de

$$\frac{\mathrm{J}'}{\mathrm{I}}=\frac{1}{3021}=0,000\,331\,016,$$

on aura

$$\frac{ik}{h} = -0{,}000\,078\,292, \quad \frac{ik'}{h'} = -0{,}000\,406\,604,$$

$$\frac{il}{h} = 0{,}000\,078\,293, \quad \frac{il'}{h'} = 0{,}000\,406\,606,$$

$$\frac{i\mathrm{P}}{h} = 0{,}000\,051\,192, \quad \frac{i\mathrm{P}'}{h'} = 0{,}000\,265\,701,$$

$$\frac{i\mathrm{Q}}{h} = -0{,}000\,078\,293, \quad \frac{i\mathrm{Q}'}{h'} = -0{,}000\,406\,606,$$

et l'on trouvera

$$i\mu = -0{,}000\,120\,981, \quad i\mu' = -0{,}000\,300\,553,$$

$$i\nu = 0{,}000\,085\,425, \quad i\nu' = 0{,}000\,212\,221,$$

$$i\rho = 0{,}000\,120\,981, \quad i\rho' = 0{,}000\,300\,553,$$

$$i\sigma = 0{,}000\,120\,981, \quad i\sigma' = 0{,}000\,300\,553.$$

Or, selon M. Halley, on a pour l'année 1750

$$i\delta = \frac{25078}{520098} = 0{,}048218,$$

$$i\delta' = \frac{54381}{954007} = 0{,}057003,$$

$$i\lambda = \operatorname{tang} 1^\circ 19' 10'' = 0{,}023032,$$

$$i\lambda' = \operatorname{tang} 2^\circ 30' 10'' = 0{,}043710,$$

$$\alpha = 6^s\, 10^\circ 33' 46'', \quad \varepsilon = 3^s\, 8^\circ 15' 49'',$$

$$\alpha' = 8^s\, 29^\circ 39' 58'', \quad \varepsilon' = 3^s\, 21^\circ 20' 5'',$$

d'où l'on tire

$$\mathrm{b} = 1{,}182190, \quad \mathrm{A} = 79^\circ 6' 12'',$$

$$\mathrm{c} = 1{,}897725, \quad \mathrm{E} = 13^\circ 4' 16''.$$

Si donc on substitue ces valeurs numériques dans les formules du numéro précédent, on formera la Table suivante, dans laquelle n est le nombre des révolutions que Jupiter ou Saturne a achevées depuis le commencement de l'année 1750 que nous avons prise pour époque; de sorte qu'il faudra faire n positif pour les temps qui suivent cette époque, et négatif pour ceux qui la précèdent.

TABLE DE LA VARIATION DES ÉLÉMENTS DE JUPITER ET DE SATURNE, SUIVANT LA THÉORIE.

	JUPITER.	SATURNE.
Variation de la plus grande équation du centre.	$+\ 7'',4254\,n$	$-\ 32'',6086\,n$
Variation de l'inclinaison à l'écliptique.	$-\ 1'',0030\,n$	$+\ 2'',7449\,n$
Mouvement moyen de l'aphélie par rapport aux étoiles fixes.	$+86'',6311\,n$	$+471'',8632\,n$
Inégalité croissante dans le mouvement de l'aphélie.	$+\ 0'',0262\,n^2$	$+\ 0'',1141\,n^2$
Mouvement moyen des nœuds par rapport aux étoiles fixes.	$+86'',1075\,n$	$-256'',4655\,n$
Inégalité croissante dans le mouvement des nœuds.	$+\ 0'',0513\,n^2$	$-\ 0'',0405\,n^2$
Inégalité croissante dans le mouvement en longitude.	$+\ 2'',7402\,n^2$	$-\ 14'',2218\,n^2$

Addition pour les n°s 78 et 79.

Nous avons dit dans le premier de ces deux numéros que la quantité $\int \Psi\,dz$ contient un terme qui, par l'intégration, se trouve divisé par des quantités de l'ordre de i, et nous avons, en conséquence, conservé les termes où cette quantité se trouvait multipliée par i^2n, en rejetant toutefois ceux où la même quantité aurait été multipliée par i^3n. Mais il est facile de se convaincre, par la substitution des valeurs de z et de z' (n° 84), que le diviseur du terme dont il s'agit sera réellement de l'ordre de in; de sorte que, si l'on veut avoir égard dans les valeurs de y et de z aux quantités de l'ordre de i^2, il n'est pas permis de négliger les termes de l'ordre de i^3n, où se trouve la quantité $\int \Psi dz$, car l'intégration réduira à l'ordre de i^2 les coefficients de ces termes. Il en sera de même de quelques termes de l'ordre de i qui se trouveront dans la quantité $n\int \Phi dy$.

Ainsi on trouve qu'il faut ajouter à la valeur de $\int \frac{dz^2}{dt^2}dy$ le terme $-2in\int dy\int \Psi dz$, et par conséquent à la valeur de $\int z^2 dy$ le terme $-\frac{4in}{3h^2}\int dy\int \Psi dz$; d'où il s'ensuit que le premier membre de l'équation (o) doit être augmenté du terme $4i^2$n$\int dy\int \Psi dz$, et que le premier membre de l'équation (p) doit être augmenté du terme $-8i^2$n$\int dy\int \Psi dz$.

De là on trouvera, après avoir achevé toutes les opérations, qu'il faudra ajouter (nº 79) à la valeur de Y les termes

$$8i^3(\beta-2\gamma)\int dy\int \Psi dz + 12i^2\delta y\int \Phi dy + 4i^3(\varepsilon-\eta h^2)y\int \Psi dz,$$

et à la valeur de Z les termes

$$12i^3\pi z\int \Psi dz + 4i^2(\rho-\sigma h^2)z\int \Phi dy.$$

Au reste cette omission n'influe point sur le reste de nos calculs.

SOLUTION

D'UN

PROBLÈME D'ARITHMÉTIQUE.

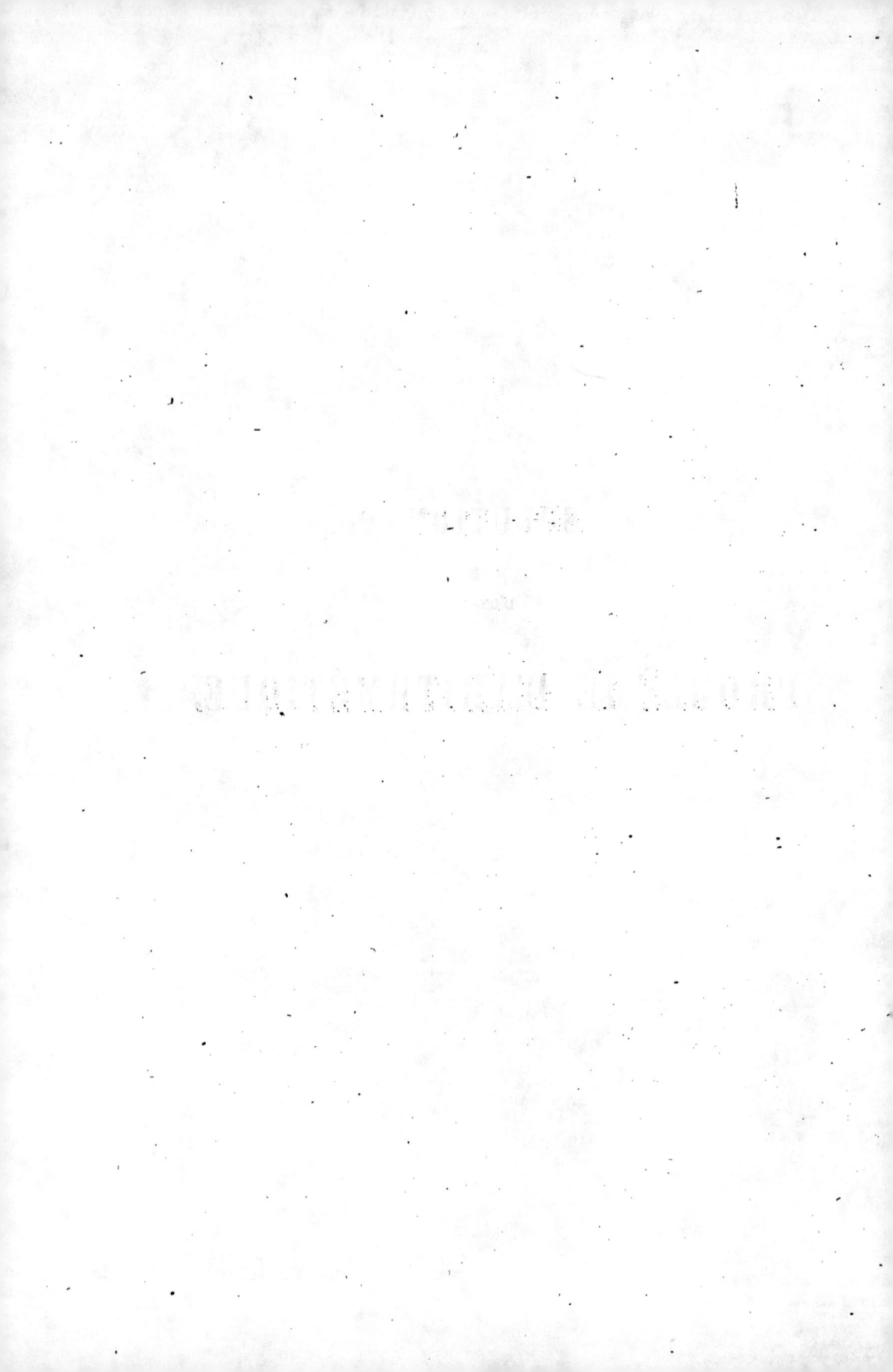

SOLUTION

D'UN

PROBLÈME D'ARITHMÉTIQUE.

(*Miscellanea Taurinensia*, t. IV, 1766-1769.)

Le problème que j'entreprends de résoudre dans ce Mémoire est celui-ci :

Étant donné un nombre quelconque entier et non carré, trouver un nombre entier et carré tel, que le produit de ces deux nombres augmenté d'une unité soit un nombre carré.

Ce problème est un de ceux que M. Fermat avait proposés, comme une espèce de défi, à tous les Géomètres anglais, et particulièrement à M. Wallis, qui a été le seul, que je sache, qui l'ait résolu, ou au moins qui en ait publié la solution (*voyez* le Chapitre XCVIII de son *Algèbre* et les Lettres XVII et XIX de son *Commercium Epistolicum*); mais la méthode de ce savant Géomètre ne consiste que dans une espèce de tâtonnement, par lequel on n'arrive au but que d'une manière assez incertaine, et sans savoir même si l'on y arrivera; d'ailleurs il faut démontrer surtout que la solution du problème est toujours possible, quel que soit le nombre donné, proposition qui est généralement regardée comme vraie, mais qui n'a pas encore été établie, que je sache, d'une manière solide et rigoureuse; il est vrai que M. Wallis a prétendu la prouver, mais par un raisonnement que les Mathématiciens trouveront bien peu satisfaisant, et qui n'est, ce me semble, dans le fond qu'une espèce de pétition de principe (*voyez* le Chapitre XIX de son *Algèbre*). Il s'ensuit de là que le problème dont il s'agit n'a pas encore été résolu d'une manière suffisante et qui ne laisse rien à désirer; c'est ce qui m'a déterminé à en faire l'objet de mes recherches, d'autant plus que la solution de ce problème est comme la clef de tous les autres problèmes de ce genre.

1. Soit a le nombre donné non carré, y^2 le carré cherché et x^2 un autre carré quelconque, la question se réduit à satisfaire à cette équation : $ay^2 + 1 = x^2$, en ne prenant pour x et y que des nombres entiers; ainsi il s'agit de trouver deux nombres entiers x et y tels que

$$x^2 - ay^2 = 1.$$

Qu'on tire la racine carrée de a par approximation, et l'on aura une fraction décimale qu'on pourra changer, par les méthodes connues, en une fraction continue, laquelle ira nécessairement à l'infini, à cause que $\sqrt{a}$ est une quantité irrationnelle par l'hypothèse.

Pour cela il n'y aura qu'à diviser d'abord le numérateur de la fraction trouvée par son dénominateur, ensuite le dénominateur par le reste, et ainsi de suite, en pratiquant la même opération, par laquelle on cherche la plus grande commune mesure de deux nombres, et nommant $q, q', q'', q''', \ldots$, les quotients qui résultent de ces différentes divisions, on aura

$$\sqrt{a} = q + \cfrac{1}{q' + \cfrac{1}{q'' + \cfrac{1}{q''' + \ldots}}}$$

Or cette fraction continue étant interrompue successivement au premier terme, au second, au troisième, etc., donnera une infinité de fractions particulières que je désignerai par $\frac{m}{n}, \frac{M}{N}, \frac{m'}{n'}, \frac{M'}{N'}, \ldots$, auxquelles ajoutant la fraction $\frac{1}{0}$ on aura cette suite infinie de fractions :

$$\frac{1}{0}, \frac{m}{n}, \frac{M}{N}, \frac{m'}{n'}, \frac{M'}{N'}, \frac{m''}{n''}, \frac{M''}{N''}, \frac{m'''}{n'''}, \frac{M'''}{N'''}, \ldots,$$

qui seront telles que

$$\begin{array}{ll} m = q, & n = 1, \\ M = q' m + 1, & N = q' n, \\ m' = q'' M + m, & n' = q'' N + n, \\ M' = q''' m' + M, & N' = q''' n' + N, \\ m'' = q^{\text{IV}} M' + m', & n'' = q^{\text{IV}} N' + n', \\ M'' = q^{\text{V}} m'' + M', & N'' = q^{\text{V}} n'' + N', \\ \ldots\ldots\ldots\ldots, & \ldots\ldots\ldots\ldots \end{array}$$

Ces sortes de fractions ont plusieurs propriétés qui sont connues depuis longtemps des Géomètres, mais que nous croyons devoir rappeler ici en peu de mots, parce que nous en ferons un grand usage dans la suite.

1° Les numérateurs

$$1,\ m,\ M,\ m',\ M', \ldots,$$

forment une série qui va continuellement en augmentant; et il en est de même des dénominateurs

$$0,\ n,\ N,\ n',\ N', \ldots$$

2° Les fractions

$$\frac{m}{n},\ \frac{m'}{n'},\ \frac{m''}{n''}, \ldots,$$

sont toutes plus petites que la valeur de la fraction continue d'où elles résultent, valeur qui dans notre cas est $\sqrt{a}$, mais elles s'en approchent toujours de plus en plus. Au contraire, les fractions

$$\frac{1}{0},\ \frac{M}{N},\ \frac{M'}{N'},\ \frac{M''}{N''}, \ldots,$$

sont toutes plus grandes que la même valeur, vers laquelle elles sont aussi constamment convergentes. Et chacune de ces fractions en particulier, soit qu'elle soit plus grande ou plus petite que $\sqrt{a}$, approche davantage de cette quantité que ne fait aucune des fractions précédentes, ni que pourrait faire aucune fraction quelconque dont le dénominateur serait plus petit.

3° Si l'on multiplie en croix toutes les fractions voisines, et qu'on retranche les produits l'un de l'autre, on aura dans toute l'étendue de la série

$$\begin{aligned}
1n - 0m &= 1,\\
Mn - Nm &= 1,\\
Mn' - Nm' &= 1;\\
M'n' - N'm' &= 1,\\
M'n'' - N'm'' &= 1,\\
&\ldots\ldots\ldots\ldots,
\end{aligned}$$

d'où l'on voit que les nombres m, n, M, N, m', n',..., ne peuvent avoir d'autre diviseur commun que l'unité, et qu'ainsi les fractions dont il s'agit sont toutes réduites à leurs moindres termes.

2. Cela posé, puisque $\sqrt{a} < \frac{M}{N}$ et $> \frac{m'}{n'}$, si l'on fait $\sqrt{a} = \frac{M - \Delta}{N}$, on aura $\Delta > 0$, et $\frac{M - \Delta}{N} > \frac{m'}{n'}$; donc $\frac{\Delta}{N} < \frac{M}{N} - \frac{m'}{n'} < \frac{1}{Nn'}$, à cause de $Mn' - Nm' = 1$; donc $\Delta < \frac{1}{n'}$, et comme $n' > N$, on aura à plus forte raison $\Delta < \frac{1}{N}$. En supposant de même

$$\sqrt{a} = \frac{M' - \Delta'}{N'} = \frac{M'' - \Delta''}{N''}, \ldots,$$

on prouvera que

$$\Delta' > 0 \quad \text{et} \quad < \frac{1}{N'},$$

$$\Delta'' > 0 \quad \text{et} \quad < \frac{1}{N''},$$

$$\ldots\ldots\ldots\ldots$$

Pareillement, à cause de $\sqrt{a} > \frac{m}{n}$ et $< \frac{M}{N}$, si l'on fait $\sqrt{a} = \frac{m + \delta}{n}$ on aura $\delta > 0$ et $\frac{\delta}{n} < \frac{M}{N} - \frac{m}{n} < \frac{n}{Nn}$: donc aussi, à cause de $N > n$, $\delta < \frac{1}{n}$; et l'on prouvera de la même manière qu'en faisant

$$\sqrt{a} = \frac{m' + \delta'}{n} = \frac{m'' + \delta''}{n''}, \ldots,$$

on aura

$$\delta' > 0 \quad \text{et} \quad < \frac{1}{n'},$$

$$\delta'' > 0 \quad \text{et} \quad < \frac{1}{n''},$$

. . . .

3. Considérons maintenant la formule $x^2 - ay^2$, et substituons successivement dans cette formule les nombres $M, M', M'', \ldots$, à la place de x, et les nombres correspondants $N, N', N'', \ldots$, à la place de y, en nommant $Z, Z', Z'', \ldots$, les quantités qui en résultent; nous aurons d'abord

$$M^2 - aN^2 = Z,$$

mais $a = \left(\frac{M - \Delta}{N}\right)^2$, donc

$$Z = 2M\Delta - \Delta^2;$$

donc, puisque $\Delta > 0$ et $< \frac{1}{N}$, on aura aussi $Z > 0$ et $< \frac{2M}{N}$; on aura de même

$$Z' = M'^2 - aN'^2 = 2M'\Delta' - \Delta'^2,$$

et par conséquent

$$Z' > 0 \quad \text{et} \quad < \frac{2M'}{N'},$$

et l'on prouvera de la même manière que

$$Z'' = M''^2 - aN''^2 > 0 \quad \text{et} \quad < \frac{2M''}{N''},$$

. . . .

Mais les fractions $\frac{M}{N}, \frac{M'}{N'}, \frac{M''}{N''}, \ldots$, forment une suite décroissante et convergente vers $\sqrt{a}$; donc les nombres $Z, Z', Z'', \ldots$, qui résultent de la substitution de $M, M', M'', \ldots$, à la place de x, et de $N, N', N'', \ldots$, à la place de y dans la formule $x^2 - ay^2$, et qui sont par conséquent tous entiers, seront aussi nécessairement tous positifs et moindres que $\frac{2M}{N}$. Or ces nombres $Z, Z', Z'', \ldots$, sont en nombre infini, parce que le nombre des fractions $\frac{M}{N}, \frac{M'}{N'}, \frac{M''}{N''}, \ldots$, est infini; donc, puisqu'il n'y a qu'un nombre fini de nombres entiers positifs, et moindre qu'un nombre donné, il faudra nécessairement qu'une infinité de ces nombres Z, Z', Z'',..., soient égaux entre eux.

Ainsi l'on aura par ce moyen une infinité de nombres différents à substituer au lieu de x et de y dans la formule $x^2 - ay^2$, de manière qu'elle ait toujours une même valeur positive, et moindre que $\frac{2M}{N}$.

Si au lieu de substituer à la place de x et de y les nombres M, M', M'',..., et N, N', N'',..., on y substituait les nombres $m, m', m'',\ldots$, et $n, n', n'',\ldots$, et qu'on nommât $z, z', z'',\ldots$, les valeurs résultantes de $x^2 - ay^2$, on aurait

$$z = m^2 - an^2,$$

ou, en mettant $\left(\frac{m+\delta}{n}\right)^2$ à la place de a,

$$z = -2m\delta - \delta^2,$$

d'où l'on voit que z sera négatif, et qu'à cause de $\delta < \frac{1}{n}$ on aura

$$-z < \frac{2m}{n} + 1.$$

On trouvera de même

$$z' = -2m'\delta' - \delta'^2,$$

et par conséquent

$$z' < 0 \quad \text{et} \quad -z' < \frac{2m'}{n'} + 1,$$

et ainsi de suite à l'infini.

D'où l'on conclura, comme ci-dessus, qu'il y a nécessairement une infinité de ces nombres $m, m' m'',\ldots$, et $n, n', n'',\ldots$, qui, étant substitués à la place de x et de y dans la formule $x^2 - ay^2$, la rendront égale à un même nombre entier négatif, et compris entre zéro et $-\frac{2m}{n} - 1$.

4. Nous dénoterons en général par $x, x', x'', x''',\ldots$, et par $y, y', y'', y''',\ldots$, tous les nombres qui étant substitués dans la formule $x^2 - ay^2$ la rendent égale à un même nombre quelconque entier positif ou négatif,

que nous appellerons R; en sorte que l'on ait les équations

$$\begin{aligned}
x^2 - ay^2 &= \mathrm{R},\\
x'^2 - ay'^2 &= \mathrm{R},\\
x''^2 - ay''^2 &= \mathrm{R},\\
x'''^2 - ay'''^2 &= \mathrm{R},\\
\ldots\ldots\ldots\ldots &,
\end{aligned}$$

dont le nombre sera infini.

5. Lemme. — Le produit de ces deux quantités $x^2 - ay^2$ et $x'^2 - ay'^2$ est $(xx' \pm ayy')^2 - a(xy' \pm yx')^2$; car

$$\begin{aligned}
(x^2 - ay^2)(x'^2 - ay'^2) &= x^2x'^2 + a^2y^2y'^2 - ay^2x'^2 - ax^2y'^2\\
&= x^2x'^2 \pm 2axx'yy' + a^2y'^2y^2 - ax^2y'^2 \mp 2axyx'y' - ay^2x'^2\\
&= (xx' \pm ayy')^2 - a(xy' \pm yx')^2.
\end{aligned}$$

D'où l'on voit que le produit de deux quantités de cette forme $x^2 - ay^2$, a étant une quantité donnée, est toujours aussi de la même forme, et qu'ainsi le produit d'autant des quantités de cette forme qu'on voudra sera encore de la même forme.

Donc on aura

$$\begin{aligned}
(x^2 - ay^2)^2 &= (x^2 + ay^2)^2 - a(2xy)^2,\\
(x^2 - ay^2)^3 &= (x^3 + 3axy^2)^2 - a(3x^2y + ay^3)^2,
\end{aligned}$$

et ainsi des autres.

6. Supposons d'abord que R et a soient premiers entre eux, et multipliant ensemble deux quelconques des équations du n° 4, on aura (Lemme)

$$\text{(A)}\qquad \mathrm{R}^2 = (xx' \pm ayy')^2 - a(xy' \pm yx')^2.$$

De plus, les mêmes équations donneront celle-ci :

$$\mathrm{R}(y'^2 - y^2) = x^2y'^2 - y^2x'^2,$$

savoir, à cause de $x^2y'^2 - y^2x'^2 = (xy' + yx')(xy' - yx')$,

$$\text{(B)}\qquad \mathrm{R}(y'^2 - y^2) = (xy' + yx')(xy' - yx').$$

Or : 1° soit R un nombre premier quelconque; il faudra, en vertu de l'équation (B), que $xy'+yx'$ ou $xy'-yx'$ soit divisible par R; soit donc

$$xy'\pm yx'=qR,$$

et l'équation (A) deviendra

$$R^2=(xx'\pm ayy')^2-aq^2R^2,$$

d'où l'on voit que $(xx'\pm ayy')^2$ est divisible par R^2, et que par conséquent $xx'\pm ayy'$ est divisible par R; donc faisant $xx'\pm ayy'=pR$, et divisant ensuite toute l'équation par R^2, on aura

$$1=p^2-aq^2.$$

7. 2° Soit $R=AB$, A et B étant des nombres premiers, il faudra, en vertu de l'équation (B), que $xy'+yx'$ ou $xy'-yx'$ soit divisible par R ou bien que l'une de ces deux quantités soit divisible par A et l'autre par B.

Le premier cas rentre évidemment dans celui du numéro précédent, et donne par conséquent le même résultat.

Dans le second cas on aura

$$xy'\pm yx'=qB,$$

q n'étant point divisible par A, et l'équation (A) deviendra

$$A^2B^2=(xx'\pm ayy')^2-aq^2B^2;$$

de sorte que $xx'\pm ayy'$ sera aussi divisible par B; donc faisant

$$xx'\pm ayy'=pB,$$

et divisant toute l'équation par B^2, on aura

$$A^2=p^2-aq^2. \qquad \text{(C)}$$

Or, comme q n'est pas divisible par A, et que a ne l'est pas non plus par hypothèse, p ne le sera pas, de sorte que A, p et q seront premiers entre eux.

Qu'on prenne maintenant une autre quelconque des équations du n° 4, comme $R = x''^2 - ay''^2$, et qu'on la combine avec l'équation $R = x^2 - ay^2$, en opérant sur ces deux équations comme nous venons de faire sur les équations $R = x^2 - ay^2$ et $R = x'^2 - ay'^2$; on aura des résultats analogues aux précédents, dont on tirera par conséquent des conclusions semblables. Ainsi il faudra que l'une ou l'autre de ces quantités $xy'' + yx''$, $xy'' - yx''$ soit divisible par R, ce qui se réduit au cas du n° 6; ou bien que l'une le soit par A, l'autre par B. Donc, faisant dans ce dernier cas

$$xy'' \pm yx'' = q'B,$$

et ensuite

$$xx'' \pm ayy'' = p'B,$$

on parviendra de même à l'équation

$$(D) \qquad A^2 = p'^2 - aq'^2,$$

dans laquelle A, p' et q' seront aussi premiers entre eux.

Or les deux équations (C) et (D) donneront ces deux-ci :

$$(E) \qquad A^4 = (pp' \pm aqq')^2 - a(pq' \pm qp')^2,$$

$$(F) \qquad A^2(q'^2 - q^2) = (pq' + qp')(pq' - qp').$$

Ainsi, à cause que A est un nombre premier, il faudra, en vertu de l'équation (F), que l'une ou l'autre des quantités $pq' + qp'$, $pq' - qp'$ soit divisible par A^2, ou bien que l'une et l'autre soient divisibles en même temps par A; mais alors il faudrait aussi que leur somme $2pq'$ fût divisible par A, ce qui ne peut être, à cause que ni p, ni q' n'est divisible par A, à moins que A ne soit égal à 2.

Supposons d'abord que A soit différent de 2, et l'on aura nécessairement

$$pq' \pm qp' = sA^2,$$

ce qui réduit l'équation (E) à celle-ci :

$$A^4 = (pp' \pm aqq')^2 - as^2 A^4,$$

par laquelle on voit que $pp' \pm aqq'$ doit aussi être divisible par A^2; de manière qu'on aura

$$pp' \pm aqq' = rA^2;$$

et par conséquent, en divisant toute l'équation par A^4,

$$1 = r^2 - as^2.$$

Si A était égal à 2, alors, comme q et q' sont premiers à A, ils seraient tous deux impairs; par conséquent leurs carrés seraient chacun un multiple de 8 augmenté d'une unité; de sorte que la différence de ces carrés serait nécessairement un multiple de 8; on aurait donc

$$q'^2 - q^2 = 8m,$$

et l'équation (F) deviendrait, à cause de $A = 2$,

$$32m = (pq' + qp')(pq' - qp');$$

ainsi il faudrait nécessairement que l'une ou l'autre des quantités $pq' + qp'$, $pq' - qp'$ fût divisible par 4, c'est-à-dire par A^2, comme dans le cas précédent.

8. 3° Soit $R = ABC$, A, B, C étant des nombres premiers, il faudra donc, en vertu de l'équation (B), que l'une ou l'autre des quantités $xy' + yx'$, $xy' - yx'$ soit divisible par R, ce qui rentre dans le cas du n° 6; ou bien que l'une soit divisible par A, et l'autre par BC. Soit donc

$$xy' \pm yx' = qBC,$$

et l'équation (A) deviendra

$$A^2B^2C^2 = (xx' \pm ayy')^2 - aq^2B^2C^2;$$

de sorte qu'il faudra aussi que $xx' \pm ayy'$ soit divisible par BC; donc, faisant

$$xx' \pm ayy' = p\,\mathrm{BC},$$

et divisant toute l'équation par B^2C^2, on aura

$$A^2 = p^2 - aq^2.$$

Si l'on combine de même l'équation $R = x^2 - ay^2$ avec l'équation $R = x''^2 - ay''^2$ (n° 4), et que ni l'une ni l'autre des quantités $xy'' + yx''$, $xy'' - yx''$ ne soit divisible par R, on parviendra, par la même méthode, à une équation de cette forme :

$$k^2 = p'^2 - aq'^2,$$

k étant l'un des facteurs de R. Donc, si $k = A$, on aura deux équations qu'on traitera comme on a fait ci-dessus pour les équations (C) et (D). Si $k = B$, on combinera les équations $R = x'^2 - ay'^2$ et $R = x''^2 - ay''^2$, et si cette combinaison ne donne pas le cas du n° 6, elle donnera nécessairement une équation de cette forme :

$$k'^2 = p''^2 - aq''^2,$$

k' étant l'un des trois facteurs de R.

Donc, si $k' = A$ ou $k' = B$, on aura deux équations analogues aux équations (C) et (D); mais, si $k' = C$, il faudra prendre une quatrième équation telle que $R = x'''^2 - ay'''^2$, et la combiner avec quelqu'une des précédentes pour avoir ou le cas du n° 6, ou au moins une nouvelle équation de cette forme :

$$k''^2 = p'''^2 - aq'''^2,$$

k'' étant égal à A ou à B ou à C; ainsi, quel que soit k'', on aura nécessairement deux équations analogues aux équations (C) et (D), par lesquelles on pourra résoudre le problème (n° 7).

En général il est évident, par tout ce que nous avons démontré jusqu'ici, qu'en multipliant ensemble deux quelconques des équations du n° 4, on aura nécessairement ou une équation de cette forme : $1 = p^2 - aq^2$ comme dans le n° 6, ou au moins une équation de cette autre forme :

$k^2 = p^2 - aq^2$, k étant l'un des trois facteurs de R. Donc, si l'on prend quatre des équations du n° 4, et qu'on en forme quatre produits différents, on parviendra nécessairement à l'équation

$$1 = p^2 - aq^2,$$

ou au moins à deux équations de la forme

$$k^2 = p^2 - aq^2, \quad k^2 = p'^2 - aq'^2,$$

qu'on traitera ensuite comme on a fait plus haut pour les équations (C) et (D).

9. 4° Soit $R = ABCD$, A, B, C, D étant des nombres premiers, il faudra, en vertu de l'équation (B), que l'une ou l'autre des quantités $xy' + yx'$, $xy' - yx'$ soit divisible par R; ou que l'une soit divisible seulement par BCD, et l'autre par A; ou enfin que l'une le soit seulement par CD, et l'autre par AB, ce qui donne trois cas différents.

Dans le premier cas on aura d'abord, comme dans le n° 6,

$$1 = p^2 - aq^2.$$

Dans le second cas on aura, comme dans le n° 7, en mettant BCD au lieu de B,

$$A^2 = p^2 - aq^2.$$

Dans le troisième cas on fera

$$xy' \pm yx' = q\,CD,$$

et l'équation (A) deviendra

$$A^2B^2C^2D^2 = (xx' \pm ayy')^2 - aq^2C^2D^2;$$

de sorte qu'on aura aussi

$$xx' \pm ayy' = p\,CD;$$

et par conséquent, en divisant toute l'équation par C^2D^2,

$$A^2B^2 = p^2 - aq^2.$$

Qu'on prenne donc cinq des équations du n° 4, et qu'on les multiplie ensemble deux à deux pour avoir sept produits différents (on pourrait à la vérité en avoir dix, mais il suffit ici d'en considérer sept), on aura nécessairement par ce moyen ou une équation de cette forme :

$$1 = p^2 - aq^2,$$

laquelle résout le problème; ou au moins deux équations de cette forme :

$$A^2 = p^2 - aq^2, \quad A^2 = p'^2 - aq'^2$$

(A étant l'un quelconque des facteurs de R), et le problème se résoudra comme dans le n° 7; ou enfin deux équations de la forme

$$A^2B^2 = p^2 - aq^2, \quad A^2B^2 = p'^2 - aq'^2$$

(A et B étant deux quelconques des quatre facteurs de R); et, dans ce dernier cas, on prouvera aisément que les quatre quantités p, q, p' et q' seront premières à A et B.

Or, les équations

$$A^2B^2 = p^2 - aq^2 \quad \text{et} \quad A^2B^2 = p'^2 - aq'^2$$

donnent ces deux-ci :

$$\text{(G)} \qquad A^4B^4 = (pp' \pm aqq')^2 - a(pq' \pm qp')^2,$$

$$\text{(H)} \qquad A^2B^2(q'^2 - q^2) = (pq' + qp')(pq' - qp').$$

Et il faudra, en vertu de l'équation (H), que l'une ou l'autre des quantités $pq' + qp'$, $pq' - qp'$ soit divisible par A^2B^2, ou que l'une le soit seulement par A ou par B, et l'autre par AB^2 ou par A^2B, ou que l'une et l'autre le soient par AB; ou enfin que l'une le soit seulement par A^2, et l'autre par B^2; ce qui donne, comme l'on voit, quatre cas différents.

Dans le premier cas on fera

$$pq' \pm qp' = sA^2B^2,$$

et l'équation (G) deviendra

$$A^4B^4 = (pp' \pm aqq')^2 - as^2A^4B^4;$$

donc on aura aussi

$$pp' \pm aqq' = r A^2 B^2,$$

et, divisant toute l'équation par A^4B^4, on aura

$$1 = r^2 - as^2.$$

A l'égard du second cas, il est clair que si les deux quantités $pq' + qp'$, $pq' - qp'$ étaient divisibles en même temps par A ou par B, il faudrait que leur somme $2pq'$ le fût aussi, ce qui ne peut être (à cause que p et q' sont premiers à A et B), à moins que l'on n'ait $A = 2$ ou $B = 2$; mais alors q et q' seraient nécessairement impairs, ce qui donnerait $q'^2 - q^2 = 8m$; de sorte que l'équation (H) deviendrait (en supposant $B = 2$)

$$32 m A^2 = (pq' + qp')(pq' - qp');$$

donc, puisque l'une des deux quantités $pq' + qp'$, $pq' - qp'$ est supposée divisible seulement par B, il faudra que l'autre le soit par $16A^2$, et par conséquent aussi par A^2B^2, ce qui se réduit au premier cas.

Le troisième cas ne peut point avoir lieu du tout, à cause que la somme des quantités $pq' + qp'$, $pq' - qp'$ n'étant point divisible par AB, il est impossible que chacune de ces quantités le soit.

Reste le quatrième cas, dans lequel on aura $pq' \pm qp' = sB^2$, s n'étant point divisible par A; on aura donc, dans ce cas, au lieu de l'équation (G), celle-ci :

$$A^4 B^4 = (pp' \pm aqq')^2 - as^2 B^4;$$

par conséquent, on aura aussi

$$pp' \pm aqq' = r B^2;$$

et, divisant toute l'équation par B^4, on aura

$$A^4 = r^2 - as^2,$$

et comme s et a ne sont point divisibles par A, r ne le sera pas non plus, de sorte que r et s seront premiers à A.

Ayant l'équation $A^4 = r^2 - as^2$, il faudra encore en avoir une autre semblable pour pouvoir résoudre le problème. Pour la trouver, on continuera à multiplier ensemble deux à deux les autres équations du n° 4, et il est facile de voir, par ce que nous venons de montrer, que si ces combinaisons ne donnent pas quelques-uns des cas qui ont déjà été résolus, elles donneront nécessairement à la fin deux équations de cette forme :

$$A^4 = r^2 - as^2, \quad A^4 = r'^2 - as'^2,$$

A étant l'un des quatre facteurs de R et r, s, r' et s' étant premiers à A.

En effet, puisque le nombre des équations du n° 4 est infini, et que le nombre des cas qui peuvent arriver est limité, il est évident que le même cas devra arriver une infinité de fois; de sorte que, si l'on ne trouve pas quelques-uns des cas que nous avons déjà résolus, on trouvera nécessairement deux, et même une infinité de cas tels que

$$A^4 = r^2 - as^2 \quad \text{et} \quad A^4 = r'^2 - as'^2;$$

mais il suffira d'en avoir deux pour que le problème soit résoluble.

On aura donc, par le moyen des deux équations dont il s'agit,

$$\text{(I)} \qquad A^8 = (rr' \pm ass')^2 - a(rs' \pm sr')^2,$$

$$\text{(K)} \qquad A^4(s'^2 - s^2) = (rs' + sr')(rs' - sr').$$

Donc il faudra, en vertu de l'équation (K), que l'une ou l'autre des quantités $rs' + sr'$, $rs' - sr'$ soit divisible par A^4, ou que toutes les deux soient divisibles à la fois par A; mais, dans ce dernier cas, il faudra aussi que leur somme $2rs'$ soit divisible par A, ce qui ne peut être à moins que A ne soit égal à 2. Or, supposant $A = 2$, on aura $s'^2 - s^2 = 8m$, ce qui réduira l'équation (K) à

$$2^7 m = (rs' + sr')(rs' - sr');$$

d'où l'on voit que si l'une des quantités $rs' + sr'$, $rs' - sr'$ est divisible seulement par A, l'autre le sera nécessairement par A^6, et par conséquent aussi par A^4.

Le cas où $rs' + sr'$ et $rs' - sr'$ seraient toutes deux divisibles par A^2 ne saurait avoir lieu, à cause que leur somme $2rs'$ ne peut jamais être divisible par A^2; de sorte qu'il ne restera que le cas où l'une ou l'autre de ces quantités sera divisible par A^4; ainsi on aura toujours

$$rs' \pm sr' = u A^4,$$

ce qui réduira l'équation (I) à celle-ci :

$$A^8 = (rr' \pm ass')^2 - au^2 A^8,$$

par laquelle on voit que $rr' \pm ass'$ sera aussi divisible par A^4. Faisant donc

$$rr' \pm ass' = t A^4,$$

et divisant toute l'équation par A^8, on aura

$$1 = t^2 - au^2.$$

On voit par là comment il faudrait s'y prendre si le nombre R était composé de cinq nombres premiers, ou d'autant de nombres premiers qu'on voudrait; et on voit en même temps que, pourvu que a et R soient premiers entre eux, on parviendra toujours à une équation de cette forme :

$$1 = x^2 - ay^2,$$

qui contient la solution du problème proposé; la difficulté ne consistera que dans la longueur du calcul, mais on pourra souvent l'abréger par les considérations suivantes.

10. Si le nombre R était une puissance quelconque d'un nombre premier, il ne serait pas nécessaire de le regarder comme le produit d'autant de nombres premiers qu'il y a d'unités dans l'exposant de la puissance donnée.

Car, soit $R = A^n$, A étant premier et différent de 2, je dis qu'il faudra, en vertu de l'équation (B), que l'une ou l'autre des quantités $xy' + yx'$, $xy' - yx'$ soit divisible par A^n; en effet, si l'une de ces quantités était divisible seulement par une puissance de A moindre que A^n, il faudrait que l'autre fût divisible par le complément de cette puissance; de sorte que les deux quantités dont il s'agit seraient divisibles en même temps par A; par conséquent leur somme $2xy'$ le serait aussi; donc, à cause de A premier et différent de 2, il faudrait que x ou y' fût divisible par A; mais, si x était divisible par A, il faudrait, en vertu de l'équation $A^n = x^2 - ay^2$, que y le fût aussi, a étant, par hypothèse, premier à A; ainsi x et y ne seraient pas premiers entre eux, ce qui répugne à la nature de ces quantités (n° 1).

On prouvera de même, par l'équation $A^n = x'^2 - ay'^2$, que y ne saurait être divisible par A. Donc il faudra nécessairement que l'on ait

$$xy' \pm yx' = q\,A^n,$$

ce qui réduira l'équation (A) à

$$A^{2n} = (xx' \pm ayy')^2 - aq^2 A^{2n},$$

par laquelle on voit que $xx' \pm ayy'$ sera aussi divisible par A^n; ainsi, faisant $xx' \pm ayy' = pA^n$, et divisant l'équation par A^{2n}, on aura sur-le-champ

$$1 = p^2 - aq^2.$$

Si A était égal à 2, alors, puisque y et y' ne sont pas divisibles par A, ils seront nécessairement impairs; de sorte qu'on aurait $y'^2 - y^2 = 8m$, et l'équation (B) deviendrait

$$2^{n+3}m = (xy' + yx')(xy' - yx');$$

or, les quantités $xy' + yx'$, $xy' - yx'$ ne peuvent être divisibles en même temps par 4, parce qu'il faudrait que leur somme $2xy'$ le fût aussi, et que, par conséquent, x ou y' fût divisible par 2, ce qui ne se peut. Donc il faudra nécessairement que l'une de ces quantités soit divisible par 2^{n+2}, et par conséquent aussi par A^n; donc, etc.

On pourra abréger et simplifier de la même manière l'analyse des cas où

$$R = A^m B^n C^r \ldots,$$

A, B, C,... étant des nombres premiers.

11. Si l'on avait ces trois équations :

$$R = x^2 - ay^2, \quad R' = x'^2 - ay'^2 \quad \text{et} \quad R'' = x''^2 - ay''^2,$$

et que R et R′ fussent des nombres premiers quelconques, et $R'' = RR'$, on pourrait aussi par leur moyen résoudre le problème.

Car les équations $x^2 - ay^2 = R$ et $x''^2 - ay''^2 = RR'$ donneront ces deux-ci :

$$\text{(L)} \qquad R^2R' = (xx'' \pm ayy'')^2 - a(xy'' \pm yx'')^2,$$

$$\text{(M)} \qquad R(y''^2 - R'y^2) = (xy'' + yx'')(xy'' - yx'');$$

donc, à cause que R est premier, il faudra, en vertu de l'équation (M), que l'une ou l'autre des quantités $xy'' + yx''$, $xy'' - yx''$ soit divisible par R; donc, faisant

$$xy'' \pm yx'' = qR,$$

l'équation (L) deviendra

$$R^2R' = (xx'' \pm ayy'')^2 - aq^2R^2,$$

d'où l'on voit que $xx'' \pm ayy''$ sera aussi nécessairement divisible par R, de sorte qu'en faisant $xx'' \pm ayy'' = pR$, on aura, en divisant par R^2,

$$R' = p^2 - aq^2,$$

et il ne s'agira plus que de combiner cette équation avec l'équation

$$R' = x'^2 - ay'^2,$$

suivant la méthode du n° 6.

On pourrait traiter de la même manière les cas où l'on aurait

$$x^2 - ay^2 = R, \quad x'^2 - ay'^2 = R', \quad x''^2 - ay''^2 = R'' \quad \text{et} \quad x'''^2 - ay'''^2 = RR'R'',$$

R, R′, R″ étant des nombres premiers, et ainsi des autres.

12. Il est bon de remarquer encore que si les nombres R, dans les différentes équations du n° 4, étaient de signes différents, pourvu qu'ils fussent d'ailleurs égaux entre eux, les méthodes des numéros précédents réussiraient de même; il n'y aurait d'autre différence dans les résultats sinon qu'au lieu d'arriver toujours à une équation de cette forme : $1 = x^2 - ay^2$, on arriverait quelquefois à une équation de cette autre forme : $-1 = x^2 - ay^2$; mais alors il n'y aurait qu'à élever cette dernière

équation au carré, et l'on aurait (n° **5**)

$$1 = (x^2 + ay^2)^2 - a(2xy)^2.$$

13. Au reste, si l'on avait $R = \pm 2$ ou $R = \pm 4$, une seule équation suffirait pour résoudre le problème.

Soit: 1°

$$\pm 2 = x^2 - ay^2,$$

on aura, en prenant les carrés,

$$4 = (x^2 + ay^2)^2 - 4ax^2y^2;$$

mais $ay^2 = x^2 \mp 2$; donc $4 = 4(x^2 \mp 1)^2 - 4ax^2y^2$, et, divisant par 4,

$$1 = (x^2 \mp 1)^2 - a(xy)^2.$$

2° Soit

$$\pm 4 = x^2 - ay^2,$$

on aura, en carrant,

$$16 = (x^2 + ay^2)^2 - 4ax^2y^2;$$

mais $ay^2 = x^2 \mp 4$; donc, en substituant cette valeur et divisant toute l'équation par 4, on aura

$$4 = (x^2 \mp 2)^2 - ax^2y^2.$$

Cette équation étant multipliée par l'équation $\pm 4 = x^2 - ay^2$, on aura (n° **5**), en prenant le signe +,

$$\pm 16 = [(x^2 \mp 2)x + axy^2]^2 - a[(x^2 \mp 2)y + x^2y]^2,$$

c'est-à-dire

$$\pm 16 = x^2(x^2 + ay^2 \mp 2)^2 - 4ay^2(x^2 \mp 1)^2;$$

mais $ay^2 = x^2 \mp 4$; donc, en substituant et divisant par 4, on aura

$$\pm 4 = x^2(x^2 \mp 3)^2 - ay^2(x^2 \mp 1)^2.$$

Or, puisque a est premier à R, et que R est ici un nombre pair, a sera nécessairement impair; donc l'équation $R = x^2 - ay^2$ ne pourra subsister à moins que x et y ne soient tous deux pairs ou impairs; mais ils ne peuvent être tous deux pairs, parce qu'ils sont supposés premiers l'un à l'autre; donc ils seront nécessairement tous deux impairs; donc x sera impair, et par conséquent $x^2 \mp 1$ et $x^2 \mp 3$ seront tous deux pairs; donc, faisant $x^2 \mp 1 = 2q$ et $x^2 \mp 3 = 2p$, et divisant l'équation précédente par 4, on aura celle-ci :

$$\pm 1 = (xp)^2 - a(yq)^2;$$

donc, lorsque $R = 4$, on aura

$$1 = (xp)^2 - a(yq)^2,$$

et, lorsque $R = -4$, on aura

$$-1 = (xp)^2 - a(yq)^2;$$

d'où, en prenant les carrés, il viendra

$$+1 = (x^2p^2 + ay^2q^2)^2 - a(2xypq)^2.$$

14. Nous avons supposé jusqu'ici que les nombres a et R étaient premiers l'un à l'autre; voyons maintenant comment il faudra s'y prendre lorsque ces nombres auront un diviseur commun.

Soit θ le plus grand diviseur commun de a et de R, en sorte que $a = \theta b$ et $R = \theta T$, b et T étant premiers entre eux, et l'équation

$$R = x^2 - ay^2$$

deviendra

$$\theta T = x^2 - \theta b y^2$$

(ce que nous disons de cette équation doit s'appliquer en général à toutes les équations du n° 4); d'où l'on voit qu'il faut nécessairement que le carré x^2 soit divisible par θ.

Supposons : 1° que θ ne soit ni carré, ni multiple d'un carré, il est évident que la racine x devra être elle-même divisible par θ; de sorte qu'en faisant $x = \theta u$, et divisant toute l'équation par θ, on aura

$$T = \theta u^2 - by^2.$$

Qu'on élève cette équation au carré, et l'on aura

$$T^2 = \theta^2 u^4 - 2b\theta u^2 y^2 + b^2 y^4 = (\theta u^2 + by^2)^2 - \theta b(2uy)^2,$$

savoir

$$T^2 = (\theta u^2 + by^2)^2 - a(2uy)^2,$$

équation dans laquelle a et T^2 seront premiers entre eux.

Or, dans l'équation $R = x^2 - ay^2$, R est nécessairement premier à y; autrement x^2 serait divisible par la plus grande commune mesure de ces deux quantités, et par conséquent x et y ne seraient plus premiers entre eux, contre l'hypothèse; donc T et θ seront aussi premiers à y; donc, dans l'équation $T = \theta u^2 - by^2$, T et u seront aussi premiers entre eux; autrement il faudrait que by^2 fût divisible par leur plus grande commune mesure, ce qui ne se peut à cause que b et y sont tous les deux premiers à T; donc, puisque T est premier à u et à y, il est clair que T^2 sera nécessairement premier à uy; donc, dans l'équation

$$T^2 = (\theta u^2 + by^2)^2 - a(2uy)^2,$$

$\theta u^2 + by^2$ et uy seront premiers entre eux; car, s'ils ne l'étaient pas, il faudrait que T fût divisible par leur commune mesure; ainsi T et uy ne seraient plus premiers l'un à l'autre.

Donc, si T est un nombre impair, on prendra, au lieu de l'équation $R = x^2 - ay^2$, celle-ci :

$$T^2 = (\theta u^2 + by^2)^2 - a(2uy)^2,$$

dans laquelle T^2 et a seront premiers entre eux, aussi bien que $\theta u^2 + by^2$ et $2uy$.

Et, si T est un nombre pair, alors $\theta u^2 + by^2$ sera aussi pair, et l'on aura l'équation

$$\left(\frac{T}{2}\right)^2 = \left(\frac{\theta u^2 + by^2}{2}\right)^2 - a(uy)^2,$$

dans laquelle $\left(\frac{T}{2}\right)^2$ et a seront premiers entre eux, comme aussi $\frac{\theta u^2 + by^2}{2}$ et uy.

2° Supposons maintenant que θ ait un facteur carré ϖ^2, en sorte que

$\theta = \varpi^2\gamma$, γ n'étant ni carré ni multiple d'un carré; en ce cas l'équation $R = x^2 - ay^2$ deviendra

$$\varpi^2\gamma T = x^2 - \varpi^2\gamma b y^2;$$

d'où l'on voit que le carré x^2 sera nécessairement divisible par $\varpi^2\gamma$, et que par conséquent sa racine x le sera par $\varpi\gamma$; ainsi, faisant $x = \varpi\gamma u$, on aura, après avoir divisé par $\varpi^2\gamma$,

$$T = \gamma u^2 - by^2.$$

Donc, si $\gamma = 1$, c'est-à-dire si θ est carré, on aura l'équation

$$T = u^2 - by^2,$$

dans laquelle T et b seront premiers entre eux, aussi bien que u et y; de sorte qu'à l'aide de cette équation et des autres semblables, on parviendra, par les méthodes des nos 6 et suivants, à une équation de cette forme :

$$1 = p^2 - bq^2 \quad \text{ou bien} \quad 1 = p^2 - \frac{a}{\varpi^2}q^2.$$

Si γ n'est pas égal à 1, on élèvera l'équation $T = \gamma u^2 - by^2$ au carré, et l'on aura

$$T^2 = (\gamma u^2 + by^2)^2 - \gamma b(2uy)^2,$$

et l'on prouvera, comme ci-dessus, que γb sera premier à T^2, et que $\gamma u^2 + by^2$ et uy seront premiers entre eux.

De sorte que, si T est impair, on aura, au lieu de l'équation $R = x^2 - ay^2$, celle-ci :

$$T^2 = (\gamma u^2 + by^2)^2 - \gamma b(2uy)^2,$$

où T^2 et γb seront premiers entre eux aussi bien que $\gamma u^2 + by^2$ et $2uy$.

Et, si T est pair, on aura l'équation

$$\left(\frac{T}{2}\right)^2 = \left(\frac{\gamma u^2 + by^2}{2}\right)^2 - \gamma b(uy)^2,$$

où $\left(\frac{T}{2}\right)^2$ et γb seront premiers entre eux aussi bien que $\frac{\gamma u^2 + by^2}{2}$ et uy.

Donc, par le moyen de ces équations et des autres semblables, on parviendra aussi à une équation de cette forme : $1 = p^2 - \gamma bq^2$, c'est-à-dire, à cause de $a = \gamma b \varpi^2$, de cette forme-ci :

$$1 = p^2 - \frac{a}{\varpi^2} q^2.$$

Or, connaissant deux valeurs quelconques de p et q qui satisfassent à l'équation $1 = p^2 - fq^2$, f étant quelconque, il est toujours possible de trouver par leur moyen deux autres valeurs de p et q qui satisfassent à la même équation, et qui soient telles que la valeur de q soit multiple d'un nombre quelconque donné, comme nous le verrons plus bas (n° 21); donc on pourra toujours déterminer p et q, de manière que q soit divisible par ϖ; de sorte qu'on aura

$$1 = p^2 - a\left(\frac{q}{\varpi}\right)^2,$$

comme le problème le demande.

15. Nous avons donc démontré, avec toute la rigueur et la généralité possibles, qu'un nombre quelconque entier et non carré a étant donné, il est toujours possible de trouver deux nombres x et y tels, que $1 = x^2 - ay^2$, et nous avons en même temps donné les moyens de trouver ces mêmes nombres.

Or, comme le carré, le cube, et en général toute puissance d'une quantité de cette forme $x^2 - ay^2$ est toujours aussi de la même forme (n° 5), il s'ensuit qu'en élevant l'équation $1 = x^2 - ay^2$ à une puissance quelconque, on aura une infinité d'autres équations semblables, de sorte qu'ayant trouvé par les méthodes précédentes, ou par quelque autre méthode que ce soit, une seule solution du problème, on pourra par son moyen en trouver d'autres à l'infini.

Pour renfermer toutes ces solutions dans une formule générale, supposons que p et q soient les valeurs trouvées de x et de y, en sorte que l'on ait $1 = p^2 - aq^2$; en élevant les deux membres de cette équation à une puissance quelconque m, on aura

$$1 = (p^2 - aq^2)^m,$$

équation qu'il s'agit de réduire à la forme de celle-ci :

$$1 = x^2 - ay^2.$$

Pour cela je remarque que

$$p^2 - aq^2 = (p + q\sqrt{a})(p - q\sqrt{a}),$$

de sorte que l'on aura

$$(p^2 - aq^2)^m = (p + q\sqrt{a})^m (p - q\sqrt{a})^m.$$

Or

$$(p + q\sqrt{a})^m = p^m + mp^{m-1}q\sqrt{a} + \frac{m(m-1)}{2} p^{m-2}q^2 a + \frac{m(m-1)(m-2)}{2.3} p^{m-3}q^3 a\sqrt{a} + \ldots;$$

donc, si l'on fait

$$x = p^m + \frac{m(m-1)}{2} p^{m-2}q^2 a + \frac{m(m-1)(m-2)(m-3)}{2.3.4} p^{m-4}q^4 a^2 + \ldots,$$

$$y = mp^{m-1}q + \frac{m(m-1)(m-2)}{2.3} p^{m-3}q^3 a + \frac{m(m-1)\ldots(m-4)}{2.3.4.5} p^{m-5}q^5 a^2 + \ldots,$$

on aura

$$(p + q\sqrt{a})^m = x + y\sqrt{a};$$

et, prenant le radical $\sqrt{a}$ en $-$, on aura de même

$$(p - q\sqrt{a})^m = x - y\sqrt{a};$$

donc

$$(p^2 - aq^2)^m = (x - y\sqrt{a})(x - y\sqrt{a}) = x^2 - ay^2;$$

de sorte que l'on aura en général

$$x^2 - ay^2 = 1,$$

en prenant pour m un nombre quelconque entier et positif.

Au reste, les équations

$$(p + q\sqrt{a})^m = x + y\sqrt{a} \quad \text{et} \quad (p - q\sqrt{a})^m = x - y\sqrt{a}$$

donneront

$$x = \frac{(p+q\sqrt{a})^m + (p-q\sqrt{a})^m}{2},$$

$$y = \frac{(p+q\sqrt{a})^m - (p-q\sqrt{a})^m}{2\sqrt{a}},$$

expressions qui reviennent au même que les précédentes, mais qui ont l'avantage d'être sous une forme finie; ainsi, prenant successivement pour m tous les nombres naturels, on aura une infinité de solutions du problème proposé.

16. Les dernières expressions de x et de y font voir que ces quantités forment deux suites récurrentes, dont l'échelle de relation est $2p$, $-(p^2-aq^2)$, ou bien (à cause de $p^2-aq^2=1$) $2p$, -1; de sorte qu'en dénotant par x', x'', x''',... et y', y'', y''',... les valeurs de x et de y qui répondent à $m=1, 2, 3,\ldots$, on aura les séries suivantes :

$$\begin{aligned}
x' &= p,\\
x'' &= 2p^2-1,\\
x''' &= 4p^3-3p,\\
x^{\text{IV}} &= 8p^4-8p^2+1,\\
x^{\text{V}} &= 16p^5-20p^3+5p,\\
&\ldots\ldots\ldots\ldots\ldots\ldots,
\end{aligned}$$

et en général, lorsque l'exposant est m,

$$x = 2^{m-1}p^m - m2^{m-3}p^{m-2} + \frac{m(m-3)}{2}2^{m-5}p^{m-4} - \frac{m(m-4)(m-5)}{2.3}2^{m-7}p^{m-6} + \frac{m(m-5)(m-6)(m-7)}{2.3.4}2^{m-9}p^{m-8} - \ldots,$$

et de même

$$\begin{aligned}
y' &= q,\\
y'' &= 2pq,\\
y''' &= (4p^2-1)q\\
y^{\text{IV}} &= (8p^3-4p)q,\\
y^{\text{V}} &= (16p^4-12p^2+1)q,\\
&\ldots\ldots\ldots\ldots\ldots\ldots;
\end{aligned}$$

et en général, lorsque l'exposant est m,

$$y = \left[2^{m-1}p^{m-1} - (m-2)2^{m-3}p^{m-3} + \frac{(m-3)(m-4)}{2}2^{m-5}p^{m-5} - \frac{(m-4)(m-5)(m-6)}{2.3}2^{m-7}p^{m-7} + \ldots\right]q.$$

On peut mettre encore les expressions générales de x et de y sous une autre forme beaucoup plus simple; mais il faut pour cela distinguer les cas où m est pair ou impair.

Soit : 1° m impair, on aura

$$x' = p,$$
$$x''' = -(3p - 4p^3),$$
$$x^{v} = 5p - 20p^3 + 16p^5,$$
$$\ldots\ldots\ldots\ldots\ldots\ldots,$$

et en général

$$x = \pm\left[mp - \frac{m(m^2-1)}{2.3}p^3 + \frac{m(m^2-1)(m^2-9)}{2.3.4.5}p^6 - \frac{m(m^2-1)(m^2-9)(m^2-25)}{2.3.4.5.6.7}p^7 + \ldots\right],$$

le signe supérieur étant pour le cas de m multiple de 4 plus 1, et l'inférieur pour celui de m multiple de 4 plus 3.

Ensuite

$$y' = q,$$
$$y''' = -q(1 - 4p^2),$$
$$y^{v} = q(1 - 12p^2 + 16p^4),$$
$$\ldots\ldots\ldots\ldots\ldots\ldots,$$

et en général

$$y = \pm q\left[1 - \frac{m^2-1}{2}p^2 + \frac{(m^2-1)(m^2-9)}{2.3.4}p^4 - \frac{(m^2-1)(m^2-9)(m^2-25)}{2.3.4.5.6}p^6 + \ldots\right],$$

où l'on observera, à l'égard des signes ambigus, la même règle que ci-dessus.

Soit : 2° m pair, et l'on aura

$$x'' = -(1 - 2p^2),$$
$$x^{\text{IV}} = 1 - 8p^2 + 8p^4,$$
$$x^{\text{VI}} = -(1 - 18p^2 + 48p^4 - 32p^6),$$
$$\dots\dots\dots\dots\dots\dots,$$

et en général

$$x = \pm\left[1 - \frac{m^2}{2}p^2 + \frac{m^2(m^2-4)}{2.3.4}p^4 - \frac{m^2(m^2-4)(m^2-16)}{2.3.4.5.6}p^6 + \dots\right].$$

Ensuite

$$y'' = 2pq,$$
$$y^{\text{IV}} = -q(4p - 8p^3),$$
$$y^{\text{VI}} = q(6p - 32p^3 + 32p^5),$$
$$\dots\dots\dots\dots\dots\dots,$$

et en général

$$y = \mp q\left[mp - \frac{m(m^2-4)}{2.3}p^3 + \frac{m(m^2-4)(m^2-16)}{2.3.4.5}p^5 - \dots\right].$$

A l'égard de l'ambiguïté des signes, on prendra le signe supérieur lorsque m est un multiple de 4, et l'inférieur lorsque m est un multiple de 4 plus 2.

De plus, puisque $p^2 - aq^2 = 1$, on pourra substituer dans les formules précédentes $1 + aq^2$ au lieu de p^2, et l'on aura celles-ci :

1° Pour le cas de m impair,

$$x' = p,$$
$$x''' = p(1 + 4aq^2),$$
$$x^{\text{V}} = p(1 + 12aq^2 + 16a^2q^4),$$
$$\dots\dots\dots\dots\dots\dots,$$

et en général

$$x = p\left[1 + \frac{m^2-1}{2}aq^2 + \frac{(m^2-1)(m^2-9)}{2.3.4}a^2q^4 + \frac{(m^2-1)(m^2-9)(m^2-25)}{2.3.4.5.6}a^3q^6 + \dots\right].$$

Ensuite

$$y' = q,$$
$$y''' = 3q + 4aq^3,$$
$$y^{\text{v}} = 5q + 20aq^3 + 16a^2q^5,$$
$$\dots\dots\dots\dots\dots\dots,$$

et en général

$$y = mq + \frac{m(m^2-1)}{2.3}aq^3 + \frac{m(m^2-1)(m^2-9)}{2.3.4.5}a^2q^5$$
$$+ \frac{m(m^2-1)(m^2-9)(m^2-25)}{2.3.4.5.6.7}a^3q^7 + \dots$$

2° Pour le cas de m pair,

$$x'' = 1 + 2aq^2,$$
$$x^{\text{iv}} = 1 + 8aq^2 + 8a^2q^4,$$
$$x^{\text{vi}} = 1 + 18aq^2 + 48a^2q^4 + 32a^3q^6,$$
$$\dots\dots\dots\dots\dots\dots,$$

et en général

$$x = 1 + \frac{m^2}{2}aq^2 + \frac{m^2(m-4)}{2.3.4}a^2q^4 + \frac{m^2(m^2-4)(m^2-16)}{2.3.4.5.6}a^3q^6 + \dots$$

Ensuite

$$y'' = 2pq,$$
$$y^{\text{iv}} = p(4q + 8aq^3),$$
$$y^{\text{vi}} = p(6q + 32aq^3 + 32a^2q^5),$$
$$\dots\dots\dots\dots\dots\dots,$$

et en général

$$y = p\left[mq + \frac{m(m^2-4)}{2.3}aq^3 + \frac{m(m^2-4)(m^2-16)}{2.3.4.5}a^2q^5 + \dots\right].$$

Ces dernières expressions de x et de y ont l'avantage de n'être composées que de termes tous positifs, ce qui les rend beaucoup plus simples et plus commodes pour le calcul.

17. Nous allons démontrer maintenant que si p et q sont les plus petites valeurs de x et y qui satisfassent à l'équation

$$x^2 - ay^2 = 1,$$

toutes les autres valeurs possibles de x et de y seront nécessairement renfermées dans les formules générales des deux numéros précédents.

Pour cela nous remarquerons d'abord que si l'on a

$$p^2 - aq^2 = 1, \quad p'^2 - aq'^2 = 1,$$

et que $p' > p$, on aura aussi $q' > q$; car retranchant la première équation de la seconde, on a

$$p'^2 - p^2 - a(q'^2 - q^2) = 0, \quad \text{ou bien} \quad p'^2 - p^2 = a(q'^2 - q^2);$$

donc si $p'^2 - p^2$ est positif, il faudra que $q'^2 - q^2$ le soit aussi; donc ....

Supposons maintenant que p et q soient les plus petites valeurs de x et y dans l'équation

$$x^2 - ay^2 = 1,$$

et que p' et q' soient les valeurs de x et de y qui sont immédiatement plus grandes que celles-là, en sorte qu'il n'y ait point de nombres plus petits que p' et q', qu'on puisse prendre pour x et y, autres que p et q. Cela posé :

Qu'on multiplie ensemble les deux équations

$$p^2 - aq^2 = 1 \quad \text{et} \quad p'^2 - aq'^2 = 1,$$

et l'on aura (nº **5**), en prenant seulement le signe inférieur,

$$(pp' - aqq')^2 - a(pq' - qp')^2 = 1;$$

d'où l'on voit que $pp' - aqq'$ sera aussi une des valeurs de x, et $pq' - qp'$ une des valeurs de y qui satisfont à la même équation

$$x^2 - ay^2 = 1.$$

Or je dis que $pp' - aqq'$ est > 0 et $< p'$. Car 1º soit $pp' - aqq' = z$, on aura

$$\frac{p}{q}\frac{p'}{q'} - a = \frac{z}{qq'};$$

mais les équations

$$p^2 - aq^2 = 1 \quad \text{et} \quad p'^2 - aq'^2 = 1$$

donnent

$$\frac{p^2}{q^2} = a + \frac{1}{q^2}, \quad \frac{p'^2}{q'^2} = a + \frac{1}{q'^2};$$

donc

$$\frac{p^2}{q^2}\frac{p'^2}{q'^2} = a^2 + a\left(\frac{1}{q^2} + \frac{1}{q'^2}\right) + \frac{1}{q^2 q'^2},$$

et tirant la racine carrée,

$$\frac{p}{q}\frac{p'}{q'} = \sqrt{a^2 + a\left(\frac{1}{q^2} + \frac{1}{q'^2}\right) + \frac{1}{q^2 q'^2}},$$

d'où l'on voit que

$$\frac{p}{q}\frac{p'}{q'} > a;$$

de sorte que $\frac{p}{q}\frac{p'}{q'} - a$ sera toujours une quantité positive; par conséquent z sera aussi un nombre positif.

2° Soit $pp' - aqq' = p' + u$, on aura

$$\frac{p-1}{q}\frac{p'}{q'} - a = \frac{u}{qq'};$$

or

$$\frac{p-1}{q} = \sqrt{a + \frac{1}{q^2}} - \frac{1}{q} = \frac{a}{\sqrt{a + \frac{1}{q^2}} + \frac{1}{q}} \quad \text{et} \quad \frac{p'}{q'} = \sqrt{a + \frac{1}{q'^2}};$$

donc

$$\frac{p-1}{q}\frac{p'}{q'} = a\frac{\sqrt{a + \frac{1}{q'^2}}}{\sqrt{a + \frac{1}{q^2}} + \frac{1}{q}};$$

mais $q' > q$, donc $\sqrt{a + \frac{1}{q'^2}} < \sqrt{a + \frac{1}{q^2}}$ et à plus forte raison $< \sqrt{a + \frac{1}{q^2}} + \frac{1}{q}$; donc

$$\frac{p-1}{q}\frac{p'}{q'} < a;$$

donc $\frac{p-1}{q}\frac{p'}{q'} - a$ sera nécessairement une quantité négative; par conséquent u sera aussi négative; donc

$$pp' - aqq' < p'.$$

Donc il faudra par l'hypothèse que l'on ait $pp' - aqq' = p$, et comme

$$(pp' - aqq')^2 - a(pq' - qp')^2 = 1 \quad \text{et} \quad p^2 - aq^2 = 1,$$

il faudra aussi que l'on ait

$$(pq' - qp')^2 = q^2, \quad \text{d'où} \quad pq' - qp' = \pm q.$$

Mais

$$\frac{p}{q} = \sqrt{a + \frac{1}{q^2}} \quad \text{et} \quad \frac{p'}{q'} = \sqrt{a + \frac{1}{q'^2}};$$

donc, à cause de $q' > q$, on aura $\frac{p}{q} > \frac{p'}{q'}$; donc $pq' - qp'$ sera positif; de sorte qu'il faudra supposer

$$pq' - qp' = q.$$

Nous aurons donc ces deux équations :

$$pp' - aqq' = p \quad \text{et} \quad pq' - qp' = q,$$

d'où l'on tire

$$p' = \frac{p^2 + aq^2}{p^2 - aq^2} \quad \text{et} \quad q' = \frac{2pq}{p^2 - aq^2},$$

c'est-à-dire, à cause de $p^2 - aq^2 = 1$,

$$p' = p^2 + aq^2, \quad q' = 2pq,$$

ou bien, ce qui revient au même,

$$p' = \frac{(p + q\sqrt{a})^2 + (p - q\sqrt{a})^2}{2},$$

$$q' = \frac{(p + q\sqrt{a})^2 - (p - q\sqrt{a})^2}{2\sqrt{a}},$$

d'où l'on voit que les valeurs de p' et q' sont contenues dans les formules générales du n° 15, en y faisant $m = 2$.

Soient ensuite p'' et q'' les valeurs de x et de y qui sont immédiatement plus grandes que p' et q'; en sorte qu'entre toutes les valeurs possibles de x et de y dans l'équation $x^2 - ay^2 = 1$, il n'y ait que p et p' qui soient moindres que p'', et q et q' qui soient moindres que q''.

Multipliant l'équation $p''^2 - aq''^2 = 1$ par $p^2 - aq^2 = 1$, et prenant dans cette multiplication le signe $-$ (nº 5), on aura

$$(pp'' - aqq'')^2 - a(pq'' - qp'')^2 = 1,$$

de sorte que $pp'' - aqq''$ sera aussi une des valeurs de x, et $pq'' - qp''$ une des valeurs de y; et l'on prouvera ici par une méthode semblable à la précédente que $pp'' - aqq'' > 0$ et $< p''$, et $pq'' - qp' > 0$ et $< q''$: d'où il s'ensuit que l'on aura nécessairement

$$pp'' - aqq'' = p \quad \text{ou} \quad = p' \qquad \text{et} \qquad pq'' - qp'' = q \quad \text{ou} \quad = q'.$$

Or les équations

$$pp'' - aqq'' = p \quad \text{et} \quad pq'' - qp'' = q$$

donnent, à cause de $p^2 - aq^2 = 1$,

$$p'' = p^2 + aq^2 = p' \quad \text{et} \quad q'' = 2pq = q',$$

ce qui est contre l'hypothèse; et les équations

$$pp'' - aqq'' = p', \quad pq'' - qp'' = q'$$

donnent

$$p'' = pp' + aqq', \quad q'' = pq' + qp',$$

c'est-à-dire, en mettant pour p' et q' leurs valeurs,

$$p'' = \frac{(p + q\sqrt{a})^3 + (p - q\sqrt{a})^3}{2},$$

$$q'' = \frac{(p + q\sqrt{a})^3 - (p - q\sqrt{a})^3}{2\sqrt{a}}.$$

Ainsi les valeurs de p'' et q'' sont encore renfermées dans les formules du numéro cité, en y faisant $m = 3$.

On prouvera par des raisonnements semblables que les valeurs de x et de y qui sont immédiatement plus grandes que p'' et q'', et que nous désignerons par p''' et q''', seront exprimées ainsi :

$$p''' = \frac{(p + q\sqrt{a})^4 + (p - q\sqrt{a})^4}{2},$$

$$q''' = \frac{(p + q\sqrt{a})^4 - (p - q\sqrt{a})^4}{2\sqrt{a}},$$

et ainsi des autres à l'infini; d'où l'on conclura en général que les valeurs de x et y, dont le quantième sera m à commencer des premières valeurs p et q, seront exprimées de la manière suivante :

$$x = \frac{(p + q\sqrt{a})^m + (p - q\sqrt{a})^m}{2},$$

$$y = \frac{(p + q\sqrt{a})^m - (p - q\sqrt{a})^m}{2\sqrt{a}},$$

comme dans le n° **15**.

Ainsi ayant trouvé les premières valeurs p et q, on sera assuré d'avoir par ces formules toutes les valeurs possibles de x et de y propres à satisfaire à l'équation $x^2 - ay^2 = 1$.

18. Je dis maintenant que tous les nombres x et y qui satisfont à l'équation

$$x^2 - ay^2 = 1$$

se trouvent nécessairement parmi les nombres M, M′, M″,..., et N, N′ N″,..., qui forment les fractions $\frac{M}{N}, \frac{M'}{N'}, \frac{M''}{N''}, \ldots$, convergentes vers la racine de a, mais toujours plus grandes que cette racine (n° **1**); c'est-à-dire que chacun des nombres x est nécessairement égal à quelqu'un des termes de la série M, M′, M″,..., et que le nombre correspondant y est égal au terme correspondant de la série N, N′, N″,..., en sorte que la fraction $\frac{x}{y}$ sera toujours une de celles dont nous venons de parler.

Pour pouvoir démontrer cette proposition, je commencerai par prouver que si y est égal à un terme quelconque de la série N, N′, N″,..., x sera nécessairement égal au terme correspondant de la série M, M′,

$M'',\ldots$ Car soit $y = N$ (on fera le même raisonnement pour tous les autres termes de la série $N, N', N'',\ldots$, et de sa correspondante $M, M', M'',\ldots$), en sorte que l'on ait $x^2 - aN^2 = 1$; si M n'est pas $= x$, il sera nécessairement $> x$, à cause que la quantité $M^2 - aN^2$ est toujours > 0 (n° **2**); ainsi l'on aura

$$\frac{M}{N} > \frac{x}{N} \quad \text{et} \quad \frac{M}{N} - \frac{m}{n} > \frac{x}{N} - \frac{m}{n},$$

savoir, à cause de $Mn - Nm = 1$ (n° **1**),

$$\frac{1}{Nn} > \frac{xn - Nm}{Nn}, \quad \text{ou bien} \quad xn - Nm < 1;$$

mais, par l'équation $x^2 - aN^2 = 1$, on a $\frac{x}{N} = \sqrt{a + \frac{1}{N^2}}$, et par conséquent $\frac{x}{N} > \sqrt{a}$; et par le n° **1** on a $\frac{m}{n} < \sqrt{a}$; donc $\frac{x}{N} > \frac{m}{n}$, donc $\frac{x}{N} > \frac{m}{n}$, donc

$$xn - Nm > 0,$$

ce qui est contradictoire.

Supposons maintenant que y ne soit égal à aucun des termes de la série $0, N, N', N'',\ldots$; comme cette série commence par zéro et s'étend à l'infini (n° **1**), il est clair que le nombre y se trouvera nécessairement entre deux quelconques des termes voisins de la même série; supposons donc que ce soit entre N et N' (le raisonnement sera le même pour tous les autres termes), en sorte que l'on ait $y > N$ et $y < N'$; je considère les trois fractions consécutives $\frac{M}{N}, \frac{m'}{n'}, \frac{M'}{N'}$, dont les numérateurs M, m', M' vont en augmentant aussi bien que les dénominateurs N, n', N', et qui sont de plus convergentes vers la valeur de $\sqrt{a}$, mais de façon que la première et la troisième sont plus grandes que cette valeur, et la seconde en est plus petite (n° **1**), et je vais démontrer d'abord que y doit nécessairement être $> n'$. Car, puisqu'on a $x^2 - ay^2 = 1$, on aura $\frac{x^2}{y^2} - a = \frac{1}{y^2}$; mais $M^2 - aN^2 = R$, R étant > 0 par le n° **2**; donc aussi $\frac{M^2}{N^2} - a = \frac{R}{N^2}$; donc, comme $y > N$, et que $R =$ ou > 1, on aura nécessairement $\frac{1}{y^2} < \frac{R}{N^2}$, et par conséquent

$$\frac{x^2}{y^2} - a < \frac{M^2}{N^2} - a;$$

donc $\frac{x^2}{y^2}$ approchera plus de a que $\frac{M^2}{N^2}$, l'une et l'autre de ces deux quantités étant d'ailleurs plus grandes que a, à cause de $x^2 - ay^2 > 0$ et $M^2 - aN^2 > 0$; donc aussi $\frac{x}{y}$ approchera plus de $\sqrt{a}$ que $\frac{M}{N}$; mais $\sqrt{a}$ se trouve entre $\frac{M}{N}$ et $\frac{m'}{n'}$ (n° 2); donc $\frac{x}{y}$ se trouvera aussi entre $\frac{M}{N}$ et $\frac{m'}{n'}$; donc on aura

$$\frac{M}{N} - \frac{x}{y} > 0, \quad \text{et} \quad \frac{M}{N} - \frac{x}{y} < \frac{M}{N} - \frac{m'}{n'};$$

donc on aura :

1° $$My - Nx > 0;$$

2° $$\frac{My - Nx}{Ny} < \frac{1}{Nn'}, \quad \text{savoir} \quad My - Nx < \frac{y}{n'};$$

donc, puisque $My - Nx$ est d'ailleurs un nombre entièr, il faudra nécessairement que l'on ait

$$\frac{y}{n'} > 1, \quad \text{et par conséquent} \quad y > n'.$$

Soit donc $y > n'$ et $< N'$; puisque l'on a, par l'équation $x^2 - ay^2 = 1$,

$$\frac{x}{y} > \sqrt{a},$$

et par le n° 1

$$\frac{m'}{n'} < \sqrt{a},$$

on aura nécessairement

$$\frac{x}{y} - \frac{m'}{n'} > 0;$$

de plus, on a par le même numéro

$$\frac{M'}{N'} > \sqrt{a}, \quad \text{et par conséquent} \quad \frac{M'}{N'} - \frac{m'}{n'} > 0;$$

or

$$\frac{x}{y} - \frac{m'}{n'} = \frac{xn' - ym'}{yn'} \quad \text{et} \quad \frac{M'}{N'} - \frac{m'}{n'} = \frac{1}{N'n'};$$

donc, à cause de $y < N'$, on aura

$$\frac{x}{y} - \frac{m'}{n'} > (xn' - ym')\left(\frac{M'}{N'} - \frac{m'}{n'}\right);$$

or je dis que $xn' - ym'$ doit nécessairement être égal à 1 ; en effet, puisque $\frac{x}{y} - \frac{m'}{n'} > 0$, on aura d'abord

$$xn' - ym' > 0;$$

donc

$$xn' - ym' = 1, \quad \text{ou} \quad = 2, \quad \text{ou} \quad > 2;$$

mais si $xn' - ym' =$ ou > 2, on aura pour lors

$$\frac{x}{y} - \frac{m'}{n'} > 2\left(\frac{M'}{N'} - \frac{m'}{n'}\right):$$

et comme $\sqrt{a}$ se trouve entre $\frac{M'}{N'}$ et $\frac{m'}{n'}$ (n° 1), elle se trouvera aussi nécessairement entre $\frac{x}{y}$ et $\frac{m'}{n'}$, mais beaucoup plus près de $\frac{m'}{n'}$ que de $\frac{x}{y}$, parce que $\frac{x}{y} - \frac{M'}{N'} > \frac{M'}{N'} - \frac{m'}{n'}$; donc a se trouvera aussi entre $\frac{x^2}{y^2}$ et $\frac{m'^2}{n'^2}$, mais plus près de $\frac{m'^2}{n'^2}$ que de $\frac{x^2}{y^2}$; donc on aura

$$\frac{x^2}{y^2} - a > a - \frac{m'^2}{n'^2},$$

savoir, à cause de $x^2 - ay^2 = 1$,

$$\frac{1}{y^2} > \frac{an'^2 - m'^2}{n'^2}, \quad \text{ou bien} \quad an'^2 - m'^2 < \frac{n'^2}{y^2};$$

mais $y > n'$, donc $\frac{n'^2}{y^2} < 1$; et à plus forte raison $an'^2 - m'^2 < 1$; ce qui ne peut être, à cause que $m'^2 - an'^2$ est toujours nécessairement un nombre entier négatif (n° 2), et par conséquent $an'^2 - m'^2$ un nombre entier positif. Donc il faudra nécessairement que l'on ait

$$xn' - ym' = 1.$$

On aura donc $xn' - ym' = 1$, et comme on a aussi (n° 1) $M'n' - N'm' = 1$, on aura

$$(M' - x)n' - (N' - y)m' = 0,$$

savoir

$$\frac{M' - x}{N' - y} = \frac{m'}{n'};$$

donc, prenant un nombre quelconque entier z, on aura

$$M' - x = m'z, \quad N' - y = n'z,$$

et de là

$$x = M' - m'z \quad \text{et} \quad y = N' - n'z;$$

donc, substituant ces valeurs dans l'équation $x^2 - ay^2 = 1$, on aura

$$M'^2 - aN'^2 - 2(M'm' - aN'n')z + (m'^2 - an'^2)z^2 = 1;$$

or $M'^2 - aN'^2$ est un nombre positif, $m'^2 - an'^2$ est un nombre négatif (n° 2), et je dis que $M'm' - aN'n'$ est un nombre négatif; en effet, comme $\frac{M'}{N'} > \sqrt{a}$ et $\frac{m'}{n'} < \sqrt{a}$, on aura

$$\frac{M'}{N'} = \sqrt{a} + \Gamma \quad \text{et} \quad \frac{m'}{n'} = \sqrt{a} - \gamma,$$

et γ sera $> \Gamma$, à cause que $\frac{M'}{N'}$ doit approcher plus de $\sqrt{a}$ que $\frac{m'}{n'}$ (n° 1); donc

$$M'm' - aN'n' = N'n'\left(\frac{M'm'}{N'n'} - a\right) = -N'n'[(\gamma - \Gamma)\sqrt{a} + \Gamma\gamma].$$

Donc, si l'on fait

$$M'^2 - aN'^2 = A, \quad M'm' - aN'n' = -B, \quad m'^2 - an'^2 = -C,$$

A, B, C exprimeront des nombres positifs, et l'on aura

$$A + 2Bz - Cz^2 = 1.$$

Soit, en général, $A + 2Bz - Cz^2 = u$, en sorte que

$$x^2 - ay^2 = u;$$

en regardant z comme une quantité variable qui commence par zéro, et qui augmente à l'infini, on aura d'abord, lorsque $z = 0$, $u = A$; ensuite u augmentera jusqu'à ce que $B = Cz$; après quoi u diminuera continuellement jusqu'à devenir infini négatif. Donc, si l'on donne à z une valeur quelconque Z, telle que la valeur correspondante de u soit positive et égale à U, il est clair que toutes les autres valeurs de z, comprises entre o et Z, donneront pour u des valeurs positives et plus grandes que la plus petite des deux quantités A et U, qui répondent à $z = 0$ et à $z = Z$.

Or nous avons trouvé

$$x = M' - m'z \quad \text{et} \quad y = N' - n'z;$$

donc : 1° comme $y' < N'$, on aura $z > 0$; 2° on a, par le n° 1,

$$M' = q'''m' + M \quad \text{et} \quad N' = q'''n' + N,$$

donc

$$x = (q''' - z)m' + M \quad \text{et} \quad y = (q''' - z) + N;$$

donc, puisque $y > N$, il faudra que $z < q'''$; ainsi les limites de z seront o et q''', c'est-à-dire que z sera comprise entre o et q'''; mais, en faisant $z = 0$, on a

$$u = A = M'^2 - aN'^2;$$

et, en faisant $z' = q'''$, on a $x = M$, $y = N$, et par conséquent

$$u = x^2 - ay^2 = M^2 - aN^2;$$

donc, en donnant à z des valeurs intermédiaires, les valeurs correspondantes de u, savoir de $x^2 - ay^2$, seront toutes plus grandes que la plus petite de ces deux quantités $M^2 - aN^2$ et $M'^2 - aN'^2$; mais l'une et l'autre de ces quantités sont nécessairement égales ou plus grandes que l'unité (n° **2**); donc il est impossible de trouver une valeur convenable de z qui rende $x^2 - ay^2 = 1$, ce qui est contre l'hypothèse.

Donc il est impossible que y tombe entre N et N', et l'on prouvera de la même manière qu'il est impossible qu'il tombe entre deux autres termes voisins quelconques de la série 0, N, N', N'',...; donc il faut nécessairement que y coïncide avec le terme correspondant de la série 1, M, M', M'',..., comme nous l'avons démontré ci-dessus.

Ainsi, pour trouver les valeurs de x et de y qui satisfont à l'équation $x^2 - ay^2 = 1$, il n'y aura qu'à substituer successivement, dans la formule $x^2 - ay^2$, à la place de x, les numérateurs, et, à la place de y, les dénominateurs des fractions $\frac{1}{0}, \frac{M}{N}, \frac{M'}{N'}, \ldots$, qui convergent vers la valeur de $\sqrt{a}$, mais qui sont toutes plus grandes que cette valeur, et l'on poussera cette substitution jusqu'à ce qu'elle donne 1 pour la valeur de $x^2 - ay^2$, ce qui arrivera nécessairement en conséquence de ce que nous avons démontré jusqu'ici; mais comme il faudrait quelquefois pousser cette substitution très-loin, ce qui serait assez incommode, on pourra souvent se servir avec avantage des méthodes que nous avons données plus haut, comme on le verra dans les exemples suivants.

Au reste, comme les termes des deux séries 1, M, M',..., 0, N, N',... vont en augmentant, il est clair qu'en substituant successivement tous ces termes dans la formule $x^2 - ay^2$ jusqu'à ce qu'elle devienne égale à 1, on aura par ce moyen les plus petites valeurs possibles qui satisfassent au problème; et ces valeurs étant ensuite substituées pour p et q dans les formules des n°s **15** et **16**, on aura alors toutes les valeurs possibles de x et de y (n° **17**).

19. Soient, comme dans le n° **15**,

$$x = \frac{(p + q\sqrt{a})^m + (p - q\sqrt{a})^m}{2},$$

$$y = \frac{(p + q\sqrt{a})^m - (p - q\sqrt{a})^m}{2\sqrt{a}};$$

je dis que, si m est un nombre premier, $x-p$ et $y-qa^{\frac{m-1}{2}}$ seront toujours divisibles par m.

En effet, si l'on développe ces expressions, on aura, à cause que m est impair,

$$x = p^m + \frac{m(m-1)}{2} p^{m-2} q^2 a + \frac{m(m-1)(m-2)(m-3)}{2.3.4} p^{m-4} q^4 a^2 + \ldots$$
$$+ \frac{m(m-1)(m-2)\ldots 2}{2.3\ldots m-1} p q^{m-1} a^{\frac{m-1}{2}},$$

$$y = m p^{m-1} q + \frac{m(m-1)(m-2)\ldots 2}{2.3} p^{m-3} q^3 a + \ldots$$
$$+ \frac{m(m-1)(m-2)\ldots 3}{2.3\ldots m-2} p^2 q^{m-2} a^{\frac{m-3}{2}} + q^m a^{\frac{m-1}{2}}.$$

Or les coefficients m, $\frac{m(m-1)}{2}$, $\frac{m(m-1)(m-2)}{2.3}$, ..., jusqu'à $\frac{m(m-1)(m-2)\ldots 2}{2.3\ldots m-1}$ sont nécessairement divisibles par m, lorsque m est premier, parce que ce nombre multiplie, comme l'on voit, tous les numérateurs, et ne multiplie aucun des dénominateurs, de sorte qu'il est impossible qu'il s'en aille par la division de chaque numérateur par son dénominateur; division qui doit d'ailleurs se faire toujours exactement, à cause que les coefficients dont il s'agit sont, comme on sait, des nombres entiers. Donc tous les termes de la valeur de x, à l'exception du premier p^m, seront nécessairement divisibles par m, et tous ceux de la valeur de y, à l'exception du dernier $q^m a^{\frac{m-1}{2}}$, le seront aussi: donc $x - p^m$ et $y - q^m a^{\frac{m-1}{2}}$ seront divisibles par m.

Maintenant on sait que, lorsque m est premier, $p^m - p$ est toujours divisible par m, quel que soit p, pourvu que ce soit un nombre entier; donc $x-p$ sera aussi divisible par m; de même, $q^m - q$ étant divisible par m, $q^m a^{\frac{m-1}{2}} - qa^{\frac{m-1}{2}}$ le sera aussi; donc $y - qa^{\frac{m-1}{2}}$ sera divisible par m.

Donc : 1° si a est divisible par m, $x-p$ et y le seront aussi ; 2° si a n'est point divisible par m, comme $a^m - a$ est nécessairement divisible par m, il faudra que $a^{m-1} - 1$ le soit aussi ; donc, à cause que m est premier, il faudra que l'un ou l'autre des facteurs de $a^{m-1} - 1$, savoir $a^{\frac{m-1}{2}} + 1$ et $a^{\frac{m-1}{2}} - 1$, soit divisible par m.

Soit d'abord $a^{\frac{m-1}{2}} + 1$ divisible par m, et $qa^{\frac{m-1}{2}} + q$ le sera aussi ; donc $x-p$ et $y+q$ seront divisibles par m.

Soit ensuite $a^{\frac{m-1}{2}} - 1$ divisible par m, $qa^{\frac{m-1}{2}} - q$ le sera aussi ; donc $x-p$ et $y-q$ seront divisibles par m.

Or, en multipliant ensemble les deux équations

$$1 = p^2 - aq^2 \quad \text{et} \quad 1 = x^2 - ay^2,$$

on a celle-ci :

$$1 = x'^2 - ay'^2,$$

dans laquelle

$$x' = px \pm aqy \quad \text{et} \quad y' = py \pm qx ;$$

ou bien, en substituant pour x et y leurs valeurs,

$$x' = \frac{(p \pm q\sqrt{a})(p + q\sqrt{a})^m + (p \mp q\sqrt{a})(p - q\sqrt{a})^m}{2},$$

$$y' = \frac{(p \pm q\sqrt{a})(p + q\sqrt{a})^m - (p \mp q\sqrt{a})(p - q\sqrt{a})^m}{2\sqrt{a}},$$

savoir, à cause de $p^2 - aq^2 = 1$,

$$x' = \frac{(p + q\sqrt{a})^{m\pm 1} + (p - q\sqrt{a})^{m\pm 1}}{2},$$

$$y' = \frac{(p + q\sqrt{a})^{m\pm 1} - (p - q\sqrt{a})^{m\pm 1}}{2\sqrt{a}}.$$

Donc, en premier lieu, si $a^{\frac{m-1}{2}} + 1$ est divisible par m, en sorte que $x-p$ et $y+q$ le soient aussi, et qu'on prenne, dans les expressions de

x' et de y', le signe supérieur, on aura

$$x' = px + aqy, \quad y' = py + qx,$$

ou bien

$$x' = (x-p)p + a(y+q)q + p^2 - aq^2 \quad \text{et} \quad y' = (x-p)q + (y+q)p;$$

donc, à cause de $p^2 - aq^2 = 1$, $x' - 1$ et y' seront aussi divisibles par m.

En second lieu, si $a^{\frac{m-1}{2}} - 1$ est divisible par m, en sorte que $x-p$ et $y-q$ le soient aussi, et qu'on prenne, dans les expressions de x' et de y', le signe inférieur, on aura

$$x' = px - aqy, \quad y' = py - qx,$$

ou bien

$$x' = (x-p)p - a(y-q)q + p^2 - aq^2 \quad \text{et} \quad y' = (y-q)p - (x-p)q;$$

d'où il s'ensuit que $x' - 1$ et y' seront encore divisibles par m.

Donc, en général, si r est le reste de la division de $a^{\frac{m-1}{2}}$ par m (reste qui ne peut être que 0 ou ± 1), et qu'on fasse

$$p' = \frac{(p+q\sqrt{a})^{m-r} + (p-q\sqrt{a})^{m-r}}{2},$$

$$q' = \frac{(p+q\sqrt{a})^{m-r} - (p-q\sqrt{a})^{m-r}}{2\sqrt{a}},$$

les nombres p' et q' seront d'abord tels que $p'^2 - aq'^2 = 1$; et de plus q' sera toujours divisible par m, et $p' - p$ ou $p' - 1$ le sera aussi, suivant que r sera ou ne sera pas nul.

20. Supposons à présent

$$x = \frac{(p'+q'\sqrt{a})^n + (p'-q'\sqrt{a})^n}{2},$$

$$y = \frac{(p'+q'\sqrt{a})^n - (p'-q'\sqrt{a})^n}{2\sqrt{a}};$$

si l'on développe ces expressions suivant les dernières formules du n° **16**, on verra que y' est toujours divisible par q', et que $x-p'$ ou $x-1$ l'est aussi, suivant que n est pair ou impair; or q' est toujours divisible par m (numéro précédent), donc y' sera toujours divisible par m, et $x-p'$ ou $x-1$ le sera aussi, suivant que n sera impair ou pair, quel que soit d'ailleurs le nombre n, pourvu qu'il soit plus grand que l'unité.

Or, soit m' un nombre premier quelconque, et désignons par r' le reste de la division de $a^{\frac{m'-1}{2}}$ par m' (reste qui sera nécessairement ou 0, ou bien ± 1), si l'on fait dans les formules précédentes $n=m'-r'$, on prouvera, comme dans le numéro précédent, que y sera toujours divisible par m', et que $x-p'$ ou $x-1$ le sera aussi, suivant que r' sera ou ne sera pas nul; mais, lorsque r' est nul, n est impair, et lorsque r' est ± 1, n est pair; donc y sera toujours divisible par mm', et $x-p'$ ou $x-1$ le sera aussi, suivant que r' sera ou ne sera pas nul.

De plus, lorsque r' est nul, a est divisible par m'; et, si l'on développe l'expression de p' du numéro précédent, suivant les dernières formules du n° **16**, on verra que $p'-p$ ou $p'-1$ sera divisible par a, suivant que $m-r$ sera impair ou pair, c'est-à-dire suivant que r sera ou ne sera pas nul; d'où, et du numéro précédent, il s'ensuit que si, r' étant nul, r l'est aussi, $p'-p$ sera divisible par mm', et, si r n'est pas nul, $p'-1$ sera divisible par mm'.

D'où je conclus : 1° que y sera toujours divisible par mm'; 2° que, si les deux restes r et r' sont nuls à la fois, $x-p$ sera divisible par mm', et que s'ils ne sont pas tous les deux nuls, alors $x-1$ sera divisible par mm'.

Or

$$x \pm y\sqrt{a} = (p' \pm q'\sqrt{a})^{m'-r'} \quad \text{et} \quad p' \pm q'\sqrt{a} = (p \pm q\sqrt{a})^{m-r};$$

donc, faisant, pour abréger, $(m-r)(m'-r') = \mathrm{M}$, on aura

$$x \pm y\sqrt{a} = (p \pm q\sqrt{a})^{\mathrm{M}},$$

et, par conséquent,

$$x = \frac{(p+q\sqrt{a})^{\mathrm{M}} + (p-q\sqrt{a})^{\mathrm{M}}}{2},$$

$$y = \frac{(p+q\sqrt{a})^{\mathrm{M}} - (p-q\sqrt{a})^{\mathrm{M}}}{2\sqrt{a}},$$

où l'on remarquera que M sera toujours pair lorsque r et r' ne seront pas nuls à la fois, et qu'au contraire M sera pair lorsque $r = 0$ et $r' = 0$.

On pourra poursuivre ces opérations et ces raisonnements aussi loin qu'on voudra.

21. Donc, en général, étant donné un nombre quelconque N impair, dont les facteurs premiers soient $m, m', m'', \ldots$, si l'on nomme $r, r', r'', \ldots$ les restes des divisions de $a^{\frac{m-1}{2}}$ par m, de $a^{\frac{m'-1}{2}}$ par m', de $a^{\frac{m''-1}{2}}$ par m'', et ainsi de suite, et qu'on fasse

$$M = (m - r)(m' - r')(m'' - r'')\ldots,$$

les expressions suivantes :

$$x = \frac{(p + q\sqrt{a})^M + (p - q\sqrt{a})^M}{2},$$

$$y = \frac{(p + q\sqrt{a})^M - (p - q\sqrt{a})^M}{2\sqrt{a}}$$

satisferont d'abord à l'équation $x^2 - ay^2 = 1$; et de plus elles seront telles, que y sera toujours divisible par N, et que $x - p$ ou $x - 1$ le sera aussi, suivant que M sera impair ou pair.

Les mêmes choses auront lieu aussi en faisant

$$M = n(m - r)(m' - r')(m'' - r'')\ldots,$$

n étant un nombre quelconque entier positif, comme il est facile de le voir par ce que nous avons enseigné dans les numéros précédents.

Je dis de plus que, si l'on fait

$$M = 2^s n(m - r)(m' - r')(m'' - r'')\ldots,$$

s étant un nombre entier positif quelconque, la quantité y sera divisible par 2^sN, et la quantité $x - 1$ le sera aussi.

Pour démontrer cette proposition, il suffit de faire voir que y et $x-1$ seront toujours divisibles par 2^s. Or, si l'on fait, pour abréger, $M=2^sR$, on aura

$$x \pm y\sqrt{a} = (p \pm q\sqrt{a})^{2^sR}.$$

Qu'on suppose : 1°

$$p' \pm q'\sqrt{a} = (p \pm q\sqrt{a})^{2^{s-1}R},$$

on aura

$$x \pm y\sqrt{a} = (p' \pm q'\sqrt{a})^2;$$

d'où

$$x = p'^2 + aq'^2 \quad \text{et} \quad y = 2p'q';$$

mais on a aussi

$$p'^2 - aq'^2 = 1;$$

donc

$$x - 1 = 2ap'q'.$$

Donc y et $x-1$ seront divisibles par $2q'$.

Supposons : 2°

$$p'' \pm q''\sqrt{a} = (p \pm q\sqrt{a})^{2^{s-2}R},$$

on aura

$$p' \pm q'\sqrt{a} = (p'' \pm q''\sqrt{a})^2,$$

d'où

$$q' = 2p''q'';$$

ainsi q' sera divisible par $2q''$; de même, en faisant

$$p''' \pm q'''\sqrt{a} = (p \pm q\sqrt{a})^{2^{s-3}R},$$

on trouvera que q'' sera divisible par $2q'''$, et ainsi de suite.

Donc, si $s=1$, y et $x-1$ seront divisibles par 2; si $s=2$, y et $x-1$ seront divisibles par 2.2, si $s=3$, ces quantités seront divisibles par 2.2.2,...; donc, en général, y et $x-1$ seront toujours divisibles par 2^s.

Par le moyen de ces théorèmes on peut résoudre le cas du n° 14; car quel que soit le nombre donné, il est clair qu'on pourra toujours le réduire à cette forme : 2^sN, N étant impair; par conséquent, en connaissant deux nombres p et q qui satisfassent à l'équation $1 = p^2 - fq^2$, on pourra toujours en trouver deux autres, et même une infinité tels que x et y qui y satisfassent aussi, et dont l'un y soit multiple d'un nombre quelconque donné; au reste, ces théorèmes nous seront encore fort utiles dans la suite.

Appliquons maintenant les méthodes précédentes à quelques exemples.

Exemples.

22. Exemple I. — *Soit proposé de trouver deux nombres x et y tels, que $x^2 - 13y^2 = 1$.*

Je commence par extraire la racine carrée de 13 en fractions décimales, et je trouve, en poussant l'approximation jusqu'à neuf caractères, ce qu'on fera aisément à l'aide des grandes Tables de logarithmes d'Ulacq; je trouve, dis-je, $\sqrt{13} = 3{,}605\,519\,50 = \frac{36\,055\,195}{10\,000\,000}$.

Je divise le numérateur de cette fraction par son dénominateur, ensuite le dénominateur par le reste, et ainsi de suite, comme si je voulais trouver la plus grande commune mesure entre le numérateur et le dénominateur, et ces différentes divisions me donnent ces quotients : 3, 1, 1, 1, 1, 6, 1, 1, 1, 1, 6, 1, 1,..., à l'aide desquels je forme, en commençant par $\frac{1}{0}$, les fractions suivantes :

$$\begin{array}{ccccccccc} & 1 & 1 & 1 & 1 & 6 & 1 & 1 & 1 \;\ldots \\ \frac{1}{0}, & \frac{3}{1}, & \frac{4}{1}, & \frac{7}{2}, & \frac{11}{3}, & \frac{18}{5}, & \frac{119}{33}, & \frac{137}{38}, & \frac{256}{71}, \ldots, \end{array}$$

où l'on voit que le numérateur de chaque fraction est égal à la somme du numérateur de la fraction précédente multiplié par le nombre qui est au-dessus (ces nombres ne sont autre chose que les quotients dont il s'agit écrits de suite, et suivant l'ordre dans lequel on les a trouvés), et du numérateur de la fraction qui est avant celle-ci; et il en est de même des dénominateurs, ce qui s'accorde avec ce que l'on a dit dans le n° 1.

Je substitue maintenant les numérateurs de ces différentes fractions à la place de x, et les dénominateurs correspondants à la place de y dans la formule $x^2 - ay^2 = R$, j'ai

x	y	R
1	0	1
3	1	-4
4	1	3
7	2	-3
11	3	4
18	5	-1
119	33	4
137	38	-3
256	71	3
⋮	⋮	⋮

Je remarque ici deux valeurs de x et de y, savoir : $x = 4$, $y = 1$ et $x' = 256$, $y' = 71$, lesquelles donnent également $R = 3$, qui est un nombre premier; ainsi je puis faire usage de la méthode du n° 6.

J'aurai donc

$$a = 13, \quad R = 3, \quad x = 4, \quad y = 1, \quad x' = 256, \quad y' = 71;$$

donc $xy' + yx' = 540$ qui est divisible par 3; de sorte que j'aurai d'abord $q = \frac{540}{3} = 180$; ensuite $xx' + ayy' = 1947$, qui est aussi divisible par 3; d'où je tire $p = \frac{1947}{3} = 649$; ainsi les nombres cherchés seront $x = 649$ et $y = 180$; en effet, le carré de 649 est 421201, et celui de 180 est 32400, lequel étant multiplié par 13 donne 421200; de sorte qu'on aura

$$(649)^2 - 13(180)^2 = 1.$$

On aurait pu trouver d'abord ces mêmes valeurs de x et de y à l'aide de la supposition qui donne $R = -4$, et qui est par conséquent dans le cas de la méthode du n° **11**. En effet, puisque $x = 3$ et $y = 1$, on aura, en prenant le signe inférieur,

$$p=\frac{x^2+3}{2}=6,\quad q=\frac{x^2+1}{2}=5;$$

et par conséquent

$$xp=18,\quad yq=5\quad \text{et}\quad (xp)^2+a(yq)^2=649,\quad 2xypq=180.$$

Au reste, en continuant la série des fractions $\frac{1}{0}, \frac{3}{1}, \ldots,$ on trouvera celle-ci : $\frac{393}{109}, \frac{649}{180}, \ldots,$ d'où l'on aura

x	y	R
393	109	-4
649	180	1
⋮	⋮	⋮

d'où l'on voit que les nombres 649 et 180 sont les plus petits qui satisfassent à l'équation proposée $x^2-13y^2=1$ (n° **18**); de sorte qu'en substituant ces nombres à la place de p et q dans les formules du n° **16** ou **17**, on trouvera toutes les autres valeurs possibles de x et de y; ainsi désignant ces valeurs par x, x'', x''',..., et par y, y', y'',..., on aura

$$\begin{aligned} x &= 649, & y &= 180, \\ x' &= 842401, & y' &= 253640, \\ x'' &= 1093435849, & y'' &= 303264540, \\ &\ldots\ldots, & &\ldots\ldots, \end{aligned}$$

et l'on pourra être assuré qu'il n'y a pas d'autres nombres plus petits que ceux-ci qui résolvent le problème (n° **17**).

23. Exemple II. — *Soit proposé de trouver deux nombres x et y qui satisfassent à l'équation* $x^2-19y^2=1$.

La racine carrée de 19 se trouve par les grandes Tables de logarithmes : 4,358 89494, en sorte qu'on a $\sqrt{19}=\frac{435\,889\,494}{100\,000\,000}$; d'où l'on tire, par l'opération indiquée dans l'EXEMPLE précédent, les quotients 4, 2, 1, 3, 1, 2, 8, 2, 1, 3, 1, 2,..., lesquels fournissent ces fractions :

$$\begin{array}{ccccccccc} & 2 & 1 & 3 & 1 & 2 & 8 & \ldots & \\ \frac{1}{0}, & \frac{4}{1}, & \frac{9}{2}, & \frac{13}{3}, & \frac{48}{11}, & \frac{61}{14}, & \frac{170}{39}, & \ldots, & \end{array}$$

dont les numérateurs étant substitués pour x et les dénominateurs pour y dans l'équation $x^2 - 19y^2 = R$, on aura

x	y	R
1	0	1
4	1	-3
9	2	5
13	3	-2
48	11	5
61	14	-3
170	39	1
⋮	⋮	⋮

d'où l'on voit que 170 et 39 sont les plus petits nombres qui satisfassent à l'équation proposée, et par le moyen de ceux-ci on pourra trouver tous les autres nombres possibles qui résolvent la question.

24. EXEMPLE III. — *On demande deux nombres x et y qui satisfassent à cette équation $x^2 - 109y^2 = 1$.*

Je trouve d'abord $\sqrt{109} = 10,4403065 = \frac{104\,403\,065}{10\,000\,000}$; d'où je tire les quotients suivants : 10, 2, 3, 1, 2, 4, 1, 6, 6, 2,..., à l'aide desquels je forme ces fractions :

$$\begin{array}{ccccccccccc} & 2 & 3 & 1 & 2 & 4 & 1 & 6 & 6 & \ldots & \\ \frac{1}{0}, & \frac{10}{1}, & \frac{21}{2}, & \frac{73}{7}, & \frac{94}{9}, & \frac{261}{25}, & \frac{1138}{109}, & \frac{1399}{134}, & \frac{9532}{913}, & \ldots, & \end{array}$$

dont les numérateurs étant substitués pour x et les dénominateurs pour y dans l'équation $x^2 - 109y^2 = R$, j'aurai

x	y	R
1	0	1
10	1	-9
21	2	5
73	7	-12
94	9	7
261	25	-4
1138	109	15
1399	134	-3
9532	913	3
$\vdots$	$\vdots$	$\vdots$

Ici il faudrait pousser la série assez loin pour trouver les valeurs de x et de y qui donnent $R = 1$; ainsi il vaudra mieux se servir des méthodes des nos 6 et suiv.

Pour cela j'observe qu'il y a deux suppositions, dont l'une donne $R = 3$, et l'autre $R = -3$; de sorte qu'à cause que 3 est un nombre premier, on pourra faire usage de la méthode des nos 6 et **12**.

J'aurai donc

$$a = 109, \quad R = 3, \quad x = 1399, \quad y = 134, \quad x' = 9532, \quad y' = 913;$$

donc

$$xy' + yx' = 2554575,$$

qui, étant divisible par 3, j'aurai d'abord

$$q = \frac{2554575}{3} = 851525;$$

ensuite

$$xx' + ayy' = 26670546,$$

qui, étant aussi divisé par 3, donnera

$$p = \frac{26670546}{3} = 8890182.$$

Or, comme dans les équations $x^2 - ay^2 = R$ et $x'^2 - ay'^2 = -R$, la quantité R a des signes différents, le produit de ces deux équations sera, en prenant le signe +,

$$(xx' + ayy')^2 - a(xy' + yx')^2 = -R^2;$$

de sorte qu'en divisant par A^2 on aura

$$p^2 - aq^2 = -1;$$

d'où l'on voit que les valeurs trouvées de p et q ne satisfont pas à l'équation proposée; mais en prenant le carré de l'équation $p^2 - aq^2 = -1$, on aura

$$(p^2 + aq^2)^2 - a(2pq)^2 = 1,$$

de sorte que les valeurs de x et de y qui résolvent le problème sont

$$x = p^2 + aq^2 \quad \text{et} \quad y = 2pq,$$

savoir

$$x = 158\,070\,671\,936\,249 \quad \text{et} \quad y = 15\,140\,424\,455\,100,$$

et ces valeurs sont en même temps les plus petites qui satisfassent à l'équation $x^2 - 109y^2 = 1$, comme on peut facilement s'en convaincre en poussant la série des fractions $\frac{1}{0}, \frac{10}{1}, \ldots$, jusqu'à ce que l'on en trouve une qui soit formée de ces mêmes nombres, et en calculant toutes les valeurs de la formule $x^2 - ay^2$ qui répondent à ces mêmes fractions.

Ces exemples sont suffisants pour faire connaître l'usage et l'esprit de nos méthodes; nous ajouterons seulement quelques remarques qui pourront mériter l'attention des Géomètres.

Remarques.

25. Remarque I. — En examinant les valeurs de R des deux premiers Exemples, on voit que dans le premier les mêmes nombres se trouvent successivement avec les signes + et −, au lieu que dans le second, les nombres qui ont le signe + sont tous différents de ceux qui ont le signe −.

Pour trouver la raison de cette différence, supposons en général

$$x^2 - ay^2 = \mathrm{R}, \quad \text{et} \quad x'^2 - ay'^2 = -\mathrm{R},$$

ce qui est le cas de l'Exemple I, et l'on aura

$$x^2 - ay^2 = -x'^2 - ay'^2, \quad \text{savoir} \quad x^2 + x'^2 = a(y^2 + y'^2),$$

d'où l'on voit que $x^2 + x'^2$ doit être divisible par a. Or, on sait que la somme de deux carrés n'est divisible que par les nombres qui sont aussi la somme de deux carrés; donc, pour que les deux équations dont il s'agit aient lieu en même temps, il faut nécessairement que le nombre donné a soit la somme de deux carrés; c'est ce qui a lieu dans l'Exemple I, où $a = 13 = 9 + 4$, au lieu que dans l'Exemple II $a = 19$, qui n'est point la somme de deux carrés. Ainsi, toutes les fois que a ne sera point la somme de deux carrés, ce qui arrive, comme on sait, lorsque quelqu'un des facteurs premiers de a est de cette forme $4m + 3$, on pourra être assuré qu'aucun nombre ne pourra être en même temps de la forme $x^2 - ay^2$, et de celle-ci $ay'^2 - x'^2$, quels que puissent être x et y, x' et y'.

Mais on ne peut pas dire réciproquement que lorsque a est la somme de deux carrés tout nombre qui est de la forme de $x^2 - ay^2$ est aussi de la forme de $ay'^2 - x'^2$; au moins je n'ai pu parvenir jusqu'à présent à m'assurer en général de la vérité de cette proposition, quoique je l'aie d'ailleurs trouvée vraie dans un grand nombre de cas particuliers.

Au reste, il est évident que si -1 est de la forme de $x^2 - ay^2$, tout nombre positif qui sera de la même forme sera aussi de la forme de $ay'^2 - x'^2$; car soient

$$-1 = p^2 - aq^2 \quad \text{et} \quad \mathrm{R} = x^2 - ay^2,$$

on aura, en multipliant ensemble ces deux équations, et changeant les signes des deux membres,

$$\mathrm{R} = a(yp \pm xq)^2 - (xp \pm ayq)^2.$$

Or, si l'on trouve dans deux seuls cas particuliers

$$\mathrm{R} = x^2 - ay^2 \quad \text{et} \quad -\mathrm{R} = x'^2 - ay'^2,$$

et que R soit un nombre premier, alors on parviendra toujours à cette équation

$$-1 = p^2 - aq^2,$$

comme nous l'avons vu dans l'EXEMPLE III; de sorte qu'on en pourra conclure d'abord que tout nombre qui sera de la forme de $x^2 - ay^2$ sera aussi de la forme de $ay'^2 - x'^2$.

26. REMARQUE II. — Supposons maintenant que l'on ait l'équation

$$t^2 - au^2 = -1;$$

en prenant les carrés, on aura

$$(t^2 + au^2)^2 - a(2tu) = 1,$$

d'où l'on voit que $t^2 + au^2$ est une des valeurs de x qui satisfont à l'équation

$$x^2 - ay^2 = 1,$$

et que $2tu$ est la valeur correspondante de y; mais nous avons démontré (n° 17) que toutes les valeurs de x et de y qui satisfont à cette équation sont renfermées dans ces formules :

$$x = \frac{(p + q\sqrt{a})^m + (p - q\sqrt{a})^m}{2},$$

$$y = \frac{(p + q\sqrt{a})^m - (p - q\sqrt{a})^m}{2\sqrt{a}},$$

m étant un nombre quelconque positif, et p, q étant les plus petites valeurs qui satisfassent à la même équation $x^2 - ay^2 = 1$; donc il faudra que l'on ait

$$t^2 + au^2 = \frac{(p + q\sqrt{a})^m + (p - q\sqrt{a})^m}{2},$$

$$2tu = \frac{(p + q\sqrt{a})^m - (p - q\sqrt{a})^m}{2\sqrt{a}},$$

équations qui se réduisent à celle-ci :

$$(t \pm u\sqrt{a})^2 = (p \pm q\sqrt{a})^m.$$

Or je dis d'abord que m ne saurait être un nombre pair; car, soit $m=2n$, on aura

$$(t\pm u\sqrt{a})^2=(p\pm q\sqrt{a})^{2n},$$

et, extrayant la racine carrée,

$$t\pm u\sqrt{a}=\pm(p\pm q\sqrt{a})^n;$$

or $(p\pm q\sqrt{a})^n$ se réduit à cette forme : $p'\pm q'\sqrt{a}$, en faisant (nº 15)

$$p'=\frac{(p+q\sqrt{a})^n+(p-q\sqrt{a})^n}{2},$$

$$q'=\frac{(p+q\sqrt{a})^n-(p-q\sqrt{a})^n}{2\sqrt{a}};$$

donc, puisque t et u sont, par hypothèse, des nombres positifs, et que p' et q' le sont aussi, on aura $t=p'$ et $u=q'$; mais, à cause de $p^2-aq^2=1$, on aura aussi $p'^2-aq'^2=1$; donc on aurait $t^2-au^2=1$, ce qui est contradictoire; donc m doit nécessairement être un nombre impair.

Soit donc $m=2n+1$, et l'on aura

$$(t\pm u\sqrt{a})^2=(p\pm q\sqrt{a})^{2n}(p\pm q\sqrt{a});$$

d'où l'on voit que $p\pm q\sqrt{a}$ doit être un carré; or, quelle que puisse être la racine carrée de $p\pm q\sqrt{a}$, il est clair, à cause de la quantité irrationnelle $\sqrt{a}$, qu'elle ne peut être que de cette forme $r\pm s\sqrt{a}$, de sorte que l'on aura

$$p\pm q\sqrt{a}=(r\pm s\sqrt{a})^2=r^2+as^2\pm 2rs\sqrt{a};$$

et, par conséquent,

$$p=r^2+as^2 \quad \text{et} \quad q=2rs.$$

Ainsi, à moins que les quantités p et q ne soient de cette forme, il est impossible que l'équation $t^2-au^2=-1$ ait lieu; or, connaissant les valeurs de ces quantités, il est facile de vérifier si elles sont de la forme dont il s'agit; car, premièrement, il faudra que q soit un nombre pair;

ensuite il est évident que r et s ne peuvent être que les facteurs de la moitié de q; de sorte qu'il ne s'agira que de chercher tous ces facteurs, et de les substituer à la place de r et s dans l'équation $r^2 + as^2 = p$.

Si l'on peut par ce moyen trouver deux valeurs de r et s, alors, comme

$$p \pm q\sqrt{a} = (r \pm s\sqrt{a})^2,$$

on aura

$$(t \pm u\sqrt{a})^2 = (r \pm s\sqrt{a})^{2m},$$

et faisant

$$r' = \frac{(r + s\sqrt{a})^m + (r - s\sqrt{a})^m}{2},$$

$$s' = \frac{(r + s\sqrt{a})^m - (r - s\sqrt{a})^m}{2\sqrt{a}},$$

on aura

$$(t \pm u\sqrt{a})^2 = (r' \pm s'\sqrt{a})^2;$$

d'où

$$t \pm u\sqrt{a} = r' \pm s'\sqrt{a}$$

et

$$t = r', \quad u = r'.$$

Or il est facile de voir que les valeurs de r' et s' sont les plus petites lorsque $m = 1$, auquel cas on a $r' = r$ et $s' = s$; donc les plus petites valeurs de t et de u seront $t = r$ et $u = s$; donc r et s seront les plus petites valeurs qui satisfassent à l'équation $t^2 - au^2 = -1$.

Usage des méthodes précédentes pour la résolution des équations du second degré à deux inconnues, par des nombres entiers.

27. Soit proposée l'équation

$$\alpha x^2 + \beta xy + \gamma y^2 + \delta x + \varepsilon y + \zeta = 0,$$

dans laquelle α, β, γ, δ, ε et ζ sont des nombres donnés entiers positifs ou négatifs, et x et y sont deux nombres inconnus qu'il s'agit de déterminer de manière qu'ils soient rationnels et entiers.

Qu'on multiplie toute l'équation par 4α, et qu'on la mette sous cette forme :

$$(2\alpha x + \beta y + \delta)^2 = (\beta y + \delta)^2 - 4\alpha(\gamma y^2 + \varepsilon y + \zeta) = 0.$$

Soient, pour abréger,

$$2\alpha x + \beta y + \delta = u,$$
$$\beta^2 - 4\alpha\gamma = a,$$
$$\beta\delta - 2\alpha\varepsilon = b,$$
$$\delta^2 - 4\alpha\zeta = c,$$

et l'équation précédente deviendra

$$u^2 = ay^2 + 2by + c.$$

Cette équation étant multipliée par a peut se mettre sous la forme suivante :

$$au^2 = (ay + b)^2 + ac - b^2,$$

ou bien, en faisant

$$ay + b = t,$$
$$b^2 - ac = \mathrm{R},$$

sous celle-ci

$$t^2 - au^2 = \mathrm{R};$$

d'où l'on voit d'abord que le nombre donné R doit être de cette forme : $t^2 - au^2$, pour que le problème admette une solution rationnelle.

J'ai donné ailleurs (*) la méthode de reconnaître si un nombre donné est de la forme de $t^2 - au^2$, a étant aussi donné ; et j'ai fait voir que pour qu'un nombre quelconque R soit de cette forme, il faut que chacun de ses facteurs premiers que je désignerai par r soit tel, que $a^{\frac{r-1}{2}} - 1$ soit divisible par r; si cette condition n'a pas lieu, on peut assurer hardiment que R n'est pas de la forme dont il s'agit, et qu'ainsi le problème n'admet aucune solution rationnelle.

28. Supposons maintenant qu'on ait reconnu que le nombre R est en

(*) On trouvera dans le Tome II le Mémoire auquel Lagrange fait ici allusion ; ce Mémoire a été inséré dans le *Recueil de l'Académie de Berlin*. (*Note de l'Éditeur.*)

effet de la forme de $t^2 - au^2$, et qu'on ait trouvé en même temps deux nombres P et Q tels, que $R = P^2 - aQ^2$; en ce cas le problème sera résoluble en nombres, et il pourra même l'être de plusieurs manières; c'est ce que nous allons examiner.

Il est d'abord clair que, puisque

$$R = P^2 - aQ^2 = t^2 - au^2,$$

il n'y aura qu'à supposer $t = P$ et $u = Q$, ce qui donnera

$$ay + b = P, \quad 2\alpha x + \beta y + \delta = Q,$$

et, par conséquent,

$$y = \frac{P - b}{a}, \quad x = \frac{Q - \delta}{2\alpha} - \frac{\beta(P - b)}{2\alpha a}.$$

Or je remarque :

1° Que les nombres P et Q peuvent être pris positivement ou négativement à volonté, ce qui donnera quatre solutions différentes;

2° Si le nombre R est le produit de deux ou de plusieurs nombres de la forme de $P^2 - aQ^2$, il sera aussi plusieurs fois de cette même forme; de sorte qu'on pourra trouver différentes valeurs de P et de Q.

En effet, si R est le produit de deux facteurs tels que $p^2 - aq^2$ et $p'^2 - aq'^2$, on aura (n° 5)

$$R = (pp' \pm aqq')^2 - a(pq' \pm qp')^2;$$

ainsi on pourra supposer

$$P = pp' + aqq' \quad \text{et} \quad Q = pq' + qp',$$

ou

$$P = pp' - aqq' \quad \text{et} \quad Q = pq' - qp'.$$

En général, si R est exprimé par $A^m B^n C^r D^s \ldots$, A, B, C, D,... étant des nombres de la forme de $P^2 - aQ^2$, mais qui ne soient qu'une fois de cette forme, le nombre R sera (comme je l'ai démontré ailleurs) de la même forme autant de fois, ni plus ni moins, qu'il y a d'unités dans la moitié de ce nombre $(m+1)(n+1)(r+1)(s+1)\ldots$ s'il est pair, ou dans la moitié de ce même nombre augmenté de l'unité s'il est impair. Ainsi les quantités P et Q auront chacune autant de valeurs différentes qu'il y a d'unités dans $\frac{(m+1)(n+1)(r+1)(s+1)\ldots}{2}$ ou dans $\frac{(m+1)(n+1)(r+1)(s+1)\ldots+1}{2}$, et chacune de ces valeurs fournira par conséquent quatre solutions du problème.

29. Examinons séparément le cas où a est un nombre positif, et celui où a est un nombre négatif.

1° Soit a un nombre négatif $=-e$, en sorte que e soit positif, et la forme du nombre R sera P^2+eQ^2; donc, puisqu'il est impossible que l'unité soit de cette forme, le nombre des facteurs A, B, C, D,... (numéro précédent) qui sont supposés être de cette forme sera nécessairement limité; donc le nombre des valeurs de P et de Q le sera aussi; par conséquent le problème ne pourra avoir qu'un certain nombre de solutions rationnelles, qu'il sera aisé de trouver par la méthode précédente, et s'il arrive qu'aucune de ces solutions ne donne des nombres entiers pour les valeurs des inconnues x et y, on en devra conclure que le problème n'admet point de solution en entiers.

2° Supposons que a soit un nombre positif; dans ce cas, comme l'unité est toujours de la forme de P^2-aQ^2 quel que soit le nombre a, il est clair que le nombre des facteurs de R de la forme dont il s'agit sera infini, parce qu'on peut toujours regarder le nombre R comme multiplié par une puissance quelconque de l'unité; ainsi, ou le problème n'admettra point de solution du tout, ou bien il en admettra nécessairement une infinité.

Pour comprendre toutes ces solutions dans deux formules générales, soient p' et q' deux nombres tels, que $p'^2-aq'^2=1$, et, multipliant cette équation par l'équation $P^2-aQ^2=R$, on aura

$$(Pp'\pm aQq')^2-a(Pq'\pm Qp')^2=R;$$

d'où l'on voit qu'ayant trouvé deux nombres P et Q qui satisfassent à l'équation $P^2-aQ^2=R$, on pourra mettre dans les formules du n° 28 $Pp'\pm aQq'$ à la place de P, et $Pq'\pm Qp'$ à la place de Q, ce qui donnera en faisant abstraction de l'ambiguïté des signes, à cause que les nombres

P et Q peuvent toujours être pris positivement ou négativement,

$$y = \frac{Pp' - b}{a} + Qq',$$

$$x = \frac{(P + \beta Q)q' + Qp' - \delta}{2\alpha} - \frac{\beta(Pp' - b)}{2\alpha a}.$$

Or nous avons démontré (n° 17) que si p et q sont les plus petits nombres qui satisfassent à l'équation $p'^2 - aq'^2 = 1$ tous les autres nombres possibles sont renfermés dans ces formules :

$$p' = \frac{(p + q\sqrt{a})^m + (p - q\sqrt{a})^m}{2},$$

$$q' = \frac{(p + q\sqrt{a})^m - (p - q\sqrt{a})^m}{2\sqrt{a}},$$

en prenant pour m tous les nombres naturels 1, 2, 3,..., à l'infini; donc, si l'on substitue ces valeurs de p' et q' dans les formules précédentes, on aura

$$y = \frac{P + Q\sqrt{a}}{2a}(p + q\sqrt{a})^m + \frac{P - Q\sqrt{a}}{2a}(p + q\sqrt{a})^m - \frac{b}{a},$$

$$x = \frac{aQ - \beta P + (P + \beta Q)\sqrt{a}}{4a\alpha}(p + q\sqrt{a})^m$$

$$- \frac{aQ - \beta P - (P + \beta Q)\sqrt{a}}{4a\alpha}(p - q\sqrt{a})^m - \frac{\delta - \frac{\beta b}{a}}{2\alpha}.$$

Donc, si l'on met dans ces formules les différentes valeurs de P et Q qui naissent des facteurs de R qui sont de la forme de $P^2 - aQ^2$, et qui sont plus grands que l'unité, et qu'on fasse successivement $m = 1, 2, 3, \ldots$, on aura absolument toutes les solutions rationnelles possibles de l'équation proposée

3° Soient, pour plus de simplicité,

$$aQ - \beta P = P',$$

$$P + \beta Q = Q',$$

et l'on aura

$$y = \frac{Pp' + aQq' - b}{a},$$

$$x = \frac{P'p' + aQ'q' + b\beta - a\delta}{2a\alpha};$$

donc, à moins que les numérateurs de ces deux fractions ne soient divisibles exactement par leurs dénominateurs, les inconnues x et y ne pourront être des nombres entiers.

Supposons

$$y' = \frac{P'(p'-1) + aQ'q'}{a},$$

$$x' = \frac{P'(p'-1) + aQ'q'}{2a\alpha},$$

et nous aurons

$$y = \frac{P - b}{a} + y',$$

$$x = \frac{P' + b\beta - a\delta}{2a\alpha} + x'.$$

Or je dis que l'on peut toujours prendre l'exposant m, dans les valeurs de p' et q', tel que x' et y' soient des nombres entiers.

Pour cela on décomposera le nombre x en ses facteurs premiers, en sorte que l'on ait $\alpha = 2^s m' m'' m''' \ldots$, $m', m'', m''', \ldots$ étant des nombres premiers; ensuite on divisera $a^{\frac{m'-1}{2}}$ par m', et l'on nommera le reste r'; on divisera de même $a^{\frac{m''-1}{2}}$, et l'on nommera le reste r'', et ainsi de suite; ces restes étant trouvés, on fera m égal à un multiple quelconque de $2^{s+1}(m'-r')(m''-r'')(m'''-r''')\ldots$; car, par ce que nous avons démontré plus haut (n° 21), il est clair que $p'-1$ et q' seront divisibles par 2α; de plus il est facile de voir par les formules du n° 16 que $p'-1$ sera aussi divisible par a, à cause que m est pair; par conséquent x' et y' seront nécessairement des nombres entiers.

Donc, si les quantités $\frac{P-b}{a}$ et $\frac{P' + b\beta - a\delta}{2a\alpha}$ sont des nombres entiers, on pourra trouver une infinité de valeurs de x et de y en nombres entiers; or ces quantités ne sont autre chose que les valeurs de x et de y qui répondent à $m = 0$, ce qui donne

$$p' = 1, \quad q' = 0, \quad \text{et par conséquent} \quad x' = 0, \quad y' = 0,$$

c'est-à-dire les mêmes valeurs de x et de y que nous avons trouvées d'abord (n° 28); d'où il s'ensuit que si l'on trouve une seule solution du problème en nombres entiers, dans le cas de a positif, on pourra par nos formules en trouver une infinité d'autres en prenant pour P et Q les nombres qui répondent à la solution donnée, et pour m un multiple quelconque de $2^{s+1}(m' - r')(m'' - r'')(m''' - r''')\ldots$.

Au reste, il est bon de remarquer encore qu'il ne sera pas toujours nécessaire que m soit un multiple de ce nombre pour que x' et y' soient des nombres entiers; car il est visible, par exemple, que si P' et Q' étaient divisibles par α, il suffirait alors que m fût un multiple de 2, c'est-à-dire un nombre pair, et ainsi des autres cas semblables.

FIN DU TOME PREMIER.

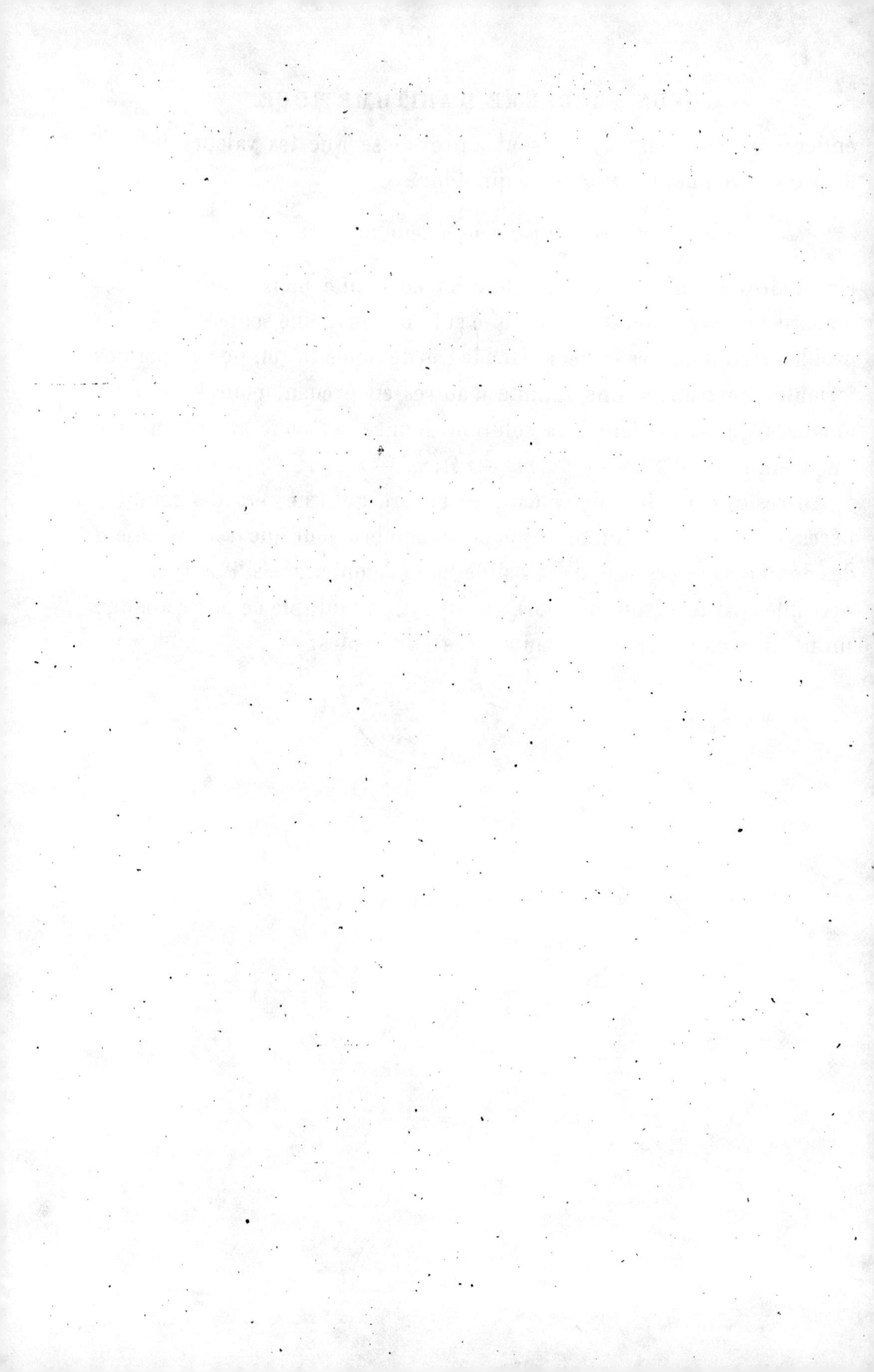

TABLE DES MATIÈRES

DU TOME PREMIER.

SECTION PREMIÈRE.

MÉMOIRES EXTRAITS DES RECUEILS DE L'ACADÉMIE DE TURIN.

PARIS. — IMPRIMERIE DE GAUTHIER-VILLARS, SUCCESSEUR DE MALLET-BACHELIER, rue de Seine-Saint-Germain, 10, près l'Institut.